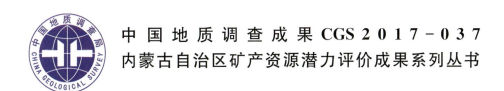

中国地质调查成果 CGS 2017-037

内蒙古自治区矿产资源潜力评价成果系列丛书

内蒙古自治区地球化学特征及地质应用研究

NEIMENGGU ZIZHIQU DIQIU HUAXUE TEZHENG
JI DIZHI YINGYONG YANJIU

张 青 王沛东 赵丽娟 等著

内容简介

本书在内蒙古自治区区域地球化学和矿产地球化学勘查工作的基础上,利用历年来获得的大量地球化学数据资源,结合自治区区域地质矿产勘查成果,应用现代矿产资源评价理论方法和 GIS 评价技术,以地球化学理论为基础,对内蒙古自治区矿产资源潜力进行地球化学预测与评价。书中对内蒙古自治区地球化学三级景观区进行划分,将全区地球化学景观分为 4 个大区,19 个亚区;分析了全区主要成矿元素和伴生元素的区域地球化学场分布特征与成矿规律;利用地球化学地质推断方法,推断断裂构造 67 条,岩体 35 个;总结了自治区Ⅲ级成矿区带地球化学异常特征及其与成矿的关系;对预测工作区地球化学特征进行了综合研究;建立了铜、金、铅、锌、银、钼、锑、钨、稀土、锡、镍、锰、铬等 13 个矿种不同成因类型典型矿床地质-地球化学找矿模型;按综合异常主成矿元素成因类型编制了 13 个矿种的综合异常图,圈定 2155 个综合异常;完成了 13 个矿种区域地球化学找矿潜力评价工作,圈定了 207 处地球化学找矿预测区和 32 处最小预测区。本次全区区域化探资料综合研究工作,为自治区基础地质研究、主要矿种成矿潜力评价和矿产勘查部署提供了有力的地球化学依据。

图书在版编目(CIP)数据

内蒙古自治区地球化学特征及地质应用研究/张青等著. —武汉:中国地质大学出版社,2018.12
(内蒙古自治区矿产资源潜力评价成果系列丛书)
ISBN 978-7-5625-4262-9

Ⅰ.①内⋯
Ⅱ.①张⋯
Ⅲ.①矿产-地球化学勘探-研究-内蒙古
Ⅳ.①P632

中国版本图书馆 CIP 数据核字(2018)第 119637 号

内蒙古自治区地球化学特征及地质应用研究		张 青 王沛东 赵丽娟 等著
责任编辑:张燕霞	选题策划:毕克成 刘桂涛	责任校对:马 严
出版发行:中国地质大学出版社(武汉市洪山区鲁磨路388号)		邮编:430074
电 话:(027)67883511	传 真:(027)67883580	E-mail:cbb@cug.edu.cn
经 销:全国新华书店		http://cugp.cug.edu.cn
开本:880毫米×1230毫米 1/16		字数:1125千字 印张:35.5
版次:2018年12月第1版		印次:2018年12月第1次印刷
印刷:武汉中远印务有限公司		印数:1—900册
ISBN 978-7-5625-4262-9		定价:368.00元

如有印装质量问题请与印刷厂联系调换

《内蒙古自治区矿产资源潜力评价成果》
出版编撰委员会

主　　任：张利平

副 主 任：张　宏　赵保胜　高　华

委　　员（按姓氏笔画排列）：

　　　　　于跃生　王文龙　王志刚　王博峰　乌　恩　田　力
　　　　　刘建勋　刘海明　杨文海　杨永宽　李玉洁　李志青
　　　　　辛　盛　宋　华　张　忠　陈志勇　邵和明　邵积东
　　　　　武　文　武　健　赵士宝　赵文涛　莫若平　黄建勋
　　　　　韩雪峰　路宝玲　褚立国

项目负责：许立权　张　彤　陈志勇

总　　编：宋　华　张　宏

副 总 编：许立权　张　彤　陈志勇　赵文涛　苏美霞　吴之理
　　　　　方　曙　任亦萍　张　青　张　浩　贾金富　陈信民
　　　　　孙月君　杨继贤　田　俊　杜　刚　孟令伟

《内蒙古自治区地球化学特征及地质应用研究》

主　　编：张　青

编著人员：张　青　　王沛东　　赵丽娟　　樊永刚　　马志超　　谢　燕
　　　　　张海龙　　杨立国　　熊万里　　袁宏伟　　武慧珍　　赵　婧
　　　　　张晓娜　　张惠莲

序

2006年,国土资源部为贯彻落实《国务院关于加强地质工作决定》中提出的"积极开展矿产远景调查评价和综合研究,科学评估区域矿产资源潜力,为科学部署矿产资源勘查提供依据"的精神要求,在全国统一部署了"全国矿产资源潜力评价"项目,"内蒙古自治区矿产资源潜力评价"项目是其子项目之一。

"内蒙古自治区矿产资源潜力评价"项目2006年启动,2013年结束,历时8年,由中国地质调查局和内蒙古自治区人民政府共同出资完成。为此,内蒙古自治区国土资源厅专门成立了以厅长为组长的项目领导小组和技术委员会,指导监督内蒙古自治区地质调查院、内蒙古自治区地质矿产勘查开发局、内蒙古自治区煤田地质局以及中化地质矿山总局内蒙古自治区地质勘查院等7家地勘单位的各项工作。我作为自治区聘请的国土资源顾问,全程参与了该项目的实施,亲历了内蒙古自治区新老地质工作者对内蒙古自治区地质工作的认真与执着。他们对内蒙古自治区地质的那种探索和不懈追求精神,给我留下了深刻的印象。

为了完成"内蒙古自治区矿产资源潜力评价"项目,先后有270多名地质工作者参与了这项工作,这是继20世纪80年代完成的《内蒙古自治区地质志》《内蒙古自治区矿产总结》之后集区域地质背景、区域成矿规律研究,物探、化探、自然重砂、遥感综合信息研究以及全区矿产预测、数据库建设之大成的又一巨型重大成果。这是内蒙古自治区国土资源厅高度重视、完整的组织保障和坚实的资金支撑的结果,更是内蒙古自治区地质工作者8年辛勤汗水的结晶。

"内蒙古自治区矿产资源潜力评价"项目共完成各类图件万余幅,建立成果数据库数千个,提交结题报告百余份。以板块构造和大陆动力学理论为指导,建立了内蒙古自治区大地构造构架。研究和探讨了内蒙古自治区大地构造演化及其特征,为全区成矿规律的总结和矿产预测奠定了坚实的地质基础。其中提出了"阿拉善地块"归属华北陆块,乌拉山岩群、集宁岩群的时代及对孔兹岩系归属的认识、索伦山-西拉木伦河断裂厘定为华北板块与西伯利亚板块的界线等,体现了内蒙古自治区地质工作者对内蒙古自治区大地构造演化和地质背景的新认识。项目对内蒙古自治区煤、铁、铝土矿、铜、铅锌、金、钨、锑、稀土、钼、银、锰、镍、磷、硫、萤石、重晶石、菱镁矿等矿种,划分了矿产预测类型;结合全区重力、磁测、化探、遥感、自然重砂资料的研究应用,分别对其资源潜力进行了科学的潜力评价,预测的资源潜力可信度高。这些数据有力地说明了内蒙古自治区地质找矿潜力巨大,寻找国家急需矿产资源,内蒙古自治区大有可为,成为国家矿产资源的后备基地已具备了坚实的地质基础。同时,也极大地增强了内蒙古自治区地质找矿的信心。

"内蒙古自治区矿产资源潜力评价"是内蒙古自治区第一次大规模对全区重要矿产资源现状及潜力进行摸底评价,不仅汇总整理了原1∶20万相关地质资料,还系统整理补充了近年来1∶5万区域地质调查资料和最新获得的矿产、物化探、遥感等资料。期待着"内蒙古自治区矿产资源潜力评价"项目形成的系统的成果资料在今后的基础地质研究、找矿预测研究、矿产勘查部署、农业土壤污染治理、地质环境治理等诸多方面得到广泛应用。

2017 年 3 月

前 言

自20世纪七八十年代以来，地球化学勘查学家陆续在内蒙古自治区开展区域地球化学扫面工作，利用地球化学方法进行矿产勘查，多年来获得了大量数据资源。本次笔者根据全国矿产资源潜力评价工作的任务，收集了全区区域地球化学数据和成果资料，在全国矿产资源潜力评价项目化探课题评审组向运川、牟绪赞、任天祥、奚小环、汪明启、张华、朱群、马振东、刘荣梅、龚庆杰、尤宏亮、张素荣等各位专家的指导下，在内蒙古自治区国土资源厅和内蒙古自治区地质调查院的大力支持下，从2006年开始，历时7年，应用现代矿产资源评价理论方法和GIS评价技术，对内蒙古自治区矿产资源潜力进行了综合预测评价。这是首次对全区化探资料进行整理和研究，取得的成果为今后进行数据管理及矿产预测工作提供了较为全面的地球化学资料。

本书共分7章。第一章介绍了本书所依托"内蒙古自治区矿产资源潜力评价"项目的概况、化探课题完成的主要工作量，以及取得的主要成果。第二章论述了全区以往化探工作程度，包括中大比例尺地球化学勘查及数据库建库情况。第三章规定了全区各类化探成果图件的编制原则及数据处理方法，规定了省级、典型矿床、预测工作区、最小预测区、Ⅲ级成矿区带共5类化探成果图件的编图方法技术。第四章叙述了自治区地质矿产概况、地球化学景观和区域地球化学特征，重点论述了区内主要成矿元素和伴生元素的地球化学场特征、地球化学异常特征，以及区内主要地质单元中元素的分布特征。第五章为地球化学综合研究成果，描述了铜、金等13个主要成矿元素的地球化学分布特征，研究了13个金属矿种典型矿床的地质地球化学特征，并在各矿种中选取典型成因的矿床建立了地质-地球化学找矿模型，分矿种总结不同成因类型矿床的特征元素组合，详细论述了各类组合异常在全区的空间分布特征、展布形态及所处地质环境，阐述了全区9个Ⅲ级成矿区带主要成矿元素的区域分布特征、综合异常分布特征及找矿方向，利用特征元素地球化学场的分布特征及组合规律在全区范围内推断了断裂构造和岩体，分矿种研究了13个金属矿种预测工作区的地球化学特征。第六章介绍了利用地球化学成果资料结合地质背景分矿种划分找矿预测区和最小预测区。第七章是结语，阐述了本次化探课题在矿产资源潜力评价工作中取得的主要成果和下一步的工作建议。

本书主要由张青、王沛东、赵丽娟、樊永刚、马志超、谢燕等分章节完成，张海龙、杨立国、熊万里、袁宏伟等参加了预测工作区相关内容的编写和资料准备工作，武慧珍、张晓娜、张惠莲、赵婧等编制了本书相关插图、附图，并建立了相关成果图件的数据库。另外，在项目具体运行过程中，内蒙古自治区地质调查院多位正高级、副高级工程师为项目组提供了大力支持与帮助，其中任亦萍参与了前期的基础数据库建设、数据处理工作，孔凡吉、王喜宽、赵志军、钟仁、赵金忠、李世宝、张宝、刘金宝、刘寅彪等参与了铜、金等7个矿种预测工作区相关内容的编写工作。在此表示衷心的感谢！

本书涉及的内容面宽且复杂，由于我们的业务水平有限，书中疏漏与不当之处，恳请读者批评指正。

著 者
2017年6月

目 录

第一章 绪 论 (1)

第一节 项目概况 (1)

第二节 完成主要工作量 (2)

第三节 取得的主要成果 (5)

第二章 以往工作程度 (8)

第一节 以往工作情况 (8)

第二节 资料收集及可利用程度 (17)

第三节 存在的主要问题 (17)

第三章 方法技术及质量评述 (18)

第一节 编图原则及依据 (18)

第二节 数据处理与解释方法 (22)

第三节 编图方法技术 (24)

第四节 质量评述 (35)

第四章 地质矿产及区域地球化学特征 (36)

第一节 地质矿产概况 (36)

第二节 地球化学景观特征 (38)

第三节 区域地球化学特征 (41)

第五章 地球化学综合研究成果 (62)

第一节 主要成矿元素地球化学特征 (62)

第二节 典型矿床地球化学研究 (125)

第三节 地球化学综合(及组合)异常特征分析 (308)

第四节 Ⅲ级成矿区(带)地球化学综合研究 (339)

第五节 地球化学推断地质构造 (350)

第六节 预测工作区综合研究与评价 (367)

第六章　地球化学找矿预测区圈定与综合评价 …………………………………………（414）

第一节　找矿预测区圈定 ………………………………………………………………（414）
第二节　找矿预测区综合研究与评价 …………………………………………………（414）
第三节　最小预测区圈定与综合评价 …………………………………………………（503）

第七章　结　语 ………………………………………………………………………………（552）

主要参考文献 …………………………………………………………………………………（554）

第一章 绪 论

第一节 项目概况

一、项目来源

"全国矿产资源潜力评价"项目为国土资源大调查项目,为了贯彻落实《国务院关于加强地质工作的决定》中提出的"积极开展矿产远景调查和综合研究,科学评估区域矿产资源潜力,为科学部署矿产资源勘查提供依据"的要求和精神,国土资源部部署了全国矿产资源潜力评价工作。本项目为省级项目Ⅱ级课题。

项目名称:内蒙古自治区矿产资源潜力评价。

承担单位:内蒙古自治区地质调查院。

参加单位:内蒙古自治区地质矿产勘查开发局、内蒙古自治区国土资源信息院、内蒙古地质矿产勘查院、内蒙古第十地质矿产勘查开发院、中化地质矿山总局内蒙古自治区地质勘查院。

工作起止年限:2006—2013年。

二、目标任务

(一)项目总体目标任务

(1)在现有地质工作基础上,充分利用我国基础地质调查和矿产勘查工作成果与资料,充分应用现代矿产资源预测评价的理论方法和GIS评价技术,开展本区铁、铝、金、铜、铅、锌、稀土、钨、锑、磷、银、铬、锰、镍、锡、钼、硫、萤石、菱镁矿、重晶石等矿产的资源潜力评价,基本摸清矿产资源潜力及其空间分布。

(2)开展本省成矿地质背景、成矿规律、物探、化探、遥感、自然重砂、矿产预测等各项工作的研究,编制各项工作的基础和成果图件,建立本省矿产资源潜力评价相关的地质、矿产、物探、化探、遥感、重砂空间数据库。

(3)培养一批综合型地质矿产人才。

(二)化探课题组目标任务

化探课题组的目标任务是充分利用本区历年来区域地球化学和矿产地球化学勘查方面的大量数据资源,全面总结地球化学在矿产勘查中的研究成果,应用现代矿产资源评价理论方法和GIS评价技术,以地球化学理论为基础,对内蒙古自治区矿产资源潜力进行综合预测评价。

(1)充分利用现代计算机技术和GIS技术,对本区收集的区域地球化学勘查数据进行整理、集成和综合。

(2)以成矿地质理论和地球化学理论为指导,充分应用现代计算机技术和GIS评价技术,开展本区铜、金、铅、锌、钨、锑、稀土、银、钼、锡、镍、锰、铬等13个矿种的区域地球化学找矿潜力预测。

(3)在研究分析元素和元素组合的空间分布特征的基础上,利用计算机技术和GIS技术,结合区域地球化学解释推断方法技术,编制全区单元素地球化学图、单元素地球化学异常图、地球化学推断地质构造图、预测矿种地球化学组合异常图、地球化学综合异常图、地球化学找矿预测图,并建立本自治区矿产资源潜力评价相关的化探空间数据库,为全区矿产资源潜力预测提供地球化学依据。

(4)充分利用内蒙古自治区历年来区域地球化学和矿产地球化学勘查方面的大量数据资源,应用现代矿产资源评价理论方法和GIS评价技术,利用地球化学方法进行铜矿资源定量预测,圈定有利于成矿的找矿预测区和找矿靶区。

(5)在已获取的地球化学勘查数据或资料(包括水系沉积物、土壤、岩石等)的基础上,总结分析评价铜、金、铅、锌、钨、锑、稀土、银、钼、锡、镍、锰、铬等13个矿种的区域地质背景特征和成矿规律,建立地质-地球化学找矿模型,圈定有利于成矿的最小预测区,为区域地质矿产勘查部署工作提供依据。

三、人员分工

参与本报告编写的人员有张青、王沛东、赵丽娟、樊永刚、马志超、谢燕、张海龙、杨立国、熊万里、袁宏伟、武慧珍、张晓娜、张惠莲、赵婧。张青为课题负责人,负责全区资料综合研究、异常提取、解释推断及报告编写等工作。王沛东、赵丽娟、樊永刚、马志超、谢燕为单矿种负责人,分别负责各单矿种成矿预测、最小预测区圈定和单矿种化探专题成果报告的编写。王沛东负责铅锌矿、银矿、锡矿;赵丽娟负责金矿、钼矿;樊永刚负责铜矿、钨矿、锑矿;马志超负责稀土矿和铜矿定量预测工作;谢燕负责铬矿、镍矿、锰矿。张海龙、杨立国、熊万里、袁宏伟负责预测工作区图件说明书的编写。武慧珍、张晓娜、张惠莲、赵婧负责插图、附图、附件的编制,以及数据库的建设。

另外,本项目还受到了内蒙古自治区地质调查院多位正高级、副高级工程师的大力协助与支持。其中,任亦萍参与了前期的基础数据库建设、数据处理工作,孔凡吉、王喜宽、赵志军、钟仁、赵金忠、李世宝、张宝、刘金宝、刘寅彪参与了铜、金等7个矿种预测工作区编图说明书的编写工作。

第二节 完成主要工作量

根据"全国矿产资源潜力评价"(以下简称"全国项目办")下发的任务书要求,化探专业历年来完成的工作主要有资料的收集整理、数据处理、图件编制、数据库建设、化探资料综合应用研究和成果报告编写等。

一、资料收集和异常卡片的录入

(1)收集全区已完成的1∶20万区域化探扫面资料,包括分析数据、成果报告及其附图、附件。
(2)收集全区已完成并汇交的1∶5万化探资料,包括成果报告及其附图、附件。
(3)收集全区已完成并汇交的大比例尺化探资料,包括成果报告及其附图、附件。
(4)收集全区铜、金、铅、锌、钨、锑、稀土、银、钼、锡、镍、锰、铬等矿种的典型矿床化探资料。
(5)完成1∶20万区域化探综合异常卡片的录入工作。
(6)完成中大比例尺化探图件的扫描及矢量化工作。

二、数据处理

(1)对全区收集的1∶20万、1∶5万原始分析数据进行整理入库工作。
(2)对全区区域化探数据进行聚类分析和因子分析等多元统计,确定与铜、金、铅、锌、钨、锑、稀土、银、钼、锡、镍、锰、铬等矿种相对应的元素组合特征和相关关系。

(3) 对圈定的各个铜矿找矿预测区内 39 种元素的分析数据进行聚类分析和因子分析等多元统计，确定各找矿预测区元素组合特征和相关关系。

三、完成主要图件

化探课题组完成的图件包括典型矿床中大比例尺地球化学图及所在区域中大比例尺地球化学研究图件、预测工作区地球化学图件、全区地球化学基础图件、全区铜银等13个矿种地球化学找矿预测图及圈定的过程图件，以及最小预测区图件、铜定量预测要素图件、内蒙古自治区Ⅲ级成矿带地球化学研究图件，合计完成4512张(表1-1)。

表 1-1　化探课题组完成图件与数据库一览表

图件类别		图件名称	比例尺	完成工作量	
				图件(张)	数据库(个)
典型矿床		中大比例尺单元素地球化学图	1:2.5万~1:1万	387	不建库
		所在位置地球化学综合研究图	1:20万~1:1000	130	不建库
		地质-地球化学找矿模型		21	不建库
		小计		538	
预测工作区		单元素地球化学图	1:25万~1:5万	1098	1098
		单元素地球化学异常图		1093	1093
		多元素组合异常图		270	不建库
		多元素综合异常图		100	100
		找矿预测图		97	不建库
		地球化学综合剖面图		124	不建库
		小计		2782	2291
全区	基础图件	地球化学工作程度图	1:50万(1:150万)	4	2
		地球化学景观图		2	1
		单元素地球化学图		78	39
		单元素地球化学异常图		78	39
		多元素地球化学组合异常图		10	不建库
		多元素地球化学综合异常图		6	3
		地球化学推断地质构造图		2	1
		小计		180	85
	成果图件	单矿种多元素组合异常图	1:50万(1:150万)	62	不建库
		单矿种多元素综合异常图		26	13
		单矿种找矿预测图		26	13
		铜定量预测成果图		2	不建库
		小计		116	26

续表 1-1

图件类别	图件名称	比例尺	完成工作量 图件(张)	完成工作量 数据库(个)
最小预测区	单元素地球化学图	1∶10万～1∶5万	230	不建库
最小预测区	单元素地球化学异常图	1∶10万～1∶5万	188	不建库
最小预测区	多元素地球化学组合异常图	1∶10万～1∶5万	89	不建库
最小预测区	多元素地球化学综合异常图	1∶10万～1∶5万	23	不建库
最小预测区	所属区域地球化学找矿预测图	1∶10万～1∶5万	42	不建库
最小预测区	地质图	1∶10万～1∶5万	67	不建库
最小预测区	小计		639	
定量预测要素图	典型矿床单元素地球化学图	1∶5万	5	不建库
定量预测要素图	典型矿床组合异常图	1∶5万	3	不建库
定量预测要素图	典型矿床单元素原生晕含量平面图	1∶5000	6	不建库
定量预测要素图	预测区地质矿产图	1∶10万	25	不建库
定量预测要素图	预测区单元素衬值等值线图	1∶10万	25	不建库
定量预测要素图	预测区单元素衬值异常图	1∶10万	25	不建库
定量预测要素图	预测区多元素组合异常图	1∶10万	45	不建库
定量预测要素图	预测区多元素衬值组合等值线图	1∶10万	25	不建库
定量预测要素图	预测区剥蚀程度图	1∶10万	24	不建库
定量预测要素图	预测区相似度图	1∶10万	25	不建库
定量预测要素图	预测区因子得分图	1∶10万	30	不建库
定量预测要素图	全区铜矿地球化学找矿靶区分布图	1∶150万	1	不建库
定量预测要素图	小计		239	
Ⅲ级成矿带	多元素组合异常图	1∶50万	9	不建库
Ⅲ级成矿带	多元素综合异常图	1∶50万	9	不建库
Ⅲ级成矿带	小计		18	
总计			4512	2402

四、成果数据库建设

按照全国项目办综合信息组的要求,完成全区及预测工作区地球化学图件的成果库建设工作,实行一图一库的原则。

(1)全区图件的成果库建设,共计完成成果图数据库 111 个。
(2)预测工作区基础图件的成果库建设,共计完成成果图数据库 2291 个。

五、化探综合研究工作

以《化探资料应用技术要求》为依据,化探课题组在完成全区基础地球化学图件的基础上,认真研究全区元素的分布特征和异常的形成规律,总结元素成矿规律,为矿产资源潜力评价预测提供可靠的地球化学信息。

根据全国项目办的要求,以完成的铜、金、铅、锌、钨、锑、稀土、银、钼、锡、镍、锰、铬等矿种典型矿床综合异常剖析图、全区矿床(点)分布图、地球化学图件(单元素地球化学图、单元素地球化学异常图、多元素地球化学组合异常图、多元素地球化学综合异常图等)为基础,充分研究各矿种成矿元素地球化学场的分布、单一及异常集中区组合异常特征与几何形态(异常形态),参考自治区成矿区(带)、地球化学区(带)、地质构造区(带)、成矿规律组划分的各矿种预测工作区及预测类型的成果,进行各矿种地球化学找矿预测区和最小预测区的划分与圈定,编制各矿种找矿预测图,为矿产资源潜力评价预测提供有力的地球化学依据。

六、铜定量预测工作

按照2010年任务书的要求,根据全区铜元素异常、综合异常分布范围,在划分的地球化学找矿预测区内进一步圈定预测靶区,应用铜异常与区内已知铜矿资源量等相关信息相结合的方法,预测自治区铜矿产资源量。

七、提交的成果报告

根据化探课题完成工作内容及技术要求的有关规定,共计完成编图说明书及成果报告如下:
(1)全区基础图件及成果图件编图说明书116份。
(2)预测工作区基础图件及成果图件的编图说明书2658份。
(3)内蒙古自治区矿产资源潜力评价化探资料应用成果报告1份。
(4)内蒙古自治区矿产资源潜力评价铜地球化学定量预测成果报告1份。
(5)内蒙古自治区矿产资源潜力评价典型矿床地球化学研究成果报告1份。

第三节 取得的主要成果

一、地球化学基础研究

课题组充分研究内蒙古自治区历年的化探资料,依据《化探资料应用技术要求》和矿产资源潜力评价数据模型,编制了全区化探基础图件并建立了相应的成果数据库,为内蒙古自治区矿产资源潜力评价提供了充分的地球化学依据。

(1)充分收集全区中小比例尺化探资料,编制全区1:20万及1:5万化探工作程度图,为今后布置化探工作和进行研究工作提供了信息。

(2)在全国二级景观分区、内蒙古自治区地貌分区及所有已完成1:20万区域化探扫面成果报告中的景观划分基础上,参考全区区域地球化学、地质、植被等特征,对内蒙古自治区进行了地球化学景观三级景观区的划分。全区地球化学景观共分4个大区,19个亚区。全区景观分类为7种,有森林沼泽区、残山丘陵区、中低山丘陵区、戈壁残山区、残山丘陵草原区、冲积平原区和沙漠区。景观区的划分为今后化探工作部署及工作方法的确定提供了有利依据。

(3)对全区收集的区域化探数据进行评估,并进行基础数据库的建设,为全区区域化探39种元素分析数据提供可靠的元素分布信息,单元素地球化学图明确显示了元素分布与地质背景的关联性,表明资料质量可靠,可用性强。

(4)收集全区已完成工作的中大比例尺的化探数据,初步建立中大比例尺化探数据库,为今后进行数据管理及使用提供基础资料。

(5)在研究全区单元素地球化学图元素分布特征后,根据全区地球化学景观分区对元素异常的影响情况,分区确定不同的异常下限,提取异常,编制单元素异常图,更客观地反映了元素异常的自然分布特征,为元素成矿规律研究提供可靠信息。全区共圈定单元素异常33 519个。

(6)对全区数据进行多元统计分析(聚类分析和因子分析),根据全区元素的相关性及研究矿种的元素组合特征,编制全区多元素组合异常图,为今后的预测矿种找矿预测区划分提供参考资料。

(7)为进行内蒙古自治区主要的成矿元素的矿产资源潜力评价工作,以这些元素为基础选取相关元素编制全区铜-铅-锌、金-砷-锑-钨、稀土元素综合异常图,对异常进行研究解释并划分异常级别。

(8)根据全区已知断裂构造及岩体中元素的分布特征,总结规律,利用全区化探基础资料进行断裂和岩体的推断工作。本次工作共推断断裂构造67条,其中深大断裂2条,一般性断裂65条;推断岩体35个,其中基性—超基性岩体30个,酸性岩体5个。

二、地球化学综合研究

(1)对铜、银等13个金属矿种的122个典型矿床的地质、地球物理、地球化学工作资料进行收集、整理,提取了矿床成矿要素,编制了典型矿床所在位置中大比例尺地球化学研究图件130张,并分矿种选取典型的成因类型建立了21个地质-地球化学找矿模型,为在全区寻找该类矿产提供了科学依据。

(2)对铜、银等13个金属矿种的113个预测工作区进行化探综合研究工作;选取与预测矿种密切相关的元素编制了单元素地球化学图、单元素异常图,研究了元素地球化学场的分布特征;根据元素的共生组合关系编制了多元素组合异常图,研究了各元素与主成矿元素之间的空间套合关系;圈定了综合异常,并对其进行价值分类;在各个预测工作区内寻找成矿条件有利、元素组合齐全、主成矿元素及主要共伴生元素异常强度高且套合好的地区圈定找矿预测区和最小预测区,对该区域内的找矿潜力进行了评估。

对萤石矿和菱镁矿两个非金属矿种的18个预测工作区初步进行了地球化学研究,编制了单元素地球化学图和单元素异常图,研究了F和MgO的地球化学场分布特征。

(3)研究了内蒙古自治区铜、金、铅、锌、钨、锑、稀土、银、钼、锡、镍、锰、铬等元素的空间与时间分布特征及分布规律,确定各矿种的主要共伴生元素组合,结合地质矿产特征及典型矿床地球化学特征,总结各矿种不同成因类型的元素组合,编制全区13个预测矿种的多元素地球化学组合异常图,为圈定预测矿种找矿预测区提供地球化学依据。

(4)为进行内蒙古自治区主要成矿元素(主要为铜、金、铅、锌、钨、锑、稀土、银、钼、锡、镍、锰、铬)的矿产资源潜力评价工作,以这些元素相对应的组合异常为基础,结合矿产分布特征,编制预测矿种综合异常图,对异常进行解释推断及价值分类。全区共圈定预测矿种综合异常2155个:铜综合异常240个,其中甲类40个,乙类140个,丙类60个;金综合异常204个,其中甲类40个,乙类123个,丙类41个;铅综合异常191个,其中甲类77个,乙类87个,丙类27个;锌综合异常215个,其中甲类75个,乙类98个,丙类42个;钨综合异常57个,其中甲类10个,乙类29个,丙类18个;锑综合异常38个,其中甲类1个,乙类31个,丙类6个;稀土综合异常83个,其中甲类5个,乙类53个,丙类25个;银综合异常216个,其中甲类57个,乙类132个,丙类27个;钼综合异常205个,其中甲类30个,乙类131个,丙类44个;锡综合异常144个,其中甲类12个,乙类93个,丙类39个;镍综合异常264个,其中甲类10个,乙类178个,丙类76个;锰综合异常90个,其中甲类19个,乙类53个,丙类18个;铬综合异常208个,其中甲类17个,乙类146个,丙类45个。

(5)根据预测矿种综合异常分布规律及典型矿床元素组合特征,结合主要成矿区带的矿产分布特征,编制全区各矿种找矿预测图,划分找矿预测区,并以同类综合异常的数量和找矿意义为依据对找矿预测区进行分级。全区共圈定出找矿预测区 207 处:铜矿找矿预测区 26 处,其中 A 级 4 处,B 级 11 处,C 级 11 处;金矿找矿预测区 29 处,其中 A 级 9 处,B 级 9 处,C 级 11 处;铅矿找矿预测区 20 处,其中 A 级 8 处,B 级 3 处,C 级 9 处;锌矿找矿预测区 22 处,其中 A 级 8 处,B 级 3 处,C 级 11 处;钨矿找矿预测区 17 处,其中 A 级 1 处,B 级 4 处,C 级 12 处;锑矿找矿预测区 11 处,其中 B 级 1 处,C 级 10 处;稀土矿找矿预测区 9 处,其中 A 级 1 处,B 级 3 处,C 级 5 处;银矿找矿预测区 17 处,其中 A 级 4 处,B 级 5 处,C 级 8 处;钼矿找矿预测区 22 处,其中 A 级 5 处,B 级 7 处,C 级 10 处;锡矿找矿预测区 8 处,其中 A 级 1 处,B 级 3 处,C 级 4 处;镍矿找矿预测区 10 处,其中 A 级 1 处,B 级 3 处,C 级 6 处;锰矿找矿预测区 8 处,其中 A 级 1 处,B 级 2 处,C 级 5 处;铬矿找矿预测区 8 处,其中 A 级 2 处,B 级 2 处,C 级 4 处。

(6)以《化探资料应用技术要求》为依据,在全区划分的找矿预测区基础上,充分研究典型矿床资料并结合全区预测矿种地球化学综合异常图及中大比例尺地球化学资料,在 A、B 级找矿预测区内,以甲类、乙类综合异常为目标,对找矿有利地段进行预测矿种最小预测区的划分与圈定。全区共圈定出最小预测区 37 处,其中铜矿 6 处,金矿 5 处,铅矿 5 处,锌矿 5 处,稀土矿 1 处,银矿 4 处,钼矿 4 处,锡矿 3 处,镍矿 1 处,锰矿 2 处,铬矿 1 处。

(7)在全区已进行区域化探扫面工作的 9 个Ⅲ级成矿区带内,分别选取主要成矿元素编制了多元素组合异常图,根据异常元素组合关系,以及异常与矿产分布、地质背景的关系,圈定了综合异常共 639 个。

(8)通过研究典型矿床的成矿模式,利用类比法和面金属量法进行铜矿的定量预测研究工作,完成了全区 26 个铜矿找矿预测区找矿靶区的划分及铜资源量地球化学估算工作。圈定 A 级找矿靶区 14 处,计算资源量为不考虑剥蚀 388.765×10^4 t、考虑剥蚀 416.185×10^4 t;B 级靶区 114 处,计算资源量为不考虑剥蚀 651.832×10^4 t、考虑剥蚀 657.240×10^4 t。

第二章　以往工作程度

第一节　以往工作情况

一、区域地球化学勘查

(一) 1∶20 万区域化探

内蒙古自治区自 1985 年开始进行 1∶20 万区域化探扫面工作,先后有许多单位在内蒙古自治区做过化探方法技术试验。首先开展此项研究工作的原地质矿产部地球物理地球化学研究所与内蒙古自治区第一地球物理地球化学勘查院合作,在内蒙古自治区中西部开展区域化探方法技术研究;然后是原地质矿产部第二综合物探大队在内蒙古自治区东部开展的区域化探方法技术研究;相继还有内蒙古自治区第二地球物理地球化学勘查院在得尔布干成矿带开展的区域化探方法研究,原地质矿产部地球物理地球化学研究所在黑龙江森林沼泽区开展的区域化探方法研究,原地质矿产部第一综合物探大队在内蒙古自治区中东部开展的区域化探方法研究,直到 2001 年初内蒙古自治区地质调查院和地质矿产部地球物理地球化学研究所在锡盟达来幅开展的区域化探方法研究。通过方法试验确定了干旱荒漠区、半干旱草原景观区、森林沼泽区等不同景观区的工作方法技术,总体以水系沉积物测量为主,以土壤测量为辅。先后有内蒙古自治区第一地球物理地球化学勘查院、内蒙古自治区第二地球物理地球化学勘查院、原地质矿产部第一综合物探大队、原地质矿产部第二综合物探大队、内蒙古自治区地质调查院、陕西省地质调查院、安徽省地质调查院、河南省地质调查院在内蒙古自治区进行 1∶20 万区域化探扫面工作。

截至 2009 年底,总计完成 179 个 1∶20 万标准图幅,全区可扫面积基本已经完成(图 2-1,表 2-1)。2009 年中国地质调查局对全区 1∶20 万化探资料进行评估,对其中质量差的 35 个图幅进行了重新扫面工作,目前已完成 12 个 1∶25 万图幅的区域化探扫面工作。

通过 30 多年的区域化探扫面工作,陆续发现了一大批与贵金属和有色金属矿产有关的有价值的区域化探异常,取得了较好的找矿效果。

(二) 1∶5 万和 1∶1 万化探

内蒙古自治区地质矿产勘查开发局 1980 年以来,先后提交了 30 多份中大比例尺化探成果报告。2000 年以来,中国地质调查局先后在阿拉善和得尔布干等成矿区进行 1∶5 万化探扫面,在主要成矿带布置 1∶5 万矿产地质调查工作,共有 10 个项目。内蒙古自治区地质勘查基金中心近年来在全区主要成矿带布置 1∶5 万化探扫面和 1∶5 万地质矿产远景调查工作,共有 221 个项目,取得了较为显著的找矿效果(表 2-2,图 2-2)。全区共完成 1∶5 万化探扫面面积约 $29\times10^4\text{km}^2$。

本区大比例尺化探工作仅在某些异常上做过剖面性和面积性工作。因为工作区较为零碎,工作单位涉及范围广,资料收集较为困难。

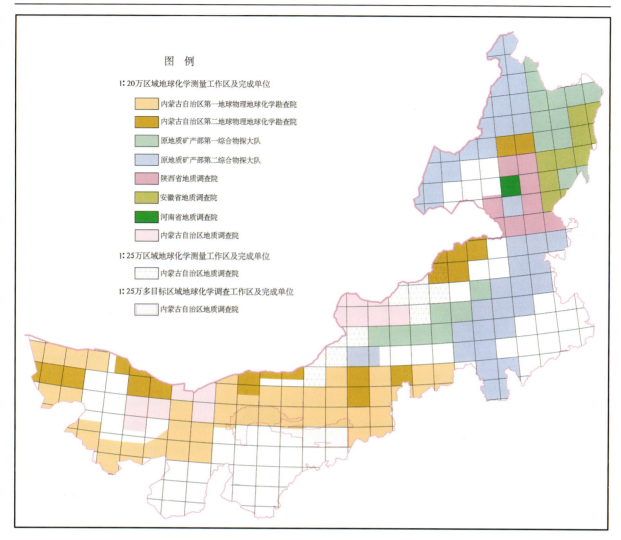

图 2-1 内蒙古自治区 1:20 万区域化探工作程度示意图

表 2-1 内蒙古自治区 1:20 万区域化探工作程度一览表

序号	项目(图幅)名称	承担单位	工作时间
1	内蒙古苏尼特左旗 K-49-[6] 幅 1:20 万区域化探	原地质矿产部 第一综合物探大队	1994—1997 年
2	内蒙古红格尔马场 K-50-[1] 幅 1:20 万区域化探		1994—1997 年
3	内蒙古察干诺尔 K-50-[2] 幅 1:20 万区域化探		1994—1997 年
4	内蒙古锡林浩特 K-50-[3] 幅 1:20 万区域化探		1994—1996 年
5	内蒙古罕乌拉 L-50-[29] 幅 1:20 万区域化探		1995—1997 年
6	内蒙古毛登 L-50-[33] 幅 1:20 万区域化探		1993—1995 年
7	内蒙古西乌珠穆沁旗 L-50-[34] 幅 1:20 万区域化探		1993—1995 年
8	内蒙古阿南林场 M-51-[3] 幅 1:20 万区域化探		?—2000 年
9	内蒙喀喇林场 M-51-[9] 幅 1:20 万区域化探		?—2000 年
10	内蒙古六十林场 M-51-[10] 幅 1:20 万区域化探		?—2001 年
11	内蒙古松林区 M-51-[11] 幅 1:20 万区域化探		?—2001 年
12	内蒙古十五里河 M-51-[12] 幅 1:20 万区域化探		?—2001 年
13	内蒙古满归 N-51-[33] 幅 1:20 万区域化探		?—2000 年

续表 2-1

序号	项目（图幅）名称	承担单位	工作时间
14	内蒙古高台 J-47-[4]幅 1：20 万区域化探		？—1997 年
15	内蒙古平川 J-47-[5]幅 1：20 万区域化探		？—1997 年
16	内蒙古努尔盖公社 J-47-[6]幅 1：20 万区域化探		？—1997 年
17	内蒙古山丹 J-47-[12]幅 1：20 万区域化探		？—1997 年
18	内蒙古雅布赖 J-48-[1]幅 1：20 万区域化探		1995—1997 年
19	内蒙古阿贵庙公社 J-48-[2]幅 1：20 万区域化探		1995—1997 年
20	内蒙古豪斯布尔都公社 J-48-[3]幅 1：20 万区域化探		1997—1999 年
21	内蒙古吉兰泰 J-48-[4]幅 1：20 万区域化探		1997—1999 年
22	内蒙古萨尔台公社 J-48-[7]幅 1：20 万区域化探		1995—1997 年
23	内蒙古红石山 K-47-[14]幅 1：20 万区域化探		？—1996 年
24	内蒙古黑鹰山 K-47-[15]幅 1：20 万区域化探		？—1996 年
25	内蒙古六驼山 K-47-[16]幅 1：20 万区域化探		？—1996 年
26	内蒙古嘎顺诺尔 K-47-[17]幅 1：20 万区域化探		？—1996 年
27	内蒙古索果淖 K-47-[18]幅 1：20 万区域化探		1997—2000 年
28	内蒙古公婆泉 K-47-[20]幅 1：20 万区域化探		1993—1996 年
29	内蒙古石板井 K-47-[21]幅 1：20 万区域化探		1993—1996 年
30	内蒙古路井 K-47-[22]幅 1：20 万区域化探		1993—1996 年
31	内蒙古红柳大泉 K-47-[27]幅 1：20 万区域化探	内蒙古国土资源勘查开发院	？—1994 年
32	内蒙古五道明 K-47-[28]幅 1：20 万区域化探		？—1994 年
33	内蒙古旧寺墩 K-47-[33]幅 1：20 万区域化探		？—1994 年
34	内蒙古天仓 K-47-[34]幅 1：20 万区域化探		？—1994 年
35	内蒙古咸水 K-47-[35]幅 1：20 万区域化探		？—1997 年
36	内蒙古伊吉汗果尔知 K-48-[13]幅 1：20 万区域化探		1997—2000 年
37	内蒙古巴音杭盖 K-48-[18]幅 1：20 万区域化探		1996—2000 年
38	内蒙古拐子湖 K-48-[19]幅 1：20 万区域化探		1997—2000 年
39	内蒙古哈日奥日布格 K-48-[20]幅 1：20 万区域化探		1997—2000 年
40	内蒙古潮格旗 K-48-[24]幅 1：20 万区域化探		？—1991 年
41	内蒙古乌力吉公社 K-48-[27]幅 1：20 万区域化探		1998—2000 年
42	内蒙古临河县 K-48-[30]幅 1：20 万区域化探		？—1991 年
43	内蒙古库乃头喇嘛庙 K-48-[32]幅 1：20 万区域化探		1995—1997 年
44	内蒙古阿拉坦敖包 K-48-[33]幅 1：20 万区域化探		1995—1997 年
45	内蒙古庆格勒图 K-48-[34]幅 1：20 万区域化探		1995—1997 年
46	内蒙古准索伦 K-49-[13]幅 1：20 万区域化探		1996—2000 年
47	内蒙古桑根达来 K-49-[14]幅 1：20 万区域化探		1996—2000 年
48	内蒙古查干敖包 K-49-[16]幅 1：20 万区域化探		？—1993 年

续表 2-1

序号	项目（图幅）名称	承担单位	工作时间
49	内蒙古白乃庙 K-49-[17]幅 1：20 万区域化探	内蒙古国土资源勘查开发院	?—1996 年
50	内蒙古镶黄旗 K-49-[18]幅 1：20 万区域化探		?—1990 年
51	内蒙古乌拉特中后旗 K-49-[19]幅 1：20 万区域化探		?—1991 年
52	内蒙古白云鄂博 K-49-[20]幅 1：20 万区域化探		?—1998 年
53	内蒙古达茂旗 K-49-[21]幅 1：20 万区域化探		?—1991 年
54	内蒙古四子王旗 K-49-[22]幅 1：20 万区域化探		?—1993 年
55	内蒙古三道沟 K-49-[23]幅 1：20 万区域化探		?—1996 年
56	内蒙古商都 K-49-[24]幅 1：20 万区域化探		?—1990 年
57	内蒙古五原县 K-49-[25]幅 1：20 万区域化探		?—1991 年
58	内蒙古佘太镇 K-49-[26]幅 1：20 万区域化探		1985—1988 年
59	内蒙古固阳县 K-49-[27]幅 1：20 万区域化探		?—1989 年
60	内蒙古呼和浩特市 K-49-[28]幅 1：20 万区域化探		1986—1989 年
61	内蒙古卓资县 K-49-[29]幅 1：20 万区域化探		?—1989 年
62	内蒙古集宁市 K-49-[30]幅 1：20 万区域化探		?—1995 年
63	内蒙古包头市 K-49-[32]幅 1：20 万区域化探		1985—1988 年
64	内蒙古凉城 K-49-[35]幅 1：20 万区域化探		?—1995 年
65	内蒙古大同市 K-49-[36]幅 1：20 万区域化探		?—1995 年
66	内蒙古正镶白旗 K-50-[13]幅 1：20 万区域化探		?—1996 年
67	内蒙古正兰旗 K-50-[14]幅 1：20 万区域化探		?—1992 年
68	内蒙古多伦县 K-50-[15]幅 1：20 万区域化探		?—1992 年
69	内蒙古康保 K-50-[19]幅 1：20 万区域化探		1990—1992 年
70	内蒙古太仆寺 K-50-[20]幅 1：20 万区域化探		?—1992 年
71	内蒙古奈吉公社 M-51-[19]幅 1：20 万区域化探		1995—2000 年
72	内蒙古乌尔其汗 M-51-[20]幅 1：20 万区域化探		1995—2000 年
73	内蒙古巴彦毛都 L-50-[15]幅 1：20 万区域化探		?—1994 年
74	内蒙古塔日根敖包 L-50-[16]幅 1：20 万区域化探		?—1994 年
75	内蒙古额仁戈壁 L-50-[17]幅 1：20 万区域化探		1991—1994 年
76	内蒙古东乌珠穆沁旗 L-50-[21]幅 1：20 万区域化探		?—1994 年
77	内蒙古宝力格 L-50-[22]幅 1：20 万区域化探		?—1994 年
78	内蒙古上黄旗 L-50-[21]幅 1：20 万区域化探		?—1992 年
79	内蒙古苏尼特右旗 K-49-[11]幅 1：20 万区域化探	陕西省地质矿产开发局第二综合物探大队（原地质矿产部第二综合物探大队）	1998—2001 年
80	内蒙古赛汗乌力吉 K-49-[12]幅 1：20 万区域化探		1998—2001 年
81	内蒙古刘家营子 K-50-[4]幅 1：20 万区域化探		?—1992 年
82	内蒙古林西 K-50-[5]幅 1：20 万区域化探		?—1992 年
83	内蒙古巴林左旗 K-50-[6]幅 1：20 万区域化探		1991—1993 年

续表 2-1

序号	项目(图幅)名称	承担单位	工作时间
84	内蒙古克什克腾旗 K-50-[10]幅 1:20 万区域化探		1987—1991 年
85	内蒙古五分地 K-50-[11]幅 1:20 万区域化探		1989—1993 年
86	内蒙古赤峰 K-50-[17]幅 1:20 万区域化探		1990—1993 年
87	内蒙古敖汉旗 K-50-[18]幅 1:20 万区域化探		1991—1994 年
88	内蒙古喀喇沁旗 K-50-[23]幅 1:20 万区域化探		1991—1994 年
89	内蒙古建平 K-50-[24]幅 1:20 万区域化探		1991—1994 年
90	内蒙古沙鲁敖包 L-50-[2]幅 1:20 万区域化探		1993—1996 年
91	内蒙古阿拉格 L-50-[3]幅 1:20 万区域化探		1994—1996 年
92	内蒙古罕达盖牧场 L-50-[6]幅 1:20 万区域化探		?—2002 年
93	内蒙古甘珠尔庙 L-50-[30]幅 1:20 万区域化探		1991—1993 年
94	内蒙古白塔子庙 L-50-[35]幅 1:20 万区域化探		?—1990 年
95	内蒙古协里府 L-50-[36]幅 1:20 万区域化探		?—1990 年
96	内蒙古大黑沟 L-51-[1]幅 1:20 万区域化探		?—1988 年
97	内蒙古好立保 L-51-[13]幅 1:20 万区域化探		1998—2000 年
98	内蒙古索伦 L-51-[14]幅 1:20 万区域化探		1998—2000 年
99	内蒙古乌兰浩特 L-51-[15]幅 1:20 万区域化探	陕西省地质矿产开发局第二综合物探大队（原地质矿产部第二综合物探大队）	1998—2000 年
100	内蒙古吐列毛都 L-51-[19]幅 1:20 万区域化探		1997—1999 年
101	内蒙古突泉 L-51-[20]幅 1:20 万区域化探		1997—1999 年
102	内蒙古哈达营子 L-51-[25]幅 1:20 万区域化探		?—1992 年
103	内蒙古科尔沁左翼中旗 L-51-[26]幅 1:20 万区域化探		?—1987 年
104	内蒙古扎鲁特旗 L-51-[31]幅 1:20 万区域化探		1990—1993 年
105	内蒙古恩和屯 M-50-[12]幅 1:20 万区域化探		1993—1995 年
106	内蒙古建设屯 M-50-[18]幅 1:20 万区域化探		1991—1995 年
107	内蒙古海拉恨山 M-50-[21]幅 1:20 万区域化探		1994—1997 年
108	内蒙古满洲里市 M-50-[22]幅 1:20 万区域化探		1994—1997 年
109	内蒙古胡列也吐湖 M-50-[23]幅 1:20 万区域化探		1994—1996 年
110	内蒙古头站旅店 M-50-[24]幅 1:20 万区域化探		1992—1996 年
111	内蒙古西庙 M-50-[27]幅 1:20 万区域化探		1994—1997 年
112	内蒙古呼伦湖 M-50-[28]幅 1:20 万区域化探		1994—1997 年
113	内蒙古阿尔哈沙 M-50-[32]幅 1:20 万区域化探		1993—1996 年
114	内蒙古新巴尔虎右旗 M-50-[33]幅 1:20 万区域化探		1993—1996 年
115	内蒙古古纳 M-51-[1]幅 1:20 万区域化探		1991—1994 年
116	内蒙古阿拉齐山 M-51-[2]幅 1:20 万区域化探		1991—1994 年
117	内蒙古上护林 M-51-[7]幅 1:20 万区域化探		1993—1995 年
118	内蒙古根河 M-51-[8]幅 1:20 万区域化探		1993—1996 年

续表2-1

序号	项目（图幅）名称	承担单位	工作时间
119	内蒙古三河镇 M-51-[13]幅1：20万区域化探	陕西省地质矿产开发局第二综合物探大队（原地质矿产部第二综合物探大队）	1991—1995年
120	内蒙古库都尔 M-51-[14]幅1：20万区域化探		1993—1996年
121	内蒙古西口子 N-51-[25]幅1：20万区域化探		1996—1999年
122	内蒙古砂宝斯林场 N-51-[26]幅1：20万区域化探		1996—1999年
123	内蒙古奇乾 N-51-[31]幅1：20万区域化探		1996—1999年
124	内蒙古大营 N-51-[32]幅1：20万区域化探		1996—1999年
125	内蒙古布特哈旗 M-51-[33]幅1：20万区域化探	原地质矿产部第一综合物探大队	？—2004年
126	内蒙古加格达齐 M-51-[17]幅1：20万区域化探	安徽省地质调查院	2002—2003年
127	内蒙古加卧都河 M-51-[18]幅1：20万区域化探		2002—2003年
128	内蒙古巴彦公社 M-51-[23]幅1：20万区域化探		？—2002年
129	内蒙古霍龙门公社 M-51-[24]幅1：20万区域化探		？—2002年
130	内蒙古清河公社 M-51-[29]幅1：20万区域化探		？—2002年
131	内蒙古小二沟 M-51-[28]幅1：20万区域化探		？—2002年
132	内蒙古阿荣旗 M-51-[34]等幅1：20万区域化探		？—2003年
133	内蒙古讷河县 M-51-[35]等幅1：20万区域化探		？—2003年
134	内蒙古沟口 M-51-[27]等幅1：20万区域化探		？—2006年
135	内蒙古华安公社 L-51-[3]等幅1：20万区域化探		？—2007年
136	内蒙古齐齐哈尔市 L-51-[4]等幅1：20万区域化探		？—2007年
137	内蒙古扎赉特旗 L-51-[9]等幅1：20万区域化探		？—2001年
138	内蒙古兴安里 M-51-[21]等幅1：20万区域化探		？—2000年
139	内蒙古克一河镇 M-51-[15]等幅1：20万区域化探		？—2000年
140	内蒙古卧都河腰站 M-51-[18]等幅1：20万区域化探		？—2003年
141	内蒙古喜贵图旗 M-51-[25]幅1：20万区域化探	陕西省地质调查院	？—2006年
142	内蒙古博克图 M-51-[26]幅1：20万区域化探		？—2004年
143	内蒙古五叉沟 L-51-[7]幅1：20万区域化探		？—2002年
144	内蒙古伊敏 M-50-[36]幅1：20万区域化探		？—2000年
145	内蒙古一二五公里 L-51-[2]幅1：20万区域化探		？—2006年
146	内蒙古索伦军马场 L-51-[8]幅1：20万区域化探		？—2001年
147	内蒙古阿里河 M-51-[16]幅1：20万区域化探		？—2000年
148	内蒙古达赉宾湖 M-51-[22]幅1：20万区域化探		？—2000年
149	内蒙古绰尔 M-51-[32]幅1：20万区域化探		？—2004年
150	内蒙古塔尔其 M-51-[31]幅1：20万区域化探	河南省地质调查院	2004—2005年
151	内蒙古希勃 K-48-[17]幅1：20万区域化探	内蒙古国土资源勘查开发院	？—2001年
152	内蒙古海力素 K-48-[23]幅1：20万区域化探		？—2001年

续表 2-1

序号	项目(图幅)名称	承担单位	工作时间
153	内蒙古三道桥 K-48-[29]幅 1:20 万区域化探	内蒙古国土资源勘查开发院	?—2001 年
154	内蒙古磴口 K-48-[35]幅 1:20 万区域化探		?—2001 年
155	内蒙古沙尔沟特 L-50-[11]幅 1:20 万区域化探		1991—1994 年
156	内蒙古拐子湖南 K-48-[25]幅 1:20 万区域化探	内蒙古自治区地质调查院	2000—2002 年
157	内蒙古沙拉套尔汗 K-48-[26]幅 1:20 万区域化探		2000—2002 年
158	内蒙古因格井 K-48-[31]幅 1:20 万区域化探		2000—2002 年
159	内蒙古扎敏敖包 K-48-[21]幅 1:20 万区域化探		2002—2003 年
160	内蒙古乌尔特 K-48-[22]幅 1:20 万区域化探		2002—2003 年
161	内蒙古银根 K-48-[28]幅 1:20 万区域化探		2002—2003 年
162	内蒙古乌日尼图 L-49-[28]幅 1:20 万区域化探		2001—2002 年
163	内蒙古红格尔 L-49-[29]幅 1:20 万区域化探		2001—2002 年
164	内蒙古查干敖包 L-49-[34]幅 1:20 万区域化探		2001—2002 年
165	内蒙古达来 L-49-[35]幅 1:20 万区域化探		2001—2002 年
166	内蒙古巴音乌拉 L-49-[36]幅 1:20 万区域化探		2003—2005 年
167	内蒙古敖格其呼都格 L-49-[30]幅 1:20 万区域化探		2003—2005 年
168	内蒙古阿尔嘎旗 L-50-[31]幅 1:20 万区域化探		2003—2005 年
169	内蒙古二连浩特市 K-49-[04]幅 1:20 万区域化探		2009—2011 年
170	内蒙古二连达布苏 K-49-[05]幅 1:20 万区域化探		2009—2011 年
171	内蒙古西力庙 K-49-[09]幅 1:20 万区域化探		2009—2011 年
172	内蒙古脑木根 K-49-[10]幅 1:20 万区域化探		2009—2011 年
173	内蒙古查干哈达 K-49-[15]幅 1:20 万区域化探		2009—2011 年
174	内蒙古乌力吉特敖包 L-50-[19]幅 1:20 万区域化探		2008—2010 年
175	内蒙古布林郭勒 L-50-[20]幅 1:20 万区域化探		2008—2010 年
176	内蒙古巴音图嘎 L-50-[25]幅 1:20 万区域化探		2008—2010 年
177	内蒙古吉尔嘎郎图 L-50-[26]幅 1:20 万区域化探		2008—2010 年
178	内蒙古巴彦宝力格 L-50-[32]幅 1:20 万区域化探		2008—2010 年
179	内蒙古贺根山 L-50-[27]幅 1:20 万区域化探		2010—2012 年

表 2-2 内蒙古自治区中大比例尺化探工作程度一览表

序号	项目(报告)名称	项目承担单位
1	内蒙古自治区乌拉特前旗沙德盖一带 1:5 万水系沉积物普查报告	内蒙古自治区第一地质矿产勘查开发院
2	内蒙古乌盟四子王旗白乃庙—锡盟镶黄旗 1:5 万少郎山水系沉积物测量普查找矿工作成果报告	内蒙古地质局物探队
3	内蒙古乌盟四子王旗红格尔地区 1:5 万水系沉积物测量普查找矿工作成果报告	
4	内蒙古巴盟乌拉特中后联合旗渣尔泰地区 1:5 万水系沉积物测量普查找矿工作成果报告	

续表 2-2

序号	项目(报告)名称	项目承担单位
5	内蒙古巴盟乌拉特中后联合旗罕乌拉地区1:5万水系沉积物测量普查找矿工作成果报告	内蒙古物探队
6	内蒙巴彦淖尔盟狼山地区千德曼-霍各乞1:5万分散流普查找矿报告	冶金部第一冶金地勘公司第一物探大队
7	内蒙古自治区昭乌达盟林西—索博力嘎地区1:5万水系沉积物测量成果报告	原地质矿产部第二综合物探大队
8	内蒙古自治区乌拉特前旗色尔腾山工区1:5万水系沉积物测量普查报告	内蒙古第二物探化探队
9	内蒙古自治区四子王旗小高台子工区1:5万水系沉积物测量普查工作报告	
10	内蒙古自治区赤峰市郊区铭山—猴头沟工区1:5万水系沉积物测量金矿普查报告	内蒙古地矿局第二物探化探队
11	内蒙古自治区敖汉旗金厂沟梁工区1:5万水系沉积物测量普查报告	
12	内蒙古额济纳旗阿木乌苏东部地区1:5万水系沉积物测量成果报告	内蒙古地矿局第一物探化探队
13	内蒙古自治区东乌珠穆沁旗乌兰陶勒盖工区1:5万水系沉积物测量普查报告	内蒙古地矿局第二物探化探队
14	内蒙古自治区多伦县黑山嘴工区1:5万水系沉积物测量普查报告	
15	内蒙古阿鲁科尔沁旗甘珠尔庙地区1:5万土壤地球化学测量报告	内蒙古地矿局115地质队
16	内蒙古乌盟苏尼特右旗别鲁乌图地区1:5万水系沉积物测量工作报告	内蒙古地矿局第一物探化探队
17	内蒙古自治区多伦县西大仓测区1:5万水系沉积物测量普查报告	内蒙古地矿局第二地探队
18	内蒙古大青山区庙沟—东河子1:5万金矿化探普查工作报告	内蒙古地矿局第一物探化探队
19	内蒙古林西县朝阳沟L-50-141A、C 1:5万水系沉积物测量普查报告	内蒙古国土资源勘查开发院
20	内蒙古自治区额济纳旗老硐沟、阿木乌苏地区1:5万水系沉积物测量普查报告	内蒙古自治区地质调查院
21	内蒙古阿里亚金厂幅N-51-98丁、八道卡幅N-51-99丙1:5万水系沉积物测量	
22	K-50-93D、K-50-93C大营子、头道营子幅1:5万水系沉积物测量	
23	冀蒙相邻地区六十一顷—哈洞郭小1:5万化探工作报告	
24	得尔布干成矿远景区内蒙古河源林场地区1:5万化探工作报告	
25	内蒙古阿拉善成矿远景区珠斯楞—海尔罕一带1:5万化探工作报告	
26	内蒙古哈拉胜格拉等六幅1:5万区域矿产地质调查报告	
27	内蒙古双沟山地区1:5万矿产远景调查报告	
28	内蒙古新巴尔虎左旗海日嘎乌拉等四幅1:5万区域矿产调查报告	
29	内蒙古大狐狸山地区1:5万矿产远景调查报告	
30	内蒙古阿巴嘎旗巴彦德勒地区1:5万矿产远景调查报告	
31	内蒙古西乌珠穆沁旗—霍林郭勒地区铜多金属矿远景调查	
32	内蒙古满洲里—扎赉诺尔地区矿产远景调查	
33	内蒙古自治区大滩幅、七苏木幅、金盆幅等六幅1:5万化探	
34	内蒙古二连-东乌珠穆沁旗航磁异常查证	
35	内蒙古二连-东乌珠穆沁旗成矿带铜矿评价	
36	内蒙古大兴安岭中南段锡林浩特—霍林郭勒多金属矿评价	
37	内蒙古阿拉善右旗因格井—恩格尔乌苏一带区域化探异常查证	
38	内蒙古新巴尔虎右旗海日噶乌拉等四幅1:5万区域矿产调查	

续表 2-2

序号	项目(报告)名称	项目承担单位
39	内蒙古达来庙地区1:5万矿产远景调查	内蒙古自治区地质调查院
40	内蒙古自治区阿拉善地区高石山、乌兰尚德铜铅锌多金属矿普查	
41	内蒙古自治区中西部铁矿成矿区航磁异常查证	
42	内蒙古乌拉特中旗克布地区铜镍矿调查评价	
43	内蒙古额济纳旗高石山铜多金属矿普查	

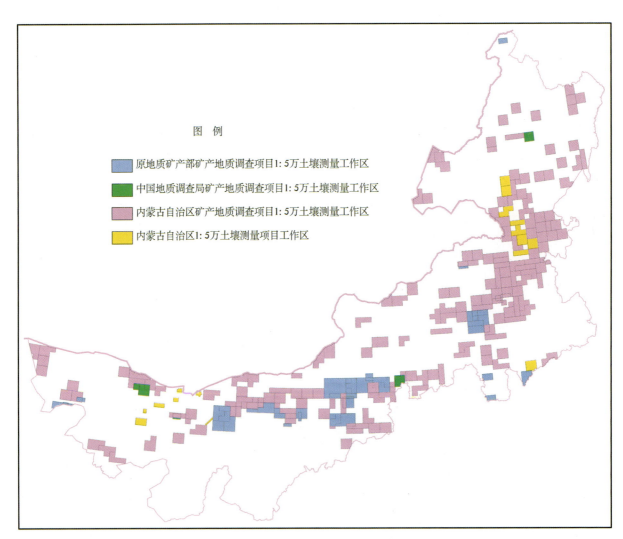

图 2-2 内蒙古自治区 1:5 万区域化探工作程度示意图

二、区域地球化学数据库

自 2001 年起，内蒙古自治区按中国地质调查局统一制订的区域地球化学调查数据汇交格式，对本区能收集到的 1:20 万区域地球化学调查水系沉积物测量数据进行整理后向中国地质调查局发展研究中心进行了汇交，于 2005 年由中国地质调查局发展研究中心建立了全国区域地球化学数据库。

内蒙古自治区区域地球化学数据库是由中国地质调查局在所建立的全国区域地球化学数据库基础之上,根据内蒙古自治区重要矿产资源潜力评价项目的需要,从全国数据库中提取内蒙古自治区数据而成的。内蒙古自治区区域地球化学数据库为1∶20万水系沉积物(土壤样品)样品数据,包括1∶20万 $4km^2$ 组合样的39种元素和氧化物数据。分析项目为 Ag、As、Au、B、Ba、Be、Bi、Cd、Co、Cr、Cu、F、Hg、La、Li、Mn、Mo、Nb、Ni、P、Pb、Sb、Sn、Sr、Th、Ti、U、V、W、Y、Zn、Zr、SiO_2、Al_2O_3、Fe_2O_3、MgO、CaO、Na_2O、K_2O 39项指标。

至2009年底,内蒙古自治区完成1∶20万区域化探图179幅,其中完成169幅1∶20万水系沉积物地球化学图测试数据的入库工作,还有已完成的10幅尚未收集入库,入库39种元素和氧化物的主数据量为163 613条。样品分析质量均通过各省、自治区地质矿产勘查开发局评审,质量可靠,可利用性高。

初步完成内蒙古自治区1∶5万区域化探数据库,收集数据主要来自2000年以来进行化探扫面的地区,分析元素各图幅均不相同,有 Ag、As、Au、Bi、Cd、Co、Cr、Cu、Hg、Mo、Ni、Pb、Sb、Sn、W、Zn 等元素,入库16种元素的主数据量约为66 900条。

第二节 资料收集及可利用程度

本次收集到的资料包括:1∶20万区域化探扫面图幅的地球化学图说明书、异常登记卡、异常剖析图表册、综合异常图等;1∶5万化探扫面地区的地球化学图说明书、异常登记卡、异常剖析图表册、原始数据图、综合异常图等;各种大比例尺异常查证工作成果报告及其附图、附件;典型矿床的研究成果报告及附件;全区化探综合研究工作报告等。

全区1∶20万区域化探扫面共采集水系沉积物样品和土壤样品约605 364件,按 $4km^2$ 网格对样品进行组合,获得组合样品约163 613件。

第三节 存在的主要问题

(1)全区1∶20万区域化探扫面完成179幅,已收集了169幅区域化探扫面39种元素和氧化物的原始数据,目前尚有11幅原始数据经多方协商仍没有收集到。

(2)内蒙古自治区景观差别较大,进行区域化探扫面单位多,年代跨度大,采样方法不统一(如采样粒级不一致),导致元素的分析数据存在较明显的系统误差。

(3)全区进行1∶5万化探扫面年代跨度较大,分析方法不统一,分析元素不一致,有些资料质量无法保证,给资料的使用带来困难。

(4)典型矿区的中大例尺化探工作年代较早,收集不到原始数据,图件均为矢量化而成,影响将来进行模型建立和定量预测。

第三章　方法技术及质量评述

第一节　编图原则及依据

一、数据源的选取

根据任务书要求，本次工作主要是完成全区 39 种元素和氧化物的地球化学基础图件，在完成该类图件的基础上，进一步完成铜、金、铅、锌、钨、锑、稀土、银、钼、锡、镍、锰、铬等 13 个预测矿种的全区、预测工作区及典型矿床的相关图件（组合异常图、综合异常图、找矿预测图等）。

（一）内蒙古自治区全区图件

1. 地球化学工作程度图

（1）内蒙古自治区 1∶20 万区域化探工作程度图：本次编图采用的底图为内蒙古自治区 1∶20 万接图表。在收集以往所有已进行 1∶20 万区域化探扫面成果报告等资料后编制而成。

（2）内蒙古自治区 1∶5 万区域化探工作程度图：本次编图采用的底图为内蒙古自治区 1∶5 接图表。根据从内蒙古自治区地质勘查基金中心收集的全区 1∶5 万矿调工作程度图，以及历年来进行 1∶5 万化探扫面工作的成果报告等资料编制而成。

2. 地球化学景观图

内蒙古自治区地球化学景观的划分是在全国二级景观分区图、内蒙古自治区地貌分区略图及所有已完成 1∶20 万区域化探扫面成果报告中的景观划分基础上，参考区域地球化学、地质、植被等特征进一步详细划分。参考资料有内蒙古自治区测绘局出版的《内蒙古自治区地图集》中的关于内蒙古自治区地形、内蒙古自治区土壤、内蒙古自治区植被等的图件。

3. 单元素地球化学图

成图数据为全区 1∶20 万区域化探扫面 4km² 组合样数据，全区共采集水系沉积物样品和土壤样品约 605 364 件，按 4km² 网格对样品进行组合，获得组合样品约 163 613 件；样品分析由各省地质矿产勘查开发局中心实验室完成，分析元素和氧化物 39 项，获得分析数据 163 613 个。目前成图数据中缺少 10 幅已完成 1∶20 万化探扫面的分析数据。

4. 单元素地球化学异常图

成图数据为内蒙古自治区 1∶20 万区域化探扫面 4km² 组合样数据。在单元素地球化学图的基础上，根据《化探资料应用技术要求》，采用异常下限值以上的数据勾绘而成。

5. 预测矿种地球化学组合异常图

成图数据为内蒙古自治区1∶20万区域化探扫面4km²组合样数据。以圈定的单元素异常为基础，根据预测矿种的成因类型、成矿地质环境确定特征元素组合，进行组合异常图的编制工作。

6. 预测矿种地球化学综合异常图

成图数据为内蒙古自治区1∶20万区域化探扫面4km²组合样数据。在编制的组合异常图的基础上，依据综合解释的需要，按多个元素的空间逻辑叠加结果划分、圈定异常，确定各个预测矿种的主要共伴生元素，编制综合异常图。

7. 预测矿种地球化学找矿预测图

在综合异常图的基础上，参考全区Ⅲ级成矿区带的划分、成矿规律组划分的预测工作区范围及全区矿产的分布，结合预测矿种典型矿床综合研究成果及大比例尺化探资料，划分地球化学找矿预测区并圈定最小预测区。

8. 铜地球化学资源量预测成果图

在全区铜地球化学图、铜矿地球化学综合异常图、铜矿地球化学找矿预测图及各预测区地球化学基础图件、预测要素图件的基础上，结合资源量预测的地球化学方法，计算各个预测靶区的资源量，并将各个预测区划分靶区进行整合绘制铜地球化学资源量预测成果图。

9. 地球化学推断地质构造图

成图资料参考已完成的单元素地球化学图、单元素地球化学异常图及地球化学组合异常图。通过对全区相关元素地球化学场分布的综合研究及翻阅有关的1∶20万区域地球化学说明书，结合全区地质图，编制地球化学推断地质构造图。

(二) 典型矿床图件

典型矿床的综合异常剖析图、剖面图等主要来自收集1∶20万综合异常登记卡、1∶5万图幅水系沉积物测量资料和大比例尺化探及矿区资料，部分为1∶20万区域化探扫面4km²组合样数据勾绘而成。

(三) 预测工作区图件

预测工作区的单元素地球化学图、单元素地球化学异常图、地球化学组合异常图、地球化学综合异常图成图数据均为内蒙古自治区1∶20万区域化探扫面4km²组合样数据，在以上地球化学图件的基础上，综合区内已知典型矿床特征，编制了预测工作区的找矿预测图。

(四) 最小预测区图件

最小预测区图件的资料来源均为已收集的1∶20万区域化探扫面4km²组合样数据及1∶5万地球化学说明书、附图、附件。

(五) Ⅲ级成矿区带图件

Ⅲ级成矿区带组合异常图成图数据为内蒙古自治区1∶20万区域化探扫面4km²组合样数据，选取成矿区带内主要成矿元素提取异常编制；综合异常图是在组合异常图的基础上，依据综合解释的需要,按多个元素的空间逻辑叠加结果,结合地质背景特征,划分、圈定异常,并确定其主要共伴生元素。

二、编图比例尺及坐标投影

(一)内蒙古自治区全区图件

全区图件的编图比例尺为1∶50万。坐标系类型:投影平面直角坐标系。椭球参数:北京54椭球参数。投影类型:兰伯特等角圆锥投影坐标系,第一纬度38°,第二纬度52°,中央经线111°,原点纬度37°35′。

(二)典型矿床图件

典型矿床图件的比例尺及坐标系投影类型与收集的数据和图件一致。

(三)预测工作区图件

编图比例尺为1∶25万~1∶5万,成图比例尺与背景组提供的地质底图相同。预测工作区图件选择投影平面直角坐标系、高斯-克吕格坐标系进行投影,中央经线与地质底图一致,投影模型椭球参数采用北京54坐标系。

(四)最小预测区图件

图件采用投影平面直角坐标系、高斯-克吕格坐标系进行投影,椭球参数采用北京54坐标系,比例尺为1∶10万,中央经线根据图件经度范围选取。矢量化的大比例尺图件,投影参数与收集的数据和图件一致。

(五)Ⅲ级成矿区带图件

图件编图比例尺为1∶50万。坐标系类型:投影平面直角坐标系。椭球参数:北京54椭球参数。投影类型:兰伯特等角圆锥投影坐标系,第一纬度38°,第二纬度52°,中央经线111°,原点纬度37°35′。

三、数据分级及异常划分原则

(一)单元素地球化学图

数据分级方法按照《化探资料应用技术要求》,采用累频分级,全区共分19级,频率间隔为0.5、1.2、2、3、4.5、8、15、25、40、60、75、85、92、95.5、97、98、98.8、99.5、100(%),色阶颜色采用规范统一图例(090512潜力评价统一系统库1760—1778),各级色阶的选取原则是低背景区为蓝色,背景区为黄色,高背景区为浅红色,异常区为深红色。各色区之间的色调呈过渡逐渐变化,即由蓝—绿—黄—红—深红的渐变规律,反映元素含量(本书含量指质量分数)逐渐增高的趋势。

(二)单元素地球化学异常图

异常均分为内、中、外带,内带为98%的累频值,中带为95.5%的累频值,全区统一异常下限的元素和氧化物(B、Ba、Be、Bi、Cd、Cr、F、Hg、Li、Nb、P、Sr、Ti、V、Zr、SiO_2、Al_2O_3、MgO、CaO、Na_2O、K_2O)外带为85%的累频值;按地球化学景观采用不同异常下限的元素(Ag、As、Au、Co、Cu、La、Mn、Mo、Ni、Pb、Sb、Sn、Th、U、W、Y、Zn、Fe_2O_3),西部(戈壁残山区)外带为75%的累频值,中部(残山丘陵区)为85%的累频值,东部(森林沼泽区)为92%的累频值。分别用红色、橙色、黄色(潜力评价统一系统库

1377、1165、1420)表示异常的内、中、外带。

(三)预测矿种多元素地球化学组合异常图

主成矿元素分内、中、外带,用主成矿元素异常范围区表示,分别用红色、橙色、黄色(潜力评价统一系统库1774、1772、1770)表示;伴生元素只提取异常下限值,用单元素异常范围线表示,分别设色,按照《化探资料应用技术要求》,如红色、蓝色、绿色、粉色、黄色等。

(四)预测矿种地球化学综合异常图

根据已圈定的单元素异常和组合异常,依据组合异常元素特征、预测矿种的成矿元素相关性,以及矿产空间分布特征,确定各个预测矿种的主要共伴生元素,按多个元素的空间逻辑叠加结果圈定综合异常范围。

根据综合解释的需要划分异常类别,为甲、乙、丙、丁4种。划分原则是:甲类为化探工作中圈定的具有扩大找矿远景的矿致异常;乙类为推断有找矿前景的化探异常;丙类为性质不明的化探异常;丁类为非矿致异常。由于丁类异常对于矿产预测没有指导意义,本次工作对于此类异常不进行评价,图面上也不编号。

(五)Ⅲ级成矿区带图件

在全区单元素异常图的基础上,选取各成矿区带内主要成矿元素编制组合异常图;根据组合异常的空间分布规律,结合异常区地质背景特征、矿产分布圈定综合异常。

四、编图依据

化探资料应用参照的技术依据有:
(1)《全国矿产资源潜力评价项目化探资料应用技术要求》,国土资源部,2010年5月。
(2)《全国矿产资源潜力评价数据模型 化探分册》(V3.10),全国矿产资源潜力评价综合信息组。
(3)《全国矿产资源潜力评价数据模型 编图说明书提纲分册》(V3.10),全国矿产资源潜力评价综合信息组。
(4)《全国矿产资源潜力评价数据模型 地理信息分册》(V3.10),全国矿产资源潜力评价综合信息组。
(5)《全国矿产资源潜力评价数据模型 空间坐标系统及其参数规定分册》(V3.10),全国矿产资源潜力评价综合信息组。
(6)《全国矿产资源潜力评价数据模型 数据项下属词规定分册》(V3.10),全国矿产资源潜力评价综合信息组。
(7)《全国矿产资源潜力评价数据模型 通用代码规定分册》(V3.10),全国矿产资源潜力评价综合信息组。
(8)《全国矿产资源潜力评价数据模型 统一图例规定分册》(V3.10),全国矿产资源潜力评价综合信息组。
(9)《全国矿产资源潜力评价数据模型 统一图式规定分册》(V3.10),全国矿产资源潜力评价综合信息组。
(10)《全国矿产资源潜力评价数据模型 元数据规定分册》(V3.10),全国矿产资源潜力评价综合信息组。
(11)《区域地质图图例》(GB 958—99),中华人民共和国国家标准。
(12)《GEOMAG》(V3.10)数据模型软件。

(13)《中华人民共和国地质矿产行业标准 地球化学普查规范(1∶5万)》(DZ/T 0011—1991),中华人民共和国地质矿产部,1992年1月。

(14)《中华人民共和国地质矿产行业标准 区域地球化学勘查规范》(DZ/T 0167—2006),中华人民共和国国土资源部,2006年。

(15)《中华人民共和国地质矿产行业标准 岩石地球化学测量技术规程》(DZ/T 0248—2006),中华人民共和国国土资源部,2006年。

(16)《中华人民共和国地质矿产行业标准 土壤地球化学测量规范》(DZ/T 0145—1994),中华人民共和国地质矿产部,1994年12月。

(17)《中华人民共和国国家标准 地球化学勘查技术符号》(GB/T 14839—1993),国家技术监督局,1993年12月。

(18)《中华人民共和国国家标准 地球化学勘查术语》(GB/T 14496—1993),国家技术监督局,1993年6月。

(19)《中华人民共和国国家标准 地理信息技术基本术语》(GB/T 17694—1999),国家技术监督局,1999年9月。

第二节 数据处理与解释方法

一、数据预处理

收集到的化探元素原始数据资料在应用成图前,需进行以下检查:

(1)坐标检查。数据有无样品点坐标,坐标是否符合规定要求。

(2)数据格式检查。数据是否存在文字形式的描述,如"＜检出限"等,若有则进行"数字化",以检出限的半值替代"＜检出限"。数据均以Excel格式存储。

(3)统一含量单位,不同的测试方法形成的数据含量不同,均按《化探资料应用技术要求》统一更改。

(4)数据极值检查。如果数据存在极少数的极值与其他样品含量数据相差太过悬殊,则设置新的变量,标记出该极值,在进行后续的统计计算时,必要时不考虑该极值点,避免因极个别数据左右元素之间的正常相关关系。

(5)区域1∶20万水系沉积物测量数据预处理。内蒙古自治区区域化探工作为不同单位在不同时间内完成,且分析数据受不同地球化学景观、不同采样介质、不同采样粒级、不同分析方法的影响,产生明显的系统误差,因此必须对数据进行系统误差的校正处理,消除图幅间由方法技术、景观差异等造成的系统误差。

二、数据统计分析

数据统计分析主要是地球化学参数统计计算,包括样品数、算术平均值、标准差、变异系数、最大值、最小值、偏度、峰度、累频点统计等。如需统计剔除后的地球化学参数,则按照平均值加减3倍标准差反复剔除的方法。

算术平均值计算公式:$\bar{X} = \dfrac{1}{n}\sum_{i=1}^{n}X_i$

标准差计算公式:$S = \sqrt{\dfrac{\sum_{i=1}^{n}(X_i - \bar{X})^2}{n}}$

变异系数计算公式：$C_v = \dfrac{S}{\overline{X}} \times 100\%$

偏度计算公式：$g_1 = \dfrac{n}{(n-1)(n-2)} \sum\limits_{i=1}^{n} \left(\dfrac{X_i - \overline{X}}{S} \right)^3$

峰度计算公式：$g_2 = \dfrac{n(n+1)}{(n-1)(n-2)(n-3)} \sum\limits_{i=1}^{n} \left(\dfrac{X_i - \overline{X}}{S} \right)^4 - \dfrac{3(n-1)^2}{(n-2)(n-3)}$

式中，n 为样品数；X_i 为第 i 件样品含量。

三、因子分析

因子分析对于认识不同指标间的相互组合关系和样品的差异性有很大帮助。因子分析的数据排除零含量和极值含量样品，以相关矩阵用主成分分析法，因子提取原则为总方差解释量≥85%，按方差最大的方法进行旋转，输出旋转后的因子载荷表（按系数大小排序），必要时输出因子得分表，以便编制因子得分图。

四、聚类分析

聚类分析主要应用于样品差异性分析，即 Q 型聚类。一般采用层聚类的方式，可按需要设定聚类数，聚类方法为最小方差法，以欧式距离或向量间的余弦值计算，对原始数据采取中心化，消除量纲影响，保存聚类分组结果。

五、异常处理与分析

地球化学异常利用网格化数据按累频计算取得异常分带值及各级异常下限。网格化方法采用以距离为幂指数的指数加权法，搜索范围为 GeoExpl 软件中以计算点为中心，圆域搜索，搜索半径为 2.5km。各级异常下限确定后一般不再做人工处理。

六、分区数据处理

分区处理仅表现在按地球化学景观区分区编制地球化学异常图方面。

内蒙古自治区地域广阔，地球化学景观复杂，大致可分为森林沼泽区、残山丘陵区、戈壁残山区、冲积平原区和沙漠区 5 种地球化学景观类型。全区景观分布具有明显的地域特征：西部主要为戈壁残山区、沙漠区及部分的冲积平原区；中部主要为残山丘陵区及部分沙漠区；东部以森林沼泽区为主，并有小面积的冲积平原区和部分沙漠区，其中沙漠区和冲积平原区不进行区域化探扫面工作。根据元素地球化学分布，结合区域地质特征，针对全区地球化学景观差异对其地球化学分布影响比较大的单元素，根据地球化学景观类型对元素异常分布的影响程度将全区分为西部（戈壁残山区）、中部（残山丘陵区）和东部（森林沼泽区）3 个区对元素地球化学异常进行提取，分别确定这 3 个区的异常下限，绘制单元素地球化学异常图。

七、典型矿床的地球化学研究

根据典型矿产的元素异常空间分布特征、组合特征，综合地质构造情况，建立典型矿床地球化学找矿模式。

(1)研究矿床异常与成矿区带异常的关联性,富集成矿部位的地球化学特征,矿床异常(成矿和指示元素)特征与成矿类型和成矿规模,表生地球化学对异常浓度、分布的影响,建立典型矿床地球化学识别模式。

(2)根据区内不同类型、不同规模、不同剥蚀程度、不同景观区已知矿床的地球化学异常特征,控矿构造、控矿岩体和控矿地层的地球化学标志,建立典型矿床地球化学找矿模式。

(3)依据典型矿床地球化学资料,编制单元素地球化学图,研究典型矿床的区域异常和局部异常特征,编制综合异常图、异常剖析图等,为区域成矿预测提供依据,建立区域地球化学预测模型。

八、地球化学推断地质构造理论基础

浅表地球化学场是指近地表(表壳)所形成的地球化学场,在空间上其深度与已出露的基底、盖层、岩浆岩的厚度或延伸有关。由于有些表壳物质来源于深部,因此浅表地球化学场在一些空间部位上也反映深部地球化学场的某些特征及成矿特点。水系沉积物是汇水域内各种岩石风化产物的天然组合,对已出露的基底和盖层的地球化学特征及各种地质作用留下的印迹有良好的继承性。

地球化学场的分布特征及组合规律是区域地质构造演化过程中元素的集散、迁移的形迹所在;地球化学场的变化规律及元素组合在空间分布特征表现为一定的方向性,如呈串珠状、等轴状、等间距性分布,均是地质构造活动引起元素地球化学场的变化结果。

由于断裂构造与成岩、成晕作用有密切关系,断裂构造按照广义热力学的定义属于开放体系,与外界产生能量和物质交换。断裂体系中存在压力差、温度差、浓度差等,导致部分元素贫化或富集。因此,断裂构造的分布特征也直接决定着地球化学场和异常的分布特征。反之,地球化学场的变化规律及空间分布规律也可推断地表或隐伏地质构造。

第三节 编图方法技术

一、内蒙古自治区全区图件

(一)1:20万地球化学工作程度图

1. 编图方法

(1)收集以往所有已进行1:20万区域化探扫面标准图幅资料,对相关信息进行整理,如野外工作区、图幅代码、工作比例尺、地理投影方式、工作面积、工作单位、工作起止日期、行政负责人、技术负责人、工作方法、工作质量、实际采样数、实际分析数等。

(2)利用全区1:20万接图表作为底图,用不同颜色表示不同工作单位进行区域化探扫面范围,在每个图幅右下角标注工作起止年限。

2. 图面表达

(1)图名:内蒙古自治区1:20万地球化学工作程度图。

(2)不同工作单位的工作区用不同面色区分。1:25万多目标地球化学调查工作区用黑色菱形花纹(透明区)表示。

(3)地理底图为内蒙古自治区1:50万数字地形图的简化地理图层,包括边境线、省(自治区)边界线等。

(二)1∶5万地球化学工作程度图

1. 编图方法

(1)从内蒙古自治区地质勘查基金中心收集全区1∶5万矿调工作程度图(内蒙古自治区地质勘查基金项目),以及历年来进行1∶5万化探工作的成果报告。整理工作区相关信息,如图幅代码、工作比例尺、地理投影方式、工作面积、工作单位、工作起止日期、行政负责人、技术负责人、工作方法、工作质量、实际采样数、实际分析数等。

(2)将全区按工作单位和工作性质划分为4种类型:①原地质矿产部矿产地质调查项目1∶5万土壤测量工作;②中国地质调查局矿产地质调查项目1∶5万土壤测量工作;③内蒙古自治区矿产地质调查项目1∶5万土壤测量工作;④内蒙古自治区1∶5万土壤测量项目。

(3)利用全区1∶5万接图表作为底图,用不同颜色区分以上4种类型的工作区。

2. 图面表达

(1)图名:内蒙古自治区1∶5万地球化学工作程度图。
(2)不同类型的工作区用面色表示。
(3)地理底图以简化素图的方式表示,包括边境线、省(自治区)边界线等。

(三)地球化学景观图

1. 编图方法

(1)在全国二级景观分区图、内蒙古自治区地貌分区略图及所有已完成1∶20万区域化探扫面成果报告中的景观划分基础上,参考区域地球化学、地质、植被等特征再对全区地球化学景观进一步详细划分。参考资料有内蒙古自治区测绘局出版的《内蒙古自治区地图集》中的关于内蒙古自治区地形、内蒙古自治区土壤、内蒙古自治区植被等的图件。

(2)将收集到的内蒙古自治区地理及地球化学景观方面的资料进行筛选,选择真实、可靠的图件及资料加以利用。在MapGIS软件中对所需图件进行矢量化,然后进行信息提取。

(3)将全区地球化学景观共分为4个大区,19个亚区。全区景观共分为7类,有森林沼泽区、残山丘陵区、中低山丘陵区、戈壁残山区、残山丘陵草原区、冲积平原区和沙漠区。

2. 图面表达

(1)图名:内蒙古自治区地球化学景观图。
(2)全区共划分7类景观区,用不同面色表示。在每一景观区内标注景观区级别和类型。
(3)地理底图以简化素图的方式表示,包括边境线、省(自治区)边界线等。
(4)图饰内容包括:内蒙古自治区地球化学景观分区划分表。

(四)单元素地球化学图

单元素地球化学图包括1∶20万区域化探扫面工作分析的39种元素及氧化物的地球化学图。

1. 编图方法

1)空间坐标转换

在GeoExpl软件中,对成图数据进行空间坐标转换。根据全国项目办的统一要求,内蒙古自治区全区图件投影参数选择投影平面直角兰伯特等角圆锥投影坐标系,中央经度为111°,第一标准纬度38°,第二标准纬度52°,投影原点纬度37°35′。各投影模型椭球参数均采用北京54坐标系。

2)数据校正处理

由于元素的分析数据受不同地球化学景观、不同采样介质、不同采样粒级、不同分析方法的影响,不可避免地产生明显的系统误差。因此要对元素数据进行系统误差的校正处理,消除图幅间由方法技术、景观差异等造成的系统误差,对数据进行调平处理,以便能更好地反映地质现象和地球化学信息。数据调平校正处理在GeoIPAS(金维地学信息处理研究应用系统)软件中完成。每种元素均根据数据存在的系统误差进行调平工作。现仅以Ag元素为例进行介绍:

(1)对全区Ag元素的数据进行离散数据网格化,采用的网格距为2km×2km,搜索半径5km,计算模型为"指数加权"的网格化方法。

(2)通过图像浏览器浏览所生成的原始地球化学图,确定具有明显数据台阶的图幅,图幅的确定原则是以标准1∶20万图幅为单位。

(3)对具有明显系统误差的1∶20万图幅进行校正单元的范围划分及索引号的编写,确定所有需要校正的单元。

(4)确定各校正单元的校正参数,主要方法是与单元周边数据进行对比分析,部分规律性较复杂的单元可以通过统计规律确定,同时还需考虑Ag元素的整体空间分布趋势和地质背景。所用公式为:$y=ax+b$,y为校正后的数据,x为校正前的数据,a、b为校正参数。

(5)对校正单元进行系统误差调平处理,在GeoIPAS软件下,采用网格化数据进行系统误差动态调平,将具明显系统误差的1∶20万图幅乘以或加上确定的校正参数。使它与周围图幅的异常达到同一个水平,并保存元素的调平文件。

(6)GeoIPAS软件利用Ag元素的调平文件,将校正单元的数据进行调平处理,计算出调平后的数据。

(7)建立校正单元与校正参数的空间位置索引关系。

(8)利用Ag元素校正调平后的数据重新生成地球化学图。

(9)观察全图,对部分校正结果不理想的单元,可通过上述步骤,对单元和校正参数进行调整,并重新计算,直到校正数据和成图效果符合全区规律为止。

3)单元素地球化学图的绘制

(1)数据网格化。在GeoExpl软件中对系统误差校正后的Ag元素数据做空间坐标转换,并进行网格化处理,网格间距为2km×2km。

数据处理搜索范围:GeoExpl软件中为以计算点为中心,圆域搜索,搜索半径为2.5km。数据网格化计算方法为以距离为幂指数的指数加权法。

(2)等值线的绘制。①将GeoExpl软件网格化后的数据输出成Suffer(二进制)明码格式;②利用输出的网格数据在MapGIS6.7软件空间分析模块中的DTM分析子模块中进行等值线的勾绘。

(3)数据分级及色区划分。本次编图数据分级方法采用累频分级,全区共分19级,频率间隔为0.5、1.2、2、3、4.5、8、15、25、40、60、75、85、92、95.5、97、98、98.8、99.5、100(%),色阶颜色采用规范统一图例(090512潜力评价统一系统库1760-1778),各级色阶的选取原则是低背景区为蓝色,背景区为黄色,高背景区为浅红色,异常区为深红色。各色区之间的色调呈过渡逐渐变化,即由蓝—绿—黄—红—深红的渐变规律,反映元素含量逐渐增高的趋势。

(4)直方图的绘制。对全区Ag元素数据分地质单元进行对数分布分析,以反映Ag元素在全区及不同地质单元的元素含量分布特征,全区共划分35个地质单元,地层以系为统计单位,对个别老地质体以界为统计单位,岩浆岩以期或岩类为统计单位。

数据分布直方图最大分组数20个,数据量下限30个。直方图作图原则如下:①直方图组规定组距为0.1log(ng/g),组端值规定小数点后第二位数字为7;②直方图应标注地层名称、统计样品数(N)、平均值($\bar{X}$)、标准离差(S)、变异系数(C_v)等。

2. 图面表达

(1)图名:内蒙古自治区X(元素中文名称)地球化学图,如内蒙古自治区银地球化学图。

(2)地球化学等值区以区表示,不同的含量范围用不同颜色的区加以区分,等值线以黑色线条表示,等值区上标注极值点。

(3)地理底图为1:50万数字地形图中的简化地理图层,包括边境线、省(自治区)边界线、盟市边界线、铁路、公路、居民地等。

(4)图饰内容包括:图框、图例、分级标尺、责任表、比例尺、技术说明、直方图等。

(五)单元素地球化学异常图

1. 编图方法

1)空间坐标转换

在GeoExpl软件中,对成图数据进行空间坐标转换。根据全国项目办的统一要求,内蒙古自治区全区图件投影参数选择投影平面直角兰伯特等角圆锥投影坐标系,中央经度为111°,第一标准纬度38°,第二标准纬度52°,投影原点纬度37°35′。各投影模型椭球参数均采用北京54坐标系。

2)元素异常下限的确定

单元素地球化学异常图的编制是在单元素地球化学图的基础上,根据《化探资料应用技术要求》,采用异常下限值以上的数据勾绘单元素地球化学异常图。全区统一异常下限的元素外带为85%的累频值;按地球化学景观采用不同异常下限的元素通过以下方法确定元素的异常下限。现仅以Ag元素为例进行介绍,其他元素详见单元素地球化学异常图编图说明书。

内蒙古自治区地域广阔,地球化学景观复杂,大致可分为森林沼泽区、残山丘陵区、戈壁残山区、冲积平原区和沙漠区5种地球化学景观类型。全区景观分布具有明显的地域特征:西部主要为戈壁残山区、沙漠区及部分的冲积平原区;中部主要为残山丘陵区及部分沙漠区;东部以森林沼泽区为主,并有小面积的冲积平原区和部分沙漠区,其中沙漠区和冲积平原区不进行区域化探扫面工作。根据银地球化学图分布,结合区域地质特征,可知全区地球化学景观的差异对银的地球化学分布影响比较大,为了反映真实存在的元素异常,根据地球化学景观类型对元素异常分布的影响程度将全区分为西部(戈壁残山区)、中部(残山丘陵区)和东部(森林沼泽区)3个区对银地球化学异常进行提取,分别确定这3个区的异常下限,绘制银地球化学异常图:西部累频75%(浓度83×10^{-9})、中部累频85%(浓度100×10^{-9})、东部累频92%(浓度124×10^{-9})确定为异常下限。

3)地球化学异常图的绘制

以Ag元素为例,按银的浓集程度划分为三级:第一级为外带,3个区的第一级浓度分带异常下限不同,西部累频75%(浓度83×10^{-9}),中部累频85%(浓度100×10^{-9}),东部累频92%(浓度124×10^{-9});第二级和第三级浓度分带在全区范围内一致,第二级(累频95%,浓度155×10^{-9})为中带,第三级(累频98%,浓度216×10^{-9})为内带。

2. 图面表达

(1)图名:内蒙古自治区X(元素中文名称)地球化学异常图,如内蒙古自治区银地球化学异常图。

(2)地球化学异常区外带、中带、内带分别用黄色、橙色、红色加以区分,异常边界以钢灰色线条表示;异常区编号由左向右、从上到下统一编号,编号方式为"省区代码+元素符号+顺序号",如15Ag1。

(3)地理底图为1:50万数字地形图中的简化地理图层,包括边境线、省(自治区)边界线、盟市边界线、铁路、公路、居民地、河流等。

(4)图饰内容包括:图框、图例、分级标尺、责任表、比例尺、技术说明、内蒙古自治区地球化学景观略图和内蒙古自治区区域地质图等。

(六)预测矿种多元素地球化学组合异常图

1. 编图方法

1)选取元素组合

收集铜、金、铅、锌、钨、锑、稀土、银、钼、锡、镍、锰、铬等13个预测矿种在自治区内发现的矿床类型,研究其已知找矿模型,总结矿床模型的地球化学特征,确定各矿种不同成因类型矿床的特征元素组合,分别编制以铜、金、铅、锌、钨、锑、稀土、银、钼、锡、镍、锰、铬等为主成矿元素的地球化学组合异常图。

各矿种不同成因类型矿床特征元素组合的选取原则详见第五章第三节。

全区共编制31套多元素组合异常图。

(1)以铜为主成矿元素,共有4套元素组合,分别为铜-铅-锌-银、铜-金-砷-锑、铜-钨-锡-钼、铜-钴-镍-锰。

(2)以金为主成矿元素,共有4套元素组合,分别为金-砷-锑-汞、金-铜-铅-锌-银、金-铜-钼、金-三氧化二铁-钴-镍-锰。

(3)以铅为主成矿元素,共有3套元素组合,分别为铅-锌-银、铅-锌-铜、铅-锌-银-金。

(4)以锌为主成矿元素,共有3套元素组合,分别为锌-铅-银、锌-铅-铜、锌-铅-银-金。

(5)以钨为主成矿元素,有1套元素组合,为钨-锡-钼-铋。

(6)以锑为主成矿元素,有1套元素组合,为锑-砷-金。

(7)以镧为主成矿元素,共有2套元素组合,分别为镧-钍-铀-钇、镧-钇-铌-钽。

(8)以钇为主成矿元素,有1套元素组合,为钇-锆-铍-钛。

(9)以银为主成矿元素,共有3套元素组合,分别为银-铅-锌、银-铅-锌-铜、银-铅-锌-金。

(10)以钼为主成矿元素,共有3套元素组合,分别为钼-铜-铅-锌-银、钼-钨-锡-铋、钼-金-砷-锑。

(11)以锡为主成矿元素,有1套元素组合,为锡-钨-钼-铋。

(12)以镍为主成矿元素,共有2套元素组合,分别为镍-铜-钴、镍-铬-三氧化二铁-锰。

(13)以锰为主成矿元素,共有2套元素组合,分别为锰-铅-锌-银-砷-锑、锰-三氧化二铁-钴-镍。

(14)以铬为主成矿元素,有1套元素组合,为铬-三氧化二铁-钴-镍。

2)编图流程

下面以银-铅-锌地球化学组合异常图为例,说明预测矿种多元素组合异常图的编图流程。

图件的编制方法是根据圈定的单元素异常,将空间上密切相关的一组元素组合进行空间叠加,编制组合异常图。Ag、Pb、Zn 3个元素相关性比较密切,为热液型银矿床的典型元素组合,因此把Ag、Pb、Zn 3个元素组合在一起进行编图。

主要成矿元素银异常按浓集程度划分为三级:第一级为外带,全区银地球化学分布受地球化学景观的影响较大,如全区采用统一的异常下限,势必会造成异常的丢失,因此按地球化学景观的不同,将全区划分为3个区,分别以不同的异常下限提取异常,西部(戈壁残山区)为累频75%(浓度$83×10^{-9}$),中部(残山丘陵区)为累频85%(浓度$100×10^{-9}$),东部(森林沼泽区)为累频92%(浓度$124×10^{-9}$);第二级和第三级浓度分带在全区范围内一致,第二级(累频95%,浓度$155×10^{-9}$)为中带,第三级(累频98%,浓度$216×10^{-9}$)为内带。

2. 图面表达

(1)图名:内蒙古自治区X-X-X(元素中文名称)地球化学组合异常图,如内蒙古自治区银-铅-锌地球化学组合异常图。

(2)主成矿元素分三级以面色表示,主成矿元素及其共伴生元素异常边界用粗实线表示,并用不同颜色区分。以银矿的银-铅-锌地球化学组合异常图为例,分别用黄色、橙色、红色表示银元素异常的外带、中带、内带,银、铅、锌元素的异常边界分别用粉色、蓝色和红棕色表示。

(3)地理底图为全区1∶50万数字地形图中的简化地理图层,地质底图以简化素图的方式表示。地理底图包括边境线、省(自治区)边界线、居民地等;地质底图包括断裂、韧性剪切带、地质体界线、地质体标注等。

(4)图饰内容包括:图框、分级标尺、图例、比例尺、责任表、技术说明、内蒙古自治区地球化学景观略图、内蒙古自治区区域地质图和预测矿种的矿床(点)等。

(七)预测矿种地球化学综合异常图

1. 编图方法

图件的编制方法是根据预测矿种已圈定的单元素异常和组合异常,依据综合解释,进行矿产预测和最小预测区的圈定需要按多个元素的空间逻辑叠加结果划分、圈定异常,结合全区成矿区带的划分,确定各预测矿种综合异常的主要共伴生元素组合,编制单矿种综合异常图。结合地质矿产信息,异常定性分析,对圈定的综合异常进行分类、筛选,作为圈定找矿预测区的主要依据。现以银矿综合异常图的编制过程为例,来说明13个预测矿种综合异常图的编图流程。

将银矿3套组合异常进行空间逻辑叠加,根据异常组合关系、空间特征、地质特征,结合模型研究,依据综合解释的需要圈定综合异常范围,对其进行评价分级,确定成因类型,并标注异常编号和元素组合名称。

异常类别分为甲、乙、丙、丁4种,划分原则是:甲类为化探工作中圈定的具有扩大找矿远景的矿致异常;乙类为推断有找矿前景的化探异常;丙类为性质不明的化探异常;丁类为非矿致异常。由于丁类异常对于矿产预测没有指导意义,本次工作对此类异常不进行评价,图面上也不编号。

按照综合异常主要元素组合,参考异常所处区域地质环境、矿产特征,确定综合异常成因类型,银矿综合异常成因类型有热液型、矽卡岩型、沉积型和成因不明型。具体分类方法详见第五章第三节。

2. 图面表达

(1)图名:内蒙古自治区X(元素中文名称)矿地球化学综合异常图,如内蒙古自治区银矿地球化学综合异常图。

(2)综合异常主成矿元素用单一面色表示,不同矿种采用不同颜色区分;综合异常边界以粗实线表示,不同成因类型以不同颜色区分;异常编号用"省区代码-Z-异常序号+异常类别"表示,如15-Z-1乙;元素组合按与主成矿元素相关性及重要程度标注,以"-"分隔,如Ag-Pb-Zn-Cu。

(3)地理底图为全区1∶50万数字地形图中的简化地理图层,地质底图以简化素图的方式表示。地理底图包括边境线、省(自治区)边界线、居民地等,地质底图包括断裂、韧性剪切带、地质体界线、地质体标注等;成矿区带划分到三级,不同的区用不同的面色表示。

(4)图饰内容包括:图框、图例、比例尺、责任表、技术说明、内蒙古地球自治区域化探学景观略图、内蒙古自治区区域地质图、预测矿种的矿床(点)等。

(八)预测矿种地球化学找矿预测图

1. 编图方法

找矿预测图是在全区13个预测矿种综合异常分类、评序、评价的基础上,结合典型矿床资料、地质矿产特征以及地球化学推断成果,分矿种分别编制而成。

(1)找矿预测区的划分:在对预测矿种综合异常进行分析的基础上,结合典型矿床地质-地球化学找矿模型研究成果,参考成矿规律组划分的预测工作区范围,在自治区Ⅲ级成矿区带内,选取成矿地质背景有利,元素组合、成因类型一致的甲、乙类综合异常集中区域,划分为地球化学找矿预测区。

(2)找矿预测区成因类型和级别划分:按照找矿预测区内同类成因综合异常的数量、级别和找矿意义进行成因类型和级别的划分。级别分为A、B、C三级。具体分级原则见第六章第一节。

(3)最小预测区的圈定:在找矿预测区内具有明确找矿方向的甲、乙类异常分布区,参考其所处区域成矿地质条件,并与所处找矿预测区或成矿区带内典型矿床(模型)进行比较,初步划分出最小预测区的大致范围,如该区已进行中大比例尺工作且资料齐全,则再结合中大比例尺地质、化探信息,寻找最佳成矿有利地段,进一步缩小范围确定为最小预测区。

2. 图面表达

(1)图名:内蒙古自治区X(元素中文名称)矿地球化学找矿预测图,如内蒙古自治区银矿地球化学找矿预测图。

(2)找矿预测区用红色线(透明区)表示;最小预测区用浅红色区表示;成矿规律组划分的预测工作区范围用粗实线表示。

(3)找矿预测区编号用"省区代码-Y-找矿预测区级别-找矿预测区序号"表示,如15-Y-B-2;最小预测区编号用"省区代码-X-最小预测区级别-最小预测区序号"表示,如15-X-Ⅳ-1。

(4)综合异常主成矿元素用单一面色表示,不同矿种采用不同颜色区分;综合异常边界以粗实线表示,不同成因类型以不同颜色区分;异常编号用"省区代码-Z-异常序号+异常类别"表示,如15-Z-1乙;元素组合按与主成矿元素相关性及重要程度标注,以"-"分隔,如Ag-Pb-Zn-Cu。

(5)地理底图为全区1:50万数字地形图中的简化地理图层,地质底图以简化素图的方式表示。地理底图包括边境线、省(自治区)边界线、居民地等,地质底图包括断裂、韧性剪切带、地质体界线、地质体标注等;成矿区带划分到Ⅲ级,不同的区用不同的面色表示;大地构造相单元用面色表示。

(6)图饰内容包括:图框、图例、比例尺、责任表、技术说明、内蒙古自治区地球化学景观略图、内蒙古自治区区域地质图、预测矿种的矿床(点)等。

(九)地球化学推断地质构造图

1、编图方法

(1)本次地球化学推断构造的编图工作是在充分收集内蒙古自治区已经完成的1:20万化探资料基础上,对收集的资料按照本次工作的目的任务重新进行数据处理和地球化学系列图件的编制工作。

(2)以地球化学推断断裂构造的理论为依据,以断裂构造在地球化学系列图件(主要为39种地球化学图)上的表现特征为识别标志,进行断裂构造的推断与解释。应用Ni、Cr、Co、V、Ti、Fe_2O_3、Mn等铁族元素组合的富集规律,推断隐伏—半隐伏基性—超基性岩。根据W、Mo、Sn异常组合分布特征,将W、Mo、Sn地球化学图对高背景或高含量区套合程度较高的区域初步圈定为酸性花岗岩区。其次,参考U、Th、Nb、Y异常组合特征再进行修改,最后参考SiO_2、Fe_2O_3地球化学场分布特征圈定最终酸性花岗岩分布区。

2. 图面表达

(1)图名:内蒙古自治区地球化学推断的地质构造图。

(2)推断断裂以红色虚线表示,断裂旁标注断裂编号,编号方式为"F+顺序号";推断岩体以区表示,不同类型用不同颜色加以区分,基性—超基性岩用绿色表示,酸性花岗岩用粉色表示,区内标注岩体编号。

(3)地理底图为全区1∶50万数字地形图中的简化地理图层,地质底图以简化素图的方式表示。地理底图包括边境线、省(自治区)边界线、居民地等,地质底图包括地质体界线、地质体标注等。

(4)图饰内容包括:图框、图例、责任表、比例尺、技术说明、内蒙古大地构造分区图等。

二、典型矿床图件

利用收集的1∶20万、1∶5万区域化探成果资料,或根据典型矿床地球化学特征,将典型矿床所在局部区域的相关元素异常编制综合异常剖析图,并对部分有中、大比例尺区域化探成果资料的典型矿床编制多元素组合异常图、综合剖面图、元素含量符号图等。

三、预测工作区图件

单矿种预测工作区单元素地球化学基础图件编制,根据矿种的不同确定编制的元素,铜、金、铅、锌、钨和锑等矿种编制图件的元素有 Cu、Pb、Zn、Ag、Cd、Au、As、Sb、W 和 Mo 等 10 种元素;稀土矿编制图件的元素有 Cu、Pb、Zn、Ag、Cd、Au、As、Sb、W、Mo、La、Th、U 和 Y 等 14 种元素;银、钼和锡等矿种编制图件的元素有 Cu、Pb、Zn、Ag、Au、As、Sb、W、Sn 和 Mo 等 10 种元素;镍、锰和铬等矿种编制图件的元素有 Ni、Fe_2O_3、Co、Cr、V、Ti 和 Mn 等 7 种元素和氧化物。编图工作过程如下:

(一)单元素地球化学图

1. 编图方法

预测工作区单元素地球化学图编制的数据校正处理、单元素地球化学图的绘制、数据分级及色区划分方法同全区单元素地球化学图的编制,详见全区单元素地球化学图的编制方法。

2. 图面表达

(1)图名:内蒙古自治区 XX(矿产预测类型)式 XX(预测方法类型)型 XX(矿种)矿 XXX(预测工作区名称)预测工作区 X(元素中文名称)地球化学图,如内蒙古自治区拜仁达坝式侵入岩型银铅锌矿拜仁达坝预测工作区银地球化学图。

(2)地理底图以简化素图的方式表示,包括边境线、省(自治区)边界线、居民地、公路、铁路等。

(3)图饰内容包括:图框、图例、分级标尺、责任表、比例尺、技术说明、预测工作区范围、矿床(点)等。

(二)单元素地球化学异常图

1. 编图方法

预测工作区单元素地球化学异常图的编制是在单元素地球化学图的基础上,根据《化探资料应用技术要求》,采用异常下限值以上的数据勾绘单元素地球化学异常图。元素异常下限的确定、异常区浓集程度划分原则同全区单元素地球化学异常图的编制,详见全区单元素地球化学图的编制方法。

2. 图面表达

(1)图名:内蒙古自治区 XX(矿产预测类型)式 XX(预测方法类型)型 XX(矿种)矿 XXX(预测工作区名称)预测工作区 X(元素中文名称)地球化学异常图,如内蒙古自治区拜仁达坝式侵入岩型银铅锌矿拜仁达坝预测工作区银地球化学异常图。

(2)地球化学异常区外带、中带、内带分别用黄色、橙红、红色加以区分,异常边界以黑色线条表示;

异常区编号由左向右、从上到下统一编号,编号方式为"元素符号-顺序号",如 Ag-1。

(3)地理、地质底图以简化素图的方式表示,其中地理底图包括边境线、省(自治区)边界线、居民地和道路等,地质底图包括断裂、韧性剪切带、地质体界线、地质体标注等。

(4)图饰内容包括:图框、分级标尺、预测工作区范围、矿床或矿点、图例、责任表、比例尺、技术说明等。

(三)预测矿种多元素地球化学组合异常图

1. 编图方法

(1)元素组合的确定:根据圈定的单元素异常,将空间上密切相关的一组元素组合,编制组合异常图。预测工作区铜、金、铅、锌、钨、锑、稀土、银、钼、锡、镍、锰、铬等13个金属矿种确定的元素组合分别如下。

铜矿:铜-铅-锌-银-镉、金-砷-锑、钨-钼。

金矿:铜-铅-锌-银-镉、金-砷-锑、钨-钼。

铅矿:铅-铜-锌-银-镉、金-砷-锑、钨-钼。

锌矿:锌-铜-铅-银-镉、金-砷-锑、钨-钼。

钨矿:铜-铅-锌-银-镉、金-砷-锑、钨-钼。

锑矿:铜-铅-锌-银-镉、锑-金-砷、钨-钼。

稀土矿:铜-铅-锌-银-镉、金-砷-锑、钨-钼、镧-钍-铀-钇。

银矿:银-铜-铅-锌、金-砷-锑、钨-锡-钼。

钼矿:铜-铅-锌-银、金-砷-锑、钼-钨-铀。

锡矿:铜-铅-锌-银、金-砷-锑、锡-钨-钼。

镍矿:镍-三氧化二铁-钴-铬-钒-钛-锰。

锰矿:锰-钴-铬-三氧化二铁-镍-钛-钒。

铬矿:铬-钴-三氧化二铁-锰-镍-钛-钒。

(2)异常的提取,在单元素地球化学异常图的基础上,各预测矿种主成矿元素异常用区表示,按浓集程度划分为三级(累频的提取同单元素异常图),其他共伴生元素提取异常下限,异常下限的提取同单元素异常图。

2. 图面表达

(1)图名:内蒙古自治区XX(矿产预测类型)式XX(预测方法类型)型XX(矿种)矿XXX(预测工作区名称)预测工作区 X-X-X-X(元素组合中文名称)地球化学组合异常图,如内蒙古自治区拜仁达坝式侵入岩型银铅锌矿拜仁达坝预测工作区银-铜-铅-锌地球化学组合异常图。

(2)主成矿元素分三级,以面色表示,主成矿元素及其共伴生元素异常边界用粗实线表示,并用不同颜色区分。以银矿的银-铅-锌地球化学组合异常图为例,分别用黄色、橙红、红色表示银元素异常的外、中、内带,银、铅、锌元素的异常边界分别用粉色、蓝色和红棕色表示。

(3)地理、地质底图以简化素图的方式表示,其中地理底图包括边境线、省(自治区)边界线、居民地和道路等,地质底图包括断裂、韧性剪切带、地质体界线、地质体标注等。

(4)图饰内容包括:图框、分级标尺、预测工作区范围、矿床(点)、图例、责任表、比例尺、技术说明等。

(四)预测矿种地球化学综合异常图

1. 编图方法

预测工作区综合异常图的编图方法,如综合异常的圈定、评价分级、成因类型的确定方法均与全区综合异常图一致。

2. 图面表达

(1)图名:内蒙古自治区XX(矿产预测类型)式XX(预测方法类型)型XX(矿种)矿XXX(预测工作区名称)预测工作区X(矿种)矿地球化学综合异常图,如内蒙古自治区拜仁达坝式侵入岩型银铅锌矿拜仁达坝预测工作区银矿地球化学综合异常图。

(2)综合异常主成矿元素用单一面色表示,不同矿种采用不同颜色区分;综合异常边界以粗实线表示,不同成因类型以不同颜色区分;异常编号用"Z-异常序号+异常类别"表示,如Z-1乙;元素组合按与主成矿元素相关性及重要程度标注,以"-"分隔,如Ag-Pb-Zn-Cu。

(3)地理、地质底图以简化素图的方式表示,其中地理底图包括边境、省(自治区)边界线、居民地和道路等;地质底图以简化素图的方式表示,包括断裂、韧性剪切带、地质体界线、地质体标注等;成矿区带划分到Ⅲ级,不同的区用不同的面色表示。

(4)图饰内容包括:图框、预测工作区范围、矿床(点)、图例、责任表、比例尺、技术说明等。

(五)预测矿种地球化学找矿预测图

1. 编图方法

预测工作区找矿预测图的编制方法与全区找矿预测图一致,也包括找矿预测区的圈定、预测区成因类型和级别的划分,划分原则与全区找矿预测图相同。但部分预测工作区未收集到中大比例尺化探资料,地球化学依据不足,未圈定最小预测区。

2. 图面表达

(1)图名:内蒙古自治区XX(矿产预测类型)式XX(预测方法类型)型XX(矿种)矿XXX(预测工作区名称)预测工作区X(矿种)矿地球化学找矿预测图,如内蒙古自治区拜仁达坝式侵入岩型银铅锌矿拜仁达坝预测工作区银矿地球化学找矿预测图。

(2)找矿预测区用红色线(透明区)表示;最小预测区用浅红色区表示。

(3)找矿预测区编号用"矿种元素符号-找矿预测区序号"表示,如Ag-1;最小预测区编号用"矿种元素符号-找矿预测区序号-最小预测区序号"表示,如Ag-7-1。

(4)综合异常主成矿元素用单一面色表示,不同矿种采用不同颜色区分;综合异常边界以粗实线表示,不同成因类型以不同颜色区分;异常编号用"Z-异常序号+异常类别"表示,如Z-1乙;元素组合按与主成矿元素相关性及重要程度标注,以"-"分隔,如Ag-Pb-Zn-Cu。

(5)地理底图为全区1:50万数字地形图中的简化地理图层,地质底图以简化素图的方式表示。地理底图包括边境线、省(自治区)边界线、居民地等,地质底图包括断裂、韧性剪切带、地质体界线、地质体标注等;成矿区带划分到Ⅲ级,不同的区用不同的面色表示;大地构造相单元用面色表示。

(6)图饰内容包括:图框、预测工作区范围、矿床(点)、图例、责任表、比例尺、技术说明等。

四、最小预测区图件

最小预测区图件包括两部分,一部分为最小预测区所处找矿预测区地质图、相关元素单元素地球化学图、单元素地球化学异常图、综合异常图(即最小预测区所处区域找矿预测图),由预测工作区图件裁剪投影放大而得。元素的选取原则为最小预测区异常元素组合。另一部分为最小预测区大比例尺地质图、单元素地球化学图、单元素地球化学异常图、多元素组合异常图、综合异常图等。由收集的1:5万化探资料矢量化后整饰而成。

五、Ⅲ级成矿区带图件

(一)组合异常图

1. 编图方法

根据Ⅲ级成矿区带内矿产分布特征,选取各成矿带内主要成矿元素。在单元素异常图的基础上,提取异常外带边界进行空间叠加,剔除套合关系不好的、与成矿关系不大的单异常,编制各Ⅲ级成矿区带组合异常图。

2. 图面表达

(1)图名:内蒙古自治区Ⅲ-X(编号)成矿区带X-X-X(元素中文名称)地球化学组合异常图,如内蒙古自治区Ⅲ-1成矿区带金-砷-锑-铬-镍-三氧化二铁-铜-钼地球化学组合异常图。

(2)各元素异常边界用粗实线表示,并用不同颜色区分。

(3)地理底图为全区1:50万数字地形图中的简化地理图层,地质底图以简化素图的方式表示。地理底图包括边境线、省(自治区)边界线、Ⅲ级成矿区带界线、居民地等;地质底图包括断裂、韧性剪切带、地质体界线、地质体标注等。

(4)图饰内容包括:图框、图例、比例尺、矿床(点)等。

(二)综合异常图

1. 编图方法

在已圈定的单元素异常和组合异常基础上,依据综合解释需要按多个元素的空间逻辑叠加结果划分、圈定异常,结合各成矿区带矿产分布,确定综合异常的主要共伴生元素组合,编制综合异常图。

2、图面表达

(1)图名:内蒙古自治区Ⅲ-X(编号)成矿区带X-X-X(元素中文名称)地球化学综合异常图,如内蒙古自治区Ⅲ-1成矿区带金-砷-锑-铬-镍-三氧化二铁-铜-钼地球化学综合异常图。

(2)综合异常边界用红棕色粗实线表示;异常编号用"成矿区带序号-Z-顺序号"表示,如Ⅲ1-Z-1;异常元素组合按与主成矿元素相关性及重要程度标注,以"-"分隔,如$Cu-Mo-Au-As-Sb$。

(3)地理底图为全区1:50万数字地形图中的简化地理图层,地质底图以简化素图的方式表示。地理底图包括边境线、省(自治区)边界线、Ⅲ级成矿区带界线、居民地等;地质底图包括断裂、韧性剪切带、地质体界线、地质体标注等。

(4)图饰内容包括:图框、图例、比例尺、矿床(点)等。

第四节 质量评述

一、基础数据质量评述

(1)区域1∶20万水系沉积物测量数据。该数据由内蒙古自治区国土资源勘查开发院(原内蒙古自治区第一地球物理地球化学勘查院、第二地球物理地球化学勘查院)、原地质矿产部第一综合物探大队、原地质矿产部第二综合物探大队、内蒙古自治区地质调查院、陕西省地质调查院、安徽省地质调查院、河南省地质调查院共同承担完成野外采样工作,样品分析由各省、自治区地质矿产勘查开发局中心实验室完成。野外采样点的布设、定位及原始编录、样品测试结果等经各省国土资源厅、地质矿产勘查开发局评审,质量可靠,可以提供较真实的元素地球化学信息。

(2)中大比例尺水系沉积物和土壤测量数据。内蒙古自治区区内外多家地勘单位在内蒙古境内进行中大比例尺化探工作,取得的样品经相关单位进行验收,均达到化探规范的要求,提供的数据是翔实可靠的。

基础数据库于2011年3月通过了全国矿产资源潜力评价数据模型组和化探专业组的验收,评为优秀级。

二、编图质量

(1)地球化学系列图件均严格按照相关技术要求、数据模型等进行编制,凡与之不合的方面均列出具体的变更依据和理由。

(2)图件完成后,均由GeoMAG软件生成要求的属性库。

(3)内蒙古自治区化探课题组图件编制经三级质量检查控制,一是制图人员的自检,二是课题组人员的相互检查,三是院级项目组的专检,经检查后及时修改并做好记录,确保图件编制质量。

第四章　地质矿产及区域地球化学特征

第一节　地质矿产概况

一、地质概况

本区地域辽阔,横跨华北陆块区、塔里木陆块区和天山-兴蒙造山系等不同的大地构造单元。各时代地层发育齐全,从始太古代至新生代,原始陆壳及后来的沉积岩表现为不同程度的变质和繁多的沉积类型、沉积建造和生物群特征,各地差异明显。

火山岩在本区相当发育,各个地质时期均有出露。自太古宙以来,伴随多次构造运动,岩浆活动强烈且频繁,形成的侵入岩岩石类型复杂,从超基性岩到酸性岩及其过渡性岩石均有分布。侵入岩具有多成因的特征,在空间分布上具有明显的与构造运动一致的分带性。天山-兴蒙造山系中,在锡林郭勒微地块、艾力格庙微地块、宝音图岩浆弧和额尔古纳岛弧中,见有元古宙低角闪岩相到绿片岩相变质岩系,如图4-1所示。根据变质岩所处的大地构造单元属性、变质建造组合和变形特征,将全区暂时分为两个一级变质域,6个二级变质区和16个三级变质地带。

内蒙古Ⅰ级构造分区分为华北陆块区、天山-兴蒙造山系、塔里木陆块区和秦祁昆造山系。其中,天山-兴蒙造山系划分为7个Ⅱ级构造单元,即额济纳-北山弧盆系、大兴安岭弧盆系、内蒙古中部弧盆系、包尔汉图-温都尔庙弧盆系、二连-贺根山结合带、索伦山-西拉木伦结合带、红柳河-洗肠井结合带。将华北陆块区分为3个Ⅱ级构造单元,即晋冀古陆块、鄂尔多斯古陆块和阿拉善古陆块。在此基础上,又进一步划分Ⅲ级构造单元和Ⅳ级构造单元,见内蒙古大地构造分区图(图4-2)。

按区域矿床成矿作用演化特征,内蒙古自治区具有多区带的成矿特征。大兴安岭成矿省大地构造位于天山-兴蒙造山系,为古亚洲成矿域和滨西太平洋成矿域的叠加地区,构造演化历史复杂,岩浆作用强烈,成矿具有多期次叠加特点,形成了铜、铅、锌、金、银、铬、铌的重要成矿区带;准格尔成矿省和塔里木成矿省由古元古代地层、中新元古代地层组成的马鬃山、旱山、雅干等微地块自震旦纪末从塔里木板块北东缘裂解、离散后,便开始了本区古亚洲洋的生成和消亡的演化过程,本区分布有具一定规模的金、银、钼、锑、锌、钨等成矿元素的地球化学块体,这些矿种具有较大的找矿潜力;华北(地台)成矿省有规模较大的金、铅、锌等成矿元素的地球化学块体,是这些矿种的找矿潜力区;华北成矿省是内蒙古矿产资源产出重要地区之一,存在有规模较大的金、银、钼、铜、铅、锌等成矿元素的地球化学块体,关于这些矿种具有较大的找矿潜力。

二、矿产概况

内蒙古自治区矿产资源富集,目前,世界上已查明的140多种矿产中,在区内已发现128种,其中储量居全国前十位的有56种,探明储量的有78种,22种列前三位,7种居全国首位。

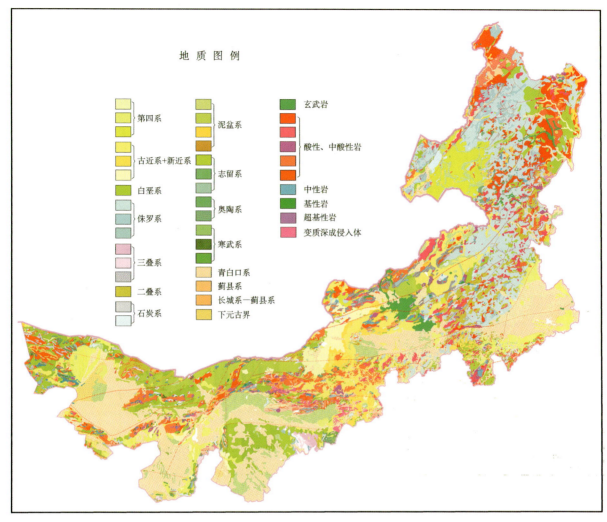

图 4-1 内蒙古自治区区域地质图

黑色金属矿已探明储量的矿种有铁、锰、铬等多种。铁矿产地63处,其中大中型矿床15处,保有储量居全国第九位。有色金属矿产探明储量居全国前五位的矿种为锌、铅、锡、铋,居第七至第十位的是铜、钨、钼、铝土、镍、钴等;矿产地128处,其中大中型矿床19处,主要分布在巴彦淖尔市狼山—渣尔泰山,集(宁)二(连)铁路线两侧,锡林郭勒盟东北部,赤峰市北部和呼伦贝尔盟北部。主要金矿床40处,大多数已被开采利用。全区20多个旗县生产黄金,其中敖汉旗、松山区、喀喇沁旗、察哈尔右翼中旗和达尔罕茂明安联合旗年生产黄金超500kg。自治区稀土资源得天独厚,誉满中外,已探明的稀土氧化物储量占全国的90%,居全国和世界首位。氧化铌储量占全国的90%以上,仅次于巴西,居世界第二位;铍、钽、钴的探明储量分别居世界的第一、二位。非金属矿产种类繁多,其冶金辅助原料非金属矿产有菱镁矿、耐火黏土、蓝晶石类矿物、白云岩、石英砂岩、脉石英、石英岩、石灰岩、萤石、铸型用砂、铸型用黏土、铁矾土等;化工原料非金属矿产有硫铁矿、湖盐、芒硝、天然碱、电石灰岩、化肥用蛇纹岩、泥炭、盐矿、溴矿、砷矿、硼矿等;以及建材原料及其他非金属矿产3个大类,42个矿种,近200处矿产地。其中4种居全国首位,20种居全国前五位。据有关专家估算,内蒙古自治区矿产储量潜在价值(不含石油、天然气)达13万亿元,居全国第三位,具有巨大的开发价值。

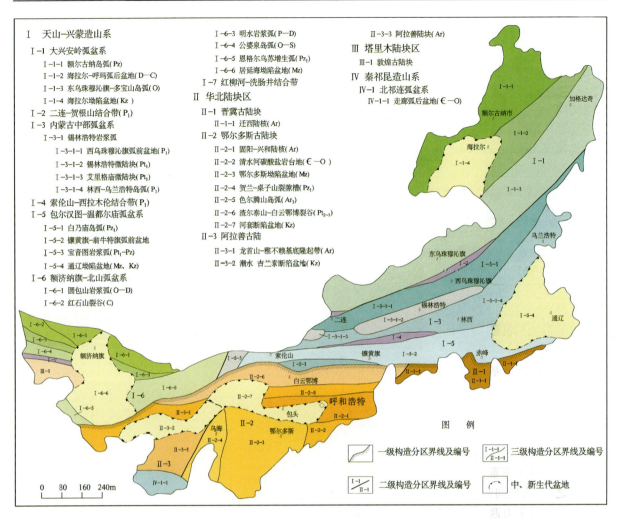

图 4-2 内蒙古自治区大地构造分区图

第二节 地球化学景观特征

由于内蒙古自治区疆域跨度大，由西向东自然地理条件变化显著，景观特征具有明显的差异，据此划分了不同的景观区带。

一、自然地理特征

为便于叙述和对比不同地区的自然地理特征，由西向东大致划分4个区段，即西部区（阿拉善盟额济纳旗）、中西部区（狼山—乌力吉苏木）、中部区（白云鄂博—赛汉塔拉—锡林浩特一带）和东部区（赤峰—乌兰浩特—海拉尔一带）。4个区段自然地理特征列于表4-1。由表4-1可见：由西向东年降雨量逐渐加大，而年蒸发量逐渐减少；年均温度由西向东随着纬度的增大而逐渐降低，而且日温差变化西部比东部剧烈；内蒙古地区总体上气候干燥，蒸发量又大，致使土壤中钙积层普遍发育，而西部区蒸发量极大，在荒漠土层或破碎基岩之下形成厚10cm左右的石膏层；土壤类型由西向东成壤作用逐渐增强，土壤中有机碳质量浓度在东部森林沼泽区达19~47mg/L；西部植被稀少，向东植被逐步增多。大兴安岭地区是我国著名的天然林区。西部阿拉善盟是著名的荒漠地区，生态环境极其恶化，是我国沙尘暴重要的源区之一。

表 4-1 内蒙古各区段自然地理特征一览表

自然特征 \ 区段	西部区	中西部区	中部区	东部区
年降雨量(mm)	37～115	120～286	260～300	250～700
年蒸发量(mm)	3700～4100	2800～3200	1800～2500	800～1500
年平均温度(℃)	8.3	7.9～5.7	3～1.7	6.8～4
气候类型	极干旱	干旱	半干旱	半干旱半湿润
土壤类型	石膏灰棕荒漠土	微碱—碱性灰棕荒漠土	中性微碱性棕钙土	森林灰化土（草原灰化土）
植被	耐旱耐盐稀少草本植物	稀疏小灌木和草本植物	草本植物、山区灌木及杨桦林	阔叶林减少、针叶林增多、线叶菊草原
酸碱性 pH 值	8～10	8～8.5	7.8～8.2	南部 6～7；北部 3.8～6.4

二、地质地貌特征

内蒙古自治区基本上是一个高原型的地貌区，海拔多在 1km 以上。其内部又分为高原区、山地区、平原区、沙漠戈壁区和湖沼区等，见图 4-3。

（一）高原区

高原区包括北部高原区（含阿拉善高原）和鄂尔多斯高原区。

北部高原区东起大兴安岭西坡，西达北山丘陵，南起阴山山脉，北抵国境线，海拔高度在 1300～1600m 之间，从西向东北缓倾斜。在地貌形态上包括高原、盆地、丘陵山地、熔岩台地和沙漠戈壁等。地质构造上属华力西期地槽褶皱带和新华夏系、新华夏系内陆沉降带。

鄂尔多斯高原区位于河套平原南部，西、北、东三面被黄河环绕，南部与晋陕黄土高原连接。海拔高度在 1000～1500m 之间。地表波状起伏，是南北向中间隆起的台状高原，包括卓子山、贺兰山中低山山地，准格尔黄土丘陵，南北两端为毛乌素沙漠和库布齐沙漠。地质构造上属稳定的鄂尔多斯向斜，晚石炭世—二叠纪为一套海陆交互相含煤建造，中生代形成大型内陆坳陷盆地，沉积一套河流相湖相含煤建造和含油气建造。

（二）山地区

山地区包括阴山山脉和大兴安岭山脉。阴山山脉呈东西向横亘于内蒙古中部；大兴安岭山脉呈北北东向展布在东部区。

阴山山脉由西向东包括狼山、色尔腾山、乌拉山和大青山，北与内蒙古高原毗邻，南依河套—土默川平原，向东延伸与燕山山系相连。海拔高度 1100～2300m，山势陡峻。地质构造属东西向纬向构造带，为一古老的断块山地，岩性主要为太古宙和元古宙变质岩系及不同时期的花岗岩。

大兴安岭山地北部山势低缓，海拔高度大多为 700～1100m，个别高峰达 1700m。南部山体相对较高，海拔高度为 1000～1300m，主峰 2000 余米。山脉东南坡陡西北坡缓。地质构造上北部属北东向得尔布干断裂带，南部属大兴安岭深断裂带；印支期—燕山期受滨西太平洋板块向北西作用的远程效应，构造岩浆活动强烈，华力西期褶皱带和花岗岩带以及侏罗纪—白垩纪陆相火山岩带，总体呈北北东向延伸。

（三）平原区

平原区包括河套-土默川平原和西辽河平原。

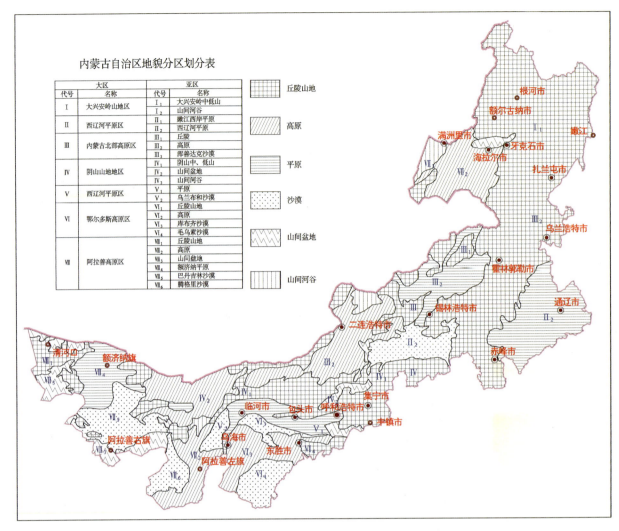

图 4-3 内蒙古自治区地貌分区略图

河套-土默川平原呈东西向带状分布于阴山山地与鄂尔多斯高原之间。其内部主要地貌形态包括山麓阶地、山前冲洪积倾斜平原和黄河-大黑河冲积湖积平原。地质构造上属东西向纬向构造带内陆断陷盆地，即在中生代晚期坳陷的基础上，于新近纪末第四纪初进一步发展的断陷盆地，后由黄河及其支流沉积物充填堆积而成的湖积冲积平原。

西辽河平原位于大兴安岭东南侧和松辽平原西缘。海拔高度一般为 200～500m，由西南向东北方向缓坡倾斜。地质构造上处于新华夏第二沉降带西缘，由第四系黏砂土、砂黏土和砂砾卵石组成的冲积平原。

三、地球化学景观区的划分

内蒙古自治区地球化学景观的划分是在全国二级景观分区图、内蒙古自治区地貌分区略图（图4-3）及所有已完成1:20万区域化探扫面成果报告中的景观划分基础上，并参考区域地球化学、地质、植被等特征进一步详细划分。将全区地球化学景观分 4 个大区，19 个亚区。全区景观共分为 7 类，有森林沼泽区、中低山丘陵区、戈壁残山区、残山丘陵区、残山丘陵草原区、冲积平原区和沙漠区，如图4-4所示。

森林沼泽区分布在大兴安岭中低山区，位于内蒙古自治区东北部大兴安岭—牙克石市—乌兰浩特

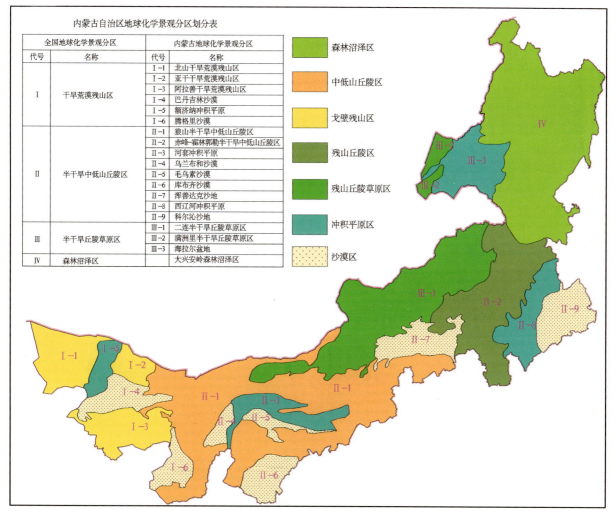

图 4-4 内蒙古自治区地球化学景观示意图

市一带;中低山丘陵区分布在阴山中、低山区,位于多伦县—东胜—因格井一带;戈壁残山区分布在内蒙古自治区西部丘陵山地区;残山丘陵区分布于霍林郭勒市—锡林浩特市—赤峰市一带;残山丘陵草原区位于内蒙古北部高原区,与蒙古国交界,分布于二连浩特市—锡林郭勒盟一带,呈带状分布;冲积平原区包括4个平原区,即海拉尔盆地、西辽河平原、河套平原和额济纳平原区;沙漠区包括科尔沁沙地、浑善达克沙地、乌兰布和沙漠和库布齐沙漠。

第三节 区域地球化学特征

一、全区元素地球化学场分布特征

考虑到全区地质、地貌景观差异较大,为便于描述元素地球化学空间分布特征,将全区由西向东大致分为9个地球化学分区:①北山-阿拉善地球化学分区;②龙首山-雅布赖山地球化学分区;③狼山-色尔腾山地球化学分区;④巴彦查干-索伦山地球化学分区;⑤乌拉山-大青山地球化学分区;⑥二连-东乌珠穆沁旗地球化学分区;⑦红格尔-锡林浩特-西乌珠穆沁旗-大石寨地球化学分区;⑧宝昌-多伦-赤峰地球化学分区;⑨莫尔道嘎-根河-鄂伦春地球化学分区。具体见图4-5。

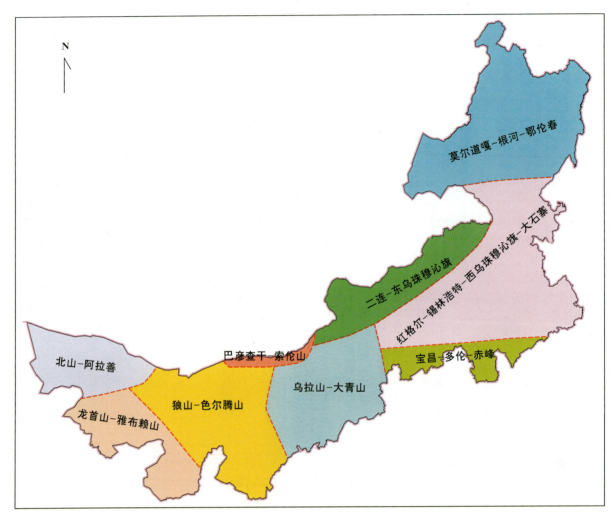

图 4-5　内蒙古自治区地球化学分区示意图

根据元素的区域共生组合规律，分以下几个元素组对上述 9 个地区的元素地球化学分布特征进行描述。

（一）Ag、Pb、Zn 地球化学分布特征

Ag、Pb、Zn 分布特征基本相似，在中、西部地区以低值区和背景区为主，东部地区则大片分布高值区。

1. 北山-阿拉善地球化学分区

低值区大面积分布，而高值区范围和强度（以下简称规模）很小，与 Ag、Pb 相比，Zn 高值区规模相对大些。北山北部高值区所对应的地质体为奥陶系和二叠系火山岩，北山南部和阿拉善北部高值区的地质体为泥盆系、奥陶系和二叠系，阿拉善中部高值区为白垩系新民堡组及石炭系。

2. 龙首山-雅布赖山地球化学分区

低值区呈大面积分布。Ag、Zn 无高值区显示，Pb 高值区规模很小，分布于元古宇和太古宇中。

3. 狼山-色尔腾山地球化学分区

在大规模的 Ag、Zn 背景区(带)上,Pb 高值区大面积分布,其展布方向明显受北东向构造控制。分布于白云鄂博群石英岩、泥质碳质板岩,渣尔泰山群细粒泥质碳质板岩、灰岩和色尔腾山岩群绢英绿泥片岩、含铁石英岩上。

4. 巴彦查干-索伦山地球化学分区

Ag、Pb 呈大面积的低值区分布,Zn 则表现为背景分布。仅在巴彦查干一带形成小规模的异常,与古生界奥陶系及二叠系对应。

5. 乌拉山-大青山地球化学分区

Ag、Zn 高值区规模较大,Pb 范围相对小些。高值区对应于色尔腾山岩群绢英绿泥片岩、含铁石英岩,乌拉山岩群和集宁岩群角闪斜长片麻岩、斜长角闪岩。

6. 二连-东乌珠穆沁旗地球化学分区

低值区和背景区呈大面积分布。高值区规模较小,对应于下中奥陶统乌宾敖包组和下中泥盆统泥鳅河组。

7. 红格尔-锡林浩特-西乌珠穆沁旗-大石寨地球化学分区

Ag、Pb、Zn 高值区基本重叠,连续成片分布,对应地质体为古元古界宝音图岩群、石炭系—二叠系。

8. 宝昌-多伦-赤峰地球化学分区

呈大面积的背景区分布。高值区规模较小,对应于太古宇建平岩群老变质岩系、古生界下中二叠统和上侏罗统—下白垩统火山岩系。

9. 莫尔道嘎-根河-鄂伦春地球化学分区

高值区连续成片分布,重叠程度较高,与元古宇佳疙瘩组海相中基性—中酸性火山岩、泥盆系、下石炭统及上侏罗统中酸性火山岩及其碎屑岩和下白垩统碎屑岩对应。

(二)Cu、Mo、Cd 地球化学分布特征

Cu、Mo、Cd 高值区在全区分布较广,尤其在北山-阿拉善、红格尔-锡林浩特-西乌珠穆沁旗-大石寨、莫尔道嘎-根河-鄂伦春地球化学分区内,高值区规模很大。除此之外,Cu 高值区在狼山-色尔腾山和乌拉山-大青山分区也发育。

1. 北山-阿拉善地球化学分区

Mo 高值区规模较小,Cu、Cd 高值区大面积连续分布。高值区所对应的地质体为奥陶系和二叠系火山岩,蓟县系圆藻山群,白垩系新民堡组及石炭系。

2. 龙首山-雅布赖山地球化学分区

低值区大面积分布。Mo 无高值区显示。Cu、Cd 仅在龙首山等地形成规模很小的高值区,与元古宇和太古宇对应。

3. 狼山-色尔腾山地球化学分区

Mo 高值区规模较小,Cu、Cd 高值区大面积连续分布,明显受北东向构造控制,分布于白云鄂博群

石英岩、泥质碳质板岩,渣尔泰山群细粒泥质碳质板岩、灰岩和色尔腾山岩群绢英绿泥片岩、含铁石英岩上。

4. 巴彦查干-索伦山地球化学分区

Mo 高值区规模很小,Cu、Cd 高值区大面积连续分布,受东西向和北东向断裂控制明显。高值区对应于元古宇浅变质岩系,奥陶系中基性火山熔岩、火山碎屑岩及石炭系、二叠系、白垩系。

5. 乌拉山-大青山地球化学分区

Mo 高值区较小,Cu 高值区大面积连续分布,Cd 高值区次之。这 3 个元素的高值区受近东西向和近南北向构造控制,对应于色尔腾山岩群绢英绿泥片岩、含铁石英岩,乌拉山岩群和集宁岩群角闪斜长片麻岩、斜长角闪岩。

6. 二连-东乌珠穆沁旗地球化学分区

Mo 高值区规模较小,Cu、Cd 高值区规模较大,但三者吻合较好,对应于下中奥陶统乌宾敖包组、下中泥盆统泥鳅河组。

7. 红格尔-锡林浩特-西乌珠穆沁旗-大石寨地球化学分区

3 个元素的高值区基本重叠,规模很大,对应地质体为古元古界宝音图岩群、石炭系—二叠系。

8. 宝昌-多伦-赤峰地球化学分区

高值区受北东向和近东西向构造控制,Mo 高值区规模较小,Cu、Cd 高值区规模较大,对应于太古宇建平岩群老变质岩系、古生界下中二叠统和上侏罗统—下白垩统火山岩系。

9. 莫尔道嘎-根河-鄂伦春地球化学分区

Mo、Cd 高值区大面积连续分布,重叠程度较高,对应于元古宇佳疙瘩组海相中基性—中酸性火山岩,泥盆系和下石炭统,上侏罗统中酸性火山岩,中侏罗统碎屑岩和酸性岩体,下白垩统碎屑岩。而 Cu 高值区范围较小,与 Mo、Cd 不同的是,在中侏罗统碎屑岩中反映为低值区。

(三)Au 地球化学分布特征

Au 高值区主要分布于北山-阿拉善分区、狼山-色尔腾山分区西部、乌拉山-大青山分区东南部、二连-东乌珠穆沁旗分区和莫尔道嘎-根河-鄂伦春分区东部,高值区规模大,低值区分布于龙首山-雅布赖山分区、巴彦查干-索伦山分区、红格尔-锡林浩特-西乌珠穆沁旗-大石寨分区和宝昌-多伦-赤峰分区。

1. 北山-阿拉善地球化学分区

高值区在北部和中部区大面积连续分布,低值区则分布于北山南部。高值区所对应的地质体为元古宇、奥陶系和二叠系火山岩、长城系、蓟县系、白垩系新民堡组及石炭系。

2. 龙首山-雅布赖山地球化学分区

高值区零星分布于元古宇和太古宇中。

3. 狼山-色尔腾山地球化学分区

高值区范围很大,但强度不高,分布于白云鄂博群石英岩、泥质碳质板岩,渣尔泰山群细粒泥质碳质板岩、灰岩和色尔腾山岩群绢英绿泥片岩、含铁石英岩上。

4. 巴彦查干-索伦山地球化学分区

Au 高值区规模较小,高值区对应于奥陶纪火山岩,二叠纪杂砂岩、砂砾岩和石炭纪中酸性岩体。

5. 乌拉山-大青山地球化学分区

高值区成片连续分布,规模较大,对应于色尔腾山岩群绢英绿泥片岩、含铁石英岩,乌拉山岩群和集宁岩群角闪斜长片麻岩、斜长角闪岩。

6. 二连-东乌珠穆沁旗地球化学分区

高值区规模较小,尤其在二连北部零星分布。高值区对应于下中奥陶统乌宾敖包组、下中泥盆统泥鳅河组。

7. 红格尔-锡林浩特-西乌珠穆沁旗-大石寨地球化学分区

在红格尔、锡林浩特、大石寨等地,高值区规模较大,与古元古界宝音图岩群、石炭系—二叠系对应。其余地区以低值分布为主。

8. 宝昌-多伦-赤峰地球化学分区

高值区范围较小,但强度较大,对应于太古宇建平岩群老变质岩系、古生界下中二叠统和上侏罗统—下白垩统火山岩系。

9. 莫尔道嘎-根河-鄂伦春地球化学分区

在莫尔道嘎—根河—鄂伦春一带,高值区规模很大,与元古宇佳疙瘩组海相中基性—中酸性火山岩,泥盆系和下石炭统,上侏罗统中酸性火山岩及其碎屑岩和下白垩统碎屑岩对应。而在满洲里地区高值区范围较小。

(四)Sb、As、Hg 地球化学分布特征

Sb、As、Hg 高值区重合程度较高。

1. 北山-阿拉善地球化学分区

高值区规模较大,主要呈北西向展布。高值区所对应的地质体为奥陶系、二叠系、蓟县系圆藻山群、白垩系新民堡组及石炭系。

2. 龙首山-雅布赖山地球化学分区

低值区呈大面积分布。仅一处高值区出现于龙首山西端,与元古宇对应。

3. 狼山-色尔腾山地球化学分区

Sb、As 高值区吻合较好,但规模较小,分布于渣尔泰山群细粒泥质碳质板岩、灰岩,白云鄂博群石英岩、泥质碳质板岩和色尔腾山岩群绢英绿泥片岩、含铁石英岩上。Hg 高值区有所偏离。

4. 巴彦查干-索伦山地球化学分区

该组元素高值区大面积连续分布,As、Sb 在西部和南部为低值区,二者吻合性好,Hg 在西部为低值区。高值区主要对应于古元古界宝音图岩群、温都尔庙群,奥陶系包尔汉图群,二叠系包特格组,以及奥陶纪、志留纪、石炭纪和二叠纪超基性—酸性岩体。

5. 乌拉山-大青山地球化学分区

北部 Sb、As、Hg 高值区具一定规模,吻合较好,对应于色尔腾山岩群绢英绿泥片岩、含铁石英岩,明显受近东西向构造控制。南部 Hg 高值区与乌拉山岩群和集宁岩群角闪斜长片麻岩、斜长角闪岩对应,而 Sb、As 则相应为背景显示。

6. 二连-东乌珠穆沁旗地球化学分区

二连北 Sb、As 高值区规模较大,吻合较好,Hg 相应为背景显示。东乌珠穆沁旗地区 Sb、As、Hg 高值区具一定规模,吻合较好。高值区对应于下中奥陶统乌宾敖包组、下中泥盆统泥鳅河组等。

7. 红格尔-锡林浩特-西乌珠穆沁旗-大石寨地球化学分区

3 个元素的高值区基本重叠,规模很大,对应地质体为古元古界宝音图岩群、石炭系—二叠系。高值区沿北东向断裂呈串珠状分布。

8. 宝昌-多伦-赤峰地球化学分区

高值区规模较大,大多数吻合较好,对应于太古宇建平岩群老变质岩系、古生界下中二叠统和上侏罗统—下白垩统火山岩系。

9. 莫尔道嘎-根河-鄂伦春地球化学分区

高值区主要分布在莫尔道嘎—根河—鄂伦春以西一带,规模很大,重叠程度较高,与元古宇佳疙瘩组海相中基性—中酸性火山岩,泥盆系和下石炭统,上侏罗统中酸性火山岩及其碎屑岩和下白垩统碎屑岩对应。

(五)W、Sn、Bi 地球化学分布特征

W、Sn、Bi 高值区在全区广泛分布。

1. 北山-阿拉善地球化学分区

高值区具一定规模,吻合较好,发育于构造交会部位。所对应的地质体为蓟县系、奥陶系、二叠系及石炭系。

2. 龙首山-雅布赖山地球化学分区

低值区和背景区呈大面积分布。高值区规模较小,但吻合较好,分布于元古宇和太古宇中。

3. 狼山-色尔腾山地球化学分区

高值区规模较大,吻合较好,分布于渣尔泰山群细粒泥质碳质板岩、灰岩,白云鄂博群石英岩、泥质碳质板岩和色尔腾山岩群绢英绿泥片岩、含铁石英岩上。

4. 巴彦查干-索伦山地球化学分区

Sn 呈大面积的低背景及低值区分布,仅在巴彦查干形成规模较小的异常,该处 W、Bi 异常规模较大,与 Sn 异常在空间上吻合较好,对应于古生界奥陶系。

5. 乌拉山-大青山地球化学分区

低值区和背景区呈大面积分布。高值区规模较小,对应于色尔腾山岩群绢英绿泥片岩、含铁石英

岩,乌拉山岩群和集宁岩群角闪斜长片麻岩、斜长角闪岩。

6. 二连-东乌珠穆沁旗地球化学分区

二连北部高值区规模较大,吻合较好。东乌珠穆沁旗高值区规模和吻合程度次之。高值区对应于下中奥陶统乌宾敖包组、下中泥盆统泥鳅河组、石炭系—二叠系宝力高庙组。

7. 红格尔-锡林浩特-西乌珠穆沁旗-大石寨地球化学分区

高值区基本重叠,规模很大,受北东向构造控制,对应地质体为古元古界宝音图岩群、石炭系—二叠系。

8. 宝昌-多伦-赤峰地球化学分区

高值区规模较小,吻合程度不高,对应于太古宇建平岩群老变质岩系、古生界下中二叠统和上侏罗统—下白垩统火山岩系。

9. 莫尔道嘎-根河-鄂伦春地球化学分区

高值区规模较大,重叠程度较高,与元古宇佳疙瘩组海相中基性—中酸性火山岩,泥盆系和下石炭统,上侏罗统中酸性火山岩及其碎屑岩和下白垩统碎屑岩对应。

(六)Cr、Ni、Mn、Co、Fe_2O_3 地球化学分布特征

Cr、Ni、Co、Mn、Fe_2O_3 高值区在全区基本重叠,规模较大的高值区主要分布在巴彦查干-索伦山、乌拉山-大青山、莫尔道嘎-根河-鄂伦春地球化学分区。

1. 北山-阿拉善地球化学分区

高值区主要分布于该区的南部和北东部,其对应地层主要有下古生界奥陶系、志留系和上古生界泥盆系、石炭系、二叠系,出露岩体主要有石炭纪辉长岩和超基性岩。

2. 龙首山-雅布赖山地球化学分区

低值区和背景区呈大面积分布,仅在古元古代地层中分布有小面积的高值区。

3. 狼山-色尔腾山地球化学分区

高值区沿断裂构造呈北东向、条带状展布。浓度分带和浓集中心特征明显,只有Mn元素异常强度一般,浓度分带不明显。对应于太古宇、古元古界、中元古界长城系,出露岩体有侏罗纪、二叠纪花岗岩,泥盆纪闪长岩和石炭纪花岗岩及花岗闪长岩。

4. 巴彦查干-索伦山地球化学分区

Cr、Co、Ni高值区大面积分布,浓度分带和浓集中心特征明显。Mn、Fe_2O_3多呈背景、高背景分布,浓度分带和浓集中心特征不明显。高值区主要对应于下古生界奥陶系和上古生界泥盆系、石炭系,出露岩体有石炭纪、泥盆纪超基性岩体,以及二叠纪二长花岗岩和闪长岩,其中超基性岩规模大,分布广,多呈带状或似脉状东西向展布。

5. 乌拉山-大青山地球化学分区

高值区大面积连续分布,沿乌拉特前旗—包头—呼和浩特—集宁一带分布,高值区受近东西和近南北向构造控制,对应于古太古界、古元古界、中元古界和中生界三叠系,其出露岩体主要有中新元古代色

尔腾山岩群绢英绿泥片岩、含铁石英岩,乌拉山岩群和集宁岩群角闪斜长片麻岩、斜长角闪岩。

6. 二连-东乌珠穆沁旗地球化学分区

低值区呈大面积分布,高值区仅分布在阿巴嘎旗和贺根山一带,高值区主要对应于泥盆纪超基性岩、新近系和第四系阿巴嘎组玄武岩。

7. 红格尔-锡林浩特-西乌珠穆沁旗-大石寨地球化学分区

高值区在查干诺尔—罕山、克什克腾旗—浩尔吐地区呈北东向带状分布,其范围不大,且分布不连续。主要对应于二叠系大石寨组、寿山沟组和林西组。低值区大范围的分布于该区东南部和西北部地区。

8. 宝昌-多伦-赤峰地球化学分区

高值区在赤峰—克什克腾旗之间呈大面积分布,对应于二叠系、侏罗系、白垩系、新近系,出露岩体有下中二叠统和上侏罗统—下白垩统火山岩系。其余地区呈背景、低背景值分布。

9. 莫尔道嘎-根河-鄂伦春地球化学分区

高值区范围较大,呈北东向带状展布,分布于扎兰屯市—鄂伦春自治旗一带,高值区对应于泥盆系、二叠系、侏罗系和白垩系;对应岩体为石炭纪和侏罗纪中酸性火山岩。

(七)U、Th、Zr 地球化学分布特征

U、Th 分布特征大体上一致,高值区规模由大到小的地球化学分区依次为莫尔道嘎-根河-鄂伦春、红格尔-锡林浩特-西乌珠穆沁旗-大石寨、二连-东乌珠穆沁旗、北山-阿拉善,其余地区大面积分布有低值区和背景区。

Zr 不但分布有与 U、Th 相同的高值区,而且在乌拉山—大青山和赤峰地区具备与 Fe 族元素相似的高值特征。

1. 北山-阿拉善地球化学分区

低值区和背景区大面积分布,高值区规模较小,吻合不好。Th 高值区所对应的地质体为元古宇北山群;U 高值区分布于白垩系新民堡组中。

2. 龙首山-雅布赖山地球化学分区

Th 高值区分布于元古宇和太古宇中,U 无高值区显示。

3. 狼山-色尔腾山地球化学分区

Th 高值区规模较大,分布于渣尔泰山群细粒泥质碳质板岩、灰岩和色尔腾山岩群绢英绿泥片岩和含铁石英岩上。U 低值区和背景区呈大面积分布。

4. 巴彦查干-索伦山地球化学分区

Th 在西南部有较大规模高值区分布;U 以低值区和背景区为主。高值区主要对应古元古界宝音图岩群、奥陶系包尔汉图群、石炭系本巴图组、二叠系包特格组及奥陶纪、石炭纪、二叠纪酸性岩体。U 在石炭纪超基性岩中呈高背景分布。

5. 乌拉山-大青山地球化学分区

高值区具一定规模,吻合较好,对应于色尔腾山岩群绢英绿泥片岩、含铁石英岩,乌拉山岩群和集宁岩群角闪斜长片麻岩、斜长角闪岩。

6. 二连-东乌珠穆沁旗地球化学分区

高值区规模较大,吻合较好,对应于下中奥陶统乌宾敖包组、下中泥盆统泥鳅河组、石炭系—二叠系宝力高庙组。

7. 红格尔-锡林浩特-西乌珠穆沁旗-大石寨地球化学分区

高值区重叠程度较高,规模较大,对应地质体为古元古界宝音图岩群、石炭系—二叠系。

8. 宝昌-多伦-赤峰地球化学分区

高值区具一定规模,吻合较好,对应于太古宇建平岩群老变质岩系、古生界下中二叠统和上侏罗统—下白垩统火山岩系。

9. 莫尔道嘎-根河-鄂伦春地球化学分区

高值区规模很大,重叠程度较高,与元古宇佳疙瘩组海相中基性—中酸性火山岩,泥盆系和下石炭统,上侏罗统中酸性火山岩及其碎屑岩和下白垩统碎屑岩对应。除此之外,U 高值区还分布于根河市东西两侧的酸性岩体内,与 Mo 的高值区吻合很好。

二、主要地质单元元素分布特征

根据区域化探扫面工作区出露地层和岩浆岩情况,结合全区构造单元特征,将全区划分出 35 个地质子区,进行元素特征值的统计计算,并研究元素在不同子区的富集贫化特征,同时用全区元素平均值与地壳克拉克值、中国水系平均值进行对比,研究内蒙古相对于全球和中国不同元素的富集贫化特征,见表 4-2。

1. 全区元素平均值与地壳克拉克值对比

全区元素的平均值与全球地壳克拉克值的比值,称为一级浓集系数(C_1),见图 4-7。从排序图上可见:①$C_1 \geqslant 1.2$,有 K_2O、Na_2O、Hg、Pb、U、Th、Ba、B、F 等,这些元素相对全球地壳呈富集状态;②$0.8 \leqslant C_1 < 1.2$,有 SiO_2、Al_2O_3、CaO、MgO、Zn、Cd、Co,这些元素在全区的含量与全球地壳含量相当;③$C_1 < 0.8$,有 Fe_2O_3、Ag、Cu、Sn、Mo、Cr、Ni、Ti、V、Mn、Zr、Li、Be、P、Sr 等,这些元素相对全球地壳呈贫化状态。

2. 全区元素平均值与中国干旱荒漠区水系沉积物背景值对比

全区元素平均值与中国干旱荒漠区水系沉积物背景值的比值称为二级浓集系数(C_2),见图 4-8。从排序图上可见:①$C_2 \geqslant 1.2$,有 Au、Sb、Hg、Ag、Pb、W、Sn、Mo、Bi、Th、Y、Zr、Ba、Li 等,这些元素在全区的含量相对中国地区呈富集状态;②大部分元素比值范围为 $0.8 \leqslant C_2 < 1.2$,这些元素含量与中国水系沉积物平均含量相当;③$C_2 < 0.8$,有 Cu、CaO、MgO、Be,这些元素相对中国地区呈贫化状态。

3. 主要地质单元元素分布特征

从表中可以看出,大部分元素均存在成矿专属性,贵金属、多金属元素在老地层中大多呈富集状态,含量明显高于其他地质体;而稀土和高温热液元素大多在岩体中赋存。现仅讨论几个主要成矿元素在各子区的分布特征。

现引入三级浓集系数 C_3(元素各子区的含量与全区背景值的比值)来讨论元素在各子区的分布差

表 4-2 主要地质单元水系沉积物元素地球化学特征值统计表

地质单元	代号	序号	样品数(个)	SiO₂ $\bar{X}$	SiO₂ S	SiO₂ C_v	SiO₂ C_3	Al₂O₃ $\bar{X}$	Al₂O₃ S	Al₂O₃ C_v	Al₂O₃ C_3	Fe₂O₃ $\bar{X}$	Fe₂O₃ S	Fe₂O₃ C_v	Fe₂O₃ C_3	CaO $\bar{X}$	CaO S	CaO C_v	CaO C_3	MgO $\bar{X}$	MgO S	MgO C_v	MgO C_3	K₂O $\bar{X}$	K₂O S	K₂O C_v	K₂O C_3	Na₂O $\bar{X}$	Na₂O S	Na₂O C_v	Na₂O C_3	Au $\bar{X}$	Au S	Au C_v	Au C_3
第四系	Q	1	13 542	69.066	9.837	0.142	0.996	11.29	2.582	0.229	0.921	3.412	2.330	0.683	0.986	3.317	4.013	1.210	1.289	1.251	1.956	1.564	1.168	2.921	0.960	0.329	0.945	2.238	0.900	0.402	0.885	1.297	4.899	3.778	0.876
古近系+新近系	E+N	2	15 933	70.690	10.543	0.149	1.019	10.805	2.794	0.259	0.882	3.475	2.639	0.760	1.004	2.918	3.330	1.141	1.134	1.152	1.298	1.126	1.076	2.746	0.909	0.331	0.889	2.011	0.860	0.428	0.795	1.471	13.260	9.015	0.994
白垩系	K	3	17 361	70.273	9.479	0.135	1.013	11.246	3.146	0.280	0.918	3.609	2.754	0.763	1.042	2.902	2.739	0.944	1.128	1.048	1.242	1.184	0.979	2.911	0.865	0.297	0.942	2.307	0.865	0.375	0.912	1.576	14.073	8.930	1.065
侏罗系	J	4	18 921	68.896	6.129	0.089	0.994	13.369	2.124	0.159	1.077	3.729	1.792	0.481	1.042	2.589	2.169	0.887	0.813	0.871	0.773	0.887	0.979	3.539	0.905	0.256	1.145	2.589	0.842	0.325	1.023	1.308	5.880	4.495	0.884
三叠系	T	5	82	72.678	5.675	0.078	1.048	9.310	1.561	0.168	0.794	2.749	0.863	0.314	0.760	4.467	2.916	0.653	1.736	1.000	0.547	0.547	0.934	2.087	0.656	0.314	0.675	1.964	0.460	0.234	0.776	1.335	0.902	0.675	0.902
二叠系	P	6	7376	68.308	6.291	0.092	0.985	12.681	2.415	0.190	1.035	4.075	1.657	0.407	1.177	2.608	3.277	1.256	1.014	1.185	0.865	0.730	1.106	2.786	1.011	0.363	0.902	2.410	0.826	0.343	0.953	1.279	3.464	2.708	0.864
石炭系	C	7	3896	69.094	7.850	0.114	0.996	12.314	2.359	0.192	1.005	3.361	1.569	0.441	1.029	3.158	4.345	1.376	1.227	1.184	1.203	1.016	1.106	2.764	0.868	0.314	0.894	2.457	0.884	0.360	0.971	1.430	3.080	2.155	0.966
泥盆系	D	8	1365	69.374	6.976	0.101	1.001	12.179	2.568	0.211	0.994	3.679	1.924	0.523	1.063	1.859	1.714	0.922	0.723	1.096	1.118	1.021	1.023	2.926	0.560	0.191	0.947	1.923	0.667	0.347	0.760	1.389	1.555	1.119	0.939
志留系	S	9	489	65.424	8.587	0.131	0.944	12.249	3.058	0.25	0.999	4.188	1.715	0.410	1.210	4.55	3.629	0.798	1.768	1.675	1.098	0.656	1.564	2.069	0.776	0.375	0.670	2.434	0.990	0.407	0.962	2.307	6.725	2.915	1.559
奥陶系	O	10	1603	67.656	6.996	0.103	0.976	12.479	2.570	0.206	1.018	4.235	1.644	0.388	1.224	3.227	2.705	0.838	1.254	1.824	1.620	0.888	1.703	2.502	0.962	0.384	0.810	2.276	0.985	0.433	0.900	1.606	2.435	1.516	1.085
寒武系	Z	11	187	63.161	12.945	0.205	0.911	11.940	3.192	0.267	0.974	3.79	2.552	0.673	1.085	5.538	6.879	1.242	2.152	2.105	2.313	1.098	1.965	2.839	.222	0.431	0.919	2.138	1.387	0.649	0.845	1.758	2.547	1.449	1.188
元古宇	Pt	12	4581	67.430	9.730	0.144	0.972	11.789	3.010	0.255	0.962	3.725	2.054	0.551	1.076	3.929	4.840	1.232	1.527	1.514	1.744	1.151	1.414	2.738	0.944	0.345	0.886	2.311	1.063	0.460	0.913	1.930	6.607	3.423	1.304
太古宇	Ar	13	4581	65.176	9.730	0.144	0.940	13.306	2.046	0.154	1.086	4.642	2.579	0.556	1.341	4.117	2.731	0.663	1.600	1.835	1.644	0.896	1.713	2.709	0.914	0.337	0.877	3.131	1.030	0.329	1.238	1.672	4.432	2.650	1.130
第四纪玄武岩	Qβ	14	455	56.878	13.170	0.232	0.820	11.895	1.724	0.145	0.971	6.937	3.680	0.530	2.004	5.497	3.402	0.619	2.136	3.532	2.909	0.824	3.298	2.554	1.029	0.403	0.827	2.955	1.088	0.371	1.168	1.484	0.921	0.620	1.003
白垩纪酸性岩	Kγ	15	779	72.241	5.908	0.082	1.042	12.508	1.787	0.143	1.021	2.457	2.133	0.868	0.710	1.603	1.927	1.202	0.623	0.629	1.282	2.038	0.587	3.622	0.915	0.253	1.172	3.143	0.777	0.247	1.242	0.814	0.947	1.162	0.550
白垩纪碱性岩	Kε	16	34	64.240	3.564	0.055	0.926	15.593	1.246	0.08	1.021	4.438	0.973	0.219	1.282	0.915	0.335	0.366	0.356	0.915	0.381	0.417	0.854	3.470	0.626	0.180	1.123	1.936	0.548	0.283	0.765	1.488	0.534	0.359	1.005
侏罗纪酸性岩	Jγ	17	7242	70.250	5.620	0.080	1.013	12.678	1.853	0.146	1.034	2.846	1.554	0.546	0.822	1.472	1.491	1.012	0.572	0.684	0.634	0.926	0.639	3.494	0.784	0.224	1.131	2.788	1.007	0.361	1.102	1.199	9.893	8.250	0.810
侏罗纪中性岩	Jδ	18	269	67.752	5.157	0.076	0.977	12.715	1.695	0.133	1.037	3.374	1.123	0.333	0.975	2.179	1.522	0.698	0.847	1.071	0.774	0.722	1.000	3.185	0.697	0.219	1.031	2.414	0.875	0.363	1.007	1.166	2.171	1.863	0.788
侏罗纪中性岩	Jξ	19	262	72.824	3.834	0.053	1.050	12.696	1.211	0.095	1.036	1.851	1.272	0.687	0.535	1.201	1.039	0.866	0.467	0.486	0.509	1.048	0.454	3.783	0.712	0.188	1.224	2.989	0.633	0.212	1.181	0.667	0.375	0.562	0.451
三叠纪酸性岩	Tγ	20	3040	70.436	6.234	0.089	1.016	13.032	2.050	0.157	1.063	2.615	1.817	0.695	0.756	1.950	1.814	0.93	0.791	0.689	0.793	1.151	0.643	3.555	0.916	0.258	1.150	3.124	0.780	0.250	1.235	2.020	7.555	4.198	1.365
二叠纪酸性岩	Pγ	21	11 153	70.512	5.759	0.082	1.016	13.120	2.160	0.165	1.070	2.508	1.604	0.643	0.725	1.860	1.860	0.914	0.738	0.707	0.729	1.030	0.660	3.470	0.941	0.271	1.123	3.186	0.994	0.312	1.259	1.427	5.992	4.198	0.964
二叠纪中性岩	Pδ	22	664	68.592	7.968	0.116	0.989	12.834	2.406	0.187	1.047	3.690	2.045	0.554	1.066	3.009	2.949	0.980	1.169	1.487	1.486	0.999	1.388	2.559	0.909	0.355	0.828	2.911	0.881	0.319	1.151	1.342	0.969	0.722	0.907
石炭纪酸性岩	Cγ	23	5221	69.662	6.314	0.091	1.005	13.374	2.291	0.171	1.091	2.878	1.842	0.64	0.832	1.887	1.572	0.833	0.733	0.842	0.892	1.059	0.786	3.354	0.980	0.292	1.085	2.933	0.912	0.300	1.255	1.590	4.909	2.813	1.074
石炭纪中性岩	Cδ	24	749	68.778	6.388	0.093	0.992	13.354	2.329	0.174	1.099	3.017	1.534	0.508	0.872	2.445	2.822	1.487	1.257	1.090	0.942	1.007	1.018	2.664	0.841	0.316	0.862	3.175	0.948	0.296	1.255	1.678	4.720	2.813	1.134
石炭纪中性岩	Cξ	25	206	64.856	8.760	0.135	0.935	13.567	2.638	0.194	1.107	4.350	2.120	0.487	1.420	4.854	3.806	0.784	1.887	2.385	2.400	1.007	2.227	2.194	1.083	0.494	0.710	3.207	0.296	0.287	1.268	1.173	0.811	0.692	0.793
石炭纪基性岩	Cζ	26	77	57.524	12.110	0.2110	0.830	8.876	4.424	0.498	1.420	4.913	1.773	0.361	1.251	6.507	3.470	0.533	2.529	7.868	8.461	1.075	7.346	1.612	1.077	0.668	0.522	2.709	4.141	1.528	1.071	1.532	0.949	0.620	1.035
泥盆纪超基性岩	Dγ	27	340	65.983	6.834	0.104	0.952	14.246	2.825	0.198	1.162	4.33	1.851	0.428	1.251	1.807	1.807	1.052	0.977	1.354	1.484	1.096	1.264	3.016	0.693	0.230	0.976	2.473	0.890	0.360	1.035	4.763	35.624	7.479	3.218
泥盆纪超基性岩	Dε	28	59	63.674	15.154	0.238	0.918	8.204	4.094	0.499	1.376	4.761	2.909	0.611	1.317	3.524	3.887	1.116	0.565	1.916	11.871	6.188	8.417	1.504	1.588	0.830	0.619	1.504	0.996	0.662	0.977	1.621	1.318	0.813	1.085
志留纪酸性岩	Sγ	29	267	69.201	7.350	0.106	0.998	11.887	2.026	0.170	0.998	1.956	0.970	0.496	0.565	4.459	3.887	0.872	1.733	3.359	1.164	1.355	0.802	3.359	0.854	0.251	1.100	3.110	0.884	0.284	1.229	1.156	1.141	0.987	0.781
奥陶纪中性岩	Oδ	30	58	66.768	3.425	0.051	0.963	15.188	1.363	0.090	1.363	3.718	1.183	0.318	1.074	3.946	1.113	0.282	1.534	1.528	0.714	0.467	1.427	2.325	0.801	0.344	0.752	3.652	0.422	0.116	1.443	0.802	1.209	1.508	0.542
元古宙酸性岩	Pry	31	1874	68.495	4.984	0.073	0.988	13.584	1.715	0.126	1.108	3.219	1.867	0.58	0.930	1.113	1.177	0.694	0.660	0.709	0.552	0.779	0.467	3.673	0.887	0.241	1.191	3.024	0.872	0.288	1.195	2.867	38.446	13.411	1.937
元古宙中性岩	Prδ	32	367	66.514	5.689	0.087	0.962	14.166	1.728	0.122	1.156	4.347	1.925	0.443	1.256	3.073	1.625	0.529	1.194	1.615	1.184	0.733	1.508	2.682	1.090	0.405	0.871	3.374	0.856	0.254	1.334	2.538	18.510	8.510	1.715
元古宙基性岩	Prβ	33	70	68.366	5.267	0.077	0.986	13.233	2.03	0.153	0.962	2.998	1.702	0.568	1.080	4.283	2.014	0.470	1.665	0.991	0.879	0.887	0.925	3.184	0.889	0.279	1.030	3.273	0.744	0.227	1.294	1.152	1.111	0.964	0.778
元古宙变质深成侵入体	Pgn	34	121	66.687	5.356	0.080	0.991	13.209	1.393	0.105	0.922	3.190	1.788	0.56	0.922	2.342	1.780	0.760	0.910	0.964	1.282	1.330	0.900	3.331	0.891	0.269	1.072	3.168	0.814	0.257	1.252	1.437	1.136	0.790	0.971
太古宙变质深成侵入体	Argn	35	668	67.264	5.402	0.080	0.970	12.964	1.956	0.151	1.068	5.235	3.086	0.59	1.513	2.602	1.694	0.651	1.011	1.530	1.343	0.877	1.429	3.199	0.803	0.251	1.035	2.316	0.954	0.412	0.915	1.467	2.066	1.408	0.991
全测区			123 418	69.339	8.201	0.118		12.256	2.690	0.219		3.461	2.221	0.642		2.573	3.027	1.176		1.071	1.340	1.251		3.090	0.980	0.317		2.530	0.981	0.388		1.480	10.313	6.966	
中国干旱荒漠区水系沉积物背景值				70.60				13.50				5.43				1.92				1.04				1.64				0.85							
地壳克拉克值	C_1			61.92				13.50				5.43				1.92				1.04				1.64				0.85							
	C_2			0.98				0.91				0.64				1.34				1.03				1.88				2.98				1.23			
				1.12				0.91				0.64				1.34				1.03				1.88				2.98				1.23			
																																1.20			

第四章 地质矿产及区域地球化学特征

续表 4-2

地质单元	代号	序号	样品数(个)	Sb $\bar{X}$	Sb s	Sb C_v	Sb C_3	Hg $\bar{X}$	Hg s	Hg C_v	Hg C_3	Ag $\bar{X}$	Ag s	Ag C_v	Ag C_3	Cu $\bar{X}$	Cu s	Cu C_v	Cu C_3	Pb $\bar{X}$	Pb s	Pb C_v	Pb C_3	Zn $\bar{X}$	Zn s	Zn C_v	Zn C_3	Cd $\bar{X}$	Cd s	Cd C_v	Cd C_3
第四系	Q	1	13 542	0.608	1.245	2.046	0.871	19.226	144.581	7.520	1.058	68.331	126.029	1.839	0.859	14.875	13.972	0.939	1.027	18.73	56.002	2.990	0.892	48.467	58.398	1.205	0.933	90.483	205.295	2.269	0.991
第三系	N	2	15 933	0.730	25.469	34.895	1.046	16.259	95.456	5.871	0.894	68.890	32.546	0.763	0.864	14.498	12.369	0.853	1.001	15.749	10.692	0.679	0.750	42.827	29.322	0.689	0.824	81.155	79.365	0.978	0.889
白垩系	K	3	17 361	0.845	2.714	3.210	1.211	17.998	101.361	5.632	0.990	69.091	83.466	1.208	0.866	12.951	10.990	0.849	0.894	20.327	14.245	0.701	0.968	48.335	35.126	0.727	0.930	86.257	77.165	0.895	0.944
侏罗系	J	4	18 921	0.725	2.680	3.697	1.039	20.137	116.406	5.781	1.108	101.902	474.573	4.657	1.277	12.644	10.846	0.858	0.873	26.579	72.882	2.742	1.266	67.830	85.194	1.256	1.306	99.013	358.550	3.625	1.084
三叠系	T	5	82	1.675	4.533	2.707	2.400	25.394	30.299	1.193	1.397	53.049	22.533	0.425	0.665	12.315	5.807	0.472	0.851	14.017	2.950	0.210	0.668	35.143	10.187	0.290	0.676	116.951	59.206	0.506	1.280
二叠系	P	6	7376	1.420	6.631	4.670	2.034	24.104	132.514	5.498	1.326	124.6689	1216.416	9.756	1.563	20.808	48.072	2.310	1.437	24.355	38.597	1.585	1.160	73.656	119.412	1.621	1.418	120.176	224.771	1.870	1.316
石炭系	C	7	3896	0.944	2.439	2.584	1.352	26.624	182.536	6.856	1.465	77.234	84.757	1.097	0.968	16.723	17.676	1.057	1.155	16.988	11.462	0.675	0.809	53.679	30.821	0.574	1.033	98.964	80.606	0.815	1.084
泥盆系	D	8	1365	0.807	1.638	2.030	1.156	19.227	46.653	2.426	1.058	75.588	62.802	0.831	0.948	16.424	11.860	0.722	1.134	18.445	8.878	0.481	0.879	51.380	27.203	0.529	0.989	95.259	66.776	0.701	1.043
志留系	S	9	489	0.994	0.902	0.908	1.424	15.235	9.888	0.649	0.838	78.884	66.872	0.848	0.989	24.347	26.633	1.094	1.682	17.386	10.552	0.607	0.828	56.860	22.866	0.402	0.896	147.529	133.199	0.905	1.615
奥陶系	O	10	1603	1.114	2.709	2.432	1.596	17.174	34.757	2.024	0.945	106.4277	458.35	13.703	1.334	23.614	49.380	2.091	1.631	18.815	37.054	1.969	0.896	61.799	60.347	0.977	1.190	121.971	310.807	2.548	1.335
震旦系	Z	11	187	1.733	5.886	3.396	2.483	26.940	45.346	1.683	1.482	87.064	84.373	0.969	1.091	23.536	37.668	1.600	1.626	25.47	29.243	1.148	1.213	58.125	47.247	0.813	1.119	134.495	149.935	1.115	1.473
元古宇	Pt	12	4581	0.947	2.341	2.472	1.357	18.983	71.641	3.774	1.044	69.009	75.155	1.089	0.865	19.861	35.694	1.797	1.372	21.453	17.993	0.839	1.022	49.225	39.436	0.801	0.947	106.007	183.877	1.735	1.161
太古宇	Ar	13	4581	0.229	0.531	2.319	0.328	14.265	14.049	0.985	0.785	72.761	0.645	0.559	0.912	19.493	10.554	0.541	1.346	18.409	8.642	0.469	0.877	53.952	23.864	0.442	1.038	80.007	73.204	0.915	0.876
第四纪玄武岩	Qβ	14	455	0.363	0.503	1.386	0.520	14.231	20.745	1.458	0.783	52.756	22.201	0.421	0.661	31.779	21.082	0.663	2.195	12.378	6.896	0.556	0.590	81.148	39.856	0.491	1.562	87.783	40.977	0.467	0.961
白垩纪酸性岩	Kγ	15	779	0.494	0.510	1.033	0.708	6.427	4.997	0.777	0.354	90.303	99.627	1.103	1.132	10.348	10.864	1.050	0.715	22.037	18.112	0.822	1.050	57.437	142.519	2.481	1.106	86.191	208.266	2.416	0.944
白垩纪碱性岩	Kϵ	16	34	0.474	0.288	0.566	0.679	22.800	10.884	0.482	1.254	96.176	62.426	0.649	1.206	13.426	4.256	0.317	0.927	28.853	18.487	0.641	1.374	80.112	51.189	0.639	1.542	82.647	46.600	0.564	0.905
侏罗纪酸性岩	Jγ	17	7242	0.496	0.857	1.728	0.711	13.877	37.333	2.705	0.763	93.727	307.051	3.276	1.175	12.435	35.131	2.825	0.859	23.196	18.487	1.386	1.105	50.952	47.538	0.933	0.981	95.348	227.953	2.308	1.044
侏罗纪碱性岩	Jδ	18	269	0.591	0.417	0.706	0.847	18.150	16.975	0.935	0.999	93.333	337.352	3.615	1.170	13.652	6.191	0.453	0.943	21.449	5.397	0.252	1.022	51.786	13.417	0.259	0.997	80.918	34.348	0.424	0.886
侏罗纪中性岩	Jξ	19	262	0.206	0.287	1.392	0.295	9.601	9.084	0.946	0.528	60.252	40.038	0.665	0.755	7.535	7.412	0.984	0.520	25.291	9.346	0.370	1.205	37.432	26.740	0.714	0.720	63.595	62.819	0.988	0.696
三叠纪酸性岩	Tγ	20	3040	0.365	1.381	3.781	0.523	16.407	24.948	1.521	0.903	65.165	51.369	0.788	0.817	10.795	15.525	1.438	0.746	21.400	8.027	0.375	1.019	39.074	26.944	0.690	0.752	67.305	49.685	0.738	0.737
二叠纪酸性岩	Pγ	21	11 153	0.386	0.804	2.085	0.553	11.714	13.001	1.110	0.644	70.658	111.305	1.575	0.896	10.799	10.745	0.995	0.746	22.321	50.289	2.359	1.016	39.427	48.731	1.236	0.759	83.288	430.138	5.164	0.912
二叠纪中性岩	Pδ	22	664	0.532	0.99	1.859	0.762	18.56	40.062	2.160	1.021	78.603	181.574	2.310	0.985	16.826	19.474	1.157	1.162	19.196	44.489	2.318	0.914	55.582	83.531	1.503	1.070	89.785	207.796	2.314	0.983
石炭纪酸性岩	Cγ	23	5721	0.349	0.443	1.269	0.500	13.382	15.559	1.163	0.736	63.669	59.466	0.934	0.798	13.334	14.571	1.093	0.921	22.419	20.506	0.915	1.068	44.537	31.941	0.717	0.857	79.973	70.172	0.877	0.876
石炭纪中性岩	Cδ	24	749	0.786	12.042	15.321	1.126	12.388	9.149	0.739	0.682	61.363	61.273	2.999	0.769	13.206	8.122	0.615	0.912	15.867	6.58	0.415	0.756	39.849	21.275	0.534	0.767	73.673	42.524	0.577	0.807
石炭纪基性岩	Cβ	25	206	0.588	1.796	3.057	0.842	14.481	23.865	1.648	0.797	57.282	34.277	2.598	0.718	19.417	14.863	0.765	1.341	14.806	6.514	0.440	0.705	52.421	26.944	0.453	1.009	88.359	44.125	0.499	0.967
石炭纪超基性岩	CΣ	26	77	1.265	2.353	1.860	1.812	34.525	66.403	1.923	1.899	46.168	21.500	0.466	0.579	19.281	8.913	0.462	1.332	12.921	6.100	0.472	0.615	49.202	22.738	0.462	0.947	99.500	29.371	0.295	1.089
泥盆纪酸性岩	Dγ	27	340	0.516	0.449	0.870	0.739	65.673	200.274	3.050	3.613	83.969	188.700	2.247	1.053	20.435	16.069	0.786	1.411	21.550	9.963	0.454	1.045	60.843	32.125	0.528	1.171	64.135	37.681	0.588	0.702
泥盆纪中性岩	Dδ	28	59	1.639	4.284	2.614	2.348	57.193	19.951	1.160	0.946	173.327	884.424	5.097	2.175	22.442	16.195	0.722	1.550	21.922	71.995	3.284	1.044	51.627	76.291	1.478	0.994	103.408	238.665	2.308	1.132
志留纪酸性岩	Sγ	29	267	0.973	4.456	4.580	1.394	11.413	9.749	0.854	0.628	47.912	25.263	0.527	0.601	9.553	7.371	0.772	0.660	21.783	7.571	0.348	1.038	28.705	12.153	0.423	1.044	81.684	56.289	0.689	0.894
奥陶纪中性岩	Oδ	30	58	0.244	0.285	1.167	0.350	17.304	9.776	0.565	0.952	88.621	143.129	1.615	1.111	14.674	5.570	0.380	1.013	17.790	5.184	0.291	0.847	51.609	20.79	0.403	0.702	64.138	34.794	0.542	0.702
元古宙酸性岩	Ptγ	31	1874	0.419	1.599	3.813	0.600	47.86	317.688	6.638	2.633	61.442	153.178	2.493	0.770	12.275	19.619	1.598	0.848	23.725	13.502	0.569	1.130	47.609	74.089	1.556	0.916	89.050	139.642	1.568	0.975
元古宙中性岩	Ptδ	32	367	0.297	0.329	1.108	0.426	28.384	171.924	6.057	1.562	75.060	37.694	0.502	0.941	19.339	14.891	0.770	1.336	17.841	7.959	0.446	0.850	51.597	26.082	0.505	0.993	66.185	34.127	0.516	0.725
元古宙基性岩	Ptβ	33	70	0.302	0.519	1.716	0.433	8.629	1.999	0.232	0.475	47.500	28.523	0.600	0.595	11.558	5.969	0.516	0.798	15.723	4.581	0.291	0.749	38.535	17.780	0.461	0.742	73.500	37.060	0.504	0.805
元古宙深成侵入体	Pign	34	121	0.225	0.292	1.300	0.322	14.995	11.030	0.736	0.825	54.157	29.730	0.549	0.679	13.308	13.424	1.009	0.919	21.69	10.921	0.503	1.033	43.972	30.227	0.687	0.846	98.017	105.369	1.075	1.073
太古宙深成侵入体	Argn	35	668	0.229	0.175	0.764	0.328	11.141	7.618	0.684	0.613	82.183	162.518	1.978	1.030	18.546	9.665	0.521	1.281	20.764	10.234	0.493	0.989	56.719	22.786	0.402	1.092	92.283	48.633	0.527	1.010
全测区			123 418	0.688	9.484	13.588		18.177	106.002	5.832		79.769	405.453	5.083		14.479	21.012	1.451		20.995	41.001	1.953		51.953	60.065	1.156		91.336	231.246	2.532	
中国干旱荒漠区水系沉积物背景值	C_2			0.49		1.42		10.00		1.82		0.10		0.80		20.00		0.72		10.00		2.10		50.00		1.04		0.10		0.91	
地壳克拉克值	C_1					13.67				13.67				0.06				20.67				14.38				51.78				0.11	
						1.33				1.33				1.33				0.70				1.46				1.00				0.83	

续表 4-2

地质单元	代号	序号	样品数(个)	W $\bar{X}$	W S	W C_v	W C_3	Sn $\bar{X}$	Sn S	Sn C_v	Sn C_3	Mo $\bar{X}$	Mo S	Mo C_v	Mo C_3	Ba $\bar{X}$	Ba S	Ba C_v	Ba C_3	Co $\bar{X}$	Co S	Co C_v	Co C_3	Cr $\bar{X}$	Cr S	Cr C_v	Cr C_3	Ni $\bar{X}$	Ni S	Ni C_v	Ni C_3	Ti $\bar{X}$	Ti S	Ti C_v	Ti C_3
第四系	Q	1	13542	1.452	8.066	5.554	0.999	2.496	3.870	1.551	1.113	0.943	1.871	1.984	0.885	0.215	0.324	1.507	0.734	13.665	113.273	8.289	1.398	53.883	180.337	3.347	1.312	23.086	66.911	2.898	1.286	3161.776	2930.999	0.927	1.089
第三系	N	2	15933	1.076	1.480	1.375	0.695	2.267	7.647	3.373	0.695	0.867	0.765	0.883	0.759	0.188	0.349	1.855	0.642	9.429	10.691	1.134	1.202	49.336	46.749	0.948	1.202	23.285	35.400	1.520	1.297	3294.961	3186.679	0.967	1.135
白垩系	K	3	17361	1.347	3.613	2.683	1.540	2.306	1.484	0.643	1.088	1.228	1.538	1.252	1.074	0.214	0.292	1.366	0.730	10.738	36.811	3.428	1.088	36.386	62.925	1.729	0.886	17.584	41.975	2.387	0.979	3121.723	2697.739	0.864	1.075
侏罗系	J	4	18921	1.782	1.476	0.828	1.226	2.994	5.773	1.928	1.098	1.599	2.227	1.392	1.399	0.337	5.007	14.846	1.150	8.977	8.673	0.966	0.918	33.126	35.441	1.070	0.807	13.739	16.552	1.205	0.765	3163.291	1823.366	0.578	1.089
三叠系	T	5	82	1.061	0.422	0.398	0.730	1.870	0.328	0.176	1.028	0.846	0.389	0.460	0.740	0.166	0.045	0.273	0.567	5.924	2.131	0.360	0.606	31.640	12.263	0.388	0.771	13.552	5.925	0.437	0.755	1907.280	540.795	0.284	0.657
二叠系	P	6	7376	2.167	11.944	5.512	1.490	4.143	18.031	4.352	0.920	1.183	2.199	1.858	1.035	0.671	5.179	7.722	2.290	9.234	5.920	0.641	0.945	43.083	36.717	0.852	1.049	22.008	18.106	0.862	1.170	2988.234	1399.347	0.467	1.033
石炭系	C	7	3876	1.495	1.307	0.875	0.958	2.956	10.302	3.485	0.958	1.049	0.891	0.849	0.918	0.294	0.981	3.340	1.003	7.96	5.055	0.635	0.814	40.825	51.424	1.260	0.994	17.307	41.216	2.382	0.964	2781.478	1386.522	0.498	0.958
泥盆系	D	8	1365	1.751	1.544	0.881	1.317	2.766	1.504	0.544	1.204	1.085	1.001	0.922	0.949	0.305	0.723	2.373	1.041	9.976	8.023	0.804	1.020	46.298	64.567	1.395	1.128	17.905	49.500	2.765	0.997	2976.789	1421.907	0.478	1.025
志留系	S	9	489	1.379	1.686	1.223	1.009	2.476	1.118	0.452	1.037	1.257	0.968	0.770	1.100	0.238	0.239	1.006	0.812	10.135	5.361	0.548	1.037	47.543	38.385	0.807	1.158	21.428	24.816	1.158	1.193	3105.610	1432.787	0.461	1.070
奥陶系	O	10	1603	1.659	1.321	0.917	1.141	2.577	2.056	0.798	1.234	1.411	6.041	4.282	1.027	0.301	0.541	1.797	1.027	9.776	8.176	0.851	0.983	61.355	60.200	0.981	1.494	23.167	19.849	0.857	1.290	3171.820	1349.304	0.425	1.092
震旦系	Z	11	187	1.964	2.223	1.132	1.351	3.544	5.243	1.480	1.084	1.237	1.203	0.973	1.082	0.346	0.440	1.273	1.181	9.609	8.176	0.851	0.814	57.928	51.567	0.892	1.411	20.847	20.916	1.003	1.161	2738.262	2122.414	0.775	0.943
元古宇	Pt	12	4581	1.610	3.298	2.049	1.107	2.716	2.872	1.057	1.027	1.235	2.596	2.102	1.080	0.3200	0.799	2.426	1.123	9.94	33.135	3.334	1.017	47.494	57.44	1.209	1.157	17.780	24.894	1.400	0.990	2644.757	1561.269	0.590	0.911
太古宇	Ar	13	4581	0.886	9.453	10.674	1.227	1.764	0.805	0.456	1.227	0.621	0.79	1.272	0.543	0.168	0.330	1.960	1.123	11.968	7.254	0.606	1.224	67.427	51.583	0.765	1.642	21.619	15.632	0.724	1.204	3352.843	2063.846	0.616	1.155
第四纪玄武岩	Qβ	14	455	0.990	0.505	0.510	0.681	2.916	1.158	0.397	1.237	1.661	1.065	0.641	1.453	0.150	0.109	0.726	0.512	21.714	12.876	0.593	2.221	100.082	66.495	0.664	2.437	88.775	74.526	0.839	4.944	8993.420	5893.543	0.653	3.097
白垩纪酸性岩	Kχ	15	779	1.553	1.496	0.963	1.068	2.765	3.315	1.199	1.022	1.086	1.454	1.338	0.950	0.495	1.221	2.466	1.689	5.255	5.794	1.103	0.538	24.453	42.505	1.738	0.596	23.285	35.400	1.520	0.680	1899.232	1943.364	1.040	0.644
白垩纪超基性岩	Kζ	16	34	2.192	0.602	0.275	1.508	3.303	0.900	0.272	1.172	2.211	1.188	0.537	1.934	0.305	0.121	0.397	1.041	5.459	5.459	0.534	1.046	45.482	16.2	0.357	1.108	22.213	23.625	1.267	0.784	4516.971	910.663	0.202	1.556
侏罗纪酸性岩	Jχ	17	7242	1.708	9.977	5.842	1.175	3.328	9.013	2.708	0.869	1.230	2.134	1.735	1.076	0.427	1.474	3.455	1.457	6.967	4.923	0.707	0.713	28.259	24.655	0.872	0.688	14.082	3.755	0.97	0.646	2216.369	1545.388	0.688	0.774
侏罗纪中性岩	Jα	18	269	1.527	0.646	0.423	1.050	2.749	3.455	1.257	0.910	0.978	0.998	1.020	0.856	0.202	0.178	0.883	0.689	7.487	4.511	0.602	0.766	44.380	30.270	0.682	1.081	11.604	11.251	0.97	0.917	3286.777	1364.813	0.346	1.132
侏罗纪超基性岩	Jζ	19	262	1.040	1.054	1.013	0.715	3.155	3.139	1.090	0.981	0.660	0.532	0.806	0.577	0.518	0.210	0.405	1.280	5.287	3.236	0.612	0.541	15.56	18.424	1.184	0.379	16.458	13.882	0.843	0.410	1627.014	1146.452	0.705	0.560
三叠纪酸性岩	Tχ	20	3040	1.204	1.851	1.537	0.828	2.338	3.233	1.383	1.015	0.826	1.212	1.467	0.723	0.262	0.484	1.851	0.894	6.361	5.836	0.917	0.651	28.398	34.085	1.200	0.692	7.361	9.423	1.280	0.959	1933.177	1660.404	0.860	0.665
三叠纪酸性岩	Tη	21	11153	1.194	1.884	1.562	0.821	2.449	6.841	2.793	0.776	1.055	2.439	2.312	0.923	0.271	0.993	3.665	0.925	6.949	5.741	0.826	0.711	26.955	33.342	1.237	0.656	12.215	341.099	19.814	0.593	1956.426	1545.881	0.790	0.674
石炭纪酸性岩	Pχ	22	664	1.188	1.801	1.516	0.817	2.640	3.177	1.203	1.230	1.231	0.829	0.781	0.945	0.277	0.799	2.881	1.119	10.296	9.212	0.900	1.047	48.647	51.883	1.067	1.185	10.641	12.507	1.175	1.026	3127.946	2044.925	0.654	1.077
石炭纪中性岩	Cη	23	5221	1.249	1.444	1.155	0.859	2.731	1.510	0.553	1.077	0.705	0.636	0.901	0.642	0.226	0.708	2.159	0.771	7.351	6.105	0.830	0.726	28.500	40.772	1.417	0.694	18.427	24.250	1.316	0.615	2372.824	1630.019	0.685	0.817
石炭纪中性岩	Cδ	24	749	0.888	0.679	0.766	0.590	2.087	0.886	0.429	1.310	0.734	1.122	1.528	0.642	0.491	0.494	1.886	0.676	7.172	4.705	0.656	0.734	31.449	33.33	1.054	0.766	11.046	23.181	2.099	0.607	2194.771	1194.391	0.544	0.756
石炭纪基性岩	Gβ	25	206	2.945	14.691	4.988	2.025	8.232	56.788	6.898	0.842	1.004	1.198	1.193	0.971	0.224	0.157	0.701	0.765	11.741	8.527	0.726	1.201	67.450	75.331	1.117	1.643	24.697	37.535	1.520	1.375	3602.873	2427.915	0.674	1.241
泥盆纪超基性岩	CSχ	26	77	1.567	3.394	2.166	1.078	1.843	0.843	0.457	0.610	1.448	1.405	0.971	0.685	0.420	0.947	2.253	1.433	17.736	11.388	0.642	1.814	287.220	385.735	1.378	6.995	367.081	527.312	1.437	20.439	2203.079	1333.879	0.592	0.759
泥盆纪超基性岩	Dχ	27	340	2.074	3.247	1.566	1.426	3.309	1.743	0.527	1.104	0.893	0.611	0.685	0.781	0.145	0.109	0.753	1.267	11.648	9.833	0.844	1.191	42.669	74.325	1.749	1.039	21.535	68.513	3.181	1.199	3614.172	2014.046	0.557	1.245
志留纪超基性岩	DSζ	28	59	1.378	1.677	1.217	0.948	2.109	0.916	0.434	1.104	1.448	1.405	0.971	0.781	0.394	0.639	1.619	0.495	527.661	062.440	2.013	3.976	962.4	2007.732	2.560	23.439	368.668	566.810	1.537	20.532	1777.036	1364.413	0.768	0.612
志留纪中性岩	Sη	29	267	0.955	0.992	1.039	0.657	2.266	0.990	0.437	0.873	0.593	0.396	0.667	0.444	0.153	0.115	0.753	0.522	4.337	1.994	0.460	0.444	22.566	16.216	0.719	0.550	8.902	5.127	0.576	0.496	1398.516	835.482	0.597	0.482
奥陶纪中性岩	Oδ	30	58	0.532	0.572	1.036	0.380	1.641	0.971	0.592	0.741	0.756	1.004	1.329	0.661	0.394	0.115	0.280	0.661	11.264	4.108	0.365	1.152	44.903	20.544	0.458	1.094	12.897	4.614	0.358	0.718	2779.362	889.682	0.320	0.957
元古宙酸性岩	Pχγ	31	1874	1.757	4.147	2.360	1.208	2.970	2.123	0.715	1.022	1.116	0.888	0.796	0.976	0.233	0.298	1.280	0.744	7.269	5.066	0.697	0.753	34.896	29.744	0.852	0.850	11.715	8.946	0.763	0.652	2623.903	1772.484	0.676	0.904
元古宙中性岩	Pδ	32	367	1.145	1.778	1.552	0.787	2.350	1.844	0.784	0.710	0.712	0.583	0.819	0.623	0.176	0.275	1.562	0.601	12.888	7.196	0.558	1.318	74.193	66.945	0.902	1.807	22.257	17.004	0.764	1.240	3067.379	1808.721	0.590	1.056
元古宙基性岩	Pβ	33	70	1.116	2.664	2.388	0.768	1.994	0.728	0.365	1.113	0.584	0.312	0.534	0.511	0.168	0.113	0.672	0.573	6.104	3.826	0.627	0.624	35.107	25.272	0.834	0.855	9.883	6.732	0.681	0.550	1901.267	1180.186	0.620	0.656
元古宙变质深成侵入体	Pηgn	34	121	1.002	0.750	0.748	0.689	2.751	1.287	0.468	0.695	0.999	0.677	0.678	0.874	0.173	0.168	0.974	0.519	7.364	6.228	0.846	0.753	40.634	45.655	1.074	0.990	9.944	10.272	1.033	0.496	2294.240	1506.771	0.657	0.790
太古宙变质深成侵入体	Argn	35	668	1.457	5.219	5.3470	0.658	1.910	0.806	0.422	1.540	0.662	0.681	1.029	0.579	0.152	0.313	2.064	1.249	12.214	7.117	0.583	1.249	75.31	59.327	0.788	1.834	21.778	19.992	0.918	1.213	4594.362	3317.416	0.722	1.582
全测区			123418	1.454	3.679			2.691	7.290	2.709		1.143	1.594	1.692		0.293	2.430	8.294		9.776	48.732	4.985		41.061	90.516	2.204		17.956	67.330	3.750		2903.460	2343.610	0.807	
中国干旱荒漠区水系沉积物背景值	C_1			1.14				10.00				2.00				0.22				8.00				200.00				40.00				4600.00			
地壳克拉克值	C_2			1.28				0.27				0.57				1.33				1.22				0.2				0.45				0.63			
	C_3																																		

续表 4-2

地质单元	代号	序号	样品数(个)	V $\bar{X}$	V S	V C_v	V C_f	Mn $\bar{X}$	Mn S	Mn C_v	Mn C_f	U $\bar{X}$	U S	U C_v	U C_f	Th $\bar{X}$	Th S	Th C_v	Th C_f	La $\bar{X}$	La S	La C_v	La C_f	Nb $\bar{X}$	Nb S	Nb C_v	Nb C_f	Y $\bar{X}$	Y S	Y C_v	Y C_f	Ba $\bar{X}$	Ba S	Ba C_v	Ba C_f
第四系	Q	1	13 542	60.759	53.14	0.875	1.038	509.891	419.649	0.823	0.827	1.752	0.981	0.56	0.911	10.080	4.308	0.427	0.984	29.376	13.464	0.458	0.972	13.177	8.150	0.619	1.069	20.968	7.392	0.353	1.016	655.220	314.287	0.480	0.961
第三系	N	2	15 933	60.289	51.223	0.850	1.030	515.62	922.345	1.789	0.836	1.388	0.764	0.547	0.727	9.177	3.497	0.381	0.896	26.267	11.027	0.420	0.889	11.829	7.701	0.651	0.960	18.833	5.700	0.303	0.912	661.531	334.385	0.505	0.970
白垩系	K	3	17 361	64.82	65.709	1.014	1.108	829.929	2141.406	2.580	1.346	1.772	1.166	0.658	0.921	9.307	3.977	0.427	0.909	32.291	15.687	0.548	1.069	13.120	9.655	0.736	1.065	19.564	6.658	0.340	0.948	747.321	384.785	0.515	1.096
侏罗系	J	4	18 921	61.047	39.361	0.648	1.043	743.507	1012.597	1.362	1.206	2.680	1.457	0.544	1.394	12.442	4.786	0.385	1.215	35.630	14.501	0.407	1.179	14.623	5.956	0.407	1.186	23.751	6.943	0.292	1.151	683.681	276.609	0.405	1.003
三叠系	T	5	82	42.807	37.186	0.380	0.731	505.39	197.975	0.392	0.820	1.704	0.504	0.296	0.886	8.791	1.331	0.151	0.858	24.828	5.416	0.218	0.822	8.220	1.132	0.138	0.667	16.834	1.911	0.114	0.816	619.537	189.564	0.306	0.909
二叠系	P	6	7376	69.317	37.186	0.536	1.184	699.634	514.518	0.735	1.135	1.932	2.116	1.096	1.005	9.880	3.954	0.400	0.965	28.962	10.080	0.348	0.958	11.088	3.745	0.338	0.900	23.207	7.102	0.306	1.124	609.886	380.37	0.624	0.885
石炭系	C	7	3896	59.181	31.798	0.537	1.011	562.633	346.795	0.616	0.913	2.013	0.838	0.416	1.047	10.413	3.664	0.352	1.016	27.091	9.105	0.336	0.896	10.513	4.440	0.422	0.853	21.317	6.606	0.310	1.033	570.243	258.695	0.454	0.836
泥盆系	D	8	1365	63.335	35.575	0.562	1.082	665.36	645.448	0.970	1.079	2.005	1.213	0.605	1.043	9.847	3.629	0.369	0.961	29.478	10.307	0.350	0.975	11.645	3.653	0.314	0.945	20.264	6.099	0.301	0.982	527.342	149.729	0.284	0.774
志留系	S	9	489	74.745	34.135	0.457	1.277	672.07	377.361	0.561	1.090	1.921	0.715	0.372	0.999	9.016	3.379	0.375	0.880	25.738	10.679	0.415	0.852	9.303	3.177	0.342	0.755	17.704	5.150	0.291	0.858	625.146	379.656	0.607	0.917
奥陶系	O	10	1603	76.503	38.268	0.500	1.307	662.136	342.845	0.518	1.074	2.075	0.847	0.408	1.079	10.208	3.742	0.367	0.996	27.241	9.389	0.345	0.901	10.711	3.544	0.331	0.869	20.398	5.978	0.253	0.988	590.626	378.307	0.641	0.866
震旦系	Z	11	187	73.758	65.162	0.883	1.260	630.756	498.659	0.791	1.023	2.105	1.202	0.571	1.095	10.810	6.244	0.578	1.055	28.401	13.186	0.464	1.016	11.738	6.204	0.529	0.952	20.319	10.005	0.492	0.984	647.74	314.934	0.486	0.950
元古宇	Pt	12	4581	61.338	38.320	0.625	1.048	625.992	965.796	1.543	1.015	1.951	1.153	0.591	1.015	9.470	4.440	0.469	0.924	30.627	59.321	1.937	0.881	11.037	6.701	0.607	0.885	19.511	7.544	0.387	0.945	639.582	333.076	0.516	0.938
太古宇	Ar	13	4581	74.378	44.711	0.601	1.271	563.468	288.154	0.511	0.914	1.059	0.659	0.623	1.015	8.816	4.899	0.556	0.861	35.145	14.919	0.425	1.013	12.97	6.956	0.536	1.052	18.615	8.502	0.457	0.902	927.830	387.103	0.417	1.361
第四纪玄武岩	Qβ	14	455	138.814	74.213	0.535	2.372	851.835	563.385	0.661	1.382	1.458	0.911	0.625	0.947	8.932	2.673	0.299	0.872	28.606	15.576	0.544	0.947	29.967	22.248	0.742	2.431	19.614	3.310	0.169	0.950	635.279	356.182	0.561	0.932
白垩纪酸性岩	Kγ	15	779	35.611	38.683	1.086	0.608	428.283	285.648	0.667	0.695	1.936	0.909	0.469	1.007	11.369	4.803	0.422	1.110	27.842	14.471	0.520	0.921	13.488	8.319	0.617	1.094	22.621	6.551	0.290	1.096	593.914	409.180	0.689	0.871
白垩纪碱性岩	Kε	16	34	82.418	23.114	0.280	1.408	786.147	286.685	0.365	1.275	4.053	1.946	0.480	2.108	13.496	1.583	0.117	1.317	41.718	9.724	0.233	1.380	15.553	2.453	0.158	1.262	23.579	2.171	0.092	1.142	832.588	268.976	0.323	1.221
侏罗纪酸性岩	Jγ	17	7242	44.758	31.616	0.707	0.764	553.430	435.644	0.787	0.898	2.067	1.179	0.570	1.075	11.144	4.927	0.442	1.088	28.701	13.527	0.471	0.950	15.279	6.003	0.489	1.262	21.364	4.287	0.388	1.035	619.285	256.453	0.414	0.908
侏罗纪中性岩	Jδ	18	269	60.712	22.243	0.366	1.037	559.097	202.296	0.362	0.907	2.072	0.837	0.404	1.077	14.119	3.258	0.299	1.065	33.884	11.867	0.350	1.121	12.279	4.226	0.299	0.996	22.021	3.251	0.148	1.067	689.298	222.711	0.332	1.011
侏罗纪碱性岩	Jε	19	262	28.229	23.458	0.831	0.479	367.682	196.821	0.535	0.596	1.533	0.748	0.488	0.797	11.777	3.087	0.262	1.150	25.874	16.029	0.388	0.974	14.295	5.032	0.378	1.146	20.497	5.446	0.266	0.993	751.220	225.935	0.371	1.102
三叠纪酸性岩	Tγ	20	3040	38.254	36.744	0.961	0.654	441.345	365.006	0.827	0.716	1.893	1.083	0.572	0.884	9.977	5.161	0.517	0.942	29.131	14.062	0.483	0.964	13.584	6.882	0.594	0.982	20.273	7.614	0.376	0.982	734.413	316.412	0.431	1.077
二叠纪酸性岩	Pγ	21	11 153	40.128	31.513	0.785	0.686	468.259	530.756	1.176	0.759	1.757	2.182	1.242	0.914	9.648	4.783	0.496	0.898	27.125	20.925	0.771	0.942	11.584	5.095	0.53	0.898	18.621	8.914	0.479	0.902	755.179	365.814	0.498	1.078
石炭纪酸性岩	Cγ	22	664	70.409	51.820	0.736	1.203	534.56	314.953	0.589	0.867	1.540	1.094	0.710	0.801	8.506	4.100	0.482	0.830	26.453	9.501	0.359	0.875	10.029	4.344	0.433	0.814	18.270	6.375	0.349	0.885	594.33	276.597	0.465	0.872
石炭纪中性岩	Cγ	23	5721	48.410	35.901	0.742	0.827	329.183	465.231	0.879	0.858	2.286	2.903	1.27	1.189	11.506	16.983	1.476	1.123	29.374	13.034	0.444	0.972	10.420	4.766	0.457	0.924	19.063	6.889	0.361	0.885	658.411	266.03	0.404	0.966
泥盆纪超基性岩	Dε	24	749	51.913	32.560	0.627	0.887	448.935	209.922	0.468	0.728	1.416	0.889	0.628	0.736	6.747	3.164	0.362	0.761	22.999	9.423	0.410	0.830	8.873	3.646	0.411	0.720	16.509	3.993	0.242	0.800	691.943	253.143	0.366	1.015
志留纪酸性岩	Sγ	25	206	93.587	72.145	0.771	1.599	568.374	264.667	0.466	0.922	1.449	0.719	0.496	0.754	8.201	3.419	0.417	0.830	25.073	7.632	0.304	0.915	9.322	3.794	0.407	0.756	18.880	6.741	0.357	0.915	480.199	247.240	0.515	0.704
奥陶纪中性岩	Oδ	26	77	40.128	29.424	0.467	1.076	665.019	297.457	0.447	1.079	2.193	0.748	0.341	1.140	8.739	2.692	0.308	0.853	37.849	16.441	0.434	1.252	8.097	3.510	0.433	0.657	15.412	5.412	0.373	0.747	404.455	218.384	0.540	0.593
元古宙酸性侵入体	Dγ	27	340	71.255	36.335	0.510	1.217	690.659	367.274	0.532	1.120	3.004	1.566	0.521	1.366	12.568	5.119	0.484	1.032	40.136	21.033	0.524	1.328	13.829	6.231	0.451	1.122	23.161	6.283	0.452	1.118	702.755	252.270	0.359	1.031
泥盆纪超基性岩	DE	28	59	152.241	190.921	1.254	2.601	1181.376	2979.254	2.322	1.916	1.516	2.463	1.624	0.788	6.600	4.595	0.696	0.644	25.253	10.225	0.405	0.836	6.630	4.320	0.633	0.836	13.775	6.283	0.456	0.667	665.353	239.23	0.360	0.976
志留纪酸性岩	Sγ	29	267	30.001	19.233	0.641	0.513	285.032	142.236	0.499	0.462	1.306	0.560	0.429	0.679	9.452	2.940	0.311	0.923	21.276	5.433	0.255	0.704	8.106	4.103	0.506	0.583	13.775	4.219	0.23	0.800	397.549	274.600	0.691	0.583
奥陶纪中性岩	Oδ	30	58	0.641	25.469	0.361	0.011	609.397	232.657	0.382	0.988	1.081	0.479	0.443	0.562	6.329	2.328	0.368	0.618	29.686	10.113	0.341	1.123	13.303	4.801	0.361	1.079	18.344	8.344	0.454	0.915	802.273	463.849	0.578	1.177
元古宙基性岩	Pγy	31	1874	43.357	32.159	0.742	0.741	617.669	1285.639	2.081	1.002	2.625	1.493	0.569	1.366	11.506	6.143	0.534	1.123	33.794	17.524	0.519	1.118	14.026	6.822	0.486	1.138	22.927	9.079	0.396	1.111	856.086	212.599	0.248	1.256
元古宙中性岩	Pδ	32	367	68.343	34.420	0.504	1.168	620.403	295.655	0.477	1.006	1.698	1.140	0.671	0.883	7.969	5.127	0.669	0.749	29.657	11.984	0.404	0.981	12.391	6.583	0.531	1.005	19.833	8.118	0.409	0.961	242.176	252.270	0.344	1.031
元古宙基性岩	Pβ	33	37	41.185	25.523	0.620	0.704	659.971	143.701	0.217	1.168	1.125	0.499	0.444	0.585	10.121	3.359	0.332	0.988	24.289	7.574	0.312	0.966	8.596	3.475	0.404	0.697	16.713	4.427	0.265	0.810	844.179	365.303	0.433	1.238
元古宙变质深成侵入体	Pign	34	121	45.768	37.432	0.818	0.782	542.281	314.102	0.579	0.880	1.980	0.979	0.495	1.030	9.875	5.555	0.563	0.937	28.324	9.512	0.336	0.964	11.407	5.075	0.445	0.926	18.540	5.298	0.286	0.898	861.494	416.457	0.483	1.264
太古宙变质深成侵入体	Argn	35	668	78.763	48.255	0.613	1.346	598.885	351.403	0.587	0.971	1.080	0.531	0.491	0.562	10.318	6.188	0.567	1.066	37.257	13.305	0.357	1.233	13.709	7.080	0.516	1.112	19.833	16.612	0.594	1.356	889.590	245.619	0.276	1.305
全测区			123 418	58.528	47.529	0.812		616.560	1046.070	1.697		1.923	1.506	0.783		10.244	5.734	0.560		30.220	18.587	0.615		12.325	7.251	0.588		20.642	7.509	0.364		681.724	333.745	0.490	
地壳克拉克值 C_1				100.00		0.59		850.00		0.73		1.00		1.92		6.00		1.71				1.17		9.68		1.27		21.35		0.97		568.60		1.20	
中国干旱荒漠区水系沉积物背景值 C_2				64.11		0.91		627.10		0.98		1.04				7.86		1.30		25.74												500.00		1.36	

续表 4-2

地质单元	序号	代号	样品数(个)	Zr $\bar{X}$	Zr S	Zr C_v	Zr C_3	Li $\bar{X}$	Li S	Li C_v	Li C_3	Be $\bar{X}$	Be S	Be C_v	Be C_3	B $\bar{X}$	B S	B C_v	B C_3	F $\bar{X}$	F S	F C_v	F C_3	P $\bar{X}$	P S	P C_v	P C_3	Sr $\bar{X}$	Sr S	Sr C_v	Sr C_3
第四系	1	Q	13 542	215.56	124.201	0.576	1.112	21.331	10.094	0.473	1.176	2.105	0.894	0.425	0.906	30.409	35.805	1.177	1.176	378.794	457.461	1.208	1.039	571.833	555.172	0.971	1.039	245.696	170.710	0.695	0.990
第三系	2	N	15 933	204.012	123.138	0.604	1.052	19.071	9.330	0.489	0.950	2.038	1.257	0.617	0.877	24.563	72.892	2.968	0.950	326.203	325.266	1.000	0.999	549.524	1295.04	2.357	0.999	244.259	178.664	0.731	0.984
白垩系	3	K	17 361	188.994	127.098	0.672	0.975	20.986	13.809	0.658	1.039	2.207	1.294	0.586	0.950	26.872	40.520	1.508	1.039	418.387	488.020	1.166	1.035	701.952	791.182	1.127	1.276	259.701	170.843	0.658	1.047
侏罗系	4	J	18 921	243.258	120.807	0.497	1.255	27.393	14.177	0.518	0.889	2.723	1.314	0.483	1.172	22.976	29.990	1.305	0.889	485.246	488.490	1.007	1.200	594.435	518.682	0.873	1.080	230.469	160.811	0.698	0.929
三叠系	5	T	82	118.474	20.731	0.175	0.611	22.885	7.977	0.349	1.033	1.628	0.388	0.238	0.701	28.765	13.236	0.460	1.033	338.976	228.454	0.733	0.838	409.110	200.202	0.489	0.744	196.038	53.757	0.274	0.790
二叠系	6	P	7376	189.966	89.036	0.469	0.980	31.759	15.488	0.488	1.434	2.291	5.125	2.237	0.986	39.052	39.052	0.999	1.375	456.182	1286.046	2.819	1.128	485.001	263.672	0.544	0.881	198.907	107.832	0.542	0.802
石炭系	7	C	3896	186.201	102.892	0.553	0.960	25.325	16.023	0.633	1.143	2.025	1.136	0.561	0.872	31.532	45.501	1.443	1.219	409.585	1120.375	2.235	1.013	486.801	302.475	0.621	0.885	212.502	119.722	0.563	0.856
泥盆系	8	D	1365	191.528	70.476	0.368	0.988	28.434	12.738	0.448	1.284	2.539	0.875	0.345	1.093	31.589	27.107	0.858	1.339	429.968	575.616	1.339	1.063	531.160	343.296	0.646	0.965	188.461	97.006	0.515	0.760
志留系	9	S	489	157.511	67.27	0.427	0.812	26.16	11.847	0.453	1.181	1.788	0.761	0.426	0.770	31.320	28.692	0.916	1.210	426.017	258.930	0.608	1.053	622.510	360.583	0.579	1.131	265.402	111.220	0.419	1.070
奥陶系	10	O	1603	176.919	79.087	0.447	0.912	27.047	13.752	0.508	1.221	2.004	1.141	0.569	0.863	42.143	46.358	1.100	1.630	475.604	270.47	0.569	1.176	531.259	257.778	0.485	0.966	207.057	105.805	0.511	0.834
寒武系	11	Z	187	152.335	74.274	0.487	0.787	19.753	10.257	0.519	0.892	2.219	1.005	0.453	0.955	66.319	85.577	1.290	2.565	536.64	357.619	0.666	1.327	558.193	458.063	0.821	1.014	266.367	195.044	0.732	1.074
元古宇	12	Pt	4581	161.360	94.415	0.585	0.832	21.801	14.184	0.651	0.984	2.318	1.580	0.682	0.998	37.264	39.024	1.047	1.441	457.593	732.515	1.690	1.131	505.973	351.105	0.694	0.920	235.483	144.808	0.615	0.949
太古宇	13	Ar	4581	180.495	91.663	0.508	0.931	15.331	5.983	0.390	0.692	1.831	0.925	0.506	0.984	16.264	19.676	1.210	0.629	417.277	207.789	0.498	1.032	622.041	328.610	0.528	1.131	447.241	247.051	0.552	1.803
第四纪玄武岩	14	Qβ	455	251.977	109.276	0.434	1.300	20.038	8.165	0.407	0.905	2.088	0.837	0.401	0.899	15.700	14.254	0.908	0.607	502.452	254.754	0.507	1.242	1580.502	1208.988	0.765	2.872	449.213	270.376	0.602	1.810
白垩纪酸性岩	15	Ky	779	176.951	119.476	0.675	0.913	18.071	7.492	0.415	0.816	2.604	1.368	0.525	0.955	13.829	17.964	1.299	1.290	351.955	472.818	1.343	0.870	302.750	309.281	1.022	0.550	186.103	58.188	0.313	0.750
白垩纪碱性岩	16	Kε	34	240.335	153.567	0.639	1.239	24.563	6.852	0.279	1.109	2.185	0.785	0.244	0.998	17.964	12.169	0.465	1.047	551.029	140.539	0.255	1.362	700.706	302.796	0.432	1.273	186.496	143.286	0.770	0.750
侏罗纪酸性岩	17	Jγ	7242	182.571	96.091	0.526	0.942	22.219	12.619	0.568	1.003	3.224	2.025	0.718	0.785	26.174	25.063	0.992	1.299	380.993	912.956	2.396	0.942	700.706	288.273	0.455	0.942	199.669	129.196	0.647	0.805
侏罗纪中性岩	18	Jδ	269	275.037	107.631	0.391	1.418	22.249	6.022	0.271	1.005	2.821	1.201	0.334	1.003	19.422	25.063	1.290	1.214	380.500	177.168	0.454	0.751	541.696	246.292	0.455	1.137	245.377	130.402	0.531	0.989
侏罗纪基性岩	19	Jε	262	126.495	54.517	0.431	0.880	14.762	5.661	0.383	0.667	2.402	1.078	0.485	1.034	29.405	16.515	0.562	1.201	267.004	182.883	0.685	0.340	256.725	96.969	0.436	0.666	222.376	96.969	0.436	0.896
三叠纪超基性岩	20	Tγ	3040	148.946	84.848	0.570	0.768	17.837	10.653	0.597	0.805	2.791	1.355	0.485	0.947	8.786	8.323	0.947	0.784	323.183	231.689	0.717	0.989	256.725	205.240	0.694	0.660	246.895	145.926	0.591	0.995
二叠纪酸性岩	21	Pγ	11 153	148.434	95.018	0.64	0.766	17.158	9.659	0.563	0.775	2.265	1.021	0.451	0.975	23.936	45.563	1.904	1.259	400.13	333.623	0.834	0.725	400.245	293.465	0.733	0.989	274.062	173.999	0.635	1.105
二叠纪中性岩	22	Pδ	664	168.773	77.866	0.461	0.870	21.41	12.914	1.537	0.967	2.352	1.487	0.632	1.012	18.755	23.61	1.259	1.387	421.226	1054.95	2.504	0.805	414.086	227.654	0.683	0.753	313.618	227.651	0.726	1.264
二叠纪基性岩	23	Pβ	5721	153.614	78.764	0.513	0.792	20.668	11.756	0.569	0.933	2.185	1.202	0.533	1.012	18.323	18.323	0.88	0.923	549.977	349.670	0.636	1.042	549.977	215.979	1.579	1.000	254.171	156.756	0.617	1.024
石炭纪酸性岩	24	Cγ	749	138.016	74.333	0.539	0.712	22.608	9.922	0.567	1.009	2.554	1.362	0.533	1.099	20.826	18.499	0.866	0.805	421.224	347.918	0.730	0.775	476.562	347.918	0.865	0.866	343.052	183.824	0.536	1.383
石炭纪中性岩	25	Cδ	206	170.631	83.102	0.583	0.844	14.008	17.962	0.813	1.190	2.160	0.899	0.416	0.732	21.159	20.985	0.992	1.101	322.404	272.549	0.845	0.845	456.000	235.689	0.517	0.829	267.288	183.824	0.697	1.282
石炭纪基性岩	26	Cε	77	125.783	90.601	0.72	0.649	22.076	9.922	0.449	0.998	1.899	1.078	0.568	0.817	23.035	25.373	1.101	1.190	373.223	444.127	1.190	0.891	610.421	379.595	0.622	1.109	578.984	221.649	0.370	0.947
泥盆纪超基性岩	27	Dγ	340	207.326	126.390	0.609	1.070	30.711	87.498	2.849	1.387	1.413	0.682	0.482	0.997	33.757	26.472	0.784	1.306	361.325	129.466	0.358	1.413	382.514	205.240	0.537	0.695	234.868	87.002	0.370	1.026
泥盆纪中性岩	28	Dδ	59	151.695	323.161	2.064	0.782	16.429	9.922	0.604	0.742	2.887	1.043	0.361	0.923	23.878	16.179	0.678	0.923	571.614	297.345	0.520	1.560	644.942	527.836	0.818	1.172	254.645	167.148	0.656	0.623
石炭纪超基性岩	29	Sγ	267	106.925	54.967	0.514	0.551	16.671	11.756	0.704	0.771	1.630	1.187	0.728	1.560	40.329	49.853	1.236	0.515	208.483	129.35	0.620	1.030	323.736	373.687	1.154	0.588	154.651	101.058	0.653	1.077
奥陶纪中性岩	30	Oδ	58	163.514	64.283	0.393	0.843	17.072	9.762	0.572	0.755	1.912	0.899	0.416	0.833	26.634	27.494	1.032	0.656	337.041	165.818	0.492	0.833	351.624	170.189	0.484	0.639	267.288	200.823	0.697	2.333
元古宙酸性岩	31	Prγ	1874	205.471	140.720	0.685	1.060	17.962	17.962	0.813	1.201	1.473	1.078	0.543	0.915	16.961	10.611	0.626	1.197	370.193	348.196	0.941	1.281	666.000	298.429	0.448	1.211	241.009	117.256	0.487	0.971
元古宙中性岩	32	Prδ	367	198.761	213.102	1.072	1.025	19.554	10.899	0.598	0.883	2.297	1.053	0.459	0.989	30.945	32.556	1.052	1.221	518.24	300.923	0.581	1.264	397.484	360.704	0.604	1.086	384.609	167.977	0.437	1.550
元古宙基性岩	33	Prβ	70	117.676	46.476	0.395	0.607	18.232	10.899	0.598	0.823	1.846	0.576	0.312	0.795	31.824	36.154	1.136	1.275	511.163	320.866	0.628	1.174	646.059	298.657	0.462	1.174	331.375	167.171	0.504	1.336
元古宙变质深成侵入体	34	Pgm	121	159.500	105.046	0.659	0.823	18.377	11.832	0.644	0.846	2.244	0.705	0.314	0.966	21.87	42.134	1.927	1.259	448.285	332.322	0.741	1.108	464.579	209.631	0.451	0.844	260.150	106.813	0.411	1.048
太古宙变质深成侵入体	35	Argn	668	229.011	107.797	0.471	1.181	16.853	4.725	0.280	0.761	1.949	1.379	0.707	0.839	11.440	6.755	0.590	0.927	440.394	208.554	0.474	1.089	607.612	283.411	0.483	1.104	320.451	195.035	0.609	1.292
全测区			123 418	193.899	115.387	0.595		22.147	13.865	0.626		2.323	1.825	0.786		25.857	42.278	1.635		404.431	586.618	1.450		550.234	662.960	1.205		248.122	168.841	0.680	
中国干旱荒漠区水系沉积物背景值				300.00				30.00				6.00				10.00				200.00				800.00				270.10			
地壳克拉克值	C_1			152.80				18.60								25.29				394.70				594.70				300.00			
	C_2			1.27				1.19								1.02				1.02				0.93				0.83			
	C_3			0.65				0.74				0.39				2.59				2.02				0.69				0.92			

注：①地壳克拉克值根据维诺格拉多夫，1962；中国干旱荒漠区水系沉积物背景值据任天祥、庞庆恒、杨少平，1996年资料。3114幅1:20万图幅水系沉积物资料。②$\bar{X}$为算术平均值，S为标准离差，C_v为变化系数，C_3为三级浓集集系数。

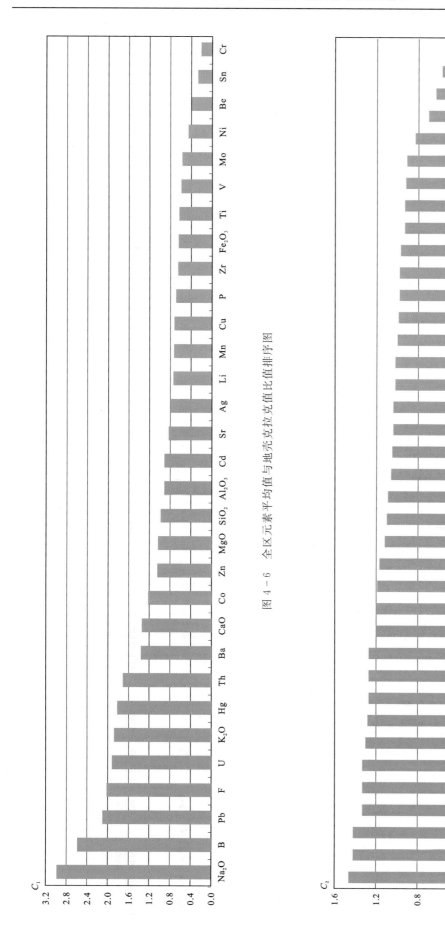

图 4-6 全区元素平均值与地壳克拉克值比值排序图

图 4-7 全区元素平均值与中国干旱荒漠区水系沉积物背景值比值排序图

异,从而研究元素成矿的规律。

现主要讨论 Cu、Au、Pb、Sb、W 元素在各子区的富集贫化特征,研究它们成矿与地层的对应关系(表 4-3)。

表 4-3 主要成矿元素三级浓集系数统计表

地质单元	代号	序号	样品数（个）	C_3 Cu	Au	Pb	Sb	W
第四系	Q	1	13 542	1.027	0.876	0.892	0.871	0.999
古近系+新近系	E+N	2	15 933	1.001	0.994	0.750	1.046	0.740
白垩系	K	3	17 361	0.894	1.065	0.968	1.211	0.926
侏罗系	J	4	18 921	0.873	0.884	1.266	1.039	1.226
三叠系	T	5	82	0.851	0.902	0.668	2.400	0.730
二叠系	P	6	7376	1.437	0.864	1.160	2.034	1.490
石炭系	C	7	3896	1.155	0.966	0.809	1.352	1.028
泥盆系	D	8	1365	1.134	0.939	0.879	1.156	1.204
志留系	S	9	489	1.682	1.559	0.828	1.424	0.948
奥陶系	O	10	1603	1.631	1.085	0.896	1.596	1.141
震旦系	Z	11	187	1.626	1.188	1.213	2.483	1.351
元古宇	Pt	12	4581	1.372	1.304	1.022	1.357	1.107
太古宇	Ar	13	4581	1.346	1.130	0.877	0.328	0.609
第四纪玄武岩	Qβ	14	455	2.195	1.003	0.590	0.520	0.681
白垩纪酸性岩	Kγ	15	779	0.715	0.550	1.050	0.708	1.068
白垩纪碱性岩	Kξ	16	34	0.927	1.005	1.374	0.679	1.508
侏罗纪酸性岩	Jγ	17	7242	0.859	0.810	1.105	0.711	1.175
侏罗纪中性岩	Jδ	18	269	0.943	0.788	1.022	0.847	1.050
侏罗纪碱性岩	Jξ	19	262	0.520	0.451	1.205	0.295	0.715
三叠纪酸性岩	Tγ	20	3040	0.746	1.365	1.019	0.523	0.828
二叠纪酸性岩	Pγ	21	11 153	0.746	0.964	1.016	0.553	0.821
二叠纪中性岩	Pδ	22	664	1.162	0.907	0.914	0.762	0.817
石炭纪酸性岩	Cγ	23	5721	0.921	1.074	1.068	0.500	0.859
石炭纪中性岩	Cδ	24	749	0.912	1.134	0.756	1.126	0.590
石炭纪基性岩	Cν	25	206	1.341	0.793	0.705	0.842	2.025
石炭纪超基性岩	CΣ	26	77	1.332	1.035	0.615	1.812	1.078
泥盆纪酸性岩	Dγ	27	340	1.411	3.218	1.045	0.739	1.426
泥盆纪超基性岩	DΣ	28	59	1.550	1.095	1.044	2.348	0.948

续表 4-3

地质单元	代号	序号	样品数（个）	C_3				
				Cu	Au	Pb	Sb	W
志留纪酸性岩	$S\gamma$	29	267	0.660	0.781	1.038	1.394	0.657
奥陶纪中性岩	$O\delta$	30	58	1.013	0.542	0.847	0.350	0.380
元古宙酸性岩	$Pt\gamma$	31	1874	0.848	1.937	1.130	0.600	1.208
元古宙中性岩	$Pt\delta$	32	367	1.336	1.715	0.850	0.426	0.787
元古宙基性岩	$Pt\nu$	33	70	0.798	0.778	0.749	0.433	0.768
元古宙变质深成侵入体	Ptgn	34	121	0.919	0.971	1.033	0.322	0.689
太古宙变质深成侵入体	Argn	35	668	1.281	0.991	0.989	0.328	0.658

（1）上述成矿元素在震旦系、元古宇、太古宇中相对富集，这些元素的 C_3 值均大于1，这也与上述地层中发现的大量矿床（点）相对应。

（2）在基性—超基性岩浆中 Cu 相对富集，酸性岩浆中 Pb 相对富集。

（3）在泥盆纪岩浆岩中，这些元素均相对富集，尤其 Au 在泥盆纪酸性岩中 C_3 值大于3，说明 Au 在这套地质体中呈强富集状态。Sb 在泥盆纪超基性岩中，其 C_3 值为2.348。

（4）Cu 除在基性—超基性岩中富集外，在老地层中较富集，区内发现铜矿大多产于老地层内；W 在石炭纪基性岩中相对富集，其 C_3 值大于2。

综上所述，上述地质单元元素含量较高，变异系数较大，是今后进行矿产预测和潜力评价的重点地段。

三、全区地球化学异常特征

（一）西部区区域化探异常特征

西部区地理坐标：东经 $97°14'$—$110°00'$，北纬 $38°40'$—$42°44'$，包括乌拉山、色尔腾山、狼山、雅布赖山、龙首山、合黎山、北山地区和内蒙古北部高原残山丘陵区，总面积约 $38×10^4 km^2$，已完成扫面面积约 $21×10^4 km^2$。

本区处于3个大地构造区域，即西部为天山-北山地槽东段，北部为内蒙古兴安褶皱带西段，南部为内蒙古地轴西段。分别有北山铜、金多金属成矿远景区，阿拉善铜、金、镍及铂族元素成矿远景区以及狼山-色尔腾山-乌拉山金、铜多金属成矿远景区。

1. 区域地质控矿因素

统计东经 $114°$ 以西地区41处小型以上与热液成矿活动有关的矿产，包括铁、铜多金属矿22处，金矿11处，镍钴矿6处，铌稀土矿2处。其地质控矿因素有以下特征。

（1）成矿时代：前寒武纪占 32%，以层控型铜、多金属矿和变质热液型金矿为主；加里东期占 7%，以稀土矿为主；华力西期占 37%，以岩浆岩型镍钴矿和岩浆热液型金、铜多金属矿为主；印支期—燕山期占 24%，以岩浆热液型金、多金属矿为主。

（2）岩浆岩特征：与岩浆岩有关的矿产占统计量的 63%，其中华力西期斜长（二长）花岗岩、花岗闪长岩和辉长岩占 58%，印支期—燕山期钾长花岗岩占 38%，加里东期花岗岩占 4%。可见华力西期侵入岩和印支期—燕山期侵入岩对矿产的形成除了提供成矿热源外，还能提供相当一部分成矿物质来源，形成岩浆岩型和斑岩型矿产。

(3)赋矿层位:与岩层层位有关系的矿产占统计量的76%。其中元古宇赋矿占71%,主要是层控型金及铜、多金属矿和绿岩型金矿,包括渣尔泰山群赋矿占29%,白云鄂博群赋矿占19%,温都尔庙群赋矿占13%,二道凹岩群赋矿占10%;太古宇赋矿占19%,主要是绿岩型金矿和蚀变岩(含石英脉)型金矿,其中包括乌拉山岩群赋矿占10%,色尔腾山岩群赋矿占6%,兴和岩群赋矿占3%;古生界赋矿占10%,主要是热液型或接触交代型铜金矿。研究认为太古宇与基性火山岩有关的绿岩建造和含铁硅酸盐岩建造是提供金元素的主要来源;古元古界二道凹岩群基性和中酸性火山岩是绿片岩型金矿的重要控矿因素,中元古界泥质、碳质碎屑岩建造是铜金矿和铜多金属矿的重要赋矿层位;古生界海底中酸性火山喷发形成的安山岩、英安岩等火山岩和火山碎屑岩建造,以及碳酸盐岩建造,是形成热液型铜、金矿和接触交代型矿产的有利层位,是北山地槽区重要的含矿层位。

(4)控矿断裂构造:与断裂构造有关的矿产占统计量的85%,其中近东西向断裂构造占57%,北西向断裂构造占17%,北东向断裂构造占15%,侵入岩接触带占11%。可见,近东西向断裂构造是重要的控矿构造。

(5)矿产的组分特征:是指矿产中能够达到工业综合利用的一些组分。组分单一的矿产占51%,主要是与古老变质岩系有关的金矿和变质热液型铁矿;两种组分的矿产占34%,主要是钨钼矿、稀土矿和镍钴矿;3种及以上组分的矿产占15%,主要是层控型金、铜及多金属矿,以及接触交代型多组分矿产。

2. 区域化探异常特征

1)北山成矿带区域化探异常特征

(1)区域地质特征。

北山成矿带位于内蒙古自治区最西端阿拉善盟额济纳旗境内,与甘肃省、蒙古国相毗邻。大地构造属天山-北山地槽东段。该带中部隆起,出露元古宇浅变质岩系,南北两侧分布古生界海相中基性、中酸性火山岩及海相碎屑岩、碳酸盐岩,华力西期北西向构造岩浆活动强烈,成矿条件有利。已发现金、铜、钼、多金属矿床(点)多处,如黑鹰山富铁矿床、流沙山钼金矿床、白山堂铜矿床等。近来,邻区东天山发现了特大型斑岩型铜矿,蒙古国境内发现了特大型金矿等,地质条件与本区相近,可以类比。

(2)区域化探异常分布规律。

区域化探异常分布受区域地质因素控制,大致分为3个北西走向的区域化探异常带。北山中部为元古宙陆壳和华力西期中酸性侵入岩,以金、钍异常为主,北西走向,长约200km,宽50~60km,称为北山中部金钍异常带,主要寻找金矿资源。北山北部分布古生界碎屑岩、中基性—中酸性火山岩夹灰岩,奥陶系和石炭系大面积分布,中生界以下白垩统新民堡组大面积分布为主,以铜、锌、钼、金、铋等元素异常为主,北西长约250km,宽约50km,称为北山北部铜、锌、金、钼异常带,主要寻找铜金矿和铜钼金矿等矿产资源。北山南部在元古宙陆壳上零散分布古生界和中生界,以奥陶系、二叠系和下白垩统新民堡组分布为主,陆壳上以钨、钼、锑、砷、金异常为主,古生界上以铜、锌、金为主,北西长200余千米,南北宽百余千米,称为北山南部铜、钨、锑、金异常带,是寻找铜矿、钨钼矿和锑砷金矿的异常带。

(3)区域化探异常特征。

北山北部铜、锌、金、钼异常带:成矿元素组合有铜、金、铋异常组合。该异常带是寻找斑岩型和热液型铜钼金矿有希望的地区。该区剥蚀程度相对较浅,特别要加强深部找矿评价工作。

北山中部金钍异常带:成矿元素组合为金、钍组合,是寻找金矿和钼金矿的异常。

北山南部铜、钨、锑、金异常带:成矿元素组合有钨、铋、锑、砷、铅组合,在元古宙陆壳区分布;铜、锌、钼、钨组合,在古生界出露区;金铜组合,靠北山中部异常带分布。这些异常是寻找金矿、铜金矿、钨钼矿、锑砷矿的重要依据。

2)阿拉善成矿带区域化探异常特征

(1)区域地质特征。

该区位于阿拉善盟阿拉善左旗、阿拉善右旗及额济纳旗境内。大地构造处于内蒙地轴西段和内蒙古兴安褶皱带西段。南部内蒙地轴主要由前寒武纪变质岩系组成;北部内蒙古兴安褶皱带主要由古生界碎屑岩夹中酸性火山岩和碳酸盐岩,以及中生界杂色碎屑岩夹泥灰岩、油页岩和偏碱性中基性火山岩夹碎屑岩组成。主要发育华力西期和印支期侵入岩,以近东西向断裂构造为主。近几年,在该区发现产于中元古界渣尔泰山群中微细粒浸染型朱拉扎嘎大型金矿,与岩浆活动有关的呼伦西伯小型金锑矿,产于上石炭统阿木山组中的欧布拉格中型铜金矿,还有多处砂铂矿及其重砂异常。在邻区甘肃龙首山隆起带中,产于中元古代变质岩系的二辉橄榄岩和辉橄岩体内有金川镍铜矿床,伴生组分有钴、铂族元素及稀有元素。

(2)区域化探异常分布规律。

区域化探异常分布受大地构造环境控制,大致分为3个区域化探异常带。阿拉善北部异常带位于北山地槽最东段,以铜、金、钼异常为主,北西向分布,长200余千米,宽40~60km,称为阿拉善北部铜、金、钼异常带,主要寻找金矿和铜、金、钼矿资源。阿拉善中部异常带位于内蒙古兴安褶皱带最西端,以金、铜、锑、铀异常为主,北东向分布,长400余千米,宽30~60km,称为阿拉善中部金、铜、锑、铀异常带,主要寻找金矿、金铜矿和铀矿资源。阿拉善南部异常带位于内蒙地轴最西段阿拉善隆起区,以金、铜、铋异常为主,北东向分布,长约300km,宽30~50km,称为阿拉善南部金、铜、铋异常带,主要寻找金矿及铜金矿资源。

(3)区域化探异常特征。

阿拉善北部铜、金、钼异常带:该异常带除有中元古代陆壳零星分布外,主要大面积出露古生界碎屑岩、中基性—中酸性火山岩夹灰岩,且有华力西期侵入岩侵入,北西向和北东向断裂构造发育,成矿元素组合与北山北部异常带相似。异常成矿元素组合为铜、锌、钼、金,伴有铁族元素。发现呼伦西伯金矿点和珠斯楞铜矿。这些异常是寻找金矿和铜、钼、金矿资源的有利地区。

阿拉善中部铜、金、锑、铀异常带:该带除局部出露古元古代陆壳外,还零星分布上石炭统阿木山组,广泛覆盖白垩系巴音戈壁组及苏红图组,大面积分布华力西期酸性侵入岩,北东向断裂构造发育。异常成矿元素组合为铜、锌、金、锑、铀组合。推测:强砷、锑汞异常呈带状分布区,可能是白垩纪盆缘断裂带的反映,或者是深部矿床头晕元素异常的显示;在上石炭统—下二叠统零星分布区的砷、锑、铜、金(铅、锌)异常,是寻找欧布拉格类型铜金矿和含金多金属矿的异常;白垩纪盆地内的铀、钼异常,是寻找次生砂岩型铀矿的异常。同时应重视苏红图组稀有、稀土元素等异常的研究,评价该类异常寻找稀有、稀土矿产资源的前景。

阿拉善南部金、铜、铋异常带:该带主要出露中新太古界片麻岩和绿岩建造、硅质含铁建造,以及中元古界含泥质、碳质的细碎屑建造,又有印支期和华力西期酸性侵入岩侵入,中元古代基性岩较广泛侵入于前寒武纪变质岩系中,北东向和东西向断裂构造发育。成矿元素组合为金、铋、镉、铜、锡组合,伴有铬镍异常。这些异常主要是寻找层控型金矿、绿岩型金矿、含铁建造型金矿和接触交代型铜、多金属矿的远景地区。该区中元古代基性侵入岩较发育,区域上未形成明显的铁族元素异常,尤其在雅布赖山和龙首山分布较多的基性岩侵入体,未形成铁族元素异常,对寻找金川型镍铜矿未能提供更多的信息。

3)狼山-色尔腾山成矿带区域化探异常特征

(1)区域地质特征。

该带包括狼山、色尔腾山和乌拉山,以及北部高原西端。大地构造处于内蒙地轴及其北部边缘带。分布中、新太古界乌拉山岩群和色尔腾山岩群,以及中元古界渣尔泰山群和白云鄂博群;印支期、华力西期和元古宙侵入岩呈近东西向侵入于前寒武纪变质岩系中,以东西向构造为主。该成矿带已发现乌拉山大型石英脉型金矿床,特大型白云鄂博铁、稀有、稀土矿床,大中型层控型甲生盘、山片沟、东升庙、炭窑口、霍各乞等硫、铜、多金属矿床。

(2)区域化探异常分布规律。

大致分为4个区域化探异常带。狼山-色尔腾山北部金、铅异常带处于内蒙地轴北部边缘带,以金、铅异常分布为主,东西长150余千米,宽30余千米,主要寻找金、铅矿资源。狼山-色尔腾山西部铜、铅、锌、金、铋异常带,位于狼山西段,主要处于华力西期花岗岩与渣尔泰山群和色尔腾山岩群内、外接触带上,以铜、铅、锌、金、铋、钨、锡异常分布为主,呈北东走向,长近200km,宽30~50km,主要寻找层控型铜、铅、锌、金矿资源。狼山-色尔腾山中部铜、金、银、锌异常带位于狼山至色尔腾山,主要分布渣尔泰山群,以铜、金、银、锌、铅异常为主,呈东西走向,长150余千米,宽20余千米,主要寻找层控型铅、锌、金、铜矿。狼山-色尔腾山东部金、铜异常带,位于色尔腾山和乌拉山,主要分布色尔腾山岩群和乌拉山岩群,以金、铜异常分布为主,主要寻找绿岩型和含铁建造型金矿资源。

(3)区域化探异常特征。

狼山-色尔腾山北部金、铅、铌稀土元素异常带:该异常带主要出露白云鄂博群石英岩、泥质碳质板岩和色尔腾山岩群绢云绿泥片岩、含铁石英岩等,有华力西期花岗岩侵入,东西向构造发育。成矿元素组合为金、铅、钼、铋、铜、锌,还有铌、稀土元素组合异常。

狼山-色尔腾山西部铜、铅、锌、金、铋异常带:处于印支期和华力西期花岗岩与渣尔泰山群细粒泥质碳质板岩、灰岩和色尔腾山岩群绢英绿泥片岩及含铁石英岩接触带上。成矿元素组合为金、铅、铜、银异常组合,是寻找层控型金、多金属矿和热液型铜多金属矿的异常。

狼山-色尔腾山中部铜、金、银、锌异常带:主要出露渣尔泰山群石英岩,碳质板岩和灰岩,有印支期和华力西期花岗岩侵入,近东西向构造发育。

狼山-色尔腾山东部金、铜异常带:分布色尔腾山岩群绢英绿泥片岩、含铁石英岩和乌拉山岩群角闪斜长片麻岩、斜长角闪岩,印支期—华力西期花岗岩和中元古代花岗岩侵入其中。

(二)东部区区域化探异常特征

东部区地理坐标:东经110°00′—122°00′,北纬40°00′—51°20′。行政区域包括包头市、呼和浩特市、乌兰察布盟、锡林郭勒盟、赤峰市、通辽市、兴安盟和呼伦贝尔盟,总面积70余万平方千米。

1. 区域地质控矿因素

统计东部区(东经114°以东)41个小型以上与热液成矿有关的有色金属和贵金属矿床,其区域地质控矿因素有以下特征。

(1)成矿时代:燕山期成矿的矿床占87.8%,华力西期成矿的矿床占9.8%,元古宙成矿的矿床占2.4%。

(2)岩浆岩特征:成矿主要与燕山期酸性岩类杂岩体有关,或与燕山期浅成、超浅成的中酸性斑岩类小侵入体和火山机构有关,如黑云母花岗岩、钾长花岗岩、正长斑岩、英安斑岩、闪长玢岩等。这种中酸性岩浆岩在侵入过程中,除自身携带部分成矿物质外,还熔融围岩中部分成矿物质,这两者的融合物也是成矿物质来源之一。

(3)赋矿地层:古生界赋矿占56%,尤其以下二叠统赋矿为主;中生界赋矿占22%,以上侏罗统中酸性火山岩及其碎屑岩为主;前寒武纪地层赋矿占22%,尤其是金矿主要赋存在中太古界建平岩群居多。这些赋矿地层在地质构造变动过程中,地层中的成矿组分或多或少地发生了变动,为富集成矿提供了一定的物质基础。

(4)控矿断裂构造:北东—北北东向断裂控矿占41.5%,北西向断裂控矿占28.3%,东西向断裂控矿占18.9%,岩浆岩接触带或火山盆地断陷带控矿占11.3%。尤其以两组方向断裂构造交会处是赋矿最有利的场所。

(5)矿床的组分特征:尤其是有色金属矿床组成的成分复杂,3种及3种以上组分组成的矿床占51.7%,单一成分的有色金属矿产以钨钼矿为主。金矿床组成以金单一成分为主的居多。

2. 东部区地球化学异常特征

1) 黄岗至大石寨成矿带地球化学异常特征

该带位于大兴安岭中南端华力西期褶皱带隆起区,二叠纪地层(尤其是大石寨组)既是主要容矿岩层,又是矿源层。侏罗纪陆相火山岩带呈北东向和北北东向展布。成矿时代以燕山期为主,华力西期次之,代表性矿床有黄岗铁锡矿、大井铜锡铅锌矿、白音诺铅锌矿、浩布高铅锌矿等,还有少见的斑岩型银矿(如敖脑达巴银矿),为与陆相火山岩-次火山岩有关的银-锡-铜(铅锌)矿。该带矿床种类多,成矿强度大。据区域岩石地球化学资料,下中二叠统大石寨组富集 W、Au、Sn、Bi、U、Ag、Zn、Cu 等元素,上侏罗统富集 Bi、Sn、Ag、U、W、Mo、Pb、Zn 等元素,都是元素初始聚集层;燕山期花岗岩类富集 Ag、As、Sb、Cu、Pb、Zn、Sn、W、Bi、U 等元素。

2) 得尔布干成矿带地球化学异常特征

该带位于西伯利亚板块东南缘的加里东褶皱带,以得尔布干深断裂与大兴安岭为界。其基底为新元古代绿片岩系,中泥盆统至中二叠统为浅变质火山岩碎屑岩,有大片花岗岩出露,已知有三河热液型铅锌矿床。印支期—燕山期,受滨太平洋板块向北西作用的远程效应构造,构造岩浆活动强烈,构成北东向延伸的侏罗纪至白垩纪火山-侵入岩带,伴有乌努格吐山斑岩型铜钼矿,甲乌拉热液型银铅锌矿。古元古界兴华渡口岩群和中泥盆统至中二叠统等富集了 Cu、Sn、W、Bi、Ag、Au 等元素,上侏罗统富集了 Ag、Mo、Bi、Pb、U 等元素,为成矿提供了元素初始富集层。

3) 内蒙地轴及其北缘成矿带地球化学异常特征

该带包括武川至集宁一带大青山区及其北部丘陵山地,以及凉城至丰镇一带山区。

内蒙地轴上主要分布太古宙及元古宙深变质岩系,北缘为华力西期增生带,华力西期花岗岩带在 42°带分布,印支期—燕山期花岗岩沿北东向断裂带分布;以东西向断裂构造为主。带内为长期发育的古陆边缘构造-成矿系统,矿床类型众多,矿产丰富,是铁、金、稀土矿和铜铅锌等矿产的重要基地。乌拉山岩群富集 Au、Cu、Mo、W、铁族元素、稀土元素,色尔腾山岩群以 Au 均值和叠加强度系数均高为特征,二道凹岩群以 Au、Cu、Cr、Ni 元素组合和 Au 丰度值高为特征,华力西期花岗岩类相对富集 Cu、Pb、Ag,而印支期—燕山期花岗岩以相对富集 Au、Ag、Pb、Zn、Sn、Mo、Bi 为特征。

第五章 地球化学综合研究成果

第一节 主要成矿元素地球化学特征

因非金属矿的成矿元素化探特征反映不明显，元素异常与矿产分布对应性较差，没有明显的成矿规律，故本次工作只对铜、金等13个金属矿种进行了分析研究与成矿预测。

一、铜矿

(一)Cu元素地球化学分布特征

铜矿床主要分布在中元古代和晚中生代，晚古生代亦有分布。矿床元素组合：中元古代为CuFePbZn、CuMo；中生代为CuMo、CuSn、CuPbZnAgSn；晚古生代为CuNiPt、CuAu、CuZnAg。矿床类型：中元古代为海相火山喷流-沉积型；晚中生代为斑岩型、热液型；晚古生代为岩浆熔离型、热液型和接触交代型及海相火山喷流-沉积型。

从全区来看，Cu高值区主要分布于北山-阿拉善、巴彦查干-索伦山、乌拉山-大青山、红格尔-锡林浩特-西乌珠穆沁旗-大石寨、宝昌-多伦-赤峰和莫尔道嘎-根河-鄂伦春地球化学分区内，高值区规模很大；低值区分布在北山-阿拉善地球化学分区的东南部和龙首山-雅布赖山、狼山-色尔腾山地球化学分区的西北部。现分述如下。

1. 北山-阿拉善地球化学分区

Cu高值区分布于区内的西北部和东北部，沿甜水井—呼鲁古斯古特一带分布，东南部为低值区。高值区所对应的地质体为石炭纪火山岩。

2. 龙首山-雅布赖山地球化学分区

低值区大面积分布。Cu仅在龙首山等地呈规模很小的高值区，高值区与太古宇和元古宙酸性岩体对应。

3. 狼山-色尔腾山地球化学分区

Cu高值区大面积连续分布，其明显受北东向构造控制，分布于白云鄂博群石英岩、泥质碳质板岩、渣尔泰山群细粒泥质碳质板岩、灰岩和色尔腾山岩群绢英绿泥片岩、含铁石英岩及华力西期花岗岩上。该区矿床分布于中新元古代狼山群二岩组中段，狼山地区几大矿区均分布在狼山群中，并明显受二岩组控制。

4. 巴彦查干-索伦山地球化学分区

Cu 较高值区大面积连续分布。沿巴彦查干—准索伦—满达拉一带呈近东西向带状展布,主要对应于下古生界奥陶系、上古生界石炭系和二叠系,出露岩体有石炭纪、泥盆纪超基性岩体,以及二叠纪二长花岗岩和闪长岩等。

5. 乌拉山-大青山地球化学分区

Cu 高值区大面积连续分布,沿乌拉特前旗—包头—呼和浩特—武川一带分布,高值区受近东西向和近南北向构造控制,其对应于中新元古代色尔腾山岩群绢英绿泥片岩、含铁石英岩,乌拉山岩群和集宁岩群角闪斜长片麻岩、斜长角闪岩。

6. 二连-东乌珠穆沁旗地球化学分区

Cu 元素呈大面积的低值区分布,高值区主要分布于查干敖包庙—台吉乌苏一带,其中尤以阿巴嘎旗一带 Cu 高值区规模最大,东乌珠穆沁旗周围规模也较大,高值区对应于下中奥陶统乌宾敖包组、下中泥盆统泥鳅河组。

7. 红格尔-锡林浩特-西乌珠穆沁旗-大石寨地球化学分区

高值区规模很大,呈北东-南西向展布,沿克什克腾旗—西乌珠穆沁旗—科右前旗一带分布,对应地质体为古元古界宝音图岩群、石炭系—二叠系。低值区小范围地分布于东南部和西北部地区。

8. 宝昌-多伦-赤峰地球化学分区

高值区受北东向和近东西向构造控制,规模较大,分布于太仆寺旗—喀拉沁旗—赤峰一带,对应于太古宇建平岩群老变质岩系、古生界下中二叠统和上侏罗统—下白垩统火山岩系。低值区分布于区内的东南部宁城一带。

9. 莫尔道嘎-根河-鄂伦春地球化学分区

Cu 高值区范围较大,呈北东-南西向展布,分布于新巴尔虎右旗周围和额尔古纳市—根河—牙克石一带,高值区对应于中侏罗统满克头鄂博组酸性火山熔岩、火山碎屑沉积岩。低值区小范围分布于北部和南部部分地区。

(二)主要地质单元元素分布特征

1. 地质单元划分依据

本次研究所采用的 Cu 元素分析数据主要来源于 1:20 万区域化探中的水系沉积物(土壤)测量,划分地质单元时,地层以系、岩浆岩以地层时代(如侏罗纪)为单位。

根据全区出露地层、岩浆岩和变质岩分布情况,结合全区构造单元特征,将全区划分出 35 个地质子区,统计各子区 Cu 元素的地球化学特征值,研究不同子区 Cu 元素的富集贫化特征,同时将 Cu 元素平均值与地壳克拉克值和中国干旱荒漠区水系沉积物背景值作比较,研究内蒙古全区 Cu 元素相对于全球和全中国的富集与贫化特征。见表 5-1,用 4 个参数研究不同地质子区的 Cu 元素特征,其中 $\bar{X}$ 为算术平均值,S 为标准离差,C_v 为变异系数,C_3 为三级浓集系数。

2. 全区 Cu 及其主要共伴生元素平均值与地壳克拉克值对比

全区 Cu 及其主要共伴生元素的平均值与全球地壳克拉克值的比值,称为一级浓集系数(C_1),C_1

分布图见图 5-1。从图 5-1 中可以看出：①$C_1 \geqslant 1.2$ 的元素有 Pb、Co，这两种元素相对全球地壳呈富集状态；②$0.8 \leqslant C_1 < 1.2$ 的元素有 Zn，该元素在全区的含量与全球地壳含量相当；③$C_1 < 0.8$ 的元素有 Cu、Ag、Sn、Mo、Ni，这些元素相对全球地壳呈贫化状态。

3. 全区 Cu 及其主要共伴生元素平均值与中国干旱荒漠区水系沉积物背景值对比

全区 Cu 及其主要共伴生元素平均值与中国干旱荒漠区水系沉积物背景值的比值称为二级浓集系数（C_2），见图 5-2。从比值图上可见：①$C_2 \geqslant 1.2$ 的元素有 Pb、Sn、Sb、Ag、Bi、W、Mo 等，这些元素在全区的含量相对中国地区呈富集状态；②$0.8 \leqslant C_2 < 1.2$ 之间的元素有 Au、Co、Ni、Zn，这 4 种元素含量与中国水系沉积物平均含量相当；③$C_2 < 0.8$ 的元素为 Cu，该元素相对中国地区呈贫化状态。

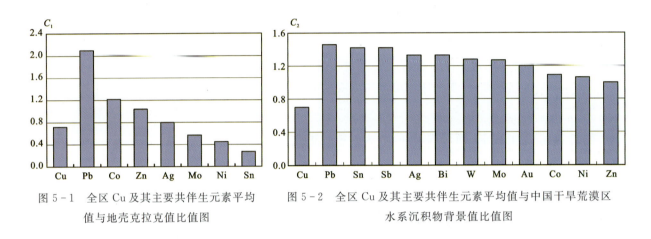

图 5-1　全区 Cu 及其主要共伴生元素平均值与地壳克拉克值比值图

图 5-2　全区 Cu 及其主要共伴生元素平均值与中国干旱荒漠区水系沉积物背景值比值图

4. 各地质子区 Cu 元素分布特征

现引入三级浓集系数 C_3（元素各地质子区的含量与全区背景值的比值）和变异系数 C_v（元素各地质子区的标准离差与算数平均值的比值）来讨论 Cu 元素在各地质子区的分布差异（表 5-1），以及 Cu 元素在各子区的富集贫化特征，研究其成矿（或矿化）与地质体的对应关系，从而研究 Cu 元素成矿的规律。

表 5-1　主要地质单元水系沉积物 Cu 元素地球化学特征值统计表

地质单元	代号	序号	样品数（个）	Cu $\overline{X}$	S	C_v	C_3
第四系	Q	1	13 542	14.875	13.972	0.939	1.027
古近系＋新近系	E＋N	2	15 933	14.498	12.369	0.853	1.001
白垩系	K	3	17 361	12.951	10.99	0.849	0.894
侏罗系	J	4	18 921	12.644	10.846	0.858	0.873
三叠系	T	5	82	12.315	5.807	0.472	0.851
二叠系	P	6	7376	20.808	48.072	2.310	1.437
石炭系	C	7	3896	16.723	17.676	1.057	1.155
泥盆系	D	8	1365	16.424	11.860	0.722	1.134

续表 5-1

地质单元	代号	序号	样品数(个)	Cu			
				$\bar{X}$	S	C_v	C_3
志留系	S	9	489	24.347	26.633	1.094	1.682
奥陶系	O	10	1603	23.614	49.380	2.091	1.631
震旦系	Z	11	187	23.536	37.668	1.600	1.626
元古宇	Pt	12	4581	19.861	35.694	1.797	1.372
太古宇	Ar	13	4581	19.493	10.554	0.541	1.346
第四纪玄武岩	Qβ	14	455	31.779	21.082	0.663	2.195
白垩纪酸性岩	Kγ	15	779	10.348	10.864	1.050	0.715
白垩纪碱性岩	Kξ	16	34	13.426	4.256	0.317	0.927
侏罗纪酸性岩	Jγ	17	7242	12.435	35.131	2.825	0.859
侏罗纪中性岩	Jδ	18	269	13.652	6.191	0.453	0.943
侏罗纪碱性岩	Jξ	19	262	7.535	7.412	0.984	0.520
三叠纪酸性岩	Tγ	20	3040	10.795	15.525	1.438	0.746
二叠纪酸性岩	Pγ	21	11 153	10.799	10.745	0.995	0.746
二叠纪中性岩	Pδ	22	664	16.826	19.474	1.157	1.162
石炭纪酸性岩	Cγ	23	5721	13.334	14.571	1.093	0.921
石炭纪中性岩	Cδ	24	749	13.206	8.122	0.615	0.912
石炭纪基性岩	Cν	25	206	19.417	14.863	0.765	1.341
石炭纪超基性岩	CΣ	26	77	19.281	8.913	0.462	1.332
泥盆纪酸性岩	Dγ	27	340	20.435	16.069	0.786	1.411
泥盆纪超基性岩	DΣ	28	59	22.442	16.195	0.722	1.550
志留纪酸性岩	Sγ	29	267	9.553	7.371	0.772	0.660
奥陶纪中性岩	Oδ	30	58	14.674	5.570	0.380	1.013
元古宙酸性岩	Ptγ	31	1874	12.275	19.619	1.598	0.848
元古宙中性岩	Ptδ	32	367	19.339	14.891	0.770	1.336
元古宙基性岩	Ptν	33	70	11.558	5.969	0.516	0.798
元古宙变质深成侵入体	Ptgn	34	121	13.308	13.424	1.009	0.919
太古宙变质深成侵入体	Argn	35	668	18.546	9.665	0.521	1.281
全测区			123 418	14.479	21.012	1.451	
地壳克拉克值	中国干旱荒漠区水系沉积物背景值			20.00		20.67	
C_1		C_2		0.72		0.70	

注：①地壳克拉克值据维诺格拉多夫，1962；②$\bar{X}$ 为算术平均值，S 为标准离差，C_v 为变化系数，C_3 为三级浓集系数；③中国干旱荒漠区水系沉积物背景值据任天祥，庞庆恒，杨少平，1996 年资料，3114 幅 1:20 万图幅水系沉积物资料。

为研究元素区域富集特征,将 C_3 和 C_v 均分为三级:以 $C_3 \geq 2.5$ 为强富集,$2.5 > C_3 \geq 1.5$ 为中等富集,$1.5 > C_3 \geq 1$ 为弱富集(图 5-3);以 $C_v \geq 1.1$ 为强分异型,$1.1 > C_v \geq 0.6$ 为较强分异型,$C_v < 0.6$ 为弱分异型(图 5-4)。

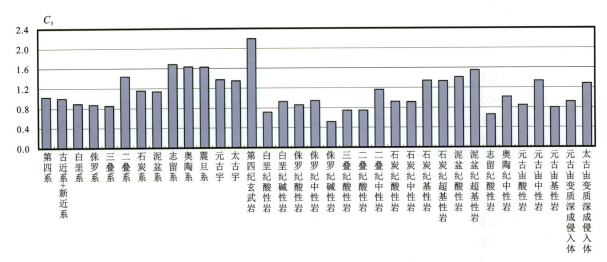

图 5-3　全区 Cu 元素各地质子区的含量与全区背景值的比值(C_3)排序图

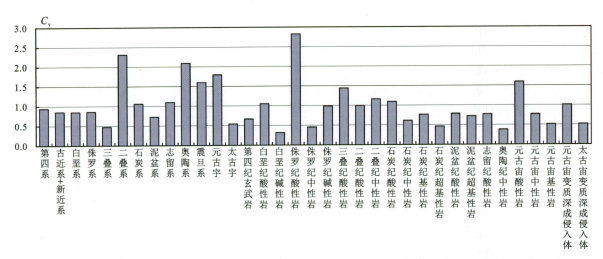

图 5-4　全区 Cu 元素在各地质子区变异系数(C_v)排序图

研究各地质单元中各元素富集程度,可以大致掌握元素在地质地球化学过程中为成矿过程提供成矿物质来源的程度。据前人 1:5 万地球化学调查资料显示,凡浓集系数较高的元素,若其变异系数也大,则该元素的分布不均匀,局部富集成矿的可能性大。

从表 5-1 和图 5-3、图 5-4 中可以看出:

(1)Cu 元素在第四纪玄武岩地层中富集程度最高,其 C_3 值达 2.195,但变异系数较小,仅 0.663,区内其高值区并未成矿。

(2)Cu 元素在古生代地层中(二叠系、泥盆系、志留系、奥陶系)C_3 值均大于 1.2 或接近 1.2,较富集,变异系数多大于 1,这说明 Cu 元素在以上地质子区中有利于成矿,这也与上述地质体中发现的大量铜矿床(点)相对应。

(3)Cu 元素在元古宇、太古宇中较富集,C_3 值均大于 1.2,元古宇的变异系数高达 1.8,太古宇的变异系数仅 0.541,区内发现的多数铜矿床产在元古宇内,如霍各乞、白乃庙铜矿。

(4)Cu 在华力西期基性—超基性和中、酸性岩体(石炭纪和泥盆纪)中或较富集(C_3 值大于 1.2)或变异系数较大。一般,在这种地质子区中 Cu 元素于一定条件下也可能成矿。

综上可见,那些 Cu 元素富集程度较高,且变异系数较大的地质单元,是今后进行铜矿产预测和潜力评价的重点地段。

(三)铜单元素异常研究

以《化探资料应用技术要求》为依据,首先对铜地球化学图进行较为系统的研究,包括其空间分布特征、各主要地质单元分布特征与规律,并在此基础上划分铜单元素异常 731 个。根据单元素异常特征(规模、强度和浓度分带等)、所处地质环境(产出部位、形态特征与控矿地层、岩体、构造的空间关系等),结合各已知矿床、矿化点、矿化蚀变带与其之间的空间关系,对铜元素地球化学异常形成如下初步认识:

(1)内蒙古西部、中西部、中部(二连浩特市、商都县以西)铜单元素异常主要与太古宇、元古宇和古生界奥陶系、志留系、泥盆系及印支期、华力西期中酸性岩体有关,其中北山成矿带、阿拉善成矿带铜单元素异常主要与古生界奥陶系、志留系、泥盆系有关,狼山-色尔腾山成矿带铜单元素异常主要与元古宇有关,东部察哈尔右翼后旗—丰镇一带铜单元素异常主要与新近系汉诺坝组玄武岩有关,其异常面积一般较大,多呈宽大的面状展布,异常元素组合少,浓度分带、浓集中心不明显,找矿意义不大。

(2)二连浩特—扎赉特旗以南,翁牛特旗以北之间的广大区域铜单元素异常主要与侏罗系、二叠系及印支期、华力西期中酸性岩体有关,其异常面积一般不大,多呈串珠状(少数为条带状)北东向展布,多数异常浓度分带、浓集中心较为明显,且大多数已知铜矿床(点)位于所圈异常之上。锡林浩特西北部、南部的高值异常浓度分带、浓集中心均不明显,由第四纪玄武岩所引起。

(3)翁牛特旗以南赤峰一带铜单元素异常主要与太古宇、元古宇、古生界及印支期中酸性岩体、太古宙变质深成侵入体有关,其异常面积较小,呈串珠状或条带状东西向、北东向展布,多数异常浓度分带、浓集中心较为明显,已知铜矿床(点)与浓度分带、浓集中心明显者相对应。

(4)二连浩特—扎赉特旗以北的铜单元素异常主要与古生界及印支期、华力西期中酸性岩体有关,所圈异常较少,而且或面积较小或浓度分带、浓集中心不明显。

(5)罕达盖林场一带铜单元素异常主要与古生界及印支期、华力西期中酸性岩体有关,呈条带状北西向、北东向展布,多数异常浓度分带、浓集中心较为明显,已知铜矿床(点)与浓度分带、浓集中心明显者相对应。

(6)得尔布干成矿带铜单元素异常主要与侏罗系及印支期、华力西期中酸性岩体有关,异常沿得尔布干深大断裂分布,其北西侧异常面积一般不大,多呈串珠状或条带状北东向展布,多数异常浓度分带、浓集中心较为明显,已知铜矿床(点)与浓度分带、浓集中心明显者相对应;其东南侧异常面积较大,呈宽大的面状,部分地段异常浓度分带、浓集中心较为明显。

二、金矿

(一)Au 元素地球化学分布特征

从全区来看,Au 高值区主要分布于北山-阿拉善地球化学分区,狼山-色尔腾山地球化学分区西部,巴彦查干-索伦山地球化学分区中、西部,乌拉山-大青山地球化学分区东南部,二连-东乌珠穆沁旗地球化学分区和莫尔道嘎-根河-鄂伦春地球化学分区东部等,高值区规模很大;低值区分布于龙首山-雅布赖山、红格尔-锡林浩特-西乌珠穆沁旗-大石寨和宝昌-多伦-赤峰地球化学分区。现分述如下。

1. 北山-阿拉善地球化学分区

高值区大面积连续分布,低值区分布于区内的东部。高值区所对应的地质体为元古宇长城系、蓟县系,古生界奥陶系、二叠系火山岩和石炭系。

2. 龙首山-雅布赖山地球化学分区

低值区呈大面积分布。高值区零星分布于元古宇和太古宇中。

3. 狼山-色尔腾山地球化学分区

低值区大范围分布,高值区范围较小,强度不高,零星分布于区内的周边地区,高值区分布于白云鄂博群石英岩、泥质碳质板岩,渣尔泰山群细粒泥质碳质板岩、灰岩和色尔腾山岩群绢英绿泥片岩和含铁石英岩中。

4. 巴彦查干-索伦山地球化学分区

高值区集中分布在区内的中部和西部,范围较小,东部以背景区为主。高值区主要对应于奥陶系包尔汉图群中基性火山岩、火山碎屑岩及石炭纪中、酸性岩体。

5. 乌拉山-大青山地球化学分区

高值区成片连续分布,规模较大,高值区分布于呼和浩特—集宁—兴和一带。低值区分布于区内的北部。对应于色尔腾山岩群绢英绿泥片岩、含铁石英岩,乌拉山岩群和集宁岩群角闪斜长片麻岩、斜长角闪岩。

6. 二连-东乌珠穆沁旗地球化学分区

低值区和背景区呈大面积分布。高值区规模较小,分布于东乌珠穆沁旗一带,高值区对应于下中奥陶统乌宾敖包组、下中泥盆统泥鳅河组。

7. 红格尔-锡林浩特-西乌珠穆沁旗-大石寨地球化学分区

该区以低值区分布为主,高值区仅在锡林浩特西南部和西乌珠穆沁旗东北部局部分布,高值区与古元古界宝音图岩群、石炭系—二叠系对应。

8. 宝昌-多伦-赤峰地球化学分区

高值区范围较小,以低值区分布为主,高值区对应于太古宇建平岩群老变质岩系、古生界下中二叠统和上侏罗统—下白垩统火山岩系。

9. 莫尔道嘎-根河-鄂伦春地球化学分区

高值区大面积分布于区内的东部根河—鄂伦春自治旗—莫力达瓦自治旗一带。高值区规模很大,其与元古宇佳疙瘩组海相中基性—中酸性火山岩、泥盆系、下石炭统、上侏罗统中酸性火山岩及其碎屑岩和下白垩统碎屑岩对应。低值区仅分布于额尔古纳市北部和西部一带。

(二)主要地质单元元素分布特征

1. 地质单元划分依据

本次研究所采用的 Au 元素分析数据主要来源于 1∶20 万区域化探中的水系沉积物(土壤)测量,划分地质单元时,地层以系、岩浆岩以地层时代(如侏罗纪)为单位。

根据全区出露地层、岩浆岩和变质岩分布情况,结合全区构造单元特征,将全区划分出 35 个地质子区,统计各子区 Au 元素的地球化学特征值,研究不同子区 Au 元素的富集贫化特征,同时将 Au 元素平均值与地壳克拉克值和中国干旱荒漠区水系沉积物背景值作比较,研究内蒙古全区 Au 元素相对于全中国的富集与贫化特征。见表 5-2,用 4 个参数研究不同地质子区的 Au 元素特征,其中 $\bar{X}$ 为算术平均值,S 为标准离差,C_v 为变异系数,C_3 为三级浓集系数。

表 5-2 主要地质单元水系沉积物 Au 元素地球化学特征值统计表

地质单元	代号	序号	样品数(个)	Au			
				$\bar{X}$	S	C_v	C_3
第四系	Q	1	13 542	1.297	4.899	3.778	0.876
古近系+新近系	E+N	2	15 933	1.471	13.260	9.015	0.994
白垩系	K	3	17 361	1.576	14.073	8.930	1.065
侏罗系	J	4	18 921	1.308	5.880	4.495	0.884
三叠系	T	5	82	1.335	0.902	0.675	0.902
二叠系	P	6	7376	1.279	3.464	2.708	0.864
石炭系	C	7	3896	1.430	3.080	2.155	0.966
泥盆系	D	8	1365	1.389	1.555	1.119	0.939
志留系	S	9	489	2.307	6.725	2.915	1.559
奥陶系	O	10	1603	1.606	2.435	1.516	1.085
震旦系	Z	11	187	1.758	2.547	1.449	1.188
元古宇	Pt	12	4581	1.930	6.607	3.423	1.304
太古宇	Ar	13	4581	1.672	4.432	2.650	1.130
第四纪玄武岩	Qβ	14	455	1.484	0.921	0.620	1.003
白垩纪酸性岩	Kγ	15	779	0.814	0.947	1.162	0.550
白垩纪碱性岩	Kξ	16	34	1.488	0.534	0.359	1.005
侏罗纪酸性岩	Jγ	17	7242	1.199	9.893	8.250	0.810
侏罗纪中性岩	Jδ	18	269	1.166	2.171	1.863	0.788
侏罗纪碱性岩	Jξ	19	262	0.667	0.375	0.562	0.451
三叠纪酸性岩	Tγ	20	3040	2.020	15.259	7.555	1.365
二叠纪酸性岩	Pγ	21	11 153	1.427	5.992	4.198	0.964
二叠纪中性岩	Pδ	22	664	1.342	0.969	0.722	0.907
石炭纪酸性岩	Cγ	23	5721	1.590	7.804	4.909	1.074
石炭纪中性岩	Cδ	24	749	1.678	4.720	2.813	1.134
石炭纪基性岩	Cν	25	206	1.173	0.811	0.692	0.793
石炭纪超基性岩	CΣ	26	77	1.532	0.949	0.620	1.035
泥盆纪酸性岩	Dγ	27	340	4.763	35.624	7.479	3.218
泥盆纪超基性岩	DΣ	28	59	1.621	1.318	0.813	1.095
志留纪酸性岩	Sγ	29	267	1.156	1.141	0.987	0.781
奥陶纪中性岩	Oδ	30	58	0.802	1.209	1.508	0.542

续表 5-2

地质单元	代号	序号	样品数(个)	Au			
				$\bar{X}$	S	C_v	C_3
元古宙酸性岩	Ptγ	31	1874	2.867	38.446	13.411	1.937
元古宙中性岩	Ptδ	32	367	2.538	18.510	0.294	1.715
元古宙基性岩	Ptν	33	70	1.152	1.111	0.964	0.778
元古宙变质深成侵入体	Ptgn	34	121	1.437	1.136	0.790	0.971
太古宙变质深成侵入体	Argn	35	668	1.467	2.066	1.408	0.991
全测区			123 418	1.480	10.313	6.966	
地壳克拉克值		中国干旱荒漠区水系沉积物背景值		20.00		1.23	
C_1		C_2		0.72		1.20	

注:①地壳克拉克值据维诺格拉多夫,1962;②$\bar{X}$ 为算术平均值,S 为标准离差,C_v 为变化系数,C_3 为三级浓集系数;③中国干旱荒漠区水系沉积物背景值据任天祥,庞庆恒,杨少平,1996 年资料,3114 幅 1:20 万图幅水系沉积物资料。

2. 全区 Au 及其主要共伴生元素平均值与中国干旱荒漠区水系沉积物背景值对比

全区 Au 及其主要共伴生元素平均值与中国干旱荒漠区水系沉积物背景值的比值称为二级浓集系数(C_2),其 C_2 分布图见图 5-5。从排序图上可见:①$C_2 \geq 1.2$ 的元素有 Au、Pb、Sb、Ag、Hg、Mo,这些元素在全区的含量相对中国地区呈富集状态;②$0.8 \leq C_2 < 1.2$ 之间的元素有 Co、Ni、Zn、Fe_2O_3,这些元素含量与中国水系沉积物平均含量相当;③$C_2 < 0.8$ 的元素为 Cu,该元素相对中国地区呈贫化状态。

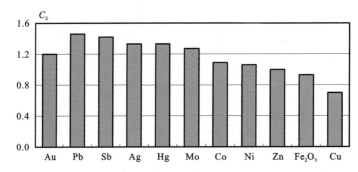

图 5-5 全区 Au 及其主要共伴生元素平均值与中国干旱荒漠区水系沉积物背景值比值图

3. 各地质子区 Au 元素分布特征

现引入三级浓集系数 C_3(元素各地质子区的含量与全区背景值的比值)和变异系数 C_v(元素各地质子区的标准离差与算数平均值的比值)来讨论 Au 元素在各地质子区的分布差异(表 5-2),以及 Au 元素在各子区的富集贫化特征,研究其成矿(或矿化)与地质体的对应关系,从而研究 Au 元素成矿的规律。

为研究元素区域富集特征,将 C_3 和 C_v 均分为三级:以 $C_3 \geq 1.2$ 为富集,$1.2 > C_3 \geq 0.8$ 为与区域含量相当,$C_3 < 0.8$ 为贫化(图 5-6);以 $C_v \geq 2$ 为强分异型,$2 > C_v \geq 1$ 为较强分异型,$C_v < 1$ 为弱分异型(图 5-7)。

研究各地质单元中各元素富集程度,可以大致掌握元素在地质地球化学过程中为成矿过程提供成矿物质来源的程度。据前人 1:5 万地球化学调查资料显示,凡浓集系数较高的元素,若其变异系数也大,则该元素的分布不均匀,局部富集成矿的可能性大。

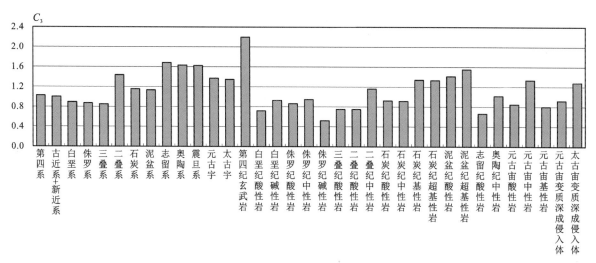

图 5-6　全区 Au 元素各地质子区的含量与全区背景值的比值(C_3)排序图

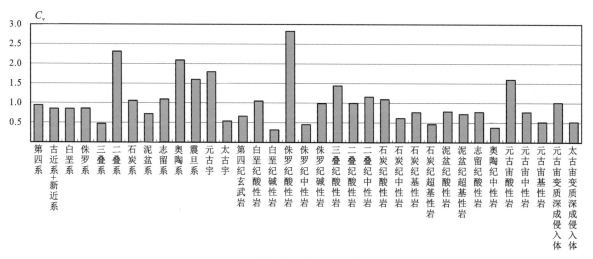

图 5-7　全区 Au 元素在各地质子区变异系数(C_v)排序图

从表 5-2 和图 5-6、图 5-7 中可以看出:

(1)Au 元素在泥盆纪酸性岩中强富集,其 C_3 值高达 3.218,在元古宇、泥盆系及元古宙酸性岩、三叠纪酸性岩中也较富集。且 Au 元素在上述地质体中变异系数大,C_v 均大于 2,其中元古宙酸性岩的 C_v 更是高达 13.411。这说明 Au 元素在以上地质子区中最有利于成矿。这也与上述地质体中发现的大量金矿床(点)相对应。

(2)Au 元素在元古宙中性岩中富集程度高,其 C_3 值大于 1.2,但变异系数很小,仅 0.294,故区内其高值区并未成矿。

(3)Au 元素在石炭系、二叠系、侏罗系、白垩系、古近系、新近系、第四系及石炭纪中、酸性岩,二叠纪酸性岩和侏罗纪酸性岩体中富集系数不高(C_3<1.2),但变异系数大(C_v>2)。以上地质子区中 Au 元素在一定条件下有可能成矿。

综上可见,那些 Au 元素富集程度较高,且变异系数较大的地质单元,是今后进行金矿产预测和潜力评价的重点地段。

（三）金单元素异常研究

以《化探资料应用技术要求》为依据，首先对金地球化学图进行较为系统的研究，包括其空间分布特征、各主要地质单元分布特征与规律，并在此基础上划分金单元素异常1731个。根据单元素异常特征（规模、强度和浓度分带等）、所处地质环境（产出部位、形态特征与控矿地层、岩体、构造的空间关系等），结合各已知矿床、矿化点、矿化蚀变带与其之间的空间关系，对金元素地球化学异常形成如下初步认识：

（1）清河口—老硐沟一带金单元素异常主要与元古宇，古生界奥陶系、志留系、石炭系，中生界白垩系和新生界新近系及燕山期、华力西期中酸性岩体有关，其异常面积较大，多呈条带状或面状展布，异常浓度分带、浓集中心明显，且大多数已知金矿床（点）位于所圈异常之上。

（2）额济纳旗—巴音毛道—巴音杭盖一带金单元素异常主要与元古宇，古生界奥陶系、泥盆系、石炭系、二叠系和中生界白垩系及印支期—华力西期中酸性岩体有关，其西部异常面积较大，多呈条带状或面状展布，多数异常浓度分带、浓集中心不明显，东部异常面积较小，异常浓度分带、浓集中心较明显。

（3）朱拉扎嘎—乌拉特中旗一带金单元素异常主要与太古宇，中生界白垩系、新生界古近系、第四系及印支期—华力西期中性、中酸性岩体有关，所圈异常较少，而且或面积较小或浓度分带、浓集中心不明显。

（4）乌拉特中旗—镶黄旗一带金单元素异常主要与太古宇、元古宇及印支期—华力西期中酸性岩体及太古宙变质深成侵入体有关，其异常面积一般较大，多呈串珠状或条带状（少数为面状）东西向、北东向展布，异常浓度分带、浓集中心明显，多数异常强度很高，且已知金矿床（点）多位于所圈异常之上。

（5）正镶白旗—翁牛特旗以南赤峰一带金单元素异常主要与古生界二叠系，中生界侏罗系、白垩系，新生界新近系，第四系及燕山期酸性、中酸性岩体和太古宙变质深成侵入体有关，所圈异常较少，面积一般不大，但强度很高，多为点状异常。

（6）二连浩特—西乌珠穆沁旗一带金单元素异常主要与元古宇，晚古生界，中生界侏罗系、白垩系及燕山期—华力西期中性、中酸性岩体有关，其异常面积较大，呈面状（条带状）分布，异常浓度分带、浓集中心较明显。

（7）西乌珠穆沁旗—扎赉特旗以北一带的金单元素异常主要与上古生界、中生界侏罗系、新生界及燕山期酸性、中酸性岩体有关，其异常面积较大，多呈面状分布，但多数异常浓度不高。

（8）罕达盖林场一带金单元素异常主要与古生界及燕山期、华力西期中酸性岩体有关，呈条带状东西向、北东向展布，异常浓度分带、浓集中心较为明显。

（9）陈巴尔虎右旗—额尔古纳市—鄂伦春自治旗一带金单元素异常主要与元古宇，古生界奥陶系、泥盆系，中生界侏罗系、白垩系及燕山期、华力西期、加里东期中酸性岩体有关，其异常面积大，多数呈面状，少数呈串珠状或条带状东西向、北东向展布，异常浓度分带、浓集中心明显，且大多数已知金矿床（点）位于所圈异常之上。

三、铅锌矿

（一）Pb、Zn元素地球化学分布特征

从全区来看，Pb、Zn高值区主要分布于东部红格尔-锡林浩特-西乌珠穆沁旗-大石寨、宝昌-多伦-赤峰和莫尔道嘎-根河-鄂伦春3个地球化学分区内，高值区规模很大；低值区分布于中部和西部。现分述如下。

1. 北山-阿拉善地球化学分区

低值区大面积分布，而高值区范围和强度（以下简称规模）很小，北山北部高值区所对应的地质体为

奥陶纪和二叠纪火山岩,北山南部和阿拉善北部高值区的地质体为泥盆系、奥陶系和二叠系,阿拉善中部高值区为白垩系新民堡组及石炭系。

2. 龙首山-雅布赖山地球化学分区

低值区呈大面积分布。Zn 无高值区显示,Pb 高值区规模很小,分布于元古宇中。

3. 狼山-色尔腾山地球化学分区

Pb 高值区规模很大,Zn 则以大片的背景区与之对应,其展布方向明显受北东向构造控制。分布于白云鄂博群石英岩、泥质碳质板岩,渣尔泰山群细粒泥质碳质板岩、灰岩和色尔腾山岩群绢英绿泥片岩、含铁石英岩上。

4. 巴彦查干-索伦山地球化学分区

区内以低值区和背景区大面积分布为主。Pb、Zn 高值区规模均很小,Pb 分布于青白口系艾勒格庙组中,Zn 分布于奥陶系包尔汉图群中。

5. 乌拉山-大青山地球化学分区

Zn 高值区规模较大,Pb 范围相对小些。Zn 高值区分布于乌拉特后旗—乌拉特中旗—达茂旗—四子王旗和包头—呼和浩特—集宁一带,Pb 高值区则分布于乌拉特前旗—包头—呼和浩特—集宁一带。Pb、Zn 高值区对应于元古宇和太古宇色尔腾山岩群绢英绿泥片岩、含铁石英岩,乌拉山岩群和集宁岩群角闪斜长片麻岩、斜长角闪岩。

6. 二连-东乌珠穆沁旗地球化学分区

低值区和背景区呈大面积分布。高值区规模较小,高值区对应于下中奥陶统乌宾敖包组、下中泥盆统泥鳅河组。

7. 红格尔-锡林浩特-西乌珠穆沁旗-大石寨地球化学分区

Pb、Zn 高值区基本重叠,连续成片大面积分布,规模较大,沿扎鲁特旗—霍林郭勒—乌兰浩特市一带分布,对应地质体为侏罗纪酸性和基性火山岩系。

8. 宝昌-多伦-赤峰地球化学分区

高值区呈大面积分布,Pb、Zn 高值区基本重叠,高值区规模较大,对应于上侏罗统—下白垩统火山岩系。

9. 莫尔道嘎-根河-鄂伦春地球化学分区

Pb、Zn 高值区基本重叠,高值区连续成片分布,重叠程度较高,高值区与泥盆系和下石炭统、上侏罗统中酸性火山岩及其碎屑岩和下白垩统碎屑岩对应。

(二)主要地质单元元素分布特征

1. 地质单元划分依据

本次研究所采用的单元素分析数据主要来源于 1∶20 万区域化探中的水系沉积物(土壤)测量,划分地质单元时,地层以系、岩浆岩以地层时代(如侏罗纪)为单位。

根据全区出露地层、岩浆岩和变质岩分布情况,结合全区构造单元特征,将全区划分出 35 个地质子区,统计各子区 Pb、Zn 元素的地球化学特征值,研究不同子区 Pb、Zn 元素的富集贫化特征,同时将 Pb、Zn 元素平均值与地壳克拉克值和中国干旱荒漠区水系沉积物背景值作比较,研究内蒙古全区 Pb、Zn 元素相对于全球和全中国的富集与贫化特征。见表 5-3,用 4 个参数研究不同地质子区的 Pb、Zn 元素特征,其中 $\overline{X}$ 为算术平均值,S 为标准离差,C_v 为变异系数,C_3 为三级浓集系数。

表 5-3 主要地质单元水系沉积物 Pb、Zn 元素地球化学特征值统计表

地质单元	代号	序号	样品数（个）	Pb $\overline{X}$	Pb S	Pb C_v	Pb C_3	Zn $\overline{X}$	Zn S	Zn C_v	Zn C_3
第四系	Q	1	13 542	18.73	56.002	2.990	0.892	48.467	58.398	1.205	0.933
古近系＋新近系	E+N	2	15 933	15.749	10.692	0.679	0.750	42.827	29.522	0.689	0.824
白垩系	K	3	17 361	20.327	14.245	0.701	0.968	48.335	35.126	0.727	0.930
侏罗系	J	4	18 921	26.579	72.882	2.742	1.266	67.830	85.194	1.256	1.306
三叠系	T	5	82	14.017	2.950	0.210	0.668	35.143	10.187	0.290	0.676
二叠系	P	6	7376	24.355	38.597	1.585	1.160	73.656	119.412	1.621	1.418
石炭系	C	7	3896	16.988	11.462	0.675	0.809	53.679	30.821	0.574	1.033
泥盆系	D	8	1365	18.445	8.878	0.481	0.879	51.380	27.203	0.529	0.989
志留系	S	9	489	17.386	10.552	0.607	0.828	56.860	22.866	0.402	1.094
奥陶系	O	10	1603	18.815	37.054	1.969	0.896	61.799	60.347	0.977	1.190
震旦系	Z	11	187	25.470	29.243	1.148	1.213	58.125	47.247	0.813	1.119
元古宇	Pt	12	4581	21.453	17.993	0.839	1.022	49.225	39.436	0.801	0.947
太古宇	Ar	13	4581	18.409	8.642	0.469	0.877	53.952	23.864	0.442	1.038
第四纪玄武岩	Qβ	14	455	12.378	6.886	0.556	0.590	81.148	39.856	0.491	1.562
白垩纪酸性岩	Kγ	15	779	22.037	18.112	0.822	1.050	57.437	142.519	2.481	1.106
白垩纪碱性岩	Kξ	16	34	28.853	18.487	0.641	1.374	80.112	51.189	0.639	1.542
侏罗纪酸性岩	Jγ	17	7242	23.196	32.150	1.386	1.105	50.952	47.538	0.933	0.981
侏罗纪中性岩	Jδ	18	269	21.449	5.397	0.252	1.022	51.786	13.417	0.259	0.997
侏罗纪碱性岩	Jξ	19	262	25.291	9.346	0.370	1.205	37.432	26.740	0.714	0.720
三叠纪酸性岩	Tγ	20	3040	21.400	8.027	0.375	1.019	39.074	26.944	0.690	0.752
二叠纪酸性岩	Pγ	21	11 153	21.321	50.289	2.359	1.016	39.427	48.731	1.236	0.759
二叠纪中性岩	Pδ	22	664	19.196	44.489	2.318	0.914	55.582	83.531	1.503	1.070
石炭纪酸性岩	Cγ	23	5721	22.419	20.506	0.915	1.068	44.537	31.941	0.717	0.857
石炭纪中性岩	Cδ	24	749	15.867	6.580	0.415	0.756	39.849	21.275	0.534	0.767
石炭纪基性岩	Cν	25	206	14.806	6.514	0.440	0.705	52.421	23.761	0.453	1.009
石炭纪超基性岩	CΣ	26	77	12.921	6.100	0.472	0.615	49.202	22.738	0.462	0.947
泥盆纪酸性岩	Dγ	27	340	21.95	9.963	0.454	1.045	60.843	32.125	0.528	1.171
泥盆纪超基性岩	DΣ	28	59	21.922	71.995	3.284	1.044	51.627	76.291	1.478	0.994
志留纪酸性岩	Sγ	29	267	21.783	7.571	0.348	1.038	28.705	12.153	0.423	0.553

续表 5-3

地质单元	代号	序号	样品数（个）	Pb $\bar{X}$	Pb S	Pb C_v	Pb C_3	Zn $\bar{X}$	Zn S	Zn C_v	Zn C_3
奥陶纪中性岩	Oδ	30	58	17.790	5.184	0.291	0.847	51.609	20.790	0.403	0.993
元古宙酸性岩	Ptγ	31	1874	23.725	13.502	0.569	1.130	47.609	74.089	1.556	0.916
元古宙中性岩	Ptδ	32	367	17.841	7.959	0.446	0.850	51.597	26.082	0.505	0.993
元古宙基性岩	Ptν	33	70	15.723	4.581	0.291	0.749	38.535	17.780	0.461	0.742
元古宙变质深成侵入体	Ptgn	34	121	21.690	10.921	0.503	1.033	43.972	30.227	0.687	0.846
太古宙变质深成侵入体	Argn	35	668	20.764	10.234	0.493	0.989	56.719	22.786	0.402	1.092
全测区			123 418	20.995	41.001	1.953		51.953	60.065	1.156	
地壳克拉克值	中国干旱荒漠区水系沉积物背景值			10.00		14.38		50.00		51.78	
C_1	C_2			2.10		1.46		1.04		1.00	

注：①地壳克拉克值据维诺格拉多夫，1962；$\bar{X}$ 为算术平均值，S 为标准离差，C_v 为变化系数，C_3 为三级浓集系数；③中国干旱荒漠区水系沉积物背景值据任天祥，庞庆恒，杨少平，1996 年资料，3114 幅 1∶20 万图幅水系沉积物资料。

2. 全区 Pb、Zn 及其主要共伴生元素平均值与地壳克拉克值对比

全区 Pb、Zn 及其主要共伴生元素的平均值与全球地壳克拉克值的比值，称为一级浓集系数（C_1），其 C_1 分布图见图 5-8。从排序图上可见：①$C_1 \geqslant 1.2$ 的元素有 Pb、Co，这两种元素相对全球地壳呈富集状态；②$0.8 \leqslant C_1 < 1.2$ 的元素有 Zn、Ag，这两种元素在全区的含量与全球地壳含量相当；③$C_1 < 0.8$ 的元素有 Cu、Fe_2O_3、Sn、Mo、Ni，这些元素相对全球地壳呈贫化状态。

3. 全区 Pb、Zn 及其主要共伴生元素平均值与中国干旱荒漠区水系沉积物背景值对比

全区 Pb、Zn 及其主要共伴生元素平均值与中国干旱荒漠区水系沉积物背景值的比值称为二级浓集系数（C_2），其 C_2 分布图见图 5-9。从排序图上可见：①$C_2 \geqslant 1.2$ 的元素有 Pb、Sn、Sb、Ag、W、Mo、Au，这些元素在全区的含量相对中国地区呈富集状态；②$0.8 \leqslant C_2 < 1.2$ 之间的元素有 Zn、Co、Ni、Fe_2O_3，这些元素含量与中国水系沉积物平均含量相当；③$C_2 < 0.8$ 的元素为 Cu，该元素相对中国地区呈贫化状态。

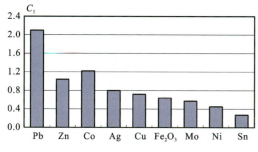

图 5-8 全区 Pb、Zn 及其主要共伴生元素平均值与地壳克拉克值比值图

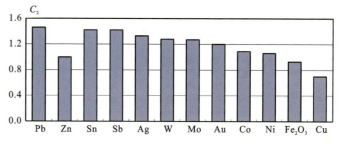

图 5-9 全区 Pb、Zn 及其主要共伴生元素平均值与中国干旱荒漠区水系沉积物背景值比值（C_2）分布图

4. 各地质子区 Pb、Zn 元素分布特征

现引入三级浓集系数 C_3（元素各地质子区的含量与全区背景值的比值）和变异系数 C_v（元素各地质子区的标准离差与算数平均值的比值）来讨论 Pb、Zn 元素在各地质子区的分布差异（表 5-3），以及 Pb、Zn 元素在各子区的富集贫化特征，研究其成矿（或矿化）与地质体的对应关系，从而研究 Pb、Zn 元素成矿的规律。

为研究元素区域富集特征，将 C_3 和 C_v 均分为三级：以 $C_3 \geqslant 1.2$ 为富集，$1.2 > C_3 \geqslant 0.8$ 为与区域含量相当，$C_3 < 0.8$ 为贫化（图 5-10、图 5-11）；以 $C_v \geqslant 1.1$ 为强分异型，$1.1 > C_v \geqslant 0.6$ 为较强分异型，$C_v < 0.6$ 为弱分异型（图 5-12、图 5-13）。

研究各地质单元中各元素富集程度，可以大致掌握元素在地质地球化学过程中为成矿过程提供成矿物质来源的程度。据前人 1∶5 万地球化学调查资料显示，凡浓集系数较高的元素，若其变异系数也大，则该元素的分布不均匀，局部富集成矿的可能性大。

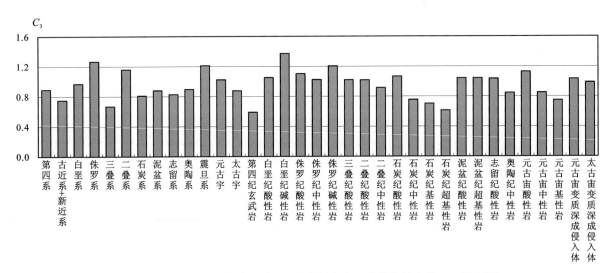

图 5-10　全区 Pb 元素各地质子区的含量与全区背景值的比值（C_3）排序图

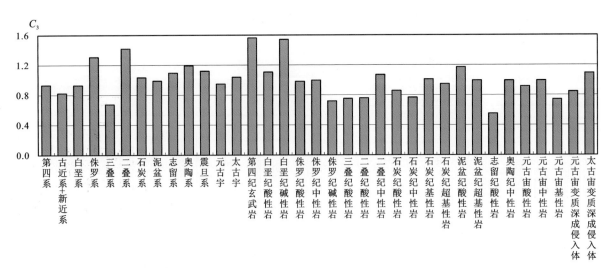

图 5-11　全区 Zn 元素各地质子区的含量与全区背景值的比值（C_3）排序图

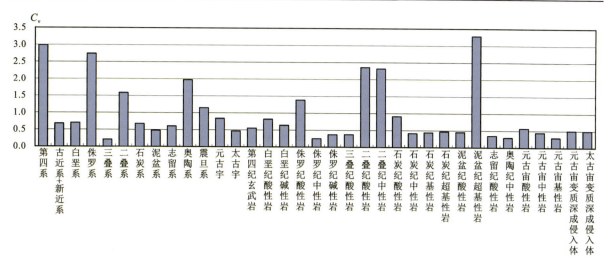

图 5-12 全区 Pb 元素在各地质子区变异系数(C_v)排序图

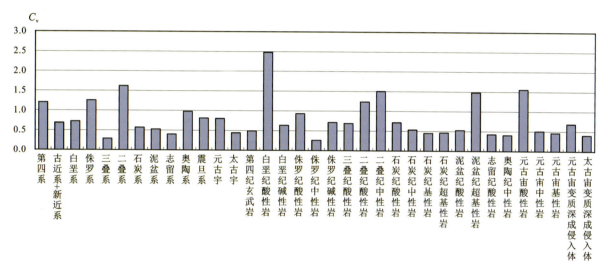

图 5-13 全区 Zn 元素在各地质子区变异系数(C_v)排序图

从表 5-3 和图 5-10~图 5-13 中可以看出：

(1) Pb 元素在震旦系、侏罗系及白垩纪碱性岩中，Zn 元素在二叠系、侏罗系及白垩纪碱性岩中富集系数高(C_3>1.2)且变异系数大(C_v>0.6)。一般，元素在这种地质子区中最有利于成矿。这也与这些地层中发现的大量铅锌矿床(点)相对应。

(2) Pb 元素在侏罗纪碱性岩中 C_3 值大于 1.2，但变异系数很小，仅 0.37；Zn 元素在第四纪玄武岩中富集程度高，其 C_3 值达 1.562，但变异系数仅 0.491。故这种地质子区内 Pb、Zn 高值区并未成矿。

(3) Pb 元素在奥陶系、二叠系及二叠纪、侏罗纪酸性岩中，Zn 元素在元古宙、二叠纪、白垩纪酸性岩中富集系数不高(C_3<1.2)，但变异系数大(C_v>0.6)。一般，在这种地质子区中元素于一定条件下也可能成矿。

综上可见，那些 Pb、Zn 元素富集程度较高，且变异系数较大的地质单元，是今后进行铅、锌矿产预测和潜力评价的重点地段。

(三) 铅、锌单元素异常研究

1. 铅单元素异常研究

依据《化探资料应用技术要求》，对铅地球化学图进行系统的研究，包括 Pb 元素的地球化学空间分布特征、主要地质单元分布特征及其规律，以及全区地球化学景观的分布，并在此基础上确定铅元素的异常下限，提取铅单元素异常843个。根据铅的单元素异常特征（规模、强度和空间展布特征等）、所处地质环境（异常的分布、形态特征与控矿地层、构造、岩体的空间关系等），再结合区内已知矿床、矿点及矿化蚀变带与异常分布的关系等，研究了铅地球化学异常分布特征。

(1) 内蒙古西部、中西部（锡林浩特市以西）铅异常主要与太古宇、元古宇、古生界石炭系、中生界白垩系和晋宁—吕梁阶段、印支期—华力东期及加里东末期中酸性岩体有关，其中北山—阿拉善成矿带铅异常多呈点状分布，且异常强度较高，个别异常面积较大的铅异常与志留纪花岗岩有关；狼山—色尔腾山地区铅异常主要与志留纪、石炭纪、二叠纪、三叠纪中酸性岩体和太古宇有关，其异常面积较大，多呈北东向条带状或面状分布，浓度分带和浓集中心不明显，异常强度不高；乌拉山-大青山成矿带铅异常与太古宇、元古宇、中生界白垩系和二叠纪、三叠纪中酸性岩体，以及太古宙变质深成侵入体有关，个别异常呈面状分布，且异常浓度不高，多数都为异常强度高的点状异常。

(2) 正镶白旗以东、敖汉旗以西、赤峰市以南之间的铅异常主要与古生界二叠系，中生界侏罗系、白垩系和二叠纪、侏罗纪中酸性岩体有关，其异常面积较小，多呈串珠状或近南北向或近东西向分布。

(3) 锡林浩特—翁牛特旗一带的铅异常主要与古生界二叠系，中生界侏罗系和侏罗纪中酸性岩体有关，呈南北向条带状和面状分布，异常规模大、异常强度高，具有明显的浓度分带和浓集中心，且与已知铅矿床（矿点）分布相对应。

(4) 林西—突泉一带的铅异常主要与二叠系、侏罗系和二叠纪、侏罗纪、白垩纪中酸性岩体有关，其异常面积较小，强度较高，多呈串珠状分布，且分布较为密集，与已知铅矿床（矿点）分布相对应。

(5) 二连浩特—霍林郭勒一带的铅异常主要与石炭纪、三叠纪中酸性岩体有关，所圈异常较少，多为点状异常，或浓度分带、浓集中心不明显。

(6) 霍林郭勒—扎赉特旗一带的铅异常多与二叠系、侏罗系和侏罗纪中酸性岩体有关，异常强度不高，且面积不大，多呈近南北向和北西向条带状或点状分布。

(7) 罕达盖—五叉沟一带的铅异常多与侏罗系和侏罗纪、二叠纪中酸性岩体有关，少数分布于奥陶系，异常强度较高，范围较大，具有明显的浓度分带和浓集中心，异常多呈面状分布。

(8) 新巴尔虎右旗—满洲里一带的铅异常主要与侏罗系和侏罗纪中酸性岩体有关，其异常规模较大，多呈面状分布，具有明显的浓度分带和浓集中心，区内的甲乌拉铅锌矿周围铅异常浓度高，范围大；新巴尔虎右旗以南的铅异常主要与侏罗系有关，其异常范围较大，但强度不高，没有明显的浓集中心和浓度分带。

(9) 牙克石—鄂伦春一带的铅异常多与侏罗系、白垩系有关，其异常规模大，强度高，具有明显的浓度分带和浓集中心，多呈近南北向和近东西向条带状或面状分布，并有部分强度高的异常呈点状分布于额尔古纳市、根河市以东地区。

(10) 嵯岗—黑山头—室韦一带的铅异常主要与震旦系、奥陶系和志留纪、石炭纪、侏罗纪中酸性岩体有关，其异常具有明显的浓度分带和浓集中心，呈北东向条带状或面状分布。

(11) 扎兰屯—鄂伦春一带的铅异常主要与侏罗系、白垩系及白垩纪玄武岩和石炭纪、三叠纪的中酸性岩体有关，其中阿荣旗一带的铅异常规模较大，异常强度高，总体呈北东向展布；大杨树一带的铅异常多呈北东向或近东西向条带状分布，具有明显的浓度分带和浓集中心。

2. 锌单元素异常研究

依据《化探资料应用技术要求》，对锌地球化学图进行系统的研究，包括 Zn 元素的地球化学空间分布特征、主要地质单元分布特征及其规律，以及全区地球化学景观的分布，并在此基础上确定 Zn 元素的异常下限，提取锌单元素异常859个。根据锌的单元素异常特征（规模、强度和空间展布特征等）、所处地质环境（异常的分布、形态特征与控矿地层、构造、岩体的空间关系等），再结合区内已知矿床、矿点及矿化蚀变带与异常分布的关系等，研究了 Zn 元素地球化学异常分布特征。

(1) 内蒙古西部、中西部、中部（正镶白旗以西、二连浩特以南）的锌异常主要与太古宇、古生界奥陶系、志留系、二叠系，中生界侏罗系、白垩系和新近纪玄武岩，以及印支期—华力西期中酸性岩体、太古宙变质深成侵入体有关，其中北山—阿拉善一带的锌异常主要与奥陶系、侏罗系、白垩系和二叠纪玄武岩有关，其异常面积较大，但浓集中心和浓度分带不明显；狼山—色尔腾山一带的锌异常主要与太古宇、二叠系和白垩纪玄武岩有关，其异常面积较大，但强度不高，呈北东向条带状或面状分布；乌拉山—大青山一带的锌异常主要与太古宇、元古宇和白垩纪玄武岩及印支期中酸性岩体、太古宙变质深成侵入体有关，其异常没有明显的浓集中心和浓度分带，多呈近东西向条带状分布；武川—丰镇一带的锌异常主要与新近纪玄武岩和太古宙变质深成侵入体有关，异常空间展布特征与玄武岩覆盖形态相似，其异常规模较大，但强度不高。

(2) 二连浩特—霍林郭勒一带的锌异常主要与奥陶系、侏罗系和更新世玄武岩有关，更新世玄武岩之上的异常空间展布特征与岩体的形态特征相似，且异常强度较高，具有明显的浓度分带；其他异常面积较小，多呈串珠状分布，且没有明显的浓度分带。

(3) 赤峰—霍林郭勒一带的锌异常主要与石炭系、二叠系、侏罗系、白垩系和新近纪、更新世玄武岩有关，少数异常还与侏罗纪中酸性岩体有关，其异常具有明显的浓度分带和浓集中心，强度较高，规模较大，呈北西向条带状、面状展布，在二叠系、侏罗系中大的锌异常周围还分散有大量的强度较高的串珠状异常，多数已知矿床(点)与浓度分带、浓集中心相对应。

(4) 乌兰浩特—罕达盖一带的锌异常主要与奥陶系、泥盆系、石炭系、二叠系、新近系和侏罗纪中酸性岩体有关，呈北东向条带状展布或为串珠状异常，异常强度高，具有明显的浓集中心和浓度分带。

(5) 赛汉塔拉—满洲里一带的锌异常主要与侏罗系、白垩系、新近系和侏罗纪花岗岩有关，呈北东向或近南北向条带状展布，异常面积大，具有明显的浓度分带和浓集中心，在甲乌拉铅锌矿所处位置锌异常规模大，强度高。

(6) 海拉尔—根河—鄂伦春一带异常主要与侏罗系、白垩系和元古宙、石炭纪、三叠纪中酸性岩体有关，异常沿得尔布干深大断裂分布，其北西侧异常多呈北西向或北东向条带状展布，多数异常浓度分带、浓集中心较为明显；其东南侧异常面积较大，呈宽大的面状，异常浓度分带、浓集中心较为明显；扎兰屯—鄂伦春一带的异常强度不高，多呈北东向或东西向条带状展布，没有明显的浓集中心和浓度分带。

四、锑矿

(一) Sb 元素地球化学分布特征

区内唯一的阿木乌苏锑矿床分布在晚古生界中二叠统中；矿床元素组合为 CuFePbZn；矿床类型为中低温热液成因裂隙充填型。

从全区来看，Sb 高值区主要分布在北山-阿拉善地球化学分区的北部、南部、东部，狼山-色尔腾山地球化学分区的北部，以及巴彦查干-索伦山、二连-东乌珠穆沁旗、红格尔-锡林浩特-西乌珠穆沁旗-大石寨、宝昌-多伦-赤峰地球化学分区内；低值区分布在北山-阿拉善地球化学分区的中西部，龙首山-雅布赖山地球化学分区，乌拉山-大青山地球化学分区的西北部、西南部和莫尔道嘎-根河-鄂伦春地球化学分区的北部。现分述如下。

1. 北山-阿拉善地球化学分区

Sb 高值区分布于区内的北部和南部，沿甜水井—呼鲁古斯古特、三道明水—湖西新村十号分布，中部为低值区。高值区所对应的地质体多为古生代火山岩系和元古宙浅变质岩系。

2. 龙首山-雅布赖山地球化学分区

低值区大面积分布。

3. 狼山-色尔腾山地球化学分区

Sb 高值区在北部大面积连续分布,对应的地质体主要为志留系、二叠系、白垩系,中部的高值区或较高值区对应的地质体主要为元古宇、白垩系,各期次花岗岩体、太古宙变质深成侵入体上多为低值区。

4. 巴彦查干-索伦山地球化学分区

Sb 高值区大面积连续分布,受断裂构造控制明显。高值区主要对应于奥陶系包尔汉图群、二叠系哲斯组及二叠纪、三叠纪中酸性花岗岩体。

5. 乌拉山-大青山地球化学分区

Sb 高值区在北部大面积连续分布,受近东西向构造控制,其对应于中新元古界白云鄂博群、白乃庙组和白垩系,太古宙变质深成侵入体及各期次花岗岩体上多为低值区。

6. 二连-东乌珠穆沁旗地球化学分区

Sb 元素呈大面积高值区分布,沿台吉乌苏—查干敖包庙—曾曾庙展布,东乌珠穆沁旗周围高值区规模也较大,高值区对应于下中奥陶统乌宾敖包组、下中泥盆统泥鳅河组、上石炭统宝力高庙组、上侏罗统白音高老组。

7. 红格尔-锡林浩特-西乌珠穆沁旗-大石寨地球化学分区

高值区规模很大,呈北东-南西向展布,沿克什克腾旗—西乌珠穆沁旗—科右前旗一带分布,对应地质体为古元古界宝音图岩群、石炭系—二叠系,低值区小范围地分布于北部、中部的部分地区。

8. 宝昌-多伦-赤峰地球化学分区

高值区受北东向和近东西向构造控制,规模较大,分布于太仆寺旗—多伦—翁牛特旗一带,对应于太古宇建平岩群老变质岩系、古生界下中二叠统和上侏罗统—下白垩统火山岩系,低值区主要分布于喀喇沁旗及其以南地区。

9. 莫尔道嘎-根河-鄂伦春地球化学分区

Sb 高值区范围不大,呈北东-南西向展布,分布于新巴尔虎右旗—满洲里、陈巴尔虎旗—额尔古纳—根河、太平林场—齐乾、扎兰屯市东北—大杨树镇一带,高值区对应于中侏罗统满克头鄂博组酸性火山熔岩、火山碎屑沉积岩,低值区小范围地分布于北部、东部和南部的部分地区。

(二)主要地质单元元素分布特征

1. 地质单元划分依据

本次研究所采用的 Sb 元素分析数据主要来源于 1∶20 万区域化探中的水系沉积物(土壤)测量,划分地质单元时,地层以系、岩浆岩以地层时代(如侏罗纪)为单位。

根据全区出露地层、岩浆岩和变质岩分布情况,结合全区构造单元特征,将全区划分出 35 个地质子区,统计各子区 Sb 元素的地球化学特征值,研究不同子区 Sb 元素的富集贫化特征,同时将 Sb 元素平均值与中国干旱荒漠区水系沉积物背景值作比较,研究内蒙古全区 Sb 元素相对于全中国的富集与贫化特征。见表 5-4,用 4 个参数研究不同地质子区的 Sb 元素特征,其中 $\bar{X}$ 为算术平均值,S 为标准离差,C_v 为变异系数,C_3 为三级浓集系数。

表 5-4 主要地质单元水系沉积物 Sb 元素地球化学特征值统计表

地质单元	代号	序号	样品数(个)	Sb $\bar{X}$	S	C_v	C_3
第四系	Q	1	13 542	0.608	1.245	2.046	0.871
古近系+新近系	E+N	2	15 933	0.73	25.469	34.895	1.046
白垩系	K	3	17 361	0.845	2.714	3.210	1.211
侏罗系	J	4	18 921	0.725	2.680	3.697	1.039
三叠系	T	5	82	1.675	4.533	2.707	2.400
二叠系	P	6	7376	1.420	6.631	4.670	2.034
石炭系	C	7	3896	0.944	2.439	2.584	1.352
泥盆系	D	8	1365	0.807	1.638	2.030	1.156
志留系	S	9	489	0.994	0.902	0.908	1.424
奥陶系	O	10	1603	1.114	2.709	2.432	1.596
震旦系	Z	11	187	1.733	5.886	3.396	2.483
元古宇	Pt	12	4581	0.947	2.341	2.472	1.357
太古宇	Ar	13	4581	0.229	0.531	2.319	0.328
第四纪玄武岩	Qβ	14	455	0.363	0.503	1.386	0.520
白垩纪酸性岩	Kγ	15	779	0.494	0.510	1.033	0.708
白垩纪碱性岩	Kξ	16	34	0.474	0.268	0.566	0.679
侏罗纪酸性岩	Jγ	17	7242	0.496	0.857	1.728	0.711
侏罗纪中性岩	Jδ	18	269	0.591	0.417	0.706	0.847
侏罗纪碱性岩	Jξ	19	262	0.206	0.287	1.392	0.295
三叠纪酸性岩	Tγ	20	3040	0.365	1.381	3.781	0.523
二叠纪酸性岩	Pγ	21	11 153	0.386	0.804	2.085	0.553
二叠纪中性岩	Pδ	22	664	0.532	0.990	1.859	0.762
石炭纪酸性岩	Cγ	23	5721	0.349	0.443	1.269	0.500
石炭纪中性岩	Cδ	24	749	0.786	12.042	15.321	1.126
石炭纪基性岩	Cν	25	206	0.588	1.796	3.057	0.842
石炭纪超基性岩	CΣ	26	77	1.265	2.353	1.860	1.812
泥盆纪酸性岩	Dγ	27	340	0.516	0.449	0.870	0.739
泥盆纪超基性岩	DΣ	28	59	1.639	4.284	2.614	2.348
志留纪酸性岩	Sγ	29	267	0.973	4.456	4.580	1.394
奥陶纪中性岩	Oδ	30	58	0.244	0.285	1.167	0.350
元古宙酸性岩	Ptγ	31	1874	0.419	1.599	3.813	0.600
元古宙中性岩	Ptδ	32	367	0.297	0.329	1.108	0.426
元古宙基性岩	Ptν	33	70	0.302	0.519	1.716	0.433
元古宙变质深成侵入体	Ptgn	34	121	0.225	0.292	1.300	0.322
太古宙变质深成侵入体	Argn	35	668	0.229	0.175	0.764	0.328
全测区			123 418	0.698	9.484	13.588	
中国干旱荒漠区水系沉积物背景值				0.49			
C_2				1.42			

注：①$\bar{X}$ 为算术平均值，S 为标准离差，C_v 为变化系数，C_3 为三级浓集系数；②中国干旱荒漠区水系沉积物背景值据任天祥，庞庆恒，杨少平，1996 年资料，3114 幅 1:20 万图幅水系沉积物资料。

2. 全区 Sb 及其主要共伴生元素平均值与中国干旱荒漠区水系沉积物背景值对比

全区 Sb 及其主要共伴生元素平均值与中国干旱荒漠区水系沉积物背景值的比值称为二级浓集系数（C_2），见图 5-14。从排序图上可见：①$C_2 \geqslant 1.2$ 的元素有 Sb、Pb、Sn、Ag、Bi、Hg、W、Mo、Au，这些元素在全区的含量相对中国地区呈富集状态；②$0.8 \leqslant C_2 < 1.2$ 之间的元素为 Zn，该元素含量与中国水系沉积物平均含量相当；③$C_2 < 0.8$ 的元素为 Cu，该元素相对中国地区呈贫化状态。

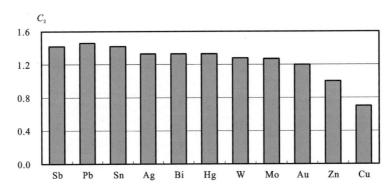

图 5-14　全区 Sb 及其主要共伴生元素平均值与中国干旱荒漠区水系沉积物背景值比值图

3. 各地质子区 Sb 元素分布特征

现引入三级浓集系数 C_3（元素各地质子区的含量与全区背景值的比值）和变异系数 C_v（元素各地质子区的标准离差与算数平均值的比值）来讨论 Sb 元素在各地质子区的分布差异（表 5-4），以及 Sb 元素在各子区的富集贫化特征，研究其成矿（或矿化）与地质体的对应关系，从而研究 Sb 元素成矿的规律。

为研究元素区域富集特征，将 C_3 和 C_v 均分为三级：以 $C_3 \geqslant 2.5$ 为强富集，$2.5 > C_3 \geqslant 1.5$ 为中等富集，$1.5 > C_3 \geqslant 1$ 为弱富集（图 5-15）；以 $C_v \geqslant 2$ 为强分异型，$2 > C_v \geqslant 1$ 为较强分异型，$C_v < 1$ 为弱分异型（图 5-16）。

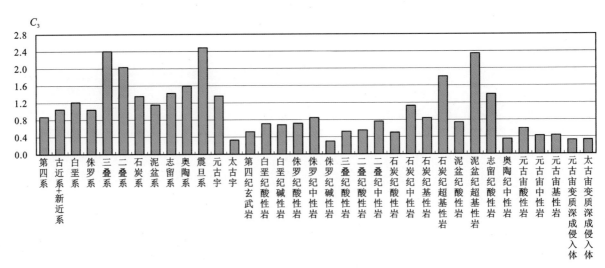

图 5-15　全区 Sb 元素各地质子区的含量与全区背景值的比值（C_3）排序图

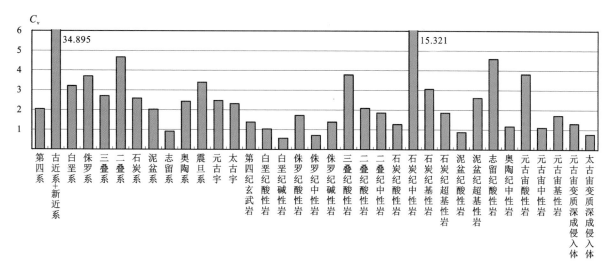

图 5-16　全区 Sb 元素在各地质子区变异系数（C_v）排序图

研究各地质单元中各元素富集程度，可以大致掌握元素在地质地球化学过程中为成矿过程提供成矿物质来源的程度。据前人 1∶5 万地球化学调查资料显示，凡浓集系数较高的元素，若其变异系数也大，则该元素的分布不均匀，局部富集成矿的可能性大。

从表 5-4 和图 5-15、图 5-16 中可以看出：

(1)Sb 元素在震旦系、奥陶系、二叠系、三叠系及泥盆纪超基性岩中富集程度高（$C_3 > 1.5$），其中震旦系 C_3 值达 2.483，同时变异系数亦较高（$C_v > 2$），一般，元素在这种地质子区中最有利于成矿，唯一的阿木乌苏锑矿床即产于二叠系中。

(2)Sb 元素在元古宇、志留系、石炭系及志留纪酸性岩中 C_3 值均大于或接近 1.2，较富集，变异系数多大于 2，所圈锑综合异常多分布于这些地层中。

(3)Sb 元素在太古宇和除部分超基性岩外的多数岩浆岩中无明显富集特征。

综上可见，那些 Sb 元素富集程度较高，且变异系数较大的地质单元，是今后进行锑矿产预测和潜力评价的重点地段。

（三）锑单元素异常研究

以《化探资料应用技术要求》为依据，首先对锑地球化学图进行较为系统的研究，包括其空间分布特征、各主要地质单元分布特征与规律，并在此基础上划分锑单元素异常 779 个。根据单元素异常特征（规模、强度和浓度分带等）、所处地质环境（产出部位、形态特征与控矿地层、岩体、构造的空间关系等），结合已知矿床、矿化点、矿化蚀变带与其之间的空间关系，对 Sb 元素地球化学异常形成如下初步认识：

(1)内蒙古西部（即额济纳旗以西），北纬 42°以北的锑单元素异常主要沿甜水井—乌兰苏亥分布，多与古生界奥陶系、志留系、泥盆系、石炭系有关，呈北西向或近东西向串珠状、条带状展布，强度不大，浓集中心明显者多是以 Au、Cu 为主成矿元素之异常的伴生异常；北纬 42°以南的锑单元素异常主要分布在阿木乌苏及其以北一带，多与元古宇和古生界奥陶系、二叠系有关，呈近东西向条带状、面状展布，部分异常强度和规模较大，并有明显的浓集中心。已知的阿木乌苏锑矿床即产于该区的二叠系中，其最高含量达 90.01×10^{-6}。

(2)阿拉善盟中东部（即额济纳旗以东）—杭锦后旗以西的锑单元素异常主要分布在该区的北部，主要与古生界奥陶系、石炭系、二叠系和中生界白垩系有关，呈北西向或近东西向条带状、面状展布，异常面积较大，部分异常强度较高，浓度分带、浓集中心较为明显。

(3)内蒙古中部，即杭锦后旗—苏尼特右旗一带的锑单元素异常主要沿萨拉—满都拉、达尔罕茂明安联合旗、苏尼特右旗分布,与元古宇和古生界奥陶系、志留系、泥盆系、石炭系、二叠系有关,部分异常强度较高,浓度分带、浓集中心较为明显。

(4)查干敖包—曾曾庙一带锑单元素异常主要与古生界奥陶系、泥盆系、二叠系和中生界侏罗系有关,异常强度和规模一般不大。

(5)锡林浩特—扎赉特旗一带锑单元素异常主要与古生界二叠系、中生界侏罗系有关,呈北东向条带状或串珠状展布,受地层控制的特征较为明显,个别异常浓度分带、浓集中心明显,强度和规模较大。

(6)阿荣旗一带锑单元素异常主要与古生界二叠系、中生界白垩系有关,异常面积较大,但强度不高。

(7)新巴尔虎右旗—满洲里—八大关牧场—西牛尔河一带锑单元素异常主要与元古宇和中生界侏罗系有关,呈北东向条带状或串珠状展布,部分异常浓度分带、浓集中心明显,强度和规模较大。

五、钨矿

(一)W元素地球化学分布特征

区内钨矿的成矿时期主要集中在古生代和燕山期,尤其是燕山早期;钨矿床以(热液)石英脉型和矽卡岩型为主,矿床元素组合多为WSnMoBi。

从全区来看,W高值区主要分布于巴彦查干-索伦山地球化学分区西部、二连-东乌珠穆沁旗、红格尔-锡林浩特-西乌珠穆沁旗-大石寨、宝昌-多伦-赤峰、莫尔道嘎-根河-鄂伦春地球化学分区内,高值区规模很大;低值区分布在北山-阿拉善地球化学分区的中部和北部、龙首山—雅布赖山地球化学分区、乌拉山-大青山地球化学分区的西部和中南部。现分述如下。

1. 北山-阿拉善地球化学分区

W高值区分布于区内的中北部和南部,沿甜水井东南方向和阿木乌苏北东西向分布,中部和北部多为低值区。高值区所对应的地质体多为石炭纪火山岩和各期次花岗岩体。

2. 龙首山-雅布赖山地球化学分区

W低值区大面积分布,仅在其西北部的花岗岩体上有小面积高值区分布。

3. 狼山-色尔腾山地球化学分区

W高值区在其中部或北部断续分布,所对应的地质体多为太古宇、元古宇和各期次花岗岩体。

4. 巴彦查干-索伦山地球化学分区

W高值区主要分布在西部,面积较大,中部和东部高值区仅零星分布。高值区对应于奥陶系包尔汉图群中基性火山岩、火山碎屑岩。

5. 乌拉山-大青山地球化学分区

W低值区在其西部和中南部大面积连续分布,高值区主要分布在其北部,对应于二叠纪、三叠纪花岗岩体。

6. 二连-东乌珠穆沁旗地球化学分区

W高值区、较高值区大面积连续在台吉乌苏—曾曾庙一线和东乌珠穆沁旗周围一带,高值区对应于古生界和石炭纪、二叠纪、侏罗纪花岗岩体。

7. 红格尔-锡林浩特-西乌珠穆沁旗-大石寨地球化学分区

W 高值区规模很大,呈北东-南西向展布,沿克什克腾旗—白音诺尔镇—大石寨镇一线分布,对应地质体为侏罗系火山岩系和二叠纪、侏罗纪花岗岩体。低值区小范围地分布于东北部和西北部地区。

8. 宝昌-多伦-赤峰地球化学分区

W 高值区受北东向构造控制,分布于太仆寺旗—多伦和喀拉沁旗—敖汉旗一线,对应地质体为侏罗系火山岩系和二叠纪、侏罗纪花岗岩体。低值区分布于区内的东南部宁城一带。

9. 莫尔道嘎-根河-鄂伦春地球化学分区

W 高值区范围很大,呈北东-南西向展布,分布于满州里—额尔古纳市—根河—鄂伦春自治旗一带,高值区对应于侏罗系酸性火山熔岩、火山碎屑沉积岩。低值区小范围地分布于北部和南部部分地区。

(二)主要地质单元元素分布特征

1. 地质单元划分依据

本次研究所采用的 W 元素分析数据主要来源于1∶20万区域化探中的水系沉积物(土壤)测量,划分地质单元时,地层以系、岩浆岩以地层时代(如侏罗纪)为单位。

根据全区出露地层、岩浆岩和变质岩分布情况,结合全区构造单元特征,将全区划分出35个地质子区,统计各子区 W 元素的地球化学特征值,研究不同子区 W 元素的富集贫化特征,同时将 W 元素平均值与中国干旱荒漠区水系沉积物背景值作比较,研究内蒙古全区 W 元素相对于中国的富集与贫化特征。见表5-5,用4个参数研究不同地质子区的 W 元素特征,其中 $\overline{X}$ 为算术平均值,S 为标准离差,C_v 为变异系数,C_3 为三级浓集系数。

表5-5 主要地质单元水系沉积物 W 元素地球化学特征值统计表

地质单元	代号	序号	样品数(个)	W			
				$\overline{X}$	S	C_v	C_3
第四系	Q	1	13 542	1.452	8.066	5.554	0.999
古近系+新近系	E+N	2	15 933	1.076	1.480	1.375	0.740
白垩系	K	3	17 361	1.347	3.613	2.683	0.926
侏罗系	J	4	18 921	1.782	1.476	0.828	1.226
三叠系	T	5	82	1.061	0.422	0.398	0.730
二叠系	P	6	7376	2.167	11.944	5.512	1.490
石炭系	C	7	3876	1.495	1.307	0.875	1.028
泥盆系	D	8	1365	1.751	1.544	0.881	1.204
志留系	S	9	489	1.379	1.686	1.223	0.948
奥陶系	O	10	1603	1.659	1.521	0.917	1.141
震旦系	Z	11	187	1.964	2.223	1.132	1.351
元古宇	Pt	12	4581	1.610	3.298	2.049	1.107

表 5-5

地质单元	代号	序号	样品数(个)	W $\bar{X}$	S	C_v	C_3
太古宇	Ar	13	4581	0.886	9.453	10.674	0.609
第四纪玄武岩	Qβ	14	455	0.990	0.505	0.510	0.681
白垩纪酸性岩	Kγ	15	779	1.553	1.496	0.963	1.068
白垩纪碱性岩	Kξ	16	34	2.192	0.602	0.275	1.508
侏罗纪酸性岩	Jγ	17	7242	1.708	9.977	5.842	1.175
侏罗纪中性岩	Jδ	18	269	1.527	0.646	0.423	1.050
侏罗纪碱性岩	Jξ	19	262	1.040	1.054	1.013	0.715
三叠纪酸性岩	Tγ	20	3040	1.204	1.851	1.537	0.828
二叠纪酸性岩	Pγ	21	11 153	1.194	1.864	1.562	0.821
二叠纪中性岩	Pδ	22	664	1.188	1.801	1.516	0.817
石炭纪酸性岩	Cγ	23	5721	1.249	1.444	1.155	0.859
石炭纪中性岩	Cδ	24	749	0.858	0.679	0.791	0.590
石炭纪基性岩	Cν	25	206	2.945	14.691	4.988	2.025
石炭纪超基性岩	CΣ	26	77	1.567	3.394	2.166	1.078
泥盆纪酸性岩	Dγ	27	340	2.074	3.247	1.566	1.426
泥盆纪超基性岩	DΣ	28	59	1.378	1.677	1.217	0.948
志留纪酸性岩	Sγ	29	267	0.955	0.992	1.039	0.657
奥陶纪中性岩	Oδ	30	58	0.552	0.572	1.036	0.380
元古宙酸性岩	Ptγ	31	1874	1.757	4.147	2.360	1.208
元古宙中性岩	Ptδ	32	367	1.145	1.778	1.552	0.787
元古宙基性岩	Ptν	33	70	1.116	2.664	2.388	0.768
元古宙变质深成侵入体	Ptgn	34	121	1.002	0.750	0.748	0.689
太古宙变质深成侵入体	Argn	35	668	0.957	5.219	5.453	0.658
全测区			123 418	1.454	5.347	3.679	
中国干旱荒漠区水系沉积物背景值				1.14			
C_2				1.28			

注：①$\bar{X}$ 为算术平均值，S 为标准离差，C_v 为变化系数，C_3 为三级浓集系数；②中国干旱荒漠区水系沉积物背景值据任天祥，庞庆恒，杨少平，1996年资料，3114幅1∶20万图幅水系沉积物资料。

2. 全区 W 及其主要共伴生元素平均值与中国干旱荒漠区水系沉积物背景值对比

全区 W 及其主要共伴生元素平均值与中国干旱荒漠区水系沉积物背景值的比值称为二级浓集系数（C_2），见图 5-17。从比值图上可见：①$C_2 \geqslant 1.2$ 的元素有 W、Sn、Pb、Bi、Ag、Mo 等，这些元素在全区的含量相对中国地区呈富集状态；②$0.8 \leqslant C_2 < 1.2$ 之间的元素有 Zn，该元素含量与中国水系沉积物平均含量相当；③$C_2 < 0.8$ 的元素为 Cu，该元素相对中国地区呈贫化状态。

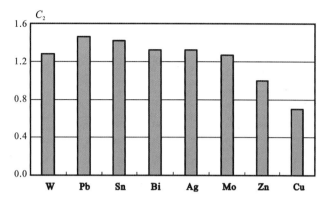

图 5-17 全区 W 及其主要共伴生元素平均值与中国干旱荒漠区水系沉积物背景值比值图

3. 各地质子区 W 元素分布特征

现引入三级浓集系数 C_3（元素各地质子区的含量与全区背景值的比值）和变异系数 C_v（元素各地质子区的标准离差与算数平均值的比值）来讨论 W 元素在各地质子区的分布差异（表 5-5），以及 W 元素在各子区的富集贫化特征，研究其成矿（或矿化）与地质体的对应关系，从而研究 W 元素成矿的规律。

为研究元素区域富集特征，将 C_3 和 C_v 均分为三级：以 $C_3 \geq 1.2$ 为富集，$1.2 > C_3 \geq 0.8$ 为与区域含量相当，$C_3 < 0.8$ 为贫化（图 5-18）；以 $C_v \geq 2$ 为强分异型，$2 > C_v \geq 1$ 为较强分异型，$C_v < 1$ 为弱分异型（图 5-19）。

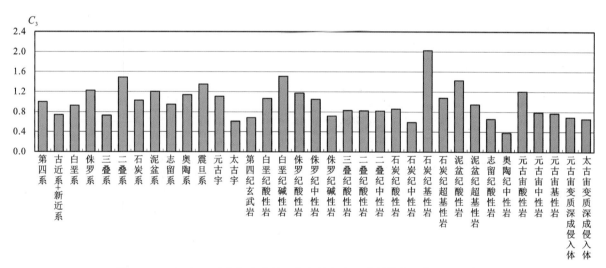

图 5-18 全区 W 元素各地质子区的含量与全区背景值的比值（C_3）排序图

研究各地质单元中各元素富集程度，可以大致掌握元素在地质地球化学过程中为成矿过程提供成矿物质来源的程度。据前人 1∶5 万地球化学调查资料显示，凡浓集系数较高的元素，若其变异系数也大，则该元素的分布不均匀，局部富集成矿的可能性大。

从表 5-5 和图 5-18、图 5-19 中可以看出：

(1) W 元素在石炭纪基性岩中富集程度最高，其三级浓集系数 C_3 达 2.025，同时其变化系数 C_v 也较高，达 4.988。

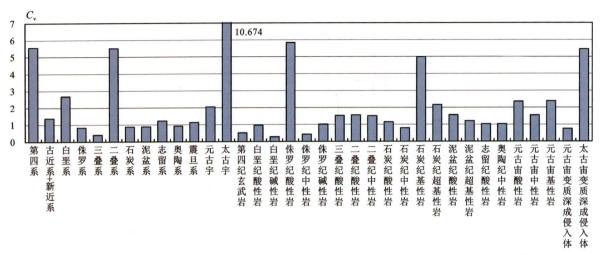

图 5-19 全区 W 元素在各地质子区变异系数(C_v)排序图

(2) W 元素在太古宇,元古宇和古生界二叠系、泥盆系、志留系中三级浓集系数 C_3 及变化系数 C_v 均大于 1.2,呈富集或中等分异状态,反映在地球化学图上多为一些高背景区或较高背景区。

(3) W 元素在泥盆纪、元古宙、侏罗纪、石炭纪、三叠纪、二叠纪酸性岩中三级浓集系数 C_3 及变化系数 C_v 均大于 1.2,呈中等富集或强分异状态,区内各矿床(点)或规模较大的钨异常多与这类岩体密切相关。

(三)钨单元素异常研究

以《化探资料应用技术要求》为依据,首先对钨地球化学图进行较为系统的研究,包括其空间分布特征、各主要地质单元分布特征与规律,并在此基础上划分钨单元素异常 684 个。根据单元素异常特征(规模、强度和浓度分带等)、所处地质环境(产出部位、形态特征与控矿地层、岩体、构造的空间关系等),结合各已知矿床、矿化点、矿化蚀变带与其之间的空间关系,对 W 元素地球化学异常形成如下初步认识:

(1) 内蒙古西部(即额济纳旗以西)北纬 42°以北的钨单元素异常主要沿甜水井—黑鹰山及其东南一线分布,多与古生界奥陶系、志留系、泥盆系、石炭系和华力西期酸性、中酸性岩体有关,呈北西向或北西西向串珠状、条带状展布,多数异常强度和规模均不大;北纬 42°以南的钨单元素异常主要分布在七一山及其以西和以南一带,多与元古宇、古生界志留系、中生界侏罗系和华力西期、燕山期酸性、中酸性岩体有关,呈近东西向条带状、面状展布,部分异常强度和规模较大,并有明显的浓集中心。已知的七一山、国庆钨矿床即产于该区的华力西期、燕山期酸性岩体之中。

(2) 阿拉善盟中东部(即额济纳旗以东)一带的钨单元素异常主要与元古宇,古生界石炭系、二叠系和华力西期、燕山期酸性、中酸性岩体有关,呈近南北向或近东西向串珠状、条带状展布,部分异常强度较高,浓度分带、浓集中心较为明显。

(3) 巴彦淖尔市西部钨单元素异常主要沿巴彦图克水—哈能一线分布,多与太古宇、元古宇、古生界志留系和华力西期、燕山期酸性、中酸性岩体有关,呈条带状北东向展布,部分异常浓度分带、浓集中心较为明显。

(4) 苏尼特右旗南—多伦一线的钨单元素异常主要与古生界二叠系、中生界侏罗系和华力西期、燕山期酸性、中酸性岩体有关,所圈异常面积多不大,但部分异常浓度分带、浓集中心较为明显,已知的毫义哈达、白石头洼钨矿床就位于该带之上。

(5) 台吉乌苏—曾曾庙一带钨单元素异常主要与古生界奥陶系、泥盆系、二叠系和华力西期、燕山期酸性、中酸性岩体有关,部分异常浓度分带、浓集中心较为明显。

(6) 克什克腾旗—突泉县一带钨单元素异常主要与古生界奥陶系、泥盆系、二叠系和华力西期、燕山期酸性、中酸性岩体有关,部分异常浓度分带、浓集中心较为明显。

(7) 阿尔山一带钨单元素异常主要与古生界奥陶系、泥盆系、中生界侏罗系和新元古代、华力西期、燕山期酸性岩体有关,部分异常浓度分带、浓集中心较为明显。

(8) 新巴尔虎右旗—满洲里—陈巴尔虎右旗—鄂伦春自治旗一带钨单元素异常主要与中生界侏罗系和华力西期、燕山期酸性岩体有关,多数异常规模和强度不大,个别异常浓度分带、浓集中心较为明显。

(9) 五卡—西牛尔河—八道卡一带钨单元素异常主要与元古宇、中生界侏罗系和包括元古宙在内的各期次酸性岩体有关,部分异常浓度分带、浓集中心较为明显。

六、稀土矿

(一) 稀土元素地球化学分布特征

稀土矿床主要分布在太古宇、古元古界、中生界中。矿床成矿系列包括:稳定区沿深断裂与碱性岩、碳酸岩有关的铁、铌、稀土、磷矿床成矿系列;活化区与壳源花岗岩有关的稀土、稀有、有色、铀金属矿床成矿系列;古活动区与混合岩化气液作用有关的铍、铁、铀、稀土矿床成矿系列。

从全区来看,La 高值区主要分布于狼山-色尔腾山、巴彦查干-索伦山、乌拉山-大青山、红格尔-锡林浩特-西乌珠穆沁旗-大石寨、宝昌-多伦-赤峰、莫尔道嘎-根河-鄂伦春地球化学分区内,高值区规模大;Y 高值区主要分布于乌拉山-大青山、二连-东乌珠穆沁旗、红格尔-锡林浩特-西乌珠穆沁旗-大石寨、宝昌-多伦-赤峰、莫尔道嘎-根河-鄂伦春地球化学分区内,高值区规模大、范围广。La、Y 在乌拉山-大青山、红格尔-锡林浩特-西乌珠穆沁旗-大石寨、宝昌-多伦-赤峰、莫尔道嘎-根河-鄂伦春地球化学分区内高值区大部分重合。U、Th 分布特征大体上一致,高值区规模由大到小的地球化学分区依次为:北山-阿拉善、二连-东乌珠穆沁旗、红格尔-锡林浩特-西乌珠穆沁旗-大石寨、莫尔道嘎-根河-鄂伦春,其余地区大面积分布有低值区和背景区。La、Y、U、Th 在乌拉山—大青山和赤峰地区具备与铁族元素相似的高值特征。

1. 北山-阿拉善地球化学分区

La、Y、U、Th 低值区和背景区大面积分布,高值区规模较小,吻合不好。U 高值区分布于白垩系新民堡组中。Y、Th 高值区所对应的地质体为石炭纪二长花岗岩、斜长花岗岩。

2. 龙首山-雅布赖山地球化学分区

Th 高值区分布于元古宇和太古宇中,La、Y、U 无高值区显示。

3. 狼山-色尔腾山地球化学分区

La 高值区分布于三叠纪二长花岗岩、石炭纪花岗岩,白云鄂博群浅变质或未变质沉积岩系和黑色、灰黑色板岩、硅质板岩、变质长石石英砂岩、灰岩中。Y、Th 高值区分布于渣尔泰山群细粒泥质碳质板岩、灰岩和色尔腾山岩群绢英绿泥片岩、含铁石英岩中,在三叠纪二长花岗岩中亦有分布。U 低值区和背景区呈大面积分布。

4. 巴彦查干-索伦山地球化学分区

La 高值区在区内中、西部大面积连续分布,对应于石炭系本巴图组和二叠系哲斯组、大石寨组;Y、U、Th 呈低值区和背景区大面积分布。

5. 乌拉山-大青山地球化学分区

La、Y、Th 高值区具一定规模,吻合较好,对应于色尔腾山岩群绢英绿泥片岩、含铁石英岩,乌拉山岩群和集宁岩群角闪斜长片麻岩、斜长角闪岩。U 高值区分布规模较小,主要与三叠纪、侏罗纪花岗岩有关。

6. 二连-东乌珠穆沁旗地球化学分区

Y、U、Th 高值区规模较大,吻合较好,对应于下中奥陶统乌宾敖包组、下中泥盆统泥鳅河组、石炭系—二叠系宝力高庙组。

7. 红格尔-锡林浩特-西乌珠穆沁旗-大石寨地球化学分区

La、Y、Th 高值区重叠程度较高,规模较大,分布在地球化学分区西部,对应地质体为古元古界宝音图岩群、石炭系—二叠系。U 基本不显示异常。

8. 宝昌-多伦-赤峰地球化学分区

La、Y、Th 高值区具一定规模,吻合较好,分布于地球化学分区东南部,对应于太古宇建平岩群老变质岩系、古生界下中二叠统和上侏罗统—下白垩统火山岩系。U 基本无异常显示。

9. 莫尔道嘎-根河-鄂伦春地球化学分区

La、Y、U、Th 高值区规模很大,重叠程度较高,与元古宇佳疙瘩组海相中基性—中酸性火山岩、泥盆系、下石炭统、上侏罗统中酸性火山岩及其碎屑岩和下白垩统碎屑岩对应。除此之外,U 高值区还分布于根河市东西两侧的酸性岩体内,与 Mo 的高值区吻合很好。

(二)主要地质单元元素分布特征

1. 地质单元划分依据

本次研究所采用的稀土元素分析数据主要来源于 1∶20 万区域化探中的水系沉积物(土壤)测量,划分地质单元时,地层以系、岩浆岩以地层时代(如侏罗纪)为单位。

根据全区出露地层、岩浆岩和变质岩分布情况,结合全区构造单元特征,将全区划分出 35 个地质子区,统计各子区稀土元素的地球化学特征值,研究不同子区稀土元素的富集贫化特征,同时将稀土元素平均值与地壳克拉克值和中国干旱荒漠区水系沉积物背景值作比较,研究内蒙古全区稀土元素相对于全球和全中国的富集与贫化特征。见表 5-6,用 4 个参数研究不同地质子区的稀土元素特征,其中 $\bar{X}$ 为算术平均值,S 为标准离差,C_v 为变异系数,C_3 为三级浓集系数。

2. 全区稀土元素平均值与中国干旱荒漠区水系沉积物背景值对比

全区各稀土元素平均值与中国干旱荒漠区水系沉积物背景值的比值称为二级浓集系数(C_2),见图 5-20。从比值图上可见:①$C_2 \geqslant 1.2$ 的元素有 Th、Nb、Zr 等,这些元素在全区的含量相对中国地区呈富集状态;②$0.8 \leqslant C_2 < 1.2$ 之间的元素有 La、Y、U 等,这些元素含量与中国水系沉积物平均含量相当;③$C_2 < 0.8$ 的元素有 Be,该元素相对中国地区呈贫化状态。

3. 各地质子区稀土元素分布特征

现引入三级浓集系数 C_3(元素各地质子区的含量与全区背景值的比值)来讨论稀土元素在各地质子区的分布差异,以及稀土元素在各子区的富集贫化特征,研究其成矿(或矿化)与地质体的对应关系,从而研究稀土元素成矿的规律。为研究元素区域富集特征,将 C_3 分为三级,以 $C_3 \geqslant 1.2$ 为富集,$1.2 > C_3 \geqslant 0.8$ 为与区域含量相当,$C_3 < 0.8$ 为贫化(图 5-21)。

表5-6 主要地质单元水系沉积物稀土元素地球化学特征值统计表

地质单元	代号	序号	样品数(个)	U $\bar{X}$	U S	U C_v	U C_3	Th $\bar{X}$	Th S	Th C_v	Th C_3	La $\bar{X}$	La S	La C_v	La C_3	Nb $\bar{X}$	Nb S	Nb C_v	Nb C_3	Y $\bar{X}$	Y S	Y C_v	Y C_3	Zr $\bar{X}$	Zr S	Zr C_v	Zr C_3	Be $\bar{X}$	Be S	Be C_v	Be C_3
第四系	Q	1	13 542	1.752	0.981	0.560	0.911	10.080	4.308	0.427	0.984	29.376	13.464	0.458	0.972	13.177	8.150	0.619	1.069	20.968	7.392	0.353	1.016	215.561	124.201	0.576	1.112	2.105	0.894	0.425	0.906
古近系+新近系	E+N	2	15 933	1.398	0.764	0.547	0.727	9.177	3.497	0.381	0.896	26.267	11.027	0.420	0.869	11.829	7.701	0.651	0.960	18.833	5.700	0.303	0.912	204.012	123.138	0.604	1.052	2.038	1.257	0.617	0.877
白垩系	K	3	17 361	1.772	1.166	0.658	0.921	9.307	3.977	0.427	1.065	32.291	17.687	0.548	1.069	13.120	9.655	0.736	1.186	19.564	6.658	0.340	0.948	188.994	127.098	0.672	0.975	2.207	1.294	0.586	0.950
侏罗系	J	4	18 921	2.680	1.457	0.544	1.394	9.307	4.786	0.385	1.215	35.630	14.501	0.407	1.179	14.623	5.956	0.407	1.186	19.564	6.943	0.292	1.151	243.258	120.807	0.497	1.255	2.723	1.314	0.483	1.172
三叠系	T	5	82	1.704	0.504	0.296	0.886	12.442	1.331	0.151	0.667	35.828	5.416	0.218	0.822	14.623	1.132	0.138	0.667	16.834	1.911	0.114	0.816	118.474	20.731	0.175	0.611	1.628	0.388	0.238	0.701
二叠系	6	6	7376	1.932	2.116	1.096	1.005	9.890	3.954	0.400	0.958	28.962	10.080	0.348	0.900	11.088	3.745	0.338	0.900	23.207	7.102	0.306	1.124	189.966	89.036	0.469	0.980	2.291	5.125	2.237	0.986
石炭系	7	7	3896	2.013	0.838	0.416	1.047	9.890	3.664	0.369	0.965	27.091	9.105	0.338	0.853	10.513	4.440	0.422	0.896	21.317	6.606	0.310	1.033	186.201	102.892	0.553	0.960	2.025	1.136	0.561	0.872
泥盆系	D	8	1365	2.005	1.213	0.605	1.043	9.847	3.629	0.369	1.016	29.478	10.307	0.35	0.961	11.645	3.653	0.314	0.945	20.264	6.099	0.301	0.982	191.528	70.476	0.368	0.988	2.539	0.875	0.345	1.093
志留系	S	9	489	1.921	0.715	0.372	0.999	9.016	3.379	0.375	0.880	25.738	10.679	0.415	0.975	9.383	3.177	0.342	0.755	17.704	5.150	0.291	0.812	157.511	67.270	0.427	0.912	1.788	0.761	0.426	0.770
奥陶系	O	10	1603	2.075	0.847	0.408	1.079	10.208	3.742	0.367	0.996	27.241	9.389	0.345	0.852	10.711	3.544	0.331	0.869	20.398	5.978	0.293	0.988	176.919	79.087	0.447	0.912	2.004	1.141	0.506	0.863
震旦系	Z	11	187	2.105	1.202	0.571	1.095	10.810	6.244	0.578	1.055	28.401	13.186	0.464	0.940	11.738	6.204	0.529	0.952	20.319	10.005	0.492	0.984	152.535	74.274	0.487	0.787	2.318	1.005	0.453	0.955
元古宇	Pt	12	4581	1.951	1.153	0.591	1.015	9.470	4.440	0.469	0.924	30.627	59.321	1.937	1.013	11.037	6.701	0.607	0.895	19.511	7.544	0.387	0.945	161.369	94.415	0.585	0.832	2.318	1.580	0.682	0.998
太古宇	Ar	13	4581	1.059	0.659	0.623	0.551	8.816	4.899	0.556	0.861	35.145	14.919	0.425	1.163	12.970	6.956	0.536	1.052	18.615	8.502	0.457	0.902	180.495	91.663	0.508	0.931	1.831	0.925	0.506	0.788
第四纪玄武岩	Qβ	14	455	1.458	0.911	0.625	0.758	8.932	2.673	0.299	0.872	28.606	15.576	0.544	0.947	29.967	22.248	0.742	2.431	19.614	3.310	0.169	0.950	251.977	109.276	0.434	1.300	2.088	0.837	0.401	0.899
白垩纪酸性岩	Qβ	15	779	1.936	0.909	0.469	1.007	11.369	4.803	0.422	0.921	27.842	14.471	0.520	0.984	13.488	8.319	0.617	1.094	22.621	6.551	0.290	1.096	176.951	119.476	0.675	0.913	2.604	1.368	0.525	1.121
白垩纪碱性岩	Kε	16	34	4.053	1.946	0.480	2.108	13.496	4.803	0.422	1.317	41.718	9.724	0.233	1.380	15.553	2.453	0.158	1.262	23.579	2.171	0.092	1.142	240.335	153.567	0.639	1.239	3.224	2.785	0.718	1.388
侏罗纪酸性岩	Jγ	17	7242	2.067	1.179	0.570	1.075	11.144	4.927	0.442	1.088	28.701	13.327	0.471	0.950	12.279	6.003	0.489	0.996	21.364	8.287	0.388	1.035	182.571	96.091	0.526	0.942	2.821	2.025	0.718	1.214
侏罗纪中性岩	Jδ	18	269	2.072	1.077	0.404	1.077	10.914	3.258	0.299	1.065	33.884	11.867	0.350	1.121	14.119	4.226	0.299	1.146	22.021	3.251	0.148	1.067	275.037	107.631	0.391	1.418	2.402	0.802	0.334	1.034
侏罗纪基性岩	Jε	19	262	1.533	0.748	0.488	0.797	11.777	3.087	0.262	0.984	25.874	14.062	0.517	0.974	13.295	5.032	0.378	1.079	20.497	5.446	0.266	0.993	126.495	54.517	0.431	0.652	2.791	1.355	0.485	1.201
三叠纪酸性岩	Tγ	20	3040	1.893	1.083	0.572	0.984	9.977	5.161	0.517	0.964	29.131	14.062	0.483	0.942	11.584	6.882	0.594	0.940	20.273	7.614	0.376	0.982	148.946	84.848	0.570	0.768	2.265	1.021	0.451	0.975
二叠纪酸性岩	Py	21	11 153	1.757	2.182	1.242	0.914	9.648	4.783	0.496	0.942	27.125	20.925	0.771	0.898	9.612	5.095	0.530	0.780	18.621	8.914	0.479	0.902	148.434	95.018	0.640	0.766	2.352	1.487	0.632	1.012
二叠纪中性岩	Pδ	22	664	1.540	1.094	0.710	0.801	8.506	4.100	0.482	0.830	26.453	13.034	0.496	0.875	10.029	4.344	0.433	0.814	18.270	6.375	0.349	0.885	168.773	77.866	0.461	0.870	2.185	2.625	1.202	0.941
石炭纪酸性岩	Cγ	23	5721	2.286	2.903	1.270	1.189	11.506	16.983	1.476	1.123	29.374	13.034	0.444	0.972	10.420	4.766	0.457	0.845	19.063	6.889	0.361	0.924	153.614	78.764	0.513	0.792	2.554	1.362	0.533	1.099
石炭纪中性岩	Cδ	24	749	1.416	0.889	0.628	0.736	8.747	3.164	0.362	0.854	22.999	9.423	0.410	0.761	8.873	3.646	0.411	0.720	16.509	3.993	0.242	0.800	138.016	74.333	0.539	0.712	1.701	1.012	0.595	0.732
石炭纪基性岩	Cε	25	206	1.449	0.719	0.496	0.754	8.201	3.419	0.417	0.830	25.073	7.632	0.304	0.801	9.322	3.794	0.407	0.756	18.88	6.741	0.357	0.915	170.631	99.407	0.583	0.880	1.899	0.899	0.568	0.817
泥盆纪酸性岩	Dγ	26	77	2.193	0.748	0.341	1.140	8.739	2.692	0.308	0.853	37.849	16.441	0.434	1.252	8.097	3.510	0.433	0.657	15.412	5.743	0.373	0.747	125.783	90.601	0.720	0.649	1.413	0.682	0.482	0.608
泥盆纪中性岩	Dδ	27	340	3.004	1.566	0.521	1.562	10.568	5.119	0.484	1.032	40.136	21.033	0.524	1.328	13.829	6.231	0.451	1.122	23.161	10.479	0.452	1.122	207.526	126.390	0.609	1.070	2.887	1.043	0.361	1.243
泥盆纪超基性岩	Dε	28	59	1.516	2.463	1.624	0.788	6.600	4.595	0.696	0.644	25.253	10.225	0.405	0.836	6.837	4.320	0.633	0.554	13.775	6.283	0.456	0.667	151.693	313.161	2.064	0.782	1.630	1.187	0.728	0.702
志留纪中性岩	Sγ	29	267	1.306	0.560	0.429	0.679	9.452	2.940	0.311	0.923	21.276	5.433	0.255	0.704	8.106	4.103	0.506	0.658	18.344	4.219	0.230	0.889	106.925	54.967	0.514	0.551	2.160	0.899	0.416	0.930
奥陶纪中性岩	Oδ	30	58	1.081	0.479	0.443	0.562	6.329	2.328	0.368	0.618	29.686	10.113	0.341	0.982	13.303	4.801	0.361	1.079	16.586	2.638	0.159	0.804	163.514	64.283	0.393	0.843	1.912	1.038	0.543	0.823
元古宙酸性岩	Ptγ	31	1874	2.626	1.493	0.569	1.366	11.522	6.143	0.534	1.123	33.794	17.524	0.518	1.118	14.303	6.822	0.486	1.138	22.927	9.079	0.396	1.111	205.471	140.722	0.685	1.060	2.297	1.473	0.519	1.221
元古宙中性岩	Ptδ	32	367	1.698	1.140	0.671	0.883	7.669	5.127	0.669	0.749	29.657	17.884	0.404	0.981	12.391	6.583	0.531	1.025	19.833	8.135	0.409	0.961	198.761	213.102	1.072	0.810	2.297	1.053	0.459	0.989
元古宙基性岩	Ptε	33	70	1.125	0.499	0.444	0.585	10.121	3.359	0.332	0.988	24.289	7.574	0.312	0.988	8.596	3.475	0.404	0.697	16.713	4.427	0.265	0.810	117.676	46.476	0.395	0.607	1.846	0.576	0.312	0.795
元古宙变质深成侵入体	Pgn	34	121	1.080	0.979	0.495	1.030	9.875	5.555	0.563	0.937	28.324	9.512	0.336	1.118	11.407	5.075	0.445	0.926	18.540	5.298	0.286	0.898	159.500	105.046	0.659	0.823	2.244	0.705	0.314	0.966
太古宙变质深成侵入体	Argn	35	668	1.080	0.531	0.491	0.562	10.918	6.188	0.567	1.066	37.257	13.305	0.357	1.233	13.709	7.080	0.516	1.112	27.982	16.612	0.594	1.356	229.011	107.797	0.471	1.181	1.949	1.379	0.707	0.639
全测区		123 418		1.923	1.506	0.783		10.244	5.734	0.560		30.220	18.587	0.615		12.325	7.251	0.588		20.642	7.509	0.364		193.899	115.387	0.595		2.323	1.825	0.786	
地壳克拉克值	C_1			1.00		1.92	1.85	6.00		1.71	1.04	25.74		1.17	1.30	9.68		1.27		21.35		0.97		152.80		1.27		1.61		0.44	
中国干旱荒漠区水系沉积物背景值	C_2							7.86																				6.00		0.39	

注：①地壳克拉克值据诺克拉维多夫 1962；②$\bar{X}$ 为算术平均值，S 为标准离差，C_v 为变化系数，C_3 为三级彼集系数；③中国干旱荒漠区水系沉积物背景值据任天祥、庞庆恒、杨少平，1996 年资料，3114 幅 1:20 万图幅水系沉积物资料。

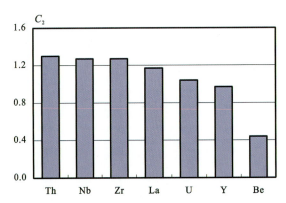

图 5-20　全区稀土元素平均值与中国干旱荒漠区水系沉积物背景值比值图

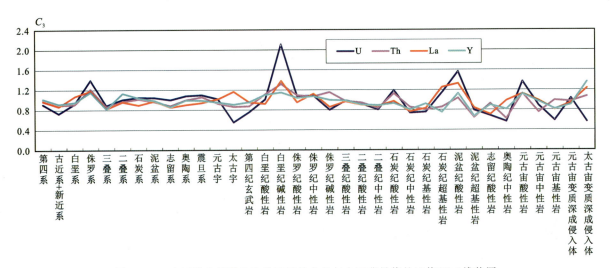

图 5-21　全区稀土元素各地质子区的含量与全区背景值的比值（C_3）线状图

研究各地质单元中各元素富集程度，可以大致掌握元素在地质地球化学过程中为成矿过程提供成矿物质来源的程度。据前人1∶5万地球化学调查资料显示，凡浓集系数较高的元素，若其变异系数也大，则该元素的分布不均匀，局部富集成矿的可能性大。

从表 5-6 和图 5-21 中可看出：

(1) U 元素在白垩纪碱性岩中富集程度最高，其 C_3 值达 2.108，但变异系数较小，仅 0.48。

(2) La、Y、U、Th 元素在侏罗系、白垩纪碱性岩、泥盆纪酸性岩、元古宙酸性岩中 C_3 值均大于 1.2 或接近 1.2，较富集。

(3) La 元素在白垩纪碱性岩、泥盆纪酸性岩、元古宙酸性岩中较富集，C_3 值均大于 1.2，其中元古宙酸性岩变异系数仅 0.519，区内发现的轻稀土矿床产在元古宙酸性岩内，如白云鄂博稀土矿、桃花拉山稀土矿。

(4) Y 元素在侏罗系、白垩纪碱性岩中较富集，C_3 值均接近 1.2，区内发现的重稀土矿床产在侏罗系内，如八〇一稀土矿。

（三）稀土元素异常研究

以《化探资料应用技术要求》为依据，首先对各稀土元素地球化学图进行较为系统的研究，包括其空间分布特征、各主要地质单元分布特征与规律，并在此基础上划分稀土 La 元素异常 650 个、Th 元素异常 669 个、U 元素异常 795 个、Y 元素异常 774 个。根据稀土元素异常特征（规模、强度和浓度分带等）、所处地质环境（产出部位、形态特征与控矿地层、岩体、构造的空间关系等），结合各已知矿床、矿化点、矿化蚀变带与其之间的空间关系，对稀土元素地球化学异常形成如下初步认识：

（1）内蒙古西部、中西部、中部（二连浩特市、商都县以西）La、Th、U、Y 元素异常主要与太古宇、元古宇、白垩系及印支期、华力西期中酸性岩体有关；其中北山-阿拉善成矿带、龙首山-雅布赖山成矿带 La 元素异常不明显，Th、Y 元素异常主要与石炭纪二长花岗岩、二叠纪花岗岩有关，U 元素异常主要分布于白垩系新民堡组中。

（2）狼山-色尔腾山成矿带 La、Th、U、Y 元素异常主要与元古宇及印支期—华力西期花岗岩有关，东部白云鄂博一带 La、Th、U、Y 元素异常主要与新元古界白云鄂博群有关，异常面积较大，呈面状展布，浓度分带、浓集中心明显。

（3）包头以东、察哈尔右翼中旗以南广大区域 La、Th、Y 元素异常主要与太古宇有关，异常面积较大，多呈带状（少数为串珠状、面状）东西向展布，多数异常浓度分带、浓集中心较为明显。

（4）二连东北部呼和陶力盖庙一带，La 元素异常不明显，Th、U、Y 元素异常主要与上古生界、燕山期—华力西期花岗岩有关，异常面积大，呈面状分布，异常浓度分带、浓集中心较为明显。

（5）南翁牛特旗—赤峰市一带，La、Th、Y 元素异常明显，主要与白垩系热河群义县组酸性—碱性岩有关，异常面积较大异常浓度分带、浓集中心较为明显。

（6）锡林浩特—霍林郭勒市一带，La、Th、U、Y 元素异常主要与侏罗系、二叠系和侏罗纪花岗岩有关，La 元素异在锡林浩特市一带常面积小，浓度分带、浓集中心明显；U 元素异常面积小，呈串珠状北东向展布；Th、Y 元素异常面积大，呈带状北东向展布，异常浓度分带、浓集中心较为明显。

（7）罕达盖林场一带 Th、U、Y 元素异常主要与中生界及印支期、华力西期中酸性岩体有关，呈条带状北西向、北东向展布，多数异常浓度分带、浓集中心较为明显。

（8）得尔布干成矿带稀土元素异常主要与侏罗系及印支期、华力西期中酸性岩体有关，其北西侧异常主要沿得尔布干深大断裂分布，除 U 外面积一般不大，多呈串珠状或条带状北东向展布，多数异常浓度分带、浓集中心较为明显；其东南侧 Th、U 异常面积大，呈宽大的面状，部分地段异常浓度分带、浓集中心较为明显；La、Y 异常面积较小，多呈串珠状或条带状北东向展布。

七、银矿

（一）Ag 元素地球化学分布特征

内蒙古自治区是我国重要的银铅锌产地，区内银矿床主要分布在上古生界和上中生界，中新生界、中元古界和中太古界也有分布。主要元素组合为 AgPbZn、AgPbZnMn、AgPbZnAu、AgPbZnCuS。矿床成因类型主要有热液型、矽卡岩型、火山岩型、沉积型等。

银矿床主要分布在林西-孙吴铅、锌、铜、钼、金Ⅲ级成矿带，红格尔-锡林浩特-西乌珠穆沁旗-大石寨地球化学分区，主要成矿期次为与岩浆作用有关的华力西期和燕山期。其中，华力西期主要形成与二叠纪火山-沉积作用有关的海底热液喷流沉积型矿床；燕山期则主要产出与陆相火山-侵入杂岩有关的浅成热液型-矽卡岩型矿床。

从全区来看，Ag 高值区主要分布于乌拉山-大青山、红格尔-锡林浩特-西乌珠穆沁旗-大石寨、宝昌-多伦-赤峰和莫尔道嘎-根河-鄂伦春地球化学分区内，高值区规模很大；低值区分布在北山-阿拉善地球化学分区的西北部、龙首山-雅布赖山、狼山-色尔腾山和巴彦查干-索伦山地球化学分区。现分述如下。

1. 北山-阿拉善地球化学分区

以甜水井—二十六号为界，区内东北部为 Ag 高值区及高背景区，西南部为 Ag 低值区。Ag 的高异常呈点状零星分布于区内北部地区，所对应的区域为石炭纪中酸性岩体、二叠系和白垩系。区内东南部七一山、老硐沟已发现伴生银矿床。

2. 龙首山-雅布赖山地球化学分区

低值区大面积分布。Ag 仅在敦德呼都格—呼德呼都格一带呈规模很小高值区，高值区与太古宙中酸性岩体和中生代晚期地层对应。此地球化学分区未发现银矿床(点)。

3. 狼山-色尔腾山地球化学分区

区域上 Ag 呈背景与低背景分布。乌拉特后旗东升庙—罕乌拉一带 Ag 形成高背景带，明显受北东向构造控制，规模较小的 Ag 异常分布于白云鄂博群石英岩、泥质碳质板岩，渣尔泰山群细粒泥质碳质板岩、灰岩和色尔腾山岩群绢英绿泥片岩、含铁石英岩及华力西期花岗岩上。西北部较大规模的 Ag 异常分布于乌兰苏海组砂岩、粉砂岩、泥岩上。该地球化学分区已发现霍各乞、炭窑口、下护林、三贵口、罕乌拉等伴生银矿床。

4. 巴彦查干-索伦山地球化学分区

低值区大面积分布。Ag 仅在巴彦查干一带及满达拉西呈背景及低背景分布，与古生界奥陶系及二叠系对应。此地球化学分区未发现银矿床(点)。

5. 乌拉山-大青山地球化学分区

Ag 高值区大面积连续分布，沿乌拉特前旗—包头—呼和浩特—化德一带分布，高值区受近东西和近南北向构造控制，其对应于中新元古代色尔腾山岩群绢英绿泥片岩、含铁石英岩，乌拉山岩群和集宁岩群角闪斜长片麻岩、斜长角闪岩，白云鄂博群砂岩、板岩、砾岩。四子王旗一带高强度的 Ag 异常与华力西期—印支期岩浆活动有关。多处已发现 Ag 及伴生 Ag 矿床遍布整个地球化学分区。

6. 二连-东乌珠穆沁旗地球化学分区

Ag 元素呈大面积的低值区及背景分布，高值区主要分布于查干敖包庙—台吉乌苏—阿拉坦宝拉格一带，Ag 异常多呈北东向或近东西向展布，高值区对应于下中奥陶统乌宾敖包组、下中泥盆统泥鳅河组、石炭系—二叠系宝力高庙组。东乌珠穆沁旗周围异常规模也较大，高值区对应于下中奥陶统乌宾敖包组、下中泥盆统泥鳅河组。东乌珠穆沁旗地区已发现朝不楞、阿尔哈达、查干敖包等多处多金属矿床。

7. 红格尔-锡林浩特-西乌珠穆沁旗-大石寨地球化学分区

高值区规模很大，呈北东-南西向展布，高强度的 Ag 异常沿锡林浩特—西乌珠穆沁旗—科右中旗、克什克腾旗—林西—五十家子一带分布，该区位于铅、锌、银、铁、锡、稀土Ⅲ级成矿带上，对应地质体为古元古界宝音图岩群、石炭系、二叠系、侏罗系以及华力西期、燕山期酸性岩体。低值区小范围地分布于西南部和巴雅尔吐胡硕镇—扎鲁特旗一带。该区内已发现大量的大中型银铅锌矿床，是自治区内银矿的主产地。

8. 宝昌-多伦-赤峰地球化学分区

区内 Ag 元素呈高背景分布，高值区主要分布在浩来呼热—土城子—翁牛特旗一带，受北东向和近南北向构造控制，规模较大，大庙—赤峰—敖汉旗一带分布有一定规模的 Ag 异常，对应于白垩系热河群火山岩地层和侏罗纪中酸性岩出露地区。低值区分布于区内的东南部八里罕—宁城一带。该区中小型银矿床(点)较多，多分布于该区东部和南部。

9. 莫尔道嘎-根河-鄂伦春地球化学分区

Ag 高值区范围较大,呈北东-南西向展布,分布于新巴尔虎右旗、古利库、太平庄周围和牙克石—甘河—劲松镇一带,高值区对应于中侏罗统满克头鄂博组,上侏罗统玛尼吐组,下白垩统梅勒图组、甘河组酸性火山熔岩、火山碎屑沉积岩、火山角砾岩。低值区小范围地分布于北部瓜地一带和东部部分地区。

(二)主要地质单元元素分布特征

1. 地质单元划分依据

本次研究所采用的银元素分析数据主要来源于1:20万区域化探中的水系沉积物(土壤)测量,划分地质单元时,地层以系、岩浆岩以地层时代(如侏罗纪)为单位。

根据全区出露地层、岩浆岩和变质岩分布情况,结合全区构造单元特征,将全区划分出35个地质子区,统计各子区 Ag 的地球化学特征值,研究不同子区 Ag 元素的富集贫化特征,同时将 Ag 元素平均值与地壳克拉克值和中国干旱荒漠区水系沉积物背景值作比较,研究内蒙古全区 Ag 元素相对于全球和全中国的富集与贫化特征。见表5-7,用4个参数研究不同地质子区的 Ag 元素特征,其中 $\bar{X}$ 为算术平均值,S 为标准离差,C_v 为变异系数,C_3 为三级浓集系数。

表5-7 主要地质单元水系沉积物中 Ag 元素地球化学特征值统计表

地质单元	代号	序号	样品数(个)	Ag $\bar{X}$	S	C_v	C_3
第四系	Q	1	13 542	68.531	126.029	1.839	0.859
古近系+新近系	E+N	2	15 933	68.890	52.596	0.763	0.864
白垩系	K	3	17 361	69.091	83.466	1.208	0.866
侏罗系	J	4	18 921	101.902	474.573	4.657	1.277
三叠系	T	5	82	53.049	22.536	0.425	0.665
二叠系	P	6	7376	124.689	1216.416	9.756	1.563
石炭系	C	7	3896	77.234	84.757	1.097	0.968
泥盆系	D	8	1365	75.588	62.802	0.831	0.948
志留系	S	9	489	78.884	66.872	0.848	0.989
奥陶系	O	10	1603	106.427	1458.394	13.703	1.334
震旦系	Z	11	187	87.064	84.373	0.969	1.091
元古宇	Pt	12	4581	69.009	75.155	1.089	0.865
太古宇	Ar	13	4581	72.761	0.645	0.559	0.912
第四纪玄武岩	Qβ	14	455	52.756	22.201	0.421	0.661
白垩纪酸性岩	Kγ	15	779	90.303	99.627	1.103	1.132
白垩纪碱性岩	Kξ	16	34	96.176	62.426	0.649	1.206
侏罗纪酸性岩	Jγ	17	7242	93.727	307.051	3.276	1.175
侏罗纪中性岩	Jδ	18	269	93.333	337.352	3.615	1.170
侏罗纪碱性岩	Jξ	19	262	60.252	40.038	0.665	0.755

续表 5-7

地质单元	代号	序号	样品数(个)	Ag			
				$\bar{X}$	S	C_v	C_3
三叠纪酸性岩	Tγ	20	3040	65.165	51.369	0.788	0.817
二叠纪酸性岩	Pγ	21	11 153	70.658	111.305	1.575	0.886
二叠纪中性岩	Pδ	22	664	78.603	181.574	2.310	0.985
石炭纪酸性岩	Cγ	23	5721	63.669	59.466	0.934	0.798
石炭纪中性岩	Cδ	24	749	61.363	61.273	0.999	0.769
石炭纪基性岩	Cν	25	206	57.282	34.277	0.598	0.718
石炭纪超基性岩	CΣ	26	77	46.168	21.500	0.466	0.579
泥盆纪酸性岩	Dγ	27	340	83.969	188.700	2.247	1.053
泥盆纪超基性岩	DΣ	28	59	173.527	884.424	5.097	2.175
志留纪酸性岩	Sγ	29	267	47.912	25.263	0.527	0.601
奥陶纪中性岩	Oδ	30	58	88.621	143.129	1.615	1.111
元古宙酸性岩	Ptγ	31	1874	61.442	153.178	2.493	0.770
元古宙中性岩	Ptδ	32	367	75.060	37.694	0.502	0.941
元古宙基性岩	Ptν	33	70	47.500	28.523	0.600	0.595
元古宙变质深成侵入体	Ptgn	34	121	54.157	29.730	0.549	0.679
太古宙变质深成侵入体	Argn	35	668	82.183	162.518	1.978	1.030
全测区			123 418	79.769	405.453	5.083	
地壳克拉克值		中国干旱荒漠区水系沉积物背景值		0.10		0.06	
C_1		C_2		0.80		1.33	

注：①地壳克拉克值据维诺格拉多夫，1962；②$\bar{X}$ 为算术平均值，S 为标准离差，C_v 为变化系数，C_3 为三级浓集系数；③中国干旱荒漠区水系沉积物背景值据任天祥，庞庆恒，杨少平，1996年资料，3114幅1：20万图幅水系沉积物资料。

2. 全区 Ag 及其主要共伴生元素平均值与地壳克拉克值对比

全区 Ag 及其主要共伴生元素平均值与全球地壳克拉克值的比值，称为一级浓集系数（C_1），由图 5-22（a）可见：①$C_1 \geqslant 1.2$ 的元素为 Pb、Hg，这些元素相对全球地壳呈富集状态；②$0.8 \leqslant C_1 < 1.2$ 的元素为 Ag、Zn、Cd，这些元素在全区的含量与全球地壳含量相当；③$C_1 < 0.8$ 的元素 Cu、Sn、Mo、Mn，这些元素相对全球地壳呈贫化状态。

3. 全区 Ag 及其主要共伴生元素平均值与中国干旱荒漠区水系沉积物背景值对比

全区 Ag 及其主要共伴生元素平均值与中国干旱荒漠区水系沉积物背景值的比值，称为二级浓集系数（C_2），由图 5-22（b）可见：①$C_2 \geqslant 1.2$ 的元素为 Ag、Pb、Sb、Hg、W、Sn、Mo、Au、Bi，这些元素在全区的含量相对中国地区呈富集状态；②$0.8 \leqslant C_2 < 1.2$ 的元素为 Zn、Cd、Mn，这些元素含量与中国水系沉积物平均含量相当；③$C_2 < 0.8$ 的元素为 Cu，该元素相对中国地区呈贫化状态。

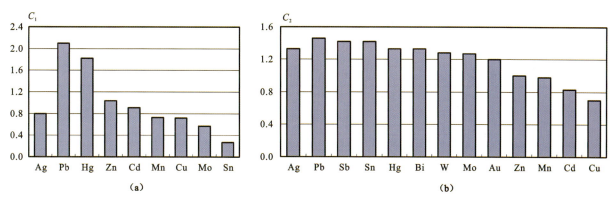

图 5-22 全区 Ag 及其主要共伴生元素一级浓集系数(C_1)和二级浓集系数(C_2)排序图

4. 各地质子区中 Ag 元素地球化学特征

元素具有成矿专属性,不同地质体对同一元素的富集能力不同。将 Ag 元素在各子区的平均含量与全区背景值进行对比,称为三级浓度系数 C_3,比较 Ag 元素在各地质子区中的富集与贫化特征,研究 Ag 元素成矿规律。

从表 5-7 和图 5-23 中可以看出:

(1)Ag 元素在泥盆纪超基性岩体中含量最高,其次为二叠系、奥陶系和侏罗系,在以上 4 种地质子区中 Ag 元素三级浓度系数大于 1,表明 Ag 元素在以上地质体中相对于全区呈富集状态,在以上地质体中相对易于成矿,这与全区已发现银矿床(点)所在地层相吻合。

(2)比较 Ag 元素在不同地质单元中的变异特征,如图 5-24 所示,Ag 元素在侏罗系、奥陶系、二叠系以及泥盆纪超基性岩体和侏罗纪中酸性岩体中的变异系数都大于 3,可见 Ag 元素在以上地质单元中不仅含量较全区高,而且分布还特别不均匀,易于富集成矿,是进行银矿产预测和潜力评价的重点地段。

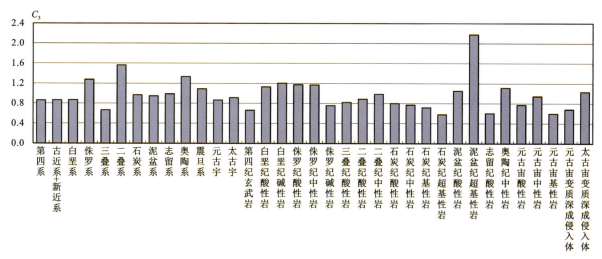

图 5-23 全区 Ag 元素在各地质子区的含量与全区背景值的比值(C_3)排序图

(三)银单元素异常研究

对银地球化学图进行较为系统的研究,包括其空间分布特征、各主要地质单元分布特征与规律,发

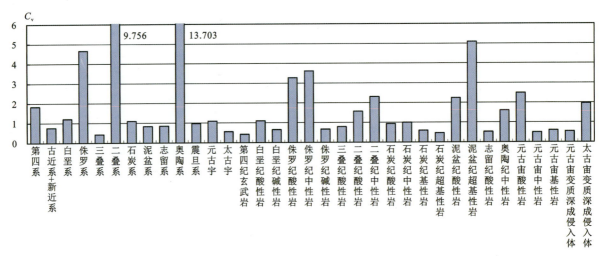

图 5-24 全区 Ag 元素在各地质子区的变异系数（C_v）排序图

现 Ag 元素在全区的分布受地球化学景观的影响较大。因此，为了真实地反映 Ag 元素异常在全区的分布特征，根据地球化学景观的差异，将全区划分为 3 个区，即西部戈壁残山区、中部残山丘陵区和东部森林沼泽区，在各区中按照不同的异常下限提取银异常，得到银单元素异常 871 个。根据 Ag 元素异常特征（规模、强度和浓度分带等）、所处地质环境（产出部位、形态特征与控矿地层、岩体、构造的空间关系等），结合各已知矿床、矿化点、矿化蚀变带与其之间的空间关系，对全区 Ag 元素地球化学异常形成如下初步认识：

（1）内蒙古西部（乌拉特中旗以西）Ag 元素异常主要与古生界志留系、石炭系、二叠系、中生界白垩系和华力西期—印支期、燕山期中酸性岩体有关，其中北山-阿拉善成矿带银异常规模较小，多呈点状分布，仅在甜水井及其东部和南部个别地区存在强度较高的点状银异常，均与石炭系、白垩系或石炭纪酸性岩体有关；哈日奥日布格东南部存在面积较大的银异常，且具有明显的浓度分带和浓集中心，该处银异常与二叠系和白垩系有关；下淘米—乌拉特中后旗一带银异常与石炭纪、侏罗纪、三叠纪花岗岩和中元古代闪长岩有关，规模较小，浓度分带和浓集中心不明显，异常强度不高。

（2）乌拉特中旗以东、桑根达来以西、二连浩特以南之间的部分银异常与太古宇、元古宇和太古宙、元古宙变质深成侵入体以及华力西期—印支期岩浆运动有关，还有大部分银异常分布在新近系覆盖地段，该处银异常分布较连续，形成了一定规模，且具有明显的浓度分带和浓集中心，多呈串珠状近南北向或近东西向分布。

（3）台吉乌苏一带的异常规模较小，但强度较高，形成了明显的浓集中心，多与奥陶系、泥盆系和石炭系有关，异常的空间展布方向与出露地层的空间分布特征一致。

（4）赤峰一带的异常主要与白垩系和侏罗纪花岗岩体有关，所圈异常规模较小，多为点状异常，但强度较高。

（5）锡林浩特—翁牛特旗一带的异常主要与古生界二叠系、中生界侏罗系和侏罗纪中酸性岩体有关，呈条带状和面状分布，异常规模大、异常强度高，具有明显的浓度分带和浓集中心，且与已知银矿床（矿点）分布相对应。

（6）林西—突泉一带的异常主要与二叠系、侏罗系和二叠纪、侏罗纪、白垩纪中酸性岩体有关，其异常面积较小，强度较高，多呈串珠状分布，且分布较为密集，与已知银矿床（矿点）分布相对应。

（7）霍林郭勒—扎赉特旗一带的异常多与二叠系、侏罗系和侏罗纪中酸性岩体有关，异常强度高，但成一定规模的异常较少，多呈近东西向和北东向条带状或点状分布。

（8）罕达盖—五岔沟一带的异常多与奥陶系、石炭系、侏罗系和侏罗纪、二叠纪中酸性岩体有关，异常强度较高，范围较大，具有明显的浓度分带和浓集中心，异常多呈北东向或近东西向条带状或点状分布。

(9) 新巴尔虎右旗—满洲里一带的异常主要与侏罗系、白垩系和二叠纪、侏罗纪中酸性岩体有关，其异常规模较大，多呈面状分布，具有明显的浓度分带和浓集中心。区内的甲乌拉银铅锌矿、额仁陶勒盖锰银矿空间上与异常吻合好，银异常浓度高，范围大。

(10) 牙克石—满归镇一线以西的异常与震旦系、青白口系、侏罗系和元古宙、二叠纪、侏罗纪中酸性岩体有关，所圈异常较少，规模小，部分呈北西向或北东向展布，多呈串珠状分布，但异常强度高，具有明显的浓集中心和浓度分带。

(11) 牙克石—鄂伦春一带的异常多与侏罗系、白垩系有关，少部分异常与石炭纪、侏罗纪中酸性岩体有关，其异常规模大，强度高，具有明显的浓度分带和浓集中心，多呈近南北向和北东向条带状或面状分布。

(12) 阿荣旗—加格达奇一带的异常主要与侏罗系、白垩系和泥盆纪、石炭纪、二叠纪的中酸性岩体有关。其中太平庄一带的银异常规模较大，异常强度高，总体呈北东向展布，劲松镇以东异常均具有较高的强度和浓度梯度，多呈北西向或北西西向展布。

总体而言，西部（戈壁残山区）异常规模小，强度低；中部（残山丘陵区）异常形成一定规模，但无明显浓度分带和浓集中心；东部（森林沼泽区）异常不仅规模大，强度高，还具有较高的浓度梯度，是银矿床的重要产出地。

八、钼矿

(一) Mo 元素地球化学分布特征

从全区来看，Mo 高值区分布较广，尤其在红格尔-锡林浩特-西乌珠穆沁旗-大石寨、莫尔道嘎-根河-鄂伦春地球化学分区内，高值区规模很大；北山-阿拉善、狼山-色尔腾山、巴彦查干-索伦山、乌拉山-大青山、二连-东乌珠穆沁旗和宝昌-多伦-赤峰地球化学分区高值区规模相对较小，龙首山-雅布赖山地球化学分区无高值区显示。现分述如下。

1. 北山-阿拉善地球化学分区

高值区和较高值区在北部大面积连续分布，南部连续性相对较差，强度均不高，低值区分布于区内的中、西部。高值区所对应的地质体为元古宇长城系、蓟县系、古生界奥陶系、二叠系火山岩和白垩系。

2. 龙首山-雅布赖山地球化学分区

低值区和背景区大面积分布，几乎无高值区显示。

3. 狼山-色尔腾山地球化学分区

高值区在区内的西北部和北部大面积连片分布，强度较高，其余地区以低值区大范围分布为主，局部有零星高值区出露。哈腾套海西部—巴彦杭盖一带高值区展布方向受北东向构造控制明显。高值区分布于白云鄂博群石英岩、泥质碳质板岩，渣尔泰山群细粒泥质碳质板岩、灰岩和白垩系中。

4. 巴彦查干-索伦山地球化学分区

高值区在区内的西部有较大面积分布，中、东部仅小面积零星出露。高值区主要分布于元古宙的浅变质岩和古生界奥陶系的中基性火山熔岩、火山碎屑岩中。

5. 乌拉山-大青山地球化学分区

低值区大范围分布,高值区范围较小,强度不高,零星分布于区内的周边地区,仅东南部面积较大。高值区对应于元古宇及新近系汉诺坝组,太古宇、变质深成侵入体及各期次花岗岩体上多为低值区和背景区。

6. 二连-东乌珠穆沁旗地球化学分区

低值区呈大面积分布,高值区集中分布在二连浩特一带,部分受北东向构造控制明显。高值区对应于中石炭统宝力高庙组、新近系通古尔组及侏罗纪、第四纪玄武岩。

7. 红格尔-锡林浩特-西乌珠穆沁旗-大石寨地球化学分区

高值区大面积连续分布,呈北东-南西向延伸,北部异常强度最高,对应地质体为古元古界宝音图岩群、石炭系—二叠系及上侏罗统酸性、中酸性火山岩系。低值区小范围分布于东南部和西北部地区。

8. 宝昌-多伦-赤峰地球化学分区

高值区东部规模较大,西部相对较小,分布于太仆寺旗—翁牛特旗—喀拉沁旗一带,对应于古生界下中二叠统和上侏罗统—下白垩统火山岩系、新近系汉诺坝组及侏罗纪酸性岩体。低值区分布于宁城往西一带。

9. 莫尔道嘎-根河-鄂伦春地球化学分区

高值区大面积连片分布,展布方向不明显,异常强度普遍很高。高值区对应于元古宇,泥盆系,下石炭统,中—上侏罗统酸性、中酸性、中基性火山熔岩,碎屑岩,下白垩统碎屑岩,以及燕山期、华力西期酸性、中酸性岩体。低值区小面积零星分布于北部、东部和南部的部分地区。

(二)主要地质单元元素分布特征

1. 地质单元划分依据

本次研究所采用的 Mo 元素分析数据主要来源于 1∶20 万区域化探中的水系沉积物(土壤)测量,划分地质单元时,地层以系、岩浆岩以地层时代(如侏罗纪)为单位。

根据全区出露地层、岩浆岩和变质岩分布情况,结合全区构造单元特征,将全区划分出 35 个地质子区,统计各子区 Mo 元素的地球化学特征值,研究不同子区 Mo 元素的富集贫化特征,同时将 Mo 元素平均值与地壳克拉克值和中国干旱荒漠区水系沉积物背景值作比较,研究内蒙古全区 Mo 元素相对于全球和全中国的富集与贫化特征。见表 5-8,用 4 个参数研究不同地质子区的 Mo 元素特征,其中 $\bar{X}$ 为算术平均值,S 为标准离差,C_v 为变异系数,C_3 为三级浓集系数。

2. 全区 Mo 及其主要共伴生元素平均值与地壳克拉克值对比

全区 Mo 及其主要共伴生元素的平均值与全球地壳克拉克值的比值,称为一级浓集系数(C_1),$C_1 \geqslant 1.2$ 为富集,$C_1 < 0.8$ 为贫化。Mo 及其相关元素 C_1 分布图见图 5-25。从排序图上可见:①$C_1 \geqslant 1.2$ 的元素有 Pb、U,这两种元素相对全球地壳呈富集状态;②$0.8 \leqslant C_1 < 1.2$ 的元素有 Zn、Ag,这两种元素在全区的含量与全球地壳含量相当;③$C_1 < 0.8$ 的元素有 Mo、Cu、Sn,这些元素相对全球地壳呈贫化状态。

表 5-8 主要地质单元水系沉积物 Mo 元素地球化学特征值统计表

地质单元	代号	序号	样品数(个)	Mo $\bar{X}$	S	C_v	C_3
第四系	Q	1	13 542	0.943	1.871	1.984	0.825
古近系+新近系	E+N	2	15 933	0.867	0.765	0.883	0.759
白垩系	K	3	17 361	1.228	1.538	1.252	1.074
侏罗系	J	4	18 921	1.599	2.227	1.392	1.399
三叠系	T	5	82	0.8460	0.389	0.460	0.740
二叠系	P	6	7376	1.183	2.199	1.858	1.035
石炭系	C	7	3896	1.049	0.891	0.849	0.918
泥盆系	D	8	1365	1.085	1.001	0.922	0.949
志留系	S	9	489	1.257	0.968	0.770	1.100
奥陶系	O	10	1603	1.411	6.041	4.282	1.234
震旦系	Z	11	187	1.237	1.203	0.973	1.082
元古宇	Pt	12	4581	1.235	2.596	2.102	1.080
太古宇	Ar	13	4581	0.621	0.79	1.272	0.543
第四纪玄武岩	Qβ	14	455	1.661	1.065	0.641	1.453
白垩纪酸性岩	Kγ	15	779	1.086	1.454	1.338	0.950
白垩纪碱性岩	Kξ	16	34	2.211	1.188	0.537	1.934
侏罗纪酸性岩	Jγ	17	7242	1.230	2.134	1.735	1.076
侏罗纪中性岩	Jδ	18	269	0.978	0.998	1.020	0.856
侏罗纪碱性岩	Jξ	19	262	0.660	0.532	0.806	0.577
三叠纪酸性岩	Tγ	20	3040	0.826	1.212	1.467	0.723
二叠纪酸性岩	Pγ	21	11 153	1.055	2.439	2.312	0.923
二叠纪中性岩	Pδ	22	664	0.781	0.829	1.061	0.683
石炭纪酸性岩	Cγ	23	5721	1.231	1.782	1.447	1.077
石炭纪中性岩	Cδ	24	749	0.705	0.636	0.901	0.617
石炭纪基性岩	Cν	25	206	0.734	1.122	1.528	0.642
石炭纪超基性岩	CΣ	26	77	1.004	1.198	1.193	0.878
泥盆纪酸性岩	Dγ	27	340	1.448	1.405	0.971	1.267
泥盆纪超基性岩	DΣ	28	59	0.893	0.611	0.685	0.781
志留纪酸性岩	Sγ	29	267	0.593	0.396	0.667	0.519
奥陶纪中性岩	Oδ	30	58	0.756	1.004	1.329	0.661
元古宙酸性岩	Ptγ	31	1874	1.116	0.888	0.796	0.976
元古宙中性岩	Ptδ	32	367	0.712	0.583	0.819	0.623
元古宙基性岩	Ptν	33	70	0.584	0.312	0.534	0.511
元古宙变质深成侵入体	Ptgn	34	121	0.999	0.677	0.678	0.874
太古宙变质深成侵入体	Argn	35	668	0.662	0.681	1.029	0.579
全测区			123 418	1.143	1.934	1.692	
地壳克拉克值	中国干旱荒漠区水系沉积物背景值			2.00		0.90	
C_1	C_2			0.57		1.27	

注:①地壳克拉克值据维诺格拉多夫,1962;②$\bar{X}$为算术平均值,S为标准离差,C_v为变化系数,C_3为三级浓集系数;③中国干旱荒漠区水系沉积物背景值据任天祥,庞庆恒,杨少平,1996年资料,3114幅1:20万图幅水系沉积物资料。

3. 全区 Mo 及其主要共伴生元素平均值与中国干旱荒漠区水系沉积物背景值对比

全区 Mo 及其主要共伴生元素平均值与中国干旱荒漠区水系沉积物背景值的比值称为二级浓集系数(C_2),$C_2 \geqslant 1.2$ 为富集,$C_2 < 0.8$ 为贫化。Mo 及其相关元素 C_2 分布图见图 5-26。从排序图上可见:①$C_2 \geqslant 1.2$ 的元素有 Mo、Pb、Sn、Sb、Ag、Bi、W、Au 等,这些元素在全区的含量相对中国地区呈富集状态;②$0.8 \leqslant C_2 < 1.2$ 之间的元素有 Zn、U,这两种元素含量与中国水系沉积物平均含量相当;③$C_2 < 0.8$ 的元素为 Cu,该元素相对中国地区呈贫化状态。

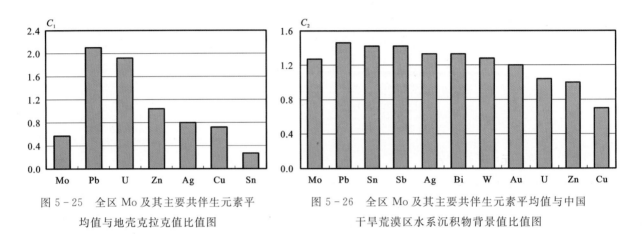

图 5-25　全区 Mo 及其主要共伴生元素平均值与地壳克拉克值比值图

图 5-26　全区 Mo 及其主要共伴生元素平均值与中国干旱荒漠区水系沉积物背景值比值图

4. 各地质子区 Mo 元素分布特征

现引入三级浓集系数 C_3（元素各地质子区的含量与全区背景值的比值）和变异系数 C_v（元素各地质子区的标准离差与算数平均值的比值）来讨论 Mo 元素在各地质子区的分布差异（表 5-8），以及 Mo 元素在各子区的富集贫化特征,研究其成矿（或矿化）与地质体的对应关系,从而研究 Mo 元素成矿的规律。

为研究元素区域富集特征,将 C_3 和 C_v 均分为三级:以 $C_3 \geqslant 1.2$ 为富集,$1.2 > C_3 \geqslant 0.8$ 为与区域含量相当,$C_3 < 0.8$ 为贫化（图 5-27）；以 $C_v \geqslant 1.1$ 为强分异型,$1.1 > C_v \geqslant 0.6$ 为较强分异型,$C_v < 0.6$ 为弱分异型（图 5-28）。

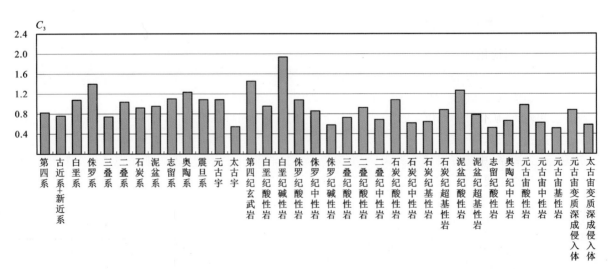

图 5-27　全区 Mo 元素各地质子区的含量与全区背景值的比值(C_3)排序图

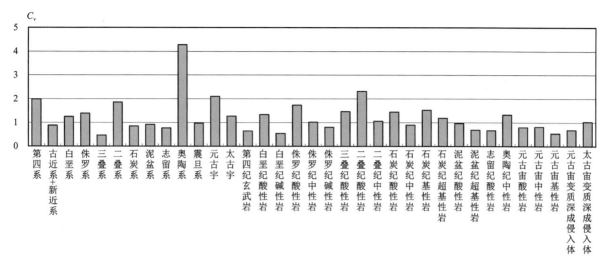

图 5-28 全区 Mo 元素在各地质子区变异系数(C_v)排序图

研究各地质单元中各元素富集程度,可以大致掌握元素在地质地球化学过程中为成矿过程提供成矿物质来源的程度。据前人 1:5 万地球化学调查资料显示,凡浓集系数较高的元素,若其变异系数也大,则该元素的分布不均匀,局部富集成矿的可能性大。

从表 5-8 和图 5-27、图 5-28 中可以看出:

(1)Mo 元素在侏罗系、奥陶系及第四纪玄武岩、泥盆纪酸性岩中富集系数高($C_3>1.2$)且变异系数大($C_v>0.6$),其中奥陶系的变异系数高达 4.282。一般,Mo 元素在以上地质子区中最有利于成矿,这也与上述地层中发现的大量钼矿床(点)相对应。

(2)Mo 元素在白垩纪碱性岩中富集程度最高,其 C_3 值达 1.934,但变异系数较小,仅 0.537,故只有在地质条件特别有利的情况下 Mo 元素才可能在该地质子区中成矿。

(3)Mo 元素在白垩系、二叠系、元古宇、太古宇及燕山期、印支期、华力西期酸性岩体中富集系数不高($C_3<1.2$)但变异系数大($C_v>0.6$)。一般,以上地质子区中 Mo 元素于一定条件下也可能成矿。

综上可见,那些 Mo 元素富集程度较高,且变异系数较大的地质单元,是今后进行钼矿产预测和潜力评价的重点地段。

(三)钼单元素异常研究

以《化探资料应用技术要求》为依据,首先对钼地球化学图进行较为系统的研究,包括其空间分布特征、各主要地质单元分布特征与规律,并在此基础上划分钼单元素异常 788 个。根据单元素异常特征(规模、强度和浓度分带等)、所处地质环境(产出部位、形态特征与控矿地层、岩体、构造的空间关系等),结合各已知矿床、矿化点、矿化蚀变带与其之间的空间关系,对钼元素地球化学异常形成如下初步认识:

(1)内蒙古西部、中西部、中部(二连浩特市—商都县以西)钼单元素异常主要与元古宇,古生界奥陶系、志留系、二叠系,中生界白垩系及燕山期、华力西期中酸性岩体有关。其中北山成矿带、阿拉善成矿带钼单元素异常主要与元古宇,古生界奥陶系、志留系及中生界白垩系有关,其异常面积较大,多数异常浓度分带、浓集中心不明显,但与已知钼矿床(点)吻合较好;狼山-色尔腾山成矿带钼单元素异常主要与元古宇及中生界白垩系有关,其异常面积较大,呈条带状展布,异常浓度分带、浓集中心较明显,哈腾套海西部—巴彦杭盖北部一带异常展布方向受北东向构造控制明显;东部察哈尔右翼后旗—丰镇一带钼单元素异常主要与新近系汉诺坝组玄武岩有关,其异常面积一般较大,多呈宽大的面状展布,浓度分带、浓集中心不明显。

(2)正镶白旗—翁牛特旗以南赤峰一带钼单元素异常主要与中生界侏罗系、白垩系,新生界新近系及燕山期中酸性岩体有关,成矿带内异常面积较小,呈散乱状分布。赤峰一带异常强度很高,浓集中心清晰,梯度变化较大,带内已知钼矿床(点)较多,多数位于所圈异常之上。

(3)二连浩特—扎赉特旗以南,翁牛特旗以北之间的广大区域钼单元素异常主要与侏罗系、二叠系及燕山期中酸性岩体有关,其异常较少且面积不大,呈串珠状(少数呈条带状)集中分布在苏尼特左旗—必鲁甘干一带和克什克腾旗—扎赉特旗一带,北东向展布,少数异常浓度分带、浓集中心明显,且多数已知钼矿床(点)与浓度分带、浓集中心明显者相对应。

(4)二连浩特—扎赉特旗以北的钼单元素异常主要集中在查干敖包—白音图嘎一带,异常与奥陶系、泥盆系、石炭系、侏罗系、第四系及华力西期酸性、中酸性岩体有关,所圈异常一般面积较小且强度不高,局部异常浓度分带、浓集中心明显,已知钼矿床(点)均与浓度分带、浓集中心明显者相对应。

(5)罕达盖林场一带钼单元素异常主要与奥陶系、泥盆系、石炭系、侏罗系及燕山期、华力西期酸性、中酸性岩体有关,其异常大面积连片,展布方向不明显,异常强度高,浓度分带、浓集中心明显,已知钼矿床(点)与浓集中心相吻合。

(6)得尔布干成矿带钼单元素异常主要与侏罗系、白垩系及燕山期、华力西期酸性、中酸性岩体有关,异常沿得尔布干深大断裂分布,其北西侧异常面积一般不大,多呈条带状北东或北西向展布,多数异常浓度分带、浓集中心较为明显,已知钼矿床(点)与浓度分带、浓集中心明显者相对应;其东南侧异常面积较大,呈宽大的面状(少数为条带状),异常浓度高,浓度分带、浓集中心明显,已知钼矿床(点)均位于所圈异常之上。

九、锡矿

(一)Sn 元素地球化学分布特征

内蒙古自治区锡矿资源丰富,区内锡矿床主要分布于古生代地层中,主要元素组合为 SnWMoBi,主要矿床成因类型均为与中酸性岩体有关的热液型,在林西一带局部地区地层与岩体接触带发生矽卡岩化,发育一大型接触交代型锡矿床——黄岗锡矿,但也隶属于酸性岩体有关的热液型矿床。

内蒙古自治区锡矿床主要分布在突泉-翁牛特铅、锌、银、铁、锡、稀土Ⅲ级成矿带,红格尔-锡林浩特-西乌珠穆沁旗-大石寨地球化学分区,主要成矿期次为与岩浆作用有关的华力西期。

从全区来看,Sn 高值区主要分布于二连-东乌珠穆沁旗地球化学分区西北部、红格尔-锡林浩特-西乌珠穆沁旗-大石寨地球化学分区中西部和莫尔道嘎-根河-鄂伦春地球化学分区北部,高值区强度高,规模大;低值区分布在乌拉山-大青山地球化学分区的西部,宝昌-多伦-赤峰地球化学分区的中东部,北山-阿拉善、龙首山-雅布赖山、狼山-色尔腾山、巴彦查干-索伦山及二连-东乌珠穆沁旗地球化学分区的东南部,在以上地区 Sn 多呈背景及低背景分布。现分述如下。

1. 北山-阿拉善地球化学分区

Sn 元素在本区呈背景及低背景分布,仅在萤石矿等局部地区零星分布有规模较小强度较高的 Sn 异常,所对应的区域为石炭纪中酸性岩体、二叠系和白垩系。此地球化学分区未发现锡矿床(点)。

2. 龙首山-雅布赖山地球化学分区

低值区大面积分布。Sn 仅在俭青西北部、阿拉善右旗局部地区呈高背景或出现低缓异常,该处主要出露古元古界和中元古代、志留纪、侏罗纪花岗岩。此地球化学分区未发现锡矿床(点)。

3. 狼山-色尔腾山地球化学分区

区域上 Sn 呈背景与低背景分布。乌力吉图镇、下淖米东南、巴彦毛道北部及乌拉特后旗—苏海呼都格一带 Sn 形成高背景带，局部地区形成具有明显浓度分带和浓集中心的单元素异常，异常空间分布状态明显受北东向构造控制。Sn 异常主要分布于宝音图岩群绿泥片岩、石英片岩、蓝晶二云片岩、石英岩、大理岩，渣尔泰山群细粒泥质碳质板岩、灰岩和华力西期花岗岩的接触带上。此地球化学分区未发现锡矿床(点)。

4. 巴彦查干-索伦山地球化学分区

区域上 Sn 呈背景分布。在哈能一带 Sn 元素形成较小规模的异常，与古生界奥陶系对应。此地球化学分区未发现锡矿床(点)。

5. 乌拉山-大青山地球化学分区

区内沿旗下营—乌克忽洞—达茂旗一带存在一条明显的分界线，西南部 Sn 为大面积的低值区，东北部呈背景或低背景分布，局部地区存在规模较小的高强度 Sn 呈星散状分布，对应于中生界白垩系及二叠纪、侏罗纪花岗岩。此地球化学分区未发现锡矿床(点)。

6. 二连-东乌珠穆沁旗地球化学分区

Sn 元素在本区形成规模较大的异常带，明显受北东向断裂构造控制。该区目前已经验证为以 Sn 为主的成矿带，Sn 高值区对应于下中奥陶统乌宾敖包组、下中泥盆统泥鳅河组、石炭系—二叠系宝力高庙组和石炭纪、侏罗纪花岗岩。区内已发现朝不楞、阿尔哈达、查干敖包、准乌日斯哈拉等多处热液型多金属矿床(点)。

7. 红格尔-锡林浩特-西乌珠穆沁旗-大石寨地球化学分区

中南部高值区规模很大，呈北东-南西向展布，高强度的 Sn 异常沿突泉县—白音诺尔—克什克腾旗、哈登胡舒—西乌珠穆沁旗—锡林浩特市、克什克腾旗—林西—五十家子一带分布，该区位于铅、锌、银、铁、锡、稀土Ⅲ级成矿带上，对应地质体为石炭系、二叠系、侏罗系及华力西期、燕山期酸性岩体。低值区小范围地分布于西南部和巴雅尔吐胡硕镇—扎鲁特旗一带。该区内已发现大量的大中型锡矿床，是自治区内锡矿的主产地。

8. 宝昌-多伦-赤峰地球化学分区

本区西部 Sn 元素呈大面积高值区分布，该区 Sn 异常规模较大，但强度不高，出露侏罗系、二叠系和侏罗纪酸性岩体，大部分地区被第四系覆盖；东部 Sn 多呈低值区分布，仅在喀喇沁旗、旺业甸镇局部地区形成小规模的单元素异常，对应于白垩系和燕山期花岗岩体。二道沟、小东沟锡矿床(点)分布于该区。

9. 莫尔道嘎-根河-鄂伦春地球化学分区

Sn 元素在整个地球化学分区形成规模较大的高值区，区内出露中生界侏罗系、白垩系和华力西期、燕山期酸性岩体，在西牛尔河—太平林场一带 Sn 元素形成规模较大，强度较高的 Sn 异常，主要出露元古宙、二叠纪、三叠纪酸性岩体。

(二)主要地质单元元素分布特征

1. 地质单元划分依据

本次研究所采用的 Sn 元素分析数据主要来源于1∶20万区域化探中的水系沉积物(土壤)测量，划分地质单元时，地层以系、岩浆岩以地层时代(如侏罗纪)为单位。

根据全区出露地层、岩浆岩和变质岩分布情况,结合全区构造单元特征,将全区划分出 35 个地质子区,统计各子区 Sn 元素的地球化学特征值,研究不同子区 Sn 元素的富集贫化特征,同时将 Sn 元素平均值与地壳克拉克值和中国干旱荒漠区水系沉积物背景值作比较,研究内蒙古全区 Sn 元素相对于全球和全中国的富集与贫化特征。见表 5-9,用 4 个参数研究不同地质子区的 Sn 元素特征,其中 $\bar{X}$ 为算术平均值,S 为标准离差,C_v 为变异系数,C_3 为三级浓集系数。

表 5-9 主要地质单元水系沉积物中 Sn 元素地球化学特征值统计表

地质单元	代号	序号	样品数(个)	Sn			
				$\bar{X}$	S	C_v	C_3
第四系	Q	1	13 542	2.496	3.870	1.551	1.113
古近系+新近系	E+N	2	15 933	2.267	7.647	3.373	0.695
白垩系	K	3	17 361	2.306	1.484	0.643	1.540
侏罗系	J	4	18 921	2.994	5.773	1.928	1.098
三叠系	T	5	82	1.870	0.328	0.176	1.028
二叠系	P	6	7376	4.143	18.031	4.352	0.920
石炭系	C	7	3896	2.956	10.302	3.485	0.958
泥盆系	D	8	1365	2.766	1.504	0.544	1.317
志留系	S	9	489	2.476	1.118	0.452	1.009
奥陶系	O	10	1603	2.577	2.056	0.798	0.656
震旦系	Z	11	187	3.544	5.243	1.480	1.084
元古宇	Pt	12	4581	2.716	2.872	1.057	1.027
太古宇	Ar	13	4581	1.764	0.805	0.456	1.227
第四纪玄武岩	Qβ	14	455	2.916	1.158	0.397	1.237
白垩纪酸性岩	Kγ	15	779	2.765	3.315	1.199	1.022
白垩纪碱性岩	Kξ	16	34	3.303	0.900	0.272	1.172
侏罗纪酸性岩	Jγ	17	7242	3.328	9.013	2.708	0.869
侏罗纪中性岩	Jδ	18	269	2.749	3.455	1.257	0.910
侏罗纪碱性岩	Jξ	19	262	3.155	3.439	1.090	0.981
三叠纪酸性岩	Tγ	20	3040	2.338	3.233	1.383	1.015
二叠纪酸性岩	Pγ	21	11 153	2.449	6.841	2.793	0.776
二叠纪中性岩	Pδ	22	664	2.640	3.177	1.203	3.059
石炭纪酸性岩	Cγ	23	5721	2.731	1.510	0.553	0.685
石炭纪中性岩	Cδ	24	749	2.087	0.896	0.429	1.230
石炭纪基性岩	Cν	25	206	8.232	56.788	6.898	0.784
石炭纪超基性岩	CΣ	26	77	1.843	0.843	0.457	0.842
泥盆纪酸性岩	Dγ	27	340	3.309	1.743	0.527	0.610
泥盆纪超基性岩	DΣ	28	59	2.109	0.916	0.434	1.104
志留纪酸性岩	Sγ	29	267	2.266	0.990	0.437	0.873

续表 5-9

地质单元	代号	序号	样品数(个)	Sn $\bar{X}$	S	C_v	C_3
奥陶纪中性岩	Oδ	30	58	1.641	0.971	0.592	0.741
元古宙酸性岩	Ptγ	31	1874	2.970	2.123	0.715	1.022
元古宙中性岩	Ptδ	32	367	2.350	1.844	0.784	0.710
元古宙基性岩	Ptν	33	70	1.994	0.728	0.365	1.113
元古宙变质深成侵入体	Ptgn	34	121	2.751	1.287	0.468	0.695
太古宙变质深成侵入体	Argn	35	668	1.910	0.806	0.422	1.540
全测区			123 418	2.691	7.290	2.709	
地壳克拉克值	中国干旱荒漠区水系沉积物背景值			10.00		1.89	
C_1	C_2			0.27		1.42	

注:①地壳克拉克值据维诺格拉多夫,1962;②$\bar{X}$ 为算术平均值,S 为标准离差,C_v 为变化系数,C_3 为三级浓集系数;③中国干旱荒漠区水系沉积物背景值:据任天祥、庞庆恒、杨少平,1996 年资料,3114 幅 1:20 万图幅水系沉积物资料。

2. 全区 Sn 及其主要共伴生元素平均值与地壳克拉克值对比

全区 Sn 及其主要共伴生元素平均值与全球地壳克拉克值的比值,称为一级浓集系数(C_1),由图 5-29(a)可见:①$C_1 \geqslant 1.2$ 的元素为 Pb、Hg,这些元素相对全球地壳呈富集状态;②$0.8 \leqslant C_1 < 1.2$ 的元素为 Ag、Zn、Cd,这些元素在全区的含量与全球地壳含量相当;③$C_1 < 0.8$ 的元素为 Sn、Cu、Mo、Mn,这些元素相对全球地壳呈贫化状态。

3. 全区 Sn 及其主要共伴生元素平均值与中国干旱荒漠区水系沉积物背景值对比

全区 Sn 及其主要共伴生元素平均值与中国干旱荒漠区水系沉积物背景值的比值,称为二级浓集系数(C_2),由图 5-29(b)可见:①$C_2 \geqslant 1.2$ 的元素为 Sn、W、Mo、Bi、Ag、Au、Pb、Sb、Hg,这些元素在全区的含量相对中国地区呈富集状态;②$0.8 \leqslant C_2 < 1.2$ 的元素为 Zn、Cd、Mn,这些元素含量与中国水系沉积物平均含量相当;③$C_2 < 0.8$ 的元素为 Cu,该元素相对中国地区呈贫化状态。

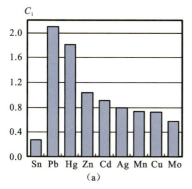
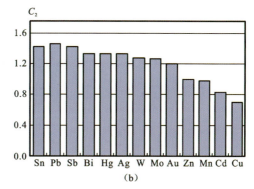

图 5-29 全区 Sn 及其主要共伴生元素一级浓集系数(C_1)和二级浓集系数(C_2)排序图

4. 各地质子区中 Sn 元素的地球化学特征

元素具有成矿专属性，不同地质体对同一元素的富集能力不同。将 Sn 元素在各子区的平均含量与全区背景值进行对比，称为三级浓度系数 C_3，比较 Sn 元素在各地质子区中的富集与贫化特征，研究 Sn 元素成矿规律。从表 5-9 和图 5-30 中可以看出，Sn 元素在二叠纪中性岩体中含量最高，其次为白垩系、泥盆系和太古宙变质深成侵入体，在以上 4 种地质子区中 Sn 元素三级浓度系数大于 1.3，表明 Sn 元素在以上地质体中相对于全区呈富集状态，在以上地质体中相对易于成矿。

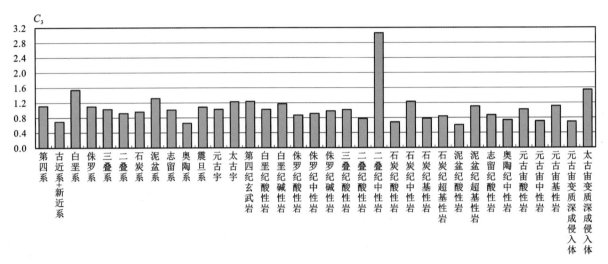

图 5-30　全区 Sn 元素在各地质子区的含量与全区背景值的比值（C_3）排序图

比较 Sn 元素在不同地质单元中的变异特征，如图 5-31 所示，Sn 元素在石炭纪基性岩体，二叠纪、侏罗纪酸性岩体和二叠系、石炭系中的变异系数都大于 2.7，综合图 5-30，可见虽然二叠系 Sn 含量处于中等水平，但分异性较强，易于在该地层富集成矿，成为我区锡矿床的主要含矿地层。

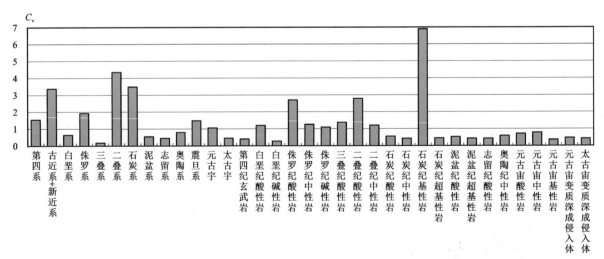

图 5-31　全区 Sn 元素在各地质子区变异系数（C_v）排序图

（三）锡单元素异常研究

对锡地球化学图进行较为系统的研究，包括其空间分布特征、各主要地质单元分布特征与规律，发现 Sn 元素在全区的分布受地球化学景观的影响较大。因此，为了真实地反映 Sn 元素异常在全区的分布特征,根据地球化学景观的差异,将全区划分为3个区,即西部戈壁残山区、中部残山丘陵区和东部森林沼泽区,在各区中按照不同的异常下限提取异常,得到锡单元素异常1184个。根据Sn元素异常特征(规模、强度和浓度分带等)、所处地质环境(产出部位、形态特征与控矿地层、岩体、构造的空间关系等),结合各已知矿床、矿化点、矿化蚀变带与其之间的空间关系,对全区Sn元素地球化学异常形成如下初步认识:

(1)内蒙古西部北山-阿拉善成矿带(乌兰苏亥—达温诺尔以西)锡单元素异常主要与古生界志留系、石炭系、二叠系,中生界白垩系和华力西期—印支期及燕山期中酸性岩体有关,规模较小,呈星散状分布,该区异常强度不高,仅在萤石矿等局部地区存在高浓度的点状锡异常。

(2)伊坑乌苏—魏加杆以东,新华镇以西之间的地区锡异常与古元古界,古生界奥陶系、石炭系、二叠系,中生界白垩系和元古宙、二叠纪、侏罗纪酸性、中酸性岩体有关,该处锡异常分布较连续,形成了一定规模,但强度不高,未形成明显的浓度分带和浓集中心,多呈星散状或北东向条带状展布。

(3)苏尼特左旗以南,乌拉特中旗—桑根达来之间,锡异常主要与古生界奥陶系,中生界侏罗系、白垩系和二叠纪、三叠纪、侏罗纪酸性岩体有关,异常规模较小,但强度较高,多形成了明显的浓集中心,多呈星散状或近东西向条带状展布。

(4)查干敖包—霍林郭勒市一带的锡异常主要与古生界奥陶系、泥盆系、石炭系,中生界侏罗系和石炭纪、二叠纪酸性岩体有关,部分锡异常所在地区被古近系、新近系、第四系覆盖,该区所圈异常规模大、异常强度高,具有明显的浓度分带和浓集中心,呈北东向条带状和面状分布,且与已知锡矿矿点所在位置相对应。

(5)锡林浩特市—科尔沁右翼前旗一带锡异常主要与古生界泥盆系、二叠系,中生界侏罗系和奥陶纪、二叠纪、侏罗纪、白垩纪中酸性岩体有关,呈条带状和面状分布,异常规模大、异常强度高,具有明显的浓度分带和浓集中心,且与已知锡矿床(矿点)分布相对应。

(6)巴彦乌拉—根河—鄂伦春一带的锡异常主要与元古宇青白口系,中生界侏罗系、白垩系和加里东期、华力西期酸性、中酸性岩体有关,仅在太平林场、五卡、西乌珠尔、加格达奇等中酸性岩体大面积出露的地区形成规模较大、强度较高的锡异常,大致沿北东向伸展,其他地区异常规模较小,多为二级浓度分带,呈星散状遍布整个地区。

总体而言,西部(戈壁残山区)和中部(残山丘陵区)锡异常规模小,强度不高,部分异常形成一定规模,但无明显浓度分带和浓集中心;东部(森林沼泽区)异常不仅规模大,强度高,还具有较高的浓度梯度,是我区锡矿床的重要产出地。

十、镍矿

(一)Ni元素地球化学分布特征

内蒙古镍矿床多与石炭纪和泥盆纪超基性岩体有关。矿床元素组合主要有Cu、Ni、Co及Pt族元素,内蒙古镍矿床类型多为岩浆型矿床。

从全区来看,Ni大面积的高值区主要分布于北山-阿拉善、巴彦查干-索伦山、乌拉山-大青山、莫尔道嘎-根河-鄂伦春地球化学分区内;大面积的低值区和背景区分布在龙首山-雅布赖山、狼山-色尔腾山、红格尔-锡林浩特-西乌珠穆沁旗-大石寨地球化学分区内。现分述如下。

1. 北山-阿拉善地球化学分区

Ni高值区分布于区内的南部和北东部,其对应地层主要有下古生界奥陶系、志留系和上古生界泥盆系、石炭系、二叠系,出露岩体主要有石炭纪辉长岩和超基性岩。

2. 龙首山-雅布赖山地球化学分区

Ni 低值区和背景区呈大面积分布，仅在古元古界中分布有小面积的高值区。

3. 狼山-色尔腾山地球化学分区

Ni 高值区分布于呼和温都尔镇一带，对应于太古宇、古元古界、中元古界长城系，出露岩体有侏罗纪、二叠纪花岗岩和泥盆纪闪长岩。Ni 在区内其他地区多呈背景、低背景分布。

4. 巴彦查干-索伦山地球化学分区

Ni 高值区呈大面积连续分布，沿巴彦查干—准索伦—满达拉呈近东西向带状分布，主要对应于下古生界奥陶系和上古生界泥盆系、石炭系，出露岩体有石炭纪、泥盆纪超基性岩体，以及二叠纪二长花岗岩和闪长岩。异常主要与石炭纪、泥盆纪超基性岩有关。

5. 乌拉山-大青山地球化学分区

Ni 高值区大面积连续分布，沿乌拉特前旗—包头—呼和浩特—集宁一带分布，高值区受近东西向和近南北向构造控制，对应于古太古界、古元古界、中元古界和中生界三叠系。出露岩体主要有中新元古界色尔腾山岩群绢英绿泥片岩、含铁石英岩，乌拉山岩群和集宁岩群角闪斜长片麻岩、斜长角闪岩。

6. 二连-东乌珠穆沁旗地球化学分区

Ni 多以背景和低背景区分布。高值区主要分布于阿巴嘎旗一带，异常面积较大，异常强度较高，对应于新近系和第四系阿巴嘎组玄武岩，推断该地区 Ni 异常主要由岩性引起。

7. 红格尔-锡林浩特-西乌珠穆沁旗-大石寨地球化学分区

Ni 高值区分布在克什克腾旗—林西—宝日洪绍日地区，呈北东向带状分布，具有明显的浓集中心；对应于二叠系大石寨组、寿山沟组和林西组及侏罗系玛尼吐组，出露岩体主要有二叠纪和白垩纪花岗岩。其余地区 Ni 呈背景、低背景分布。

8. 宝昌-多伦-赤峰地球化学分区

Ni 高值区在赤峰—克什克腾旗之间呈大面积分布，对应于二叠系、侏罗系、白垩系、新近系，出露岩体有下中二叠统、上侏罗统—下白垩统火山岩系。其余地区 Ni 呈背景、低背景值分布。

9. 莫尔道嘎-根河-鄂伦春地球化学分区

Ni 高值区范围较大，呈北东向带状展布，分布于扎兰屯市—鄂伦春自治旗一带，高值区对应于泥盆系、二叠系、侏罗系、白垩系，出露岩体为石炭纪和侏罗纪中酸性火山岩。

（二）主要地质单元元素分布特征

1. 地质单元划分依据

本次研究所采用的 Ni 元素分析数据主要来源于1∶20万区域化探中的水系沉积物（土壤）测量，划分地质单元时，地层以系、岩浆岩以地层时代（如侏罗纪）为单位。

根据全区出露地层、岩浆岩和变质岩分布情况，结合全区构造单元特征，将全区划分出35个地质子区，统计各子区 Ni 元素的地球化学特征值，研究不同子区 Ni 元素的富集贫化特征，同时将 Ni 元素平均值与地壳克拉克值和中国干旱荒漠区水系沉积物背景值作比较，研究内蒙古全区 Ni 元素相对于全球和全中国的富集与贫化特征。见表5-10，用4个参数研究不同地质子区的Ni元素特征，其中$\bar{X}$为算术平均值，S为标准离差，C_v为变异系数，C_3为三级浓集系数。

表5-10 主要地质单元水系沉积物Ni元素地球化学特征值统计表

地质单元	代号	序号	样品数（个）	Ni $\bar{X}$	S	C_v	C_3
第四系	Q	1	13 542	23.086	66.911	2.898	1.286
古近系＋新近系	E+N	2	15 933	23.285	35.400	1.520	1.297
白垩系	K	3	17 361	17.584	41.975	2.387	0.979
侏罗系	J	4	18 921	13.739	16.552	1.205	0.765
三叠系	T	5	82	13.552	5.925	0.437	0.755
二叠系	P	6	7376	21.008	18.106	0.862	1.170
石炭系	C	7	3896	17.307	41.216	2.382	0.964
泥盆系	D	8	1365	17.905	49.500	2.765	0.997
志留系	S	9	489	21.428	24.816	1.158	1.193
奥陶系	O	10	1603	23.167	19.849	0.857	1.290
震旦系	Z	11	187	20.847	20.916	1.003	1.161
元古宇	Pt	12	4581	17.780	24.894	1.400	0.990
太古宇	Ar	13	4581	21.619	15.652	0.724	1.204
第四纪玄武岩	Qβ	14	455	88.775	74.526	0.839	4.944
白垩纪酸性岩	Kγ	15	779	12.213	23.625	1.934	0.680
白垩纪碱性岩	Kξ	16	34	14.082	3.755	0.267	0.784
侏罗纪酸性岩	Jγ	17	7242	11.604	11.251	0.970	0.646
侏罗纪中性岩	Jδ	18	269	16.458	13.882	0.843	0.917
侏罗纪碱性岩	Jξ	19	262	7.361	9.423	1.280	0.410
三叠纪酸性岩	Tγ	20	3040	17.215	341.099	19.814	0.959
二叠纪酸性岩	Pγ	21	11 153	10.641	12.507	1.175	0.593
二叠纪中性岩	Pδ	22	664	18.427	24.250	1.316	1.026
石炭纪酸性岩	Cγ	23	5721	11.046	23.181	2.099	0.615
石炭纪中性岩	Cδ	24	749	10.894	15.5	1.423	0.607
石炭纪基性岩	Cν	25	206	24.697	37.535	1.520	1.375
石炭纪超基性岩	CΣ	26	77	367.008	527.312	1.437	20.439
泥盆纪酸性岩	Dγ	27	340	21.535	68.513	3.181	1.199
泥盆纪超基性岩	DΣ	28	59	368.668	566.81	1.537	20.532
志留纪酸性岩	Sγ	29	267	8.902	5.127	0.576	0.496
奥陶纪中性岩	Oδ	30	58	12.897	4.614	0.358	0.718
元古宙酸性岩	Ptγ	31	1874	11.715	8.946	0.764	0.652
元古宙中性岩	Ptδ	32	367	22.267	17.004	0.764	1.240

续表 5-10

地质单元	代号	序号	样品数（个）	Ni			
				$\bar{X}$	S	C_v	C_3
元古宙基性岩	Ptν	33	70	9.883	6.732	0.681	0.550
元古宙变质深成侵入体	Ptgn	34	121	9.944	10.272	1.033	0.554
太古宙变质深成侵入体	Argn	35	668	21.778	19.992	0.918	1.213
全测区			123 418	17.956	67.330	3.750	
地壳克拉克值		中国干旱荒漠区水系沉积物背景值		40.00		16.97	
C_1		C_2		0.45		1.06	

注：①地壳克拉克值据维诺格拉多夫，1962；②$\bar{X}$ 为算术平均值，S 为标准离差，C_v 为变化系数，C_3 为三级浓集系数；③中国干旱荒漠区水系沉积物背景值据任天祥，庞庆恒，杨少平，1996 年资料，3114 幅 1∶20 万图幅水系沉积物资料。

2. 全区 Ni 元素平均值与地壳克拉克值对比

全区 Ni 元素及其主要的共伴生元素平均值与全球地壳克拉克值的比值，称为一级浓集系数（C_1）。从图 5-32 可以看出：①$C_1 \geqslant 1.2$ 的元素为 Co，说明 Co 元素相对全球地壳呈富集状态；②$C_1 < 0.8$ 的元素为 Ni、Fe_2O_3、Cu、Cr、Ti、V、Mn，说明这些元素相对全球地壳呈贫化状态。

3. 全区 Ni 元素平均值与中国干旱荒漠区水系沉积物背景值对比

全区 Ni 元素及其主要的共伴生元素与中国干旱荒漠区水系沉积物背景值的比值称为二级浓集系数（C_2），从图 5-33 可知：①$0.8 \leqslant C_2 < 1.2$ 的元素为 Ni、Fe_2O_3、Co、Cr、Ti、V、Mn，说明这些元素含量与中国水系沉积物平均含量相当；②$C_2 < 0.8$ 的元素为 Cu，说明该元素相对中国地区呈贫化状态。

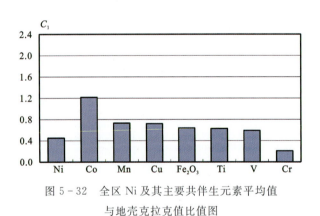

图 5-32 全区 Ni 及其主要共伴生元素平均值与地壳克拉克值比值图

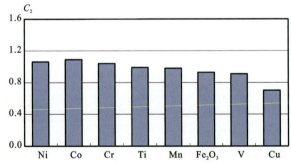

图 5-33 全区 Ni 及其共伴生元素平均值与中国干旱荒漠区水系沉积物背景值比值图

4. 各地质子区 Ni 元素分布特征各地质子区

全区 Ni 元素分布统计特征值见表 5-10。现引入三级浓集系数 C_3（元素各子区的含量与全区背景值之比）来讨论元素在各子区的分布差异，进而讨论 Ni 元素在各子区的富集与贫化特征，研究矿（或矿化）与地质体的对应关系，进而研究 Ni 元素的成矿规律。

为研究元素区域富集特征，把 C_3 和 C_v 分成三级：$C_3 < 0.8$ 为贫化，$0.8 \leqslant C_3 < 1.2$ 为与区域含量基本相当，$C_3 \geqslant 1.2$ 为富集（图 5-34）；$C_v < 0.6$ 为基本均匀分布，$0.6 \leqslant C_v < 1.1$ 为一般分异，$C_v \geqslant 1.1$ 为强分异（图 5-35）。研究各地质单元中各元素富集程度，可以大致掌握元素在地质地球化学过程中为

成矿过程提供成矿物质来源的程度。据前人 1∶5 万地球化学调查资料,平均含量较高,变异系数也大的元素,说明其分布是不均匀的,局部富集成矿的可能性较大。

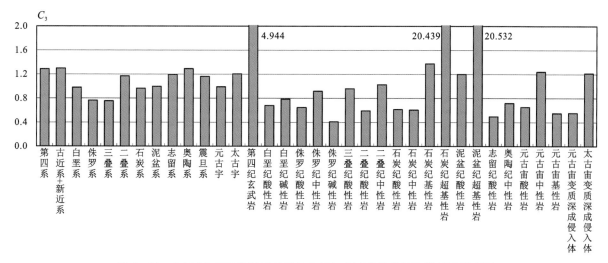

图 5-34　全区 Ni 元素各地质子区的含量与全区背景值的比值(C_3)排序图

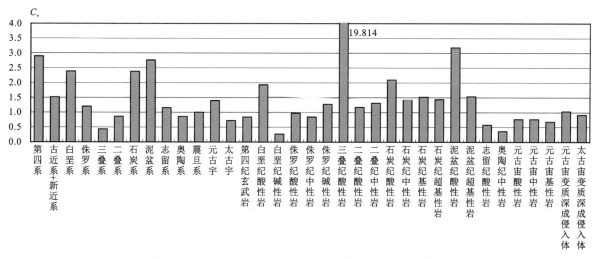

图 5-35　全区 Ni 元素在各地质子区变异系数(C_v)排序图

从表 5-10 和图 5-34、图 5-35 中可以看出:

(1)Ni 元素在泥盆纪、石炭纪超基性岩中富集程度最高($C_3>20$),且 C_v 值均大于 1.1,达到了强分异的程度,因此,Ni 元素在石炭纪、泥盆纪超基性岩中较富集,有利于富集成矿。

(2)Ni 元素在石炭纪基性岩中 $C_3>1.2$,达到了富集的程度,且 $C_v>1.1$,因此 Ni 在石炭纪基性岩中较富集,有利于成矿。

(3)Ni 元素在第四纪玄武岩中 $C_3>1.2$,且 $C_v>0.6$,说明 Ni 在第四纪玄武中较富集。但是 Ni 在玄武岩中富集是由岩性引起,因此在该地质体中 Ni 不具备富集成矿的条件。

(4)Ni 元素在元古宙中性岩、太古宙变质深成侵入体和太古宇中相对富集,其 C_3 值均大于 1.2,且 C_v 均大于 0.6。说明 Ni 元素在上述岩体中也有利于富集成矿。

综上所述,上述元素富集程度较高,变异系数较大的地质单元,是今后进行镍矿产预测和潜力评价的重点地段。

(三) 镍单元素异常研究

以《化探资料应用技术要求》为依据，首先对镍地球化学图进行较为系统的研究，包括其空间分布特征、各主要地质单元分布特征与规律，并在此基础上划分镍单元素异常 631 个。根据单元素异常特征（规模、强度和浓度分带等）、所处地质环境（产出部位、形态特征与控矿地层、岩体、构造的空间关系等），结合各已知矿床、矿化点、矿化蚀变带与其之间的空间关系，对镍元素地球化学异常形成如下初步认识：

(1) 内蒙古西部（巴彦查干—临河以西）镍单元素异常主要与元古宇，下古生界奥陶系、志留系，上古生界石炭系、二叠系和中生界白垩系有关；出露岩体主要有石炭纪、泥盆纪超基性岩，奥陶纪玄武岩及石炭纪酸性岩。镍单元素异常与石炭纪、泥盆纪超基性岩及奥陶纪玄武岩关系密切，在空间上比较吻合。其中北山成矿带、阿拉善成矿带镍单元素异常主要与元古宇、奥陶系、二叠系、白垩系及泥盆纪、石炭纪超基性岩和奥陶纪玄武岩有关。异常范围较大，多呈北西向带状分布，具有明显的浓度分带，个别异常存在明显的浓集中心。狼山-色尔腾山成矿带镍单元素异常多与太古宇、元古宇、奥陶系、白垩系有关。异常范围较大，多呈面状分布，具有明显的浓度分带。

(2) 巴彦查干—索伦山地区镍单元素异常主要与古元古界，新元古界，下古生界寒武系、奥陶系，上古生界泥盆系、石炭系、二叠系和中生界侏罗系、白垩系有关。岩体主要为泥盆纪与石炭纪超基性岩，异常呈近东西向带状分布，异常范围较大，具有明显的浓度分带和浓集中心，浓集中心与已知矿点吻合。

(3) 二连—东乌珠穆沁旗一带，异常主要与更新世玄武岩和泥盆纪超基性岩体有关，该区异常范围较大，浓度分带和浓集中心明显，呈北东向带状分布。

(4) 乌拉山—大青山一带，异常范围较大，呈面状分布，具有明显的浓度分带和浓集中心，异常主要与太古宇、元古宇、二叠系、三叠系和新近纪玄武岩有关。

(5) 克什克腾旗—赤峰地区，异常主要与古元古界、二叠系、侏罗系和白垩系有关，出露岩体主要是新近纪玄武岩。该区异常分布范围较广，多呈面状分布，多数异常具有明显的浓度分带和浓集中心。

(6) 罕达盖地区异常主要与古生界石炭系、二叠系和中生界侏罗系、白垩系有关，多数异常具有明显的浓度分带和浓集中心。

(7) 陈巴尔虎右旗—额尔古纳市—西牛尔河镇一带异常主要与元古宇，古生界泥盆系、石炭系、二叠系和中生界侏罗系有关，其异常面积不大，呈星散状分布；异常具有北东向展布的特点，浓度分带和浓集中心特征明显。

(8) 阿荣旗及其以北地区异常主要与二叠系、侏罗系以及白垩系甘河组气孔状玄武岩有关。其中阿荣旗镍元素异常范围较大，主要对应于白垩系甘河组气孔状玄武岩，异常呈北北东向展布，浓度分带和浓集中心特征明显。其余地区镍元素异常范围较小，呈串珠状分布，具有明显的浓度分带和浓集中心。

十一、锰矿

(一) Mn 元素地球化学分布特征

从全区来看，Mn 大面积的高值区主要分布于乌拉山-大青山、红格尔-锡林浩特-西乌珠穆沁旗-大石寨、莫尔道嘎-根河-鄂伦春地球化学分区内，其余地球化学分区内多呈大面积的背景和低背景分布。现分述如下。

1. 北山-阿拉善地球化学分区

Mn 高值区在区内北部呈连续分布，浓度分带和浓集中心特征明显，其对应地层主要有下古生界奥陶系、志留系和上古生界泥盆系、石炭系、二叠系，出露岩体主要有石炭纪辉长岩、超基性岩。

2. 龙首山-雅布赖山地球化学分区

Mn 低值区和背景区呈大面积分布，几乎没有高值区分布。

3. 狼山-色尔腾山地球化学分区

Mn 在该区多呈背景、低背景分布，仅在北部二叠系和白垩系中存在局部异常，异常浓度分带和浓集中心特征明显。

4. 巴彦查干-索伦山地球化学分区

Mn 在该区多呈背景、高背景分布，高背景区对应于奥陶系、石炭系、二叠系和侏罗系。区内岩浆岩分布广泛，从酸性到超基性岩均有，其中超基性岩分布较广，其他中酸性岩较少；与 Mn 异常有关的主要是石炭纪超基性岩。

5. 乌拉山-大青山地球化学分区

Mn 高值区大面积连续分布，沿乌拉特前旗—包头—呼和浩特—集宁一带呈近东西向分布，高值区具有明显的浓度分带和浓集中心。高值区受近东西向和近南北向构造控制，对应于太古宇、古元古界、中元古界、二叠系、侏罗系、白垩系及新近系。其出露岩体主要有中新元古代色尔腾山岩群绢英绿泥片岩、含铁石英岩，乌拉山岩群和集宁岩群角闪斜长片麻岩、斜长角闪岩。

6. 二连-东乌珠穆沁旗地球化学分区

该区 Mn 呈大面积的低背景分布，仅在阿巴嘎旗和贺根山一带呈高背景分布，异常多呈面状分布，并具有北东向展布的特点。高背景具有明显的浓度分带和浓集中心。浓集中心对应于白垩系大磨拐河组灰白色砂砾岩、砂岩、粉砂岩，白垩系二连组杂色砂岩、粉砂岩和第四系冲洪积；对应地质体主要是新近系和第四系阿巴嘎组玄武岩，以及泥盆纪超基性岩。该区大面积的高背景主要是由阿巴嘎旗玄武岩引起，不具备形成矿床的条件。

7. 红格尔-锡林浩特-西乌珠穆沁旗-大石寨地球化学分区

本区 Mn 高背景区主要分布在科尔沁右翼中旗—大石寨—罕达盖地区，高背景区呈大面积的连续分布，具有明显的浓度分带和浓集中心。高背景对应于奥陶系多宝山组，二叠系哲斯组、大石寨组和侏罗系白音高老组、满克头鄂博组、玛尼吐组。出露岩体主要为二叠纪和侏罗纪中酸性岩体，泥盆纪和石炭纪超基性岩体亦有出露。在科尔沁右翼中旗以西地区，Mn 多呈背景分布，高背景区零星分布，对应于二叠系大石寨组、哲斯组和侏罗系满克头鄂博组。

8. 宝昌-多伦-赤峰地球化学分区

Mn 高值区在赤峰—克什克腾旗之间呈大面积分布，对应于二叠系哲斯组、大石寨组和侏罗系白音高老组、满克头鄂博组、玛尼吐组。出露岩体有早中二叠世和晚侏罗世—早白垩世火山岩系。其余地区 Mn 呈背景、低背景值分布。

9. 莫尔道嘎-根河-鄂伦春地球化学分区

Mn 高值区在该区呈大面积连续分布，浓度分带和浓集中心明显，异常强度高。对应地层有侏罗系塔木兰沟组、满克头鄂博组、玛尼吐组和白垩系大磨拐河组。岩体主要有古元古代、奥陶纪、石炭纪、二叠纪、侏罗纪中酸性侵入岩；白垩系甘河组气孔杏仁状、致密块状玄武岩，安山玄武岩，玄武粗安岩，粗安质火山角砾岩大面积分布在该区东部阿荣旗—朝阳村之间。

(二)主要地质单元元素分布特征

1. 地质单元划分依据

本次研究所采用的 Mn 元素分析数据主要来源于 1:20 万区域化探中的水系沉积物(土壤)测量,划分地质单元时,地层以系、岩浆岩以地层时代(如侏罗纪)为单位。

根据全区出露地层、岩浆岩和变质岩分布情况,结合全区构造单元特征,将全区划分出 35 个地质子区,统计各子区 Mn 元素的地球化学特征值,研究不同子区 Mn 元素的富集贫化特征,同时将 Mn 元素平均值与地壳克拉克值和中国干旱荒漠区水系沉积物背景值作比较,研究内蒙古全区 Mn 元素相对于全球和全中国的富集与贫化特征。见表 5-11,用 4 个参数研究不同地质子区的 Mn 元素特征,其中 $\bar{X}$ 为算术平均值,S 为标准离差,C_v 为变异系数,C_3 为三级浓集系数。

表 5-11 主要地质单元水系沉积物 Mn 元素地球化学特征值统计表

地质单元	代号	序号	样品数(个)	Mn			
				$\bar{X}$	S	C_v	C_3
第四系	Q	1	13 542	509.891	419.649	0.823	0.827
古近系+新近系	E+N	2	15 933	515.620	922.345	1.789	0.836
白垩系	K	3	17 361	829.929	2141.406	2.580	1.346
侏罗系	J	4	18 921	743.507	1012.597	1.362	1.206
三叠系	T	5	82	505.390	197.975	0.392	0.820
二叠系	P	6	7376	699.634	514.518	0.735	1.135
石炭系	C	7	3896	562.633	346.795	0.616	0.913
泥盆系	D	8	1365	665.560	645.448	0.970	1.079
志留系	S	9	489	672.070	377.361	0.561	1.090
奥陶系	O	10	1603	662.136	342.845	0.518	1.074
震旦系	Z	11	187	630.756	498.659	0.791	1.023
元古宇	Pt	12	4581	625.992	965.796	1.543	1.015
太古宇	Ar	13	4581	563.468	288.154	0.511	0.914
第四纪玄武岩	$Q\beta$	14	455	851.835	563.395	0.661	1.382
白垩纪酸性岩	$K\gamma$	15	779	428.283	285.648	0.667	0.695
白垩纪碱性岩	$K\xi$	16	34	786.147	286.695	0.365	1.275
侏罗纪酸性岩	$J\gamma$	17	7242	553.430	435.644	0.787	0.898
侏罗纪中性岩	$J\delta$	18	269	559.097	202.296	0.362	0.907
侏罗纪碱性岩	$J\xi$	19	262	367.682	196.821	0.535	0.596
三叠纪酸性岩	$T\gamma$	20	3040	441.345	365.006	0.827	0.716
二叠纪酸性岩	$P\gamma$	21	11 153	468.259	550.756	1.176	0.759

续表 5-11

地质单元	代号	序号	样品数(个)	Mn $\overline{X}$	S	C_v	C_3
二叠纪中性岩	Pδ	22	664	534.560	314.953	0.589	0.867
石炭纪酸性岩	Cγ	23	5721	529.183	465.231	0.879	0.858
石炭纪中性岩	Cδ	24	749	448.935	209.922	0.468	0.728
石炭纪基性岩	Cν	25	206	568.374	264.667	0.466	0.922
石炭纪超基性岩	CΣ	26	77	665.019	297.457	0.447	1.079
泥盆纪酸性岩	Dγ	27	340	690.659	367.274	0.532	1.120
泥盆纪超基性岩	DΣ	28	59	1181.376	2979.254	2.522	1.916
志留纪酸性岩	Sγ	29	267	285.032	142.236	0.499	0.462
奥陶纪中性岩	Oδ	30	58	609.397	232.657	0.382	0.988
元古宙酸性岩	Ptγ	31	1874	617.669	1285.639	2.081	1.002
元古宙中性岩	Ptδ	32	367	620.403	295.655	0.477	1.006
元古宙基性岩	Ptν	33	70	359.971	143.701	0.399	0.584
元古宙变质深成侵入体	Ptgn	34	121	542.281	314.102	0.579	0.880
太古宙变质深成侵入体	Argn	35	668	598.895	351.403	0.587	0.971
全测区			123 418	616.560	1046.070	1.697	
地壳克拉克值		中国干旱荒漠区水系沉积物背景值		850.00		627.10	
C_1		C_2		0.73		0.98	

注:①地壳克拉克值据维诺格拉多夫,1962;②$\overline{X}$ 为算术平均值,S 为标准离差,C_v 为变化系数,C_3 为三级浓集系数;③中国干旱荒漠区水系沉积物背景值据任天祥,庞庆恒,杨少平,1996 年资料,3114 幅1:20 万图幅水系沉积物资料。

2. 全区 Mn 及其主要的共伴生元素平均值与地壳克拉克值对比

全区 Mn 元素及其主要的共伴生元素平均值与全球地壳克拉克值的比值,称为一级浓集系数(C_1),Mn 元素及其主要的共伴生元素的 C_1 分布见图 5-36。从图 5-36 可以看出:①$C_1 \geqslant 1.2$ 的元素为 Pb、Co,说明这些元素相对全球地壳呈富集状态;②$0.8 \leqslant C_1 < 1.2$ 的元素为 Ag、Zn,说明这些元素在全区的含量与全球地壳含量相当;③$C_1 < 0.8$ 的元素为 Mn、Cu、Fe_2O_3、Ti、V、Cr、Ni,说明这些元素相对全球地壳呈贫化状态。

3. 全区 Mn 元素平均值与中国干旱荒漠区水系沉积物背景值对比

全区 Mn 元素及其主要的共伴生元素平均值与中国干旱荒漠区水系沉积物背景值的比值称为二级浓集系数(C_2),见图 5-37。从图 5-37 可知:①$C_2 \geqslant 1.2$ 的元素为 Ag、Pb,这些元素在全区的含量相对中国地区呈富集状态;②$0.8 \leqslant C_2 < 1.2$ 的元素为 Mn、Fe_2O_3、Zn、Co、Ti、V、Cr、Ni,这些元素含量与中国水系沉积物平均含量相当;③$C_2 < 0.8$ 的元素为 Cu,该元素相对中国地区呈贫化状态。

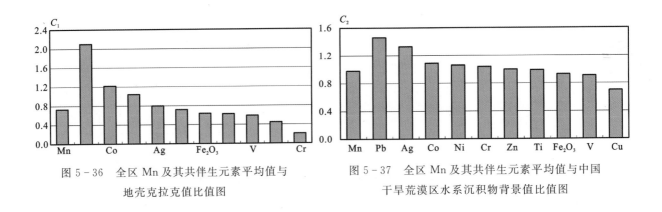

图 5-36 全区 Mn 及其共伴生元素平均值与
地壳克拉克值比值图

图 5-37 全区 Mn 及其共伴生元素平均值与中国
干旱荒漠区水系沉积物背景值比值图

4. 各地质子区 Mn 元素分布特征

现引入三级浓集系数 C_3（元素各子区的含量与全区背景值之比）来讨论元素在各子区的分布差异，进而讨论 Mn 元素在各子区的富集与贫化特征，研究矿（或矿化）与地质体的对应关系，从而研究 Mn 元素的成矿规律，见表 5-11。

为研究元素区域富集特征，将 C_3 和 C_v 均分为三级：$C_3 < 0.8$ 为贫化，$0.8 \leqslant C_3 < 1$ 为与区域含量基本相当，$C_3 \geqslant 1$ 为富集（图 5-38）；$C_v < 0.4$ 为基本均匀分布，$0.4 \leqslant C_v < 0.7$ 为一般分异，$C_v \geqslant 0.7$ 为强分异（图 5-39）。研究各地质单元中各元素富集程度，可以大致掌握元素在地质地球化学过程中为成矿过程提供成矿物质来源的程度。据前人 1:5 万地球化学调查资料，平均含量较高，变异系数也大的元素，说明其分布是不均匀的，局部富集成矿的可能性较大。

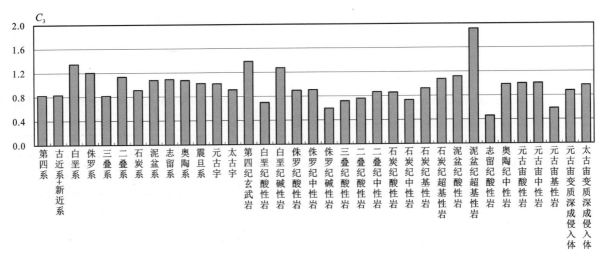

图 5-38 全区 Mn 元素各地质子区的含量与全区背景值的比值（C_3）排序图

从表 5-11 和图 5-38、图 5-39 中可以看出：

(1) Mn 元素在泥盆纪超基性岩中富集程度最高，在泥盆系超级性岩中 C_3 值高达 1.916（$C_3 > 1$），说明 Mn 在泥盆纪超级性岩中达到了强富集；其 C_v 值为 2.522（$C_v > 0.7$），达到了强分异的程度。如果地质条件有利，Mn 元素具有富集成矿的可能性。

(2) Mn 元素在白垩系、侏罗系、二叠系中 C_3 值均大于 1，C_v 值均大于 0.7，也达到了富集和强分异的程度。因此，Mn 元素在上述地层中最有利于成矿，且与这些地层中发现的大量已知矿床（点）相对应。

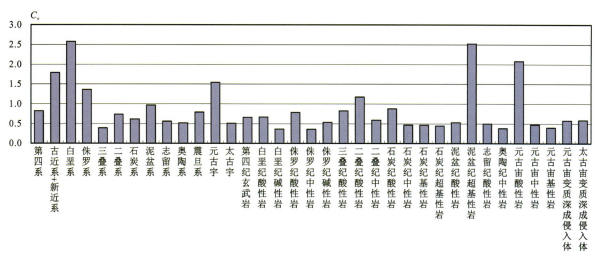

图 5-39 全区 Mn 元素在各地质子区变异系数(C_v)排序图

(3)Mn 元素在元古宇中富集系数大于 1,且变异系数大于 0.7,说明 Mn 元素在该地层中如果成矿条件有利,则可富集成矿,且与该地层中发现的已知矿点相对应。

(三)锰单元素异常研究

以《化探资料应用技术要求》为依据,首先对锰地球化学图进行较为系统的研究,包括其空间分布特征、各主要地质单元分布特征与规律,并在此基础上划分锰单元素异常 894 个。根据单元素异常特征(规模、强度和浓度分带等)、所处地质环境(产出部位、形态特征与控矿地层、岩体、构造的空间关系等),结合各已知矿床、矿化点、矿化蚀变带与其之间的空间关系,对 Mn 元素地球化学异常形成如下初步认识:

(1)内蒙古西部(巴彦查干—临河以西)异常呈零星分布,异常主要与元古宇,下古生界奥陶系、志留系,上古生界石炭系、二叠系和中生界白垩系有关,出露岩体主要有石炭纪、泥盆纪超基性岩,奥陶纪玄武岩及石炭纪酸性岩。异常与石炭纪、泥盆纪超基性岩及奥陶纪玄武岩关系密切,在空间上比较吻合。其中北山成矿带、阿拉善成矿带锰单元素异常主要与古生界奥陶系、二叠系,中生界白垩系以及泥盆纪、石炭纪超基性岩和奥陶纪玄武岩有关。异常范围较大,个别异常具有明显的浓度分带和浓集中心;异常多呈北西向、北东向分布。异常与该区洗肠井、旱南山等已知矿点吻合较好。狼山-色尔腾山成矿带锰单元素异常主要与石炭系、白垩系有关,异常范围较大,异常多呈北东向展布。

(2)巴彦查干—索伦山—二连浩特一带异常主要与奥陶系、泥盆系、石炭系和二叠系有关。区内岩浆活动强烈,岩浆岩分布广泛,从酸性岩到超基性岩均有,其中泥盆纪和石炭纪超基性岩分布最广,异常主要与泥盆纪和石炭纪超基性岩有关。

(3)二连—东乌珠穆沁旗一带,异常主要与奥陶系、石炭系、二叠系、侏罗系、白垩系、新近系有关;对应岩体主要有泥盆纪超基性岩体和更新世玄武岩。该区单元素异常范围较大,异常具有北东向展布的特点;在阿巴嘎旗地区呈面状分布,具有明显的浓度分带和浓集中心。

(4)乌拉山—大青山成矿带,异常范围较大,个别具有明显的浓度分带和浓集中心;异常主要与太古宇、元古宇、二叠系、三叠系、白垩系有关。岩体有太古宙、元古宙、二叠纪中酸性侵入岩。

(5)克什克腾旗—赤峰地区,异常主要与古元古界、二叠系、侏罗系和白垩系有关,出露岩体有石炭纪、二叠纪、侏罗纪、白垩纪中酸性侵入岩和新近纪玄武岩。

(6)突泉—大石寨—罕达盖地区,异常范围较广,异常面积较大,浓度分带和浓集中心特征明显。异常对应于二叠系大石寨组、哲斯组和侏罗系玛尼吐组、白音高老组、满克头鄂博组。出露岩体主要为二叠纪和侏罗纪中酸性岩体,泥盆纪和石炭纪超基性岩体亦有出露。

(7)陈巴尔虎旗—额尔古纳市—鄂伦春自治旗一带异常分布较广,浓度分带和浓集中心特征明显。异常对应于侏罗系塔木兰沟组、满克头鄂博组、玛尼吐组和白垩系大磨拐河组。岩体主要有古元古代、奥陶纪、石炭纪、二叠纪、侏罗纪中酸性侵入岩及白垩纪安山玄武岩。

十二、铬矿

(一)Cr元素地球化学分布特征

中国铬矿床是典型的与超基性岩有关的岩浆型矿床,绝大多数属蛇绿岩型,矿床赋存于蛇绿岩带中。从成矿时代来看,中国铬矿形成时代以中生代、新生代为主,主要与泥盆纪和石炭纪超基性岩有关。

从全区来看,Cr大面积的高值区主要分布于巴彦查干-索伦山、乌拉山-大青山、宝昌-多伦-赤峰、莫尔道嘎-根河-鄂伦春地球化学分区内;大面积的低值区和背景区分布在北山-阿拉善、龙首山-雅布赖山、狼山-色尔腾山、二连-东乌珠穆沁旗、红格尔-锡林浩特-西乌珠穆沁旗-大石寨地球化学分区内。现分述如下。

1. 北山-阿拉善地球化学分区

Cr元素高值区主要分布于区内的南部和北东部,其对应地层主要有下古生界奥陶系、志留系和上古生界泥盆系、石炭系、二叠系,出露岩体主要有石炭纪辉长岩、超基性岩。区内南部铬异常分布范围较大,有明显的浓集中心,浓集中心与已知矿点吻合。

2. 龙首山-雅布赖山地球化学分区

Cr元素低值区和背景区呈大面积分布,仅在古元古界分布有小面积的高值区。

3. 狼山-色尔腾山地球化学分区

Cr元素高值区分布于苏海图—乌拉特后旗之间,Cr高值区呈北东向带状分布,有明显的浓集中心,对应于太古宇、古元古界、中元古界长城系;出露岩体有侏罗纪、二叠纪花岗岩,泥盆纪闪长岩,石炭纪花岗岩、花岗闪长岩。Cr在区内其他地区呈背景、低背景分布。

4. 巴彦查干-索伦山地球化学分区

Cr元素高值区大面积连续分布,该区是内蒙古地区主要的一条超基性岩带,沿巴彦查干—准索伦—满达拉呈近东西向带状分布,近东西向和近南北向构造十分发育。高值区主要对应于下古生界奥陶系和上古生界泥盆系、石炭系,出露岩体有石炭纪、泥盆纪超基性岩体,以及二叠纪二长花岗岩和闪长岩,其中超基性岩规模大,分布广,多呈带状或似脉状东西向展布。

5. 乌拉山-大青山地球化学分区

Cr元素高值区大面积连续分布,沿乌拉特前旗—包头—呼和浩特—集宁一带分布,高值区受近东西向和近南北向构造控制,对应于古太古界、古元古界、中元古界和中生界三叠系,其出露岩体主要有中新元古界色尔腾山岩群绢英绿泥片岩、含铁石英岩,乌拉山岩群和集宁岩群角闪斜长片麻岩、斜长角闪岩。

6. 二连-东乌珠穆沁旗地球化学分区

该区Cr元素呈大面积的低背景分布,仅在阿巴嘎旗和贺根山一带呈高背景分布,其中阿巴嘎旗Cr高值区主要对应于新近系和第四系阿巴嘎组玄武岩,推断该地区Cr高值区主要由岩性引起。贺根山—

带 Cr 高值区多与已知矿点吻合,均对应于该区石炭纪超基性岩体。

7. 红格尔-锡林浩特-西乌珠穆沁旗-大石寨地球化学分区

Cr 元素高值区在查干诺尔—罕山、克什克腾旗—浩尔吐地区呈北东向带状分布,其范围不大,且分布不连续。主要对应于二叠系大石寨组、寿山沟组和林西组。低值区大范围地分布于该区东南部和西北部地区。

8. 宝昌-多伦-赤峰地球化学分区

Cr 元素高值区在赤峰—克什克腾旗之间呈大面积分布,对应于二叠系、侏罗系、白垩系、新近系,出露岩体有早中二叠世、晚侏罗世—早白垩世火山岩系。其余地区 Cr 呈背景、低背景值分布。

9. 莫尔道嘎-根河-鄂伦春地球化学分区

Cr 元素高值区范围较大,呈北东向带状展布,分布于扎兰屯市—鄂伦春自治旗一带,高值区对应于泥盆系、二叠系、侏罗系、白垩系;对应岩体为石炭纪和侏罗纪中酸性火山岩。

(二)主要地质单元元素分布特征

1. 地质单元划分依据

本次研究所采用的 Cr 元素分析数据主要来源于 1∶20 万区域化探中的水系沉积物(土壤)测量,划分地质单元时,地层以系、岩浆岩以地层时代(如侏罗纪)为单位。

根据全区出露地层、岩浆岩和变质岩分布情况,结合全区构造单元特征,将全区划分出 35 个地质子区,统计各子区 Cr 元素的地球化学特征值,研究不同子区 Cr 元素的富集贫化特征,同时将 Cr 元素平均值与地壳克拉克值和中国干旱荒漠区水系沉积物背景值作比较,研究内蒙古全区 Cr 元素相对于全球和全中国的富集与贫化特征。见表 5-12,用 4 个参数研究不同地质子区的 Cr 元素特征,其中 $\bar{X}$ 为算术平均值,S 为标准离差,C_v 为变异系数,C_3 为三级浓集系数。

表 5-12 主要地质单元水系沉积物 Cr 元素地球化学特征值统计表

地质单元	代号	序号	样品数(个)	Cr			
				$\bar{X}$	S	C_v	C_3
第四系	Q	1	13 542	53.883	180.337	3.347	1.312
古近系+新近系	E+N	2	15 933	49.336	46.749	0.948	1.202
白垩系	K	3	17 361	36.386	62.926	1.729	0.886
侏罗系	J	4	18 921	33.126	35.441	1.070	0.807
三叠系	T	5	82	31.640	12.263	0.388	0.771
二叠系	P	6	7376	43.093	36.717	0.852	1.049
石炭系	C	7	3896	40.825	51.424	1.260	0.994
泥盆系	D	8	1365	46.298	64.567	1.395	1.128
志留系	S	9	489	47.543	38.385	0.807	1.158
奥陶系	O	10	1603	61.355	60.200	0.981	1.494
震旦系	Z	11	187	57.928	51.674	0.892	1.411
元古宇	Pt	12	4581	47.494	57.441	1.209	1.157

续表 5-12

地质单元	代号	序号	样品数(个)	Cr $\bar{X}$	S	C_v	C_3
太古宇	Ar	13	4581	67.427	51.583	0.765	1.642
第四纪玄武岩	Qβ	14	455	100.082	66.493	0.664	2.437
白垩纪酸性岩	Kγ	15	779	24.453	42.505	1.738	0.596
白垩纪碱性岩	Kξ	16	34	45.482	16.246	0.357	1.108
侏罗纪酸性岩	Jγ	17	7242	28.259	24.655	0.872	0.688
侏罗纪中性岩	Jδ	18	269	44.380	30.270	0.682	1.081
侏罗纪碱性岩	Jξ	19	262	15.560	18.424	1.184	0.379
三叠纪酸性岩	Tγ	20	3040	28.398	34.085	1.200	0.692
二叠纪酸性岩	Pγ	21	11 153	26.955	33.342	1.237	0.656
二叠纪中性岩	Pδ	22	664	48.647	51.883	1.067	1.185
石炭纪酸性岩	Cγ	23	5721	28.500	40.372	1.417	0.694
石炭纪中性岩	Cδ	24	749	31.449	33.133	1.054	0.766
石炭纪基性岩	Cν	25	206	67.450	75.331	1.117	1.643
石炭纪超基性岩	CΣ	26	77	287.221	395.735	1.378	6.995
泥盆纪酸性岩	Dγ	27	340	42.669	74.625	1.749	1.039
泥盆纪超基性岩	DΣ	28	59	962.431	2074.731	2.156	23.439
志留纪酸性岩	Sγ	29	267	22.566	16.216	0.719	0.550
奥陶纪中性岩	Oδ	30	58	44.903	20.544	0.458	1.094
元古宙酸性岩	Ptγ	31	1874	34.896	29.744	0.852	0.850
元古宙中性岩	Ptδ	32	367	74.193	66.945	0.902	1.807
元古宙基性岩	Ptν	33	70	35.107	29.272	0.834	0.855
元古宙变质深成侵入体	Ptgn	34	121	40.634	43.655	1.074	0.990
太古宙变质深成侵入体	Argn	35	668	75.310	59.327	0.788	1.834
全测区			123 418	41.061	90.516	2.204	
地壳克拉克值	中国干旱荒漠区水系沉积物背景值			200.00		39.62	
C_1	C_2			0.21		1.04	

注：①地壳克拉克值据维诺格拉多夫，1962；②$\bar{X}$为算术平均值，S 为标准离差，C_v 为变化系数，C_3 为三级浓集系数；③中国干旱荒漠区水系沉积物背景值据任天祥、庞庆恒、杨少平，1996 年资料，3114 幅 1∶20 万图幅水系沉积物资料。

2. 全区 Cr 元素平均值与地壳克拉克值对比

全区 Cr 元素及其主要的共伴生元素的平均值与全球地壳克拉克值的比值，称为一级浓集系数（C_1），见图 5-40。从图 5-40 可以看出：①$C_1 \geq 1.2$ 的元素有 Co，说明 Co 元素相对全球地壳呈富集状态；②$C_1 < 0.8$ 的元素有 Cr、Fe_2O_3、Ni、Mn、Ti、V，说明这些元素相对全球地壳呈贫化状态。

3. 全区 Cr 元素平均值与中国干旱荒漠区水系沉积物背景值对比

全区 Cr 元素及其主要的共伴生元素平均值与中国干旱荒漠区水系沉积物背景值的比值称为二级

浓集系数(C_2),见图 5-41。从图 5-41 可知:Cr、Fe_2O_3、Co、Ni、Mn、Ti、V 元素浓集系数范围在 $0.8 \leq C_2 < 1.2$,说明这些元素在全区的含量与中国水系沉积物平均含量相当。

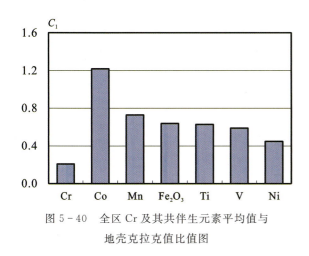

图 5-40 全区 Cr 及其共伴生元素平均值与地壳克拉克值比值图

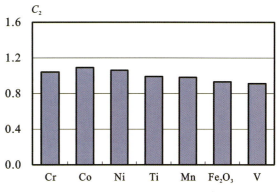

图 5-41 全区 Cr 及其共伴生元素平均值与中国干旱荒漠区水系沉积物背景值比值图

4. 各地质子区 Cr 元素分布特征

现引入三级浓集系数 C_3(元素各子区的含量与全区背景值之比)来讨论元素在各子区的分布差异,进而讨论 Cr 元素在各子区的富集与贫化特征,研究矿(或矿化)与地质体的对应关系,从而研究 Cr 元素的成矿规律,见表 5-12。

为研究元素区域富集特征,将 C_3 和 C_v 均分为三级:$C_3 < 0.8$ 为贫化,$0.8 \leq C_3 < 1.2$ 为与区域含量基本相当,$C_3 \geq 1.2$ 为富集(图 5-42);$C_v < 0.4$ 为基本均匀分布,$0.4 \leq C_v < 0.7$ 为一般分异,$C_v \geq 0.7$ 为强分异(图 5-43)。研究各地质单元中各元素富集程度,可以大致掌握元素在地质地球化学过程中为成矿过程提供成矿物质来源的程度。据前人 1:5 万地球化学调查资料,平均含量较高,变异系数也大的元素,说明其分布是不均匀的,局部富集成矿的可能性较大。

从表 5-12 和图 5-42、图 5-43 可以看出:

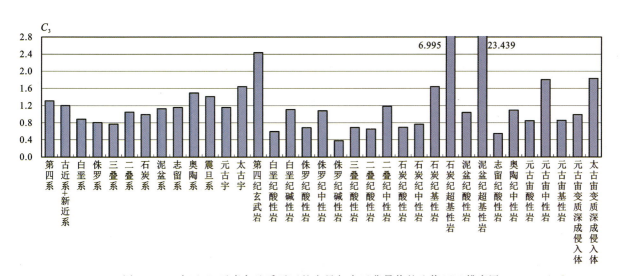

图 5-42 全区 Cr 元素各地质子区的含量与全区背景值的比值(C_3)排序图

(1)Cr 元素在泥盆纪超基性岩和石炭系超级性岩中富集程度最高,其中泥盆纪超基性岩中 C_3 高达 23.439,且 C_v 值也较大,C_v 值为 2.156;在石炭纪超基性岩中,C_3 为 6.995,C_v 为 1.378,均达到了强分

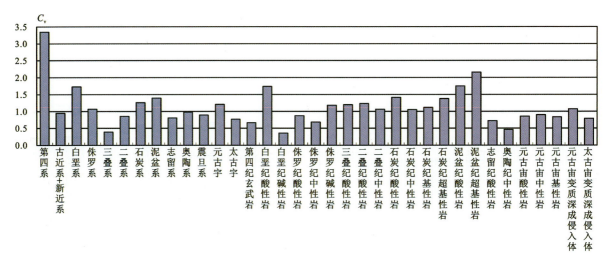

图 5-43　全区 Cr 元素在各地质子区变异系数（C_v）排序图

异的程度，因此 Cr 元素在上述两个地质体中有利于成矿，而且区内已发现的多数铬铁矿床均产于该地质体内，如索伦山铬铁矿、贺根山铬铁矿等。

(2) Cr 元素在太古宙变质深成侵入体、元古宙中性岩、石炭纪基性岩中富集系数高（$C_3 > 1.2$），且变异系数大（$C_v > 0.7$），也达到了富集程度。

(3) Cr 元素在第四纪玄武岩中（$C_3 > 1.2$）富集系数高，但变异系数较小（$C_v < 0.7$），因此 Cr 元素在第四纪玄武岩中不具备富集成矿的条件。

(4) Cr 元素在石炭纪中性岩和各期次酸性岩中变异系数大（$C_v > 0.7$），但富集系数较低（$C_3 < 0.8$），故区内其高值区并未成矿。

(三) 铬单元素异常研究

以《化探资料应用技术要求》为依据，首先对铬地球化学图进行较为系统的研究，包括其空间分布特征、各主要地质单元分布特征与规律，并在此基础上划分铬单元素异常 949 个。根据单元素异常特征（规模、强度和浓度分带等）、所处地质环境（产出部位、形态特征与控矿地层、岩体、构造的空间关系等），结合各已知矿床、矿化点、矿化蚀变带与其之间的空间关系，对铬元素地球化学异常形成如下初步认识：

(1) 内蒙古西部（巴彦查干—临河以西）异常呈零星分布，异常主要与元古宇，下古生界奥陶系、志留系、上古生界石炭系、二叠系和中生界白垩系有关；出露岩体主要有石炭纪、泥盆纪超基性岩，奥陶纪玄武岩及石炭纪酸性岩。异常与石炭纪、泥盆纪超基性岩及奥陶纪玄武岩关系密切，在空间上比较吻合。其中北山成矿带、阿拉善成矿带异常主要与古生界奥陶系、二叠系，中生界白垩系及泥盆纪、石炭纪超基性岩和奥陶纪玄武岩有关，其中矿致异常主要与泥盆纪和石炭纪超基性岩体有关。异常范围较小，个别异常具有明显的浓度分带和浓集中心；异常与该区洗肠井、旱南山等已知矿点吻合较好。狼山-色尔腾山成矿带异常主要与太古宇、元古宇有关，异常呈北东向带状分布，具有明显的浓度分带和浓集中心。

(2) 巴彦查干—索伦山地区异常主要与奥陶系、泥盆系、石炭系和二叠系有关，出露岩体主要为泥盆纪和石炭纪超基性岩，其中超基性岩规模大，分布广，多呈带状或似脉状东西向展布。异常沿超基性岩带呈近东西向带状分布，异常范围较大，具有明显的浓度分带和浓集中心。该区是内蒙古重要的铬成矿区带，且已知铬矿床（点）多位于所圈异常之上。

(3) 二连—东乌珠穆沁旗一带，异常主要与更新世玄武岩和泥盆纪超基性岩体有关。该区单元素异常范围较大，呈北东向带状分布，浓度分带和浓集中心明显。泥盆纪超基性岩主要分布于贺根山一带，为该区铬铁矿的主要赋矿岩石。该超基性岩带上分布有贺根山、赫格敖拉等已探明矿床。

(4)乌拉山-大青山成矿带,异常范围较大,呈面状分布,具有明显的浓度分带和浓集中心,异常主要与太古宇、元古宇、二叠系、三叠系和新近纪玄武岩有关。

(5)克什克腾旗—赤峰地区,异常主要与古元古界、二叠系、侏罗系和白垩系有关,出露岩体主要是新近纪玄武岩。该区 Cr 元素异常分布范围较广,多呈面状分布,具有明显的浓集中心。

(6)陈巴尔虎旗—额尔古纳市—鄂伦春自治旗一带异常主要与元古宇,古生界泥盆系、石炭系、二叠系和中生界侏罗系、白垩系有关,其异常面积大,多数呈面状,但异常强度不高,无明显的浓集中心。

第二节　典型矿床地球化学研究

在充分收集、整理全区以往地质、地球物理、地球化学工作资料的基础上,以成矿规律组选取典型矿床中的 97 个矿床为研究对象,提取矿床的成矿环境、成矿时代、矿区地球化学特征等相关信息,并进行详细的分析研究,编制了地球化学综合异常剖析图,为将来进行地质-地球化学建模提供了可靠的基础资料。

一、铜矿

内蒙古自治区的铜矿勘查工作始于 20 世纪 50 年代。空间上,大中型铜矿床主要分布在得尔布干、大兴安岭中南段、达茂旗—白乃庙及巴音诺尔公—狼山 4 个地区,这些地区同时也是贵金属和多金属集中分布区,构成了全区最重要的矿床密集区。近几年在北山地区新发现了一批具有古生代斑岩型及喷流沉积铜矿特征的矿点和矿化点;在二连北部也新发现了一批具有古生代火山-次火山岩型和斑岩型铜矿床特征的铜矿点。时间上,全区铜矿床的形成主要在中新元古代、晚古生代及晚侏罗世至早白垩世。中新元古代形成的铜矿床集中分布在华北陆块北缘西段,晚侏罗世至早白垩世形成的铜矿床主要集中分布在得尔布干、大兴安岭中南段。

(一)典型矿床地质地球化学特征

本次工作对成矿规律组选取的 15 个典型铜矿床(表 5-13)的地质、地球化学特征进行了详细研究,编制了矿床所在区域的地球化学综合异常剖析图,为将来地质-地球化学找矿模型的建立奠定了基础。总结各典型矿床的成矿地质作用、成矿构造体系、成矿地质特征、地球化学特征等,也能够为下一步铜矿找矿预测图的编制提供模型和有力依据。

表 5-13　内蒙古自治区铜矿典型矿床一览表

矿床成因类型	典型矿床名称	规模	矿种类型
热液型	珠斯楞	小型	Cu
	欧布拉格	小型	Cu、Au
	白马石沟	小型	Cu
	布敦花	小型	Cu
	道伦达坝	中型	Cu、Sn
	奥尤特	小型	Cu

续表 5-13

矿床成因类型	典型矿床名称	规模	矿种类型
沉积型	霍各乞	大型	Cu、Pb、Zn
	白乃庙	中型	Cu、Mo、Ag
斑岩型	乌努格吐山	超大型	Cu、Mo
	敖瑙达巴	小型	Cu、Pb、Zn
	车户沟	小型	Cu、Mo
岩浆型	小南山	小型	Cu、Ni
	亚干	中型	Cu、Ni、Co
矽卡岩型	罕达盖	小型	Cu、Fe
	宫胡洞	小型	Cu

1. 珠斯楞式热液型铜矿地质地球化学特征

珠斯楞铜矿床是自治区内典型的热液型铜矿，本次工作对其建立了地质-地球化学找矿模型（详见本矿种第二部分），该处不做详细论述。

2. 欧布拉格式热液型铜矿地质地球化学特征

1) 地质特征

欧布拉格铜矿区大地构造位置位于华北陆块北缘狼山-白云鄂博裂谷带；成矿区带属阿巴嘎-霍林河铬、铜、金、锗、煤、天然碱、芒硝成矿带。矿区出露地层主要为古生界上石炭统及中生界上侏罗统火山杂岩；侵入岩分布广泛，有华力西晚期花岗岩和燕山期次火山岩——石英斑岩、石英闪长玢岩等，其中石英斑岩与成矿关系密切；火山机构控制了次火山岩——石英斑岩的分布，也控制了石英斑岩体中及边部软弱部位矿体的分布。区内的近矿围岩及含矿层蚀变均较强烈，以硅化、高岭土化、青磐岩化、绢云母化、碳酸盐化为主，另见透闪石化，其中与成矿有关系的蚀变主要为青磐岩化、硅化、高岭土化。矿石矿物有黄铜矿、辉铜矿、斑铜矿、黝铜矿、自然金、银金矿等。成矿时代为华力西期。

2) 地球化学特征

区内综合异常以 Cu、Au 为主要元素，其次为 Pb、Bi、Ag、Cd、As、Sb、Hg（图 5-44）。据水系沉积物测量结果，各主要共伴生元素峰值、面积分别为：Cu 1665.7×10^{-6}，$15.5km^2$；Au 4.0×10^{-9}，$6.2km^2$；Bi 48.6×10^{-6}，$21.6km^2$；Sb 13.8×10^{-6}，$58.0km^2$；Hg 56.3×10^{-9}，$69.5km^2$；As 58.0×10^{-6}，$49.2km^2$；Ag 0.2×10^{-6}，$25.8km^2$；Cd 0.3×10^{-6}，$16.5km^2$；Pb 69.9×10^{-6}，$6.2km^2$。其中 Cu、Pb、Ag、Cd、Bi 元素异常浓集中心吻合较好，位于 Au、Hg 异常的西南侧，其异常分布范围基本上与欧布拉格铜矿床空间位置相吻合。

3. 白马石沟式热液型铜矿地质地球化学特征

1) 地质特征

白马石沟铜矿区大地构造位置处于天山-兴蒙造山系，松辽断陷盆地，包尔汉图-温都尔庙弧盆系温都尔庙俯冲增生带。矿区出露地层主要为下中二叠统大石寨组砂岩、板岩、凝灰质砂岩互层夹碳酸盐岩透镜体和上侏罗统金刚山组酸性含角砾晶屑凝灰岩、熔结凝灰岩。岩浆岩主要为燕山早期的侵入花岗岩类，岩性为花岗岩、二长花岗岩、钾长花岗岩等，其中花岗岩是矿区唯一的成矿母岩，也是矿体的围岩，铜矿物常呈含铜石英脉或细脉浸染状赋存于花岗岩裂隙中或蚀变花岗岩中。矿区构造以断裂为主，北

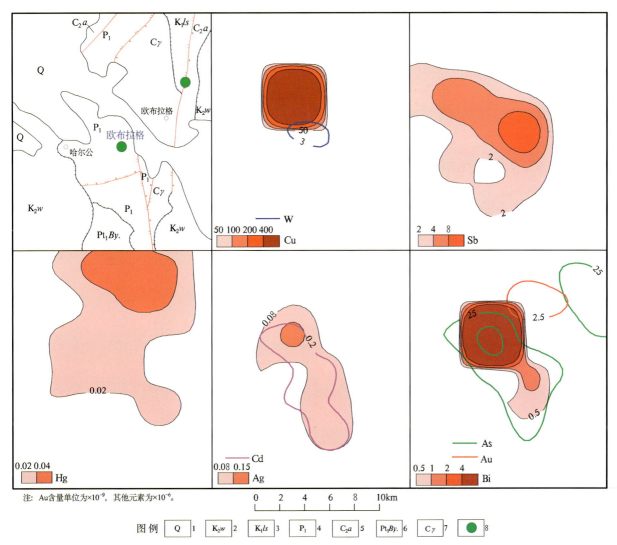

图 5-44 欧布拉格铜矿 1:20 万综合异常剖析图

1.第四系;2.上白垩统乌兰苏海组;3.下白垩统李三沟组;4.下二叠统;5.上石炭统阿木山组;
6.古元古界宝音图岩群;7.石炭纪花岗岩;8.铜矿

西向、近东西向、近南北向断裂均为容矿断裂,北西向、北东向断裂为成矿后断裂,对矿体及含矿蚀变体有一定的错动,破坏不大。区内金属矿物主要为黄铁矿、黄铜矿、辉钼矿;脉石矿物主要为石英、长石、绢云母、绿泥石等。矿石结构有他形、半自形、自形粒状结构、交代结构、包含结构;构造有浸染状构造、团块状构造、网脉状构造。花岗岩中绢云母化、硅化发育,闪长玢岩中绿泥石化较发育,矽卡岩中绿帘石化、硅化明显。成矿时代为三叠纪—侏罗纪。

2)地球化学特征

矿区内综合异常元素组合为 Cu、Ag、Mo、Pb、Zn、Au、As、Sb、Cd 等,各元素异常呈北东向或北西向展布,异常规模不大,强度较高,多为二级、三级浓度分带。其中 Cu、Ag、Mo、W 吻合好,与白马石沟矿床空间位置相吻合;Zn、Sb 分布在矿床的边部,其他元素多分布在矿床的外围,见图 5-45。

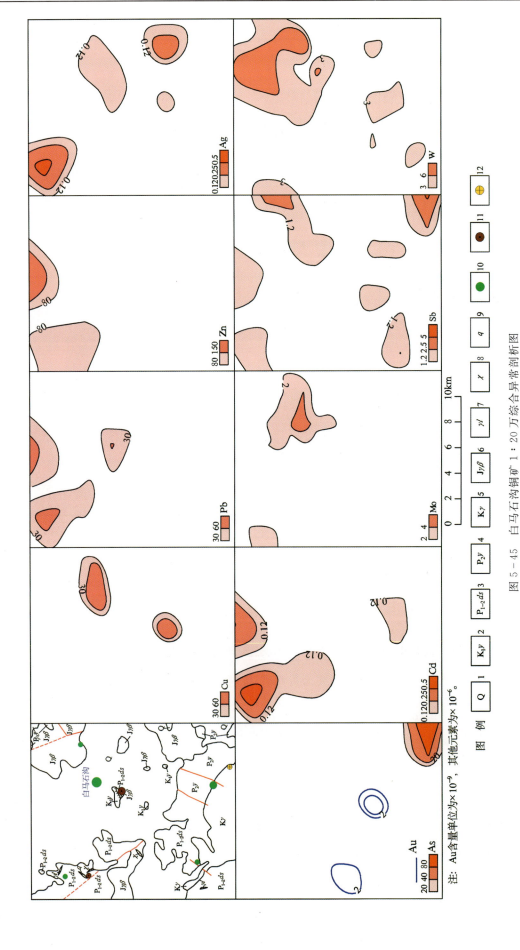

图 5-45 白马石沟铜矿 1:20 万综合异常剖析图

1. 第四系；2. 下白垩统义县组；3. 中下二叠统大石寨组；4. 中二叠统于家北沟组；5. 白垩纪花岗岩；6. 侏罗纪花岗岩；7. 花岗细晶岩脉；8. 煌斑岩脉；9. 石英脉；10. 铜矿；11. 铁矿；12. 金矿

4. 布敦花式热液型铜矿地质地球化学特征

1）地质特征

布敦花铜矿区大地构造位置位于新华夏系大兴安岭隆起带西南延伸的中段，与哈德营子-布敦花区域性东西向构造带的交会部位，矿区包括北部孔雀山矿段和南部金鸡岭矿段。矿区出露地层主要为下中二叠统大石寨组变质砂岩、板岩，中侏罗统万宝组凝灰质砂岩、砂砾岩及上侏罗统满克头鄂博组中酸性火山岩等。其中大石寨组为矿区主要赋矿围岩，万宝组为南矿带主要赋矿围岩。矿区内构造活动频繁，断裂构造复杂。其中南北向复合断裂构造是区内主要控岩控矿构造，被闪长玢岩侵位充填；北西向张扭性断裂构造是南矿带的主要容矿构造；北北东向断裂和裂隙构造，在北矿带及南矿带通愉山矿段发育，常成群分布，是主要容矿构造。北北东向断裂与南北向断裂或北西向断裂之交会复合部位往往是容矿构造的最有利部位。布敦花杂岩体由花岗闪长岩、斜长花岗斑岩及花岗斑岩组成。杂岩体出露于北矿带南端。部分斜长花岗斑岩隐伏于南矿带（金玛岭）下部。该杂岩体为布敦花铜矿床的成矿岩体。区内广泛发育一套高温到中低温的蚀变，包括钾长石化、黑云母化、电气石化、硅化、绢云母化、绿泥石化、绿帘石化、碳酸盐化、高岭土化等。矿物组合有磁黄铁矿、黄铜矿、黄铁矿、斜方砷铁矿、毒砂、闪锌矿、方铅矿、磁铁矿等。成矿时代为燕山期。

2）地球化学特征

通过对布敦花铜矿床1：20万化探异常剖析可看出（图5-46），矿床有Cu、Ag、Pb、Zn、W、Sn、Bi、As、Sb等元素组成的组合异常。矿床主要指示元素为Cu、Zn、Ag、Pb，异常主要呈等轴状分布包围已知矿和成矿岩体，分布在赋矿地层上，呈北东向或近东西向展布。Cu、Zn、Ag、As、Sn等元素套合好，异常规模较大，有明显的浓度分带，浓集中心部位与矿相吻合。

5. 道伦达坝式热液型铜矿地质地球化学特征

1）地质特征

道伦达坝铜矿区大地构造位置处于西伯利亚板块、华北陆块缝合带南侧。矿区出露地层单一，主要为上二叠统林西组粉砂质板岩、粉砂质泥岩、粉砂岩及细粒长石石英杂岩夹少量泥质胶结的中—细粒长石石英砂岩。侵入岩活动强烈，主要为印支期黑云母花岗岩；脉岩发育，主要有花岗细晶岩脉、细粒花岗岩脉及石英脉等。区内褶皱及断裂构造极为发育，其中汗白音乌拉背斜及北东向成矿前断裂是矿区内主要的控矿和容矿构造，直接控制矿区矿体的形态和分布。金属矿物主要为黄铁矿、磁黄铁矿、黄铜矿、闪锌矿、赤铁矿、黑钨矿、毒砂、自然铜、自然金、自然银、银金矿及次生褐铁矿、孔雀石、蓝铜矿等。林西组砂板岩是矿体的直接围岩，近矿围岩蚀变现象可见硅化、黄铁绢云岩化、碳酸盐化、绿泥石化、高岭土化、钾长石化、云英岩化、萤石化、电气石化，其中硅化、云英岩化、萤石化与矿体关系最为密切。成矿时代为二叠纪—三叠纪。

2）地球化学特征

1：20万化探资料显示：异常总体呈北东向展布，与构造线方向一致。异常元素组合为Cu、Pb、Zn、Ag、W、Mo、Sn、Bi、Au、As、Sb、Cd等（图5-47）。异常面积大，强度高，其中W、Mo、Sn、Bi具四级浓度分带，Zn、Ag、As、Sb具三级浓度分带，其余元素均为二级浓度分带。

W、Mo、Sn、Bi异常面积大，强度高，套合好，浓集中心部位与地层和岩体的接触带、矿体相吻合；Ag、Zn、As异常面积大，套合好，但在矿体上方表现为低缓异常，Cu、Pb、Au、Sb、Cd异常面积不大，主要分布在矿体的外围。

6. 奥尤特式热液型铜矿地质地球化学特征

1）地质特征

奥尤特铜矿区大地构造位置为天山-兴蒙造山系大兴安岭弧盆系扎兰屯-多宝山岛弧。矿区出露地

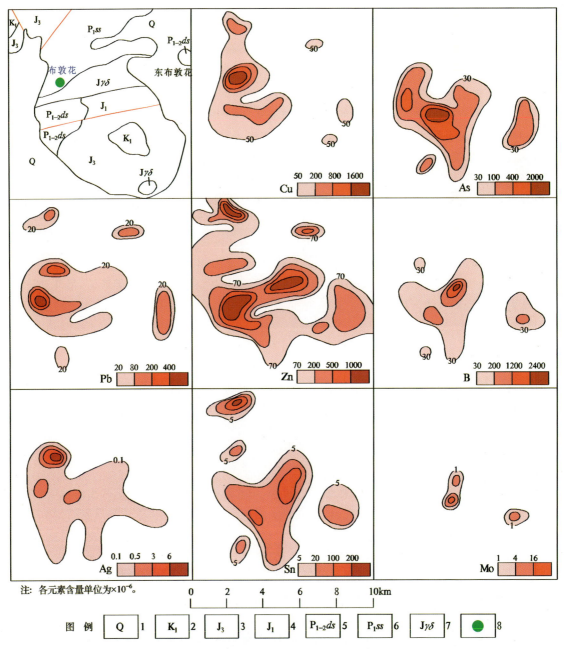

图 5-46 布敦花铜矿 1∶20 万综合异常剖析图

1. 第四系；2. 下白垩统；3. 上侏罗统；4. 下侏罗统；5. 中下二叠统大石寨组；6. 下二叠统寿山沟组；7. 侏罗纪花岗闪长岩；8. 铜矿

层为上泥盆统安格尔音乌拉组砂岩及上石炭统—下二叠统宝力高庙组流纹岩、凝灰岩等；侵入岩为燕山早期黑云二长花岗岩；矿区处于东乌珠穆沁旗复背斜奥尤特乌拉背斜轴部，北东向逆断层和北西向正断层发育。矿区分为南北两个矿带。南矿带发育在流纹质碎屑岩中，矿化带受北东向断裂破碎带控制，矿体受北西向次一级构造裂隙控制，蚀变类型有硅化、褐铁矿化、电气石化、绿泥石化；北矿带发育在石英斑岩脉两侧，地表可见褐铁矿化，偶见孔雀石。

2）地球化学特征

据 1∶20 万区域化探资料，在奥尤特地区具 Cu、Zn、Ag、Cd、Sn、Mo、Hg、W、As、Sb 等元素异常（图 5-48），异常面积约 40km²，主要元素异常衬度 Cu1.1、Pb1.16、Zn1.17、Ag1.73、Cd1.75。Cu、Zn、Ag、Sn、Mo 浓集中心吻合较好。异常水平分带由中心向外大致是：Cu、Zn、Sn、Mo、Cd－W、Hg、Ag、Pb－

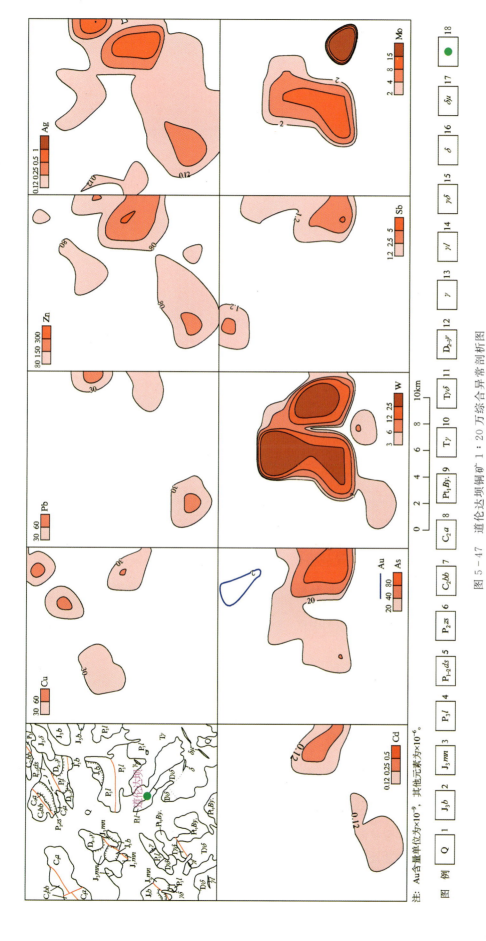

图 5-47 道伦达坝铜矿 1:20 万综合异常剖析图

1. 第四系；2. 上侏罗统白音高老组；3. 上侏罗统玛尼吐组；4. 上二叠统林西组；5. 中下二叠统大石寨组；6. 中二叠统哲斯组；7. 石炭系本巴图组；8. 石炭系阿木山组；9. 古元古界宝音图岩群；10. 三叠纪花岗岩；11. 三叠纪花岗闪长岩；12. 中—晚泥盆世辉长岩；13. 花岗岩脉；14. 花岗细晶岩脉；15. 花岗闪长岩脉；16. 闪长岩脉；17. 闪长玢岩脉；18. 铜矿

Bi、Au、Sb、As。

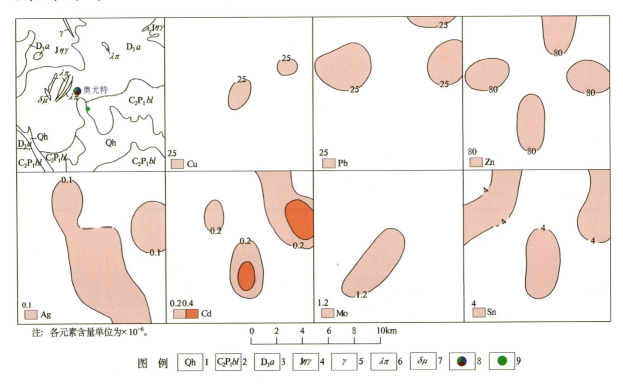

图 5-48 奥尤特铜矿 1∶20 万综合异常剖析图

1.第四系全新统；2.上石炭统—下二叠统宝力高庙组；3.上泥盆统安格尔音乌拉组；4.侏罗纪二长花岗岩；5.花岗岩脉；
6.流纹斑岩脉；7.闪长玢岩脉；8.铜多金属矿；9.铜矿

据 1∶5 万水系沉积物测量资料，矿区具 Cu、Zn、Sn、Ag、Mo、Pb 等元素异常，Cu、Zn、Sn、Ag 浓集中心吻合较好，异常水平分带由中心向外为 Cu、Sn、Mo – Zn、Ag。

据地球化学土壤剖面资料显示，在矿体上方具有清晰的 Cu、Zn、Sn、Ag、As、Au、Mn 等元素异常。Cu 与 Ag、As、Sn 相关密切，Au 与 As 相关较密切。

7. 霍各乞式沉积型铜矿地质地球化学特征

霍各乞铜矿床是自治区内典型的沉积型铜矿，本次工作对其建立了地质-地球化学找矿模型（详见本矿种第二部分），该处不做详细论述。

8. 白乃庙式沉积型铜矿地质地球化学特征

1）地质特征

白乃庙铜矿区大地构造位置为华北陆块北缘新元古代增生带，成矿区划属华北陆块北缘金属成矿带。矿区出露地层主要为中志留统白乃庙组浅变质的绿片岩、长英片岩，原岩为海相基性—中酸性火山熔岩、凝灰岩夹正常沉积碎屑岩和碳酸盐岩。侵入岩主要为新元古代石英闪长岩、早古生代花岗闪长斑岩及晚古生代白云母花岗岩。花岗闪长斑岩沿近东西向顺层断裂产出，呈岩墙、岩枝状，产状与围岩片理基本一致。东西向断裂构造为区内主导控岩控矿构造；北东向断裂对矿体主要起破坏作用。矿石矿物为黄铁矿、磁铁矿、辉钼矿、黄铜矿等。围岩蚀变发育，蚀变类型主要有钾长石化、黑云母化、硅化、绢云母化、绿帘石化、绿泥石化、碳酸盐化等，铜矿化与硅化关系密切。成矿时代为泥盆纪。

2）地球化学特征

1∶20 万水系沉积物测量显示，异常总面积为 176km^2（图 5-49），主要元素组合及最高强度为：Cu

78.3×10^{-6}、Au 81.5×10^{-9}、As 81×10^{-6}、Cd 0.27×10^{-6}、Sb 3.26×10^{-6}、Pb 63.3×10^{-6}、Ag 0.24×10^{-6}、Mo 8.76×10^{-6}、Zn 120.1×10^{-6}、Bi 2.48×10^{-6}、Hg 54.9×10^{-9}、Mn 1206×10^{-6}、Fe$_2$O$_3$ 7.58%、Co 21×10^{-6}、Ni 122.3×10^{-6}、Cr 147×10^{-6}、V 157×10^{-6}。Au 为四级浓度分带，Cu、Mo、Bi 为三级浓度分带，其他元素为一级、二级浓度分带。异常元素中 Cu、Au、Mo、Ag、Cd、W、Fe$_2$O$_3$、Co、Cr、Ni、V 浓集中心与矿体空间位置吻合，Pb、Zn、Bi、As、Sb 浓集中心位于矿体两侧。

9. 乌努格吐山式斑岩型铜钼矿地质地球化学特征

乌努格吐山铜钼矿床是自治区内典型的斑岩型铜矿，本次工作对其建立了地质-地球化学找矿模型（详见本矿种第二部分），该处不做详细论述。

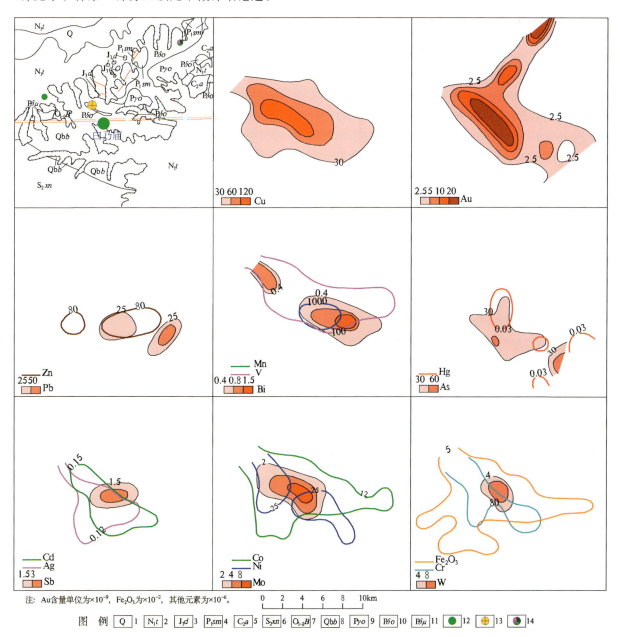

图 5-49　白乃庙铜矿 1:20 万综合异常剖析图

1.第四系；2.中新统通古尔组；3.上侏罗统大青山组；4.下二叠统三面井组；5.上石炭统阿木山组；6.中志留统徐尼乌苏组；7.下中奥陶统包尔汉图群；8.青白口系白乃庙组；9.二叠纪斜长花岗岩；10.二叠纪石英闪长岩；11.二叠纪闪长玢岩；12.铜矿；13.金矿；14.铜铅金矿

10. 敖瑙达巴式斑岩型铜矿地质地球化学特征

1)地质特征

敖瑙达巴铜矿区大地构造位置位于华北陆块北缘晚古生代陆缘增生带与大兴安岭中生代火山岩浆岩带叠加区域基底隆起边缘。矿床位于乌兰达坝-甘珠尔庙隆起区的次级构造区——敖瑙达巴向斜中,中二叠统哲斯组浅海相细碎屑岩构成的向斜轴部是成岩、成矿的有利部位,矿体主要赋存于石英斑岩(花岗斑岩)体小岩株顶部的黄玉-石英交代岩带、绢英岩蚀变带和青磐岩化蚀变带中。矿物组合以黄铁矿、磁黄铁矿、毒砂、闪锌矿、黄铜矿、方铅矿、黝铜矿、黑黝铜矿为主。成矿时代为晚侏罗世—早白垩世。

2)地球化学特征

区内综合异常整体呈北东向展布,面积 $32km^2$,元素组合以 Cu、Sn、Bi、Cd、As、Ag、Zn 为主,伴有 W、Pb、Sb、Mo、F、B 等元素异常(图 5-50)。异常规模大,强度高,除 Cu 为二级浓度分带外,其他元素均达三级以上浓度分带。各元素异常重合紧密,中心突出,与矿体吻合好。

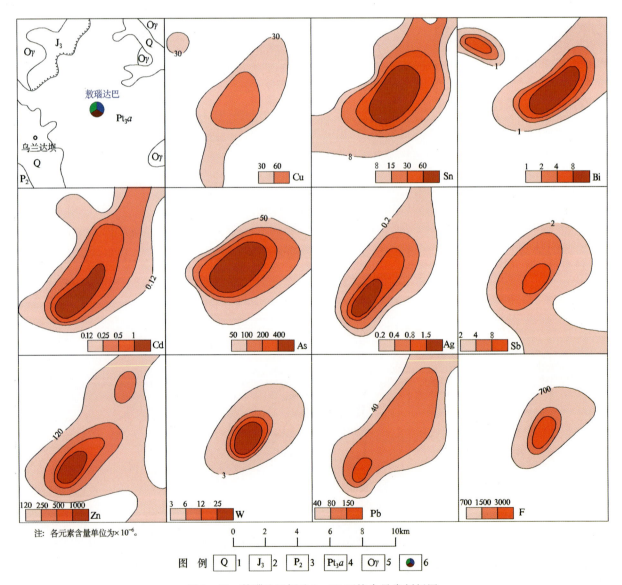

图 5-50 敖瑙达巴铜矿 1∶20 万综合异常剖析图

1.第四系;2.上侏罗统;3.中二叠统;4.新元古界艾勒格庙组;5.奥陶纪花岗岩;6.铜多金属矿

11. 车户沟式斑岩型铜矿地质地球化学特征

1) 地质特征

车户沟铜矿区大地构造位置为温都尔庙-翁牛特加里东增生造山带与华北克拉通过渡处。区内构造活动较强,断裂构造比较发育,总体构造线方向呈北东东向,其中北东向构造是主要的控岩控矿构造,隐爆裂隙是主要的控矿构造。铜矿含矿母岩为正长斑岩、花岗斑岩,矿体主要分布在斑岩体内,由矿体向围岩(花岗斑岩、正长斑岩、花岗岩、混合花岗岩等)蚀变依次减弱,矿体与围岩没有清楚的界限。有用组分以硫化物形式存在,且多以细脉状或细脉浸染状产出,矿床主要的矿石矿物为黄铁矿、黄铜矿和辉钼矿,次要的有磁铁矿、闪锌矿等,这是斑岩型铜钼矿床的典型矿物共生组合。矿床成矿时代为晚侏罗世。

2) 地球化学特征

区内综合异常面积 $36km^2$,呈北西向展布。异常以 Cu、Mo、Bi、Ag 为主,伴有 W、Cd、Sb 等元素(图 5-51)。主要元素异常面积大,强度高,其中 Mo、Bi 为四级浓度分带,Cu 为三级浓度分带,Ag 为二级浓度分带。各主要共伴生元素峰值为:Cu 245×10^{-6}、Mo 22.7×10^{-6}、Bi 4.35×10^{-6}、Ag 0.45×10^{-6}、W 4.4×10^{-6}、Cd 0.2×10^{-6}、Sb 1.5×10^{-6}。各元素异常套合好,异常分布范围基本上与车户沟铜矿床空间位置相吻合。

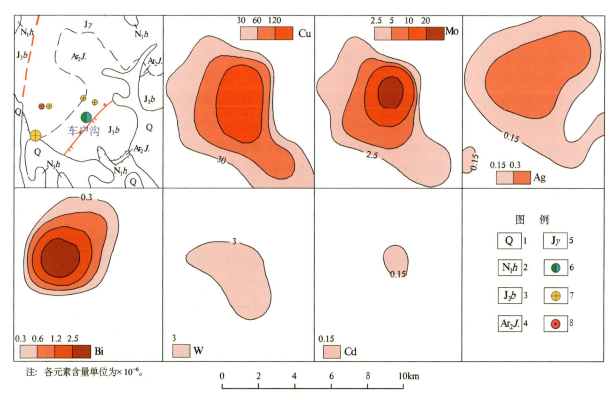

图 5-51 车户沟铜矿 1:20 万综合异常剖析图

1.第四系;2.中新统汉诺坝组;3.上侏罗统白音高老组;4.中太古界集宁岩群;5.侏罗纪花岗岩;6.铜钼矿;7.金矿;8.铁矿

12. 小南山式岩浆型铜矿地质地球化学特征

1) 地质特征

小南山铜矿区大地构造位置为白云鄂博裂谷带,成矿区带属位于华北陆块北缘西段金、铁、铌、稀土、铜、铅、锌、银、镍、铂、钨、石墨、白云母成矿带。区内岩浆岩除含矿辉长岩外,还有石英闪长岩、花岗闪长岩、闪斜煌斑岩及石英脉、方解石脉等,岩体时代皆为华力西晚期;含矿岩体为位于白云鄂博群哈拉霍疙特组内的蚀变辉长岩和次闪片岩;区内构造以北东东向、北西西向和近南北向为主,其中北东东向及北西西向两组压扭性断裂严格控制了与成矿关系密切的辉长岩体。围岩蚀变见次闪石化、绿泥石化、钠黝帘石化、绢云母化、碳酸盐化。矿物组合为黄铁矿、紫硫镍铁矿、黄铜矿、磁黄铁矿、辉铜矿等。成矿时代为中元古代。

2)地球化学特征

通过小南山铜矿床1∶20万化探异常剖析可以看出(图5-52),矿床有Cu、Zn、Sb、Fe、Bi、Pb、Ni、Co、Mo等元素组成的综合异常。矿床主要指示元素为Cu、Zn、Sb、Fe、Pb、Ni、Co异常,异常主要呈等轴状分布,以北东向展布。Cu、Pb、Zn、Mo、Co、Ni等元素套合好,但异常规模较小,有明显的浓度分带,浓集中心部位与矿体相吻合。As、Sb异常面积大、强度高、套合好,显示了以Cu、Co、Ni为主的中心带和以As、Sb为主的边缘带的水平分带特征。

13. 亚干式岩浆型铜矿地质地球化学特征

1)地质特征

亚干铜矿区大地构造单元属于天山-兴蒙造山系、额济纳旗-北山弧盆系红石山裂谷。成矿区带划分属磁海-公婆泉铁、铜、金、铅、锌、钨、锡、铷、钡、铀、磷成矿带。矿区内出露地层主要为古元古界北山群(Pt_1B)。岩浆活动强烈,主要有新元古代辉长岩、橄榄辉石岩,呈岩株或岩脉产出,受构造控制,多呈北西西向展布,侵入北山群,后期被石炭纪二长花岗岩侵入。该期辉长岩为主要赋矿岩体。断裂构造发育,主要以北东向、北西向为主。北西向断裂为控岩、控矿构造。矿石矿物为黄铜矿、镍黄铁矿、磁黄铁矿及孔雀石,围岩蚀变见矽卡岩化、硅化、黄铁矿化、绢云母化、绿泥石化、蛇纹石化。成矿时代为新元古代。

2)地球化学特征

1∶20万水系沉积物测量显示,矿区综合异常元素组合有Cu、Ni、As、Cd、Au、Sb、Ag、Mo、W等(图5-53);地表或近地表矿上Cu、Ni异常有明显的浓集中心,并有良好的浓度分带,隐伏铜镍矿上方没有明显的Cu、Ni异常,但出现As、Cd、Au及Sb、Hg、Ag、Mo等组合异常;Cu、Ni的中带或内带异常,是近矿指示标志。

14. 罕达盖式矽卡岩型铜矿地质地球化学特征

1)地质特征

罕达盖铜矿区位于大兴安岭西坡,在大地构造单元属于大兴安岭弧盆系扎兰屯-多宝山岛弧。成矿区带划分属东乌珠穆沁旗-嫩江(中强挤压区)铜、钼、铅、锌、金、钨、锡、铬成矿带。矿区内出露的地层为下中奥陶统多宝山组($O_{1-2}d$)变质粉砂岩、大理岩、矽卡岩、安山岩等。岩浆岩主要为古生代中酸性侵入岩,岩性为石炭纪石英闪长岩、石英二长闪长岩、花岗闪长岩及泥盆纪二长花岗岩。脉岩较发育,多为花岗斑岩、闪长玢岩脉等,对矿体起破坏作用。矿区地质构造主要为呈北东向的断裂构造和北西向构造,罕达盖铁铜矿构造上位于罕达盖背斜南翼。矿石矿物成分主要为磁铁矿、黄铜矿、黄铁矿、赤铁矿,另见少量磁黄铁矿、辉钼矿、闪锌矿。围岩蚀变见矽卡岩化、角岩化、硅化及碳酸盐化。成矿时代为石炭纪。

2)地球化学特征

1∶20万水系沉积物测量显示,矿区综合异常元素组合有Cu、Ag、Mo、W、Sn、As、Sb、Au、Hg、Cd等(图5-54);异常面积大、强度较高、套合好,浓度分带较为明显,其中Cu为四级浓度分带,Au、Cd为三级浓度分带,其他元素为一级、二级浓度分带。Cu、Au、Cd异常面积大,套合好,空间上与矿体吻合好,其他元素多分布在矿体外围。

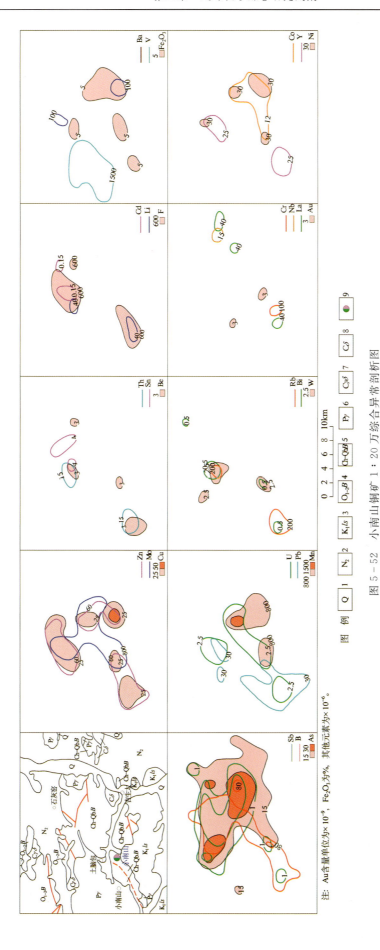

图 5-52 小南山铜矿 1:20 万综合异常剖析图

1.第四系;2.上新统;3.下白垩统李三沟组;4.中下奥陶统包尔汉图群;5.长城系—青白口系白云鄂博群;6.二叠纪花岗岩;7.石炭纪花岗闪长岩;8.石炭纪闪长岩;9.铜镍矿

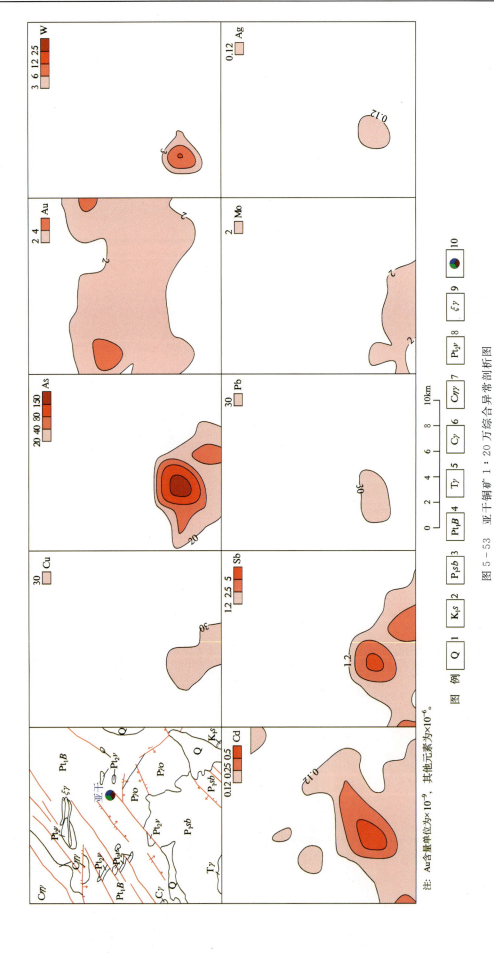

图 5-53 亚干铜矿 1:20 万综合异常剖析图

1.第四系;2.下白垩统苏红图组;3.下二叠统双堡塘组;4.古元古界北山群;5.三叠纪花岗岩;6.石炭纪花岗岩;7.石炭纪二长花岗岩;8.中元古代辉长岩;9.钾长花岗岩脉;10.铜多金属矿

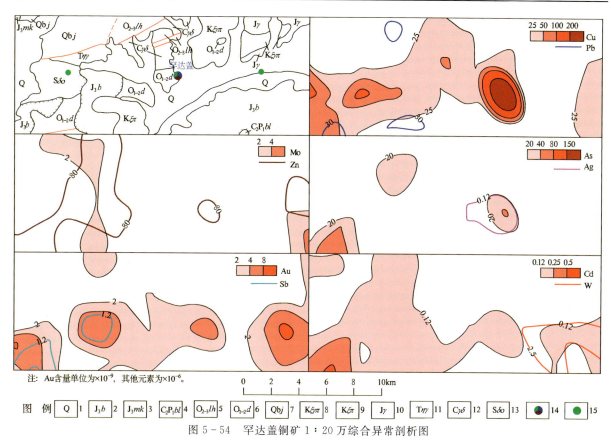

图 5-54 罕达盖铜矿 1:20 万综合异常剖析图

1.第四系;2.上侏罗统白音高老组;3.上侏罗统满克头鄂博组;4.上石炭统—下二叠统宝力高庙组;5.中上奥陶统裸河组;
6.下中奥陶系多宝山组;7.青白口系佳疙瘩组;8.白垩纪正长花岗斑岩;9.白垩纪正长斑岩;10.侏罗纪花岗岩;
11.三叠纪二长花岗岩;12.石炭纪花岗闪长岩;13 志留纪石英闪长岩;14.铜多金属矿;15.铜矿

15. 宫胡洞式矽卡岩型铜矿地质地球化学特征

1)地质特征

宫胡洞铜矿区大地构造位置位于华北陆块北缘狼山-白云鄂博裂谷,成矿区带属华北陆块北缘西段金、铁、铌、稀土、铜、铅、锌、银、镍、铂、钨、石墨、白云母成矿带。矿区出露地层主要为古元古界白云鄂博群呼吉尔图组暗灰色钙硅质角岩、硅质泥岩、粉砂岩、泥晶灰岩等。岩浆活动以华力西晚期的第三、第四次岩浆侵入为主。断裂构造以近东西向及北西向为主,矿床(矿体)与北西—近东西向构造关系密切,是主要的控矿构造。矿石矿物有黄铜矿、斑铜矿、闪锌矿、辉钼矿、黄铁矿、磁黄铁矿。围岩蚀变除矽卡岩化外,尚有绿泥石化、碳酸盐化、硅化、萤石化、绿帘石化、蛇纹石化,其中绿泥石化及碳酸盐化与矿化关系最密切。成矿时代为华力西晚期。

2)地球化学特征

区内综合异常元素组合以 Cu、Au、Ag、Sn、As、F、Sb、Bi 为主,伴有 Be、La、Y、U、Hg 等元素弱异常(图5-55)。异常总面积为 90km²,呈东西向展布,受断裂构造控制明显。主要元素异常吻合好,其中 Au、Sb、Bi 具三级浓度分带,Cu、Ag、Sn、As 具二级浓度分带,其他元素为一级浓度分带。

(二)典型矿床地质-地球化学找矿模型的建立

综合以上典型矿床研究成果,化探课题组进一步结合矿区航磁资料、区域重力资料、部分勘探成果等,对全区部分有代表性的铜典型矿床地质-地球化学找矿模型进行了总结(表 5-14)。下面重点介绍一下珠斯楞热液型铜多金属矿、霍各乞沉积型铜多金属矿、乌努格吐山斑岩型铜钼矿的地质-地球化学找矿模型。

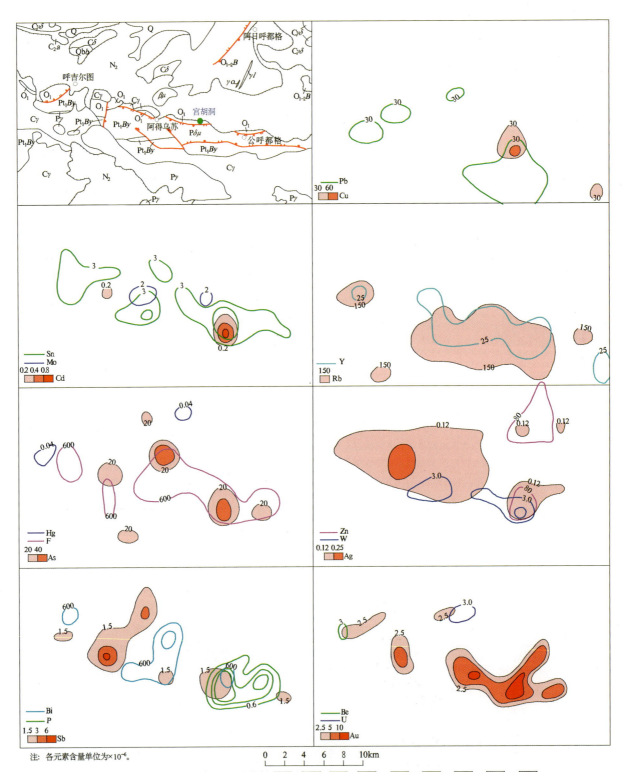

图 5-55 宫胡洞铜矿 1:20 万综合异常剖析图

1.第四系;2.上新统;3.上石炭统阿木山组;4.中下奥陶统包尔汉图群;5.下奥陶统;6.青白口系白乃庙组;7.古元古界白云鄂博群;8.二叠纪花岗岩;9.二叠纪闪长玢岩;10.石炭纪花岗岩;11.石炭纪花岗闪长岩;12.石炭纪闪长岩;13.花岗细晶岩脉;14.斜长花岗岩脉;15.铜矿

表 5-14 内蒙古自治区部分铜典型矿床地质-地球化学找矿模型一览表

矿床类型	地质背景	矿床特征	区域地球化学异常特征	矿田（矿床）异常特征	典型矿床
热液型	(1)位于塔里木成矿省磁海-公婆泉铁、铜、金、铅、锌、铝、钨、锡、钼、钡、铀、锗成矿带珠斯楞-乌拉特赉铜、金、镍、磷成矿亚带上； (2)额济纳-北山弧盆系红石山裂谷，呼伦西白-珠斯楞哈尔反S型构造带； (3)华力西中晚期花岗闪长岩、花岗斑岩与卧驼山组变质砂岩接触带附近的北西向、南东向断裂构造	(1)青磐岩化、硅化、钾化、绢云母化、碳酸盐化，重晶石化； (2)矿石矿物以黄铜矿为主，闪锌矿、方铅矿、毒砂及辉铜矿次之，银金矿微量； (3)地表氧化形成孔雀石及蓝铜矿	(1)变质砂岩、花岗闪长岩、花岗斑岩等围岩中Cu、Au、Ag含量明显偏高； (2)区域地球化学上分布有Cu、Au、Cd、Ni、Mo、As、Sb、Hg等元素组成的高背景区； (3)在高背景区（带）中有以Cu、Au、Ag、Zn、Cd、As、Sb、Hg为主的多元素局部异常	(1)Cu、Ag、As、Sb、Hg、Bi呈北西向条带状展布，其中Ag、As、Sb、Hg的异常宽度较大，Cu、Bi异常的宽度较小，Au呈北西向串珠状展布，Mo呈星散状； (2)Cu、Au、Bi异常浓集中心部位与地层和岩体的接触带，矿体相吻合，显示了以Cu、Bi、Au为主的中心带和以As、Sb、Hg为主的边缘带的水平分带特征，Ag在中心带和的边缘带均有显示； (3)各元素异常均呈北西向带状、串珠状展布，受构造控制的特征明显	额济纳旗珠斯楞哈尔热液型铜多金属矿
岩浆型	(1)位于塔里木成矿省磁海-公婆泉铁、铜、金、铅、锌、铝、钨、锡、钼、钡、铀、锗成矿带珠斯楞-乌拉特赉铜、金、镍、磷成矿亚带上； (2)额济纳北山弧盆系红石山裂谷； (3)严格受新元古代辉长岩及北东向、北西向构造破碎带控制	(1)矽卡岩化、硅化、黄铁矿化，绢云母化、绿泥石化、蛇纹石化； (2)矿石矿物以黄铁矿、磁黄铁矿及黄铜矿、镍黄铁矿为主； (3)黄铜矿出露地表成形孔石，大量存在流失孔雀石等表生氧化产物	(1)区域地球化学上分布有Fe、Mg、Ni、Co、V、Ti等铁族元素和Au、Pb、Cd、Mo、Bi、As、Sb组合成高背景区（带）； (2)在高背景区（带）中有以Cu、Au、Ni、Pb、Cd、Mn、As、Sb为主的多元素局部异常，并呈北东向的串珠状、带状分布，受线性构造控制的特点非常明显	(1)指示元素有Cu、Ni、As、Cd、Au、Sb、Hg、Ag、Mo； (2)地表或近地表矿上Cu、Ni异常有明显的浓集中心，并有良好的浓度分带，隐伏铜镍矿上方没有明显的Cu、Ni异常，但出现As、Cd、Au及Sb、Hg、Ag、Mo等组合异常； (3)Cu、Ni的中带异常肉带异常带状、串珠状展布，是近矿的指示标志	阿拉善左旗浆型铜镍钴多金属矿
沉积型	(1)华北陆块北缘西段金、铁、稀土、铜、铅、锌、银、镍、铂、钨、石墨、白云母成矿带（霍各乞-查尔泰山铜、铅、锌、硫成矿亚带）狼山-查尔泰山成矿带、霍各乞铁、铝、锌、镍成矿集区； (2)华北陆块北缘狼山-渣尔泰山中元古代裂谷； (3)严格受中新元古界狼山群二岩组地层控制，同时受褶皱及层同构造控制	(1)硅化、电气石化、透辉透闪石化和白云母化、阳起石化、绿泥石化、碳酸盐化； (2)矿石矿物以黄铜矿为主，磁黄铁矿、黄铁矿次之，方铅矿微量； (3)黄铜矿出露地表成形孔石，大量存在流失孔雀石等表生氧化产物	(1)区域地球化学上分布有Cu、Au、Pb、Cd、Ni、Co、W、Sn、Bi、As、Hg等元素组成的高背景区（带），面积可达上百平方千米； (2)在高背景区（带）中有以Cu、Ag、Au、Zn、W、Mo、Sn、Bi、As、Sb为主的多元素局部异常，并呈北东向或东西向展布	(1)除Bi、Co、Cr、B外，Cu、Pb、Zn、Ag、Cd、Mn、Ni、Fe_2O_3等元素异常轴状分布；Cu、Pb、Zn、Cd异常面积大，强度高，套合好、浓集中心部位与矿体相吻合；Ag、Mn、Co、Ti、Ni、V、Fe_2O_3在矿体上方表现为低缓异常；Hg、W、Bi异常主要分布在矿体的外围； (2)Ag、As、Hg等前缘元素与W、Co、Cr等尾部元素的比值是评价矿体（床）剥蚀程度的有效指标	乌拉特后旗霍各乞沉积型铜多金属矿

续表 5-14

矿床类型	地质背景	矿床特征	区域地球化学异常特征	矿田(矿床)异常特征	典型矿床
矽卡岩型	(1)华北陆块北缘西段金、铁、铌、铜、铅、锌、银、镍、铂、钨、石墨、稀土、铁、钼、镍成矿白云鄂博—商都亚带；(2)华北陆块北缘狼山-白云鄂博铁、铌、稀土、铜、镍成矿亚带；(3)受呼吉尔图商岩组与华力西期斑状黑云母花岗岩远岩体外接触带中矽卡岩化带控制	(1)矽卡岩化、绿泥石化、碳酸盐化、硅化、萤石化、绿帘石化；(2)矿石矿物以黄铜矿、斑铜矿为主、黄铁矿(黄铁矿)次之、闪锌矿、毒砂少量、黑铜矿主要为孔雀石、黑铜矿和蓝铜矿；(3)黄铜矿出露地表多形成转石，大量存在流失孔、铁帽、孔雀石等表生氧化产物	(1)区域上分布有 Cu, Au, Ag, Pb, Cd, W, Bi, As, Sb, Hg 等元素组成的高背景区(带)；(2)在高背景区(带)中有以 Cu, Au, Ag, Pb, Zn, W, Mo, Sn, Bi, As, Sb 为主的多元素局部异常，并主要呈近东西向展布	(1)指示元素有 Cu, Au, Ag, Cd, As, Sb 和 Pb, Zn, W, Bi, Sn；(2)矿体上方 Cu, Au, Ag, Cd, As, Sb 异常较为明显，其中 Au, Ag, As, Sb 呈串珠状、为中带或内带，Pb, Zn, W, Bi, Sn 呈低缓状、Cu, Cd 呈低缓状；(3)Cu, Au, Ag, Cd, As, Sb 相互套合的浓集中心部位是矿床所在部位	达茂旗 宫明洞矽卡岩型铜矿
斑岩型	(1)构造区划属额尔古纳-兴安古岛弧，位于额尔古纳-呼伦岩深断裂西侧，中生代陆相火山岩浆相对隆起部位的北东向和北西向两组断裂的交汇处；(2)中生代陆相火山喷发中心浅成斜长花岗斑岩体；(3)携矿斜长花岗斑岩体是成矿和矿化富集的主导因素，火山机构蚀变整制有利空间，面型蚀变整制矿体的分布	(1)石英绢云母化、硅化、钾化、伊利石水云母化；(2)矿石矿物主要有黄铜矿、辉钼矿、黝铜矿、闪锌矿、磁铁矿、方铅矿；(3)在地表表现为岩石疏松破碎，褐铁矿发育，黄钾铁矾普遍，见孔雀石及蓝铜矿	(1)区域上有 Cu, Au, Ag, Pb, Zn, Cd, Ni, W, Sn, Mo, As, Sb, Hg 等元素组成的高背景区(带)；(2)浅成斜长花岗斑岩体中 Cu, Mo 含量明显偏高；(3)在高背景区(带)中有以 Cu, Mo 为主的 Au, Ag, Pb, Zn, Ni, Co, W, Sn, As, Sb 多元素局部异常	(1)指示元素有 Cu, Au, Bi, Mo, Ag, Cd, As, Sb, Hg, Pb, Zn, W；(2)具有 CuMoAg→PbZnWAu 的水平分带特征；(3)Cu, Mo, Ag 相互套合的浓集中心部位是矿床所在部位	新巴尔虎右旗乌努格吐山斑岩型铜矿床

1. 珠斯楞热液型铜多金属矿地质-地球化学找矿模型

1）地质特征

（1）矿区大地构造单元属于天山地槽褶皱系东段,北山华力西晚期地槽褶皱系之三级构造单元雅干复背斜,区内一系列北西向及近南北向构造构成了呼伦西白-珠斯楞反 S 型弧状构造,矿区位于构造的东端。

（2）华力西期中酸性岩体较为发育,与泥盆系地层呈侵入接触关系。

（3）构造活动强烈,北西向断裂发育,是区内主要的控岩、控矿构造。

（4）矿体产于岩浆岩与地层接触带中,上盘围岩主要为泥盆系硅化变质粉砂岩,下盘围岩主要为华力西晚期闪长玢岩、蚀变花岗闪长岩。

（5）围岩蚀变以青磐岩化、钾化为主,矿体为脉状、不规则状、透镜状,矿石矿物主要是黄铜矿、闪锌矿、方铅矿。

（6）矿石矿物主要为黄铜矿、闪锌矿、方铅矿,脉石矿物有绿泥石、绿帘石、钾长石、角闪石、绢云母及少量的石英。

（7）成矿时代:石炭纪—二叠纪。

2）地球化学特征

（1）区域性统计结果显示,泥盆系富 Ag,而 Cu、Pb、As、Hg、Sb 则具有强分异能力。中酸性侵入岩贫亲铜成矿元素,富 W、Mo 族元素,但亲铜成矿元素具有较强的分异能力,岩浆侵入为元素运移富集成矿提供了能源和动力。

（2）1∶20 万化探资料显示:矿床主要指示元素为 Cu、Au、Ag、As、Sb、Hg、Bi、Mo（图 5 - 56、图 5 - 57）,Cu、Ag、As、Sb、Hg、Bi 呈北西向条带状展布,其中 Ag、As、Sb、Hg 的宽度较大,最宽处可达 5000m,Cu、Bi 的宽度较小,最宽处为 1200m,Au 呈北西向串珠状展布,Mo 呈星散状。Cu、Au、Bi 异常面积虽不大,但强度较高,套合好,浓集中心部位与地层和岩体的接触带、矿体相吻合;Ag、As、Sb、Hg 异常面积大,强度高,套合好,显示了以 Cu、Bi、Au 为主的中心带和以 As、Sb、Hg 为主的边缘带的水平分带特征,Ag 在中心带和边缘带均有显示。各元素异常均呈北西向带状、串珠状展布,受构造控制的特征明显。

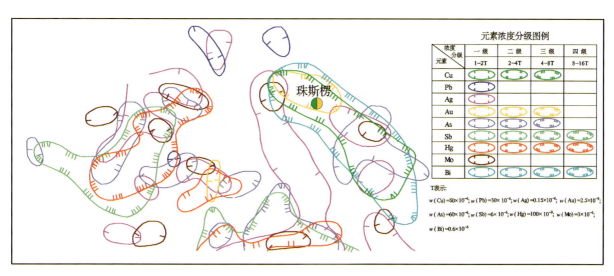

图 5 - 56 珠斯楞铜矿区化探综合异常示意图

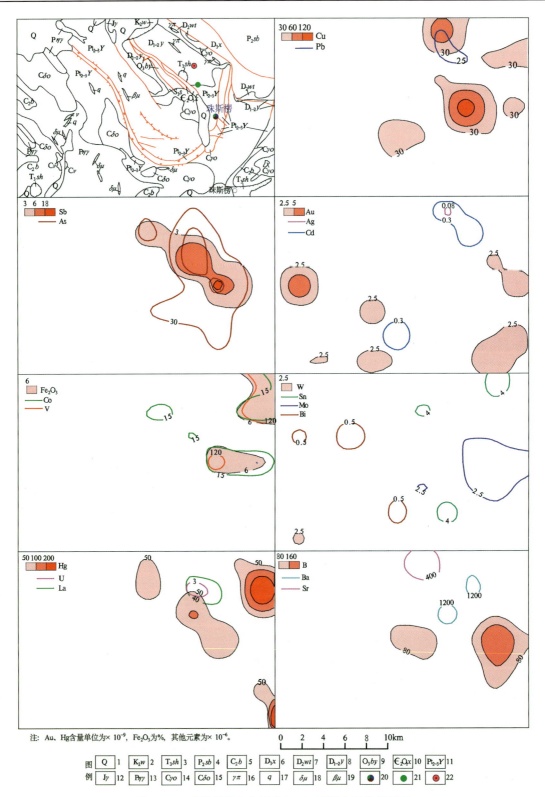

图 5-57 珠斯楞铜多金属矿 1∶20 万综合异常剖析图

1.第四系;2.上白垩统乌兰苏海组;3.上三叠统珊瑚井组;4.中二叠统双堡塘组;5.上石炭统白山组;6.上泥盆统西屏山组;7.中泥盆统卧驼山组;8.下中泥盆统依克乌苏组;9.上奥陶统白云山组;10.中寒武统—下奥陶统西双鹰山组;11.中新元古界圆藻山群;12.侏罗纪花岗岩;13.二叠纪二长花岗岩;14.石炭纪斜长花岗岩;15.石炭纪石英闪长岩;16.花岗斑岩脉;17.石英脉;18.闪长玢岩脉;19.辉绿玢岩脉;20.铜多金属矿;21.铜矿;22.铁矿

3) 地质-地球化学找矿模型

研究发现,北山-阿拉善成矿带上的4个预测区的铜综合异常均具有与珠斯楞海尔罕铜矿区相似的元素组合特征,即以 Cu、Au、Ag、As、Sb、Hg 为主的元素组合特征,讨论其异常组合、异常元素与矿床(体)的空间关系,对实现该带的找矿突破有一定的借鉴。珠斯楞海尔罕热液型铜多金属矿地质-地球化学找矿模型见图 5-58。

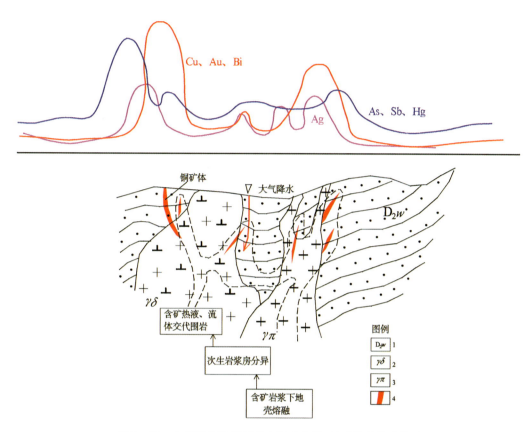

图 5-58　珠斯楞热液型铜多金属矿地质-地球化学找矿模型
1.中泥盆统卧驼山组;2.花岗闪长岩;3.花岗斑岩;4.铜矿体

2. 霍各乞喷流沉积型铜多金属矿地质-地球化学找矿模型

1) 地质特征

(1) 矿区大地构造单元属于狼山-阴山陆块狼山-白云鄂博裂谷,成矿区带划分属滨太平洋成矿域华北陆块成矿省华北陆块北缘西段狼山-渣尔泰山铅、锌、金、铁、铜、铂、镍成矿亚带(Ⅲ级)。

(2) 岩浆岩遍布整个矿区,约占面积的 20%~25%,岩浆活动具有多期性、多相性及产状多样性,其中以元古宙和华力西期岩浆活动最为强烈。

(3) 断裂和裂隙构造十分发育,成矿期断裂——深断裂是控矿构造;成矿期后断裂——逆斜断层、横断层、裂隙构造是控矿构造。

(4) 所有矿床均分布在渣尔泰山群阿古鲁沟组一至三岩组地层中,并明显受二岩组控制。成矿金属种类与地层岩性呈专属关系:铜主要赋存在硅质层中;铅主要赋存在碳酸盐岩层中;锌主要赋存在含碳质的泥质岩中。

(5) 围岩蚀变以硅化、电气石化、绢云母化为主,矿体与围岩一般呈整合关系,为薄层状、似层状、透镜状,矿石矿物主要是黄铜矿、磁黄铁矿、方铅矿。

(6)金属矿物主要为黄铜矿、磁黄铁矿和黄铁矿,次要为斑铜矿、方黄铜矿、白铁矿、毒砂等;脉石矿物有石英、透辉石、碳质(石墨)、云母、透闪石-阳起石、方解石等。

(7)成矿时代为中—新元古代。

2)地球化学特征

(1)区域性统计结果显示,狼山群地层,尤其是狼山群二岩组中成矿元素 Cu、Pb、Zn 含量明显高于外围其他地层。

(2)通过霍各乞铜多金属矿床 1:20 万化探异常剖析可以看出(图5-59),该矿床赋存于高 Fe_2O_3、Mn、MgO 的成矿地球化学环境中,矿床分布有 Cu、Au、Pb、Cd、Ni、Co、W、Sn、Bi、As、Hg 等元素异常。除 Bi、Co、Cr、B 外,Cu、Pb、Zn、Ag、Cd、Mn、Ni、Fe_2O_3 等元素异常均呈等轴状分布。

主要成矿元素为 Cu、Pb、Zn,各元素异常强度高、面积大、套合好,具有明显的浓度分带和浓集中心,内带异常清晰地反映出霍各乞矿床的赋存部位,外带异常则反映了矿床的范围。伴生元素主要为 Ag、Cd、Hg、Ni、Mn、Fe_2O_3,这些元素具明显的浓集中心,与成矿元素吻合好,形成环状异常,组分分带不明显,表明伴生元素与成矿关系密切。此外,还伴生有 W、Mo、Bi、F、B、Y 等元素异常,与成矿元素异常叠合较差。

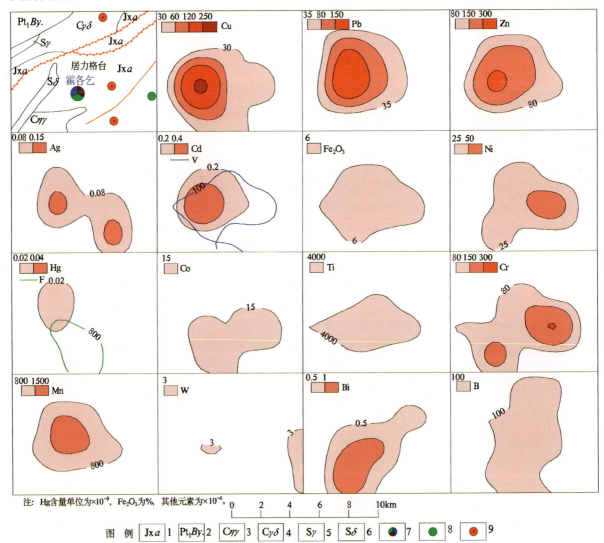

图5-59 霍各乞铜多金属矿 1:20 万综合异常剖析图

1.蓟县系阿古鲁沟组;2.古元古界宝音图岩群;3.石炭纪二长花岗岩;4.石炭纪花岗闪长岩;5.志留纪花岗岩;6.志留纪闪长岩;7.铜多金属矿;8.铜矿;9.铁矿

(3)1∶5万化探异常很好的刻画了矿床成矿元素的空间分布特征,Cu、Pb、Zn、Ag 元素组合明显,浓度高,且对霍各乞矿区内各矿床地球化学特征有良好的指示,见图 5-60。

据《内蒙古巴彦淖尔盟郎山地区千德曼—霍各乞1∶5万分散流普查找矿报告》中霍各乞典型矿床原生晕地球化学资料可见,内带矿体附近主要为 Ag、As 组合异常,中带为 Cu、Pb、Zn 组合异常,外带零星分布着 Cr、Co、Sn 组合异常,且矿体附近异常 Cu>Pb>Zn>Ag>As>Sn,见图 5-61。

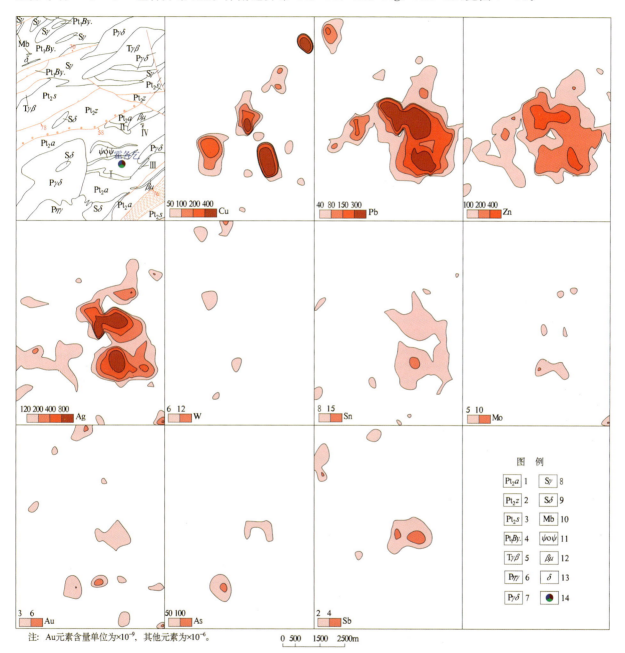

图 5-60　霍各乞铜多金属矿 1∶5万综合异常剖析图

1.中元古界阿古鲁沟组；2.中元古界增隆昌组；3.中元古界书记沟组；4.古元古界宝音图岩群；5.三叠纪黑云母花岗岩；6.二叠纪二长花岗岩；7.二叠纪花岗闪长岩；8.志留纪花岗岩；9.志留纪闪长岩；10.大理岩；11.超基性岩；12.辉绿玢岩脉；13.闪长岩脉；14.铜多金属矿

3)地质-地球化学找矿模型

中—新元古界渣尔泰山群阿古鲁沟组为本区主要赋矿地层,该地层中的碳质板岩、碳质千枚岩、碳质条带状石英岩、含碳石英岩、黑色石英岩及透闪石岩、透辉石岩及其相互过渡岩类(原岩为泥灰岩),是

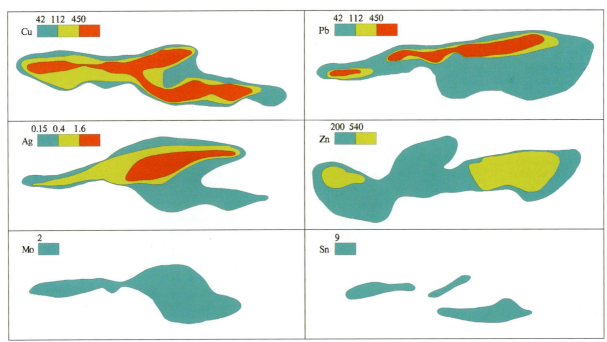

注：各元素含量单位为$\times 10^{-6}$。

图 5-61 霍各乞铜矿床原生晕异常分布特征示意图

铜、铅、锌矿床的赋存层位,矿体以层状产出于该类地层中。岩浆活动以加里东期和华力西期最为强烈,二叠纪中酸性岩体广泛分布。断裂和裂隙构造十分发育,成矿期断裂——深断裂是控矿构造;孔雀石化、硅化、绢云母化和褐铁矿化为该区直接的找矿标志。

矿体上方地球化学组合异常特征明显,主要成矿元素为 Cu、Pb、Zn,伴生 Ag、Cd、W、Bi 及铁族元素。其中 Cu、Pb、Zn、Cd 异常面积大,强度高,套合好,浓集中心部位与矿体相吻合;Ag、Mn、Co、Ti、Ni、V、Fe_2O_3 在矿体上方表现为低缓异常,Hg、W、Bi 异常主要分布在矿体的外围。

通过对霍各乞铜矿地球化学特征、地质特征的分析,提出霍各乞铜矿地质-地球化学找矿模型,见图 5-62。

3. 乌努格吐山斑岩型铜钼矿地质-地球化学找矿模型

1) 地质特征

(1) 区域地质。

大地构造位于区域性构造北东向额尔古纳-呼伦深断裂的西侧,是两个大地构造单元——外贝加尔褶皱系与大兴安岭褶皱系的衔接处,外侧中生代火山岩带相对隆起区,额尔古纳-呼伦深断裂的发育控制了本区火山岩带沿北东向分布,并且为矿产的形成提供了场所(图 5-63)。乌努格吐山铜钼矿属于满洲里-新巴尔虎右旗多金属成矿带北端。

(2) 矿床地质。

矿区位于中生代陆相火山盆地边缘的古隆起部位,区域性北东向额尔古纳-呼伦深断裂在矿区东侧约 25km 处通过,受其影响,旁侧一级断裂系统为北东向、北西向和近东西向 3 组,均为成矿后期断裂,对矿体起破坏作用,沿走向、倾向均为舒缓波状。

岩浆岩主要有二长花岗斑岩、黑云母花岗岩、流纹质晶屑凝灰熔岩、次斜长花岗斑岩、英安质熔结角砾岩、石英斑岩、闪长玢岩等。

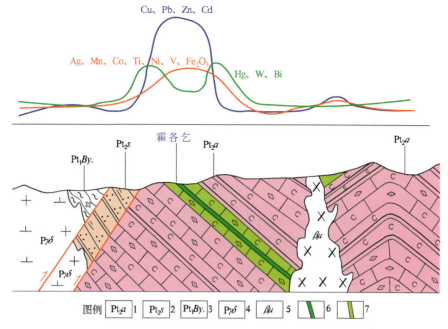

图 5-62 霍各乞沉积型铜多金属矿地质-地球化学找矿模型
1.中元古界阿古鲁沟组；2.中元古界书记沟组；3.古元古界宝音图岩群；
4.二叠纪花岗闪长岩；5.辉绿玢岩脉；6.矿体；7.多金属含矿层

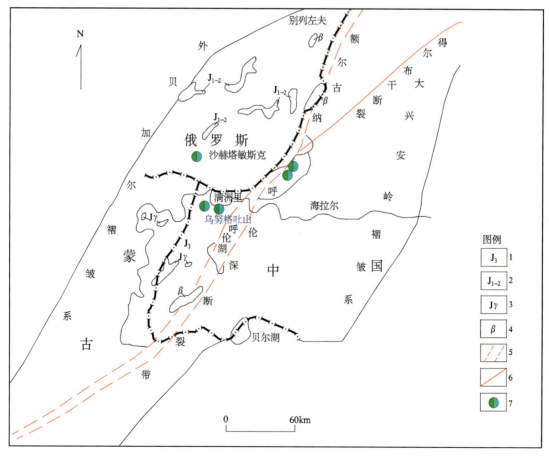

图 5-63 乌努格吐山铜钼矿床构造位置简图（据赵春波等，2010）
1.上侏罗统；2.下—中侏罗统；3.侏罗纪花岗岩；4.玄武岩；5.深断裂带；6.断裂构造；7.铜钼矿

铜钼矿体分布在斜长花岗斑岩内外接触带,铜主要见于外接触带,部分在内接触带岩体中。其空间形态呈北西倾斜的空心筒状体。平面上,矿体则呈环状出现,内带为钼,外带为铜;剖面上,矿体上宽下窄,倾角上缓下陡,向下矿体有收敛、分支、逐渐尖灭之势,整个矿带呈哑铃状(图5-64)。铜资源量 $223.2×10^4$ t,品位 0.46%;钼资源量 $40×10^4$ t,品位 0.026%。

本矿床矿化分带明显受热液蚀变分带制约,由热源中心向外随温度梯度的变化形成了较明显的金属元素水平分带。其中,黄铁矿-辉钼矿带是钼矿体的主要赋存部位,金属矿物呈细脉浸染状;辉钼矿-黄铁矿-黄铜矿带是铜矿体的赋存部位,金属矿物以浸染状为主,细脉次之。

围岩蚀变主要为硅化、钾长石化、绢云母化、水白云母化、伊利石化及碳酸盐化,次为黑云母化、高岭土化等。蚀变范围很大,为环形蚀变带。从内到外可分为3个带:石英-钾长石带、石英-绢云母-水云母带、伊利石-水云母化带。

矿石以铜矿物(黄铜矿、铜蓝、斑铜矿、辉铜矿和黝铜矿)和钼矿物(辉钼矿)为主,可见少量方铅矿、闪锌矿、磁铁矿、赤铁矿及次生孔雀石、蓝铜矿、赤铜矿和褐铁矿等。

辉钼矿 Re-Os 同位素年龄为 $(178±10)$ Ma(李诺等,2007),表明成矿时代为燕山早期(早—中侏罗世)。

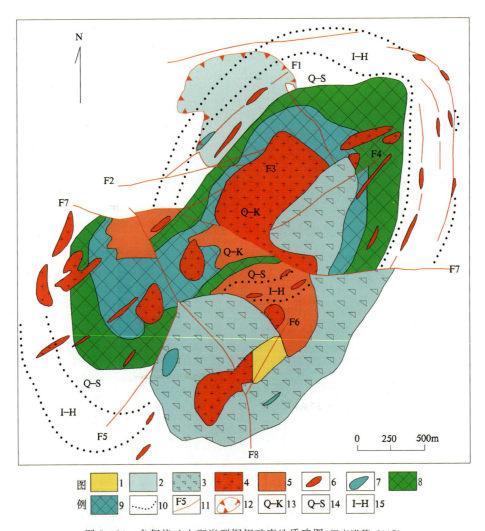

图 5-64 乌努格吐山斑岩型铜钼矿床地质略图(据李诺等,2007)

1.震旦系额尔古纳河组;2.流纹质晶屑凝灰熔岩;3.英安质熔结角砾岩;4.花岗斑岩;5.黑云母花岗岩;
6.流纹斑岩;7.闪长玢岩;8.铜矿体;9.钼矿体;10.蚀变带界线;11.断层及编号;12.火山管道构造;
13.石英-钾长石带;14.石英-绢云母带;15.伊利石-水白云母化带

2)地球化学特征

以1∶20万化探数据为基础,结合大比例尺化探资料,总结乌努格吐山斑岩型铜钼矿床地球化学特征。

(1)由1∶20万化探异常剖析图(图5-65)可以看出,异常元素组合为Cu、Mo、Pb、Ag、Bi、W、Zn、Cd、Au。主要成矿元素为Cu、Mo,伴生元素为Pb、Ag、Bi、W、Zn、Cd、Au。浓度分带除W、Zn外,其他元素异常均有内带、中带、外带,Cu、Mo、Pb、Ag、Bi等元素套合好,强度高,有明显的浓度分带,浓集中心部位与矿体相吻合,Zn、W在矿体上方表现为低缓异常,Au、Cd在矿体的上方和周围都有分布。各元素最高含量:Cu $203×10^{-6}$、Mo $95.5×10^{-6}$、Pb $300×10^{-6}$、Ag $1.9×10^{-6}$、Bi $2.63×10^{-6}$、W $8.5×10^{-6}$、Zn $243×10^{-6}$、Cd $0.8×10^{-6}$、Au $12×10^{-9}$。

异常呈北东向条带状分布,由于矿区南北地段成矿作用及围岩蚀变强弱不同,使得异常形态呈近哑铃状。中间过渡带元素异常组分比较简单。Cu、Pb、Ag、Bi元素异常呈条带状与山脊的延伸方向一致,Mo、W、Zn、Cd、Au则呈似圆状分踞南北。Mo、W、Zn元素异常面积南大北小;Au、Cd元素异常面积则反之。元素异常强度也是南强北弱,Au元素除外。

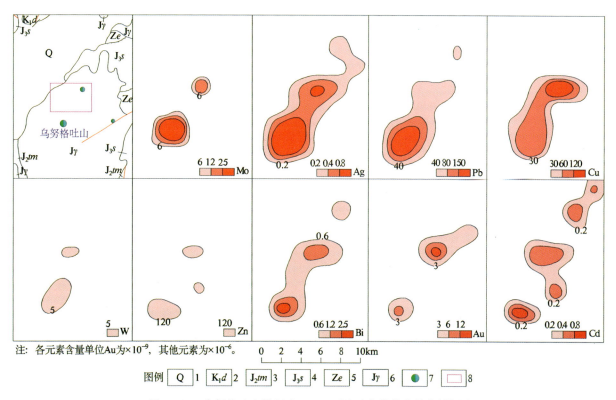

图5-65 乌努格吐山铜钼矿1∶20万地球化学综合异常剖析图

1.第四系;2.下白垩统大磨拐河组;3.中侏罗统塔木兰沟组;4.上侏罗统沙枣河组;5.震旦系额尔古纳河组;6.侏罗纪花岗岩;7.铜钼矿;8.1∶5万工作区范围

(2)由1∶5万化探异常剖析图可以看出(图5-66),矿区内Cu、Mo、Ag、Pb、W有较好的异常显示,异常组合好、强度高、有明显的浓集中心和浓度分带,异常中心与矿床位置基本吻合。Zn、Au仅为局部弱的异常,分布于矿区外围。

(3)在收集典型矿床大比例尺资料的基础上,总结了典型矿床原生晕地球化学特征(邵和明,2001):①在矿体上方次生晕具有Pb、Zn、Mo、As内带异常,F、Hg、S、Mn外带组合异常及Cu的中带异常。②矿体上方地表原生晕有Pb、Zn、Cd内带异常,As、Ag、W、Ni、Co中带异常及F、Hg、Cu、Mo、Sb、Au、Sn、Mn、Rb、Ba外带异常。矿头晕特征元素为Pb、Zn、S、Ni(Cd、Ag、As)内带异常;矿体中部晕特征元

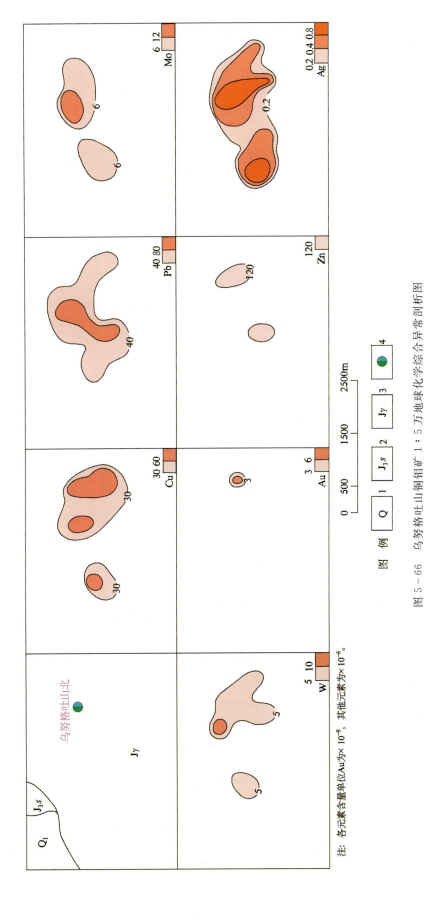

图 5-66 乌努格吐山铜钼矿 1:5 万地球化学综合异常剖析图

1.第四系；2.上侏罗统沙枣河组；3.侏罗纪花岗岩；4.铜钼矿

素为 Ag、As(Pb、Zn)内带异常，Hg(Cu)中带异常，Mn 外带异常；矿尾部晕特征元素 Bi、W 内带异常和 Co、Sn、Cu、Mo 中带异常。

3）地质-地球化学找矿模型

乌努格吐山铜钼矿是自治区境内典型的特大型斑岩型铜钼矿床，研究其地球化学异常特征与成矿地质环境之间的关系、异常元素与矿的内在联系等规律，能在该预测区内寻找同类型多金属矿起到一定的指导作用。乌努格吐山铜钼矿地质-地球化学找矿模型见图 5-67。

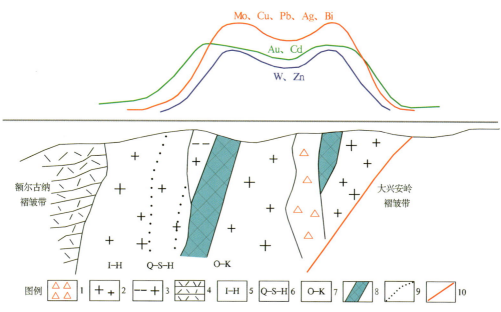

图 5-67 乌努格吐山斑岩型铜钼矿地质-地球化学找矿模型

1.火山角砾岩；2.二长花岗斑岩；3.黑云母花岗岩；4.前侏罗纪地质体(盖层)；5.伊利石-水云母化带；
6.石英-绢云母-水云母化带；7.石英-钾长石化带；8.铜钼矿体；9.蚀变带分界线；10.得尔布干深断裂

印支期—燕山早期，受太平洋板块向西推挤，得尔布干深断裂复活，黑云母花岗岩侵位，带来铜、钼等成矿元素的富集；燕山早期受与得尔布干深断裂带相对应北西向拉张断裂的影响，形成许多中心式火山喷发机构，二长花岗斑岩沿火山管道相侵位，也带来铜、钼等成矿元素的富集。由于本区多期次的构造岩浆活动，引发了深源岩浆水与下渗的天水对流循环，这种混合热流体由于既富挥发分又富碱质，同时对围岩具强裂的萃取和交代反应能力，从而导致围绕斑岩体形成环带状蚀变分布的矿化分带。蚀变分带表现为石英-钾长石化带—绢云母化带；矿化分带表现为 Mo→Mo-Cu→Cu→Cu-Pb-Zn。Cu、Mo、Pb、Ag、Bi 等在矿体上方有强异常显示，Zn、W 等表现为低缓异常，Au、Cd 在矿体上方和周围均有异常显示。

综上所述，本区斑岩型铜钼矿的一些主要找矿方向：乌努格吐山铜、钼矿是一个以花岗斑岩体为中心形成的环状铜钼矿体，受燕山晚期火山-次火山活动控制，火山机构又受区内北东向和北西向两组断裂控制。因此，区域找矿标志是深断裂旁侧发育的构造-岩浆活动带，在火山-构造岩浆活动的中心寻找与火山机构有关的，特别是次火山活动最强烈时期形成的多期次浅成—超浅成相中酸性次火山侵入岩（花岗岩、花岗斑岩等），可作为重点目标区；矿体周围的围岩蚀变具有石英-钾长石化及石英-绢云母化等典型的交代型分带明显的面状蚀变晕，有 Cu、Mo、Pb、Zn、Ag、Bi、W、Au、Cd 等化探异常，并与自电激发异常复合部位是工业矿体赋存的有利地段，可以作为一个重要找矿标志，以进一步缩小目标范围。

二、金矿

自治区正规的金矿地质工作始于 20 世纪 60 年代初期,陆续发现了哈达门沟金矿田及金厂沟梁、朱拉扎嘎、陈家杖子、赛乌素、白乃庙等一批大、中型规模金矿床,金矿找矿取得了突破性进展。区内金矿床分布广泛,但又相对集中,形成了 6 个密集区,即北山地区金矿床密集区、阿拉善地区金矿床密集区、乌拉山—大青山地区金矿床密集区、狼山—白云鄂博—化德一带金矿床密集区、赤峰地区金矿床密集区、额尔古纳地区金矿床密集区。区内岩金矿床主要分布在包头、赤峰、呼市地区;砂金矿床主要分布在呼盟和乌盟地区;伴生金矿床主要分布在乌盟、呼盟、巴盟地区。

(一)典型矿床地质地球化学特征

本次工作对成矿规律组选取的 18 个典型金矿床(表 5-15)的地质、地球化学特征进行了详细研究,编制了矿床所在区域的地球化学综合异常剖析图,为将来地质-地球化学找矿模型的建立奠定了基础。总结各典型矿床的成矿地质作用、成矿构造体系、成矿地质特征、地球化学特征等,也能够为下一步金矿找矿预测图的编制提供模型和有力依据。

表 5-15 内蒙古自治区金矿典型矿床一览表

矿床成因类型	典型矿床名称	规模	矿种类型
热液型	哈达门沟	大型	Au
	巴彦温都尔	中型	Au
	三个井	中型	Au
	白乃庙	小型	Au
	小伊诺盖沟	小型	Au
岩浆热液型	朱拉扎嘎	大型	Au
	撰山子	中型	Au
	老硐沟	小型	Au、Cu
	巴音杭盖	小型	Au
	赛乌素	小型	Au
	碱泉子	小型	Au
火山热液型	陈家杖子	大型	Au、Cu
	古利库	中型	Au、Ag
	四五牧场	小型	Au
变质热液型	十八顷壕	中型	Au、Ag
	新地沟	小型	Au
斑岩型	毕力赫	小型	Au
层控内生型	浩尧尔忽洞	大型	Au

1. 哈达门沟式热液型金矿地质地球化学特征

1)地质特征

哈达门沟金矿区位于华北陆块北缘,内蒙地轴西南部,阴山隆起带中段;南邻鄂尔多斯坳陷带的呼包断陷,矿区处于二级大地构造单元临界处。新太古界乌拉山岩群片麻岩为金矿床的赋矿地层。乌拉山-大青山山前大断裂及临(河)-集(宁)大断裂,为区内的主干断裂(主要控矿构造),控制着金矿床的分布。区内没有大的岩体,但脉岩相当发育,主要是花岗伟晶岩、辉绿玢岩等,脉岩的分布大多与矿脉生成一致。矿区金属矿物比较单一,主要是黄铜矿、方铅矿等。围岩蚀变主要有钾长石化、硅化,其次是绢云母化、绿泥石化。矿床成矿时代为华力西晚期—燕山早期。

2)地球化学特征

矿区内异常受乌拉山山前大断裂控制,呈近东西向展布。主要异常元素为 Au、Pb、Zn,其次为 La、Y、Th 等,与 W、Mo、Bi、F、P 等元素共同存在而形成一个异常连续、稳定、颇具规模的组合异常,组合异常范围以 Au 为主(图 5-68)。异常强度一般为:$Au(5\sim20)\times10^{-9}$、$Pb(30\sim50)\times10^{-6}$、$La(60\sim90)\times10^{-6}$、$Y(20\sim30)\times10^{-6}$、$Th(15\sim40)\times10^{-6}$、$Nb(40\sim60)\times10^{-6}$;最高异常强度为:$Au\ 77\times10^{-9}$、$Pb\ 94\times10^{-6}$、$La\ 225\times10^{-6}$、$Y\ 62\times10^{-6}$、$Th\ 58\times10^{-6}$、$Nb\ 79\times10^{-6}$、$U\ 9.3\times10^{-6}$。

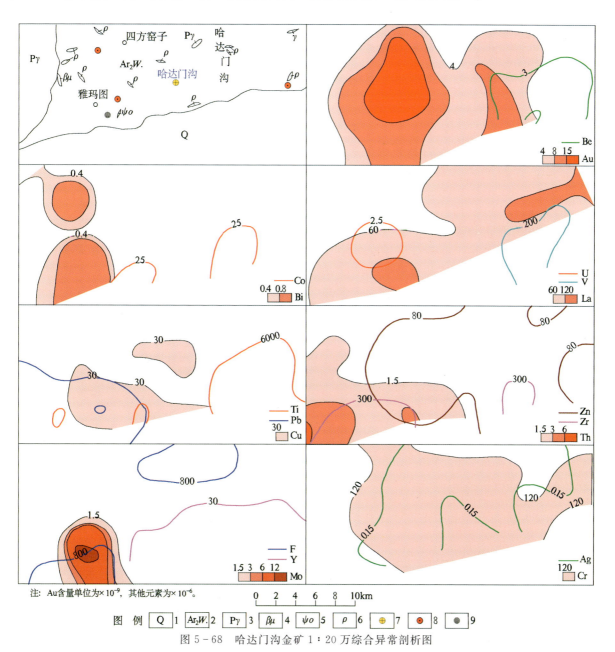

图 5-68 哈达门沟金矿 1∶20 万综合异常剖析图

1.第四系;2.中太古界乌拉山岩群;3.二叠纪花岗岩;4.辉绿玢岩脉;5.角闪岩脉;6.伟晶岩脉;7.金矿;8.铁矿;9.稀土矿

2. 巴彦温都尔式热液型金矿地质地球化学特征

1）地质特征

矿区出露地层主要有中元古界温都尔庙群桑达来呼都格组、哈尔哈达组，上古生界下中二叠统大石寨组第二段，中二叠统哲斯组第一段。区内岩浆活动频繁而强烈，主要为加里东期、华力西期、印支期及燕山期花岗杂岩体，与金成矿关系密切的岩体为粗粒斑状黑云母二长花岗岩。本区与金成矿关系密切的构造为北东向巴彦温都尔-巴润萨拉韧性剪切带，是区域 4 条主要韧性剪切带之一。与其相关的北东向、近东西向压剪性、压扭性断裂和北西向张剪性、张扭性断裂构造，是矿区重要的成矿控矿构造。区内矿石矿物主要为黄铁矿、方铅矿、针铁矿、纤铁矿及少量的磁铁矿、赤铁矿、黄铜矿、毒砂、白铅矿、闪锌矿、铜蓝等，偶尔见自然金。矿区围岩蚀变较为发育，主要发育在岩体与地层接触带、韧性剪切带内和断层、裂隙两侧，蚀变类型主要有硅化、绢云母化、绿泥石化、绿帘石化、高岭土化、碳酸盐化、孔雀石化等。硅化贯穿成矿阶段的全过程，是重要的金矿化标志。金矿的成矿期为晚二叠世—早三叠世。

2）地球化学特征

1∶20 万化探资料显示，该矿床异常元素组合为 Au、As、Mo、W、Bi、Cu、Zn 等（图 5-69）。各异常元素中 W 为三级浓度分带，As、Mo、Bi 为二级浓度分带，Au、Cu、Zn 等为一级浓度分带。各元素异常面积中等，整体呈北东向展布，异常吻合程度中等，有一定的浓集趋势。推测该异常与北东向韧性剪切带和岩浆侵入有关。

3. 三个井式热液型金矿地质地球化学特征

1）地质特征

三个井金多金属矿床位于天山-阴山巨型纬向复杂构造带北山黄磞子-三个井近东西向挤压带东段。该区赋矿岩石为下石炭统第二段变质岩，矿体围岩有条带状混合岩、黑云石英片岩、二云石英片岩、黑云斜长片麻岩及大理岩，围岩蚀变强烈而普遍，主要有矽卡岩化、碳酸盐化、褐铁矿化、高岭土化、硅化、黄铁矿化及褪色等。区内构造简单，主要表现为断裂和裂隙，在岩体和地层接触带上分布着区域性的压扭性断层，走向北西西，为该区主要导矿构造。区内多金属矿脉则赋存于该断层上盘与其大致平行的、性质相同的断裂裂隙内，为该区主要控矿构造。矿石矿物主要为方铅矿，其次为黄铜矿、闪锌矿、黝铜矿、毒砂、白铅矿、铅矾、孔雀石化、蓝铜矿、孔雀石及褐铁矿。该矿床是一个以 Au 为主，Ag、Pb、Cu 伴生的矿床，其中 Pb、Ag 均达到工业品位，但无法单独圈出矿体，Au 与 Pb、Ag 关系密切，有同步消长关系。Au、Pb、Ag 常共生，矿体规模越大，共生元素越多，矿石品位越富。矿床成矿时代为华力西晚期。

2）地球化学特征

矿区异常元素组合为 Au、Pb、Ag、Cu、Zn、As、Cd、Th 等，各元素异常套合好（图 5-70）。主要成矿元素 Au、Pb、Ag 异常强度达四级，Cu、Zn 为一级；成矿伴生元素 Cd 异常强度达二级，As、Th 为一级。这些异常除 Th 外，均反映在同一个点上，面积为 $4km^2$。

4. 白乃庙式热液型金矿地质地球化学特征

1）地质特征

白乃庙金矿大地构造位置属内蒙古兴安地槽褶皱带。区内出露地层主要为青白口系白乃庙组，由一套浅变质的绿片岩和长英片岩组成。出露的岩体有古元古代石英闪长岩、早古生代花岗闪长斑岩和中生代斜长花岗岩，其中斜长花岗岩与金矿的形成有关。此外，区内脉岩发育，主要有花岗斑岩、斜长玢岩、闪长玢岩、钠长斑岩、正长斑岩、粗面岩、霏细岩及花岗细晶岩。区内断裂构造以东西向为主，其产状与岩层基本一致。东西向片理化带为成矿前构造，它控制着花岗闪长岩的侵入，也是主要的控矿构造。

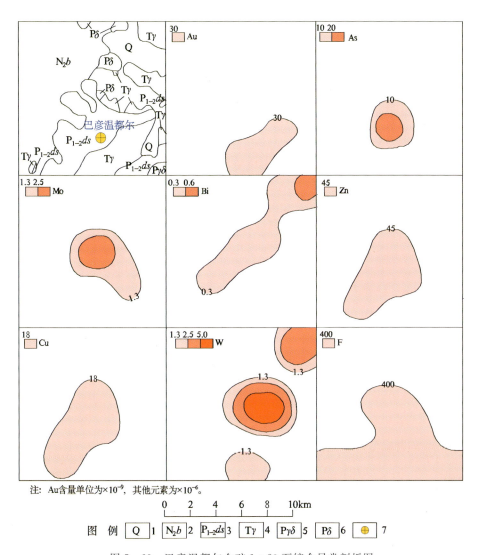

图 5-69　巴彦温都尔金矿 1∶20 万综合异常剖析图

1.第四系;2.上新统宝格达乌拉组;3.下中二叠统大石寨组;4.三叠纪花岗岩;5.二叠纪花岗闪长岩;6.二叠纪闪长岩;7.金矿

围岩蚀变有硅化、绢云母化、高岭石化、绿泥石化及碳酸盐化,金矿化与硅化有关,其他为成矿前或成矿后蚀变。组成矿体的金属矿物主要包括黄铁矿及金矿物,其次还有微量黄铜矿、方铅矿、闪锌矿等,金矿物主要为银金矿,其次为自然金。金矿成矿时代为华力西晚期或燕山早期。

2) 地球化学特征

矿区内综合异常总面积为 $176 km^2$,异常元素组合主要为 Au、Cu、Mo、Bi,其次为 Pb、Zn、W、As、Sb、Fe_2O_3、Co、Cr、Ni、V 等(图 5-71)。异常规模大、强度高、元素组合好,Au 有四级浓度分带,Cu、Mo、Bi 有三级浓度分带,其他元素均为一级、二级浓度分带。主要异常元素最高强度为:Au 81.5×10^{-9},Cu 78.3×10^{-6},Mo 8.76×10^{-6},Bi 2.48×10^{-6}。异常元素中 Au、Cu、Mo、W、Fe_2O_3、Co、Cr、Ni、V 浓集中心与矿体空间位置吻合,Bi、Pb、Zn、As、Sb 浓集中心位于矿体两侧。

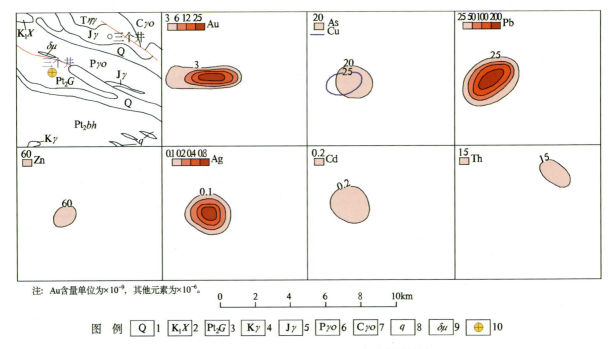

图 5-70 三个井金矿 1∶20 万综合异常剖析图

1.第四系；2.下白垩统新民堡群；3.中元古界古硐井群；4.白垩纪花岗岩；5.侏罗纪花岗岩；
6.二叠纪斜长花岗岩；7.石炭纪斜长花岗岩；8.石英脉；9.闪长玢岩脉；10.金矿

5. 小伊诺盖沟式热液型金矿地质地球化学特征

1）地质特征

小伊诺盖沟金矿位于额尔古纳中间地块的南缘。矿床赋矿地质体主要是花岗斑岩，少数矿体（矿化体）赋存在震旦系额尔古纳河组岩石之中，围岩蚀变见绢云母化、硅化和黄铁矿化。矿区断裂构造主要以北东向、北西向为主，这两组断裂具多期活动的特点，与成矿关系较密切，已知矿体多受其控制。金属矿物有黄铁矿、方铅矿和磁铁矿，氧化带有自然金、褐铁矿、镜铁矿、铜蓝和孔雀石。成矿作用晚于中侏罗世，可能形成于蒙古-鄂霍茨克陆陆碰撞造山环境。

2）地球化学特征

1∶20 万化探资料显示，该综合异常元素组合以 Au、Pb、W、Cd 为主，其次为 Cu、Zn、Ag、Mo、As、Sb 等元素异常，异常整体呈北东向展布（图 5-72）。异常面积大，强度高，套合好，浓度分带明显，其中 Au 为四级浓度分带，Pb、W、Cd 为三级浓度分带，Cu、Ag、Mo、As、Sb 为二级浓度分带，Zn 为一级浓度分带。

6. 朱拉扎嘎式岩浆热液型金矿地质地球化学特征

1）地质特征

朱拉扎嘎金矿大地构造位置处于华北陆块北缘西段，中元古代陆缘坳陷带内。矿区位于朱拉扎嘎近北北西向叠加褶皱构造的轴部，巴彦西别-乌兰内哈沙推覆构造的下盘，岩层呈南东向倾斜的单斜构造。金矿体主要赋存于阿古鲁沟组一段纹层状阳起石变质钙质粉砂岩、变质钙质粉砂岩地层中。矿区内岩浆活动微弱，仅见一些沿北东向和北西向裂隙侵入的闪长岩脉。矿石矿物主要为自然金、磁黄铁矿、毒砂、黄铁矿、黄铜矿、方铅矿、褐铁矿、铜蓝等，岩（矿）石中常见的绿泥石化、绢云母化、硅化、阳起石化、透闪石化等都是热液蚀变作用的产物。热液蚀变与金矿化有着密切的关系。矿床成矿时代为新元古代。

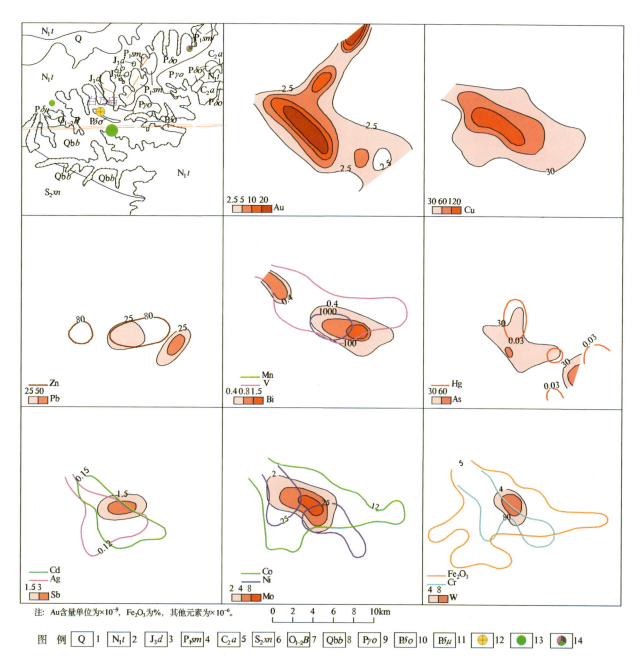

图 5-71 白乃庙金矿 1∶20 万综合异常剖析图

1.第四系;2.中新统通古尔组;3.上侏罗统大青山组;4.下二叠统三面井组;5.上石炭统阿木山组;6.中志留统徐尼乌苏组;7.下中奥陶统包尔汉图群;8.青白口系白乃庙组;9.二叠纪斜长花岗岩;10.二叠纪石英闪长岩;11.二叠纪闪长玢岩;12.金矿;13.铜矿;14.铜铅金矿

2)地球化学特征

1∶20 万化探资料显示,该综合异常位于巴音诺尔公东北朱拉扎嘎毛道一带,与朱拉扎嘎金矿相吻合。异常总面积为 $126km^2$,形态呈等轴状,异常元素组合以 Au、Ag、Cu、Pb、Zn、As、Sb、Bi、Hg、W、Mo、Be、Li、Co、Fe_2O_3 为主,大部分元素异常规模大,强度高,浓度分带达二至四级(图 5-73)。各元素异常浓集中心明显且吻合较好。反映了强地球化学作用下的地球化学异常特征,Au 峰值 $17×10^{-9}$,面积 $36km^2$。

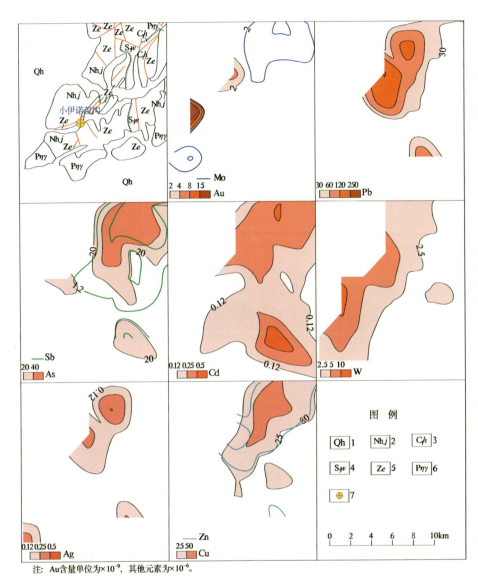

图 5-72 小伊诺盖沟金矿 1:20 万综合异常剖析图
1.全新统；2.南华系佳疙疸组；3.下石炭统红水泉组；4.上志留统卧都河组；
5.震旦系额尔古纳河组；6.二叠纪二长花岗岩；7.金矿

在该异常区布设 1:5 万水系沉积物测量，出现以 Au 为主，伴有 Ag、Cu、Pb、Zn、As、Sb、Bi、Mo 等元素的异常，各异常元素近南北向，随岩性的变化而出现组分的分离。以巴音西别群结晶灰岩与乌兰哈夏群钙质、硅质板岩、变质粉砂岩的不整合界线为界，北部巴音西别地层出露区元素组合为 Pb、Zn、Ag、Mo、W、Sb；南部乌兰哈夏群地层出露区即金矿体集中地段元素组合为 Au、Cu、As、Bi(Pb、Zn、Ag、Sb)。

7. 撰山子式岩浆热液型金矿地质地球化学特征

1) 地质特征

撰山子金矿位于赤峰-开原深断裂以北，华北陆块与内蒙古华力西期褶皱带的交接部位，紧靠内蒙古华力西期褶皱带的南缘。区域出露地层主要为奥陶—志留系低—中级变质火山-沉积岩系，石炭系—二叠系浅变质火山-沉积岩系，中生代陆相火山岩和山间盆地碎屑沉积岩。区域岩浆活动具有明显的多

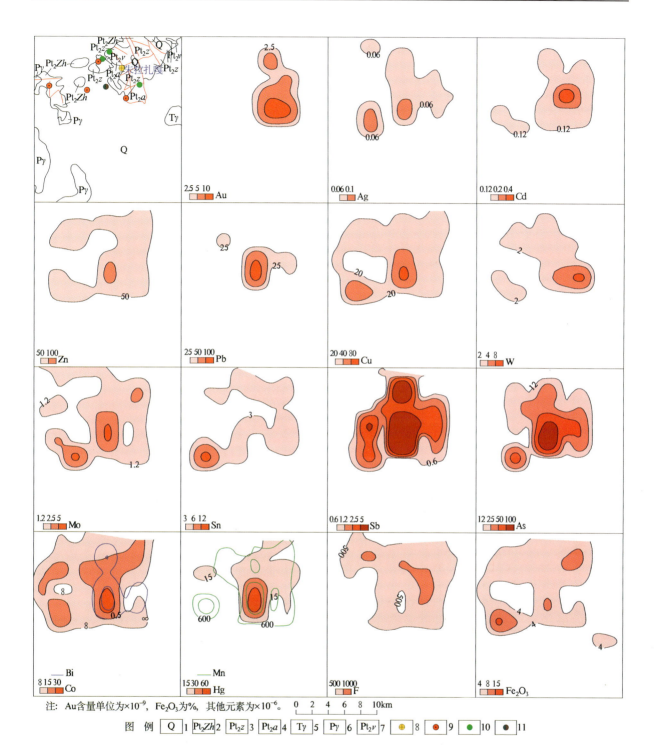

图 5-73 朱拉扎嘎金矿 1:20 万综合异常剖析图

1.第四系;2.中元古界渣尔泰山群;3.中元古界增隆昌组;4.中元古界阿鲁沟组;5.三叠纪花岗岩;6.二叠纪花岗岩;7.中元古代辉长岩;8.金矿;9.铁矿;10.铜矿;11.铅锌矿

旋回性和多期性,其中以华力西期和燕山期侵入岩分布最广,集中出露在翁牛特隆起、烧锅营子隆起和敖汉复向斜南部。区域构造演化历史比较复杂,经历了加里东期、华力西期、燕山期和喜马拉雅期构造运动。断裂构造比较发育,主要有东西向、北北东向、南北向断裂构造,北西向断裂构造强度较小。金矿成矿作用主要与燕山期构造岩浆活动关系比较密切。该金矿床由 80 多条矿脉组成,金矿脉主要为含金石英脉,其次为蚀变构造岩型金矿脉。矿脉严格受北西向剪切断裂带控制。工业矿体普遍产在地表以下,一般在容矿裂隙中呈规膜不大的透镜体或扁豆体产出。矿化连续性比较差。

2)地球化学特征

1:20万化探资料显示,矿区水系沉积物中 Au、Pb、Ag、Cd 有较好的异常显示,异常中心与矿床位置基本吻合(图5-74)。Zn、As、Bi、Mn、W、Sn、Hg 等仅为局部弱的异常,大多分布于矿区外围。主要元素平均含量:Au 28.7×10^{-9}、Pb 55.2×10^{-6}、Ag 0.41×10^{-6}、Cd 0.52×10^{-6}、Zn 110×10^{-6}。

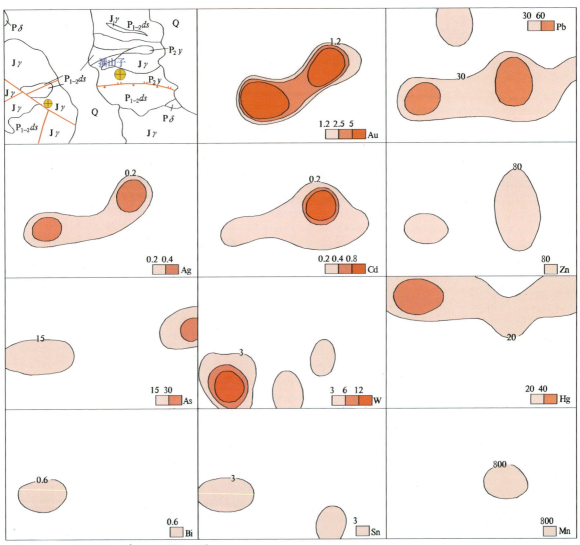

注:Au、Hg 含量单位为 $\times10^{-9}$,其他元素为 $\times10^{-6}$。

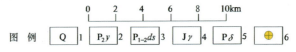

图 5-74 撰山子金矿 1:20 万综合异常剖析图

1.第四系;2.中二叠统于家北沟组;3.下中二叠统大石寨组;4.侏罗纪花岗岩;5.二叠纪闪长岩;6.金矿

在垂直 5 号矿脉的方向上采集岩石样作定量分析,发现 Au、Ag、Zn、Pb、Cu、Cd、Mo、As、Hg 等元素具有较强的原生晕(图 5-75),其高含量部分与矿脉基本吻合,围岩(闪长岩)中元素含量急剧降至背景值以下或仅有范围极小的弱的原生晕显示。W、Mn、Co、Ni、Sb 等元素仅在围岩中有弱的原生晕,在矿脉上为低值区。

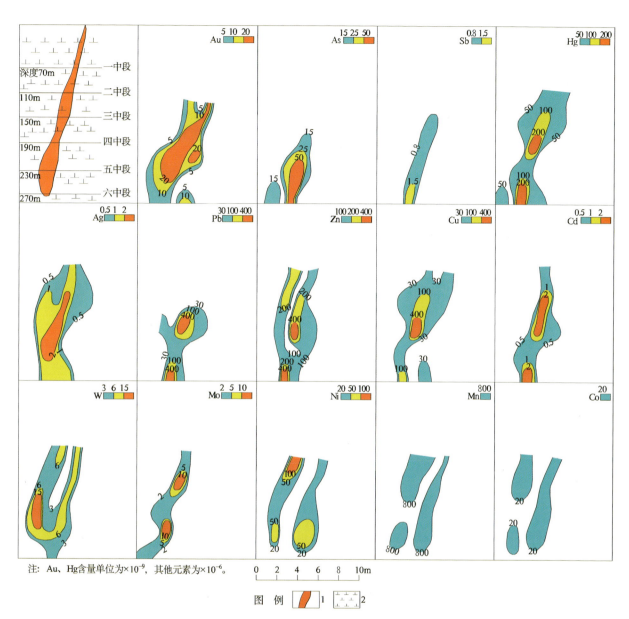

图 5-75 撰山子金矿 5 号矿脉原生晕
1.含金石英脉；2.闪长岩

8. 老硐沟式岩浆热液型金矿地质地球化学特征

老硐沟金矿床是自治区内典型的岩浆热液型金矿，本次工作对其建立了地质-地球化学找矿模型（详见本矿种第二部分），该处不做详细论述。

9. 巴音杭盖式岩浆热液型金矿地质地球化学特征

1）地质特征

巴音杭盖金矿床位于中蒙边界宝音图隆起带北部，产于古元古界宝音图岩群浅变质岩与华力西中期斜长花岗岩岩体的内、外接触带，受东西向、北东向及北西向断裂控制。矿区内共发现 155 条含金石英脉，长度从 20～2000m 不等，多数在 200m 以内，厚度在 0.3～3.0m 之间，成群成带分布。主要矿体长 300~600m,最大延深超过 250m,倾角在 30°~85°,品位为(4.01~9.10)×10^{-6},矿床平均品位达 5.59×10^{-6}。近矿围岩为石英岩、大理岩、斜长角闪岩、斜长花岗岩等,围岩蚀变主要为硅化、绢云母化、碳酸盐化、黄铁矿化。矿床金属矿物以黄铁矿、褐铁矿及方铅矿为主,其次为赤铁矿、磁黄铁矿、黄铜矿、铜蓝及孔雀石、自然金、银金矿等。成矿时代为华力西中期。

2)地球化学特征

矿区内异常位于巴润花一带,面积 150km²,异常元素组合较少,主要有 Au、Sr、Ba,次为 Hg、Mo、Be(图 5-76),其中以 Sr、Ba 面积最大,主要成矿元素 Au 面积 44km²,具有多处浓集中心,浓度分带明显,异常最高强度为 44.6×10^{-9}。

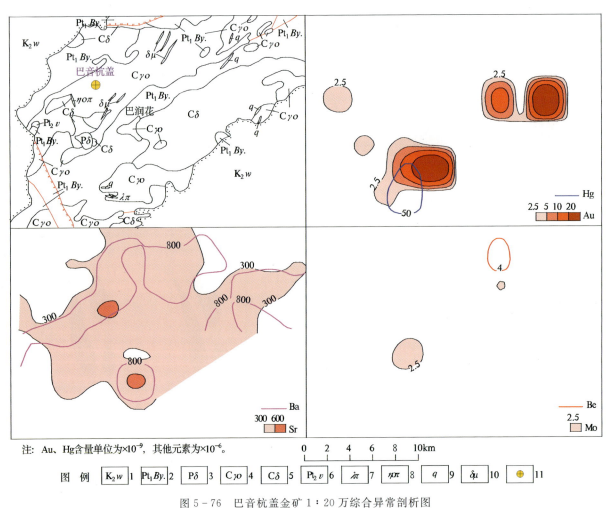

图 5-76 巴音杭盖金矿 1∶20 万综合异常剖析图

1.上白垩统乌兰苏海组;2.古元古界宝音图岩群;3.二叠纪闪长岩;4.石炭纪斜长花岗岩;5.石炭纪闪长岩;
6.中元古代辉长岩;7.流纹斑岩脉;8.石英二长斑岩脉;9.石英脉;10.闪长玢岩脉;11.金矿

10. 赛乌素式岩浆热液型金矿地质地球化学特征

1)地质特征

赛乌素金矿属华北陆块北缘金及多金属成矿区带,大地构造位于华北陆块北缘狼山-白云鄂博台缘白云鄂博褶断束。金矿体赋存于尖山组的变质砂岩、碳质板岩中,明显受岩性和地层的控制。区内出露的岩浆岩主要为加里东期、华力西期岩浆岩,而华力西期岩浆活动是金活化、迁移的介质,是穹隆构造产生的直接动力,对成矿断裂的形成、引张继而使岩浆热液上侵充填成矿均起着至关重要的作用。区域构造较为发育,川井-镶黄旗深断裂从赛乌素北侧穿过,赛乌素金矿即受控于该深大断裂或其次级构造。矿石类型主要有两种:金-褐铁矿石英脉型矿石,金-硫化物石英脉型矿石,偶见自然金和银金矿。矿区围岩蚀变弱,主要是浅变质砂岩,次为长英质脉岩及其挤压破碎的构造岩。矿床成矿时代为华力西期。

2)地球化学特征

矿区内东西向、北东向、北西向断裂构造极为发育(图5-77)。区内综合异常面积大,有近200km^2,异常元素组分复杂,由30多种元素组成,这些元素是Au、As、Sb、W、Sn、Mo、Bi、Cu、Pb、Zn、Ag及铁族和稀土元素等。各个元素异常面积不等,最大172km^2,最小12km^2。形态多种,有圆形、椭圆形及不规则形。综合异常中的Au、As、Cu、Pb、Zn、Ag、Mo、Cd、Mn等异常的浓集中心大多在金矿床上,强度较高,多为二级、三级。

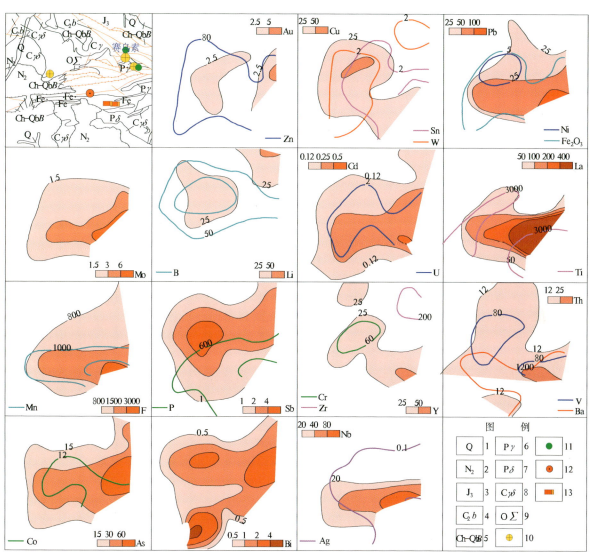

注:Au、Hg含量单位为×10^{-9},Fe$_2$O$_3$含量单位为%,其他元素为×10^{-6}。

图5-77 赛乌素金矿1:20万综合异常剖析图

1.第四系;2.上新统;3.上侏罗统;4.上石炭统本溪组;5.长城系—青白口系白云鄂博群;6.二叠纪花岗岩;
7.二叠纪闪长岩;8.石炭纪花岗闪长岩;9.奥陶纪超基性岩;10.金矿;11.铜矿;12.铁矿;13.稀土矿

11. 碱泉子式岩浆热液型金矿地质地球化学特征

1）地质特征

碱泉子金矿床处于华北陆块北侧西端、阿拉善台隆西北边缘。北邻北山华力西期褶皱带，南接祁连加里东期褶皱带。其次级构造单元属北大山拱断带西端。矿区地层为新太古界—古元古界龙首山岩群上亚群；侵入岩为华力西中期侵入岩；控矿构造主要为北西向层间挤压破碎带（断裂）；华力西中期侵入岩与新太古界—古元古界龙首山岩群上亚群地层形成的内外接触带是主要的赋矿围岩。围岩蚀变有不太明显的水平分带现象，与金矿化关系比较密切的蚀变有硅化、黄铁矿化和绿泥石化。矿石矿物主要为自然金，次为银金矿。矿床成矿时代为华力西晚期。

2）地球化学特征

从图 5-78 中可以看出，异常走向为南北，形态呈等轴状，面积 156km²。异常元素组合为 Au、Ag、As、Sb、Bi、Hg、Cu、Zn、W、Sn、Fe$_2$O$_3$、Co、Mn、V、Ti、Ni、Cr、U、Zr、Nb、La、Y、Th。异常以 Au、Ag、As、Sb、Bi、Hg、Cu、Zn、W、Sn 为主，其中 Au、As、Sb、Bi、Hg 具有明显的浓集中心。据水系沉积物测量结果，各主要元素峰值、衬度分别为：Au 3.4×10^{-9}，1.43；As 27.9×10^{-6}，1.93；Sb 1.13×10^{-6}，1.44；Bi 0.6×10^{-6}，1.39；Hg 25.5×10^{-9}，1.12；Cu 25.5×10^{-6}，1.12；Zn 77.1×10^{-6}，1.26；W 7.12×10^{-6}，1.75；Sn 6.5×10^{-6}，1.19；B 130×10^{-6}，1.87。

各元素异常吻合性好，规模大，强度较高，浓集中心明显。异常分布于古元古界北山群中，其边界沿岩体与地层接触带分布。

12. 陈家杖子式火山热液型金矿地质地球化学特征

1）地质特征

陈家杖子金矿大地构造位置隶属华北陆块北缘，内蒙古地轴东段，马鞍山隆断南端，隆化-黑里河-叶柏寿东西向大断裂与红山-八里罕北东向大断裂的交会部位。区内被第四系广泛覆盖，太古宇建平岩群片麻岩呈残留体形式分布在燕山早期花岗岩体中，混合岩化较强，总体走向近北东向，构成本区老基底，为重要的矿源层。矿区内未见大的岩体，但脉岩较发育，有石英斑岩、流纹岩、英安斑岩、闪长玢岩等岩脉或岩株。区内构造以断裂构造为主，褶皱构造次之。矿区范围内北东向断裂构造发育，其中北东向断裂裂隙对金矿体分布有一定的控制作用。矿体总体呈北东向带状分布，穿切角砾岩筒的酸性脉岩也多呈北东向展布。本区围岩蚀变强烈，近矿围岩蚀变主要为硅化、冰长石化、碳酸盐化、黄铁矿化、绢云母化、泥化等；远矿围岩蚀变有绿泥石化、绿帘石化、方解石化，局部重结晶石化等，地表普遍褐铁矿化，次为黄钾铁矾化。成矿时代为燕山早期。

2）地球化学特征

1∶20 万水系沉积物测量中仅 Au、Hg、Ag、Mo、B 有异常显示（图 5-79），其他元素含量基本呈背景值。异常元素中 Au 异常范围较大，强度低，仅为一级；其余 4 个元素异常均不完整，强度为二级、三级。各元素异常吻合性较好，多位于矿体上方。

1∶5 万水系沉积物测量显示，该区异常元素组合为 Au、Ag、Cu、Pb、Zn、As、Sb、Sn 等（图 5-80），各元素异常套合好，浓集中心一致，浓度分带明显。组合元素异常有北东与北西两个方向，北东方向的元素有 Au、As、Sb(Ag、Cu、Pb)，北西方向的元素有 Au、Ag、Pb、Zn(Sn)，这种方向性反映了异常区内控矿构造的方向。

13. 古利库式火山热液型金矿地质地球化学特征

1）地质特征

古利库金矿床地处大兴安岭火山岩带的东缘、大杨树中生代火山断陷盆地与落马湖隆起接壤地带，属滨太平洋大地构造域外带-大陆边缘活动带。产出与燕山中期"减压—剪切"环境下中心式火山喷发

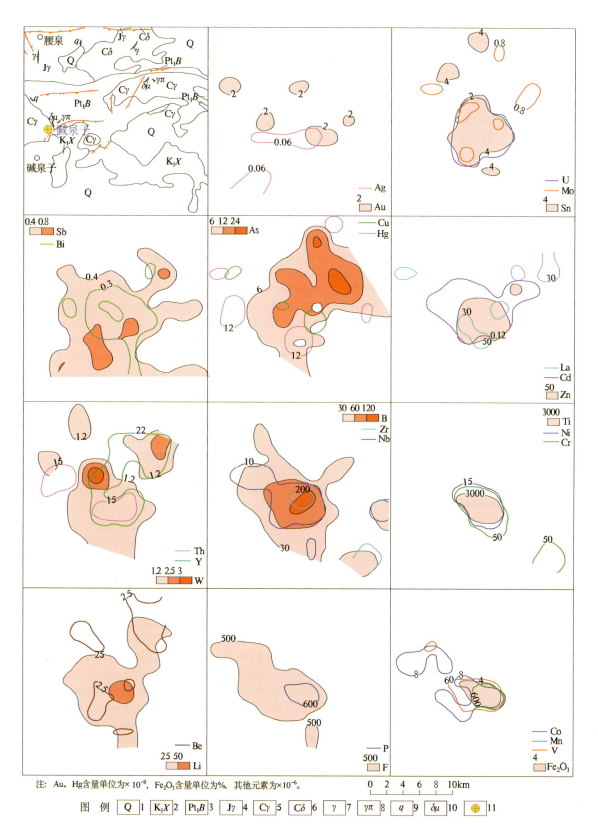

图 5-78 碱泉子金矿 1:20 万综合异常剖析图

1.第四系；2.下白垩统新民堡群；3.古元古界北山群；4.侏罗纪花岗岩；5.石炭纪花岗岩；6.石炭纪闪长岩；7.花岗岩脉；8.花岗斑岩脉；9.石英脉；10.闪长玢岩脉；11.金矿

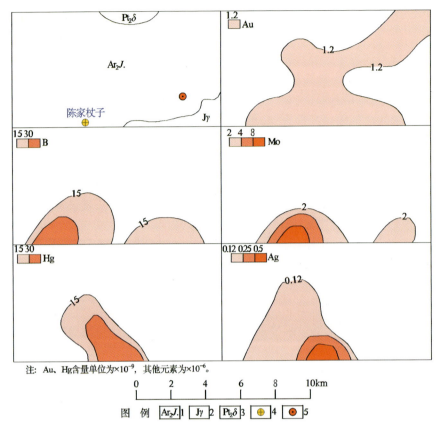

图 5-79 陈家杖子金矿 1∶20 万综合异常剖析图

1.中太古代集宁岩群；2.侏罗纪花岗岩；3.中元古代闪长岩；4.金矿；5.铁矿

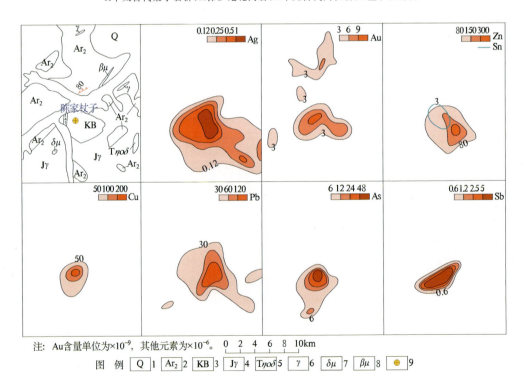

图 5-80 陈家杖子金矿 1∶5 万水系沉积物异常剖析图（据王喜宽等，1997）

1.第四系；2.中太古界；3.隐爆角砾岩；4.侏罗纪花岗岩；5.三叠纪石英二长闪长岩；
6.花岗岩脉；7.闪长玢岩脉；8.辉绿玢岩脉；9.金矿

活动有关;矿床(体)受火山穹隆和爆破角砾岩筒及北西向、北东向断裂构造控制;容矿岩石为下白垩统龙江组、光华组安山岩、英安岩和新元古界—下寒武统落马湖群糜棱岩化的长英质片岩、片麻岩。金属矿物主要为自然金、银金矿、黄铁矿、黄铜矿、辉银矿、方铅矿、黝铜矿等。围岩蚀变主要有硅化、冰长石化、绢云母化、白云石化、黄铁矿化等,硅化和冰长石化与矿化关系最密切。成矿时代为燕山中期(早白垩世中晚期121～97.2Ma)。

2)地球化学特征

1:20万化探资料显示,该矿床异常元素组合为Au、As、Sb、Cu、Pb、Zn、Ag、Mo、W、Cd等(图5-81)。异常面积大,其北侧未封闭,元素组合较齐全,各元素异常吻合较好。Au、Ag、W、As异常强度高,均达四级,浓度分带明显,浓集中心清晰,其余元素强度较低,多为一级。

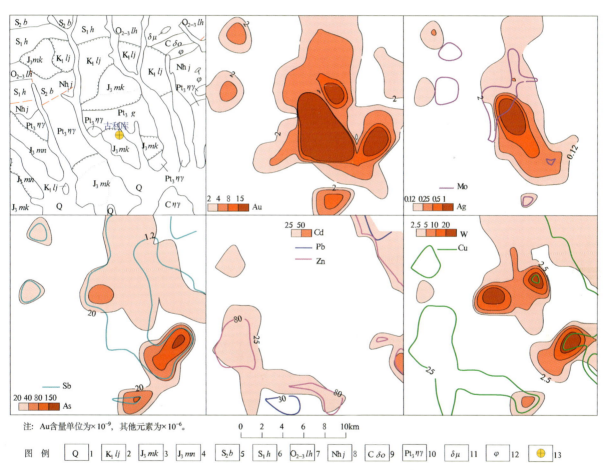

图5-81 古利库金矿1:20万综合异常剖析图

1.第四系;2.下白垩统龙江组;3.上侏罗统满克头鄂博组;4.上侏罗统玛尼吐组;5.中志留统八十里小河组;6.下志留统黄花沟组;
7.中上奥陶统裸河组;8.南华系佳疙疸组;9.石炭纪石英闪长岩;10.新元古代二长花岗岩;11.闪长玢岩脉;12.角闪岩脉;13.金矿

14. 四五牧场式火山热液型金矿地质地球化学特征

1)地质特征

四五牧场金矿大地构造属天山-兴蒙造山系,大兴安岭弧盆系,额尔古纳岛弧海拉尔-呼玛弧后盆地。金矿床赋存于塔木兰沟组中基性火山岩内,该套地层中的粗安岩、粗安质火山碎屑岩具斑状结构,粗安质隐爆角砾岩具角砾状构造,相对疏松,便于矿液的运移、储存,该套岩性控制了矿液的沉淀。区内岩浆岩不发育,仅见两处小型岩株,矿区南侧隐伏岩体(高磁异常)的存在,提供了热源,也提供了成矿流体的最初来源。区内帕英湖-八一牧场大断裂控制着侏罗纪侵入岩的分布,其北西侧的断裂构造发育,北东向断裂构造控制着超浅成英安玢岩侵入体及粗安质隐爆角砾岩的分布,与金矿化关系密切,成为控矿构造,北西向断裂对矿化蚀变带有破坏作用。成矿时代为侏罗纪—白垩纪(铅同位素测年198~96Ma)。

2)地球化学特征

1:20万区域化探异常显示,异常呈近东西向展布,综合面积52km², 异常元素组合以Au、Ag、Pb、Zn、Mo、W、Sn、Cd、Sb、Bi为主(图5-82),伴有Cu、As、Hg等元素异常,其中Au、Ag、Bi、Mo、Sn均有内带出现,其余元素含量较低,仅有外带或中带出现。Au、Ag、Pb、Mo、Sn、Sb、Bi等元素异常套合性好,含量较高。Au平均含量49.1×10^{-9},最高116×10^{-9},面积12km²;Ag平均含量0.99×10^{-6},最高3.82×10^{-6},面积24km²;Bi平均含量31.3×10^{-6},最高90×10^{-6},面积12km²;Mo平均含量15×10^{-6},最高40×10^{-6},面积16km²;Sn只有一个异常点,含量为38×10^{-6}。

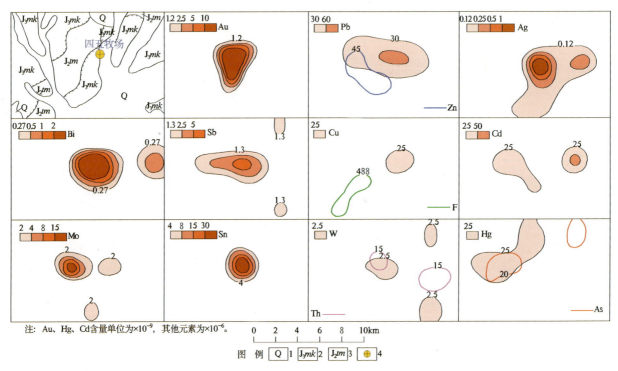

图5-82 四五牧场金矿1:20万综合异常剖析图
1.第四系;2.上侏罗统满克头鄂博组;3.中侏罗统塔木兰沟组;4.金矿

15. 十八顷壕式变质热液型金矿地质地球化学特征

1)地质特征

十八顷壕金矿地处阴山山脉西段的色尔腾山,内蒙古自治区固阳县坝梁乡,属华北克拉通北缘西段。该处发育一套新太古代角闪岩相—绿片岩相变质岩系和花岗岩杂岩体。区域构造线呈北西西—东西向展布,由一系列褶皱、断裂带所组成,并且伴有频繁的岩浆侵入活动。矿区及邻区花岗岩类分布较广,类型较多,时代上从老(太古宙)到新(晚古生代—早中生代)均有分布,岩石成分上以钙碱性—碱钙性花岗岩类居多。其中,印支早期侵入岩与金矿成矿作用具有空间上和成因上的密切关系,岩性以碱长花岗岩为主,次为钾长花岗岩、花岗闪长岩、英云闪长岩、正长岩、二长闪长岩等。围岩蚀变中黄铁矿化、硅化、碳酸盐化、绢云母化与金矿化关系密切,尤以黄铁矿化最为密切。成矿时代为燕山早期。

2)地球化学特征

矿区异常位于东五分子—西管景一带,长约13km,宽约9km,形态不规则,北宽南窄,面积

350km^2。异常元素以 Au 为主,其次为稀土元素及多金属元素等(图 5-83)。各元素异常强度一般为:Au$(5\sim30)\times10^{-9}$、U 4×10^{-6}、La$(60\sim70)\times10^{-6}$、Y$(30\sim40)\times10^{-6}$、Sn$(2\sim4)\times10^{-6}$;最高异常强度为:Au 1077×10^{-9}、La 100×10^{-6}、Y 67×10^{-6}、Cd 0.15×10^{-6}、Mo 10.6×10^{-6}、Zn 106×10^{-6}、Pb 66×10^{-6}、Nb 69×10^{-6}。

该异常表现为 Au 的高强度异常,与 Au 异常相吻合的有一强度中等的 Pb 异常,范围约 40km^2,异常强度约 30×10^{-6},伴生异常还有 Sn、Zn、Mo、B、REE 等元素。

16. 新地沟式变质热液型金矿地质地球化学特征

新地沟金矿床是自治区内典型的变质热液型金矿,本次工作对其建立了地质-地球化学找矿模型(详见本矿种第二部分),此处不做详细论述。

17. 毕力赫式斑岩型金矿地质地球化学特征

毕力赫金矿床是自治区内典型的斑岩型金矿,本次工作对其建立了地质-地球化学找矿模型(详见本矿种第二部分),此处不做详细论述。

18. 浩尧尔忽洞式层控内生型金矿地质地球化学特征

1)地质特征

浩尧尔忽洞金矿大地构造位置为华北陆块北缘白云鄂博台缘坳陷带的中部。矿区构造位于高勒图断裂带和合教-石崩断裂带的夹持区,具有较为特殊的地质构造环境。区内出露的地层由老至新有:中元古界白云鄂博群都拉哈拉组(Chd)、尖山组(Chj)、哈拉霍疙特组(Jxh)和比鲁特组(Jxb);下白垩统白女羊盘火山岩组(K$_1bn^3$)和新近系上新统(N$_2$)。区内岩浆活动频繁,主要以加里东晚期和华力西中、晚期活动为主。岩浆岩则主要分布在矿区的外围。脉体发育,主要有花岗岩脉、细晶岩脉、花岗伟晶岩脉、石英脉、石英斑岩脉、闪长玢岩脉、辉长岩脉和煌斑岩脉。矿体严格受地层(比鲁特组第二段)和构造破碎带及片理化带控制。含矿岩石主要为千枚岩、片岩、千枚状板岩等。普遍不同程度发育中—低温热液蚀变,如硅化、硫化、黑云母化和碳酸盐化等。成矿时代为加里东晚期和华力西期。

2)地球化学特征

矿区综合异常元素组合以 Au 为主,伴有 W、Cu、Pb、Zn、Ag、Cd 等元素异常(图 5-84),该异常表现为 Au 的高强度异常,异常强度为四级,浓集中心明显;W 异常强度也为四级,但只有一个异常点;Cu、Cd 异常强度为二级,规模不大,与 Au 吻合性好;其余元素均为一级浓度分带,异常规模较小,分布于 Au 异常的外围。

(二)典型矿床地质-地球化学找矿模型的建立

综合以上典型矿床研究成果,化探课题组进一步结合矿区航磁资料、区域重力资料、部分勘探成果等,对全区部分有代表性的金典型矿床地质-地球化学找矿模型进行了总结(表 5-16)。下面重点介绍老硐沟岩浆热液型金矿、毕力赫斑岩型金矿和新地沟变质热液型金矿的地质-地球化学找矿模型。

1. 老硐沟岩浆热液型金矿地质-地球化学找矿模型

1)地质特征

(1)矿区大地构造单元属于天山-阴山地槽褶皱系居延海坳陷,额济纳旗-北山弧盆系明水岩浆弧及公婆泉岛弧接触部位。矿体赋存于阴山-天山纬向构造体系中的古硐井-英雄山东西向褶断构造破碎带中。

(2)矿区内以华力西晚期中酸性侵入岩为主的岩浆活动较强烈,岩体与中元古界碳酸盐岩地层呈侵入接触关系。

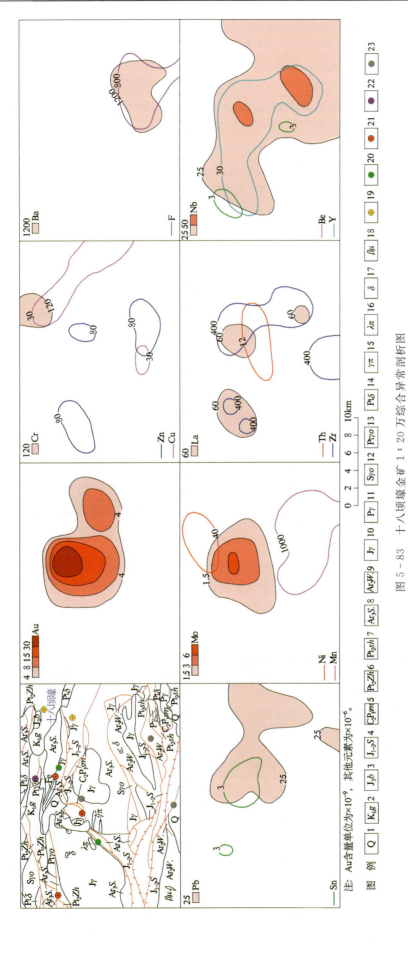

图 5-83 十八顷壕金矿 1:20 万综合异常剖析图

1. 第四系; 2. 下白垩统固阳组; 3. 上侏罗统白音高老组; 4. 中下侏罗统石拐群; 5. 上石炭统下二叠统栓马庄组; 6. 中元古界渣尔泰山群; 7. 中元古界书记沟组; 8. 新太古界色尔腾山岩群; 9. 中太古界乌拉山岩群; 10. 侏罗纪花岗岩; 11. 二叠纪花岗岩; 12. 志留纪花岗岩; 13. 元古代斜长花岗岩; 14. 元古代闪长岩; 15. 花岗斑岩脉; 16. 流纹岩脉; 17. 闪长岩脉; 18. 辉绿玢岩脉; 19. 金矿; 20. 铜矿; 21. 铁矿; 22. 锰矿; 23. 稀土矿

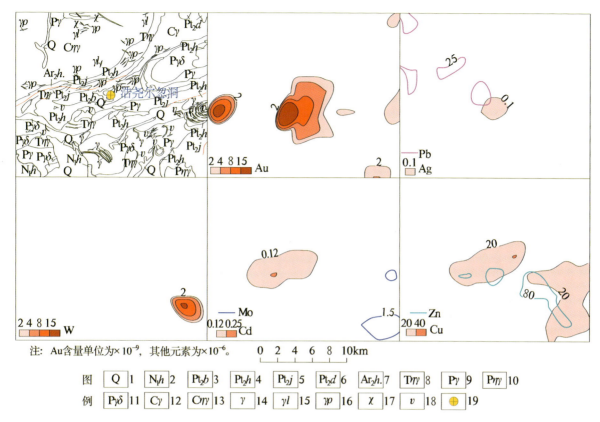

图 5-84　浩尧尔忽洞金矿 1∶20 万综合异常剖析图

1.第四系;2.中新统汉诺坝组;3.中元古界比鲁特组;4.中元古界哈拉霍疙特组;5.中元古界尖山组;6.中元古界都哈拉组;7.中太古界哈达门沟岩组;8.三叠纪二长花岗岩;9.二叠纪花岗岩;10.二叠纪二长花岗岩;11.二叠纪花岗闪长岩;12.石炭纪花岗岩;13.石炭纪二长花岗岩;14.花岗岩脉;15.花岗细晶岩脉;16.花岗伟晶岩脉;17.煌斑岩脉;18.辉长岩脉;19 金矿

(3)矿区内主体地质构造为大王山-鹰咀红山复背斜,在该背斜构造上,断裂构造发育,有北西西向、近东西向和北东向 3 组,断裂规模较大。其中北北西向羽状裂隙常控制金铅矿化,并与沿断裂贯入的中酸性脉岩关系密切(图 5-85)。

(4)金铅矿体赋存于中元古界长城系古硐井群上岩组(Pt_2G^2)第一岩性段灰色、灰黑色变石英粉砂岩夹薄层状石英粉砂质泥质板岩中。

(5)围岩蚀变为大理岩化、红柱石化、角岩化、黑云母化、电气石化、绿泥石化、黄铁矿化、绢云母化、硅化、矽卡岩化,矿体主要为脉状、不规则状,矿石矿物为自然金、银金矿、辉银矿-螺状硫银矿、针铁矿、磁铁矿、黄铜矿、黄铁矿、毒砂、闪锌矿、辉钼矿等。

(6)成矿时代:华力西晚期。

2)地球化学特征

(1)1∶20 万化探资料显示,矿区异常以 Au 元素为主,伴生有 Ag、Pb、As、Sb、Hg、Bi、Sn 等元素,各元素均达二级或二级以上浓度分带,元素间吻合性好,异常走向为近东西向,东端未封闭(图 5-86)。Au 峰值 $19.7×10^{-9}$,面积 $15km^2$;Pb 峰值 $207×10^{-6}$,面积 $74km^2$;Ag 峰值 $0.17×10^{-6}$,面积 $36km^2$;Sb 峰值 $21.6×10^{-6}$,面积 $10km^2$;As 峰值 $88×10^{-6}$,面积 $34km^2$。综合异常主要分布于平头山群白云质大理岩和白湖群碎屑岩出露区,与区域近东西向构造走向一致。从异常分布特征来看,水平分带大致为:内带 Au、Pb、Zn、Ag 元素,外带 Pb、Ag、As、Sb、Cd、Hg、W 元素。

(2)整理该矿床大比例尺资料可知:与 Au 紧密相关的元素有 Pb、Ag、As、Sb、Hg、Zn;其中 Au、Ag、Pb 是矿区共生组合很好的一簇元素,与它们共为一簇的元素还有 Sb、Zn,成为以 Pb、Au、Ag 为主的多

表 5-16 内蒙古自治区部分金典型矿床地质-地球化学找矿模型一览表

矿床类型	地质背景	矿床特征	区域地球化学异常特征	矿田（矿床）异常特征	典型矿床
热液型	(1)位于准噶尔成矿省觉罗塔格-黑山铜、镍、铁、金、银、钼、钨、石膏成矿带,黑鹰山-雅干干铁、金、铜、钼组成矿亚带;(2)天山-兴蒙造山系之额济纳旗-北山弧盆系;(3)华力西晚期斜长花岗岩体与下石炭统白云山组大理岩接触带上的区域性压扭性断裂构造	(1)绢云母化、弱硅化、碳酸盐化、褐铁矿化;(2)矿石矿物以方铅矿为主,其次为黄铜矿、闪锌矿、黝铜矿、毒砂、白铅矿、铅矾、孔雀石及褐铁矿	(1)区域上分布有 Au,Ag,As,Sb,Cd,Cu,Mo,Hg,Pb,Mn,Zn 等元素组成的区域高背景区（带）;(2)在高背景区（带）中有以 Au,Ag,As,Sb,Cd,Cu,Mo,Pb,Sb,Hg 为主的多元素局部异常,各异常元素间套合性好,具明显的浓集中心	(1)Au,Ag,As,Sb,Cd,Cu,Mo,Sb,Hg,Pb,Mn,Zn 等元素异常面积大,套合好,呈面状展布,其中 As,Sb,Cd,Fe$_2$O$_3$,Mn,Zn 异常浓度较高,其余元素均表现为低缓异常;(2)元素组合以 Au,As,Sb,Hg 为主,次为 Ag,Pb,Cu,Zn,Mn,Mo,具有较好的中低温热液型矿典型的元素组合特征	三个井热液型金矿
岩浆热液型	(1)矿体赋存于阴山-天山纬向构造体系中的古硐井-英雄山东西向褶断构造破碎带中;(2)矿区大地构造居于天山-阴山地槽褶皱带延海拗陷、额济纳旗及公婆泉山弧盆系明水岩浆弧的接触部位;(3)区内以加里东晚期中酸性长侵入岩为主的岩浆活动较强烈,岩体与中元古界碳酸盐地层呈侵入接触关系	(1)大理岩化、红柱石化、角岩化、黑云母化、电气石化、绿泥石化、黄铁绢云母化、硅化、矽卡岩化;(2)矿石矿物为自然金、银金矿、针铁矿、辉锑银矿-螺状硫银矿、黄铜矿、磁铁矿、闪锌矿、毒砂、方铅矿、辉钼矿等	(1)区域上分布有 Au,Pb,Ag,As,Sb,Hg,Ni,W,Bi,Sn 等元素组成的区域高背景区（带）;(2)在高背景区（带）中有以 Au,Pb,Cd,Ag,As,Sb,Hg,Zn,Ni 为主的多元素局部异常,并呈近东西向条带状展布	(1)主要指示元素为 Au,Pb,Cd,Ag,As,Sb,Hg,Zn,Ni;(2)Au,Pb,Cd 异常面积较大,强度高,套合好,浓集中心部位与地层和岩体的接触带相吻合,矿异常表现为 Ag,As,Sb,Hg,Zn 异常面积大,但在矿体上方或矿近旁附近表现为东西向带状展布;(3)各元素异常均呈近东西向带状分布,受构造控制的特征明显	老硐沟岩浆热液型金矿
斑岩型	(1)位于白乃庙-镶黄旗-赤峰铜、钼、铅、锌成矿带,白乃庙-哈达庙铜、金成矿亚带,毕力赫-哈达庙金成矿集区;(2)华北陆块北缘叠加褶冲带南部近华北陆块一侧;(3)矿体产于格交次火山岩-花岗闪长岩体外接触带构造、断裂构造控制	(1)青磐岩化、硅化、黄铁矿化、次生石英岩化、绢云母化、方解石化、钾长石化、电气石化等;(2)黄铁矿含量相对较高,其次为毒砂、方铅矿、黄铜矿、黝铜矿、闪锌矿等,贵金属矿物主要为自然金、少量银金矿、自然银。另外矿石中还含少量次生氧化矿物褐铁矿、辉锑矿、辉铜矿、铜蓝等	(1)区域上分布有 Au,Ag,As,Sb,Cu,Mo 等元素组成的区域高背景区（带）;(2)在高背景区（带）中有以 Au,Ag,As,Sb,Cu,Mo,Pb,Zn 为主的多元素局部异常	(1)Au,Cu,Mo 为主要异常元素,As,Sb,Bi,Hg,B 为伴生元素,并有 W,Ag 等元素异常;(2)异常总体走向北东向,呈短轴带状分布,具有组分分带及浓度分带现象;(3)吻合较好的 Cu,Pb,Zn,Ag,As,Bi,Hg 组合异常,显示中低温元素组合特征	哈达庙斑岩型金矿

续表 5-16

矿床类型	地质背景	矿床特征	区域地球化学异常特征	矿田(矿床)异常特征	典型矿床
层控内生型	(1)矿体赋存于华北陆块北缘西段金、铁、铜、铅、锌、银、铅、白云母成矿带、狼山-渣尔泰山石墨、金、铁、铜、铂、镍成矿亚带；(2)矿区位于华北陆块北缘狼山-白云鄂博含矿中高韧图断裂带和合教-石崩断裂带的夹持区；(3)含矿构造和矿化带在空间上变化受浩尧尔忽洞褶皱和高韧图深大断裂的第二段，矿体严格受地层(比鲁特组)和构造破碎带及片理化带控制	(1)硅化、黄铁矿化、黑云母化和碳酸盐化；(2)矿石矿物除自然金外，主要有黄铁矿、磁黄铁矿、黄铜矿及少量的毒砂、方铅矿、闪锌矿矿等	(1)区域上分布有 Au、Cu、Cd、W、Pb、As、Sb 等元素组成的区域高背景区(带)；(2)在高背景区(带)中有以 Au、Cu、Ag、Cd、W、As、Sb 为主的多元素局部异常	(1)主要指示元素为 Au、Ag、Cu、Zn、Hg、Cd、W；(2)Au 异常强度高，浓集中心明显，主要以面状分布，与 Cu、Pb、Cd 浓度不高，呈近北东向展布。W、Zn 套合较好。W、Zn 呈近东西向展布，主要分布在矿区外围	浩尧尔忽洞层控内生型金矿
变质热液型	(1)矿体赋存于旗下营-土贵乌拉金、银、白云母成矿亚带，三合明-伊胡塔银、铁、钨成矿亚带；(2)矿区大地构造单元属华北陆块北缘隆起带；(3)主要受色尔腾山岩群柳树沟岩组控制，北西向带呈状展布的脆韧性剪切带是成矿溶液迁移的通道和沉淀的空间	(1)绢云母化、钾化、硅化、黄铁矿化、褐铁矿化，一般为矿体或矿体顶底板直接围岩；(2)矿石矿物主要是自然金、磁铁矿、赤铁矿、褐铁矿、黄铜矿、黄铁矿、方铅矿及闪锌矿	(1)区域上分布有 Au、Sb、As、Bi、Fe₂O₃、Co、Ni、Mn 等元素组成的区域高背景区(带)；(2)在高背景区(带)中有以 Au、Sb、As、Bi、Fe₂O₃、Co、Ni、Mn、Ag、Cd、Pb、Mo 为主的多元素局部异常	(1)主要指示元素为 Au、Fe₂O₃、Co、Ni、Mn，此外有 As、Sb、Bi、Ag、Cu、Pb、Mo 等元素弱异常显示；(2)Au 呈面状展布，Bi、Ag、Sn 呈北西向条带状展布，As、Mo、Cd、F、Be 呈点状，Cu、Pb 呈星散状；(3)Au、Bi、W 具有二级浓度分带。Au、Bi、W 异常面积大，套合较好，为一级浓度分带。As、Ag、Cu、Pb、Mo、Cd 度较高，套合较好，W 异常面积大，强为一级浓度分带。矿体上方表现为低缓异常，Sn、Li、U、Th 等异常主要分布在矿体的外围	新地沟变质热液型金矿

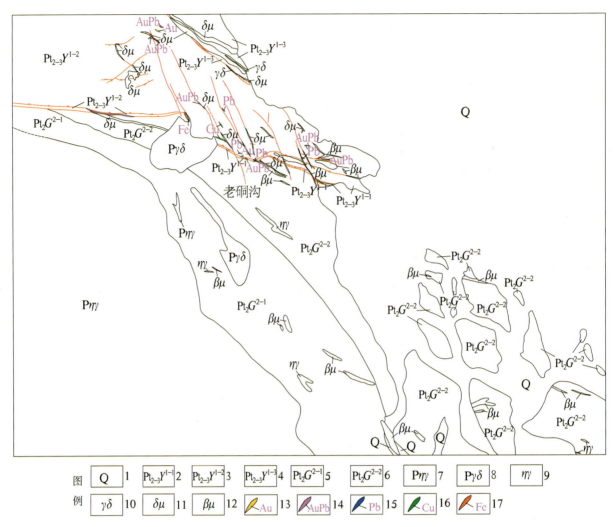

图 5-85 老硐沟金矿床地质略图

1.第四系;2.中新元古界圆藻山群下岩组第一岩性段;3.中新元古界圆藻山群下岩组第二岩性段;4.中新元古界圆藻山群下岩组第三岩性段;5.中元古界古硐井群上岩组第一岩性;6.中元古界古硐井群上岩组第二岩性段;7.二叠纪二长花岗岩;8.二叠纪花岗闪长岩;9.二长花岗岩脉;10.花岗闪长岩脉;11.闪长玢岩脉;12.辉绿玢岩脉;13.金矿体;14.金、铅多金属矿体;15.铅矿体;16.铜矿体;17.铁矿体

金属矿的主体元素。Pb、Ag、Zn、Sb 叠加组合的综合异常是金矿异常存在的指示。As、Hg 则为 Au、Ag、Pb 多金属矿的远程指示元素。Sb 只有在矿样中才有很高的含量,可见 Sb 异常的出现能作为铅多金属矿异常的特有判别指示标志。

从岩株到矿体元素水平分带序列为:Mo(Cu)—Sn(Cu)—PbAgAu(Sb)—Zn—As。矿体元素垂直分带序列为:Au—Ag—Pb—As—Cu。

3)地质-地球化学找矿模型

(1)地质标志:元古宇碳酸盐岩类地层是赋存金矿体的地层,中酸性侵入岩是金矿体的成矿母岩;碳酸盐岩类地层中规模较大的北西西向构造破碎带是金矿体的主要控矿构造;北西向、北东向次级断裂与北西西向主体断裂交会处是金矿体主要赋存区。

(2)地球化学标志:异常元素组合多,吻合性好,特别是前晕元素 As、Sb、Ag、Zn、Pb 都具备的叠加组合异常;Au、Ag、Pb 异常是金矿体存在的直接指示元素;Sb 异常是金矿异常的特有判别指示元素,As、Hg 元素异常是远程指示元素。

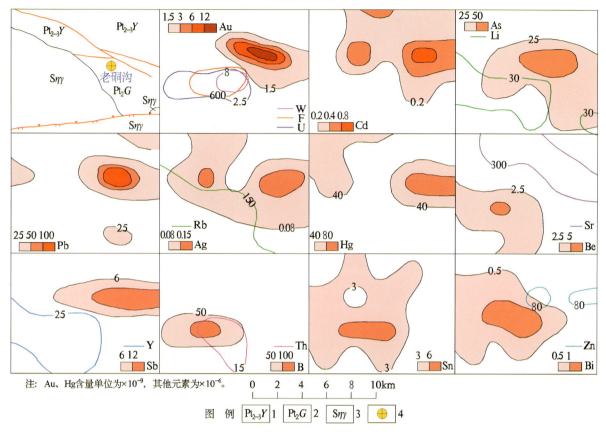

图 5-86　老硐沟金矿 1∶20 万综合异常剖析图
1.中新元古界圆藻山群；2.中元古界古硐井群；3.志留纪二长花岗岩；4.金矿

通过对老硐沟金矿地球化学特征、地质特征的分析，提出老硐沟金矿地质-地球化学找矿模型，见图 5-87。

2. 毕力赫斑岩型金矿地质-地球化学找矿模型

1) 地质特征

(1) 毕力赫金矿位于塔里木-华北陆块北缘，华北陆块北缘早古生代增生造山带和滨太平洋中生代陆缘活动带的叠合部位，北边以西拉木伦断裂为界。成矿区带属白乃庙-镶黄旗铁、铜、钼、铅、锌成矿带，白乃庙-哈达庙铜、金、萤石成矿亚带，毕力赫-哈达庙金矿集区。

(2) 矿区出露地层主要有上侏罗统玛尼吐组、白音高老组和新生界第四系；出露地表的侵入岩主要为加布切尔敖包单元钾长花岗斑岩，以及沿断裂侵入的流纹斑岩脉（霏细岩脉）。通过钻孔揭露，在第四系、古近系和新近系覆盖物下分布着以闪长玢岩为主的次火山杂岩体，岩性主要为花岗闪长斑岩和二长花岗斑岩，该杂岩体与矿化关系密切。

(3) 矿区断裂主要为北西向或北东向，以及伴生的劈理化或片理化带。其中，NW 向断层为矿区主要构造，控制了矿区的地层发育，并可能与成矿有关。

(4) 矿床由两个矿带组成，主要矿体为 Ⅱ 矿带 1 号矿体，1 号矿体呈大透镜状、板状、板柱状赋存于花岗闪长玢岩及上覆侏罗系火山岩、火山碎屑岩内外接触带，尤其是内接触带中。

(5) 围岩蚀变：面型热液蚀变主要有青磐岩化、黄铁矿化、次生石英岩化等；线型围岩蚀变多沿构造破碎带发育，主要有硅化、方解石化、钾长石化、绢云母化、黄铁矿化、电气石化等，见于矿化破碎带或其

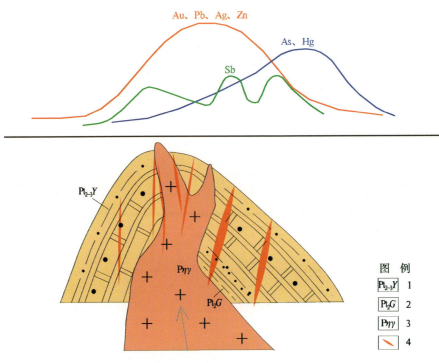

图 5-87 老硐沟岩浆热液型金矿地质-地球化学找矿模型
1.中新元古界圆藻山群;2.中元古界古硐井群;3.二叠纪二长花岗岩;4.矿脉

两侧,与矿化关系密切。区内金属矿物比较单一,其中金矿含量相对较高,其次为毒砂、黄铜矿、黝铜矿、闪锌矿、方铅矿、辉钼矿、辉锑矿等。贵金属矿物主要为自然金,少量银金矿、自然银。另外矿石中还含少量次生氧化矿物褐铁矿、辉铜矿、蓝辉铜矿、铜蓝等。

(6)成矿时代:燕山期。

2)地球化学特征

(1)1:20万化探资料显示:异常总体呈北东向展布,面积 $188km^2$。异常元素组分齐全,包含有 Au、Cu、As、Sb、Hg、W、Mo、Bi、Sn、Zn、Ag、铁族元素及部分稀土元素等在内的20余种元素(图 5-88)。其中 Au 具四级浓度分带,As、Bi 具三级浓度分带,Cu、Fe_2O_3、Co、B、Mo、Sb 具二级浓度分带,其余元素均为一级浓度分带。

(2)由岩石剖面结果可知(图 5-89、图 5-90),在花岗斑岩脉与侏罗系凝灰岩接触带有明显的 Au 异常显示,并有较为吻合的 Cu、Pb、Zn、Bi、Hg 等元素异常,且 As、Sb、Hg 元素异常域更宽。两条剖面上金含量最高值分别为 34.1×10^{-6}、45.2×10^{-9}。

(3)土壤剖面测量结果反映出,矿体有近南北向延伸的迹象且异常带不止一条,是多层矿化体的预兆。3条剖面上,金含量最高值分别为 45.0×10^{-9}、93.4×10^{-6}、5.5×10^{-9}(图 5-91~图 5-93)。土壤剖面结果分析显示,Au 与 Ag、Cu、Bi、V 等元素相关性最好,与 Zn、Hg、Mn 等元素相关性较为显著,即具有中低温元素组合特征。

3)地质-地球化学找矿模型

(1)地质标志:上侏罗统火山岩是赋存金矿体的主要地层;花岗岩体及花岗斑岩脉、石英脉为主要赋矿岩体;金矿体受断裂构造控制,其中北西向断裂为主要控矿构造;围岩蚀变中硅化、钾化、黄铁矿化与成矿关系密切。

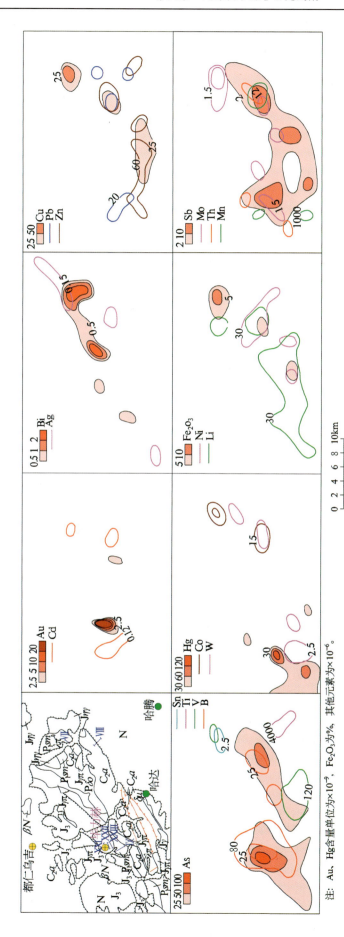

图 5-88 毕力赫金矿 1:20 万综合异常剖析图

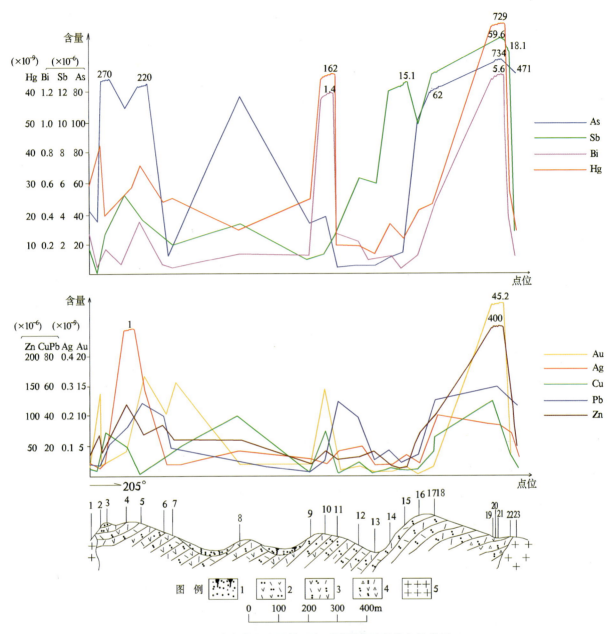

图 5-89 毕力赫金矿Ⅸ剖面岩石测量多元素综合异常图
1.腐殖土;2.凝灰质砂岩;3.凝灰岩;4.凝灰角砾岩;5.花岗斑岩

(2)地球化学标志:异常元素组分多,强度高,面积较大,成矿及伴生元素吻合较好。前缘指示元素As、Sb等与Au(Cu、Ag)等元素异常吻合较好,Au、Ag、Cu等元素反映了矿体晕的特征。

通过对毕力赫金矿地球化学特征、地质特征的分析,提出毕力赫金矿地质-地球化学找矿模型,见图5-94。

3. 新地沟变质热液型金矿地质-地球化学找矿模型

1)地质特征

(1)矿区大地构造位置属华北陆块区狼山-阴山陆块(大陆边缘岩浆弧)色尔腾山-太仆寺旗古岩浆弧。成矿区带为古亚洲成矿域华北成矿省华北陆块北缘西段金、铁、铌、稀土、铜、铅、锌、银、镍、铂、钨、

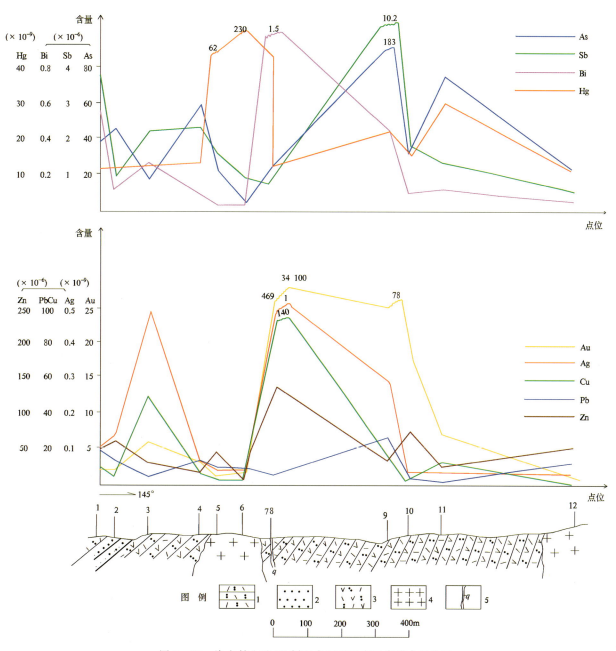

图 5-90　毕力赫金矿ⅡX剖面岩石测量多元素综合异常图
1.流纹质晶屑凝灰岩;2.砂岩;3.凝灰岩;4.花岗斑岩;5.石英脉

石墨、白云母成矿带,白云鄂博-商都金、铁、铌、稀土、铜、镍成矿亚带,新地沟金矿集区。

(2)矿区北部大面积出露新太古代蒙古寺糜棱岩化二长花岗岩,其与色尔腾山岩群绿片岩形成同构造期的花岗-绿岩带。

(3)矿区内以东西向构造线为主,据构造形迹特征和形成时间,可识别出4期构造变形,第二期为矿化区主体构造,为一北西向带状展布的脆韧性剪切带,表现为韧性与脆性断裂的过渡,是成矿溶液迁移的通道和沉淀的空间;受区域性蒙古寺-大滩-新地沟韧性剪切构造的控制和影响,动力变质作用强烈,所形成岩石为糜棱岩和千糜岩,区域性变质作用主要形成绿片岩相变质岩。

(4)矿区内地层包括色尔腾山岩群柳树沟岩组、上石炭统—下二叠统拴马桩组和上侏罗统大青山

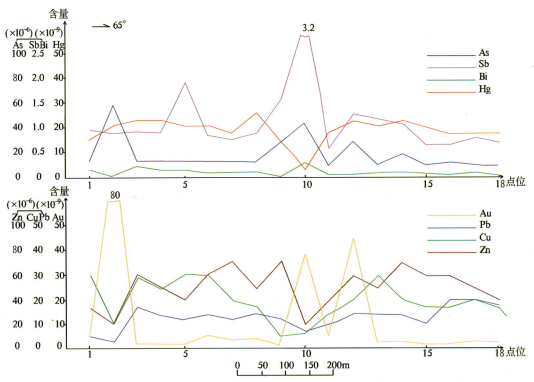

图 5-91 毕力赫金矿 XXI 剖面土壤测量多元素异常图

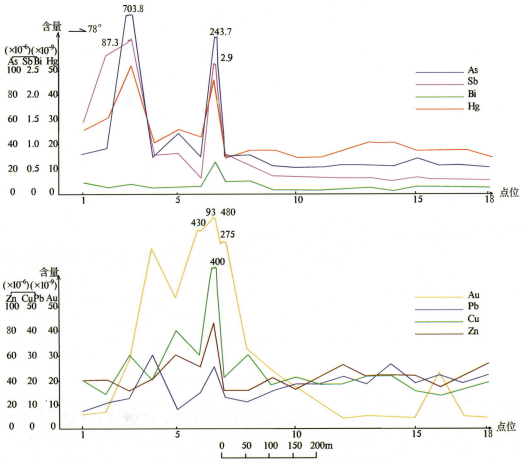

图 5-92 毕力赫金矿 XXII 剖面土壤测量多元素异常图

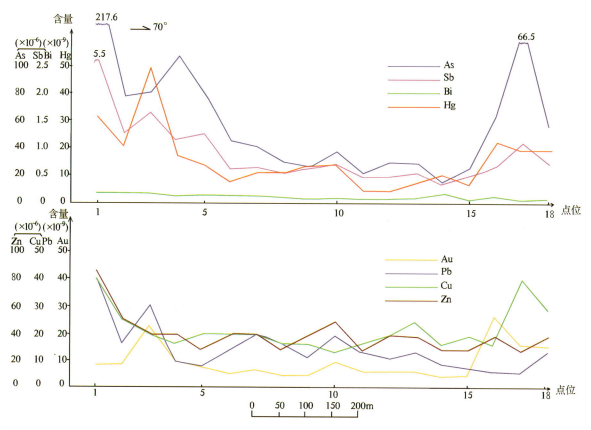

图 5-93 毕力赫金矿 XXIII 剖面土壤测量多元素异常图

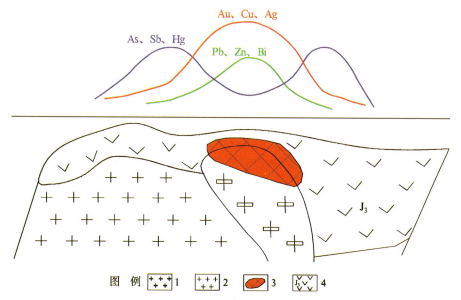

图 5-94 毕力赫斑岩型金矿地质-地球化学找矿模型

1.花岗斑岩；2.花岗岩类；3.矿体；4.上侏罗统火山岩

组。金矿床赋存于色尔腾山岩群柳树沟岩组绿片岩中,赋矿岩石为糜棱岩化绢云绿泥片岩、绿泥绢云石英片岩。

(5)围岩蚀变主要为绢云母化、钾化、硅化、黄铁矿化、褐铁矿化,一般为矿体或矿体顶底板直接围岩,与金矿化关系密切;矿体为层状、似层状、脉状、似脉状及透镜状;矿石矿物主要是自然金、磁铁矿、赤铁矿、褐铁矿、黄铁矿、黄铜矿、方铅矿及闪锌矿。

(6)成矿时代:新太古代末期至古元古代早期。

2)地球化学特征

(1)区域性统计结果显示,色尔腾山岩群分布区异常多、强度高、面积大,一般为十几平方千米至数十平方千米,多数为复合异常。尤其是色尔腾山岩群柳树沟岩组中成矿元素 Au、As、Sb、Bi 含量明显高于外围其他地层。

(2)水系沉积物异常特征(图 5-95):异常元素组合以 Au、W、Bi 为主,次为 As、B、Ag、F、Cd、Pb、Mo、Be、Li,此外还伴有 Cu、Zn、Hg、Sb、Sn 的弱异常。Au、W、Bi 具有二级浓度分带,其他元素均为一级浓度分带。衬度值依次为:Au 4.24、W 4.3、Bi 4.46、As 3.1、B 2.32、Ag 2.3、F 2.2、Cd 2.2、Pb 2.1、Mo 2.05、Be 1.87、Li 1.74。异常元素空间上,按高温热液元素和中低温热液元素组合规律,于水平上形成内外两个分带:内带为 W、Bi、Mo、Li、Be 元素组合;外带为 Au、Ag、Pb、Cd、As、B、F 元素组合。

(3)原生晕异常特征:金矿床位于水系沉积物异常水平分带的外带,据金矿体的揭露资料可知,水系沉积物在金异常区反映的元素组合特征与金矿体原生晕特征相一致。原生晕异常元素中与 Au 关系密切的元素有 As、Pb、Ag、Zn、Cu、Mo、Sb、Cd、Bi、Sn、B、F,其中近矿指示元素为 Cu、Mo、Sn;矿头晕元素为 As、Ag、Sb、Pb、Zn、Cd;远程指示元素为 Ba、F。

3)地质-地球化学找矿模型

(1)地质标志:金矿化体赋存于新太古界色尔腾山岩群绿片岩中,赋矿岩石主要为糜棱岩化绢云绿泥片岩、绿泥绢云石英片岩。含矿层位于岩性变化界面,含金片岩顶底板部位往往有碳酸盐岩分布,后者亦有较弱的矿化蚀变现象。

(2)地球化学标志:异常面积大,强度高,多元素组合,浓集中心明显,元素分带性好。直接指示元素为 Au,间接指示元素为 Ag-Bi-Cu-Pb-Zn-As-Sb-Hg 等。

通过对新地沟金矿地球化学特征、地质特征的分析,提出新地沟金矿地质-地球化学找矿模型,见图 5-96。

三、铅锌矿

铅锌矿是自治区优势矿种,在华北陆块北缘狼山—渣尔泰山、大兴安岭北坡新巴尔虎右旗、克什克腾旗—乌兰浩特及翁牛特旗一带发现大量铅锌矿床(点)。本区铅锌矿都是多组分共生复合矿体构成矿床,很少以单一矿种产出,成因类型比较齐全,主要为沉积型、热液型、矽卡岩型。

(一)典型矿床地质地球化学特征

本次共选取了 15 个典型矿床(表 5-17),对其地质、地球化学特征进行细致研究,编制了典型矿床所在区域地球化学综合异常剖析图。根据矿产成因类型选取具有代表性的矿床,建立其地质-地球化学找矿模型,为在本区寻找该类矿床提供了地球化学依据。由于阿尔哈达、代兰塔拉铅锌矿所在区域未进行 1∶20 万区域化探扫面工作,因此本次未对其进行研究。

1. 花敖包特热液型铅锌银矿地质地球化学特征

1)地质特征

矿床处于西伯利亚陆块、华北陆块、松辽陆块接合部位之走向北东—北北东向的华力西期褶皱带,

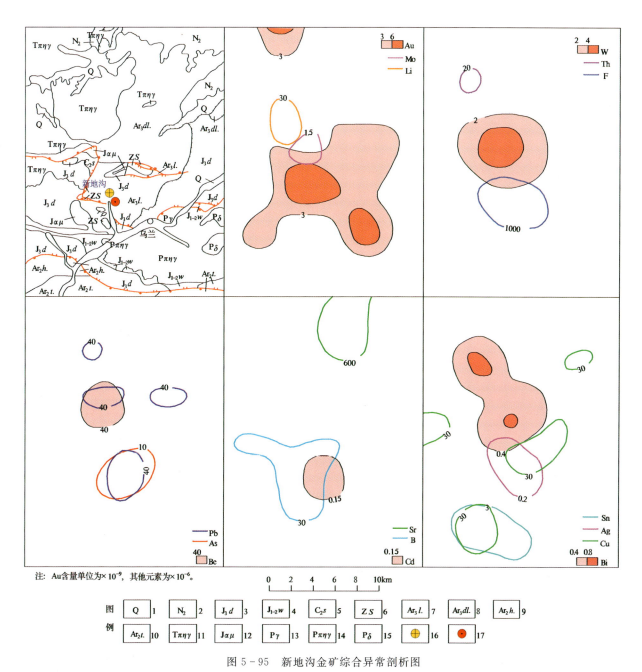

图 5-95 新地沟金矿综合异常剖析图

1.第四系；2.上新统；3.上侏罗统大青山组；4.下中侏罗统武当沟组；5.上石炭统石嘴子组；6.震旦系什那干群；7.新太古界柳树沟岩组；8.新太古界点力素岩组；9.中太古界哈达门沟岩组；10.中太古界桃儿湾岩组；11.三叠纪似斑状二长花岗岩；12.侏罗纪安山玢岩；13.二叠纪花岗岩；14.二叠纪似斑状二长花岗岩；15 二叠纪闪长岩；16 金矿；17.铁矿

大兴安岭南段西坡银多金属成矿带内，成矿时代为晚侏罗世。

花敖包特矿区出露地层为下二叠统寿山沟组、上侏罗统满克头鄂博组、新近系上新统五叉沟组及第四系。下二叠统寿山沟组岩性主要为砂岩、含砾砂岩、细砂岩、粉砂岩，少量泥岩及蚀变的含角砾火山碎屑岩，岩石较破碎，部分岩石具糜棱岩化、绿泥石化及褐铁矿化，该地层与华力西晚期超基性岩为断层接触，局部为侵入接触，主要矿体均赋存于该组地层内；上侏罗统满克头鄂博组与寿山沟组呈不整合接触，其岩性为酸性含角砾岩屑、晶屑凝灰岩，酸性含集块角砾凝灰岩及含砾凝灰岩和沉凝灰岩；第四系广泛分布。

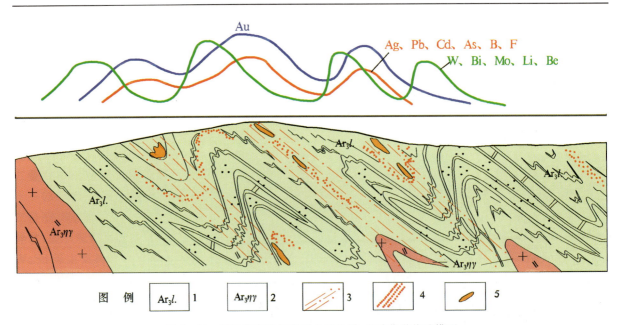

图 5-96 新地沟变质热液型金矿地质-地球化学找矿模型

1.新太古界柳树沟岩组；2.新太古代二长花岗岩；3.韧性剪切带、糜棱岩带；4.金矿化蚀变带；5.金矿体

表 5-17 内蒙古自治区铅锌矿典型矿床一览表

矿床成因类型	典型矿床名称	规模	矿种类型
热液型	阿尔哈达	中型	Pb、Zn、Ag
	代兰塔拉	小型	Pb、Zn
	花敖包特	小型	Ag、Pb、Zn
	孟恩陶勒盖	中型	Pb、Zn、Ag、Sn
	长春岭	小型	Ag、Pb、Zn
	甲乌拉	大型	Pb、Zn、Ag
	拜仁达坝	大型	Ag、Pb、Zn
	李清地	小型	Pb、Zn、Ag、Mn
	天桥沟	矿点	Pb、Zn、Ag
沉积型	东升庙	大型	Pb、Zn、Ag、Cu、Fe
矽卡岩型	查干敖包	中型	Pb、Zn
	白音诺尔	中型	Pb、Zn、Ag
	余家窝铺	小型	Pb、Zn、Ag
火山岩型	比利亚古	小型	Pb、Zn、Ag
	扎木钦	大型	Pb、Zn、Ag

矿区内火山及次火山岩多次活动，致使早期形成的梅劳特断裂再次复活，在断裂带及两侧形成一系列的北西向、北东向及近南北向断裂，为矿液的运移和赋存提供了空间。在矿区内形成北西向为主、南北向与北东向为辅的矿脉或矿化蚀变带40余条。其中北东向断裂为花敖包特矿区及其外围银多金属矿主要的控矿断裂，南北向断裂带为容矿构造。

华力西晚期超基性岩受断裂控制，呈北东东向带状展布，岩性主要为蛇纹岩，恢复原岩属斜辉辉橄岩。

2) 地球化学特征

花敖包特矿床位于一条北东向小断裂上,矿区存在 Ag、Pb、Zn、Cu、Cd、Au、As、Hg、W、Sn、Mo、Bi 为主的多元素组合异常,Ag、Pb、Zn、Cd、As、Hg、W 异常规模较大,在矿区西部和南部还存在明显的浓集中心,强度高,具有三级到四级浓度分带,重叠性好,与矿床所在位置吻合程度高;Cu、Sn、Mo、Bi 元素在矿床所在位置异常强度不高,异常较平缓,散布于矿区外围;Au 异常强度较高,达四级浓度分带,作为远程指示元素位于矿区外围的小断层上(图 5-97)。

2. 孟恩陶勒盖热液型铅锌银矿地质地球化学特征

1) 地质特征

矿床大地构造位置属于天山-兴蒙造山系,大兴安岭弧盆系锡林浩特岩浆弧,空间上位于突泉-翁牛特铅、锌、银、铁、锡、稀土成矿带,时间上属于侏罗纪成矿期。

该矿床属中温热液充填型,矿体呈脉状充填在东西向压性断裂带内,围岩为花岗岩 γ_4^3。矿带断续长达 6km,南北宽 200~1000m。矿区出露地层为下二叠统寿山沟组;岩浆晚期热液为成矿物质的主要来源,近东西向、北东向断裂为主要控矿构造;中二叠世斜长花岗岩、闪长岩及黑云母花岗岩是主要赋矿地质体。

矿区内矿石矿物为闪锌矿、方铅矿、深红银矿、黑硫银矿、自然银。伴生矿物为黄铜矿、锡石、黝锡矿、黄铁矿,少量毒砂。主要围岩蚀变有绢云母化、锰菱铁矿化。

2) 地球化学特征

由图 5-98 可见,区域上存在以 Ag、Pb、Zn、Mn 为主的多元素组合异常,Ag、Pb、Zn 作为主成矿元素,浓集中心明显,异常强度高,达四级浓度分带,相互之间套合程度好。在不同部位还有 Mn、Mo、As 等伴生元素异常出现,其中 Mn 异常与 Ag、Pb、Zn 密切相关,空间上相互重叠,Mo 元素在矿床所在位置异常较平缓,规模不大,在矿区外围与 As 异常部分套合(图 5-98)。从异常的分布特征来看,异常除受岩体控制外,同时还受近东西向、北西向断裂构造的制约。据矿区勘探线资料,矿体被浅剥蚀时,异常的指示元素有 Ag、Pb、Zn、Cd、Mn,其中 Mn 元素具有特别指示意义,而 Bi 与 Ag 呈负相关关系;Cu、As、Sn、Bi、Zn、Cd 异常元素组合的出现,表明了主矿体已出露,属中等剥蚀程度;而 Mn 元素含量的增高,可指示下部隐伏矿体的存在;处在东西向构造带内的 Pb、Zn、Ag、Cd、Mn 低缓异常,很可能是该类矿床矿上晕的显示。

3. 长春岭热液型铅锌银矿地质地球化学特征

1) 地质特征

矿区大地构造位置属于大兴安岭中生代北东火山岩带与华北陆块北缘晚古生代增生带的交会处,空间上位于突泉-翁牛特铅、锌、银、铁、锡、稀土成矿带。成矿时代为二叠纪。矿区出露地层主要为下中二叠统大石寨组的砂岩、砾岩、粉砂岩、粉砂质泥岩等和中生界中侏罗统万宝组的砂岩、砂砾岩、砂质板岩等。侵入岩为燕山期的脉状闪长玢岩、斜长花岗斑岩等浅成侵入体,是脉状矿体的围岩,亦是成矿母岩。矿区内断裂构造发育,主要有南北向和北西向两组,控制本区矿体的分布,是容矿构造。成矿后断裂构造对矿体破坏不大。

矿区矿物有闪锌矿、铁闪锌矿、方铅矿、黄铁矿、毒砂、黄铜矿、磁铁矿、褐铁矿、磁黄铁矿等。矿物结构包括半自形—他形粒状,自形粒状为主,其次有包含结构、充填结构、溶蚀结构、斑状变晶结构、固溶体分离结构、反应边结构、压碎结构等;构造包括条纹—条带状构造、块状构造、浸染状构造等。近矿围岩蚀变为硅化、绿泥石化、绢云母化及碳酸盐化等。

2) 地球化学特征

如图 5-99 所示,长春岭铅锌银矿产出于二叠系大石寨组构造裂隙中,矿区周围存在 Pb、Zn、Ag、

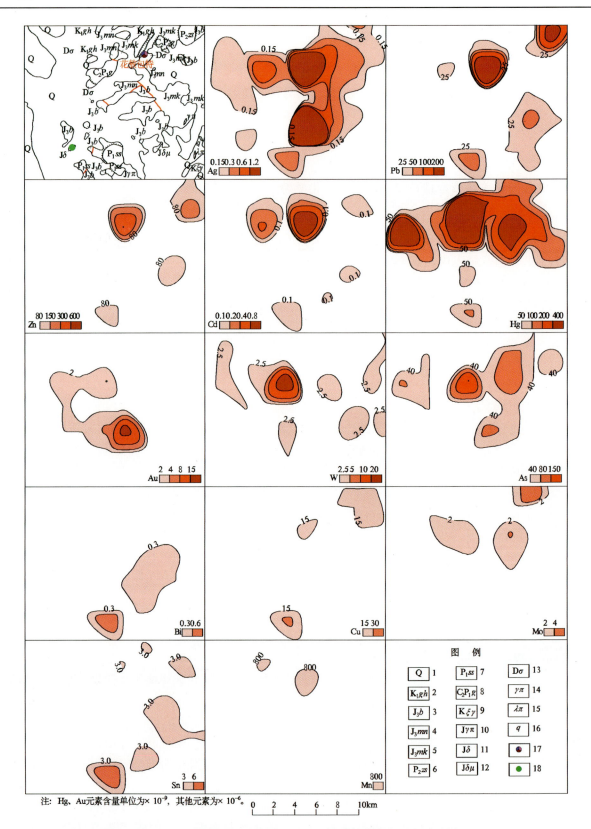

图 5-97　花敖包特铅锌银矿 1:20 万地球化学综合异常剖析图

1. 第四系;2. 下白垩统甘河组;3. 上侏罗统白音高老组;4. 上侏罗统玛尼吐组;5. 上侏罗统满克头鄂博组;6. 上二叠统哲斯组;7. 下二叠统寿山沟组;8. 上石炭统—下二叠统格根敖包组;9. 白垩纪正长花岗岩;10. 侏罗纪花岗斑岩;11. 侏罗纪闪长岩;12. 侏罗纪闪长玢岩;13. 泥盆纪橄榄岩;14. 花岗斑岩脉;15. 流纹斑岩脉;16. 石英脉;17. 银铅锌矿;18. 铜矿

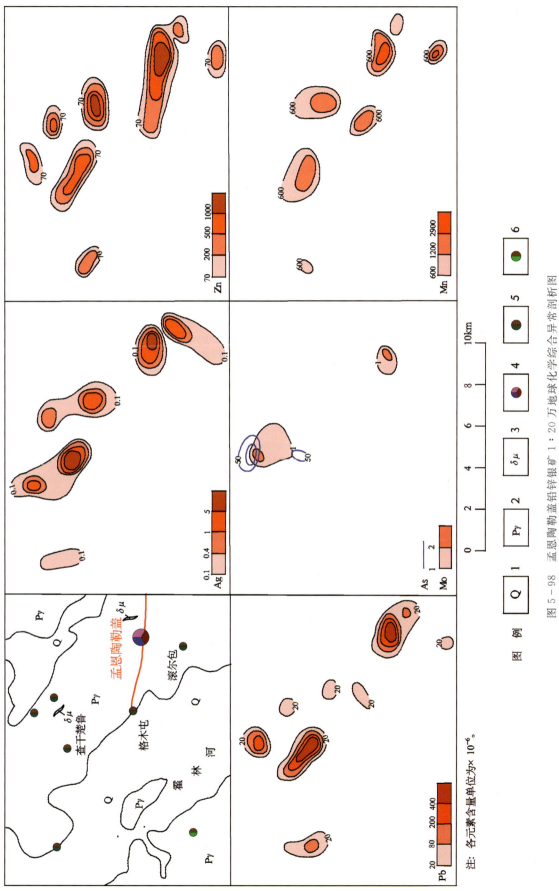

图 5-98 孟恩陶勒盖铅锌银矿 1:20 万地球化学综合异常剖析图

1. 第四系；2. 二叠纪花岗岩；3. 闪长玢岩脉；4. 银铅锌矿；5. 铅锌矿；6. 铜锌矿

注：各元素含量单位为 $\times 10^{-6}$。

Cu、As、Sb 为主的多元素组合异常。Pb、Zn、Ag 为主要成矿元素，Cu 为伴生成矿元素，异常重叠性好，均具有明显的浓集中心。W、Mo 等高温元素异常规模较小，浓度分带多为一级或二级。As、Sb 等低温元素异常面积大，强度高，浓集中心散布于矿区外围。

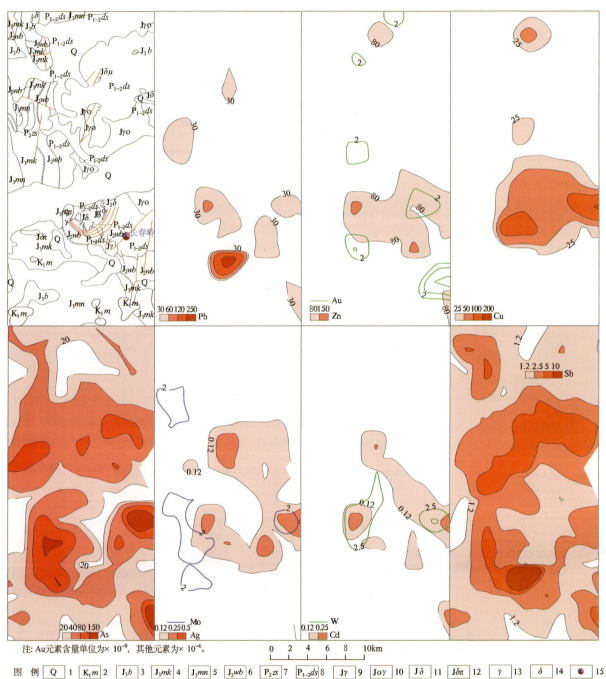

注：Au 元素含量单位为×10^{-9}，其他元素为×10^{-6}。

图 5-99　长春岭铅锌银矿 1：20 万地球化学综合异常剖析图

1. 第四系；2. 下白垩统梅勒图组；3. 上侏罗统白音高老组；4. 上侏罗统满克头鄂博组；5. 上侏罗统玛尼吐组；6. 中侏罗统万宝组；7. 中二叠统哲斯组；8. 下中二叠统大石寨组；9. 侏罗纪花岗岩；10. 侏罗纪斜长花岗岩；11. 侏罗纪闪长岩；12. 侏罗纪闪长玢岩；13. 花岗岩脉；14. 闪长岩脉；15. 铅锌银矿

4. 甲乌拉热液型铅锌矿地质地球化学特征

甲乌拉铅锌矿是我区大型热液型铅锌矿床,产于新巴尔虎右旗铜、钼、铅、锌、金Ⅲ级成矿带上,该成矿带是区内热液型铅锌矿床的主要产地之一;甲乌拉铅锌矿矿区地球化学异常元素组合为热液型铅锌矿的特征元素组合(Pb-Zn-Ag)。该矿床地质地球化学特征具有很强的代表性,因此将其选为自治区热液型铅锌矿的代表性矿床,建立了地质-地球化学找矿模型(详见下文),在此不再对其进行讨论。

5. 拜仁达坝热液型铅锌银矿地质地球化学特征

拜仁达坝铅锌银矿产于突泉-翁牛特铅、锌、银、铁、锡、稀土Ⅲ级成矿带上,该成矿带是区内热液型银矿床的重要产地,我区多数银矿床均产出于该成矿带。拜仁达坝多金属矿床是我区特大型银多金属矿,银为主矿种,铅锌共伴生成矿,矿区地球化学异常元素组合为热液型银矿的特征元素组合(Ag-Pb-Zn)。该矿床地质地球化学特征具有很强的代表性,因此将其选为自治区热液型银矿的代表性矿床,建立了地质-地球化学找矿模型(详见银矿典型矿床地质-地球化学找矿模型),在此不再对其进行讨论。

6. 李清地热液型铅锌银矿地质地球化学特征

1)地质特征

矿床为火山中—低温热液裂隙充填型矿床,大地构造单元属于华北陆块北缘,位于山西断隆铁、铝土矿、石膏、煤、煤层气Ⅲ级成矿带上。成矿时代为燕山期。

矿区铅锌矿体的赋矿岩系为中太古界集宁岩群大理岩组;铅锌多金属矿化主要与上侏罗统白音高老组流纹质火山-次火山岩有关。

矿区内主要侵入体以燕山期花岗岩为主,呈北东向带状展布和围绕大脑包山火山岩呈环状产出,其岩性为浅肉红色中粒或中粗粒似斑状花岗岩及黑云母钾长花岗岩,呈岩脉或岩株产出,该花岗岩与同类岩石相比SiO_2含量偏低,碱度偏高。地表的铁锰帽集中分布在岩体与大理岩的外接触带上,也反映了燕山期岩体与成矿关系密切。

区内控矿构造主要为次级北东向(压性为主)与北西向断裂(张扭性)。其形成与在北西-南东向挤压应力作用及燕山期火山活动有关。

矿体及矿化蚀变带主要分布在中生代钾长花岗岩与集宁岩群大理岩组的外接触带上。矿区与矿化有关的围岩蚀变以中低温蚀变为主,蚀变类型有硅化、铁锰矿化、碳酸盐化、绢云母化、蛇纹石化。其中硅化主要发育在矿化带靠近矿化体两侧,为矿区内最主要的蚀变类型,为本区找矿标志之一;铁锰矿化主要发育在矿体及其两侧围岩中,地表形成黑色的铁锰帽,有一定的Pb、Zn、Ag、Mn品位,是直接找矿标志。

2)地球化学特征

1:20万水系沉积物测量结果显示,矿区所在位置异常面积达400km^2,异常规模大,元素组合复杂,包括有Ag、Pb、Zn、Cd、Bi、W、Mo、As、Sb、Hg、Li、Be、B、Rb、La、U、Th、Y、F等28个元素。其中Ag、Pb、Bi、Cd等异常强度高,规模大,衬度清晰,浓度分带达三级、四级,浓集中心与矿区位置相吻合(图5-100)。异常组分分带和水平分带明显:①As、Sb、Hg、Li、Be、Zr、B、W、F、Au元素异常吻合较好,异常面积大,衬度低,位于异常区外围的新近系黏土、泥灰岩地区。②Zn、Cu、Cr、Co、Fe_2O_3、Sr异常位于矿区南部,异常由玄武岩引起。③Ag、Pb、Cd、Bi元素异常浓集中心相互重叠,与李清地多金属矿吻合极好。④La、Ba异常区北部与太古宙早期混合花岗岩有关。

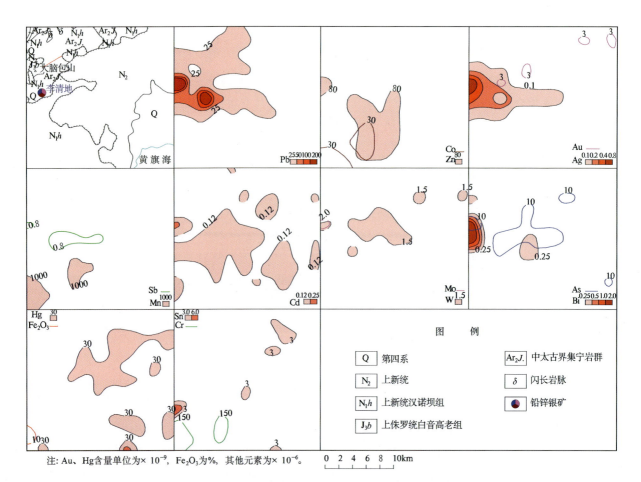

图 5-100 李清地铅锌银矿 1∶20 万地球化学综合异常剖析图

7. 天桥沟热液型铅锌矿地质地球化学特征

1)地质特征

天桥沟铅锌矿成因类型为中低温热液脉型,大地构造单元为内蒙古中部地槽褶皱系(Ⅰ级),温都尔庙-翁牛特旗加里东期地槽褶皱带(Ⅱ级),多伦复背斜(Ⅲ级)东段之翁牛特隆起中部。最重要的区域性构造为敖包梁破火山机构和少郎河大断裂。位于突泉-翁牛特铅、锌、银、铁、锡、稀土Ⅲ级成矿带上。成矿时代为燕山期。

矿区内出露地层有石炭系酒局子组,二叠系额里图组、于家北沟组及第四系。二叠系分布广,产状变化大,额里图组走向北东,倾向南西,下部为英安质火山碎屑岩建造,上部为玄武安山岩、安山岩建造;于家北沟组走向北西,倾向南西,主要为杂砂岩建造;第四系广泛发育于坡麓、沟谷及地形平缓地带,主要为残坡积、洪积砂砾、碎石、黄土等。

侵入岩较发育,主要为华力西期和少量燕山期。华力西期侵入岩体主要有石英闪长玢岩体,出露于天桥沟东山,呈岩珠状侵入额里图组;辉石安山玢岩体出露天桥沟西,呈纺锤形,南侧与二叠系额里图组不整合覆盖。铅锌矿化石英脉沿岩体破碎裂隙充填。华力西期岩体是本区重要的赋矿体。

矿区褶皱为近东西的背斜构造,其核部为石炭系酒局子组,两翼为二叠系额里图组和于家北沟组;断裂构造以北西—北西西向为主,规模较大,有一横贯全区的北西向断裂,该断裂是矿区的主要控矿构造;东西向断裂零星分布,规模较小,是与矿区北西向断裂带和岩体接触界面发生重叠的结果,这个重叠部位是矿化富集的部位；北东向断裂为区域观音堂-天桥沟北东断裂带的北带，被闪长玢岩、花岗斑岩所充填，该组断裂切断了北西向断裂。

近矿围岩蚀变主要受热液活动产生围岩热液变质，主要有硅化、绿泥石化、绢云母化、碳酸盐化、黄铁矿化、萤石化。而与矿体伴生最紧密的是硅化、绿泥石化、黝帘石化。蚀变多呈线形分布在铅锌矿体两侧。

2) 地球化学特征

由图 5-101 可以看到，天桥沟铅锌矿周围矿点众多，矿区所在区域各异常强度高，面积大，重合性好，Pb、Zn、Ag、Sb、Cd、Bi 等元素均达到了四级浓度分带。总体来说，该异常具有明显的水平分带性，Pb、Zn、Ag、Cd、Bi 等前缘元素异常面积大，强度高；而 Cu、Mo、W、Sn 等尾部元素异常则明显位于中心地带，面积较小，强度较低，仅达到了一级或二级浓度分带。

8. 东升庙沉积型铅锌矿地质地球化学特征

东升庙铅锌矿是我区大型沉积型铅锌矿床，产于华北陆块北缘东段铁、铜、钼、铅、锌、金、银、钼Ⅲ级成矿带上，该成矿带是自治区内沉积型矿床的重要产地，在该矿床附近有霍各乞、甲生盘、对门山等多个沉积型铜铅锌多金属矿床。东升庙铅锌矿矿区地球化学异常元素组合为沉积型铅锌矿的特征元素组合（Pb-Zn-Ag-Cu）。该矿床地质地球化学特征具有很强的代表性，因此将其选为自治区沉积型铅锌矿的代表性矿床，建立了地质-地球化学找矿模型（详见下文），在此不再对其进行讨论。

9. 查干敖包矽卡岩型铅锌矿地质地球化学特征

1) 地质特征

查干敖包铅锌矿成因类型为矽卡岩型，大地构造单元位于天山-兴蒙造山之大兴安岭弧盆系，二连-贺根山蛇绿混杂岩带。成矿环境为东乌珠穆沁旗-嫩江（中强挤压区）铜、钼、铅、锌、金、钨、锡、铬成矿带之朝不楞-博克图钨、铁、锌、铅成矿亚带朝不楞-查干敖包铁、锌、铅矿集区。成矿时代为燕山早期。

该矿床赋矿地层为下—中奥陶统多宝山组，分布在查干敖包背斜之南翼。区内下—中奥陶统多宝山组和似斑状花岗岩的接触带，是找寻大型铁、锌矿的主要依据和线索。矽卡岩，尤其是含铁石榴石矽卡岩是重要的找矿标志。区内断裂构造分为3组，即北东向、北北东向和北西向，以北东向最为发育。北东向、北北东向的多为逆断层，规模大；北西向多为平推断层，正断层；前者平行于区域构造线方向，后者则垂直于构造线方向，并且成为岩浆热液后期运移、上升的通道。在遇到碳酸盐成分较高的岩层，极易发生热液蚀变，或者产生大量的矽卡岩，含矿溶液在矽卡岩中沉淀，形成具有一定规模的矿床。

矿石结构为自形—半自形粒状结构、他形粒状结构、交代残余结构、碎裂结构、包含结构等。矿石构造主要为块状构造、角砾状构造、浸染状构造、脉状构造、条带状构造等。围岩蚀变有矽卡岩化、角岩化等。

2) 地球化学特征

由图 5-102 可以看到，矿区所在区域异常主要元素组合为 Pb、Zn、Ag，异常规模较小，空间展布方向为北东向。Pb 与 Ag 异常吻合程度较好；W、Cd 异常面积大，但未形成明显的浓度分带；Mo、As、Sb 异常分布在矿区外围，达到了二级浓度分带。

10. 白音诺尔矽卡岩型铅锌矿地质地球化学特征

我区已成型的矽卡岩型铅锌矿床较少，多位于突泉-翁牛特铅、锌、银、铁、锡、稀土Ⅲ级成矿带上，白音诺尔为本区规模最大的矽卡岩铅锌矿床。该矿床主要成矿元素为铅锌，银伴生成矿，矿区地球化学异常元素组合为热液型银矿的特征元素组合（Pb-Zn-Ag-Cu）。该矿床地质地球化学特征具有很强的

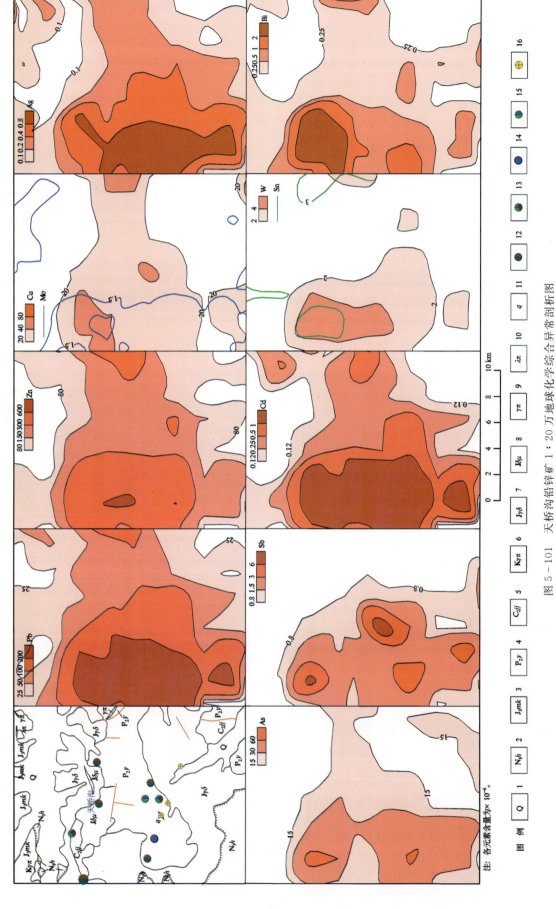

图 5-101 天桥沟铅锌矿 1:20 万地球化学综合异常剖析图

1. 第四系;2. 中新统汉诺坝组;3. 上侏罗统满克头鄂博组;4. 中二叠统于家北沟组;5. 上石炭统酒局子组;6. 白垩纪花岗斑岩;7. 侏罗纪花岗闪长斑岩;8. 侏罗纪闪长玢岩;9. 花岗斑岩脉;10. 流纹斑岩脉;11. 石英脉;12. 铅锌矿;13. 铜铅锌矿;14. 铅矿;15. 铜铅矿;16. 金矿

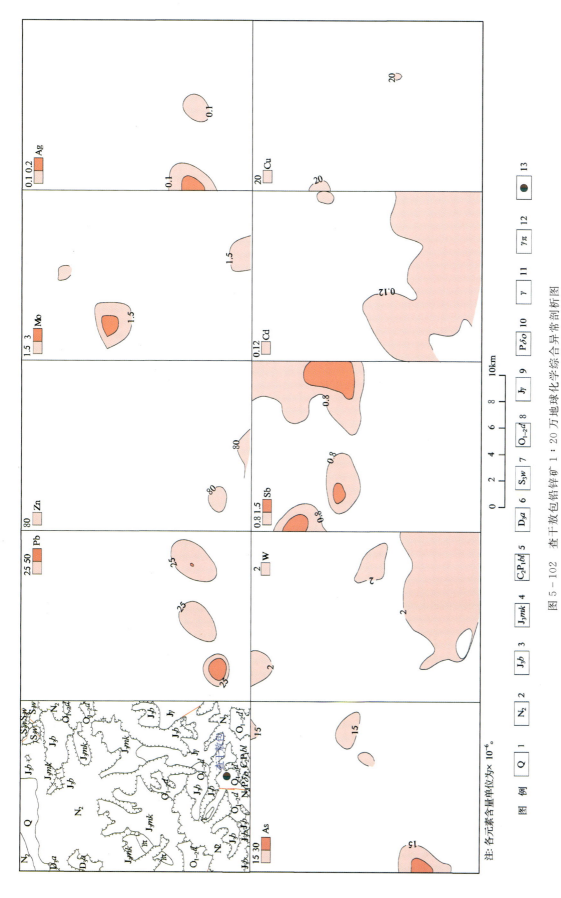

图 5-102 查干敖包铅锌矿 1:20 万地球化学综合异常剖析图

1.第四系；2.上新统；3.上侏罗统白音高老组；4.上侏罗统玛尼吐组；5.上侏罗统满克头鄂博组；6.上泥盆统安格尔音乌拉组；7.上志留统卧都河组；8.下中奥陶统多宝山组；9.侏罗纪花岗岩；10.二叠纪石英闪长岩；11.花岗岩脉；12.花岗斑岩脉；13.铅锌矿

代表性,因此将其选为自治区矽卡岩型铅锌矿的代表性矿床,建立了地质-地球化学找矿模型(详见下文),在此不再对其进行讨论。

11. 余家窝铺矽卡岩型铅锌矿地质地球化学特征

1)地质特征

余家窝铺铅锌矿为矽卡岩-岩浆热液复合矿床,大地构造单元属内蒙古中部地槽褶皱系(Ⅰ级),温都尔庙-翁牛特旗加里东期地槽褶皱带(Ⅱ级),多伦复背斜(Ⅲ级)东段;位于突泉-翁牛特铅、锌、银、铁、锡、稀土Ⅲ级成矿带上。成矿时代为燕山晚期。

矿区出露地层为奥陶系包尔汉图群斜长片麻岩、大理岩。岩体为燕山早期钾长花岗岩。北西向及近东西向断裂控制矿体分布。

该矿的形成与矿区南部九分地花岗岩体的侵入活动有关。岩体侵入早期,与志留系中的碳酸盐岩石发生接触交代作用形成矽卡岩,同时伴随有铅锌矿化。岩浆演化晚期,由于残余岩浆酸度增加,形成了边缘相石英斑岩,同时残余岩浆中铅、锌等成矿元素进一步富集,并在构造有利部位充填成矿,形成相对较好的工业矿体。因此,后者才是本区的主要成矿阶段。本区的主要控矿因素为断裂破碎带,包括裂隙密集带,尤其是近东西向和北西向者。受前者控制的矿体,沿走向和倾向延伸一般较大;受后者控制的矿体走向延伸不及前者,但常常在局部出现较厚大的矿体。

矿体形态为脉状、扁豆状;直接围岩为角闪斜长片麻岩、片理化石英闪长岩、矽卡岩、大理岩;金属矿物主要有闪锌矿、方铅矿、黄铁矿,次有黄铜矿、磁黄铁矿、白铁矿、穆磁铁矿;围岩蚀变有矽卡岩化、硅化、绿帘石化、绿泥石化、黄铁矿化、绢云母化和碳酸盐化。

2)地球化学特征

异常呈北东向分布,面积达 $84km^2$。该异常元素组合齐全,面积大,强度高,重合性好,Pb、Zn、Ag、Cd、Bi、Mn、Cu 等主要成矿元素及伴生元素均具有明显的浓集中心和浓度分带。另外异常还具有明显的水平分带性,前缘元素 Pb、Zn、Ag、Cd、Mn 等异常代表了整个综合异常的面貌,而尾部元素如 W、Mo、Cu、Sn 等面积小,强度低,位于异常中心地带。

如图 5-103 所示,在余家窝铺矽卡岩型铅锌矿区,除 Pb、Zn、Ag、Cd、Bi、Mn、Cu 等具有较好的异常显示外,CaO、MgO 也形成了很好的异常,充分反映了在矽卡岩型矿床形成过程中白云质大理岩所起的重要作用。在矿区东北部,则存在 Pb、Zn、Ag、Cd、Bi、Mn、W、Mo、As、Sb、F 等元素组合异常,为典型的岩浆期后热液元素异常组合。

12. 比利亚古火山岩型铅锌矿地质地球化学特征

1)地质特征

比利亚古铅锌银多金属矿成因类型为次火山热液型,大地构造背景为额尔古纳褶皱系,额尔古纳基底隆起区,成矿环境为额尔古纳钼、铅、锌成矿带。成矿时代为晚侏罗世。

矿区内中生代上侏罗统中酸性火山岩大面积出露,东部、西部及北部零星分布上库力组、伊列克得组和七一牧场组。环形构造与北西西向构造发育,一些次级北东向、北西向断裂或其交叉部位是矿区的主要导矿和赋矿构造。

矿体形态呈脉状、透镜体状。矿物组合为闪锌矿、铁闪锌矿、方铅矿、黄铁矿、毒砂、黄铜矿、磁铁矿、褐铁矿、磁黄铁矿等;硅化、绿泥石化、黄铁矿化、绢云母化、青磐岩化与矿体关系密切。

2)地球化学特征

矿区内存在以 Pb、Zn、Ag、As、Cu、Cd、W 等元素为主的多元素组合异常,异常规模大,强度高,Pb、Zn、Ag 作为主成矿元素,呈二级或三级浓度分带,重合性较好;As、Cu、Cd、W 为主要的伴生元素,多沿北西向或近东西向展布,未形成明显的浓集中心;Hg、F、Li、B 为指示元素,在矿区外围形成一定规模的异常,无明显的浓度分带(图 5-104)。

第五章 地球化学综合研究成果

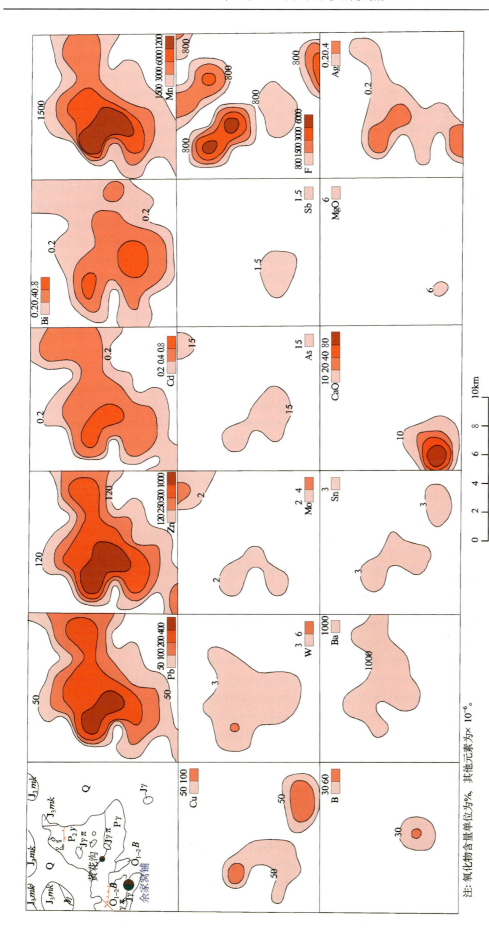

图 5-103 余家窑铺铅锌矿 1:20 万地球化学综合异常剖析图

1. 第四系；2. 上侏罗统满克头鄂博组；3. 中二叠统于家北沟组；4. 下中奥陶统包尔汉图群；5. 侏罗纪花岗岩；6. 侏罗纪花岗斑岩；7. 花岗岩脉；8. 闪长岩脉；9. 铅锌矿

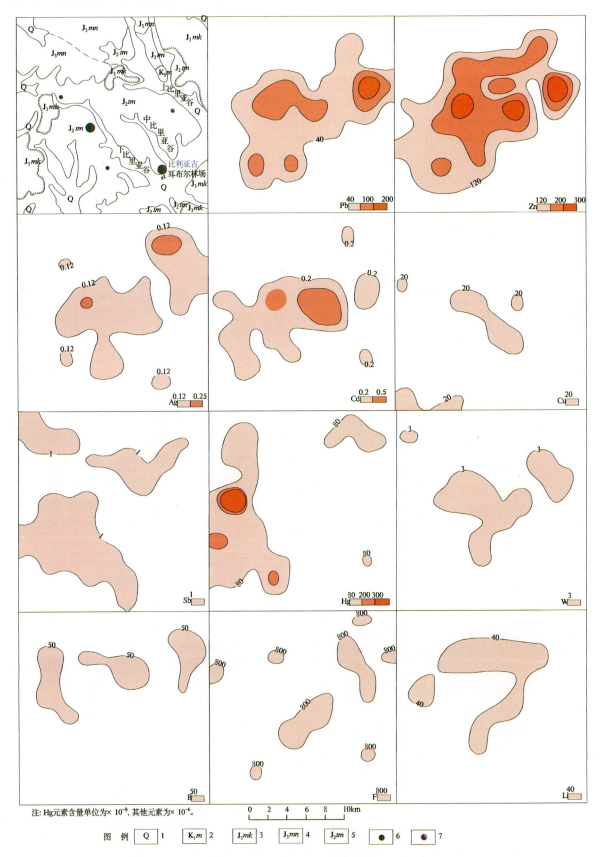

图 5-104　比利亚古银铅锌矿 1∶20 万地球化学综合异常剖析图

1. 第四系；2. 下白垩统梅勒图组；3. 上侏罗统满克头鄂博组；4. 上侏罗统玛尼吐组；5. 中侏罗统塔木兰沟组；6. 铅锌矿；7. 铅锌银矿

13. 扎木钦火山岩型铅锌矿地质地球化学特征

1)地质特征

扎木钦为与火山岩有关的具有层控特点的脉状铅锌矿床,大地构造位置隶属宝音图-锡林浩特火山型被动陆缘,空间上位于突泉-翁牛特铅、锌、银、铁、锡、稀土成矿带。成矿时代为早白垩世。

矿区出露地层较单一,为中生界上侏罗统白音高老组火山岩系及第四系。根据岩石类型,白音高老组由下而上划分为下部凝灰岩段、含矿凝灰质角砾岩段、斑屑凝灰岩段和上部含矿凝灰质角砾岩段、上部含矿凝灰岩段5个岩段。

矿床区域位于五叉沟复向斜南翼近轴部位置,矿区地表未见构造。

矿区未见岩浆岩出露,仅见安山玢岩、闪长玢岩呈岩株状和脉状产出。

围岩蚀变呈线性展布,主要出现在小裂隙、破碎带及压碎凝灰岩中。蚀变类型有硅化、黄铁矿化、绿泥石化、绿帘石化、碳酸盐化等。

矿石类型主要为角砾岩型铅锌矿石。矿石矿物主要为方铅矿、闪锌矿、黄铁矿、辉银矿,偶见黄铜矿。矿石具角砾状、浸染状及细脉状构造。

地表褐铁矿化及火山岩地区中集块岩、角砾岩、火山弹等淬火现象可作为找矿的直接标志。

2)地球化学特征

如图5-105所示,矿区位置Pb、Zn、Ag、Sb、Cd异常强度较高,具有明显的浓度分带,浓集中心重合性好,与矿点所在位置吻合程度高;Cu、Mo、W、Au、As元素的异常则分散在矿区东北部和南部,其中Mo元素异常强度高,规模大,达到了四级浓度分带。

(二)典型矿床地质-地球化学找矿模型的建立

以上矿床为本区较为典型的铅锌矿,综合其研究成果可以看出,自治区铅锌矿按成因类型可分为4类:其中热液型所占比重最大,以甲乌拉铅锌矿为代表;其次为矽卡岩型和沉积型,分别以白音诺尔多金属矿和东升庙铅锌矿为代表;火山岩型铅锌矿在自治区分布较为稀少。因此本次选取热液型、矽卡岩型、沉积型3种类型分别建立铅锌矿地质-地球化学找矿模型(表5-18),为在自治区寻找该类矿床提供了地球化学依据。

1. 甲乌拉热液型铅锌矿地质-地球化学找矿模型

1)地质特征

(1)区域地质。

矿床位于古生代外贝加尔褶皱系与大兴安岭褶皱系衔接带,北东向额尔古纳-呼伦深断裂的北西侧,次级横向构造——北西向衣哈尔断裂、甲乌拉-查干布拉根断裂从矿区南北两侧通过,受深断裂的影响,中生代晚期发生强烈构造岩浆作用,并形成了包括甲乌拉在内的一系列与次火山活动有关的银多金属矿床(图5-106)。

(2)矿区地质。

矿区出露地层主要有中生界中侏罗统塔木兰沟组中基性火山岩夹少量火山碎屑岩,以及上侏罗统满克头鄂博组中酸性火山岩和碎屑熔岩(图5-107)。

矿区各种次火山岩非常发育,多期次次火山斑岩循一定规律分布于边缘构造带。长石斑岩、石英长石斑岩、石英斑岩及相变的花岗斑岩与成矿有密切关系。燕山晚期次火山斑岩体呈带状成群出现,沿一定构造通道呈中心式分布的斑杂岩体,边缘带可以是线状,也可以是放射状、环状分布。

甲乌拉矿床则受控于甲乌拉断凸,在不同方向构造交会处产生的火山、次火山活动中心决定了甲乌拉矿床的形成,北西西向甲-查剪切构造带是重要的导矿和容矿构造,北北西向、北西向张扭性断裂是良好的容矿空间。

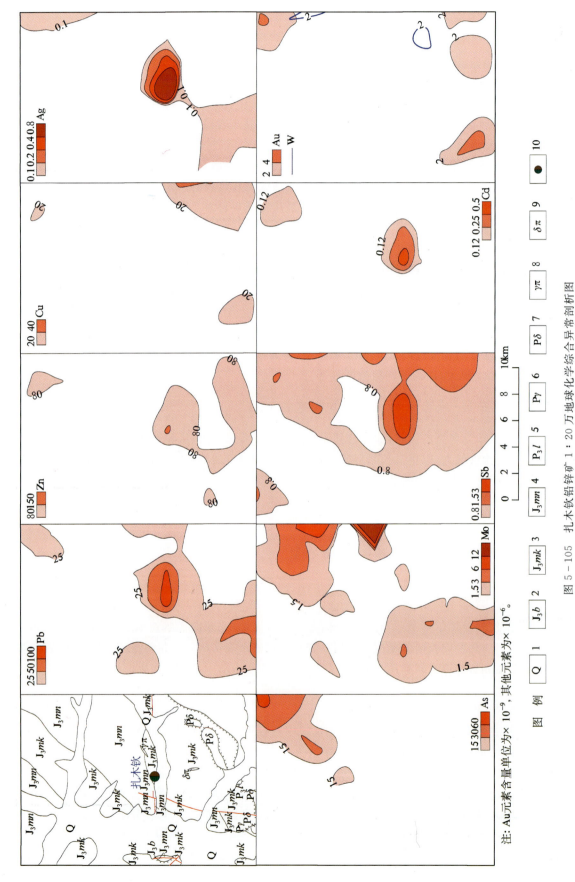

图 5-105 扎木钦铅锌矿 1:20 万地球化学综合异常剖析图

表 5－18　内蒙古自治区部分铅锌典型矿床地质-地球化学找矿模型一览表

矿床类型	地质背景	矿床特征	区域地球化学异常特征	矿田（矿床）异常特征	典型矿床
热液型	(1)位于新巴尔虎旗右旗-根河（拉张区）铜、钼、铅、锌、金、萤石、煤（铀）成矿带上； (2)位于古生代外贝加尔褶皱系与大兴安岭褶皱系衔接带-北东向额尔古纳-呼伦深断裂的北西侧，次级横向构造-北西向衣哈断裂、甲乌拉-查干布拉根断裂从矿区南北两侧通过； (3)受控于甲乌拉断凸，在不同方向构造交会处产生的火山，次火山活动中心决定了甲矿床的形成	(1)硅化(石英脉)、绿泥石化、碳酸盐化、水白云母伊利石化、绢云母化、萤石化； (2)矿石有铅锌矿石、银铅锌矿石、铜铅银矿石、铜铅矿石、锌矿石等； (3)地表出现石英脉、铁帽、铁锰帽及岩石铁锰矿装发育的地段	(1)古生界二叠系，尤其是二叠系上库力组和南平组中成矿元素Pb,Zn,Ag含量明显高于外围其他地层； (2)区域以上分布有Pb,Zn,Ag,As,Cd等元素组成的高背景区（带）； (3)在高背景区（带）中有以Pb,Zn,Ag,Cd,Au,Mn,W为主的多元素局部异常	(1)Au,Cu,Mn,Sb,W,As,V,Mo异常呈面状分布，Pb,Zn,Ag,Cd,Bi等元素异常均呈北东向条带状分布； (2)Pb,Zn,Ag,Cd,Au,Mn,W异常面积大，套合好，浓集中心与矿体吻合程度高、强度低，Cu,Sb,V,Mo,Sn元素异常规模较小，强度低，没有明显的浓集中心和浓度分带；在矿体北部，Au,Mn,Mo,Sn表现为低缓异常，Sb,As,Hg则异常强度较高，具有明显的浓集中心； (3)当地表出现Sb,Hg内带异常及Ni中带异常并伴有Pb,Ag,As,Cd剥蚀较浅，标志矿床剥蚀较浅，并伴有Cu,Mo,Bi异常时反映矿床剥蚀较深	甲乌拉热液型铅锌矿
喷流沉积型	(1)成矿区带划分属于华北陆块北缘西段金、铁、稀土、铌、铅、锌、银、铁、铂、钨、石墨、白云母成矿带(III级)； (2)华北陆块北缘西部的狼山-渣尔泰山中元古代裂陷； (3)中元古代主构造变形期的褶皱控制了矿体的展布，伴生的次级褶皱控制了含矿层的分布，同生断裂控制成矿盆地直接控制了成矿作用	(1)黑云母化、绿泥石化、硅化碳酸盐化，最具特征的是下盘广泛分布电气石化、绿泥石化，伴随砂岩蚀变； (2)矿石矿物主要有黄铁矿、磁黄铁矿、闪锌矿、方铅矿、黄铜矿、磁铁矿等； (3)矿区地表常见铁帽、黄钾铁矾-褐铁矿	(1)区域性统计结果表明，狼山群，尤其是狼山群一岩组中成矿元素Pb,Zn,Cu含量明显高于外围其他地层； (2)异常元素组合有Pb,Zn,Ag,Au,Fe₂O₃,B,As,U,Cd	(1)Ag,Zn异常强度较高，分别达到了二级和三级浓度分带，衬度分别为1.71,3.51。由于矿床位于断陷盆地、第四系覆盖程度高、其他元素没有形成明显的浓度分带； (2)各元素异常形成了明显的水平分带，Pb,Zn,Ag,Fe₂O₃这些主要成矿元素异常和Mo,Sn等异常位于内带，Au,As,Hg异常位于中带，B,F,U,Li则作为远程标志反映矿体的外围	东升庙喷流沉积型铅锌矿
矽卡岩型	(1)位于突泉-翁牛特铅、锌、银、铁、锡、稀土成矿区； (2)地属天山-内蒙-兴安地槽褶皱系，内蒙古中部地槽褶皱带，苏尼特-哲斯-林西复向斜的北西翼； (3)形成于二叠纪，受地层控制； (4)侵入岩分布较广，主要为燕山早期中酸性浅-超浅成侵入岩	(1)以矽卡岩化为主，次为绿帘石化、绿泥石化、碳酸盐化及硅化，岩体发生了以铝、铜、铅、锌等蚀变作用； (2)以闪锌矿、方铅矿为主，偶见黄铁矿、磁黄铁矿、毒砂、斑铜矿等； (3)地表出现铁帽等	(1)二叠系林西组中成矿元素Pb,Zn在头鄂博组显明高于外围其他地层； (2)黄岗梁组高于维氏值，砂板岩中Pb,Zn均高于维氏值，作为成矿围岩提供了部分成矿元素； (3)上二叠系上Sn,Pb,Cd,Zn,Bi,Ag,W,Cu等有较好的异常显示，Co,Mn,Ti,Cr,Mg,Fe,As,F等也具有一定异常	(1)矿体具有良好元素分带性，As,Sb在矿体顶部富集，Sn,Cu和Mo则在底部富集； (2)Zn,Cd,Bi,W等元素异常呈北西向条带状分布，Pb异常呈北东向条带状分布，Sn异常呈面状分布； (3)Pb,Ag,Cd,Sn,Bi等元素异常面积大，强度高，套和好，浓集中心与矿体吻合，Ag,W,As在矿体及其周围表现为低缓异常，Cu,F,Cr异常主要分布在矿体外围	白音诺尔矽卡岩型铅锌矿

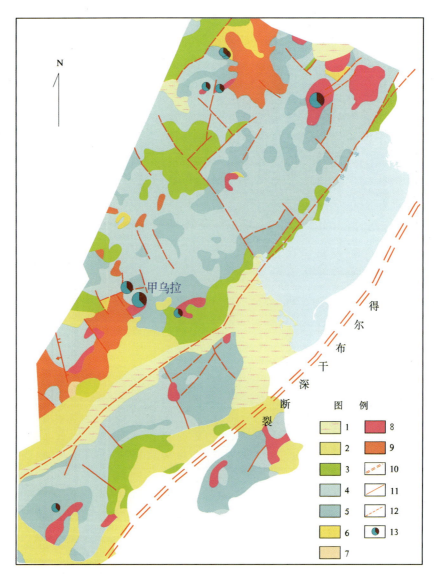

图 5-106 得尔布干成矿带铅锌多金属矿床分布略图

1. 第四系;2. 古近系＋新近系;3. 下白垩统砂泥质沉积岩;4. 上侏罗统碎屑沉积岩;5. 中侏罗统流纹(英安)质火山岩;6. 震旦系大理岩、白云岩夹变质粉砂岩;7. 青白口系泥片岩、石英片岩、浅粒岩;8. 燕山期花岗岩类;9. 华力西期花岗岩类;10. 深大断裂带;11. 实测性质不明断层;12. 推测性质不明断层;13. 铅锌矿

矿体分布均与成矿期岩体长石斑岩、石英斑岩等的分布密切相关,矿体均产于成矿期岩体附近不远处的构造破碎带中或岩体边部,侏罗系塔木兰沟组是重要的赋矿层位。

地表出现石英脉、铁帽、铁锰帽及岩石铁锰发育的地段。

围岩蚀变主要有硅化(石英脉)、绿泥石化、碳酸盐化、水白云母伊利石化、绢云母化、萤石化。与成矿有关的蚀变主要有硅化、碳酸盐化、绿泥石化、水白云母化、绢云母化及萤石化,破碎带中石英脉是重要的找矿标志。

矿石自然类型有铅锌矿石、银铅锌矿石、铜铅银锌矿石、铜锌矿石、铜银矿石、锌矿石等。主要矿石建造:①石英-绿泥石-方解石-硫化物建造,分布较广,以铅锌银矿化为主;②石英-绿泥石-毒砂-硫化物建造;③石英-绢云母(白云母)-萤石-硫化物建造。后二者以铜锌银矿化为主,分布较局限。

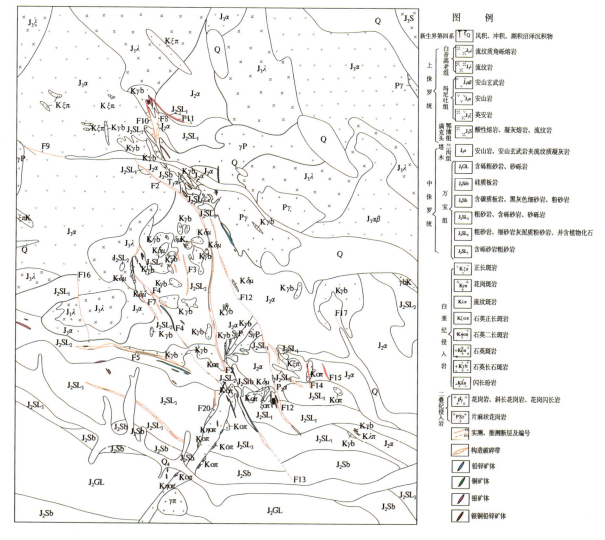

图 5-107 甲乌拉铅锌矿床矿区地质略图

2）地球化学特征

（1）区域性统计结果显示，塔木兰沟组是该区域含矿性最好的地层，尤以富 Pb、Zn、Ag、Cu、Cd 等多种成矿元素为特点，浓集系数为 1.22~1.45。

（2）区域上分布有 Pb、Zn、Ag、As、Cd 等元素组成的高背景区（带），面积可达上百平方千米。

（3）Au、Cu、Mn、Sb、W、As、V、Mo 异常呈面状分布，Pb、Zn、Ag、Cd、Bi 等元素异常均呈北东向条带状分布，见图 5-108。

（4）Pb、Zn、Ag、Cd、Au、Mn、W 异常面积大，强度高，套合好，浓集中心与矿体吻合程度好；Cu、Sb、V、Mo、Sn 元素异常规模较小，强度低，没有明显的浓集中心和浓度分带；在矿体北部，Au、Mn、Mo、Sn 表现为低缓异常，Sb、As、Hg 则异常强度较高，具有明显的浓集中心。

（5）矿区水平分带北部以 Ag、Pb、Zn 为主，中部以 Pb、Zn、Ag、Cu 为主，南部以 Cu、Zn、Ag 为主，再往南远离次火山斑岩体时为 Cu、Zn、Ag。

3）地质-地球化学找矿模型

甲乌拉铅锌银矿是我区典型的热液型多金属矿，成矿主要受断裂构造控制，与地层层位关系不大（图 5-109），但主要矿体均产于塔木兰沟组安山玄武岩中。矿区物化探异常广泛发育，具 Pb、Zn、Ag、

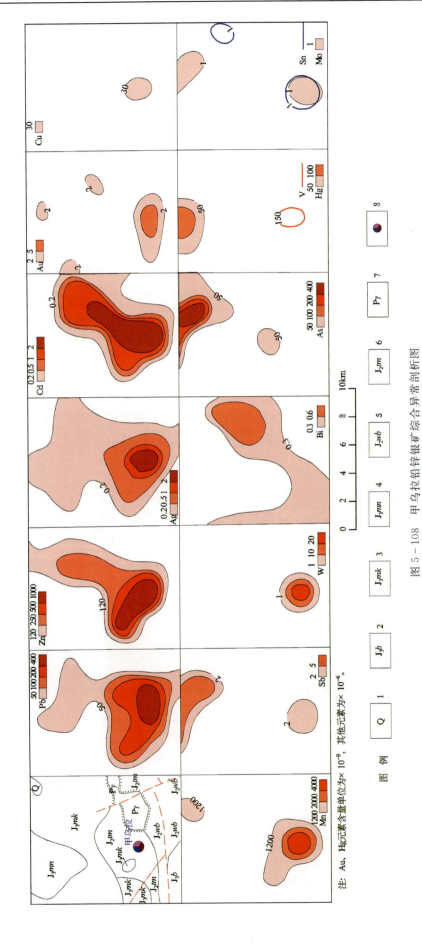

图 5-108 甲乌拉铅锌银矿综合异常剖析图

1. 第四系；2. 上侏罗统白音高老组；3. 上侏罗统满克头鄂博组；4. 上侏罗统玛尼吐组；5. 中侏罗统万宝组；6. 中侏罗统塔木兰沟组；7. 二叠纪花岗岩；8. 铅锌银矿

Cu 等多元素组合特征,并与较好的成矿地质背景相吻合。研究其地球化学特征与成矿地质环境之间的关系、异常元素与矿床的内在联系等规律,会为在区内寻找同类型多金属矿起到一定的指导作用。

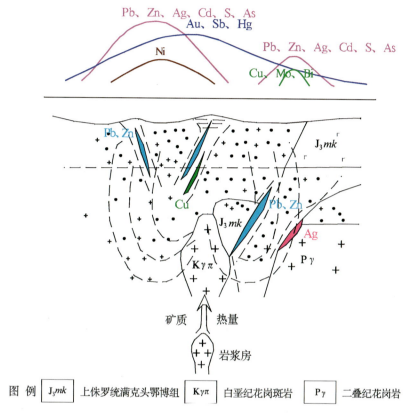

图 5-109　甲乌拉热液型铅锌银多金属矿地质-地球化学找矿模型

燕山晚期,岩浆沿断裂或断裂交会部位侵位至近地表,在塔木兰沟组基性、中基性火山岩分布区形成广泛的地热活动。基性、中基性火山岩中发生大面积的青磐岩化蚀变,围岩中的成矿物质组分 Ag^+、Pb^{2+}、Zn^{2+}、S 等被汲取带出。

火山地堑断裂系、横向北西向的张扭性断裂破碎带及火山塌陷构造中的放射状、环状断裂和断裂交会构造作为热液对流循环通道,富硅质、富碱质和富挥发组分(SiO_2、H_2S、F^-、Cl^-、CO_2)等及 Ag、Pb、Zn 等成矿物质的混合热液流体,向浅部或侧向运移,是成矿的主要阶段。Ag^+、Pb^{2+}、Zn^{2+} 以硫的络合物形式被搬运。

成矿阶段的含矿混合热流体沿断裂破碎带迁移,在成矿构造反复自封闭之后发生的周期性破碎和角砾岩化,使压力降低引起热液流体沸腾,温度降低挥发分逸失,从而使 Ag、Pb、Zn 矿石沉淀下来。另一种与之共存的矿石沉淀机制是含矿热液迁移到在更浅的部位沿断裂破碎带与地下水混合作用,使温度等物理条件改变,伴随着对围岩的更强烈交代作用,使含银矿物和黄铁矿沉淀。矿化分带在垂向上部以 Ag 为主,下部 Pb、Zn 增多。

甲乌拉银铅矿床,与成矿有关的次火山岩体出露地表,矿化以 Ag、Pb、Zn 为主,主要为致密块状构造的脉状 Ag、Pb、Zn 矿体,远离热活动中心的矿体,逐渐过渡为浸染状 Ag 矿体。蚀变硅化以结晶好的石英脉带为主,成矿位于较深的部位,成矿后剥蚀程度较大。

当地表出现 Pb、Zn、Ag、Cd、S、As 内带异常并伴有 Sb、Hg 内带异常及 Ni 中带异常时,标志矿床剥蚀较浅;当地表出现 Pb、Zn、Ag、Cd、S、As 内带异常并伴有 Cu、Mo、Bi 内带异常时反映矿床剥蚀较深。

2. 东升庙沉积型铅锌矿地质-地球化学找矿模型

1) 地质特征

(1) 区域地质。

矿床大地构造单元属于华北陆块北缘的狼山-渣尔泰山中元古代裂谷,它是在新太古代绿岩-花岗岩地体上发展起来的,并继承了基底构造走向方位。它呈近 EW 向并向北突出的弧形分布,太阳庙—炭窑口—东升庙—对门山—甲生盘—固阳属于南支,霍各乞—乌拉特后旗属于北支,东西长约 300km,每一支南北宽 15~50km,中新元古代时期沉积厚度 1000~7000m 不等,为一套陆源碎屑-黏土质、碳酸盐-黏土质建造。成矿区带划分属于华北陆块北缘西段金、铁、铌、稀土、铜、铅、锌、银、镍、铂、钨、石墨、白云母成矿带(Ⅲ级)。

区域出露的地层主要有中太古界乌拉山岩群、中元古界渣尔泰山群、白垩系和第四系,另有零星分布的二叠系、侏罗系、古近系和新近系;区域构造以褶皱为主,常表现为倒转复背斜;出露的岩体以华力西期中酸性花岗岩与花岗闪长岩为主,另有元古宙、加里东期和燕山期的小型侵入岩体。

在狼山地区已发现东升庙、炭窑口、霍各乞 3 个大型—超大型锌、铅、铜、硫矿床,在渣尔泰山地区发现了甲生盘大型锌、铅、硫矿床。这些矿床具有明显的层控、岩控和时控特点,均属于与中元古代被动陆缘裂解过程相关的海底喷流沉积型硫、铁、多金属矿床。

(2) 矿区地质。

矿区主要地层为中元古界狼山群(现又称渣尔泰山群)及中新生代地层,缺少古生代地层;狼山群含矿岩系,矿化(体)全部位于二岩组中,为(含粉砂)碳质泥岩-碳酸盐岩建造,其中普遍发育有喷气成因的燧石夹层或条带。碳质板岩中富含铅锌,条带状碳质石英岩富铜,白云质灰岩、硅质条带结晶灰岩富硫(图 5-110)。

矿区未见大规模岩浆岩,只有一些顺层或沿裂隙侵入的小岩脉。

矿区构造比较复杂,各类大小褶曲 80 多个,大小断裂 70 多条,对矿体有一定的控制和破坏作用。中元古代主构造变形期的褶皱控制了含矿层的展布,伴生的次级褶皱控制了矿体的分布,同时在一定程度上使矿石品位进一步提高;同生断裂控制的三级盆地直接控制了成矿作用。

与矿化关系密切的蚀变有黑云母化、绿泥石化和碳酸盐化,在含矿层及其上下盘围岩中均有发育。其中最具特征的是下盘的电气石化,分布广泛,属层状蚀变,成分为镁电气石或镁电气石与铁电气石过渡种属,与海底喷气有关。矿石矿物主要有黄铁矿、磁黄铁矿、闪锌矿、方铅矿、黄铜矿、磁铁矿等。

矿化发育于同生断裂或其附近,含矿层自下而上,出现由 Cu→Cu、Zn→Zn、Pb、Cu→Zn、Pb→Fe(硫化物)的连续矿化分带。

铁帽带发育黄钾铁矾、褐铁矿。

2) 地球化学特征

东升庙铅锌矿床处于华北陆块北缘的狼山-渣尔泰山中元古代裂谷中低序断陷盆地,第四系覆盖区程度高,厚度高达几十米甚至上百米,由于第四系覆盖区未进行区域化探扫面工作,因此在矿区东南部没有翔实的化探资料。

(1) 区域性统计结果表示,狼山群,尤其是狼山群二岩组中成矿元素 Pb、Zn、Cu 含量明显高于外围其他地层。

(2) 矿区地球化学异常呈 320°走向的椭圆形,面积 $12km^2$。元素组合齐全,包括 Pb、Zn、Ag、Au、Fe_2O_3、B、As、U、Cd(图 5-111)。

(3) 各元素套合好,与矿床所在位置重叠程度高。

(4) Ag、Zn 异常强度较高,分别达到了二级和三级浓度分带,衬度分别为 1.71、3.51;由于矿床位于断陷盆地,第四系覆盖程度高,其他元素没有形成明显的浓度分带,衬度分别为 Pb 1.08、Au 1.15、Fe_2O_3 1.71、B 1.33、As 1.03、U 1.28、Cd 1.36。

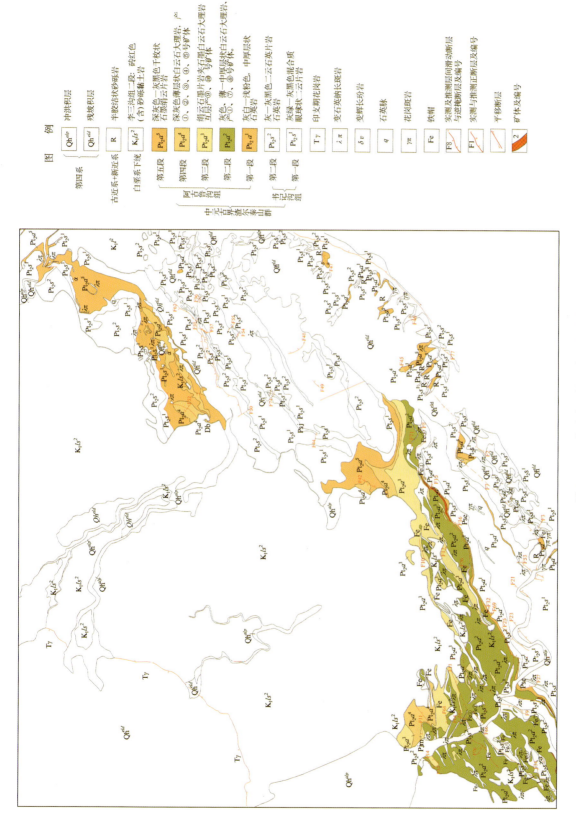

图 5-110 东升庙铅锌矿床地质略图

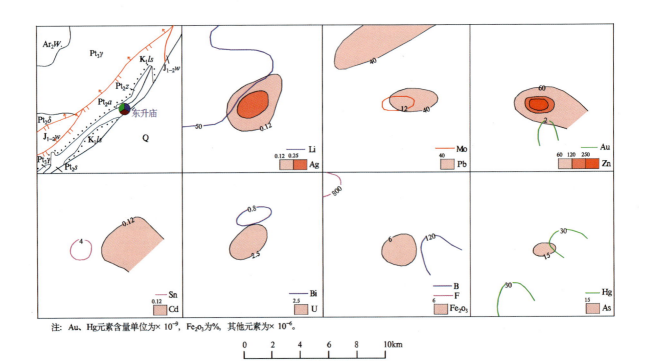

图 5-111 东升庙铅锌铜多金属矿 1:20 万地球化学综合异常剖析图
1.第四系；2.下白垩统李三沟组；3.下中侏罗统五当沟组；4.中元古界阿古鲁沟组；5.中元古界增隆昌组；
6.中元古界书记沟组；7.新元古代花岗岩；8.中元古代闪长岩；9.铅锌铜多金属矿

（5）各元素异常形成了明显的水平分带，Pb、Zn、Ag、Fe_2O_3 这些主要成矿元素异常和 Mo、Sn 等伴生元素异常位于内带，Au、As、Hg 异常位于中带，B、F、U、Li 则作为远程指示元素位于矿区外围。

3）地质-地球化学找矿模型

东升庙是自治区内典型的沉积型铅锌矿床，周边发育有霍各乞、甲生盘、炭窑口、对门山等多个相同成因类型的多金属矿床，其成矿地质背景和地球化学特征相似，研究其地球化学特征与成矿地质环境之间的关系、异常元素与矿的内在联系等规律，对在区内寻找同类型矿床具有一定的指导意义。

东升庙矿床成矿作用与海底热卤水活动有密切关系。但成矿以后受后期区域构造变动影响，发生了变形变质作用，使成矿物质进一步富集。其赋矿地层为渣尔泰山群阿古鲁沟组，其与沉积型铜矿床及矿点的分布密切相关，是重要的控矿因素之一。它既是矿床的赋矿围岩，又是不同程度提供矿质来源的深部矿源层或直接矿源层。同生断裂发育地段是成矿有利部位。如出现有电气石化、硅化、碳酸盐化、碱性长石化、绿泥石化及绢云母化等，在其上部或下部有希望找到矿体。

综合矿区地质、地球化学特征可见，矿质元素 Pb、Zn、Ag 异常显示显著强于其他元素，地球化学异常元素组合在一定程度上揭示了异常乃至矿床的成因。Pb、Zn、Ag、Cu、Fe_2O_3、As、Cd 组合指示矿质来源主要与中基性火山活动有关，B 指示其初始聚集条件为有中基性火山活动的深水沉积环境。见图 5-112。

3. 白音诺尔矽卡岩型铅锌矿地质-地球化学找矿模型

1）地质特征

（1）区域地质。

白音诺尔铅锌矿位于大兴安岭中南段巴林左旗的北部，区域地质划分属天山-内蒙古兴安地槽褶皱

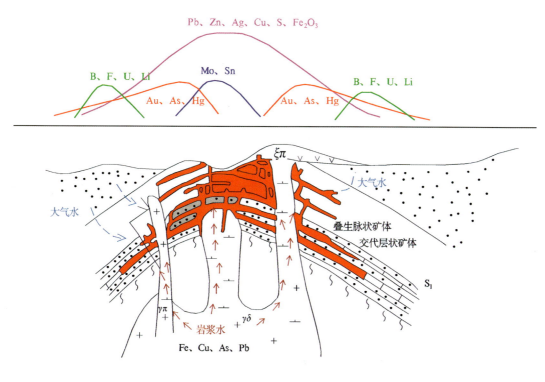

图 5-112　东升庙沉积型铅锌铜多金属矿地质-地球化学找矿模型

区,内蒙古中部地槽褶皱系,苏尼特右旗华力西期地槽褶皱带,哲斯-林西复向斜的北西翼。该矿床位于白音诺尔-景峰北东向断裂与白音诺尔-罕庙东西向断裂交会处,受区域构造控制,地层、侵入岩、构造形迹均呈北东向展布。矿床成矿环境为突泉-翁牛特铅、锌、银、铁、锡、稀土Ⅲ级成矿带。

(2)矿区地质。

矿区出露的地层主要有下二叠统黄岗梁组、上二叠统林西组、上侏罗统满克头鄂博组(图5-113)。矿区外围尚有部分下中二叠统大石寨组分布。黄岗梁组为一套浅变质海相砂泥质-碳酸盐岩沉积建造,按岩性划分为3个岩性段:下段为粉砂质、泥质板岩段;中段为灰色结晶灰岩和白色厚层大理岩;上段为灰黑色斑点板岩夹粉砂质泥质板岩。林西组为湖盆相碎屑沉积建造,岩性为泥质板岩、斑点板岩。满克头鄂博组为凝灰质砾岩、凝灰质角砾岩夹凝灰岩,上部为流纹质熔结凝灰岩、安山岩。

矿区侵入岩分布较广,主要为燕山早期中酸性浅—超浅成侵入岩,主要岩性为石英闪长岩、流纹质凝灰熔岩、正长斑岩及部分脉岩。

矿区构造较为复杂,不仅发育有褶皱构造,而且北东向、北西向、东西向断层均较为发育,并叠加有中生代火山机构。矿区总体为一背斜构造。断裂构造较为发育,尤以北东向断裂最为发育,矿区多达十余条。在矿区还发育多条总体走向近东西的断裂,一般长几十米至几百米,倾向或南或北,倾角中等至陡倾,是主要的控岩控矿构造。

成矿矿区围岩蚀变较发育,主要蚀变组合有透辉石、石榴石、硅灰石矽卡岩化和黝帘石化,次为绿帘石化、绿泥石化、碳酸岩化及硅化等,伴随矽卡岩化发生了以铅、锌为主,伴有铜、银、镉等蚀变矿化作用。

矿区的矿物种类较多,有用金属矿物以闪锌矿、方铅矿为主,次为黄铜矿、磁铁矿,偶见黄铁矿、磁黄铁矿、毒砂、斑铜矿等。非金属矿物以透辉石-钙铁辉石为主,次为石榴石、硅灰石、绿帘石等。

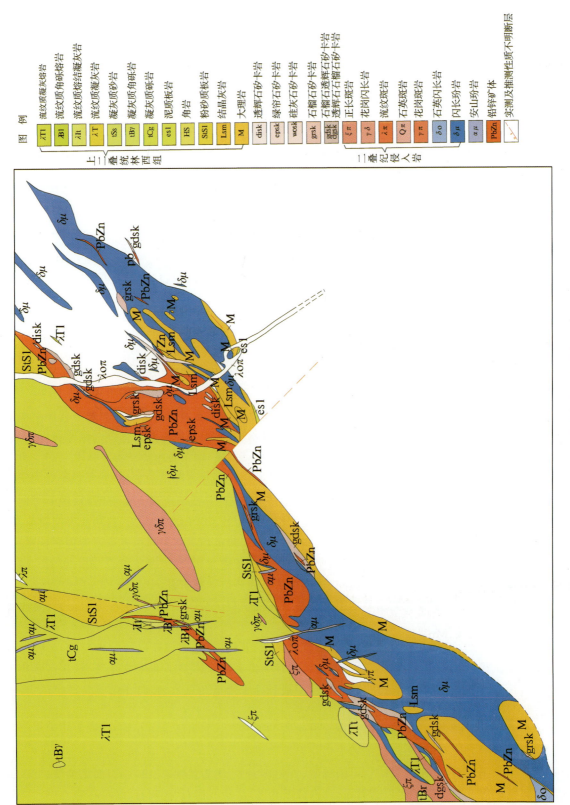

图 5-113 白音诺尔铅锌矿矿区地质图

矿石以半自形、他形粒状结构为主,乳滴状、叶片状结构次之;矿石构造为斑杂状、细脉浸染状及团块状。矿石的结构以各种粒状结构为主,次为交代结构、包含结构、乳滴状结构、叶片状结构等;矿石构造以浸染状构造为主,少量斑杂状、团块状,偶见脉状和致密块状构造。

2)地球化学特征

(1)区域性统计结果显示,二叠系林西组和侏罗系满克头鄂博组中成矿元素 Pb、Zn 含量明显高于外围其他地层。

(2)矿区岩石样品光谱半定量分析结果显示,黄岗梁组大理岩、砂板岩中 Pb、Zn 均高于维氏值,其中 Pb 高出 1~7 倍,Zn 高出 1~2.5 倍,Sn 略高于维氏值,提示白音诺尔铅锌矿床的生长围岩提供了部分成矿元素。闪长玢岩及流纹质晶屑凝灰熔岩中的 Pb、Zn 含量均高于同类岩石的维氏值 5~6 倍和 3~4 倍,Sn、Mo 含量也较高;石英斑岩和花岗闪长岩所含 Pb、Zn 也高出同类岩石维氏值数倍。说明白音诺尔铅锌矿床的生成有其矿质丰富的源体,见图 5-114。

(3)岩石地球化学异常特征:矿床原生地球化学异常极为发育,其展布与矿体分布一致,规模大于矿体,尤其是矿体上部出现较宽大的原生异常。原生异常中,As、Ag、Mo、Sb、Cu 异常面积较大,是主要的成晕元素;Pb、Zn、Sn 异常较集中于矿体部位,矿上矿下均较发育,是主要的成矿元素及成矿伴生元素;Mn 异常内带大幅度向上偏移,可能为矿体上方铁锰帽的反映。

(4)土壤地球化学异常特征:在出露地表的 1 号矿体地段,地表土壤与岩石异常特征相似,Pb、Zn、Cu、Ag、As、Sn 异常十分显著;在埋藏较深的 11、12 号矿体上方,土壤 Pb、Zn 也有较明显的异常。

(5)水系沉积物地球化学异常特征:在矿区及其四周范围内的水系沉积物中,Sn、Pb、Cd、Zn、Bi、Ag、W、Cu 等有较好的异常显示,另 Co、Mn、Ti、Cr、Mg、Fe、As、F 等也有一定异常。Zn、Cd、Bi、W 等元素异常呈北西向条带状分布,Pb 异常呈北东向条带状分布,Sn 异常呈面状分布。Pb、Zn、Cd、Sn、Bi 等元素异常面积大,强度较高,套和好,浓集中心与矿体吻合;Ag、W、As 在矿体及其周围表现为低缓异常;Cu、F、Cr 异常主要分布在矿体外围。

(6)矿体具有良好元素分带性,As、Sb 往往在矿体顶部富集,而 Sn、Cu 和 Mo 则在底部富集。

3)地质-地球化学找矿模型

白音诺尔铅锌矿是自治区内典型的矽卡岩型铅锌矿床,形成于二叠纪,受地层控制。研究其地球化学、地球化学异常特征与成矿地质环境之间的关系、异常元素与矿的内在联系等规律,会为在区内寻找同类型铅锌矿床起到一定的指导作用。白音诺尔铅锌矿地质-地球化学找矿模型见图 5-115。

钻孔资料显示,从矿体向上,矿床元素垂向分带序列与格氏热液矿床统一分带序列基本一致,为 Sn—Mo—Pb—Zn—Cu—Sb—As—Ag,综合各水平组合指数及元素比值等参数,可知浅部富 Ag、Mo、Sb、As,矿体部位富 Pb、Zn、Sn,与上述分带序列一致。

根据元素垂向分带序列及地表地球化学异常特征,可知 Pb、Zn、Sn、Ag、Cd 为矿床直接指示元素,Cu、Mo、As、Sb、Mn 等为矿床间接指示元素。这些元素异常,尤其是这些元素的组合异常为寻找矿体的显著标志。As、Sb、Ag、Mn 等前缘晕元素异常的出现,预示下部可能有盲矿。

四、锑矿

结合地质成果,在对全区唯一的锑矿床——阿木乌苏热液型锑矿锑单元素异常、综合异常进行综合研究的基础上,对其地质-地球化学找矿模型进行了总结。

1. 地质特征

(1)矿区大地构造单元属于天山-兴蒙造山系,额济纳旗-北山弧盆系,位于塔里木陆块区敦煌陆块柳园裂谷,位于 Ⅱ-4 塔里木成矿省,Ⅲ-14 磁海-公婆泉铁、铜、金、铅、锌、钨、锡、铷、钒、铀、磷成矿带,Ⅳ 14^2 阿木乌苏-老硐沟金、钨、锑成矿亚带,Ⅴ 14^{2-1} 阿木乌素-鹰嘴红山钨、锑矿集区(Ⅴ、Ⅵ)的西南端。

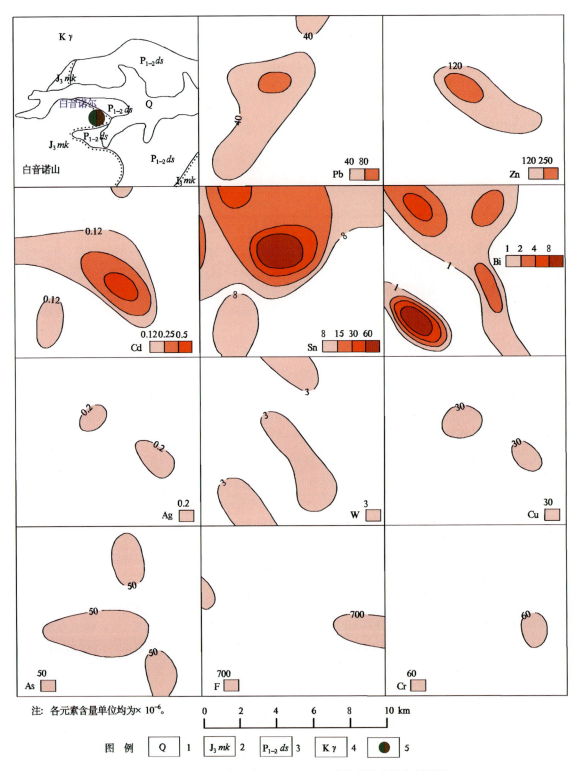

图 5-114 白音诺尔铅锌矿 1∶20 万地球化学综合异常剖析图
1. 第四系；2. 上侏罗统满克头鄂博组；3. 下中二叠统大石寨组；4. 白垩纪花岗岩；5. 铅锌矿

(2) 中二叠世英云闪长岩及早白垩世二长花岗岩较为发育，与下二叠统金塔组安山岩呈侵入接触关系。

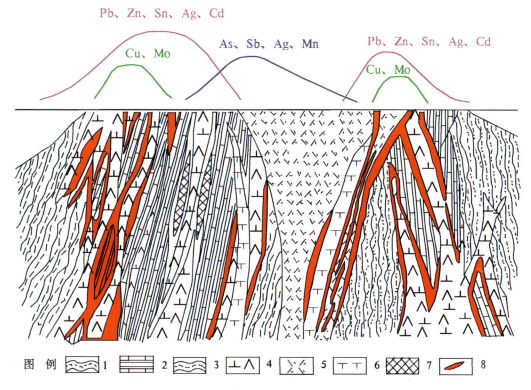

图 5-115 白音诺尔矽卡岩型铅锌矿地质-地球化学找矿模型

1. 粉砂(凝灰)质砂质板岩;2. 大理岩;3. 泥质板岩;4. 闪长玢岩;5. 凝灰质流纹熔岩;6. 正长斑岩;
7. 角岩;8. 矿体

(3)矿区内不同方向、不同期次的断裂及其裂隙构造均较发育。近东西向断裂,为区内成矿前构造。北西—北西西向断裂,最为发育,是矿区内与成矿关系最为密切的一组断裂,可分为控矿、导矿、储矿3种断裂,控矿断裂为规模最大的两条断裂,导矿断裂为控矿断裂形成发展过程中产生的次一级断裂,储矿断裂一般为规模较小的裂隙构造,系沿导矿断裂形成的一组张性羽状裂隙。

(4)锑矿化体多呈脉状、扁豆状断续分布于中二叠统金塔组中的蚀变安山岩及下二叠世石英闪长岩体的断裂中。

(5)围岩蚀变以绿泥石化、绿帘石化、绢云母化、碳酸盐化较为普遍,近矿围岩以高岭土化、硅化、褐铁矿化及锗化较为常见,其中硅化与成矿关系最为密切。

(6)矿石矿物主要为磁铁矿;脉石矿物主要为石英、角闪石、斜长石、黑云母、石榴石等。

(7)成矿时代为中二叠世及早白垩世。

2. 地球化学特征

(1)区域性统计结果显示,阿木乌苏锑矿区及其外围各主要地质体岩石和水系沉积物中 Sb、As 含量均明显高于地壳克拉克值,为区域性富集元素,而区内二叠系金塔组和中二叠世石英闪长岩体中的 Sb、As 含量又分别高于相应岩石丰度值的 3.8 倍和 6.2 倍,表明地层是 Sb、As 的潜在矿源层,岩浆岩中 Sb、As 的富集倍数明显高于地层,表明岩浆活动对 Sb、As 的富集具有重要作用,是矿区另一重要成矿母岩。

金在区内岩石和水系沉积物中含量均低于克拉克值，仅在燕山晚期花岗岩中相对富集，平均为 3.4×10^{-9}，圈出的异常均出露于花岗岩体的断裂带及两侧附近，表明断裂活动对金具明显的富集作用。

(2) 区域性指示元素主要为 Sb、As、Au、Cu、W、Mo，其中 Sb、As 异常呈面状展布，异常面积和强度均较大，Au 异常呈南北向串珠状展布，Cu、W、Mo 异常等呈环状或星散状，Sb、As、Au 异常元素浓度分带、浓集中心明显，套合好，与锑矿床吻合，见图 5-116。

(3) 1:5 万水系沉积物测量结果显示：Sb、Au、As、Mo、Sn、Pb、Ag 等主要成矿元素、伴生元素异常呈北西西—近东西向展布，长 12km，宽 2~4km，组合异常受金塔组火山岩、二叠纪岩浆岩活动区和北西西—近东西向断裂构造双重控制的特征非常明显。其中 Sb、As 异常套合好呈连续带状展布，Au、Pb、Ag、Sn、Mo 异常呈断续带状展布。异常元素以燕山晚期花岗岩为中心向外扩散，形成了以 Mo、Au、Sn 为主的内带和以 Sb、As 为主的外带的水平分带特征，而阿木乌苏锑矿就位于其外带之上。

(4) 大比例尺岩石剖面测量结果显示：锑、砷异常宽度和强度均较大，银、铜、锌、钼异常呈尖峰状，强度虽不大，但异常较明显，见图 5-117。

3. 地质-地球化学找矿模型

阿木乌苏锑矿床是自治区境内唯一的已知锑矿，研究其地球化学标志、地球化学异常特征与成矿地质环境之间的关系、异常元素与矿的内在联系等规律，会为在全区进一步寻找锑矿床起到一定的指导作用。阿木乌苏锑矿地质-地球化学找矿模型见图 5-118。

五、钨矿

内蒙古自治区钨矿主要分布在大兴安岭南段，即克什克腾旗-乌兰浩特华力西期地槽褶皱带南部的黄岗梁地区。另在东乌珠穆沁旗华力西早期地槽褶皱带、温都尔庙-翁牛特旗加里东期地槽褶皱带东段及控制槽台边界深大断裂两侧有钨矿产出，额济纳旗的七一山钨钼矿床是西部区目前唯一的工业矿床。

(一) 典型矿床地质地球化学特征

本次工作对成矿规律组选取的 4 个典型钨矿床（表 5-19）的地质、地球化学特征进行了详细研究，编制了矿床所在区域的地球化学综合异常剖析图，为将来地质-地球化学找矿模型的建立奠定了基础。总结各典型矿床的成矿地质作用、成矿构造体系、成矿地质特征、地球化学特征等，也能够为下一步钨矿找矿预测图的编制提供模型和有力依据。

表 5-19 内蒙古自治区钨矿典型矿床一览表

矿床成因类型	典型矿床名称	规模	矿种类型
热液型	沙麦	中型	W
	白石头洼	中型	W
	七一山	中型	W、Mo
	乌日尼图	小型	W

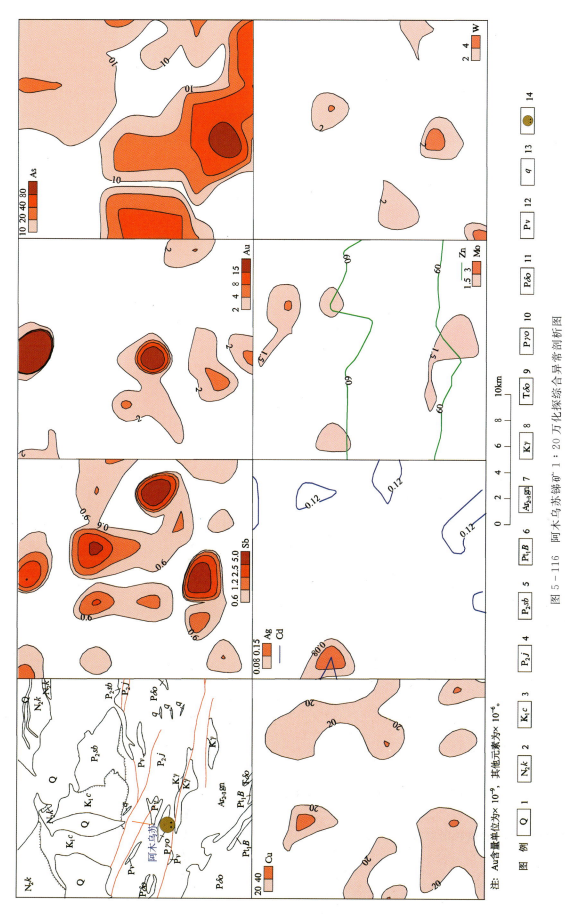

图 5-116 阿木乌苏锑矿 1:20 万化探综合异常剖析图

1. 第四系；2. 上新统苦泉组；3. 下白垩统赤金堡组；4. 中二叠统金塔组；5. 中二叠统双堡塘组；6. 古元古界北山群；7. 中新太古代混合岩组合；8. 白垩纪花岗岩；9. 三叠纪花岗岩；10. 二叠纪石英闪长岩；11. 二叠纪斜长花岗岩；12. 二叠纪石英辉长岩；13. 石英脉；14. 锑矿

注：Au 含量单位为 $\times 10^{-9}$，其他元素为 $\times 10^{-6}$。

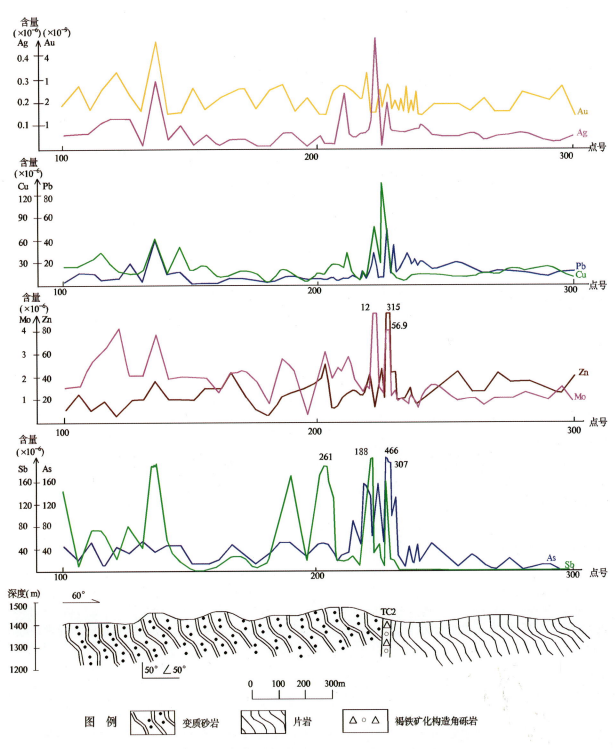

图 5-117 阿木乌苏锑矿区 P1 岩石测量综合剖面图

1. 沙麦式热液型钨矿地质地球化学特征

1）地质特征

沙麦钨矿床位于天山-兴蒙造山系，大兴安岭弧盆系，扎兰屯-多宝山岛弧，东乌珠穆沁旗复背斜带，

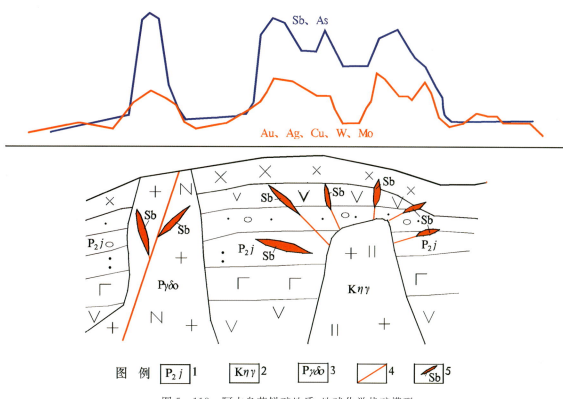

图 5-118 阿木乌苏锑矿地质-地球化学找矿模型

1. 中二叠统金塔组；2. 白垩纪二长花岗岩；3. 二叠纪英云闪长岩；4. 断层；5. 锑矿脉

成矿区带属东乌珠穆沁旗—嫩江（中强挤压区）铜、钼、铅、锌、金、钨、锡、铬成矿带。受区域构造的控制，区内地层、侵入岩、构造形迹均呈北东—北北东向展布，沙麦钨矿床赋存在北东向和北北东向构造交会部位及北西向张扭性断裂之中。沙麦钨矿共生或伴生矿物 20 余种，金属矿物以黑钨矿为主，其次为白钨矿、黄铁矿、黄铜矿，另见少量斑铜矿、方铅矿，偶见辉钼矿、毒砂、闪锌矿、孔雀石、蓝铜矿、褐铁矿。主要围岩蚀变为铁白云母化、云英岩化、角岩化，其次为黄铁矿化、萤石化、电气石化。成矿时代为燕山晚期。

2）地球化学特征

从图 5-119 可以看出，矿区内异常沿黑云母花岗岩与侏罗系砂岩接触带发育，呈北东向展布，面积较大，强度不高，异常元素组合为 W、Sn、Mo、Bi、Au、Sb、Cd，其中 Bi 异常规模较大，其他元素异常规模都较小。

2. 白石头洼式热液型钨矿地质地球化学特征

1）地质特征

白石头洼钨矿大地构造位置位于Ⅱ华北陆块区，Ⅱ-4 狼山-阴山陆块，Ⅱ-4-3 狼山-白云鄂博裂谷，成矿区带属华北陆块北缘西段金、铁、铌、稀土、铜、铅、锌、银、镍、铂、钨、石墨、白云母成矿带。白云鄂博群呼吉尔图组二、三岩性段为区内钨矿床的主要围岩。晚侏罗世花岗岩类是控矿岩浆岩。主体构造为一复式向斜构造，它控制着矿体的空间展布，断裂构造以层间断裂为主，主要发育在向斜的中心部位，是主要的控矿构造。金属矿物以黑钨矿为主，其次有黄铁矿、黄铜矿、铁闪锌矿、方铅矿及少量的磁黄铁矿、毒砂、磁铁矿、赤铁矿等，围岩蚀变见硅化、云英岩化、黄铁矿化、绢云母化、绿泥石化等。成矿时代为燕山期。

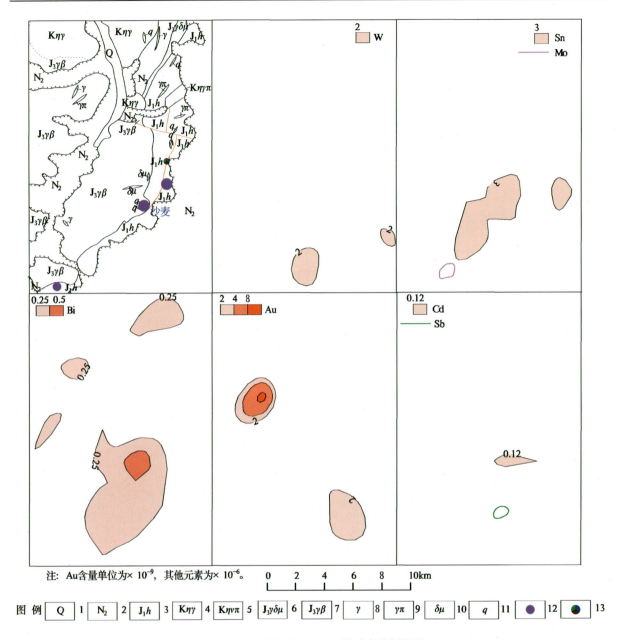

图 5-119 沙麦钨矿 1∶20 万综合异常剖析图

1. 第四系；2. 新近系上新统；3. 侏罗系红旗组；4. 白垩纪二长花岗岩；5. 白垩纪二长花岗斑岩；6. 晚侏罗世花岗闪长玢岩；7. 晚侏罗世黑云母花岗岩；8. 花岗岩；9. 花岗斑岩；10. 闪长玢岩；11. 石英脉；12. 钨矿；13. 铜铅锌矿

（2）地球化学特征

矿区内 W、Sn、Bi、Ag、Cu、Pb、Cd 等元素异常较明显（图 5-120），其中 W、Sn、Bi 异常规模和强度较大，呈宽大的面状，Cu、Pb 为低缓异常，Ag、Cd 呈等轴状；W、Bi、Ag、Cd 的浓集中心较明显，套合好，与钨矿体相对应。

3. 七一山式热液型钨矿地质地球化学特征

七一山矿床是自治区内典型的热液型钨矿，本次工作对其建立了地质-地球化学找矿模型（详见本矿种第二部分），该处不做详细论述。

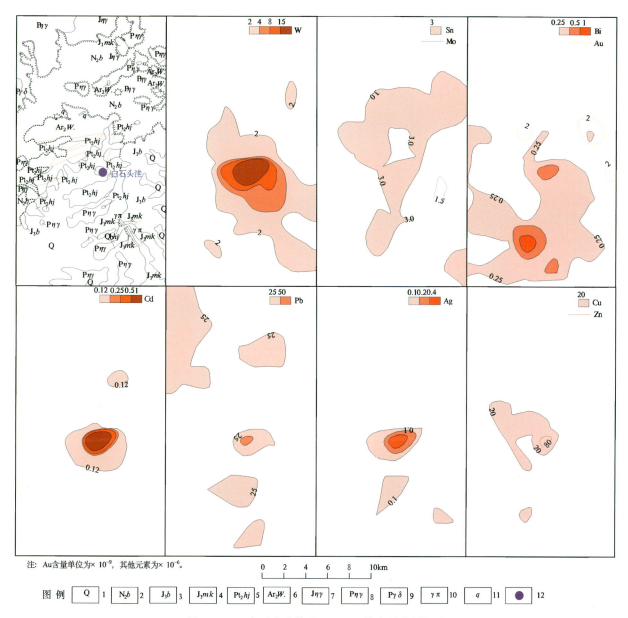

图 5-120 白石头洼钨矿 1:20 万综合异常剖析图

1. 第四系；2. 上新统宝格达乌拉组；3. 上侏罗统白音高老组；4. 上侏罗统满克头鄂博组；5. 中元古界呼吉尔图组；6. 中太古界乌拉山岩群；7. 侏罗纪二长花岗岩；8. 二叠纪二长花岗岩；9. 二叠纪花岗闪长岩；10. 花岗斑岩脉；11. 石英脉；12. 钨矿

4. 乌日尼图式热液型钨矿地质地球化学特征

乌日尼图矿床是自治区内典型的热液型钨矿，本次工作对其建立了地质-地球化学找矿模型（详见本矿种第二部分），该处不做详细论述。

（二）典型矿床地质-地球化学找矿模型的建立

在结合地质成果对台吉乌苏钨矿床找矿预测区、七一山钨矿床找矿预测区钨单元素异常、综合异常进行综合研究的基础上，对乌日尼图热液型钨矿床、七一山热液型钨矿床的地质-地球化学找矿模型进行了总结，见表 5-20。

表 5-20 内蒙古自治区部分钨典型矿床地质-地球化学找矿模型一览表

矿床类型	地质背景	矿床特征	区域地球化学异常特征	矿田（矿床）异常特征	典型矿床
热液型	(1)大地构造属于I天山-兴蒙构造系，I-9额济纳旗-北山弧盆系，I-9-4公婆泉岛弧(O-S)；成矿带位于Ⅱ-4塔里木成矿省，Ⅲ-14磁海-公婆泉铁、铜、钨、锡、钼、铋、磷、萤成矿亚带，Ⅳ-14¹石板井-七一山钨、钼、铜、铁、钒、铀、萤石成矿带，矿区位于斜核部的南翼，总体构造形态为一近东西向的复式向斜构造，并在向斜轴线显示为向南突出的弧形构造。(2)矿区岩浆岩发育，并以燕山期花岗岩为主，华力西期中酸性侵入岩浆岩零星分布于矿区边缘，均与志留系上复层呈侵入接触关系。(3)褶皱构造在局部为一走向近东西、倾向北、倾角64°~72°的单斜构造，岩体南侧矿集中地段地层受断层及断层影响多已倒转；断裂构造主要有近东西向逆断层、北东-南西向正断层、北西-南东向正断层，共12条，均为成矿前的控矿构造活动产物，是控制含钨石英脉及网状细脉的主要裂隙。	(1)围岩蚀变以矽卡岩化、角岩化、硅化、钠长石化、钾长石化、叶蜡石化、云英岩化、黄玉化、萤石化、锡石化与矽卡岩化、角岩化关系密切，锡石化与矽卡岩化、角岩化关系密切。(2)钨矿金属矿物有黑钨矿、白钨矿、锡石、自然锡、钼铋矿、钼铅矿、辉铋矿、辉钼矿等；脉石矿物有黑钨矿斜长石、条纹长石、微斜长石和石英为主，次为各种云母。	(1)区域性统计结果显示，志留系中主要成矿元素 W, Sn, Mo, Be, Cu, 含量多高于地壳克拉克值，花岗岩岩体中 W, Sn, Mo, Cu 成矿元素高于贫钙花岗岩元素组成的高背景区克拉克值。(2)区域上分布有 W, Bi, Au, As, Sb, Hg 等元素组成的高背景区（带）	(1) W, Sn, Bi, As, Sb, Zn 异常呈东西向或近东西向串珠状或条带状分布，Au, Cu, Mo 呈星散状；W, Sn, Bi, As, Sb 异常强度高，浓度分带浓集中心明显，与矿体吻合较好。(2) 1∶1 万岩石测量结果显示元素组合和分布特点：①元素组合分两类：a. W, Sn, Mo, Be 型组合，以 W, Mo 为主，Sn, Be 次之，分布在七一山花岗岩岩体及其接触带上，与矿体及矿化带紧密相关。b. Cu, Pb 与已知矿体点呈点状分布在七一山花岗岩体东西两侧，西部以 Cu 为主，东部以 Pb 为主，与异常基本一致。②分带性：从异常中心、岩体向外看，以七一山花岗岩体为中心，岩体上的异常特点大而集中，向常叠加，向外逐渐变小，且分散。元素组合特点以 W, Mo, Sn, Be 为主，向外为 Cu, Pb，东部以 Cu 主，西部以 Pb 为主	额济纳旗七一山热液脉状型钨钼多金属矿
热液型	(1)大地构造属于I天山-兴蒙造山系、大兴安岭弧盆系 (Pz₂)；成矿带位于大兴安岭成矿省东乌珠穆沁旗-多宝山岛弧(中强挤压区)成矿之上，大兴安岭成矿省东乌珠穆沁旗-嫩江（叠加古亚洲洋构造压区）铜、钼、铅、锌、金、钨、锡、铬成矿带，乌日尼图-淮苏古庙钨、钼、铜成矿亚带。(2)矿区侏罗纪-白垩纪中细粒花岗岩、花岗斑岩，花岗闪长斑岩比较发育，其中中北东向为北东和北西两组，矿床沿岩脉侵入差穆沁旗复背斜旁的派生构造。褶皱构造为东乌珠穆沁旗复背斜南西翼次一级的背斜的转折端，向南西倾伏，产状平缓，褶皱构造矿区的产出严格受上述两组断裂构造的交会处所控制。	(1)围岩中的热液蚀变作用非常强烈，从早期到晚期可分为矽卡岩化、硅化、绢云母化、绿泥石化、碳酸盐化、萤石化、黄铁矿化，各种蚀变相互叠加在一起，形成相互穿插的蚀变岩。(2)矿化类型主要为辉钼矿、白钨矿、黄铜矿、闪锌矿等，以前二者为主，矿化主要产在裂隙细脉中，辉钼矿与后期的硅质细脉关系密切，白钨矿一般产在破碎裂隙中。(3)金属矿物主要为辉钼矿、辉铋矿、磁铁矿、黄铜矿化、闪锌矿；方铅矿等；非金属矿物主要为石英、微斜长石、白云母、绢云母等	(1)区域性统计结果显示，矿区内侏罗纪花岗岩、花岗斑岩、花岗闪长斑岩中 Cu, Pb, Zn, Mo, W, Ag 等元素较富集，各矿（化）体的形成与之有密切关系。(2)区域上分布有 W, Sn, Bi, As, Sb 等元素组成的高背景区（带）	(1) W, Sn, Bi, As, Sb, Ag 异常规模和强度较大，呈宽大的面状，浓度分带明显，浓集中心呈珠串状，见图 5-123。(2) 1∶5 万、1∶1 万土壤测量结果表明，白钨矿化部位有较强的钨异常，分带性较好，浓集中心较明显，在其周围有 W, Sn, Bi, As, Sb, Ag, Au, Cu 异常相伴，故地球化学异常是本区找矿的重要指示标志	苏尼特左旗乌日尼图热液型钨钼多金属矿

续表 5-20

矿床类型	地质背景	矿床特征	区域地球化学异常特征	矿田（矿床）异常特征	典型矿床
热液型	(1)大地构造属于Ⅱ华北陆块区、Ⅱ-4 狼山-阴山陆块、Ⅱ-4-3 狼山-白云鄂博裂谷；成矿带位于Ⅱ-14 华北成矿省、Ⅲ-58 华北陆块北缘西段成矿带、白云鄂博—商都金、铁、镍、铂、钨、铌、石墨、稀土、铜、铝、锌、银、稀土、铜、白云母成矿亚带、Ⅳ 58¹ 白云鄂博—商都金、铁、稀土、铌、镍成矿亚带、Ⅴ 58¹⁻¹¹ 白石头洼钨矿集区（Ym）。(2)出露地层简单，除新生代地层外（Q），均为白云鄂博群呼吉尔图组。根据岩性特征该组划分为3个岩性段：一岩段为一套变质砂泥质不等厚互层的细粉砂岩，二岩段为一套变质钙镁质碳酸盐岩类岩石，上覆于一岩段之上，整合接触；三岩段为一套银灰色云母石英片岩及石英云母片岩，上覆地层为石炭系阿木山组。(3)主体构造为一复式向斜构造（由几个次一级的背向斜组成，二号斜向东侧伏，倾角 20°~25°，复向斜核部），轴向NNE，复向斜向东侧伏。断裂构造以层间断裂为主，主要发育在向斜的中心部位，是主要的控矿构造	(1)围岩蚀变主要是硅化、云英岩化、黄铁矿化、绢云母化、绿泥石化等。(2)金属矿物：黑钨矿为主，其次有黄铜矿、铁闪锌矿、辉砷钴矿、黄铁矿、黄铜矿、磁黄铁矿、方铅矿及少量的磁黄铁矿、辉砷、方铅矿、赤铁矿等；非金属矿物以石英为主，萤石、白云母、方解石次之	区域上分布有 W、Sn、Au、Pb、Hg 等元素组成的高背景区（带）	(1) W、Sn、Bi、Ag、Cu、Pb、Cd 等元素异常较明显，呈宽大的面状，其中 W、Sn、Bi 异常规模和强度较大，呈宽大的面状，Cu、Pb 为低缓异常、Ag、Cd 呈等轴状。(2) W、Bi、Ag、Cd 的浓集中心较明显，套合好，与钨矿体相对应	大仆寺旗白石头洼热液型钨矿

1. 七一山热液型脉状钨矿床地质-地球化学找矿模型

1）地质特征

(1) 大地构造属于Ⅰ天山-兴蒙构造系，Ⅰ-9额济纳旗-北山弧盆系，Ⅰ-9-4公婆泉岛弧(O—S)；成矿带位于Ⅱ-4塔里木成矿省，Ⅲ-14磁海-公婆泉铁、铜、金、铅、锌、钨、锡、钶、钒、铀、磷成矿带，Ⅳ14¹石板井-东七一山钨、钼、铜、铁、萤石成矿亚带，矿区位于向斜核部的南翼，总体构造形态为一近东西向的复式向斜构造，并在向斜轴线显示向南突出的弧形构造。

(2) 矿区岩浆岩发育，并以燕山期花岗岩为主，华力西期中酸性侵入岩零星分布在矿区边缘，均与志留系呈侵入接触关系。

(3) 褶皱构造在局部为一走向近东西，倾向北，倾角64°～72°的单斜构造，岩体南侧矿体集中地段地层受岩体及断层影响多已倒转。断裂构造主要有近东西向逆断层、北东-南西向逆断层、南北向正断层、北北东-南南西向正断层4组，共12条，均属成矿前的控矿构造，但根据断层的相互关系判断成矿后仍在继续活动。裂隙除少数规则平整延伸较长的剪切裂隙外，主要是复杂的网状裂隙，网状裂隙是多期构造活动产物，是控制含钨石英脉及长英质细脉的主要裂隙。

(4) 钨矿床金属矿物有黑钨矿、白钨矿、锡石、自然锡、钼铋矿、钼铅矿、辉钼矿、辉铋矿等；脉石矿物以斜长石、条纹长石、微斜长石和石英为主，次为各种云母。

(5) 围岩蚀变以矽卡岩化、角岩化、硅化、钠长石化、钾长石化、叶蜡石化、云英岩化、黄玉化、萤石化为主，钨钼矿与硅化关系密切，锡矿与矽卡岩化、角岩化关系密切。

(6) 成矿时代：燕山期。

2）地球化学特征

(1) 区域性统计结果显示，志留系中主要成矿元素W、Sn、Mo、Be、Cu含量多高于地壳克拉克值，花岗岩岩体中W、Sn、Mo、Cu成矿元素高于贫钙花岗岩地壳克拉克值。

(2) W、Sn、Bi、As、Sb、Zn异常呈东西或近东西向串珠状或条带状分布，Au、Cu、Mo呈星散状，W、Sn、Bi、As、Sb异常强度高，浓度分带、浓集中心明显，与矿体吻合较好，见图5-121。

(3) 1:1万岩石测量，共圈出W、Sn、Bi、Mo、Cu等各类异常47个，多集中分布在七一山花岗岩体及其东西两侧的围岩中，并具有以下元素组合和分带特点。

元素组合分两类：①W、Sn、Mo、Be型组合。以W、Mo为主，Sn、Be次之，分布在七一山花岗岩体及其接触带上，与已知矿体及矿化带紧密相关，包括2个W异常，3个Sn异常，2个Mo异常及2个Be异常。②Cu、Pb型组合。分布在七一山花岗岩体东西两侧，东部以Cu为主，西部以Pb为主，与已知矿化体基本一致，东部包括6个Cu异常和5个Pb异常，西部包括8个Pb异常和2个Cu异常。

分带性：从异常分布特点来看，以七一山花岗岩体为中心，岩体上的异常大而集中，常叠加，向外逐渐变小，且分散。元素组合特点是岩体及其接触带以W、Mo、Sn、Be为主，向外为Cu、Pb，东部以Cu为主，西部以Pb为主；第一组合的叠加异常是以Mo为中心，向外为W、Sn、Be，与矿床的不同矿种分带性相一致。

3）地质-地球化学找矿模型

研究发现，内蒙古西部、中西部的钨综合异常均具有与七一山热液型钨矿床相似的元素组合特征，即以W、Sn、Bi、As、Sb为主的元素组合特征，讨论其异常组合、异常元素与矿床(体)的空间关系，对实现该带的找矿突破应有一定的借鉴。七一山热液型钨矿床地质-地球化学找矿模型见图5-122。

2. 乌日尼图热液型钨矿床地质-地球化学找矿模型

1）地质特征

(1) 大地构造属于天山-兴蒙造山系，大兴安岭弧盆系，扎兰屯-多宝山岛弧(Pz_2)；成矿带位于滨太平洋成矿域(叠加在古亚洲成矿域之上)，大兴安岭成矿省东乌珠穆沁旗-嫩江(中强挤压区)铜、钼、铅、

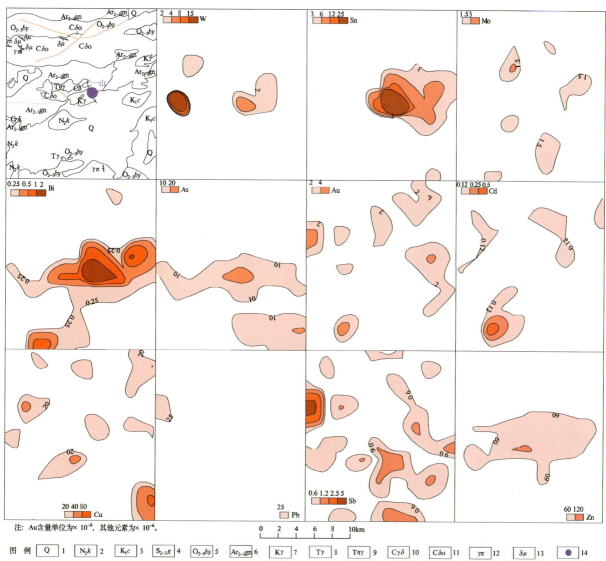

图 5-121　七一山钨矿 1∶20 万综合异常剖析图

1.第四系；2.上新统苦泉组；3.下白垩统赤金堡组；4.中上志留统公婆泉组；5.上奥陶统白云山组；6.中新太古代混合岩组合；7.白垩纪花岗岩；8.三叠纪花岗岩；9.三叠纪二长花岗岩；10.石炭纪花岗闪长岩；11.石炭纪石英闪长岩；12.花岗斑岩脉；13.闪长玢岩脉；14.钨矿

锌、金、钨、锡、铬成矿带，乌日尼图-准苏吉花钨、钼、铜成矿亚带。

（2）矿区侏罗纪—白垩纪中细粒花岗岩、花岗斑岩、花岗闪长斑岩比较发育，岩体出露的面积约 0.1km²，与乌宾敖包组呈侵入接触。

（3）构造变动强烈，褶皱和断裂发育，断裂构造主要有北东向及北西向两组。其中北东向为区域性构造，多数地段被闪长玢岩脉沿断层侵入；北西向为北东向的派生构造。褶皱构造为东乌珠穆沁旗复背斜南东翼次一级背斜的转折端，产状平缓，向南西倾伏，褶皱构造是矿区的主要储矿构造。区内小型斑岩体的产出严格受上述两组断裂的交会处所控制。

（4）金属矿物主要为辉钼矿、白钨矿、黄铜矿、闪锌矿、辉铋矿、磁铁矿、方铅矿化等；脉石矿物主要为石英、微斜长石、白云母、绢云母等。

（5）围岩中的热液蚀变作用非常强烈，从早期到晚期可分为矽卡岩化、硅化、绢云母化、绿帘石化、萤

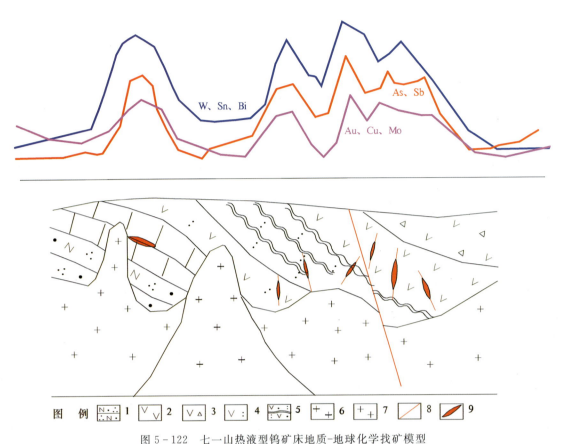

图 5-122 七一山热液型钨矿床地质-地球化学找矿模型

1. 长石石英砂岩；2. 安山岩；3. 角砾安山岩；4. 安山质凝灰岩；5. 凝灰质变质砂岩；6. 花岗斑岩；7. 花岗岩；
8. 断层；9. 脉状矿体

石矿化、黄铁矿化、碳酸盐化等。各种蚀变相互叠加在一起，形成相互穿插的蚀变岩。矿化类型主要为辉钼矿、白钨矿、黄铜矿、闪锌矿、辉铋矿、磁铁矿、方铅矿化等，以前二者为主，矿化主要产在裂隙中，辉钼矿与后期穿入的硅质细脉关系密切，白钨矿一般产在破碎裂隙中，铜、锌矿基本亦产在上述不同裂隙中。

(6)成矿时代：燕山期。

2) 地球化学特征

(1)区域性统计结果显示，矿区内侏罗纪—白垩纪中细粒花岗岩、花岗斑岩、花岗闪长斑岩中铜、铅、锌、钼、钨、银等元素较富集，各矿(化)体的形成与之有密切关系。

(2)W、Sn、Bi、As、Sb、Ag 异常规模和强度较大，呈宽大的面状，浓度分带、浓集中心明显，Au、Cu、Mo 异常呈串珠状，见图 5-123。

(3)1:5 万、1:1 万土壤测量结果表明，在钨矿化部位有较强的钨异常，分带性较好，浓集中心较明显，在其周围有 W、Sn、Bi、As、Sb、Ag、Au、Cu 异常分布，故地球化学异常是本区找矿的重要指示标志。

3) 地质-地球化学找矿模型

(1)独特的大地构造部位：乌日尼图钨矿床位于西伯利亚板块东南大陆边缘晚古生代陆缘增生带，二连-贺根山板块对接带的西北侧。该带上已发现许多重要的矿产，如蒙古国的奥尤陶勒盖特大型铜金钼矿床，二连-东乌珠穆沁旗成矿带上的奥尤特小型铜矿床、海拉斯小型铜多金属矿床、小坝梁铜金矿床、沙麦钨矿、吉林宝勒格银矿、朝不楞铅锌矿等。

(2)侵入岩条件：矿区侏罗纪—白垩纪中细粒花岗岩在深部较为发育，该阶段岩浆活动频繁，为铜、

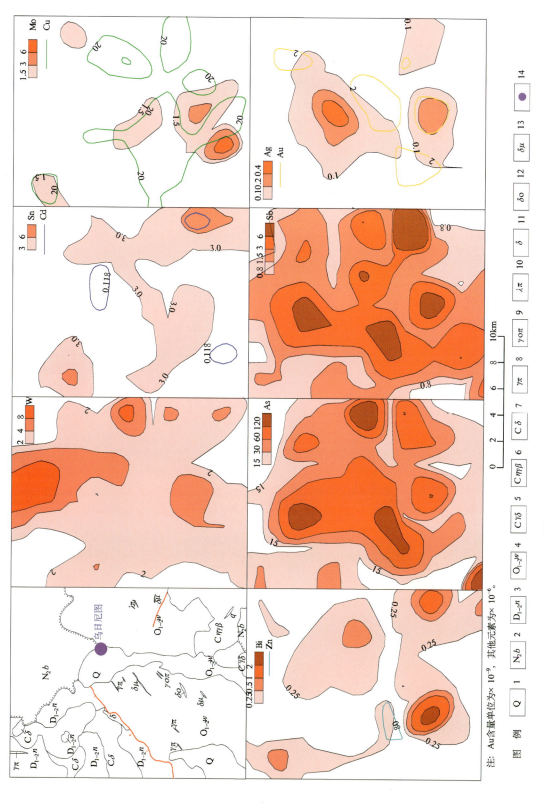

图 5-123 乌日尼图钨矿 1:20 万综合异常剖析图

1.第四系；2.上新统宝格达乌拉组；3.下中泥盆统乌宾陶勒盖包组；4.下中奥陶统乌宾陶勒盖包组；5.石炭纪花岗闪长岩；6.石炭纪黑云母二长花岗岩；7.石炭纪闪长岩；8.花岗斑岩脉；9.花岗斑岩脉；10.流纹斑岩脉；11.闪长岩脉；12.石英闪长岩脉；13.斜长花岗岩脉；14.钨矿

铅、锌、钼、钨、银的形成创造了有利条件,钨矿等赋存于下中奥陶统乌宾敖包组与侏罗纪—白垩纪中细粒花岗岩、花岗斑岩外接触带中。中细粒花岗岩中铜、铅、锌、钼、钨、银等微量元素较富集,故本区矿(化)体的形成与之有密切关系。

(3)构造条件:构造是有用矿物运移的通道和沉淀、赋存的场所。矿区内遭受多期次的构造变动、叠加、改造等,使地壳发生褶皱、断裂,北西向次级断裂为矿产形成提供了良好的空间位置。

内生矿产与岩浆活动有密切的关系,而岩浆活动严格受构造控制。矿区外围的北东向和北西向断裂严格控制着斑岩体的形成,次生裂隙成为矿体的赋矿场所。

(4)地层条件:矿区出露的地层乌宾敖包组Cu、Mo、Ag、Pb、Zn、W、Sn、As、Sb等元素在土壤中均表现出一定的富集特征,异常组合元素由东向西具一定的水平分带性,即高温元素组合—中高温元素组合—中低温元素组合。所以可以认为,乌日尼图钨矿床的形成与该区地层有用元素的相对富集有一定的关系。

乌日尼图热液型钨矿的地质-地球化学找矿模型见图5-124。

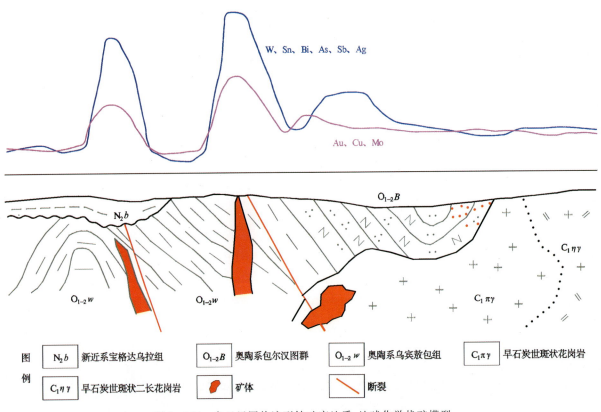

图5-124 乌日尼图热液型钨矿床地质-地球化学找矿模型

六、稀土矿

内蒙古自治区稀土矿产资源可谓得天独厚,具有类型独特,品位较高,伴生元素丰富,储量巨大的特点。白云鄂博稀土矿探明的稀土金属储量占全世界稀土总储量的80%,铌仅次于巴西居世界第二位;巴尔哲稀土矿床的锆,占全国储量的73%,居全国之首。

(一)典型矿床地质地球化学特征

本次工作对成矿规律组选取的3个典型稀土矿床(表5-21)的地质、地球化学特征进行了详细的研究,编制了矿床所在区域的地球化学综合异常剖析图,为将来地质-地球化学找矿模型的建立奠定了基础。总结各典型矿床的成矿地质作用、成矿构造体系、成矿地质特征、地球化学特征等,也能够为下一步稀土矿找矿预测图的编制提供模型和有力依据。

表 5-21 内蒙古自治区稀土矿典型矿床一览表

矿床成因类型	典型矿床名称	规模	矿种类型
沉积型	白云鄂博	超大型	REE、Nb、Fe
岩浆型	巴尔哲	大型	REE、Nb
岩浆型	三道沟	小型	REE

1. 白云鄂博式沉积型稀土矿地质地球化学特征

白云鄂博矿床是自治区内典型的热液型稀土矿,本次工作对其建立了地质-地球化学找矿模型(详见本矿种第二部分),该处不做详细论述。

2. 巴尔哲式岩浆型稀土矿地质地球化学特征

巴尔哲矿床是自治区内典型的岩浆型稀土矿,本次工作对其建立了地质-地球化学找矿模型(详见本矿种第二部分),该处不做详细论述。

3. 三道沟岩浆型稀土矿地质地球化学特征

1)地质特征

三道沟稀土矿大地构造位置位于华北陆块区,狼山-阴山陆块(大陆边缘岩浆弧),固阳-兴和陆核;成矿区带为古亚洲成矿域,华北成矿省,山西断隆铁、铝土矿、石膏、煤、煤层气成矿带。矿体主要赋存于集宁岩群片麻岩组内的透辉岩及透辉-钾长石岩脉中。矿脉受构造裂隙控制明显,脉体走向为北西—北东向。岩浆岩不发育,所见都为中酸性、基性及超基性的脉岩,其中以基性脉岩为主。主要矿物组合有磷灰石、透辉石、钾长石。围岩蚀变表现为微斜长石化、钠长石化、透辉石-次闪石化、黄铁矿化、绢云母化、矽卡岩化、碳酸盐化及高岭土矿化,蚀变强而普遍,属岩浆晚期分异交代作用的产物。成矿时代为新太古代至古元古代。

2)地球化学特征

矿区内综合异常面积不大,呈北东向展布。异常内元素组合为 La、Y、Th、U、Nb、Zr、Cu 等,各元素异常强度不高,仅 U 为三级浓度分带,其他元素均为一级、二级浓度分带。La、Th、U、Y 异常吻合好,位于矿体上方,其他元素分布在矿体的外围(图 5-125)。

(二)典型矿床地质-地球化学找矿模型的建立

在结合地质成果、部分勘探成果对稀土元素异常、综合异常进行综合研究的基础上,对全区部分稀土典型矿床地质-地球化学找矿模型进行了总结。下面介绍白云鄂博沉积型稀土矿、巴尔哲岩浆型稀土矿的地质-地球化学找矿模型。

1. 白云鄂博沉积型稀土矿地质-地球化学找矿模型

1)地质特征

(1)矿区大地构造位置处于白云鄂博台缘凹陷带。

(2)矿区或矿区周围附近的岩浆岩有超基性岩、基性岩、碱性岩及偏碱花岗岩等,另外还有基性、碱性岩脉。碱性岩发生了铌、稀土矿化。

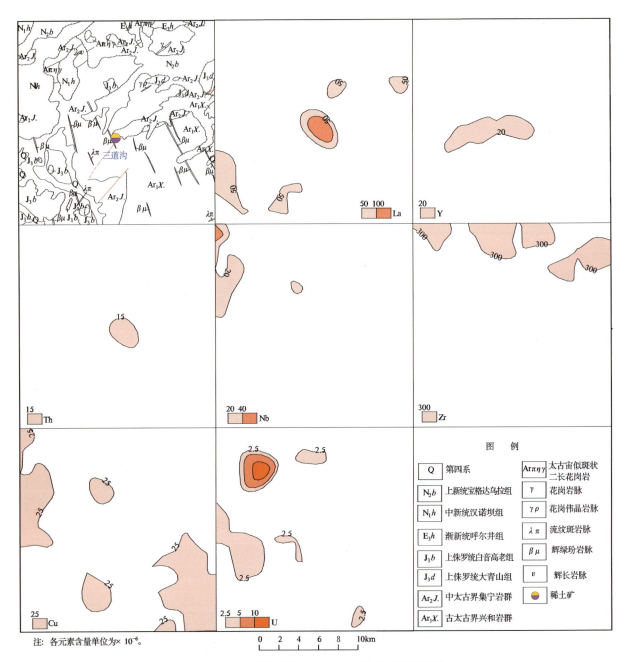

图 5-125 三道沟稀土矿 1∶20 万综合异常剖析图

（3）该矿自东向西为东接触带、东矿、主矿和西矿（图 5-126）。主要矿体及矿化均受矿区向斜构造的控制。矿区包括东西向、南北向两大构造体系。东西向构造包括宽沟背斜及两翼向斜和宽沟大断裂，以及次一级东西向的褶皱断裂。南北向构造包括南北向褶皱、断裂。其中东矿和主矿的向斜南翼陡，北翼缓；西矿的向斜两翼倾角相近，但向斜形态较复杂。

（4）东接触带由于华力西期黑云母花岗岩侵入，形成矽卡岩型矿体，但规模小；东矿、主矿、西矿主要赋存在向斜北翼及两翼的白云岩中。

（5）矿床蚀变作用主要有矽卡岩化、萤石化、钠辉石化、钠闪石化、云母化（黑云母化、金云母化、绢云母化）、长石化、磷灰石化、重晶石化、碳酸盐化（方解石化）、透辉石化、绿泥石化、黄铁矿化。

（6）成矿时代：中元古代。

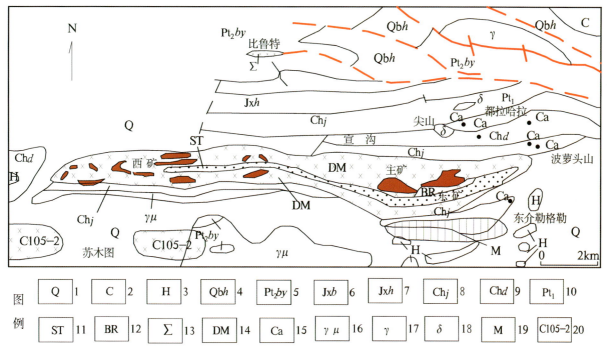

图 5-126 白云鄂博稀土矿各矿区示意图

1.第四系;2.石炭系火山岩;3.白云鄂博群未分地层;4.青白口系呼吉尔图组;5.中元古界白音布拉格组;6.蓟县系比鲁特组;7.蓟县系哈拉霍疙特组;8.长城系尖山组;9.长城系都拉哈拉组;10.古元古界;11.钾质板岩;12.黑云母岩;13.比鲁特基性岩;14.赋矿白云石碳酸岩体;15.碳酸岩墙+碱性基性岩墙露头;16.花岗片麻岩;17.花岗岩;18.辉长闪长岩;19.高磁异常区;20.隐伏碳酸岩岩体

2)地球化学特征

(1)区域性统计结果显示,中新元古界,尤其是白云鄂博群哈拉霍疙特组中成矿元素 La、Nb、Th 含量明显高于外围其他地层。

(2)白云鄂博稀土矿综合异常面积近 200km², 异常组分复杂,由 34 种元素组成(图 5-127),这些元素是:La、Th、U、Y、Nb、F、W、Mo、Pb、B、As、Ba、Mn、Cu、Sn、V、Zr、Fe_2O_3、Bi、Cd、Au、Li、Co、Zn、P、Ni、Sr、Ti、Sb、Cr、K、Na、Si、Al_2O_3。前 30 种元素为正异常,后 4 种元素为负异常。

各异常面积不等,最大 172km², 最小 12km²。形态多种,有圆形、椭圆形及不规则形。La、Y、Nb、Sn、Mn、Ba 元素异常沿铁矿带分布,呈较规则的带状,其展布方向与矿体走向一致,且浓集中心与矿体在空间上相吻合。

3)地质-地球化学找矿模型

研究发现,内蒙古中部两个预测区的稀土综合异常均具有与白云鄂博矿区相似的元素组合特征,即以 La、Y、Th、Nb 为主的元素组合特征,讨论其异常组合、异常元素与矿床(体)的空间关系,对实现该类型的找矿突破有一定的借鉴。白云鄂博沉积型稀土矿地质-地球化学找矿模型见图 5-128。

2. 巴尔哲岩浆型稀土矿地质-地球化学找矿模型

1)地质特征

(1)矿区大地构造位置属于苏尼特右旗华力西晚期地槽褶皱带之哲斯-林西复向斜。

(2)矿区或矿区周围附近的侵入岩主要为侵入在背斜核部的含矿钠闪石花岗岩体及背斜顶部与两翼的脉岩、花岗细晶岩、闪长玢岩、安山玢岩、长石斑岩、石英斑岩等,皆呈北北东向延伸,个别为北北西向,图 5-129。脉长一般 30~50m,宽 1~5m。含矿体为燕山期碱性花岗岩。

(3)含矿体位于缓倾短轴背斜核部,受北北东向和东西向断裂复合控制。

(4)钇、铌、钽三元素矿体产于东岩体上部,与强蚀变钠闪石花岗岩带相吻合。钇、铌二元素矿体产

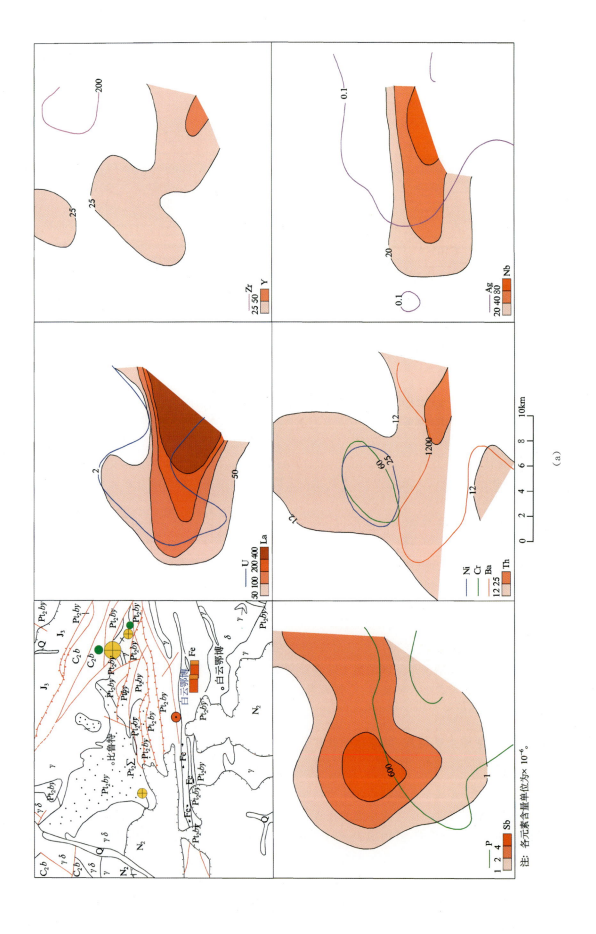

第五章 地球化学综合研究成果

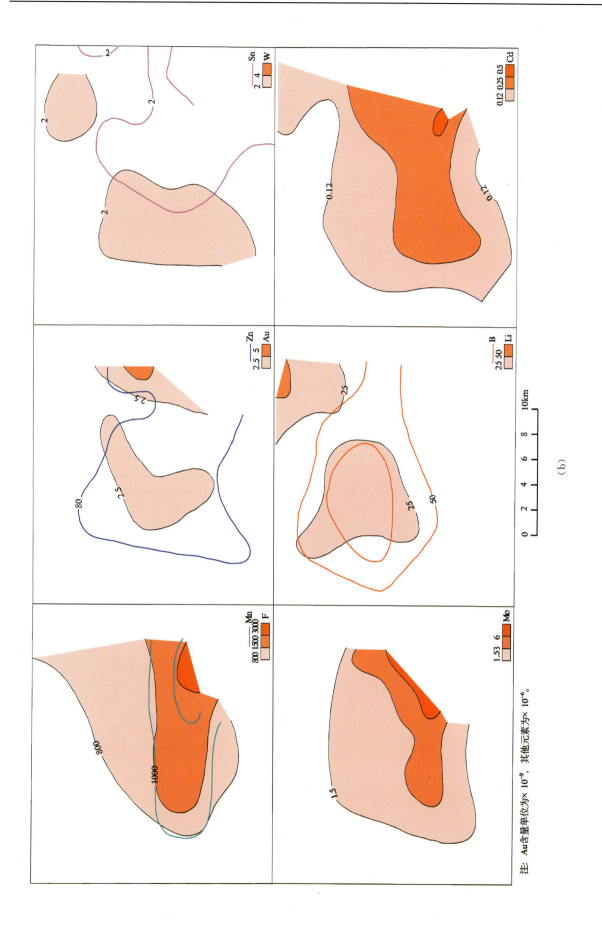

(b)

注：Au含量单位为×10^{-9}，其他元素为×10^{-6}。

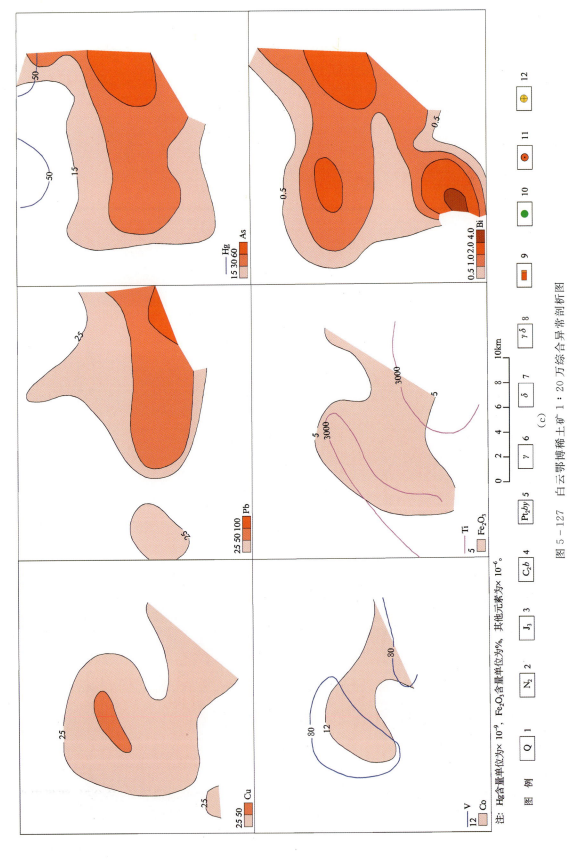

图 5-127 白云鄂博稀土矿 1:20 万综合异常剖析图

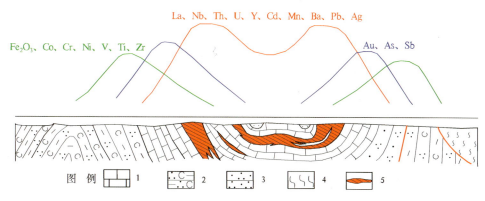

图 5-128 白云鄂博沉积型稀土矿地质-地球化学找矿模型

1. 哈拉霍疙特组；2. 尖山组；3. 都拉哈拉组；4. 古老基底；5. Fe、Nb、REE 矿层

于蚀变钠闪石花岗岩体深部，即三元素矿体的下盘。

(5)岩体与围岩接触处围岩普遍遭受蚀变。主要蚀变类型有硅化、角岩化、钠闪石化，少量萤石化、碳酸盐化、绿泥石化、霓石化等。

(6)成矿时代：燕山期。

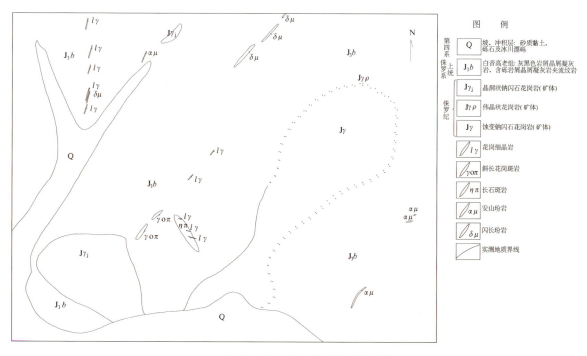

图 5-129 巴尔哲矿区地质略图

2)地球化学特征

区域性统计结果显示，侏罗系、二叠系，尤其是侏罗系满克头鄂博组中成矿元素 Y、Zr 含量明显高于外围其他地层。见图 5-130，矿床主要指示元素为 Y、Zr、Th、Be，呈北东向条带状展布，其中 Y、Zr、Be 的异常规模较小，Th 异常规模较大。Y、Zr、Th、Be 异常面积虽不大，但强度较高，套合好，浓集中心部位与地层和岩体的接触带、矿体相吻合。各元素异常均呈北东向带状、串珠状展布，受构造控制的特征明显。

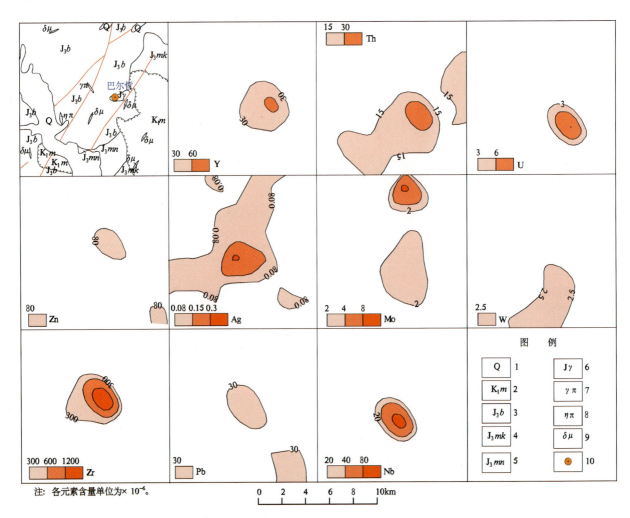

图 5-130 巴尔哲稀土矿 1∶20 万综合异常剖析图

1. 第四系；2. 下白垩统梅勒图组；3. 上侏罗统白音高老组；4. 上侏罗统满克头鄂博组；5. 上侏罗统玛尼吐组；6. 侏罗纪花岗岩；
7. 花岗斑岩脉；8. 二长斑岩脉；9. 闪长玢岩脉；10. 稀土矿

3）地质-地球化学找矿模型

研究发现，内蒙古中东部 4 个预测区的稀土综合异常均具有与巴尔哲稀土矿区相似的元素组合特征，即以 Y、Zr、Th、Be 为主的元素组合特征，讨论其异常组合、异常元素与矿床（体）的空间关系，对实现该类型的找矿突破有一定的借鉴。巴尔哲与碱性花岗岩有关的岩浆型稀土矿地质-地球化学找矿模型见图 5-131。

七、银矿

区内银矿地质工作始于 20 世纪 70 年代初期，至 80 年代中期才有所侧重和加强，发展迅速。之后陆续发现了额仁陶勒盖银矿，敖瑙达坝银锡矿，甲乌拉、查干布拉根铅锌银矿等，使内蒙古自治区银矿普查有了突破性进展。自治区银矿多与金铅锌等多金属共生，其成矿作用与中生代地层及燕山期火山-侵入岩浆活动密切相关，空间上主要集中在自治区东部。

（一）典型矿床地质地球化学研究

本次工作对成矿规律组选取的 13 个典型银矿床（表 5-22）的地质、地球化学特征进行了详细研

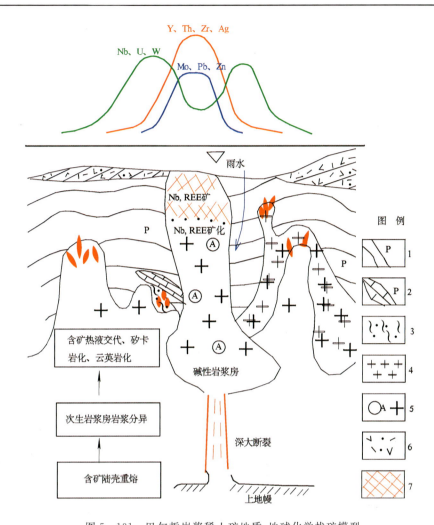

图 5-131 巴尔哲岩浆稀土矿地质-地球化学找矿模型
1. 二叠系碎屑岩夹中基—中酸性火山岩;2. 二叠系碎屑岩夹碳酸盐岩透镜体;3. 矽卡岩;4. 花岗岩;
5. 碱性花岗岩;6. 英安斑岩、安山玢岩;7. 矿床

究,编制了矿床所在区域的地球化学综合异常剖析图,收集、整理了矿区所在位置大比例尺资料,为该类矿床地质-地球化学找矿模型的建立奠定了基础。其中金厂沟梁银矿缺失化探数据,花敖包特、孟恩陶勒盖、李清地、比利亚古、余家窝铺、扎木钦为铅锌银多金属矿,霍各乞为铜伴生银矿,在本节铅锌、铜等矿种的典型矿床综合研究中进行了详细介绍,在此不再赘述。朝不楞为铁锌锡多金属矿,银伴生成矿,将在本节锡矿典型矿床研究中进行详细论述,在此也不作研究。

1. 拜仁达坝式热液型银铅锌矿地质地球化学特征

拜仁达坝银铅锌矿是我区特大型多金属矿床,产于突泉-翁牛特铅、锌、银、铁、锡、稀土Ⅲ级成矿带上,该成矿带是区内热液型银矿床的主产地。拜仁达坝矿区地球化学异常元素组合为热液型银矿的特征元素组合(Ag-Pb-Zn)。该矿床地质地球化学特征具有很强的代表性,因此将其选为自治区热液型银矿的代表性矿床,建立了地质-地球化学找矿模型(详见下文),在此不再对其进行讨论。

2. 吉林宝力格式复合内生型银矿地质地球化学特征

(1)该矿床地处天山-内蒙古中部-兴安地槽区兴安地槽褶皱系之东乌珠穆沁旗华力西早期地槽褶皱带,东乌珠穆沁旗-嫩江(中强挤压区)铜、钼、铅、锌、金、钨、锡、铬成矿带。泥盆系为该区成矿提供了物质来源,华力西期和燕山早期岩浆活动为其提供了热源,北东向张扭性断裂、北西—北北西向张扭性断裂及近南北向张扭性断裂是矿区主要控矿构造,矿体主要赋存在凝灰粉砂质泥岩内部及凝灰砂质板岩接触部位。

表 5-22 内蒙古自治区银矿典型矿床一览表

矿床成因类型	典型矿床名称	规模	矿种类型
热液型	拜仁达坝	特大型	Ag、Pb、Zn
	花敖包特	特大型	Ag、Pb、Zn
	孟恩陶勒盖	大型	Pb、Zn、Ag、Sn
	李清地	中型	Ag、Mn、Pb、Zn
	吉林宝力格	大型	Ag
	额仁陶勒盖	大型	Ag、Au、Mn
	官地	中型	Ag、Au
	金厂沟梁	小型	Ag、Au
沉积型	霍各乞	大型	Cu、Pb、Zn、Fe、Ag
接触交代型	余家窝铺	小型	Ag、Pb、Zn
	朝不楞	小型	Fe、Pb、Zn、Ag、Sn
火山岩型	比利亚古	小型	Pb、Zn、Ag
	扎木钦	中型	Ag、Pb、Zn

(2)矿区内存在以 Ag、As、Sb 为主的大规模高背景带,高背景带上的异常以 Ag 为主,分为 3 个单异常,以矿区西北部 Ag 异常强度最高,为三级浓度分带,其他两个异常均较平缓,各异常形态似椭圆状(图 5-132)。其他元素异常与 Ag 的吻合程度不好。在 Ag 异常区布置剖面对其进行控制,剖面测量结果如图 5-133、图 5-134、图 5-135 所示,反映部分二长花岗岩、板岩样品中 Ag、Pb、Zn 含量较高,可能与本区分散型 Ag、Pb 矿化有关。

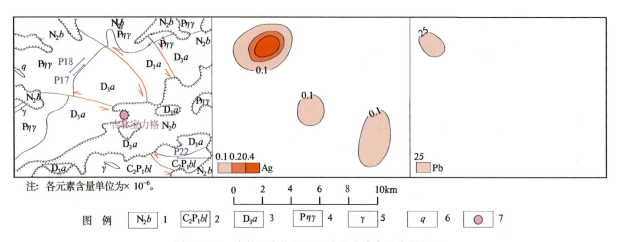

图 5-132 吉林宝力格银矿地球化学综合异常剖析图

1.上新统宝格达乌拉组;2.上石炭统—下二叠统宝力高庙组;3.上泥盆统安格尔音乌拉组;4.二叠纪二长花岗岩;5.花岗岩脉;6.石英脉;7.银矿

第五章 地球化学综合研究成果

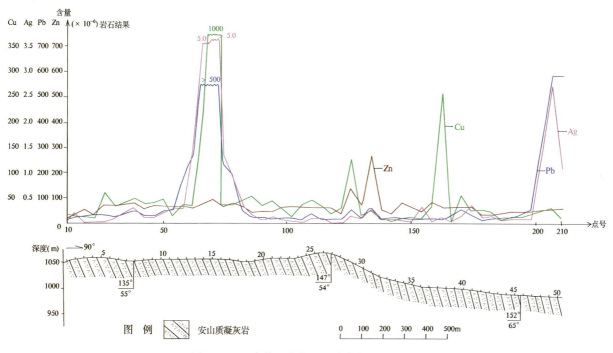

图 5-133 吉林宝力格银矿综合剖面图(P22)

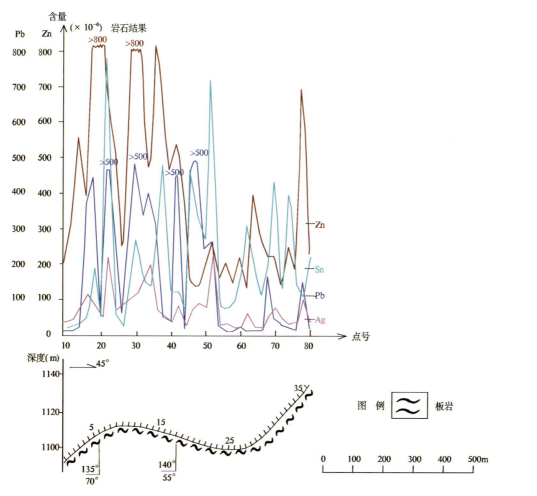

图 5-134 吉林宝力格银矿综合剖面图(P17)

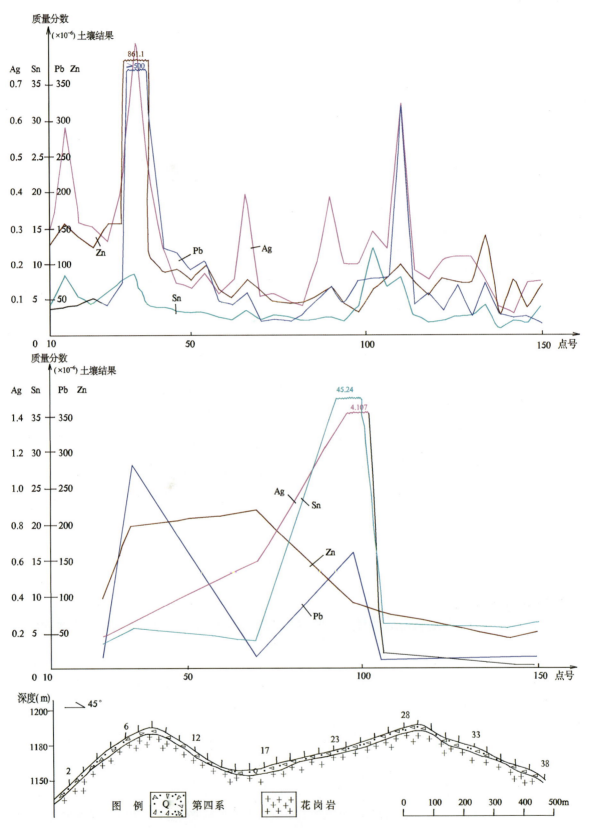

图 5-135 吉林宝力格银矿综合剖面图(P18)

3. 额仁陶勒盖式热液型银矿地质地球化学特征

(1)矿床大地构造位置属于天山-兴蒙造山系,大兴安岭弧盆系额尔古纳岛弧,空间上位于新巴尔虎右旗-根河(拉张区)铜、钼、铅、锌、金、萤石、煤(铀)成矿带。该矿床为中低温热液脉状矿床,矿区出露地层主要为上侏罗统塔木兰沟组、白音高老组,广泛的中生代火山岩分布背景是该矿床形成的先决条件,石英脉是找矿的最直接标志。矿体主要赋存于塔木兰沟组蚀变安山岩北西向、北东向次级断裂中。

(2)矿区内存在Ag、Mn、Au、Cu、Pb、Zn、W、As、Sb元素为主的多元素组合异常,异常中心明显且吻合程度高,Ag、Mn为主要成矿元素,Au、Cu、Pb、Zn、W、As、Sb为伴生元素(图5-136)。Ag、Au、W、As、Sb元素异常规模大,不仅在矿区所在位置有较强的异常显示,在矿区南部也存在明显的浓集中心和浓度分带,空间上与已发现的银矿化点对应。除Cu、Zn、W、Sb呈二级到三级浓度分带外,其他元素在矿区的异常强度均达四级以上。空间上各元素多呈北东向或近东西向展布,与构造和岩体的分布有关。

4. 官地式中低温火山热液型银矿地质地球化学特征

(1)官地银矿大地构造位于天山-兴蒙造山系包尔汉图-温都尔庙弧盆系,突泉-翁牛特铅、锌、银、铁、锡、稀土Ⅲ级成矿带。中二叠统额里图组及燕山期闪长岩、安山玢岩、流纹斑岩控矿是矿区主要控矿地层和岩体,南北向、北西向张扭性断裂及其与隐爆构造的复合叠加构造控制了官地银矿床的产出。

(2)矿区内形成以Ag、Pb、Zn、As、Sb、W、Cu、Cd元素为主的多元素组合异常。Ag、As、Sb异常规模大,强度较高,为二级浓度分带,其他元素异常则较平缓;Ag异常浓集中心与矿点位置吻合较好,Zn元素在该位置也有明显的异常显示,Pb、As、Sb、W、Cu、Cd异常的浓集中心均分布于矿区外围;异常明显受近南北向构造及二叠系大石寨组地层控制,沿近南北向、北东向或北西向伸展(图5-137)。

(二)典型矿床地质-地球化学找矿模型的建立

综合以上典型矿床研究成果,化探课题组将本区银矿分为3种成因类型,其中热液型最为重要,以拜仁达坝超大型银铅锌多金属矿为代表;矽卡岩型和沉积型较少,且均为共伴生矿床,其中矽卡岩型以白音诺尔多金属矿为代表,为铅锌银多金属矿,沉积型以霍各乞多金属矿为代表,为铜伴生银矿,以上两种类型矿床的找矿模型分别在铅锌、铜矿种进行了详细介绍,在此不再赘述。下面重点介绍拜仁达坝热液型银铅锌矿的地质-地球化学找矿模型。

1. 地质特征

(1)拜仁达坝银铅锌多金属矿床位于大兴安岭西坡中南段突泉-翁牛特铅、锌、银、铁、锡、稀土成矿带内,是我区银铅锌矿的主产地。其大地构造隶属于天山-兴蒙褶皱系,锡林浩特中间地块中部;三级构造单元为锡林浩特复背斜东段,即米生庙复背斜靠近轴部的南东翼。

(2)区内地层出露齐全,除广泛分布的第四系冲积层及风成砂土外,主要出露古元古界、上石炭统、二叠系、侏罗系,如图5-138所示,古元古界以黑云斜长片麻岩为主,隶属变质岩一类。石炭系—二叠系由老到新包括上石炭统本巴图组、阿木山组,下中二叠统大石寨组,上二叠统林西组,岩性主要为砂岩、砾岩、灰岩、板岩、泥岩、安山岩、安山玄武岩等,本巴图组和阿木山组为岛弧环境火山-沉积建造,大石寨组属海陆交互相碎屑岩与火山碎屑岩。中生代陆相地层仅局部发育,包括侏罗系万宝组和满克头鄂博组。

(3)区域褶皱及断裂构造发育,矿带和矿体的赋存明显受构造控制。褶皱构造为米生庙复背斜,由一系列的小背斜、向斜组成,褶皱轴向NE。断裂构造以NE向压性断裂为主,其次为NW向张性断裂,而近EW向压扭性断裂不甚发育。NE向构造控制华力西期中酸性侵入岩的分布,同时控制矿带的展布。而NW向和近EW向构造是矿区内主要控矿构造。

(4)区域岩浆岩主要有两期侵入活动,分别是华力西中期石英闪长岩-闪长岩、闪长岩脉和燕山早期

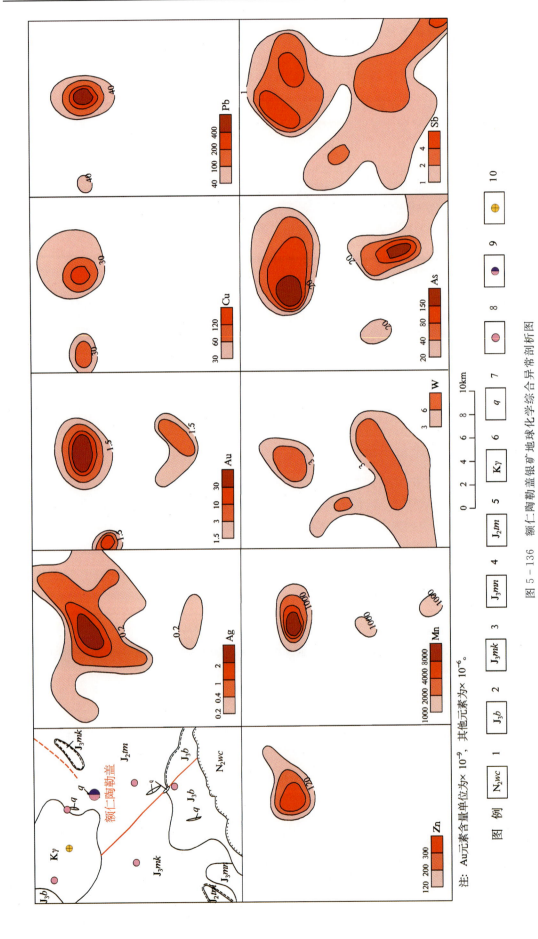

图5-136 额仁陶勒盖银矿地球化学综合异常剖析图

1. 上新统五岔沟组；2. 上侏罗统白音高老组；3. 上侏罗统满克头鄂博组；4. 上侏罗统玛尼吐组；5. 中侏罗统塔木兰沟组；6. 白垩纪花岗岩；7. 石英脉；8. 银矿；9. 银锰矿；10. 金矿

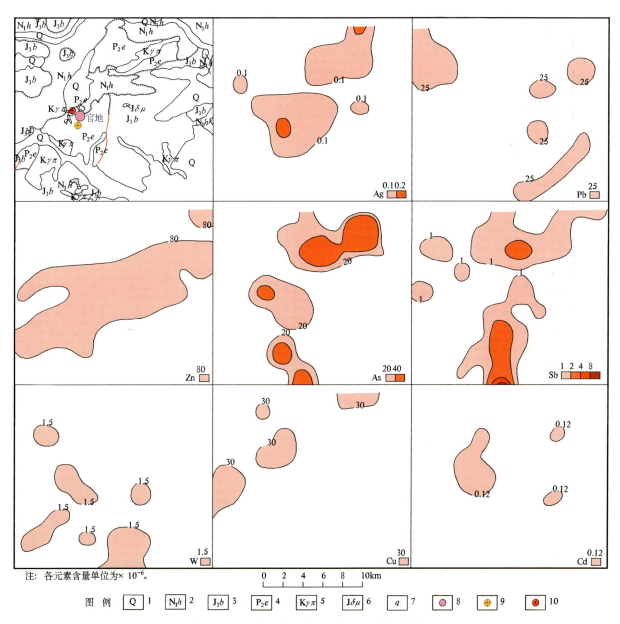

图 5-137 官地银矿地球化学综合异常剖析图

1. 第四系；2. 中新统汉诺坝组；3. 上侏罗统白音高老组；4. 中二叠统额里图组；5. 白垩纪花岗斑岩；
6. 侏罗纪闪长玢岩；7. 石英脉；8. 银矿；9. 金矿；10. 铁矿

花岗岩,呈岩株、岩基分布。华力西中期石英闪长岩-闪长岩、闪长岩脉具片麻理构造,片麻理方向与区域构造线一致。其中,米生庙岩体为拜仁达坝矿床的主要赋矿围岩,它侵入到锡林郭勒杂岩及上石炭统本巴图组中,并在下二叠统砂砾岩内见其角砾。

燕山期花岗岩类分布于矿区南北两侧,北侧呈小岩株零星出露,主要为肉红色花岗岩,具半自形花岗结构、块状构造；南侧为出露于北大山地区的花岗岩基,为浅灰色斑状花岗岩,侵入于下中侏罗统,但被上侏罗统酸性火山岩覆盖。

(5)围岩蚀变有硅化、白云母化、绢云母化、绿泥石化、碳酸盐化、高岭土化,其次还可见绿帘石化及叶蜡石化等。其中与 Ag、Pb、Zn 矿化关系密切的是硅化、绿泥石化、绢云母化。

(6)根据氧化程度可将矿石划分为氧化矿石和硫化矿石两种自然类型。矿石的工业类型以 Ag 为

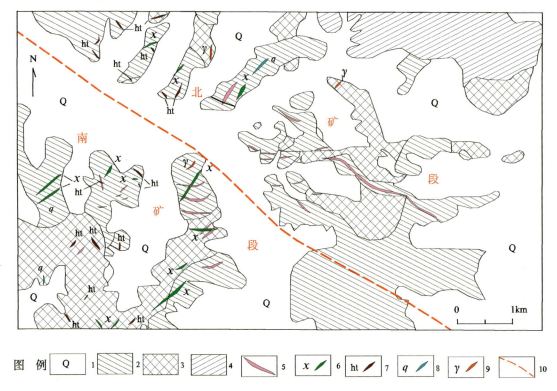

图 5-138 拜仁达坝银铅锌多金属矿矿区地质图

1. 第四系;2. 古元古界黑云斜长片麻岩;3. 华力西期石英闪长岩;4. 燕山期花岗岩;5. 矿体;6. 辉绿辉长岩;
7. 褐铁矿化带;8. 石英脉;9. 花岗岩脉;10. 推测的北西向断裂

主,Pb、Zn 共生矿石,伴生有益组分有 Cu、Sn、Sb、Pt 等元素。

(7)矿物组合有磁黄铁矿、方铅矿、铁闪锌矿、毒砂、黄铁矿、银黝铜矿、黄铜矿等,其次还有闪锌矿、辉银矿、自然银、黝锡矿、硫锑铅矿、胶状黄铁矿、铅矾、褐铁矿、孔雀石等矿物。

(8)矿石结构主要有半自形结构、他形结构、骸晶结构、交代结构、固溶体分离结构、碎裂结构;矿石构造主要为条带状构造、网脉状构造、块状构造、浸染状构造,其次为斑杂状构造和角砾状构造。

2. 地球化学特征

(1)区域统计结果显示,该区 Ag、Pb、Zn 高值区基本重叠,异常规模较大,空间分布连续、成片,对应地质体为古元古界宝音图岩群、石炭系—二叠系,该地层是本区重要的赋矿地层,Ag、Pb、Zn、Sn 等成矿元素浓集程度高,其中 Ag、Sn 元素的浓集系数大于 2,Pb、Zn 在 1~2 之间,且分异能力强,古元古界 Ag 元素的分异系数为 1.1,Pb、Zn、Sn 分别为 0.84、0.80、1.06,二叠系中 Ag、Pb、Zn、Sn 的分异系数分别为 9.76、1.59、1.62、4.35。

(2)区域上分布有 Ag、Pb、Zn、Sn、Cd、Hg、W、Mo 等元素组成的高背景区(带)。

(3)矿区内异常元素组合齐全,Ag、Pb、Zn、Cu、Cd、W、Sn、Bi、As、Hg 元素组合为典型的热液矿床异常组合,其中 Ag、Pb、Zn 为主成矿元素,Cu、Cd、W、Sn、Bi、As、Hg 为伴生元素。

(4)矿床所在位置 Ag、Pb、Zn 异常套合性好,与其吻合程度高,浓集分带达到二级,空间上呈北东向条带状展布,与矿区断裂构造方向一致。在矿区北东方向,有高强度的 Ag 异常显示,呈四级浓度分带,对应地质体为古元古界宝音图岩群、石炭纪石英闪长岩;Pb、Zn 异常则相对较弱(图 5-139)。

(5)W、Sn、Bi 异常则主要分布于矿区西南和北东方向,其中西南方向的异常强度较高,浓度分带达三级或四级,对应的地层为古元古界宝音图岩群,东北方向的异常则相对较弱。

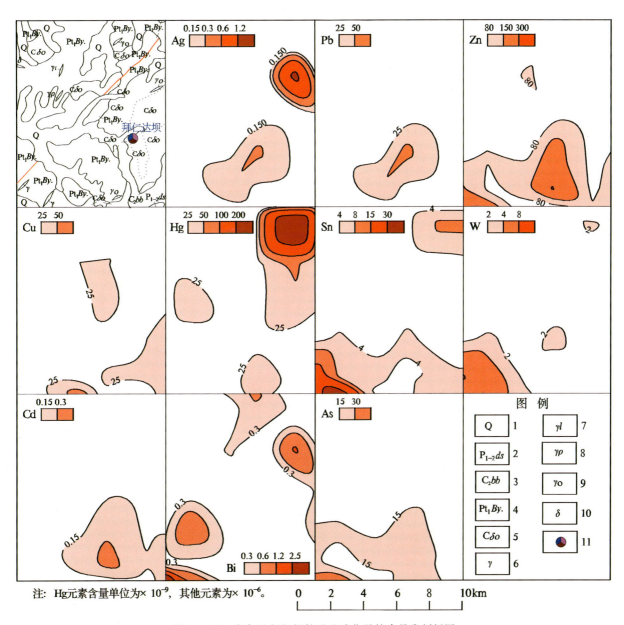

图 5-139 拜仁达坝银铅锌矿地球化学综合异常剖析图

1. 第四系；2. 下中二叠统大石寨组；3. 上石炭统本巴图组；4. 古元古界宝音图岩群；5. 石炭纪石英闪长岩；6. 花岗岩脉；7. 花岗细晶岩脉；8. 花岗伟晶岩脉；9. 斜长花岗岩脉；10. 闪长岩脉；11. 银铅锌矿

（6）Cu、Cd、As、Hg 异常则主要分布在矿区外围，异常强度不高，其中 Cu、Cd、As 元素主要在矿区南部富集，Hg 则在北部具有明显的浓集中心和浓度分带。

（7）总体来说，各元素异常受构造控制明显，均分布于北东向的异常带上。各元素异常具有明显的分带性：Ag、Pb、Zn 异常重叠性好，在矿体上方有较强的异常显示，W、Sn、Bi 明显具有两个浓集中心，分别位于矿区西南和东北两个方向，Cu、Cd、As、Hg 异常则明显散布于矿区外围，除 Hg 以外，异常强度均不高。

3. 地质-地球化学找矿模型

拜仁达坝银铅锌矿是我区典型的热液型多金属矿，主要赋矿地层为古元古界，二叠系是其重要的成矿物质来源，矿区周围主要出露石炭纪石英闪长岩，该区也有较好的地球化学异常显示，矿区内第四系冲积层及风成砂广泛分布，研究其地球化学、地球化学异常特征与成矿地质环境之间的关系、异常元素与矿床的内在联系等规律，对在区内寻找同类型矿床具有一定的指导意义（图5-140）。

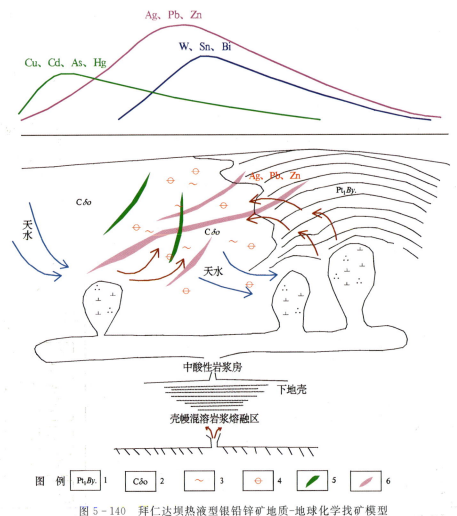

图5-140 拜仁达坝热液型银铅锌矿地质-地球化学找矿模型
1. 古元古界宝音图岩群；2. 石炭纪石英闪长岩；3. 绿泥石化；4. 绿帘石化；5. 基性岩脉；6. 矿体

拜仁达坝银多金属矿成矿与燕山期早期的岩浆活动有关，岩浆活动为成矿提供部分热源，并在其上侵过程中部分熔融了富含Ag、Pb、Zn等成矿元素的二叠纪基底地层，带来了主要的成矿物质。在较封闭、还原的环境下，Ag、Pb、Zn以氯络合物的形式搬运。在成矿热液运移的后期，大量的天水加入，使成矿的物理化学条件发生改变，在断裂构造和裂隙中沉淀、充填、交代成矿。

在岩体与古元古界的接触带围岩蚀变发育，有褐铁矿化、绿泥石化、绿帘石化、硅化、高岭土化、萤石化、矽卡岩化等多种蚀变现象，是该区重要的找矿标志，其中硅化、绿泥石化、绢云母化是与Ag、Pb、Zn成矿具有密切联系。

矿体上方出现了明显的热液型元素组合异常带，浓度分带明显，Ag、Pb、Zn作为主要成矿元素，在矿体上方均有明显的异常显示，不仅具有较高的异常强度，且套合程度高；W、Sn、Bi等高温元素在矿区也具有较高的浓度，浓集中心位于矿区周围，是近矿指示标志；Cu、Cd、As、Hg等中低温元素异常则较平缓，散布于矿区外围，为远程指示元素。

八、钼矿

内蒙古钼矿勘查始于20世纪70年代,直到2004年以后,随着自治区地质矿产勘查力度的不断加大,以及钼金属价格的不断上涨和钼矿勘查投入的持续加大,全区钼矿勘查取得了一系列重大突破,新发现和勘查评价了十几处大中型钼及钼多金属矿床,如岔路口特大型斑岩型钼矿床、大苏计大型斑岩型钼矿床、太平沟中型斑岩型钼铜矿床、小东沟中型斑岩型钼矿床、车户沟中型斑岩型钼矿床、敖仑花中型斑岩型钼矿床、小狐狸山中型斑岩型钼铅锌矿床等。

(一)典型矿床地质地球化学特征

本次工作对成矿规律组选取的12个典型钼矿床(表5-23)的地质、地球化学特征进行了详细研究,编制了矿床所在区域的地球化学综合异常剖析图,为将来地质-地球化学找矿模型的建立奠定了基础。总结各典型矿床的成矿地质作用、成矿构造体系、成矿地质特征、地球化学特征等,也能够为下一步钼矿找矿预测图的编制提供模型和有力依据。

表5-23 内蒙古自治区钼矿典型矿床一览表

矿床成因类型	典型矿床名称	规模	矿种类型
斑岩型	乌兰德勒	中型	Mo、Cu
	乌努格吐山	特大型	Cu、Mo
	太平沟	中型	Cu、Mo
	敖仑花	中型	Cu、Mo
	大苏计	大型	Mo
	小狐狸山	中型	Mo、Zn、Pb
	小东沟	中型	Mo、Pb、Zn
	查干花	大型	Mo、W
	必鲁甘干	大型	Mo、Cu
	岔路口	特大型	Mo、Ag、Zn、Pb
热液型	曹家屯	中型	Mo
矽卡岩型	梨子山	小型	Mo、Fe

1. 乌兰德勒式斑岩型钼矿地质地球化学特征

1)地质特征

乌兰德勒钼矿区位于中蒙边境内蒙古中北部苏尼特左旗白音乌拉苏木乌兰德勒地区,该区大地构造位于西伯利亚陆块东南大陆边缘晚古生代陆缘增生带,属古亚洲成矿域内蒙古大兴安岭成矿省二连-东乌珠穆沁旗晚古生代—中生代成矿带(肖伟等,2010)。

矿区外围大面积出露地质体主要为二叠纪灰红色中粗粒黑云母花岗岩,矿区范围内岩性较为简单,主要岩性为二叠纪深灰色细粒石英闪长岩,与周围中粗粒黑云母花岗岩呈侵入接触。矿区构造主要表现为北东向与北西向断裂构造,其中北东向断裂构造是区内主要的导岩、导矿构造,而北西向断裂构造是主要的容矿构造。该矿的成矿母岩为隐伏细粒二长花岗岩,容矿围岩为石英闪长岩。矿石矿物主要为辉钼矿、辉铋矿、黄铜矿、闪锌矿等。蚀变类型为硅化、钾化(黑云母化)、泥化、云英岩化、绢云母化、绿泥石化、绿帘石化、萤石矿化、磁黄铁矿化、黄铁矿化等。辉钼矿大多为细脉及细脉浸染状,属典型的斑岩型钼矿床。与成矿作用相关的细粒二长花岗岩中锆石的 SHRIMP U-Pb 年龄为 (131.3 ± 1.6) Ma,而矿床中辉钼矿 Re-Os 同位素年龄为 (134.1 ± 3.3) Ma(陶继雄等,2010),显示该斑岩型矿床形成于早白垩世。

2)地球化学特征

矿床主要指示元素为 Mo、Cu、Ag、W、As、Sb、Au、Pb、Zn、U,除 Au、Pb 异常小面积零星分布外,其余元素均呈北东向条带状展布(图 5-141)。

Mo 异常面积大,强度较高,浓集中心部位与地层和岩体的接触带、矿体相吻合;Ag、As、Sb 异常面积较大,Cu、Zn、U、Au 异常面积较小,各元素强度均不高,但套合较好,显示了以 Mo 为主的中心带和以 Ag、As、Sb、Cu、Zn、U、Au 为主的边缘带的水平分带特征;W 异常面积大,强度高,在中心带和边缘带均有显示。

1:5 万化探土壤测量在区内圈定出由 Mo-Cu-W-Bi-Sn-Ag-Zn 组合的综合异常,分布在二叠纪深灰色细粒石英闪长岩与灰红色中粗粒黑云母花岗岩的内外接触带上(图 5-142)。异常规模由大到小排序结果为 Bi—Mo—W—Cu—Ag—Sn—Pb—Zn—Ni—Au。成矿元素 Bi、Mo、Cu、W 分布面积约 20km^2,各元素异常连续性好,强度高,规模大,异常内、中、外分带特征明显;Ag、Sn 异常呈椭圆形分布,强度高,与上述元素异常浓集中心吻合,但异常规模相对较小;Pb、Zn、Ni、Au 异常分布于 Mo、Cu、W、Bi 异常范围内,元素间套合好,但异常规模小,强度低。

1:1 万化探(土壤测量)异常显示(图 5-143、图 5-144),Mo 异常形成面积较大,约为 0.4km^2,呈不规则状分布,浓集中心明显。Cu、Pb、Zn、Ag、W、Sn、Bi、As、Hg 形成两条北西向平行分布的异常带,与 Mo 异常相叠合,并分别位于南北两组褐铁矿化、黄铁绢英岩化、硅化蚀变带上。其中北部异常带各元素分布面积大,强度高,南部异常带 Cu、Mo 分布面积大,强度高,而其他元素分布面积小,呈串珠状分布。

根据大、中比例尺土壤测量异常元素组合特点分析,矿床的形成与斑岩体的侵入及成岩后的热液充填成矿作用有关,矿床的叠加成矿作用十分明显,而成矿物质则主要来源于中酸性侵入体。同时说明,钼矿体的剥蚀程度相对较浅,深部工程验证发现矿体也主要赋存于 30m 以下岩体中。Mo、Cu、W、Bi、Sn、Ag、Zn、Ni、Pb、Au 多元素叠加异常的形成,是寻找该类矿床的重要地球化学找矿标志。

2. 乌努格吐山式斑岩型铜钼矿地质地球化学特征

乌努格吐山钼矿是自治区内典型的特大型斑岩型铜钼矿床,本次工作对其建立了地质-地球化学找矿模型(详见本节铜矿第二部分),该处不做详细论述。

3. 太平沟式斑岩型钼矿地质地球化学特征

1)地质特征

太平沟斑岩型钼矿床位于西伯利亚陆块与华北陆块的缝合线上的天山造山带与大兴安岭造山带的转换部位,矿区划属东乌珠穆沁旗-梨子山-鄂伦春华力西期、燕山期铁、铜、钼、金、铅、锌、钨成矿带。钼矿床大多出现在花岗斑岩体及其与流纹质凝灰岩的接触带内,矿石矿物主要为辉钼矿,含少量的黄铜矿、黄铁矿,脉石矿物主要有石英、钾长石、斜长石,主要蚀变类型为绢云母化、绿泥石化、碳酸盐化、硅化、绿帘石化和钾化等。矿石结构为半自形细小片状,构造以细脉状为主,少量为浸染状,是典型斑岩型钼矿床。该矿床辉钼矿 Re-Os 同位素年龄为 (130.1 ± 1.3) Ma(翟德高等,2009),显示成矿时代发生在燕山期。

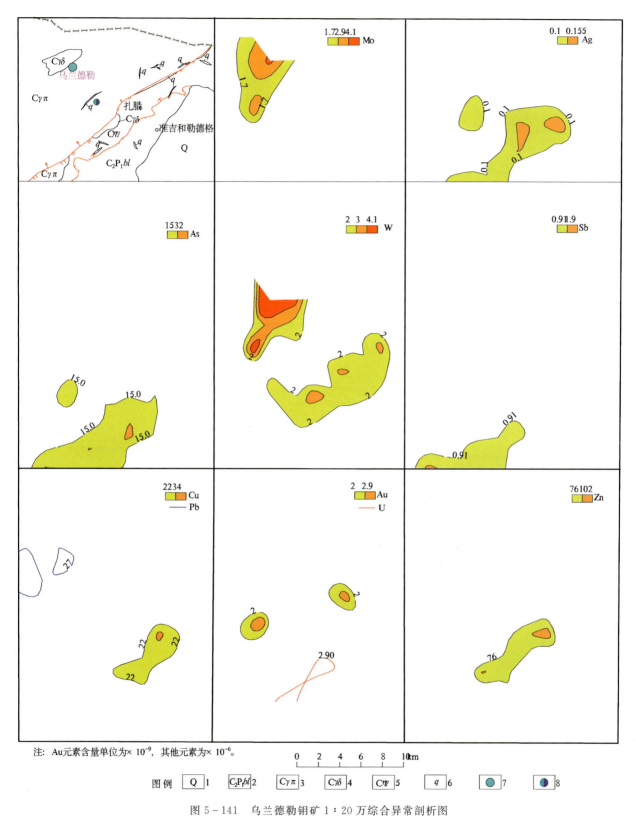

图 5-141 乌兰德勒钼矿 1∶20 万综合异常剖析图

1. 第四系; 2. 上石炭统—下二叠统宝力高庙组; 3. 石炭纪花岗斑岩; 4. 更新统冲洪积层; 5. 石炭纪二长花岗岩; 6. 石英脉; 7. 钼矿; 8. 铀钍矿

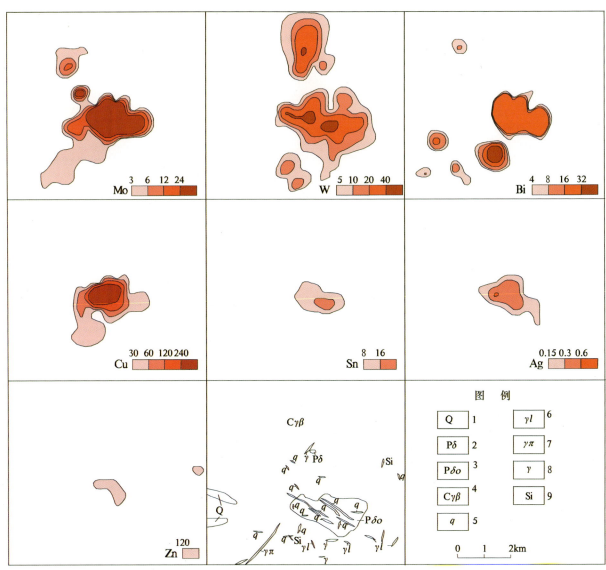

注：各元素含量单位均为×10⁻⁶。

图 5-142 乌兰德勒钼矿矿区综合异常剖析图（据钟仁等，2010）

1. 第四系；2. 二叠纪闪长岩；3. 二叠纪石英闪长岩；4. 石炭纪黑云母花岗岩；5. 花英脉；6. 花岗细晶岩脉；7. 花岗斑岩脉；
8. 花岗岩脉；9. 硅质脉

2）地球化学特征

矿床主要指示元素为 Mo、Cu、Bi、W、Sb、Ag、Cd 等，除 Sb 外，其余元素异常均呈等轴状分布（图 5-145）。Mo、Bi 异常面积大，强度高，内、中、外带齐全，Cu、Ag、Sn、Sb 具有中带，各元素套合好，浓集中心明显，Mo 浓集中心部位与矿体吻合好。

异常查证布置及查证效果（图 5-146、图 5-147）：矿区 356 高地南西向山脊位于林西组沉积地层与华力西期花岗岩的接触带附近，由于基岩出露较差，垂直接触带走向布置岩石碎屑剖面一条；在 356 高地西北山脊上，出露的砂岩有较为明显的硅化、褐铁矿化及浸染状黄铁矿化现象。局部发现致密块状铁矿石，目估铁含量可达 40%，出露宽约 0.5m，出露长约 1.5m。C 剖面上的铁帽样品平均含量：Mo 1570×10^{-6}、Cu 2252×10^{-6}、Ag 1374×10^{-9}、Cd 1132×10^{-9}、Bi 67.8×10^{-6}，Cu、Mo 含量均超过边界品位。推测该处异常是由中、高温热液引起的 Cu、Mo 等多金属矿化蚀变所致。

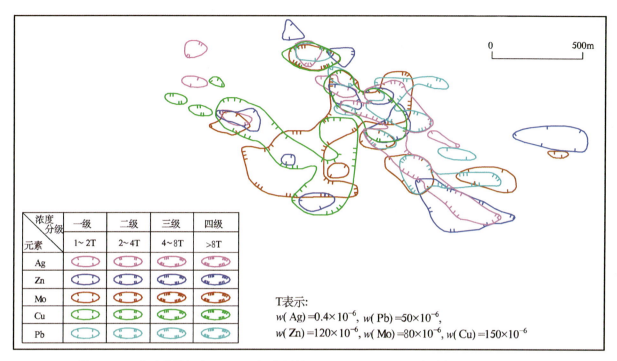

图 5-143　乌兰德勒钼矿区 1∶1 万土壤测量 Ag、Zn、Mo、Cu、Pb 组合异常图(据钟仁等,2010)

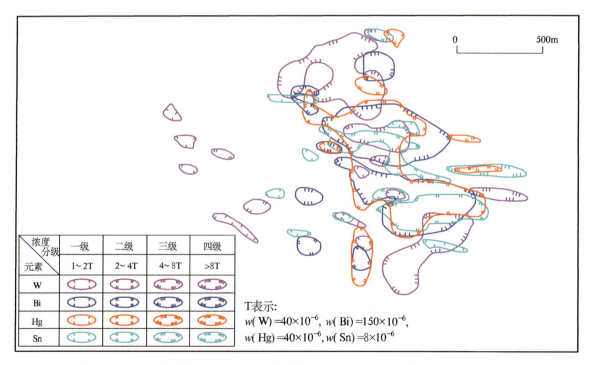

图 5-144　乌兰德勒钼矿区 1∶1 万土壤测量 W、Bi、Hg、Sn 组合异常图(据钟仁等,2010)

4. 曹家屯式热液型钼矿地质地球化学特征

曹家屯钼矿床是自治区内典型的热液型钼矿床,本次工作对其建立了地质-地球化学找矿模型(详见本矿种第二部分),该处不做详细论述。

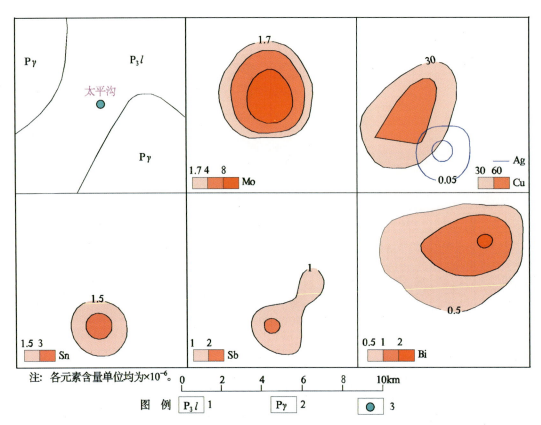

图 5-145 太平沟钼矿 1∶20 万地球化学综合异常剖析图

1. 上二叠统林西组；2. 二叠纪花岗岩；3. 钼矿

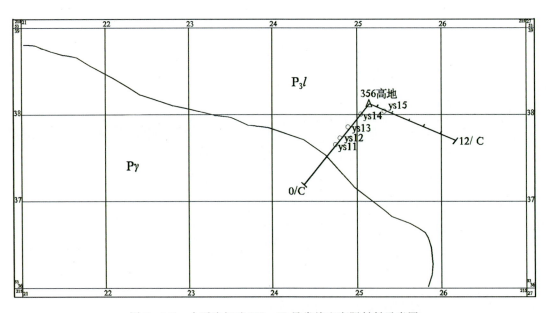

图 5-146 太平沟钼矿 HS-18 异常检查实际材料示意图

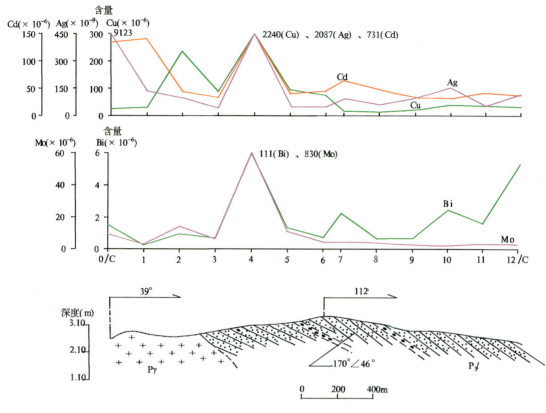

图 5-147 太平沟钼矿综合剖面图

5. 大苏计式斑岩型钼矿地质地球化学特征

1）地质特征

该区大地构造位置属华北陆块北缘，内蒙古台隆的凉城断隆。南侧的岱海-黄旗海北东向断陷，对该区域地质和成矿的发展起到了控制作用。矿区北西向断裂构造是矿区控制含矿斑岩体的主导性构造。

矿区出露太古宇集宁岩群第一岩组片麻岩，新太古代碎裂斜长花岗岩、钾长花岗岩，三叠纪酸性杂岩体，以及基性、酸性脉岩类。三叠纪酸性杂岩体呈岩株侵入于碎裂斜长（钾长）花岗岩中，由石英斑岩、花岗斑岩、正长花岗岩、二长花岗岩及石英闪长岩组成，为赋矿岩石。矿体赋存于石英斑岩和正长花岗（斑）岩体内，受斑岩体的严格控制，向东南侧伏。100m 以上主要产于石英斑岩体内；100m 以下主要产于正长花岗（斑）岩体内。岩体即为矿体，属全岩矿化。矿体总体形态为顶部、两边较薄，深部中间变厚，向东南侧伏，为巨厚层状，厚度 150～230m，夹石较少。钼品位一般 0.074%～0.246%，最高 0.60%，平均品位 0.123%，品位变化系数 43.8%，品位变化均匀。围岩蚀变规模较大，有硅化、高岭土化、绢云母化、绢英岩化、云英岩化、绿帘石化、黄铁矿、褐铁矿化、锰矿化等。矿石矿物有辉钼矿、黄铁矿、褐铁矿、方铅矿、闪锌矿、硬锰矿、软锰矿、磁铁矿等。辉钼矿的 Re-Os 同位素年龄为（222.5±3.2）Ma（张彤等，2009），赋矿岩体形成时代即成矿时代，为印支期（三叠纪）。

2）地球化学特征

1∶20 万化探资料显示，该矿床异常元素组合以 Mo、W、Pb 为主，其次为 Zn、Au、Mn、Ti、La、Y、As、Ba 等（图 5-148）。强度值为：Mo 5.08×10^{-6}，W 4.25×10^{-6}，Pb 86×10^{-6}，Zn 118×10^{-6}，Au 2.5×10^{-9}，Mn 1398×10^{-6}，Ti $12\,662\times10^{-6}$，La 62×10^{-6}，Y 69.8×10^{-6}，Ba 1428×10^{-6}。各异常元素中

Mo为三级浓度分带，W、Pb为二级浓度分带，其他均为一级浓度分节。Mo、W、Pb、Zn异常面积较大，套合好，浓集中心部位与矿体相吻合，Au、Mn、Ti、La、Y、As、Ba等以低缓异常分布在矿体的周围。

综合异常面积32km², 位于太古宙酸性侵入岩与新近系玄武岩接触带上，异常元素水平分带明显，具由高温热液元素组合到中低温热液元素组合的变化规律，反映出矿致异常特征。对该异常查证发现，异常与出露于异常浓集中心处—面积1.5km²的花岗斑岩体密切相关，斑岩体内具有Mo、Pb、Zn、Ag、Sn、W、Au等多金属矿化，显示了较强的斑岩系列成矿异常组合特征。异常呈椭圆形，主要元素异常强度高，面积大，吻合程度好（图5-149），浓集中心明显，最高含量分别为：Mo 243×10^{-6}、Ag 1.17×10^{-6}、Pb 35×10^{-6}、W 75×10^{-6}、Au 8.6×10^{-9}。异常浓集中心与花岗斑岩体极其吻合，且主成矿元素Mo浓集中心呈条带状展布，基本反映了矿带的位置。

6. 小狐狸山式斑岩型钼矿地质地球化学特征

1）地质特征

小狐狸山钼矿位于天山-北山成矿省，额勒根-乌珠尔嘎顺铜、钼（铜）和稀有金属成矿带东端。钼铅锌矿产于华力西晚期花岗岩边缘相中的中细粒似斑状花岗岩内，围绕岩体四周分布有奥陶系、泥盆系、石炭系火山碎屑岩。岩体受控于NW向、NE向两组断裂。该矿床为中—大型规模的隐伏矿床，赋矿岩体划分为边缘相、过渡相和中心相3个相带，金属矿物主要为辉钼矿和黄铁矿，并伴有稀有金属矿物，属典型的斑岩型铅、锌、钼、稀有金属矿床。辉钼矿Re-Os同位素龄为(220.0 ± 2.2)Ma（彭振安等，2010），钼成矿时代为三叠纪，属印支期构造-岩浆活动的产物。

2）地球化学特征

由剖析图（图5-150）可知，该异常元素组合复杂，主要有Mo、Pb、Zn、W、Bi、Cd、Be、Nb，其次为Pb、Ag、Cu、As、Sn、Sb、Hg、F、Li、U、Fe_2O_3、V、Mn、Cr、Ni、Co等计22种元素，各主要成矿元素异常强度高，规律性强，吻合好，异常面积约150km²，总体走向北西向，个别元素如Mo、Sn、Cu、Pb、F等异常呈南北向。

按异常展布方向、异常范围、元素地球化学行为及次生分散迁移规律等特征，上述元素大致可分为5种组合：Mo-Cu-W-Bi-Sn、Pb-Zn-Ag-Cd、Fe_2O_3-V-Mn-Cr-Ni-Co、U-Be-Nb-Li-Y、F-Sb-As，上述5组元素除Fe_2O_3-V-Mn-Cr-Ni-Co组合由奥陶系中基性火山岩引起，并受东西向断裂控制外，其余4组元素均与岩浆热液活动有关。

按元素组合特征，各组元素在平面上围绕华力西期花岗岩形成明显的水平分带，由内向外大致为：U、Be、Nb、Li、Y、(Rb)-Pb、Zn、Ag-Mo、Cu、W、Bi、Sn-Fe_2O_3、V、Mn、Cr、Ni、Co-F、Sb、As，反映了含矿岩浆热液活动中不同元素的地球化学行为。

7. 小东沟式斑岩型钼矿地质地球化学特征

1）地质特征

小东沟斑岩型钼矿床位于内蒙古克什克腾旗广兴元镇，距北部的西拉木伦河大断裂25km，处于大兴安岭南段北坡近主脊部位。矿区内出露地层主要为中二叠统于家北沟组，钼矿化主要在斑状花岗岩株顶部及其内接触带内呈浸染状、细网脉状和条带状产出，断裂构造有北北西向及北西向两组，控制着岩体内钼矿化体的方向。矿石矿物主要为辉钼矿，矿体直接围岩主要有钾长石化-绢云母化斑状花岗岩，围岩蚀变类型有钾长石化-绢云母化、石英-绢云母化、硅化、萤石化及镜铁矿化。辉钼矿Re-Os同位素年龄为(135.5 ± 1.5)Ma，鉴于辉钼矿呈浸染状和团块状分布于斑状花岗岩株中，并且与石英和钾长石呈共生结构关系，推测小东沟地区钼矿床和斑状花岗岩株的形成时间均为早白垩世，属燕山期构造-岩浆活动的产物（聂凤军等，2007）。

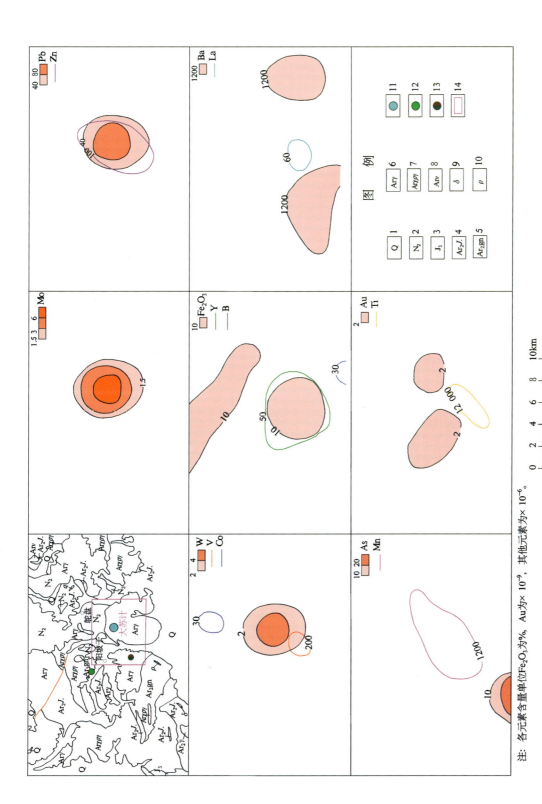

图 5-148 大苏计钼矿 1:20 万地球化学综合异常剖析图

注：各元素含量单位Fe₂O₃为%，Au为×10⁻⁹，其他元素为×10⁻⁶。

1.第四系；2.上新统；3.上侏罗统；4.中太古界集宁岩群；5.中太古界片麻状斜长花岗岩；6.太古宙花岗岩；7.太古宙碱长花岗岩；8.太古宙辉长岩；9.闪长岩脉；10.伟晶岩脉；11.钼矿；12.铜矿；13.铅锌矿；14.1:5万工区范围

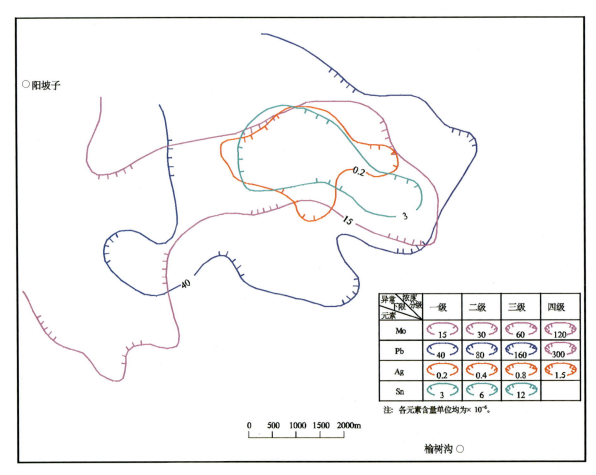

图 5-149 大苏计 1∶5 万钼-铅-银-锡地球化学组合异常图

(2) 地球化学特征

该矿床异常受 NNE 向断裂控制,多呈 NE 向展布(图 5-151),异常组分达 20 种,以 Mo、Pb、Zn、Bi、Cd、Mn、As、Ag 为主,其次为 Cu、Li、Sb、B、F 及中基性岩元素异常,主要元素异常强度高,浓集中心与钼矿点对应,异常重合好,异常分带明显,内带为 Mo、Bi、Pb,中带为 Ag、As、Cd,外带为 Zn、Mn。平均衬度:Mo 2.09、Pb 2.36、Zn 1.69、Bi 5.13、Cd 1.88、Mn 1.53、As 2.09、Ag 1.68;最高值:Mo 11.6×10^{-6}、Pb 154×10^{-6}、Zn 441×10^{-6}、Bi 16×10^{-6}、Cd 0.86×10^{-6}、Mn 2290×10^{-6}、As 120×10^{-6}、Ag 0.53×10^{-6}。

8. 查干花式斑岩型钼钨矿地质地球化学特征

1) 地质特征

矿区位于华北陆块北部大陆边缘、狼山裂谷北西侧的宗乃山-沙拉扎山构造带内,夹持于恩格尔乌苏断裂带与阿拉善北缘断裂带(或称巴丹吉林断裂带)两条 NE 向区域性断裂带之间(吴泰然等,1993;李俊建,2006)。区内多处见有构造破碎带,NNW 向区域性断裂通过矿区。区内岩浆岩发育,查干花-查干德尔斯花岗岩体大面积分布,岩性为中细粒二长花岗岩,区内尚见有多条不同方向细晶岩脉穿插。中细粒二长花岗岩与钼矿化关系密切,为主要控矿因素之一。

现有工程控制表明,区内钼矿体主要隐伏于地表以下,沿中细粒二长花岗岩与宝音图岩群的北东接触带展布部位,组成了北西长约 1600m,南西-北东向宽 300～700m 的钼矿化带。钼矿体形态为透镜

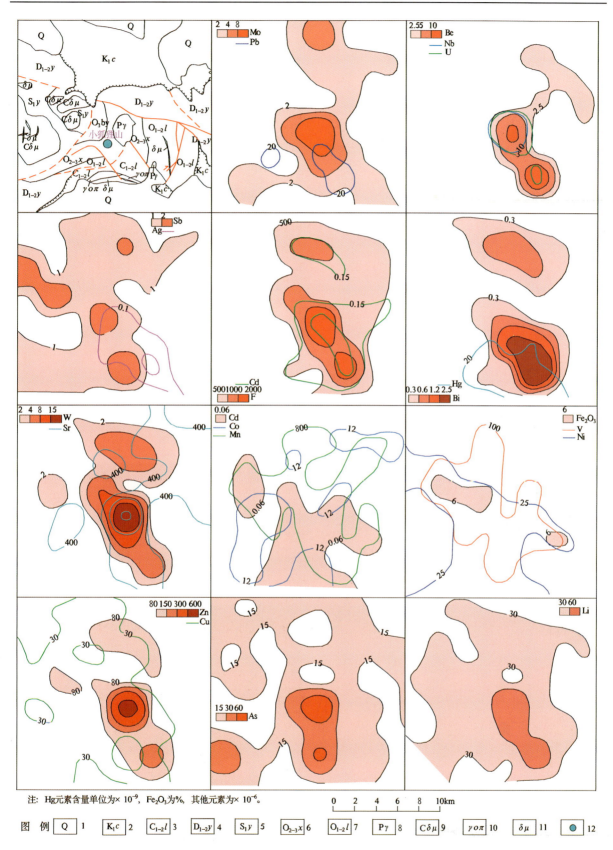

图 5-150　小狐狸山钼矿 1∶20 万综合异常剖析图

1. 第四系；2. 下白垩统赤金堡组；3. 下中石炭统绿条山组；4. 下中泥盆统依克乌苏组；5. 下志留统圆包山组；6. 中上奥陶统咸水湖组；7. 下中奥陶统罗雅楚山组；8. 二叠纪花岗岩；9. 石炭纪闪长玢岩；10. 斜长花岗斑岩脉；11. 闪长玢岩脉；12. 钼矿

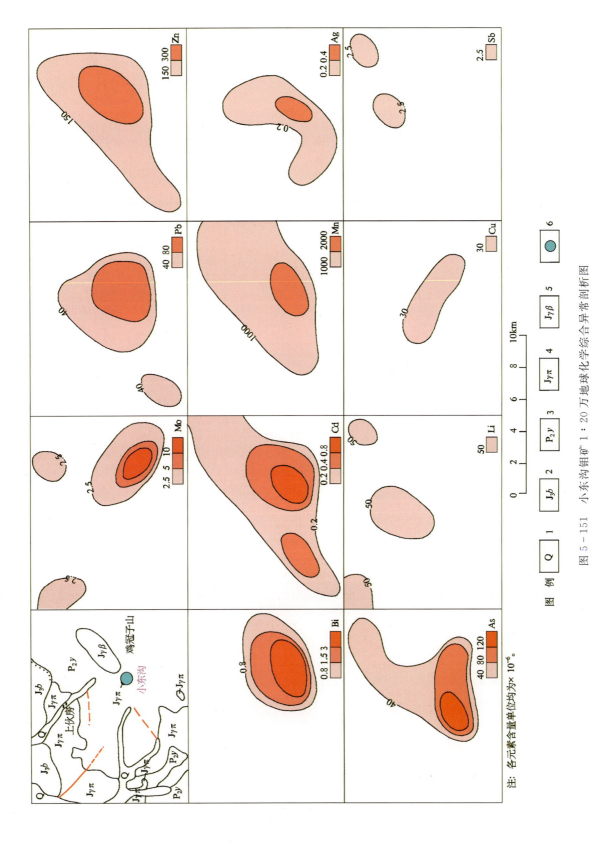

图 5-151 小东沟钼矿 1:20 万地球化学综合异常剖析图

1. 第四系;2. 上侏罗统白音高老组;3. 中二叠统于家北沟组;4. 侏罗纪花岗斑岩;5. 侏罗纪黑云母花岗岩;6. 钼矿

状、似层状和脉状。埋深一般为13.77~160.22m,控矿标高780~1413m。钼钨矿体赋存于花岗闪长岩体及石英脉中。WO_3品位在0.045%~0.11%之间;钼矿化较弱,品位在0.013%~0.037%之间。成矿岩体的蚀变主要有钾化、硅化、云英岩化等,钾化分布面积广,云英岩化主要分布在近矿附近,与成矿关系更直接。矿石中金属矿物主要有辉钼矿、黄铜矿、黄铁矿、磁铁矿等;非金属矿物以长石、石英、白云母为主,高岭石、绿泥石次之。辉钼矿Re-Os等时线年龄为(242.7±3.5)Ma(蔡明海等,2011),表明钼成矿时代为三叠纪,属印支早期构造-岩浆活动的产物。

2)地球化学特征

由1:20万化探异常剖析图(图5-152)可以看出,该综合异常位于查干德尔斯北东,出露地层为古元古界宝音图岩群,元素组合以Mo、W、Bi、Be为主,其次为Cd、Ba、Rb、Nb、U等元素异常,主要元素异常浓集中心与燕山早期黑云花岗岩对应。

Mo、W、Bi异常具有面积大、强度高、套合好、浓集中心明显的特点。其中,Mo面积96km²,最高值21×10⁻⁶,衬度2.14,具内带、亚内带、中带、外带;W面积44km²,最高值7.98×10⁻⁶,衬度1.55;Bi面积44km²,最高值3.98×10⁻⁶,衬度2.43。Rb、Nb、U等稀有稀土放射性元素在燕山期侵入岩中具高丰度、弱分异性,故其在矿体周围有弱的富集。

9. 必鲁甘干式斑岩型钼矿地质地球化学特征

1)地质特征

必鲁甘干钼矿是自治区内大型斑岩型钼矿床,成矿区带划属温都尔庙-红格尔庙铁、金、铜、钼成矿亚带(Pt),阿巴嘎旗铜钼成矿远景区,矿区出露上二叠统色尔敖包组(林西组)砂板岩、砂砾岩,矿体赋存在花岗斑岩与围岩的接触带。矿石矿物主要为辉钼矿、黄铜矿、黄铁矿,围岩蚀变范围大,但程度弱,主要蚀变类型有钾长石化、绢云母化、硅化、绿帘石化及碳酸盐化。成矿时代为印支期(三叠纪)。

2)地球化学特征

矿床元素组合齐全,主要指示元素为Mo、Cu、Pb、Zn、Ag、Au、As、Sb、W、Bi、Ti、V等,Mo、Bi、W、Cu、Zn、Ag、Au、As、V、Co异常呈北东向条带状展布,Pb、Sb、Sn、Fe_2O_3、Mn、Ti、V异常呈等轴状分布(图5-153)。

Mo、Bi、W异常面积大,强度高,浓度分带明显,浓集中心吻合;Pb、Sb、Sn异常面积小,强度较低,呈环状与Mo、Bi、W浓集中心套合;Ni、V、Ti、Fe_2O_3、Co、Mn、Cu、Zn、Ag均分布于Mo、Bi、W套合带中部,其中Ni、V、Ti、Fe_2O_3、Co、Mn元素异常较强,套合好,Cu、Zn、Ag异常较弱,面积较大,套合较好;Au、As异常强度中等,主要为外带。

10. 岔路口式斑岩型钼矿地质地球化学特征

1)地质特征

岔路口钼矿是自治区内特大型斑岩型钼矿床,成矿区带划属新巴尔虎右旗-根河(拉张区)铜、锰、铅、锌、金、萤石、煤(铀)成矿带,陈巴尔虎旗-根河金、铁、锌、萤石成矿亚带岔路口钼成矿远景区,是与石英斑岩、花岗斑岩等超浅成次火山侵入活动有关的侵入型钼矿床。矿石矿物主要为黄铁矿、闪锌矿、磁黄铁矿、方铅矿等,围岩蚀变主要为钾化、石英-绢云母化、泥化带、青磐岩化。成矿时代为燕山晚期。

2)地球化学特征

由剖析图(图5-154)可知,异常元素组合较多,主要有Mo、W、Bi、Cu、Pb、Zn、Ag、Sb、Cd等,Mo、Bi、Sb异常强度高,外带、中带、内带清晰,Cu、Zn元素只有外带,面积较小,各元素异常吻合好,浓集中心明显,浓集中心部位与地层和岩体的接触带、矿体相吻合。

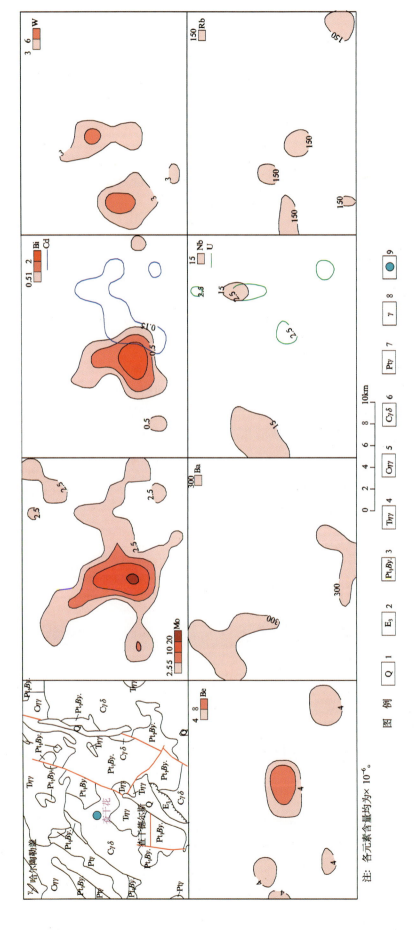

图 5-152 查干花钼矿 1:20 万化探异常剖析图

1. 第四系;2. 古近系渐新统;3. 古元古界宝音图岩群;4. 三叠纪二长花岗岩;5. 石炭纪二长花岗岩;6. 石炭纪花岗闪长岩;7. 元古宙花岗岩;8. 花岗岩岩脉;9. 钼矿

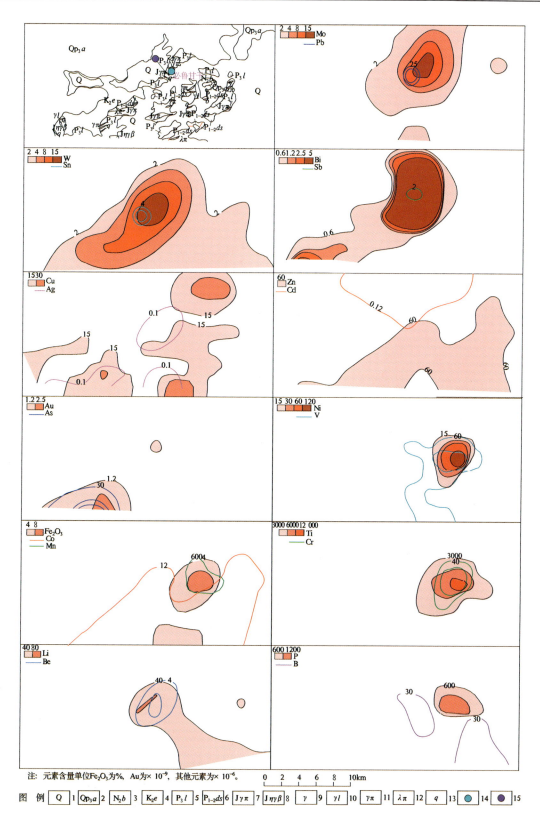

图 5-153 必鲁甘干钼矿 1:20 万地球化学综合异常剖析图

1. 第四系；2. 上更新统阿巴嘎组；3. 上新统宝格达乌拉组；4. 上白垩统二连组；5. 上二叠统林西组；6. 下中二叠统大石寨组；7. 侏罗纪花岗斑岩；8. 侏罗纪黑云母二长花岗岩；9. 花岗岩脉；10. 花岗细晶岩脉；11. 花岗斑岩脉；12. 流纹斑岩脉；13. 石英脉；14. 钼矿；15. 黑钨矿

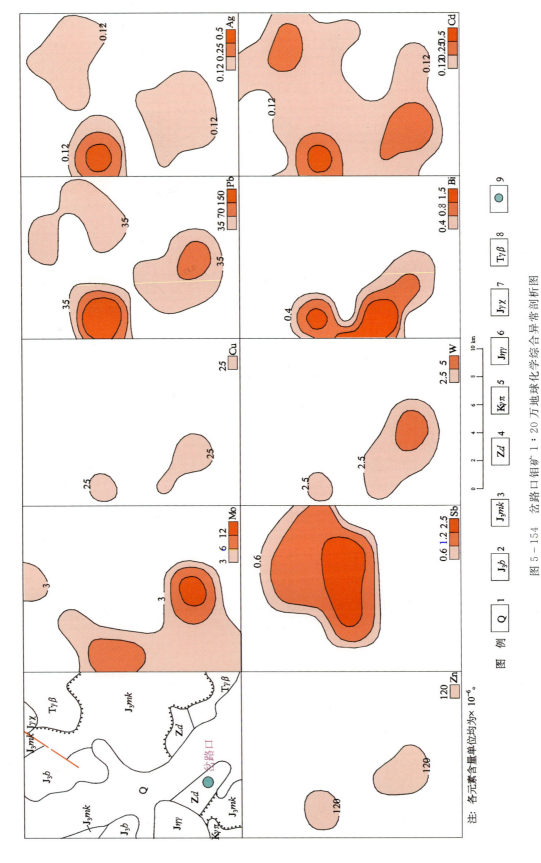

图 5-154 岔路口钼矿 1:20 万地球化学综合异常剖析图

1. 第四系；2. 上侏罗统白音高老组；3. 上侏罗统满克头鄂博组；4. 震旦系大网子组；5. 白垩纪花岗斑岩；6. 侏罗纪花岗岩；7. 侏罗纪二长花岗岩；8. 三叠纪黑云母花岗岩；9. 钼矿

11. 敖仑花式斑岩型钼矿地质地球化学特征

1）地质特征

敖仑花钼矿位于大兴安岭南段，是西拉木伦河断裂北侧成矿带新发现的大型斑岩型钼铜矿床。钼铜矿体赋存于敖仑花斜长花岗斑岩体内及外接触带中，钼工业矿体90%以上赋存于斑岩体内，少量伴生铜，铜矿化主要分布在外接触带，以脉型为主，属典型的斑岩型钼铜矿床。矿石矿物主要为黄铁矿、辉钼矿、磁铁矿、赤铁矿等，围岩蚀变硅化、钾长石化、黄铁矿化等发育，并具有明显的分带特征。含矿花岗斑岩锆石U-Pb年龄为(134±4)Ma，辉钼矿Re-Os同位素年龄为(132±1)Ma，成岩与成矿误差范围内基本同时发生，表明该钼矿床成矿时代为燕山晚期，属早白垩世构造-岩浆活动的产物（马星华等，2009）。

2）地球化学特征

矿床主要指示元素为Mo、Cu、Pb、Zn、Ag、As、Sb、W等，除Mo异常强度较低外，其余元素均有多处浓集中心，呈不规则面状展布（图5-155）。

Mo为小面积一级异常；Cu、Pb、Zn、Ag、As、Sb、W等均为三级异常，异常面积大，强度高，套合好，浓度分带明显；Pb、Zn、As、W浓集中心部位与地层和岩体的接触带、矿体相吻合；Cu、Ag、Sb在矿体边缘带以中等异常显示。

12. 梨子山式矽卡岩型钼矿地质地球化学特征

1）地质特征

梨子山钼矿大地构造位于天山-兴蒙造山系大兴安岭弧盆系扎兰屯-多宝山岛弧（Pz_2）。矿区出露地层主要有奥陶系多宝山组、石炭系—二叠系新南沟组、侏罗系上兴安岭组及第四系，与矿床关系密切的为奥陶系多宝山组，近东西向条带状断续出露于矿区中东部，倾向南偏东。侵入岩出露广泛，北西和南东为黑云母花岗岩，北东与南西为白岗质花岗岩。北东东向和转北东向的张扭—压扭性层间断裂带是矿区的控矿构造带。有用矿物为磁铁矿、赤铁矿、辉钼矿、黄铁矿、闪锌矿、镜铁矿、褐铁矿、针铁矿、黄铜矿、方铅矿等，矿区广泛发育矽卡岩化。铁矿石中钼质量分数一般为0.001%~0.022%，最高0.64%；矽卡岩中钼质量分数一般为0.05%~0.16%，最高0.785%；近矿蚀变花岗岩中钼质量分数一般为0.008%~0.032%，最高0.66%。成矿时代为华力西中期。

2）地球化学特征

由剖析图（图5-156）可知，矿床主要指示元素为Mo、Bi、Sn、Cd、W等，为一套典型的高温元素组合，各元素异常呈等轴状分布，除Mo、W异常面积较小、强度低外，其他元素异常面积较大，强度较高，均有内带、中带、外带。各元素异常套合好，与钼矿点吻合较差。

（二）典型矿床地质-地球化学找矿模型的建立

在结合地质成果、矿区航磁资料、区域重力资料、部分勘探成果，以及对钼典型矿床单元素异常、综合异常进行综合研究的基础上，对全区部分钼典型矿床地质-地球化学找矿模型进行了总结（表5-24）。区内钼矿床以斑岩型和热液型为主，本次工作选取乌努格吐山斑岩型铜钼矿和曹家屯热液型钼矿为代表，分别建立这两种钼矿成因类型的地质-地球化学找矿模型，其中乌努格吐山斑岩型铜钼矿在本节铜矿典型矿床建模部分已进行了详细研究，此处不再赘述，下面重点介绍曹家屯热液型钼矿地质-地球化学找矿模型的建立。

1. 地质特征

1）区域地质

梨子山钼矿所处大地构造单元古生代属天山-兴蒙造山系大兴安岭弧盆系锡林浩特岩浆弧；中生代

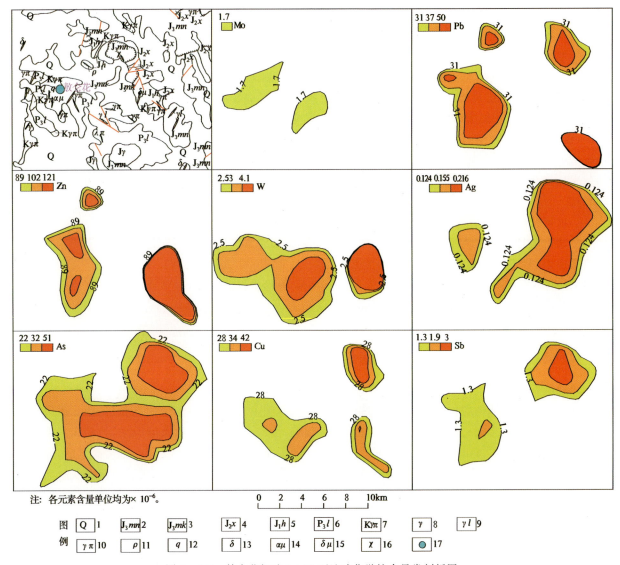

图 5-155 敖仑花钼矿 1:20 万地球化学综合异常剖析图

1.第四系；2.上侏罗统玛尼吐组；3.上侏罗统满克头鄂博组；4.中侏罗统新民组；5.下侏罗统红旗组；6.上二叠统林西组；7.白垩纪花岗斑岩；8.花岗岩脉；9.花岗细晶岩脉；10.花岗斑岩脉；11.伟晶岩脉；12.石英脉；13.闪长岩脉；14.安山玢岩脉；15.闪长玢岩脉；16.煌斑岩脉；17.钼矿

属环太平洋巨型火山活动带，大兴安岭火山岩带，突泉-林西火山喷发带，曹家屯中侏罗世—晚侏罗世火山喷发-沉积盆地。成矿带区划属Ⅰ-4滨太平洋成矿域（叠加在古亚洲成矿域之上），Ⅱ-12大兴安岭成矿省，Ⅲ-6林西-孙吴铅、锌、铜、钼、金成矿带，Ⅲ-8-①索伦镇-黄岗铁（锡）、铜、锌成矿亚带，Ⅴ-21黄岗铜钼多金属成矿远景区。

2) 矿床地质

(1) 矿区仅见一条断裂构造，总体走向38°～45°，长度约830m，倾向南东，倾角约84°，为压扭性断裂。该断裂为容矿构造（图5-157）。

(2) 矿区岩浆岩仅见北东向石英脉，为矿区钼赋矿岩石。区域上燕山早期二长花岗岩与成矿关系密切。

(3) 钼矿体产于砂板岩断裂破碎带中。矿体沿走向控制长度320m，厚度45.45～11.86m，平均31.45m；沿倾向斜深控制到海拔400m，延深大于600m。矿体呈脉状分布，为隐伏钼矿，平面上矿体矿化强度及元素不具明显水平分带，在纵向上地表矿化相对较贫，在深部矿化增强。钼资源量

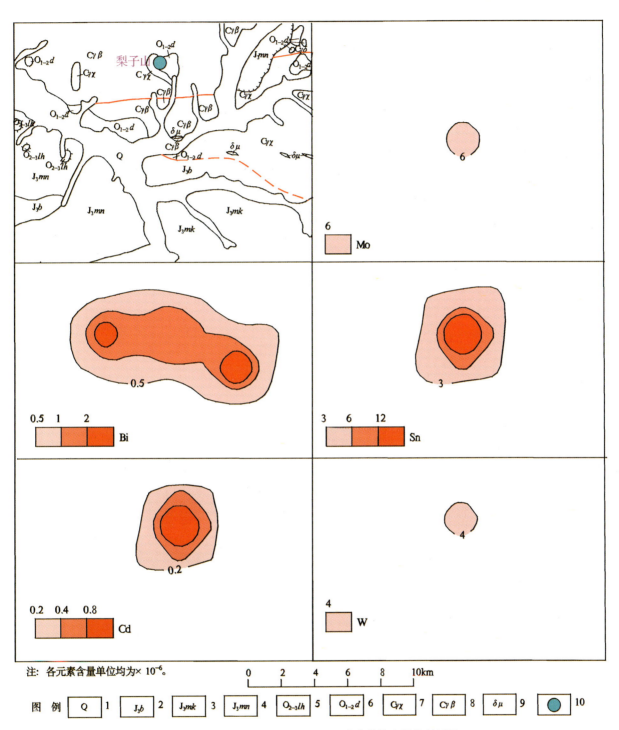

图 5-156 梨子山钼矿 1∶20 万地球化学综合异常剖析图

1. 第四系；2. 上侏罗统白音高老组；3. 上侏罗统满克头鄂博组；4. 上侏罗统玛尼吐组；5. 中上奥陶统裸河组；6. 上侏罗统白音高老组；7. 石炭纪白岗岩；8. 石炭纪黑云母花岗岩；9. 闪长玢岩脉；10. 钼矿

表 5-24 内蒙古自治区部分钼典型矿床地质-地球化学找矿模型一览表

矿床名称及成因类型	地质背景	矿床地质特征	区域地球化学异常特征	矿田（矿床）地球化学异常特征
卓资县大苏计斑岩型钼矿床	(1)成矿区带属乌拉山-集宁金银、铁、铜、铅、锌、钼、石墨、白云母成矿亚带，沙德盖-大苏计成矿远景区。 (2)矿区位于华北陆块北缘中段临河-集宁深大断裂南侧，内蒙古台隆凉城隆起内。 (3)北西向构造是矿区控制含矿斑岩体的主导构造	(1)矿床产在石英斑岩、正长花岗斑岩体内，受斑岩体的严格控制。 (2)含矿物有辉钼矿、黄铁矿、褐铁矿、方铅矿、闪锌矿、硬锰矿、软锰矿、磁铁矿等。 (3)围岩蚀变规模较大，有硅化、高岭土化、绢云母化、绢英岩化、云英岩化、绿帘石化、黄铁矿化、褐铁矿化、锰矿化等。 (4)成矿时代为印支期（三叠纪）	(1)区域上分布有 Cu,Zn,Ag,Au 等元素组成的高背景区带。 (2)在高背景区带中有以 Mo,Pb,W,Cu,Zn,Ag,Au 为主的多元素局部异常，各异常元素间套合性好，具明显的浓集中心	(1)异常元素组合以 Mo,W,Pb 为主，其次为 Zn,Cd,Au,Mn,Ti,La,Y,Sb,Ba，各异常元素中 Mo 为三级浓度分带，W,Pb 为二级浓度分带，其他均为一级浓度分带，Ba 除外，位置基本重合。 (2)综合异常位于太古宙酸性侵入岩与新近系接触带上，异常元素水平分带明显，具由高温热液元素组合到中低温热液元素组合的变化规律，反映出矿致异常特征
新巴尔虎右旗乌努格吐山斑岩型铜钼矿床	(1)成矿区带在构造上处于外贝加尔-额尔古纳-呼伦裂皱系额尔古纳-呼伦褶皱带西侧。 (2)矿床属于满洲里-新巴尔虎右旗多金属成矿带北端。 (3)铜钼矿化明显受火山机构控制，与燕山晚期酸性次火山岩浆活动密切相关	(1)燕山期侵入岩为含矿母岩。 (2)矿石以铜矿物（黄铜矿、铜蓝、斑铜矿、辉铜矿）和辉钼矿（辉钼矿）为主。 (3)围岩蚀变从内到外可分为 3 个带：石英-钾长石-黑云母带、石英-绢云母-水云母带、伊利石-水云母化带。 (4)成矿时代为燕山早期（早-中侏罗世）	(1)区域上分布有 Cu, Mo, Ag, As, Au, Cd, Sb, W 等元素组成的高背景区带。 (2)在高背景区带中有以 Cu, Mo, Ag, As, Au, Cd, Sb, W 为主的多元素局部异常	(1)异常元素组合为 Cu,Mo,Pb,Ag,Bi,W,Zn,Cd,Au。 (2)主要成矿元素为 Cu,Mo，伴生元素为 Pb,Ag,Bi,W,Zn,Cd,Au，异常浓集中心明显，强度较高，呈近北东向条带状分布。 (3)由于矿区南北地段成矿作用及围岩蚀变强弱不同，使得异常形态呈近哑铃状，中间过渡带元素异常组分比较简单
乌拉特后旗查干花斑岩型钼钨矿床	(1)成矿区带属于此老-巴音杭盖金成矿亚带(YI)、敖仑花-巴音杭盖金成矿远景区。 (2)大地构造位于华北陆块北缘之宝音图地块。 (3)NNW 向区域性断裂通过矿区	(1)钼矿体主要隐伏于地表以下中细粒二长花岗岩与宝音图岩群的北东接触带展布部位。 (2)矿石矿物有辉钼矿、磁铁矿、黄铜矿和方铅矿等。 (3)围岩蚀变主要有钾化、硅化、云英岩化等，钾化分布近矿广，云英岩化主要分布在近矿附近，与成矿的关系直接。 (4)成矿时代为印支期（三叠纪）	(1)区域上分布有 Mo,W,Bi,Au,As,Sb,Pb 等元素组成的高背景区区。 (2)在高背景区带中有以 Mo,W,Bi,Au,As,Sb,Pb,Ag 为主的多元素异常，各元素在空间位置上多处相互重叠或叠套或套合	(1)异常元素组合 Mo,W,Bi,Be 为主，其次为 Cd,Ba,U,Rb 等。 (2)各主要元素异常具有面积大、强度高、浓集中心明显的特点，异常浓集中心与燕山早期黑云母花岗岩对应，Cd,Ba,U,Rb 等次要元素在区内均以小面积、低异常分布

第五章 地球化学综合研究成果

续表 5-24

矿床名称及成因类型	地质背景	矿床地质特征	区域地球化学异常特征	矿田（矿床）地球化学异常特征
额济纳旗小狐狸山斑岩型钼铅锌矿床	(1) 成矿区带属黑鹰山-雅干铁、金、铜、钼钨锡铅锌成矿亚带（Vm），小狐狸山钼钨铅锌成矿远景区。 (2) 大地构造位于天山-兴蒙造山系大兴安岭弧盆系红石山裂谷。 (3) 北西向及北东向两组幼断裂构造控制着含矿岩体的分布	(1) 铅锌钼矿产于华力西晚期斑状似斑状花岗岩边缘相中的中细粒斑状似斑状花岗岩内。 (2) 矿石矿物主要为辉钼矿、黄铁矿（次生）。 (3) 围岩蚀变主要有云英岩化、岩浆后期叠加蚀变、钠长石化、钾长石化、硅化、黄铁矿化、绿帘石化及萤石化。 (4) 成矿时代为印支期（三叠纪）	(1) 区域上分布有 Mo, Pb, Zn, W, Cu, As, Sb, Ag, Au 等元素组成的高背景区带。 (2) 在高背景区带中有以 Mo, Pb, Zn, W, Bi, Cu, As, Sb, Ag, Au, U, Fe$_2$O$_3$, V, Mn, Cr, Ni, Co 为主的多元素局部异常	(1) 异常元素组合复杂，主要有 Mo, Pb, Zn, W, Bi, Cd, Be, Nb, U, Fe$_2$O$_3$，其次为 Pb, Ag, Cu, As, Sn, Sb, Hg, F, Li, U, Fe$_2$O$_3$, V, Mn, Cr, Ni, Co 等计 22 种元素。 (2) 主要成矿元素异常强度高，规律性强，吻合好，总体走向北西向，个别元素如 Mo, Sn, Cu 等呈南北向。 (3) 异常水平分带明显，由内向外大致为：U, Be, Nb, Li, Y, (Rb) — Pb, Zn, Ag — Mo, Cu, W, Bi, Sn — Fe$_2$O$_3$, V, Mn, Cr, Ni, Co — F, Sb, As，反映了含矿岩浆热液活动中不同元素的地球化学行为
林西县曹家屯热液型钼矿床	(1) 成矿区带属索伦镇-黄岗铁（锡）、铜、锌多金属成矿亚带，V-21 黄岗铜钼多金属成矿远景区。 (2) 大地构造位于中生代大兴安岭火山岩带基底隆起与幼陷接部位，基底隆起一侧。 (3) 北东向断裂为矿区唯一含钼矿断裂构造带	(1) 北东向石英脉，为矿区钼赋矿岩石。 (2) 矿石矿物主要为辉钼矿、黄铁矿及黄铜矿等。 (3) 围岩蚀变主要云英岩化、硅化、次为钾长石化、绿泥石化、碳酸盐化、高岭土化及萤石化。 (4) 成矿时代为燕山早期（侏罗纪）	(1) 区域上分布有 Mo, As, Sb, Pb, Zn, Ag, W 等元素组成的高背景区带。 (2) 在高背景区带中有以 Mo, As, Sb, Pb, Zn, Ag, W, Cu, U 为主的多元素局部异常	(1) 异常共生元素组分较多，以 Mo, W, Bi, Ag, Pb, Zn, Cu, As, Cd 为主，同时伴生有 F, Ti 异常。 (2) 主要共伴生元素异常面积较大，浓度分带仅 Mo, Bi 有内带、中带或外带，其他元素异常强度不高。 (3) 矿区内 NNE 向、NE 向断裂构造发育，综合异常展布形态受断裂构造控制明显，多呈 NE 向展布

10 106.66t,平均品位 0.11%。

(4)下二叠统寿山沟组粉砂岩、砂砾岩、板岩夹灰岩透镜体等为矿区标志地层。

(5)围岩蚀变沿矿化蚀变带呈线性分布,见于砂质板岩和砂岩中的破碎带、断裂带内,主要有云英岩化、硅化,次为钾长石化、绿泥石化、碳酸盐化、高岭土化及萤石化。云英岩化、硅化及钾长石化与钼矿化关系密切。

(6)矿石金属矿物主为辉钼矿、黄铁矿及黄铜矿等;脉石矿物主要为石英。

(7)成矿时代为燕山早期(侏罗纪)。

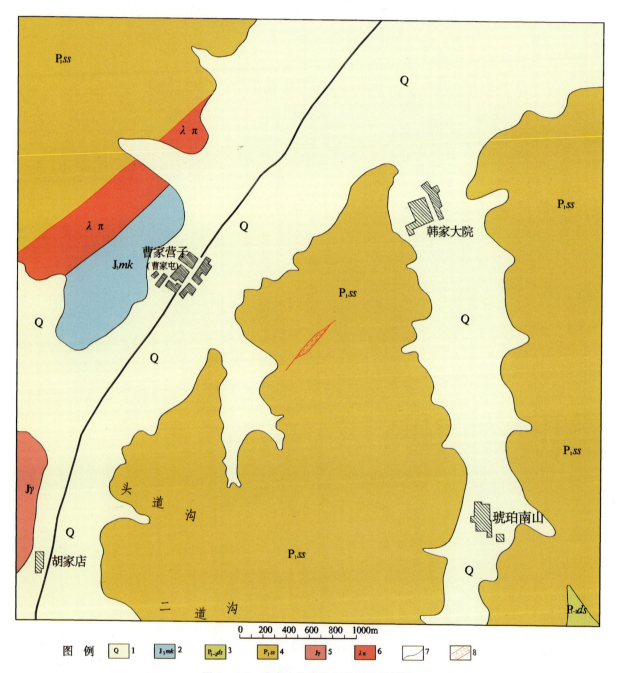

图 5-157 曹家屯热液型钼矿床地质简图

1.第四系;2.上侏罗统满克头鄂博组;3.下中二叠统大石寨组;4.下二叠统寿山沟组;5.侏罗纪花岗岩;6.流纹斑岩脉;7.实测地质界线;8.构造破碎带

2. 地球化学特征

由1∶20万化探异常剖析图可以看出(图5-158)，矿区内NNE向断裂构造发育，综合异常展布形态受断裂控制明显，多呈NE向展布，异常元素组分较多，以Mo、W、Bi、Ag、Pb、Zn、Cu、As、Cd为主，同时伴生有F、Ti等异常。主要共伴生元素异常面积大，套合好，异常多位于矿体上方，强度一般不高，仅Mo、Bi有内带、中带、外带，其他元素异常多只有外带或外带、中带。

3. 地质-地球化学找矿模型

曹家屯钼矿是自治区境内典型的热液型矿床，研究其地球化学、地球化学异常特征与成矿地质环境之间的关系、异常元素与矿的内在联系等规律，在该预测区内寻找同类型金属矿具有一定的指导作用。曹家屯热液型钼矿地质-地球化学找矿模型见图5-159。

富含多种成矿物质的花岗岩体在燕山期形成，岩浆水流体与大气降水的混合，导致了流体最基本的演化趋势，并从深部岩体向远接触带浅部运移，大的断裂构造和不整合面给岩浆热液创造了导矿条件，从而在花岗岩与较有利的成矿围岩(P_1ss)内形成蚀变并富集成矿。矿体呈脉状分布，为隐伏钼矿，因此平面上矿体矿化强度及元素不具明显水平分带，矿体上方Mo、W、Bi异常较高，Cu、Pb、Zn异常较低，Ag、As分布在矿体周围。

综上所述，可得出本区热液型钼矿的一些找矿标志：区内寿山沟组粉砂岩、砂砾岩、板岩夹灰岩透镜体等大面积分布，这些砂、砾岩孔隙度大，性脆，裂隙发育，是热液脉型钼矿床最理想的发育位置；砂板岩中的断裂破碎带，是主要的容矿和控矿构造，围岩蚀变以云英岩化、硅化及钾长石化为特征；Mo、W、Bi、Cu、Pb、Zn、Ag、As等以高—中温元素为主的组合异常，是寻找热液型钼矿的显著指示标志。

九、锡矿

内蒙古自治区内没有单一的锡矿床，多与其他金属矿物共伴生，有相当部分载体矿物为胶态锡，开发利用较慢。

(一)典型矿床地质地球化学研究

以成矿规律组选取的6个典型锡矿床(表5-25)为研究对象，对矿床地质环境、成矿时代以及矿区内控矿因素、找矿标志、地球化学特征进行系统分析研究，为后期地质-地球化学模型的建立提供了可靠依据。其中孟恩陶勒盖为铅锌银多金属伴生锡矿，在本节铅锌矿典型矿床研究中对其已经进行了详细论述，且该区域未测定Sn元素，因此本次不再对其进行研究。

表5-25 内蒙古自治区锡矿典型矿床一览表

矿床成因类型	典型矿床名称	规模	矿种类型
热液型	毛登	中型	Sn、Ag、Cu
	千斤沟	中型	Sn
	孟恩陶勒盖	小型	Pb、Zn、Ag、Sn
矽卡岩型	黄岗	特大型	Fe、Sn
	朝不楞	中型	Fe、Pb、Zn、Ag、Sn
花岗岩型	大井子	大型	Cu、Sn

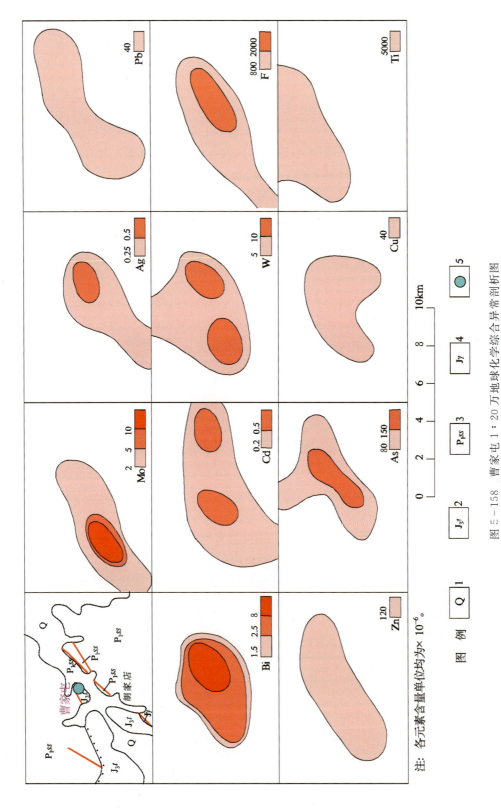

图 5-158 曹家屯 1:20 万地球化学综合异常剖析图

1. 第四系砂、砾石；2. 上侏罗统土城子组；3. 下二叠统寿山沟组；4. 侏罗纪花岗岩；5. 钼矿

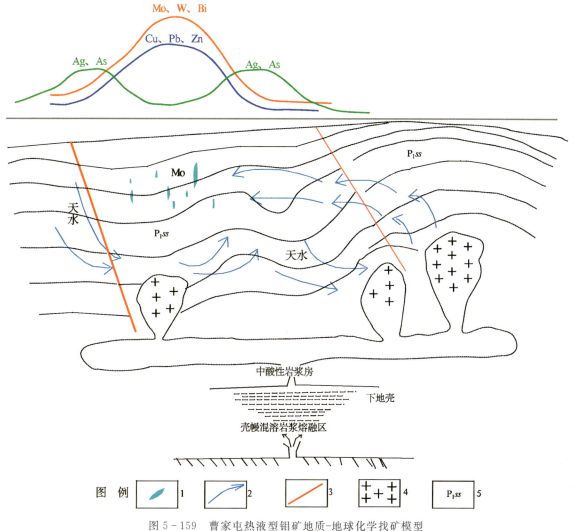

图 5-159 曹家屯热液型钼矿地质-地球化学找矿模型

1. 矿体；2. 流体移动方向；3. 断裂线；4. 燕山期花岗岩；5. 下二叠统寿山沟组

1. 毛登式热液型铜锡矿地质地球化学特征

毛登铜锡矿是我区规模较大的锡矿床，产于突泉-翁牛特铅、锌、银、铁、锡、稀土Ⅲ级成矿带上，该成矿带是区内锡矿尤其是热液型锡矿床的主产地。该矿床不论是成矿时代、成矿地质背景还是地球化学特征，在热液型锡矿中均具有很强的代表性，故将其选为自治区热液型锡矿的代表性矿床建立了地质-地球化学模型，其地质、地球物理、地球化学特征及找矿标志详见下文，在此不再对其进行讨论。

2. 千斤沟式热液型锡矿地质地球化学特征

（1）千斤沟锡矿为中型高—中温热液矿床，产于华北陆块边缘色尔腾山-太仆寺旗古岩浆弧，成矿时期为燕山晚期。矿区出露地层主要为上侏罗统张家口组第二岩段，张北-沽源断裂对其成岩成矿具有明显的控制作用。矿体大都产于以硅化和绿泥石化为主的蚀变带上，该类围岩蚀变是矿区主要找矿标志。

（2）矿区存在以 Sn、Au、Pb、Ag、Zn、As 为主的多元素组合异常，Sn 为主成矿元素，Au、Pb、Ag、Zn、As、Sb 为主要的伴生元素，其中 Au、Sb 为远程指示元素分布于矿区外围。Sn 异常具有明显的浓度分带和浓集中心，共伴生元素 As、Ag、Pb、Zn 异常与 Sn 异常的浓集中心套合较好，Au、As、Sb 与 Sn、Ag、Pb、Zn 形成水平分带，呈北西或北西西方向展布（见图 5-160）。

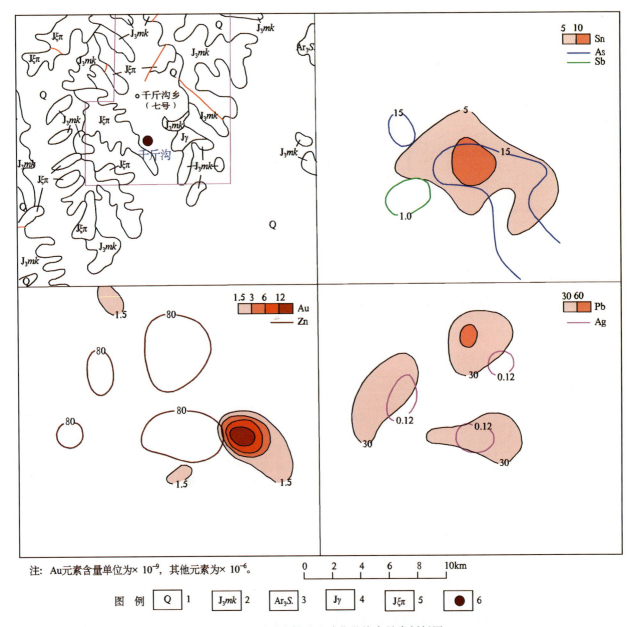

图 5-160 千斤沟锡矿地球化学综合异常剖析图

1. 第四系；2. 上侏罗统满克头鄂博组；3. 新太古界色尔腾山岩群；4. 侏罗纪花岗岩；5. 侏罗纪正长斑岩；6. 锡矿

在矿区周围布置1∶5万化探异常查证工作(图5-161)，Ag异常规模较大，在整个工区均有显示，且强度较高，均为四级浓度分带，Pb、Au元素在工作范围内形成多个异常，除中东部区域异常规模较小、强度较低外，其他地区的异常均较好，分布范围较广，浓度分带达二级以上。

3. 黄岗式矽卡岩型铁锡矿地质地球化学特征

区内已探明的矽卡岩型锡矿较少，但矿床规模大，品位高，在自治区锡矿中占有重要地位。黄岗铁锡矿是我区特大型矽卡岩类矿床，产于突泉-翁牛特铅、锌、银、铁、锡、稀土Ⅲ级成矿带上，不论是成矿地质背景还是地球化学特征，均具有很强的代表性，故将其作为自治区典型的矽卡岩类锡矿床，建立了地质-地球化学模型(详见下文)，在此不再对其进行讨论。

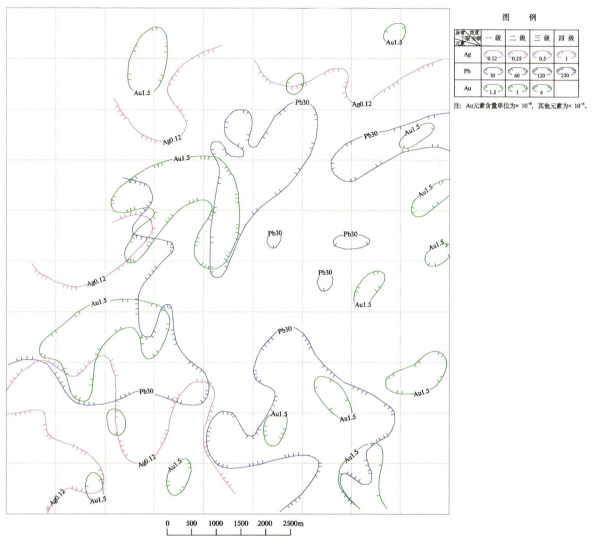

图 5-161 千斤沟锡矿银铅金组合异常图

4. 朝不楞式矽卡岩型铁多金属矿地质地球化学特征

(1)朝不楞多金属矿大地构造单元属于天山-兴蒙造山系,大兴安岭弧盆系,扎兰屯-多宝山岛弧,西伯利亚陆块南东缘晚古生代陆缘增生带,东乌珠穆沁旗嫩江(中强挤压区)铜、钼、铅、锌、金、钨、锡、铬成矿带,成矿期次为燕山晚期。中上泥盆统塔尔巴格特组是矿区主要赋矿地层,北东向断裂构造及其边部的次级羽状断裂是其重要控矿构造,矿体产于燕山晚期(侏罗纪)花岗岩类与塔尔巴格特组接触交代的外接触带上。

(2)矿区内存在以 Sn、Ag、Pb、Zn、Cu、Cd、W、Bi、Au、Sb、Mn、F 为主的多元素组合异常,异常形态似椭圆状,空间展布方向为北东向,异常的重叠性强。Cd、Zn、Sb、Au、W 异常强度高,达二级或三级浓度分带,该矿床为铁锌多金属矿;Sn、Ag 伴生成矿,异常强度较平缓;Pb、Cu、Bi、Mn、F 为主要的共伴生元素,异常强度不高,部分元素在矿区南部亦有异常显示(图 5-162)。

矿区1:5万地质、化探资料(图 5-163)显示,矿区内 Sn、Ag、Pb、Zn 异常浓集中心位于矽卡岩带上,该处 Sn 异常浓度峰值为 30×10^{-6},Ag 为 2.9×10^{-6},Pb 为 500×10^{-6},Zn 为 1000×10^{-6};角岩上也有很好的异常显示,异常强度与酸性岩体相比相对较高。

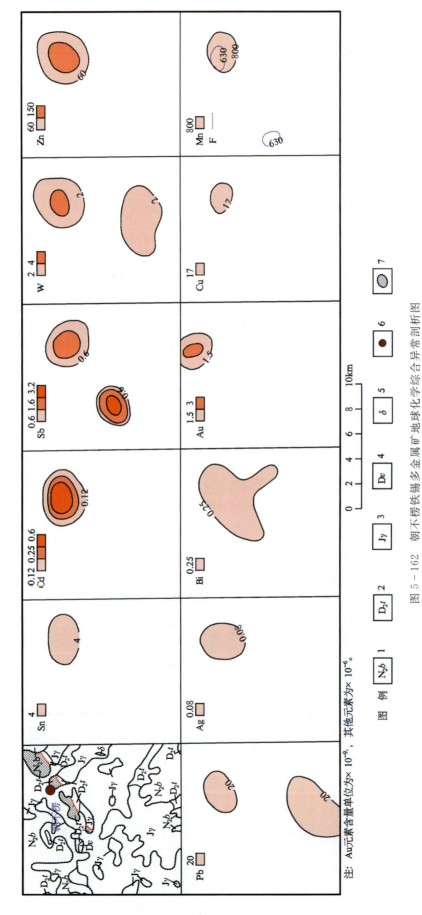

图 5-162 朗木楞铁锡多金属矿地球化学综合异常剖析图

1. 上新统宝格达乌拉组；2. 中泥盆统塔尔巴格特组；3. 侏罗纪花岗岩；4. 泥盆纪辉长岩；5. 闪长岩脉；6. 锡矿；7. 锡矿体

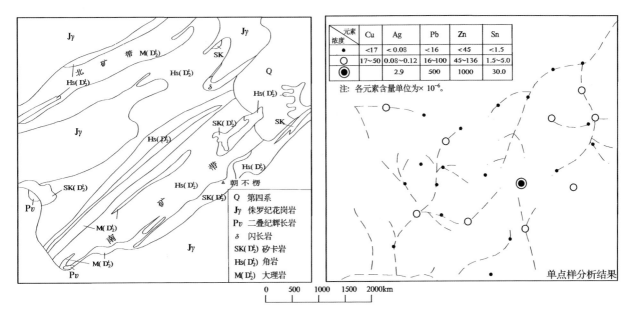

图 5-163　朝不楞铁锡多金属矿矿区地质化探图

5. 大井子式花岗岩型锡矿地质地球化学特征

(1)大井子为燕山早期次火山热液裂隙充填型锡矿床,位于天山-兴蒙造山系,大兴安岭弧盆系,锡林浩特岩浆弧,突泉-翁牛特铅、锌、银、铁、锡、稀土Ⅲ级成矿带上。区域构造位置为兴蒙华力西期地槽褶皱区系,南兴安华力西晚期地槽褶皱带中部的林西-科右中旗复背斜。矿区内断裂、节理、裂隙发育,北西向和北西西向断裂为主要的容矿构造,直接控制了矿体的赋存部位及其规模、形态、产状。次火山活动对成矿起着重要的、直接的控制作用,矿区内与成矿关系密切的为燕山早期基性—酸性次火山岩脉,主要岩性为安山玢岩、英安玢岩脉等。矿体对地层无选择性,地层对成矿有间接控制作用。

(2)矿区内形成热液类元素的高背景带,高背景带上存在以 Sn、Cu、Ag、Pb、Zn、Cd、As、Sb、Hg、W、Mo、Bi 为主的多元素组合异常,其中 Sn 为主成矿元素,该元素组合反映了矿床矿体的矿物成分以及矿物所携带的物质组分(图 5-164)。Sn、Cu、Ag、Pb、Zn、Cd、As、Sb、Hg 异常规模大,呈面状分布,强度高,形成明显的浓集中心和浓度分带,其中 Sn、Cu、As、Sb、Hg 异常呈二级浓度分带,Ag、Pb、Zn、Cd 达三级,各元素浓集中心空间套合性好,与矿床所在位置吻合程度高。矿区内异常受北东向断裂构造控制,浓集中心多沿北东方向展布。

整体上来看,元素分布表现出较明显的水平分带现象,内带元素组合为 Sn、W、Mo、Bi、Cu、Ag、Pb、Zn、Cd、As、Sb,外带为 Sn、Ag、Pb、Cu、Cd、As,边缘带元素为 Zn、Sb、Hg,即 Zn、Sb、Hg(前缘元素)→Sn、Ag、Pb、Cu(矿体元素)→W、Mo、Bi(尾晕元素)过渡,这与典型的热液矿床元素分带特征相一致。

此外,Hg 异常除在矿区显示外,矿区的南部还存在明显的浓集中心,从北到南异常分布范围增大,强度增高,平均含量达 600×10^{-9},最高达 1540×10^{-9}。从图 5-165 可见,Hg 与充填于断裂空间的脉状矿体关系密切,这为利用 Hg 异常寻找盲矿体,寻找新的成矿地段提供了依据。

(二)典型矿床地质-地球化学找矿模型的建立

综合以上典型矿床研究成果,化探课题组按成因类型将本区锡矿分为两种,一种为以毛登铜锡多金属矿为代表的热液型矿床,另外一种为以黄岗特大型铁锡多金属矿为代表的矽卡岩类矿床,其地质-地球化学找矿模型特征见表 5-26,下面对其地质、地球物理、地球化学特征及找矿标志进行详细介绍。

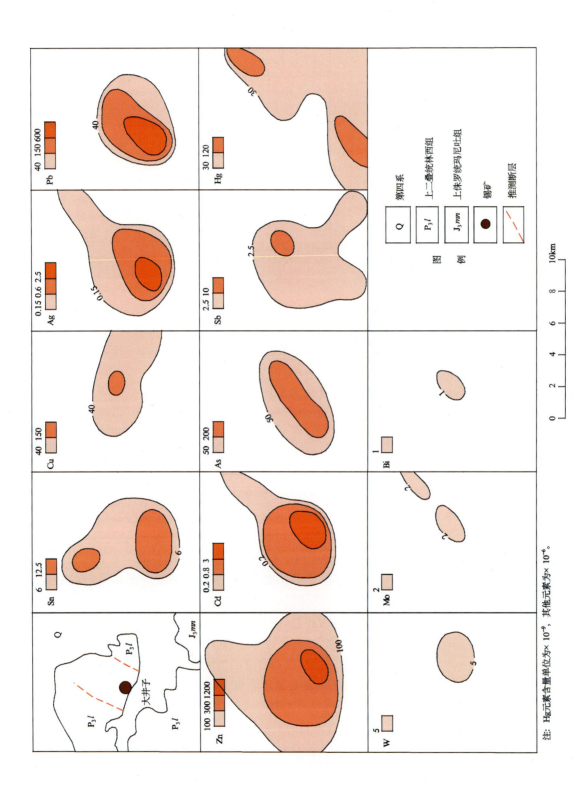

图 5-164 大井子锡矿地球化学综合异常剖析图

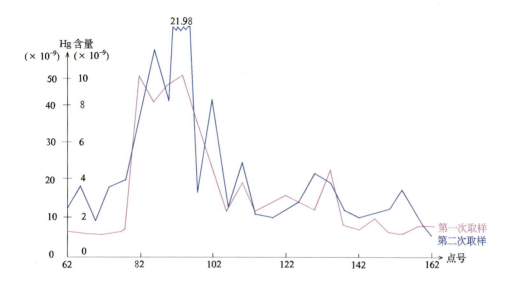
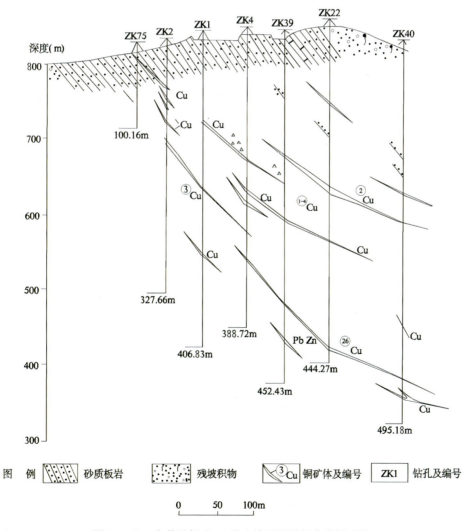

图 5-165　大井子锡矿 46 线土壤汞量测量曲线剖面图

表 5-26　内蒙古自治区部分锡典型矿床地质-地球化学找矿模型一览表

矿床类型	地质背景	矿床特征	区域地球化学异常特征	矿田(矿床)异常特征	典型矿床
热液型	(1)位于大兴安岭西坡中南段奚泉-翁牛特铝、锌、银、铁、锡、稀土成矿带内。(2)大地构造隶属于天山-兴蒙造山系大兴安岭构造弧盆系、三级构造单元为锡林浩特岩浆弧。(3)区内北西-南东向的断裂构造是主要的导矿、控矿构造。(4)阿鲁包格山似斑状花岗岩体边缘相花岗斑岩是主要的矿源层	(1)云英岩化、硅化、绿泥石化、电气石化、赤铁矿化、褐铁矿化等热液蚀变是本区寻找锡多金属矿的直接找矿标志。矿石矿物主要有锡石、黄锡矿、黄铜矿、斑铜矿、辉铜矿、方铅矿、黄铁矿、褐铁矿、孔雀石等。次生矿物有石英、萤石、绿泥石、方解石。脉石矿物有石英、萤石、少量的白云母等	(1)主要围岩为早二叠世火山沉积岩建造,该套地层富集Sn、As、Pb、Ag,在一定程度上为中生代热液成矿提供了成矿物质组分。(2)矿石的工业类型为原生硫化锡矿石、自然类型为原生锡多金属矿石。(3)区域地球化学上分布有Sn、Bi、Ag、Zn、As、Sb等元素组成的高背景区(带)	(1)矿区内异常元素组合齐全、Sn、Cu、Ag、Pb、Zn为主成矿元素,W、Mo、Bi、As、Sb为伴生元素,异常多呈近东西向展布。(2)Sn、Ag异常规模大,在二叠系出露区均有分布,Pb、Zn、Cu、W、Mo、Bi、Sn、Ag、Pb、Zn规模较小,强度高,显示了以Cu、W、Mo、Bi、As、Sb为主的边缘带的水平分带特征	毛登型热液锡多金属矿
矽卡岩型	(1)位于大兴安岭西坡中南段奚泉-翁牛特铝、锌、银、铁、锡、稀土成矿带内。(2)大地构造隶属于天山-兴蒙造山系大兴安岭构造弧盆系、三级构造单元为锡林浩特岩浆弧。(3)北东向的一组压扭性为主兼扭性断裂及其所形成的层间裂隙是控矿的有利部位。(4)富含碱质及挥发组分的钾长花岗岩及期后气液水溶液交代了围岩中有益成分在有利部位是锡矿富集成矿	(1)区内矽卡岩化强烈、钠长石化广泛、角岩化普遍,其次有绿帘石化、绿泥石化、蛇纹石化、萤石化、碳酸盐化、硅化等多种蚀变。(2)主要矿物有锡石、黄铜矿、闪锌矿等,次为毒砂、黄铁矿、萤石等。(3)地表云英岩化、硅卡岩化是锡矿富集的有利地段	(1)矿区蚀变岩石中,锡、铅、锌等10种元素含量远远高于非蚀变岩石,说明围岩蚀变是元素富集的主要标志。(2)矿石均属需选矿石,进一步分为磁铁矿矿石、铁锡矿矿石和含锡矽卡岩矿石。(3)区域上分布有Sn、Fe_2O_3、Ag、Zn、As、Sb等元素组成的高背景区(带)	(1)矿区上存在以Sn、W、Mo、F元素为主成矿元素,Sn、W、Mo、Bi、Zn、Cd、As、Sb、Fe_2O_3、Mn、Pb、Zn、Cu、Cd、As、Sb、Fe_2O_3、Mn、Cr、Ni、Ti、V、CaO、F为主的多元素组合异常,沿矿带呈北东向展布。(2)Fe_2O_3、Sn异常成矿元素Sn、W、Mo、Bi、F元素异常规模较大、强度较高,具有明显的浓度分带;Sn、Mo、Ag、Pb、Cu、Fe_2O_3、Cr、Ni、Ti、V、CaO等与矿化地段在空间上相吻合,其Zn、Sb、Mn、F等元素在矿化区的外围,尤其是北部亦有较好的显示	黄岗矽卡岩型铁锡多金属矿

1. 毛登铜锡多金属矿地质-地球化学找矿模型

1）地质特征

（1）毛登铜锡多金属矿床位于内蒙古中部地槽褶皱系西乌珠穆沁旗华力西期地槽褶皱带，大兴安岭西坡中南段突泉-翁牛特铅、锌、银、铁、锡、稀土成矿带内，是我区锡矿床的主产地。其大地构造隶属于天山-兴蒙造山系，大兴安岭弧盆系，三级构造单元为锡林浩特岩浆弧。

（2）区域上出露地层主要有二叠系大石寨组、哲斯组，侏罗系红旗组，下白垩统梅勒图组。锡矿主要赋存于大石寨组上碎屑岩段，呈深灰色、黑色易碎岩石，下部为含碳质变质粉砂岩、粉砂岩夹细—粗砂岩，少量的泥岩级碳质板岩等，以浅海潟湖相沉积为主，上部灰绿色岩屑晶屑凝灰岩、安山岩、砂砾岩、凝灰质粉砂岩及粉砂质板岩夹砂岩灰岩薄层，以陆相沉积为主。

矿区内除分布较广的第四系及东部的花岗斑岩外，出露的岩石主要为杂砾岩、变质粉砂岩及少量的流纹岩；钻孔工作成果显示，在矿区南、西、北3个方向的第四系覆盖层下赋存有部分碎屑岩。其中杂砾岩和变质粉砂岩同属脆性岩石，节理、裂隙十分发育，是重要的赋矿层位。

（3）矿区地质构造完全受穹隆构造的制约，矿区内构造简单，以褶皱构造和断裂构造为主。区内地层由于受北东侧岩体侵入上拱作用而向南西倾斜，在区内总体呈南缓北陡的单斜构造。矿区内断裂构造发育，发育有数条受构造控制的规模不等的硅化带，总体走向120°左右，倾向西南，长数十米至数百米，宽1~4m，延伸较小，岩性主要以硅化粉砂岩为主，硅化、绢英岩化蚀变较强。该硅化带与区内多金属成矿关系密切，所以区内北西-南东向的断裂构造是主要的导矿、控矿构造。区内层间裂隙构造发育，多充填断层泥和硫化物脉，是成矿的有利部位，是重要的容矿构造。

（4）矿区内岩浆岩出露面积较大，分布在矿区中西部和北部，形成于燕山早期，岩性为阿鲁包格山似斑状花岗岩体边缘相花岗斑岩。岩浆岩与内生矿产有密切的依存关系。燕山期频繁的岩浆活动，为成矿提供了热动力学条件，同时也是成矿物质的供给者。不同期次的岩浆岩及其岩石组合，伴生不同的矿床成矿系列，形成不同的矿床类型。花岗斑岩的Sn最高可达168×10^{-6}，是主要的矿源层。

（5）区内砂砾岩、粉砂岩级含碳质变质粉砂岩既是花岗斑岩的围岩也是矿体的直接围岩。受岩浆热变质作用呈现了长英质角岩化，受岩浆期后的气液作用形成了云英岩化、硅化、绿泥石化、电气石化、赤铁矿化、褐铁矿化等热液蚀变。各种围岩蚀变是本区寻找锡多金属矿的直接找矿标志。

（6）矿石矿物主要有锡石、黄锡矿、黄铜矿、方铅矿、闪锌矿、黄铁矿、斑铜矿、辉铜矿等，次生矿物有褐铁矿、孔雀石等；脉石矿物有石英，少量的白云母、萤石、绿泥石、方解石等。矿石结构有自形—半自形晶粒结构、他形粒状结构、填隙结构、反应边结构和交代残余结构、压碎碎裂结构；构造有充填脉状构造、浸染状构造、晶簇状构造、块状构造和蜂窝状构造等。

2）地球化学特征

（1）毛登铜锡矿的主要围岩为早二叠世火山沉积岩建造，该套地层富集Sn、Pb、Ag，在一定程度上为中生代活化成矿提供了金属组分。阿鲁包格山似斑状花岗岩体边缘相花岗斑岩与毛登铜锡矿床关系密切，为其成矿提供了物质来源，与矿区其他岩石相比，该岩体具有较高的Sn、W、Zn、Cu含量，而且接触带之花岗斑岩的成矿元素含量显著增高。

（2）区域上分布有Sn、Ag、Zn、As等元素组成的高背景区（带）。

（3）图5-166显示，矿区内异常元素组合齐全，为热液型矿床的典型异常组合，Sn、Cu、Ag、Pb、Zn、W、Mo、Bi、As、Cd、F、U等均有较好的异常显示。Sn、Cu、Ag、Pb、Zn为主要的成矿元素，W、Mo、Bi、As、Sb为共伴生元素。异常总体上多呈近东西向展布，这与矿区周围极其发育的断裂构造和裂隙构造有关。

各元素异常都具有较高的异常强度，浓度分带均达到了三级，异常区Sn元素平均含量为57.84×10^{-6}，Cu为48.45×10^{-6}，Ag为1979.69×10^{-9}，Pb为111.58×10^{-6}，Zn为541.99×10^{-6}，W为$4.4\times$

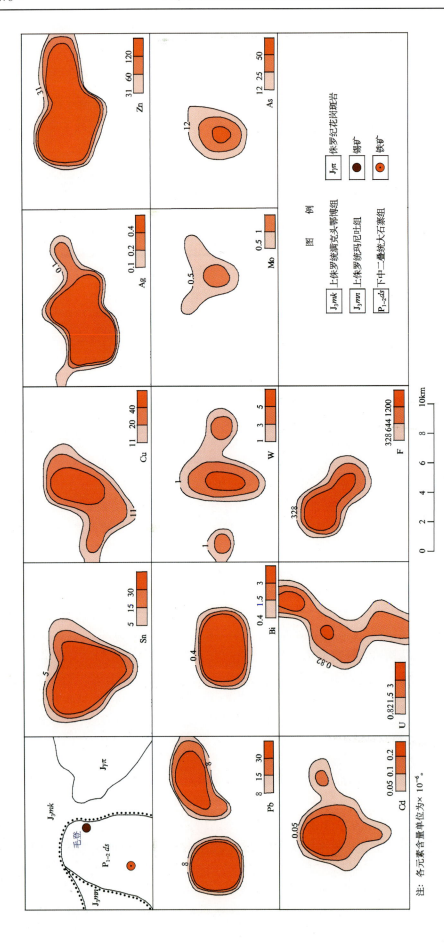

图 5-166 毛登铜锡矿地球化学综合异常剖析图

10^{-6}，Bi 为 5.75×10^{-6}，As 为 24.79×10^{-6}，Cd 为 287.25×10^{-9}，F 为 849.25×10^{-6}，Mo、U 异常较弱。

矿区所在区域 Sn、Cu、Ag、Pb、Zn、Bi、Cd、F 异常规模较大,在二叠系、侏罗系出露区均有分布,W、Mo、As、U 异常规模较小,仅在矿区所在位置附近形成较明显的浓集中心。

有异常显示的元素均具有明显的浓集中心,且与矿床位置基本吻合。从平面上来看,Sn、Cu、Pb、W、Bi、As、Cd 处于内带,Zn、Mo、U 等元素异常处于外围,各元素异常套合非常好。

(4)图 5-167 为 Au、Ag、Cu、Pb、Zn、Sn、As、Sb、Bi、Ni、Co、Cr、Mn、Mo 14 个元素的垂直原生晕成晕模式图。从图中可以看出,除 Au、Cr 外,其他元素均具有明显的浓度分带;Sn、Cu、Ag、Pb、Zn、As、Sb、Bi 等元素异常分布形态受矿体控制,各异常的内带基本反映矿体赋存位置;元素异常在垂向上具有明显的分带性,Sn、Cu、Ag、Zn、Bi、As 异常发育于矿体中部,Pb、Mn、Mo、Ni 异常发育于矿体的下部,Sb、Cr、Co 异常发育较连续,Au 异常连续性较差。

3)地质-地球化学找矿模型

毛登铜锡矿是我区典型的热液型多金属矿,属内生成因高-中温热液裂隙充填矿床,矿体主要赋存于二叠系大石寨组粉砂岩、含碳变质粉砂岩中,该地层控制了多金属矿化和含矿蚀变带的分布,在地表也出现了明显的锡铜矿化,研究该地区多元素地球化学、地球化学异常特征与成矿地质环境之间的关系、异常元素与矿体的内在联系等规律,为在区内寻找同类型矿床具有一定的指导意义。

如图 5-168 所示,在侏罗纪晚期(燕山早期)形成的花岗斑岩,是 Sn、Cu(Pb、Zn、Ag)等成矿物质来源的主体;矿体的主要赋矿围岩为早二叠世火山沉积岩建造,岩性为砂砾岩、粉砂岩级含碳质变质粉砂岩,该套地层富集 Sn、As、Pb、Ag,在一定程度上也为中生代活化成矿提供了金属组分。

岩浆水流体上升与大气降水混合,导致了流体最基本的演化趋势:酸性岩浆从深部岩体(东)向远接触带(西)浅部运移。运移过程中格子状断裂构造和不整合面为岩浆热液创造了导矿条件,围岩中的砂、砾岩孔隙度大,性脆,裂隙发育,是热液脉型锡铜矿床最理想的发育位置,从而在斑岩与较有利的成矿围岩边缘发生蚀变并富集成矿。矿体周围表现出明显的蚀变分带性,从矿体到花岗斑岩体依次形成青磐岩化、云英岩化、绢英岩化和钾硅酸岩化等热液蚀变,这些是本区寻找锡多金属矿的直接找矿标志。

矿体上方的地表形成强烈的地球化学晕,具有明显的分带性,其中 Sn、Cu、Au、Ag、Pb、Zn 为内带,Mo、Mn 为内带尾晕显示(较弱),As、Sb、Bi 为外带。因此,Sn、Cu、Pb、Zn、Ag、Au 为矿体的近矿指示元素,As、Sb、Bi 为远程指示元素,这些元素的组合异常是锡矿床的显著指示标志。

2. 黄岗铁锡多金属矿地质-地球化学找矿模型

1)地质特征

(1)黄岗铁锡多金属矿床位于大兴安岭南段晚古生代增生造山带,突泉-翁牛特铅、锌、银、铁、锡、稀土成矿带内,该区是自治区锡矿床的主产地。其大地构造隶属于天山-兴蒙造山系,大兴安岭弧盆系,三级构造单元为锡林浩特岩浆弧。

(2)区域上出露地层主要有二叠系寿山沟组、大石寨组、哲斯组、林西组,侏罗系新民组、玛尼吐组、白音高老组。1:5 万地质资料显示,矿区出露地层为二叠系大石寨组和哲斯组,大石寨组岩性主要为蚀变安山岩,哲斯组岩性主要为大理岩、凝灰质砂岩夹凝灰质砾岩。哲斯组为矿区内成矿有利围岩,矽卡岩型铁、锡矿多产于大理岩与燕山期侵入岩的矽卡岩蚀变带中。

(3)矿区总体构造线呈北东向,褶皱构造显示为北西倾的单斜构造,北东向断裂构造发育,且有多期次活动特征,控制着区内矽卡岩带、锡矿体及磁铁矿体的分布。矿区内北西向断层发育程度不高,规模较小,但矿区内存在一条隐伏断层破碎带,断层性质不明,断层破碎带横截矽卡岩蚀变带。此外矿区可见一些北东向成矿期后裂隙构造,表现为北东向张性裂隙,规模较小,对矿体影响不大。

(4)区内出露岩浆岩有侏罗纪花岗岩及晚期侵入脉岩,花岗岩为中-粗粒似斑状黑云母正长花岗岩及中-细粒似斑状黑云母正长花岗岩,二者为渐变过渡关系,远离围岩接触带粒度变粗,岩体与地层接

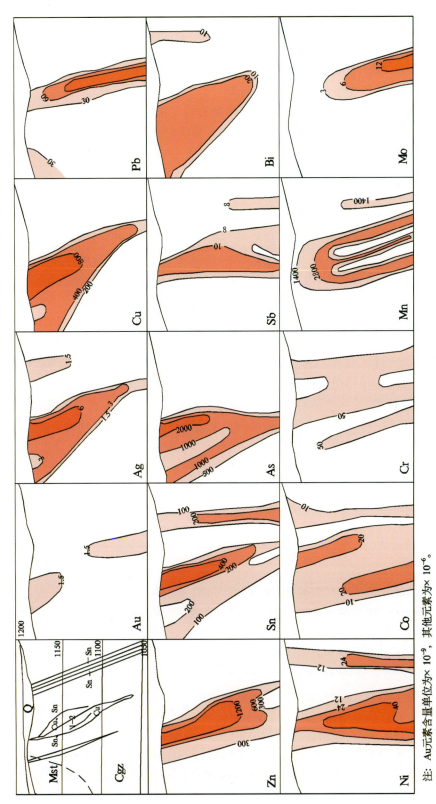

图 5-167 毛登铜锡矿 I-2 矿体原生晕垂直模式分布图(TC44)

注: Au 元素含量单位为× 10^{-9}, 其他元素为× 10^{-6}。

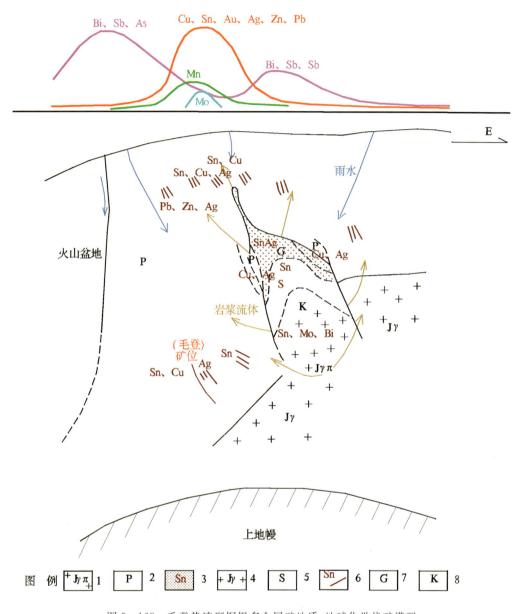

图 5-168 毛登热液型铜锡多金属矿地质-地球化学找矿模型

1. 侏罗纪花岗斑岩；2. 青磐岩化；3. 斑岩型、细脉浸染型矿体；4. 侏罗纪花岗岩；5. 绢英岩化；6. 脉状矿体；
7. 云英岩化；8. 钾硅酸岩化

触界面北东倾，内接触带有云英岩化、硅化、萤石化等蚀变，侵位时代为燕山早期。脉岩主要为霏细钠长斑岩，呈北东向脉状产出，侵入哲斯组。

(5) 区内围岩蚀变发育，矽卡岩化强烈，钠长石化广泛，角岩化普遍，存在绿帘石化、绿泥石化、硅化、萤石化、碳酸盐化、蛇纹石化等多种蚀变。

(6) 矿区已发现细脉带型锡矿脉3条，矿脉由含锡石-石英细脉和含锡石-石英、长石细脉及脉间矿化围岩构成。1号矿体为主矿体，矿体产在岩体与地层接触带上的矽卡岩带，矿体呈透镜状产出。

(7) 主要矿石矿物有锡石、磁铁矿、赤铁矿，其次为毒砂、黄铜矿、辉铜矿、斑铜矿、方铅矿、闪锌矿、辉钼矿、白钨矿等；自然类型有硅酸盐-磁铁矿矿石、锡石-硅酸盐磁铁矿矿石、白钨矿-锡石-硅酸盐磁铁矿矿石、硫化物-锡石-硅酸盐磁铁矿矿石、锡石-锡酸矿硫酸盐矿石、硫化物矿石6种，此外尚有少数未构成单独工业矿体的矿石,如锡石-萤石磁铁矿矿石、锡石-碳酸盐磁铁矿矿石。矿石结构有他形—半自形粒状结构、他形晶粒状结构、细脉填充结构、交代残余结构、乳滴状结构、斑状角砾结构;矿石构造有块状构造、条带状构造、浸染状构造、细脉状构造、窝状构造、土状构造 6 种类型。

2)地球化学特征

(1)古生界二叠系为该区主要赋矿地层,区域统计结果显示,二叠系,特别是大石寨组、林西组 Sn、Ag、Pb、Zn 等成矿元素的浓集系数最大,Sn、Ag 绝大多数大于 2,Pb、Zn 在 1~2 之间,而且在该地层 Ag、Pb、Zn 均具有强分异能力,是有利的成矿地层。

(2)区域上分布有 Sn、Fe_2O_3、Ag、Zn、As、Sb 等元素组成的高背景区(带)。

(3)如图 5-169 所示,矿区上地球化学异常元素组合复杂,钨钼族、亲铜族、铁族、岩浆射气及造岩元素均有较好的异常反映,存在以 Sn、W、Mo、Bi、Ag、Pb、Zn、Cu、Cd、As、Sb、Fe_2O_3、Mn、Cr、Ni、Ti、V、CaO、F 为主的多元素组合异常。Sn、Fe_2O_3、Ag、Pb、Zn、Cu 为该区主要的成矿元素,其他作为主要的共伴生元素存在。

(4)多元素组合异常带上,Sn、W、Mo、Bi、Zn、Cd、As、Sb、Mn、F 元素异常规模较大,且除 Mo、Mn 异常浓度分带呈二级以外,其他元素均呈三级浓度分带;Fe_2O_3、Cr、Ni、Ti、V、Cu、Ag、Pb、CaO 等元素异常面积相对较小,但 Fe_2O_3、Cu、Ag、Pb、CaO 异常均形成了明显的浓度中心,异常强度达二级到三级,Cr、Ni、Ti、V 异常强度则较弱。

(5)从异常分布特征来看,Sn、W、Bi、Fe_2O_3、Mn、Ti、V、Zn、Sb、F、CaO 等元素呈北东向带状分布,与矿带的延伸方向一致。

(6)Sn、Mo、Ag、Pb、Cu、Fe_2O_3、Cr、Ni、Ti、V、CaO 等异常主要分布在中部,与矿化地段在空间上相吻合,而 Sn、W、Bi、Zn、Sb、Mn、F 等元素分布面积较大,除与矿化地段相对应外,在矿化区的外围,尤其是北部亦有较好的显示,展现了元素的分带性。

3)地质-地球化学找矿模型

黄岗铁锡矿是我区典型的矽卡岩型多金属矿,属岩浆期后矿床,矿区地表大部分被第四系覆盖,早二叠世地层是本区锡元素成矿的重要基底,研究该区域多元素地球化学、地球化学异常特征与成矿地质环境之间的关系、异常元素与矿体的内在联系等规律,对在区内寻找同类型矿床具有一定的指导意义。

黄岗铁锡矿的形成受 3 个因素的影响:一是受含矿层位的控制,即二叠系大石寨组安山岩与哲斯组大理岩为成矿提供了良好的容矿层位;二是多期次的构造运动,为成矿提供了有利时机、良好通道和孕矿部位;三是富含碱质和挥发组分的钾长花岗岩侵入体及岩浆期后气水热液对围岩进行交代,使成矿物质活化转移于有利部位得以富集成矿,而且花岗岩同火山岩系一样均为锡矿的重要物质来源。

矽卡岩型锡矿的形成与围岩交代蚀变作用关系密切,矽卡岩形成前由于花岗岩的侵入,使下二叠统火山-沉积岩系发生接触变质作用,火山熔岩及碎屑岩出现角岩化,碳酸盐岩出现大理岩化(如图 5-170);矽卡岩形成时期,随着岩浆后期的脉动,为成矿提供了多期次的含矿热液,伴随矿体的大量产出;岩浆期后,富含各种金属元素的气水热液使冷凝的岩石发生自变质作用,围岩出现角闪石化、绿帘石化和黑云母化等多种蚀变现象,硫化物形成阶段的热液交代作用造成的蚀变有萤石化、绿泥石化、硅化和碳酸盐化,矿体进一步富集。

总体来说,锡矿的形成与中酸性花岗岩浆活动有关,大石寨组、哲斯组与花岗岩接触带上形成的矽卡岩化蚀变带,是寻找类似矿床的关键部位。

矿体上方形成明显的地球化学异常,且具有明显的分带性,其中 Sn、W、Bi、F、Fe_2O_3、Cr、Ni、Ti、V、CaO 异常为内带,钨钼族及射气元素异常强度较高,铁族及造岩元素异常相对较弱;Mo、Ag、Pb、Cu 为内带尾晕显示,异常强度不高;Zn、Cd、As、Sb、Mn 为外带组合。因此,Sn、W、Bi、F、Fe_2O_3、Cr、Ni、Ti、V、CaO 为直接指示元素,Zn、Cd、As、Sb、Mn 为间接指示元素,这些元素异常组合出现,是寻找该类矿床的显著地球化学标志。

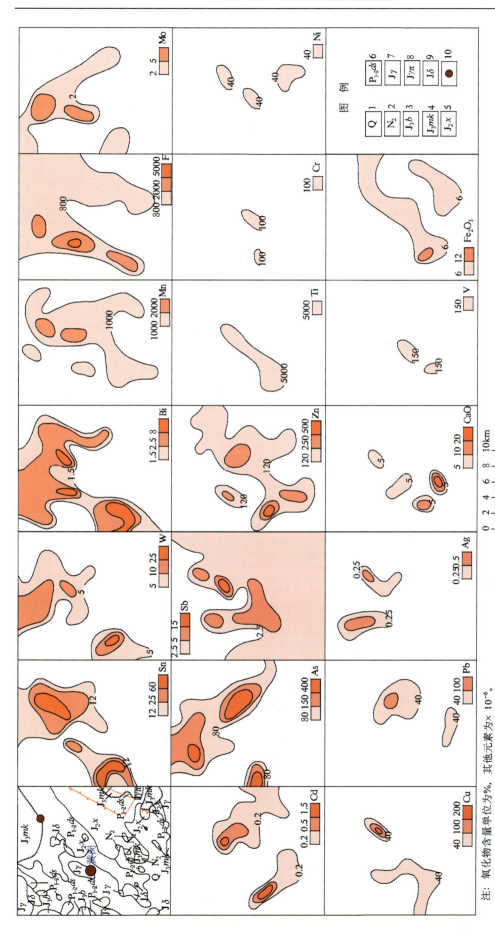

图 5-169 黄岗铁锡矿地球化学综合异常剖析图

1. 第四系；2. 新近系上新统；3. 上侏罗统白音高老组；4. 上侏罗统满克头鄂博组；5. 中侏罗统新民组；6. 下中二叠统大石寨组；7. 侏罗纪花岗岩；8. 侏罗纪花岗斑岩；9. 侏罗纪花岗闪长岩；10. 锡矿

注：氧化物含量单位为%，其他元素为×10⁻⁶

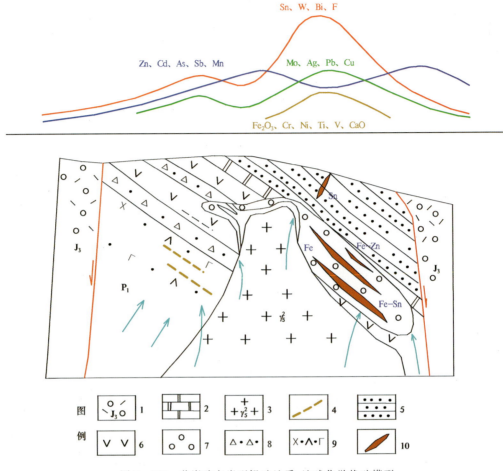

图 5-170 黄岗矽卡岩型锡矿地质-地球化学找矿模型

1. 晚侏罗世断陷盆地中火山岩;2. 大理岩;3. 燕山早期花岗岩;4. 早二叠世火山喷发沉积贫铁矿层;5. 砂岩;
6. 安山岩;7. 矽卡岩;8. 火山碎屑岩;9. 细碧角斑岩;10. 锡、铁锡多金属矿体

十、镍矿

内蒙古镍矿矿床类型以岩浆型铜镍硫化物矿床为主,岩浆型铜镍硫化物矿床是赋存镍、铜及铂族元素的重要矿床,因此,镍矿的主要共伴生元素有镍、铜、钴、铬、铁。镍矿的形成与镁铁质基性、超基性岩有着密切的关系,通常延伸很远,规模巨大的深断裂是控制镍矿成矿成岩的主要因素。

(一)典型矿床地质地球化学特征

本次工作化探课题组对成矿规律组选取的 4 个典型镍矿床(表 5-27)的地质、地球化学特征进行了详细研究,总结出镍矿床的成矿规律及典型的地球化学特征,编制了矿床所在区域的地球化学综合异常剖析图,为将来地质-地球化学模型的建立奠定了基础。

表 5-27 内蒙古自治区内矿典型矿床一览表

矿床成因类型	典型矿床名称	规模	矿种类型
岩浆型	亚干	大型	Ni、Co、Cu
	达布逊	中型	Ni、Co
	小南山	中型	Ni、Co、Cu
	哈拉图庙	小型	Ni、Cu

1. 达布逊式侵入岩型镍矿地质地球化学特征

达布逊镍矿位于哈能地区,大地构造位置属于天山-兴蒙造山系,包尔汉图-温都尔庙弧盆系,宝音图岩浆弧。该区构造发育,岩浆活动强烈,华力西期超基性侵入岩分布较广,为镍矿床的主要赋矿围岩。达布逊镍矿区异常元素主要有 Ni、Cu、Co、Cr、Fe_2O_3、Mn,并伴有 W、Sn、Bi、As、Sb、Au、Zr、B、F、V 等元素异常。Ni-Cu-Co-Cr-Fe_2O_3-Mn 元素组合为镍矿的特征元素组合。该矿床地质地球化学特征均具有很强的代表性,因此将其选为自治区岩浆型镍矿的代表性矿床,建立了地质-地球化学模型(详见本节下文),在此不再对其进行讨论。

2. 小南山式侵入岩型铜镍矿地质地球化学特征

(1)小南山铜镍矿位于内蒙古乌兰察布市四子王旗地区。大地构造位置属华北陆块区狼山-阴山陆块之狼山-白云鄂博裂谷及天山-兴蒙造山系包尔汉图-温都尔庙弧盆系温都尔俯冲增生杂岩带的接触部位。矿区出露地层比较简单,主要为中元古界白云鄂博群。区内构造发育,岩浆活动强烈,基性岩分布广泛,主要为华力西中、晚期基性岩,是该区铜镍矿床的主要成矿母岩。

(2)小南山式侵入岩型铜镍矿矿区周围主要存在 Ni、Cu、Cr、Fe_2O_3、Mn、V、As、Sb、Bi 等元素异常(图 5-171),Ni、Cu 为主成矿元素,异常形态为不规则状。Cu、Mn、As、Sb、Bi 作为主成矿元素或主要的共伴生元素异常强度较高,为二级浓度分带,其余均为一级浓度分带。元素异常形态为不规则状,大致呈北东向展布。

3. 亚干式侵入岩型镍矿地质地球化学特征

(1)亚干式侵入岩体型镍矿隶属于内蒙古自治区阿拉善左旗。大地构造单元属于天山-兴蒙造山系,额济纳旗-北山弧盆系红石山裂谷。矿区岩浆活动强烈,主要有新元古代辉长岩、橄榄辉石岩,呈岩株或岩脉产出,受构造控制,多呈北西西向展布。辉长岩是该区镍矿的主要赋矿岩石。

(2)矿区周围存在 Ni、Cu、Cr、Fe_2O_3、Co、Mn 等多元素异常,Ni、Cu 为主成矿元素,Cr、Fe_2O_3、Co、Mn 为主要的共伴生元素(图 5-172)。其中 Cr、Mn 元素异常强度较高,为二级浓度分带,具有明显的浓集中心;Ni 异常中等,为一级浓度分带;Fe_2O_3、Co 异常强度一般,为一级浓度分带。异常多为不规则状,呈北西向展布,元素异常套合较好。

4. 哈拉图庙式侵入岩型镍矿地质地球化学特征

(1)哈拉图庙镍矿大地构造位置位于天山-兴蒙造山系,大兴安岭弧盆系,二连-贺根山蛇绿混杂岩带。区内出露地层主要有新近系宝格达乌拉组、古近系始新统伊尔丁曼哈组、二叠系哲斯组、二叠系—石炭系宝力高庙组、石炭系哈拉图庙组、泥盆系泥鳅河组。区内岩浆岩较发育,主要为中生代及古生代的岩体,从超基性岩、基性岩、中性、中酸性、酸性到碱性岩体均有出露。

(2)哈拉图庙式侵入岩型镍矿矿区周围存在 Ni、Cu、Cr、Mn、Hg、Ba、Mo 等元素异常,Ni、Cu 为主成矿元素,Cr、Mn、Hg、Ba、Mo 为主要的共伴生元素(图 5-173)。其中 Hg 元素为三级浓度分带,Ni 元

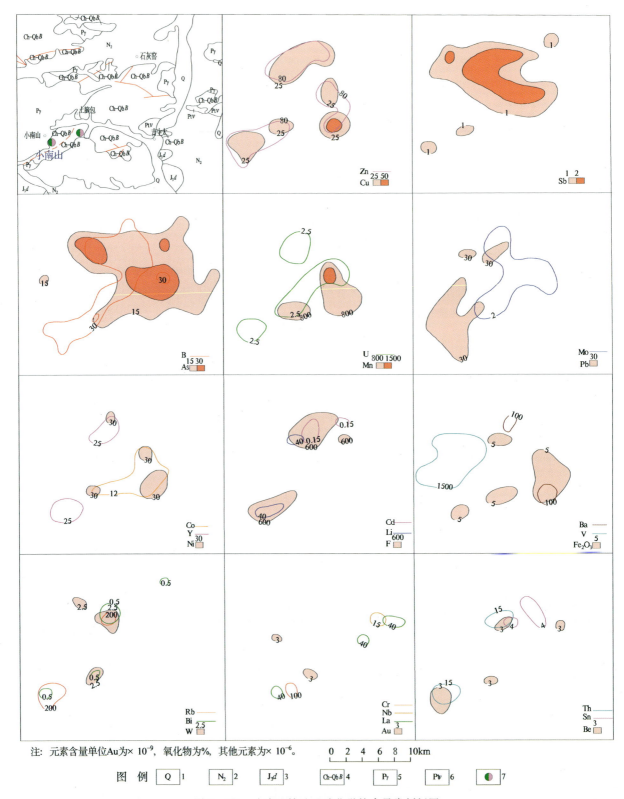

图 5-171 小南山镍矿地球化学综合异常剖析图

1.第四系；2.新近系上新统；3.上侏罗统大青山组；4.长城系—青白口系白云鄂博群；5.二叠纪花岗岩；6.元古宙辉长岩；7.铜镍矿

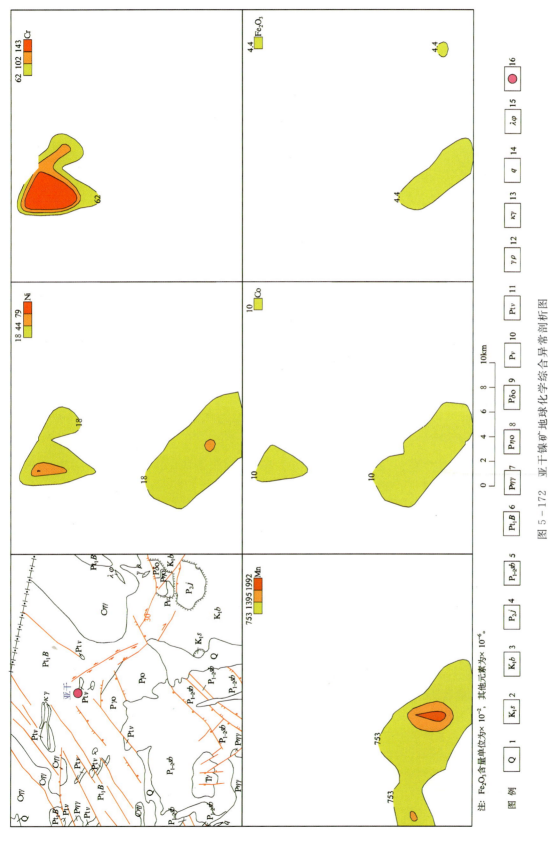

图 5-172 亚干镍矿地球化学综合异常剖析图

1. 第四系；2. 下白垩统苏红图组；3. 下白垩统巴音戈壁组；4. 中二叠统双堡塔组；5. 中二叠统巴音戈壁组；6. 古元古界北山群；7. 二叠纪二长花岗岩；8. 二叠纪石英二长岩；9. 二叠纪石英闪长岩；10. 二叠纪辉长岩；11. 元古宙辉长岩；12. 花岗伟晶岩脉；13. 钾长花岗岩脉；14. 石英钠长斑岩脉；15. 石英脉；16. 镍矿

素为二级浓度分带,其余均为一级浓度分带。Ni、Cr、Mo 元素异常为圆形分布,其余均为不规则状分布。

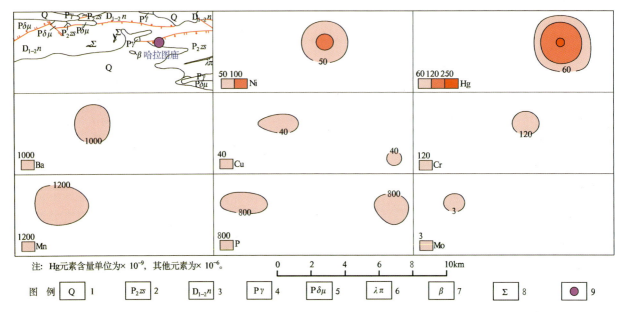

图 5-173 哈拉图庙镍矿综合异常剖析图

1. 第四系;2. 中二叠统哲斯组;3. 下中泥盆统泥鳅河组;4. 二叠纪花岗岩;5. 二叠纪闪长玢岩;6. 流纹斑岩脉;7. 玄武岩;8. 超基性岩;9. 镍矿

(二)典型矿床地质-地球化学找矿模型的建立

综合以上典型矿床的研究(表 5-28),因达布逊镍矿地质地球化学特征具有明显的代表性,此次选取达布逊镍矿作为典型矿床,建立了镍矿地质-地球化学找矿模型。下面重点介绍达布逊镍矿床的地质-地球化学找矿模型。

1. 地质特征

(1)构造:本区大地构造位置属于天山内蒙古地槽褶皱系(Ⅰ级),内蒙古兴安地槽褶皱带(亚Ⅰ级),华力西晚期褶皱带(Ⅱ级构造单元)乌力吉吐-哈达呼舒复背斜(Ⅲ4),乌力吉吐褶皱束(Ⅳ5),南与华北陆块,东与宝音图隆起毗邻,属陆缘增生带。

(2)地层:本区出露的地层比较简单,主要有下中奥陶统包尔汉图群和上白垩统乌兰苏海组。奥陶系包尔汉图群在区内分布比较广泛,岩性主要为板岩、泥岩、安山玢岩夹大理岩。白垩系主要分布在区内北部和南部地区,岩性主要为泥岩、砂岩、砂砾岩。

(3)岩浆岩:区内构造运动强烈,岩浆活动频繁。主要有华力西中、晚期较大规模的侵入活动。其中华力西中期侵入岩体较为发育,其特征是规模大,分布广,由超基性岩、基性岩及酸性岩组成。本区主要以超基性岩为主,超基性岩是该区镍矿的主要赋矿围岩,有的岩体本身就是含矿体。

(4)蚀变:区内蚀变作用强烈,围岩蚀变主要为蛇纹石化、碳酸盐化、硅化等。

(5)矿石特征:主要矿物成分有橄榄石、辉石等。矿石矿物主要为硅酸镍,其次为硫化镍、黄铁矿、非金属矿物。

(6)矿石结构构造:矿石为半自形—他形细粒结构;矿石构造有层状(似层状)构造、细脉浸染状构造、浸染状构造。

(7)矿床成因及成矿时代:矿床成因类型为岩浆熔离型,成矿时代为华力西中期。

表 5-28 内蒙古自治区部分镍典型矿床地质-地球化学找矿模型一览表

矿床类型	地质背景	矿床特征	区域地球化学异常特征	矿田矿床异常特征	典型矿床
岩浆型	(1)本区大地构造位置属天山-兴蒙造山系,额济纳旗-北山裂谷,成矿区带划分属磁海-公婆泉红石山裂谷,成矿区带划分属磁海-公婆泉铁、铜、金、铅、锌、钨、锡、锑、铀、钒、磷成矿带(Ⅲ级)、珠斯楞-乌拉特德铜、铅、金、钨、锡成矿亚带(Ⅳ级)。(2)出露地层有古元古界北山岩群、二叠系双堡塘组,方山口组,下白垩统巴音戈壁组、上白垩统乌兰苏海组,第四系全新统及更新统。(3)侵入岩有新元古代辉长岩、志留纪片麻状二长花岗岩、二叠纪石英闪长岩、英云闪长岩,石英二长岩、黑云母二长花岗岩及中酸性脉岩等	(1)矿区内有铜钴镍矿,镍钴和钴矿体,矿体形态为脉状,具有膨胀收缩,分支复合现象。矿体走向近东西,倾向南,倾角68°~80°,为盲矿体,埋深近百米。(2)矿区围岩蚀变主要有砂卡化、硅化、黄铁矿化、绢云母化、绿泥石化、蛇纹石化。(3)矿石矿物有黄铜矿、镍黄铁矿、磁黄铁矿及孔雀石;脉石矿物有黄铁矿、辉石、斜长石、绢云母、绿泥石	(1)区域上出现铁、镍、钴、钒、钛等铁族元素组合的区域高背景带或异常带,钴、镍等元素为铜、镍有明显的浓度分带。(2)成矿元素常具有良好的浓度分带中心,并有明显的浓度分带	(1)矿区主要指示元素有 Ni、Co、Cu,其次有 Cr、Fe$_2$O$_3$、Mn 及 Pt 族元素。(2)在隐伏矿体上方 Ni、Co、Cu 异常强度不高,无明显的浓度分带和浓集中心。(3)Ni、Co、Cu、Cr、Fe$_2$O$_3$、Mn 异常主要分布在矿体外围,异常大致呈北西向展布	亚干岩浆型镍矿
	(1)本区大地构造位置位于天山-内蒙古-兴安地槽褶皱区(Ⅰ级),内蒙古中部地槽褶皱系(Ⅱ级)、苏尼特左旗华力西早晚期地槽褶皱带(Ⅲ级),中生代构造层属二连断陷。(2)除第四系大面积覆盖外,主要出露的地层古生界下中泥盆统泥鳅河组(D$_{1-2}$n),下石炭统本巴图组(C$_1$bb),中二叠统哲斯组(P$_2$zs)。(3)区域岩浆活动强烈,华力西期侵入的基性-超基性岩为该区主要的成矿母岩	(1)矿区围岩蚀变有蛇纹石化、绿泥石化、透闪石化、碳酸盐化、硅化。(2)与基性、超基性岩体型镍矿有关的岩体型镍矿石是本矿床的主要矿石类型。(3)矿石矿物有磁黄铁矿、黄铁矿、紫硫镍矿、黄铜矿、斑铜矿、方黄铜矿、镍黄铁矿、褐铁矿等	(1)区域上分布有 Ni、Cr、Fe$_2$O$_3$、Co、Mn、V、Ti(带)。(2)在高背景区(带)中有以 Ni、Cr、Fe$_2$O$_3$、Co、Mn 为主的多元素局部异常	(1)矿床主要指示元素有 Ni、Co、Cr,其次有 Cr、Fe$_2$O$_3$、Mn、V、Ti 及 Pt 族元素。(2)Ni、Co、Cr、Fe$_2$O$_3$ 等元素异常均具有近北东向展布的特点。(3)Ni、Cr 异常范围较大,具有明显的浓度分带和浓集中心	哈拉图庙岩浆型镍矿床

(8)典型矿床成矿模式:该矿床为岩浆熔离型矿床,超基性岩体是成矿母岩,矿体是成矿物质在液态状态下从硅酸盐岩浆中分离的结果,硫化物熔浆在岩浆侵位之后分离出来,并因重力作用在岩体下部聚集成富矿体,少部分悬浮于岩体的一定部位成浸染状矿体。岩浆中的成矿物质(金属硫化物熔浆)在液态状态下从硅酸盐岩浆中分离出来,随温度、压力下降到一定的范围,较重的金属硫化物熔浆就会透过较轻的硅酸盐熔浆向下沉降。由于地下温度、压力等外界因素的差异,形成自上至下的不同岩性段空间控矿模型,不同的岩性段含矿性也不同,元素富集程度具有分带现象(图 5-174)。

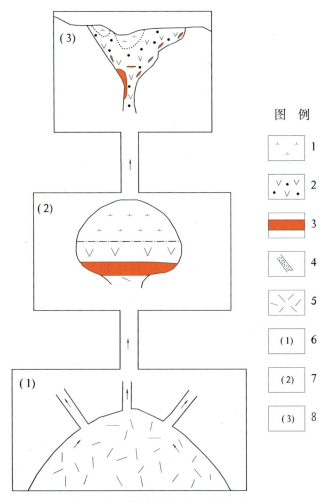

图 5-174 达布逊镍矿成矿模式示意图

1.闪长岩(岩浆与岩石);2.富含金属硫化物的橄榄岩浆(矿体、含矿岩浆);3.硫化物矿浆(矿体);4.矽卡岩矿体;5.地幔部分熔融产生的岩浆;6.地幔岩浆源(含镍);7.中间岩浆库(含矿原始母岩浆发生液态熔离分异作用的地方);8.岩浆房(岩浆、含矿岩浆成岩成矿的场所)

2. 地球化学特征

区域性统计结果显示,在泥盆纪超基性岩和石炭纪超基性岩中,成矿元素 Ni、Cr、Co 含量较高,且分异系数较大。

以 1∶20 万化探数据为基础,总结达布逊岩浆型镍矿床地球化学特征如下:

(1)由 1∶20 万化探异常剖析图可以看出(图 5-175),区域上分布的异常元素以 Ni、Cu、Co 为主,并伴生有 W、Sn、Bi、As、Sb、Au、Zr、B、F、V 等元素异常。

(2) Ni、Cr元素异常为二级浓度分带,异常形态为不规则状,异常套合较好,与矿点位置吻合好。Sb、Bi元素异常范围较大,强度较高,为三级浓度分带,浓度分带和浓集中心特征明显。其余元素异常均为一级浓度分带,呈不规则状分布在矿区外围。Ni、Cr、Co异常形态相似,异常套合较好。

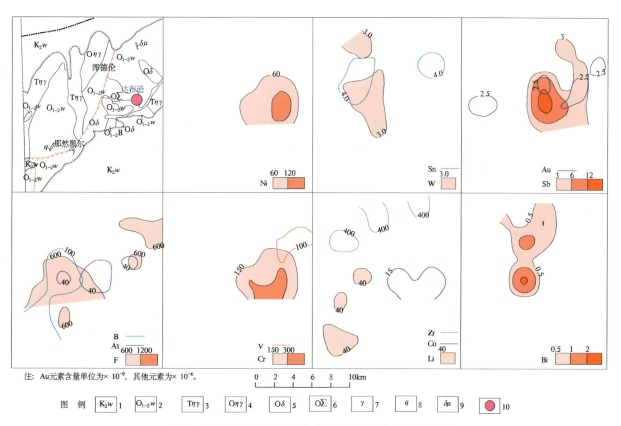

图5-175 达布逊岩浆型镍矿地球化学综合异常剖析图

1.上白垩统乌兰苏海组;2.下中奥陶统乌宾敖包组;3.三叠纪二长花岗岩;4.奥陶纪二长花岗岩;5.奥陶纪闪长岩;6.奥陶纪超基性岩;7.花岗岩脉;8.石英脉;9.闪长玢岩脉;10.镍矿

3. 地质-地球化学找矿模型

达布逊镍矿是自治区境内典型的岩浆型镍矿床,研究其地球化学、地球化学异常特征与成矿地质环境之间的关系、异常元素与矿的内在联系等规律,会为在该预测区内寻找同类型镍矿起到一定的指导作用。达布逊镍矿地质-地球化学找矿模型见图5-176。

达布逊镍矿成矿地质条件主要受大的断裂构造和石炭纪超基性岩体控制,因此其矿体主要赋存在石炭纪超基性岩中,甚至岩体本身就是矿体。异常特征元素组合主要有Ni、Cr、Co、Cu、Fe_2O_3、Mn,其中Ni、Cr、Co元素异常强度较高,异常形态相似,异常套合较好。Cu、Fe_2O_3、Mn元素异常没有Ni、Cr、Co元素异常强度高,且异常范围较Ni、Cr、Co元素异常范围大。

十一、锰矿

内蒙古锰矿资源较少,工作程度较低,目前所发现的矿床多为中小型矿床。锰矿床根据其成因分为沉积型和热液型两种类型,其中沉积型锰矿是其主要的成矿类型。热液型矿床在储量上所占的比重较小。

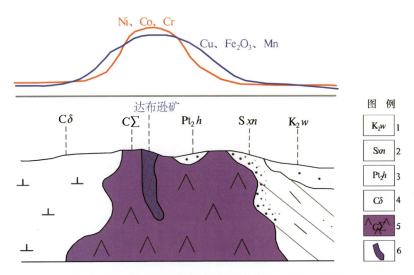

图 5-176 达布逊岩浆型镍矿地质-地球化学找矿模型

1. 上白垩统乌兰苏海组；2. 志留系徐尼乌苏组；3. 中元古界哈尔哈达组；4. 石炭纪灰绿色蚀变闪长岩；5. 石炭纪绢石蛇纹岩；6. 矿体

（一）典型矿床地质地球化学特征

本次工作化探课题组对成矿规律组选取的 5 个典型锰矿床（表 5-29）的地质、地球化学特征进行了详细研究，总结出锰矿床的成矿规律及典型的地球化学特征，编制了矿床所在区域的地球化学综合异常剖析图，为将来地质-地球化学模型的建立奠定了基础。

表 5-29　内蒙古自治区锰矿典型矿床一览表

矿床成因类型	典型矿床名称	规模	矿种类型
热液型	额仁陶勒盖	小型	Ag、Mn
	西里庙	小型	Mn
	李清地	小型	Mn、Ag
沉积型	东加干	矿点	Mn
	乔二沟	中型	Mn

1. 额仁陶勒盖式复合内生型银锰矿地质化学特征

(1) 额仁陶勒盖银锰矿位于天山-兴蒙造山系，大兴安岭弧盆系。矿区出露地层主要为侏罗系塔木兰沟组、白音高老组，其次为第四纪堆积物。中侏罗统塔木兰沟组在区内分布广泛，岩性为玄武岩、安山玄武岩、青磐岩化安山岩夹有少量砂岩、粉砂岩、砂质板岩。额仁陶勒盖银锰矿矿体主要赋存于中侏罗统塔木兰沟组硅化蚀变安山岩中。区域上构造特征主要以断裂构造为主。主断裂呈北东-南西走向，展布于断陷盆地的边缘，构成隆起带与断陷区两个次级构造单元的分界线。伴随有小规模的断裂发育在隆起带上，与主断裂垂直或斜交，基本呈等距离分布，造成本区独具特色的棋盘状构造。区内褶皱构造不发育，仅在中部的汗乌拉隆起带上中生代地层发育，呈北东-南西向的舒缓状背斜构造。矿区位于该背斜向北东倾没的倾伏端。

(2)额仁陶勒盖热液型银锰矿矿区存在 Ag、Mn、Pb、Zn、Au、Cu、W、As、Sb 等元素异常(图 5-177),Ag、W、As、Sb 元素异常范围较大,异常形态为不规则状,异常强度较高,Ag、As 为四级浓度分带,具有明显的浓集中心;Sb 为三级浓度分带,W 为二级浓度分带,浓度分带明显。Au、Cu、Pb、Zn、Mn 元素异常范围不大,元素异常强度较高,Au、Pb、Mn 为四级浓度分带,具有明显的浓集中心;Cu、Zn 为三级浓度分带。异常形态多为不规则状。

2. 乔二沟式变质型锰矿地质地球化学特征

乔二沟锰矿大地构造位置位于华北准陆块北缘,狼山-阴山陆块,狼山-白云鄂博裂谷内,金、铁、铌、稀土、铜、铅、锌、银、镍、铂、钨、石墨、白云母成矿带。区内出露地层主要为中元古界渣尔泰山群阿古鲁沟组,为一套浅变质岩系,下部为暗色板岩、碳质粉砂质板岩,上部为泥质结晶灰岩。矿体主要赋存在阿古鲁沟组第一岩段,岩性为黑色碳质板岩、灰黑色粉砂质板岩、深灰色硅质板岩、绢云母板岩夹变质长石石英细砂岩、硅质灰质角砾岩。乔二沟锰矿异常元素组合以 $Mn-Fe_2O_3-Co-Ni$ 为主,为沉积型锰矿的特征元素组合。乔二沟锰矿地质和地球化学特征均具有很强的代表性,因此将其选为自治区沉积型锰矿的代表性矿床,建立了沉积型锰矿地质-地球化学找矿模型(详见本节下文),在此不再对其进行讨论。

3. 李清地式复合内生型银锰多金属矿地质地球化学特征

(1)李清地银锰矿位于内蒙古自治区察哈尔右翼前旗境内。大地构造位置属于华北陆块区,狼山-阴山陆块。区内出露地层有太古宇、元古宇、石炭系、侏罗系、白垩系。主要赋矿岩石为中太古界集宁岩群大理岩。区内岩浆活动强烈,侵入岩发育。构造以断裂和褶皱为主。

(2)李清地复合内生型银锰多金属矿矿区周围存在 Ag、Pb、Zn、Au、Mn、Mo、W、Cd、Bi、Th、La、P、U 等元素异常(图 5-178),异常整体上呈北东向展布,其中 Ag、Pb、Mo、W、Au、Bi 元素异常强度较高,Mo 为三级浓度分带,其余均为二级浓度分带,异常套合较好。异常主要分布在地层和岩体的接触带上。La、U、Sr、P 元素异常一般,为一级浓度分带,它们作为近矿指示元素,主要分布在矿区外围。

4. 西里庙式火山岩型锰矿地质地球化学特征

(1)西里庙锰矿大地构造位置位于天山-兴蒙造山系,大兴安岭弧盆系,锡林浩特岩浆弧。区内构造活动强烈,岩层褶皱构造发育,断裂及岩浆活动频繁。矿区内下中二叠统大石寨组为锰矿的主要赋矿层位。

(2)西里庙式火山岩型锰矿西里庙矿区存在 Mn、Ag、As、Sb 组成的多元素综合异常,Mn 多呈背景、高背景分布,异常分布范围较小,异常区多分布在矿区东部。

5. 东加干式变质型锰矿东加干预测工作区地球化学特征

(1)东加干锰矿大地构造位置属内蒙古天山-兴蒙造山系,华北陆块区狼山-阴山陆块(大陆边缘岩浆弧),狼山-白云鄂博裂谷。区域内构造活动强烈,岩层褶曲构造发育,断裂及岩浆活动频繁。出露的地层有新元古界阿牙登组石英岩、石英片岩、大理岩,下中奥陶统包尔汉图群板岩、泥岩及安山玢岩,中二叠统包特格组粉砂岩、砂砾岩等。北东向断裂构造发育,分布有金、铜、铁、锰等矿点。

(2)东加干沉积型锰矿矿区周围元素异常具多元素组合的特点,以 Au、As、Sb、Hg、Cu、Ag 为主(图 5-179),尚有 Bi、Pb、Zn、Cd、W、Sn、V、Ti、U、Th、Zr、La、Nb、Y、Li、B、F、Sr 等元素异常,该组元素作为共伴生元素异常范围较小,多呈不规则状分布在矿区外围。Au、As、Sb、Hg、Cu 异常范围较大,浓度分带明显。由于 Mn 元素异常地表反应不强烈,异常范围较小,且强度不高,因此该剖析图没有反映 Mn 元素异常。

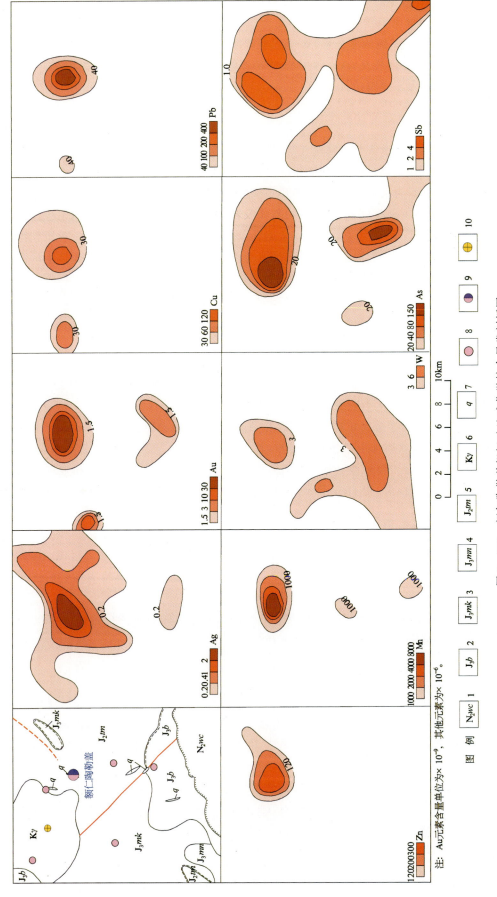

图 5-177 额仁陶勒盖银锰矿地球化学综合异常剖析图

1. 上新统五叉沟组；2. 上侏罗统白音高老组；3. 上侏罗统满克头鄂博组；4. 上侏罗统玛尼吐组；5. 中侏罗统塔木兰沟组；6. 白垩纪花岗岩；7. 石英脉；8. 银矿；9. 银锰矿；10. 金矿

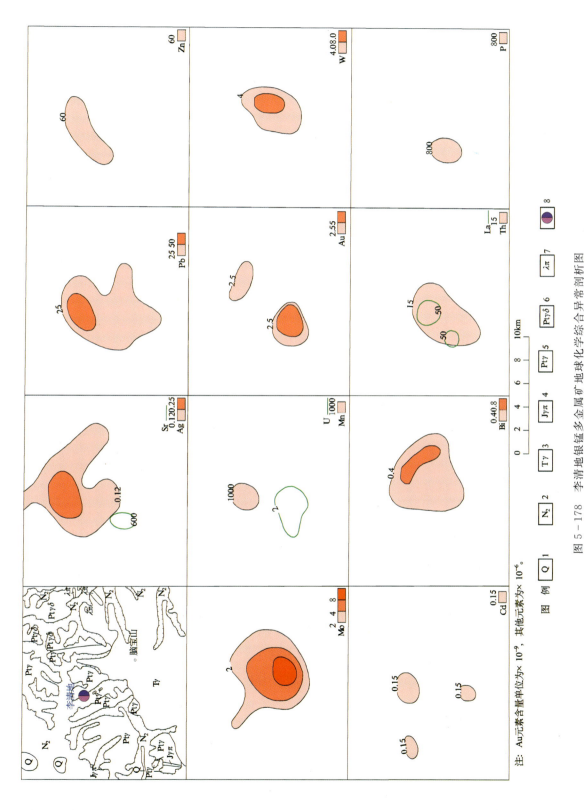

图 5-178 李清地银锰多金属矿地球化学综合异常剖析图

1. 第四系；2. 新近系上新统；3. 三叠纪花岗岩；4. 侏罗纪花岗斑岩；5. 元古宙花岗岩；6. 元古宙花岗闪长岩；7. 流纹斑岩脉；8. 银锰多金属矿

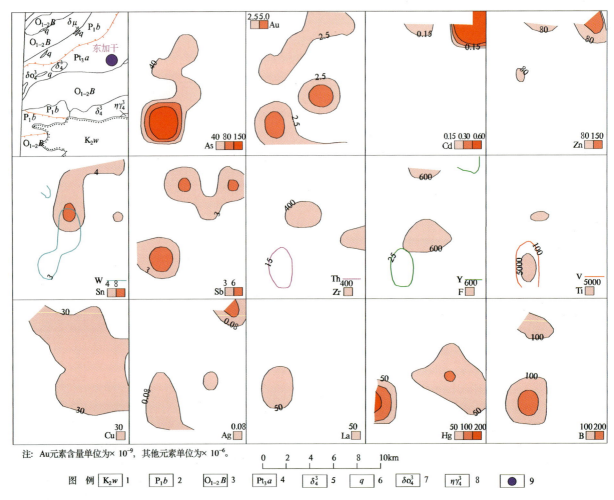

图 5-179 东加干锰矿地球化学综合异常剖析图

1. 上白垩统乌兰苏海组；2. 下二叠统包特格组；3. 下中奥陶统包尔汉图群；4. 新元古界阿牙登组；5. 华力西晚期闪长岩；6. 石英脉；
7. 华力西晚期石英闪长岩；8. 华力西晚期二长花岗岩；9. 锰矿点

(二)典型矿床地质-地球化学找矿模型的建立

综合以上典型矿床的研究,按矿床成因把锰矿床分为沉积型和热液型两种类型,其中沉积型锰矿是锰矿床的主要类型(表5-30)。内蒙古地区沉积型锰矿床主要赋存在古元古界中。乔二沟沉积型锰矿作为典型矿床,赋矿地层为古元古界阿古鲁沟组,地质特征具有很强的代表性,且地球化学元素组合特征明显,为沉积型锰矿的特征元素组合,因此沉积型矿床选乔二沟锰矿作为典型床,建立了沉积型锰矿地质-地球化学找矿模型。内蒙古区内热液型锰矿主要为伴生矿床,因此没有建立热液型锰矿地质-地球化学找矿模型。下面就乔二沟沉积型锰矿地质-地球化学找矿模型做详细的介绍。

1. 地质特征

(1)该区大地构造位置处于Ⅱ华北陆块区,Ⅱ-4 狼山-阴山陆块(大陆边缘岩浆弧(Pz_2)),Ⅱ-4-1 固阳-兴和陆核(Ar_3)。成矿区带属于Ⅰ-4 滨太平洋成矿域(叠加在古亚洲成矿域之上),Ⅱ-14 华北成矿省,Ⅲ-11 华北陆块北缘西段金、铁、铌、稀土、铜、铅、锌、银、镍、铂、钨、石墨、白云母成矿带,Ⅲ-11-②狼山-渣尔泰山铅、锌、金、铁、铜、铂、镍成矿亚带。

(2)矿区内出露的地层主要有中元古界书记沟组粉砂质板岩、渣尔泰山群阿古鲁沟组,其余多被第四系覆盖。阿古鲁沟组为一套浅变质岩系,下部为暗色板岩和碳质、粉砂质板岩,上部为泥质结晶灰岩。

表 5-30 内蒙古自治区部分锰典型矿床地质-地球化学找矿模型一览表

矿床类型	地质背景	矿床特征	区域地球化学异常特征	矿田矿床异常特征	典型矿床
岩浆型	(1)本区大地构造单元应归属于额尔古纳岛弧与海拉尔-呼玛西向弧后盆地接壤部位,即区域性北东-南西向的得尔布干深大断裂南西段的西侧。(2)区域出露地层比较简单,主要为中生界侏罗系,其余地层零星出露。(3)区域岩浆岩较发育,主要以华力西晚期和燕山早期的两次侵入为主,华力西晚期的岩浆活动强烈,在区内大面积出露	(1)矿体赋存于塔木兰沟组蚀变安山岩北西向、北东向次级断裂中。(2)矿区围岩蚀变较强,种类多,多呈带状分布。主要有硅化、锰矿化、绢云母化、绿泥石化、方解石化、黄铁矿化、冰长石、菱锰矿化、高岭土化,次为绿帘石化。(3)银锰矿石主要为银矿、硬锰矿。脉石矿物为石英	(1)区域上分布有 Mn、Ag、Pb、Zn、As、Sb、Fe$_2$O$_3$、Co、Ni 等元素组成的高背景区(带)。(2)在高背景区(带)中有以 Mn、Ag、Pb、Zn、As、Sb、Fe$_2$O$_3$、Co、Ni 为主的多元素局部异常,异常套合较好	(1)Mn、Ag、Pb、Zn、As、Sb 组合异常是矿区主要的指示元素。(2)Mn、Ag、Pb、Zn、As、Sb 异常强度较高,浓度分带和浓集中心特征明显,浓集中心位置相吻合	额仁陶勒盖热液型锰矿床
沉积型	(1)大地构造位置属内蒙古,处于天山-兴蒙造山系,华北陆块北缘(大陆块)狼山-阴山-鄂博裂合,狼山-白云鄂博岩浆弧。(2)区域出露地层比较简单,主要为中元古界宝音图岩群。(3)区域内构造活动强烈,岩层褶曲构造发育,断裂及岩浆活动频繁	(1)矿体围岩蚀变较弱,仅见绢云母化和碳酸盐化。(2)锰矿赋存在中元古界宝音图岩群第三岩组中,矿体与围岩产状一致,呈整合接触,界线清晰。(3)矿石矿物成分主要为软锰矿和硬锰矿,未发现含锰碳酸盐矿物,自然类型属氧化锰矿石	(1)区域上分布有 Mn、Cr、Fe$_2$O$_3$、Co、Ni 等元素组成的高背景区带。(2)在高背景区带中有以 Mn、Cr、Fe$_2$O$_3$、Co、Ni 为主的多元素异常	(1)Mn、Fe$_2$O$_3$、Cr、Co、Ni 异常均具有近东西向,北东向展布的特点。(2)Mn、Fe$_2$O$_3$、Cr、Co、Ni 异常套合较好	东加干沉积型锰矿床

赋矿地层主要为阿古鲁沟组一段,岩性为黑色碳质板岩、灰黑色粉砂质板岩、深灰色硅质板岩、绢云母板岩夹变质长石石英细砂岩、硅质灰质角砾岩。该地层在矿区西南大面积出露,走向北东,倾角60°～75°,厚120～810m。矿体就赋存于此岩层,与围岩产状一致,界线不清楚。

(3)矿区内岩浆岩不发育,只在矿区东北部见有灰黑色黑云母闪长岩体出露,该岩体南部与书记沟组粉砂质板岩接触,北部被第四系覆盖。

(4)乔二沟沉积型锰矿经详查共圈出3条锰矿体,矿体赋存于中元古界渣尔泰山群阿古鲁沟组一段粉砂质板岩中,与围岩产状一致,界线不清楚,矿体与围岩的界线是依据化学样品来圈定的。3条矿体呈南东向一字排列,尖灭再现分成3段。矿体形态较为简单,主要呈似层状产出,局部具有分支复合现象。

(5)矿物成分:矿石矿物主要为硬锰矿,少量软硬锰矿及褐铁矿。脉石矿物主要为石英,其次为斜长石、角闪石、云母。

(6)矿区矿石结构构造:矿石呈褐色—黑褐色,不等粒状变晶结构,土状微晶状结构,块状构造。

(7)矿石自然类型:按矿石矿物主要成分划分为硬锰矿矿石,按脉石矿物主要成分划分为石英型硬锰矿矿石。

(8)典型矿床成矿模式:见图5-180。

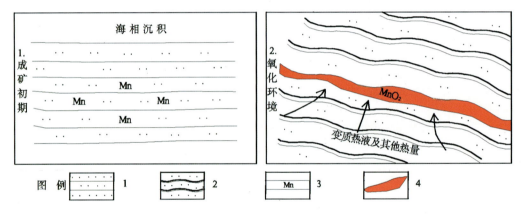

图5-180 乔二沟沉积型锰矿成矿模式图
1.粉砂岩;2.粉砂质板岩;3.锰质;4.矿体

2. 地球化学特征

以1∶20万化探数据为基础,结合大比例尺化探资料,总结乔二沟沉积型锰矿床地球化学特征如下:

(1)由1∶20万化探异常剖析图可以看出(图5-181),区域上分布的异常元素有Mn、Cr、Fe_2O_3、Co、Ni、Ti、V。其中Cr、Fe_2O_3、Co、Ni为主要的共伴生元素。

(2)Mn元素异常范围较大,但异常强度不高,为一级浓度分带。异常呈面状分布。

(3)Cr、Fe_2O_3异常范围较大,异常强度较高,为三级浓度分带,浓度分带和浓集中心特征明显。异常呈北东向展布,与矿点位置相吻合。

(4)Co、Ni异常为二级浓度分带,浓度分带明显,但无浓集中心,异常呈北东向展布,与矿点位置吻合较好。

3. 地质-地球化学找矿模型

乔二沟沉积型锰矿是自治区境内典型的沉积型锰矿床,研究其地球化学、地球化学异常特征与成矿

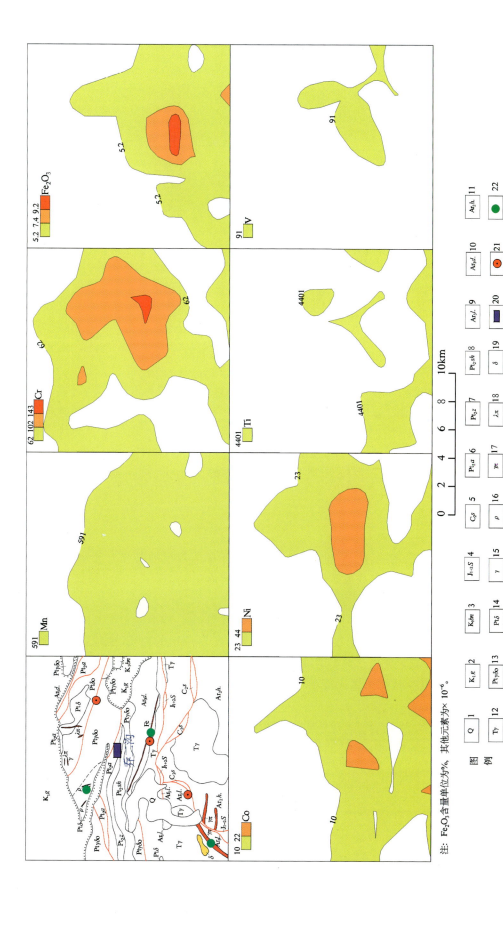

图 5-181 乔二沟沉积型锰矿床地球化学综合异常剖析图

地质环境之间的关系、异常元素与矿的内在联系等规律,会为在该预测区内寻找同类型锰矿起到一定的指导作用。乔二沟沉积型锰矿地质-地球化学找矿模型(图 5-182)。

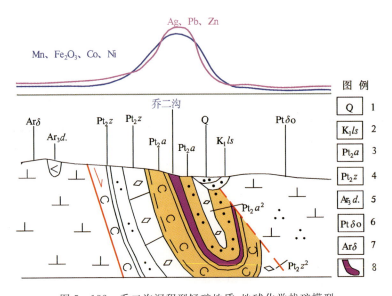

图 5-182　乔二沟沉积型锰矿地质-地球化学找矿模型
1. 第四系;2. 下白垩统李三沟组;3. 中元古界阿古鲁沟组;4. 中元古界增隆昌组;
5. 新太古界东五分子岩组;6. 元古宙石英闪长岩;7. 太古宙闪长岩;8. 矿体

乔二沟沉积型锰矿成矿主要受中元古界渣尔泰山群阿古鲁沟组控制,矿体产状与围岩产状一致。异常元素主要有 Mn、Fe_2O_3、Co、Ni,并伴有 Ag、Pb、Zn 等元素异常。Mn、Fe_2O_3、Co、Ni 元素异常范围较大,异常套合较好;Ag、Pb、Zn 元素异常范围较小,在矿区内星散分布。

十二、铬矿

内蒙古是我国铬铁矿的主要产区之一,从 20 世纪 50 年代便开始了大规模的研究。已知铬铁矿均分布于蛇绿岩带的超基性岩体中,直接围岩或成矿母岩为纯橄岩异离体。

(一)典型矿床地质地球化学特征

本次工作化探课题组对成矿规律组选取的 4 个典型铬铁矿床(表 5-31)的地质、地球化学特征进行了详细研究,总结出铬铁矿床的成矿规律及典型的地球化学特征,编制了矿床所在区域的地球化学综合异常剖析图,为将来地质-地球化学模型的建立奠定了基础。

表 5-31　内蒙古自治区铬铁矿典型矿床一览表

矿床成因类型	典型矿床名称	规模	矿种类型
岩浆型	赫格敖拉	中型	Cr、Fe
	呼和哈达	小型	Cr、Fe
	柯单山	小型	Cr、Fe
	索伦山	小型	Cr、Fe

1. 呼和哈达式侵入岩型铬铁矿地质地球化学特征

(1)呼和哈达铬铁矿位于内蒙古自治区呼伦贝尔市科尔沁右翼前旗、乌兰浩特市北面、大石寨车站西、呼和哈达村附近。大地构造位置属于天山-兴蒙造山系,大兴安岭弧盆系,二连-贺根山蛇绿混杂岩带。区域出露地层有二叠系大石寨组、哲斯组及林西组,侏罗系满克头鄂博组、玛尼吐组及白音高老组和第四系。二叠系大石寨组主要岩性为安山玢岩及凝灰岩,哲斯组主要岩性为粉砂岩及大理岩,林西组主要岩性为粉砂岩;侏罗系满克头鄂博组主要岩性为流纹岩及流纹质火山碎屑岩,玛尼吐组主要岩性为安山岩、英安质火山碎屑岩,白音高老组主要岩性为流纹岩、流纹质火山碎屑岩。侵入岩主要有辉长岩、超基性岩及正长斑岩,其中超基性岩体中的纯橄榄岩为该区铬铁矿矿体围岩。铬铁矿全部产在纯橄榄岩中,个别产在辉石橄榄岩中的扁豆状或疙瘩铬铁矿其外面也包有一层几厘米厚的片状蛇纹岩外壳,说明其成矿主要与纯橄榄岩有关。矿体的形状有透镜状、扁豆状及脉状。

(2)呼和哈达式侵入岩型铬铁矿矿区周围存在 Cr、Fe_2O_3、Co、Ni、Mn、Cu 等元素组成的综合异常(图5-183),其中 Cr、Ni、Mn、Cu 元素异常强度较高,为二级浓度分带,Fe_2O_3、Co 元素异常为一级浓度分带,元素异常受该区超基性岩体控制,大致呈北东向展布,元素异常套合较好。Ag、As、Sb、Au、W 元素为该区主要的共伴生元素,异常强度不高,多为一级浓度分带,主要分布在矿区外围。

2. 柯单山式侵入岩型铬铁矿地质地球化学特征

(1)柯单山式侵入岩体型铬铁矿位于天山-兴蒙造山系,大兴安岭弧盆系,索伦山-西拉木伦结合带。出露地层主要有二叠系大石寨组和侏罗系白音高老组。大石寨组分布于矿区西北部,下部为紫色、灰色中细粒砂岩、黏土质粉砂岩、砾岩夹数层凝灰岩、灰岩透镜体;中部为灰绿色凝灰质板岩、粉砂岩夹砾岩;上部为紫红色、灰黄色砾岩、砂砾岩夹酸性凝灰岩及灰岩。走向北东-南西,倾角一般为30°~40°,倾向南东。受岩体侵入影响,接触带地段地层多出现硅化、绿泥石化。白音高老组主要发育在矿区东南部,下部为黄褐色砾岩;中部为紫褐色砂页岩及紫杂色砾岩;上部为中酸性、酸性的凝灰质火山角砾岩、流纹岩及花岗斑岩。本区岩浆活动强烈而频繁,燕山晚期岩体分布最广泛,次为华力西晚期。岩体主要沿褶皱轴部和深断裂分布,为呈北东向展布的岩浆岩带。岩石类型比较复杂,以中酸性岩为主,中基性岩和超基性岩均有发育,岩浆旋回不明显。矿区断裂构造比较发育,有近东西向的西拉木伦河大断裂及大兴安岭主脊—林西大断裂,柯单山超基性岩体位于该大断裂控制的次一级断裂内。该区侵入岩发育,其中华力西期柯单山超基性岩体为本区铬铁矿的赋矿围岩。

(2)柯单山铬铁矿矿区周围存在 Cr、Fe_2O_3、Co、Ni、Mn、Ti、V、MgO、Cu 等元素异常(图5-184)。Cr、Ni 异常范围较大,强度较高,为三级浓度分带。Co、Cu、Ti 元素异常中等,为二级浓度分带;Fe_2O_3、MgO、V、Mn 元素异常一般,为一级浓度分带。异常多呈北东向展布,Ni、Cu 异常呈北西向展布。异常形态多为不规则状。

3. 郝格敖拉式侵入岩型铬铁矿地质地球化学特征

该区位于天山-兴蒙造山省,大兴安岭弧盆系构造岩浆岩带内,二连-贺根山蛇绿混杂岩亚带中部。侵入岩主要有古生代二叠纪闪长岩、石英闪长岩、花岗闪长岩和花岗岩,中—晚泥盆世的超基性岩、基性岩,中生代侏罗纪晚期花岗岩、花岗斑岩及石英二长斑岩。其中最为重要的中—晚泥盆世的超基性岩、基性岩分布广,规模大,是铬铁矿成矿有利的地段。因为赫格敖拉铬铁矿成矿地质条件及地球化学特征均具有代表性,因此将其选为自治区岩浆型铬铁矿的代表性矿床,建立了地质-地球化学模型(详见下文),在此不再对其进行讨论。

4. 索伦山式侵入岩型铬铁矿地质地球化学特征

(1)索伦山铬铁矿区位于内蒙古自治区巴彦淖尔市乌拉特中旗巴音乌兰苏木索伦山境内。大地构

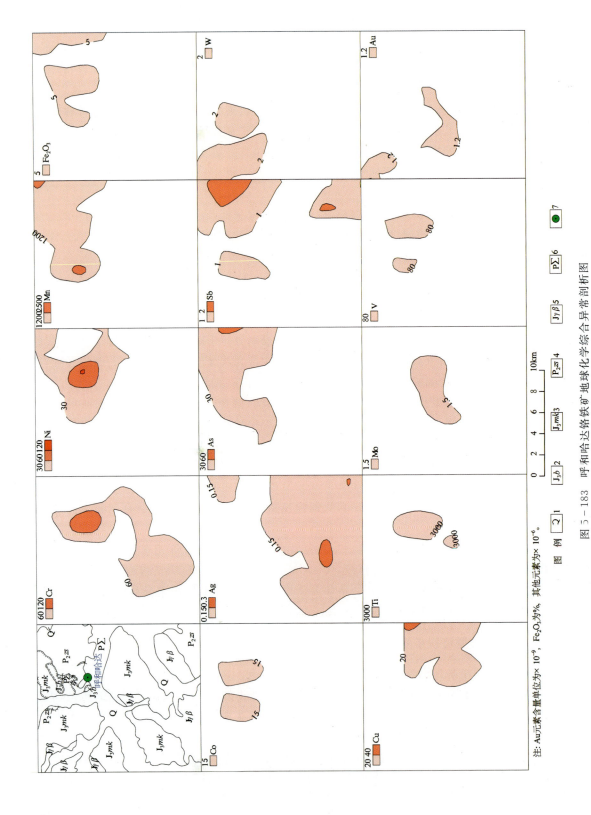

图 5-183　呼和哈达铬铁矿地球化学综合异常剖析图

1. 第四系；2. 上侏罗统白音高老组；3. 上侏罗统满克头鄂博组；4. 中二叠统哲斯组；5. 侏罗纪黑云母花岗岩；6. 二叠纪超基性岩；7. 铬矿床

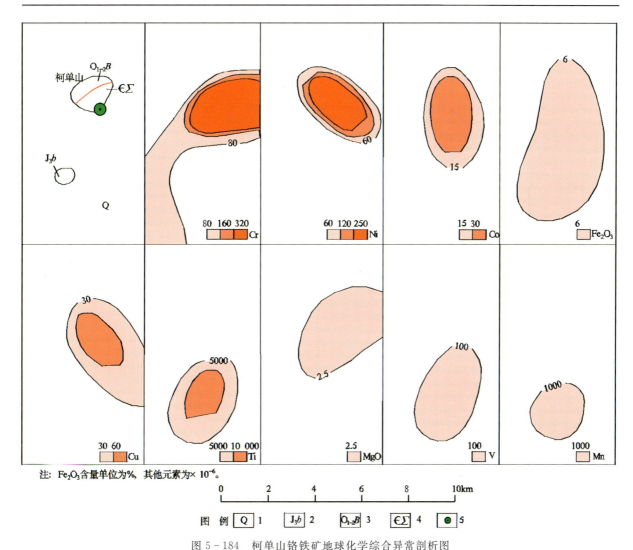

图 5-184 柯单山铬铁矿地球化学综合异常剖析图

1. 第四系;2. 上侏罗统白音高老组;3. 下中奥陶统包尔汉图群;4. 寒武纪超基性岩;5. 铬铁矿

造位置位于天山-兴蒙造山省,大兴安岭弧盆系,索伦山-西拉木伦结合带。出露地层主要有上石炭统本巴图组和阿木山组,下侏罗统红旗组及白垩系二连组。石炭系主要分布于索伦山岩体南侧,上石炭统本巴图组岩性为长石石英砂岩夹硅泥岩及结晶灰岩透镜体,板岩、火山岩。上石炭统阿木山组岩性为灰色、灰紫色结晶灰岩、含砾杂砂岩、石英砂岩。下侏罗统红旗组岩性为黄褐色、灰紫色、灰白色凝灰质泥岩及层凝灰岩。上白垩统二连组岩性为砖红色砂质泥岩、砂质泥灰岩、泥质砂岩。古近系和新近系在区内零星分布,多散布于索伦山南部平原地区,不整合于其他老地层之上,多属于盆地型沉积,地层产状平缓,厚度约150m。下部为砾岩夹砂层,砾石成分有石英岩、砂岩、板岩、片岩、片麻岩、花岗岩、火山岩及超基性岩风化壳等,浑圆程度不一,分选性差,砂质胶结。中部为砂岩、砂镁碳酸盐岩、杂色黏土及碳质页岩。上部为杂色黏土夹砂质透镜体。第四系在区内分布广泛,为砂土砾石层,近基岩者多为残积层,平原地带多为冲积、风积层。区内岩浆活动强烈,侵入岩发育,超基性岩广泛分布,产出位置均属于内蒙褶皱系复背斜和复向斜褶皱带中,是该区铬铁矿的主要赋矿围岩。围岩蚀变见有蛇纹石化、滑石化、次闪石化、绿泥石化、碳酸盐化、硅化等,但以蛇纹石化为主,凡是纯橄榄岩体中均具较强烈的蛇纹石化,其他几种蚀变较弱,分布不明显,蚀变带宽窄不一。矿体主要分布于纯橄榄岩异离体中部,平行分布。矿体形状以似脉状、扁豆状为主。矿体规模大小不一。

(2)索伦山式侵入岩型铬铁矿矿区周围存在 Cr、Fe_2O_3、Co、Ni、W、Au 等元素组成的高背景区,Cr、

Fe_2O_3 为主成矿元素,Cr、Co、Ni 具有明显的浓集中心,异常强度高,套和较好;Fe_2O_3、Mn 呈高背景分布,无明显的浓集中心;W、Au 异常分布范围较大,但浓集中心不明显(图 5-185)。

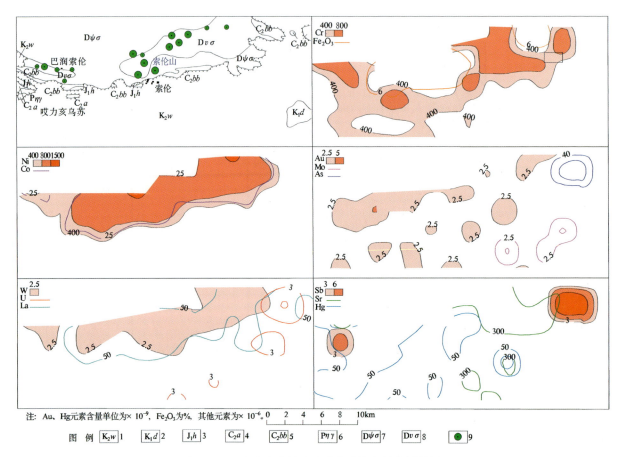

图 5-185 索伦山铬铁矿地球化学综合异常剖析图

1. 上白垩统乌兰苏海组;2. 下白垩统大磨拐河组;3. 下侏罗统红旗组;4. 上石炭统阿木山组;5. 上石炭统本巴图组;
6. 二叠纪二长花岗岩;7. 泥盆纪二辉橄榄岩;8. 泥盆纪斜方辉石橄榄岩;9. 铬铁矿

(二)典型矿床地质-地球化学找矿模型的建立

综合以上典型矿床的研究(表 5-32),因赫格敖拉铬铁矿地质-地球化学特征具有明显的代表性,因此选取赫格敖拉铬铁矿作为典型矿床,建立了岩浆型铬铁矿地质-地球化学找矿模型。下面重点介绍赫格敖拉铬铁矿床的地质-地球化学找矿模型。

1. 地质特征

(1)本区大地构造位置位于天山-兴蒙造山系构造岩浆岩省,大兴安岭弧盆系构造岩浆岩带,二连-贺根山蛇绿混杂岩带构造岩浆岩亚带。

(2)区内出露地层不全,主要有:中元古界温都尔庙群,属含铁硅泥质岩建造;古生界泥盆系、石炭系和二叠系,属浅海相、滨海相火山沉积建造;中生界侏罗系、白垩系,属断陷盆地陆相火山岩建造;新生界新近系和第四系。

(3)区内岩浆活动强烈,侵入岩发育,主要有古生代二叠纪闪长岩、石英闪长岩、花岗闪长岩和花岗岩、中—晚泥盆世的超基性岩、基性岩,中生代侏罗纪晚期花岗岩、花岗斑岩及石英二长斑岩。其中最为重要的中—晚泥盆世的超基性岩、基性岩分布广,规模较大。该区的超基性岩就是洋壳残片的一种典型代表,属蛇绿岩亚相,因构造侵位进入大陆造山带中,与围岩呈断层接触。

表 5-32 内蒙古自治区部分铬典型矿床地质-地球化学找矿模型一览表

矿床类型	地质背景	矿床特征	区域地球化学异常特征	矿田（矿床）异常特征	典型矿床
岩浆型	(1)大地构造单元属于内蒙古北部地槽区，区内褶皱、断层均较发育，亦发育有北北东向及北西向断层构造。(2)区域地层主要为上石炭统，此外侏罗系有所分布，新生界广泛发育。(3)区内岩浆活动强烈，侵入岩发育，侵入岩主要为华力西中期超基性基性岩，呈岩带状或似脉状东西向展布。中酸性侵入岩规模小，多为岩株或似脉状，亦呈岩带状近东西向分布	(1)围岩蚀变有蛇纹石化、滑石化、次闪石化、绿泥石化、碳酸盐化及硅化。(2)矿体主要赋存于纯橄岩—斜辉辉橄岩相中，其直接围岩均为纯橄岩异离体。矿体多呈似脉状、透镜状和扁豆状，其产状严格受所在纯橄岩异离体控制	(1)泥盆纪超基性岩和石炭纪超基性岩中Cr、Fe$_2$O$_3$、Co、Ni元素含量明显偏高。(2)区域上分布有Cr、Fe$_2$O$_3$、Co、Ni、V、Ti、Mn等元素组成的高背景区（带）。(3)在高背景区（带）中有以Cr、Fe$_2$O$_3$、Co、Ni为主的多元素局部异常。异常套合好	(1)Cr、Fe$_2$O$_3$、Co、Ni元素异常呈北西向带状展布，Cr、Co、Ni元素异常强度高，异常面积大，套合好。(2)除Fe$_2$O$_3$外，Cr、Co、Ni具有明显的浓度分带和浓集中心，浓集中心与矿体位置相吻合。(3)Mn、Ti、V在矿体位置呈低缓分布，无明显的浓度分带和浓集中心	索伦山岩浆型铬矿床
岩浆型	(1)大地构造属内蒙古大兴安岭弧盆系，锡林浩特岩浆弧北东端（叠加在古亚洲成矿域之上），Ⅱ-13大兴安岭亚洲成矿省、Ⅲ-8林西—小吴铝、锌、铜、钼、金成矿带（Ⅵ，Ⅱ，Ym）、Ⅲ-8-②神山-白音诺尔铜、铅、锌、铁、铌(钽)成矿亚带(Y)。(2)区内发育超基性到酸性侵入体，同时深成岩、浅成岩、脉岩颇为广泛	(1)矿体围岩蚀变有蛇纹石化、绢鹏岩石化、钠闪石化、碳酸盐化。(2)矿体与纯橄榄岩有密切的关系，矿体主要赋存在纯橄榄岩中。矿体的形状有透镜状、扁豆状及脉状	(1)区域上有以Cr、Fe$_2$O$_3$、Co、Ni、Mn、V等元素组成的高背景区（带）。(2)在高背景区（带）中有以Cr、Fe$_2$O$_3$、Co、Ni、Mn为主的多元素局部异常。(3)Cr、Fe$_2$O$_3$、Co、Ni、Mn异常具有明显的浓度分带和浓集中心	(1)Cr、Fe$_2$O$_3$、Co、Ni、Mn异常均具有北东向展布的特点。(2)Fe$_2$O$_3$、Co、Ni、Mn异常范围较大，浓度分带和浓集中心明显。(3)Cr、Fe$_2$O$_3$、Co、Ni、Mn元素浓集中心与矿体位置吻合较好	呼和哈达岩浆型铬矿床

(4) 矿区围岩蚀变有蛇纹石化、硅化、碳酸盐化、绿泥石化等。

(5) 矿体属掩埋矿体,主要赋存于岩体中部斜辉辉橄岩相带纯橄岩异离体中,由10余个纯橄岩异离体组成。矿体形态复杂,主要有透镜状、豆荚状,次为不规则状、似脉状及囊状等。矿体有急剧变薄、尖灭再现的现象,矿体产状陡缓变化大,从而造成复杂的矿体形态特征。

(6) 矿体的直接围岩绝大多数为纯橄榄岩,少数为斜辉辉橄岩,接触关系呈清晰的迅速渐变或突变,接触界面不规则。矿体近矿围岩蚀变通常为致密隐晶质—微晶质的绿泥石集合体,形成很薄的矿体外壳,并与纯橄岩呈渐变过渡关系,绿泥石外壳厚十厘米或几十厘米。

(7) 矿石结构有半自形—自形细粒—中粒结构,矿石构造主要为豆斑状或瘤状构造,多数属稠密浸染状构造,少数属块状构造。豆斑状构造是该矿床的主要矿石类型。

(8) 矿物组合:金属矿物以铬尖晶石为主,磁铁矿次之,并含黄铁矿和少量赤铁矿。非金属矿物以蛇纹石为主,绿泥石次之,方解石、橄榄石、高岭石含量极少。

(9) 典型矿床成矿模式:因该矿床属于豆荚状铬铁矿,因此其成矿模式选用豆荚状铬铁矿通用的模式图来表示(图5-186)。

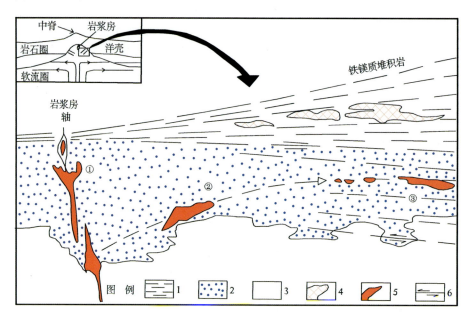

图5-186 豆荚状铬铁矿成矿模式示意图

1. 镁铁质堆积杂岩;2. 纯橄榄岩斜辉辉橄榄岩杂岩带;3. 斜辉辉橄岩二辉橄榄岩杂岩带;4. 堆积成因的铬铁矿矿体(浸染状);
5. 豆荚状矿体(①不整合,②次整合,③整合);6. 叶理及剪切方向

2. 地球化学特征

华力西期超基性岩体是铬铁矿的主要赋矿岩体,区域性统计结果显示,在泥盆纪超基性岩和石炭纪超基性岩中,成矿元素Cr、Ni含量较高,且分异系数较大。

3. 地球化学异常特征

以1:20万化探数据为基础,总结赫格敖拉岩浆型铬铁矿床地球化学特征(图5-187)如下:

(1) 郝格敖拉式侵入岩型铬铁矿矿区周围存在Cr、Co、Ni、Mn、MgO、Cu、U、CaO、Fe_2O_3、V、Ti等元素异常。

(2) Cr、Co、Ni、Mn、Fe_2O_3、MgO异常范围较大且强度较高,为三级浓度分带,具有明显的浓集中心,异常主要受超基性岩体控制,呈北东向展布。Cr、Co、Ni、MgO浓集中心与矿点位置吻合较好,Fe_2O_3、Mn异常多分布在矿区外围。

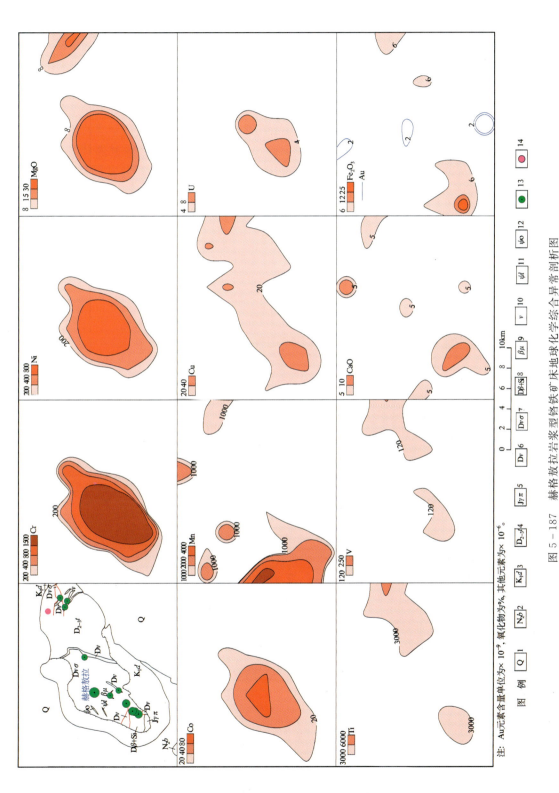

图 5-187 赫格敖拉岩浆型铬铁矿床地球化学综合异常剖析图

1. 第四系；2. 上新统宝格达乌拉组；3. 下白垩统大磨拐河组；4. 中上泥盆统塔尔巴格特组；5. 侏罗纪花岗斑岩；6. 泥盆纪辉长岩；7. 泥盆纪斜方辉石橄榄岩；8. 泥盆纪硅质岩与玄武岩互层；9. 闪长岩脉；10. 辉长岩脉；11. 辉石岩脉；12. 斜长角闪岩脉；13. 铬铁矿；14. 镍矿

(3) Cu、U、CaO、Au、V、Ti 等元素作为主要的共伴生元素,异常强度中等,多为二级浓度分带。Cu 元素异常范围较大,呈北东向展布。U、CaO、Au、V、Ti 等元素异常在矿区周围呈星散状分布。

4. 地质-地球化学找矿模型

赫格敖拉铬铁矿是自治区境内典型的岩浆型铬铁矿床,研究其地球化学、地球化学异常特征与成矿地质环境之间的关系、异常元素与矿的内在联系等规律,会为在该预测区内寻找同类型铬铁矿起到一定的指导作用。赫格敖拉铬铁矿地质-地球化学找矿模型见图 5-188。

赫格敖拉铬铁矿大地构造位置位于二连-贺根山蛇绿杂岩带,其成矿主要受石炭纪和泥盆纪超基性岩体控制,超基性岩体是其赋矿围岩,甚至岩体本身就是矿体。异常元素主要有 Cr、Fe_2O_3、Co、Ni、MgO、Cu、Ti、V,其中 Cr、Co、Ni、MgO 元素异常强度较高,异常形态相似,为一组异常相似的元素。Fe_2O_3、Cu、Ti、V 元素异常范围较大,异常强度中等,主要分布在 Cr、Co、Ni、MgO 异常的外围,为一组异常相似的元素。

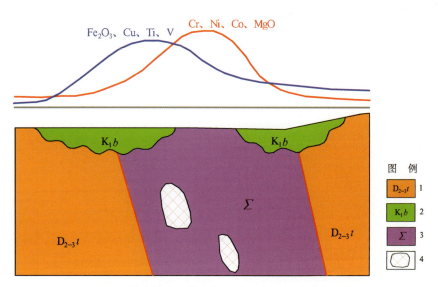

图 5-188 赫格敖拉岩浆型铬铁矿地质-地球化学找矿模型
1. 中上泥盆统塔尔巴格特组;2. 下白垩统巴彦花组;3. 超基性岩;4. 矿体

第三节 地球化学综合(及组合)异常特征分析

以全区 39 种单元素地球化学异常为基础,分矿种确定特征元素组合,编制了多元素组合异常图。结合全区地质背景特征、已知矿床(点)的分布圈定各矿种综合异常,按成因对其进行分类,并划分了异常级别。下面对各个矿种在全区的地球化学组合、综合特征分别进行详细论述。

一、铜矿

(一)地球化学组合异常特征研究

成矿规律组将全区铜矿床按照成因类型分为热液型、沉积型、斑岩型、岩浆型、矽卡岩型、块状硫化物型、次火山热液型 7 种。化探课题组对成矿规律组选取的铜典型矿床进行详细研究,挑选出部分有代表性的矿床,根据其区域地质背景、矿床地质特征、空间分布特征、地球化学特征等,将全区铜矿划分为热液型、沉积型、斑岩型、岩浆型、矽卡岩型5种成因类型,建立了铜矿地质-地球化学找矿模型(详见本章第二节),并总结出不同成因类型矿床的特征元素组合,编制多元素地球化学组合异常图。下面对其进行详细论述。

1. 地球化学特征元素组合的选取

1)热液型和矽卡岩型

热液型铜矿床是自治区分布最广、产地最多、成矿条件最为复杂的类型。对全区典型的热液型矿床,如珠斯楞、欧布拉格、白马石沟、布敦花、道伦达坝、奥尤特等铜矿的地球化学特征、地质特征等进行分析,确定热液型铜矿床的典型成矿元素组合为Cu、Au、As、Sb、W、Sn、Mo。根据以上元素的分布特征、成矿温度及相关关系,将其划分为两套元素组合,分别为Cu-Au-As-Sb和Cu-W-Sn-Mo,将这两套典型元素组合分别编制地球化学组合异常图,并圈定组合异常。

通过对矽卡岩型典型矿床地质、地球化学特征的详细研究,发现其元素组合也为Cu、W、Sn、Mo、Au、As、Sb,与热液型相同,因该类型矿床多产出于中酸性侵入体和化学性质活泼的碳酸盐岩接触带附近,围岩见矽卡岩化,故而又划分为矽卡岩型。矽卡岩型的特征元素组合也为Cu-W-Sn-Mo-Au-As-Sb。

2)沉积型

沉积型铜矿床是自治区内铜矿比较重要的成因类型,能够形成大型矿床。对全区典型的沉积型矿床,如霍各乞、白乃庙等大、中型铜矿床的地球化学特征及地质特征等进行分析,确定Cu-Pb-Zn-Ag为沉积型铜矿床的典型成矿元素组合。根据Cu-Pb-Zn-Ag这4种元素分布特征编制此类型铜矿的地球化学组合异常图,并圈定组合异常。

3)斑岩型

斑岩型铜矿床也是自治区内比较重要的铜矿床类型,能形成大型矿床。对区内典型的斑岩型矿床,如乌努格吐山、敖瑙达巴、车户沟等斑岩型铜矿、铜钼矿地球化学特征、地质特征等进行分析,发现铜矿体多赋存于斑岩体内,元素组合除Cu、Mo外,Pb、Zn、Ag、W、Sn也是部分矿区主要的共伴生元素。根据以上元素的分布特征、成矿温度及相关关系,将其划分为两套元素组合,分别为Cu-Pb-Zn-Ag和Cu-W-Sn-Mo,将这两套典型元素组合分别编制地球化学组合异常图,并圈定组合异常。

4)岩浆型

自治区岩浆型铜矿不是主要矿床类型,对区内典型岩浆型矿床小南山、亚干等铜矿的地球化学特征、地质特征等进行分析,发现该类型铜矿成矿岩体均为辉长岩,成矿时代均属华力西晚期,成矿元素组合有Cu-Co-Ni-Mn等,根据这4种元素分布特征编制此类型铜矿的地球化学组合异常图,并圈定组合异常。

2. 组合异常综合研究

依据选取的地球化学特征元素组合,编制组合异常图,圈定组合异常。现对各类组合异常在全区的空间分布特征、展布形态以及所处地质环境进行分述:

(1)Cu-Au-As-Sb组合异常主要分布在区内中部、西部和东北部。西部异常较多,分布在北山—阿拉善、沙日布日都—杭锦后旗一带。其中北山—阿拉善一带异常范围很大,呈北西向展布,多与元古宇、二叠系砂岩及奥陶系、志留系玄武岩有关,部分异常分布在石炭纪、二叠纪中酸性岩体与地层的接触带上;沙日布日都—杭锦后旗一带异常范围较大,呈北东向展布,主要与中元古界、太古宇及二叠纪、三叠纪酸性、中酸性岩体有关。中部区异常以乌加河镇—镶黄旗、新巴尔虎右旗—满洲里一带为主,多呈北东向、北西向展布,分布在北东向大断裂带上。其中乌加河镇—镶黄旗一带异常与中元古界、太古宇老地层有关,新巴尔虎右旗—满洲里一带异常与侏罗纪火山岩关系密切。东北部异常较少,分布较分散,异常与奥陶系、二叠系、侏罗系关系密切,部分异常分布在中酸性花岗岩体上。

(2) Cu-Pb-Zn-Ag 地球化学组合异常主要分布在区内中部和东部,西部异常较少,零星分布。东部区以克什克腾旗—哲里木、大石寨镇—巴日浩日高斯太、陈巴尔虎旗—西牛尔河一带为主,组合异常多,范围大,呈北东向连片展布;异常多与二叠系、侏罗系有关。中部异常相对较少,范围也较小,以乌拉特中旗—丰镇市—商都县、新巴尔虎右旗、满洲里一带为主,呈北东向或东西向展布;组合异常多分布于太古宇、中生界侏罗系及三叠纪中酸性岩体中,部分异常与新近系汉诺坝组玄武岩有关。

(3) Cu-W-Sn-Mo 组合异常在全区分布较少,主要集中在哈日博日格—巴彦图克水—哈能一带,多沿近东西向或北西向延展,所在位置主要出露元古宇及奥陶系、石炭系。

(4) Cu-Co-Ni-Mn 组合异常多分布在内蒙古中部、西部地区。中部地区异常大面积连片分布,主要与中元古界宝音图岩群和古元古界渣尔泰山群阿古鲁沟组有关,部分异常由阿巴嘎组和汉诺坝组玄武岩引起。西部地区异常多,规模相对较小,呈北西向展布,主要与二叠系和奥陶纪玄武岩有关。

(二) 地球化学综合异常特征研究

在对全区铜矿种多元素组合异常研究的基础上,将前期编制的4组组合异常进行空间套合,研究其元素组合规律,结合地质特征,圈定综合异常,对综合异常进行解释推断及价值分类。对于不同成因类型组合异常元素叠加区域所圈定的综合异常,依据其周边组合异常类型、典型矿床成因类型确定其异常成因类型及主要元素组合。另外,在部分铜元素异常强度高,成矿条件有利,与其他共伴生元素异常套合好或共伴生元素很少的区域也圈定了以铜为主的综合异常,但该类区域的综合异常或异常元素组合和地质背景复杂,或元素组合太过简单,均无法确定其可能的异常成因类型,故将该类综合异常划分为成因类型不明型。

因此全区共确定综合异常成因为6类,即热液型、矽卡岩型、沉积型、斑岩型、岩浆型、成因不明型。共圈定综合异常240个,其中热液型141个,矽卡岩型15个,沉积型25个,斑岩型23个,岩浆型3个,成因不明型33个(图5-189)。对各个综合异常进行价值分类,异常类别分为甲、乙、丙3类,全区共编甲类异常40个,乙类异常140个,丙类异常60个。

1. 热液型

(1) 该类型综合异常在自治区内主要集中于东部区的集二线铁路以东地区,即大兴安岭中生代火山-侵入岩带地区。异常主要受地台北缘槽、台间的东西向断裂所控制。该类综合异常主要与燕山早期发育完好的火山-侵入杂岩及中酸性浅成-超浅成岩体关系密切,少数与燕山晚期或华力西晚期的岩浆活动有关。

(2) 该类型综合异常特征元素组合为 Cu、Au、As、Sb 和 Cu、W、Sn、Mo 两组,经后期4组典型组合元素套合后,确定出的热液型综合异常共伴生元素组合还有 Pb、Zn、Ag 等。对该类综合异常进行价值分类,其中甲类综合异常23个,乙类88个,丙类30个。

2. 矽卡岩型

(1) 矽卡岩型综合异常主要分布于花岗(斑)岩类侵入体及其与碳酸盐岩的接触带上,围岩有矽卡岩化。区内已探明矽卡岩型铜矿不多,且规模偏小,故全区仅圈定了2处较集中的此类型综合异常,它们分别位于沙日布日都—巴彦图克水北部和罕达盖林场一带。

(2) 在圈定的该类型综合异常范围内发现多处矽卡岩型铜矿床(点),其规模均为小型矿床或矿化点。在对该类型综合异常的评级中,2个为甲类,10个为乙类,3个为丙类。

3. 沉积型

(1) 该类型综合异常分布于华北陆块北缘狼山-白云鄂博台缘坳陷西段之狼山-渣尔泰山褶断束内,跨乌拉特后旗、乌拉特中旗、固阳等几个旗县。异常受裂陷槽内次一级沉积盆地的控制。异常多分布在

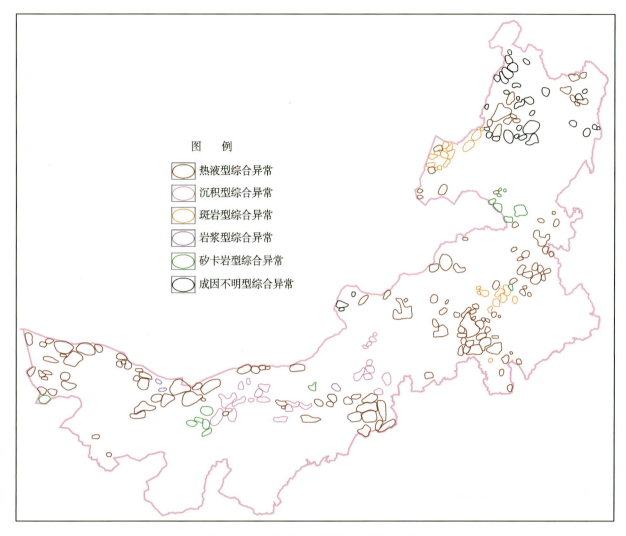

图 5-189 铜矿地球化学综合异常示意图

中新元古界渣尔泰山群中,为一套浅变质的硅质、泥质碳酸盐岩建造。部分异常与加里东期或华力西晚期的岩浆活动有关。

(2)该类型综合异常特征元素组合为 Cu、Pb、Zn、Ag,经后期 4 组典型组合元素套合后,确定出的沉积型综合异常共伴生元素组合还有 Mo、Au、Mn 等。对该类综合异常进行价值分类,其中甲类综合异常 9 个,乙类 13 个,丙类 3 个。

4. 斑岩型

(1)该类型综合异常主要分布于大兴安岭北坡满洲里—八大关和西部白乃庙—镶黄旗一带,其次在大兴安岭中南段亦有分布。满洲里—八大关一带异常分布于额尔古纳大断裂和得尔布干深断裂带所夹持的地块上,均受次一级断裂构造的控制;白乃庙—镶黄旗一带异常主要受陆块北缘东西向大断裂的控制。异常均与中酸性的花岗质浅成斑岩(杂岩)有关。东部、西部之间,所存在的差别只是西部岩体的形成时代较早(华力西晚期),而东部岩体的形成时代为燕山早期。

(2)该类型综合异常的共伴生元素组合为 Cu、Mo、Pb、Zn、Ag、W、Sn。对异常进行价值分类,其中甲类综合异常 5 个,乙类 12 个,丙类 6 个。

5. 岩浆型

(1)该类型综合异常主要分布于深断裂带上,如临河-集宁深断裂和石崩深断裂带上。这些深断裂,属岩石圈型深断裂,为深源的岩浆活动提供了通道。与异常有关的岩体均为辉长岩,成矿时代属华力西晚期。

(2)该类型综合异常特征元素组合为 Cu、Co、Ni、Mn,经后期 4 组典型组合元素套合后,确定出的沉积型综合异常共伴生元素组合还有 Au、As、Sb、Pb、Ag 等。对该类综合异常进行价值分类,其异常级别以甲类、乙类为主,其中甲类综合异常 1 个,乙类 2 个。

6. 成因不明型

(1)按照地球化学特征元素组合和已知铜矿床(点)的分布特征圈定出综合异常范围后,发现区内还存在另外一类特殊的多元素组合异常。此类异常中 Cu 异常强度高,且多种元素异常在空间上与其套合较好,异常区内未发现任何铜矿床(点),但成矿地质条件有利,本次工作依据其组合异常边界圈定了综合异常范围。由于该区异常元素组合不属于任何已确定成因类型的特征元素组合,参考其地质背景特征也无法确定其可能的成因类型,故将其划分为成因不明型综合异常。

(2)该类综合异常主要分布在自治区的东北部,异常元素组合有 Cu、Pb、Zn、Au、W、Sb、As、Ni、Mn 等,其空间展布形态多与其所属成矿区带深大断裂延伸方向一致,地质构造背景较复杂,可能经过多期次岩浆活动或后期变质改造。依据该类综合异常地球化学特征、地质成矿环境推测具有一定的找矿前景。全区共圈定成因不明型综合异常 33 个,对其进行价值分类,评定出乙类 15 个,丙类 18 个。

二、金矿

(一)地球化学组合异常特征研究

成矿规律组将全区金矿床按照成因类型分为热液型、岩浆热液型、火山热液型、变质热液型、斑岩型、层控内生型 6 种。化探课题组对成矿规律组选取的金典型矿床进行详细研究,挑选出部分有代表性的矿床,根据其区域地质背景、矿床地质特征、空间分布特征、地球化学特征等,将全区金矿划分为岩浆热液型、变质热液型、斑岩型、层控内生型和砂金矿 5 种成因类型,建立了金矿地质-地球化学找矿模型(详见本章第二节),并总结出不同成因类型矿床的特征元素组合,编制多元素地球化学组合异常图。下面对其进行详细论述。

1. 地球化学特征元素组合的选取

1)岩浆热液型

岩浆热液型金矿床,是本区最有远景、分布最广的矿床类型。对全区典型的岩浆热液型矿床,如老硐沟、朱拉扎嘎、赛乌素、巴音杭盖等金矿的地球化学特征、地质特征等进行分析,确定岩浆热液型金矿床的典型成矿元素组合为 Au、As、Sb、Hg、Cu、Pb、Zn、Ag。根据以上元素的分布特征、成矿温度及相关关系,将其划分为两套元素组合,分别为 Au-As-Sb-Hg 和 Au-Cu-Pb-Zn-Ag,将这两套典型元素组合分别编制地球化学组合异常图,并圈定组合异常。

2)变质热液型

变质热液型金矿床主要赋存于太古宙、元古宙的老变质岩系中,对区内典型的变质热液型金矿床,如十八顷壕、新地沟等金矿的地球化学特征及地质特征等进行分析,确定 Au、Cu、Pb、Zn、Ag、Fe_2O_3、Co、Ni、Mn 为变质热液型金矿的典型成矿元素组合。根据以上元素的分布特征、成矿温度及相关关系,将其划分为两套元素组合,分别为 Au-Cu-Pb-Zn-Ag 和 Au-Fe_2O_3-Co-Ni-Mn,将这两套典型元素组合分别编制地球化学组合异常图,并圈定组合异常。

3)斑岩型

对区内典型斑岩型金矿床毕力赫金矿的地球化学特征、地质特征等进行分析,发现金矿体多与中酸性浅成、超浅成的小侵入体有关,如花岗闪长斑岩、石英二长斑岩、石英斑岩等,其典型的元素组合为Au-Cu-Mo。因此根据这3种元素分布特征编制此类型金矿的地球化学组合异常图,并圈定组合异常。

4)层控内生型

对区内典型层控内生型金矿床浩尧尔忽洞金矿的地球化学特征、地质特征等进行分析,发现金矿体与断裂构造和变质作用关系密切,与岩体无明显联系,受一定层位和岩性组合控制,其元素组合多见Au-Cu-Pb-Zn-Ag。因此根据这5种元素分布特征编制此类型金矿的地球化学组合异常图,并圈定组合异常。

5)砂金矿

砂金矿成矿时代为中晚更新世至全新世的早中期,产出的构造部位为中新生代坳陷盆地及边缘地带。该类型金矿大多为单Au异常。

2. 组合异常综合研究

依据选取的地球化学特征元素组合,编制组合异常图,圈定组合异常。现对各类组合异常在全区的空间分布特征、展布形态以及所处地质环境进行分述:

(1)Au-As-Sb-Hg组合异常分布范围较广,在全区均有分布,且中部、西部异常较多,东部相对较少。中部、西部异常多与元古宇有关,少数异常与太古宇、奥陶系、石炭系和二叠系有关。东部异常多分布在侏罗纪火山岩中,仅太平林场—齐乾一带异常分布在元古宇和元古宙中酸性岩体的接触带上。

(2)Au-Cu-Pb-Zn-Ag地球化学组合异常主要分布在区内中部的乌拉特前旗—达尔罕茂明安联合旗、察哈尔右翼中旗—丰镇市一带和整个东北部,异常呈北东向或北西向展布。中部区异常分布在元古宇、太古宇中及地层与三叠纪、侏罗纪酸性、中酸性岩体或太古宙变质深成侵入体的接触带上。东北部异常以分布在侏罗系及地层与酸性、中酸性岩体接触带上为主,其次为罕达盖林场一带异常分布在泥盆系、奥陶系中,太平林场—齐乾一带异常分布在元古宇和元古宙中酸性岩体的接触带上。

(3)Au-Cu-Mo地球化学组合异常在全区分布不多,且较分散,仅白乃庙—镶黄旗一带异常分布较集中。异常位于华北陆块北缘断裂带北侧,呈北东向展布,异常区出露青白口系、志留系、石炭系、二叠系,局部见二叠纪、三叠纪、侏罗纪中酸性侵入岩体。

(4)Au-Fe_2O_3-Co-Ni-Mn地球化学组合异常多分布在区内的西部、中西部和东北部地区。中西部地区的异常分布最多、最集中且连续分布,主要分布在乌拉特前旗—土默特左旗—兴和县一带,该带内异常展布方向与集宁-凌源断裂带延伸方向一致,异常多分布在太古宇乌拉山岩群、集宁岩群中。西部和东北部异常较少,分布较分散,与之有关的地层以中元古界、奥陶系和侏罗系为主。

(二)地球化学综合异常特征研究

在对全区金矿种多元素组合异常研究的基础上,将前期编制的4组组合异常进行空间套合,研究其元素组合规律,结合地质特征,圈定综合异常,对综合异常进行解释推断及价值分类。对于不同成因类型组合异常元素叠加区域所圈定的综合异常,依据其周边组合异常类型、典型矿床成因类型确定其异常成因类型及主要元素组合。另外,在部分金元素异常强度高,成矿条件有利,与其他共伴生元素异常套合好或共伴生元素很少的区域也圈定了以金为主的综合异常,但该类区域的综合异常或异常元素组合和地质背景复杂,或元素组合太过简单,均无法确定其可能的异常成因类型,故将该类综合异常划分为成因类型不明型。

因此全区共确定综合异常成因为6类,即岩浆热液型、变质热液型、斑岩型、层控内生型、砂金矿、成因不明型。共圈定综合异常204个,其中岩浆热液型117个,变质热液型14个,斑岩型6个,层控内生型5个,砂金矿25个,成因不明型37个(图5-190)。对各个综合异常进行价值分类,异常类别分为甲、乙、丙3类,全区共编甲类异常40个,乙类异常123个,丙类异常41个。

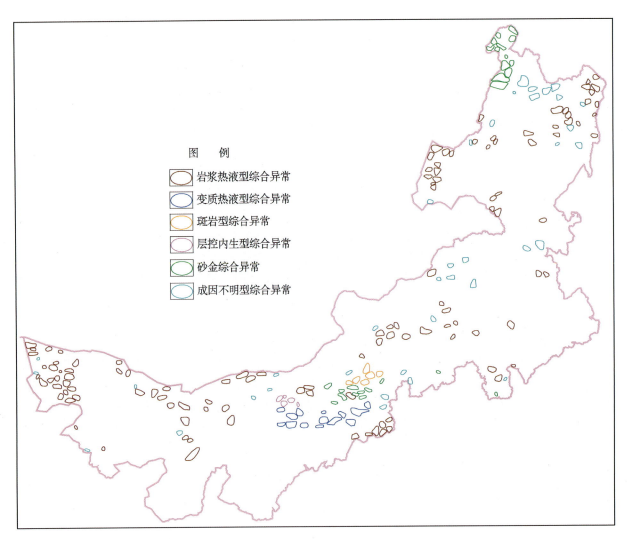

图5-190 金矿地球化学综合异常示意图

1. 岩浆热液型

(1)该类型综合异常分布范围很广,在地台、地槽区均有分布,且以地台区为主。与异常有关的侵入岩,分布在内蒙古台隆与大兴安岭中生代火山侵入岩带的复合地区(集宁以东地区),主要为燕山早期花岗岩、花岗闪长岩、花岗斑岩及其杂岩体。在内蒙古中部、西部地区,少数异常则与印支期花岗岩类有关。

(2)该类型综合异常特征元素组合为Au、As、Sb、Hg和Au、Cu、Pb、Zn、Ag两组,经后期4组典型组合元素套合后,确定出的岩浆热液型综合异常共伴生元素组合还有Co、Ni等。对该类综合异常进行价值分类,其中甲类综合异常20个,乙类81个,丙类16个。

2. 变质热液型

(1)该类型综合异常主要分布在内蒙古自治区中南部,沿陆块北缘深断裂、临河-集宁、乌拉山-大青山山前深断裂带两侧分布。异常空间上位于太古宙、元古宙变质岩系中,为太古宇集宁岩群、乌拉山岩群、色尔腾山岩群等变质基性—中酸性火山喷发-沉积岩系,岩石变质程度达角闪岩相(角闪质绿岩相),

混合岩化普遍。

(2)该类型综合异常特征元素组合为 Au、Cu、Pb、Zn、Ag 和 Au、Fe_2O_3、Co、Ni、Mn 两组。对该类综合异常进行价值分类,其异常级别以甲类、乙类为主,其中甲类综合异常 6 个,乙类 8 个。

3. 斑岩型

(1)该类型综合异常主要分布在中部区的白乃庙—镶黄旗一带,异常位于伊林哈别尔尕-西拉木伦断裂带和华北陆块北缘断裂带之间,沿断裂带展布。

(2)该类型综合异常特征元素组合为 Au、Cu、Mo,并不同程度地伴生有 Ag、Pb、Zn、Sb、Hg、As 等元素异常。对该类综合异常进行价值分类,其异常级别以甲类、乙类为主,其中甲类综合异常 3 个,乙类 2 个,丙类 1 个。

4. 层控内生型

(1)该类型综合异常在区内仅分布于巴音查干往东一带,位于隆起区边缘凹陷带,与断裂构造和变质作用关系密切,与岩体无明显联系,受一定层位和岩性组合控制。

(2)该类型综合异常特征元素组合为 Au、Cu、Pb、Zn、Ag,伴生有 Sb、Hg、As、Ni、Mo 等,各元素异常叠合度较高,往往构成同心环状异常组合。对该类综合异常进行价值分类,其异常级别以甲类、乙类为主,其中甲类综合异常 4 个,乙类 1 个。

5. 砂金矿

(1)自治区内砂金矿主要分布在东北部额尔古纳河流域和中部达尔罕茂明安联合旗—四子王旗—镶黄旗一带。

(2)该类型综合异常大多为单 Au 异常,有时伴有 Hg、Sb、As、Cu、Pb、Zn 等元素异常。对该类综合异常进行价值分类,其中甲类综合异常 7 个,乙类 11 个,丙类 7 个。

6. 成因不明型

对圈定的综合异常划分成因类型时,将综合异常内有特征元素组合的按成因分类后,发现有另外两种情况的综合异常无法确定其成因类型,最终都将其归类为成因类型不明型。这两种情况分别是:

(1)一种情况是部分区域金元素异常强度高,多种元素异常在空间上与其套合较好,成矿地质条件有利,但未发现任何已知金矿床(点),本次工作以金为主成矿将其圈定了综合异常范围。由于参考已确定成因类型的特征元素组合和地质背景特征都无法确定该部分综合异常的成因类型,故将其划分为成因类型不明型综合异常。

该类型综合异常在自治区内的商都县以南、科尔沁右翼前旗、金河镇—鄂伦春自治旗一带有分布。与该类异常有关的地层为二叠系、侏罗系、新近系,异常共伴生元素组合有 Au、As、Sb、Mo、Cu、Pb、Zn、Ag、Fe_2O_3、Co、Ni 等,综合异常空间展布形态多与其区域内断裂延伸方向一致,依据该类综合异常元素组合特征、地质成矿环境推测具有一定的找矿前景。

(2)另一种情况是部分区域金元素异常强度很高,特征元素组合在空间上却与其套合不好,有的甚至仅为单金异常,区域内未发现任何已知金矿床(点),但成矿地质条件较为有利,本次工作也将其圈定了综合异常范围。由于元素组合太过简单,无法确定该部分综合异常的成因类型,故也将其划分为成因不明型综合异常。

该类型综合异常较多,全区均有分布,但面积较小,呈不规则状,展布方向不明显。综合异常在各个时期的地层中均有分布。

综上所述,全区共圈定成因不明型综合异常 37 个,对其进行价值分类,评定出乙类 20 个,丙类 17 个。

三、铅锌矿

(一)地球化学组合异常特征研究

自治区铅锌矿床的主要成因类型有热液型、矽卡岩型、沉积型、火山岩型 4 种。通过对典型矿床成矿地质环境、地球化学特征进行综合研究,将全区地球化学综合异常按成因类型分为 3 类,即热液型、矽卡岩型和沉积型。3 种类型的化探异常各有其特点,根据每种类型综合异常的元素组合特征,选取相关元素,编制了多元素组合异常图。

1. 地球化学特征元素组合的选取

1)热液型

(1)自治区大部分铅锌矿床均为热液型,该类型是我区铅锌矿的重要成因类型。此种类型铅锌矿床规模大,含矿品位较高,常伴有贵重金属银。对全区典型的热液型矿床,如花敖包特、拜仁达坝、孟恩陶勒盖等热液型银铅锌多金属矿地球化学特征、成矿地质背景等进行分析,确定 Pb-Zn-Ag 为热液型铅锌矿床的典型成矿元素组合,根据 Pb、Zn、Ag 这 3 种元素分布特征圈定此类型的地球化学组合异常。

(2)对李清地铅锌矿地球化学特征、矿石矿物组分等进行分析,除 Pb、Zn、Ag 外,Au 也是矿区主要的共伴生矿物,其成因属于火山-中低温热液型,因此确定 Pb-Zn-Ag-Au 为热液型银多金属矿床的另一典型成矿元素组合,根据 Pb、Zn、Ag、Au 这 4 种元素分布特征圈定此类型的地球化学组合异常。

2)沉积型

自治区沉积型铅锌矿床均为铅、锌、硫多金属矿床,常伴生铜,分布比较集中。对全区内典型的沉积型矿床,如东升庙、炭窑口、甲生盘等矿床地球化学特征及成矿环境等进行分析,确定 Pb-Zn-Cu-S 为沉积型银矿床的典型成矿元素组合,全区 1:20 万化探未分析 S,因此根据 Pb、Zn、Cu 这 3 种元素分布特征圈定此类型的地球化学组合异常。

3)矽卡岩型

矽卡岩型也是自治区内主要的铅锌矿成因类型。此种类型矿床规模大,品位高,可选性好,是重点开发对象。自治区内矽卡岩型铅锌矿主要为以锌、铅为主,伴生铜,如白音诺尔、小营子、浩布高等矽卡岩型铅锌矿,对其地球化学特征及地质背景特征等进行分析,确定矽卡岩型铅锌矿床的典型地球化学元素组合也为 Pb-Zn-Cu。

综上所述,全区铅锌矿床的特征元素组合分别为 Pb-Zn-Ag、Pb-Zn-Ag-Au 和 Pb-Zn-Cu。

2. 组合异常综合研究

依据选取的地球化学特征元素组合,编制了全区铅矿、锌矿组合异常图。下面对各类组合异常在全区的空间分布特征、展布形态及所处地质环境进行分述。

(1)Pb-Zn-Ag 组合异常主要分布在自治区中东部。中部的组合异常主要分布在三道桥—固阳、凉城—化德一带,空间上多呈北东向或近南北向展布,异常所在区域主要出露中新元古界、太古宙变质深成侵入体和印支期酸性岩体。东部的组合异常规模较大,主要分布在克什克腾旗—突泉、新巴尔虎右旗、阿荣旗、牙克石—鄂伦春一带,多呈北东向展布,组合异常所处地质环境复杂,主要分布在二叠系、侏罗系、白垩系及各期次酸性岩体接触带上。

(2)Pb-Zn-Ag-Au 组合异常主要集中在大余太、旗下营、克什克腾旗—浩雅尔洪克尔、新巴尔虎右旗和牙克石—鄂伦春一带,与 Pb-Zn-Ag 组合异常空间分布特征的区别主要在于克什克腾旗—突泉一带,该区 Au 异常规模较小,与 Pb、Zn、Ag 套合程度不高,因此圈定的 Pb-Zn-Ag-Au 组合异常较少。该类组合异常在区内多为北东向展布,与二叠系、侏罗系、白垩系具有一定的相关性。

(3) Pb-Zn-Cu 组合异常在全区分布较少,在中部主要集中于大佘太、旗下营周围,多沿近东西向或北西向延展,所在位置主要出露中新元古界。自治区东部的组合异常主要集中在克什克腾旗—突泉、新巴尔虎右旗一带,也有部分组合异常分散在牙克石附近,该类组合异常多沿北东方向延展,集中在二叠系、侏罗系出露地段。

(二) 地球化学综合异常特征研究

以全区铅矿、锌矿多元素组合异常图为基础,将圈定的组合异常进行空间叠加。根据综合解释的需要分别圈定以 Pb 为主和以 Zn 为主的综合异常范围,参考所圈综合异常范围内及周边已知铅锌矿床(点)所处位置的地质背景、成因类型和地球化学异常特征,确定综合异常主要元素组合,并将其按成因类型进行分类。另外,部分区域 Pb 或 Zn 异常强度高,与其他共伴生元素异常套合好,成矿条件有利,因此也圈定为以 Pb 为主或以 Zn 为主的综合异常,但该地区异常元素组合和地质背景复杂,可能经过多期次岩浆活动叠加或后期改造,无法确定其可能的矿产成因类型,将该类综合异常划分为成因类型不明型。

全区共圈定以铅为主的综合异常 191 个,其中热液型 146 个,矽卡岩型 13 个,沉积型 12 个,成因不明型 20 个(图 5-191);对综合异常进行评价分级,其中甲类异常 77 个,乙类异常 87 个,丙类异常 27 个。以锌为主的综合异常 215 个,其中热液型 175 个,矽卡岩型 10 个,沉积型 14 个,成因不明型 16 个(图 5-192);对综合异常进行评价分级,其中甲类异常 75 个,乙类异常 98 个,丙类异常 42 个。

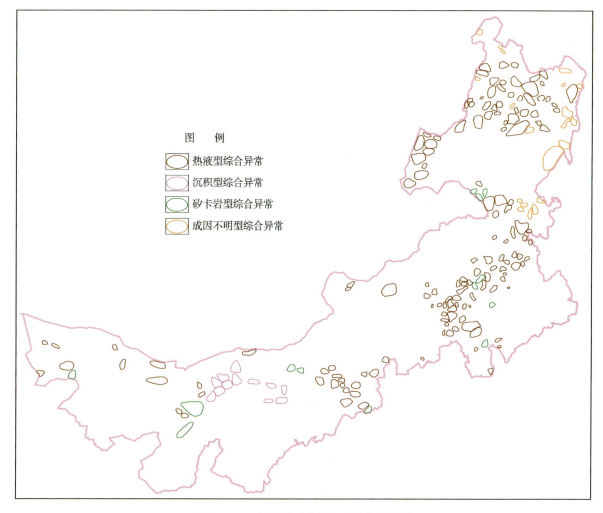

图 5-191 铅矿地球化学综合异常示意图

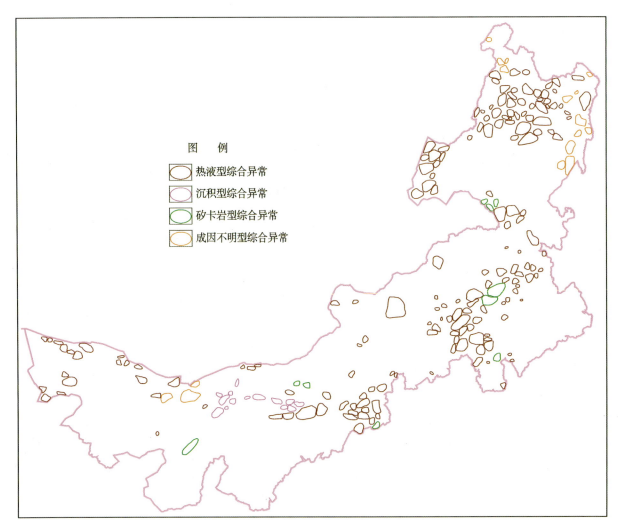

图 5-192 锌矿地球化学综合异常示意图

自治区内铅、锌矿床常常相伴而生，单独成矿的较少。相对应的铅、锌异常一般也共同产出，不同成因类型铅、锌综合异常在全区范围内的空间分布规律一致，因此本次不对其进行分述。

1. 热液型

自治区内以铅、锌为主的综合异常大多数为热液成因。下面对本次圈定的热液型综合异常的空间分布、所处地质环境及空间展布形态进行详细研究，并对其进行综合评价，确定异常级别。

(1)该类综合异常主要分布在区内的两个成矿带：一是克什克腾旗—乌兰浩特及北部新巴尔虎右旗与中生代热液活动有关的铅、锌、银、铜等多金属成矿带，该区是自治区热液型铅锌矿床的重要产出地，已探明银矿床受控于中生代火山岩带和北北东—北东向断裂构造；二是翁牛特旗少郎河断裂带，该断裂带是西拉木伦东西向深断裂的次一级断裂构造，那里分布着一系列以热液型为主、矽卡岩型为次的大中型铅锌多金属矿床，受东西向断裂构造控制。

(2)热液型综合异常大多分布在二叠系与中酸性岩体的接触带附近。该地层中富含部分矿质组分，在中生代火山-侵入作用过程中，被活化转移到成矿热液中，在有利地段发生局部富集。

(3)区内热液型综合异常受断裂构造控制，多呈北北东向、北东向或近东西向延展。

总之，该类综合异常特征元素组合为 Pb、Zn、Ag 和 Pb、Zn、Ag、Au，主要共伴生元素为 Sn、W、Mo、

Bi、Cu、As、Sb 等。对该类综合异常进行评价分级,确定以铅为主的甲类综合异常 60 个,乙类 69 个,丙类 17 个;以锌为主的甲类综合异常 62 个,乙类 84 个,丙类 29 个。

2. 矽卡岩型

矽卡岩型综合异常也属于热液型的一种,不同的是该区所处位置存在以中酸性岩体为主的侵入体,主成矿元素异常多位于侵入体和化学性质活泼的围岩接触带附近,围岩出现矽卡岩化是该类综合异常的重要标志。

(1)矽卡岩型综合异常集中分布在达茂旗、白音诺尔、罕达盖一带。我区几个最重要的矽卡岩型铅锌矿大地构造环境均属于克什克腾旗—乌兰浩特华力西晚期褶皱带的南段,即黄岗梁-甘珠尔庙复背斜的北西翼。

(2)矽卡岩型综合异常区出露地层主要为下中二叠统大石寨组碳酸盐岩-安山岩建造及黄岗梁组砂板岩-碳酸盐岩建造,控制成矿带的深断裂及晚侏罗世火山盆地对该类综合异常和矿床起着控制作用。

(3)与该类综合异常密切相关的岩体主要是燕山早期发育完好的火山-侵入杂岩的浅成相小侵入体,如花岗闪长斑岩、二长花岗岩等。

(4)区内矽卡岩型综合异常多沿北东方向展布。

该类综合异常特征元素组合为 Pb、Zn、Ag、Cu,主要共伴生元素有 Sn、W、Mo、Bi、As、Sb 等。对该类综合异常进行评价分级,确定以铅为主的甲类综合异常 9 个,乙类 4 个;以锌为主的甲类综合异常 6 个,乙类 4 个。

3. 沉积型

该类型矿床集中分布在自治区西部,规模较大的沉积型矿床均为铅、锌、硫、铜多金属矿。

(1)本次圈定的沉积型综合异常在自治区内分布比较集中,都位于华北陆块北缘西段狼山-白云鄂博台缘坳陷之狼山-渣尔泰山褶断束内。

(2)此类型综合异常具有典型的层控特点,所处区域主要出露地层为中新元古界渣尔泰山群,该地层是区内沉积型铅锌矿床的控矿地层。

(3)该类异常的多元素组合异常在平面上均有水平分带趋势,空间上多沿近东西向或北东向展布。

该类综合异常特征元素组合为 Pb、Zn、Ag、Cu、S,主要共伴生元素有 Fe_2O_3、Mn 等。对该类综合异常进行评价分级,确定以铅为主的甲类综合异常 8 个,乙类 3 个,丙类 1 个;以锌为主的甲类综合异常 7 个,乙类 4 个,丙类 3 个。

4. 成因不明型

(1)部分综合异常铅或锌元素异常强度高,多种元素异常在空间上与其套合,异常区内没有已知铅锌矿床(点),成矿地质条件复杂。根据异常元素组合和地质背景条件无法确定其可能的成因类型,故将其划分为成因不明型综合异常。

(2)该类综合异常主要分布在自治区东北部,其空间展布形态多与其所属成矿区带深大断裂延伸方向一致,地质构造背景复杂,可能经过多期次岩浆活动或后期变质改造。对该类综合异常进行评价分级,确定以铅为主的乙类综合异常 11 个,丙类 9 个;以锌为主的乙类综合异常 6 个,丙类 10 个。

四、锑矿

(一)地球化学组合异常特征研究

自治区仅有一处典型锑矿床,成矿规律组将其成因类型划分为热液型,化探课题组对其成矿环境、地球化学特征及地球物理特征进行了系统性研究,按照典型地球化学元素组合特征将全区锑矿确定为热液型,建立了相应的地质-地球化学模型(详见本章第二节),明确了锑矿典型的特征元素组合为 Sb、As、Hg,并编制了多元素组合异常图。

1. 地球化学特征元素组合的选取

对区内典型热液型矿床阿木乌苏锑矿的地球化学特征、地质特征等进行分析,发现该矿属低温热液矿床,元素组合以 Sb-As-Au 为主,因此确定 Sb、As、Au 这一组低温成矿元素组合为锑矿床的特征元素组合,根据这 3 种元素分布特征编制此类型锑矿的地球化学组合异常图,并圈定组合异常。

2. 组合异常综合研究

Sb-As-Au 组合异常主要分布在中部、西部地区,东部较少,零星分布。西部组合异常规模大,呈北西向或北东向展布,受断裂构造控制明显,异常区出露地层比较简单,以二叠系和白垩系为主。中部区组合异常规模相对较小,沿大的断裂带分布,异常区出露地层比较复杂,见元古宇、志留系、泥盆系、石炭系、二叠系、白垩系、新近系出露。

(二)地球化学综合异常特征研究

在对全区锑矿种多元素组合异常研究的基础上,按照 Sb、As、Au 组合异常最大边界圈定出锑矿综合异常范围。参考所圈综合异常范围内及已知锑矿床(点)所处位置的地质背景、成因类型和地球化学异常组合特征,确定综合异常成因类型均为热液型。结合 Cu、Pb、Ag、W、Mo 等主要共伴生元素异常的分布特征,确定所圈综合异常的主要共伴生元素组合。全区共圈定综合异常 38 个,且全为热液型(图 5-193),对其进行评价分级,其中甲类异常 1 个,乙类异常 31 个,丙类异常 6 个。

自治区锑矿资源较贫乏,本次工作圈定的锑矿综合异常也不多,主要集中在北山、阿拉善、苏尼特右旗—霍林郭勒市和得尔布干这 4 个带上。北山、阿拉善一带异常面积较大,具有近东西向、北西向展布的特点,共伴生元素组合有 Sb、As、Au、Cu、W、Bi 等。苏尼特右旗—霍林郭勒市和得尔布干一带综合异常面积一般不大,共伴生元素组合有 Sb、As、Au、Ag、Cu、Zn、W、Bi 等。

五、钨矿

(一)地球化学组合异常特征研究

化探课题组对成矿规律组选取的 4 个钨典型矿床进行详细研究,根据其区域地质背景、矿床地质特征、空间分布特征、地球化学特征等,将钨矿的成因类型确定为热液型,建立相应地质-地球化学找矿模型(详见本章第二节),并总结出该类型矿床的特征元素组合,编制多元素地球化学组合异常图。

1. 地球化学特征元素组合的选取

热液型钨矿多以黑钨矿为主,对区内典型的热液型矿床,如沙麦、白石头洼、七一山、乌日尼图等钨矿地球化学特征、地质特征等进行分析,发现钨矿床多与中酸性岩体有关,元素组合以 W、Sn、Bi 为主,伴有 Mo 元素异常。根据 W-Sn-Mo-Bi 这 4 种元素组合分布特征编制钨矿地球化学组合异常,并圈定组合异常。

2. 组合异常综合研究

W-Sn-Mo-Bi 组合异常在区内分布范围较广,但分布较散乱,仅东部区相对集中,呈北东向连续

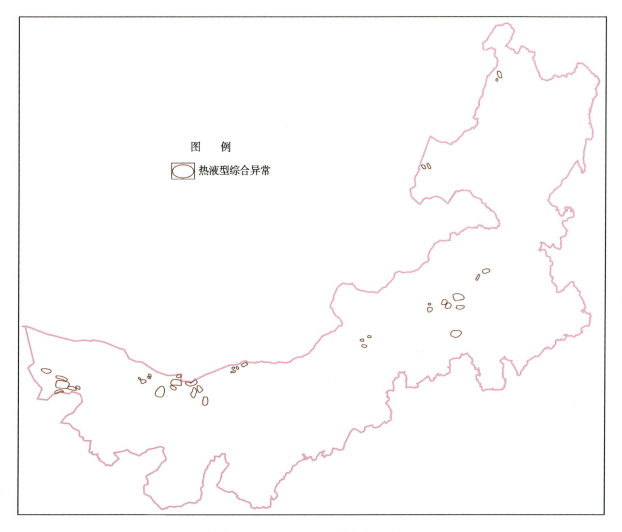

图 5-193 锑矿地球化学综合异常示意图

展布。异常多分布在燕山期花岗岩体中或地层与该类岩体的接触带上,部分异常与华力西期花岗岩体有关。

(二)地球化学综合异常特征研究

在对全区钨矿种多元素组合异常研究的基础上,按照 W、Sn、Mo、Bi 组合异常最大边界圈定出钨矿综合异常范围。参考所圈综合异常范围及已知钨矿床(点)所处位置的地质背景、成因类型和地球化学异常组合特征,确定综合异常成因类型均为热液型。结合 As、Sb、Ag、Cu、Pb 等主要共伴生元素异常的分布特征,确定所圈综合异常的主要共伴生元素组合。全区共圈定综合异常 57 个,且全为热液型(图 5-194),对其进行评价分级,其中甲类异常 10 个,乙类异常 29 个,丙类异常 18 个。

自治区钨矿综合异常主要分布在克什克腾旗—西乌珠穆沁旗—科尔沁右翼中旗一带,异常面积大,呈北东向展布。在迭布斯格断裂带和得尔布干断裂带等深大断裂附近也有大量综合异常分布。在内蒙古西部、镶黄旗—太仆寺旗、查干敖包、阿尔山等地区的综合异常分布较少,异常面积一般也不大。这些异常的元素组合多以 W、Sn、Mo、Bi 为主。伴有 As、Sb、Ag、Cu 等元素异常。

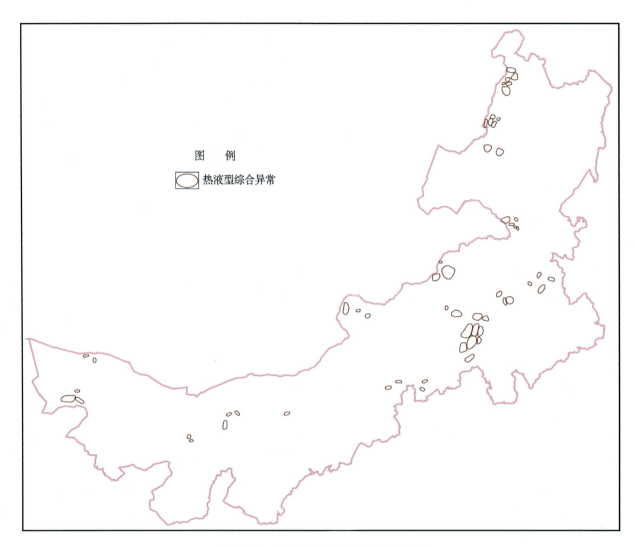

图 5-194 钨矿地球化学综合异常示意图

六、稀土矿

(一)地球化学组合异常特征研究

成矿规律组将全区稀土矿床按照成因类型分为沉积型和岩浆型两种。化探课题组对成矿规律组选取的稀土典型矿床进行详细研究,挑选出部分有代表性的矿床,根据其区域地质背景、矿床地质特征、空间分布特征、地球化学特征等,将全区稀土矿也划分为沉积型和岩浆型两种成因类型,建立了稀土矿地质-地球化学找矿模型(详见本章第二节),并总结出不同成因类型矿床的特征元素组合,编制多元素地球化学组合异常图。下面对其进行详细论述。

1. 地球化学特征元素组合的选取

1)沉积型

对区内典型沉积型矿床白云鄂博稀土矿的地球化学特征、地质特征等进行分析,发现稀土矿的赋矿岩石为白云岩、富钾板岩、钠长岩及碳酸岩脉,成矿特征元素组合为 La-Y-Nb-Th。根据以上元素的分布特征编制此类型稀土矿的地球化学组合异常图,并圈定组合异常。

2)岩浆型

(1)对全区典型的岩浆型矿床巴尔哲稀土矿地球化学特征、蚀变特征等进行分析,确定 Y、Zr、Th、Be 为沉积型稀土矿的典型成矿元素组合,根据 Y-Zr-Be-Th 这 4 种元素分布特征编制此类型稀土矿的地球化学组合异常图,并圈定组合异常。

(2)对三道沟稀土矿地球化学特征、矿石矿物组分等进行分析,发现其具有 La、Th、U、Y 的特征元素组合,根据 La-Th-U-Y 这 4 种元素分布特征编制此类型稀土矿的地球化学组合异常图,并圈定组合异常。

2. 组合异常综合研究

依据选取的地球化学特征元素组合,编制组合异常图,圈定组合异常。现对各类组合异常在全区的空间分布特征、展布形态以及所处地质环境进行分述:

(1)La-Y-Nb-Th 组合异常主要分布在区内中西部和东北部,东南部克什克腾旗—翁牛特旗一带也有较大异常分布。中西部异常分布在华北陆块北缘断裂带和集宁-凌源断裂带之间或沿两断裂带分布,其展布方向与断裂延伸方向一致;异常多与元古宇、太古宇和元古宙、太古宙变质深成侵入体有关。东北部异常分布较散乱,多数异常沿额尔齐斯-得尔布干断裂带分布,呈北东向展布;异常主要分布在侏罗系及元古宙正长花岗岩体上。

(2)Y-Zr-Be-Th 地球化学组合异常在全区分布较少,主要集中在锡林浩特市—赤峰市一带和额尔齐斯-得尔布干断裂带西部地区。两个带的异常都主要分布在侏罗系和燕山期酸性、中酸性岩体上。

(3)La-Th-U-Y 组合异常主要集中在自治区的东北部,中部相对较少,西部基本无异常显示。东北部异常主要分布在侏罗系中,沿额尔齐斯-得尔布干断裂带两侧分布。中部异常在乌拉特前旗—卓资县、太仆寺旗—正蓝旗、锡林浩特市—呼斯尔陶勒盖一带有少数异常分布,异常多位于侏罗系上,部分异常区内中酸性、基性及超基性脉岩发育。

(二)地球化学综合异常特征研究

在对全区稀土矿种多元素组合异常研究的基础上,将前期编制的 3 组组合异常进行空间套合,研究其元素组合规律,结合地质特征,圈定综合异常,对综合异常进行解释推断及价值分类。对于不同成因类型组合异常元素叠加区域所圈定的综合异常,依据其周边组合异常类型、典型矿床成因类型确定其异常成因类型及主要元素组合。另外,在部分稀土元素异常强度高,成矿条件有利,与其他共伴生元素异常套合好的区域也圈定了综合异常,但该类区域的综合异常或异常元素组合和地质背景复杂,无法确定其可能的异常成因类型,故将该类综合异常划分为成因类型不明型。

因此全区共确定综合异常成因为 3 类,即沉积型、岩浆型和成因不明型。共圈定综合异常 83 个,其中沉积型 6 个,岩浆型 35 个,成因不明型 42 个(图 5-195)。对各个综合异常进行价值分类,异常类别分为甲、乙、丙 3 类,全区共编甲类异常 4 个,乙类异常 54 个,丙类异常 25 个。

1. 沉积型

(1)该类型综合异常分布在白云鄂博地区和正镶白旗—多伦县一带,异常面积一般较大,大部分异常呈北西向展布。综合异常均受华北陆块北缘断裂带控制。

(2)该类型综合异常特征元素组合为 La、Y、Nb、Th,La、Nb 为主要成矿元素。经后期 3 组典型组合元素套合后,确定出的沉积型综合异常共伴生元素组合还有 U 等。对该类综合异常进行价值分类,其中甲类综合异常 1 个,乙类 1 个,丙类 4 个。

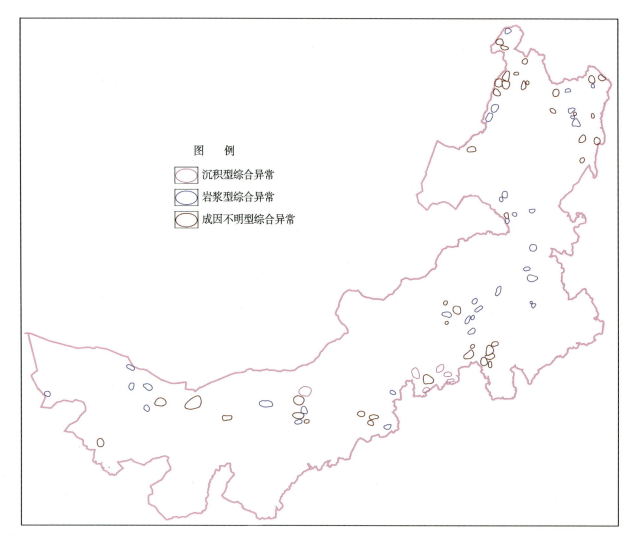

图 5-195 稀土矿地球化学综合异常示意图

2. 岩浆型

(1)该类型综合异常在全区均有分布,东部区异常分布相对较多。西克克桃勒盖—哈日博日格一带异常元素组合以 La、Th、U、Y 为主,Th、Y 异常规模一般不大,La、U 为主要成矿元素,综合异常面积一般较大,基本以北西向分布。锡林浩特市以东—科尔沁右翼中旗以西一带异常元素组合以 Y、Zr、Be、U、Th、La 为主,Y、Zr、Be 为主要成矿元素。该带综合异常面积一般不大,呈串珠状北东向展布,区内已知稀土矿床(点)与所圈综合异常吻合较好。罕达盖林场一带和鄂伦春自治旗以南一带异常元素组合以 La、Th、Y、U、Be 为主,综合异常面积较大,多呈北西向展布。

(2)该类型综合异常特征元素组合为 La、Th、U、Y、Be、Zr,对该类综合异常进行价值分类,其中甲类综合异常 3 个,乙类 24 个,丙类 8 个。

3. 成因不明型

(1)按照地球化学特征元素组合和已知稀土矿床(点)的分布特征圈定出综合异常范围后,发现区内还存在另外一类特殊的多元素组合异常。该区稀土元素异常强度高,多种元素异常在空间上与其套合较好,未发现任何稀土矿床(点),但成矿地质条件有利,本次工作依据其组合异常边界圈定了综合异常范围。由于该区异常元素组合不属于任何已确定成因类型的特征元素组合,参考其地质背景特征也无法确定其可能的成因类型,故将其划分为成因不明型综合异常。

(2)该类综合异常主要分布在克什克腾旗—赤峰市一带和得尔布干成矿带,主要异常元素组合有Y、La、U、Nb、Be、Th、Zr等,其空间展布形态多与其所属成矿区带深大断裂延伸方向一致,地质构造背景复杂,可能经过多期次岩浆活动或后期变质改造。依据该类综合异常地球化学特征、成矿地质背景特征推测具有一定的找矿前景,将成因不明类型的综合异常评定出乙类29个,丙类13个。

七、银矿

(一)地球化学组合异常特征研究

依据全区已探明银矿床(点)的成矿时代、成矿地质背景特征,以及成矿规律组选取的银典型矿床地质特征、蚀变特征、矿床的空间分布特征、矿石矿物组分、地球化学特征等,确定了区内银矿床的主要成因类型有热液型、火山岩型、矽卡岩型、沉积型。化探课题组选取全区具有代表性的典型矿床,研究其成矿环境、地球化学特征及地球物理特征,按照典型地球化学元素组合特征将全区银矿分为热液型、矽卡岩型、沉积型3种成因类型,建立了相应的地质-地球化学模型(详见本章第二节),确定了不同成因类型的特征元素组合,编制了多元素组合异常图。下面对其进行详细论述。

1. 地球化学特征元素组合的选取

1)热液型

(1)热液型银矿床是自治区银矿床的重要成因类型。对全区典型的热液型矿床,如花敖包特、拜仁达坝、额仁陶勒盖等热液型银铅锌多金属矿地球化学特征、蚀变特征等进行分析,确定Ag、Pb、Zn为热液型银多金属矿床的典型成矿元素组合,根据Ag-Pb-Zn这3种元素分布特征圈定此类型的地球化学组合异常。

(2)对李清地银铅锌矿地球化学特征、矿石矿物组分等进行分析,除Ag、Pb、Zn外,Au也是矿区主要的共伴生矿物,其成因属于火山-中低温热液型,因此确定Ag、Pb、Zn、Au为热液型银多金属矿床的另一典型成矿元素组合,根据Ag-Pb-Zn-Au这4种元素分布特征圈定此类型的地球化学组合异常。

2)沉积型

研究区内沉积型银矿床都是铜矿的伴生矿床,分布比较集中。对全区内典型的沉积型矿床,如霍各乞、炭窑口、白乃庙等铜伴生银矿床地球化学特征及蚀变特征等进行分析,确定Ag、Pb、Zn、Cu、S为沉积型银矿床的典型成矿元素组合,全区1:20万化探未分析S,因此根据Ag-Pb-Zn-Cu这4种元素分布特征圈定此类型的地球化学组合异常。

3)矽卡岩型

矽卡岩型银铅锌多金属矿也是自治区内主要的银矿床类型。此种类型矿床规模大,品位高,可选性好,是重点开发对象。自治区内矽卡岩型银矿主要为以锌、铅为主,伴生银。对全区内典型的矽卡岩型矿床,如白音诺尔、浩布高等矽卡岩型银铅锌矿地球化学特征及蚀变特征等进行分析,确定矽卡岩型银铅锌多金属矿床的典型地球化学元素组合也为Ag-Pb-Zn-Cu。

综上所述,全区银矿床的特征元素组合分别为Ag-Pb-Zn、Ag-Pb-Zn-Au和Ag-Pb-Zn-Cu。

2. 组合异常综合研究

依据选取的地球化学特征元素组合,编制组合异常图。圈定组合异常,对各类组合异常在全区的空间分布特征、展布形态以及所处地质环境进行分述。

（1）Ag-Pb-Zn组合异常主要分布在自治区中东部。中部的组合异常主要分布在乌拉特后旗中旗—察右后旗一带，空间上多呈近东西向或北西向展布，异常所在区域主要出露中新元古界、太古宙变质深成侵入体和印支期酸性岩体。东部的组合异常规模较大，主要分布在克什克腾旗—突泉、新巴尔虎右旗和牙克石—鄂伦春一带，多呈北东向展布，组合异常所处地质环境复杂，主要分布在二叠系、侏罗系、白垩系及各期次酸性岩体接触带上。

（2）Ag-Pb-Zn-Au组合异常主要集中在大余太、旗下营、克什克腾旗—浩雅尔洪克尔、新巴尔虎右旗和牙克石—鄂伦春一带，与Ag-Pb-Zn组合异常空间分布特征的区别主要在于克什克腾旗—突泉一带，该区Au异常规模较小，与Ag、Pb、Zn套合程度不高，因此圈定的Ag-Pb-Zn-Au组合异常较少。该类组合异常在区内多为北东向展布，与二叠系、侏罗系、白垩系具有一定的相关性。

（3）Ag-Pb-Zn-Cu组合异常在全区分布较少，在中部主要集中于大余太、旗下营周围，多沿近东西向或北西向延展，所在位置主要出露中新元古界。自治区东部的组合异常主要集中在克什克腾旗—突泉、新巴尔虎右旗一带，也有部分组合异常分散在牙克石附近，该类组合异常多沿北东向延展，集中在二叠系、侏罗系出露地段。

（二）地球化学综合异常特征研究

在对全区银矿种多元素组合异常研究的基础上，将圈定的组合异常进行空间叠加，对于存在多种元素组合的区域，依据其周边组合异常类型、空间分布特征确定其主要元素组合。根据综合解释的需要圈定综合异常范围，参考所圈综合异常范围内及周边已知银矿床（点）所处位置的地质背景、成因类型和地球化学异常组合特征，将综合异常按成因进行分类。另外，部分区域主成矿元素异常强度高，与其他共伴生元素异常套合好，成矿条件有利，因此也圈定为以银为主的综合异常，但该地区异常元素组合和地质背景复杂，可能经过多期次岩浆活动叠加或后期改造，无法确定其可能的矿产成因类型，将该类综合异常划分为成因不明型。结合锡、三氧化二铁、锰等主要共伴生元素异常的分布，确定所圈综合异常的主要共伴生元素组合。全区共圈定综合异常216个，其中热液型172个，矽卡岩型5个，沉积型8个，火山岩型5个，成因不明型26个（图5-196）。对综合异常进行评价分级，其中甲类异常57个，乙类异常134个，丙类异常25个。

1. 热液型

自治区内银矿床大多为热液型，该类型银矿床是我区重点开发的对象，多与铅、锌共伴生。下面对本次圈定的热液型综合异常的空间分布、所处地质环境及空间展布形态进行详细研究，并对其进行综合评价，确定异常级别。

（1）该类综合异常主要分布在区内的两个成矿带：一是克什克腾旗—乌兰浩特及北部新巴尔虎右旗与中生代热液活动有关的银、铅、锌、铜等多金属成矿带，该区是自治区热液型银矿床的重要产出地，已探明银矿床受控于中生代火山岩带和北北东—北东向断裂构造；二是翁牛特旗少郎河断裂带，该断裂带是西拉木伦东西向深断裂的次一级断裂构造，那里分布着一系列以热液型为主、矽卡岩型为次的大中型银铅锌多金属矿床，受东西向断裂构造控制。

（2）热液型综合异常大多分布在二叠系与中酸性岩体的接触带附近。该地层中富含部分矿质组分，在中生代火山-侵入作用过程中，被活化转移到成矿热液中，在有利地段发生局部富集。

（3）区内热液型综合异常受断裂构造控制，多呈北北东向、北东向或近东西向延展。

总之该类综合异常特征元素组合为Ag、Pb、Zn和Ag、Pb、Zn、Au，主要共伴生元素为Sn、W、Mo、Bi、Cu、As、Sb等。对该类综合异常进行评价分级，确定甲类综合异常47个，乙类100个，丙类25个。

2. 矽卡岩型

矽卡岩型综合异常也属于热液型的一种，不同的是该区所处位置存在以中酸性岩体为主的侵入体，

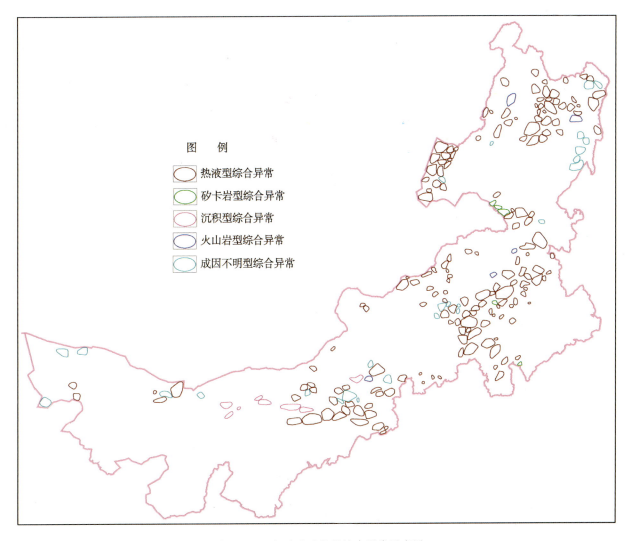

图 5-196　银矿地球化学综合异常示意图

主成矿元素异常多位于侵入体和化学性质活泼的围岩接触带附近,围岩出现矽卡岩化是该类综合异常的重要标志。自治区内矽卡岩型银矿床多与铅、锌伴生。

(1)矽卡岩型综合异常集中分布在白音诺尔、罕达盖一带,大地构造环境属于克什克腾旗—乌兰浩特华力西晚期褶皱带的南段,即黄岗梁-甘珠尔庙复背斜的北西翼。

(2)矽卡岩型综合异常区出露地层主要为下中二叠统大石寨组碳酸盐岩-安山岩建造及黄岗梁组砂板岩-碳酸盐岩建造,控制成矿带的深断裂及晚侏罗世火山盆地对该类综合异常和矿床起着控制作用。

(3)与该类综合异常密切相关的岩体主要是燕山早期发育完好的火山-侵入杂岩的浅成相小侵入体,如花岗闪长斑岩、二长花岗岩等。

(4)区内矽卡岩型综合异常多沿近东西向展布。

该类综合异常特征元素组合为 Ag、Pb、Zn、Cu,主要共伴生元素有 Sn、W、Mo、Bi、As、Sb 等。对该类综合异常进行评价分级,确定甲类综合异常 2 个,乙类 3 个。

3. 沉积型

区内沉积型银矿床集中分布在自治区西部,规模较大,但均为铜银伴生矿床。

(1)本次圈定的沉积型综合异常在自治区内分布比较集中,都位于华北陆块北缘,多数在狼山-白云鄂博台缘坳陷之狼山-渣尔泰山褶断束内，个别分布于华北陆块北缘增生带加里东期俯冲增生杂岩带中。

（2）此类型综合异常具有典型的层控特点，所处区域主要出露地层为中新元古界渣尔泰山群和青白口系白乃庙组，该地层是区内沉积型铜伴生银矿床的控矿地层。

（3）该类异常的多元素组合异常在平面上均有水平分带趋势，空间上多沿近东西向或北东向展布。

该类综合异常特征元素组合为 Ag、Pb、Zn、Cu、S，主要共伴生元素有 Fe_2O_3、Mo、Au、Mn 等。对该类综合异常进行评价分级，确定甲类综合异常 3 个，乙类 5 个。

4. 火山岩型

（1）区内已发现火山岩型银矿床（点）包括两种，分别为陆相和海相火山岩型。火山岩型矿床也可以归属为热液类型，不同的是该类矿床在成因上、时间上和空间上都与火山岩或次火山岩密切相关。同样，区内火山岩型综合异常的特征元素组合与热液型相似，为 Ag、Pb、Zn，主要共伴生元素为 W、Sn、Mo、Bi、Cu、Au、As、Sb 等热液型元素组合，因此只能参考区内已知火山岩型银矿床（点）空间分布特征确定火山岩型综合异常。

（2）本次共圈定火山岩型综合异常 5 个，该类异常在全区分布较分散，分别位于朱日和、霍林郭勒、莫尔道嘎、加格达奇附近，空间展布形态为北东向或近东西向，该类综合异常主要与侏罗纪、白垩纪中基性火山岩、火山碎屑岩、火山熔岩有关，均为与已知银矿床（点）有关的甲类异常。

5. 成因不明型

（1）按照地球化学特征元素组合和已知银矿床（点）的分布特征圈定出综合异常范围后，发现区内还存在另外一类特殊的多元素组合异常。该区银元素异常强度高，多种元素异常在空间上与其套合较好，未发现任何银矿床（点），但成矿地质条件有利，本次工作依据其组合异常边界圈定了综合异常范围。由于该区异常元素组合不属于任何已确定成因类型的特征元素组合，参考其地质背景特征也无法确定其可能的成因类型，故将其划分为成因不明型综合异常。

（2）该类综合异常在全区均有分布，异常元素组合有 Ag－Zn－Fe_2O_3－Mn－Cu、Ag－Au－Sn、Ag－Au－Pb、Ag－Cu－Au、Ag－Zn－Sn、Ag－Au－Cu－Fe_2O_3－Mn 等，其空间展布形态多与其所属成矿区带深大断裂延伸方向一致，地质构造背景复杂，可能经过多期次岩浆活动或后期变质改造。依据该类综合异常地球化学特征、地质成矿环境推测具有一定的找矿前景，将 26 个不明成因类型的综合异常全部评定为乙类。

八、钼矿

（一）地球化学组合异常特征研究

成矿规律组通过研究将全区钼矿床的主要成因类型定为斑岩型、热液型、矽卡岩型和沉积型 4 类。化探课题组对成矿规律组选取的钼典型矿床进行详细研究，挑选出部分有代表性的矿床，根据其区域地质背景、矿床地质特征、空间分布特征、地球化学特征等，将钼矿的成因类型划分为以斑岩型和热液型为主的两种类型，建立相应地质-地球化学找矿模型（详见本章第二节），并总结出不同成因类型矿床的特征元素组合，编制多元素地球化学组合异常图。其中斑岩型的典型元素组合为 Mo、Cu、Pb、Zn、Ag，热液型的典型元素组合为 Mo、W、Sn、Bi 和 Mo、Au、As、Sb。下面对其进行详细论述。

1. 地球化学特征元素组合的选取

1）斑岩型

近年来新发现的具有大中型远景规模的钼矿床,其成因类型绝大多数为斑岩型。对区内典型的斑岩型矿床,如乌努格吐山、必鲁甘干、大苏计、乌兰德勒、太平沟、敖仑花、小狐狸山等斑岩型钼矿、铜钼矿地球化学特征、地质特征等进行分析,发现钼矿体多赋存于斑岩体内,元素组合除 Mo、Cu 外,Pb、Zn、Ag 也是部分矿区主要的共伴生元素,因此确定斑岩型钼矿床的典型成矿元素组合为 Mo - Cu - Pb - Zn - Ag,根据这 5 种元素分布特征编制此类型矿床的地球化学组合异常图,并圈定组合异常。

2）热液型

对区内典型热液型矿床曹家屯钼矿的地球化学特征、地质特征等进行分析,发现钼矿体多产于砂板岩断裂破碎带中,侵入岩以中酸性岩体为主,成矿元素组合除 Mo、W、Sn、Bi 外,还有 Au、As、Sb 等元素与之共伴生,因此确定热液型钼矿床的典型成矿元素组合为 Mo、W、Sn、Bi、Au、As、Sb。根据以上元素的分布特征、成矿温度及相关关系,将其划分为两套元素组合,分别为 Mo - W - Sn - Bi 和 Mo - Au - As - Sb,将这两套典型元素组合分别编制地球化学组合异常图,并圈定组合异常。

通过对矽卡岩型典型矿床地质、地球化学特征的详细研究,发现其元素组合也为 Mo、W、Sn、Bi、Au、As、Sb,与热液型相同,因该类型矿床多产出于中酸性侵入体和化学性质活泼的碳酸盐岩接触带附近,围岩见矽卡岩化,故而又划分为矽卡岩型。矽卡岩型的特征元素组合也为 Mo - W - Sn - Bi - Au - As - Sb。

2. 地球化学组合异常研究

将选取的地球化学特征元素组合,分别编制组合异常图,圈定组合异常,现对各类组合异常在全区的空间分布特征、展布形态以及所处地质环境分述如下：

(1) Mo - Cu - Pb - Zn - Ag 地球化学组合异常主要分布在区内中部和东部区,西部异常较少,零星分布。东部区以新巴尔虎右旗—鄂伦春自治旗、太平沟一带为主,组合异常多,范围大,呈北东向连片展布。中部异常相对较少,范围也较小,呈北东向或东西向串珠状展布。组合异常多分布于地层与燕山期、华力西期花岗岩、花岗斑岩、花岗闪长岩等接触带上及北东向、北西向大断裂带附近。

(2) Mo - W - Sn - Bi 地球化学组合异常在全区均有分布,其中西部在梧桐沟—七一山、克克桃勒盖—沙日布日都—巴彦查干一带组合异常分布较多,异常范围一般不大,多与古生界奥陶系、泥盆系和元古宇及华力西期中酸性岩体有关。中部在二连浩特北部、克什克腾旗—霍林郭勒市一带组合异常分布密集,异常范围较小,多与古生界石炭系、二叠系及华力西期中酸性岩体有关。东部在乌尔其汉镇—克一河镇、罕达盖一带组合异常分布密集,异常范围较大,多与侏罗纪英安岩、凝灰岩、火山碎屑岩及燕山期中酸性岩体有关。

(3) Mo - Au - As - Sb 地球化学组合异常在全区分布较少,主要是因为 Au 与 As、Sb 套合的不好。区内组合异常主要分布在中西部地区,异常范围一般较大,克克桃勒盖—沙日布日都—巴彦查干、白乃庙一带异常分布较多,多与古生界奥陶系、泥盆系和元古宇及华力西期中酸性岩体有关。另外,东部区新巴尔虎右旗—满洲里一带组合异常也有较集中的分布,多与侏罗纪中性火山熔岩、火山碎屑岩有关。

（二）地球化学综合异常特征研究

在对全区钼矿种多元素组合异常研究的基础上,将前期编制的 3 组组合异常进行空间套合,研究其元素组合规律,结合地质特征,圈定综合异常,对综合异常进行解释推断及价值分类。对于不同成因类型组合异常元素叠加区域所圈定的综合异常,依据其周边组合异常类型、典型矿床成因类型确定其异常成因类型及主要元素组合。另外,在部分钼元素异常强度高,成矿条件有利,与其他共伴生元素异常套合好或共伴生元素很少的区域也圈定了以钼为主的综合异常,但该类区域的综合异常或异常元素组合和地质背景复杂,或元素组合太过简单,均无法确定其可能的异常成因类型,故将该类综合异常划分为成因不明型。

因此全区共确定综合异常成因为 4 类,即斑岩型、热液型、矽卡岩型、成因不明型。共圈定综合异常 204 个,其中斑岩型 111 个,热液型 22 个,矽卡岩型 3 个,成因不明型 68 个(图 5-197)。对各个综合异常进行价值分类,异常类别分为甲、乙、丙 3 类,全区共编甲类异常 28 个,乙类异常 131 个,丙类异常 45 个。

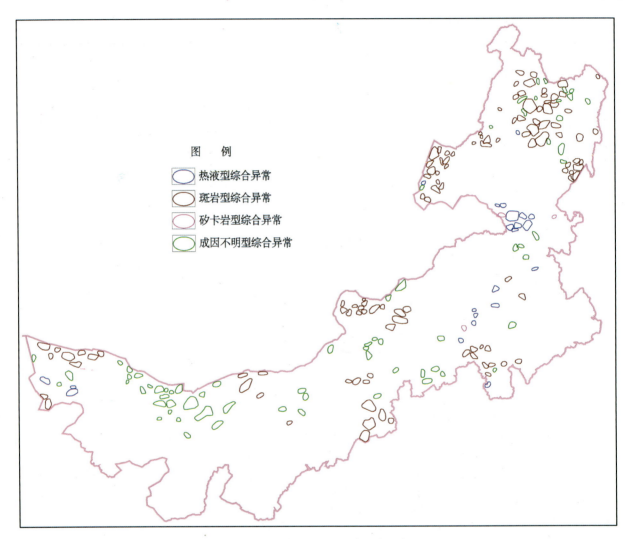

图 5-197 钼矿地球化学综合异常示意图

1. 斑岩型

斑岩型是自治区内钼矿的主要成因类型,综合异常多分布于古老地台边缘与新的构造-岩浆活动带之间的过渡带内,是岩浆侵入的产物。下面对本次所圈定的斑岩型综合异常的空间分布、所处地质环境及空间展布形态等进行详细研究,并对其进行综合评价及价值分类。

(1)该类型综合异常的分布主要受构造带的控制,异常形态多呈北东向、北北东向延展。内蒙古东部地区综合异常受额尔齐斯-得尔布干断裂带的控制,沿新巴尔虎右旗—满洲里—八大关、牙克石—岔路口、太平沟一带分布。中部地区综合异常受克拉麦里-二连断裂带和伊林哈别尔尕-西拉木伦断裂带的控制,沿二连浩特北部—阿巴嘎旗一带和查干花、白乃苗、察哈尔右翼中旗—丰镇市、克什克腾旗—赤峰一带分布。西部综合异常仅在甜水井—小狐狸山一带有分布,展布方向与地层、岩体方向一致。

(2)东部斑岩型综合异常多分布在华力西期花岗闪长岩、花岗斑岩、二长花岗岩、正长花岗岩等岩体的内部及其近旁的围岩和接触带上,对应地层主要为中生代侏罗纪中酸性—中基性火山岩、火山碎屑岩。中部斑岩型综合异常多分布于各期次花岗岩、花岗斑岩、石英斑岩等岩体的内部及其近旁的围岩和接触带上,除比鲁甘干分布于第四纪玄武岩外,其余综合异常密集区域均以太古宇、元古宇或古生界大面积出露为主。西部斑岩型综合异常多分布在华力西期花岗闪长岩、斜长花岗、似斑状花岗岩等岩体的内部及其近旁的围岩和接触带上,对应地层主要为奥陶纪、志留纪中基性—中酸性火山岩。

(3)该类型综合异常特征元素组合为 Mo、Cu、Pb、Zn、Ag,经3组典型组合元素套合后,确定出的斑岩型综合异常其他共伴生元素组合还有 W、Sn、Bi、Au 等。对该类综合异常进行价值分类,确定甲类综合异常21个,乙类68个,丙类22个。

2. 热液型

(1)该类型综合异常在自治区内主要集中于3个地区,分别是西部区的梧桐沟—七一山、中部区的黄岗—巴音宝力格一带和东部区的罕达盖林场一带。该类综合异常面积一般较大,呈椭圆状或不规则状,展布方向一般不明显。

(2)梧桐沟—七一山一带综合异常分布于奥陶纪、志留纪中基性—中酸性火山岩及中新元古界浅变质岩系中。黄岗—巴音宝力格一带综合异常与中生代侏罗纪酸性火山岩、古生界二叠系及各期次酸性、中酸性岩体有关。罕达盖林场一带综合异常与中生界侏罗系、古生界及燕山期酸性岩体有关。

(3)该类型综合异常特征元素组合为 Mo、W、Sn、Bi 和 Mo、Au、As、Sb 两组,经后期3组典型组合元素套合后,确定出的热液型综合异常共伴生元素组合还有 Pb、Zn、Ag 等。对该类综合异常进行价值分类,其异常级别以甲类、乙类为主,其中甲类综合异常5个,乙类17个。

3. 矽卡岩型

(1)矽卡岩型综合异常主要分布于花岗(斑)岩类侵入体及其与碳酸盐岩的接触带上,围岩有矽卡岩化。区内已探明矽卡岩型钼矿较少,且规模偏小,故全区仅圈定了3个此类型的综合异常,它们分别位于林西县、扎赉特旗和阿尔山地区。

(2)在圈定的该类型综合异常范围内均已发现矽卡岩型钼矿床(点),其中两个为小型矿床,一个为矿化点,因此对该类型3个综合异常的评级中2个为甲类,1个为乙类。

4. 成因不明型

对圈定的综合异常划分成因类型时,将综合异常内有特征元素组合的按成因分类后,发现有另外两种情况的综合异常无法确定其成因类型,最终都将其归类为成因不明型。这两种情况分别是:

(1)一种情况是部分区域钼元素异常强度高,多种元素异常在空间上与其套合较好,成矿地质条件有利,但未发现任何已知钼矿床(点),本次工作以钼为主成矿元素将其圈定了综合异常范围。由于参考已确定成因类型的特征元素组合和地质背景特征都无法确定该部分综合异常的成因类型,故将其划分为成因不明型综合异常。

该类型综合异常在自治区内的中部、西部地区有大范围的分布,集中在准扎海乌苏—哈腾套海、西斗铺—白云鄂博、查干诺尔碱矿、正镶白旗—多伦县一带。该类异常在太古宇、元古宇、古生界、中生界中均有分布,地质构造背景复杂,可能经过多期次岩浆活动或后期变质改造。异常共伴生元素组合有 Mo、Cu、Pb、Zn、Ag、W、Sn、Bi、Au、As、Sb、Fe_2O_3、Co、Ni、U 等,综合异常空间展布形态多与其区域内断裂延伸方向一致,依据该类综合异常元素组合特征、地质成矿环境推测具有一定的找矿前景。

(2)另一种情况是部分区域钼元素异常强度很高,特征元素组合在空间上却与其套合不好,有的甚至仅为钼单元素异常,区域内未发现任何已知钼矿床(点),但成矿地质条件较为有利,本次工作也将其圈定了综合异常范围。由于元素组合太过简单,无法确定该部分综合异常的成因类型,故也将其划分为成因不明型综合异常。

该类型综合异常集中分布在自治区东部的莫尔道嘎—鄂伦春—太平沟一带,异常较多,但面积较小,不规则状,展布方向不明显。综合异常主要分布在中生界侏罗系和中酸性侵入体内或二者接触带上。

综上所述,全区共圈定成因不明型综合异常 68 个,对其进行价值分类,评定出乙类 45 个,丙类 23 个。

九、锡矿

(一)地球化学组合异常特征研究

成矿规律组将全区锡矿床按照成因类型分为热液型、矽卡岩型、花岗岩型 3 种。化探课题组对其成矿环境、地球化学特征及地球物理特征进行了系统性研究,依据典型矿床地球化学元素组合特征和地质背景特征将全区锡矿划分为热液型、矽卡岩型两种成因类型,建立了相应的地质-地球化学模型(详见本章第二节),明确了锡矿典型的特征元素组合,编制了多元素组合异常图。

1. 地球化学特征元素组合的选取

通过对全区典型锡矿床(点)的地质特征、蚀变特征、矿床的空间分布特征、矿石矿物组分、地球化学特征等进行详尽的分析,化探课题组选取毛登、黄岗、大井子 3 个典型锡矿床,研究了矿区地质环境、地球化学特征,发现区内锡矿床多与中酸性岩体有关,3 种成因类型的锡矿床地球化学特征元素组合基本一致,均为 Sn、W、Mo、Bi。根据 Sn-W-Mo-Bi 这 4 种元素组合分布特征圈定锡矿地球化学组合异常。

2. 组合异常综合研究

Sn-W-Mo-Bi 组合异常分布范围较广,其空间展布形态和锡矿元素异常强度明显具有一定的区域性。

(1)在自治区中西部(正蓝旗以西,苏尼特右旗以南)组合异常具有沿北东向或近东西向展布的特征,锡元素异常规模较大,但强度不高,多与元古宇和华力西期岩浆活动有关。

(2)东部(罕达盖以南)的组合异常主要集中在克什克腾旗—突泉和查干敖包—东乌珠穆沁旗一带,该区组合异常受石炭系、二叠系控制,北东向条带状展布特征明显,多在该类地层和燕山期酸性岩体接触带上产出。

(3)北部地区(罕达盖以北)的组合异常较分散,除太平林场以外,其他地区锡元素异常规模和强度均不太高,空间展布形态多样,但大多受得尔布干断裂构造控制沿北东向伸展,出露地质体多为侏罗系、白垩系和加里东期、华力西期中酸性岩体。

(二)地球化学综合异常特征研究

在对全区锡矿种多元素组合异常研究的基础上,按照 Sn、W、Mo、Bi 组合异常最大边界圈定出锡矿综合异常范围。参考所圈综合异常范围内及周边已知锡矿床(点)所处位置的地质背景、成因类型和地球化学异常组合特征,确定综合异常成因类型均为热液型。在组合异常研究的过程中发现局部地区锡异常强度高,与其他共伴生元素异常套合好,成矿条件有利,也圈定为以锡为主的综合异常,但该地区异常元素组合和地质背景复杂,可能经过多期次岩浆活动叠加或后期变质改造,无法确定其可能的矿产成因类型,将该类综合异常划分为成因不明型。结合铜、铅、锌、银等主要共伴生元素异常的分布特征,确定所圈综合异常的主要共伴生元素组合。全区共圈定综合异常 144 个,其中热液型 135 个,成因不明型 9 个(图 5-198)。对综合异常进行评价分级,其中甲类异常 12 个,乙类异常 93 个,丙类异常 39 个。

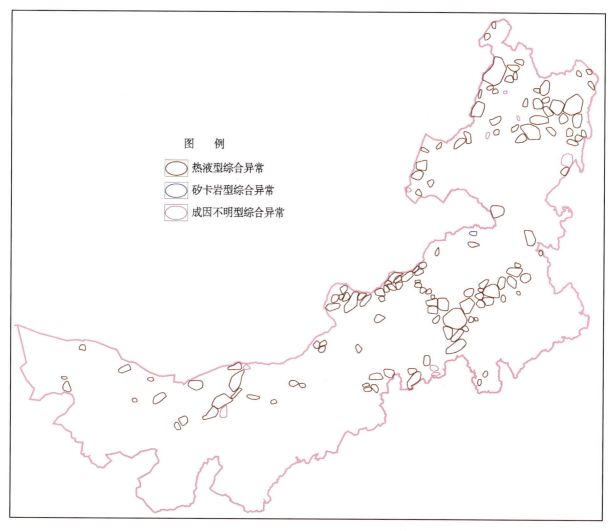

图 5-198 锡矿地球化学综合异常示意图

1. 热液型

自治区内锡矿床大多为热液型,将其进行详细划分,主要有:高—中温热液裂隙充填型,以毛登铜锡矿为代表;接触交代型,以黄岗铁锡矿为代表;矽卡岩型,以朝不楞铁锡多金属矿为代表;花岗岩型,以大井子锡矿为代表;热液型,以千斤沟锡矿为代表;中低温热液型,以孟恩陶勒盖铅锌多金属矿床为代表。研究矿区主要地球化学异常和地质背景特征,发现其主要地球化学特征元素组合相似,区别仅在于成矿地质环境不一致,因此化探课题组将以上成因的锡矿床统一划分为热液型,具有该类特征元素组合的综合异常全部确定为热液型综合异常。下面对本次圈定的热液型综合异常的空间分布、所处地质环境及空间展布形态进行详细研究,并对其进行综合评价,确定异常级别。

(1)本区热液型锡综合异常多受区域性断裂控制,在规模较大的(深)断裂间的构造脆弱带中也有分布。找矿前景较好的综合异常主要分布在突泉-翁牛特和东乌珠穆沁旗-嫩江两个Ⅲ级成矿带。

(2)二叠系大石寨组和上石炭统—下二叠统宝力高庙组出露地区是该类综合异常的主要分布区域,燕山早期钾长花岗岩、花岗斑岩的锡和共伴生元素具有明显的富集特征。

(3)区内热液型综合异常受自治区主要断裂构造影响多呈北东向或近东西向展布。

该类综合异常特征元素组合为 Sn、W、Mo、Bi,主要共伴生元素为 Cu、Pb、Zn、Ag 等。对该类综合异常进行评价分级,确定甲类综合异常 12 个,乙类 88 个,丙类 35 个。

2. 成因不明型

(1)按照地球化学特征元素组合和已知锡矿床(点)的分布特征圈定出综合异常范围后,发现区内还存在另外一类特殊的多元素组合异常。该区锡元素异常强度高,多种元素异常在空间上与其套合较好,未发现任何锡矿床(点),但成矿地质条件有利,本次工作依据其组合异常边界圈定了综合异常范围。由于该区异常元素组合不属于热液型特征元素组合,参考其地质背景特征也无法确定其可能的成因类型,故将其划分为成因不明型综合异常。

(2)该类综合异常在全区零星分布,异常元素组合和地质构造背景复杂,推测可能存在隐伏岩体或经过多期次岩浆活动叠加。依据该类综合异常地质成矿环境、地球化学特征,对其找矿前景进行评价,将 9 个不明成因类型的综合异常分别进行定级,确定为 5 个乙类,4 个丙类。

十、镍矿

(一)地球化学元素组合异常特征研究

在对镍单元素异常进行充分研究的基础上,对全区已探明镍矿床(点)所处区域的地质背景、矿物组成、地球化学特征进行了较为系统的研究。成矿规律组依据区内镍矿床的成因类型、成矿时代和地质特征,选取了 4 个具有代表性的典型矿床,化探课题组通过对以上 4 个典型镍矿床成矿环境、物质组成和地球化学元素组合特征进行详尽的分析,建立了镍矿地质-地球化学找矿模型(详见本章第二节)。

镍是重要的有色金属矿产资源之一,镍矿床在我区以岩浆型铜镍硫化物矿床为主,岩浆型铜镍硫化物矿床是赋存铜、镍及铂族元素的重要矿床。镍矿床在我区分布较少。镍矿主要的成因类型为岩浆型铜镍硫化物矿床,铜镍硫化物矿床的形成与镁铁质-超镁铁质岩的产生、发展与演化密切相关,岩体的局部或者大部本身就是矿体。

通过对典型镍矿床的地质条件和地球化学特征的研究与分析,Ni 多与 Cu、Co 伴生,又因其成矿与镁铁质-超镁铁质岩有密切关系,结合对区内镍矿床地质地球化学资料研究及各地球化学基础图件的参考,将其元素组合分为 $Ni-Cu-Co$、$Ni-Cr-Fe_2O_3-Mn$,并根据该元素组合分别圈定出元素组合异常图。

$Ni-Cu-Co$、$Ni-Cr-Fe_2O_3-Mn$ 元素组合异常主要分布于内蒙古中部地区。一部分分布在索伦山-二连-贺根山蛇绿杂岩带内,多呈近东西向和北东向展布,主要对应地质体为泥盆纪和石炭纪超基性岩。另一部分分布在狼山地区,主要对应古元古界和中元古界。异常空间上多呈北东向展布。

(二)地球化学综合异常特征研究

在对全区镍矿种多元素组合异常研究的基础上,将圈定的组合异常进行空间叠加,根据 Ni、Cu、Co、Cr、Fe_2O_3、Mn 元素的空间分布特征,确定其主要的元素组合。在元素组合异常的基础上,圈定综合异常。由于镍矿床的主要成因类型为岩浆型,因此在全区所圈综合异常均为岩浆型(图 5-199)。全区共圈定综合异常 264 个。对综合异常进行评价分级,其中甲类异常 10 个,乙类异常 178 个,丙类异常 76 个。

(1)自治区境内铜镍硫化物矿床是镍矿床的主要类型,镁铁质-超镁铁质岩是其主要的赋矿岩体,因此镍矿综合异常的分布多与上述岩体有关。通常认为镁铁质-超镁铁质岩是来自于上地幔的物质,具有深部来源的特点,因此镍矿多分布于构造条件有利的地区,通常延伸很远、规模巨大的深断裂是控制镍矿成矿成岩的主要因素。

(2)区内岩浆型镍矿综合异常大致可分为两类。一类主要分布在内蒙古中部地区,在索伦山-西拉

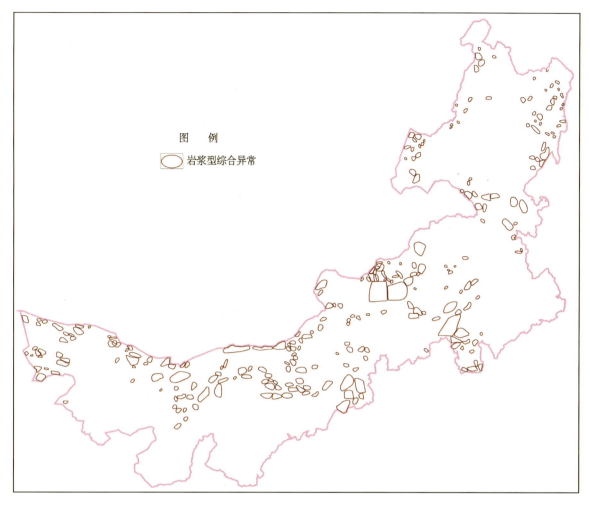

图 5-199 镍矿地球化学综合异常示意图

木伦结合带上和狼山-阴山陆块、狼山-白云鄂博裂谷带内。该类综合异常受断裂构造和镁铁质-超镁铁质岩的控制,多呈近东西向和北东向展布。综合异常元素组分以 $Ni-Cu-Co-Cr-Fe_2O_3-Mn$ 为主,与镁铁质-超镁铁质岩对应,结合镍矿成矿地质条件进行综合研究,该类综合异常具有找矿前景。另一类综合异常主要分布在内蒙古东部和西部地区,分布于这两个地区的综合异常多对应奥陶系、新近系及第四纪玄武岩。综合异常元素组分以 $Ni-Cu-Co-Cr-Fe_2O_3-Mn$ 为主。综合异常元素组分虽为镍矿成矿特征元素,但结合地质特征,认为该类综合异常不具备找矿前景。

十一、锰矿

(一)地球化学组合异常特征研究

依据全区已探明锰矿床(点)的成矿时代、成矿地质背景特征,以及成矿规律组选取的锰典型矿床地质特征、蚀变特征、矿床的空间特征、矿石矿物组分、地球化学特征等,确定了区内锰矿床的主要成因类型有沉积型和热液型两种类型。化探课题组选取全区具有代表性的典型矿床,研究其成矿环境、地球化学特征及地球物理特征,按照典型地球化学元素组合特征将全区锰矿分为沉积型和热液型两种成因类型,建立了相应的地质-地球化学模型(详见本章第二节),确定了不同成因的特征元素组合,编制了多元素组合异常图。下面对其进行详细论述。

1. 地球化学特征元素组合的选取

1)沉积型

沉积型锰矿床是内蒙古自治区境内主要的矿床类型。对全区典型的沉积型矿床,如乔二沟、东加干等沉积型锰矿床地球化学特征、蚀变特征等进行分析,确定 $Mn-Fe_2O_3-Co-Ni$ 为沉积型锰矿床的特征成矿元素组合,并根据此特征元素组合编制了内蒙古自治区锰-三氧化二铁-钴-镍地球化学组合异常图。

2)热液型

热液型锰矿床属于低温热液型矿床,其储量较少,并多为伴生型矿床。对全区典型的热液型锰矿床如西里庙、李清地、额仁陶勒盖等矿床地质地球化学特征、蚀变特征进行研究,确定 $Mn-Pb-Zn-Ag-As-Sb$ 为热液型锰矿床的特征元素组合,并编制了地球化学组合异常图。

2. 组合异常综合研究

(1)$Mn-Fe_2O_3-Co-Ni$ 组合异常多分布在内蒙古中西部地区。内蒙古中部地区异常主要与古元古界宝音图岩群和中元古界渣尔泰山群阿古鲁沟组有关。在内蒙古西部地区,异常主要和奥陶纪玄武岩有关。

(2)$Mn-Ag-Pb-Zn-As-Sb$ 组合异常多分布在内蒙古中部西里庙地区、东部大石寨地区和额仁陶勒盖—额尔古纳市—鄂伦春自治旗一带,主要与下中二叠统大石寨组和侏罗系塔木兰沟组有关。

(二)地球化学综合异常特征研究

在对全区锰矿多元素组合异常研究的基础上,将圈定的组合异常进行空间叠加,确定元素组合。对于存在多种元素组合的区域,依据其元素空间分布特征,异常套合情况及所处地质条件确定其主要元素组合,圈定综合异常,根据特征元素组合,结合地质条件,并参考所圈综合异常范围内及周边已知锰矿床(点)所处位置的地质背景、成因类型和地球化学异常组合特征,将综合异常按成因进行分类。另外,部分区域 Mn 元素异常强度高,与其他共伴生元素异常套合好,成矿条件有利,因此也圈定为以锰为主的综合异常,但该地区异常元素组合和地质背景复杂,可能经过多期次岩浆活动叠加或后期改造,无法确定其可能的矿产成因类型,将该类综合异常划分为成因不明型。依据以上原则,全区共圈定综合异常90个,其中热液型72个,沉积型12个,成因不明型6个(图5-200)。对综合异常进行评价分级,其中甲类异常19个,乙类异常53个,丙类异常18个。

1. 沉积型

(1)沉积型是锰矿床的主要类型,其沉积类型多为海相沉积,多富集 Mn、Fe_2O_3、Co、Ni 等组分,如果矿床被后期改造,还可能会伴生有 Ag、Pb、Zn 等元素。通过对已知矿床的研究可知,内蒙古沉积型矿床主要赋存于古元古界宝音图岩群和中元古界渣尔泰山群阿古鲁沟组中。

(2)区内沉积型综合异常受地层控制影响,主要分布在乌拉特后期—土默特左旗及哈能地区。主要特征元素为 Mn、Fe_2O_3、Co、Ni,伴有 Ag、Pb、Zn。元素异常套合较好,Mn、Fe_2O_3、Co、Ni 异常范围较大,均为三级浓度分带,浓集中心位置吻合较好。Ag、Pb、Zn 异常范围较小,呈星散状分布。

2. 热液型

(1)热液型锰矿床在锰矿储量中所占的比重较小,在内蒙古地区主要受下中二叠统大石寨组和侏罗系塔木兰沟组影响。

(2)所圈定的热液型综合异常主要分布在内蒙古中东部地区。中部主要分布在西里庙地区。东部主要分布在大石寨地区、额仁陶勒盖—额尔古纳市—鄂伦春自治旗一带。

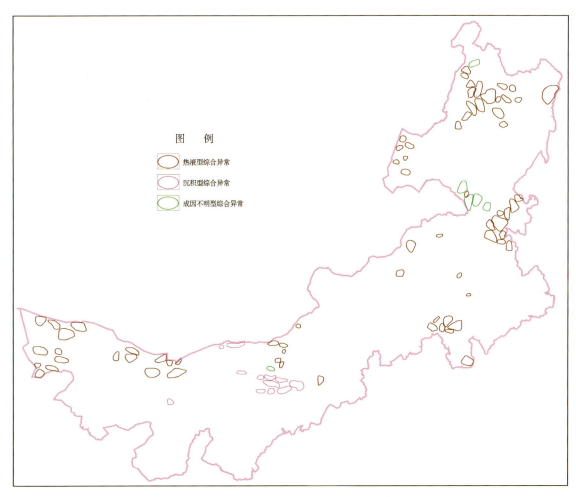

图 5-200　锰矿地球化学综合异常示意图

(3)综合异常元素以 Mn、Ag、Pb、Zn、As、Sb 为主,元素异常套合较好。

3. 成因不明型

(1)按照地球化学特征元素组合和已知锰矿床(点)的分布特征圈定出综合异常范围后,发现区内还存在另外一类特殊的多元素组合异常。该区锰元素异常强度中等,多种元素异常在空间上与其套合较好,未发现任何锰矿床(点),且该区地质条件复杂,与已知矿床成矿地质条件不相吻合,故将其划分为成因不明型综合异常。

(2)该类综合异常主要分布在罕达盖地区,异常元素组合有 Mn-Fe_2O_3-Co-Ni-Pb-Zn-Ag、Mn-Co-Pb-Zn-Ag。综合异常多呈北东向展布,多分布于地层与岩体接触部位。

十二、铬矿

(一)地球化学元素组合异常特征研究

在对铬单元素异常进行充分研究的基础上,对全区已探明铬矿床(点)所处区域的地质背景、矿物组成、地球化学特征进行了较为系统的研究。成矿规律组依据区内铬矿床的成因类型、成矿时代和地质特征,选取了 4 个具有代表性的典型矿床,化探课题组通过对以上 4 个典型铬矿床成矿环境、物质组成和地球化学元素组合特征进行详尽的分析,建立了铬矿地质-地球化学找矿模型(详见本章第二节)。

根据铬矿成矿地质条件,地球化学特征,确定铬矿床的成因类型主要为岩浆型,矿体主要赋存于蛇绿岩带,其主要的赋矿岩石为超基性侵入岩体。通过对该典型矿床地球化学特征的研究,发现铬Cr、Fe_2O_3、Co、Ni等铁族元素呈正相关性,且在内蒙古地区Cr、Fe_2O_3、Co、Ni异常套合较好。总结以上地质、地球化学特征,并通过与典型矿床进行对比,选定$Cr-Fe_2O_3-Co-Ni$作为铬铁矿的特征元素组合,并编制了内蒙古自治区铬-三氧化二铁-钴-镍地球化学组合异常图。

$Cr-Fe_2O_3-Co-Ni$组合异常主要分布于内蒙古中部索伦山—二连—贺根山地区及克什克腾旗地区,多呈近东西向和北东向展布,对应于泥盆纪和石炭纪超基性岩体。分布于内蒙古东部和西部的组合异常相对较少,多对应于奥陶纪和新近纪玄武岩。

(二)地球化学综合异常特征研究

在对全区铬矿种多元素组合异常研究的基础上,将圈定的组合异常进行空间叠加,根据Cr、Fe_2O_3、Co、Ni元素的空间分布特征,确定其主要的元素组合。结合其成矿地质条件,并参考所圈综合异常范围内及周边已探明铬矿床(点)的地质背景、成因类型,在元素组合异常图的基础上,圈定出综合异常。由于铬矿床的主要成因类型为岩浆型,因此在全区所圈综合异常均为岩浆型(图5-201)。全区共圈定综合异常208个。对综合异常进行评价分级,其中甲类异常17个,乙类异常146个,丙类异常45个。

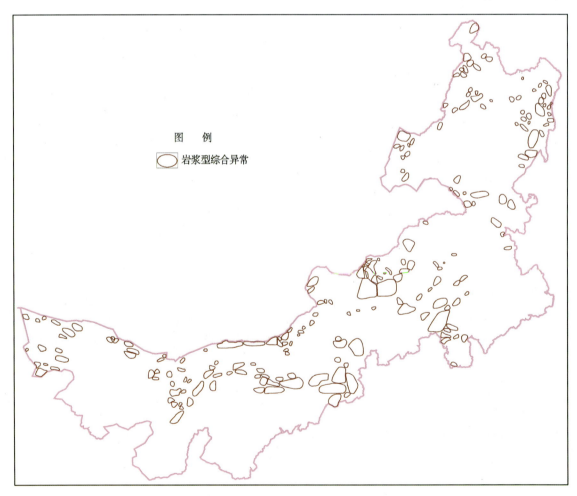

图5-201 铬铁矿地球化学综合异常示意图

下面对本次圈定的岩浆型综合异常的空间分布特征、所处地质环境及空间展布形态进行综合研究。

(1)区内所圈综合异常主要分为两类。一类集中分布在内蒙古中部地区,在索伦山-西拉木伦结合带、二连-贺根山蛇绿混杂岩带内。该带内岩浆活动强烈,超基性岩分布广泛,$Cr-Fe_2O_3-Co-Ni$异常套合较好。面积较大的综合异常主要分布在索伦山、贺根山和克什克腾旗地区,综合异常主要受断裂构造和超基性岩体控制,结合成矿地质条件进行综合研究,该类综合异常具有好的找矿前景。

(2)区内另一类综合异常主要分布在内蒙古东部和西部地区,分布于这两个地区的综合异常多对应奥陶系、新近系及第四纪玄武岩。综合异常元素组分以$Cr-Fe_2O_3-Co-Ni$为主。综合异常元素组分虽为铬矿成矿特征元素,但结合其地质特征,认为该类综合异常不具备找矿前景。

第四节 Ⅲ级成矿区(带)地球化学综合研究

依据大地构造演化和区域成矿演化特点,将内蒙古自治区划分为14个Ⅲ级成矿区(带)(图5-202)。本次工作选取各成矿区(带)内主要成矿元素编制组合异常图,根据异常的空间分布规律,结合异常区地质背景特征、矿产分布,分别圈定了综合异常,编制了Ⅲ级成矿区(带)综合异常图,对各成矿区(带)内异常的组合关系、异常与地质环境的相关关系进行了综合研究。由于冲积平原区和沙漠区未进行区域化探扫面工作,因此Ⅲ-4、Ⅲ-9、Ⅲ-12、Ⅲ-13、Ⅲ-14共5个成矿区(带)未作地球化学综合研究。

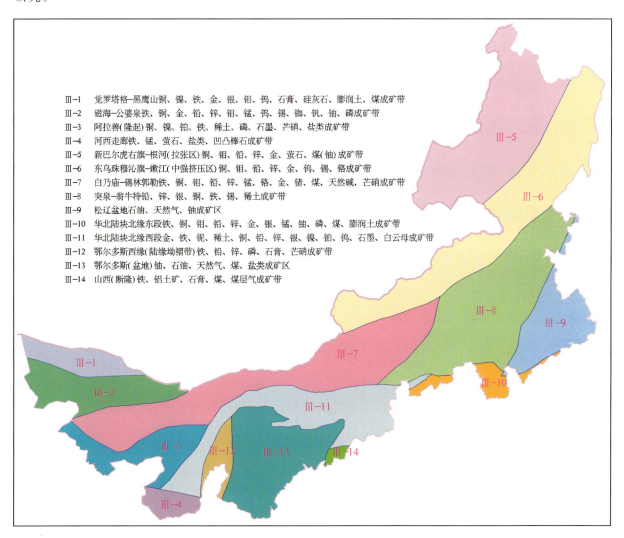

图5-202 内蒙古自治区Ⅲ级成矿区(带)分布图

一、Ⅲ-1 觉罗塔格-黑鹰山铜、镍、铁、金、银、钼、钨、石膏、硅灰石、膨润土、煤成矿带

(一)元素区域分布特征

该成矿区带内主要的组合异常元素有 Au、As、Sb、Cu、Mo、Cr、Ni、Fe_2O_3 等,异常元素在成矿区带内均有分布。

(1)Cu、Mo 元素异常在成矿区带内分布较多,尤其是 Cu 元素在成矿区带内异常面积较大。Cu、Mo 元素异常主要对应的地质体有奥陶纪和二叠纪火山岩,白垩系新民堡组及石炭系。

(2)Au、As、Sb 元素在成矿区带内分布较广,面积较大,异常相互套合较好。Au 元素范围较大的异常主要分布在成矿区带内西部甜水井一带。异常对应的地质体有元古宙、奥陶纪和二叠纪火山岩,古元古界北山群、白垩系新民堡组及石炭系。

(3)Fe_2O_3、Ni、Cr 异常分布多与断裂构造有关,多分布在断裂构造发育的地区,异常多呈近东西向或北西向展布。异常间相互套合较好。异常对应的岩体主要有石炭纪辉长岩、超基性岩体。

(二)综合异常特征

根据异常元素相互间的组合关系,并结合异常所处的地质特征和已知矿床(点)空间分布特征,在成矿区带内共圈定了 24 个综合异常。按综合异常元素组合,将综合异常分为以 Cu、Mo 元素异常为主的综合异常、以 Au、As、Sb 元素异常为主的综合异常和以 Fe_2O_3、Ni、Cr 异常为主的综合异常。下面将各类综合异常进行简单的分述。

(1)以 Cu、Mo 元素异常为主的综合异常,该类综合异常主要分布在成矿区带中部和东部,分布范围较大,包括的异常较多,有 $Ⅲ_1-Z-8$、$Ⅲ_1-Z-9$、$Ⅲ_1-Z-10$、$Ⅲ_1-Z-11$、$Ⅲ_1-Z-12$、$Ⅲ_1-Z-14$、$Ⅲ_1-Z-15$、$Ⅲ_1-Z-16$、$Ⅲ_1-Z-17$、$Ⅲ_1-Z-18$、$Ⅲ_1-Z-19$、$Ⅲ_1-Z-20$、$Ⅲ_1-Z-21$、$Ⅲ_1-Z-22$、$Ⅲ_1-Z-23$、$Ⅲ_1-Z-24$。

异常区出露的地层主要是奥陶系,有奥陶系白云山组、罗雅楚山组、咸水湖组。所不同的是,在 $Ⅲ_1-Z-14$、$Ⅲ_1-Z-17$ 综合异常范围内除了奥陶系,还有志留系圆包山组,且志留系圆包山组在异常区内出露最大;$Ⅲ_1-Z-22$ 中出露的地层主要是古元古界北山群。异常区侵入岩不甚发育,岩性主要是石炭纪花岗岩、花岗闪长岩,脉岩主要为石炭纪辉长岩脉。构造以断裂为主,主要是北西向断裂,其次为北东向断裂。

该类综合异常,异常元素组合以 Cu、Mo 为主,其次有 Au、As、Sb、Cr、Fe_2O_3、Ni 等。异常范围个别较大,多数为中等。异常形态多为不规则状。Cu、Mo 元素异常强度较高,具有明显的浓度分带。

其中 $Ⅲ_1-Z-17$ 综合异常范围较大,异常元素组合以 Cu、Mo 为主,并伴有 Au、As、Sb、Fe_2O_3、Ni 等异常,异常形态为不规则状。Cu、Mo、Fe_2O_3、Ni 异常范围较大,异常形态相似,套合较好。异常范围内分布有小狐狸山典型钼铅锌矿床,另外还分布有一个铜矿点,一个铜钼矿点。

(2)以 Au、As、Sb 元素异常为主的综合异常,该类综合异常主要分布在成矿区带西部地区,包括有 $Ⅲ_1-Z-1$、$Ⅲ_1-Z-2$、$Ⅲ_1-Z-3$、$Ⅲ_1-Z-7$、$Ⅲ_1-Z-13$,主要集中分布在甜水井一带。

异常区出露的地层主要有石炭系绿条山组、白垩系新民堡组,且两套地层相间分布。异常区侵入岩比较发育,岩性主要是石炭纪二长花岗岩,尤其是 $Ⅲ_1-Z-3$、$Ⅲ_1-Z-7$ 综合异常内侵入岩占的面积较大,地层出露面积较小。构造以断裂为主,主要有北西向和东西向两组断裂。

该类综合异常范围中等,异常多呈不规则状分布。异常元素组合比较简单,以 Au 为主,并伴有 As、Sb 等元素异常。Au 元素异常范围较大,浓度分带明显,且该区域内分布有已知的金矿化点,因此推测该类综合异常所处区域是寻找金矿的有利地区。

(3)以 Fe_2O_3、Ni、Cr 异常为主的综合异常,该类综合异常多分布在成矿区带西部、构造发育的地

段,包括有Ⅲ₁-Z-4、Ⅲ₁-Z-5、Ⅲ₁-Z-6。

异常区出露的地层主要有志留系碎石山组、石炭系绿条山组和二叠系金塔组。在Ⅲ₁-Z-6中,侵入岩比较发育,有石炭纪超基性岩、辉绿岩。构造以断裂为主,异常区分布有两条北西向断裂。

该类综合异常范围中等,形态多呈不规则状。异常元素组合比较简单,以 Fe_2O_3、Cr、Ni 为主,并伴有 Cu、Mo、As、Sb 等元素异常。Fe_2O_3、Cr、Ni 异常形态相似,异常套合较好。在Ⅲ₁-Z-6综合异常范围内分布有百合山铁、铬矿,碧玉山铁矿;在综合异常外围还分布有黑山铁矿;另外在综合异常内和综合异常外围还分布有多个铁矿点。

综合以上地质和地球化学特征,认为该组综合异常所处地质条件相似,异常元素组合特征相似,与已知的矿床(点)吻合较好,因此推测该组综合异常是寻找铁、铜等多金属的有利地区。

(三)找矿方向研究

通过对铜钼综合异常的研究,并结合其所处的地质条件可知,铜钼异常多对应奥陶系。通过对成矿区带内已知的铜、钼矿床(点)的研究,发现成矿区带内已知的铜、钼矿床(点)主要分布在奥陶系咸水湖组,并且是在断裂构造发育的地区(图5-203)。因此该区 Cu、Mo 成矿可能与奥陶系有关,且与断裂构造关系密切。该成矿区带内奥陶系有可能是寻找铜钼等多金属的有利地区。

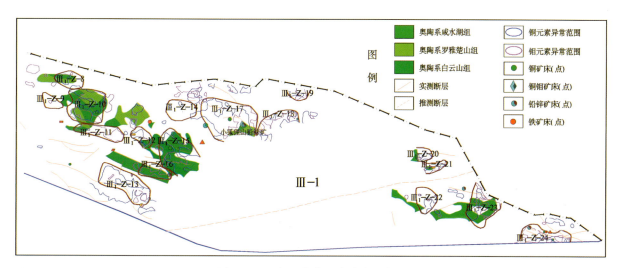

图5-203 铜矿综合异常分布示意图

二、Ⅲ-2 磁海-公婆泉铁、铜、金、铅、锌、锰、钨、锡、铷、钒、铀、磷成矿带

(一)元素区域分布特征

该成矿区带位于内蒙古西部地区,主要的组合异常元素有 Cu、Au、Pb、Zn、W、Sn、Fe_2O_3、Mn、V、U 等,异常元素主要分布在成矿区带东部和西部。

(1)Cu、Au 元素异常在该成矿区带分布较广,面积较大,尤其是 Au 元素异常分布较多。异常主要对应新太古界,古元古界北山群,奥陶系咸水湖组、白云山组等。Pb、Zn 异常较 Cu、Au 异常分布较少,主要分布在成矿区带中西部、东部地区,主要对应奥陶系咸水湖组、白云山组,二叠系金塔组,侏罗系芨芨沟组。

(2)Fe_2O_3、Mn、V 异常在成矿区带内均有分布,规模较大的异常主要分布在构造发育的地区。异常多呈近东西向和北西向展布,对应的地质体主要有石炭纪超基性岩、辉长岩。

(3) W、Sn 异常在成矿区带内规模较小,多分布在构造交会部位。异常多对应蓟县系、奥陶系、二叠系及石炭系。

(4) U 元素异常在成矿区带内分布较分散,在西部地区异常面积较小,在东部地区呈大面积分布。U 元素异常与该区带内其他的元素异常吻合度较小。主要对应二叠系方山口组、白垩系巴音戈壁组。

(二) 综合异常特征

根据异常元素相互间的组合关系,并结合异常所处的地质特征和已知矿点、矿床点特征,在成矿区带内共圈定了 22 个综合异常。并按综合异常特征,将综合异常分为以 Au 元素异常为主的综合异常,以 Cu、Fe_2O_3 异常为主的综合异常和以 W、Mo 异常为主的综合异常。下面将各类综合异常进行简单的分述。

(1) 以 Au 异常为主的综合异常,该类综合异常在成矿区带内分布较多,是该成矿区带内主要的综合异常,综合异常范围较大,有 III_2-Z-2、III_2-Z-4、III_2-Z-12、III_2-Z-13、III_2-Z-14、III_2-Z-17、III_2-Z-18、III_2-Z-19、III_2-Z-20。

该类综合异常所处区域出露的地层比较简单,主要是古元古界北山群、中元古界长城系古硐井群、蓟县系—青白口系、二叠系、白垩系。异常所处区域断裂构造比较发育,分布有北东向和北西向两组断裂。异常区内侵入岩主要有石炭纪和二叠纪花岗闪长岩。

该类综合异常范围较大,异常形态多为近椭圆状,异常元素以 Au 为主,并伴有 Cu、Pb、Zn、W、Sn 等元素异常。其中 Au 元素异常范围较大,强度较高。在 III_2-Z-14 综合异常范围内分布有老硐沟金铜矿,其矿体赋存于中元古界长城系古硐井群上岩组(ChG^2)中。因此推测元古宇可能是金矿的主要赋矿地层,是寻找金矿的有利地区。

(2) 以 Cu、Fe_2O_3 异常为主的综合异常,该组综合异常主要分布在成矿区带中部地区,包括的异常有 III_2-Z-1、III_2-Z-3、III_2-Z-5、III_2-Z-6、III_2-Z-7、III_2-Z-8、III_2-Z-9、III_2-Z-11、III_2-Z-15、III_2-Z-16、III_2-Z-21、III_2-Z-22。

综合异常所处区域出露的地层比较简单,在成矿区带西部大面积出露下古生界奥陶系,有奥陶系包尔汉图群、罗雅楚山组、咸水湖组、白云山组等。另外还零星出露有二叠系金塔组、侏罗系芨芨沟组。在成矿区带东部出露的地层以二叠系为主,有二叠系金塔组、方山口组等;在 III_2-Z-16 中还分布有中元古界长城系古硐井群。另外还零星出露有白垩系巴音戈壁组等。异常区侵入岩不甚发育,侵入岩出露较少。在 III_2-Z-8、III_2-Z-11 中出露有石炭纪辉长岩和超基性岩。该组综合异常所处区域断裂构造比较发育,主要的断裂构造有北西向和北东向两组。

该类综合异常范围在西部多属中等,在东部较大。异常形态多为近椭圆形,异常组合以 Cu、Fe_2O_3、Mn、V 为主,并伴有 Pb、Zn 等元素异常。其中 Cu、Fe_2O_3、Mn、V 异常形态相似,异常套合较好。

该组综合异常范围内分布有多个铁、铜、铁铜、铅锌金属矿点、矿化点。因此推测该组综合异常可能是寻找铁、铜、铅锌等多金属的有利地区。

(3) 以 W、Sn 异常为主的综合异常,该类综合异常在成矿区带内分布较少,主要的异常有 III_2-Z-10。异常区出露的地层有志留系公婆泉组、白垩系赤金堡组、新近系苦泉组等。综合异常范围中等,呈椭圆状分布,异常元素除了 W、Sn 之外,还有 Cu、Au、Pb、Zn、Fe_2O_3、Mn、V 等元素异常。异常范围内分布有东七一山钨矿、七一山钨钼矿。

三、III-3 阿拉善(隆起)铜、镍、铂、铁、稀土、磷、石墨、芒硝、盐类成矿带

(一) 元素区域分布特征

该成矿区带内主要的组合异常元素有 Cu、Fe_2O_3、Ni、La、Nb、Y、Th 等,异常元素主要分布在该带

西部和东部地区,中部地区异常元素分布较少,元素异常多分布在断裂构造两侧,与断裂构造关系密切。对应的地层主要有太古宇、元古宇、二叠系、石炭系;对应的岩体主要有太古宙和石炭纪辉长岩、超基性岩等岩体。

(1)Cu、Au元素异常在成矿区带内分布较多,尤其是Au元素在成矿区带内均有分布,在成矿区带东部,异常面积较大。异常主要对应的地质体有太古宇乌拉山岩群、长城系增隆昌组、二叠系双堡塘组、白垩系金刚泉组和乌兰苏海组,岩体有太古宙辉长岩、二叠纪花岗岩等岩体。

(2)Fe_2O_3、Ni异常主要分布在成矿区带东部雅布赖—阿德日根别立一带,异常范围较大,异常主要对应太古宇乌拉山岩群、元古宇长城系增隆昌组、蓟县系阿古鲁沟组,对应岩体有元古宙辉长岩和泥盆纪辉长岩。

(3)La、Y、Th、Nb异常元素在成矿区带中西部分布较分散,在东部地区分布较集中,尤其呼德呼都格以东地区,异常分布较多。异常元素范围较大,各元素间相互套合较好。异常对应的地层有太古宇乌拉山岩群、二叠系大红山组、白垩系乌兰苏海组等;对应的岩体主要为二叠纪花岗岩等酸性岩体。

(二)综合异常特征

根据异常元素组合特征,成矿区带内共圈定了11个综合异常。根据综合异常特征,并结合异常所处区域地质环境,以及分布的矿点、矿化点等特征,将综合异常分为以Au、Cu、Fe_2O_3、Ni为主的综合异常和以La、Th、Y、Nb为主的综合异常。

(1)以Au、Cu、Fe_2O_3、Ni为主的综合异常,该组综合异常在成矿区带内均有分布,包括的综合异常有$Ⅲ_3$-Z-1、$Ⅲ_3$-Z-3、$Ⅲ_3$-Z-4、$Ⅲ_3$-Z-5、$Ⅲ_3$-Z-7、$Ⅲ_3$-Z-11。

该组综合异常对应的地层多为太古宇和元古宇等老地层。具体对应的地层有太古宇乌拉山岩群、古元古界二道凹岩群,长城系书记沟组、增隆昌组和蓟县系阿古鲁沟组。异常区构造发育,主要发育大的断裂构造。

综合异常中的组合异常元素有Cu、Au、Fe_2O_3、Ni、La、Y、Th、Nb,其中主要的异常元素为Cu、Au、Fe_2O_3、Ni,且各异常元素形态十分相似,异常间呈相互吻合的状态。

成矿区带内分布有多个金、铁、铜矿床(点)、矿化点。典型的金矿床有朱拉扎嘎金矿,位于$Ⅲ_3$-Z-7综合异常范围内;碱泉子金矿床,位于$Ⅲ_3$-Z-1综合异常范围内;特拜金矿床,位于$Ⅲ_3$-Z-3综合异常范围内。

综合以上信息推测,该区太古宇、元古宇等老地层及断裂构造发育的地区可能是寻找金矿床的有利地区。

(2)以La、Th、Y、Nb为主的综合异常,该组综合异常多与区内分布的酸性岩体有关,包括的综合异常有$Ⅲ_3$-Z-2、$Ⅲ_3$-Z-6、$Ⅲ_3$-Z-8、$Ⅲ_3$-Z-9、$Ⅲ_3$-Z-10。

综合异常所处区域出露的地层有二叠系大石寨组、白垩系巴音戈壁组及第四系。异常区侵入岩发育,侵入岩出露面积较大。具体出露的侵入岩体有石炭纪花岗闪长岩、二叠纪花岗岩、三叠纪花岗岩。

综合异常中的异常组合元素有La、Y、Th、Nb、Cu、Au、Fe_2O_3、Ni,异常元素以La、Y、Th、Nb为主,元素异常范围较大,元素间相互套合较好。

四、Ⅲ-5 新巴尔虎右旗-根河(拉张区)铜、钼、铅、锌、金、萤石、煤(铀)成矿带

(一)元素区域分布特征

该成矿区带位于内蒙古东北部,主要的组合异常元素有Au、Cu、Mo、Ag、Pb、Zn、U等。根据元素的组合共生规律,将元素分以下几组叙述元素的区域分布特征。

(1)Au、Cu、Mo元素异常在成矿区带内分布较多,异常范围较大,异常间相互套合较好。主要对应

元古宇和侏罗系满克头鄂博组、塔木兰沟组、玛尼吐组、白音高老组。对应的岩体主要为二叠纪、石炭纪、侏罗纪酸性岩体。

（2）Ag、Pb、Zn元素在成矿区带内分布较广，面积较大，异常相互套合较好。主要对应元古宇和侏罗系满克头鄂博组、塔木兰沟组、玛尼吐组、白音高老组。对应的岩体主要为二叠纪、石炭纪、侏罗纪酸性岩体。

（3）U元素在成矿区带内分布较多，异常范围较大，且异常强度也较高，高值区呈连续分布的状态。其主要对应侏罗系满克头鄂博组、塔木兰沟组、玛尼吐组、白音高老组及侏罗纪中酸性岩体。虽然U元素异常在成矿区带分布较多，但是与其他元素异常套合一般。

（二）综合异常特征

根据异常元素相互间的组合关系，并结合异常所处的地质特征和已知矿点、矿床点特征，在成矿区带内共圈定了148个综合异常。并按综合异常特征，将综合异常分为以Au、Cu、Mo元素异常为主的综合异常和以Ag、Pb、Zn元素异常为主的综合异常。下面将各类综合异常进行简单的分述。

（1）以Au异常为主的综合异常，以Au异常为主的综合异常主要分布在成矿区带北部地区，得尔布干断裂带北西。

该组综合异常元素以Au、Cu为主，并伴有Mo、Ag、Pb、Zn等元素异常。综合异常范围个别较大，其余多为中等。异常形态多为不规则状。其中Au、Cu元素异常范围较大，强度较高。异常元素间呈相互套合的状态。综合异常所对应的地层主要有元古宇兴华渡口群，异常对应的岩体有元古宙花岗岩、石英正长岩、正长花岗岩，以及元古宙中基性杂岩。

该组综合异常所在的区域分布有多个金矿点、矿化点。金矿点、矿化点分布主要与元古宇及元古宙侵入岩体和中基性杂岩体有关。推测该组综合异常可能是寻找金多金属的有利地区。

（2）以Ag、Pb、Zn、Cu、Mo元素异常为主的综合异常，该组综合异常在成矿区带内分布最广，是该成矿区带内主要的综合异常类型。综合异常范围大小不等，异常多呈不规则状。异常元素有Ag、Pb、Zn、Cu、Mo。异常对应的地层有侏罗系满克头鄂博组、塔木兰沟组、玛尼吐组、白音高老组；对应的岩体主要为二叠纪、石炭纪、侏罗纪酸性岩体。下面就几个重点异常进行详细描述：

$III_5-Z-139$、$III_5-Z-143$、$III_5-Z-144$、$III_5-Z-145$、$III_5-Z-146$综合异常位于成矿区带北东地区，综合异常范围除了$III_5-Z-139$范围较大外，其余的综合异常范围中等。异常元素有Mo、Cu、Ag、Pb、Zn，异常元素形态相似，相互间套合较好。异常对应的地质体有侏罗系玛尼吐组及石炭纪花岗岩。该处分布有已知的典型矿床——岔路口大型钼矿。矿床主要分布于地层与岩体的接触部位。通过对典型矿床的研究和对比，推测与以上综合异常相似的综合异常可能是寻找钼等金属的有利地区。

III_5-Z-38、III_5-Z-39、III_5-Z-40、III_5-Z-55、III_5-Z-56、III_5-Z-74至III_5-Z-79等综合异常位于成矿区带北部，得尔布干断裂带的两侧。异常元素以Ag、Pb、Zn为主，并伴有Cu、Mo、Au等元素异常，其中Ag、Pb、Zn异常范围较大，强度较高。元素异常形态相似，相互间套合较好。Cu、Mo、Au元素异常范围较小，呈星散状分布，并且套合一般。异常对应的地层主要是侏罗系满克头鄂博组、塔木兰沟组、玛尼吐组；异常区出露岩体较少，异常主要分布在地层中。异常主要为得尔布干断裂带的两侧，因此异常区北东向断裂构造发育。该处分布有已知的矿床——比利亚谷、三河、得耳布尔镇二道河子铅锌矿，以及卡米奴什克铜矿。通过对典型矿床的研究和对比，推测与以上综合异常相似的综合异常可能是寻找铜、铅锌等多金属的有利地区。

III_5-Z-1、III_5-Z-2、III_5-Z-8、III_5-Z-10综合异常位于成矿区带南西地区，综合异常范围较大，异常形态多为不规则状。异常元素有Mo、Cu、Ag、Pb、Zn、Au。异常对应的地层有侏罗系满克头鄂博组、塔木兰沟组、玛尼吐组。异常区侵入岩比较发育，主要是侏罗纪、二叠纪花岗岩。异常所处的区域断裂构造比较发育，有北东向和北西向两组断裂。III_5-Z-10中分布有乌努格吐山大型的铜钼矿床及铁、铜等矿点，在III_5-Z-2中分布有甲乌拉铅锌矿床、铜矿床、矿点。另外异常区还分布有多个铅锌、铜钼、铜、钼矿点。综合以上信息，推测与以上异常相似的综合异常可能是寻找铜、钼、铅锌、银等多金属的有利地区。

五、Ⅲ-6 东乌珠穆沁旗-嫩江(中强挤压区)铜、钼、铅、锌、金、钨、锡、铬成矿带

（一）元素区域分布特征

该成矿区带位于内蒙古中东部地区，成矿区带范围较大，沿查干敖包—东乌珠穆沁旗—五一林场—加格达奇一带分布。区带内主要的组合异常元素有 Au、Cu、Pb、Zn、W、Sn、Mo、Cr 等。根据元素的共生组合规律，分以下几组叙述元素的区域分布特征。

（1）Au、Cu、Pb、Zn 元素区域分布特征：Au 元素在该成矿区带内分布较多，但面积较小，主要集中分布在成矿区带北部地区。对应的地层有古元古界兴华渡口岩群，侏罗系满克头鄂博组、白音高老组等。Cu、Pb、Zn 异常在成矿区带内分布较多，面积较大，且元素间相互套合较好，尤其在阿尔山镇一带，Cu、Pb、Zn 异常形态相似，套合较好。对应的地层有古元古界兴华渡口岩群，侏罗系满克头鄂博组、白音高老组、玛尼吐组和白垩系甘河组等。对应岩体有侏罗纪花岗岩和二叠纪正长花岗岩、花岗闪长岩等岩体。

（2）W、Sn、Mo 元素区域分布特征：W、Sn、Mo 元素异常在成矿区带内分布较广，异常在酸性岩体内范围较大，且异常形态相似，套合较好。在地层中分布范围较小。主要对应的地层有泥盆系泥鳅河组、白垩系甘河组。对应的岩体有泥盆纪、石炭纪、二叠纪酸性岩体。

（3）Cr 元素区域分布特征：Cr 元素异常在成矿区带内分布较少，异常主要对应的地层有泥盆系泥鳅河组、白垩系甘河组、第四系阿巴嘎组。对应的岩体主要有泥盆纪超基性岩体和石炭纪辉长岩。

（二）综合异常特征

根据异常元素相互间的组合关系，并结合异常所处的地质特征和已知矿点、矿床点特征，在成矿区带内共圈定了 138 个综合异常。并按综合异常特征，将综合异常分为以 Au、Cu、Pb、Zn 元素异常为主的综合异常和以 W、Sn、Mo 元素异常为主的综合异常。下面将各类综合异常进行简单的分述。

（1）以 Cu、Pb、Zn、Au 元素异常为主的综合异常，该类综合异常在成矿区带内分布较多，是该成矿区带内主要的综合异常。综合异常所对应的地层有古元古界兴华渡口群，侏罗系满克头鄂博组、白音高老组、玛尼吐组，泥盆系泥鳅河组和白垩系甘河组等。异常区岩浆活动强烈，侵入岩十分发育，侵入岩受断裂构造控制，总体呈北东向展布。在成矿区带北部出露的侵入岩体主要为二叠纪和侏罗纪酸性岩体，在南部主要为二叠纪酸性岩体。成矿区带内断裂构造十分发育，北西分布有伊列克得-加格达奇断裂带，北东部分布有克拉麦里-二连断裂带。

该类综合异常是成矿区带内主要的综合异常，综合异常范围大小不等，形态多为不规则状，异常元素主要为 Cu、Pb、Zn、Au，并伴有 W、Sn、Mo 等元素异常。Cu、Pb、Zn 异常分布较广，范围较大，且元素间相互套合较好，尤其在阿尔山镇一带，Cu、Pb、Zn 异常形态相似，套合较好。

成矿区带内分布有多个铜、金、铅锌矿床、矿点、矿化点。其中铜矿典型的矿床有罕达盖铜矿；金矿典型的矿床有古利库金矿；铅锌典型矿床有朝不楞、阿尔哈达等。综合以上信息推测该成矿区带是寻找铅锌、铜、金等多金属的有利地区。

（2）以 W、Sn、Mo 元素异常为主的综合异常，该类综合异常在成矿区带内分布较少，W、Sn、Mo 元素在综合异常中多以伴生元素存在。异常对应的地层有泥盆系泥鳅河组、白垩系甘河组。对应的岩体有泥盆纪、石炭纪、二叠纪酸性岩体。

六、Ⅲ-7 白乃庙-锡林郭勒铁、铜、钼、铅、锌、锰、铬、金、锗、煤、天然碱、芒硝成矿带

(一)元素区域分布特征

该成矿区带位于内蒙古中北部。区带内主要的组合异常元素有 Au、Cu、Mo、Pb、Zn、Cr、Mn、Fe_2O_3 等,根据元素的共生组合规律,分以下几组叙述元素的区域分布特征。

(1)Au、Cu、Mo、Pb、Zn 元素区域分布特征:Au 元素异常在成矿区带内分布较多,范围较大的异常主要分布在成矿区带西部和中部,尤其在巴彦毛道、朱日和镇一带,Au、Cu 元素异常范围较大。Cu、Mo 元素异常在成矿区带内也分布较多。主要对应的地层有太古宇乌拉山岩群、元古宇二道凹岩群、石炭系阿木山组、白垩系乌兰苏海组。对应的岩体有石炭纪、二叠纪酸性岩体。

(2)Fe_2O_3、Mn、Cr 区域分布特征:Fe_2O_3、Mn、Cr 异常主要分布在乌力吉图镇、哈能—索伦山一带。Fe_2O_3 异常较 Mn、Cr 异常范围大。异常主要对应的地层有元古宇宝音图岩群、奥陶系包尔汉图群。对应的岩体主要有石炭纪超基性岩。异常与该区分布的已知铁矿床(点)相对应。

(二)综合异常特征

根据异常元素相互间的组合关系,并结合异常所处的地质特征和已知矿点、矿床点特征,在成矿区带内共圈定了 72 个综合异常。并按综合异常特征,将综合异常分为以 Au、Cu、Mo 元素异常为主的综合异常和以 Fe_2O_3、Mn、Cr 元素异常为主的综合异常。下面将各类综合异常进行简单的分述。

(1)以 Au、Cu、Mo 元素异常为主的综合异常,该类综合异常主要分布在成矿区带北部,包括的综合异常有Ⅲ$_7$-Z-1 至Ⅲ$_7$-Z-15、Ⅲ$_7$-Z-19、Ⅲ$_7$-Z-22、Ⅲ$_7$-Z-23、Ⅲ$_7$-Z-24、Ⅲ$_7$-Z-34、Ⅲ$_7$-Z-35 至Ⅲ$_7$-Z-72。

该类综合异常主要分布在成矿区带南部和东部,异常对应的地层比较复杂,主要有太古宇乌拉山岩群,元古宇宝音图岩群、二道凹岩群,蓟县系哈尔哈达组,志留系西别河组,石炭系阿木山组和白垩系乌兰苏海组、李三沟组。异常区侵入岩比较发育,侵入岩受断裂构造控制,总体呈北东向展布。岩性主要有元古宙花岗岩、石炭纪花岗岩和二叠纪花岗岩、花岗闪长岩。异常所在区域断裂构造比较发育,其南界以槽台断裂为界,西北侧以阿尔金断裂为界,北侧为二连-贺根山断裂,东侧沿锡林浩特市—镶黄旗一线与林西-孙吴成矿带为界。

该类综合异常较多,异常范围大小不等,形态多为不规则状,异常元素主要有 Au、Cu、Mo、Pb、Zn,其中 Au、Cu 元素异常分布较多,且范围较大,异常间套合较好。

(2)以 Fe_2O_3、Mn、Cr 异常为主的综合异常,该类综合异常主要沿哈能—索伦山一带分布,包括的综合异常有Ⅲ$_7$-Z-17、Ⅲ$_7$-Z-18、Ⅲ$_7$-Z-20、Ⅲ$_7$-Z-21、Ⅲ$_7$-Z-25、Ⅲ$_7$-Z-26、Ⅲ$_7$-Z-27、Ⅲ$_7$-Z-28、Ⅲ$_7$-Z-29、Ⅲ$_7$-Z-30、Ⅲ$_7$-Z-31、Ⅲ$_7$-Z-32、Ⅲ$_7$-Z-33。

该组综合异常分布在索伦山超基性岩带,出露的地层主要是元古宇宝音图岩群、奥陶系包尔汉图群。该区岩浆活动强烈,侵入岩发育,侵入岩主要是石炭纪超基性岩。该区是 Cr、Fe_2O_3 成矿的有利地区。

该类综合异常范围中等,异常形态多为不规则状,异常元素以 Cr、Fe_2O_3、Cu、Mn 为主,并伴有其他元素异常。其中铬元素异常范围较大,异常强度较高,Cr 高值区呈片状连续分布。

(三)找矿方向研究

在该成矿区带内分布有多个铜、金、钼、铬铁矿床点、矿点、矿化点。其中典型的钼矿床有查干花斑岩型钼钨矿、必鲁甘干斑岩型钼矿床。其中查干花斑岩型钼钨矿位于Ⅲ$_7$-Z-19 综合异常范围内,必鲁甘干斑岩型钼矿床位于Ⅲ$_7$-Z-59 综合异常范围内。矿床主要与综合异常范围内分布的斑岩体有关。

因此推测钼异常较高,且有斑岩体的地区是寻找钼矿的有利地区。

成矿区带内分布的典型铬铁矿床有索伦山铬铁矿、乌珠尔三号铬铁矿等。另外该区还分布有多个铁矿点和铜矿点,其中铜矿点多分布在奥陶系包尔汉图群中,显示了铜矿成矿的专属性。该区铬异常与石炭纪超基性岩体对应较好,显示了铬铁矿在超基性岩中易富集成矿。

七、Ⅲ-8 突泉-翁牛特铅、锌、银、铜、铁、锡、稀土成矿带

(一)元素区域分布特征

该成矿区带位于内蒙古中东部。区带内主要的组合异常元素有 Pb、Zn、Ag、Cu、Fe_2O_3、Sn、REE 元素(La、Th、Y、Nb)等,根据元素的共生组合规律,分以下几组叙述元素的区域分布特征。

(1)Pb、Zn、Ag、Cu、Sn 元素区域分布特征:Pb、Zn、Ag、Cu、Sn 异常在成矿区带内分布较多,是该成矿区带内主要的成矿元素。异常范围较大,多为不规则状,异常大体呈北东向展布。异常对应的地层有石炭系本巴图组、酒局子组,二叠系哲斯组、大石寨组,侏罗系新民组、满克头鄂博组、玛尼吐组和白垩系梅勒图组等。对应的岩体有二叠纪、侏罗纪、白垩纪酸性岩体。

(2)La、Th、Y、Nb 元素区域分布特征:La、Th、Y、Nb 元素异常在成矿区带内均有分布,异常在成矿区带南部和北部地区面积较小,异常相互套合较好;在中部异常面积较大,异常相互间套合一般。异常对应的地层主要有石炭系本巴图组、酒局子组,二叠系哲斯组、大石寨组,侏罗系新民组、满克头鄂博组、玛尼吐组和白垩系梅勒图组等。对应的岩体有二叠纪、侏罗纪、白垩纪酸性岩体。

(3)Fe_2O_3 区域分布特征:Fe_2O_3 异常主要分布在成矿区带中部和北部,在南部地区仅有零星分布。异常沿构造线分布,整体呈北东向展布。异常对应的地层有二叠系哲斯组、林西组和侏罗系满克头鄂博组、玛尼吐组。异常与断裂构造关系密切,多分布在断裂构造发育的地区。

(二)综合异常特征

根据异常元素相互间的组合关系,并结合异常所处的地质特征和已知矿点、矿床点特征,在成矿区带内共圈定了 166 个综合异常。并按综合异常特征,将综合异常分为以 Pb、Zn、Ag、Cu、Sn 元素异常为主的综合异常,以 La、Th、Y、Nb 元素异常为主的综合异常和以 Fe_2O_3 异常为主的综合异常。下面将各类综合异常进行简单的分述。

(1)以 Pb、Zn、Ag、Cu、Sn 元素异常为主的综合异常,该类综合异常在成矿区带内分布较多,是该成矿区带内主要的综合异常,包括该成矿区带内大部分综合异常。

综合异常区出露的地层主要有石炭系本巴图组、酒局子组,二叠系哲斯组、大石寨组,侏罗系新民组、满克头鄂博组、玛尼吐组和白垩系梅勒图组等。区带内侵入岩比较发育,侵入岩有二叠纪、侏罗纪、白垩纪花岗岩、花岗闪长岩等酸性岩体。区带内构造比较发育,构造总体为北东向的断裂构造,且构造方向控制岩体方向,侵入岩体也整体呈北东向展布。

该组综合异常多分布在地层与岩体的接触部位,综合异常范围大小不等,异常形态主要为不规则状,异常元素有 Pb、Zn、Ag、Cu、Sn,并伴有其他的元素异常。Pb、Zn、Ag、Sn 异常范围较大,且相互套合较好;Cu 元素异常范围较小,且异常分布较分散。

(2)以 La、Th、Y、Nb 元素异常为主的综合异常,该类综合异常在成矿区带内分布较少,多与侏罗纪花岗斑岩有关,包括的综合异常有 Ⅲ$_8$-Z-8、Ⅲ$_8$-Z-9、Ⅲ$_8$-Z-10、Ⅲ$_8$-Z-15、Ⅲ$_8$-Z-16。

该组综合异常范围较大,异常形态多为不规则状,异常元素以 La、Th、Y、Nb 为主,其次有 Pb、Zn、Ag、Cu、Sn 等元素异常。La、Th、Y、Nb 等主成矿元素相互间套合较好。异常对应的地层主要有石炭系本巴图组、酒局子组,二叠系哲斯组、大石寨组,侏罗系新民组、满克头鄂博组、玛尼吐组和白垩系梅勒图组等。对应的岩体有二叠纪、侏罗纪、白垩纪酸性岩体。

(三)找矿方向研究

该成矿区带是突泉-翁牛特铅、锌、银、铜、铁、锡、稀土成矿带,区带内分布有多个铅锌银、铜、铁、锡矿床点、矿点、矿化点,尤其在成矿区带中部,北东向分布有多个铅锌银、铜、铁、锡矿床点、矿点。其中典型的银铅锌矿有拜仁达坝;典型的锡矿有大井子铜锡矿和花岗铁锡矿;典型的铜矿有布敦花铜矿。成矿区带内稀土矿分布较少,仅在Ⅲ$_8$-Z-8综合异常范围内分布有巴尔哲稀土矿。因此推测该成矿区带是寻找铅锌银、铜、铁、锡矿的有利地区。

八、Ⅲ-10 华北陆块北缘东段铁、铜、钼、铅、锌、金、银、锰、铀、磷、煤、膨润土成矿带

(一)元素区域分布特征

该成矿区带位于内蒙古南东地区,成矿区带范围较小。异常主要分布在成矿区带中部地区。区带内主要的组合异常元素有 Au、Cu、Mo、Pb、Zn、Ag、Mn、Fe$_2$O$_3$ 等。根据元素的共生组合规律,分以下几组叙述元素的区域分布特征。

(1)Cu、Au、Mo 元素区域分布特征:Au 元素异常分布较分散,面积中等,异常强度较高,异常主要对应太古宇乌拉山岩群、古元古界二道凹岩群等地层。Cu、Mo 元素异常范围较大,强度较高,尤其在太庙镇一带呈大面积分布。Cu、Mo 异常相互间套合较好。异常对应的地层有太古宇乌拉山岩群和白垩系热河群义县组、九佛堂组。对应的岩体有侏罗纪花岗岩、花岗斑岩和白垩纪花岗斑岩。

(2)Pb、Zn、Ag 元素区域分布特征:Pb、Zn、Ag 元素异常在成矿区内分布较多,异常形态相似,异常间相互套合较好。异常主要对应的地层有太古宇乌拉山岩群、白垩系热河群九佛堂组。对应的岩体有二叠纪和侏罗纪酸性岩体。

(3)Fe$_2$O$_3$、Mn 区域分布特征:Fe$_2$O$_3$、Mn 异常在成矿区带分布较少,主要分布在成矿区带北部和南部局部地区,中部异常分布较少。不同的是,Fe$_2$O$_3$ 异常在成矿区带南部面积较大,Mn 异常在成矿区带北部面积较大。异常对应的地层有太古宇乌拉山岩群,长城系常州沟组、串岭沟组、团山子组、大红峪组未分和白垩系热河群义县组。

(二)综合异常特征

根据异常元素相互间的组合关系,并结合异常所处的地质特征和已知矿点、矿床点特征,在成矿区带内共圈定了 13 个综合异常。并按综合异常特征,将综合异常分为以 Cu、Au、Pb、Zn、Ag、Mo 元素异常为主的综合异常和以 Fe$_2$O$_3$、Mn 异常为主的综合异常。下面将各类综合异常进行简单的分述。

(1)以 Au、Ag 元素异常为主的综合异常,以 Au 元素异常为主的综合异常包括有Ⅲ$_{10}$-Z-2、Ⅲ$_{10}$-Z-6、Ⅲ$_{10}$-Z-8、Ⅲ$_{10}$-Z-9、Ⅲ$_{10}$-Z-10。

该类综合异常范围中等,异常形态多为不规则状,异常组合元素有 Au-Ag-Cu-Mo-Pb-Zn,其中 Au、Ag 元素异常范围较大,强度较高,是该类综合主要的成矿元素。综合异常对应的地层有太古宇乌拉山岩群和白垩系热河群义县组、九佛堂组;对应的岩体有侏罗纪花岗岩、花岗斑岩和白垩纪花岗斑岩。

成矿区带内分布有多个金银矿床(点)、矿化点,典型的矿床有红花沟金银矿、王府乡莲花山金银矿等。已知的金银矿多与太古宇乌拉山岩群有关,因此认为太古宇乌拉山岩群出露的地方是寻找金、银等金属的有利地区。

(2)以 Cu、Mo、Pb、Zn 元素异常为主的综合异常,该组综合异常包括的异常有Ⅲ$_{10}$-Z-1、Ⅲ$_{10}$-Z-3、Ⅲ$_{10}$-Z-4、Ⅲ$_{10}$-Z-5、Ⅲ$_{10}$-Z-7、Ⅲ$_{10}$-Z-11、Ⅲ$_{10}$-Z-12、Ⅲ$_{10}$-Z-13。

Ⅲ$_{10}$-Z-1综合异常范围较大,其余的综合异常范围中等,异常元素以Cu、Mo、Pb、Zn为主,在Ⅲ$_{10}$-Z-1中还分布有Fe$_2$O$_3$、Mn等异常。异常元素相互间呈套合的状态。综合异常对应的地层主要是白垩系热河群义县组、九佛堂组。对应的岩体有二叠纪花岗岩和侏罗纪花岗岩、花岗斑岩。

成矿区带内分布有多个铜、钼、铅锌金属矿床(点)、矿化点,其中在Ⅲ$_{10}$-Z-1综合异常范围内分布有车户沟三区铜钼矿,在Ⅲ$_{10}$-Z-4中分布有车户沟铜钼矿床,是区内典型的铜钼矿床。另外还分布有后塔子、胡彩沟等钼矿床(点)。因此推测该类综合异常是寻找铜、钼等多金属矿的有利地区。

九、Ⅲ-11 华北陆块北缘西段金、铁、铌、稀土、铜、铅、锌、银、镍、铂、钨、石墨、白云母成矿带

(一)元素区域分布特征

该成矿区带内主要的组合异常元素有Au、Pb、Zn、Ag、Cu、Ni、Fe$_2$O$_3$、La、Th、Y、Nb等。根据元素的共生组合规律,分以下几组叙述元素的区域分布特征。

(1)Au、Pb、Zn、Ag元素区域分布特征:Au、Pb、Zn、Ag异常在成矿区带中部和北部分布较多,Au元素与其他元素不同的是,Au元素异常面积较小,分布较多。Pb、Zn、Ag异常面积较大,异常相互间套合较好。异常对应的地层有太古宇乌拉山岩群、元古宇宝音图岩群、长城系渣尔泰山群。对应岩体有石炭纪、三叠纪、侏罗纪花岗岩。

(2)Cu、Fe$_2$O$_3$、Ni元素区域分布特征:该成矿区带断裂构造发育,且太古宇、元古宇出露较多,因此Cu、Fe$_2$O$_3$、Ni异常在成矿区带内分布较多。元素异常形态相似,异常相互间套合较好。异常主要对应太古宇、元古宇,且异常分布多与断裂构造有关。

(3)La、Th、Y、Nb元素区域分布特征:La、Th、Y、Nb元素异常在成矿区带内均有分布,范围较大的异常主要分布在成矿区带中部,尤其在包头市一带,异常范围较大。异常主要对应太古宇、元古宇。对应岩体有中太古代变质深成侵入体灰色片麻岩、紫苏花岗岩和二叠纪、侏罗纪酸性岩体。

(二)综合异常特征

根据异常元素相互间的组合关系,并结合异常所处的地质特征和已知矿点、矿床点特征,在成矿区带内共圈定了45个综合异常。并按综合异常特征,将综合异常分为以Au、Pb、Zn、Ag元素异常为主的综合异常、以Cu、Fe$_2$O$_3$、Ni元素异常为主的综合异常和以Fe$_2$O$_3$、Ni、Cr异常为主的综合异常。下面将各类综合异常进行简单的分述。

(1)以Au、Cu、Fe$_2$O$_3$、Ni异常为主的综合异常:该类综合异常主要分布在成矿区带中部地区,包括的综合异常有Ⅲ$_{11}$-Z-1、Ⅲ$_{11}$-Z-9、Ⅲ$_{11}$-Z-10、Ⅲ$_{11}$-Z-11、Ⅲ$_{11}$-Z-12、Ⅲ$_{11}$-Z-18、Ⅲ$_{11}$-Z-19、Ⅲ$_{11}$-Z-20、Ⅲ$_{11}$-Z-21、Ⅲ$_{11}$-Z-22、Ⅲ$_{11}$-Z-24、Ⅲ$_{11}$-Z-25、Ⅲ$_{11}$-Z-26、Ⅲ$_{11}$-Z-28、Ⅲ$_{11}$-Z-30、Ⅲ$_{11}$-Z-33、Ⅲ$_{11}$-Z-44、Ⅲ$_{11}$-Z-45。

该组综合异常所处区域出露的地层有新太古界色尔腾山岩群,长城系尖山组、蓟县系哈拉霍疙特组、比鲁特组和侏罗系石拐群未分组、大青山组等。异常区侵入岩比较发育,出露的岩体有中太古代变质深成侵入体灰色片麻岩、紫苏花岗岩和石炭纪辉长岩,以及侏罗纪、二叠纪、三叠纪等时代的酸性岩体。异常区内断裂构造十分发育,有集宁-凌源断裂带呈东西向分布。另外北东向和北西向断裂构造也十分发育,为成矿提供了有利的地质条件。

该组综合异常分布较多,综合异常范围较大,异常形态多为不规则状,异常元素以Au、Cu、Fe$_2$O$_3$、Ni为主,并伴有其他的元素异常。在大部分综合异常内异常元素呈相互套合的状态。

该组综合异常所在区域内分布有多个铜镍、金、铁、铜等矿床(点)、矿化点。典型的铜镍矿床有克布铜镍矿,位于Ⅲ$_{11}$-Z-9综合异常范围内,异常元素以Cu、Ni、Fe$_2$O$_3$为主,Au异常分布在以上异常的外

围,范围较小,其余的元素异常相互间套合较好。异常对应的地层主要是蓟县系哈拉霍疙特组,对应的侵入岩体主要是石炭纪辉长岩。另一个典型的铜镍矿床是小南山铜镍矿,位于Ⅲ$_{11}$-Z-26综合异常范围内,异常元素以Cu、Ni、Fe_2O_3、Au为主,异常对应长城系尖山组、蓟县系比鲁特组。区域内典型的金矿床有浩尧尔忽洞、十八顷壕、哈达门沟金矿,分别位于Ⅲ$_{11}$-Z-11、Ⅲ$_{11}$-Z-19、Ⅲ$_{11}$-Z-20综合异常范围内,在Ⅲ$_{11}$-Z-11中异常元素以Au、Cu、Fe_2O_3、Ni为主,在Ⅲ$_{11}$-Z-19、Ⅲ$_{11}$-Z-20中除了Au、Cu、Fe_2O_3、Ni异常外,还分布有Ag、Pb、Zn等元素异常。异常对应的地层主要是太古宇乌拉山岩群、长城系尖山组和蓟县系比鲁特组、哈拉霍疙特组,对应的岩体主要有古元古代钾长花岗岩、二长花岗岩。通过与典型矿床进行对比可知,该组综合异常元素组合与典型矿床相似,出露地层和岩体也相似,因此推测以上综合异常可能是寻找金矿、铜镍矿的有利地区。

(2) 以Cu、Pb、Zn、Ag元素异常为主的综合,该类综合异常主要分布在成矿区带西部地区,包括的综合异常有Ⅲ$_{11}$-Z-2、Ⅲ$_{11}$-Z-3、Ⅲ$_{11}$-Z-4、Ⅲ$_{11}$-Z-5、Ⅲ$_{11}$-Z-6、Ⅲ$_{11}$-Z-7、Ⅲ$_{11}$-Z-8、Ⅲ$_{11}$-Z-13、Ⅲ$_{11}$-Z-14、Ⅲ$_{11}$-Z-17、Ⅲ$_{11}$-Z-27、Ⅲ$_{11}$-Z-29、Ⅲ$_{11}$-Z-31、Ⅲ$_{11}$-Z-32、Ⅲ$_{11}$-Z-34至Ⅲ$_{11}$-Z-43。

该类综合异常所处区域出露的地层有太古宇乌拉山岩群、色尔腾山岩群、东五分子岩组,元古宇宝音图岩群,长城系渣尔泰山群未分组、书记沟组,侏罗系石拐群五当沟组,白垩系庙沟组和新近系等。异常区侵入岩发育,侵入岩有二叠纪、石炭纪花岗岩和三叠纪花岗岩、花岗闪长岩等。

该类综合异常面积较大,异常元素以Cu、Pb、Zn、Ag为主,并伴有其他元素异常。元素异常面积较大,强度较高,异常间相互套合较好。异常区分布有多个铜、铅、锌、银等金属矿床(点)、矿化点。其中典型的矿床有霍各乞、东升庙铜铅锌矿和李清地铅锌矿床等,其中霍各乞铜铅锌矿位于Ⅲ$_{11}$-Z-4综合异常范围内,异常元素以Cu、Pb、Zn、Ag为主,异常强度较高,异常对应的地层主要是长城系渣尔泰山群未分组,异常范围内侵入岩发育,侵入岩面积较大,岩性主要是石炭纪花岗岩。

(3) 以La、Th、Y、Nb异常为主的综合异常,该组综合异常在成矿区带内分布较少,分布的综合异常主要有Ⅲ$_{11}$-Z-15、Ⅲ$_{11}$-Z-16。

Ⅲ$_{11}$-Z-15综合异常对应的地层有长城系尖山组三段菠萝图白云岩、蓟县系哈拉霍疙特组与比鲁特组并层、哈拉霍疙特组、比鲁特组。异常区内侵入岩有侏罗纪花岗岩和三叠纪二长花岗岩、钾长花岗岩。其中三叠纪二长花岗岩、钾长花岗岩面积较大,而侏罗纪花岗岩以脉岩分布。异常区内异常元素比较复杂,异常元素有La、Th、Y、Nb、Cu、Pb、Zn、Ag、Au、Fe_2O_3、Ni等,异常元素相互间呈重叠或套合状态。异常范围内分布有赛乌苏金矿和白云鄂博稀土矿。

Ⅲ$_{11}$-Z-16综合异常范围内出露的地层主要是白垩系白女羊盘组,侵入岩主要是三叠纪二长花岗岩。异常区内异常元素主要有La、Th、Y、Nb,异常元素范围较大,形态相似,异常元素相互间套合较好。

第五节 地球化学推断地质构造

一、地球化学推断断裂构造

(一) 地球化学推断断裂构造的理论依据

浅表地球化学场是指近地表(表壳)所形成的地球化学场,在空间上其深度与已出露的基底、盖层、岩浆岩的厚度或延伸有关。由于有些表壳物质来源于深部,因此浅表地球化学场在一些空间部位上也反映为深部地球化学场的某些特征及成矿特点。水系沉积物是汇水域内各种岩石风化产物的天然组合,对已出露的基底和盖层的地球化学特征及各种地质作用留下的印迹有良好的继承性。

地球化学场的分布特征及组合规律是区域地质构造演化过程中元素的集散、迁移的形迹所在；地球化学场的变化规律及元素组合在空间分布特征表现为一定的方向性（如呈串珠状、等轴状、等间距性）分布，均是地质构造活动引起元素地球化学场的变化结果。

由于断裂构造与成岩、成晕作用有密切关系，断裂构造按照广义热力学的定义属于开放体系，与外界产生能量和物质交换。断裂体系中存在压力差、温度差、浓度差等，导致部分元素贫化或富集。因此，断裂构造的分布特征也直接决定着地球化学场和异常的分布特征。反之，地球化学场的变化规律及空间分布规律推断地表或隐伏地质构造。

本次地球化学推断构造主要侧重线性断裂构造的推断解释。

（二）地球化学推断断裂构造的元素及元素组合选择依据

以《化探资料应用技术要求》相关内容为依据，以本次制作的各类地球化学系列图为基础，以已知断裂为条件，选择对已知断裂反映明显的元素地球化学图、多元素组合图为本次推断的依据，开展地球化学断裂推断工作。

（三）地质构造在地球化学图件上的表现特征

从图5-204～图5-210可知，已知断裂构造在地球化学图中具有下列特征：

（1）已知深部断裂或区域性大断裂，表现为延伸较长的铁族元素（Fe、Co、Ni、Cr、V、Ti、Mn）、亲基性岩元素、岩浆射气元素的异常带或上述元素的高、低背景变化带，多为地球化学分区的界线。

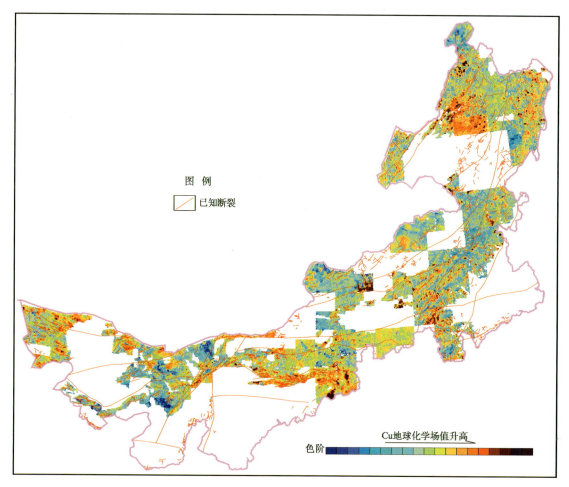

图5-204　已知断裂在铜地球化学图上分布示意图

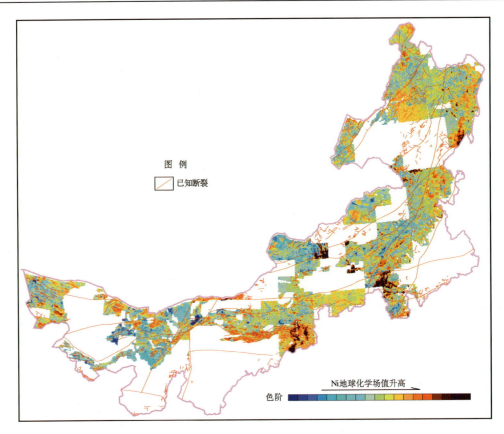

图 5-205　已知断裂在镍地球化学图上分布示意图

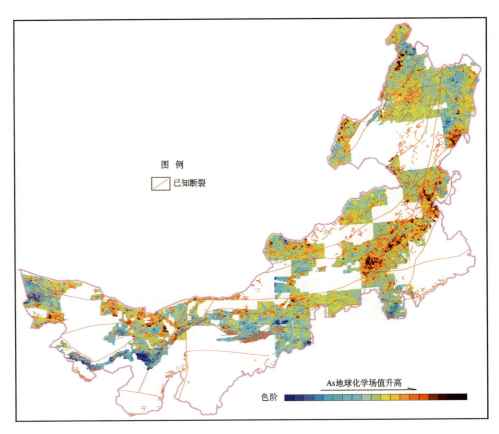

图 5-206　已知断裂在砷地球化学图上分布示意图

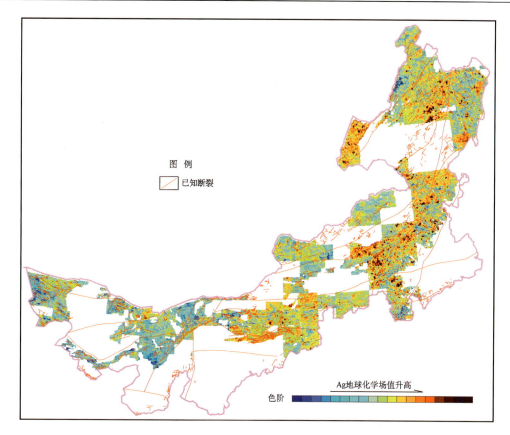

图 5-207　已知断裂在银地球化学图上分布示意图

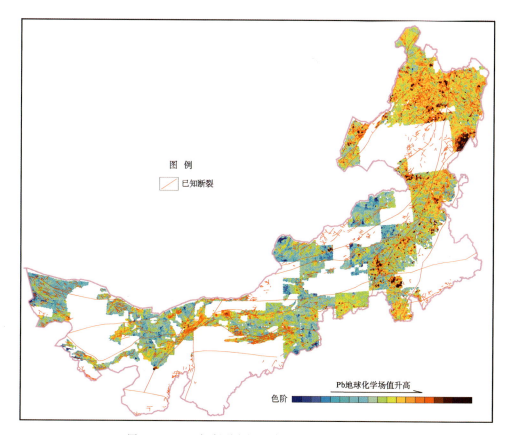

图 5-208　已知断裂在铅地球化学图上分布示意图

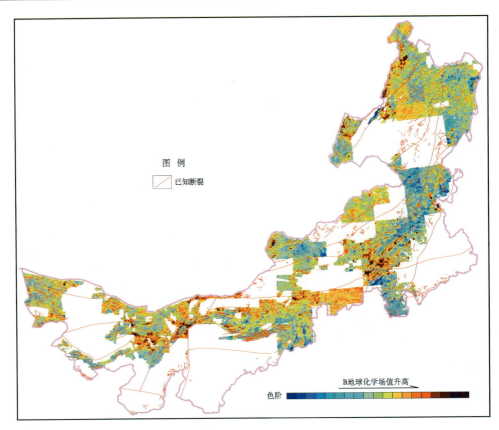

图 5-209 已知断裂在硼地球化学图上分布示意图

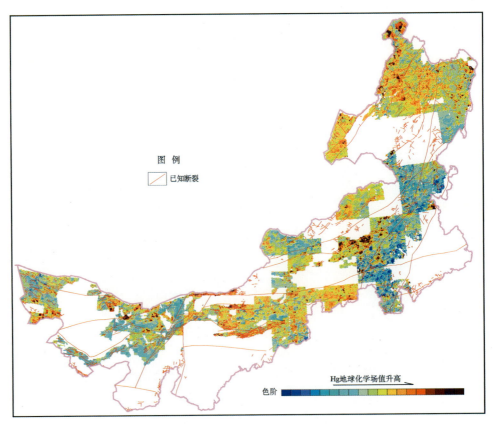

图 5-210 已知断裂在汞地球化学图上分布示意图

(2)已知一般性断裂带在地球化学图上常常表现为地球化学场的畸变带,如低背景、低值区与高背景或高值区的分界线、串珠状异常中心轴线的连线、综合异常的带状或线状延伸方向、异常扭曲变形部位等。

综合研究认为,铁族元素、亲基性岩元素、岩浆射气元素及主要成矿元素的地球化学场空间分布特征能较好地反映断裂构造的形态、规模等。故选择有代表性的 Ni、Cu、As、Ag、Pb、B、Hg 元素作为研究对象,通过分析上述元素的地球化学场空间分布特征及富集规律来推断断裂构造。

(3)推断的断裂构造在不同的元素地球化学场中的具体特征:本次工作共推断断裂构造 67 条,其中,深大断裂 2 条,一般性断裂 65 条。这些断裂在元素地球化学图上与已知断裂有相同或相似的空间分布特征及富集特征:①Cu、Ni(铁族元素)、As 元素地球化学图。深大断裂构造的 Cu、Ni(铁族元素)、As 元素地球化学特征表现为地球化学分区的界线或规模较大的条带状、串珠状异常带。一般性断裂构造的 Cu、As、Ni(铁族元素)元素地球化学特征表现为局部的线状高背景—低背景变化带、线状展布的异常扭曲变形部位、规模相对较小的串珠状异常带(图 5-211～图 5-213)。②Pb、Ag 元素地球化学图。深大断裂构造的 Pb、Ag 元素地球化学特征表现为地球化学分区的界线和规模较大的条带状异常带。一般性断裂构造的 Pb、Ag 元素地球化学特征与 Cu、As、Ni 元素相似(图 5-214、图 5-215)。B、Hg 元素地球化学图。深大断裂构造的 Pb、Ag 元素地球化学特征表现为规模较大的串珠状异常带。一般性断裂构造的 B、Hg 元素地球化学特征与 Cu、As、Ni 元素相似(图 5-216、图 5-217)。

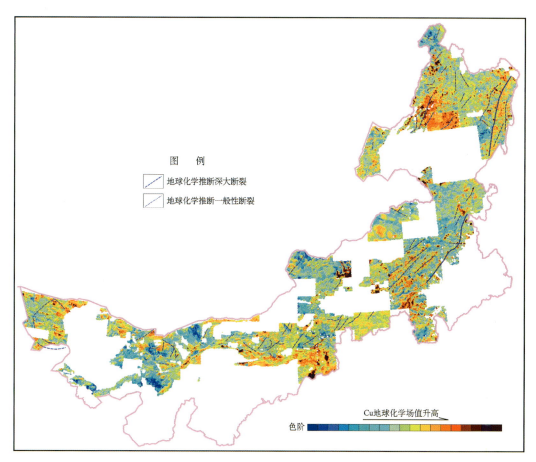

图 5-211 推断断裂在铜地球化学图上分布示意图

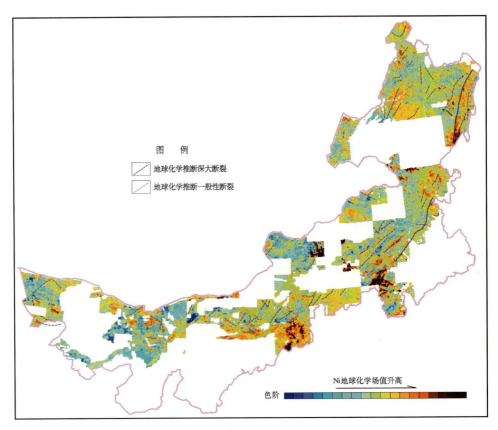

图 5-212 推断断裂在镍地球化学图上分布示意图

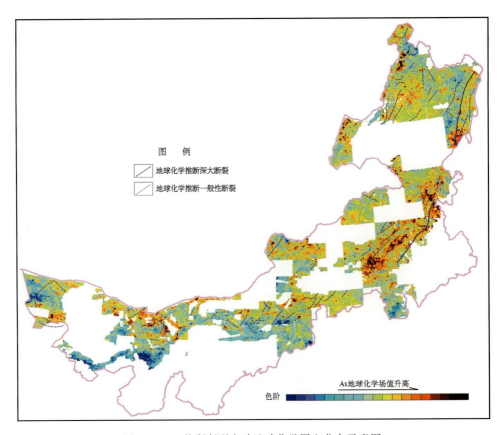

图 5-213 推断断裂在砷地球化学图上分布示意图

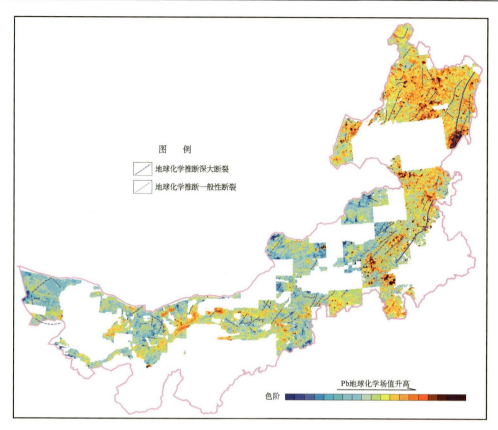

图 5-214 推断断裂在铅地球化学图上分布示意图

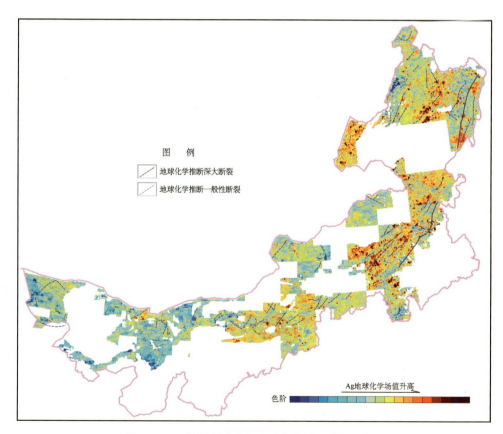

图 5-215 推断断裂在银地球化学图上分布示意图

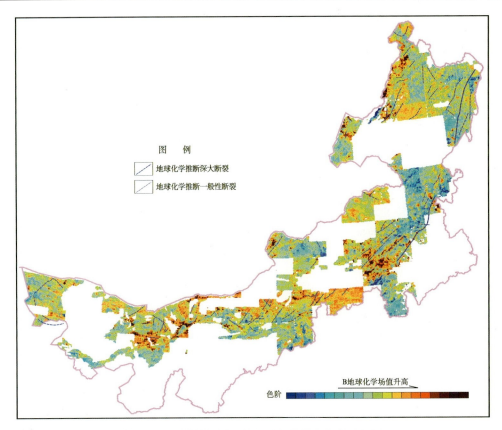

图 5-216 推断断裂在硼地球化学图上分布示意图

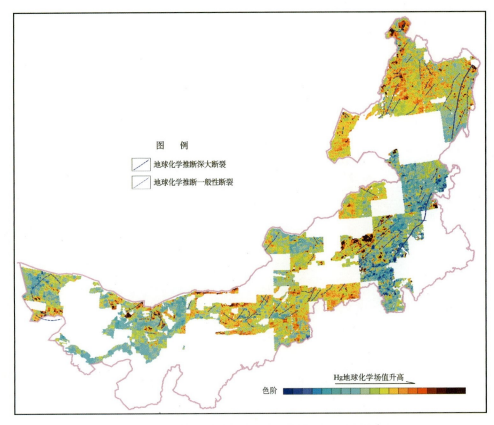

图 5-217 推断断裂在汞地球化学图上分布示意图

二、地球化学推断岩体

(一)地球化学推断岩体的理论依据

由地球化学理论可知,不同的岩体具有不同的地球化学特征,相同或相似的岩浆岩具有相同或相似的地球化学特征。据此,我们可以用"相似类比"的理论来进行岩浆岩分布范围的推断。

(二)地球化学推断岩体的元素及元素组合选择依据

以《化探资料应用技术要求》相关内容为引导,以本次制作的各类地球化学系列图为基础,以已知岩体为条件,选择对已知岩体反映明显的元素地球化学图、多元素组合为本次推断的依据,开展地球化学岩体推断工作。

(三)岩体在地球化学图件上的表现特征

依据上述地球化学推断岩体的理论,本次工作首先研究已知岩体的地球化学特征,建立不同类型、不同成因类型的岩浆岩成岩模式,据此来推断地表或隐伏岩浆岩的分布范围,为综合研究潜力评价提供地质依据。

(四)基性—超基性岩体的具体推断方法

1)基性—超基性岩体在地球化学组合异常图件上的表现特征

从图5-218可知,已知基性—超基性岩分布在地球化学组合异常图中具有下列特征:

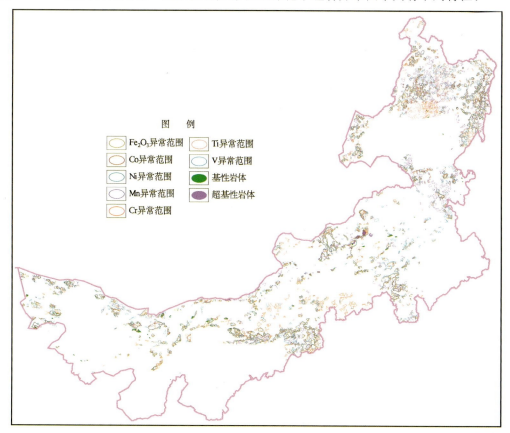

图5-218 已知基性—超基性岩在Fe、Mn、Ni、Cr、Co、Ti、V组合异常图上分布示意图

(1)已知玄武岩的空间分布范围,表现为范围较大的面状或带状的铁族元素、亲基性元素的异常组合较好的区域。

(2)由于基性—超基性岩体的空间分布特征往往与深大断裂带的构造延伸方向基本有一定的相似性,所以已知的基性—超基性岩体,表现为在断裂带附近或周围的铁族元素(Fe、Co、Ni、Cr、V、Ti、Mn)、亲基性岩元素的异常组合强度较高的区域。

综合研究认为,铁族元素、亲基性岩元素的地球化学特征能较好地反映地表或隐伏岩浆岩的分布范围。故选择有代表性的 Ni、Cr、Co、V、Ti、Fe、Mn 元素作为研究对象,通过分析上述元素的地球化学特征及异常组合强度来推断地表或隐伏基性—超基性岩的分布范围。

2)总体推断方法

总体推断方法为应用 Ni、Cr、Co、V、Ti、Fe、Mn 等铁族元素组合的富集规律,推断隐伏—半隐伏基性—超基性岩。具体操作过程是:

对于基性—超基性岩而言,Ni、Cr、Co、V、Ti、Fe、Mn 元素的含量高,常常形成地球化学高背景或高值区。反之,这些元素的高背景或高含量地段可能是基性—超基性岩体的隐伏区或半隐伏区。据此,在 Ni、Cr、Co、V、Ti、Fe、Mn 7 个元素的地球化学异常图的基础上制作了这 7 个元素的异常组合强度图,在此图的基础上参照已知的深大断裂带初步勾绘推断的基性—超基性岩分布区。

在初步推断的基性—超基性岩分布区的基础上,主要参考 Cr、Ni 地球化学场分布特征,其次参考 Co、Fe、Mg 地球化学场分布特征,最后参考 V、Ti、Mn 地球化学场分布特征再进行修改、圈定基性—超基性岩分布区。上述圈定推断基性—超基性岩的过程特别考虑了各个元素的组合程度。

3)推断结果

本次工作推断基性—超基性岩体 30 个,以区来表示。这些岩体在元素地球化学图上与已知岩体有相同或相似的空间分布特征及富集特征。

(1)Ni、Cr、Co、V、Ti、Fe、Mn 组合异常图推断基性—超基性岩结果见图 5-219。

(2)铬地球化学图推断基性—超基性岩结果见图 5-220。

(3)镍地球化学图推断基性—超基性岩结果见图 5-221。

(4)钴地球化学图推断基性—超基性岩结果见图 5-222。

(5)氧化镁地球化学图推断基性—超基性岩结果见图 5-223。

(五)酸性花岗岩体的具体推断方法

1)酸性花岗岩体的地球化学特征

(1)由于 W、Mo、Sn 在酸性岩中含量较高且与花岗岩具有密切的成矿专属性,所以酸性花岗岩地球化学特征表现为 W、Mo、Sn 异常组合强度较高的区域。

(2)由于花岗岩中 U、Th、Nb、Y 含量较高,所以酸性花岗岩地球化学特征表现为 U、Th、Nb、Y 异常组合强度较高的区域。

(3)酸性花岗岩体由于造岩元素的原因地球化学特征表现为 SiO_2 的高背景区及 Fe 元素的低背景区。

综合研究认为,W、Mo、Sn、U、Th、Nb、Y、SiO_2、Fe 的地球化学特征能较好地反映地表或隐伏酸性花岗岩的分布范围。故选择有代表性的 W、Mo、Sn、U、Th、Nb、Y、SiO_2、Fe 元素作为研究对象,通过分析上述元素的地球化学特征及异常组合强度来推断地表或隐伏酸性花岗岩的分布范围。

2)总体推断方法

总体推断方法为:首先,根据 W、Mo、Sn 异常组合分布特征,将 W、Mo、Sn 地球化学图对高背景或高含量区套合程度较高的区域初步圈定为酸性花岗岩区;其次,参考 U、Th、Nb、Y 异常组合特征再进行修改;最后,参考 SiO_2、Fe 地球化学场分布特征圈定最终酸性花岗岩分布区。

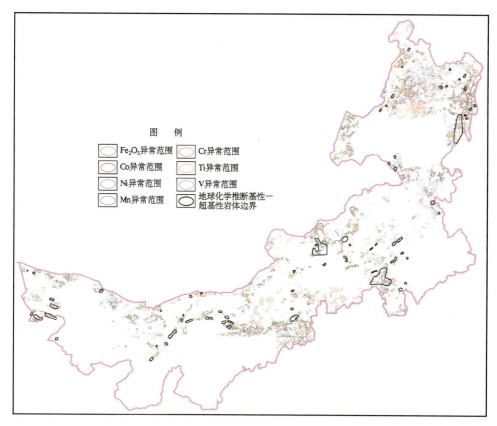

图 5-219　Ni、Cr、Co、V、Ti、Fe、Mn 组合异常推断基性—超基性岩体结果图

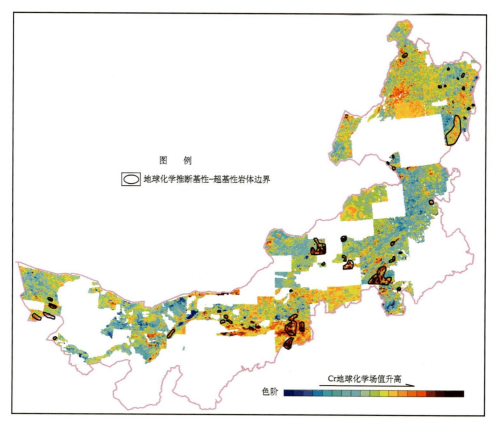

图 5-220　铬地球化学图推断基性—超基性岩结果图

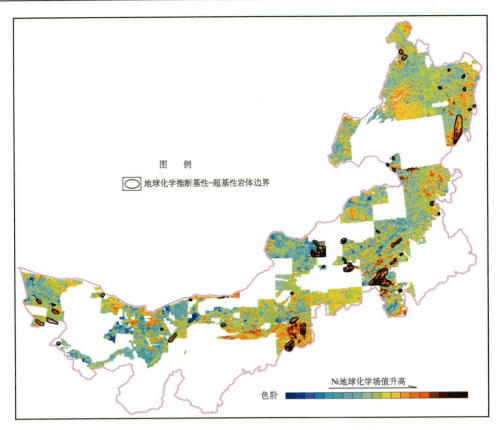

图 5-221 镍地球化学图推断基性—超基性岩结果图

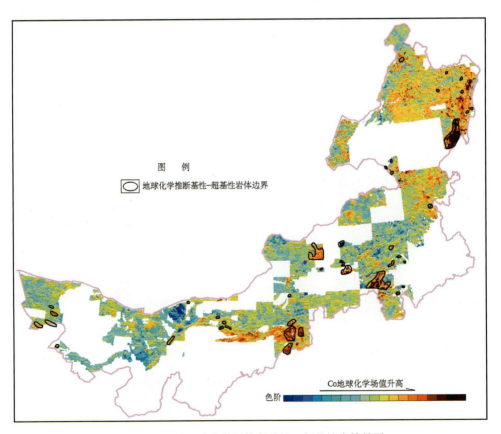

图 5-222 钴地球化学图推断基性—超基性岩结果图

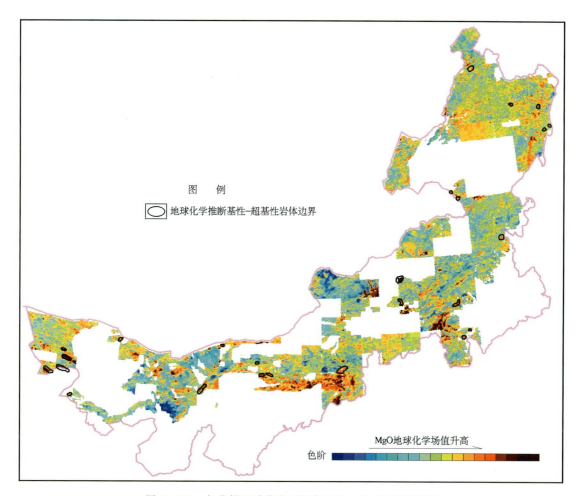

图 5-223 氧化镁地球化学图推断基性—超基性岩结果图

3）推断结果

本次工作推断酸性花岗岩体 5 个，以区来表示。这些岩体在元素地球化学图上与已知岩体有相同或相似的空间分布特征及富集特征。

（1）钨地球化学图推断酸性花岗岩结果见图 5-224。

（2）钼地球化学图推断酸性花岗岩结果见图 5-225。

（3）锡地球化学图推断酸性花岗岩结果见图 5-226。

（4）钨锡钼组合异常图推断酸性花岗岩结果见图 5-227。

（5）参考铀钍铌钇组合异常图修改已推断酸性花岗岩结果见图 5-228。

（6）参考三氧化铁地球化学图修改已推断酸性花岗岩结果见图 5-229。

（7）综合推断岩体结果见图 5-230。

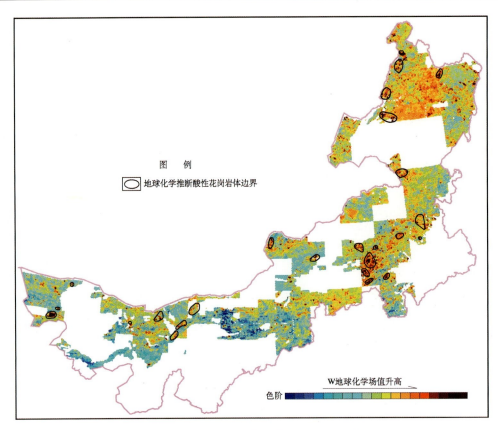

图 5-224　钨地球化学图推断酸性花岗岩结果图

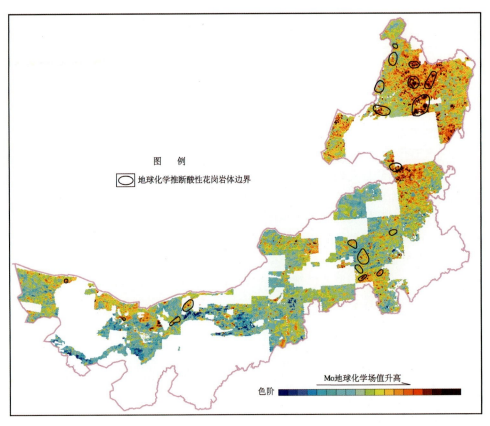

图 5-225　钼地球化学图推断酸性花岗岩结果图

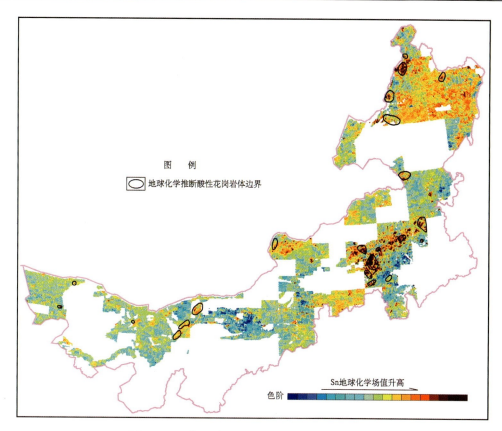

图 5-226 锡地球化学图推断酸性花岗岩结果图

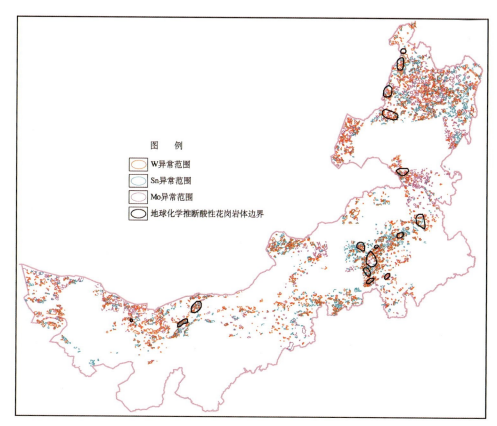

图 5-227 钨锡钼组合异常图推断酸性花岗岩结果图

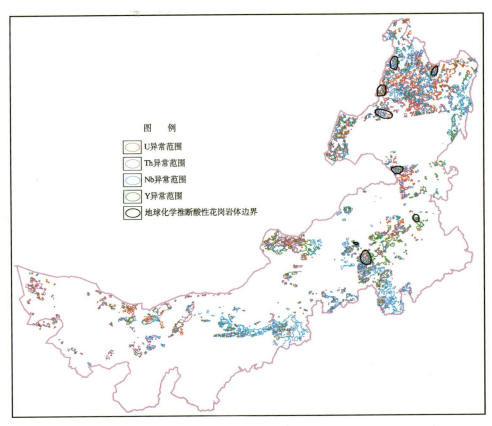

图 5-228 参考铀钍铌钇组合异常图修改已推断酸性花岗岩结果图

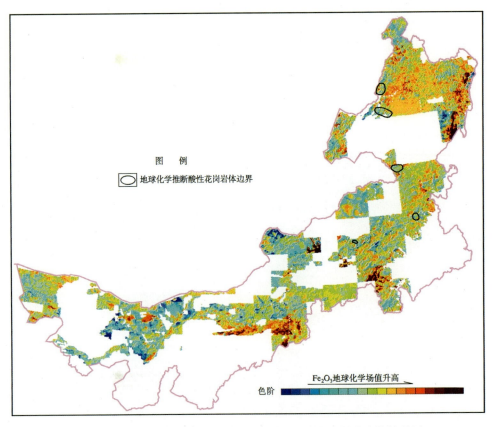

图 5-229 参考三氧化二铁地球化学图修改已推断酸性花岗岩结果图

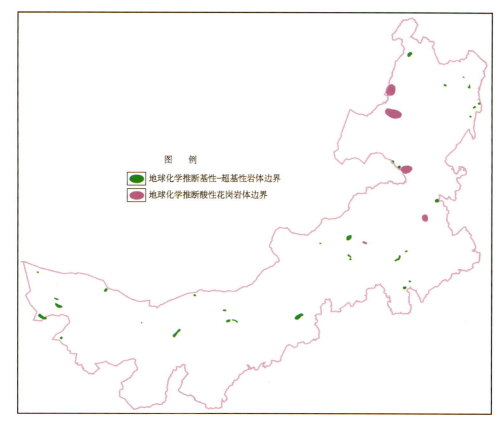

图 5-230 综合推断岩体结果图

第六节 预测工作区综合研究与评价

根据潜力评价项目任务书要求及自治区矿产资源分布特点,成矿规律组确定了铜、金、铅、锌、钨、锑、稀土、银、钼、锡、镍、锰、铬、硫、萤石、菱镁矿、重晶石17个矿种进行成矿规律和矿产预测工作,共划分了140个预测工作区。化探课题组仅对铜、金、铅、锌、钨、锑、稀土、银、钼、锡、镍、锰、铬13个矿种的120个预测工作区进行化探研究工作,编制了单元素地球化学图、单元素异常图、多元素组合异常图、综合异常图,并在预测工作区内寻找成矿条件有利、元素组合齐全、主成矿及主要共伴生元素异常强度高、套合好的地区圈定找矿预测区,编制了预测工作区找矿预测图。下面按矿种对各个预测工作区地球化学特征进行分述。

一、铜矿

在结合地质成果、部分勘探成果以及铜地球化学单元素异常、综合异常进行综合研究的基础上,依据全区主要铜矿床分布及矿床成因类型,成矿规律组共选取了19个预测工作区,划分为18个预测类型和4个预测方法类型,其中沉积型4个,侵入岩体型6个,火山岩型2个,复合内生型7个,如表5-33所示,其中别鲁乌图、奥尤特、小坝梁预测工作区未做1:20万化探扫面工作,缺少化探数据。以预测区各类地球化学系列图(地球化学图、地球化学单元素异常图、地球化学组合异常图)为基础,研究了铜等主要成矿元素和共伴生元素地球化学场的分布、单一及异常组合集中区组合异常特征与几何形态(异常形态),为成矿规律组划分的铜矿预测工作区的预测类型及范围提供了有力依据。

表 5-33 内蒙古自治区铜单矿种预测类型及预测方法类型划分一览表

预测方法类型	矿产预测类型	预测工作区名称
沉积型	霍各乞式	霍各乞式沉积型铜矿乌拉特中旗预测工作区
	查干哈达庙式	查干哈达庙式沉积型铜矿查干哈达庙预测工作区
		查干哈达庙式沉积型铜矿别鲁乌图预测工作区
	白乃庙式	白乃庙式沉积型铜矿白乃庙预测工作区
侵入岩体型	乌努格吐式	乌努格吐式侵入岩体型铜钼矿乌努格吐预测工作区
	敖瑙达巴式	敖瑙达巴式侵入岩体型铜矿敖瑙达巴预测工作区
	车户沟式	车户沟式侵入岩体型铜矿车户沟预测工作区
	小南山式	小南山式侵入岩体型铜镍矿小南山预测工作区
	珠斯楞式	珠斯楞式侵入岩体型铜矿珠斯楞预测工作区
	亚干式	亚干式侵入岩体型铜矿珠斯楞预测工作区
火山岩型	奥尤特式	奥尤特式火山岩型铜矿奥尤特预测工作区
	小坝梁式	小坝梁式火山岩型铜金矿小坝梁预测工作区
复合内生型	欧布拉格式	欧布拉格式复合内生型铜金矿欧布拉格预测工作区
	宫胡洞式	宫胡洞式复合内生型铜矿宫胡洞预测工作区
	盖沙图式	盖沙图式复合内生型铜矿盖沙图预测工作区
	罕达盖式	罕达盖式复合内生型铜矿罕达盖预测工作区
	白马石沟式	白马石沟式复合内生型铜矿白马石沟预测工作区
	布敦花式	布敦花式复合内生型铜矿布敦花预测工作区
	道伦达坝式	道伦达坝式复合内生型铜矿道伦达坝预测工作区

（一）霍各乞式沉积型铜矿乌拉特中旗预测工作区

区域上分布有 Cu、Au、Pb、Cd、W、As 等元素组成的高背景区带，在高背景区带中有以 Cu、Au、Ag、Zn、W、Mo、As、Sb 为主的多元素局部异常。预测区内共有 68 个 Cu 异常，104 个 Ag 异常，51 个 As 异常，142 个 Au 异常，48 个 Cd 异常，64 个 Mo 异常，56 个 Pb 异常，47 个 Sb 异常，62 个 W 异常，61 个 Zn 异常。

区域上分布有 Cu 的高背景区带，在高背景区带中 Cu 元素局部异常呈北东向或东西向展布；从三道桥—乌加河一带、大佘太—固阳县一带 Ag 呈高背景分布；区内西南部 As 元素呈北东向带状高背景分布，As 异常呈串珠状分布，大佘太北 230km 处有规模较大的 As 元素局部异常，有明显的浓度分带和浓集中心；预测区内西南部、中西部大佘太以北存在规模较大的 Cd 局部异常，并具有明显的浓度分带和浓集中心；Mo、Sb、W 呈区域上的低异常分布，仅在霍各乞矿区及其西南方、西部固阳县存在 Mo、Sb、W 异常，大佘太以北等局部地区还存在 Mo、Sb 异常；预测区内中西部分布有 Pb 的高背景区带，在高背景区带中有规模较大的 Pb 异常，并呈北东向展布，东部出现局部 Pb 异常，具有明显的浓度分带和浓集中心；区域内西北部 Zn 呈低背景分布，东南部呈高背景分布，高背景中有 Zn 局部异常。

预测区内共圈定 13 个综合异常，其中甲类 6 个，乙类 5 个，丙类 2 个。规模较大的异常区内 Cu、Pb、Zn、Ag、Cd 等元素套合好，浓度分带和浓集中心明显。

总体上预测区化探异常表现为沿隆起区近东西向展布，元素富集从东到西表现为铅锌为主铜为辅到铜为主铅锌为辅，矿床从申兔沟铅锌铜矿到霍各乞铜铅锌矿，其中包含甲生盘、东升庙等 7 处成型矿床,总体呈喷流沉积型矿床的元素分带分布。

(二)查干哈达庙式沉积型铜矿查干哈达庙预测工作区

区域上分布有 Cu、Ag、As、Au、Sb 等元素组成的高背景区带,在高背景区带中有以 Ag、As、Au、Cu、Sb 为主的多元素局部异常。预测区内共有 27 个 Cu 异常,23 个 Ag 异常,34 个 As 异常,54 个 Au 异常,28 个 Cd 异常,19 个 Mo 异常,12 个 Pb 异常,22 个 Sb 异常,32 个 W 异常,11 个 Zn 异常。

Cu 在预测区中西部呈大面积高背景分布,在白乃庙和朱日和镇东南 15km 左右存在 Cu 的大规模异常,区内东南部多呈背景和低背景分布;区域上 Ag 呈高背景分布,预测区西南部白乃庙周围和镶黄旗南约 15km 处存在规模较大的 Ag 局部异常,有明显的浓度分带和浓集中心;区内中北部 As、Sb 元素呈高背景分布,西南部呈北东向条带状高背景分布,As 异常呈串珠状分布,中部朱日和周围铁路两侧分布有规模较大的 As 异常,并具有明显的浓度分带和浓集中心;Au 元素的分布具有明显的地区分异特征,西部呈高背景分布,白乃庙、朱日和等多处分布有规模较大的 Au 异常,且有明显的浓度分带和浓集中心,东部则呈低背景分布,并存在多处明显的低异常及无明显浓度分带的点异常;Cd 元素在区内呈背景分布,仅在白乃庙西南 10km 左右及东南 25km 左右锡林郭勒盟与乌兰察布盟交界处存在规模较大的局部异常;Mo 元素在区内多呈低背景分布,并在中南部存在明显的低异常,仅在白乃庙及其西南部出现大面积的 Mo 异常,并具有明显的浓度分带;Pb、Zn 在区内呈背景及低背景分布;Sb 在区内呈大面积的高背景分布,白乃庙一带 Sb 异常呈北东向分布,中北部多个 Sb 异常成环状分布;W 元素呈背景及低背景分布,在白乃庙及其东北和西南各 20km 处存在 W 异常,朱日和以东存在北东东向串珠状 W 异常。

预测区内共圈定 5 个综合异常,其中甲类 3 个,乙类 1 个,丙类 1 个。规模较大的异常区内 Cu、Au、As、Sb、Ag、W 等元素套合好,浓度分带和浓集中心明显。

(三)白乃庙式沉积型铜矿白乃庙预测工作区

区域上分布有 Cu、Ag、As、Au、Cd、Mo、Sb、W 等元素组成的高背景区带,在高背景区带中有以 Cu、Ag、As、Au、Cd、Mo、Sb、W 为主的多元素局部异常。区内各元素西北部多异常,东南部多呈背景及低背景分布。预测区内共有 10 个 Cu 异常,13 个 Ag 异常,9 个 As 异常,19 个 Au 异常,11 个 Cd 异常,12 个 Mo 异常,7 个 Pb 异常,9 个 Sb 异常,13 个 W 异常,7 个 Zn 异常。

区内西北部 Cu、Cd 为高背景,东南部为背景、低背景,Cu 存在 4 处明显异常,分别位于白乃庙、讷格海勒斯及贡淖尔西北、捷报村西部,在 Cd 的高背景区带中存在两处规模较大的局部异常,分别位于查汗胡特拉—古尔班巴彦一带、巴彦朱日和苏木以西 10km 左右;Mo 元素仅在白乃庙及其西南部存在规模较大的异常,在预测区西南部八股地乡、郭朋村、大喇嘛堂、太古生庙等地存在规模较大的低异常;区域上 Ag 呈高背景分布,预测区西部白乃庙—西尼乌苏—查汗胡特拉一带、呼来哈布其勒—巴彦朱日和苏木一带存在规模较大的 Ag 局部异常,有明显的浓度分带和浓集中心;区内西北部 As、Au 元素呈高背景分布,东南部呈背景及低背景分布,西北部存在 3 处规模较大的 As、Au 组合异常,具有明显的浓度分带和浓集中心,分别位于讷格海勒斯—西尼乌苏—古尔班巴彦一带呈北东向条带状高背景分布,贡淖尔以北和毛盖图西南方;Pb、Zn 在区内呈背景及低背景分布;Sb 在区内呈大面积高背景分布,北部从贡淖尔到乌兰哈达嘎查异常呈串珠状分布,中部呼来哈布其勒到毛盖图异常呈条带状分布,西部从讷格海勒斯到乌兰陶勒盖异常大面积分布;W 在区内呈高背景,在白乃庙、乌兰陶勒盖及包格德敖包以西 10km、大喇嘛堂西北 6km 处分布有大规模的 W 异常。

区内共圈定 3 个综合异常,且均为甲类异常。异常规模大,强度高,Cu、Au、As、Sb、Ag、W 等主要共伴生元素套合好。

(四)乌努格吐式侵入岩体型铜钼矿乌努格吐预测工作区

区域上分布有 Cu、Mo、Ag、As、Au、Cd、Sb、W 等元素组成的高背景区带,在高背景区带中有以 Cu、

Mo、Ag、As、Au、Cd、Sb、W 为主的多元素局部异常。区内各元素西北部多异常,东南部多呈背景及低背景分布。预测区内共有 40 个 Cu 异常,47 个 Mo 异常,37 个 Ag 异常,28 个 As 异常,30 个 Au 异常,48 个 Cd 异常,20 个 Pb 异常,24 个 Sb 异常,52 个 W 异常,38 个 Zn 异常。

区域上 Cu 在西部均呈背景及低背景分布,仅在乌讷格图存在明显的局部异常,在东部 Cu 形成高背景区带,从西乌珠尔苏木经八大关牧场到黑山头镇形成一条北东向串珠状异常;Mo 元素在区域上呈高背景,在乌讷格图以南、达钦布拉格东南部形成规模较大的高背景带,在高背景区带中存在大规模的局部异常;Ag、Cd 在中西部呈高背景分布,东部呈背景及低背景分布,乌讷格图、头道沟、达巴、额日和图乌拉、黑山头镇、西乌珠尔苏木西北部等地存在 Ag 局部异常;As 多呈背景及低背景分布,仅在乌讷格图、头道沟及达钦布拉格以东各地存在明显的 As 异常;预测区西北部 Au 呈高背景,中东部大部分地区均呈背景及低背景分布,乌讷格图周围及其北部存在明显的 Au 异常,并具有明显的浓度分带和浓集中心;Pb 的分布具有明显的地域特征,中西部形成大面积的局部异常,东部为背景及低背景分布;在 Sb、W 的高背景区带上,存在明显的局部异常,分布于乌讷格图、达巴、达钦布拉格等地;Zn 异常主要分布在乌讷格图、达巴及预测区东部其他地区。

预测区内共圈定 11 个综合异常,其中甲类 3 个,乙类 6 个,丙类 2 个。异常以斑岩型为主,多与侏罗系及花岗斑岩、花岗岩体有关,Mo、Cu、Pb、Zn、Ag、W、Au、As、Sb 是其主要共伴生元素,区内已发现铜矿床 4 处,乌努格吐山特大型斑岩型铜钼矿床就分布其中。

(五)敖瑙达巴式侵入岩体型铜矿敖瑙达巴预测工作区

区域上分布有 Ag、As、Cd、Cu、Mo、Sb、W、Pb、Zn 等元素组成的高背景区带,在高背景区带中有以 Ag、As、Cu、Mo、Sb、W、Pb、Zn 为主的多元素局部异常。区内各元素西北部多异常,东南部多呈背景及低背景分布。预测区内共有 26 个 Cu 异常,26 个 Ag 异常,11 个 As 异常,10 个 Au 异常,29 个 Cd 异常,16 个 Mo 异常,31 个 Pb 异常,13 个 Sb 异常,26 个 W 异常,24 个 Zn 异常。

区域上存在两条 Cu、Sb 的高背景带,一条从刘家湾经乌兰达坝苏木到哈日诺尔嘎查呈北东方向,另一条从西包特艾勒经尚欣包冷嘎查到罕苏木苏木呈南北方向,在高背景区带上存在乌兰达坝苏木、哈日诺尔嘎查及扎哈达巴西北方、坤都镇正西方几个明显的环状异常,在浩布高嘎查也存在一处明显的点异常;Ag、As、Pb、Zn、W 元素在全区形成大规模的高背景区带,在高背景区带中分布有明显的局部异常,在浩布高嘎查、乌日都那杰嘎查、乌兰达坝苏木、尚欣包冷嘎查、查干额日格嘎查等地都形成明显的浓度分带和浓集中心;Au、Mo 在区域上呈背景及低背景分布,Au 仅在查干哈达、芒和图恩格尔、刘家湾周围和黑砂滩营子村东北方向存在个别异常,且黑砂滩营子村东北方向的异常浓度分带不明显,Mo 在上井子嘎查、查干额日格嘎查、乌兰达坝苏木、罕苏木苏木南等地出现异常;从整体上来看,Cd 元素在预测区内多呈低背景分布,但在东部及北部均存在几个明显的高背景带和局部异常,分别位于浩布高嘎查、乌兰达坝苏木、查干额日格嘎查、达尔罕乌拉嘎查等地,与 Ag、As 异常套合较好,部分异常与 Au 也能很好地进行套合。

预测区内共圈定 5 个综合异常,其中甲类 1 个,乙类 4 个。异常以斑岩型为主,多与二叠系及燕山期花岗斑岩、花岗岩体有关,Cu、Pb、Zn、Ag、W 是其主要共伴生元素,各元素异常强度高,套合好。

(六)车户沟式侵入岩体型铜矿车户沟预测工作区

区域上分布有 Cu、Ag、As、Cd、Mo、Sb、W、Pb、Zn 等元素组成的高背景区带,在高背景区带中有以 Cu、Ag、Cd、Mo、Sb、W、Pb、Zn 为主的多元素局部异常。区内各元素正异常多集中于东南部,西北部多呈背景及低背景分布。预测区内共有 7 个 Cu 异常,15 个 Ag 异常,4 个 As 异常,7 个 Au 异常,23 个 Cd 异常,9 个 Mo 异常,9 个 Pb 异常,8 个 Sb 异常,12 个 W 异常,8 个 Zn 异常。

Cu、Ag、Cd、Pb、Zn、W、Mo 元素在全区形成大规模的高背景区带,在高背景区带中分布有明显的局部异常,Au、As、Sb 在区域上呈背景及低背景分布。Cu 除了车户沟外,在预测区西北部形成一个直径约10km、未圈闭的环形异常,内环为低异常,外环为高异常区;Cu异常浓集中心明显,强度较高,呈环状分布;Au仅在初头朗镇、红花沟镇、彩凤营子村附近有个别浓集中心;在车户沟、太庙镇和顾家营子村之间Mo异常分布范围广,连续性好,浓集中心明显,强度高;W元素在区域北部呈正异常分布,在南部呈低异常,在车户沟矿床周围成环状分布,圈闭良好,表现为正异常,浓集中心明显,强度较高。Zn元素在预测区西北角呈正异常,范围广,连续性好,浓集中心明显,强度高,从大庙镇到袁记坝浓集中心呈串珠状分布,南东异常不明显;Cd元素异常在预测区内分布范围广,但仅存在两处浓集中心,分别位于松山当铺地乡和红花沟镇东南;Ag在车户沟、松山当铺乡和红花沟镇之间分布范围广,连续性好,有6处浓集中心。

预测区内仅圈定一个斑岩型综合异常,级别为甲类。异常区内Cu、Ag、W等元素在空间上相互重叠或套合,区内已发现铜矿床4处,车户沟斑岩型铜钼矿床就分布其中,矿床多分布于中生代地层和前寒武纪地层周边,侏罗纪侵入岩附近。

(七)小南山式侵入岩体型铜镍矿小南山预测工作区

预测区分布有Cu、Ag、Cd、Sb、W、Pb、Zn等元素组成的高背景区带,在高背景区带中存在以Cu、Ag、Au、Cd、Sb、W、Pb、Zn为主的多元素局部异常。预测区内共有46个Cu异常,55个Ag异常,33个As异常,65个Au异常,33个Cd异常,31个Mo异常,20个Pb异常,25个Sb异常,34个W异常,20个Zn异常。

Cu、Ag、As、Cd、Au、Pb、W、Zn元素在预测区形成大规模的高背景区带,在高背景区带中分布有明显的局部异常;Cu元素在预测区多沿不整合地质线呈高背景分布,在小毛忽洞周围呈正异常,异常连续性较好,有多处浓集中心;Mo、Sb在预测区呈背景及低背景分布;Ag和As元素在预测区东部主要以高背景值分布,在西部主要呈背景值或低背景值,浓集中心少且分散;Au元素异常在预测区分布广泛,其中在预测区北西存在一处东西长约40km的异常带,浓集中心呈串珠状分布,在敖包恩格尔、巴荣套海至呼和通布之间有两处Au异常,浓集中心明显,强度高,范围大;Cd元素异常在预测区南部分布较广,在白云鄂博矿区以北有两处浓集中心,浓集中心明显,强度高,范围大,两处浓集中心连续分布。

预测区内共圈定5个综合异常,其中甲类4个,乙类1个。异常主要集中在西部和东部,其中西部3处异常为沉积型,异常规模一般,元素组合以Cu、Pb、Zn、Ag、Au、As、Sb、W为主;东部两处异常分别为矽卡岩型和岩浆型,元素组合以Cu、As、Ag、Au、W为主,Z-73甲异常内的小南山铜镍矿主要与该地区的断裂构造有关。区内近EW向断裂构造发育,侵入岩和火山岩大面积分布,为该区成矿提供有利的环境。

(八)珠斯楞式侵入岩体型铜矿珠斯楞预测工作区

预测区分布有Cu、Au、Sb、As、Cd等元素组成的高背景区带,在高背景区带中有以Cu、Cd、Sb、Au、As为主的多元素局部异常。预测区内共有27个Cu异常,18个Ag异常,24个As异常,41个Au异常,23个Cd异常,14个Mo异常,24个Pb异常,16个Sb异常,31个W异常,16个Zn异常。

预测区分布有Cu元素在预测区呈背景、高背景分布,在珠斯楞地区局部异常明显;Au、As的高背景分布,具有明显的浓度分带和浓集中心,As在珠斯楞周围有两处明显的浓集中心,浓集中心明显,强度高;Cd元素在珠斯楞以北地区呈范围较大的高背景分布,有多处浓集中心;Sb元素在预测区呈高背景分布,在珠斯楞周围有几处浓集中心,浓集中心明显,范围大,强度高,呈北西向带状分布;W、Mo在预测区呈背景分布,浓集中心少且分散;Ag、Pb、Zn在预测区呈背景、低背景分布。

预测区内共圈定7个综合异常,其中甲类1个,乙类6个。异常主要集中在西北部和东南部,均为热液型。主成矿元素Cu异常面积大,强度高,Pb、Au、As、Sb、W等伴生元素与之套合好。

(九)亚干式侵入岩体型铜矿珠斯楞预测工作区

区域上分布有Cu、Au、Ag、Sb及As等元素组成的高背景区带,在高背景区带中有以Cu、Au、Cd、

Sb、As为主的多元素局部异常。区内各元素正异常多集中于预测区西部和南部。预测区内共有6个Cu异常,8个Ag异常,5个As异常,3个Au异常,7个Cd异常,4个Mo异常,5个Pb异常,2个Sb异常,7个W异常,2个Zn异常。

Cu、Au、As、Cd、Sb元素在全区形成大规模的高背景区带,在高背景区带中分布有明显的局部异常,Ag、Pb、Zn在区域上呈背景及低背景分布。Cu元素在亚干以南有一处高异常区,异常分布范围广,连续性好,呈环状分布,圈闭性好;Au元素异常在预测区分布广,连续性好,高异常值近东西呈带状分布;W元素在预测区呈背景、高背景分布,在亚干西南约10km处有两处浓集中心,浓集中心明显,强度高;Sb、Cd元素异常在预测区内分布范围广,在敖干奥日布格以西和亚干西南呈高异常分布,有多处浓集中心,浓集中心明显,强度高;As元素在预测区呈高背景分布,高背景值主要分布于敖干奥日布格以西和亚干西南,在距亚干西南5km处有一大范围异常区,有两处浓集中心,浓集中心明显,强度较高。

预测区内仅圈定了一个岩浆型综合异常,级别为乙类。该异常规模大,呈北西向展布,元素组合为Cu、Pb、Ag、Au、As、Sb。异常区内北东向、北西向断裂构造发育。

(十)欧布拉格式复合内生型铜金矿欧布拉格预测工作区

区域上分布有Cu、Au、Cd、Pb、Sb、Mo、As等元素组成的高背景区带,在高背景区带中有以Cu、Au、Cd、Pb、Sb、Mo、As为主的多元素局部异常。预测区内共有30个Cu异常,55个Au异常,24个Ag异常,25个As异常,52个Cd异常,27个Mo异常,19个Pb异常,26个Sb异常,32个W异常,13个Zn异常。

Cu元素异常在预测区北部有大面积分布,在欧布拉格矿区异常强度高,且有明显的浓集中心;Au元素在预测区西部呈大面积高异常分布;As元素在欧布拉格矿区和呼和温都尔镇之间呈大面积高异常分布,并有多处浓集中心,As、Cd、Mo、Sb、Zn从呼口额利根到克都敖尔布格呈近东西向的高背景带状分布,As从巴润嘎顺到布达尔干呼都格呈近南北向高背景分布,有多处浓集中心;Mo异常在滚呼都格到巴彦郭勒地区之间呈北东到南西带状分布,有多处浓集中心,浓集中心明显,强度高,连续性好;As、Cd、Sb在欧布拉格矿区周围呈高背景分布,在矿区以北有多处浓集中心;W元素多呈高背景分布,浓集中心少且分散;Pb多呈低背景分布;Ag在预测区呈背景、低背景分布。

预测区内共圈定6个综合异常,其中甲类2个,乙类3个,丙类1个。北部3处异常为热液型,东部2处异常为沉积型,中部1处异常为矽卡岩型,异常元素组合以Cu、Pb、Zn、Ag、W、Au、As、Sb为主。

(十一)宫胡洞式复合内生型铜矿宫胡洞预测工作区

区域上分布有Cu、Au、Ag、As、Cd、Sb、W等元素组成的高背景区带,在高背景区带中有以Cu、Au、Ag、Cd、Sb、W、As为主的多元素局部异常。预测区内共有13个Cu异常,19个Au异常,13个Ag异常,10个As异常,17个Cd异常,13个Mo异常,10个Pb异常,8个Sb异常,22个W异常,5个Zn异常。

Cu、Cd元素在预测区多为高背景分布,Cu在预测区北西部存在一处浓集中心,浓集中心明显,强度高,且与Ag、Cd、W套和较好,Cu在宫胡洞矿区北西有多处浓集中心,浓集中心明显,强度高,连续性好;Au元素在宫胡洞矿区周围和宫胡洞以北3km处有多处浓集中心,呈串珠状分布,浓集中心明显,强度高;Ag元素在预测区呈高背景分布,在后苏吉周围存在规模较大的Ag局部异常,有明显的浓度分带和浓集中心;As、Sb元素在预测区西部呈高背景分布,东部呈背景及低背景分布,在后苏吉以北存在规模较大的As、Sb组合异常,具有明显的浓度分带和浓集中心,呈北东向条带状分布;W元素在预测区呈高背景分布,在后哈日哈达北西有多处浓集中心,呈串珠状分布,Mo元素在预测区呈背景、高背景分布,浓集中心少且分散;Pb、Zn在区内呈背景及低背景分布。

预测区内仅圈定了一个矽卡岩型综合异常,级别为甲类。该异常区内主成矿元素Cu异常规模不大,伴生元素Ag、Au、As等异常规模相对较大。异常呈不规则状展布,受北东向、北西向断裂构造控制明显。

(十二)盖沙图式复合内生型铜矿盖沙图预测工作区

区域上分布有 Cu、Ag、As、Au、Cd、Sb、W 等元素组成的高背景区带,在高背景区带中有以 Cu、Ag、As、Au、Cd、Sb、W 为主的多元素局部异常。预测区内共有 4 个 Cu 异常,6 个 Ag 异常,3 个 As 异常,14 个 Au 异常,10 个 Cd 异常,8 个 Mo 异常,9 个 Pb 异常,5 个 Sb 异常,5 个 W 异常,3 个 Zn 异常。

嘎顺努来—阿拉格楚鲁特—盖沙图一带 Cu 元素成高背景带状分布,有多处浓集中心,浓集中心明显,强度高;区域上 Ag 在南东部呈背景、高背景分布,在北西呈低背景分布,具明显的局部异常;预测区内 As、Cd、W 元素高背景区呈北东向带状分布,具有明显的局部异常,As 元素在古楞库楞—阿贵庙—盖沙图一带有多处浓集中心,浓集中心明显,强度高,范围大;W 元素在高背景区有两处浓集中心,浓集中心明显,强度高,分别位于沙巴嘎图苏木以北和呼和赛尔音阿木地区;Au 在预测区呈背景、高背景分布,有明显的局部异常;Pb、Zn、Mo 在区内呈背景及低背景分布;Sb 在预测区内有两处浓集中心,分别位于盖沙图和沙巴嘎图苏木以北地区。

预测区内仅圈定了一个沉积型综合异常,级别为乙类。该异常区内主成矿元素 Cu 异常面积大,强度高,Pb、Zn、Ag、Au、As、Sb、W 等伴生元素与之套合好。异常呈北北东向展布,区内已发现铜矿床(点)较多。

(十三)罕达盖式复合内生型铜矿罕达盖预测工作区

区域上分布有 Ag、As、Au、Cd、Sb、Pb、Zn、W、Mo 等元素组成的高背景区带,在高背景区带中有以 Ag、As、Au、Cd、Mo、Sb、W 为主的多元素局部异常。预测区内共有 29 个 Cu 异常,42 个 Ag 异常,28 个 As 异常,42 个 Au 异常,39 个 Cd 异常,47 个 Mo 异常,61 个 Pb 异常,26 个 Sb 异常,51 个 W 异常,40 个 Zn 异常。

Cu 元素在罕达盖及其西部呈高背景分布,有多处浓集中心,浓集中心呈北西向带状分布,在巴日浩日高斯太地区,Cu 元素呈北东向高背景分布,有多处浓集中心;Ag、Cd 在预测区呈大规模高背景分布,罕达盖林场北西—阿尔山—浩绕山一带存在规模较大的 Ag、Cd 局部异常,有明显的浓度分带和浓集中心;在巴日浩日高斯太西南部存在明显的 Ag、Cd、Sb 元素异常,具有明显的浓度分带和浓集中心;Au 元素在预测区多呈低背景分布,只在罕达盖和巴日浩日高斯太西南部存在高背景值;在预测区中部阿尔山地区 Pb、Zn、W、Mo 多元素呈高背景分布,从阿尔山到蛤蟆沟林场之间存在大规模 Mo 异常,有多处浓集中心,浓集中心明显,强度高;As 元素在预测区西部呈高背景分布,在巴日浩日高斯太地区北东向有多处浓集中心。

预测区内共圈定 7 个综合异常,其中乙类 6 个,丙类 1 个。异常以矽卡岩型为主,异常规模一般不大,元素组分齐全,以 Cu、Pb、Zn、Ag、Au、As、Sb、W、Mo、Bi 等元素为主,各元素异常强度高,套合好。

(十四)白马石沟式复合内生型铜矿白马石沟预测工作区

区域上分布有 Cu、Ag、As、Cd、Mo、Sb、W、Pb、Zn 等元素组成的高背景区带,在高背景区带中有以 Cu、Ag、Pb、Zn、Cd、Mo、Sb、W 为主的多元素局部异常。区内各元素西北部多异常,东南部多呈背景及低背景分布。预测区内共有 28 个 Cu 异常,38 个 Ag 异常,27 个 As 异常,9 个 Au 异常,51 个 Cd 异常,44 个 Mo 异常,41 个 Pb 异常,41 个 Sb 异常,41 个 W 异常,38 个 Zn 异常。

Cu 元素在预测区西南部呈半环状高背景分布,浓集中心明显,强度高,范围广,在北东部呈背景、低背景分布;在预测区西部 Ag、Zn、Cd 元素都呈背景、高背景分布,高背景中有两条明显的 Ag、Pb、Zn、Cd 浓度分带,一条从黄家营子到头分地乡红石砬子,另一条从山咀子乡王家营子到翁牛特旗,都呈北东向带状分布,浓集中心明显,范围广,强度高;W 元素在土城子镇、翁牛特旗和白马石沟周围呈高背景分布,有多处浓集中心;Mo 在预测区呈背景、高背景分布,在土城子和翁牛特旗之间有多处浓集中心,浓集中心分散且范围较小;Sb 在区内呈大面积高背景分布,有两处范围较大的浓集中心,分布于桥头镇武家沟和大城子镇周围；Au 在预测区呈低背景分布。

区内共圈定 3 个综合异常，其中甲类 2 个，丙类 1 个。异常均为热液型，多与侏罗系及中酸性岩体有关，Cu、Pb、Zn、Ag、Mo、W 是其主要共伴生元素，局部有 Au、As、Sb 异常显示。区内已发现铜矿床（点）较多。

(十五) 布敦花式复合内生型铜矿布敦花预测工作区

区域上分布有 Cu、Ag、As、Mo、Pb、Zn、Sb、W 等元素组成的高背景区带，在高背景区带中有以 Cu、Ag、As、Sb、Pb、Zn、W 为主的多元素局部异常。预测区内共有 48 个 Cu 异常，107 个 Ag 异常，78 个 As 异常，94 个 Au 异常，73 个 Cd 异常，72 个 Mo 异常，98 个 Pb 异常，89 个 Sb 异常，82 个 W 异常，69 个 Zn 异常。

Cu、Pb 元素在预测区呈高背景分布，浓集中心明显，强度高，浓集中心主要位于巴彦杜尔基苏木到代钦塔拉苏木之间，巴雅尔图胡硕镇、嘎亥图镇和布敦花地区；在预测区中部 Ag、Zn 元素呈高背景分布，有多处浓集中心，浓集中心明显，强度高，与 Cu 元素的浓集中心套合较好；Ag 从乌兰哈达苏木伊罗斯以西到嘎亥图镇有一条明显的浓度分带，浓集中心明显，强度高；预测区北东部 As、Sb 呈高背景分布，有明显的浓集浓度分带和浓集中心，浓集中心从突泉县—杜尔基镇—九龙乡后新立屯呈北东向带状分布，As 元素在预测区南部也呈高背景分布，有明显的浓度分带和浓集中心；Au 在预测区多呈低背景分布；Cd 元素在预测区呈背景、低背景分布，有几处明显的浓集中心，位于代钦塔拉苏木、乌兰哈达苏木、嘎亥图镇和布敦花地区；W 元素在预测区中部呈高背景分布，有明显的浓度分带和浓集中心。

预测区内共圈定 13 个综合异常，其中甲类 3 个，乙类 9 个，丙类 1 个。异常规模一般较大，呈不规则状，多与侏罗纪火山岩及华力西期、燕山期中酸性岩体有关，Cu、Mo、Zn、Ag、W、As、Sb 是其主要共伴生元素，局部有 Au 异常显示，各元素相互套合程度高，区内已发现铜矿床（点）较多。

(十六) 道伦达坝式复合内生型铜矿道伦达坝预测工作区

区域上分布有 Cu、Ag、As、Cd、Sb、W、Pb、Zn 等元素组成的高背景区带，在高背景区带中有以 Cu、Ag、Cd、Mo、Sb、W、Pb、Zn 为主的多元素局部异常。预测区内共有 187 个 Cu 异常，259 个 Ag 异常，164 个 As 异常，202 个 Au 异常，251 个 Cd 异常，149 个 Mo 异常，205 个 Pb 异常，192 个 Sb 异常，233 个 W 异常，211 个 Zn 异常。

Cu、Ag、As、Pb、Zn、Sb、W 元素在全区形成大规模的高背景区带，在高背景区带中分布有明显的局部异常，Cu 元素在预测区沿北东向呈高背景带状分布，浓集中心分散且范围较小；Ag、As、Sb、W 元素在预测区均具有北东向的浓度分带，且有多处浓集中心，Ag 元素在高背景区中存在两处明显的局部异常，主要分布在乌力吉德力格尔—西乌珠穆沁旗，呈北东向带状分布，另一处在敖包吐沟门地区；达来诺尔镇—乌日都那杰嘎查一带存在规模较大的 As 元素局部异常，有多处浓集中心，浓集中心明显，强度高，范围广；Sb、W 在达来诺尔镇和敖瑙达巴之间存在范围较大的局部异常，浓集中心明显，强度高；Sb 在胡斯尔陶勒盖和西乌珠穆沁旗以南有两处明显的局部异常，浓集中心明显，大体呈环状分布；Pb、Zn 高背景值在预测区呈北东西带状分布，有多处浓集中心，Pb、Zn、Cd 在敖包吐沟门地区分布有大范围的局部异常，浓集中心明显，强度高，Pb、Zn 异常套合好；Au 和 Mo 在预测区呈背景、低背景分布。

预测区由 31 个综合异常组成，其中甲类 4 个，乙类 25 个，丙类 2 个。综合异常较多，遍布齐全，中、东部异常分布相对集中。异常元素组分齐全，主要共伴生元素有 Cu、Mo、Au、As、Sb、W、Pb、Zn、Ag 等，主成矿元素 Cu 异常强度较高，面积较大，共伴生元素与之套合好。综合异常多分布于二叠系、侏罗系、印支期、燕山期浅成斑岩体及地层与岩体接触带上，异常规模较大，多呈椭圆状或不规则状展布，走向以北东向为主，展布方向与地层、岩体、断裂的延伸方向一致。

依据编制的铜矿预测工作区单元素地球化学图、单元素地球化学异常图、地球化学组合异常图，对各预测区地球化学特征、地质特征进行综合研究，并结合各预测区内典型矿床的地质特征以及地球化学特征,对各预测工作区地球化学找矿前景进行简单评价,认为霍各乞式沉积型铜矿乌拉特中旗预测工作区、乌努格吐式侵入岩体型铜钼矿乌努格吐预测工作区、欧布拉格式复合内生型铜金矿欧布拉格预测工作区、敖瑙达巴式侵入岩体型铜矿敖瑙达巴预测工作区具有良好的找矿前景,其他预测工作区也具有一定的找矿潜力,可对其进行进一步的工作。

二、金矿

在结合地质成果、部分勘探成果以及金地球化学单元素异常、综合异常进行综合研究的基础上,依据全区主要金矿床分布及矿床成因类型,成矿规律组共选取了 22 个预测工作区,划分为 18 个预测类型和 5 个预测方法类型,其中层控内生型 5 个,复合内生型 5 个,侵入岩体型 8 个,变质型 1 个,火山岩型 3 个,如表 5-34 所示。以预测区各类地球化学系列图(地球化学图、地球化学单元素异常图、地球化学组合异常图)为基础,研究了金等主要成矿元素及主要共伴生元素地球化学场的分布、单一及异常组合集中区组合异常特征与几何形态(异常形态),为成矿规律组划分的金矿预测工作区的预测类型及范围提供了有力依据。

表 5-34 内蒙古自治区金单矿种预测类型及预测方法类型划分一览表

预测方法类型	矿产预测类型	预测工作区名称
层控内生型	朱拉扎嘎式	朱拉扎嘎式层控内生型金矿朱拉扎嘎预测工作区
	浩尧尔忽洞式	浩尧尔忽洞式层控内生型金矿浩尧尔忽洞预测工作区
	赛乌素式	赛乌素式层控内生型金矿赛乌素预测工作区
	十八顷壕式	十八顷壕式层控内生型金矿十八顷壕预测工作区
	老硐沟式	老硐沟式层控内生型金矿老硐沟预测工作区
复合内生型	乌拉山式	乌拉山式复合内生型金矿乌拉山预测工作区
		乌拉山式复合内生型金矿卓资县预测工作区
	巴音温都尔式	巴音温都尔式复合内生型金矿巴音温都尔预测工作区
		巴音温都尔式复合内生型金矿红格尔预测工作区
	白乃庙式	白乃庙式复合内生型金矿白乃庙预测工作区
侵入岩体型	金厂沟梁式	金厂沟梁式侵入岩体型金矿撰山子预测工作区
	毕力赫式	毕力赫式侵入岩体型金矿毕力赫预测工作区
	小伊诺盖沟式	小伊诺盖沟式侵入岩体型金矿小伊诺盖沟预测工作区
		小伊诺盖沟式侵入岩体型金矿八道卡预测工作区
		小伊诺盖沟式侵入岩体型金矿兴安屯预测工作区
	碱泉子式	碱泉子式侵入岩体型金矿碱泉子预测工作区
	巴音杭盖式	巴音杭盖式侵入岩体型金矿巴音杭盖预测工作区
	三个井式	三个井式侵入岩体型金矿三个井预测工作区
变质型	新地沟式	新地沟式变质型金矿新地沟预测工作区
火山岩型	四五牧场式	四五牧场式火山岩型金矿四五牧场预测工作区
	古利库式	古利库式火山岩型金矿古利库预测工作区
	陈家杖子式	陈家杖子式火山岩型金矿陈家杖子预测工作区

(一)朱拉扎嘎式层控内生型金矿朱拉扎嘎预测工作区

区域上分布有 Au、Cd、W、As、Sb 等元素组成的高背景区带,在高背景区带中有以 Au、Cd、W、As、Sb 为主的多元素局部异常。预测区内共有 16 个 Au 异常,10 个 Ag 异常,11 个 As 异常,7 个 Cd 异常,6 个 Cu 异常,8 个 Mo 异常,13 个 Pb 异常,8 个 Sb 异常,13 个 W 异常,5 个 Zn 异常。

预测区存在 Au 高背景区,有明显的浓集中心,浓集中心明显,强度高;As、Sb 元素在朱拉扎嘎地区成高背景分布,浓集中心明显,异常强度高;Ag、Cu 在预测区呈低背景分布,存在个别局部异常;Pb、Zn 在预测区中部呈低异常分布,在朱拉扎嘎地区呈局部高背景分布;Cd 元素在预测区北西部呈高背景分布,存在明显的局部异常;W 元素在预测区呈背景、高背景分布,在高背景区有两处浓集中心,位于朱拉扎嘎和乌兰达巴地区;Mo 元素在预测区中部成高背景分布,与 W 异常套合较好。

预测区内元素异常套合较好的编号为 Z-41 甲,异常元素有 Au、Pb、Zn、Ag、Cd,位于朱拉扎嘎地区,Au 元素浓集中心明显,异常强度高,范围较大,Pb、Zn、Ag、Cd 套合较好。

(二)浩尧尔忽洞式层控内生型金矿浩尧尔忽洞预测工作区

区域上分布有 Au、Cu、Cd、W、Pb、As、Sb 等元素组成的高背景区带,在高背景区带中有以 Au、Cu、Cd、W、As、Sb 为主的多元素局部异常。预测区内共有 24 个 Au 异常,12 个 Ag 异常,10 个 As 异常,6 个 Cd 异常,17 个 Cu 异常,7 个 Mo 异常,7 个 Pb 异常,2 个 Sb 异常,10 个 W 异常,11 个 Zn 异常。

预测区 Au 呈背景、低背景分布,在浩尧尔忽洞、索仑格图嘎和哈太嘎查地区存在局部高背景区,有明显的浓集中心;Ag、As、Sb 呈背景、低背景分布,有个别局部异常;Cu、Cd 元素呈背景、低背景分布,在浩尧尔忽洞、巴润莎拉和霍布地区存在明显的局部异常;Pb 在预测区北西部呈高背景分布;W、Mo 在预测区呈大面积低背景分布;W 元素在预测区北西部有个别局部异常;Zn 在预测区南部呈背景分布,在北部呈低背景分布。

(三)赛乌素式层控内生型金矿赛乌素预测工作区

预测区内分布有 Au、Ag、Cu、Cd、As、Sb 等元素组成的高背景区带,在高背景区带中有以 Au、Ag、Cu、Cd、As、Sb 为主的多元素局部异常。预测区内共有 29 个 Au 异常,59 个 Ag 异常,28 个 As 异常,19 个 Cd 异常,29 个 Cu 异常,24 个 Mo 异常,28 个 Pb 异常,22 个 Sb 异常,20 个 W 异常,16 个 Zn 异常。

Au 在预测区北东部呈背景、高背景分布,在赛乌苏和达尔罕茂明安联合旗以北有多处浓集中心,浓集中心明显,异常强度高,呈串珠状分布;北东部分布有 Ag、As 的高背景区,在高背景区带存在明显的浓集中心,在赛乌苏地区 Ag、As 异常套合较好;Cd 在赛乌苏周围呈高背景分布,有明显的浓集中心;Cu 在预测区呈背景、高背景分布,在赛乌苏和阿拉格敖包地区有两处明显的浓集中心;Sb 在预测区北东部呈高背景分布,有明显的浓集中心;W、Mo 在预测区呈背景、低背景分布,有个别局部异常;Pb、Zn 呈背景、低背景分布。

(四)十八顷壕式层控内生型金矿十八顷壕预测工作区

预测区内分布有 Au、Ag、Cu、Cd、As、Sb、Zn 等元素组成的高背景区带,在高背景区带中有以 Au、Ag、Cu、Cd、As、Sb、Zn 为主的多元素局部异常。预测区内共有 19 个 Au 异常,22 个 Ag 异常,2 个 As 异常,11 个 Cd 异常,13 个 Cu 异常,10 个 Mo 异常,15 个 Pb 异常,5 个 Sb 异常,7 个 W 异常,16 个 Zn 异常。

Au 在预测区南东部呈背景、高背景分布,在北西部呈低背景分布,十八顷壕—德日斯太地区存在范围较大的浓集中心,浓集中心连续,异常强度高;Ag、Cu 呈背景、高背景分布,存在明显的浓度分带和浓集中心,在甲胜盘地区 Ag、Cu、As、Cd 存在明显的浓集中心,强度高,异常套合较好;Zn 在预测区呈背景、高背景分布,在甲胜盘—道劳敖包和小余太乡北东地区存在范围较大的浓集中心,浓集中心明显,异常强度高;W、Mo呈背景、低背景分布,在红壕地区存在明显的局部异常;Sb在大余太乡三五牧场—道劳敖包之间存在一条高背景区,呈北西向带状分布。

(五)老硐沟式层控内生型金矿老硐沟预测工作区

预测区内分布有Au、Cu、Cd、As、Sb、W等元素组成的高背景区带,在高背景区带中有以Au、Cu、Cd、As、Sb、W为主的多元素局部异常。预测区内共有37个Au异常,21个Ag异常,6个As异常,10个Cd异常,12个Cu异常,21个Mo异常,16个Pb异常,2个Sb异常,16个W异常,9个Zn异常。

预测区内Au呈背景、高背景分布,有明显的浓度分带和浓集中心;Ag呈背景、低背景分布,在老硐沟地区存在局部异常;As在预测区呈高背景分布,有明显的浓度分带和浓集中心,在炮台山西以西10km有一处浓集中心,浓集中心明显,异常强度高,范围较大,呈面状分布;Cd在预测区南部呈高背景分布,高背景区存在一条东西向的浓度分带,有多处浓集中心,呈串珠状分布;Cu在预测区多呈背景、低背景分布,在孟龙山地区存在两处浓集中心,浓集中心明显,异常强度高;W在预测区南部呈高背景分布,北部呈背景、低背景分布,Sb在预测区呈高背景分布,在炮台山西地区存在W、Sb局部异常,具明显的浓集中心,浓集中心明显,异常强度高,范围大,呈面状分布;预测区内Mo、Pb、Zn呈背景、低背景分布。

(六)乌拉山式复合内生型金矿乌拉山预测工作区

预测区内分布有Au、Cu、Zn、Ag等元素组成的高背景区带,在高背景区带中有以Au、Cu、Zn、Ag为主的多元素局部异常。预测区内共有74个Au异常,57个Ag异常,4个As异常,19个Cd异常,23个Cu异常,16个Mo异常,17个Pb异常,7个Sb异常,19个W异常,45个Zn异常。

Au在预测区东部呈高背景分布,在哈达门沟地区浓集中心明显,异常强度高,范围较大;预测区内Ag、Cu、Zn元素呈背景、高背景分布,具明显的浓度分带和浓集中心,Ag在哈达门沟地区有两处明显的浓集中心;As、Cd、Pb、Sb在预测区呈背景、低背景分布;W、Mo在预测区呈背景、低背景分布,存在局部异常。

(七)乌拉山式复合内生型金矿卓资县预测工作区

预测区内分布有Au、Cu、Cd等元素组成的高背景区带,在高背景区带中有以Au、Cu、Cd为主的多元素局部异常。预测区内共有34个Au异常,19个Ag异常,3个As异常,15个Cd异常,9个Cu异常,13个Mo异常,18个Pb异常,4个Sb异常,11个W异常,10个Zn异常。

预测区内Au、Cd多呈高背景分布,存在明显的浓度分带和浓集中心;Cu元素呈高背景分布,浓集中心明显,异常强度高;Ag、Mo、Pb在预测区多呈背景分布;As、Sb、W在预测区呈背景、低背景分布;Zn在预测区多呈高背景分布,存在明显的浓度分带和浓集中心。

预测区内元素异常套合特征不明显,无代表性。

(八)巴音温都尔式复合内生型金矿巴音温都尔预测工作区

预测区内分布有Au、Cu、W、Mo、Sb等元素组成的高背景区带,在高背景区带中有以Au、Cu、W、Mo、Sb为主的多元素局部异常。预测区内共有40个Au异常,17个Ag异常,20个As异常,26个Cd异常,35个Cu异常,21个Mo异常,9个Pb异常,16个Sb异常,27个W异常,5个Zn异常。

预测区内Au呈高背景分布,有明显的浓度分带和浓集中心,在巴音温都尔周围有多处浓集中心,浓集中心明显,异常强度高;在巴彦诺尔苏木以北有一条东西向浓度分带,浓集中心明显,异常强度高。Ag、As呈背景、低背景分布,在预测区北东部存在局部异常。Cu在预测区呈背景、高背景分布,存在局部异常。W、Mo、Sb在预测区北东部呈背景、高背景分布,存在局部异常,在南西部呈背景、低背景分布。Pb、Zn在预测区呈背景、低背景分布。

(九)巴音温都尔式复合内生型金矿红格尔预测工作区

预测区内分布有 Au、Ag、As、Cu、W、Sb 等元素组成的高背景区带,在高背景区带中有以 Au、Ag、As、Cu、W、Sb 为主的多元素局部异常。预测区内共有 19 个 Au 异常,12 个 Ag 异常,8 个 As 异常,17 个 Cd 异常,17 个 Cu 异常,13 个 Mo 异常,6 个 Pb 异常,11 个 Sb 异常,12 个 W 异常,8 个 Zn 异常。

预测区内 Au、Cd 多呈背景分布,Cu 元素在预测区西南部呈高背景分布,在北东部呈背景、低背景分布;Ag、As 呈背景、高背景分布,在苏尼特左旗乌日尼图地区存在明显的浓集中心,浓集中心明显,异常强度高;Mo 在预测区多呈背景分布,在预测区西南部存在局部异常;W、Sb 在预测区西南部呈高背景分布,在北东部呈背景、低背景分布,在苏尼特左旗乌日尼图及其以北存在一条浓度分带,浓集中心明显,强度高,呈南北向带状分布;Pb、Zn 在预测区呈背景、低背景分布。

预测区内元素异常套合特征不明显。

(十)白乃庙式复合内生型金矿白乃庙预测工作区

预测区内分布有 Au、Ag、As、Cd、Cu、Mo、Sb、W 等元素组成的高背景区带,在高背景区带中有以 Au、Ag、As、Cd、Cu、Mo、Sb、W 为主的多元素局部异常。区内各元素西北部多异常,东南部多呈背景及低背景分布。预测区内共有 17 个 Au 异常,12 个 Ag 异常,7 个 As 异常,10 个 Cd 异常,9 个 Cu 异常,9 个 Mo 异常,10 个 Pb 异常,10 个 Sb 异常,12 个 W 异常,9 个 Zn 异常。

预测区内 Au、Ag、As 呈高背景分布,在白乃庙—西尼乌苏、呼来哈布其勒—巴彦朱日和苏木一带存在规模较大的局部异常,有明显的浓度分带和浓集中心,在呼来哈布其勒—巴彦朱日和苏木地区 Au、Ag、As 异常套合较好;预测区西北部 Cd、Cu 为高背景,东南部呈背景、低背景分布,在 Cd 的高背景区带中存在两处规模较大的局部异常,分别位于查汗胡特拉—古尔班巴彦一带、巴彦朱日和苏木以西 10km 左右,Cu 元素在白乃庙地区呈高背景分布,有明显的浓集中心;Mo 元素仅在白乃庙及其西南部存在规模较大的异常;Sb 在区内呈大面积高背景分布,有明显的浓度分带和浓集中心;Pb、Zn 在区内呈背景及低背景分布;W 在预测区呈背景、低背景分布,存在局部异常。

(十一)金厂沟梁式侵入岩体型金矿撰山子预测工作区

预测区内分布有 Au、Ag、As、Cd、Cu、Pb、Zn 等元素组成的高背景区带,在高背景区带中有以 Au、Ag、As、Cd、Cu、Pb、Zn 为主的多元素局部异常。区内各元素北东部多异常,南西部多呈背景及低背景分布。预测区内共有 57 个 Au 异常,62 个 Ag 异常,23 个 As 异常,73 个 Cd 异常,49 个 Cu 异常,61 个 Mo 异常,69 个 Pb 异常,38 个 Sb 异常,52 个 W 异常,45 个 Zn 异常。

Au 在预测区呈背景、低背景分布;预测区南部 Ag、As 呈高背景分布,在预测区北部呈背景、低背景分布,Ag 在西拐棒沟—高家梁乡之间有一条浓度分带,浓集中心明显,强度高,浓集中心呈面状分布,As 元素在塔布乌苏村以北存在一条北东向高背景区,浓集中心明显,强度高,呈串珠状分布;Cd 在预测区呈背景、高背景分布,有明显的浓度分带和浓集中心;Pb 在预测区南部呈高背景分布,在北部呈背景、低背景分布;Zn 在预测区呈背景、高背景分布;区域上分布有一条北东向的低背景区,在西拐棒沟—高家梁乡之间存在 Cd、Pb、Zn 的组合异常,具明显的浓集中心;Cu 在预测区上有明显的浓度分带和浓集中心;预测区内存在 Sb、W、Mo 元素明显的浓度分带和浓集中心。

预测区内 Au 元素异常分布范围小,与其他元素组合特征不明显。

(十二)毕力赫式侵入岩体型金矿毕力赫预测工作区

预测区内分布有 Au、Ag、As、Sb、Cu 等元素组成的高背景区带,在高背景区带中有以 Au、Ag、As、Sb、Cu 为主的多元素局部异常。预测区内共有 49 个 Au 异常,35 个 Ag 异常,40 个 As 异常,42 个 Cd 异常,27 个 Cu 异常,19 个 Mo 异常,25 个 Pb 异常,32 个 Sb 异常,52 个 W 异常,17 个 Zn 异常。

Au 呈背景、低背景分布,存在局部异常,异常范围较小,在哈达庙地区 Au 元素浓集中心明显,强度高,呈环状分布;Ag 在预测区西部呈高背景分布,在东部呈背景、低背景分布,在高背景区存在明显的局部异常;As 在预测区呈背景、高背景分布,在哈达庙地区存在 Ag、As 的组合异常,有明显的浓集中心;Sb 在预测区北西部呈高背景分布,在哈达庙地区存在明显的浓集中心;Cu、Cd、Mo 在预测区多呈背景分布,存在局部异常;Pb、Zn 在预测区呈背景、低背景分布。

(十三)小伊诺盖沟式侵入岩体型金矿小伊诺盖沟预测工作区

预测区内分布有 Au、Ag、As、Sb、Cu、Pb、Zn、Cd、W、Mo 等元素组成的高背景区带,在高背景区带中有以 Au、Ag、As、Sb、Cu、Pb、Zn、Cd、W、Mo 为主的多元素局部异常。预测区内共有 3 个 Au 异常,14 个 Ag 异常,6 个 As 异常,15 个 Cd 异常,6 个 Cu 异常,14 个 Mo 异常,14 个 Pb 异常,6 个 Sb 异常,7 个 W 异常,8 个 Zn 异常。

Au 在预测区呈背景、低背景分布;预测上 As、Cd、Sb 元素在小伊诺盖沟—乌兰山地区存在明显的浓集中心,异常强度高,浓集中心呈北东向带状分布,在红旗村和小孤山地区存在两处 As、Sb 元素的浓集中心,浓集中心明显,异常强度高;Ag 在小伊诺盖沟—乌兰山地区呈高背景分布,有明显的浓集中心;预测区内 Cu 呈背景、高背景分布,在小伊诺盖沟—台吉沟存在北东向高背景分布,有多处浓集中心,浓集中心明显,异常强度高;W 在预测区呈高背景分布,有明显的浓度分带和浓集中心;Pb 在预测区呈背景、高背景分布,有多处明显的浓集中心;Zn 呈背景、高背景分布,在小伊诺盖沟以北有一条明显的浓度分带;Mo 在异常区呈背景、高背景分布,有明显的浓度分带和浓集中心。

预测区内 Au 元素异常范围小,浓集中心不明显,元素异常组合特征不明显,无指向性。

(十四)小伊诺盖沟式侵入岩体型金矿八道卡预测工作区

预测区内分布有 Au、Ag、As、Sb 等元素组成的高背景区带,在高背景区带中有以 Au、Ag、As、Sb 为主的多元素局部异常。预测区内共有 21 个 Au 异常,5 个 Ag 异常,7 个 As 异常,6 个 Cd 异常,3 个 Cu 异常,14 个 Mo 异常,14 个 Pb 异常,6 个 Sb 异常,7 个 W 异常,8 个 Zn 异常。

Au 在预测区呈背景、高背景分布,存在明显的局部异常;预测区内 Ag、As、Ab 呈背景、高背景分布,在预测区南部存在明显的局部异常;Cd 在预测区南东部呈高背景分布,在北西部呈背景、低背景分布;Cu 在预测区呈背景、低背景分布;Pb、Zn、W、Mo 在预测区多呈背景分布,Pb、Mo 存在局部异常。

(十五)小伊诺盖沟式侵入岩体型金矿兴安屯预测工作区

预测区内分布有 Au、Ag、As、Sb 等元素组成的高背景区带,在高背景区带中有以 Au、Ag、As、Sb 为主的多元素局部异常。预测区内共有 5 个 15 个 Au 异常,Ag 异常,11 个 As 异常,17 个 Cd 异常,13 个 Cu 异常,18 个 Mo 异常,14 个 Pb 异常,6 个 Sb 异常,13 个 W 异常,15 个 Zn 异常。

预测区北部 Au 呈高背景分布,有多处浓集中心,浓集中心明显,异常强度高,范围较大,在上吉宝沟地区有一处浓集中心,浓集中心明显,异常强度高,呈环形分布;Cd、W、Pb 在预测区呈背景、高背景分布,在丰林林场地区存在一条北西向高背景区,呈带状分布,有明显的浓集中心,在预测区北东部存在范围较大的浓集中心;Cu、Mo 在预测区呈背景、高背景分布,存在局部异常;Zn 呈背景、高背景分布,存在局部异常;Ag、Sb 呈背景、低背景分布;As 在预测区呈背景、高背景分布,存在明显的浓度分带和浓集中心。

(十六)碱泉子式侵入岩体型金矿碱泉子预测工作区

预测区内分布有 Au、Ag、As、Cd 等元素组成的高背景区带,在高背景区带中有以 Au、Ag、As、Cd 为主的多元素局部异常。预测区内共有 44 个 Au 异常,9 个 Ag 异常,11 个 As 异常,13 个 Cd 异常,26 个 Cu 异常,10 个 Mo 异常,16 个 Pb 异常,12 个 Sb 异常,15 个 W 异常,4 个 Zn 异常。

Au 在预测区呈背景、高背景分布,浓集中心零星分布,异常范围小;预测区内 Ag 呈背景、低背景分布;As 在预测区多呈背景、低背景分布,在碱泉子地区存在局部异常;Cd 在预测区呈背景、高背景分布,存在明显的浓度分带和浓集中心;Mo、Cu、Pb、Zn 在预测区呈背景、低背景分布,Sb、W 在预测区多呈背景分布,存在明显的局部异常。

预测区内 Au 元素异常范围小,浓集中心不明显,与其他元素套合特征不明显。

(十七)巴音杭盖式侵入岩体型金矿巴音杭盖预测工作区

预测区内分布有 Au、Ag、As、Cd 等元素组成的高背景区带,在高背景区带中有以 Au、Ag、As、Cd 为主的多元素局部异常。预测区内共有 44 个 Au 异常,9 个 Ag 异常,11 个 As 异常,13 个 Cd 异常,26 个 Cu 异常,10 个 Mo 异常,16 个 Pb 异常,12 个 Sb 异常,15 个 W 异常,4 个 Zn 异常。

预测区内 Au、As 元素多呈高背景分布,Au 在哈能地区周围存在多处浓集中心,浓集中心明显,异常强度高,浓集中心呈串珠状分布,Au 元素在萨拉和巴润嘎顺以北地区存在浓集中心,As 在哈能以北地区存在浓集中心,浓集中心明显,异常强度高,范围较大;Ag 呈背景、低背景分布;在预测区西南角存在 Cd、Cu、Mo、W、Zn 元素的低异常区,其他地区呈背景、高背景分布,存在明显的局部异常;Sb 元素在沃勒吉图—哈能以北地区存在多处浓集中心,浓集中心明显,异常强度高;Pb、Zn 在预测区多呈背景分布,存在明显的局部异常。

预测区内元素异常套合特征不明显。

(十八)三个井式侵入岩体型金矿三个井预测工作区

预测区内分布有 Au、Ag、As、Cd、Cu、Mo、Sb 等元素组成的高背景区带,在高背景区带中有以 Au、Ag、As、Cd、Cu、Mo、Sb 为主的多元素局部异常。预测区内共有 166 个 Au 异常,68 个 Ag 异常,54 个 As 异常,71 个 Cd 异常,51 个 Cu 异常,86 个 Mo 异常,13 个 Pb 异常,41 个 Sb 异常,56 个 W 异常,29 个 Zn 异常。

Au、Cd 元素在预测区多呈高背景分布,存在多处浓集,浓集中心分散且范围较小;预测区内 Ag 呈背景、低背景分布,在三个井地区 Ag 存在明显的浓集中心,异常强度高;As 元素在预测区西南部呈背景、低背景分布,在东南部呈高背景分布,存在明显的局部异常;Cu 元素在预测区北东部呈高背景分布,高背景区存在明显的北西向浓度分带和浓集中心;Mo、Sb 在预测区北东部呈高背景分布,南西部呈背景、低背景分布;W 在预测区呈背景、低背景分布,存在零星的局部异常;Pb、Zn 在预测区呈背景、低背景分布。

(十九)新地沟式变质型金矿新地沟预测工作区

预测区内分布有 Au、Ag、As、Cd、Cu、Mo 等元素组成的高背景区带,在高背景区带中有以 Au、Ag、As、Cd、Cu、Mo 为主的多元素局部异常。预测区内共有 52 个 Au 异常,25 个 Ag 异常,7 个 As 异常,22 个 Cd 异常,16 个 Cu 异常,13 个 Mo 异常,22 个 Pb 异常,9 个 Sb 异常,27 个 W 异常,20 个 Zn 异常。

Au 在预测区南东部呈高背景分布,浓集中心呈北东向带状分布,浓集中心明显,异常强度高;预测区内 Ag 呈背景、高背景分布,在预测区西部存在南北带状分布的高背景区,在新地沟和半沟子地区存在浓集中心,浓集中心明显,异常强度高;As 在预测区呈背景、低背景分布,存在个别局部异常;Cu 在预测区南部和中部呈高背景分布,有明显的浓度分带和浓集中心;Cd、Mo、W 在预测区多呈背景分布,存在明显的局部异常;Pb 在预测区北东部呈高背景分布;Zn 在预测区南部和中部呈高背景分布;Sb 在预测区呈背景、低背景分布。

(二十)四五牧场式火山岩型金矿四五牧场预测工作区

预测区内分布有 Au、Ag、As、Cd、Cu、Mo 等元素组成的高背景区带,在高背景区带中有以 Au、Ag、

As、Cd、Cu、Mo 为主的多元素局部异常。预测区内共有 27 个 Au 异常,30 个 Ag 异常,38 个 As 异常, 57 个 Cd 异常,33 个 Cu 异常,45 个 Mo 异常,29 个 Pb 异常,31 个 Sb 异常,41 个 W 异常,36 个 Zn 异常。

Au 在预测区中部存在一条东西向的高背景区,其他区域呈背景、低背景分布;预测区南部 Ag 呈背景、高背景分布,存在明显的浓集中心和浓度分带;As 在预测区中部多呈高背景分布,存在多处浓集中心,浓集中心明显,异常强度高;Cd、Sb 在预测区呈高背景分布,存在明显的浓度分带和浓集中心,浓集中心分散且范围较小;Cu 在预测区多呈高背景分布,在预测区北东部存在范围较大的浓集中心,浓集中心明显,异常强度高,八大关铜矿—西乌珠尔地区,Cu 元素浓集中心明显,异常强度高,呈北东向带状分布;W、Mo 在预测区中部呈高背景分布,Mo 在四五牧场北西存在范围较大的浓集中心,浓集中心明显,强度高,W 在四五牧场附近存在一条北西向的浓度分带,浓集中心明显,异常强度高;Pb 在预测区多呈背景分布,在北西部存在一条明显的浓度分带;Zn 在预测区北东部存在明显的局部异常。

(二十一)古利库式火山岩型金矿古利库预测工作区

预测区内分布有 Au、Ag、Cu、Cd、Pb、Zn、Mo 等元素组成的高背景区带,在高背景区带中有以 Au、Ag、Cu、Cd、Pb、Zn、Mo 为主的多元素局部异常。预测区内共有 45 个 Au 异常,33 个 Ag 异常,27 个 As 异常,31 个 Cd 异常,34 个 Cu 异常,22 个 Mo 异常,34 个 Pb 异常,18 个 Sb 异常,29 个 W 异常,35 个 Zn 异常。

Au 在预测区北部和中部呈高背景分布,在南部呈低背景分布,在古利库地区存在明显的浓集中心,浓集中心明显,异常强度高,范围较大;预测区内 Ag、As 多呈高背景分布,存在明显的浓度分带和浓集中心,Ag 元素在达金林场—中央站林场存在一条明显的浓度分带,呈北东向带状分布,在中央林场北西存在一条 Ag 元素的北西向高背景区,高背景区中有明显的浓集中心,异常强度高;Cd 在预测区南部存在明显的局部异常;Cu、Mo、Pb、Zn 在预测区多呈高背景分布,存在明显的浓度分带和浓集中心;W 元素在中央林场北西存在一条明显的浓度分带,浓集中心明显,异常强度高,呈北西向带状分布;Sb 在预测区呈背景、高背景分布,存在局部异常。

依据编制的金矿预测工作区单元素地球化学图、单元素地球化学异常图、地球化学组合异常图,对各预测区地球化学特征、地质特征进行综合研究,并结合各预测区内典型矿床的地质特征以及地球化学特征,对各预测工作区地球化学找矿前景进行简单评价,认为浩尧尔忽洞式层控内生型金矿浩尧尔忽洞预测工作区、赛乌素式侵入岩体型金矿赛乌素预测工作区、巴音温都尔式侵入岩体型金矿巴音温都尔预测工作区、四五牧场式隐爆角砾岩型金矿四五牧场预测工作区、三个井式侵入岩体型金矿三个井预测工作区具有良好的找矿前景,其他预测工作区也具有一定的找矿潜力,可对其进行进一步的工作。

(二十二)陈家杖子式火山岩型金矿陈家杖子预测工作区

预测区内分布有 Au、Ag、Cd、Cu 等元素组成的高背景区带,在高背景区带中有以 Au、Ag、Cd、Cu 为主的多元素局部异常。预测区内共有 7 个 Au 异常,3 个 Ag 异常,11 个 Cd 异常,7 个 Cu 异常,4 个 Mo 异常,4 个 Pb 异常,5 个 W 异常,As、Sb、Zn 在预测区内无异常显示。

预测区内 Au 元素异常主要分布在预测区南东部,浓集中心主要分布在石门和张家营子,浓集中心明显,异常强度高;Ag 呈背景、低背景分布,在陈家杖子附近存在局部异常,有明显的浓集中心;Cu 元素在预测区南部多呈高背景分布,在北部多呈背景、低背景分布,在高背景区存在明显的浓度分带和浓集中心;Cd、Mo 元素在预测区多呈背景、低背景分布,在杨树沟地区存在 Cd、Mo 的组合异常,Pb 在预测区北西部呈高背景分布,存在明显的浓度分带和浓集中心;W 在预测区呈背景、低背景分布,存在局部异常;As、Sb、Zn 在预测区上呈背景、低背景分布,无明显的 Au 异常。

预测区内 Au 元素异常范围小,浓集中心不明显,与其他元素的异常套合不明显。

三、铅锌矿

在结合地质成果、部分勘探成果以及铅、锌地球化学单元素异常、综合异常进行综合研究的基础上，依据全区主要铅锌矿床分布及矿床成因类型，成矿规律组共选取了 15 个预测工作区，划分为 15 个预测类型和 4 个预测方法类型，其中沉积型 1 个，侵入岩体型 8 个，火山岩型 4 个，复合内生型 2 个，如表 5-35 所示，其中代兰塔拉预测工作区未做 1∶20 万化探扫面工作，缺少化探数据。以预测区各类地球化学系列图（地球化学图、地球化学单元素异常图、地球化学组合异常图）为基础，研究了铅、锌等主要成矿元素和共伴生元素地球化学场的分布、单一及异常组合集中区组合异常特征与几何形态（异常形态），为成矿规律组划分的铅锌矿预测工作区的预测类型及范围提供了有力依据。

表 5-35 内蒙古自治区铅锌矿预测类型及预测方法类型划分一览表

预测方法类型	矿产预测类型	预测工作区名称
沉积型	东升庙式	东升庙式沉积型铅锌矿东升庙预测工作区
侵入岩体型	查干敖包式	查干敖包式侵入岩体型铅锌矿查干敖包预测工作区
	余家窝铺式	余家窝铺式侵入岩体型铅锌矿余家窝铺预测工作区
	阿尔哈达式	阿尔哈达式侵入岩体型铅锌银矿阿尔哈达预测工作区
	孟恩陶勒盖式	孟恩陶勒盖式侵入岩体型铅锌银矿孟恩陶勒盖预测工作区
	拜仁达坝式	拜仁达坝式侵入岩体型银铅锌多金属矿拜仁达坝预测工作区
	长春岭式	长春岭式侵入岩体型银铅锌长春岭预测工作区
	白音诺尔式	白音诺尔式侵入岩体型铅锌矿白音诺尔预测工作区
	天桥沟式	天桥沟式侵入岩体型铅锌矿天桥沟预测工作区
火山岩型	比利亚古式	比利亚古式火山岩型铅锌矿比利亚古预测工作区
	扎木钦式	扎木钦式火山岩型铅锌银矿扎木钦预测工作区
	李清地式	李清地式火山岩型铅锌矿李清地预测工作区
	甲乌拉式	甲乌拉式火山岩型铅锌银矿甲乌拉预测工作区
复合内生型	花敖包特式	花敖包特式复合内生型银铅锌花敖包特预测工作区
	代兰塔拉式	代兰塔拉式复合内生型铅锌矿代兰塔拉预测工作区

（一）东升庙式沉积型铅锌矿东升庙预测工作区

区域上分布有 Pb、Zn、Cu、Au、Cd、W、As 等元素组成的高背景区带，在高背景区带中有以 Pb、Zn、Cu、Au、Ag、W、Mo、As、Sb 为主的多元素局部异常。预测区内共有 46 个 Pb 异常，62 个 Zn 异常，89 个 Ag 异常，50 个 As 异常，120 个 Au 异常，45 个 Cd 异常，63 个 Cu 异常，54 个 Mo 异常，43 个 Sb 异常，52 个 W 异常。

预测区内中西部分布有 Pb 的高背景区带，在高背景区带中有规模较大的 Pb 异常，并呈北东向展布，东部出现局部 Pb 异常，具有明显的浓度分带和浓集中心；区域内西北部 Zn 呈低背景分布，东南部呈高背景分布，高背景中有 Zn 局部异常；从三道桥—乌加河、大佘太—固阳县一带 Ag 呈高背景分布；区内西南部 As 元素呈北东向带状高背景分布，As 异常呈串珠状分布，大佘太北 230km 处有规模较大的 As 元素局部异常，有明显的浓度分带和浓集中心；预测区内西南部、中西部大佘太以北存在规模较大的 Cd 局部异常,并具有明显的浓度分带和浓集中心;区域上分布有 Cu 的高背景区带,在高背景区带中 Cu 元素局部异常呈北东或东西向展布;Mo、Sb、W 呈区域上的低异常分布,仅在霍各乞矿区及其西南方、西部固阳县存在 Mo、Sb、W 异常,大佘太以北等局部地区还存在 Mo、Sb 异常。

(二)查干敖包式侵入岩体型铅锌矿查干敖包(阿尔哈达式侵入岩体型铅锌银矿阿尔哈达)预测工作区

区域上分布有 Cu、Au、Ag、As、Sb、Cd、W 等元素组成的高背景区带,在高背景区带中有以 Pb、Zn、Cu、Au、Ag、As、Sb、Cd、W 为主的多元素局部异常。预测区内共有 26 个 Pb 异常,29 个 Zn 异常,39 个 Ag 异常,44 个 As 异常,81 个 Au 异常,37 个 Cd 异常,25 个 Cu 异常,35 个 Mo 异常,56 个 Sb 异常,44 个 W 异常。

Pb 在预测区内呈背景、低背景分布,在阿尔哈达和查干敖包地区存在局部异常;Zn、Cd、Cu 元素在预测区南部呈高背景分布,具明显的浓度分带和浓集中心;Ag、As、Sb 多呈背景分布,在预测区北东部存在局部异常;预测区北东部存在 Au 的低异常,南西部 Au 呈背景、高背景分布,存在明显的浓度分带和浓集中心;W 在预测区北东部和南西部存在高背景区,有明显的浓度分带。

(三)余家窝铺式侵入岩体型铅锌矿余家窝铺(天桥沟式侵入岩体型铅锌矿天桥沟)预测工作区

区域上分布有 Pb、Zn、Ag、As、Cd、Cu、Mo、Sb、W 等元素组成的高背景区带,在高背景区带中有以 Pb、Zn、Ag、Cd、Cu、Mo、Sb、W 为主的多元素局部异常。区内各元素西北部多异常,东南部多呈背景及低背景分布。预测区内共有 41 个 Pb 异常,38 个 Zn 异常,38 个 Ag 异常,27 个 As 异常,9 个 Au 异常,51 个 Cd 异常,28 个 Cu 异常,44 个 Mo 异常,41 个 Sb 异常,41 个 W 异常。

在预测区西部 Pb、Zn、Ag、Cd 元素都呈背景、高背景分布,高背景中有两条明显的 Pb、Zn、Ag、Cd 浓度分带,一条从黄家营子到头分地乡红石砬子,另一条从山咀子乡王家营子到翁牛特旗,都呈北东向带状分布,浓集中心明显,范围广,强度高;Cu 元素在预测区西南部呈半环状高背景分布,浓集中心明显,强度高,范围广,在北东部呈背景、低背景分布;W 元素在土城子镇、翁牛特旗和白马石沟周围呈高背景分布,有多处浓集中心;Mo 在预测区呈背景、高背景分布,在土城子和翁牛特旗之间有多处浓集中心,浓集中心分散且范围较小;Sb 在区内呈大面积高背景分布,有两处范围较大的浓集中心,分布于桥头镇武家沟和大城子镇周围;Au 在预测区呈低背景分布。

(四)孟恩陶勒盖式侵入岩体型铅锌银矿孟恩陶勒盖(长春岭式侵入岩体型银铅锌矿长春岭/扎木钦式火山岩型铅锌银矿扎木钦)预测工作区

区域上分布有 Pb、Zn、Cu、Ag、As、Mo、Sb、W 等元素组成的高背景区带,在高背景区带中有以 Pb、Zn、Ag、As、Cu、Sb、W 为主的多元素局部异常。预测区内共有 96 个 Pb 异常,67 个 Zn 异常,112 个 Ag 异常,76 个 As 异常,76 个 Au 异常,74 个 Cd 异常,49 个 Cu 异常,77 个 Mo 异常,83 个 Sb 异常,76 个 W 异常。

Pb 元素在预测区呈高背景分布,浓集中心明显,强度高,浓集中心主要位于巴彦杜尔基苏木到代钦塔拉苏木之间,巴雅尔图胡硕镇、嘎亥图镇和布敦花地区;在预测区中部 Zn、Ag 元素呈高背景分布,有多处浓集中心,浓集中心明显,强度高,与 Pb 元素的浓集中心套合较好,Ag 从乌兰哈达苏木伊罗斯以西到嘎亥图镇有一条明显的浓度分带,浓集中心明显,强度高;Au 在预测区多呈低背景分布;预测区北东部 As、Sb 呈高背景分布,有明显的浓集浓度分带和浓集中心,浓集中心从突泉县—杜尔基镇—九龙乡后新立屯呈北东向带状分布,As 元素在预测区南部也呈高背景分布,有明显的浓度分带和浓集中心;Cd 元素在预测区呈背景、低背景分布,有几处明显的浓集中心,位于代钦塔拉苏木、乌兰哈达苏木、嘎亥图镇和布敦花地区;W 元素在预测区中部呈高背景分布,有明显的浓度分带和浓集中心。

(五)拜仁达坝式侵入岩体型银铅锌多金属矿拜仁达坝(白音诺尔式侵入岩体型铅锌矿白音诺尔/花敖包特式复合内生型银铅锌矿花敖包特)预测工作区

区域上分布有 Pb、Zn、Ag、As、Cd、Cu、Sb、W 等元素组成的高背景区带,在高背景区带中有以 Pb、Zn、Cu、Ag、Cd、Mo、Sb、W 为主的多元素局部异常。预测区内共有 200 个 Pb 异常,192 个 Zn 异常,281 个 Ag 异常,169 个 As 异常,190 个 Au 异常,236 个 Cd 异常,194 个 Cu 异常,139 个 Mo 异常,184 个 Sb 异常,214 个 W 异常。

Pb、Zn、Cu、Ag、As、Sb、W 元素在全区形成大规模的高背景区带,在高背景区带中分布有明显的局部异常。Pb、Zn 高背景值在预测区呈北东西带状分布,有多处浓集中心,Pb、Zn、Cd 在敖包吐沟门地区分布有大范围的局部异常,浓集中心明显,强度高,Pb、Zn 异常套合好;Cu 元素在预测区沿北东向呈高背景带状分布,浓集中心分散且范围较小;Ag、As、Sb、W 元素在预测区均具有北东向的浓度分带,且有多处浓集中心,Ag 元素在高背景区中存在两处明显的局部异常,一处主要分布在乌力吉德力格尔—西乌珠穆沁旗,呈北东向带状分布,另一处在敖包吐沟门地区;达来诺尔镇—乌日都那杰嘎查一带存在规模较大的 As 元素局部异常,有多处浓集中心,浓集中心明显,强度高,范围广;Sb、W 在达来诺尔镇和敖瑙达巴之间存在范围较大的局部异常,浓集中心明显,强度高;Sb 在胡斯尔陶勒盖和西乌珠穆沁旗以南有两处明显的局部异常,浓集中心明显,大体呈环状分布;Au 和 Mo 在预测区呈背景、低背景分布。

依据编制的铅锌矿预测工作区单元素地球化学图、单元素地球化学异常图、地球化学组合异常图,对各预测区地球化学特征、地质特征进行综合研究,并结合各预测区内典型矿床的地质特征以及地球化学特征,对各预测工作区地球化学找矿前景进行简单评价,认为东升庙式沉积型铅锌矿东升庙预测工作区、天桥沟式侵入岩体型铅锌矿天桥沟预测工作区、拜仁达坝式侵入岩体型银铅锌多金属矿拜仁达坝预测工作区、白音诺尔式侵入岩体型铅锌矿白音诺尔预测工作区、花敖包特式复合内生型银铅锌矿花敖包特预测工作区、甲乌拉式火山岩型铅锌银矿甲乌拉预测工作区具有良好的找矿前景,其他预测工作区也具有一定的找矿潜力,可对其进行进一步的工作。

(六)比利亚古式火山岩型铅锌矿比利亚古预测工作区

区域上分布有 Pb、Zn、Ag、As、Cd、Cu、Mo、Sb、W 等元素组成的高背景区带,在高背景区带中有以 Pb、Zn、Ag、Cd、Cu、Mo、Sb、W 为主的多元素局部异常。预测区内共有 41 个 Pb 异常,38 个 Zn 异常,38 个 Ag 异常,27 个 As 异常,9 个 Au 异常,51 个 Cd 异常,28 个 Cu 异常,44 个 Mo 异常,41 个 Sb 异常,41 个 W 异常。

Pb、Zn 在预测区呈背景、高背景分布,存在明显的浓度分带和浓集中心;Ag 呈背景、高背景分布,在三河地区浓集中心明显,异常强度高,呈连续分布;As、Sb 在预测区呈背景、高背景分布,在太平林场地区存在较强的浓集中心;Au 在预测区北部呈高背景分布,在太平林场和牛尔河镇附近存在两处范围较大的浓集中心;Cu 在预测区南部存在范围较大的异常区,浓集中心明显,异常强度高;Cd、W、Mo 在预测区呈高背景分布,存在明显的浓度分带和浓集中心,在预测区西部浓集中心呈北东向展布。

(七)李清地式火山岩型铅锌矿李清地预测工作区

区域上分布有 Pb、Zn、Ag、As、Cd、Cu、Mo、Sb、W 等元素组成的高背景区带,在高背景区带中有以 Pb、Zn、Ag、Cd、Cu、Mo、Sb、W 为主的多元素局部异常。区内各元素西北部多异常,东南部多呈背景及低背景分布。预测区内共有 41 个 Pb 异常,38 个 Zn 异常,38 个 Ag 异常,27 个 As 异常,9 个 Au 异常,51 个 Cd 异常,28 个 Cu 异常,44 个 Mo 异常,41 个 Sb 异常,41 个 W 异常。

Pb、W 在预测区多呈背景、低背景分布,在预测区西部存在局部异常;Zn 在预测区多呈高背景分布,在预测区西部存在明显的浓度分带和浓集中心,在九花岭村以北,存在明显的浓集中心,浓集中心呈南北向条带状分布预测区西部;Ag 高背景分布,存在明显的浓度分带和浓集中心;Au 在预测区呈高背景分布,存在明显的浓度分带和浓集中心;As、Sb、Cd 多呈背景分布,无明显异常;Cu 在预测区呈高背景分布,有多处浓集中心,浓集中心主要分布于小淖尔乡和察汗贲贲村,浓集中心明显,异常强度高,范围较大;Mo 在预测区多呈背景分布,存在局部异常。

（八）甲乌拉式火山岩型铅锌银矿甲乌拉预测工作区

区域上分布有 Pb、Zn、Ag、As、Au、Cu 等元素组成的高背景区带,在高背景区带中有以 Pb、Zn、Ag、As、Au、Cu 为主的多元素局部异常。预测区内共有 55 个 Sb 异常,66 个 Zn 异常,52 个 Ag 异常,44 个 As 异常,104 个 Au 异常,68 个 Cd 异常,59 个 Cu 异常,71 个 Mo 异常,66 个 Pb 异常,81 个 W 异常。

在预测区北东部 Pb、Zn、As 呈高背景分布,存在多处浓集中心,浓集中心呈北东向展布;预测区内 Ag 呈高背景分布,存在明显的浓度分带和浓集中心;Cd 在预测区多呈背景、低背景分布,在预测区北部存在局部异常;Au 在预测区呈背景、高背景分布,在达石莫格以北地区存在一条高背景区,呈近东西向带状分布;Cu 在预测区多呈背景、高背景分布存在零星的局部异常;Mo、W 在预测区呈背景、高背景分布,在预测区北部和中部有明显的浓集中心;Sb 在预测区北部呈高背景分布,在中部和南部呈背景、低背景分布。

四、锑矿

在结合地质成果、部分勘探成果以及锑地球化学单元素异常、综合异常进行综合研究的基础上,依据全区主要锑矿床分布及矿床成因类型见表 5-36,成矿规律组共选取了 1 个预测工作区,预测类型为阿木乌苏式,预测方法类型为侵入岩体型。以预测区各类地球化学系列图(地球化学图、地球化学单元素异常图、地球化学组合异常图)为基础,研究了锑等主要成矿元素和共伴生元素地球化学场的分布、单一及异常组合集中区组合异常特征与几何形态(异常形态),为成矿规律组划分的锑矿预测工作区的预测类型及范围提供了有力依据。

表 5-36　内蒙古自治区锑矿预测类型及预测方法类型划分一览表

预测方法类型	矿产预测类型	预测工作区名称
侵入岩体型	阿木乌苏式	阿木乌苏式侵入岩体型锑矿阿木乌苏预测工作区

阿木乌苏式侵入岩体型锑矿阿木乌苏预测工作区

预测区中部分布一条北西西—近东西向 Sb、As、Au、Sn、Cu、Zn、Cd 组合异常带。组合异常元素沿菊石滩组火山岩与公婆泉组变质岩,火山岩断裂接触带和燕山晚期、华力西晚期中酸性岩浆活动区分布,严格受北西西—近东西向断裂构造控制。其中 Sb、As、Cu、Zn、Cd 呈吻合的连续带状展布。

阿木乌苏一带 Sb、As、Au、Sn、Cu、Zn 元素异常套合好,有明显的浓度分带及浓集中心。预测区内 W 呈低背景分布,Mo 仅在五道明水及阿木乌苏东南部呈高背景分布,有明显的浓度分带,呈等轴状分布。

依据编制的锑矿预测工作区单元素地球化学图、单元素地球化学异常图、地球化学组合异常图,对预测区地球化学特征、地质特征进行综合研究,并结合预测区内典型矿床的地质特征以及地球化学特征,对预测工作区地球化学找矿前景进行简单评价,认为阿木乌苏式热液脉型锑矿预测工作区具有一定的找矿前景,可对其进行进一步的工作。

五、钨矿

在结合地质成果、部分勘探成果以及钨地球化学单元素异常、综合异常进行综合研究的基础上,依据全区主要钨矿床分布及矿床成因类型,成矿规律组共选取了5个预测工作区,划分为5个预测类型和1个预测方法类型,如表5-37所示,其中大麦地预测工作区未做1:20万化探扫面工作,缺少化探数据。以预测区各类地球化学系列图(地球化学图、地球化学单元素异常图、地球化学组合异常图)为基础,研究了钨等主要成矿元素和共伴生元素地球化学场的分布、单一及异常组合集中区组合异常特征与几何形态(异常形态),为成矿规律组划分的钨矿预测工作区的预测类型及范围提供了有力依据。

表 5-37 内蒙古自治区钨矿预测类型及预测方法类型划分一览表

预测方法类型	矿产预测类型	预测工作区名称
侵入岩体型	沙麦式	沙麦式侵入岩体型钨矿沙麦预测工作区
	白石头洼式	白石头洼式侵入岩体型钨矿白石头洼预测工作区
	七一山式	七一山式侵入岩体型钨矿七一山预测工作区
	大麦地式	大麦地式侵入岩体型钨矿大麦地预测工作区
	乌日尼图式	乌日尼图式侵入岩体型钨矿乌日尼图预测工作区

(一)沙麦式侵入岩体型钨矿沙麦预测工作区

区域上分布有 W、Au、Cd、As、Sb 等元素组成的高背景区带,在高背景区带中有以 Au、Cd、W、As、Sb 为主的多元素局部异常。预测区内共有 13 个 W 异常,10 个 Ag 异常,11 个 As 异常,16 个 Au 异常,7 个 Cd 异常,6 个 Cu 异常,8 个 Mo 异常,13 个 Pb 异常,8 个 Sb 异常,5 个 Zn 异常。

预测区内 W、Cu 在预测区多呈背景、高背景分布,德尔森大阪—毛日达坂之间存在明显的浓度分带,呈北西向带状分布,在布日登吐呼都格和乌兰察布地区存在范围较大的高背景区,存在明显的浓度分带和浓集中心;Ag、As 多呈背景分布,存在零星的局部异常;Au 在预测区中部和南部呈背景、高背景分布,在北部呈低背景分布,在高背景区存在零星的局部异常;Mo、Pb、Zn 在预测区多呈背景、低背景分布;Sb 在预测区多呈背景分布,存在局部异常。

预测区内元素异常套合特征不明显,无明显的指向性。

(二)白石头洼式侵入岩体型钨矿白石头洼预测工作区

区域上分布有 W、Au、Ag、As、Sb 等元素组成的高背景区带,在高背景区带中有以 W、Au、Ag、As、Sb 为主的多元素局部异常。预测区内共有 75 个 W 异常,50 个 Ag 异常,45 个 As 异常,102 个 Au 异常,60 个 Cd 异常,32 个 Cu 异常,42 个 Mo 异常,47 个 Pb 异常,49 个 Sb 异常,33 个 Zn 异常。

预测区内 W 多呈背景、高背景分布,存在明显的浓度分带和浓集中心;Ag、As、Sb 呈背景、高背景分布,在镶黄旗—朱日和镇一带存在 Ag、As、Sb 的高背景区,具明显的浓度分带和浓集中心;Au 元素在预测区多呈背景、低背景分布,在苏尼特右旗附近呈高背景分布,查干察布—都仁乌力吉苏木地区存在一条北东向的浓度分带,具明显的浓集中心;Cd、Cu、Mo、Zn 在预测区西部呈低背景分布,在预测区中部和东部多呈背景、低背景分布,存在零星的局部异常;Pb 在预测区西部和中部呈背景、低背景分布,在预测区东部呈高背景分布,在石头洼附近存在明显的浓集中心。

(三)七一山式侵入岩体型钨矿七一山预测工作区

区域上分布有 W、Au、Ag、As、Sb 等元素组成的高背景区带,在高背景区带中有以 W、Au、Ag、As、Sb 为主的多元素局部异常。预测区内共有 75 个 W 异常,50 个 Ag 异常,45 个 As 异常,102 个 Au 异常,60 个 Cd 异常,32 个 Cu 异常,42 个 Mo 异常,47 个 Pb 异常,49 个 Sb 异常,33 个 Zn 异常。

预测区内 W、As、Sb 异常主要分布在预测区南部,存在多处浓集中心,浓集中心明显,异常强度高,范围较大,W、Sb 存在明显的组合异常;Au 在预测区内多呈高背景分布,具明显的浓度分带和浓集中心;Cd 在预测区内呈背景、高背景分布,在七一山以南地区存在一条东西向的浓度分带,存在多处浓集中心,浓集中心呈东西向串珠状展布;Cu 在七一山附近呈高背景分布,存在多处浓集中心;Ag、Zn、Pb 在预测区内呈背景、低背景分布,Pb 在预测区南部存在局部异常。

(四)乌日尼图式侵入岩体型钨矿乌日尼图预测工作区

区域上分布有 W、Au、Ag、As、Sb 等元素组成的高背景区带,在高背景区带中有以 Au、Ag、W、As、Sb 为主的多元素局部异常。预测区内共有 16 个 W 异常,16 个 Ag 异常,16 个 As 异常,20 个 Au 异常,14 个 Cd 异常,14 个 Cu 异常,17 个 Mo 异常,7 个 Pb 异常,17 个 Sb 异常,14 个 Zn 异常。

W 在预测区中部和南部呈高背景分布,在北部呈背景、低背景分布,在高背景区存在明显的浓度分带和浓集中心;Ag、As 多呈背景、高背景分布,Ag 在恩格勒嘎顺—准伊勒根呼都格地区存在明显的浓度分带,浓集中心明显,异常强度高,浓集中心呈近东西向分布;As 在乌日尼图地区浓集中心明显,异常强度高,范围较大;Au、Cd 在预测区内多呈背景、高背景分布,存在局部异常;Cu、Zn、Pb 在预测区北部多呈低背景分布,在预测区南部和中部多呈背景分布,存在局部异常;Sb 在乌日尼图、沙尔布达尔干布其、阿尔布拉格音乌兰陶勒盖地区存在浓集中心,浓集中心明显,异常强度高,范围较大;Mo 在预测区内多呈背景分布,存在局部异常。

依据编制的钨矿预测工作区单元素地球化学图、单元素地球化学异常图、地球化学组合异常图,对各预测区地球化学特征、地质特征进行综合研究,并结合各预测区内典型矿床的地质特征以及地球化学特征,对各预测工作区地球化学找矿前景进行简单评价,认为各预测工作区都具有一定的找矿前景,可对其进行进一步的工作。

六、稀土矿

在结合地质成果、部分勘探成果及稀土元素地球化学单元素异常、综合异常进行综合研究的基础上,依据全区主要稀土矿床分布及矿床成因类型,成矿规律组共选取了 4 个预测工作区,划分为 4 个预测类型和 4 个预测方法类型,如表 5-38 所示,其中桃花拉山预测工作区未做 1∶20 万化探扫面工作,缺少化探数据。以预测区各类地球化学系列图(地球化学图、地球化学单元素异常图、地球化学组合异常图)为基础,研究了稀土元素等主要成矿元素和共伴生元素地球化学场的分布、单一异常组合集中区组合异常特征与几何形态(异常形态),为成矿规律组划分的稀土矿预测工作区的预测类型及范围提供了有力依据。

表 5-38 内蒙古自治区稀土矿预测类型及预测方法类型划分一览表

预测方法类型	矿产预测类型	预测工作区名称
沉积型	白云鄂博式	白云鄂博式沉积型稀土矿白云鄂博预测工作区
变质型	桃花拉山式	桃花拉山式变质型稀土矿桃花拉山预测工作区
侵入岩型	巴尔哲式	巴尔哲式侵入岩体型稀土矿巴尔哲预测工作区
复合内生型	三道沟式	三道沟式复合内生型稀土矿三道沟预测工作区

(一)白云鄂博式沉积型稀土矿白云鄂博预测工作区

区域上分布有 La、Th、U、Y、Nb、W、Sn、Mo、F、P 等元素组成的高背景区(带);规模较大的稀土局部组合异常上 W、Sn、Mo、Pb、F、P、Fe 具有明显的浓集中心及浓度分带,并在空间上相互重叠套合。预测区内 La、Th、Y 元素异常主要分布于预测区西南部巴荣苏吉一带及中部白云鄂博一带,组合异常套合程度较高,具有明显的浓集中心。其中白云鄂博附近异常 La、Th、Y 以条带状近东西向展布,白云鄂博西北部异常 La、Th、Y 以北东向条带状展布,此外在预测区达茂旗东部有一处 La 单元素异常,有明显的浓度分带及浓集中心,呈等轴状北西向分布;预测区西南部巴荣苏吉一带异常 La、Th、Y 组合异常主要以 La、Y 为主,Th 异常规模小。

预测区内 Au、As、Sb 元素异常主要分布于预测区西北部希日哈达一带、白云鄂博北部、达茂旗北部及预测区中南部小毛呼洞一带。位于希日哈达一带的 Au、As、Sb 单元素异常面积小,组合异常套合强度不高,没有明显的浓集中心,以串珠或条带状北西向展布。其他 3 处 Au、As、Sb 组合异常,套合强度高,有明显的浓集中心,异常面积较大,呈面状分布。

预测区内 Cu、Ag、Pb、Zn 元素异常主要分布于预测区娜仁格日勒嘎查北部、白云鄂博北部、达茂旗北部及预测区中部小毛忽洞一带。白云鄂博北部异常 Cu、Ag、Pb、Zn 组合异常主要以 Cu、Pb、Zn 为主,异常套合强度高,浓度分带浓集中心明显,以近东西向展布。

预测区内 W、Mo 元素异常主要分布于预测区白云鄂博北部、达茂旗北部及预测区中部小毛忽洞一带。W、Mo 元素异常强度高,面积大。

(二)巴尔哲式侵入岩体型稀土矿巴尔哲预测工作区

预测区内 La 元素异常零星分布,在杨木构到归流河镇一带分布面积较大;Y 元素异常主要分布在巴尔哲到嘎亥吐镇一带,异常面积较大,呈北西向展布,在预测区北部亦有分布;Th、U 异常主要分布在预测区西南部伊和格勒一带及西北部杨木构西部一带。在巴尔哲及巴雅尔吐胡硕镇东部一带 Y、U、Th 元素异常套合好,浓度分带及浓集中心明显,呈北东东向展布。杨木构一带 La、Y、U、Th 元素异常套合好,异常面积较大。

预测区内 As、Sb 元素异常分布全区,大面积分布于预测区东部大石寨镇到杜尔基镇呈北北西向展布及南部巴雅尔吐胡硕镇到嘎亥吐镇一带呈北西向展布。

预测区内 Cu、Ag、Pb、Zn、Cd 元素异常主要分布于预测区东北部呈北西向展布及西南部呈北东向展布受北东向断裂控制;区内 Cu、Ag、Pb、Zn、Cd 元素异常套合好,强度高,有明显的浓度分带及浓集中心。

预测区内 W 元素异常主要分布于南部巴尔哲到嘎亥吐镇一带,呈北西向展布;Mo 元素异常主要分布于西北部杨木构西部一带,异常面积较小,呈北东向分布,浓度分带明显。在巴尔哲及伊和高勒北部一带 W、Mo 元素异常套合好,强度高,浓集中心明显。

(三)三道沟式复合内生型稀土矿三道沟预测工作区

预测区内 La 元素主要有两条高背景带,一条在西北部小东沟到沙渠村一带呈北东向分布,另一条在宗顶背到三道沟村一带呈北东向分布。Y 元素异常主要分布在预测区西北部,异常面积大。Th、U 元素异常零星分布于预测区北部,异常面积较小。位于三道沟村附近的 AS-1 异常 La、Th 异常套合好,强度高,有明显的浓集中心,组合异常呈北东向展布。位于沙渠村一带的 AS-3 异常 La、Th、Y、U 异常套合好,强度高,有明显的浓集中心,呈条带状近东西向展布。

预测区内 Au 高背景区带大面积分布,分布于预测区东南部的 Au 高背景区带主要呈北东向分布。

预测区内 Cu 高背景区带主要分布于预测区中部,呈北东向分布。Cu、Ag、Pb、Zn、Cd 在永善庄乡、沙渠村、忽力进图村、车道沟一带元素异常套合好,强度高,浓度分带明显,有明显的浓集中心,组合异常面积较大,基本以面状或带状分布。

预测区内 Mo 高背景区带主要分布于预测区中西部,呈北北东向分布。W 在预测区内大面积分布低背景区。仅在羊圈湾乡及小东沟一带呈高背景带分布,异常面积较小,浓度分带明显。

依据编制的稀土矿预测工作区单元素地球化学图、单元素地球化学异常图、地球化学组合异常图,对各预测区地球化学特征、地质特征进行综合研究,并结合各预测区内典型矿床的地质特征以及地球化学特征,对各预测工作区地球化学找矿前景进行简单评价,认为白云鄂博式沉积型稀土矿白云鄂博预测工作区具有良好的找矿前景,其他预测工作区也具有一定的找矿潜力,可对其进行进一步的工作。

七、银矿

在结合地质成果、部分勘探成果及银地球化学单元素异常、综合异常进行综合研究的基础上,依据全区主要银矿床分布及矿床成因类型,成矿规律组共选取了 13 个预测工作区,划分为 8 个预测类型和 2 个预测方法类型,其中侵入岩体型 2 个,复合内生型 6 个;伴生银矿划分为 5 个预测类型和 2 个预测方法类型,其中沉积型 1 个,复合内生型 4 个,如表 5-39 所示,伴生银矿预测工作区范围和成因类型与铜、金、铅锌矿的相应预测区相同,在前文已作了详细描述,在此不再赘述。以预测区各类地球化学系列图(地球化学图、地球化学单元素异常图、地球化学组合异常图、地球化学综合异常图)为基础,研究了银等主要成矿元素和共伴生元素地球化学场的分布、单一及异常组合集中区组合、综合异常特征与几何形态(异常形态),为成矿规律组划分的银矿预测工作区的预测类型及范围提供了有力依据。

表 5-39 内蒙古自治区银单矿种预测类型及预测方法类型划分一览表

矿床类型	预测方法类型	矿产预测类型	预测工作区名称
银矿	侵入岩体型	拜仁达坝式	拜仁达坝式侵入岩体型银铅锌矿拜仁达坝预测工作区
		孟恩陶勒盖式	孟恩陶勒盖式侵入岩体型银铅锌多金属矿孟恩陶勒盖预测工作区
	复合内生型	花敖包特式	花敖包特式复合内生型银铅锌矿花敖包特预测工作区
		李清地式	李清地式复合内生型银铅锌矿察右前旗预测工作区
		吉林宝力格式	吉林宝力格式复合内生型银矿东乌珠穆沁旗预测工作区
		额仁陶勒盖式	额仁陶勒盖式复合内生型银矿新巴尔虎右旗预测工作区
		官地式	官地式复合内生型银金矿赤峰预测工作区
		比利亚谷式	比利亚谷式复合内生型银铅锌矿比利亚谷预测工作区
伴生银矿	沉积型	霍各乞式	霍各乞式沉积型铜伴生银矿霍各乞预测工作区
	复合内生型	金厂沟梁式	金厂沟梁式复合内生型金伴生银矿金厂沟梁预测工作区
		余家窝铺式	余家窝铺式复合内生型铅锌伴生银矿余家窝铺预测工作区
		朝不楞式	朝不楞式复合内生型铁锌伴生银矿朝不楞预测工作区
		扎木钦式	扎木钦式复合内生型铅锌伴生银矿扎木钦预测工作区

(一)拜仁达坝式侵入岩体型(花敖包特式复合内生型)银铅锌矿拜仁达坝预测工作区

区域上分布有 Ag、Pb、Zn、Sn、W、Sb、Cu、As 等元素组成的高背景区带,在高背景区带中有以 Ag、Pb、Zn、Cu、W、Sn、Mo、Sb 为主的多元素局部异常。预测区内共有 281 个 Ag 异常,169 个 As 异常,190 个 Au 异常,194 个 Cu 异常,139 个 Mo 异常,200 个 Pb 异常,184 个 Sb 异常,214 个 W 异常,192 个 Zn

异常,208个Sn异常。

Ag、Pb、Zn、W、Sn、Cu、As、Sb元素在全区形成大规模的高背景区带,在高背景区带中分布有明显的局部异常,Ag、As、Sb、W元素在预测区均具有北东向的浓度分带,且有多处浓集中心,Ag元素在高背景区中存在两处明显的局部异常,一处主要分布在乌力吉德力格尔—西乌珠穆沁旗,呈北东向带状分布,另一处在敖包吐沟门地区;Pb、Zn高背景值在预测区呈北东向带状分布,有多处浓集中心,Pb、Zn在敖包吐沟门地区分布有大范围的局部异常,浓集中心明显,强度高,Pb、Zn异常套合好;Sb、W在达来诺尔镇和敖瑙达巴之间存在范围较大的局部异常,浓集中心明显,强度高;Sb在胡斯尔陶勒盖和西乌珠穆沁旗以南有两处明显的局部异常,浓集中心明显,大体呈环状分布;达来诺尔镇—乌日都那杰嘎查一带存在规模较大的As元素局部异常,有多处浓集中心,浓集中心明显,强度高,范围广;Sn元素沿达来诺尔镇—白音诺尔镇—巴雅尔吐胡硕镇一带呈北东向带状异常贯穿整个预测区,异常规模大,强度高,此异常带以西还分布有大面积的局部异常,以东地区Sn元素为低值区;Cu元素在预测区沿北东向呈高背景带状分布,浓集中心分散且范围较小;Au和Mo在预测区呈背景、低背景分布。

该预测工作区内共圈定出55个综合异常,其中19个为甲类异常,25个为乙类异常,11个为丙类异常。区域上主要出露二叠系、侏罗系、酸性岩体极其发育,异常主要产出于地层与岩体的接触带上。异常元素组合以Ag、Pb、Zn、Cu、Sn为主,这类元素均为该区主要的成矿元素,异常强度高,分布面积大,异常形态与成矿带延伸方向一致,呈北东向。综合其地质背景、地球化学特征,将各个综合异常按成因类型进行分类,该区共有热液型综合异常54个,矽卡岩型1个。

综合异常Z-26乙、Z-27甲、Z-20乙、Z-28乙、Z-17乙分布在同一条北东向的Ag异常带上。规模较大的Ag异常带上,Ag元素具有明显的浓度分带,在巴雅尔图胡硕、呼斯尔陶勒盖东南、西乌珠穆沁旗以南的浓集中心处与Pb、Zn、Cu、Sn、Sb、As元素异常空间套合较好,Z-26乙、Z-27甲、Z-20乙处的Pb、Zn、Cu异常的空间展布特征与Ag极为相似。Z-43甲处Ag异常规模大,强度高,呈南北向或北东向展布,该区Pb、Zn、Sb异常规模也较大,且与Ag异常套合程度较高,Cu、Mo异常面积较小,与其他元素套合程度较差。Z-7甲、Z-8乙、Z-14甲处Ag异常规模较大,具有明显的浓度分带和浓集中心,空间上大多呈北东向或北西向展布,Pb、Zn、Cu异常与其空间套合良好。

在本区组合异常图、综合异常图的基础上,结合已发现银矿床(点)的地质、地球化学特征,选取成矿地质背景有利、元素组合齐全、成因类型一致的综合异常集中区域,划分了3个找矿预测区,并对其进行评价分级,其中Ag-1为B级,Ag-2、Ag-3为A级。在两个A级找矿预测区内,结合大比例尺化探资料,进一步圈定了两个最小预测区,分别为Ag-2-1和Ag-3-1。

(二)孟恩陶勒盖式侵入岩体型银铅锌多金属矿孟恩陶勒盖预测工作区

区域上分布有Ag、Pb、Zn、Cu、Sn、As、Sb、W、Mo等元素组成的高背景区带,在高背景区带中有以Ag、Pb、Zn、Cu、Sn、As、Sb、W为主的多元素局部异常。预测区内共有112个Ag异常,96个Pb异常,67个Zn异常,49个Cu异常,50个Sn异常,76个As异常,76个Au异常,77个Mo异常,83个Sb异常,76个W异常。

预测区内从西巴彦珠日和嘎查以东到姜家街存在一条明显的Ag异常带,规模大,强度高,呈东西向展布,具有多个浓集中心;阿木古冷嘎查至草高吐嘎查存在一条北西向的串珠状Ag异常,各异常具有明显的浓度分带。在预测区中部Pb、Zn元素呈高背景分布,有多处浓集中心,浓集中心明显,强度高,Pb异常的浓集中心主要位于巴彦杜尔基苏木到代钦塔拉苏木之间,巴雅尔图胡硕镇、嘎亥图镇和布敦花地区,Ag、Pb、Zn异常的浓集中心套合较好。北东部As、Sb呈高背景分布,有明显的浓度分带和浓集中心,浓集中心从突泉县—杜尔基镇—九龙乡后新立屯呈北东向带状分布,As元素在预测区南部也呈高背景分布,有明显的浓度分带和浓集中心。Au在预测区多呈低背景分布,W元素在整个预测区呈高背景分布,在高背景带中存W的局部异常,从阿木古冷嘎查至草高吐嘎查的一条北西向W异常带在空间位置上与Ag重合。Sn元素在预测区北部和南部呈背景和低背景分布,仅在中部长春岭、嘎亥吐镇和老道沟周围存在强度较高的异常,具有明显的浓度分带和浓集中心,大致呈北东向展布。

该预测工作区共圈定出30个综合异常,其中甲类10个,乙类13个,丙类7个。区域上主要出露二叠系、侏罗系、白垩系,酸性岩体较发育,异常主要产出于二叠系哲斯组、大石寨组与中酸性岩体的接触带上。异常元素组合以Ag、Pb、Zn、Cu、Au、As、Sb为主,Ag、Pb、Zn、Cu异常与二叠系有关。将各个综合异常按成因类型进行分类,该区共有热液型综合异常29个,火山岩型1个。

在本区组合异常图、综合异常图的基础上,结合已发现银矿床(点)的地质、地球化学特征,选取成矿地质背景有利、元素组合齐全、成因类型一致的甲类、乙类综合异常集中区域,划分了两个找矿预测区,并对其找矿潜力进行评价分级,均为B级。

(三) 李清地式复合内生型银铅锌矿察右前旗预测工作区

区域上分布有Ag、Pb、Zn、Cu、As、Mo、Sb、W、Sn等元素组成的高背景区带,在高背景区带中有以Ag、Pb、Zn、Cu、Mo、Sb、W为主的多元素局部异常。区内各元素西北部多异常,东南部多呈背景及低背景分布。预测区内共有38个Ag异常,41个Pb异常,38个Zn异常,27个As异常,9个Au异常,28个Cu异常,44个Mo异常,41个Sb异常,41个W异常,20个Sn异常。

预测区西部Ag呈高背景分布,高背景带上存在规模较大的局部异常,具有明显的浓度分带和浓集中心,南部白乃庙、丰乐窑村及其东部均存在强度极高的Ag异常,呈面状分布。Pb、W在预测区多呈背景、低背景分布,在预测区西部存在局部异常。Zn在预测区多呈高背景分布,在预测区西部存在明显的浓度分带和浓集中心,在九花岭村以北存在明显的浓集中心,浓集中心呈南北向条带状分布。Cu在预测区呈高背景分布,有多处浓集中心,浓集中心主要分布于小淖尔乡和察汗贲贡村,浓集中心明显,异常强度高,范围较大。Mo在预测区多呈背景分布,存在局部异常。Au在预测区呈高背景分布,高背景带上存在规模较大的局部异常,并具有明显的浓度分带和浓集中心。Sn、As、Sb多呈背景分布,无明显异常。

在该预测区组合异常的基础上共圈定出5个综合异常,3个为甲类,2个为乙类,成因类型均为热液型。该区域大部分地区被新近系汉诺坝组覆盖,局部地区出露集宁岩群及中太古代变质深成侵入体,在该类地质体上已发现李清地、九龙湾、满洲窑等银多金属矿床(点)。选取区内成矿地质条件有利的、存在地球化学综合异常的区域圈定一处找矿预测区——李清地热液型银矿找矿预测区(Ag-1),该区域大部分地区被新近系汉诺坝组覆盖,圈定的5个综合异常所处区域出露集宁岩群及中太古代变质深成侵入体,与已发现银矿床(点)所处环境一致,主要地球化学元素组合Ag、Pb、Zn、Cu、Au与已发现的李清地银铅锌矿相似,因此推断该区找到该类银矿床的可能性较大,判定本区为B级找矿预测区。

(四) 额仁陶勒盖式复合内生型银矿新巴尔虎右旗预测工作区

区域上分布有Ag、Pb、Zn、As、Au、Cu等元素组成的高背景区带,在高背景区带中有以Ag、Pb、Zn、As、Au、Cu为主的多元素局部异常。预测区内共有57个Ag异常,57个Pb异常,66个Zn异常,58个Sn异常,44个As异常,97个Au异常,65个Cu异常,78个Mo异常,46个Sb异常,78个W异常。

预测区内Ag呈高背景分布,全预测区范围内Ag异常强度均较高,高背景带上分布有规模较大的Ag异常,分布于哈力敏塔林呼都格西北部、乌讷格图、达巴、甲乌拉、额仁陶勒盖及乌力吉图嘎查,均具有明显的浓度分带和浓集中心。预测区中部存在一条明显的Ag、Pb、Zn低背景带,以该低背景带为界,北部在Pb、Zn的高背景带上存在多处Pb、Zn局部异常,在乌讷格图、达巴、达钦呼都格、赛罕勒达格、甲乌拉、和热木及距哈力敏塔林呼都格以西10km处、那日图嘎查以东5km处均存在异常强度较高的Pb异常,从甲乌拉到和热木的串珠状Pb异常形成一条近东西向的Pb异常带;在甲乌拉、满洲里铜矿北及预测区最北端Zn异常具有明显的浓度分带和浓集中心,空间上呈近南北向和北北东向分布。在预测区南部Pb、Zn多呈高背景分布,在Ag、Pb、Zn的高背景带上存在一条自巴彦诺尔嘎查到都鲁吐的北东向Zn异常带。Cu呈背景、高背景分布,存在零星的局部异常。As呈背景及低背景分布,仅在预测区北东部边缘地带存在一条强异常带。Au 异常在整个预测区分布较均匀，但规模较小，仅在达石莫格以北地区形成规模较大的异常带。Mo、W 在预测区呈背景、高背景分布，高背景带上存在规模较小的 Mo、W 异常。Sb 在预测区北部呈高背景分布，在额仁陶勒盖、钢塔高吉高尔、达巴及预测区最北端均形成规模较大、强度较高的 Sb 异常；在中部和南部多呈背景、低背景分布。Sn 呈背景分布，未形成一定规模异常。

该预测工作区内共圈定出 22 个综合异常，其中 6 个为甲类异常，14 个为乙类异常，2 个为丙类异常。区域上主要出露侏罗系、白垩系，中酸性岩体不是十分发育，异常主要产出于侏罗系及其与岩体的接触带上。异常元素组合以 Ag、Pb、Zn、Cu、Au、Fe_2O_3、Mn 为主，Ag、Pb、Zn 为该区主要的成矿元素，各元素异常强度较高，分布面积较大，异常多呈面状分布。综合其地质背景、地球化学特征，将各个综合异常按成因类型进行分类，该区综合异常均为热液型。

结合区内已发现银矿床（点）的地质、地球化学特征，选取成矿地质背景有利的、地球化学组合齐全的甲、乙类综合异常集中区域划分出两处找矿预测区，对其找矿潜力进行评价分级，判定两个找矿预测区均为 A 级。

（五）官地式复合内生型银金矿赤峰预测工作区

区域上分布有 Ag、Pb、Zn、Cu、W、Mo 等元素组成的高背景区带，在高背景区带中有以 Ag、Pb、Zn、Cu、W 为主的多元素局部异常，规模较大的异常多集中在预测区北部。预测区内共有 60 个 Ag 异常，69 个 Pb 异常，53 个 Zn 异常，47 个 Sn 异常，22 个 As 异常，33 个 Au 异常，48 个 Cu 异常，72 个 Mo 异常，47 个 Sb 异常，53 个 W 异常。

预测区内异常的分布具有明显的区域性，北部各元素异常规模均较大，强度较高；中部异常规模较小较分散；南部多呈背景及低背景分布。Ag、Pb、Zn 元素在北部形成 3 条明显的异常带，空间上呈北东向展布，分别沿巴彦特莫—二道营子、庙子沟村—小东沟、王家营子—上唐家地分布。Cu 元素也存在一条北东向异常带位于预测区北部，一条北西西向条带状异常位于中部，异常所处空间位置和展布方向与区内水系分布一致。Au 元素在整个预测区呈低背景分布，异常规模较小且多分布于南部，老道沟、红花沟镇处金异常所处位置与已发现金矿点在空间上吻合，在老西沟、小柳灌沟、龙家店、富裕沟村等地区还发现几处浓度较高的点源 Au 异常。W、Mo 元素沿英图山咀—东沟脑形成一条北东向条带状异常，在毛山东乡周围形成面状异常，在霍家沟村南形成点源异常，异常强度均较高，达三级浓度分带。As 呈背景及低背景分布，仅在东沟脑及官地东北存在局部异常，呈北东向或北北东向展布。英图山咀及其东部、桦树背南、赤峰市、三道沟前营子、喀喇沁旗存在明显的 Sn 异常浓集中心，其余地区 Sn 均呈低背景甚至低异常。Sb 元素在北部呈高背景分布，南部呈背景及低背景分布。

该预测工作区内共圈定出 20 个综合异常，其中 8 个为甲类异常，12 个为乙类异常。区域上主要出露二叠系、侏罗系、白垩系，北部大部分地区被新近系汉诺坝组覆盖，区内中酸性岩体较为发育，异常主要产出于地层与岩体的接触带上。异常元素组合以 Ag、Pb、Zn、Cu、Au 为主，这类元素均为该区主要的成矿元素，异常强度高，分布面积大，异常均沿北东向展布。综合其地质背景、地球化学特征，确定 19 个综合异常的成因类型为热液型，1 个为火山岩型。在此基础上，对比研究区内综合异常的元素组合特征及所处地质环境，在本区划分了两个找矿预测区。

（六）比利亚谷式复合内生型银铅锌矿比利亚谷预测工作区

区域上分布有 Ag、Pb、Zn、Sn、Cu、As、Mo、Sb、W 等元素组成的高背景区带，在高背景区带中有以 Ag、Pb、Zn、Sn、Cu、Mo、Sb、W 为主的多元素局部异常。预测区内共有 38 个 Ag 异常，41 个 Pb 异常，38 个 Zn 异常，113 个 Sn 异常，28 个 Cu 异常，27 个 As 异常，9 个 Au 异常，44 个 Mo 异常，41 个 Sb 异常，41 个 W 异常。

预测区内 Ag 呈背景、高背景分布，在三河地区浓集中心明显，异常强度高，呈连续分布。Zn、Pb 在预测区呈背景、高背景分布,在高背景带上的Pb、Zn局部异常规模都较小,但异常强度较高,并存在明显的浓度分带和浓集中心,主要分布在五卡、太平林场和比利亚古。Sn呈高背景分布,在五卡、太平林场、牛耳河镇呈规模较大的Sn异常,大致呈近南北向或北北东向展布。Cu在预测区南部存在范围较大的异常区,浓集中心明显,异常强度高,北部仅在太平林场附近存在多个异常强度较高的浓集中心。As、Sb在预测区呈背景、高背景分布,在太平林场地区存在较强的浓集中心。Au在预测区北部呈高背景分布,在太平林场和牛尔河镇附近存在两处范围较大的浓集中心。W、Mo在预测区呈高背景分布,存在明显的浓度分带和浓集中心,在预测区西部浓集中心呈北东向展布。

该预测工作区内共圈定出23个综合异常,其中2个为甲类异常,12个为乙类异常,9个为丙类异常。区域上主要出露侏罗纪火山熔岩、火山碎屑岩、火山碎屑沉积岩等,中酸性岩体仅在预测工作区西部局部发育,异常主要产出于侏罗系。成矿元素以Ag、Pb、Zn为主,异常规模不大,主成矿元素Ag异常面积较小,区内已发现比利亚古、三道桥等银铅锌矿,Ag多与其他元素伴生成矿。该区的综合异常包括热液型22个,火山岩型1个。

对本区综合异常所处地质环境及已发现银矿床(点)的地质、地球化学特征进行分析,在地质背景较为有利、特征元素组合齐全的甲类、乙类综合异常集中区域圈定出一处找矿预测区——比利亚古热液型银矿找矿预测区(Ag-1),该区内出露地层以侏罗系为主,石炭系、白垩系零星出露,断裂构造以北东向和北西向为主,华力西期、燕山期中酸性岩体在预测区西部沿北东向条带状出露,局部地段出现硅化、绿泥石化、绢云母化等蚀变特征。综合异常元素组合以Ag、Pb、Zn、W、Sn、Mo为主,异常多产出于侏罗纪火山熔岩、火山碎屑岩、火山碎屑沉积岩上,地球化学及地质背景特征与已发现的比利亚古银铅锌矿相似,推测可能找到伴生银矿床,将该区确定为热液型C级找矿预测区。

(七)吉林宝力格式复合内生型银矿东乌珠穆沁旗预测工作区

区域上分布有Ag、Pb、Zn、Cu等呈背景及低背景分布,仅在局部地区形成规模较小的Ag、Pb、Zn、Sn等多元素异常。预测区内共有9个Ag异常,10个Pb异常,8个Zn异常,14个Sn异常,17个As异常,19个Au异常,3个Cu异常,7个Mo异常,21个Sb异常,16个W异常。

预测区内Ag、Pb、Zn、Cu、Mo均呈背景及低背景分布,仅在其布其日音其格等部分地区周围存在规模较小的点状异常。Sn、As、Sb、W元素在东部呈背景分布,在查干楚鲁图西北方及查干敖包分布有局部Sn异常;As、Sb、W异常规模均较小,多呈点状分布。Au在预测区东北部和西南部大部分地区均很匮乏,仅在汗敖包嘎查、巴音霍布日周围及其西北方向局部地区呈背景分布,并存在部分规模较小的Au异常,呈近东西向展布或为点源异常。

本预测工作区内共圈定出1个甲类、4个乙类综合异常,均为热液成因。在本预测工作区内圈定出一处找矿预测区——吉林宝力格热液型银矿找矿预测区(Ag-1),该区内综合异常规模较小,仅在局部地区出现高值异常点,总体来看,该区各元素浓度均较低,圈定的单元素异常显示一般,但元素组合较为齐全,具有热液型综合异常的明显特征,所处区域从古生代到中生代地层均有出露,岩体以侏罗纪为主,异常多产出于地层与岩体的接触带上,成矿地质条件较为有利,推测具有找到银矿的可能性,通过重新布置物化探工作,可能找到新的矿化地段,将该区判定为热液型C级找矿预测区。

八、钼矿

在结合地质成果、部分勘探成果及钼地球化学单元素异常、综合异常进行综合研究的基础上,依据全区主要钼矿床分布及矿床成因类型,成矿规律组共选取了15个预测工作区,划分为13个预测类型和3个预测方法类型,其中侵入岩体型12个,复合内生型1个,沉积型2个,如表5-40所示,其中元山子、营盘水北预测工作区未做1:20万化探扫面工作,缺少化探数据。以预测工作区各类地球化学系列图(单元素地球化学图、单元素地球化学异常图、地球化学组合异常图)为基础,研究了钼等主要成矿元素和共伴生元素的地球化学场分布、单一及异常组合集中区组合异常特征与几何形态(异常形态),为成矿规律组划分钼矿预测工作区的预测类型及范围提供了有力依据。

表5-40 内蒙古自治区钼单矿种预测类型及预测方法类型划分一览表

预测方法类型	矿产预测类型	预测工作区名称
侵入岩体型	乌兰德勒式	乌兰德勒式侵入岩体型钼矿达来庙预测工作区
	乌努格吐山式	乌努格吐山式侵入岩体型铜钼矿乌努格吐山预测工作区
	太平沟式	太平沟式侵入岩体型钼矿太平沟预测工作区
		太平沟式侵入岩体型钼矿原林林场预测工作区
	敖仑花式	敖仑花式侵入岩体型钼矿孟恩陶勒盖预测工作区
	曹家屯式	曹家屯式侵入岩体型钼矿拜仁达坝预测工作区
	大苏计式	大苏计式侵入岩体型钼矿凉城-兴和预测工作区
	小狐狸山式	小狐狸山式侵入岩体型钼矿甜水井预测工作区
	小东沟式	小东沟式侵入岩体型钼矿克什克腾旗-赤峰预测工作区
	查干花式	查干花式侵入岩体型钼矿查干花预测工作区
	比鲁甘干式	比鲁甘干式侵入岩体型钼矿阿巴嘎旗预测工作区
	岔路口式	岔路口式侵入岩体型钼矿金河镇-劲松镇预测工作区
复合内生型	梨子山式	梨子山式复合内生型钼铁矿梨子山预测工作区
沉积型	元山子式	元山子式沉积型镍钼矿元山子预测工作区
		元山子式沉积型镍钼矿营盘水北预测工作区

(一)乌努格吐山式侵入岩体型铜钼矿乌努格吐山预测工作区

区域上分布有 Mo、Cu、Pb、Zn、Ag、W、As、Sb、U 等元素组成的高背景区带,在高背景区带中有以 Mo、Cu、Pb、Zn、Ag、Au、W、As、Sb、U 为主的多元素局部异常。预测区内共有 71 个 Mo 异常,39 个 Ag 异常,49 个 As 异常,80 个 Au 异常,65 个 Cu 异常,47 个 Pb 异常,47 个 Sb 异常,42 个 U 异常,85 个 W 异常,64 个 Zn 异常。

Mo、Pb、Zn、Ag、As、Sb 异常在预测区西部大面积连续分布,东部异常相对较少呈不规则面状展布,各元素异常强度高,浓度分带和浓集中心明显;Au 异常规模较小,仅乌努格吐山矿床附近有大面积异常出现,异常主要呈串珠状展布,多数异常具明显的浓度分带和浓集中心;Cu 异常在预测区东部大面积连续分布,异常强度很高,具明显的浓度分带和浓集中心,西部异常相对较少,异常强度中等,少数异常具明显的浓度分带和浓集中心;W、U 在整个预测区大面积连续分布,呈不规则面状或条带状,异常强度高,浓度分带和浓集中心明显。乌努格吐山典型矿床与 Mo、Cu、Pb、Zn、Ag、Au、As、Sb 异常吻合较好。

预测区由 51 个综合异常组成,其中甲类 3 个,乙类 44 个,丙类 4 个。综合异常主要集中在区内的西部和东部,异常元素组分齐全,Mo 及其共伴生元素 Cu、Pb、Zn、Ag、Au、As、Sb、W 等异常强度高,面积大,浓集中心清晰,梯度变化大,相互吻合叠加。预测区内中生界侏罗纪酸性—中基性火山熔岩、火山碎屑岩和白垩纪大磨拐河组、梅勒图组大面积连片分布,北东向、北西向断裂构造发育,华力西期、燕山期岩浆活动较为强烈,中酸性、酸性岩体分布较广。综合异常多分布于中生代酸性—中基性火山岩、火山碎屑岩内及地层与岩体接触带上,异常规模大,呈椭圆状或不规则状近北东向、北西向展布,展布形态受断裂控制较为明显。

在对本预测区组合异常、综合异常研究的基础上,选取成矿地质背景有利、元素组合、成因类型一致的甲类、乙类综合异常集中区域,进一步划分出 3 个找矿预测区,并对其进行分级,其中 Mo-1 为 C 级,Mo-2 为 A 级,Mo-3 为 B 级。

(二) 必鲁甘干式侵入岩体型钼矿阿巴嘎旗预测工作区

区域上分布有 Mo、Cu、Zn、As 等元素组成的高背景区带,在高背景区带中有以 Mo、Cu、Zn、As、Au、Sb、Pb、W 为主的多元素局部异常。预测区内共有 13 个 Mo 异常,5 个 Ag 异常,15 个 As 异常,13 个 Au 异常,3 个 Cu 异常,5 个 Pb 异常,21 个 Sb 异常,2 个 U 异常,8 个 W 异常,3 个 Zn 异常。

Mo、Cu、Zn 异常面积很大,几乎占满整个预测区,其中 Mo 低异常所占范围较大,仅北部和南部异常的浓度分带和浓集中心明显,Cu、Zn 异常强度都很高,浓度分带和浓集中心明显;Au 异常集中在西部—北部一带,异常面积不大,浓度分带和浓集中心较为明显;As、Pb 异常主要集中在北半部,异常面积大,浓度分带和浓集中心明显;Sb、W 在北部和南部有局部异常,以低异常强度为主,少数异常浓度分带和浓集中心明显;Ag 仅在必鲁甘干矿床附近有局部异常,强度中等,无明显的浓度分带和浓集中心;U 在整个预测区几乎无异常出现。必鲁甘干典型矿床与 Mo、Cu、Pb、Ag、As、Sb、W 异常吻合较好。

预测区由 4 个综合异常组成,其中甲类 1 个,乙类 3 个。综合异常主要分布在区内的北部和南部,异常元素组分齐全,Mo 及其共伴生元素 Cu、Pb、Zn、Ag、Au、As、Sb、W 等异常强度高,面积大,套合好。区内出露地层主要有新近系宝格达乌拉组、通古尔组、白垩系二连组和二叠系林西组、哲斯组、大石寨组;主要喷出岩为更新统玄武岩;岩浆岩为中生代早侏罗世花岗斑和黑云母二长花岗岩。综合异常多分布于玄武岩、中酸性侵入岩体内及其接触带上,异常规模很大,南部异常呈椭圆状北东向展布,展布方向与断裂构造延伸方向一致,北部异常呈似圆状展布。

在对本预测区组合异常、综合异常研究的基础上,选取成矿地质背景有利、元素组合、成因类型一致的甲类、乙类综合异常集中区域,进一步划分出 1 个找矿预测区(必鲁甘干斑岩型钼矿找矿预测区),并将其评定为 A 级。该区大地构造位置位于天山-兴蒙造山系构造岩浆岩省,大兴安岭弧盆系构造岩浆岩带,二连-贺根山蛇绿混杂岩带构造岩浆岩亚带。区内更新统阿巴嘎组火山岩、碎屑岩大面积分布,岩性为橄榄玄武岩、泥质粉砂岩、泥岩等,二叠系在南部零星出露;断裂构造以北东向、北北东向为主,在西南部较为发育;侏罗纪花岗斑、黑云母二长花岗岩在西南部广泛发育。区内共圈定 4 个综合异常,其中甲类 1 个,乙类 3 个。异常多与更新世玄武岩及燕山期花岗斑岩体有关,Mo、Cu、Pb、Zn、Ag、W、Au、As、Sb 是其主要共伴生元素,元素组合与区内典型矿床——必鲁甘干钼矿特征元素组合极为相似,区内已发现钼矿床有一处,即必鲁甘干大型斑岩型钼矿。上述可见,该预测区地质成矿条件有利,从元素组合及矿化特征来看,推断有希望找到大规模的钼矿床,因此将其划分为斑岩型 A 类找矿预测区。

(三) 岔路口式侵入岩体型钼矿金河镇-劲松镇预测工作区

区域上分布有 Mo、Pb、Zn、Ag、Au、W、U 等元素组成的高背景区带,在高背景区带中有以 Mo、Pb、Zn、Ag、Au、W、U、Cu、Sb、As 为主的多元素局部异常。预测区内共有 55 个 Mo 异常,87 个 Ag 异常,30 个 As 异常,77 个 Au 异常,46 个 Cu 异常,83 个 Pb 异常,23 个 Sb 异常,72 个 U 异常,67 个 W 异常,95 个 Zn 异常。

Mo、U 异常面积很大,几乎占满整个预测区,异常强度高,浓度分带和浓集中心明显,Pb、Zn 异常分布广泛,面积较大,强度高,浓度分带和浓集中心明显;Cu 异常主要集中在西部和东部,异常面积较小,但浓度分带和浓集中心明显;As、Pb 异常较少,面积较小,零星分布,中等强度为主;Ag 异常主要分布在东部和南部,面积较大,浓度分带和浓集中心明显;W 异常较多,中等异常为主,面积一般不大,少数异常浓度分带和浓集中心明显。岔路口典型矿床与 Mo、Cu、Pb、Zn、Ag、W、U 异常吻合较好。

预测区由 45 个综合异常组成,其中甲类 1 个,乙类 28 个,丙类 16 个。综合异常较多,散布全区,异常元素组分齐全,主要共伴生元素 Mo、Cu、Pb、Zn、Ag、Au、W 等,主成矿元素 Mo 异常强度高,面积大,浓集中心清晰,浓度分带明显,共伴生元素与之套合好。预测区内地层发育较齐全,从元古宇至新生界都有出露,中生界分布最广泛,古生界、元古宇多出露于测区东南的环宇—那都里河、长青村一带,呈北东走向带状或呈捕房体零星分布,新生界仅于沟谷中发育。北西向、北东东向及北北东向断裂构造发育,岩浆活动频繁,自加里东期至燕山晚期均有表现,分布广泛。综合异常多分布于中生界、中酸性岩体及地层与岩体接触带上,异常规模大,多呈椭圆状或不规则状展布,展布形态受地层和岩体共同控制。

在对本预测区组合异常、综合异常研究的基础上,选取成矿地质背景有利、元素组合、成因类型一致的甲类、乙类综合异常集中区域,进一步划分出 3 个找矿预测区,并对其进行分级,其中 Mo-1 为 B 级,Mo-2 为 C 级,Mo-3 为 A 级。

(四)查干花式侵入岩体型钼矿查干花预测工作区

区域上分布有 Mo、Au、As、Sb、Pb、W 等元素组成的高背景区带,在高背景区带中有以 Mo、Au、As、Sb、Pb、W、Ag 为主的多元素局部异常。预测区内共有 1 个 Mo 异常,4 个 Ag 异常,12 个 As 异常,10 个 Au 异常,9 个 Cu 异常,7 个 Pb 异常,11 个 Sb 异常,5 个 U 异常,8 个 W 异常,2 个 Zn 异常。

Mo、W、As、Sb 异常在预测区中西部大面积分布,Mo、W 异常强度高,As、Sb 强度中等,浓度分带和浓集中心较为明显;Au 异常主要集中在南部,面积较大,强度中等;Cu 异常主要在中部查干花矿床附近,强度低,均为一级浓度;Pb 异常在预测区中部大面积连续分布,以低强度为主;Ag 在查干花矿床东北部有局部异常,强度一般不高;Zn、U 异常在预测区分布很少,面积一般不大,异常强度低,多为一级浓度分带。查干花典型矿床与 Mo、W 异常吻合较好。

预测区由 5 个综合异常组成,其中甲类 1 个,乙类 2 个,丙类 2 个。综合异常均为斑岩型,主要分布在巴音乌素嘎查—花陶勒盖一带,异常元素组分齐全,主要共伴生元素 Mo、Cu、Pb、Ag、W、As、Sb 等异常强度较高,面积大,套合好。区内出露地层主要有第四系全新统,古近系渐新统,白垩系乌兰苏海组、固阳组,古元古界宝音图岩群和中太古界乌拉山岩群;岩浆岩较发育,从新太古代到中生代均有出露。综合异常多分布于古元古界宝音图岩群、三叠纪中酸性侵入岩体内及其接触带上,异常规模很大,呈近椭圆状展布,走向近北东或北西,展布形态受地层、岩体、断裂共同控制。

在对本预测区组合异常、综合异常研究的基础上,选取成矿地质背景有利、元素组合、成因类型一致的甲类、乙类综合异常集中区域,进一步划分出 1 个找矿预测区(查干花斑岩型钼矿找矿预测区),并将其评定为 A 级。

(五)乌兰德勒式侵入岩体型钼矿达来庙预测工作区

区域上分布有 Mo、Cu、Ag、W、Sb、As、U 等元素组成的高背景区带,在高背景区带中有以 Mo、Cu、Ag、W、Sb、As、U、Au、Pb、Zn 为主的多元素局部异常。预测区内共有 51 个 Mo 异常,38 个 Ag 异常,56 个 As 异常,39 个 Au 异常,25 个 Cu 异常,27 个 Pb 异常,50 个 Sb 异常,30 个 U 异常,49 个 W 异常,35 个 Zn 异常。

预测区内 Mo、As、Sb、W、Ag、U 异常多,强度高,面积大,具明显的浓度分带和浓集中心。其中 Mo、As、Sb、W 高值区主要分在台吉乌苏—阿拉担宝拉格以北,异常呈不规则面状或北东向、东西向条带状展布;Ag 高值区主要分布在台吉乌苏—阿拉担宝拉格一带,异常呈不规则面状或北西向、北东向条带状展布;U 高值区主要分布在预测区西南—西北中间带上,异常呈不规则面状或北东向条带状展布。Pb、Zn 异常相对较少,多数具明显的浓度分带和浓集中心,高值区主要集中在准苏吉花矿点附近,呈串珠状分布。Cu、Au 以中等异常为主,Cu 异常面积大,高值区少,主要集中在西北部;Au 异常面积都较小,呈星散状或串珠状分布,局部有高值区出现。乌兰德勒典型矿床与 Mo、W 异常吻合较好。

预测区由 19 个综合异常组成,其中甲类 3 个,乙类 9 个,丙类 7 个。综合异常集中分布在台吉乌苏以南、查干敖包庙—阿拉担宝拉格以北一带,异常元素组合以 Mo、Cu、Pb、Zn、W、As、Sb 等为主,局部有 Ag、Au 异常，主成矿元素 Mo 异常强度较高，面积大，浓集中心清晰，浓度分带明显，共伴生元素与之套合好。预测区内出露地层主要有上石炭统—下二叠统宝力高庙组陆相正常碎屑沉积岩、奥陶系、侏罗系及第四系全新统。北东向、北西向断裂构造极为发育，岩浆活动频繁，主要为晚古生代及中生代二叠纪黑云母花岗岩、正长花岗岩、花岗闪长岩及石英闪长岩。综合异常多分布于上石炭统—下二叠统宝力高庙组、中酸性岩体及地层与岩体接触带上，异常多呈椭圆状北东向、北西向展布，展布形态受断裂构造控制明显。

在对本预测区组合异常、综合异常研究的基础上，选取成矿地质背景有利、元素组合、成因类型一致的甲类、乙类综合异常集中区域，进一步划分出 2 个找矿预测区，并对其进行分级，其中 Mo-1 为 C 级，Mo-2 为 B 级。

（六）小东沟式侵入岩体型钼矿克什克腾旗-赤峰预测工作区

区域上分布有 Mo、Cu、Pb、Zn、Ag、W 等元素组成的高背景区带，在高背景区带中有以 Mo、Cu、Pb、Zn、Ag、W、Sb、As 为主的多元素局部异常。预测区内共有 59 个 Mo 异常，70 个 Ag 异常，34 个 As 异常，23 个 Au 异常，39 个 Cu 异常，69 个 Pb 异常，51 个 Sb 异常，35 个 U 异常，63 个 W 异常，68 个 Zn 异常。

预测区内各元素异常都集中在克什克腾旗—敖汉旗一带，其中 Mo、As、Sb 异常分布不多，仅西北部面积较大，各元素异常强度高，浓度分带和浓集中心明显；Cu、Pb、Zn、Ag、W 异常面积大，强度高，浓度分带和浓集中心明显；Au、U 异常在预测区分布较少且分散，面积一般不大，异常强度较高，浓度分带和浓集中心较为明显。小东沟典型矿床与 Mo、Cu、Pb、Zn、Ag、As、Sb、W 异常吻合较好。

预测区由 26 个综合异常组成，其中甲类 6 个，乙类 16 个，丙类 4 个。综合异常主要分布在克什克腾旗南—翁牛特旗、大庙镇—赤峰市、敖汉旗北部一带，异常元素组分以 Mo、Cu、Pb、Zn、Ag、W 为主，局部有 As、Sb 异常显示，各异常强度高，面积大，浓集中心清晰，梯度变化大，相互吻合程度高。预测区内出露地层有二叠系、侏罗系、白垩系及第四系；断裂构造发育，以北东向平行排列的区域性大断裂为主，极为醒目，以压性为特征，伴生的北西向、北北西向、近东西向和南北向断裂也较发育，但规模较小；岩浆活动频繁，开始于二叠纪止于新近纪，尤以燕山期（侏罗纪—白垩纪）活动最为强烈，表现为大量的火山喷发活动和岩浆侵入。综合异常多分布于二叠系、侏罗系、中酸性岩体及地层与岩体接触带上，异常规模较大，呈椭圆状或不规则状近北东向、北西向展布。

在对本预测区组合异常、综合异常研究的基础上，选取成矿地质背景有利、元素组合、成因类型一致的甲类、乙类综合异常集中区域，进一步划分出 3 个找矿预测区，并将其级别均定为 B 级。

（七）太平沟式侵入岩体型钼矿太平沟预测工作区

区域上分布有 Mo、Cu、Pb、Zn、W 等元素组成的高背景区带，在高背景区带中有以 Mo、Cu、Pb、Zn、W、Ag、As、Sb、Au、U 为主的多元素局部异常。预测区内共有 69 个 Mo 异常，44 个 Ag 异常，22 个 As 异常，59 个 Au 异常，37 个 Cu 异常，54 个 Pb 异常，29 个 Sb 异常，32 个 U 异常，48 个 W 异常，40 个 Zn 异常。

Mo 异常在整个预测区内大面积连续分布，Ag 在预测区西南—东北中间一带大面积连续分布，Mo、Ag 异常强度都很高，浓度分带和浓集中心明显；Cu、Au 异常在预测区北半部较大呈不规则面状或条带状展布，西南部较小呈串珠状展布，多数异常具明显的浓度分带和浓集中心；Pb、Zn、As、Sb 异常在预测区西南部大面积连续分布，北半部呈局部异常，面积较小，多数异常具明显的浓度分带和浓集中心；W、U 异常较少，分布较分散，W 异常强度较高，U 异常强度中等，少数异常具明显的浓度分带和浓集中心。太平沟典型矿床与 Mo、Cu、Pb、Sb、W 异常吻合较好。

预测区由 45 个综合异常组成，其中甲类 1 个，乙类 28 个，丙类 16 个。综合异常主要分布在阿荣旗—阿尔拉镇、诺敏镇—红彦镇一带，多数异常规模大，强度高，元素组合以 Mo、Cu、Pb、Zn、W、Au、

As、Sb 等为主,主成矿元素 Mo 异常强度很高,面积大,浓集中心清晰,浓度分带明显,共伴生元素与之套合好。预测区内出露地层有古元古界兴华渡口群,震旦系大网子组和倭勒根群,古生界奥陶系大民山组、泥盆系卧都河组和泥鳅河组,上石炭统—下二叠统宝力高庙组、格根敖包组,二叠系大石寨组、林西组,三叠系老龙头组、哈达陶勒盖组,侏罗系满克头鄂博组、玛尼吐组、白音高老组,白垩系龙江组、梅勒图组、孤山组及第四系。北东向、北西向断裂构造发育,岩浆活动频繁,从新元古代断续发展到早白垩世,以中二叠世为主,三叠纪花岗岩次之。综合异常多分布于侏罗系、白垩系、各期次中酸性岩体及地层与岩体接触带上,异常多呈不规则状展布,展布形态受地层和岩体的控制。

在对本预测区组合异常、综合异常研究的基础上,选取成矿地质背景有利、元素组合、成因类型一致的甲、乙类综合异常集中区域,进一步划分出 2 个找矿预测区,并对其进行分级,其中 Mo-1 为 C 级,Mo-2 为 B 级。

(八)曹家屯式侵入岩体型钼矿拜仁达坝预测工作区

区域上分布有 Mo、As、Sb、Pb、Zn、Ag、W 等元素组成的高背景区带,在高背景区带中有以 Mo、As、Sb、Pb、Zn、Ag、W、Cu、U 为主的多元素局部异常。预测区内共有 139 个 Mo 异常,281 个 Ag 异常,169 个 As 异常,190 个 Au 异常,194 个 Cu 异常,200 个 Pb 异常,184 个 Sb 异常,133 个 U 异常,214 个 W 异常,192 个 Zn 异常。

预测区西北角化探无数据,在有数据区域 Mo、Au 异常分布很广,但面积较小,多呈串珠状展布;Zn、Ag、As、Sb、W 异常在预测区内大面积连续分布,异常强度高,浓度分带和浓集中心明显;Cu、Pb、U 异常分布仍较广,仅少数异常面积较大,多数呈串珠状展布,异常强度高,浓度分带和浓集中心明显。曹家屯典型矿床与 Mo、Cu、Pb、Zn、Ag、As、W 异常吻合较好。

预测区由 50 个综合异常组成,其中甲类 4 个,乙类 37 个,丙类 9 个。综合异常较多,主要集中在区内东半部,西部仅呼斯尔陶勒盖一带有分布,且多为丙类异常。异常元素组分齐全,主要共伴生元素有 Mo、Au、As、Sb、W、Pb、Zn、Ag、Cu 等,主成矿元素 Mo 异常强度较高,面积较大,共伴生元素与之套合好。预测区出露的地层为古元古界宝音图岩群黑云斜长片麻岩夹少量片岩及变粒岩,石炭系本巴图组硬砂岩、长石砂岩夹含砾砂岩及灰岩,阿木山组海相碎屑岩碳酸盐沉积,二叠系寿山沟组、大石寨组、哲斯组、林西组,侏罗系玛尼吐组基性喷出岩、白音高老组酸性火山碎屑岩,下白垩统砾岩及第四系。北东向断裂构造极为发育,岩浆活动频繁,分布广泛,主要有泥盆纪基性—超基性岩、石炭纪石英闪长岩、二叠纪角闪辉长岩、三叠纪中细粒黑云花岗岩、中晚侏罗世二长花岗岩、花岗斑岩及白垩纪石英斑岩等浅成斑岩体。综合异常多分布于二叠系,侏罗系,印支期、燕山期浅成斑岩体及地层与岩体接触带上,异常规模较大,多呈椭圆状或不规则状展布,走向以北东为主,展布方向与地层、岩体、断裂的延伸方向一致。

在对本预测区组合异常、综合异常研究的基础上,选取成矿地质背景有利、元素组合、成因类型一致的甲类、乙类综合异常集中区域,进一步划分出 4 个找矿预测区,并对其进行分级,其中 Mo-1 为 C 级,Mo-2 为 B 级,Mo-3 为 C 级,Mo-4 为 C 级。

(九)大苏计式侵入岩体型钼矿凉城-兴和预测工作区

区域上分布有 Cu、Zn、Ag、Au 等元素组成的高背景区带,在高背景区带中有以 Mo、Cu、Zn、Ag、Au、Pb、W 为主的多元素局部异常。预测区内共有 22 个 Mo 异常,33 个 Ag 异常,7 个 As 异常,112 个 Au 异常,18 个 Cu 异常,25 个 Pb 异常,12 个 Sb 异常,15 个 U 异常,28 个 W 异常,27 个 Zn 异常。

Mo 异常较少,少数异常强度高,浓度分带和浓集中心明显,面积较大的 Mo 异常强度均不高;Cu、Zn 异常面积很大,连续性好,Cu 异常强度高,浓度分带和浓集中心明显,Zn 异常强度中等,浓度分带和浓集中心一般不明显;Au 异常分布很广,东南部面积较大,大多异常为中等强度,少数具明显的浓度分带和浓集中心;Ag 异常主要集中在预测区西北角,大面积连续分布,异常强度中等,丰镇东北方向有几处小面积异常强度较高;Pb、W 异常主要集中在预测区西半部,面积较大,少数异常浓度分带和浓集中心明显;U 异常主要集中在预测区西北角,面积较小,异常强度中等,浓度分带和浓集中心一般不明显;As、Sb 异常以低背景为主,零星有几处小面积低异常。大苏计典型矿床与 Mo、Cu、Pb、Zn、Ag、Au、W 异常吻合较好。

预测区由 10 个综合异常组成,其中甲类 2 个,乙类 6 个,丙类 2 个。综合异常集中在中部、东部地区,异常元素组合以 Mo、Cu、Zn、Au 为主,局部伴有 Pb、Ag、As、Sb 等异常,主要共伴生元素间套合程度好。预测区内出露太古宇、中生界和新生界。该区构造北侧以东西乌拉特前旗-集宁深大断裂与阴山断隆为界,南邻岱海-黄旗海北北东向断陷带,西侧以北北东向河曲-呼和浩特深断裂与河套断陷盆地为界,3 条断裂所组成的三角形区域内,为一独特的多金属成矿域。区域岩浆活动较强,主要为太古宙和华力西晚期岩浆岩及脉岩类。综合异常多分布于太古宙花岗岩及新生界汉诺坝组玄武岩内,部分异常规模大,但强度不高,多呈椭圆状展布,展布形态受地层和岩体的控制。

在对本预测区组合异常、综合异常研究的基础上,选取成矿地质背景有利、元素组合、成因类型一致的甲类、乙类综合异常集中区域,进一步划分出 2 个 A 级找矿预测区。

(十)小狐狸山式侵入岩体型钼矿甜水井预测工作区

区域上分布有 Mo、Cu、Au、As、Sb 等元素组成的高背景区带,在高背景区带中有以 Mo、Cu、Au、As、Sb、W、Zn、Ag 为主的多元素局部异常。预测区内共有 31 个 Mo 异常,21 个 Ag 异常,22 个 As 异常,70 个 Au 异常,13 个 Cu 异常,2 个 Pb 异常,18 个 Sb 异常,20 个 U 异常,26 个 W 异常,17 个 Zn 异常。

Mo、Cu、Sb 在整个预测区大面积连续分布,各元素异常强度高,浓度分带和浓集中心明显;As、Zn 异常面积较大,呈东西向条带状展布,异常强度中低等,浓度分带和浓集中心一般不明显;Au 异常在预测区分布广泛,面积一般不大,中部、西部异常强度较高,浓度分带和浓集中心较为明显;Ag 异常较少,面积小,强度中等,浓度分带和浓集中心一般不明显;W 异常较多,面积较大,异常强度高,呈面状分布;U 异常少,面积小,强度低,零散分布;Pb 在预测区内基本无异常。小狐狸山典型矿床与 Mo、Cu、Zn、Ag、As、Sb、W、U 异常吻合较好。

预测区由 14 个综合异常组成,其中甲类 2 个,乙类 9 个,丙类 3 个,综合异常规模一般不大,散布全区。异常元素组合西部以 Mo、Au、As、Sb 等为主,局部伴有 Cu、Ag、W,东部以 Mo、Cu、Zn、Ag、W、Au、As、Sb 为主,东部 Mo 异常面积大,西部相对较小,各主要共伴生元素与之套合好。预测区内出露古生界和中生界,前者以奥陶系、志留系、泥盆系、石炭系为主,后者以下白垩统新民堡群为主,遍布整个测区;区内主构造线近 EW 向,受英安山-大狐狸山-黄石坪深大断裂的影响,两侧次级构造较为发育,走向多为 NE、EW 向;区域岩浆活动与构造关系密切,岩浆岩分布方向与构造线趋于一致,岩浆侵入和喷发活动较为普遍,其中喷出岩多呈带状分布于断裂带两侧,而深成侵入岩多分布于断裂带附近,岩浆活动明显受断裂控制。综合异常多分布于上石炭统—下二叠统宝力高庙组、中酸性岩体及地层与岩体接触带上,异常多呈椭圆状北东向、北西向展布,展布形态受断裂构造控制明显。

在对本预测区组合异常、综合异常研究的基础上,选取成矿地质背景有利、元素组合、成因类型一致的甲类、乙类综合异常集中区域,进一步划分出 2 个找矿预测区,并对其进行分级,其中 Mo-1 为 B 级,Mo-2 为 B 级。

(十一)太平沟式侵入岩体型钼矿原林林场预测工作区

区域上分布有 Mo、Pb、Zn、Ag、W、U 等元素组成的高背景区带,在高背景区带中有以 Mo、Pb、Zn、Ag、W、U、Au、Cu 为主的多元素局部异常。预测区内共有 84 个 Mo 异常,99 个 Ag 异常,36 个 As 异常,107 个 Au 异常,32 个 Cu 异常,90 个 Pb 异常,25 个 Sb 异常,66 个 U 异常,74 个 W 异常,100 个 Zn 异常。

除 Ag 在预测区西北角无异常出现外,Mo、Pb、Zn、Ag、U 在整个预测区内大面积连续分布,各元素异常强度高,浓度分带和浓集中心明显;Au、W异常多,面积相对较小,呈不规则面状或条带状展布,异常强度中等,仅部分异常具明显的浓度分带和浓集中心;Cu异常主要集中在预测区西半部大面积连续分布,东半部仅局部有小面积异常,测区内Cu异常强度高,浓度分带和浓集中心明显;As异常主要集中在北半部,呈不规则面状或条带状展布,异常强度中等,少数异常具明显的浓度分带和浓集中心;Sb仅北半部有较少异常,面积较小,呈串珠状或星散状分布,异常强度中等,极少异常具明显的浓度分带和浓集中心。预测区内已知各矿床(点)与Mo、Zn、Ag异常吻合较好。

预测区由76个综合异常组成,其中甲类1个,乙类53个,丙类22个。综合异常很多,散布全区,异常元素组合以Mo、Cu、Pb、Zn、Ag、W、Au为主,局部伴有As、Sb异常,主成矿元素Mo异常强度较高,面积大,浓集中心清晰,浓度分带明显,共伴生元素与之套合好。预测区内地层不全,从老到新有震旦系,古元古代兴华渡口岩群,奥陶系裸河组,泥盆系大民山组、泥鳅河组,石炭系莫尔根河组、红水泉组、新依根河组,侏罗系塔木兰沟组、满克头鄂博组、玛尼吐组、白音高老组,白垩系梅勒图组、大磨拐河组及第四系。区内构造活动强烈,各期断裂构造相互交织,岩浆活动频繁,自加里东期至燕山晚期均有表现,分布较广,但侵入面积不大。综合异常多分布于侏罗纪火山岩及早白垩世正长斑岩、石英正长斑岩、花岗斑岩体上,异常多呈不规则状,方向不明显。

在对本预测区组合异常、综合异常研究的基础上,选取成矿地质背景有利、元素组合、成因类型一致的甲类、乙类综合异常集中区域,进一步划分出3个找矿预测区,并将其均评定为C级。

(十二)敖仑花式侵入岩体型钼矿孟恩陶勒盖预测工作区

区域上分布有Mo、Pb、Zn、Ag、As、Sb、W等元素组成的高背景区带,在高背景区带中有以Mo、Pb、Zn、Ag、As、Sb、W、Cu、Au、U为主的多元素局部异常。预测区内共有78个Mo异常,117个Ag异常,76个As异常,76个Au异常,49个Cu异常,83个Pb异常,29个Sb异常,42个U异常,73个W异常,66个Zn异常。

预测区东南角无化探数据,在有数据区域Mo、Au、Zn异常分布在扎鲁特旗以北地区,各元素异常面积较小,强度高的异常多呈串珠状展布;Pb、Ag、Sb异常多,面积较小,南部多呈串珠状,北部多呈面状,异常强度均较高,浓度分带和浓集中心明显;As异常在预测区内大面积连续分布,异常强度高,浓度分带和浓集中心明显;Cu异常相对较少,但异常强度高,浓度分带和浓集中心明显;W异常主要集中在中部,面积大,连续性好,多数异常具明显的浓度分带和浓集中心;U仅西北部和西南部有少数异常,多呈串珠状或条带状展布,少数异常具明显的浓度分带和浓集中心。敖仑花典型矿床与Mo、Cu、Pb、Zn、Ag、As、Sb、W异常吻合较好。

预测区由33个综合异常组成,其中甲类1个,乙类21个,丙类11个。综合异常规模不大,散布全区,异常元素组合以Mo、Cu、Pb、Zn、W为主,局部伴有Au、As、Sb异常,各元素相互套合好。预测区内地层除局部出露下古生界外,主要为上古生界二叠系和中生界侏罗系—白垩系。下二叠统为海相碎屑岩夹灰岩和中基性火山角砾凝灰岩,上二叠统为陆相-海陆交互相碎屑岩夹泥灰岩;侏罗系和白垩系为火山角砾凝灰岩、安山流纹质熔岩、玄武安山岩、英安岩、流纹岩。区内断裂构造发育,以北东向平行排列的区域性大断裂为主,极为醒目,以压性为特征,伴生的北西向、北北西向、近东西向和南北向断裂也较发育,但规模较小。区内岩浆活动频繁,开始于二叠纪止于新近纪,尤以燕山期(侏罗纪—白垩纪)活动最为强烈,表现为大量的火山喷发活动和岩浆侵入。综合异常多分布于侏罗纪火山岩及燕山期酸性、中酸性岩体上,异常多呈不规则状,方向不明显。

在对本预测区组合异常、综合异常研究的基础上,选取成矿地质背景有利、元素组合、成因类型一致的甲类、乙类综合异常集中区域,进一步划分出2个找矿预测区,并对其进行分级,其中Mo-1为C级,Mo-2为B级。

(十三)梨子山式复合内生型钼铁矿梨子山预测工作区

区域上分布有Mo、Pb、Zn、Ag、W、U等元素组成的高背景区带,在高背景区带中有以Mo、Pb、Zn、

Ag、W、U、Cu、Au、Sb、As 为主的多元素局部异常。预测区内共有 51 个 Mo 异常，70 个 Ag 异常，33 个 As 异常，39 个 Au 异常，26 个 Cu 异常，65 个 Pb 异常，23 个 Sb 异常，20 个 U 异常，42 个 W 异常，44 个 Zn 异常。

预测区北半部无化探数据，有数据区域分布在巴日浩日高斯太—浩绕山以南片区，梨子山典型矿床未在数据区域内。在有数据区域 Mo、U 异常大面积连续分布，异常强度高，具明显的浓度分带和浓集中心；Cu、Au、As、W 异常主要集中在西部，面积较大，多数异常浓度分带和浓集中心较为明显；Pb、Zn、Ag 异常较多，面积一般较大，但强度较高，具明显的浓度分带和浓集中心；Sb 异常主要集中在西北部，面积不大，多数异常具明显的浓度分带和浓集中心。

预测区由 43 个综合异常组成，其中乙类 32 个，丙类 11 个。综合异常规模较大，散布于有数据区域，异常元素组合西北部以 Mo、Au、As、Sb、W、Cu、Pb、Zn、Ag 为主，中部以 Mo、W、Pb、Zn、Ag 为主，南部以 Mo、As、Pb、Zn、Ag 为主，各元素相互套合程度高。预测区内地层从震旦系到中新生界均有不同程度出露，其中以奥陶系多宝山组和裸河组为主，次为泥盆系大民山组及震旦系额尔古纳河组。区内北东向、北西向平行排列的主断裂发育，规模不大。区内岩浆活动强烈，侵入岩发育，以华力西期和燕山期为主。综合异常多分布于侏罗纪火山岩及燕山期酸性、中酸性岩体上，异常多呈不规则状，方向不明显。

在对本预测区组合异常、综合异常研究的基础上，选取成矿地质背景有利、元素组合、成因类型一致的甲类、乙类综合异常集中区域，进一步划分出 3 个找矿预测区，并将其均评定为 C 级。

九、锡矿

在结合地质成果、部分勘探成果及锡地球化学单元素异常、综合异常进行综合研究的基础上，依据全区主要锡矿床分布及矿床成因类型、成矿规律组共选取了 7 个预测工作区，划分为 6 个预测类型和 2 个预测方法类型，其中复合内生型 2 个，侵入岩体型 5 个，如表 5-41 所示。以预测区各类地球化学系列图（地球化学图、地球化学单元素异常图、地球化学组合异常图、地球化学综合异常图）为基础，研究了锡等主要成矿元素和共伴生元素地球化学场的分布、单一及异常组合集中区组合、综合异常特征与几何形态（异常形态），为成矿规律组划分的锡矿预测工作区的预测类型及范围提供了有力依据。

表 5-41 内蒙古自治区锡单矿种预测类型及预测方法类型划分一览表

预测方法类型	矿产预测类型	预测工作区名称
复合内生型	毛登式	毛登式复合内生型锡矿毛登-林西预测工作区
	黄岗式	黄岗式复合内生型铁锡黄岗预测工作区
侵入岩体型	朝不楞式	朝不楞式侵入岩体型铁多金属矿朝不楞预测工作区
	大井子式	大井子式侵入岩体型锡矿克什克腾旗-巴林左旗预测工作区
	千斤沟式	千斤沟式侵入岩体型锡矿太仆寺旗预测工作区
	孟恩陶勒盖式	孟恩陶勒盖式侵入岩体型锡矿孟恩陶勒盖预测工作区
	毛登式	毛登式侵入岩体型锡矿太平林场预测工作区

（一）毛登式复合内生型锡矿毛登-林西预测工作区

区域上分布有 Sn、Ag、Zn、As、Sb 等元素组成的高背景区带，在高背景区带中有以 Sn、W、Ag、Pb、Zn、Cu、As、Sb 为主的多元素局部异常。预测区内共有 102 个 Sn 异常，61 个 Mo 异常，100 个 W 异常，

128个Ag异常,86个Pb异常,91个Zn异常,106个Cu异常,82个As异常,110个Au异常,79个Sb异常。

在Sn、W元素高背景带上,存在规模较大的Sn异常,黄岗及其以北呈一条北北东向的Sn、Pb、Zn异常带,强度高,存在明显的浓度分带;在多日勃吉勒存在规模较大的Sn异常,强度高,呈面状分布,空间上与毛登锡矿所处位置吻合;达巴希拉塔以西也存在范围较大的面状Sn异常;区域上还存在多处Sn高值区,均具有三级浓度分带,与中酸性岩的分布有关。W元素的高值区集中在黄岗、毛登、二道沟等已知矿床周围及呼斯尔陶勒盖和林西一带,W异常规模较Sn异常小,但空间上与Sn异常重叠性较高。Mo元素呈背景及低背景分布,仅在黄岗、二道沟等已知Sn矿床周围存在规模较小、强度较高的Mo异常。Ag的高背景带上沿努其宫村到萨仁图嘎查有一条北北西向条带状Ag异常带,规模较大,具有明显的浓集中心和浓度分带;从巴彦高勒苏木到乌日图郭勒存在Ag、Pb、Zn、Cu多元素异常带,呈串珠状沿北东向分布。预测区西北部还存在Ag的高背景带,在Ag的高背景带上存在Ag、Zn、Cu多元素局部异常,该区Pb元素呈低背景分布。预测区西南部还存在Zn、Cu元素局部异常。毛登、黄岗—林西一带还存在As、Sb高背景带,其上存在大规模的As异常,Sb异常范围较小。Au呈低背景分布,无明显的浓度分带。

该预测工作区内共圈定出39个综合异常,其中8个为甲类异常,20个为乙类异常,11个为丙类异常。区域上主要出露二叠系、侏罗系,石炭系局部出现,工作区西南部第四系大面积覆盖,中酸性岩体极其发育,异常主要产出于地层与岩体的接触带上。异常元素组合以Sn、W、Mo、Bi、Ag、Pb、Zn、Cu为主,其中Sn、Ag、Pb、Zn、Cu为该区主要的成矿元素,异常强度高,分布面积大。综合其地质背景、地球化学特征,将各个综合异常按成因类型进行分类,该区综合异常均为热液型。

在本区组合异常图、综合异常图的基础上,结合已发现锡矿床(点)的地质、地球化学特征,选取成矿地质背景有利、元素组合齐全、成因类型一致的综合异常集中区域,划分了两个找矿预测区,并对其进行评价分级,其中Sn-1为B级,Sn-2为A级。

(二)黄岗式复合内生型铁锡矿黄岗预测工作区(大井子式侵入岩体型锡矿克什克腾旗-巴林左旗预测工作区)

区域上分布有Sn、Ag、Zn、As、Sb等元素组成的高背景区带,在高背景区带中有以Sn、W、Ag、Pb、Zn、Cu、As、Sb为主的多元素局部异常。预测区内共有156个Sn异常,93个Mo异常,155个W异常,196个Ag异常,154个Pb异常,135个Zn异常,150个Cu异常,102个As异常,88个Au异常,100个Sb异常。

从预测区西南到东北Sn均呈规模较大的异常,高强度,呈三级浓度分带,预测区东南部则为Sn的低值区,仅有部分小规模的Sn异常零星分布。大规模的W异常集中在预测区西南部黄岗—林西一带。Mo元素呈背景及低背景分布。Ag、Pb、Zn异常在全预测区均有分布,规模较大的异常主要分布在黄岗东北部,沿克什克腾旗—林西存在一条明显的Ag、Pb、Zn串珠状异常带,呈北东向展布,在西乌珠穆沁旗和宝日洪绍日周围大量的Ag异常集中分布。区域上Cu的低背景带中有多条北东向串珠状Cu异常存在。As、Sb的高背景带上,As元素沿五十家子镇—宝日洪绍日存在一条北东向异常带,具有多个浓集中心和明显的浓度分带,黄岗东北部还存在大面积的As异常,呈北北西向或近南北向展布。Au呈低背景分布。

该预测工作区内共圈定出41个综合异常,其中4个为甲类异常,26个为乙类异常、11个为丙类异常。区域上二叠系、侏罗系广泛分布,南部部分地区被第四系覆盖,中酸性岩体极其发育,异常主要产出于地层与岩体的接触带上,二叠系是该区主要的赋矿地层。异常元素组合以Sn、W、Bi、Ag、Pb、Zn、Cu为主,其中Sn、Ag、Pb、Zn、Cu为该区主要的成矿元素,异常强度高,分布面积大。综合其地质背景、地球化学特征,确定该区综合异常均为热液成因。

在本区组合异常图、综合异常图的基础上,结合已发现锡矿床(点)的地质、地球化学特征,选取成矿地质背景有利、元素组合齐全、成因类型一致的综合异常集中区域,划分了两个找矿预测区,并对其进行评价分级,其中 Sn-1 为 B 级,Sn-2 为 A 级。

(三)朝不楞式侵入岩体型铁多金属矿朝不楞预测工作区

区域上 Sn、W、Mo、Ag、Pb、Zn、Au、As、Sb 等呈背景及低背景分布,仅在局部地区形成规模较小的 Sn、W、Ag、Pb、Zn、Au 等多元素异常。预测区内共有 51 个 Sn 异常,29 个 Mo 异常,49 个 W 异常,39 个 Ag 异常,33 个 Pb 异常,32 个 Zn 异常,25 个 Cu 异常,43 个 As 异常,56 个 Au 异常,50 个 Sb 异常。

预测区内 Sn、W 呈背景分布,Mo、Cu 呈低背景分布,在南部局部地区存在规模较小的 Sn、W、Mo 局部异常。Ag、Zn 呈背景和低背景分布,仅在乌拉日图润芒哈以东、霍林郭勒市南 20km 范围内形成的高背景带中存在规模比较小的局部异常,呈南北向或近东西向展布。Pb 元素在预测区中西部为低背景或低异常分布,仅在伊和格勒北和乌拉日图润芒哈东南约 20km 处存在小范围的点源异常。As、Sb 异常主要集中在乌拉日图润芒哈南约 20km 处,以及霍林郭勒市南约 30km 处,具有明显的浓度分带,多个浓集中心形成一条近东西向和一条近北西向的异常带。Au 高背景区位于预测区西南部,低背景及低值区位于东北部。

本预测工作区内共圈定出 9 个综合异常,1 个为甲类,3 个为乙类,5 个为丙类异常,其中甲类异常为矽卡岩型成因,其他为热液型。各元素异常规模较小,仅在局部地区出现高值异常点。对本区综合异常所处地质环境及已发现锡矿床(点)的地质、地球化学特征进行分析,在地质背景较为有利、特征元素组合齐全的甲类、乙类综合异常集中区域圈定出一处找矿预测区——朝不楞热液型锡矿找矿预测区(Sn-1),确定为热液型 C 级。

(四)千斤沟式侵入岩体型锡矿太仆寺旗预测工作区

区域上分布有 Sn、W、Pb、Cu 等元素组成的高背景区带,在高背景区带中有以 Sn、W、Mo、Pb、Zn 为主的多元素局部异常。预测区内共有 14 个 Sn 异常,9 个 Mo 异常,11 个 W 异常,12 个 Ag 异常,13 个 Pb 异常,9 个 Zn 异常,7 个 Cu 异常,7 个 As 异常,7 个 Au 异常,6 个 Sb 异常。

预测区内 Sn 呈高背景分布,高背景带上存在面状 Sn 异常,空间上位于已知锡矿床千斤沟上,具有明显的浓度分带和浓集中心,其他地区均存在大面积的 Sn 异常,但强度不高,无明显的浓度分带。W 高值区分布在后水泉村南、太仆寺旗及其南侧约 6km 处,该处 W 异常呈三级浓度分带,规模达 20 多平方千米。Mo 元素在预测区呈背景及低背景分布,仅后水泉村周围形成规模的 Mo 异常,呈面状分布,具有多个浓集中心。Ag、Pb、Zn 呈背景及高背景分布,在太仆寺旗东北形成套合程度较高的 Ag、Pb、Zn 组合异常,均具有明显的浓度分带。Cu、As、Sb 呈背景分布,在赛汉卓日具有一定规模的 As 异常。Au 元素在整个预测区呈亏损状态,仅在千斤沟东南约 5km 处及太平沟南约 3km 处出现明显的 Au 异常,强度较高,规模较小,呈北西向或北西西向展布。

本预测区工作圈定的范围较小,区内仅存在 1 个甲类,4 个乙类综合异常。异常元素组合为 Sn、W、Mo、Pb、Zn、Ag。对区内圈定的综合异常所处地质环境进行分析,发现基岩出露面积较小,出露地层主要为上侏罗统火山岩及火山碎屑岩系,其余大部分地区被新近系、第四系覆盖;断裂构造及裂隙较发育,主要为北东—北北东向和北西—北北西向两组,南北向次之,一般规模不大,出露不连续;出露岩体主要为古生代和中生代侵入岩。本区圈定了一处找矿预测区——千斤沟热液型锡矿找矿预测区(Sn-1),确定为热液型 C 级。

(五)孟恩陶勒盖式侵入岩体型锡矿孟恩陶勒盖预测工作区

区域上分布有 Sn、W、Mo、Ag、Pb、Zn、Cu、As、Sb 等元素组成的高背景区带,在高背景区带中有以 Sn、W、Ag、Pb、Zn、Cu、As、Sb 为主的多元素局部异常。预测区内共有 50 个 Sn 异常,77 个 Mo 异常,76 个 W 异常,112 个 Ag 异常,96 个 Pb 异常,67 个 Zn 异常,49 个 Cu 异常,76 个 As 异常,76 个 Au 异常,

83 个 Sb 异常。

预测区内 Sn 元素在预测区北部和南部呈背景和低背景分布,仅在中部长春岭、嘎亥吐镇和老道沟周围存在强度较高的异常,具有明显的浓度分带和浓集中心,大致呈北东向展布。Mo 元素在预测区内呈背景及高背景分布,在西巴彦珠日和嘎查、杨木沟、和勒木吐多尔博勒京浩特东等局部地区形成几个高强度、规模较小的 Mo 异常。从西巴彦珠日和嘎查以东到姜家街存在一条明显的 Ag 异常带,规模大、强度高,呈东西向展布,具有多个浓集中心;阿木古冷嘎查至草高吐嘎查存在一条北西向的串珠状 Ag 异常,各异常具有明显的浓度分带。在预测区中部 Pb、Zn 元素呈高背景分布,有多处浓集中心,浓集中心明显、强度高,Pb 异常的浓集中心主要位于巴彦杜尔基苏木到代钦塔拉苏木之间,巴雅尔图胡硕镇、嘎亥图镇和布敦花地区,Ag、Pb、Zn 异常的浓集中心套合较好。北东部 As、Sb 呈高背景分布,有明显的浓度分带和浓集中心,浓集中心从突泉县—杜尔基镇—九龙乡后新立屯呈北东向带状分布,As 元素在预测区南部也呈高背景分布,有明显的浓度分带和浓集中心。Au 在预测区多呈低背景分布。W 元素在整个预测区呈高背景分布,在高背景带中存在 W 的局部异常,从阿木古冷嘎查至草高吐嘎查的一条北西向的 W 异常带在空间位置上与 Ag 重合。

Sn 为高温成矿元素,各异常与高温元素 W、Mo 均有一定程度的套合。Z-109 组合异常位于巴雅尔吐胡硕镇以北,Sn 异常与 Ag、Pb、Zn、Cu 套合较好,空间上均呈北东向展布,该区 Au、As、Sb 也有一定程度的富集,作为低温元素与 Sn 异常的重合性不高,分布于 Sn、Ag、Pb、Zn、Cu 组合异常外围。Z-110 上 Sn 异常规模较大,为三级浓度分带,具有多个浓集中心,与 Ag、Pb、Zn、Cu、As 均有一定程度的套合。Z-112 上 Sn 元素具有明显的浓集中心和浓度分带,W、Mo、Ag、Cu、Pb、Au、As、Sb 与 Sn 的套合程度均较高。

预测工作区内共圈定了 12 个乙类、5 个丙类综合异常。元素组合为 Sn、W、Mo、Ag、Pb、Zn、Cu,异常与二叠系和中酸性岩体具有密切的联系,该类地质体在本预测工作区出露较少。区内唯一发现的锡矿为孟恩陶勒盖小型锡多金属矿床,为铅锌银伴生锡矿,规模较小,在地质背景、地球化学特征与其相似的地区圈定出一处锡矿找矿预测区——孟恩陶勒盖热液型锡矿找矿预测区(Sn-1),确定为热液型 C 级。

(六)毛登式侵入岩体型锡矿太平林场预测工作区

区域上分布有 Sn、W、Au、As、Sb 等元素组成的高背景区带,在高背景区带中有以 Sn、W、Pb、Zn、Cu、Au、As、Sb 为主的多元素局部异常。预测区内共有 14 个 Sn 异常,24 个 Mo 异常,16 个 W 异常,13 个 Ag 异常,16 个 Pb 异常,20 个 Zn 异常,27 个 Cu 异常,13 个 As 异常,16 个 Au 异常,11 个 Sb 异常。

预测区内 Sn 异常大规模分布,具有明显的浓度分带和多个浓集中心,W、Mo 元素的高异常均位于 Sn 异常带上,Sn、W、Mo 异常均呈北东向或近南北向分布。区域上 Ag、Pb、Zn 呈背景或低背景分布,异常规模较小且浓度分带不明显,太平林场西北存在一条北西向的 Pb 高背景带,东约 18km 处存在 Ag、Pb、Zn、Cu、As、Sb 的组合异常,套合程度高,呈同心环状。预测区内存在多处大规模高强度的 Cu 异常,多呈北东向展布或为面状异常,多分布于 Sn 异常外围。预测区北部炭窑和西牛尔河之间存在一条北东向的 Au 异常带,异常带上具有多个北东向的浓集中心。在加疙瘩村和西牛尔河之间存在高强度的 As、Sb 异常,具有明显的浓集中心,整个异常带呈南北方向展布。

该预测区内共圈定了 4 个乙类、5 个丙类综合异常。Sn、W、Mo、Ag、Pb、Zn、Cu、Au、As、Sb 等为区内主要成矿元素及主要共伴生元素,异常区内酸性岩体大面积出露,成矿条件有利。在该预测区内划分出一处锡矿找矿预测区——莫尔道嘎热液型锡矿找矿预测区(Sn-1),确定为热液型 C 级。

十、镍矿

在结合地质成果、部分勘探成果及镍地球化学单元素异常、综合异常进行综合研究的基础上,依据全区主要镍矿床分布及矿床成因类型,成矿规律组共选取了8个预测工作区,划分为5个预测类型和1个预测方法类型,如表5-42所示,以预测区各类地球化学系列图(地球化学图、地球化学单元素异常图、地球化学组合异常图)为基础,研究了镍等主要成矿元素和共伴生元素地球化学场的分布、单一及异常组合集中区组合异常特征与几何形态(异常形态),为成矿规律组划分的镍矿预测工作区的预测类型及范围提供了有力依据。

表5-42　内蒙古自治区镍单矿种预测类型及预测方法类型划分一览表

预测方法类型	矿产预测类型	预测工作区名称
侵入岩体型	白音胡硕式	白音胡硕式侵入岩体型镍矿哈登胡硕预测工作区
		白音胡硕式侵入岩体型镍矿浩雅尔洪克尔预测工作区
	小南山式	小南山式侵入岩体型镍矿乌拉特中旗预测工作区
		小南山式侵入岩体型镍矿小南山预测工作区
		小南山式侵入岩体型镍矿乌拉特后旗预测工作区
	亚干式	亚干式侵入岩体型镍矿亚干预测工作区
	哈拉图庙式	哈拉图庙式侵入岩体型钴镍矿二连浩特北部预测工作区
	达布逊式	达布逊式侵入岩体型镍矿达布逊预测工作区

(一)白音胡硕式侵入岩体型镍矿浩雅尔洪克尔预测工作区

区域上分布有Ni、Cr、Fe_2O_3、Co、Mn、V、Ti等元素组成的高背景区带,在高背景区带中有以Ni、Cr、Fe_2O_3、Co、Mn、V为主的多元素局部异常。预测区内共有29个Ni异常,48个Cr异常,34个Co异常,36个Fe_2O_3异常,37个Mn异常,23个Ti异常,28个V异常。

预测区内存在一条宽约30km的Ni、Cr、Co高背景区,呈北东向带状分布,分布于马辛呼都格—巴彦图门嘎查一带;高背景区中分布有规模较大的Ni、Cr、Co局部异常,存在明显的浓度分带和浓集中心;浓集中心范围较大,异常强度高,多呈面状分布;Ni、Cr、Co异常套和较好;在马辛呼都格—浩雅尔洪克尔地区存在一条Fe_2O_3、Mn的高背景区,具有明显的浓度分带和浓集中心;在马辛呼都格地区存在规模较大的Fe_2O_3局部异常,浓集中心明显,范围较大,呈面状分布;巴彦塔拉嘎查和浩雅尔洪克尔地区存在多处Mn的局部异常,浓集中心明显,异常强度高。V在马辛呼都格—巴彦图门嘎查一带呈背景、高背景分布,马辛呼都格—哈昭乌苏乌日特存在规模较大的V、Ti局部异常,浓集中心明显,范围较大,呈面状分布。Ti在预测区南部呈背景、高背景分布,具有明显的浓度分带和浓集中心。

预测区内规模较大的Ni局部异常上,Cr、Fe_2O_3、Co、Mn、Ti、V等主要成矿元素及伴生元素在空间上相互重叠或套合。根据Ni、Cr、Fe_2O_3、Co、Mn、Ti、V等元素的空间组合关系,并结合其所处地质条件,区内共圈定了5个综合异常,编号为Z-1～Z-5。其中一个为甲类异常,4个为乙类异常,按其成因分类均为岩浆型综合异常。综合异常区内出露地层主要有古生界泥盆系、石炭系、二叠系和中生界侏罗系、白垩系,出露岩体主要为泥盆纪超基性岩体。综合异常元素有Ni、Cr、Fe_2O_3、Co、Mn、Ti、V,其中Ni、Cr元素异常范围较大,异常强度较高,为三级浓度分带,具有明显的浓度分带和浓集中心,各元素异常套合较好。综合异常形态为不规则状,呈北东向展布。

依据综合异常分布特征,并结合所处地质条件,区内圈定了一个找矿预测区,为浩雅尔洪克尔岩浆型镍矿找矿预测区。该预测区位于二连至贺根山蛇绿杂岩带内的贺根山超基性岩体中,超基性岩体分布较广,且规模较大,为成矿提供了有利的地质条件。且预测区内Ni元素异常范围较大,异常强度较高,元素组合有Ni、Cr、Fe_2O_3、Co、Mn、Ti、V,与典型矿床地球化学特征相似。因此推断该预测区内具有良好的镍矿找矿前景,并将该预测区划分为 B 级找矿预测区。

(二)小南山式侵入岩体型镍矿乌拉特中旗预测工作区

区域上分布有 Ni、Cr、Fe_2O_3、Co、Mn、V、Ti 等元素组成的高背景区带,在高背景区带中有以 Ni、Cr、Fe_2O_3、Co、V 为主的多元素局部异常。预测区内共有 27 个 Ni 异常,34 个 Cr 异常,26 个 Co 异常,25 个 Fe_2O_3 异常,16 个 Mn 异常,17 个 Ti 异常,19 个 V 异常。

预测区内 Ni、Cr、Co 多呈背景、高背景分布,仅在预测区北部和西部存在局部低背景区,高背景区内存在明显的 Ni、Cr、Co 局部异常,具有明显的浓度分带和浓集中心,规模较大的浓集中心主要分布于扎木呼都格、超浩尔亥高勒、脑自更、格日楚鲁和克布地区,Ni、Cr、Co 异常套合较好;Fe_2O_3、Mn、Ti、V 在预测区北部和西部呈背景、低背景分布,在其他地区呈背景、高背景分布,具有明显的浓度分带和浓集中心。

预测区内异常元素组合主要有 Ni、Cr、Fe_2O_3、Co、Mn、Ti、V,其中 Ni 元素异常范围较大,浓度分带特征明显。各元素异常均呈闭合圈状分布,异常形态相似,多呈近东西向和北东向展布,各元素异常套合较好。根据组合异常元素空间分布特征,并结合其所处地质条件,区内共圈定了 7 个综合异常,其中 1 个为甲类异常,其余均为乙类异常,按其成因分类均为岩浆型综合异常。

(三)哈拉图庙式侵入岩体型钴镍矿二连浩特北部预测工作区

区域上分布有 Ni、Cr、Fe_2O_3、Co、Mn、V、Ti 等元素组成的高背景区带,在高背景区带中有以 Ni、Cr、Fe_2O_3、Co、Mn、V 为主的多元素局部异常。预测区内共有 3 个 Ni 异常,4 个 Cr 异常,6 个 Co 异常,10 个 Fe_2O_3 异常,4 个 Mn 异常,5 个 Ti 异常,5 个 V 异常。

预测区中部和南部 Ni、Cr 呈背景、高背景分布,具有明显的浓度分带和浓集中心,规模较大的 Ni、Cr 局部异常主要分布于哈拉图庙、陶勒盖阿曼乌苏乃巴润萨日布其、巴润德尔斯乃布其地区,浓集中心明显,异常强度高;预测区北部,Ni、Cr 呈低背景分布。Co 在预测区中部和南部多呈背景、高背景分布,预测区北部呈背景、低背景分布。预测区上 Fe_2O_3、Mn、Ti、V 多呈背景、高背景分布,Fe_2O_3、Ti、V 局部异常主要分布于预测区中部和南部,具有明显的浓度分带和浓集中心;在哈尔推饶木地区存在 Mn 的局部异常,浓集中心明显,异常强度高。

预测区内组合异常元素主要有 Ni、Cr、Co、Fe_2O_3,并伴有 Mn、Ti、V 等元素异常。Ni、Cr 元素异常范围较大,且异常强度较高,均为三级浓度分带,具有明显的浓集中心;Co、Fe_2O_3 异常范围较小,异常强度中等,为二级浓度分带;异常形态多为不规则状,大致呈近东西向展布。根据组合异常元素空间分布特征,并结合其所处地质条件,区内共圈定了 6 个综合异常,1 个为甲类异常,5 个为乙类异常,按其成因分类均为岩浆型综合异常。对应地层主要有石炭系哈拉图庙组、泥盆系泥鳅河组;侵入岩比较发育,主要为石炭纪和泥盆纪超基性岩体。

(四)达布逊式侵入岩体型镍矿达布逊预测工作区

区域上分布有 Ni、Cr、Fe_2O_3、Co、Mn、V、Ti 等元素组成的高背景区带,在高背景区带中有以 Ni、Cr、Fe_2O_3、Co、Mn、V 为主的多元素局部异常。预测区内共有 1 个 Ni 异常,2 个 Cr 异常,10 个 Co 异常,8 个 Fe_2O_3 异常,9 个 Mn 异常,6 个 Ti 异常,11 个 V 异常。

预测区内 Ni、Cr 多呈背景、高背景分布,仅在预测区南部存在局部低背景区;高背景带中具有明显的浓度分带和浓集中心,在达布逊地区,Ni、Cr 浓集中心明显,异常强度高。Fe_2O_3、Co 在预测区多呈背景分布,浓度分带不明显。Mn 在预测区中部和北部呈背景分布,在南部呈背景、低背景分布,在西部呈背景、高背景分布,具有明显的浓度分带和浓集中心,浓集中心呈近东西向带状分布。Ti、V 在预测区北部和中部呈背景、高背景分布,具有明显的浓度分带,但浓集中心不明显,在预测区南部多呈背景、低背景分布。

预测区内组合异常元素主要有 Ni、Cr、Fe_2O_3、Co、Mn、V、Ti,Ni、Cr 元素异常范围较大,强度较高,为三级浓度分带,具有明显的浓集中心,浓集中心位置吻合较好,Fe_2O_3、Co 异常强度中等,为二级浓度分带。Mn 元素异常强度较高,为三级浓度分带,但异常范围较小。根据异常元素空间分布特征,并结合其所处地质特征,区内共圈定了 4 个综合异常,编号为 Z-1~Z-4。其中 1 个为甲类异常,3 个为乙类异常。按成因分类均为岩浆型综合异常。综合异常范围较大,形态为不规则状,大致呈北东向展布。

（五）小南山式侵入岩体型镍矿乌拉特后旗预测工作区

区域上分布有 Ni、Cr、Fe_2O_3、Co、V、Ti 等元素组成的高背景区带,在高背景区带中有以 Ni、Cr、Fe_2O_3、Co、V、Ti 为主的多元素局部异常。预测区内共有 7 个 Ni 异常,7 个 Cr 异常,7 个 Co 异常,9 个 Fe_2O_3 异常,2 个 Mn 异常,3 个 Ti 异常,5 个 V 异常。

预测区内,在浩依尔呼都格—乌兰敖包地区,Ni 呈低背景分布,其他地区呈背景、高背景分布,在舒布图音阿木—乌根高勒苏木地区存在明显的 Ni 局部异常,具有明显的浓度分带;在哈沙图—巴尔章音阿木—乌根高勒苏木地区存在 Cr、Fe_2O_3、Co、V、Ti 的背景、高背景区,Cr 具有明显的浓集中心,规模较大的浓集中心主要分布于舒布图音阿木—乌根高勒苏木地区,浓集中心明显,异常强度较高,呈北东向带状分布;在乌苏台—哈沙图地区存在 Fe_2O_3、V 的局部异常,浓集中心明显,强度较高,范围较大;Mn 在预测区多呈背景、低背景分布。

预测区上组合异常元素主要有 Ni、Co、Cr、Fe_2O_3,元素异常多呈北东向展布,各元素异常套合较好。根据组合异常元素空间分布特征,结合所处地质条件,区内共圈定了 4 个综合异常,编号为 Z-1~Z-4,Z-2 为甲类异常,其余均为乙类异常。其中 Z-1 和 Z-4 中 Ni 元素异常范围较大,异常呈北东向展布,其主要的共伴生元素异常与 Ni 元素异常套合较好。

（六）小南山式侵入岩体型镍矿小南山预测工作区

区域上分布有 Ni、Cr、Fe_2O_3、Co、Mn、V、Ti 等元素组成的高背景区带,在高背景区带中有以 Fe_2O_3、Co、Ni、Mn、Ti、V 为主的多元素局部异常。预测区内共有 4 个 Ni 异常,7 个 Cr 异常,2 个 Co 异常,3 个 Fe_2O_3 异常,3 个 Mn 异常,1 个 Ti 异常,3 个 V 异常。

预测区内 Ni 多呈背景、高背景分布,具有明显的浓度分带,但浓集中心不明显;Cr 多呈背景、高背景分布,在预测区西部存在局部低背景区,在吉生太乡存在明显的局部异常,具有明显的浓度分带和浓集中心;Co 多呈背景、高背景分布,在老生沟地区存在规模较小的局部异常;Fe_2O_3、Mn、Ti、V 多呈背景分布,在大井坡乡、老圈滩村地区存在 Fe_2O_3、Mn、Ti、V 的局部低背景区,在老生沟以西存在 Fe_2O_3、Ti、V 的局部高背景区,具有明显的浓度分带和浓集中心;在上达尔木盖地区 Fe_2O_3、Mn 呈高背景分布,具有明显的浓度分带和浓集中心。

预测区内,根据元素空间分布特征,共圈定了 3 个综合异常,编号为 Z-1~Z-3,Z-1 和 Z-3 中异常元素组合为 Ni、Cr、Fe_2O_3、Mn、Co、Ti、V;Z-2 中异常元素主要有 Ni 和 Cr。Z-3 为甲类异常,Z-1 为乙类异常,Z-2 为丙类异常。

（七）白音胡硕式侵入岩体型镍矿哈登胡硕预测工作区

区域上分布有 Ni、Cr、Fe_2O_3、Co、Mn、Ti、V 等元素组成的高背景区带,在高背景区带中有以 Ni、Cr、Fe_2O_3、Co、Mn、Ti、V 为主的多元素局部异常。预测区内共有 16 个 Ni 异常,20 个 Cr 异常,12 个 Co 异常,18 个 Fe_2O_3 异常,8 个 Mn 异常,26 个 Ti 异常,25 个 V 异常。

预测区内 Ni 多呈背景、高背景分布,存在局部低背景区,在呼和额日格图—劳吉哈登陶布格、额尔敦宝拉格嘎查—贵勒斯太地区存在明显的 Ni 高背景区,高背景区分布有局部异常,异常具有明显的浓度分带和浓集中心,形态为不规则状,多呈北东向分布。Ni 的浓集中心主要分布于巴棋宝拉格嘎查、呼和额日格图、巴彦胡博嘎查地区;Co 多呈背景分布,在呼和额日格图和宝日格斯台苏木地区存在明显的局部异常;Cr、Ti 多呈背景、高背景分布,具有明显的浓度分带和浓集中心,浓集中心呈串珠状分布;Fe_2O_3、Mn、V 在萨如拉图雅嘎查—劳吉哈登陶布格和北东部呈背景、高背景分布,在其他地区呈背景、低背景分布,在高背景区存在局部异常,具有明显的浓度分带和浓集中心。

预测区内组合异常元素有 Ni、Cr、Fe_2O_3、Co、Mn、Ti、V,Ni 元素异常呈不规则面状分布,异常强度较高,为三级浓度分带,异常大致呈近东西向和北东向展布。Cr、Fe_2O_3、Co、Ti、V 元素异常强度较高,均为三级浓度分带,异常形态与 Ni 元素异常相似,套合较好。Mn 元素异常范围较小,强度一般,为二级浓度分带,空间分布与 Ni 元素异常吻合不好。根据异常元素空间组合关系,预测区内共圈定了 7 个综合异常,编号为 Z-1~Z-7,其中 5 个为乙类异常,2 个为丙类异常。

(八)亚干式侵入岩体型镍矿亚干预测工作区

区域上分布有 Ni、Cr、Fe_2O_3、Co、Mn 等元素组成的高背景区带,在高背景区带中有以 Ni、Cr、Fe_2O_3、Co、Mn 为主的多元素局部异常。预测区内共有 4 个 Ni 异常,1 个 Cr 异常,3 个 Co 异常,5 个 Fe_2O_3 异常,3 个 Mn 异常。

预测区西部和中部,Ni 呈背景、高背景分布,在亚干地区存在明显的局部异常,具有明显的浓度分带和浓集中心;预测区西部和中部存在 Cr、Fe_2O_3、Co、Mn 的背景、高背景区,其余地区多呈背景、低背景分布;在亚干地区存在 Cr 的局部异常,浓集中心明显,异常强度高;预测区南部存在 Mn 的局部异常,浓集中心明显,异常强度较高;V、Ti 在预测区呈背景分布。

预测区内组合异常元素主要有 Ni、Co、Cr、Fe_2O_3、Mn。根据元素组合空间分布特征,全区共圈定了两个综合异常,编号为 Z-1 和 Z-2。Z-1 的异常元素有 Ni、Cr、Co、Fe_2O_3、Mn,其中 Ni、Cr 元素异常形态相似,强度较高,套合较好;Co 元素异常形态与 Ni 元素相似,但其强度一般,与 Ni 元素异常套合较好;Fe_2O_3、Mn 异常范围较小,且强度较低。Z-2 中异常元素主要有 Ni、Co、Fe_2O_3、Mn,各元素异常套合较好。

十一、锰矿

在结合地质成果、部分勘探成果及锰地球化学单元素异常、综合异常进行综合研究的基础上,依据全区主要锰矿床分布及矿床成因类型,成矿规律组共选取了 5 个预测工作区,划分为 5 个预测类型和 3 个预测方法类型,如表 5-43 所示,以预测区各类地球化学系列图(地球化学图、地球化学单元素异常图、地球化学组合异常图)为基础,研究了锰等主要成矿元素和共伴生元素地球化学场的分布、单一及异常组合集中区组合异常特征与几何形态(异常形态),为成矿规律组划分的锰矿预测工作区的预测类型及范围提供了有力依据。

表 5-43 内蒙古自治区锰单矿种预测类型及预测方法类型划分一览表

预测方法类型	矿产预测类型	预测工作区名称
复合内生型	额仁陶勒盖式	额仁陶勒盖式复合内生型银锰矿新巴尔虎右旗预测工作区
	李清地式	李清地式复合内生型银锰多金属矿李清地预测工作区
火山岩型	西里庙式	西里庙式火山岩型锰矿西里庙预测工作区
变质型	东加干式	东加干式变质型锰矿东加干预测工作区
	乔二沟式	乔二沟式变质型锰矿乔二沟预测工作区

(一)额仁陶勒盖式复合内生型银锰矿新巴尔虎右旗预测工作区

区域上分布有 Mn、Cr、Fe_2O_3、Co、Ni、Ti、V、Ag、Pb、Zn 等元素组成的高背景区带,在高背景区带中有以 Mn、Cr、Fe_2O_3、Co、Ni、Ag、Pb、Zn 为主的多元素局部异常。预测区内共有 66 个 Mn 异常,47 个 Cr 异常,49 个 Co 异常,52 个 Fe_2O_3 异常,48 个 Ni 异常,42 个 Ti 异常,55 个 V 异常,57 个 Ag 异常,57 个 Pb 异常,66 个 Zn 异常。

预测区内,Mn、Fe_2O_3 在额仁陶勒盖以西和傲包乌拉以北地区呈背景、低背景分布,其余地区多呈背景、高背景分布;高背景区具有明显的浓度分带和浓集中心,Mn 浓集中心在预测区零星分布,Fe_2O_3 规模较大的浓集中心主要分布在额仁陶勒盖南东地区,呈北东向带状分布。预测区内 Ag 呈高背景分布,全预测区范围内 Ag 异常强度均较高,高背景带上分布有规模较大的 Ag 异常,分布于哈力敏塔林呼都格西北部、乌讷格图、达巴、甲乌拉、额仁陶勒盖及乌力吉图嘎查,均具有明显的浓度分带和浓集中心。预测区中部存在一条明显的 Ag、Pb、Zn 低背景带,以该低背景带为界,北部在 Pb、Zn 的高背景带上存在多处 Pb、Zn 局部异常,在乌讷格图、达巴、达钦呼都格、赛罕勒达格、甲乌拉、和热木及距哈力敏塔林呼都格以西 10km 处,那日图嘎查以东 5km 处均存在异常强度较高的 Pb 异常,从甲乌拉到和热木的串珠状 Pb 异常形成一条近东西向的 Pb 异常带;在甲乌拉、满洲里铜矿北及预测区最北端 Zn 异常具有明显的浓度分带和浓集中心,空间上呈近南北向和北北东向分布。在预测区南部 Pb、Zn 多呈高背景分布,在 Ag、Pb、Zn 的高背景带上存在一条自巴彦诺尔嘎查到都鲁吐的北东向 Zn 异常带。Cr 在预测区南西部呈背景、低背景分布,其余地区多呈背景、高背景分布,具有明显的浓度分带和浓集中心,规模较大的浓集中心分布于哈力敏塔林呼都格以北地区。Co、Ni 在预测区多呈背景、高背景分布,局部呈低背景分布,高背景带中具有明显的浓度分带和浓集中心。Ti、V 在额仁陶勒盖以西地区呈背景、低背景分布,其余地区多呈背景、高背景分布,具有明显的浓度分带和浓集中心,高背景区具有北东向分布的特点。

预测区内组合异常元素主要有 Mn、Ag、Pb、Zn、As、Sb,并伴有 Fe_2O_3、Co、Ni,其中 Mn 元素异常强度较高,具有明显的浓度分带。异常形态为不规则状。其主要的共伴生元素为 Ag、Pb、Zn、As、Sb,各元素异常强度较高,均为三级浓度分带,异常范围较大,形态为不规则状。Fe_2O_3、Co、Ni 异常强度中等,为二级浓度分带。规模较大的 Mn 异常上,Mn、Fe_2O_3、Co、Ni、Ag、Zn、As、Sb 等主要成矿元素及共伴生元素具有明显的浓度分带和浓集中心,并在空间上相互重叠或套合。根据组合异常元素空间分布特征,区内共圈定了 29 个综合异常,其中甲类异常 2 个,乙类异常 21 个,丙类异常 6 个。

(二)乔二沟式变质型锰矿乔二沟预测工作区

区域上分布有 Mn、Cr、Fe_2O_3、Co、Ni、V、Ti 等元素组成的高背景区带,在高背景区带中有以 Mn、Cr、Fe_2O_3、Co、Ni、V、Ti 为主的多元素局部异常。预测区内共有 17 个 Mn 异常,18 个 Cr 异常,13 个 Co 异常,15 个 Fe_2O_3 异常,17 个 Ni 异常,20 个 Ti 异常,17 个 V 异常。

预测区内 Mn 呈背景、高背景分布,在脑自更、西斗铺镇和前康图沟地区存在局部异常,具有明显的浓度分带和浓集中心。Cr 在预测区多呈背景、高背景分布,存在多处局部异常,存在明显的浓集中心。Co、Fe_2O_3、V 在预测区呈背景、高背景分布,存在多处局部异常,异常主要分布在预测区中部和南部。规模较大的 Co、Fe_2O_3、V 局部异常分布在脑自更地区,浓集中心明显,异常强度高,范围较大。Ni 在预测区呈背景、高背景分布,高背景主要分布在预测区中西部地区,具有明显的浓度分带,但浓集中心不明显。Ti 高背景区主要分布在预测区中南部,具有明显的浓度分带,但浓集中心不明显。

预测区内组合异常元素有 Mn、Cr、Fe_2O_3、Co、Ni,并伴有 Ag、Pb、Zn,Mn、Cr、Fe_2O_3、Co、Ni 元素异常范围较大,且异常套合较好;Ag、Pb、Zn 异常范围较小。根据组合异常元素空间分布特征及元素间相互套合情况,区内共圈定了 8 个综合异常。综合异常编号为 Z-1～Z-8,其中 1 个为甲类异常,其余均为乙类异常。综合异常元素主要有 Mn、Cr、Fe_2O_3、Co、Ni,综合异常范围较大,多为不规则状。

(三)李清地式复合内生型银锰多金属矿李清地预测工作区

区域上分布有 Mn、Cr、Fe_2O_3、Co、Ni、V、Ti、Ag、Pb、Zn 等元素组成的高背景区带,在高背景区带中有以 Mn、Cr、Fe_2O_3、Co、Ni、V、Ag、Pb、Zn 为主的多元素局部异常。预测区内共有 20 个 Mn 异常，12 个 Cr 异常，11 个 Co 异常，15 个 Fe_2O_3 异常，11 个 Ni 异常，11 个 Ti 异常，14 个 V 异常，38 个 Ag 异常，41 个 Pb 异常，38 个 Zn 异常。

预测区内 Mn、Cr、Fe_2O_3、Co、Ni、V、Ti 多呈背景、高背景分布，在预测区西部 Cr、Fe_2O_3、Co、Ni、V、Ti 呈大规模的高背景分布，具有明显的浓度分带和浓集中心，浓集中心强度高，异常呈近南北向展布。在张白虎窑以北地区存在 Cr、Fe_2O_3、Co、Ni、V、Ti 大规模的局部异常，具有明显的浓度分带和浓集中心，异常呈南北向展布。Mn 在预测区西部和张白虎窑以北地区，呈背景、高背景分布，具有明显的浓度分带，但规模较大的浓集中心不明显。预测区西部 Ag 呈高背景分布，高背景带上存在规模较大的局部异常，具有明显的浓度分带和浓集中心，南部白乃庙、丰乐窑村及其东部均存在强度极高的 Ag 异常，呈面状分布。Pb 在预测区多呈背景、低背景分布，在预测区西部存在局部异常。Zn 在预测区多呈高背景分布，在预测区西部存在明显的浓度分带和浓集中心，在九花岭村以北，存在明显的浓集中心，浓集中心呈南北向条带状分布。

预测区内分布的组合异常元素主要有 Mn、Ag、Pb、Zn，Mn 元素异常主要对应于新近系汉诺坝组。Ag、Pb 元素异常主要分布在预测区西部，对应新近系汉诺坝组。根据组合异常元素空间分布特征，区内共圈定了 6 个综合异常，均为乙类异常。

（四）西里庙式火山岩型锰矿西里庙预测工作区

区域上分布有 Mn、Cr、Fe_2O_3、Co、Ni、V、Ti 等元素组成的高背景区带，在高背景区带中有以 Mn、Cr、Fe_2O_3、Co、Ni、Ti、V 为主的多元素局部异常。预测区内共有 9 个 Mn 异常，5 个 Cr 异常，4 个 Co 异常，4 个 Fe_2O_3 异常，5 个 Ni 异常，1 个 Ti 异常，6 个 V 异常。

预测区内 Mn 在西里庙（额尔登朝克图嘎查）地区、敖仑敖包和预测区南东部地区呈背景、高背景分布；在预测区南东部存在明显的局部异常，具有明显的浓度分带和浓集中心，浓集中心强度较高。Co 和 Cr 在预测区多呈背景、低背景分布，在预测区南东部存在局部异常，具有明显的浓度分带和浓集中心。Fe_2O_3、Ni、V、Ti 在预测区多呈背景分布，在预测区南东部存在 Fe_2O_3、Ni、V 局部异常，具有明显的浓度分带和浓集中心。

预测区内组合异常元素主要有 Mn、Ag、Pb、Zn、As、Sb，Mn、Ag、Pb、Zn 各元素在预测区内分布面积均较小，As、Sb 元素异常范围较大。各元素异常强度较高，均为三级浓度分带。Mn 元素异常呈星散状分布。根据组合异常空间分布特征，区内共圈定了两个综合异常，一个为甲类异常，一个为乙类异常。综合异常元素主要为 Mn、Ag、Pb、Zn、As、Sb。

（五）东加干式变质型锰矿东加干预测工作区

区域上分布有 Mn、Cr、Fe_2O_3、Co、Ni、V、Ti 等元素组成的高背景区带，在高背景区带中有以 Mn、Cr、Fe_2O_3、Co、Ni、V 为主的多元素局部异常。预测区内共有 12 个 Mn 异常，6 个 Cr 异常，18 个 Co 异常，13 个 Fe_2O_3 异常，5 个 Ni 异常，12 个 Ti 异常，14 个 V 异常。

预测区北部 Mn 呈背景、高背景分布，明显的局部异常主要分布在哈达呼舒及其以西地区，浓度分带明显，异常呈东西向展布。在图古日格嘎查及其以南地区、预测区西南地区存在 Cr、Fe_2O_3、Co、Ni、Mn、V、Ti 的背景、低背景区。Cr、Ni 在预测区中部和东部多呈高背景分布，具有明显的浓度分带和浓集中心，规模较大的浓集中心主要分布在巴音查干和哈达呼舒以西地区。Cr、Co、V、Ti 在预测区中部和东部多呈背景分布，浓度分带和浓集中心不明显。

预测区内组合异常元素主要有 Mn、Fe_2O_3、Co、Ni、V、Ti，其中 Mn、Fe_2O_3、Co、Ni 为主成矿元素及主要的共伴生元素，异常呈近东西向或北东向展布。其中 Mn、Ni 元素异常强度较高，为三级浓度分带；Fe_2O_3、Co 为二级浓度分带。Mn、Fe_2O_3、Co、Ni 元素异常套合较好。根据组合异常空间分布特征，区内共圈定了 4 个综合异常，均为乙类异常。

十二、铬矿

在结合地质成果、部分勘探成果及铬地球化学单元素异常、综合异常进行综合研究的基础上,依据全区主要铬矿床分布及矿床成因类型,成矿规律组共选取了6个预测工作区,划分为4个预测类型和1个预测方法类型,如表5-44所示,以预测区各类地球化学系列图(地球化学图、地球化学单元素异常图、地球化学组合异常图)为基础,研究了铬等主要成矿元素和共伴生元素地球化学场的分布、单一及异常组合集中区组合异常特征与几何形态(异常形态),为成矿规律组划分的铬矿预测工作区的预测类型及范围提供了有力依据。

表5-44 内蒙古自治区铬单矿种预测类型及预测方法类型划分一览表

预测方法类型	矿产预测类型	预测工作区名称
侵入岩体型	呼和哈达式	呼和哈达式侵入岩体型铬铁矿乌兰浩特预测工作区
	柯单山式	柯单山式侵入岩体型铬铁矿柯单山预测工作区
	赫格敖拉式	赫格敖拉式侵入岩体型铬铁矿二连浩特北部预测工作区
		赫格敖拉式侵入岩体型铬铁矿浩雅尔洪克尔预测工作区
		赫格敖拉式侵入岩体型铬铁矿哈登胡硕预测工作区
	索伦山式	索伦山式侵入岩体型铬铁矿索伦山预测工作区

(一)呼和哈达式侵入岩体型铬铁矿乌兰浩特预测工作区

区域上分布有Cr、Fe_2O_3、Co、Ni、Mn、V等元素组成的高背景区带,在高背景区带中有以Cr、Fe_2O_3、Co、Ni、Mn为主的多元素局部异常。预测区内共有18个Cr异常,34个Co异常,27个Fe_2O_3异常,46个Mn异常,28个Ni异常,26个Ti异常,31个V异常。

在预测区北部和呼和哈达—五道沟地区Cr多呈背景、高背景分布,其他地区均呈低背景分布。在呼和哈达和大石寨地区有两处异常区,异常强度较高,具有明显的浓度分带和浓集中心。在预测区内Co、Ni多呈背景、高背景分布,具有明显的浓度分带和浓集中心,浓集中心主要分布于预测区北东部和索伦镇—五道沟地区。在预测区中部Fe_2O_3和V多呈低背景分布,其余地区多呈背景、高背景分布,在索伦镇—五道沟地区存在规模较大的Cr的局部异常,异常呈北西向分布。Mn在预测区多呈高背景分布,具有明显的浓度分带和浓集中心,在索伦镇—五道沟地区浓集中心呈北西向分布,浓集中心范围较大,异常强度高;在归流河镇—巴达尔胡镇地区,浓集中心呈北东向串珠状分布,浓集中心明显,异常强度高。预测区内Ti多呈背景分布。

预测区内组合异常元素主要有Cr、Fe_2O_3、Co、Ni、Mn、Ti、V,各元素空间分布套合较好。根据组合异常元素空间分布特征,区内共圈定了4个综合异常,编号为Z-1~Z-4。其中Z-3为甲类异常,其余均为乙类异常。Z-3中Cr元素异常范围较大,异常强度较高,为三级浓度分带;其主要的共伴生元素Fe_2O_3、Co、Ni、Mn异常形态多为不规则状,异常强度较高,均为三级浓度分带,各元素异常套合较好。综合异常形态多为椭球状,大致呈北东向展布,异常分布主要与二叠纪超基性岩体有关。

(二)索伦山式侵入岩体型铬铁矿索伦山预测工作区

区域上分布有Cr、Fe_2O_3、Co、Ni、Mn、V、Ti等元素组成的高背景区带,在高背景区带中有以Cr、Fe_2O_3、Co、Ni、Mn、V为主的多元素局部异常。预测区内共有12个Cr异常,13个Co异常,15个

Fe_2O_3 异常,18 个 Mn 异常,12 个 Ni 异常,14 个 Ti 异常,18 个 V 异常。

预测区内 Cr、Ni 呈大面积的高背景分布,高背景区呈东西向展布,具有明显的浓度分带和浓集中心,在索伦山地区,浓集中心范围较大,呈面状分布,异常强度高,Cr、Ni 异常套合好。Co、Fe_2O_3 在预测区南西存在小范围的低背景区,其余多呈背景、高背景分布,在索伦山和好伊尔呼都格地区存在明显的 Co 局部异常,浓集中心明显,异常强度高;在好伊尔呼都格、胡吉尔特地区存在大规模的 Fe_2O_3 局部异常,具有明显的浓度分带和浓集中心。V 在预测区多呈背景、高背景分布,在好伊尔呼都格地区,存在规模较大的局部异常,浓集中心明显,强度高。Mn 在预测区多呈背景分布,局部异常主要分布于好伊尔呼都格和哈达呼舒地区。Ti 在索伦山地区呈低背景分布,在好伊尔呼都格地区,呈高背景分布,其余大部呈背景分布。

在规模较大的 Cr 局部异常上,存在 Ni、Fe_2O_3、Co、Mn 等元素组合异常。其中 Cr、Ni 元素异常范围较大,强度较高,具有明显的浓度分带和浓集中心;异常形态相似,异常吻合较好。根据组合异常元素空间分布特征,区内共圈定了 6 个综合异常,编号为 Z-1~Z-6。其中 Z-3 至 Z-5 为甲类异常,其余均为乙类异常。综合异常主要与该区二叠纪超基性岩体有关,呈近东西向展布。

(三)柯单山式侵入岩体型铬铁矿柯单山预测工作区

区域上分布有 Cr、Fe_2O_3、Co、Ni、Mn、V、Ti 等元素组成的高背景区带,在高背景区带中有以 Cr、Fe_2O_3、Co、Ni、V 为主的多元素局部异常。预测区内共有 10 个 Cr 异常,13 个 Co 异常,15 个 Fe_2O_3 异常,5 个 Mn 异常,13 个 Ni 异常,9 个 Ti 异常,10 个 V 异常。

预测区内,在柯单山、马架子营子、柳林乡地区存在 3 处规模较大的 Cr、Co、Ni 局部异常,异常呈北北东向带状分布,具有明显的浓度分带和浓集中心,浓集中心范围较大,异常强度高,Cr、Co、Ni 异常套合较好。Fe_2O_3、Ti、V 多呈背景、高背景分布,在高背景区存在局部异常,异常面积不大,浓度分带和浓集中心特征明显,异常多呈北北东向带状分布;Fe_2O_3 在柯单山、步登山和永兴村存在多处局部异常,异常浓度分带和浓集中心特征明显,异常强度高。Mn 在预测区多呈背景分布,仅在东沟脑和步登山以北存在两处局部异常。

预测区内组合异常元素主要有 Cr、Fe_2O_3、Co、Ni、V、Ti,异常形态均呈不规则状,异常强度较高,均为三级浓度分带,各元素异常套合较好。根据元素组合特征,区内共圈定了 6 个综合异常,2 个为甲类异常,3 个为乙类异常,1 个为丙类异常。综合异常多呈不规则状分布,大致呈北东向展布。

(四)赫格敖拉式侵入岩体型铬铁矿浩雅尔洪克尔预测工作区

区域上分布有 Cr、Fe_2O_3、Co、Ni、Mn、V、Ti 等元素组成的高背景区带,在高背景区带中有以 Cr、Fe_2O_3、Co、Ni、Mn、V 为主的多元素局部异常。预测区内共有 48 个 Cr 异常,34 个 Co 异常,36 个 Fe_2O_3 异常,37 个 Mn 异常,29 个 Ni 异常,23 个 Ti 异常,28 个 V 异常。

预测区内存在一条宽约 30km 的 Cr、Ni、Co 高背景区,呈北东向带状分布,分布于马辛呼都格—巴彦图门嘎查一带;高背景区中分布有规模较大的 Cr、Ni、Co 局部异常,存在明显的浓度分带和浓集中心;浓集中心范围较大,异常强度高,多呈面状分布;Cr、Ni、Co 异常套合较好。在马辛呼都格—浩雅尔洪克尔地区存在一条 Fe_2O_3、Mn 的高背景区,具有明显的浓度分带和浓集中心;在马辛呼都格地区存在规模较大的 Fe_2O_3 局部异常,浓集中心明显,范围较大,呈面状分布;巴彦塔拉嘎查和浩雅尔洪克尔地区存在多处 Mn 的局部异常,浓集中心明显,异常强度高。V 在马辛呼都格—巴彦图门嘎查一带呈背景、高背景分布,马辛呼都格—哈昭乌苏乌日特存在规模较大的 V、Ti 局部异常,浓集中心明显,范围较大,呈面状分布。Ti 在预测区南部呈背景、高背景分布,具有明显的浓度分带和浓集中心。

预测区内组合异常元素有 Cr、Fe_2O_3、Co、Ni、Mn、V、Ti,元素异常受该区超基性岩体控制,异常形态相似,大致呈北东向展布;异常强度较高,均为三级浓度分带,具有明显的浓集中心。根据组合异常元素空间分布特征,区内共圈定了 4 个综合异常,1 个为甲类异常,其余为乙类异常。综合异常范围较大,均呈椭球状分布,多呈北东向展布。异常元素主要有 Cr、Fe_2O_3、Co、Ni,各元素异常套合较好。

(五)赫格敖拉式侵入岩体型铬铁矿哈登胡硕预测工作区

区域上分布有 Cr、Fe_2O_3、Co、Ni、Mn、V、Ti 等元素组成的高背景区带,在高背景区带中有以 Cr、Fe_2O_3、Co、Ni、Mn、V 为主的多元素局部异常。预测区内共有 20 个 Cr 异常,12 个 Co 异常,18 个 Fe_2O_3 异常,8 个 Mn 异常,16 个 Ni 异常,26 个 Ti 异常,25 个 V 异常。

预测区 Cr 呈背景、高背景分布,存在明显的浓度分带,规模较大的局部异常主要分布于巴彦胡舒—巴棋宝拉格嘎查、巴彦胡博嘎查、窝棚特和萨如拉宝拉格嘎查以北地区。Ni、Ti 在预测区多呈背景、高背景分布,局部呈背景、低背景分布,高背景区具有明显的浓度分带和浓集中心。萨如拉图雅嘎查—劳吉哈登陶布格地区及预测区南东部分布有 Co、Fe_2O_3、Mn、V 背景、高背景区,在梅劳特乌拉地区和宝日格斯台苏木存在 Co、Fe_2O_3、V 的局部异常,具有明显的浓度分带和浓集中心。

预测区内组合异常元素主要有 Cr、Fe_2O_3、Co、Ni、V、Ti,各元素异常强度较高,异常均为三级浓度分带,具有明显的浓度分带和浓集中心。其中 Cr、Ni 异常形态相似,异常套合较好。根据组合异常元素空间分布特征,区内共圈定了 5 个综合异常,编号为 Z-1~Z-5。其中 2 个为甲类异常,1 个为乙类异常,2 个为丙类异常。Z-2 和 Z-4 中泥盆纪超基性分布广泛,出露面积较大。且 Cr 元素异常范围较大,强度较高,均为三级浓度分带,其共伴生元素异常套合较好。

(六)赫格敖拉式侵入岩型铬铁矿二连浩特北部预测工作区

区域上分布有 Cr、Fe_2O_3、Co、Ni、Mn、V、Ti 等元素组成的高背景区带,在高背景区带中有以 Cr、Fe_2O_3、Co、Ni、Mn、Ti、V 为主的多元素局部异常。预测区内共有 8 个 Cr 异常,10 个 Co 异常,12 个 Fe_2O_3 异常,13 个 Mn 异常,11 个 Ni 异常,10 个 Ti 异常,16 个 V 异常。

预测区中北部 Cr、Ni 呈背景、高背景分布,巴润德尔斯乃布其—阿拉坦格尔地区存在多处局部异常,异常呈近东西向分布,异常范围较大,具有明显的浓度分带和浓集中心;在沙达嘎庙、阿拉坦格尔地区存在多处浓集中心,浓集中心明显,异常强度高。在预测区中北部存在 Co、Fe_2O_3、Mn 的背景、高背景区,具有明显的浓度分带,浓集中心少且分散。V 在预测区多呈背景、高背景分布,局部异常区多分布在预测区中北部,具有明显的浓度分带,但无明显的浓集中心;Ti 在预测区多呈背景分布。

预测区内组合异常元素主要有 Cr、Fe_2O_3、Co、Ni、Mn、V、Ti,其中 Cr、Ni 元素异常范围较大,强度较高,均为三级浓度分带。Cr、Ni 元素异常形态相似,均为不规则状,异常套合较好。根据组合异常元素空间分布特征,区内共圈定了 3 个综合异常,2 个为甲类异常,1 个为乙类异常。

第六章　地球化学找矿预测区圈定与综合评价

第一节　找矿预测区圈定

一、找矿预测区的划分依据

在全区各矿种组合异常、综合异常研究的基础上，结合典型矿床地质-地球化学找矿模型研究成果，参考成矿规律组划分的预测工作区范围，在自治区Ⅲ级成矿区带内，化探课题组选取成矿地质背景有利且元素组合、成因类型一致的甲类、乙类综合异常集中区域，划分出各矿种找矿预测区共207个。根据找矿预测区内综合异常的主要成因类型，并参考已知矿床(点)的主要成因，将圈定出的找矿预测区分矿种按照成因进行分类。

二、找矿预测区的分级原则

按照全国项目办化探汇总组的要求，将找矿预测区分为A、B、C三级。划分的主要依据为预测区内同类成因综合异常的数量、级别和找矿意义。

(1)找矿预测区内存在多个甲类、乙类异常。通过对区内或附近矿床(田)建立的地质-地球化学找矿模型进行比较分析，推测有希望找到(或新增储量)达大型以上规模的矿床或矿田；异常显示预测区具有找到新矿种(接替资源)的巨大潜力，异常查证证实有希望找到中型以上规模的矿床。这种预测区定为A级。

(2)预测区内有多个乙类异常存在。先在本预测区内寻找已建立的找矿模型与其进行对比，对于没有建立典型矿床找矿模型的预测区，则扩大范围与所处成矿区带本预测区周围的或所处成矿区带以外建立的找矿模型进行比较分析，推断有希望找到中型或大型以上规模的矿床。这种预测区定为B级。

(3)预测区内多个乙类、丙类异常存在，已知地质条件有利或一般，未进行异常查证或查证后未获得重要突破，但推测有希望找到工业矿体或小型以上规模的矿床；有多个甲类、乙类异常存在，但工作或工程控制程度已经很高(包括深部控制)，深部、边部找矿具有一定潜力，但达到重大找矿突破的可能性较小。这种预测区定为C级。

第二节　找矿预测区综合研究与评价

在圈定找矿预测区过程中，课题组对全区地质背景特征和各矿种地球化学综合异常已经进行了较为系统的分析。本次工作从地质、化探专业的角度，对各个找矿预测区内成矿地质环境、地球化学特征进行了认真总结，并对其找矿潜力进行了综合评价。

一、铜矿

本次共圈定铜矿地球化学找矿预测区 26 个,包含 6 种成因类型,其中热液型 13 个,斑岩型 3 个,岩浆型 2 个,沉积型 2 个,矽卡岩型 3 个,成因不明型 3 个(表 6-1,图 6-1)。其中 A 级预测区 4 个,B 级预测区 13 个,C 级预测区 9 个。

表 6-1 内蒙古自治区铜矿地球化学找矿预测区圈定结果一览表

找矿预测区编号	找矿预测区名称	成因类型	级别
15-Y-B-1	甜水井-乌兰苏亥热液型铜矿找矿预测区	热液型	B
15-Y-B-2	三道明水-月牙山热液型铜矿找矿预测区	热液型	B
15-Y-C-3	梧桐沟热液型铜矿找矿预测区	热液型	C
15-Y-A-4	伊坑乌苏-珠斯楞热液型铜矿找矿预测区	热液型	A
15-Y-C-5	亚干岩浆型铜镍钴矿找矿预测区	岩浆型	C
15-Y-C-6	哈日博日格-下陶米热液型铜矿找矿预测区	热液型	C
15-Y-C-7	阿德日根别立矽卡岩型铜矿找矿预测区	矽卡岩型	C
15-Y-C-8	哈能热液型铜矿找矿预测区	热液型	C
15-Y-A-9	苏海呼都格-乌拉特中旗沉积型铜矿找矿预测区	沉积型	A
15-Y-B-10	达尔罕茂明安联合旗矽卡岩型铜矿找矿预测区	矽卡岩型	B
15-Y-B-11	小南山岩浆型铜镍矿找矿预测区	岩浆型	B
15-Y-B-12	乌拉特前旗-四子王旗热液型铜矿找矿预测区	热液型	B
15-Y-A-13	苏尼特左旗-土牧尔台沉积型铜多金属矿找矿预测区	沉积型	A
15-Y-C-14	查干敖包铜矿找矿预测区	成因不明型	C
15-Y-B-15	奥尤特-东乌珠穆沁旗热液型铜矿找矿预测区	热液型	B
15-Y-C-16	锡林浩特-浩雅尔洪克尔热液型铜矿找矿预测区	热液型	C
15-Y-B-17	道伦达坝-翁牛特旗热液型铜矿找矿预测区	热液型	B
15-Y-C-18	车户沟斑岩型铜矿找矿预测区	斑岩型	C
15-Y-C-19	赤峰市热液型铜矿找矿预测区	热液型	C
15-Y-B-20	阿尔善宝拉格-巴彦花镇斑岩型铜矿找矿预测区	斑岩型	B
15-Y-B-21	水泉-突泉县热液型铜矿找矿预测区	热液型	B
15-Y-B-22	新林镇-莲花山热液型铜矿找矿预测区	热液型	B
15-Y-B-23	罕达盖林场矽卡岩型铜多金属矿找矿预测区	矽卡岩型	B
15-Y-A-24	新巴尔虎右旗-八大关牧场斑岩型铜钼矿找矿预测区	斑岩型	A
15-Y-B-25	莫尔道嘎-牙克石铜矿找矿预测区	成因不明型	B
15-Y-B-26	太平林场-满归镇铜矿找矿预测区	成因不明型	B

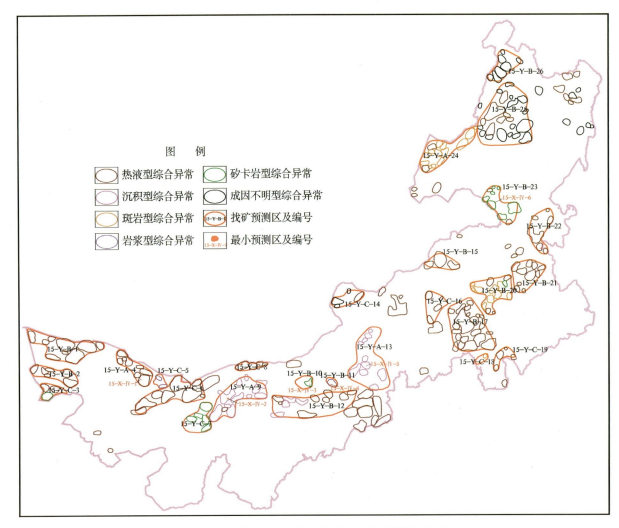

图 6-1 内蒙古自治区铜矿地球化学找矿预测示意图

(一)伊坑乌苏-珠斯楞热液型铜矿找矿预测区(15-Y-A-4)

(1)预测区大地构造处于天山-北山地槽褶皱带东部。中生界侏罗系、白垩系大面积分布,古生界以奥陶系、泥盆系、石炭系为主,面积不大,中新元古代浅变质岩系在东南部小面积出露。北西向、北东向构造发育。华力西期岩浆活动强烈,中酸性、酸性岩体分布广泛。已发现的铜、金多金属矿床(点)多与泥盆系陆相碎屑岩及华力西期中酸性岩体有关。

(2)预测区位于黑鹰山-小狐狸山铁、金、铜、钼、铬成矿亚带和珠斯楞-乌拉尚德铜、金、镍、铅、锌、煤成矿亚带上,对应于北山-阿拉善地球化学分区。区内有以 Cu、Mo、Au、As、Sb、Hg、W、Bi、Zn 为主的多元素局部异常,呈北西向或北东向条带状分布。规模较大的 Cu 局部异常上,Au、As、Sb、Zn 等主要共伴生元素具有较明显的浓度分带和浓集中心,并在空间上相互重叠或套合。

(3)预测区由 15-Z-20 丙、15-Z-21 乙、15-Z-22 乙、15-Z-23 乙、15-Z-25 乙、15-Z-26 乙、15-Z-27 甲、15-Z-28 乙 8 个综合异常组成,异常多分布于地层与花岗闪长岩、花岗岩接触带及北东向、北西向断裂带上,Cu、Au、As、Sb 是其主要成矿元素或伴生元素,元素组合与已建立的热液型铜矿找矿模型相近。区内已知的铜、铅锌、金等多金属矿床(点)较多,已发现的珠斯楞热液型铜矿床就分布其中。

综上可见,该预测区地质成矿条件极为有利,成矿规律组在该区还划分了一个预测工作区。从元素组合及矿化特征来看,推断该预测区有希望找到较大规模的铜矿床,因此将其划分为热液型A类找矿预测区。

本次结合中大比例尺地质、化探资料,在该预测区的15-Z-28乙类综合异常区内圈定了一个最小预测区(详见本章第三节)。该最小预测区的地质环境、地球化学特征都与本预测区内典型矿床的找矿模型极为相似,推断其有良好的找矿前景。

(二)苏海呼都格-乌拉特中旗沉积型铜矿找矿预测区(15-Y-A-9)

(1)预测区大地构造处于狼山-白云鄂博台缘裂(断)陷带和宝音图台隆之上,迭布斯格断裂带、华北陆块北缘断裂带、狼山断裂带贯穿全区。太古宇、元古宇遍布全区,古生界二叠系、中生界侏罗系在中南部出露有一定面积。北东向构造发育。各期次岩浆活动强烈,中性、中酸性、酸性侵入岩发育。已发现的铜、金多金属矿床(点)多与元古宇有关。

(2)预测区成矿区带隶属华北陆块北缘西段金、铁、铌、稀土、铜、铅、锌、银、镍、铂、钨、石墨、白云母成矿带,对应于狼山-色尔腾山地球化学分区。区内异常元素组合为Cu、Pb、Zn、Ag、W、Mo、Sn、Bi、As、Sb,各元素异常多呈近南北向或北东向展布。Cu、Pb、Zn、Ag为区内主要成矿元素,各元素异常规模大,套合好,浓度分带明显。

(3)预测区由15-Z-45甲、15-Z-46甲、15-Z-47乙、15-Z-48丙、15-Z-49丙、15-Z-52丙、15-Z-53甲、15-Z-54甲、15-Z-55乙、15-Z-56乙、15-Z-59乙、15-Z-60甲12个综合异常组成,异常明显受地层控制,均与元古宇宝音图岩群、渣尔泰山群有关,且已发现的铜多金属矿床(点)产于元古宇,如霍各乞大型铜多金属矿。该区域是我区沉积型铜多金属矿的重要产地,且该区跨越了成矿规律组划分的3处预测工作区。故推断在该区域具有很好的找矿前景,将本预测区划分为沉积型A类找矿预测区。

本次结合中大比例尺地质、化探资料,在该预测区的15-Z-45甲类综合异常区内圈定了一个最小预测区(详见本章第三节)。该最小预测区的地质环境、地化特征都与本预测区内典型矿床的找矿模型极为相似,推断其有良好的找矿前景。

(三)苏尼特左旗-土牧尔台沉积型铜多金属矿找矿预测区(15-Y-A-13)

(1)预测区大地构造处于内蒙古中部地槽褶皱系中部,近东西向伊林哈别尔尕-西拉木伦断裂带和华北陆块北缘断裂带从预测区的中部和南部穿过。中生界白垩系、侏罗系在预测区内零星出露,古生界奥陶系、志留系只在预测区的西南部小面积出露,石炭系主要分布在预测区的中北部,二叠系则分布较广,中新元古界浅变质岩系广泛分布。北西向、北东向构造发育。华力西期、印支期岩浆活动强烈,中酸性、酸性岩体遍布全区。各已知铜、金、铅锌、银矿床(点)多与中新元古界及中酸性岩体有关。

(2)预测区成矿区带主体位于白乃庙-锡林郭勒铁、铜、钼、铅、锌、锰、铬、金、锗、煤、天然碱、芒硝成矿带上,对应于乌拉山-大青山地球化学分区。区内异常元素组合为Cu、Pb、Zn、Ag、W、Mo、Sn、Au、As、Sb,各元素异常呈近南北向或近东西向展布。Cu、Zn、Ag、Au为区内主要成矿元素,各元素异常规模大,套合好,浓度分带明显。

(3)预测区由15-Z-79乙、15-Z-80丙、15-Z-81甲、15-Z-82甲、15-Z-90乙、15-Z-91乙、15-Z-92乙、15-Z-93甲、15-Z-94乙、15-Z-95乙10个综合异常组成,异常受地层控制明显,多与元古宇蓟县系和青白口系有关。区内已发现的铜矿床(点)多为沉积型,均产于元古宇中,该区域是我区沉积型铜多金属矿的另一重要产地,且成矿规律组在区内中部还划分了一个预测工作区。故推断在该区域具有很好的找矿前景,故将本预测区划分为沉积型A类找矿预测区。

本次结合中大比例尺地质、化探资料,在该预测区的15-Z-93甲类综合异常区内圈定了一个最小预测区(详见本章第三节)。该最小预测区的地质环境、地球化学特征都与沉积型典型矿床的找矿模型极为相似,推断其有良好的找矿前景。

(四)新巴尔虎右旗-八大关牧场斑岩型铜钼矿找矿预测区(15-Y-A-24)

(1)预测区大地构造位于兴安地槽褶皱系,额尔古纳新元古代地槽褶皱带西南部,北东向额尔古纳断裂带和额尔齐斯-得尔布干断裂带贯穿其中。中生界侏罗系酸性—中基性火山熔岩,火山碎屑岩和白垩系大磨拐河组、梅勒图组大面积连片分布;新生界新近系、第四系集中分布在南部;元古宇震旦系额尔古纳河组浅变质岩系,在北部零星出露。北东向、北西向断裂构造发育。华力西期、燕山期岩浆活动较为强烈,中酸性、酸性岩体分布较广。各已知铜矿床(点)多与侏罗系及中酸性、酸性岩体有关。

(2)预测区位于八大关-陈巴尔虎旗铜、钼、铅、锌、银、锰成矿亚带上,对应于莫尔道嘎-根河-鄂伦春地球化学分区。区内有以 Cu、Mo、Pb、Zn、Ag、Au、As、Sb、W、Sn、Bi 为主的多元素局部异常,呈大面积连片或不规则带状分布。规模较大的 Cu 局部异常上,Mo、Pb、Zn、Ag、Au、As、Sb、W 等主要共伴生元素在空间上相互重叠或套合,各异常面积较大,强度高,具明显的浓度分带和浓集中心。

(3)预测区由 15-Z-104 乙、15-Z-105 丙、15-Z-106 乙、15-Z-107 乙、15-Z-108 乙、15-Z-109 甲、15-Z-110 丙、15-Z-111 丙、15-Z-120 丙、15-Z-121 甲、15-Z-122 乙、15-Z-123 丙、15-Z-139 甲、15-Z-140 乙、15-Z-159 甲 15 个综合异常组成,异常多分布于酸性—中基性火山岩、火山碎屑岩内或地层与华力西期、燕山期花岗岩、花岗闪长岩接触带及北东向、北西向断裂带上,Cu、Mo、Pb、Zn、Ag、Au、As、Sb、W 是其主要成矿元素或伴生元素,元素组合与已建立的斑岩型铜钼矿找矿模型相近。区内已知的铜、钼、铅锌、银多金属矿床(点)较多,已发现的乌努格吐山特大型斑岩型铜钼矿床就分布其中。

综上可见,该预测区地质成矿条件极为有利,成矿规律组在预测区东北部还划分了一个预测工作区。从元素组合及矿化特征来看,推断有希望找到大型及以上规模的钼矿床,因此将其划分为斑岩型 A 类找矿预测区。

(五)达尔罕茂明安联合旗矽卡岩型铜矿找矿预测区(15-Y-B-10)

(1)预测区大地构造处于内蒙古中部地槽褶皱系,苏尼特右旗华力西晚期地槽褶皱带中部,华北陆块北缘断裂带贯穿东西。太古宇、元古宇主要分布在预测区的中南部,古生界奥陶系、志留系、泥盆系、二叠系主要分布在预测区北部,中生界侏罗系也在北部出露有一定面积。北西向、北东向构造发育。华力西期、印支期岩浆活动强烈,中酸性、酸性岩体分布广泛。

(2)预测区跨越了白乃庙-锡林郭勒铁、铜、钼、铅、锌、锰、铬、金、锗、煤、天然碱、芒硝成矿带与华北陆块北缘西段金、铁、铌、稀土、铜、铅、锌、银、镍、铂、钨、石墨、白云母成矿带,对应乌拉山-大青山地球化学分区。区内有以 Cu、Pb、Zn、Au、As、Sb、Mo、W、Bi、Sn 为主的多元素局部异常,呈近东西向带状展布。规模较大的 Cu 局部异常上,Au、As、Sb、W、Sn、Pb 等主要共伴生元素异常强度高,浓度分带多达到三级,浓集中心明显,并在空间上相互重叠或套合。

(3)预测区仅由 15-Z-67 甲综合异常组成,异常元素组分多,面积大,强度高,多分布于元古宇与酸性、中酸性岩体接触带及近东西向断裂带上,Cu、Au、As、Sb、W、Sn 是其主要成矿元素或伴生元素,元素组合与已建立的矽卡岩型铜矿找矿模型相近。区内已知的铜、金、铅锌多金属矿床(点)较多,已发现的宫胡洞矽卡岩型铜矿床就分布其中。

综上可见,该预测区地质成矿条件有利,且跨越了成矿规律组划分的两个预测工作区。从元素组合及矿化特征来看,推断有希望找到中型或以上规模的铜矿床,因此将其划分为矽卡岩型 B 类找矿预测区。

本次结合中大比例尺地质、化探资料,在该预测区的 15-Z-67 甲类综合异常区内圈定了一个最小预测区(详见本章第三节)。该最小预测区的地质环境、地球化学特征都与本预测区内典型矿床的找矿模型极为相似,推断其有良好的找矿前景。

(六)小南山岩浆型铜镍矿找矿预测区(15-Y-B-11)

(1)预测区大地构造处于内蒙古中部地槽褶皱系,苏尼特右旗华力西晚期地槽褶皱带中部,华北陆块北缘断裂带贯穿东西。元古宇主要分布在预测区中南部,古生界奥陶系主要分布在预测区中部,中生界白垩系、侏罗系也只出露在预测区南部,其余地段多被新近系、第四系所覆盖。华力西期岩浆活动强烈,基性、中性、酸性岩体分布广泛。

(2)预测区跨越了白乃庙-锡林郭勒铁、铜、钼、铅、锌、锰、铬、金、锗、煤、天然碱、芒硝成矿带与华北陆块北缘西段金、铁、铌、稀土、铜、铅、锌、银、镍、铂、钨、石墨、白云母成矿带,对应乌拉山-大青山地球化学分区。区内有以 Cu、Ni、Co、Mn、Pb、Zn、Ag、Au、As、Sb 为主的多元素局部异常,呈近东西向带状展布。规模较大的 Cu 局部异常上,Ni、Co、Mn、Pb、Zn、Ag、As、Sb 等主要共伴生元素异常强度高,浓度分带多达到三级,浓集中心明显,并在空间上相互重叠或套合。

(3)预测区仅由 15-Z-73 甲综合异常组成,异常面积大,强度高,分布于元古宇白云鄂博群、奥陶系与酸性岩体接触带及近东西向断裂带上,Cu、Ni、Co、Mn、Pb、Zn、Ag、As、Sb 是其主要成矿元素或伴生元素,元素组合与已建立的小南山岩浆型铜矿找矿模型相近。区内已知的铜矿床(点)较多,已发现的小南山岩浆型铜矿床就分布其中。

综上可见,该预测区地质成矿条件有利,且位于成矿规律组划分的预测工作区的东北部。从元素组合及矿化特征来看,推断有希望找到中型或以上规模的铜矿床,因此将其划分为岩浆型 B 类找矿预测区。

本次结合中大比例尺地质、化探资料,在该预测区的 15-Z-73 甲类综合异常区内圈定了一个最小预测区(详见本章第三节)。该最小预测区的地质环境、地球化学特征都与本预测区内典型矿床的找矿模型极为相似,推断其有良好的找矿前景。

(七)罕达盖林场矽卡岩型铜多金属矿找矿预测区(15-Y-B-23)

(1)预测区大地构造位于兴安地槽褶皱系,东乌珠穆沁旗华力西早期地槽褶皱带中部,克拉麦里-二连断裂带从预测区东南部穿过。中生界侏罗系酸性、中酸性、中性火山熔岩、火山碎屑岩大面积连片分布,白垩系有小面积出露;古生界以奥陶系、志留系、泥盆系、二叠系为主,面积较大;新生界新近系玄武岩、安山岩在西南部有较大面积出露,更新统玄武岩在北部局部出露。北东向、北西向断裂构造发育。燕山期、华力西期岩浆活动强烈,酸性、中酸性、中性岩体遍布全区。各已知铜矿床(点)多与中生界侏罗系、古生界及中酸性、酸性岩体有关。

(2)预测区位于东乌珠穆沁旗-嫩江(中强挤压区)铜、钼、铅、锌、金、钨、锡、铬成矿带上,对应二连-东乌珠穆沁旗地球化学分区。区内有以 Cu、Mo、Pb、Zn、Ag、W、Sn、Bi、Au、As、Sb 为主的多元素局部异常,呈北西向、北东向带状或串珠状分布。规模较大的 Cu 局部异常上,W、Mo、Bi、Au、As、Pb、Zn、Ag 等主要共伴生元素异常强度均较高,浓度分带多达到三级,在空间上相互重叠或套合较好,各异常均具明显的浓集中心。

(3)预测区由 15-Z-164 乙、15-Z-165 乙、15-Z-166 乙、15-Z-167 丙、15-Z-168 乙、15-Z-169 乙、15-Z-170 丙、15-Z-195 乙、15-Z-196 乙 9 个综合异常组成,异常规模大,多分布于地层与燕山期、华力西期花岗岩接触带及北东向、北西向小的断裂带上,Cu、W、Mo、Bi、Au、As、Pb、Zn、Ag 是其主要成矿元素或伴生元素,元素组合与区内已知的典型矿床罕达盖矽卡岩型铜矿的特征元素组合相似。

综上可见,该预测区地质成矿条件有利,已发现的铜矿床(点)较多,典型的罕达盖矽卡岩型铜矿床就分布其中,且该区位于成矿规律组划分的预测工作区西南部。从元素组合及矿化特征来看,推断有希望找到中型或以上规模的铜矿床,因此将其划分为矽卡岩型 B 类找矿预测区。

本次结合中大比例尺地质、化探资料,在该预测区的 15-Z-169 乙类综合异常区内圈定了一个最小预测区(详见本章第三节)。该最小预测区的地质环境、地球化学特征都与本预测区内典型矿床的找矿模型极为相似,推断其有良好的找矿前景。

(八)甜水井-乌兰苏亥热液型铜矿找矿预测区(15-Y-B-1)

(1)预测区大地构造处于天山地槽褶皱系,北山华力西中期地槽褶皱带西部。古生界、中生界大面积分布,古生界以奥陶系、志留系、泥盆系、石炭系碎屑岩、中基性—中酸性火山岩为主,中生界以下白垩统新民堡群为主,南部出露有古元古界额济纳分区北山群。北西向、北东向构造发育,华力西期岩浆活动强烈,中酸性、酸性岩体分布广泛。已发现铜、金、钼多金属矿床(点)多与奥陶纪、志留纪中基性—中酸性火山岩,元古宇基性、酸性火山岩及华力西期中酸性岩体有关,是寻找热液型铜多金属矿产资源的有利地区。

(2)预测区位于觉罗塔格-黑鹰山铜、镍、铁、金、银、钼、钨、石膏、硅灰石、膨润土、煤成矿带上,对应北山-阿拉善地球化学分区。区内有以 Cu、Mo、W、Sn、Au、As、Sb、Zn、Ag、Bi 为主的多元素局部异常,呈大面积连片或串珠状分布。规模较大的 Cu 局部异常上,Mo、W、Au、As、Sb、Zn 等主要共伴生元素异常强度较高,浓度分带多达到三级,具有明显的浓集中心,并在空间上相互重叠或套合。

(3)预测区由 15-Z-1乙、15-Z-3乙、15-Z-4乙、15-Z-5乙、15-Z-12乙、15-Z-13丙、15-Z-14丙、15-Z-17乙、15-Z-18乙 9 个综合异常组成,异常面积大,强度较高,多分布于地层与花岗闪长岩、斜长花岗岩接触带及北西向断裂带上,Cu、Mo、W、Au、As、Sb 是其主要成矿元素或伴生元素,元素组合与已建立的热液型铜矿找矿模型相近。

成矿规律组未在该预测区划分预测工作区,但从上述条件可见,该预测区地质成矿条件有利,已发现的铜矿床、矿化点有 10 余处,从元素组合及矿化特征来看,推断有希望找到中型或以上规模的铜矿床,因此将其划分为热液型 B 类找矿预测区。

(九)三道明水-月牙山热液型铜矿找矿预测区(15-Y-B-2)

(1)预测区大地构造处于天山地槽褶皱系,北山华力西晚期地槽褶皱带西部。古生界、中生界大面积分布,古生界以奥陶系、志留系碎屑岩、中基性—中酸性火山岩为主,中生界以下白垩统新民堡群为主,中新元古界浅变质岩系在中西部和东部出露。北西向、北东向构造发育。华力西期岩浆活动强烈,中酸性、酸性岩体分布广泛。已发现铜、金、钼多金属矿床(点)多与奥陶系中基性—中酸性火山岩及中酸性岩体有关,是寻找热液型铜多金属矿产资源的有利地区。

(2)预测区位于磁海-公婆泉铁、铜、金、铅锌、钼、锰、钨、锡、铷、钒、铀、磷成矿带西部,对应于北山-阿拉善地球化学分区。区内有以 Cu、Mo、W、Sn、Bi、Au、As、Sb、Zn 为主的多元素局部异常,呈北西向或近东西向大面积连片或带状分布。规模较大的 Cu 局部异常上,Mo、W、Bi、Au、As、Sb 等主要共伴生元素异常强度均较高,浓度分带多达到三级,具有明显的浓集中心,并在空间上相互重叠或套合。

(3)预测区由 15-Z-2乙、15-Z-6乙、15-Z-7乙、15-Z-8乙、15-Z-15甲、15-Z-16乙 6 个综合异常组成,异常面积大,强度较高,多分布于北西向、北东向断裂带上,Cu、Mo、W、Bi、Au、As、Sb 是其主要成矿元素或伴生元素,元素组合与已建立的热液型铜矿找矿模型相近。区内已知的铜、钼、铅锌、钨、金多金属矿床(点)较多,其中已发现的铜矿床(点)就有近 10 处。

成矿规律组未在该预测区划分预测工作区,但从上述条件可见,该预测区地质成矿条件有利,从元素组合及矿化特征来看,推断有希望找到中型或以上规模的铜矿床,因此将其划分为热液型 B 类找矿预测区。

(十)乌拉特前旗-四子王旗热液型铜矿找矿预测区(15-Y-B-12)

(1)预测区大地构造处于华北陆块北缘,集宁-凌源断裂带贯穿东西。太古宇、元古宇遍布全区,古生界二叠系、中生界侏罗系在西部、南部小面积出露,北西向、近东西向、北东向构造发育。各期次岩浆活动强烈,岩体遍布全区。已发现的铜、金、铅锌、银多金属矿床(点)多与太古宇、元古宇及各种岩体有关。

(2)预测区位于华北陆块北缘西段金、铁、铌、稀土、铜、铅、锌、银、镍、铂、钨、石墨、白云母成矿带上,对应于乌拉山-大青山地球化学分区。区内有以 Cu、Pb、Zn、Ag、Au、W、Mo、As、Sb 为主的多元素局部异常,呈近东西向带状展布。规模较大的 Cu 局部异常上,Zn、Ag、Au 等主要共伴生元素异常强度高,浓度分带多达到三级,浓集中心明显,并在空间上相互重叠或套合。

(3)预测区由 15-Z-62 甲、15-Z-63 乙、15-Z-64 丙、15-Z-65 甲、15-Z-66 乙、15-Z-68 乙、15-Z-69 乙、15-Z-70 甲、15-Z-74 乙、15-Z-75 乙、15-Z-76 乙、15-Z-83 乙 12 个综合异常组成,异常面积大,强度高,分布于太古宇、元古宇与各种岩体接触带及近东西向断裂带上,Cu、Zn、Ag、Au 是其主要成矿元素或伴生元素,元素组合与已建立的热液型铜矿找矿模型相近。区内已知的铜、钼、铅锌、银、金多金属矿床(点)较多,其中已发现的铜矿床(点)就有 10 余处。

综上可见,该预测区地质成矿条件有利,且该区的西北部与成矿规律组划分的预测工作区有部分重叠。从元素组合及矿化特征来看,推断有希望找到中型或以上规模的铜矿床,因此将其划分为岩浆型 B 类找矿预测区。

(十一)奥尤特-东乌珠穆沁旗热液型铜矿找矿预测区(15-Y-B-15)

(1)预测区大地构造处于兴安地槽褶皱系,东乌珠穆沁旗华力西早期地槽褶皱带中西部。中生界白垩系主要分布在预测区东部,侏罗系主要分布在预测区中部,古生界二叠系、泥盆系在预测区分布最广,面积最大。北东向断裂构造发育。华力西期、燕山期岩浆活动最强,中酸性、酸性岩体遍布全区。已知铜矿床(点)与泥盆系、侏罗系及中酸性岩体有关。

(2)预测区位于东乌珠穆沁旗-嫩江(中强挤压区)铜、钼、铅、锌、金、钨、锡、铬成矿带上,对应二连-东乌珠穆沁旗地球化学分区。区内有以 Cu、W、Sn、Au、As、Sb、Zn 为主的多元素局部异常,呈不规则面状分布。规模较大的 Cu 局部异常上,W、Sn、As、Sb 等主要共伴生元素异常强度较高,浓度分带多达到三级,具有明显的浓集中心,并在空间上相互重叠或套合。

(3)预测区由 15-Z-113 甲、15-Z-114 乙、15-Z-125 乙 3 个综合异常组成,异常面积大,强度较高,多分布于地层与花岗岩体的接触带上,Cu、W、Sn、As、Sb 是其主要成矿元素或伴生元素,元素组合与已建立的热液型铜矿找矿模型相近。已发现的奥尤特热液型铜多金属矿床位于该预测区内。

综上可见,该预测区地质成矿条件有利,且该区完全位于成矿规律组划分的预测工作区内。从元素组合及矿化特征来看,推断有希望找到中型或以上规模的铜矿床,因此将其划分为热液型 B 类找矿预测区。

(十二)道伦达坝-翁牛特旗热液型铜矿找矿预测区(15-Y-B-17)

(1)预测区大地构造处于内蒙古中部地槽褶皱系,苏尼特右旗华力西晚期地槽褶皱带中东部,北东向伊林哈别尔尕-西拉木伦断裂带从预测区南部穿过。中生界侏罗系、古生界二叠系在预测区内大面积出露,石炭系只在预测区北部局部地段出露。北东向、北西向构造发育。华力西期、印支期岩浆活动异常活跃,各期次岩体遍布全区。各已知铜矿床(点)多与侏罗系、二叠系及中酸性、酸性岩体有关。

(2)预测区位于突泉-翁牛特铅、锌、银、铜、铁、锡、稀土成矿带内,对应红格尔-锡林浩特-西乌珠穆沁旗-大石寨地球化学分区。区内有以 Cu、Mo、W、Sn、Bi、As、Sb、Au、Pb、Zn、Ag 为主的多元素局部异常,呈大面积连片或北东向带状分布。规模较大的 Cu 局部异常上,W、Sn、As、Sb、Pb、Zn、Ag 等主要共伴生元素在空间上相互重叠或套合,各综合异常面积大,强度高,具明显的浓度分带和浓集中心。

(3)预测区由 15-Z-126 乙、15-Z-127 乙、15-Z-128 乙、15-Z-129 乙、15-Z-130 乙、15-Z-131 甲、15-Z-132 乙、15-Z-133 乙、15-Z-134 乙、15-Z-135 乙、15-Z-136 乙、15-Z-137 乙、15-Z-138 丙、15-Z-147 乙、15-Z-148 乙、15-Z-149 甲、15-Z-150 乙、15-Z-151 乙、15-Z-

152乙、15-Z-153甲、15-Z-154甲21个综合异常组成,异常多分布于二叠系、侏罗系与华力西晚期、燕山期酸性、中酸性花岗岩体接触带上,Cu、W、Sn、Mo、As、Sb、Pb、Zn、Ag是其主要成矿元素或伴生元素,元素组合与区内典型矿床道伦达坝热液型铜矿极为相似。区内已知的铜、钼、铅锌、银、钨多金属矿床(点)很多,其中铜矿床就多达数十处,已发现的道伦达坝中型热液型铜矿床就分布其中。

综上可见,该预测区地质成矿条件极为有利,且跨越了成矿规律组划分的两个预测工作区。从元素组合及矿化特征来看,是寻找热液型铜多金属矿产资源非常有利的地区,但该区前期的工作或工程控制程度较高,所圈的每个综合异常内几乎都有大小不等的铜矿床存在,继续寻找大型及以上规模铜矿床的希望不是很大,因此将其评定为热液型B类找矿预测区。

(十三)阿尔善宝拉格-巴彦花镇斑岩型铜矿找矿预测区(15-Y-B-20)

(1)预测区大地构造隶属内蒙古中部地槽褶皱带,锡林浩特北缘断裂贯穿其中。古生界二叠系、中生界侏罗系遍布全区,白垩系在西北部局部地段出露。北东向构造发育。燕山期岩浆活动强烈,超基性、基性、中性、中酸性、酸性岩体极度发育。各已知铜矿床(点)多与侏罗系、二叠系及中酸性、酸性岩体有关。

(2)预测区位于突泉-翁牛特铅、锌、银、铜、铁、锡、稀土成矿带内,对应红格尔-锡林浩特-西乌珠穆沁旗-大石寨地球化学分区。区内综合异常元素组合以Cu、Pb、Zn、Ag、W、Sn、As、Sb为主,各元素异常规模大,浓集程度高,浓度分带明显,相互之间套合好,整体呈北东向条带状分布。

(3)预测区由15-Z-141丙、15-Z-142乙、15-Z-143乙、15-Z-144乙、15-Z-145乙、15-Z-146乙、15-Z-171乙、15-Z-172乙、15-Z-173甲、15-Z-174乙、15-Z-175乙、15-Z-176乙、15-Z-177乙、15-Z-178丙14个综合异常组成,异常多分布于二叠系、侏罗系与燕山期酸性花岗岩体接触带上,Cu、Pb、Zn、Ag、W、Sn、As、Sb是其主要成矿元素或伴生元素,元素组合与区内典型矿床敖瑙达巴斑岩型铜矿元素组合较为相似。区内已知的铜、铅锌、银多金属矿床(点)很多,其中铜矿床就多达数十处,已发现的敖瑙达巴典型斑岩型铜矿床就分布其中。

综上可见,该预测区地质成矿条件极为有利,且跨越了成矿规律组划分的两个预测工作区。从元素组合及矿化特征来看,是寻找斑岩型铜多金属矿产资源非常有利的地区,但该区前期的工作或工程控制程度较高,所圈的每个综合异常内几乎都有规模不等的铜矿床存在,继续寻找大型及以上规模铜矿床的希望不是很大,因此将其评定为斑岩型B类找矿预测区。

(十四)水泉-突泉县热液型铜矿找矿预测区(15-Y-B-21)

(1)预测区大地构造处于内蒙古中部地槽褶皱系东部。中生界白垩系、侏罗系和古生界二叠系在预测区内大面积出露。北东向、北西向、近东西向构造发育。华力西期、印支期岩浆活动异常活跃,中性、中酸性、酸性岩体遍布全区。各已知铜矿床(点)多与侏罗系、二叠系及中酸性、酸性岩体有关。

(2)预测区位于突泉-翁牛特铅、锌、银、铜、铁、锡、稀土Ⅲ级成矿带,对应红格尔-锡林浩特-西乌珠穆沁旗-大石寨地球化学分区。区内综合异常的主要元素组合为Cu、Pb、Zn、Ag、W、Sn、As、Sb、Au,其中Cu、Pb、Zn、Ag、W、Sn、As、Sb为主要共伴生元素,异常规模大,浓集程度高,浓度分带明显,套合好。

(3)预测区由15-Z-200乙、15-Z-201乙、15-Z-202乙、15-Z-203乙、15-Z-204乙、15-Z-205乙、15-Z-222乙、15-Z-223乙、15-Z-224乙、15-Z-225甲10个综合异常组成,异常多分布于二叠系、侏罗系与二叠纪、侏罗纪酸性花岗岩体接触带上,Cu、Pb、Zn、Ag、W、Sn、As、Sb是其主要成矿元素或伴生元素,元素组合与区内典型矿床布敦花热液型铜矿元素组合极为相似。区内已知的铜、铅锌、银多金属矿床(点)较多,其中铜矿床就多达10余处,已发现的布敦花典型热液型铜矿床就分布其中。

综上可见,该预测区地质成矿条件极为有利,且该区位于成矿规律组划分的预测工作区内。从元素组合及矿化特征来看,是寻找热液型铜多金属矿产资源非常有利的地区,但该区前期的工作或工程控制程度较高,所圈的每个综合异常内几乎都有大小不等的铜矿床存在,继续寻找大型及以上规模铜矿床的希望不是很大,因此将其评定为热液型B类找矿预测区。

(十五)新林镇-莲花山热液型铜矿找矿预测区(15-Y-B-22)

(1)预测区大地构造处于内蒙古兴安地槽褶皱系东部。中生界侏罗系、古生界二叠系在预测区内大面积出露。北东向、北西向构造发育。华力西期、印支期岩浆活动异常活跃,中酸性、酸性岩体遍布全区。各已知铜矿床(点)多与侏罗系、二叠系及中酸性、酸性岩体有关。

(2)预测区位于突泉-翁牛特铅、锌、银、铜、铁、锡、稀土成矿带内,对应红格尔-锡林浩特-西乌珠穆沁旗-大石寨地球化学分区。区内有以Cu、Au、As、Sb、Pb、Zn、Ag、Sn为主的多元素局部异常,呈不规则面状分布。规模较大的Cu局部异常上,Au、As、Sb、Pb、Ag等主要共伴生元素在空间上相互重叠或套合,各综合异常面积大,强度高,具明显的浓度分带和浓集中心。

(3)预测区由15-Z-218乙、15-Z-219甲、15-Z-220甲、15-Z-221丙、15-Z-227甲、15-Z-228乙6个综合异常组成,异常多分布于二叠系、侏罗系与二叠纪、侏罗纪酸性、中酸性花岗岩体接触带上,Cu、Au、As、Sb、Pb、Ag是其主要成矿元素或伴生元素,元素组合与区内典型热液型铜矿元素组合极为相似。区内已发现的铜矿床(点)有10余处。

综上可见,该预测区地质成矿条件极为有利,且该区南部与成矿规律组划分的预测工作区有部分重叠。从元素组合及矿化特征来看,是寻找热液型铜多金属矿产资源非常有利的地区,但该区前期的工作或工程控制程度较高,所圈的综合异常内几乎都有大小不等的铜矿床存在,继续寻找大型及以上规模铜矿床的希望不大,因此将其评定为热液型B类找矿预测区。

(十六)莫尔道嘎-牙克石铜矿找矿预测区(15-Y-B-25)

(1)预测区大地构造位于兴安地槽褶皱系,额尔古纳新元古代地槽褶皱带中南部,额尔齐斯-得尔布干断裂带从预测区西部穿过。中生界侏罗系中性、中基性火山熔岩、火山碎屑岩遍布全区;古生界奥陶系分别在西北和东北部有小面积出露;元古宇青白口系在西北部小面积出露。北东向断裂构造较为发育。燕山期岩浆活动较为强烈,酸性岩体在西部集中分布。各已知铜矿床(点)多与侏罗系、古生界及中酸性、酸性岩体有关。

(2)预测区位于新巴尔虎右旗-根河(拉张区)铜、钼、铅、锌、银、金、萤石、煤(铀)成矿带内,对应莫尔道嘎-根河-鄂伦春地球化学分区。区内有以Cu、Pb、Zn、Ag、Au、Sb、W、Sn、Mo、Bi为主的多元素局部异常,呈不规则面状或北东向条带状分布。规模较大的Cu局部异常上,Pb、Zn、Au、W、Sn、Mo等主要共伴生元素具有明显的浓度分带和浓集中心,并在空间上相互重叠或套合。

(3)预测区由15-Z-158乙、15-Z-160乙、15-Z-161乙、15-Z-162乙、15-Z-163乙、15-Z-187乙、15-Z-188甲、15-Z-189甲、15-Z-190乙、15-Z-191乙、15-Z-192乙、15-Z-193丙、15-Z-194丙、15-Z-209丙、15-Z-210丙、15-Z-211丙、15-Z-212丙、15-Z-213乙、15-Z-214丙、15-Z-215丙、15-Z-216丙、15-Z-217丙22个综合异常组成,异常多分布于中性、中基性火山熔岩、火山碎屑岩内或地层与华力西期、燕山期花岗岩、花岗斑岩等岩体接触带及大的断裂带上,Cu、Pb、Zn、Au、W、Sn、Mo是其主要成矿元素或伴生元素,元素组分较多。

成矿规律组未在该预测区划分预测工作区,但从上述条件可见,该预测区地质成矿条件有利,已发现的铜矿床(点)较多,从元素组合及矿化特征来看,找矿前景良好,因此将其划分为B类找矿预测区。

(十七)太平林场-满归镇铜矿找矿预测区(15-Y-B-26)

(1)预测区大地构造处于内蒙古兴安地槽褶皱系,额尔古纳新元古代地槽褶皱带东北部,额尔古纳断裂带贯穿测区西部。出露地层以中、新元古界为主,中生界侏罗系、古生界志留系在预测区内零星出露。北东向、北西向构造发育。岩浆活动极为强烈,以印支期中酸性岩体为主,燕山期中酸性岩体在预测区北部出露。各综合异常主要与元古宇、古生界及中酸性岩体有关。

(2)预测区位于新巴尔虎右旗-根河(拉张区)铜、钼、铅、锌、银、金、萤石、煤(铀)成矿带上,对应于莫尔道嘎-根河-鄂伦春地球化学分区。区内有以Cu、Pb、Zn、Ag、Au、As、Sb、W、Sn为主的多元素局部异常,呈不规则面状分布。规模较大的Cu局部异常上,Pb、Zn、Au、As、Sb、W、Sn等主要共伴生元素具有明显的浓度分带和浓集中心,并在空间上相互重叠或套合。

(3)预测区由15-Z-183乙、15-Z-184乙、15-Z-185乙、15-Z-186乙、15-Z-206乙、15-Z-207乙、15-Z-208丙7个综合异常组成,异常多分布于地层与中酸性岩体接触带上,Cu、Pb、Zn、Au、As、Sb、W、Sn是其主要成矿元素或伴生元素,元素组分齐全。

成矿规律组未在该预测区划分预测工作区,但从上述条件可见,该预测区断裂构造发育,岩浆活动强烈。从元素组合及地质条件来看,该区找矿前景良好,因此将其划分为B类找矿预测区。

(十八)梧桐沟热液型铜矿找矿预测区(15-Y-C-3)

(1)预测区大地构造处于天山地槽褶皱系,北山华力西晚期地槽褶皱带西部。区内古生界以石炭系、二叠系为主,中生界侏罗系、白垩系大面积分布。北西向、北东向构造发育。局部地段有华力西期、印支期中酸性、酸性岩体分布。

(2)预测区位于磁海-公婆泉铁、铜、金、铅、锌、钼、锰、钨、锡、铷、钒、铀、磷成矿带西部,对应北山-阿拉善地球化学分区。区内有以Cu、As、Sb、Au、Mo、W、Zn为主的多元素局部异常,呈北西向条带状分布。规模较大的Cu局部异常上,As、Sb、Mo、W等主要共伴生元素在空间上相互重叠或套合,各元素异常面积较大,均具有明显的浓度分带和浓集中心。

(3)预测区由15-Z-9乙、15-Z-10丙、15-Z-11乙3个综合异常组成,异常面积大,强度较高,异常区内北西向、北东向断裂构造较发育,Cu、As、Sb、Wo、Mo是其主要成矿元素或伴生元素,元素组合与已建立的热液型铜矿找矿模型相近。该预测区到目前为止已知的矿床或矿化点很少,且品位较低,成矿规律组也未在该预区划分预测工作区,但从其元素组合特征、综合异常评级及地质环境分析,仍有希望寻找到铜矿产资源,因此将其划分为热液型C类找矿预测区。

(十九)亚干岩浆型铜镍钴矿找矿预测区(15-Y-C-5)

(1)预测区大地构造处于天山地槽褶皱系,北山华力西晚期地槽褶皱带东部。中生界白垩系大面积分布,古生界以二叠系为主,奥陶系、志留系、石炭系零星出露,古元古界额济纳分区北山群分布面积较大,中新元古界浅变质岩系在中部小面积出露。北西向、北东向构造发育。华力西期、燕山期岩浆活动强烈,基性、酸性岩体分布广泛。已发现的铜矿床主要与新元古代超基性、基性岩体有关。

(2)预测区位于珠斯楞-乌拉尚德铜、金、镍、铅、锌、煤成矿亚带上,对应北山-阿拉善地球化学分区。区内有以Cu、Co、Ni、Mn、Mo、Au、As、Sb、W为主的多元素局部异常,呈不规则面状展布。规模较大的Cu局部异常上,Ni、Co、Mn、Au、As、Sb等主要共伴生元素在空间上相互重叠或套合,各元素异常面积较大,均具有明显的浓度分带和浓集中心。

(3)预测区由15-Z-31乙、15-Z-32乙2个综合异常组成,异常面积较大,强度较高,Cu、Ni、Co、Mn、Au、As、Sb是其主要成矿元素或伴生元素,元素组合与已建立的亚干岩浆型铜矿找矿模型相近。该预测区范围较小,到目前为止已知的矿床或矿化点很少,但从其元素组合特征、综合异常评级及地质环境分析,仍有希望寻找到铜矿产资源,且该区北部与成矿规律组划分的预测工作区有较大范围重叠,因此将其划分为岩浆型C类找矿预测区。

(二十)哈日博日格-下陶米热液型铜矿找矿预测区(15-Y-C-6)

(1)预测区大地构造处于天山地槽褶皱系,北山华力西晚期地槽褶皱带东部和内蒙古中部地槽褶皱系,苏尼特右旗华力西晚期地槽褶皱带中西部,阿尔金断裂带近东西向贯穿全区。中生界白垩系大面积分布,古生界以二叠系、石炭系为主,零星分布于全区,古元古界额济纳分区北山群在西部小面积分布。北西向、北东向构造发育。华力西期至燕山期岩浆活动强烈,中酸性、酸性岩体遍布全区。各已知铜矿点多与石炭系及二叠纪酸性岩体有关。

(2)预测区位于白乃庙-锡林郭勒铁、铜、钼、铅、锌、锰、铬、金、锗、煤、天然碱、芒硝成矿带上,对应狼山-色尔腾山地球化学分区。区内有以 Cu、Mo、Au、As、Sb、W、Sn、Bi、Zn 为主的多元素局部异常,呈大面积连片或北东向串珠状分布。规模较大的 Cu 局部异常上,Au、As、Sb、Mo、W、Zn 等主要共伴生元素在空间上相互重叠或套合,多数异常面积较大,具有明显的浓度分带和浓集中心。

(3)预测区由 15-Z-29 乙、15-Z-30 乙、15-Z-33 乙、15-Z-34 乙、15-Z-35 甲、15-Z-36 甲、15-Z-37 乙、15-Z-38 甲、15-Z-39 丙 9 个综合异常组成,异常面积大,强度较高,多分布于北东向、北西向次一级断裂构造上,Cu、Au、As、Sb、Mo、W、Zn 是其主要成矿元素或伴生元素,元素组合与已建立的热液型铜矿找矿模型相近。该预测区到目前为止已知的铜矿均为矿点,品位不高,但从其元素组合特征、综合异常评级及地质环境分析,仍有希望寻找到铜矿产资源,且该区东部与成矿规律组划分的预测工作区有部分重叠,因此将其划分为热液型 C 类找矿预测区。

(二十一)阿德日根别立矽卡岩型铜矿找矿预测区(15-Y-C-7)

(1)预测区大地构造处于内蒙古中部地槽褶皱系苏尼特右旗华力西晚期地槽褶皱带和阿拉善台隆的结合处,阿拉善北缘断裂带和迭布斯格断裂带的交错部位。中生界白垩系大面积分布,古生界二叠系、石炭系零星出露,中新元古界浅变质岩系、太古宇分布面积略大。北东向构造发育。各期次岩浆活动强烈,古元古代变质深成侵入体和中酸性、酸性岩体遍布全区。各已知铜矿点多与中新元古界的砂岩、泥岩、结晶灰岩、白云质结晶灰岩和太古宇的片麻岩、大理岩、变粒岩及酸性岩体有关。

(2)预测区位于阿拉善(隆起)铜、镍、铂、铁、稀土、磷、石墨、芒硝、盐类成矿带与白乃庙-锡林郭勒铁、铜、钼、铅、锌、锰、铬、金、锗、煤、天然碱、芒硝成矿带的交会处,对应狼山-色尔腾山地球化学分区。区内有以 Cu、Au、As、Sb、W、Sn、Mo、Pb 为主的多元素局部异常,呈不规则面状或北东向条带状分布。规模较大的 Cu 局部异常上,As、Sb、W、Sn、Pb 等主要共伴生元素在空间上相互重叠或套合,多数异常面积较大,具有明显的浓度分带和浓集中心。

(3)预测区由 15-Z-40 乙、15-Z-41 乙、15-Z-42 甲、15-Z-43 乙、15-Z-44 丙 5 个综合异常组成,异常面积大,强度较高,多分布于北东向、近东西向断裂带上,Cu、As、Sb、W、Sn 是其主要成矿元素或伴生元素,元素组合与已建立的矽卡岩型铜矿找矿模型相近。该预测区到目前为止已知的铜矿床(点)较少,且品位不高,但从其元素组合特征、综合异常评级及地质环境分析,仍有希望寻找到铜矿产资源,且该区北部与成矿规律组划分的预测工作区有部分重叠,因此将其划分为矽卡岩型 C 类找矿预测区。

(二十二)哈能热液型铜矿找矿预测区(15-Y-C-8)

(1)预测区大地构造处于内蒙古中部地槽褶皱系,西乌珠穆沁旗华力西晚期地槽褶皱带西部,阿尔金断裂带、迭布斯格断裂带均从区内西部穿过。古生界奥陶系、志留系、二叠系广泛分布,中新元古界浅变质岩系主要分布在北部,古元古界主要分布在南部。北东向、近东西向构造发育。印支期、华力西期、元古宙超基性、中酸性、酸性侵入岩遍布全区。各已知铜矿点多与古生界及中酸性岩体有关。

(2)预测区位于白乃庙-锡林郭勒铁、铜、钼、铅、锌、锰、铬、金、锗、煤、天然碱、芒硝成矿带上,对应巴彦查干-索伦山地球化学分区。区内有以 Cu、Pb、Zn、Au、As、Sb、Mo、W、Bi、Sn 为主的多元素局部异常,呈北东向或东西向带状分布。规模较大的 Cu 局部异常上,W、Bi、Sn、Au、As、Sb 等主要共伴生元素异常强度高,浓度分带多达到三级,浓集中心明显,并在空间上相互重叠或套合。

(3)预测区由 15-Z-50 乙、15-Z-51 乙、15-Z-57 乙、15-Z-58 丙 4 个综合异常组成,异常元素组分多,面积大,强度较高,多分布于地层与花岗岩、花岗闪长岩接触带及北东向、北西向次一级断裂带上,Cu、W、Bi、Sn、Au、As、Sb 是其主要成矿元素或伴生元素,元素组合与已建立的热液型铜矿找矿模型相近。区内已发现的铜矿床(点)较多,但品位不高,成矿规律组也未在该区划分预测工作区。从其元素组合特征、综合异常评级及地质环境分析,该区仍有希望寻找到铜矿产资源,因此将其划分为热液型C类找矿预测区。

(二十三)查干敖包铜矿找矿预测区(15-Y-C-14)

(1)预测区大地构造处于兴安地槽褶皱系,东乌珠穆沁旗华力西早期地槽褶皱带西部。中生界白垩系、侏罗系在预测区内零星出露,古生界奥陶系、石炭系主要分布在预测区的中北部,二叠系主要分布在预测区的中南部。北东向构造发育。华力西期、印支期岩浆活动强烈,中酸性、酸性岩体遍布全区。各已知铜、钼矿床(点)多与华力西期酸性岩体有关。

(2)预测区位于二连-东乌珠穆沁旗钨、钼、铁、锌、铅、金、银、铬成矿亚带上,对应二连-东乌珠穆沁旗地球化学分区。区内有以 Cu、Pb、Zn、Ag、Mo、W、Sn、Bi、As、Sb 为主的多元素局部异常,呈北东向带状或串珠状分布。规模较大的 Cu 局部异常上,W、Sn、Bi、Mo、As、Sb 等主要共伴生元素异常强度较高,部分元素浓度分带达到三级,具有明显的浓集中心,并在空间上相互重叠或套合。

(3)预测区由 15-Z-71乙、15-Z-72丙、15-Z-77乙、15-Z-78甲 4个综合异常组成,异常面积大,强度高,套合好,多分布于地层与华力西期二长花岗岩、正长花岗岩接触带及北东向小的断裂构造上,Cu、Mo、W、Sn、Bi、As、Sb 是其主要成矿元素或伴生元素,元素组分较多。该预测区到目前为止已知的矿床或矿点较少,且品位不高,成矿规律组也未在该区划分预测工作区,但从其元素组合特征、综合异常评级及地质环境分析,仍有希望寻找到铜矿产资源,因此将其划分为C类找矿预测区。

(二十四)锡林浩特-浩雅尔洪克尔热液型铜矿找矿预测区(15-Y-C-16)

(1)预测区大地构造处于内蒙古中部地槽褶皱系中部,北东向锡林浩特北缘断裂带从预测区穿过。中生界侏罗系、古生界二叠系在预测区内大面积出露,古元古界在南北两端零星出露。北东向构造发育。华力西期、印支期岩浆活动较强,中性、酸性岩体发育。各已知铜矿床(点)多与二叠系及酸性岩体有关。

(2)预测区位于白乃庙-锡林郭勒铁、铜、钼、铅、锌、锰、铬、金、锗、煤、天然碱、芒硝成矿带与突泉-翁牛特铅、锌、银、铜、铁、锡、稀土成矿带的交会处,对应红格尔-锡林浩特-西乌珠穆沁旗-大石寨地球化学分区。区内有以 Cu、Au、As、Sb、W、Sn、Zn 为主的多元素局部异常,呈北东向或东西向带状分布。规模较大的 Cu 局部异常上,Au、Sb、Sn 等主要共伴生元素异常强度高,浓度分带多达到三级,浓集中心明显,并在空间上相互重叠或套合。

(3)预测区由 15-Z-115乙、15-Z-116丙、15-Z-117甲、15-Z-118乙 4个综合异常组成,异常面积不大,强度较高,多分布于石炭系、侏罗系中,沿大断裂带两侧分布,Cu、Au、Sb、Sn 是其主要成矿元素或伴生元素,元素组合与已建立的热液型铜矿找矿模型相近。区内已发现的铜矿床(点)较少,规模均为小型矿床,从其元素组合特征、综合异常评级及地质环境分析,仍有希望寻找到铜矿产资源,且该预测区位于成矿规律组划分的预测工作区内,因此将其划分为热液型C类找矿预测区。

(二十五)车户沟斑岩型铜矿找矿预测区(15-Y-C-18)

(1)预测区大地构造处于内蒙古中部地槽褶皱系,温都尔庙-翁牛特旗加里东期地槽褶皱带东部,华北陆块北缘断裂带从预测区北部经过。中生界侏罗系在预测区内大面积出露,太古宇在中部和南部局部地段出露。燕山期、印支期岩浆活动较强,酸性岩体较为发育。各已知铜矿床(点)多与太古宇及酸性岩体有关。

(2)预测区位于内蒙古隆起东段铁、铜、铅、锌、金、银成矿亚带上,对应宝昌-多伦-赤峰地球化学分区。区内有以 Cu、Zn、Ag、Mo、Sn、Au 为主的多元素局部异常,呈近北东向条带状分布。规模较大的

Cu 局部异常上,Zn、Ag、Mo 等主要共伴生元素具有明显的浓度分带和浓集中心,各异常形态规整,在空间上相互重叠或套合。

(3)预测区仅由 15-Z-155 甲综合异常组成,异常面积不大,强度较高,分布于地层与侏罗纪花岗岩体接触带上,Cu、Zn、Ag、Mo 是其主要成矿元素或伴生元素,元素组合与已建立的车户沟斑岩型铜矿找矿模型相近。区内已知的铜矿床(点)较多,但规模不大,均为小型矿床或矿点。从其元素组合特征、综合异常评级及地质环境分析,该区寻找铜矿产资源有良好的前景,且该区位于成矿规律组划分的预测工作区内,因此将其划分为斑岩型 C 类找矿预测区。

(二十六)赤峰市热液型铜矿找矿预测区(15-Y-C-19)

(1)预测区大地构造处于内蒙古中部地槽褶皱系东部,华北陆块北缘断裂带北西向穿过预测区。中生界白垩系在预测区内大面积出露,侏罗系则零星出露在西南部,古生界二叠系、石炭系、志留系主要出露在东北部,太古宇、元古宇在西南部局部地段出露。燕山期、印支期岩浆活动较强,中酸性、酸性岩体较为发育,预测区南部太古宙变质深成侵入体大面积分布。各已知铜矿床(点)多与古生界、元古宇及各类岩体有关。

(2)预测区位于突泉-翁牛特铅、锌、银、铜、铁、锡、稀土成矿带松辽盆地石油天然气铀成矿区与华北陆块北缘东段铁、铜、钼、铅锌、金、银、锰、铀、磷、煤、膨润土成矿带的交会处,对应宝昌-多伦-赤峰地球化学分区。区内有以 Cu、Pb、Zn、Ag、W、Sn、Mo、Au、As、Sb 为主的多元素局部异常,呈近北东向或东西向条带状分布。规模较大的 Cu 局部异常上,Pb、Zn、Au、W、Mo 等主要共伴生元素具有明显的浓度分带和浓集中心,各异常形态规整,在空间上相互重叠或套合。

(3)预测区由 15-Z-156 甲、15-Z-179 丙、15-Z-180 乙、15-Z-181 甲 4 个综合异常组成,异常面积一般不大,强度较高,分布于地层与侏罗纪花岗岩体接触带上,Cu、Pb、Zn、Au、W、Mo 是其主要成矿元素或伴生元素,元素组合与已建立的热液型铜矿找矿模型相近。区内已知的铜、钼、铅锌、银、金多金属矿床(点)较多,已发现中小型铜矿床有近 10 处,白马石沟典型热液型铜矿床就分布其中。

综上可见,该预测区地质成矿条件有利,成矿规律组划分的预测工作区与该区的东部有部分重叠。从元素组合及矿化特征来看,是寻找斑岩型铜多金属矿产资源比较有利的地区,但该区前期的工作或工程控制程度较高,所圈的每个综合异常内几乎都有大小不等的铜矿床存在,继续寻找较大规模铜床的希望不大,因此将其评定为热液型 C 类找矿预测区。

二、金矿

本次共圈定金矿地球化学找矿预测区 29 个,包含 6 种成因类型,其中岩浆热液型 18 个,变质热液型 3 个,砂金矿 3 个,斑岩型 1 个,层控内生型 1 个,成因不明型 3 个(表 6-2,图 6-2)。其中 A 级预测区 9 个,B 级预测区 9 个,C 级预测区 11 个。

表 6-2 内蒙古自治区金矿地球化学找矿预测区圈定结果一览表

找矿预测区编号	找矿预测区名称	成因类型	级别
15-Y-C-1	甜水井岩浆热液型金矿找矿预测区	岩浆热液型	C
15-Y-A-2	三个井岩浆热液型金矿找矿预测区	岩浆热液型	A
15-Y-B-3	老硐沟岩浆热液型金矿找矿预测区	岩浆热液型	B
15-Y-C-4	克克桃勒盖岩浆热液型金矿找矿预测区	岩浆热液型	C

续表 6-2

找矿预测区编号	找矿预测区名称	成因类型	级别
15-Y-C-5	伊和扎格敖包-哈日奥日布格岩浆热液型金矿找矿预测区	岩浆热液型	C
15-Y-C-6	乌兰呼海-本巴图岩浆热液型金矿找矿预测区	岩浆热液型	C
15-Y-A-7	朱拉扎嘎岩浆热液型金矿找矿预测区	岩浆热液型	A
15-Y-B-8	巴音杭盖岩浆热液型金矿找矿预测区	岩浆热液型	B
15-Y-A-9	浩尧尔忽洞层控内生型金矿找矿预测区	层控内生型	A
15-Y-A-10	十八顷壕变质热液型金矿找矿预测区	变质热液型	A
15-Y-B-11	赛乌素岩浆热液型金矿找矿预测区	岩浆热液型	B
15-Y-A-12	土默特左旗变质热液型金矿找矿预测区	变质热液型	A
15-Y-A-13	毕力赫斑岩型金矿找矿预测区	斑岩型	A
15-Y-B-14	四子王旗砂金矿找矿预测区	砂金矿	B
15-Y-A-15	新地沟变质热液型金矿找矿预测区	变质热液型	A
15-Y-C-16	丰镇市岩浆热液型金矿找矿预测区	岩浆热液型	C
15-Y-C-17	商都金矿找矿预测区	成因不明型	C
15-Y-A-18	巴彦温都尔岩浆热液型金矿找矿预测区	岩浆热液型	A
15-Y-C-19	呼日林敖包岩浆热液型金矿找矿预测区	岩浆热液型	C
15-Y-B-20	赤峰市岩浆热液型金矿找矿预测区	岩浆热液型	B
15-Y-C-21	杨木沟金矿找矿预测区	成因不明型	C
15-Y-C-22	罕达盖岩浆热液型金矿找矿预测区	岩浆热液型	C
15-Y-B-23	新巴尔虎右旗岩浆热液型金矿找矿预测区	岩浆热液型	B
15-Y-B-24	四五牧场岩浆热液型金矿找矿预测区	岩浆热液型	B
15-Y-C-25	巴日戈里岩浆热液型金矿找矿预测区	岩浆热液型	C
15-Y-A-26	古利库岩浆热液型金矿找矿预测区	岩浆热液型	A
15-Y-C-27	金河镇金矿找矿预测区	成因不明型	C
15-Y-B-28	西牛耳河砂金矿找矿预测区	砂金矿	B
15-Y-B-29	八道卡砂金矿找矿预测区	砂金矿	B

(一)朱拉扎嘎岩浆热液型金矿找矿预测区(15-Y-A-7)

(1)预测区大地构造位于阿拉善台隆,迭布斯格断裂带和狼山断裂带的相交部位。元古宇主要分布在预测区的西部和东部,中生界白垩系庙沟组在全区多处分布,新近系、第四系大面积覆盖全区。华力西期、印支期岩浆活动强烈,中酸性、酸性岩体分布广泛。已发现的金矿床(点)与太古宇乌拉山岩群和元古宇渣尔泰山群有关。

(2)预测区位于阿拉善(隆起)铜、镍、铂、铁、稀土、磷、石墨、芒硝、盐类成矿带内,对应狼山-色尔腾山地球化学分区。区内有以 Au、As、Sb、Cu、Zn、Mo、Pb 为主的多元素局部异常,呈不规则面状或北东向条带状分布。规模较大的 Au 局部异常上,As、Sb、Cu、Zn、Mo 等主要共伴生元素在空间上相互重叠或套合,多数异常面积较大,具有明显的浓度分带和浓集中心。

(3)预测区由 15-Z-40 丙、15-Z-41 甲、15-Z-44 乙、15-Z-45 甲 4 个综合异常组成,异常面

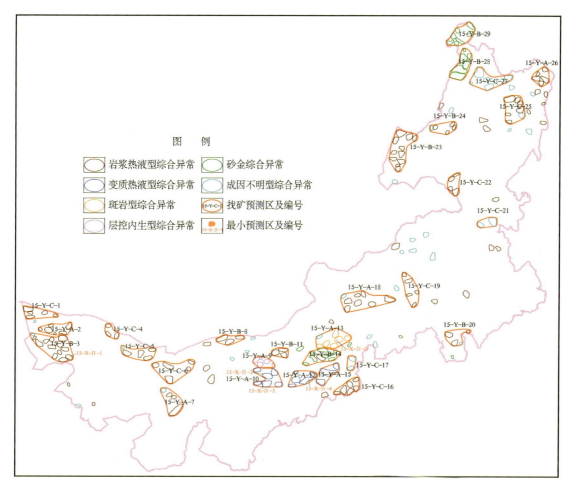

图 6-2　内蒙古自治区金矿地球化学找矿预测示意图

积大,强度较高,多分布于太古宇、元古宇老地层中,Au、As、Sb、Cu、Zn、Mo 是其主要成矿元素或伴生元素,元素组合与已建立的岩浆热液型金矿找矿模型相近。区内已知的金矿床(点)较多,朱拉扎嘎大型岩浆热液型金矿就分布其中。

综上可见,该预测区地质成矿条件极为有利,成矿规律组在该区内还划分了一个预测工作区。从元素组合及矿化特征来看,推断有希望找到较大规模的金矿床,因此将其划分为热液型 A 类找矿预测区。

(二)浩尧尔忽洞层控内生型金矿找矿预测区(15-Y-A-9)

(1)预测区大地构造处于内蒙古中部地槽褶皱系,苏尼特右旗华力西晚期地槽褶皱带中部,北东向伊林哈别尔尕-西拉木伦断裂带贯穿其中。预测区内主要分布中元古界尖山组,中生界白垩系仅在西南部和东北部有小面积出露,印支期、华力西期岩浆活动强烈,尤其是变质深成侵入体极为发育。各已知金矿床(点)多与元古宇尖山组有关。

(2)预测区位于华北陆块北缘西段金、铁、铌、稀土、铜、铅、锌、银、镍、铂、钨、石墨、白云母成矿带上,对应于乌拉山-大青山地球化学分区。区内有以 Au、Hg、Cu、Zn、Ag 为主的多元素局部异常,呈近东西向带状展布,Au 异常规模较大,强度高,与其他元素套合一般。

(3)预测区由 15-Z-56 甲、15-Z-57 甲、15-Z-58 乙、15-Z-59 甲、15-Z-60 甲 5 个综合异常组成,异常多分布于尖山组中,Au、Hg、Cu、Zn、Ag 是其主要成矿元素或伴生元素,元素组合与区内典型矿床浩尧尔忽洞层控内生型金矿相似。区内已知的金矿床(点)较多,规模较大,浩尧尔忽洞大型金矿床就分布其中。

综上可见，该预测区地质成矿条件极为有利，且该区跨越了成矿规律组划分的两个预测工作区。从元素组合及矿化特征来看，推断有希望找到大型及以上规模的金矿床，因此将其划分为层控内生型A类找矿预测区。

（三）十八顷壕变质热液型金矿找矿预测区（15-Y-A-10）

（1）预测区大地构造隶属华北陆块北缘，集宁-凌源断裂带贯穿整个预测区。太古宇乌拉山岩群、元古宇渣尔泰山群遍布全区，古生界奥陶系和中生界侏罗系、白垩系在局部地区零星出露，第四系在预测区中部小面积覆盖。区内北西向、东西向断裂构造极其发育。各期次岩浆活动强烈，中酸性岩体遍布。各已知金、铜矿床（点）多与太古宇、元古宇及中酸性岩体有关。

（2）预测区位于华北陆块北缘西段金、铁、铌、稀土、铜、铅、锌、银、镍、铂、钨、石墨、白云母成矿带上，对应于乌拉山-大青山地球化学分区。区内综合异常元素组合较为一致，为 Au、Cu、Pb、Zn、Ag、Fe_2O_3、Co、Ni、Mn、Hg。空间分布特征受断裂构造控制，沿近东西向伸展。规模较大的 Au 异常上，Cu、Pb、Zn、Ag、Fe_2O_3、Co、Ni 异常强度较高，浓度分带多达到三级，Mn 异常强度相对较低，多为二级，各元素异常浓集中心明显，并在空间上相互重叠或套合。

（3）预测区由 15-Z-61乙、15-Z-62甲、15-Z-63甲、15-Z-64乙、15-Z-65甲、15-Z-70乙 6个综合异常组成。异常区内断裂构造发育，岩浆活动剧烈，主要出露地层为渣尔泰山群和乌拉山岩群，Au、Cu、Pb、Zn、Ag、Fe_2O_3、Co、Ni、Mn 是其主要成矿元素或伴生元素，元素组合与变质热液型金矿找矿模型一致，具有很好的找矿前景。测区内已知的金矿床（点）有10余处，大、中、小型矿床均有发现，典型的十八顷壕变质热液型金矿床就分布其中。

综上可见，该预测区地质成矿条件极为有利，且该区跨越了成矿规律组划分的两个预测工作区。从元素组合及矿化特征来看，推断有希望找到大型及以上规模的金矿床，因此将其划分为变质热液型A类找矿预测区。

本次工作结合中大比例尺地质、化探资料，在该预测区的 15-Z-63甲和 15-Z-65甲类综合异常区内分别圈定了一个最小预测区（详见本章第三节）。两处最小预测区的地质环境、地球化学特征都与本预测区内典型矿床的找矿模型极为相似，推断其有良好的找矿前景。

（四）土默特左旗变质热液型金矿找矿预测区（15-Y-A-12）

（1）预测区大地构造隶属华北陆块北缘，北东向集宁-凌源断裂带贯穿其中。太古宇乌拉山岩群在测区大面积出露，中元古界局部出露，中生界白垩系分布于预测区周边地区。岩浆活动较为强烈，各期次岩体广泛分布，尤其是变质深成侵入体在预测区的东北部极为发育。各已知金、铜矿床（点）多与太古宇、元古宇及中酸性岩体有关。

（2）预测区位于华北陆块北缘西段金、铁、铌、稀土、铜、铅、锌、银、镍、铂、钨、石墨、白云母成矿带上，对应于乌拉山-大青山地球化学分区。区内有以 Au、Cu、Zn、Ag、Fe_2O_3、Co、Ni、Mn 为主的多元素局部异常，呈北东向带状展布。规模较大的 Au 局部异常上，Cu、Ag、Fe_2O_3、Co、Ni、Mn 等主要共伴生元素异常强度高，浓度分带多达到三级，浓集中心明显，并在空间上相互重叠或套合。

（3）预测区由 15-Z-68乙、15-Z-69乙、15-Z-71乙、15-Z-76甲、15-Z-77甲 5个综合异常组成，异常区内断裂构造极为发育，岩浆活动剧烈，主要出露地层为渣尔泰山群和乌拉山岩群，Au、Cu、Ag、Fe_2O_3、Co、Ni、Mn 是其主要成矿元素或伴生元素，元素组合与变质热液型金矿找矿模型一致，具有很好的找矿前景。区内已知的金、铜、铅锌矿床（点）较多，其中已发现的金矿床（点）就超过10处。

综上可见，该预测区地质成矿条件极为有利，且该区跨越了成矿规律组划分的两个预测工作区。从元素组合及矿化特征来看，推断有希望找到较大规模的金矿床，因此将其划分为变质热液型A类找矿预测区。

本次结合中大比例尺地质、化探资料,在该预测区的 15-Z-77 甲类综合异常区内圈定了一个最小预测区(详见本章第三节)。该最小预测区的地质环境、地球化学特征都与变质热液型金矿的找矿模型极为相似,推断其有良好的找矿前景。

(五)毕力赫斑岩型金矿找矿预测区(15-Y-A-13)

(1)预测区大地构造位于内蒙古中部地槽褶皱系,苏尼特右旗华力西晚期地槽褶皱带中部,伊林哈别尔尕-西拉木伦断裂和华北陆块北缘断裂横贯全区。中元古界主要在预测区的南部和东北部小面积出露,古生界奥陶系、志留系、石炭系、二叠系主要在预测区的南部和东部局部出露,其余大部分被第四系、新近系覆盖。北西向、北东向构造发育。燕山期、华力西期岩浆活动较为活跃,基性、中酸性、酸性岩体在预测区的中部和东部较为发育。各已知金、铜矿床(点)多与蓟县系、青白口系、奥陶系、侏罗系及二叠纪、侏罗纪中酸性、酸性岩体有关。

(2)预测区位于白乃庙-锡林郭勒铁、铜、钼、铅、锌、锰、铬、金、锗、煤、天然碱、芒硝成矿带上,对应于乌拉山-大青山地球化学分区。区内有以 Au、Cu、Mo、As、Sb、Hg、Ag 为主的多元素局部异常,呈北东向或近东西向带状分布。规模较大的 Au 局部异常上,Cu、Mo、Ag、As、Sb 等主要共伴生元素异常强度均较高,浓度分带多达到三级,浓集中心明显,并在空间上相互重叠或套合。

(3)预测区由 15-Z-79 丙、15-Z-80 乙、15-Z-81 甲、15-Z-83 甲、15-Z-98 乙、15-Z-99 甲 6 个综合异常组成,异常分布于地层与岩体接触带及深大断裂上,岩浆活动较为强烈,Au、Cu、Mo、Ag、As、Sb 是其主要成矿元素或伴生元素,元素组合与区内毕利赫斑岩型金矿找矿模型一致,具有很好的找矿前景。区内已知的金矿床(点)较多,典型金矿床毕力赫中型、白乃庙小型金矿就分布其中。

综上可见,该预测区地质成矿条件极为有利,包含了成矿规律组划分的一个预测工作区,并与另一预测工作区在该区东部有部分重叠。从元素组合及矿化特征来看,推断有希望找到较大规模的金矿床,因此将其划分为斑岩型 A 类找矿预测区。

本次结合中大比例尺地质、化探资料,在该预测区的 15-Z-98 乙类综合异常区内圈定了一个最小预测区(详见本章第三节)。该最小预测区的地质环境、地球化学特征都与本预测区内斑岩型矿床的找矿模型极为相似,推断其良好的找矿前景。

(六)三个井岩浆热液型金矿找矿预测区(15-Y-A-2)

(1)预测区大地构造处于天山地槽褶皱系,北山华力西中期地槽褶皱带西部。元古宇、古生界、中生界大面积分布,元古宇以北山群为主,古生界以石炭系为主,中生界以白垩系为主。华力西期岩浆活动强烈,中酸性岩体分布广泛,北西向次级断裂构造发育。已发现金矿床(点)多与中酸性岩体有关。

(2)预测区位于黑鹰山-小狐狸山铁、金、铜、钼、铬成矿亚带上,对应于北山-阿拉善地球化学分区。区内有以 Au、As、Sb、Hg、Cu、Zn、Ag 为主的多元素局部异常,呈北西向条带状分布。规模较大的 Au 局部异常上,As、Sb、Cu 等主要共伴生元素具有较明显的浓度分带和浓集中心,并在空间上相互重叠或套合。

(3)预测区由 15-Z-8 乙、15-Z-9 乙、15-Z-10 乙、15-Z-11 甲、15-Z-18 乙、15-Z-19 乙 6 个综合异常组成,异常多分布于地层与中酸性岩体接触带及北西向次级断裂构造上,Au、As、Sb、Cu 是其主要成矿元素或伴生元素,元素组合与已建立的岩浆热液型铜矿找矿模型相近。区内已知的金、铜、铅等多金属矿床(点)较多,三个井岩浆热液型金矿床就分布其中。

综上可见,该预测区地质成矿条件极为有利,且位于成矿规律组划分的预测工作区内。从元素组合及矿化特征来看,推断有希望找到较大规模的金矿床,因此将其划分为岩浆热液型 A 类找矿预测区。

(七)新地沟变质热液型金矿找矿预测区(15-Y-A-15)

(1)预测区大地构造隶属华北陆块内蒙古台隆,集宁-凌源断裂贯穿全区。太古宇在预测区内广泛出露,中生界白垩系、侏罗系在预测区中部出露,中元古界仅在西部有小面积出露,预测区东北大部分被新近系覆盖。燕山期、华力西期岩浆活动较为强烈,基性、酸性岩体分布较广,变质深成侵入体较为发育。各已知金矿床(点)多与基性、酸性岩体及变质深成侵入体有关。

(2)预测区位于华北陆块北缘西段金、铁、铌、稀土、铜、铅、锌、银、镍、铂、钨、石墨、白云母成矿带上,对应于乌拉山-大青山地球化学分区。区内综合异常的元素组合以 Au、Cu、Zn、Ag、Pb、Fe_2O_3、Co、Ni、Mn 为主。异常规模除 Au、Pb 较小外,其他元素呈大面积连续分布。Cu、Zn、Fe_2O_3、Co、Ni、Mn 异常面积大,强度高,具明显的浓度分带和浓集中心,与 Au 异常吻合程度高。

(3)预测区由 15-Z-90乙、15-Z-91甲、15-Z-92乙 3个综合异常组成,异常所处区域主要出露地层为太古宇集宁岩群,侵入岩体主要为太古宙片麻岩、花岗岩,主要共伴生元素组合为 Au、Cu、Zn、Fe_2O_3、Co、Ni、Mn,其地质背景、地球化学特征与区内新地沟变质热液型金矿相似。

综上可见,该预测区地质成矿条件极为有利,且该区跨越了成矿规律组划分的两个预测工作区。从元素组合及矿化特征来看,推断有希望找到较大规模的金矿床,因此将其划分为变质热液型 A 类找矿预测区。

(八)巴彦温都尔岩浆热液型金矿找矿预测区(15-Y-A-18)

(1)预测区大地构造位于兴安地槽褶皱系,东乌珠穆沁旗华力西早期地槽褶皱带西部和二连浩特华力西晚期地槽褶皱带西部,锡林浩特北缘断裂带在预测区北部穿过。元古宇在预测区西南部和中部有出露,中生界白垩系、侏罗系和古生界志留系、泥盆系、二叠系局部出露。华力西期、燕山期岩浆活动异常强烈,超基性、基性、中酸性、酸性岩体遍布全区。各已知金矿床(点)多与元古宇及超基性、基性、中酸性、酸性岩体有关。

(2)预测区位于白乃庙-锡林郭勒铁、铜、钼、铅、锌、锰、铬、金、锗、煤、天然碱、芒硝成矿带上,对应于红格尔-锡林浩特-西乌珠穆沁旗-大石寨地球化学分区。区内有以 Au、As、Sb、Hg、Mo、Cu 为主的多元素局部异常,异常规模不大,强度较高,在空间上有较好的重叠或套合。

(3)预测区由 15-Z-95乙、15-Z-96甲、15-Z-97甲、15-Z-108丙、15-Z-109丙、15-Z-110乙、15-Z-111乙、15-Z-114乙 8个综合异常组成,异常多分布于地层与酸性岩体接触带及北东向断裂带上,Au、As、Sb、Hg、Mo、Cu 是其主要成矿元素或伴生元素,元素组合与区内的巴彦温都尔岩浆热液型金矿找矿模型相近。区内已知金矿床(点)较多,巴彦温都尔典型金矿床就分布其中。

综上可见,该预测区地质成矿条件有利,成矿规律组在该区还划分了一个预测工作区。从元素组合及矿化特征来看,推断有希望找到较大规模的金矿床,因此将其划分为岩浆热液型 A 类找矿预测区。

(九)古利库岩浆热液型金矿找矿预测区(15-Y-A-26)

(1)预测区大地构造位于兴安地槽褶皱系,东乌珠穆沁旗华力西早期地槽褶皱带东部。区内地层以中生界侏罗系、白垩系和古生界泥盆系中基性—中酸性火山熔岩、火山碎屑岩大面积分布为主,元古宇仅在预测区西部有小面积出露。华力西期岩浆活动强烈,酸性、中酸性侵入岩大面积发育。已发现的古利库中型岩浆热液型金矿床就位于该预测区内,其与侏罗系、白垩系、古生界泥盆系中基性—中酸性火山岩及华力西期酸性、中酸性岩体有关。

(2)预测区位于东乌珠穆沁旗-嫩江(中强挤压区)铜、钼、铅、锌、金、钨、锡、铬成矿带上,对应于莫尔道嘎-根河-鄂伦春地球化学分区。区内有以 Au、Cu、Pb、Zn、Ag、As、Sb、Hg 为主的多元素局部异常,异常规模较大,呈不规则状或北西向带状分布。Cu、Zn、Ag、Hg 元素异常与 Au 异常套合好。

(3)预测区由 15-Z-197乙、15-Z-198乙、15-Z-199乙、15-Z-200甲、15-Z-201乙 5个综合异常组成,异常位于地层与酸性岩体接触带上,异常区内岩浆活动强烈,Au、Cu、Zn、Ag、Hg 是其主要成矿元素或伴生元素,元素组合与岩浆热液型金矿找矿模型相近。

综上可见,该预测区地质成矿条件有利,且该区位于成矿规律组划分的一个预测工作区内。从元素组合及矿化特征来看,推断有希望找到中型或以上规模的金矿床,因此将其划分为岩浆热液型 A 类找矿预测区。

(十)老硐沟岩浆热液型金矿找矿预测区(15-Y-B-3)

(1)预测区大地构造处于天山地槽褶皱系,北山华力西晚期地槽褶皱带西部。元古宇大面积分布在预测区西北部和东南部,古生界奥陶系、志留系分布较零散且面积不大,中生界以下白垩统赤金堡组大面积分布,南部地段多被新近系、第四系所覆盖。燕山期—华力西期岩浆活动较为强烈,加里东期岩体仅在东南部出露,中酸性岩体分布较为广泛。老硐沟岩浆热液型金矿床就分布其中,主要与中新元古界浅变质岩系及加里东期中酸性岩体有关。

(2)预测区位于磁海-公婆泉铁、铜、金、铅、锌、钼、锰、钨、锡、铷、钒、铀、磷成矿带西部,对应于北山-阿拉善地球化学分区。区内有以 Au、As、Sb、Hg、Cu、Mo、Zn 为主的多元素局部异常,呈北西向或近东西向大面积连片或带状分布。规模较大的 Au 局部异常上,As、Sb、Cu 等主要共伴生元素异常强度均较高,浓度分带多达到三级,具有明显的浓集中心,并在空间上相互重叠或套合。

(3)预测区由 15-Z-5 乙、15-Z-12 乙、15-Z-13 甲、15-Z-14 乙、15-Z-15 乙、15-Z-16 乙、15-Z-20 乙、15-Z-21 乙、15-Z-22 乙、15-Z-23 乙、15-Z-24 乙、15-Z-25 甲 12 个综合异常组成,异常面积大,强度较高,多分布于元古宇圆藻山群和古生界中,Au、As、Sb、Cu 是其主要成矿元素或伴生元素,元素组合与岩浆热液型金矿找矿模型相近。区内已知的金、铜、钼、铅锌多金属矿床(点)较多。

综上可见,该预测区地质成矿条件有利,成矿规律组划分的一个预测工作区在该区东部有较大部分重叠。从元素组合及矿化特征来看,推断有希望找到中型或以上规模的金矿床,因此将其划分为岩浆热液型 B 类找矿预测区。

本次结合中大比例尺地质、化探资料,在该预测区的 15-Z-25 甲类综合异常区内圈定了一个最小预测区(详见本章第三节)。该最小预测区的地质环境、地球化学特征都与本预测区内典型矿床的找矿模型极为相似,推断其有良好的找矿前景。

(十一)巴音杭盖岩浆热液型金矿找矿预测区(15-Y-B-8)

(1)预测区大地构造处于内蒙古中部地槽褶皱系,西乌珠穆沁旗华力西晚期地槽褶皱带西部,阿尔金断裂带、迭布斯格断裂带均从预测区西部穿过,狼山断裂带位于预测区东部。元古宇、古生界奥陶系、中生界白垩系广泛分布于全区。华力西期岩浆活动较强,超基性、基性、中酸性岩体在预测区零散分布且面积不大。各已知金矿床多与元古宇及中酸性岩体有关。

(2)预测区位于白乃庙-锡林郭勒铁、铜、钼、铅、锌、锰、铬、金、锗、煤、天然碱、芒硝成矿带上,对应于巴彦查干-索伦山地球化学分区。区内有以 Au、As、Sb、Hg、Cu、Pb、Zn、Mo 为主的多元素局部异常,呈北东向带状分布。规模较大的 Au 局部异常上,As、Sb、Cu、Zn、Mo 等主要共伴生元素异常强度高,浓度分带多达到三级,浓集中心明显,并在空间上相互重叠或套合。

(3)预测区由 15-Z-49 甲、15-Z-50 甲、15-Z-52 乙 3 个综合异常组成,异常面积大,强度较高,多分布于元古宇和古生界奥陶系及断裂带上,Au、As、Sb、Cu、Zn、Mo 是其主要成矿元素或伴生元素,元素组合与岩浆热液型金矿找矿模型相近。区内已发现的金矿床(点)较多,规模均为小型,巴音杭盖岩浆热液型金矿床就位于其中。

综上可见,该预测区地质成矿条件有利,成矿规律组划分的一个预测工作区与该区大部分重叠。从元素组合及矿化特征来看,推断有希望找到中型或以上规模的金矿床,因此将其划分为岩浆热液型 B 类找矿预测区。

(十二)赛乌素岩浆热液型金矿找矿预测区(15-Y-B-11)

(1)预测区大地构造处于内蒙古中部地槽褶皱系,苏尼特右旗华力西晚期地槽褶皱带中部,华北陆块北缘断裂带贯穿东西。区内元古宇连续分布,中生界白垩系在预测区内大面积出露,古生界石炭系在北部有出露。北西向、北东向构造发育,燕山期、印支期岩浆活动较为强烈,各期次岩体遍布全区。各已知金、铜矿床(点)多与中新元古界及中酸性岩体有关。

(2)预测区跨越了白乃庙-锡林郭勒铁、铜、钼、铅、锌、锰、铬、金、锗、煤、天然碱、芒硝成矿带与华北陆块北缘西段金、铁、铌、稀土、铜、铅、锌、银、镍、铂、钨、石墨、白云母成矿带,对应于乌拉山-大青山地球化学分区。区内有以 Au、As、Sb、Hg、Cu、Pb、Zn、Ag、Mo 为主的多元素局部异常,呈近东西向带状展布。规模较大的 Au 局部异常上,As、Sb、Hg、Cu、Pb、Zn、Ag 等主要共伴生元素异常强度高,浓度分带多达到三级,浓集中心明显,并在空间上相互重叠或套合。

(3)预测区由 15-Z-55 甲、15-Z-66 甲、615-Z-67 乙 3 个综合异常组成,异常面积大,强度高,多分布于元古宇与中酸性岩体接触带及近东西向断裂带上,Au、As、Sb、Hg、Cu、Pb、Zn、Ag 是其主要成矿元素或伴生元素,元素组合与岩浆热液型金矿找矿模型相近。区内已知的金、铜、铅锌多金属矿床(点)较多,典型的赛乌素岩浆热液型金矿床就分布其中。

综上可见,该预测区地质成矿条件有利,成矿规律组划分的一个预测工作区完全包含了该区。从元素组合及矿化特征来看,推断有希望找到中型或以上规模的金矿床,因此将其划分为岩浆热液型 B 类找矿预测区。

(十三)四子王旗砂金矿找矿预测区(15-Y-B-14)

(1)预测区大地构造隶属华北地台北缘,狼山-白云鄂博台缘裂陷带,位于华北陆块北缘断裂带以南。中元古界、中生界白垩系在预测区零星出露,其余地段被新近系、第四系所覆盖。二叠纪花岗岩体广泛出露。

(2)预测区位于华北陆块北缘西段金、铁、铌、稀土、铜、铅、锌、银、镍、铂、钨、石墨、白云母成矿带上,对应于乌拉山-大青山地球化学分区。区内异常以 Au 为主,伴有 Mo、Ag 等元素的局部异常,异常规模不大,展布方向不明显。

(3)预测区由 15-Z-73 丙、15-Z-74 乙、15-Z-75 乙、15-Z-84 乙、15-Z-85 乙、15-Z-86 乙、15-Z-87 乙、15-Z-88 乙、15-Z-89 丙 9 个综合异常组成,异常分布于新近系砂岩及二叠纪花岗岩体中,元素组合较为简单,以 Au 单异常为主。

成矿规律组未在该预测区划分预测工作区,但从上述条件可见,该预测区地质成矿条件较为有利,见小型砂金矿床分布。从元素组合及矿化特征来看,推断有希望找到较大规模的金矿床,因此将其划分为砂金矿 B 类找矿预测区。

(十四)赤峰市岩浆热液型金矿找矿预测区(15-Y-B-20)

(1)预测区大地构造位于内蒙古中部地槽褶皱系,温都尔庙-翁牛特旗加里东期地槽褶皱带东部,华北陆块北缘断裂带贯穿全区。中生界白垩系在预测区广泛出露,太古宇、元古宇零星分布。元古宙、燕山期基性、中酸性、酸性岩体在预测区内零星发育,变质深成侵入体在预测区南部有较大面积发育。各已知金矿床(点)多与太古宇、元古宇及基性、中酸性、酸性岩体有关。

(2)预测区位于内蒙古隆起东段铁、铜、钼、铅、锌、金、银成矿亚带和小东沟-小营子钼、铅、锌、铜成矿亚带上,对应于宝昌-多伦-赤峰地球化学分区。区内有以 Au、Pb、Zn、Ag 为主的多元素局部异常,异常面积较小,强度较高,在空间上相互重叠或套合较好。

(3)预测区由 15-Z-143 甲、15-Z-144 甲、15-Z-156 甲、15-Z-157 乙 4 个综合异常组成,异常多分布于花岗岩体中,Au、Pb、Zn、Ag 是其主要成矿元素或伴生元素,元素组合与岩浆热液型金矿找矿模型相近。区内已知的金矿床(点)很多,中型矿床就达 4 处。

综上可见,该预测区地质成矿条件极为有利,成矿规律组划分的预测工作区完全包含了该区。从元素组合及矿化特征来看,是寻找岩浆热液型金矿产资源非常有利的地区,但该区前期的工作或工程控制程度较高,所圈的每个综合异常内几乎都有大小不等的金矿床存在,继续寻找大型及以上规模金矿床的希望不大,因此将其评定为岩浆热液型 B 类找矿预测区。

(十五)新巴尔虎右旗岩浆热液型金矿找矿预测区(15-Y-B-23)

(1)预测区大地构造位于兴安地槽褶皱系,额尔古纳新元古代地槽褶皱带西南部,额尔古纳断裂带贯穿南北,额尔齐斯-得尔布干断裂带在预测区西部经过。中生界侏罗系酸性—中基性火山熔岩、火山碎屑岩和白垩系大磨拐河组、梅勒图组大面积连片分布;新生界新近系、第四系集中分布在南半部;元古宇震旦系额尔古纳河组浅变质岩系在北部零星出露。北东向、北西向断裂构造发育。华力西期、燕山期岩浆活动较为强烈,中酸性、酸性岩体分布较广。

(2)预测区位于八大关-陈巴尔虎旗铜、钼、铅、锌、银、锰成矿亚带上,对应于莫尔道嘎-根河-鄂伦春地球化学分区。区内有以 Au、As、Sb、Hg、Mo、Cu、Pb、Zn、Ag 为主的多元素局部异常,呈不规则带状分布。规模较大的 Au 局部异常上,Cu、Pb、Zn、Ag、As、Sb、Mo 等主要共伴生元素在空间上相互重叠或套合,各异常面积较大,强度高,具明显的浓度分带和浓集中心。

(3)预测区由 15-Z-115 乙、15-Z-116 乙、15-Z-117 乙、15-Z-118 乙、15-Z-119 乙、15-Z-120 乙、15-Z-121 乙、15-Z-122 丙、15-Z-123 乙 9 个综合异常组成,异常多分布于酸性—中基性火山岩、火山碎屑岩内或地层与华力西期、燕山期花岗岩、花岗闪长岩接触带及北东向、北西向断裂带上,Au、As、Sb、Cu、Pb、Zn、Ag、Mo 是其主要成矿元素或伴生元素,元素组合与岩浆热液型金矿找矿模型相近。

成矿规律组未在该预测区划分预测工作区,但从上述条件可见,该预测区地质成矿条件有利,从元素组合及矿化特征来看,推断有希望找到较大规模的金矿床,因此将其划分为岩浆热液型 B 类找矿预测区。

(十六)四五牧场岩浆热液型金矿找矿预测区(15-Y-B-24)

(1)预测区大地构造位于兴安地槽褶皱系,额尔古纳新元古代地槽褶皱带中南部,额尔齐斯-得尔布干断裂带从预测区西部穿过。预测区内中生界侏罗系中性—中酸性火山熔岩、火山碎屑岩大面积分布,古生界奥陶系、石炭系碎屑岩仅在东部小面积出露。燕山期、华力西期中酸性岩体分别在西部和东部局部发育。四五牧场金矿床就位于该预测区内,主要与侏罗系中性—中酸性火山岩有关。

(2)预测区位于八大关-陈巴尔虎旗铜、钼、铅、锌、银、锰成矿亚带上,对应于莫尔道嘎-根河-鄂伦春地球化学分区。区内有以 Au、As、Sb、Mo、Cu、Pb、Zn、Ag 为主的多元素局部异常,呈不规则面状或北东向串珠状分布。规模较大的 Au 局部异常上,Cu、Ag、Pb、Zn、Sb、Mo 等主要共伴生元素具有明显的浓度分带和浓集中心,并在空间上相互重叠或套合。

(3)预测区由 15-Z-140 乙、15-Z-141 乙、15-Z-148 乙、15-Z-149 乙、15-Z-150 甲 5 个综合异常组成,异常多分布于中性、中基性火山熔岩、火山碎屑岩内或地层与燕山期花岗岩、花岗闪长岩接触带及北东向断裂带上,Au、Cu、Ag、Pb、Zn、Sb、Mo 是其主要成矿元素或伴生元素,元素组合与岩浆热液型金矿找矿模型相近。区内已知金、钼、铜、银多金属矿床(点)较多,四五牧场典型岩浆热液型金矿床就分布其中。

综上可见,该预测区地质成矿条件有利,成矿规律组划分的一个预测工作区完全包含了该区。从元素组合及矿化特征来看,推断有希望找到中型或大型以上规模的金矿床,因此将其划分为岩浆热液型 B 类找矿预测区。

(十七)西牛耳河砂金矿找矿预测区(15-Y-B-28)

(1)预测区大地构造处于内蒙古兴安地槽褶皱系,额尔古纳新元古代地槽褶皱带东北部,额尔古纳断裂带贯穿预测区西部。出露地层以中、新元古界为主,中生界侏罗系、古生界志留系零星出露。北东向、北西向构造发育。岩浆活动极为强烈,以印支期中酸性岩体为主,燕山期中酸性岩体在预测区北部出露。各综合异常主要与元古宇及中酸性岩体有关。

(2)预测区位于新巴尔虎右旗-根河(拉张区)铜、钼、铅、锌、银、金、萤石、煤(铀)成矿带上,对应于莫尔道嘎-根河-鄂伦春地球化学分区。区内有以 Au、As、Sb、Hg、Cu、Pb、Zn、Ag 为主的多元素局部异常,呈不规则面状分布。规模较大的 Au 局部异常上,Cu、Pb、Zn、Au、As、Sb 等主要共伴生元素具有明显的浓度分带和浓集中心,并在空间上相互重叠或套合。

(3)预测区由 15-Z-163 乙、15-Z-164 丙、15-Z-165 甲、15-Z-166 甲、15-Z-170 乙、15-Z-171 乙 6 个综合异常组成,异常多分布于地层与中酸性岩体接触带上,Au、Cu、Pb、Zn、Au、As、Sb 是其主要成矿元素或伴生元素,元素组分较多。区内已发现金矿床(点)较多,且均为砂金矿。

综上可见,该预测区断裂构造发育,岩浆活动强烈,成矿规律组划分的预测工作区与该区南部部分重叠。从元素组合及矿化特征来看,该区找矿前景良好,因此将其划分为砂金矿 B 类找矿预测区。

(十八)八道卡砂金矿找矿预测区(15-Y-B-29)

(1)预测区大地构造处于内蒙古兴安地槽褶皱系,额尔古纳新元古代地槽褶皱带东北部。区内地层以中生界侏罗系、白垩系为主,元古宇小面积局部出露。元古宙、燕山期基性、中酸性、酸性岩体遍布全区。各已知金矿点多与元古宙、燕山期中性、中酸性、酸性岩体有关。

(2)预测区位于新巴尔虎右旗-根河(拉张区)铜、钼、铅、锌、银、金、萤石煤(铀)成矿带上,对应于莫尔道嘎-根河-鄂伦春地球化学分区。区内异常以 Au 为主,伴有 Hg、As 等元素的局部异常,异常规模不大,展布方向不明显。

(3)预测区由 15-Z-158 甲、15-Z-159 丙、15-Z-160 甲、15-Z-161 丙、15-Z-162 乙、15-Z-168 甲、15-Z-169 甲 7 个综合异常组成,异常区内岩浆活动强烈,中酸性花岗岩体极为发育,元素组分较为简单,以 Au 单异常为主。

综上可见,该预测区地质成矿条件有利,见多处中型砂金矿床分布,成矿规律组划分的一个预测工作区位于该区内。从元素组合及矿化特征来看,推断有希望找到较大规模的金矿床,因此将其划分为砂金矿 B 类找矿预测区。

(十九)甜水井岩浆热液型金矿找矿预测区(15-Y-C-1)

(1)预测区大地构造属天山地槽褶皱系,北山华力西中期地槽褶皱带西部。古生界以泥盆系、石炭系为主,中生界下白垩统新民堡群大面积分布。北西向断裂构造发育。预测区南部石炭纪岩浆活动强烈,中酸性岩体分布广泛。

(2)预测区位于黑鹰山-小狐狸山铁、金、铜、钼、铬成矿亚带上,对应于北山-阿拉善地球化学分区。区内有以 Au、As、Sb、Mo、Zn、Cu 为主的多元素局部异常,呈北西向带状分布。规模较大的 Au 局部异常上,As、Sb、Zn、Cu 等主要共伴生元素异常强度较高,浓度分带多达到三级,具有明显的浓集中心,并在空间上相互重叠或套合。

(3)预测区由 15-Z-1 乙、15-Z-2 乙、15-Z-3 乙、15-Z-6 乙、15-Z-7 乙 5 个综合异常组成,异常面积较大,强度较高,多分布于石炭系、石炭纪中酸性花岗岩体及北西向断裂带上,Au、As、Sb、Zn、Cu 是其主要成矿元素或伴生元素,元素组合与岩浆热液型金矿特征元素组合相近。该预测区到目前为止尚未发现成规模的金矿,但从元素组合特征、综合异常评级及成矿地质条件等分析,仍有希望寻找到金矿产资源,且该区位于成矿规律组划分的一个预测工作区内,因此将其评定为岩浆热液型 C 类找矿预测区。

(二十)克克桃勒盖岩浆热液型金矿找矿预测区(15-Y-C-4)

(1)预测区大地构造位于天山地槽褶皱系,北山华力西中期地槽褶皱带东部。中生界白垩系大面积分布,古生界奥陶系、泥盆系、石炭系面积较大,古元古界额济纳分区北山群分布面积较大。华力西期岩浆活动较为强烈,中酸性岩体分布在全区中部。北东向断裂构造较为发育。

(2)预测区位于黑鹰山-小狐狸山铁、金、铜、钼、铬成矿亚带上,对应于北山-阿拉善地球化学分区。区内有以Au、As、Sb、Mo、Cu、Zn为主的多元素局部异常,呈北西向或北东向条带状分布。规模较大的Au局部异常上,Cu、As、Sb、Zn、Mo等主要共伴生元素具有较明显的浓度分带和浓集中心,并在空间上相互重叠或套合。

(3)预测区由15-Z-28丙、15-Z-29乙、15-Z-31乙3个综合异常组成,异常多分布于地层与酸性、中酸性花岗岩体接触带及北东向、北西向断层上,Au、Cu、As、Sb、Zn、Mo是其主要成矿元素或伴生元素,元素组合与岩浆热液型金矿找矿模型相近。该预测区到目前为止虽没有已知的金矿床或矿点,成矿规律组也未在该区划分预测工作区,但从元素组合特征、综合异常评级及地质环境分析,仍有希望寻找到金矿产资源,因此将其划分为岩浆热液型C类找矿预测区。

(二十一)伊和扎格敖包-哈日奥日布格岩浆热液型金矿找矿预测区(15-Y-C-5)

(1)预测区大地构造位于天山地槽褶皱系,北山华力西晚期地槽褶皱带东部,阿尔金断裂带在预测区南部经过。中生界白垩系大面积分布,古生界志留系、泥盆系、石炭系、二叠系局部有出露,中新元古界浅变质岩系在全区零星分布且面积不大。印支期、华力西期中酸性、酸性侵入岩遍布全区,但面积不大。各已知金矿点与古生界及中酸性岩体有关。

(2)预测区位于珠斯楞-乌拉尚德铜、金、镍、铅、锌、煤成矿亚带上,对应于北山-阿拉善地球化学分区。区内有以Au、As、Sb、Hg、Mo、Cu、Ag为主的多元素局部异常,呈大面积连片或北东向串珠状分布。规模较大的Au局部异常上,As、Sb、Hg、Cu、Mo等主要共伴生元素在空间上相互重叠或套合,各元素异常面积大,均具有明显的浓度分带和浓集中心。

(3)预测区由15-Z-32乙、15-Z-33乙、15-Z-34乙、15-Z-35丙、15-Z-36乙5个综合异常组成,异常面积大,强度较高,多分布于北西向、北东向断裂带上,Au、As、Sb、Hg、Cu、Mo是其主要成矿元素或伴生元素,与岩浆热液型金矿找矿模型相近。该预测区到目前为止已知的金矿床或矿点很少,且品位较低,成矿规律组也未在该区划分预测工作区,但从其元素组合特征、综合异常评级及地质环境分析,仍有希望寻找到金矿产资源,因此将其划分为C类找矿预测区。

(二十二)乌兰呼海-本巴图岩浆热液型金矿找矿预测区(15-Y-C-6)

(1)预测区大地构造位于内蒙古中部地槽褶皱系,苏尼特右旗华力西晚期地槽褶皱带中西部,北东东向阿尔金断裂带、阿拉善北缘断裂带分别在区内的北部和南部穿过。中生界白垩系大面积分布,古生界石炭系局部出露。印支期、华力西期岩浆活动强烈,酸性—超基性侵入岩均有发育,但以中酸性侵入岩为主。

(2)预测区位于白乃庙-锡林郭勒铁、铜、钼、铅、锌、锰、铬、金、锗、煤、天然碱、芒硝成矿带上,对应于狼山-色尔腾山地球化学分区。区内有以Au、As、Sb、Hg、Mo、Cu、Zn为主的多元素局部异常,呈不规则面状或北东向带状分布。规模较大的Au局部异常上,As、Sb、Cu、Zn、Mo等主要共伴生元素在空间上相互重叠或套合,多数异常面积较大,具有明显的浓度分带和浓集中心。

(3)预测区由15-Z-37乙、15-Z-38乙、15-Z-39乙、15-Z-42乙、15-Z-43乙5个综合异常组成,异常面积大,强度较高,多分布于大的断裂带附近,Au、As、Sb、Cu、Zn、Mo是其主要成矿元素或伴生元素,与岩浆热液型金矿找矿模型相近。该预测区到目前为止已知的金矿床或矿化点很少,且品位不高,成矿规律组也未在该区划分预测工作区,但从其元素组合特征、综合异常评级及地质环境分析,仍有希望寻找到金矿产资源,因此将其划分为岩浆热液型C类找矿预测区。

(二十三)丰镇市岩浆热液型金矿找矿预测区(15-Y-C-16)

(1)预测区大地构造隶属华北陆块内蒙古台隆。太古宇在预测区东部大面积出露,西部和南部有零星分布,中生界白垩系主要在西部小面积出露,其余大部分被第四系、新近系覆盖。燕山期中酸性、酸性岩体零星分布,变质深成侵入体局部发育。

(2)预测区位于华北陆块北缘西段金、铁、铌、稀土、铜、铅、锌、银、镍、铂、钨、石墨、白云母成矿带上,对应于乌拉山-大青山地球化学分区。区内异常元素组合以 Au、Cu、Zn、Mo、Fe_2O_3、Ni 为主,伴有 Pb、Ag、Hg 等元素异常。各主要元素异常面积大,强度高,套合好,具明显的浓度分带和浓集中心。

(3)预测区由 15-Z-94 乙、15-Z-103 甲、15-Z-104 乙、15-Z-105 乙、15-Z-106 乙、15-Z-107 乙 6 个综合异常组成,异常多位于地层与岩体的接触带上,主要共伴生元素组合为 Au、Cu、Zn、Mo、Fe_2O_3、Ni,元素组合与岩浆热液型金矿找矿模型相近。该预测区有一处小型金矿床,成矿规律组也未在该区划分预测工作区,但从元素组合特征、综合异常评级及成矿地质条件等分析,该区仍有希望寻找到金矿产资源,因此将其评定为岩浆热液型 C 类找矿预测区。

(二十四)商都金矿找矿预测区(15-Y-C-17)

(1)预测区大地构造隶属华北陆块内蒙古台隆。元古宇在预测区北部小面积出露,其余大部分被第四系、新近系覆盖。华力西期中酸性岩体较为发育。

(2)预测区位于华北陆块北缘西段金、铁、铌、稀土、铜、铅、锌、银、镍、铂、钨、石墨、白云母成矿带上,对应于乌拉山-大青山地球化学分区。区内异常元素组合以 Au、Cu、Zn、Hg、Fe_2O_3、Co、Ni、Mn 为主,局部伴有 Pb、Ag、As 等元素异常。各主要元素异常面积不大,强度较高,套合好。

(3)预测区由 15-Z-101 乙、15-Z-102 乙 2 个综合异常组成,异常多位于地层与岩体的接触带上,主要共伴生元素组合为 Au、Cu、Zn、Hg、Fe_2O_3、Co、Ni、Mn,元素组合比较复杂。该预测区到目前为止虽没有已知的矿床或矿化点,成矿规律组也未在该区划分预测工作区,但从元素组合特征、综合异常评级及地质环境分析,仍有希望寻找到金矿产资源,因此将其划分为 C 类找矿预测区。

(二十五)呼日林敖包岩浆热液型金矿找矿预测区(15-Y-C-19)

(1)预测区大地构造位于内蒙古中部地槽褶皱系,苏尼特右旗华力西晚期地槽褶皱带东部,锡林浩特北缘断裂带在预测区北部穿过。中生界侏罗系在预测区内大面积出露,白垩系仅局部小面积出露,古生界石炭系、二叠系在北部、南部均有出露。华力西期、燕山期岩浆活动较为强烈,基性、酸性岩体极为发育。

(2)预测区位于突泉-翁牛特铅、锌、银、铜、铁、锡、稀土成矿带内,对应于红格尔-锡林浩特-西乌珠穆沁旗-大石寨地球化学分区。区内有以 Au、As、Sb、Hg、Pb、Ag 为主的多元素局部异常,其中 Ag、Hg 异常规模较大,其他元素异常规模都较小,各元素异常空间上吻合程度较高。

(3)预测区由 15-Z-127 丙、15-Z-128 乙、15-Z-130 乙、15-Z-131 乙、15-Z-138 甲 5 个综合异常组成,异常多分布于二叠系中,部分异常受断裂带的控制。Au、As、Sb、Hg、Ag 是其主要成矿元素或伴生元素,元素组合与岩浆热液型金矿找矿模型相近。区内已知的金矿床仅有一处,规模为小型,成矿规律组也未在该区划分预测工作区,从其元素组合特征、综合异常评级及地质环境分析,该区有一定的找矿前景,因此将其划分为岩浆热液型 C 类找矿预测区。

(二十六)杨木沟金矿找矿预测区(15-Y-C-21)

(1)该预测区大地构造隶属内蒙古兴安地槽褶皱系。区内以中生界侏罗系为主,大面积出露,白垩系仅在南部有出露,古生界二叠系在东北部有较大面积出露。燕山期、华力西期中酸性、酸性岩体在预测区东部较为发育。

(2)预测区位于突泉-翁牛特铅、锌、银、铜、铁、锡、稀土成矿带,对应于红格尔-锡林浩特-西乌珠穆沁旗-大石寨地球化学分区。区内主要的元素组合为 Au、As、Sb、Cu、Pb、Zn、Ag、Fe_2O_3、Co、Ni、Mn、Mo,其中 As、Sb 异常面积大,形状极不规则,Cu、Pb、Zn、Ag、Fe_2O_3、Co、Ni、Mn 异常面积次之,主体呈北西向带状展布，Au、Mo 面积最小，展布方向不明显。各元素异常强度高，套合好。

(3)预测区由 15-Z-167 丙、15-Z-177 乙 2 个综合异常组成，异常面积较大，强度高，Au、As、Sb、Cu、Pb、Zn、Ag、Fe_2O_3、Co、Ni、Mn、Mo 是其主要成矿元素或伴生元素，元素组合复杂。预测区到目前为止尚未发现金矿化，成矿规律组也未在该区划分预测工作区，但从元素组合特征、综合异常评级及成矿地质条件等分析，仍有希望寻找到金矿产资源，因此将其评定为 C 类找矿预测区。

(二十七)罕达盖岩浆热液型金矿找矿预测区(15-Y-C-22)

(1)该预测区大地构造隶属兴安地槽褶皱系，东乌珠穆沁旗华力西早期地槽褶皱带中部。古生界奥陶系、志留系、泥盆系、石炭系在预测区内大面积出露，中生界侏罗系广泛分布，面积较大。燕山期、华力西期中性、中酸性、酸性岩体在预测区内广泛发育。

(2)预测区位于东乌珠穆沁旗-嫩江(中强挤压区)铜、钼、铅、锌、金、钨、锡、铬成矿带上，对应于二连-东乌珠穆沁旗地球化学分区。区内存在以 Au、Ag、Pb、Zn、Cu 为主的多元素局部异常，各主要元素在该区西部形成一条北西向异常带；Au 元素除在上述异常带上存在近东西向条带状异常和面状异常外，在北部也形成了强度较高的局部异常。预测区内各主要元素异常均达到了三级浓度分带，相互之间套合程度较高。

(3)预测区内的区域地球化学异常主要由 15-Z-151 乙、15-Z-152 乙、15-Z-153 乙、15-Z-154 乙 4 个综合异常组成，异常规模较大，多分布于泥盆系、奥陶系中，Au、Ag、Pb、Zn、Cu 是其主要成矿元素或伴生元素，元素组合与岩浆热液型金矿找矿模型相近。该预测区到目前为止尚未发现金矿床(点)，成矿规律组也未在该区划分预测工作区，但从元素组合特征、综合异常评级及成矿地质条件等分析，仍有希望寻找到金矿产资源，因此将其评定为岩浆热液型 C 类找矿预测区。

(二十八)巴日戈里岩浆热液型金矿找矿预测区(15-Y-C-25)

(1)预测区大地构造位于兴安地槽褶皱系，东乌珠穆沁旗华力西早期地槽褶皱带东部。预测区内地层以中生界侏罗系、白垩系中基性、中性火山熔岩、火山碎屑岩广泛分布为主，局部出露古生界泥盆系中基性、酸性火山岩，元古宇在预测区北部有小面积出露。燕山期、华力西期岩浆活动强烈，中酸性、酸性岩体大面积遍布全区。

(2)预测区位于东乌珠穆沁旗-嫩江(中强挤压区)铜、钼、铅、锌、金、钨、锡、铬成矿带上，对应于莫尔道嘎-根河-鄂伦春地球化学分区。区内有以 Au、Cu、Pb、Zn、Ag、Hg 为主的多元素局部异常，异常规模不大，呈不规则状。Pb、Zn、Ag、Hg 元素异常与 Au 异常套合好。

(3)预测区由 15-Z-185 乙、15-Z-186 乙、15-Z-187 丙、15-Z-188 乙、15-Z-189 乙、15-Z-190 乙、15-Z-191 丙 7 个综合异常组成，异常区内岩浆活动极为强烈，Au、Cu、Pb、Zn、Ag、Hg 是其主要成矿元素或伴生元素，元素组合与岩浆热液型找矿模型相近。该预测区到目前为止尚未发现金矿床(点)，成矿规律组也未在该区划分预测工作区，但从元素组合特征、综合异常评级及成矿地质条件等分析，仍有希望寻找到金矿产资源，因此将其评定为岩浆热液型 C 类找矿预测区。

(二十九)金河镇金矿找矿预测区(15-Y-C-27)

(1)预测区大地构造位于兴安地槽褶皱系，额尔古纳新元古代地槽褶皱带东北部和牙克石华力西中期地槽褶皱带东北部，额尔齐斯-得尔布干断裂带贯穿南北。预测区内地层以中生界侏罗系、白垩系中基性—酸性火山熔岩、火山碎屑岩为主。燕山期、华力西期岩浆活动较为强烈，中酸性、酸性岩体在预测区的西部大面积发育。

(2)预测区位于新巴尔虎右旗-根河(拉张区)铜、钼、铅、锌、银、金、萤石、煤(铀)成矿带上，对应于莫尔道嘎-根河-鄂伦春地球化学分区。区内有以 Au、Mo、Cu、Pb、Zn、Ag、Mn 为主的多元素局部异常，呈北东向或北西向带状分布，与断裂延伸方向一致。规模较大的 Au 局部异常上，Pb、Zn、Mo、Mn 等主要共伴生元素具有明显的浓度分带和浓集中心,并在空间上相互重叠或套合。

(3)预测区由15-Z-172丙、15-Z-173乙、15-Z-180丙、15-Z-181丙、15-Z-182丙、15-Z-183丙6个综合异常组成,异常多分布于侏罗系或各级断裂带上,Au、Pb、Zn、Mo、Mn是其主要成矿元素或伴生元素,元素组合与已建模的金矿床类型均不符。该预测区到目前为止尚未发现金矿床(点),成矿规律组也未在该区划分预测工作区,但从元素组合特征、综合异常评级及成矿地质条件等分析,仍有希望寻找到金矿产资源,因此将其评定为C类找矿预测区。

三、铅矿

本次共圈定铅矿地球化学找矿预测区20个,包含4种成因类型,其中沉积型2个,热液型15个,矽卡岩型2个,成因不明型1个(图6-3,表6-3)。其中A级预测区8个,B级预测区3个,C级预测区9个。

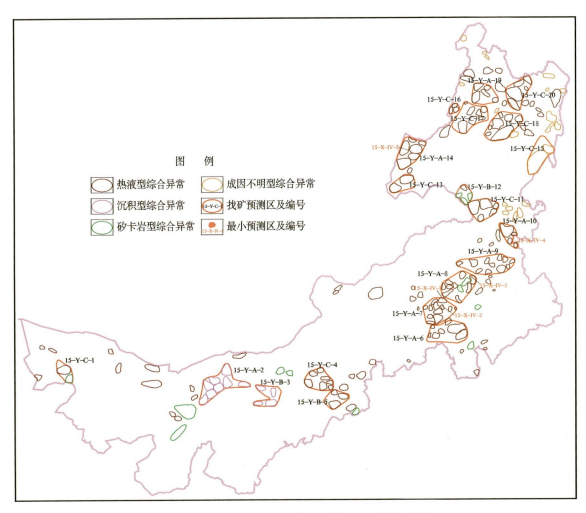

图6-3 内蒙古自治区铅矿地球化学找矿预测示意图

表6-3 内蒙古自治区铅矿地球化学找矿预测区圈定结果一览表

找矿预测区编号	找矿预测区名称	成因类型	级别
15-Y-C-1	月牙山热液型铅矿找矿预测区	热液型	C
15-Y-A-2	东升庙沉积型铅矿找矿预测区	沉积型	A
15-Y-B-3	乌拉特前旗沉积型铅矿找矿预测区	沉积型	B
15-Y-C-4	四子王旗热液型铅矿找矿预测区	热液型	C
15-Y-B-5	李清地热液型铅矿找矿预测区	热液型	B
15-Y-A-6	余家窝铺热液型铅矿找矿预测区	热液型	A
15-Y-A-7	拜仁达坝热液型铅矿找矿预测区	热液型	A
15-Y-A-8	白音诺尔矽卡岩型铅矿找矿预测区	矽卡岩型	A
15-Y-A-9	孟恩陶勒盖热液型铅矿找矿预测区	热液型	A
15-Y-A-10	长春岭热液型铅矿找矿预测区	热液型	A
15-Y-C-11	阿尔山热液型铅矿找矿预测区	热液型	C
15-Y-B-12	罕达盖矽卡岩型铅矿找矿预测区	矽卡岩型	B
15-Y-C-13	巴彦乌拉热液型铅矿找矿预测区	热液型	C
15-Y-A-14	甲乌拉热液型铅矿找矿预测区	热液型	A
15-Y-C-15	太平庄铅矿找矿预测区	成因不明型	C
15-Y-C-16	黑山头热液型铅矿找矿预测区	热液型	C
15-Y-C-17	陈巴尔虎旗热液型铅矿找矿预测区	热液型	C
15-Y-C-18	库都尔热液型铅矿找矿预测区	热液型	C
15-Y-A-19	比利亚古热液型铅矿找矿预测区	热液型	A
15-Y-C-20	甘河热液型铅矿找矿预测区	热液型	C

(一)拜仁达坝热液型铅矿找矿预测区(15-Y-A-7)

(1)该预测区大地构造处于内蒙古中部地槽褶皱带,位于突泉-翁牛特铅、锌、银、铜、铁、锡、稀土成矿带。古生界二叠系、中生界侏罗系大面积分布,第四系分布于预测区西南部。各期岩浆活动强烈,中性、酸性、中酸性岩体分布广泛。

(2)预测区内的元素组合较为齐全,低温、中温、高温元素均有较好的异常显示。主要成矿元素Pb、Zn、Ag、Sn异常规模大,分布范围广,异常强度高,具有明显的浓度分带和浓集中心,且相互之间套合好;Cu元素作为主要的伴生元素,与Pb、Zn一起成矿,异常显示规模不大,但浓集程度高,达三级浓度分带,与Pb、Zn也达到一定程度的套合。

(3)预测区内共有12个综合异常,均为热液成因,包括6个甲类异常和6个乙类异常。区内已探明的矿床(点)较多,有铅锌、铜、钼、锡等多个多金属矿床(点),成因类型均为与中酸性岩体有关的热液型或矽卡岩型,因此将本预测区成因类型定为热液型。拜仁达坝大型铅锌银多金属矿床位于该区,区内古生界二叠系广泛分布,是主要的赋矿地层,该地层周围酸性岩体极度发育,地层与岩体的接触带是寻找热液型铅锌矿产资源的有利部位,本区多数综合异常均产于该类地质环境,成矿规律组在该区还划分了一个预测工作区。依据大比例尺地质、化探资料,在本预测区内的15-Z-85甲、15-Z-68乙类综合异常上各圈定出一个最小预测区,推断在该区域具有很好的找矿前景,因此将本预测区划分为A级找矿预测区。

(二)白音诺尔矽卡岩型铅矿找矿预测区(15-Y-A-8)

(1)该预测区大地构造处于内蒙古中部地槽褶皱带,位于突泉-翁牛特铅、锌、银、铜、铁、锡、稀土成矿带,北东向锡林浩特北缘断裂带从预测区西北部穿过,大兴安岭-太行山断裂贯穿其中。古生界二叠系、中生界侏罗系遍布全区。燕山期岩浆活动较强,超基性、基性、中性、中酸性、酸性岩体极度发育。

(2)预测区内以热液类元素异常为主,异常元素组合有 Pb、Zn、Ag、Cu、As、Sb、Cd、W、Sn、Bi 等。其中 Pb、Zn、Ag、Sn、Cu 为成矿元素,异常强度较高,浓度分带均达到了三级;Pb、Zn 异常总体上呈北东向条带状展布,Ag、Sn 异常规模较大,形成一条北东向异常带,而 Cu 异常规模较小,呈星散状分布。综合异常区内主成矿元素与伴生元素浓集程度高,空间重叠性好。

(3)本预测区内圈定的综合异常成因类型有热液型、矽卡岩型,共有 11 个,其中 9 个为甲类,2 个为乙类。不同规模的铅锌矿床(点)遍布整个找矿预测区,其中规模最大的白音诺尔矽卡岩型铅锌矿床产于大兴安岭-太行山断裂带附近,在该断裂带附近还产出浩布高、乃林坝矽卡岩型铅锌矿,可见断裂带附近的次级断裂、地层与岩体接触带是寻找矽卡岩型铅锌矿产的有利地段,成矿规律组在该区还划分了一个预测工作区。根据大比例尺地质、化探资料,在本预测区内甲类综合异常上圈定出一处最小预测区,推断在该区域具有一定的找矿潜力,因此将本预测区划分为 A 级找矿预测区。

(三)长春岭热液型铅矿找矿预测区(15-Y-A-10)

(1)该预测区大地构造处于内蒙古兴安地槽褶皱带,位于突泉-翁牛特铅、锌、银、铜、铁、锡、稀土成矿带,大兴安岭-太行山断裂带从预测区西侧穿过。古生界二叠系、中生界侏罗系遍布全区,预测区东北部边缘地带被第四系覆盖。燕山期、华力西期岩浆活动强烈,中酸性、酸性岩体极为发育。

(2)预测区内异常元素组合为 Pb、Zn、Ag、Cu、Au、As、Sb、Sn、Bi 等热液类元素,形成一条北北西向多元素异常带,其中 Pb、Zn、Ag 为成矿元素,其他为伴生元素。Pb、Zn、Ag、Au、Cu 异常规模较大,呈面状或北北西向条带状分布,各元素异常强度高,均达到了三级浓度分带。

(3)预测区内共圈定了 4 个综合异常,包括 2 个甲类,1 个乙类,1 个丙类,均为热液成因。区内已发现的铅锌矿床(点),多与出露的侏罗系、二叠系及中酸性、酸性岩体有关。区内分布的多元素异常带出露二叠系哲斯组与燕山期中酸性岩体,该类地质体在本区广泛分布。长春岭热液型铅锌银多金属矿床位于本区,区内综合异常元素组合及所处地质环境与该矿床相似,推测本区具有寻找热液型铅锌多金属矿的可能,成矿规律组划分的预测工作区与该区南部重叠。根据大比例尺地质、化探资料,在本区还圈定出一处最小预测区,该区域成矿地质背景条件有利,因此将本区确定为热液型 A 级找矿预测区。

(四)甲乌拉热液型铅矿找矿预测区(15-Y-A-14)

(1)该预测区大地构造处于内蒙古兴安地槽褶皱带,额尔齐斯-得尔布干断裂带西侧,位于新巴尔虎右旗-根河(拉张区)铜、钼、铅、锌、银、金、萤石、煤(铀)成矿带。中生界侏罗系大面积分布,白垩系面积略小,元古宇、第四系、新近系零星分布。北西向、北东向断裂构造纵横交错。燕山期、华力西期岩浆活动强烈,中酸性、酸性岩体发育。

(2)预测区内综合异常主要元素组合为 Pb、Zn、Ag、Au、As、Sb、Hg、Mn、Fe_2O_3、W、Mo,主要成矿元素为 Pb、Zn、Ag、Cu、Au、Mn。Pb、Zn、Ag 异常规模较大,呈面状或条带状分布,Cu、Au、Mn 异常则呈星散状分布;各元素异常强度均较高,达三级浓度分带;Pb、Zn、Ag、Cu 异常套合好,Au、Mn 异常则位于该类组合异常外围。

(3)预测区内共有 6 个热液型综合异常,其中 3 个甲类,3 个乙类。已发现多个铅锌、铜、钼多金属矿床(点),成矿与元古宇震旦系、中生界侏罗系及中酸性、酸性岩体联系密切。综合异常区内侏罗系广泛出露,局部为侏罗纪酸性岩,该类地质体是甲乌拉热液型铅锌多金属矿床的主要赋矿层位,成矿规律组在该区还划分了一个预测工作区。通过对区内的大比例尺地质、化探资料进行研究对比,在甲类综合异常上圈定出1处最小预测区,推测在该区具有找到铅锌多金属矿产资源的前景,故将本预测区划分为热液型A级找矿预测区。

(五)东升庙沉积型铅矿找矿预测区(15-Y-A-2)

(1)该预测区大地构造处于华北陆块北缘,迭布斯格断裂带、华北陆块北缘断裂带、狼山断裂带贯穿全区,位于华北陆块北缘西段金、铁、铌、稀土、铜、铅、锌、银、镍、铂、钨、石墨、白云母成矿带。太古宇色尔腾山岩群,元古宇宝音图岩群、渣尔泰山群,古生界石炭系和中生界侏罗系、白垩系均有出露。北东向断裂构造极其发育。各期次岩浆活动强烈,基性、中性、中酸性、酸性侵入岩极度发育。

(2)预测区内的主要元素组合为Pb、Zn、Cu、Fe_2O_3、Ag,各元素异常多呈近南北向或北东向展布。Pb、Zn、Cu、Ag为区内主要成矿元素,其中Pb异常规模大,几乎占据整个预测区,浓度分带明显,与Zn、Cu、Ag、Fe_2O_3等套合好。

(3)预测区内的4个甲类、3个乙类、1个丙类异常均为沉积型,异常明显受地层控制,均与元古宇宝音图岩群、渣尔泰山群有关,且已发现的铅锌、铜多金属矿床(点)产于元古宇,如东升庙铅锌多金属矿、霍各乞、甲生盘铜多金属矿均位于该区,该区域是我区沉积型铜铅锌多金属矿的重要产地,成矿规律组划分的预测工作区与该区大部分地区重叠,推断在该区域具有很好的找矿前景,将本预测区划分为A级找矿预测区。

(六)余家窝铺热液型铅矿找矿预测区(15-Y-A-6)

(1)该预测区大地构造处于内蒙古中部地槽褶皱带,位于突泉-翁牛特铅、锌、银、铜、铁、锡、稀土成矿带,扎鲁特旗断裂和伊林哈别尔尕-西拉木伦断裂与大兴安岭-太行山断裂在找矿预测区西部交会。古生界二叠系、中生界侏罗系大面积分布,古生界奥陶系、石炭系和中生界白垩系零星分布,其余地段均被新近系汉诺坝组灰黑色、黑色玄武岩和第四系覆盖。燕山期、印支期岩浆活动较强,中酸性、酸性岩体发育。

(2)预测区内异常元素组合以Pb、Zn、Ag为主,这类元素异常强度高,具有明显的内带、中带、外带,位于二叠系、侏罗系及酸性岩体分布区。局部地区存在规模较大的Cu、Fe_2O_3、Mn异常,由新近系汉诺坝组引起,异常空间展布特征与地层产出形态一致。预测区西部存在规模较大的Sn异常呈面状分布,达三级浓度分带,与Pb、Zn、Ag异常重叠较好。

(3)预测区内圈定了4个甲类、3个乙类共7个热液型综合异常。主要成矿元素为Pb、Zn、Ag,伴生元素有Cu、As、Bi、Cd、Mo、Sn、W等。综合异常多产于二叠系与侏罗纪花岗岩,侏罗系与白垩纪花岗岩、花岗斑岩和侏罗纪花岗岩的接触带上,成矿地质条件有利。已探明的铅锌、铜、钼多金属矿床(点)在本区分布较多,且与二叠系、侏罗系和燕山期酸性岩体密切相关,余家窝铺、炮手营子、天桥沟等多个热液型铅锌矿床位于该区,成矿规律组划分的预测工作区与该区东部重叠,该区是寻找热液型铅锌矿产的有利地段,故将该区划分为热液型A级找矿预测区。

(七)孟恩陶勒盖热液型铅矿找矿预测区(15-Y-A-9)

(1)该预测区大地构造处于内蒙古中部地槽褶皱带,位于突泉-翁牛特铅、锌、银、铜、铁、锡、稀土成矿带,北东向锡林浩特北缘断裂带和大兴安岭-太行山断裂带从本区穿过。古生界二叠系、中生界侏罗系遍布全区,中生界白垩系零星分布,预测区西部部分地区被第四系覆盖。各期次岩浆活动较强,超基性、中酸性、酸性岩体较为发育。

(2)区内异常元素组合为Pb、Zn、Ag、Cu、As、Sb、Cd、W、Sn、Bi,主要成矿元素为Pb、Zn、Ag、Sn、Cu。Pb、Zn、Ag异常规模中等,多呈近南北向条带状或星散状分布;Sn异常规模较大,浓集中心总体上呈北东向展布;Cu异常规模较小,零星分散于整个找矿预测区内。各元素浓集程度高,浓度分带明显,套合程度较高。

(3)本预测区内圈定的综合异常较多,存在7个甲类、4个乙类热液型综合异常。已发现的铅锌产资源丰富,孟恩陶勒盖、花敖包特铅锌多金属矿床位于该预测区,其成矿与古生界二叠系、中生界侏罗系及中酸性、酸性岩体存在密切联系,该类地质体遍布整个预测区,地层与岩体的接触带是热液型铅锌多金属矿成矿有利地段,在该地段具有很好的找矿前景,且该区跨越了成矿规律组划分的两个预测工作区,故将本预测区划分为热液型A级找矿预测区。

(八)比利亚古热液型铅矿找矿预测区(15-Y-A-19)

(1)该预测区大地构造处于内蒙古兴安地槽褶皱带,位于新巴尔虎右旗-根河(拉张区)铜、钼、铅、锌、银、金、萤石、煤(铀)成矿带。预测区内以中生界火山熔岩、火山碎屑岩和火山碎屑沉积岩为主,元古宇震旦系、青白口系出露少许。小型断裂构造极度发育。燕山期、华力西期岩浆活动强烈,中酸性、酸性岩体发育。

(2)区内异常元素组合为Pb、Zn、Ag、Cu、As、Hg、Cd、Mn、W、Mo,主要成矿元素为Pb、Zn、Ag。Pb、Zn异常规模较大,强度高,在整个找矿预测区内均有较好的异常显示;Ag异常规模相对较小,零散分布于Pb、Zn异常带上。各元素具有明显的浓度分带和浓集中心,并在空间上相互重叠或套合。

(3)区内分布有1个甲类、4个乙类综合异常,成因类型均为热液型。主要成矿元素Pb、Zn异常规模大,强度高,异常多处于侏罗系火山岩与酸性岩体接触带,成矿地质背景条件有利。已发现铅锌多金属矿床(点)与侏罗系、震旦系有关,比利亚古、三河热液型铅锌矿床位于该区,成矿规律组在该区还划分了一个预测工作区,推测该区是寻找热液型铅多金属矿床资源的有利地区,将其划分为热液型A级找矿预测区。

(九)乌拉特前旗沉积型铅矿找矿预测区(15-Y-B-3)

(1)该预测区大地构造处于华北陆块北缘,成矿区带为华北陆块北缘西段金、铁、铌、稀土、铜、铅、锌、银、镍、铂、钨、石墨、白云母成矿带,集宁-凌源断裂带贯穿全区。太古宇、元古宇遍布全区,中生界白垩系在北部,第四系在中部有一定面积的出露,中生界侏罗系、古生界奥陶系零星分布。断裂构造极其发育。各期次岩浆活动强烈,各期次岩体遍布全区。

(2)预测区内元素组合为Pb、Zn、Ag、Cu、Fe_2O_3、Mn、Au。受集宁-凌源深断裂构造控制,各元素异常多沿近东西方向伸展。Pb、Zn、Ag、Cu、Fe_2O_3、Au异常强度均较高,浓度分带多达到三级,Mn异常强度相对较低,多为二级,在空间上各元素异常相互重叠或套合。

(3)该预测区内共圈定了4个甲类综合异常,成因类型均为沉积型。Pb、Zn、Ag、Cu等主成矿元素及伴生元素组合异常所处区域岩浆活动剧烈,断裂构造发育,主要出露地层为渣尔泰山群和乌拉山岩群,地质背景特征与预测区内已发现的甲生盘多金属矿相似,成矿条件有利,综合异常的特征元素组合与已建立的沉积型铅锌矿找矿模型一致,具有很好的找矿前景,成矿规律组划分的预测工作区与该区北部重叠,故将该预测区划分为沉积型B级找矿预测区。

(十)李清地热液型铅矿找矿预测区(15-Y-B-5)

(1)该预测区大地构造处于华北陆块北缘,成矿区带为华北陆块北缘西段金、铁、铌、稀土、铜、铅、锌、银、镍、铂、钨、石墨、白云母成矿带,位于集宁-凌源断裂带以南。太古宇、元古宇大面积分布,中生界白垩系出露较多,中生界侏罗系零星出露,其余地段均被新近系汉诺坝组灰黑色、黑色玄武岩和第四系覆盖。太古宙变质深成侵入体极为发育。

(2)区内异常元素组合以Pb、Zn、Ag、Au、Cu、Fe_2O_3、Mn为主。Pb、Zn、Ag、Cu、Mn异常受更新统汉诺坝组控制,呈近南北向条带状分布;Au异常呈东西向或北西向细条带状伸展;Fe_2O_3异常规模较大,遍布整个找矿预测区。Pb、Zn、Ag异常重叠性较好,异常强度均达到三级浓度分带。

(3)该预测区内共圈定了甲类综合异常1个,乙类综合异常2个,其主要共伴生元素组合与热液型铅锌矿的特征元素组合一致,成因类型为热液型。Pb、Zn、Ag、Au、Cu等主成矿元素及伴生元素组合异常所处区域主要出露地层为太古宇集宁岩群,侵入岩体主要为太古宙片麻岩、花岗岩,其成矿地质背景特征、地球化学异常特征与区内已发现的李清地铅锌多金属矿相似,成矿规律组划分的预测工作区与该区东部重叠,推断为寻找热液型铅锌多金属矿产的有利区域,因此将其划分为热液型B级找矿预测区。

(十一)罕达盖矽卡岩型铅矿找矿预测区(15-Y-B-12)

(1)该预测区大地构造处于兴安地槽褶皱系,东乌珠穆沁旗华力西早期地槽褶皱带中部,东乌珠穆沁旗-嫩江(中强挤压区)铜、钼、铅、锌、金、钨、锡、铬成矿带内。中生界侏罗系在预测区内零星出露,古生界奥陶系、志留系、泥盆系、石炭系、二叠系在预测区各处小面积分布,元古宇在预测区中部的局部地段零星出露。北东向、北西向构造发育。华力西期、印支期岩浆活动异常强烈,中性、中酸性、酸性岩体遍布全区。

(2)本区综合异常元素组合以Pb、Zn、Ag、Cu、Au为主。各元素在预测区西部形成一条北西向异常带;异常强度较高,浓度分带明显,均达到了三级浓度分带;Pb、Zn、Ag、Cu相互之间套合程度较高,Au异常相对较差,仅在预测区北部的甲类异常上与Pb、Zn、Ag异常相互重叠。

(3)预测区内圈定的综合异常有2个甲类、2个乙类,成因类型为矽卡岩型或热液型,其元素组合与已建立的矽卡岩型铅锌矿找矿模型相似,所处区域多为奥陶系老地层,地质勘查结果显示,在该区地层和岩体的接触带上存在一定规模的矽卡岩化,已发现铅锌、铜多金属矿床(点)多与该类地质体有关,成矿规律组未在该区划分预测工作区,但推测在该区局部区域具有寻找矽卡岩型铅锌矿产的潜力,因此将本预测区划分为矽卡岩型B级预测区。

(十二)月牙山热液型铅矿找矿预测区(15-Y-C-1)

(1)该预测区大地构造处于天山地槽褶皱系,北山华力西晚期地槽褶皱带西部,磁海-公婆泉铁、铜、金、铅、锌、钼、锰、钨、锡、铷、钒、铀、磷成矿带内。元古宇大面积出露,主要为北山群、圆藻山群、古硐井群,古生界寒武系、奥陶系、志留系及中生界白垩系和新近系均有分布。断裂构造发育。华力西期岩浆活动强烈。

(2)区内异常元素有Pb、Zn、Cu、Au、W、Sn、Bi、Sb、Hg、Cd。Cu异常规模较大,呈面状分布;Pb、Zn、Ag异常套合好,但规模相对较小,零散分布于Cu异常上。

(3)区内圈定了2个甲类综合异常,成因类型为热液型。虽然Pb、Zn异常显示不是特别好,浓集中心不明显,成矿规律组也未在该区划分预测工作区,但区内断裂构造发育,多元素组合异常均产于地层与岩体接触带,成矿地质背景有利,且已发现多个热液型铅锌矿点,具有寻找热液型铅锌矿产的潜力,因此将该区划分为热液型C级找矿预测区。

(十三)四子王旗热液型铅矿找矿预测区(15-Y-C-4)

(1)该预测区大地构造处于华北陆块北缘,成矿区带为华北陆块北缘西段金、铁、铌、稀土、铜、铅、锌、银、镍、铂、钨、石墨、白云母成矿带,位于华北陆块北缘断裂带以南,集宁-凌源断裂带以北。元古宇主要分布在预测区北部,太古宇、中生界侏罗系主要分布于预测区南部,其余地段多被新近系、第四系覆盖。华力西期、印支期岩浆活动强烈,基性、中酸性岩体分布广泛,太古宙变质深成侵入体局部发育。

(2)预测区内异常元素以Pb、Ag、Cu、Au为主。其中Ag、Cu异常规模较大,Ag异常呈近南北向或北西向展布,Cu异常呈面状分布于预测区南部;Pb、Au异常规模较小,呈星散状分布;Zn元素仅在预测区南部有小范围异常显示。各元素均具有明显的浓度分带和浓集中心,并在空间上相互重叠或套合,其中Pb、Zn、Ag、Cu异常套合程度高,呈二级到三级浓度分带,Au异常强度也达到了三级。

(3)区内共圈定了7个综合异常,其中2个甲类综合异常,5个乙类综合异常,成因类型均为热液型,因此将该预测区确定为热液型。成矿规律组虽未在该区划分预测工作区,但预测区内岩浆活动强烈,各期中酸性岩体极其发育,异常所处区域印支期—华力西期花岗岩大面积出露,区内已发现多处铅锌银、银金、铜、铜钼多金属矿床(点),该区是寻找铅锌多金属矿产资源的有利地段,故将该预测区评定为 C 级预测区。

(十四)阿尔山热液型铅矿找矿预测区(15-Y-C-11)

(1)该预测区大地构造处于内蒙古兴安地槽褶皱带,东乌珠穆沁旗-嫩江(中强挤压区)铜、钼、铅、锌、金、钨、锡、铬成矿带内。中生界侏罗系在预测区内大面积出露,新近系、中生界白垩系、更新统玄武岩小面积出露,古生界泥盆系仅在预测区北部局部地段出露,石炭系在南部局部地段分布,中生界二叠系零星分布。断裂构造发育。华力西期、印支期、燕山期岩浆活动异常强烈,超基性、中性、中酸性、酸性岩体遍布全区。

(2)区内异常元素有 Pb、Zn、Ag、Cd、W、Mo、Bi 等。Pb、Zn、Cd、W、Mo、Bi 异常重叠程度高,规模较大,呈面状分布;Ag 异常分布相对较为零散,但与 Pb、Zn 套合较好,大面积的 Ag 异常主要分布在预测区北部;各元素异常强度均较高,具有明显的浓集中心,浓度分带均达到了三级。

(3)区内共有 5 个综合异常,其中 2 个甲类、2 个乙类、1 个丙类,均为热液成因。异常主要分布在侏罗系与各类酸性岩体接触带附近,成矿条件较为有利。已发现的铅锌矿规模均较小,成矿规律组也未在该区划分预测工作区,推测在该预测区具有找到铅锌矿产的可能,故将该预测区评定为 C 级预测区。

(十五)巴彦乌拉热液型铅矿找矿预测区(15-Y-C-13)

(1)该预测区大地构造处于内蒙古兴安地槽褶皱带,额尔齐斯-得尔布干断裂带西侧,位于新巴尔虎右旗-根河(拉张区)铜、钼、铅、锌、银、金、萤石、煤(铀)成矿带。中生界侏罗系大面积分布,白垩系次之,其余地段均被新近系、第四系覆盖。北西向断裂构造发育。燕山期岩浆活动较为强烈,酸性岩体发育。

(2)区内异常元素组合为 Pb、Zn、Ag、Mn、Fe_2O_3、Au、As、Sb、W、Mo 等。Pb、Cu 异常规模不大,浓度分带明显;Zn 元素在预测区东部形成北东向异常带;Ag 元素在预测区东北部形成一条北西向异常带,在南部形成规模较大的面状异常;Fe_2O_3 在预测区东部存在两条北东向条带状异常;Mn 异常规模较小,在预测区零星分布。预测区内各元素异常强度均较大,达到三级浓度分带。

(3)本预测区内存在 1 个甲类、1 个乙类综合异常,成因类型均为热液型。综合异常区内主要出露侏罗系,部分地区被新近系、第四系覆盖,局部有侏罗纪花岗斑岩出露。区内已发现银铅锌、金多金属矿床(点)均与中生界侏罗系有关,塔木兰沟组蚀变安山岩是本区重要的赋矿地层,该地层在本区出露范围较广,是寻找热液型铅锌多金属矿的有利地段,成矿规律组还在该区划分了一个预测工作区,因此将本预测区划分为热液型 C 级找矿预测区。

(十六)黑山头热液型铅矿找矿预测区(15-Y-C-16)

(1)该预测区大地构造处于内蒙古兴安地槽褶皱带,位于新巴尔虎右旗-根河(拉张区)铜、钼、铅、锌、银、金、萤石、煤(铀)成矿带。西部边缘地带为元古宇震旦系呈狭长条带状分布;中部以古生界奥陶系、石炭系和中生界侏罗系为主,元古宇震旦系零星出露。燕山期、华力西期岩浆活动强烈。预测区西部中酸性、酸性岩体极为发育,零星出露有中生界侏罗系。

(2)预测区内异常元素组合为 Pb、Zn、Ag、Cu、W、Mo、Sn、Bi、As、Sb、Hg 等。Pb、W、Sn、As、Hg 异常面积大,在整个预测区均有较好的异常显示;Zn、Ag、Cu、Mo、Bi、Sb 异常规模较小,零散分布于 Pb 异常上。

(3)本预测区包括 2 个甲类、1 个乙类综合异常,成因类型为热液型,与已发现的铅锌矿床(点)成因类型一致。已知铅锌矿点多与元古宇震旦系、古生界石炭系和酸性岩体有关,该类地质体在本区分布较为广泛,是寻找热液型铅锌多金属矿床资源的有利地区,成矿规律组还在该区划分了一个预测工作区,将本预测区划分为热液型 C 级找矿预测区。

(十七)陈巴尔虎旗热液型铅矿找矿预测区(15-Y-C-17)

(1)该预测区大地构造处于内蒙古兴安地槽褶皱带,额尔齐斯-得尔布干断裂带东侧,位于新巴尔虎右旗-根河(拉张区)铜、钼、铅、锌、银、金、萤石、煤(铀)成矿带。中生界侏罗系大面积出露;元古宇震旦系,古生界奥陶系、石炭系和中生界白垩系零星分布。燕山期、华力西期岩浆活动强烈,中酸性、酸性岩体发育。

(2)预测区内异常元素有 Pb、Zn、Ag、Cu、Hg、Fe_2O_3、Mn、Sn、Mo。其中 Cu 异常规模较大,呈面状分布,具有明显的浓度分带和浓集中心,Pb、Zn、Ag、Fe_2O_3、Mn、Sn、Mo 异常面积较小,分布较为零散,与 Cu 浓集中心套合均较好;Hg 异常面积也较大,呈面状分布,与 Cu 异常重叠。

(3)区内共圈定出 7 个综合异常,其中 2 个甲类、5 个乙类,成因类型均为热液型。已发现的铅锌、铜多金属矿产规模较小,成矿多与中生界侏罗系及各中酸性、酸性岩体有关,在侏罗纪火山岩与酸性岩体接触带的多元素组合异常区是寻找热液型铅锌多金属矿产资源的有利地区,且成矿规律组划分的预测工作区与该区大部分地区重叠,故将其划分为热液型 C 级找矿预测区。

(十八)库都尔热液型铅矿找矿预测区(15-Y-C-18)

(1)该预测区大地构造处于内蒙古兴安地槽褶皱带,跨过了新巴尔虎右旗-根河(拉张区)铜、钼、铅、锌、银、金、萤石、煤(铀)成矿带和东乌珠穆沁旗-嫩江(中强挤压区)铜、钼、铅、锌、金、钨、锡、铬成矿带,伊列克得-加格达奇断裂带从预测区东侧穿过。预测区内以中生界火山熔岩、火山碎屑岩和火山碎屑沉积岩为主,其次为中生界白垩系、古生界泥盆系,元古宇兴华渡口群、古生界石炭系零星出露,第四系沿海拉尔河呈条带状分布。北东向断裂构造发育。燕山期、华力西期岩浆活动强烈,基性、中酸性、酸性岩体分布较为广泛。

(2)预测区内异常元素组合主要为 Pb、Zn、Ag、Cu、Au、Mn、Sn。其中 Pb、Zn、Ag 异常规模较大,形成多条异常带,在预测区北部近东西向伸展,中西部和南部沿北东向延伸;Cu 异常规模较大,但主要集中在预测区西南部,为两条北东向条带状异常;Au、Mn、Sn 异常规模相对较小,零散分布于该预测区。区内 Pb、Zn、Ag 均达到三级浓度分带,相互之间套合程度相当高;Cu 异常也达到了三级浓度分带,但与Pb、Zn、Ag 套合效果不太好;Au、Mn、Sn 异常也多散布于 Pb、Zn 异常外围。

(3)本预测区共圈定出热液型综合异常 7 个,其中乙类 3 个,丙类 4 个,均为热液成因。区内未发现铅锌矿床(点),成矿规律组也未在该区划分预测工作区,但与所属成矿区带内甲乌拉、额仁陶勒盖等大型银多金属矿进行对比,发现综合异常所处区域成矿地质背景条件有利,主要出露晚侏罗世安山质熔岩、火山角砾岩等,具有寻找铅锌多金属矿产资源的潜力,因此将该预测区划分为热液型 C 级找矿预测区。

(十九)甘河热液型铅矿找矿预测区(15-Y-C-20)

(1)该预测区大地构造处于内蒙古兴安地槽褶皱带,位处新巴尔虎右旗-根河(拉张区)铜、钼、铅、锌、银、金、萤石、煤(铀)成矿带,近南北向的大兴安岭-太行山断裂带从预测区中部穿过。中生界侏罗系、白垩系大面积出露,古生界石炭系零星出露。次级断裂构造相当发育,燕山期、华力西期岩浆活动极为强烈,中酸性、酸性岩体分布广泛。

(2)预测区内异常主要元素组合为 Pb、Zn、Ag、Au、Mn、Sn。其中 Pb、Zn、Ag 异常规模较大,分布范围广,重叠程度高,多呈北东向或北西向条带状展布,异常强度均达三级浓度分带;Mn 异常呈面状分布,Sn 异常规模较小,在南部形成北西向串珠状异常,强度为二级浓度分带,但与 Pb、Zn、Ag 异常套合较好;Au 异常强度较高,但浓集中心与 Pb、Zn、Ag 套合不好,主要分布于 Pb、Zn、Ag 组合异常外围。

(3)本预测区共有热液型综合异常 5 个,其中甲类 2 个,乙类 2 个,丙类 1 个。已发现铅锌矿产规模较小,成矿规律组也未在该区划分预测工作区,但与自治区发现的其他铅锌多金属矿进行对比,发现圈定的综合异常多处于白垩系与中酸性岩体的接触带上,因此将该预测区划分为热液型 C 级找矿预测区。

（二十）太平庄铅矿找矿预测区(15-Y-C-15)

(1)该预测区大地构造处于内蒙古兴安地槽褶皱带，东乌珠穆沁旗-嫩江(中强挤压区)铜、钼、铅、锌、金、钨、锡、铬成矿带内。中生界、古生界、元古宇均有出露，其中中北部以中生界白垩系为主，主要为灰黑色玄武岩和灰绿色凝灰岩、凝灰质粉砂岩；中南部以白垩系龙江组、梅勒图组为主；中部分布有部分中生界侏罗系和第四系；南部以古生界、元古宇为主。华力西期、燕山期岩浆活动极为强烈，超基性、中酸性、酸性岩体极为发育。

(2)区内异常元素组合有 Pb、Zn、Ag、Co、Fe_2O_3、Mn、Ni。该多元素组合异常带呈北北东向展布，异常规模大，主要分布于预测区南部。其中 Pb、Ag、Fe_2O_3、Mn、Ni、Co 异常均达到三级浓度分带，Zn、Sn 多为二级浓度分带，相互之间套合较好。

(3)该预测区内共圈定了2个丙类综合异常。异常所处区域出露地层以白垩系、侏罗系为主，未发现已知铅锌矿床(点)，综合异常成因类型不明，与所处成矿区带内发现的其他铅锌矿床(点)进行对比，发现预测区成矿环境一般，成矿规律组也未在该区划分预测工作区，故将其划分为类型不详的 C 级找矿预测区。

四、锌矿

本次共圈定锌矿地球化学找矿预测区22个，包含4种成因类型，其中沉积型2个，热液型16个，矽卡岩型2个，成因不明型2个(图6-4，表6-4)。其中 A 级预测区8个，B 级预测区3个，C 级预测区11个。

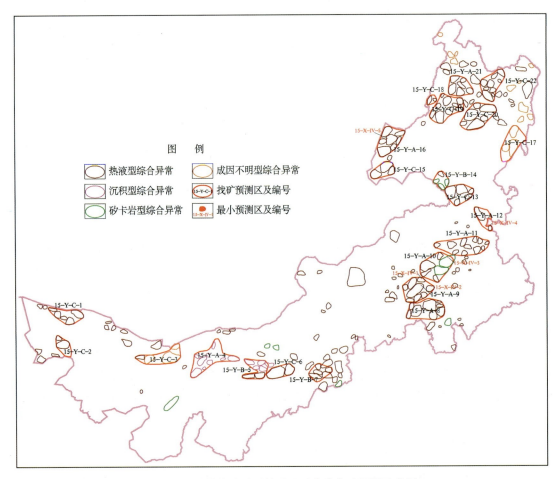

图 6-4 内蒙古自治区锌矿地球化学找矿预测示意图

表 6-4 内蒙古自治区锌矿地球化学找矿预测区圈定结果一览表

找矿预测区编号	找矿预测区名称	成因类型	级别
15-Y-C-1	小狐狸山热液型锌矿找矿预测区	热液型	C
15-Y-C-2	月牙山热液型锌矿找矿预测区	热液型	C
15-Y-C-3	阿拉善右旗锌矿找矿预测区	成因不明型	C
15-Y-A-4	东升庙沉积型锌矿找矿预测区	沉积型	A
15-Y-B-5	乌拉特前旗沉积型锌矿找矿预测区	沉积型	B
15-Y-C-6	乌拉山热液锌矿找矿预测区	热液型	C
15-Y-B-7	李清地热液型锌矿找矿预测区	热液型	B
15-Y-A-8	余家窝铺热液型锌矿找矿预测区	热液型	A
15-Y-A-9	拜仁达坝热液型锌矿找矿预测区	热液型	A
15-Y-A-10	白音诺尔矽卡岩型锌矿找矿预测区	矽卡岩型型	A
15-Y-A-11	孟恩陶勒盖热液型锌矿找矿预测区	热液型	A
15-Y-A-12	长春岭热液型锌矿找矿预测区	热液型	A
15-Y-C-13	阿尔山热液型锌矿找矿预测区	热液型	C
15-Y-B-14	罕达盖矽卡岩型锌矿找矿预测区	矽卡岩型	B
15-Y-C-15	巴彦乌拉热液型锌矿找矿预测区	热液型	C
15-Y-A-16	甲乌拉热液型锌矿找矿预测区	热液型	A
15-Y-C-17	太平庄锌矿找矿预测区	成因不明型	C
15-Y-C-18	黑山头热液型锌矿找矿预测区	热液型	C
15-Y-C-19	陈巴尔虎旗热液型锌矿找矿预测区	热液型	C
15-Y-C-20	库都尔热液型锌矿找矿预测区	热液型	C
15-Y-A-21	比利亚古热液型锌矿找矿预测区	热液型	A
15-Y-C-22	甘河热液型锌矿找矿预测区	热液型	C

（一）拜仁达坝热液型锌矿找矿预测区（15-Y-A-9）

本预测区为热液型 A 级找矿预测区，范围与拜仁达坝热液型铅矿找矿预测区（15-Y-A-7）一致，区内共有 4 个甲类、4 个乙类以锌为主的热液型综合异常，圈定最小预测区 2 处。区内地质背景、地球化学异常特征及找矿潜力在前文已作研究与评价，在此不再赘述。

（二）白音诺尔矽卡岩型锌矿找矿预测区（15-Y-A-10）

本预测区为矽卡岩型 A 级找矿预测区，范围与白音诺尔矽卡岩型铅矿找矿预测区（15-Y-A-8）一致，区内 6 个综合异常均为甲类，其中 4 个为热液成因，2 个为矽卡岩型综合异常。区内已发现多处铅锌矿床（点），圈定最小预测区 1 处，其地质背景、地球化学异常特征及找矿潜力在前文已作研究与评价，在此不再赘述。

（三）长春岭热液型锌矿找矿预测区（15-Y-A-12）

本预测区为热液型 A 级找矿预测区，范围与长春岭热液型铅矿找矿预测区（15-Y-A-10）一致。

区内有综合异常2个,最小预测区1处。综合异常均为热液型甲类矿致异常。其地质背景、地球化学异常特征及找矿潜力在前文已作研究与评价,在此不再赘述。

（四）甲乌拉热液型锌矿找矿预测区(15-Y-A-16)

本预测区为热液型A级找矿预测区,范围与甲乌拉热液型铅矿找矿预测区(15-Y-A-14)一致。区内有综合异常7个,最小预测区1处。综合异常均为热液成因,包括3个甲类、3个乙类、1个丙类异常。其地质背景、地球化学异常特征及找矿潜力在前文已作研究与评价,在此不再赘述。

（五）东升庙沉积型锌矿找矿预测区(15-Y-A-4)

本预测区为沉积型A级找矿预测区,范围与东升庙沉积型铅矿找矿预测区(15-Y-A-2)一致。区内有9个综合异常,其中5个甲类、2个乙类、2个丙类,成因类型均为沉积型。其地质背景、地球化学异常特征及找矿潜力在前文已作研究与评价,在此不再赘述。

（六）余家窝铺热液型锌矿找矿预测区(15-Y-A-8)

本预测区为热液型A级找矿预测区,范围与余家窝铺热液型铅矿找矿预测区(15-Y-A-6)一致。区内有8个综合异常,其中4个甲类、4个乙类,成因类型均为热液型。其地质背景、地球化学异常特征及找矿潜力在前文已作研究与评价,在此不再赘述。

（七）孟恩陶勒盖热液型锌矿找矿预测区(15-Y-A-11)

本预测区为热液型A级找矿预测区,范围与孟恩陶勒盖热液型铅矿找矿预测区(15-Y-A-9)一致。区内有11个综合异常,其中7个甲类、4个乙类,成因类型均为热液型。其地质背景、地球化学异常特征及找矿潜力在前文已作研究与评价,在此不再赘述。

（八）比利亚古热液型锌矿找矿预测区(15-Y-A-21)

本预测区为热液型A级找矿预测区,范围与比利亚古热液型铅矿找矿预测区(15-Y-A-19)一致。区内有6个综合异常,其中1个甲类、4个乙类、1个丙类,成因类型均为热液型。其地质背景、地球化学异常特征及找矿潜力在前文已作研究与评价,在此不再赘述。

（九）乌拉特前旗沉积型锌矿找矿预测区(15-Y-B-5)

本预测区为沉积型B级找矿预测区,范围与乌拉特前旗沉积型铅矿找矿预测区(15-Y-B-3)一致。区内有7个综合异常,其中4个甲类、2个乙类、1个丙类,成因类型有沉积型、热液型。其地质背景、地球化学异常特征及找矿潜力在前文已作研究与评价,在此不再赘述。

（十）李清地热液型锌矿找矿预测区(15-Y-B-7)

本预测区为热液型B级找矿预测区,范围与李清地热液型铅矿找矿预测区(15-Y-B-5)一致。区内涉及6个综合异常,其中1个甲类、5个乙类,成因类型均为热液型。其地质背景、地球化学异常特征及找矿潜力在前文已作研究与评价,在此不再赘述。

（十一）罕达盖矽卡岩型锌矿找矿预测区(15-Y-B-14)

本预测区为矽卡岩型B级找矿预测区,范围与罕达盖矽卡岩型铅矿找矿预测区(15-Y-B-12)一致。区内包括4个综合异常,其中2个甲类、2个乙类,成因类型有矽卡岩型、热液型。其地质背景、地球化学异常特征及找矿潜力在前文已作研究与评价,在此不再赘述。

(十二)小狐狸山热液型锌矿找矿预测区(15-Y-C-1)

(1)该预测区大地构造属天山-北山地槽褶皱带东段,位于觉罗塔格-黑鹰山铜、镍、铁、金、银、钼、钨、石膏、硅灰石、膨润土、煤成矿带上。中生界白垩系和古生界奥陶系、志留系大面积分布,石炭系、侏罗系、第四系零星分布。断裂构造发育。华力西期岩浆活动强烈,中酸性岩体分布广泛。

(2)区内有以 Zn、Ag、Cu、Au、As、Sb、Cd、Fe_2O_3、Mn、Sn、Mo 为主的多元素局部异常,呈大面积连片或串珠状分布。规模较大的 Zn 局部异常上,Cu、Au、Cd、W 等主要共伴生元素异常强度较高,浓度分带多达到三级,具有明显的浓集中心,并在空间上相互重叠或套合。

(3)本预测区共有热液型综合异常5个,其中甲类2个,乙类1个,丙类2个。已发现铅锌矿产规模较小,成矿规律组也未在该区划分预测工作区,圈定的综合异常多处于奥陶系、志留系中基性—中酸性火山岩与华力西期中酸性岩体接触带附近,因此将该预测区划分为热液型C级找矿预测区。

(十三)月牙山热液型锌矿找矿预测区(15-Y-C-2)

本预测区为热液型C级找矿预测区,范围与月牙山热液型铅矿找矿预测区(15-Y-C-1)一致。区内包括2个综合异常,其中1个甲类、1个乙类,成因类型均为热液型。其地质背景、地球化学异常特征及找矿潜力在前文已作研究与评价,在此不再赘述。

(十四)阿拉善右旗锌矿找矿预测区(15-Y-C-3)

(1)该预测区大地构造处于内蒙古中部地槽褶皱系,苏尼特右旗华力西晚期地槽褶皱带中西部,位于白乃庙-锡林郭勒铁、铜、钼、铅、锌、锰、铬、金、锗、煤、天然碱、芒硝成矿带。中生界白垩系大面积分布,古生界以石炭系为主零星分布于全区。北西向、北东向构造发育。华力西期至燕山期岩浆活动强烈,基性、中性、中酸性、酸性岩体遍布全区。

(2)区内存在以 Zn、Cu、Au、W、Mo、As、Sb、Hg、Cd 为主的多元素局部异常,呈面状或条带状分布。主成矿元素 Zn 异常规模大,呈面状分布,浓度分带达三级;W、Mo、As、Sb、Hg、Cd 等主要共伴生元素均具有明显的浓度分带和浓集中心,与 Zn 异常在空间上相互重叠或套合。

(3)区内共包括1个甲类、3个乙类综合异常,甲类异常成因类型为热液型,乙类异常成因类型不明。区内已发现的铅锌矿点与石炭系阿木山组有关,圈定的综合异常多位于阿木山组与二叠纪、侏罗纪酸性岩体接触带附近,该区域是寻找锌多金属矿产资源的有利地区,成矿规律组未在该区划分预测工作区,故将该预测区划分为热液型C级找矿预测区。

(十五)乌拉山热液型锌矿找矿预测区(15-Y-C-6)

(1)该预测区大地构造处于华北陆块北缘,位于华北陆块北缘西段金、铁、铌、稀土、铜、铅、锌、银、镍、铂、钨、石墨、白云母成矿带,集宁-凌源断裂带从区内穿过,次级断裂构造纵横交错。区内太古宇乌拉山岩群呈东西向贯穿全区,中生界侏罗系在预测区南部大面积出露,中生界白垩系、古生界二叠系在东部、西北部也有一定面积的分布,元古宇震旦系零星出露,第四系在预测区边缘地带覆盖少许。各期次岩浆活动强烈,基性、中性、中酸性岩体遍布全区,太古宙变质深成侵入体极为发育。

(2)区内存在以 Zn、Ag、Cu、Fe_2O_3、Mo、Bi、Hg 为主的多元素组合异常带,呈近东西向条带状展布;Zn、Cu、Ag 为成矿元素,异常规模大,套合程度高,浓度分带达三级,Au、Hg、Co、Cr、Fe_2O_3 等主要共伴生元素具有明显的浓度分带和浓集中心,在空间上与其相互重叠或套合。

(3)区内共包括1个甲类、1个乙类综合异常,成因类型为热液型。区内已发现的铅锌矿点与元古宇有关,该类地质体是预测区所在Ⅲ级成矿带内重要的赋矿地层,在预测区内分布广泛。圈定的综合异常区断裂构造发育,成矿地质背景有利,是寻找锌多金属矿产资源的有利地区,成矿规律组未在该区划分预测工作区,故将该预测区划分为热液型C级找矿预测区。

(十六)阿尔山热液型锌矿找矿预测区(15-Y-C-13)

本预测区为热液型C级找矿预测区,范围与阿尔山热液型铅矿找矿预测区(15-Y-C-11)一致。区内包括5个综合异常,其中2个甲类、2个乙类、1个丙类,成因类型均为热液型。其地质背景、地球化学异常特征及找矿潜力在前文已作研究与评价,在此不再赘述。

(十七)巴彦乌拉热液型锌矿找矿预测区(15-Y-C-15)

本预测区为热液型C级找矿预测区,范围与巴彦乌拉热液型铅矿找矿预测区(15-Y-C-13)一致。区内包括3个综合异常,其中1个甲类、2个乙类,成因类型均为热液型。其地质背景、地球化学异常特征及找矿潜力在前文已作研究与评价,在此不再赘述。

(十八)黑山头热液型锌矿找矿预测区(15-Y-C-18)

本预测区为热液型C级找矿预测区,范围与黑山头热液型铅矿找矿预测区(15-Y-C-16)一致。区内包括2个甲类综合异常,成因类型均为热液型。其地质背景、地球化学异常特征及找矿潜力在前文已作研究与评价,在此不再赘述。

(十九)陈巴尔虎旗热液型锌矿找矿预测区(15-Y-C-19)

本预测区为热液型C级找矿预测区,范围与陈巴尔虎旗热液型铅矿找矿预测区(15-Y-C-17)一致。区内包括10个综合异常,其中3个甲类、5个乙类、2个丙类,成因类型均为热液型。其地质背景、地球化学异常特征及找矿潜力在前文已作研究与评价,在此不再赘述。

(二十)库都尔热液型锌矿找矿预测区(15-Y-C-20)

本预测区为热液型C级找矿预测区,范围与库都尔热液型铅矿找矿预测区(15-Y-C-18)一致。区内包括6个综合异常,其中2个乙类、4个丙类,成因类型均为热液型。其地质背景、地球化学异常特征及找矿潜力在前文已作研究与评价,在此不再赘述。

(二十一)甘河热液型锌矿找矿预测区(15-Y-C-22)

本预测区为热液型C级找矿预测区,范围与甘河热液型铅矿找矿预测区(15-Y-C-20)一致。区内包括8个综合异常,其中2个甲类、2个乙类、4个丙类,成因类型均为热液型。其地质背景、地球化学异常特征及找矿潜力在前文已作研究与评价,在此不再赘述。

(二十二)太平庄锌矿找矿预测区(15-Y-C-17)

本预测区为C级找矿预测区,范围与太平庄铅矿找矿预测区(15-Y-C-15)一致。区内包括3个综合异常,其中1个乙类、2个丙类,成因类型不明。其地质背景、地球化学异常特征及找矿潜力在前文已作研究与评价,在此不再赘述。

五、锑矿

本次共圈定锑矿地球化学找矿预测区11个,包括热液型1个,成因不明型10个(图6-5,表6-5)。其中B级预测区1个,C级预测区10个。

图 6-5 内蒙古自治区锑矿地球化学找矿预测示意图

表 6-5 内蒙古自治区锑矿地球化学找矿预测区圈定结果一览表

找矿预测区编号	找矿预测区名称	成因类型	级别
15-Y-C-1	阿木乌苏热液型锑矿找矿预测区	热液型	C
15-Y-C-2	珠斯楞海尔罕锑矿找矿预测区	成因不明型	C
15-Y-C-3	亚干锑矿找矿预测区	成因不明型	C
15-Y-C-4	下陶米锑矿找矿预测区	成因不明型	C
15-Y-C-5	哈能锑矿找矿预测区	成因不明型	C
15-Y-C-6	查干诺尔锑矿找矿预测区	成因不明型	C
15-Y-B-7	克什克腾旗锑矿找矿预测区	成因不明型	B
15-Y-C-8	锡林浩特-西乌珠穆沁旗锑矿找矿预测区	成因不明型	C
15-Y-C-9	乌拉日图润芒哈南锑矿找矿预测区	成因不明型	C
15-Y-C-10	满洲里铜矿南锑矿找矿预测区	成因不明型	C
15-Y-C-11	太平林场-西牛尔河锑矿找矿预测区	成因不明型	C

(一)克什克腾旗锑矿找矿预测区(15-Y-B-7)

(1)该预测区大地构造隶属内蒙古中部地槽褶皱带,位于突泉-翁牛特铅、锌、银、铜、铁、锡、稀土成矿带上,伊林哈别尔尕-西拉木伦断裂带从预测区南部经过。古生界只分布有二叠系哲斯组,中生界只分布有侏罗系满克头鄂博组灰白色、浅灰色酸性火山熔岩、酸性火山碎屑岩。北东向构造较发育。燕山期酸性岩体分布广泛。

(2)预测区内主要异常元素组合为Sb、As、Hg、Ag、Cu、Pb、Zn、W、Sn,各元素异常多呈北东向展布。各元素异常规模大,浓集程度高,浓度分带明显,套合性好。

(3)预测区仅由15-Z-32乙1个综合异常组成,异常分布于二叠系、侏罗系与侏罗纪花岗岩体接触带上,Sb、As、Hg、Ag、Cu、Pb、Zn、W、Sn是其主要成矿元素或伴生元素,元素组分齐全。该区成矿地质条件有利,地球化学基础良好,是寻找锑矿床的有利地区,成矿规律组未在该区划分预测工作区,因此将其划分为B类找矿预测区。

(二)阿木乌苏热液型锑矿找矿预测区(15-Y-C-1)

(1)预测区大地构造处于天山地槽褶皱系,北山华力西晚期地槽褶皱带西部。中新元古界和古生界奥陶系、石炭系、二叠系碎屑岩、中基性—中酸性火山岩在区内的西北、东南部分布较广,中生界新近系苦泉组、白垩系赤金堡组在全区大面积出露。华力西期北西向构造、岩浆活动强烈,基性、中酸性岩体分布广泛。已发现的阿木乌苏热液型锑矿床就位于该区,并与二叠纪蚀变安山岩和中二叠世石英闪长岩体密切相关。

(2)预测区位于磁海-公婆泉铁、铜、金、铅、锌、钼、锰、钨、锡、铷、钒、铀、磷成矿带西部,对应于北山-阿拉善地球化学分区。区内有以Sb、Au、As、Hg、Cu、Mo、Zn为主的多元素局部异常,呈北西向或近东西向大面积连片或带状分布。规模较大的Sb局部异常上,As、Au、Cu等主要共伴生元素异常强度均较高,浓度分带多达到三级,具有明显的浓集中心,并在空间上相互重叠或套合。

(3)预测区由15-Z-1乙、15-Z-2乙、15-Z-3乙、15-Z-4乙、15-Z-5乙、15-Z-6甲6个综合异常组成,异常面积大,强度较高,Sb、Au、As、Cu是其主要成矿元素或伴生元素,元素组合与热液型锑矿找矿模型相近。该预测区到目前为止已知的锑矿仅有阿木乌苏一处,为小型热液型锑矿床。从元素组合特征、综合异常评级及成矿地质条件分析,该区有寻找到锑矿产资源的良好前景,且成矿规律组在该区划分了一个预测工作区,因此将其评定为热液型C类找矿预测区。

(三)珠斯楞海尔罕锑矿找矿预测区(15-Y-C-2)

(1)预测区大地构造位于天山地槽褶皱系,北山华力西晚期地槽褶皱带东段。中新元古界浅变质岩系主要分布在预测区的西部,古生界志留系、石炭系、二叠系碎屑岩、中基性—中酸性火山岩在区内分布较广,中生界三叠系珊瑚井组、白垩系在预测区的南部、北部出露面积较大。北西向构造活动强烈。华力西期酸性岩体零星分布。

(2)预测区位于珠斯楞-乌拉尚德铜、金、镍、铅、锌、煤成矿亚带上,对应于北山-阿拉善地球化学分区。区内异常元素组合为Sb、Au、As、Hg、Cu、Mo,各元素异常面积大,强度高,套合好,呈北西向带状分布,其展布方向与断裂延伸方向一致。

(3)预测区由15-Z-7丙、15-Z-8乙、15-Z-9乙、15-Z-10乙4个综合异常组成,异常多分布在元古宇和古生界中,异常走向北西,其展布形态受断裂构造控制明显,异常元素组合为Sb、Au、As、Hg、Cu、Mo、W。该预测区到目前为止尚未发现锑矿化,成矿规律组也未在该区划分预测工作区,但从元素组合特征、综合异常评级及成矿地质条件等分析,仍有希望寻找到锑矿产资源,因此将其评定为C类找矿预测区。

(四) 亚干锑矿找矿预测区 (15-Y-C-3)

(1) 该预测区大地构造隶属天山地槽褶皱系,北山华力西晚期地槽褶皱带东段,位于磁海-公婆泉铁、铜、金、铅、锌、钼、锰、钨、锡、铷、钒、铀、磷成矿带,阿尔金断裂贯穿整个预测区。预测区内中新元古界浅变质岩系在预测区内零星出露,古生界二叠系碎屑岩、中酸性火山岩主要分布在中北部,中生界白垩系在预测区内大面积分布。北西向、北东向构造活动强烈。华力西期酸性岩体零星分布。

(2) 区内有以 Sb、As、Hg、Ag、Cu、Mo、W 为主的多元素局部异常,各元素异常在区内大面积连续分布,展布方向北东。Sb 异常强度高,浓度分带明显,具内带、中带、外带,As、Hg、Ag、Cu、Mo、W 等元素与之套合好。

(3) 预测区由 15-Z-11 乙、15-Z-12 乙、15-Z-13 乙、15-Z-14 乙 4 个综合异常组成,异常面积大,强度较高,元素组合为 Sb、As、Hg、Ag、Cu、Mo、W。异常所处区域白垩系、二叠系大面积分布,中酸性岩体出露较少,断裂构造较为发育,成矿地质条件较为有利。区内未发现已知锑矿床(点),成矿规律组也未在该区划分预测工作区,圈定的综合异常均为乙类,故将其划分为 C 类找矿预测区。

(五) 下陶米锑矿找矿预测区 (15-Y-C-4)

(1) 预测区大地构造位于内蒙古中部地槽褶皱系,苏尼特右旗华力西晚期地槽褶皱带中西段,阿尔金断裂带在预测区北部穿过。古生界石炭系阿木山组灰岩在区内零星出露,中生界白垩系大面积分布。北东向构造较发育。华力西期、印支期酸性岩体主要分布在预测区东北和西南两端。

(2) 预测区位于白乃庙-锡林郭勒铁、铜、钼、铅、锌、锰、铬、金、锗、煤、天然碱、芒硝成矿带上,对应于狼山-色尔腾山地球化学分区。区内有以 Sb、Au、As、Hg、Mo、Cu、Zn、W、Sn、Bi、Fe_2O_3、Co、Ni 为主的多元素局部异常,呈大面积连片或北东向带状分布。规模较大的 Sb 局部异常上,Au、As、Hg、Mo、Cu、Zn、W、Fe_2O_3、Co、Ni 等主要共伴生元素在空间上相互重叠或套合,异常面积大,具有明显的浓度分带和浓集中心。

(3) 预测区由 15-Z-15 乙、15-Z-16 乙、15-Z-17 乙、15-Z-18 丙 4 个综合异常组成,Sb、Au、As、Hg、Mo、Cu、Zn、W、Fe_2O_3、Co、Ni 是其主要成矿元素或伴生元素,元素组合比较复杂。异常区内地层以白垩系大面积分布为主,中酸性岩体出露较少,断裂构造较为发育,成矿地质条件较为有利。区内未发现已知锑矿床(点),成矿规律组也未在该区划分预测工作区,但从其元素组合特征、综合异常评级及地质环境分析,仍有希望寻找到锑矿产资源,因此将其划分为 C 类找矿预测区。

(六) 哈能锑矿找矿预测区 (15-Y-C-5)

(1) 预测区大地构造处于内蒙古中部地槽褶皱系,西乌珠穆沁旗华力西晚期地槽褶皱带西段,阿尔金断裂带和迭布斯格断裂带由南向北贯穿全区。中新元古界温都尔庙群主要分布在预测区的东北部,古生界志留系徐尼乌苏组在预测区内大面积分布。北东向、近东西向构造发育。各期次超基性、中酸性岩体分布广泛。

(2) 预测区位于白乃庙-锡林郭勒铁、铜、钼、铅、锌、锰、铬、金、锗、煤、天然碱、芒硝成矿带上,对应于巴彦查干-索伦山地球化学分区。区内有以 Sb、As、Hg、Au、Cu、Bi、W 为主的多元素局部异常,异常呈北东向带状分布,受断裂构造控制明显。Sb 异常规模大,强度高,具明显的内带、中带、外带,As、Hg、Au、Cu、Bi、W 在空间上与之重叠或套合。

(3) 预测区由 15-Z-19 乙、15-Z-20 乙、15-Z-21 丙、15-Z-22 丙 4 个综合异常组成,异常多分布于古生界奥陶系及深大断裂中,Sb、As、Hg、Au、Cu、Bi、W 是其主要成矿元素或伴生元素。从其元素组合特征、综合异常评级及地质环境分析,该区矿床地质条件和地球化学基础良好,有一定的找矿前景,成矿规律组未在该区划分预测工作区,因此将其划分为 C 类找矿预测区。

(七)查干诺尔锑矿找矿预测区(15-Y-C-6)

(1)预测区大地构造位于内蒙古中部地槽褶皱系,苏尼特右旗华力西晚期地槽褶皱带中段。中新元古界温都尔庙群在预测区西北部小面积出露,古生界石炭系本巴图组、阿木山组分布较广,二叠系则只分布在预测区的南部,中生界侏罗系满克头鄂博组灰白色、浅灰色酸性火山熔岩、酸性火山碎屑沉积岩零星分布。北东向构造较发育。华力西期酸性岩体分布广泛。

(2)预测区位于白乃庙-锡林郭勒铁、铜、钼、铅、锌、锰、铬、金、锗、煤、天然碱、芒硝成矿带上,对应于红格尔-锡林浩特-西乌珠穆沁旗-大石寨地球化学分区。区内有以 Sb、As、Hg、Cu、W 为主的多元素局部异常,各元素异常面积不大,呈北东向带状或串珠状分布。Sb 异常强度高,具明显的内带、中带、外带,As、Hg、Cu、W 等元素异常在空间上与之套合好。

(3)预测区由 15-Z-23 乙、15-Z-24 丙、15-Z-25 乙 3 个综合异常组成,异常所处区域石炭系、二叠系大面积分布,中酸性岩体出露较少,断裂构造较为发育,成矿地质条件较为有利。异常元素组合为 Sb、As、Hg、Cu、W,区内未发现已知锑矿床(点),成矿规律组也未在该区划分预测工作区,圈定的综合异常均为乙类,故将该区划分为 C 类找矿预测区。

(八)锡林浩特-西乌珠穆沁旗锑矿找矿预测区(15-Y-C-8)

(1)该预测区大地构造隶属内蒙古中部地槽褶皱系中部,位于突泉-翁牛特铅、锌、银、铜、铁、锡、稀土成矿带,锡林浩特北缘断裂贯穿其中。古生界石炭系、二叠系在预测区内分布较广,中生界侏罗系玛尼吐组、白音高老组中酸性熔岩、中酸性火山碎屑岩主要分布在预测区的中部。北东向构造较发育。各期次中酸性岩体分布广泛。

(2)预测区内主要异常元素组合为 Sb、As、Hg、Au、Ag、Cu、W,其中 Ag 异常规模大,几乎占据整个预测区,总体上形成一条北东向异常带;Sb、As、Hg、Cu、W 异常规模相对较小,但浓集程度高,浓度分带达到了三级,多呈近南北向或北东向展布;Au 异常规模最小,呈点状或串珠状分布。As、Hg、Au、Ag、Cu、W 异常与 Sb 异常在空间上重叠较好。

(3)预测区由 15-Z-26 乙、15-Z-27 丙、15-Z-28 乙、15-Z-29 乙、15-Z-30 乙、15-Z-31 乙 6 个综合异常组成,异常多分布于石炭系、二叠系、侏罗系中。异常区内岩浆活动较为强烈,断裂构造发育,Sb、As、Hg、Au、Ag、Cu、W 是其主要成矿元素或伴生元素,元素组分较齐全。从其元素组合特征、综合异常评级及地质环境分析,该区矿床地质条件和地球化学基础良好,有一定的找矿前景,成矿规律组未在该区划分预测工作区,因此将其划分为 C 类找矿预测区。

(九)乌拉日图润芒哈南锑矿找矿预测区(15-Y-C-9)

(1)该预测区大地构造隶属内蒙古中部地槽褶皱系,位于突泉-翁牛特铅、锌、银、铜、铁、锡、稀土成矿带。古生界主要是二叠系哲斯组,中生界有侏罗系满克头鄂博组、玛尼吐组、白音高老组中酸性火山熔岩、中酸性火山碎屑岩和白垩系大磨拐河组灰白色砂砾岩、砂岩、粉砂岩、泥岩夹煤层大面积分布。北东向构造较发育。燕山期酸性岩体分布广泛。

(2)预测区内异常元素组合以 Sb、As、Hg、Au、Ag、Zn、W 为主,各元素异常面积不大,强度高,套合好,呈北东向或北东东向带状展布。

(3)预测区由 15-Z-33 乙、15-Z-34 乙 2 个综合异常组成,异常均位于二叠系、侏罗系中。预测区内岩体和断裂构造都不发育,成矿地质条件一般,成矿规律组也未在该区划分预测工作区,但异常元素组合较多,具 Sb、As、Hg、Au、Ag、Zn、W 等元素组合异常。从元素组合特征、综合异常评级及成矿地质条件等分析,仍有希望寻找到锑矿产资源,因此将其评定为 C 类找矿预测区。

(十)满洲里铜矿南锑矿找矿预测区(15-Y-C-10)

(1)该预测区大地构造隶属内蒙古兴安地槽褶皱带,位于新巴尔虎右旗-根河(拉张区)铜、钼、铅、锌、银、金、萤石、煤（铀）成矿带。区内只有中生界侏罗系塔木兰沟组、满克头鄂博组、白音高老组中基性、中酸性火山熔岩、火山碎屑岩和白垩系大磨拐河组灰白色砂砾岩、砂岩、粉砂岩、泥岩夹煤层大面积分布。北西向构造较发育。华力西期酸性岩体零星出露。

（2）预测区内异常主要元素组合为 Sb、As、Hg、Au、Ag、Cu、Zn、Mo，异常呈不规则面状或北西向带状分布。Sb 面积不大，异常强度高，具明显内带、中带、外带，As、Hg、Au、Ag、Cu、Zn、Mo 等元素异常在空间上与之重叠或套合。

（3）预测区由 15－Z－37 乙、15－Z－38 乙 2 个综合异常组成，呈北东向展布，异常形态受断裂构造控制明显。异常区内侏罗系大面积分布，岩体不发育，成矿地质条件一般，成矿规律组也未在该区划分预测工作区，但异常元素组合较多，具 Sb、As、Hg、Au、Ag、Cu、Zn、Mo 等元素组合异常。从元素组合特征、综合异常评级及成矿地质条件等分析，仍有希望寻找到锑矿产资源，因此将其评定为 C 类找矿预测区。

（十一）太平林场-西牛尔河锑矿找矿预测区（15－Y－C－11）

（1）预测区大地构造处于内蒙古兴安地槽褶皱系，额尔古纳新元古代地槽褶皱带东北部。区内新元古界佳疙瘩组、额尔古纳河组出露面积较大，中生界只侏罗系玛尼吐组灰绿色、紫褐色中性火山熔岩、中酸性火山碎屑岩小面积分布。加里东期酸性岩体分布广泛。

（2）预测区位于新巴尔虎右旗-根河（拉张区）铜、钼、铅、锌、银、金、萤石、煤（铀）成矿带上，对应于莫尔道嘎-根河-鄂伦春地球化学分区。区内有以 Sb、As、Hg、Ag、Cu、Zn、Mo、Bi、Sn 为主的多元素局部异常，各元素异常大面积连续分布，遍布整个预测区，异常强度高，套合好，浓度分带明显，浓集中心清晰。

（3）预测区由 15－Z－35 乙、15－Z－36 乙 2 个综合异常组成，异常主要分布在元古宇佳疙瘩组与元古宙中酸性岩体接触带上，异常区内岩浆活动强烈。综合异常元素组合为 Sb、As、Hg、Ag、Cu、Zn、Mo、Bi、Sn，元素组分齐全。从元素组合特征、综合异常评级及成矿地质条件等分析，该区成矿条件良好，成矿规律组未在该区划分预测工作区，因此将其评定为 C 类找矿预测区。

六、钨矿

本次共圈定钨矿地球化学找矿预测区 17 个，均为与酸性岩有关的热液型（表 6－6，图 6－6）。其中 A 级预测区 1 个，B 级预测区 4 个，C 级预测区 12 个。

表 6－6　内蒙古自治区钨矿地球化学找矿预测区圈定结果一览表

找矿预测区编号	找矿预测区名称	成因类型	级别
15－Y－B－1	呼鲁古斯古特东热液型钨矿找矿预测区	热液型	B
15－Y－A－2	七一山热液型钨矿找矿预测区	热液型	A
15－Y－C－3	沙日布日都热液型钨矿找矿预测区	热液型	C
15－Y－C－4	呼和温都尔热液型钨矿找矿预测区	热液型	C
15－Y－C－5	大余太北热液型钨矿找矿预测区	热液型	C
15－Y－C－6	镶黄旗热液型钨矿找矿预测区	热液型	C
15－Y－C－7	白石头洼热液型钨矿找矿预测区	热液型	C
15－Y－B－8	林西-克什克腾旗热液型钨矿找矿预测区	热液型	B
15－Y－C－9	台吉乌苏热液型钨矿找矿预测区	热液型	C

续表 6-6

找矿预测区编号	找矿预测区名称	成因类型	级别
15-Y-C-10	呼斯尔陶勒盖热液型钨矿找矿预测区	热液型	C
15-Y-C-11	宝日洪绍日热液型钨矿找矿预测区	热液型	C
15-Y-C-12	沙麦热液型钨矿找矿预测区	热液型	C
15-Y-C-13	科尔沁右翼中旗热液型钨矿找矿预测区	热液型	C
15-Y-C-14	阿尔山热液型钨矿找矿预测区	热液型	C
15-Y-B-15	陈巴尔虎旗热液型钨矿找矿预测区	热液型	B
15-Y-C-16	三河镇热液型钨矿找矿预测区	热液型	C
15-Y-B-17	西牛尔河热液型钨矿找矿预测区	热液型	B

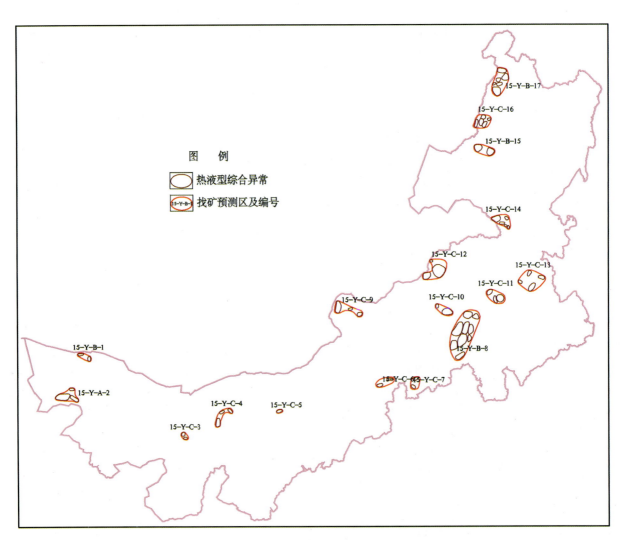

图 6-6 内蒙古自治区钨矿地球化学找矿预测示意图

(一)七一山热液型钨矿找矿预测区(15-Y-A-2)

(1)预测区大地构造处于天山地槽褶皱系,北山华力西晚期地槽褶皱带西部。中新元古界变质岩系在区内广泛出露,古生界奥陶系碎屑岩、中基性—中酸性火山岩主要分布在预测区的中部,中生界以下白垩统赤金堡组大面积分布为主。北西向、近东西向构造发育。华力西期、燕山期中酸性、酸性岩体分布广泛,已知的七一山、国庆钨矿床即产于这类岩体之中。

(2)预测区位于磁海-公婆泉铁、铜、金、铅、锌、钼、锰、钨、锡、铷、钒、铀、磷成矿带西部,对应于北山-阿拉善地球化学分区。区内有以 W、Sn、Bi、Mo、Au、As、Sb、Hg 为主的多元素局部异常,呈北西向或北东向带状分布。规模较大的 W 局部异常上,Sn、Bi、Mo、Au、As、Sb、Hg 等主要共伴生元素异常强度高,浓度分带多达到三级,具有明显的浓集中心,并在空间上相互重叠或套合。

(3)预测区由 15-Z-3甲,15-Z-4乙,15-Z-5甲 3 个综合异常组成,异常多分布于元古宇圆藻山群、古硐井群及志留纪、二叠纪花岗岩、花岗闪长岩中,W、Sn、Bi、Mo、Au、As、Sb、Hg 是其主要成矿元素或伴生元素,元素组合以高温和低温元素为主,与热液型钨矿找矿模型极为相似。区内已知的钨、金、铜、钼、铅锌多金属矿床(点)较多,七一山典型热液型钨矿就位于其中。

综上可见,该预测区地质成矿条件有利,且位于成矿规律组划分的一个预测工作区内,从元素组合及矿化特征来看,推断有希望找到中型或以上规模的钨矿床,因此将其划分为热液型 A 类找矿预测区。

(二)呼鲁古斯古特东热液型钨矿找矿预测区(15-Y-B-1)

(1)预测区大地构造位于天山地槽褶皱系,北山华力西中期地槽褶皱带西部。区内古生界以奥陶系、志留系碎屑岩、中基性—中酸性火山岩大面积分布为主,中生界以下白垩统新民堡组大面积分布为主。北西向、近东西向构造发育。华力西期中酸性、酸性岩体分布广泛。

(2)预测区位于黑鹰山-小狐狸山铁、金、铜、钼、铬成矿亚带上,对应于北山-阿拉善地球化学分区。区内有以 W、Sn、Bi、Mo、Cu、Au、As、Sb 为主的多元素局部异常,各元素异常强度较高,浓度分带多达到三级,具有明显的浓集中心,并在空间上相互重叠或套合。

(3)预测区由 15-Z-1乙,15-Z-2丙 2 个综合异常组成,异常区内志留系、奥陶系大面积分布,北西向、北东向断裂构造发育。异常元素组分较齐全,W、Sn、Bi、Mo、Cu、Au、As、Sb 是其主要成矿元素或伴生元素,元素组合与热液型钨找矿模型极为相似,是寻找热液型钨矿的有利地区,成矿规律组未在该区划分预测工作区,因此将该区划分为热液型 B 类找矿预测区。

(三)克什克腾旗-林西热液型钨矿找矿预测区(15-Y-B-8)

(1)该预测区大地构造隶属内蒙古中部地槽褶皱带,位于突泉-翁牛特铅、锌、银、铜、铁、锡、稀土成矿带,大兴安岭-太行山断裂、伊林哈别尔尕-西拉木伦断裂贯穿其中。区内古生界二叠系、中生界侏罗系大面积分布,预测区西南部部分地区被第四系覆盖。北东向断裂构造较为发育。各期岩浆活动强烈,中性、酸性、中酸性岩体发育。

(2)本预测区所在区域是我区锡矿的主要产地,区内综合异常的主要元素组合为 W、Sn、Bi、Ag、Pb、Zn、Cu、As、Sb。各元素异常受二叠系控制明显,多呈近南北向或北东向展布。该区 W、Sn、Ag、Pb、Zn 为成矿元素,As、Sb、Bi 为伴生元素,各元素异常规模均较大,几乎占据整个预测区,浓集程度高,浓度分带明显,套合程度高,各元素异常相互重叠;Cu 作为伴生元素,异常规模不大,但浓度分带达到三级,与 W 异常在空间位置上重叠较好。

(3)预测区由 15-Z-24乙,15-Z-25甲,15-Z-26甲,15-Z-27丙,15-Z-28甲,15-Z-29丙,15-Z-30乙,15-Z-31乙,15-Z-32乙 9 个综合异常组成,W、Sn、Bi、Ag、Pb、Zn、Cu、As、Sb 等主成矿元素及共伴生元素异常受二叠系控制,侏罗纪酸性岩侵入,地层与岩体接触带上异常大面积分布。对区内已发现的钨矿床(点)进行分析,发现矿床的空间分布特征与古生界二叠系、中生界侏罗系及中酸性岩体密切相关。成矿规律组虽未在该区划分预测工作区,但不论是从成矿环境还是从地球化学找矿标志角度分析,该区均具有找到中型或以上规模钨矿床的巨大潜力,故将其划分为热液型B类找矿预测区。

(四)陈巴尔虎旗热液型钨矿找矿预测区(15-Y-B-15)

(1)预测区大地构造位于兴安地槽褶皱系,额尔古纳新元古代地槽褶皱带中南部。区内地层以中生界侏罗系大面积分布为主,古生界石炭系零星出露。北东向构造较发育。

(2)预测区位于八大关-陈巴尔虎旗铜、钼、铅、锌、银、锰成矿亚带上,对应于莫尔道嘎-根河-鄂伦春地球化学分区。区内有以W、Sn、Bi(Mo)、Au、As、Sb、Hg为主的多元素局部异常,呈不规则面状或北东向串珠状分布,各元素异常强度较高,具有明显的浓度分带和浓集中心,在空间上相互重叠或套合。

(3)预测区由15-Z-41丙、15-Z-42乙2个综合异常组成,异常主要分布于侏罗系安山质英安质熔岩、黑云母安山岩、安山质晶屑岩屑凝灰岩、次英安岩中。W、Sn、Bi、Mo、Au、As、Sb、Hg是其主要成矿元素或伴生元素,具高温、低温元素组合特征,地球化学基础良好,推断该区是寻找钨矿的有利地区,成矿规律组未在该区划分预测工作区,故将其评定为热液型B类找矿预测区。

(五)西牛尔河热液型钨矿找矿预测区(15-Y-B-17)

(1)该预测区大地构造隶属内蒙古兴安地槽褶皱系,额尔古纳新元古代地槽褶皱带中部,位于新巴尔虎右旗-根河(拉张区)铜、钼、铅、锌、银、金、萤石、煤(铀)成矿带,额尔古纳断裂于预测区西部边缘穿过。区内出露的地层主要有中新元古界佳疙瘩组、额尔古纳河组和中生界侏罗系。元古宙酸性侵入岩、华力西期酸性岩体遍布全区。

(2)预测区内综合异常上主要元素组合为W、Sn、Mo、Bi、Cu、Ag、Pb、Zn、Au、As、Sb。其中W、Sn、Bi、Cu、Pb、Zn、Au、As、Sb元素异常规模大,形成一条北东向异常带;Mo、Ag异常相对来说规模较小,多呈近星散状分布。各元素异常浓度分带均达到三级,与W异常在空间位置上重叠较好。

(3)预测区由15-Z-52乙、15-Z-53丙、15-Z-54丙、15-Z-55乙、15-Z-56乙、15-Z-57乙6个综合异常组成,异常区内岩浆活动极为强烈,断裂构造较发育,成矿地质条件良好。异常元素组合为W、Sn、Mo、Bi、Cu、Ag、Pb、Zn、Au、As、Sb,元素组分齐全,具高温、中温、低温元素组合特征。成矿规律组虽未在该区划分预测工作区,但从元素组合特征、综合异常评级及成矿地质条件等分析,该区是寻找钨矿床的有利地区,成矿规律组也未在该区划分预测工作区,因此将其评定为热液型B类找矿预测区。

(六)沙日布日都热液型钨矿找矿预测区(15-Y-C-3)

(1)预测区大地构造位于阿拉善台隆。出露地层以中新元古界书记沟组、增隆昌组、阿古鲁沟组为主。华力西期酸性岩体分布较广,是寻找钨矿床的有利地区。

(2)预测区位于阿拉善(隆起)铜、镍、铂、铁、稀土、磷、石墨、芒硝、盐类成矿带内,对应于狼山-色尔腾山地球化学分区。区内有以W、Sn、Bi、Mo、As、Cu、Pb为主的多元素局部异常,各元素异常面积较小,强度较高,套合好,呈近东西向或南北向分布,其展布形态受地层和岩体的控制。

(3)预测区由15-Z-6乙、15-Z-7丙2个综合异常组成,异常分布于元古宇与二叠纪花岗岩体中,W、Sn、Bi、Mo、As、Cu、Pb是其主要成矿元素或伴生元素,为一套高中温元素组合,与热液型钨矿找矿模型相近。成矿规律组虽未在该区划分预测工作区,但区内成矿地质条件较为有利,地球化学基础良好,是寻找钨矿床的有利地区,因此将其评定为热液型C类找矿预测区。

(七)呼和温都尔热液型钨矿找矿预测区(15-Y-C-4)

(1)预测区大地构造处于狼山-白云鄂博台缘裂(断)陷带和宝音图台隆之上,夹于迭布斯格断裂带和狼山断裂带之间。出露地层以新太古界色尔腾山岩群、中新元古界渣尔泰山群为主。北东向构造发育。各期次中酸性、酸性岩体分布广泛。

(2)预测区成矿区带隶属华北陆块北缘西段金、铁、铌、稀土、铜、铅、锌、银、镍、铂、钨、石墨、白云母成矿带,对应于狼山-色尔腾山地球化学分区。区内异常的元素组合为W、Sn、Bi、Mo、As、Sb、Cu、Pb、Zn,各元素异常多呈近南北向或北东向展布,异常规模大,套合好,浓度分带明显。

(3)预测区由15-Z-8乙、15-Z-9丙、15-Z-10乙3个综合异常组成,异常区内岩浆活动强烈,断裂构造发育,异常形态受地层、岩体和断裂的共同控制。异常元素组合为W、Sn、Bi、Mo、As、Sb、Cu、Pb、Zn,具高温、中温、低温元素组合特征。成矿规律组虽未在该区划分预测工作区,但从元素组合特征、综合异常评级及成矿地质条件等分析,该区是寻找热液型钨矿的有利地区,故将其评定为热液型C类找矿预测区。

(八)大佘太北热液型钨矿找矿预测区(15-Y-C-5)

(1)预测区大地构造隶属华北陆块北缘,位于华北陆块北缘西段金、铁、铌、稀土、铜、铅、锌、银、镍、铂、钨、石墨、白云母成矿带。区内出露地层以新太古界色尔腾山岩群、中新元古界渣尔泰山群为主。华力西期酸性岩体较发育。

(2)预测区内主要元素异常为W、Sn、Bi、Mo、As、Sb、Cu、Pb、Zn,各元素异常规模较小,强度高,套合好,呈北东向带状、串珠状分布,展布形态受断裂构造控制。

(3)预测区仅由15-Z-11甲1个综合异常组成,异常区内太古宇、元古宇大面积分布,北东向断裂构造发育。异常元素组合为W、Sn、Bi、Mo、As、Sb、Cu、Pb、Zn,具高温、中温、低温元素组合特征。成矿规律组虽未在该区划分预测工作区,但从元素组合特征、综合异常评级及成矿地质条件等分析,该区是寻找热液型钨矿的有利地区,故将其评定为热液型C类找矿预测区。

(九)镶黄旗热液型钨矿找矿预测区(15-Y-C-6)

(1)预测区大地构造隶属内蒙古中部地槽褶皱系,温都尔庙-翁牛特旗加里东期地槽褶皱带中部,位于突泉-翁牛特铅、锌、银、铜、铁、锡、稀土成矿带,华北陆块北缘断裂带横贯测区西部。古生界二叠系三面井组、额里图组和中生界侏罗系满克头鄂博组分布较广,新生界古近系、新近系和中生界白垩系大面积分布。燕山期岩浆活动强烈,中酸性、酸性岩体遍布全区。已发现的毫义哈达钨矿床(点)就位于该预测区内。

(2)预测区内主要元素异常为W、Sn、Bi、Pb,各元素异常规模较小,强度较高,套合好,呈北东向或南北向带状分布,与岩体展布方向一致。

(3)预测区由15-Z-15甲、15-Z-16甲2个综合异常组成,异常分布在二叠系与侏罗纪花岗岩体接触带上,区内酸性岩体极为发育。异常元素组合为W、Sn、Bi、Pb,具高温元素组合特征。区内已发现钨矿床(点)较多,但规模不大,均为小型矿床或矿点。该区位于成矿规律组划分的一个预测工作区内,从元素组合特征、综合异常评级及成矿地质条件等分析,该区是寻找热液型钨矿的有利地区,故将其评定为热液型C类找矿预测区。

(十)白石头洼热液型钨矿找矿预测区(15-Y-C-7)

(1)该预测区大地构造隶属内蒙古中部地槽褶皱系,温都尔庙-翁牛特旗加里东期地槽褶皱带中部,主体位于华北陆块北缘西段金、铁、铌、稀土、铜、铅、锌、银、镍、铂、钨、石墨、白云母成矿带,华北陆块北缘断裂沿北东向从预测区穿过。区内元古宇白云鄂博群局部出露,古生界二叠系三面井组、额里图组和中生界侏罗系满克头鄂博组分布较广,新生界古近系、新近系大面积分布。燕山期岩浆活动强烈,中酸性、酸性岩体遍布全区。

(2)预测区内综合异常的元素组合以W、Sn、Pb、Zn、Ag为主。W、Sn异常呈条带状分布,Pb、Zn、

Ag异常规模较小,呈北西向等轴状或点状分布,各元素异常均达到三级浓度分带。

(3)本预测区圈定的范围较小,区内仅存在15-Z-17乙、15-Z-18甲2个综合异常。已发现的白石头洼典型钨矿床位于该区,对其成矿模型进行研究,发现该矿赋矿围岩为白云鄂博群呼吉尔图组,控矿岩浆岩为侏罗纪花岗岩类,特征元素组合为W、Sn、Bi、Ag、Cu、Pb。对区内圈定的综合异常所处地质环境和地球化学特征进行分析,发现其与典型矿床有一定的相似性,成矿规律组也在该区划分了一个预测工作区,推断该区有一定的找矿潜力,故将其划分为热液型C级找矿预测区。

(十一)台吉乌苏热液型钨矿找矿预测区(15-Y-C-9)

(1)该预测区大地构造隶属兴安地槽褶皱系,东乌珠穆沁旗华力西早期地槽褶皱带西部,位于东乌珠穆沁旗-嫩江(中强挤压区)铜、钼、铅、锌、金、钨、锡、铬成矿带。区内出露地层主要是古生界奥陶系乌宾敖包组、泥盆系泥鳅河组和上石炭统—下二叠统宝力高庙组。北东向构造较发育。华力西期、燕山期岩浆活动强烈,中酸性、酸性岩体遍布全区。

(2)预测区内综合异常的主要元素组合为W、Sn、Mo、Bi、As、Sb,各元素异常规模大,强度高,浓度分带均达三级,异常整体呈北东向条带状展布。Sn、Mo、Bi与W吻合程度高,As、Sb异常均分布于W异常外带。

(3)预测区由15-Z-12甲、15-Z-13乙、15-Z-14丙3个综合异常组成,对W、Sn、Mo、Bi、As、Sb等异常规模较大的主成矿及共伴生元素组合异常所处地质环境进行分析,发现该区古生界奥陶系、泥盆系、石炭系、中生界侏罗系大面积出露,断裂构造较发育,W异常多分布于地层与酸性岩体的接触带上。与同一预测区内乌日尼图典型钨矿床的地质、地球化学特征相近,成矿规律组划分的一个预测工作区与该区西部重叠,推断该区是寻找钨矿床的有利地区,故将其划分为热液型C类找矿预测区。

(十二)呼斯尔陶勒盖热液型钨矿找矿预测区(15-Y-C-10)

(1)该预测区大地构造隶属内蒙古中部地槽褶皱系,西乌珠穆沁旗华力西晚期地槽褶皱带中部,位于突泉-翁牛特铅、锌、银、铜、铁、锡、稀土成矿带,锡林浩特北缘断裂贯穿其中。古生界二叠系和中生界侏罗系玛尼吐组、白音高老组大面积分布。华力西期、燕山期中酸性、酸性岩体零星出露。

(2)区内综合异常的主要元素组合为W、Sn、Ag、Pb、Zn、Cu、Au、Sb、Bi。其中W、Sn、Ag元素异常规模大,几乎占据整个预测区,总体上形成一条北东向异常带;Pb、Zn、Cu、Au、Sb、Bi异常相对来说规模较小,多呈近南北向或北东向展布。该区W、Sn、Ag、Pb、Zn为成矿元素,异常规模大,几乎占据整个预测区,浓集程度高,浓度分带明显,套合程度高,各元素异常之间相互重叠;Cu、Au、Sb、Bi作为伴生元素,异常规模不大,但浓度分带达到三级,与W异常在空间上位置上套合较好。

(3)区内共圈定了15-Z-22丙、15-Z-23乙2个综合异常。对区内主成矿元素及共伴生元素异常进行研究发现,该类异常受二叠系、侏罗系控制,侏罗纪酸性岩侵入,地层与酸性岩体接触带上异常大面积分布。异常元素组合为W、Sn、Ag、Pb、Zn、Cu、Au、Sb、Bi,具高温、中温、低温元素组合特征。成矿规律组虽未在该区划分预测工作区,但从元素组合特征、综合异常评级及成矿地质条件等分析,该区是寻找热液型钨矿较为有利的地区,故将其评定为热液型C类找矿预测区。

(十三)宝日洪绍日热液型钨矿找矿预测区(15-Y-C-11)

(1)该预测区大地构造隶属内蒙古中部地槽褶皱带,位于突泉-翁牛特铅、锌、银、铜、铁、锡、稀土成矿带,锡林浩特北缘断裂从预测区西部穿过。地层以古生界二叠系、中生界侏罗系为主大面积出露。华力西期,尤其是燕山期酸性岩体遍布全区。

(2)区内综合异常的元素组合以W、Sn、Bi、As、Sb、Cu为主。各元素异常规模大,在整个预测区均有分布,总体上形成一条北东向异常带。该区W、Sn为成矿元素,异常规模大,浓集程度高,浓度分带明显,套合程度好;Cu、As、Sb、Bi为伴生元素,浓度分带也达到三级,空间上主要分布于W异常外带。

(3)预测区内共圈定了15-Z-33乙、15-Z-34丙、15-Z-35乙3个综合异常,异常受二叠系、侏罗系控制,侏罗纪、白垩纪酸性侵入岩发育,地层与岩体接触带上W异常大面积分布。成矿规律组虽未在该区划分预测工作区,但本区成矿条件较为有利,找矿前景良好,故将本预测区划分为热液型C级找矿预测区。

(十四)沙麦热液型钨矿找矿预测区(15-Y-C-12)

(1)预测区大地构造处于兴安地槽褶皱系,东乌珠穆沁旗华力西早期地槽褶皱带中西部。古生界泥盆系和二叠系出露面积较大,中生界侏罗系玛尼吐组小面积出露,古近系、新近系、第四系大面积分布。北西向、北东向构造较发育。华力西期、燕山期岩浆活动强烈,酸性岩体遍布全区。

(2)预测区位于东乌珠穆沁旗-嫩江(中强挤压区)铜、钼、铅、锌、金、钨、锡、铬成矿带上,对应于二连-东乌珠穆沁旗地球化学分区。区内有以W、Cu、Sn、Au、As、Sb、Zn为主的多元素局部异常,呈不规则面状分布。规模较大的W局部异常上,Sn、Cu、As、Sb等主要共伴生元素异常强度较高,浓度分带多达到三级,具有明显的浓集中心,并在空间上相互重叠或套合。

(3)预测区由15-Z-19乙、15-Z-20乙、15-Z-21乙3个综合异常组成,异常面积大,强度较高,多分布于泥盆系与侏罗纪花岗岩体的接触带上,W、Cu、Sn、Au、As、Sb、Zn是其主要成矿元素或伴生元素,元素组合与热液型钨矿找矿模型相近。已发现的沙麦热液型钨矿床位于该预测区内,成矿规律组划分的一个预测工作区与该区大部分地区重叠。从元素组合特征、综合异常评级及成矿地质条件等分析,该区成矿条件良好,因此将其评定为热液型C类找矿预测区。

(十五)科尔沁右翼中旗热液型钨矿找矿预测区(15-Y-C-13)

(1)该预测区大地构造隶属内蒙古中部地槽褶皱系,苏尼特右旗华力西晚期地槽褶皱带东部,位于突泉-翁牛特铅、锌、银、铜、铁、锡、稀土成矿带。地层以古生界二叠系、中生界侏罗系为主大面积出露。北东向、北西向构造较为发育。燕山期岩浆活动强烈,酸性岩体遍布全区。

(2)本预测区综合异常的元素组合以W、Sn、Ag、Pb、Zn、Cu、As、Sb、Bi为主,其中Ag异常分布范围广,在预测区内存在一条北西向和一条北东向串珠状异常带;W、Sn、Pb、Zn、As、Sb异常相对来说规模较小,多呈近南北向条带状或星散状分布;Cu异常在整个预测区范围内零星分布;Bi异常规模大,大体上呈北东方向延伸。该区W、Sn、Ag、Pb、Zn为成矿元素,浓集程度高,浓度分带明显,套合程度好;Cu、As、Sb、Bi为伴生元素,并未成矿,浓度分带也达到三级,空间上主要分布于W异常外带。

(3)预测区内共圈定了15-Z-48丙、15-Z-49乙、15-Z-50丙、15-Z-51乙4个综合异常,异常分布于二叠系、侏罗系与二叠纪、侏罗纪花岗岩体接触带上。异常区内岩浆活动强烈,断裂构造发育,异常元素组合为W、Sn、Ag、Pb、Zn、Cu、As、Sb、Bi,具高温、中温、低温元素组合特征,推测在该区域具有寻找热液型钨矿资源的良好前景,成矿规律组未在该区划分预测工作区,故将该预测区划分为C级找矿预测区。

(十六)阿尔山热液型钨矿找矿预测区(15-Y-C-14)

(1)预测区大地构造位于兴安地槽褶皱系,东乌珠穆沁旗华力西早期地槽褶皱带中部。地层以古生界泥盆系、二叠系和中生界侏罗系为主大面积出露。北东向、北西向构造较为发育。燕山期岩浆活动强烈,酸性岩体遍布全区。

(2)预测区位于东乌珠穆沁旗-嫩江(中强挤压区)铜、钼、铅、锌、金、钨、锡、铬成矿带上,对应于二连-东乌珠穆沁旗地球化学分区。区内有以W、Sn、Bi、Mo、Pb、Zn、Ag、Cu、Au、As为主的多元素局部异常,呈北西向、北东向带状或串珠状分布。规模较大的W局部异常上,Mo、Sn、Pb、Zn、Bi等主要共伴生元素异常强度均较高,浓度分带多达到三级,在空间上相互重叠或套合较好,各异常均具明显的浓集中心。

(3)预测区内的区域地球化学异常主要由 15-Z-43 乙、15-Z-44 乙、15-Z-45 丙、15-Z-46 丙、15-Z-47 乙 5 个综合异常组成,异常规模大,多分布于侏罗系与石炭纪、侏罗纪中酸性岩体接触带上,W、Mo、Sn、Pb、Zn、Bi 是其主要成矿元素或伴生元素,元素组合与热液型钨矿找矿模型相近。成矿规律组虽未在该区划分预测工作区,但从元素组合特征、综合异常评级及成矿地质条件分析,该区仍有很大希望寻找到钨矿产资源,因此将其评定为热液型 C 类找矿预测区。

(十七)三河镇热液型钨矿找矿预测区(15-Y-C-16)

(1)预测区大地构造隶属内蒙古兴安地槽褶皱系,额尔古纳新元古代地槽褶皱带中部,位于新巴尔虎右旗-根河(拉张区)铜、钼、铅、锌、银、金、萤石、煤(铀)成矿带,额尔古纳断裂于预测区西部边缘穿过。区内出露的地层主要有震旦系额尔古纳河组,古生界奥陶系、志留系和中生界侏罗系。北东向构造较发育。华力西期、燕山期岩浆活动强烈,酸性岩体遍布全区。

(2)预测区内综合异常主要元素组合为 W、Sn、Bi、Mo、Au、Cu、Pb、As、Sb、Hg,其中 W、Sn、Bi、Cu、Pb、Au、As、Sb 元素异常规模大,形成一条北东向异常带;Mo 异常相对来说规模较小,多呈近星散状分布。各元素异常浓度分带均达到三级,与 W 异常在空间位置上重叠较好。

(3)预测区由 15-Z-36 丙、15-Z-37 乙、15-Z-38 丙、15-Z-39 乙、15-Z-40 丙 5 个综合异常组成,异常区内岩浆活动强烈,断裂构造发育,成矿地质条件良好。异常元素组合为 W、Sn、Bi、Mo、Au、Cu、Pb、As、Sb、Hg,元素组分齐全,具高温、中温、低温元素组合特征。成矿规律组虽未在该区划分预测工作区,但从元素组合特征、综合异常评级及成矿地质条件等分析,该区是寻找钨矿床的有利地区,因此将其评定为热液型 C 类找矿预测区。

七、稀土矿

本次共圈定稀土矿地球化学找矿预测区 9 个,均为成因不明型(图 6-7,表 6-7)。其中 A 级预测区 1 个,B 级预测区 3 个,C 级预测区 5 个。

(一)白云鄂博-达茂旗稀土矿找矿预测区(15-Y-A-1)

(1)该预测区大地构造处于内蒙古中部槽台边界区,位于华北陆块北缘西段金、铁、铌、稀土、铜、铅、锌、银、镍、铂、钨、石墨、白云母成矿带,华北陆块北缘断裂带从预测区北部穿过。预测区中部主要出露太古宇、元古宇,北部和南部出露古生界奥陶系、志留系、泥盆系、二叠系,中生界侏罗系局部出露。区内各级次断裂、褶皱构造极为发育。华力西期、印支期岩浆活动强烈,中酸性、酸性岩体分布广泛。

(2)异常区内元素组合为 La、Th、U、Y、Nb、W、Sn、Mo、F、P、Fe_2O_3 等。其中 La、Th、Y、Nb 异常组合程度好,套合强度高、有明显的浓集中心,多呈面状或条带状分布;W、Sn、Mo、Pb、F、P、Fe_2O_3 异常具有明显的浓集中心及浓度分带,并在空间上相互重叠或套合。

(3)预测区内圈定了 2 个甲类、3 个乙类、1 个丙类综合异常,成因类型有沉积型、岩浆型及成因不明型。异常元素组合以 La、Y、Th、Nb、U、Zr 为主,异常区出露地质体多为中元古界白云鄂博群变质岩系,以及超基性岩、基性岩、碱性岩和偏碱花岗岩等,断裂、褶皱构造发育。区内已发现的白云鄂博特大型铁铌稀土矿床及多处岩浆型稀土矿点,均产出于该类地质环境。由此可见,该预测区地质成矿条件极为有利,从元素组合及矿化特征来看,推断有希望找到较大规模的稀土矿床,成矿规律组也在该区划分了一个预测工作区,因此将其划分为 A 级找矿预测区。

由于该区成矿条件有利,具有很好的找矿前景,通过对其地质、地球化学特征的研究,在该预测区内选取异常元素组合特征明显、成矿地质条件有利的地区,进一步圈定出一处稀土矿最小预测区。

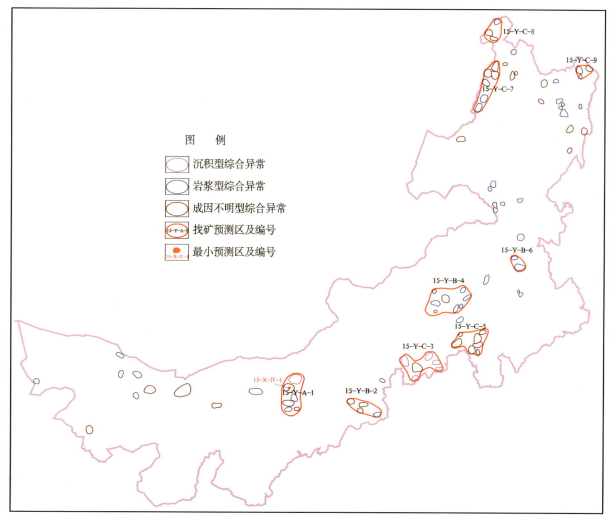

图 6-7　内蒙古自治区稀土矿地球化学找矿预测示意图

表 6-7　内蒙古自治区稀土矿地球化学找矿预测区圈定结果一览表

找矿预测区编号	找矿预测区名称	成因类型	级别
15-Y-A-1	白云鄂博-达茂旗稀土矿找矿预测区	成因不明型	A
15-Y-B-2	三道沟稀土矿找矿预测区	成因不明型	B
15-Y-C-3	正镶白旗-正蓝旗稀土矿找矿预测区	成因不明型	C
15-Y-B-4	锡林浩特-西乌珠穆沁旗稀土矿找矿预测区	成因不明型	B
15-Y-C-5	广兴源-大庙稀土矿找矿预测区	成因不明型	C
15-Y-B-6	巴尔哲稀有稀土矿找矿预测区	成因不明型	B
15-Y-C-7	恩和稀有稀土矿找矿预测区	成因不明型	C
15-Y-C-8	西口子稀有稀土矿找矿预测区	成因不明型	C
15-Y-C-9	石头山稀有稀土矿找矿预测区	成因不明型	C

(二) 三道沟稀土矿找矿预测区 (15-Y-B-2)

(1) 该预测区大地构造处于华北陆块北缘，集宁-凌源断裂带以南，位于华北陆块北缘西段金、铁、铌、稀土、铜、铅、锌、银、镍、铂、钨、石墨、白云母成矿带。太古宇主要分布在预测区的中西部和东南部，中生界在区内零星出露，新近系在预测区中部大面积分布。印支期、华力西期岩浆活动较强，太古宙变质深成侵入体极为发育。

(2) 区内分布有 La、Th、Y、Nb、U、Zr、Pb、F、P 等元素组成的高背景区（带）。其中 La、Th、U、Y、Nb 异常组合程度好，套合强度高，有明显的浓集中心，呈北西向条带状分布；Sn、Mo、F、P 具有明显的浓集中心及浓度分带，与稀有稀土元素在空间上相互重叠或套合。

(3) 预测区内圈定了 1 个甲类、2 个乙类、1 个丙类综合异常，其中甲类异常成因类型为岩浆型，其他异常成因类型不明。异常元素组合以 La、Y、Th、Nb、U、Zr 为主，异常区出露地质体以新太古界集宁岩群黑云斜长片麻岩、石墨片麻岩、大理岩、浅粒岩变质岩系为主，中太古代变质深成侵入体极为发育。区内已发现的三道沟磷稀土矿与该类地质环境关系密切。由此可见，该预测区地质成矿条件极为有利，从元素组合及矿化特征来看，推断有希望找到中型或以上规模稀土矿床，成矿规律组划分的预测工作区也与该区大部分地区重叠，因此将其划分为 B 级找矿预测区。

(三) 锡林浩特-西乌珠穆沁旗稀土矿找矿预测区 (15-Y-B-4)

(1) 该预测区大地构造处于内蒙古中部地槽褶皱带中段，锡林浩特北缘断裂带从区内穿过，位于突泉-翁牛特铅、锌、银、铜、铁、锡、稀土成矿带内。中生界侏罗系、古生界二叠系在预测区内大面积出露，元古宇在预测区西南零星出露。华力西期、印支期岩浆活动较强，超基性、中性、酸性岩体发育。

(2) 区内分布有 Y、La、Th、Be、U、Zr、Pb、F、P 等元素组成的高背景区（带）。其中 Y、Th、Be、Zr 组合程度好，套合强度高，有明显的浓集中心，呈面状或北东向条带状分布；F、Pb、P、Zn 具有明显的浓集中心及浓度分带，与稀有稀土元素在空间上相互重叠或套合。

(3) 预测区内圈定了 7 个乙类、1 个丙类综合异常，成因类型以岩浆型为主，3 处异常为成因不明型。异常元素组合以 Y、La、Zr、Th、Nb、U、Be 为主，异常区主要出露二叠系哲斯组、林西组、大石寨组及燕山期、华力西期基性、超基性、中酸性、酸性岩体。成矿规律组虽未在该区划分预测工作区，但从地球化学异常元素组合和成矿地质环境两方面来看，本预测区成矿条件有利，有希望找到中型或以上规模稀土矿床，因此将其划分为 B 级找矿预测区。

(四) 巴尔哲稀有稀土矿找矿预测区 (15-Y-B-6)

(1) 该预测区大地构造处于内蒙古中部地槽褶皱带东段，位于突泉-翁牛特铅、锌、银、铜、铁、锡、稀土成矿带内，大兴安岭-太行山断裂带从预测区西北部穿过。中生界白垩系、侏罗系和古生界二叠系在预测区内广泛出露。断裂构造发育。华力西期、印支期岩浆活动异常活跃，中性、中酸性、酸性岩体分布于预测区南部。

(2) 异常区内分布有 Th、Y、Nb、Be、W、Sn、Mo、K_2O、Na_2O、SiO_2 等元素组成的高背景区（带）。其中 Th、Y、Nb、Be 组合程度好，套合强度高，有明显的浓集中心，呈面状或北西向条带状分布；W、Sn、Mo、Pb、K_2O、Na_2O、SiO_2 具有明显的浓集中心及浓度分带，与稀有稀土元素在空间上相互重叠或套合。

(3) 预测区内共圈定了两个综合异常，1 个甲类、1 个乙类，成因类型均为岩浆型，异常元素组合以 Y、La、Zr、Th、U、Be 为主。本预测区是我国北方早白垩世碱性晶洞花岗岩带的一部分，已在区内发现巴尔哲大型碱性花岗岩稀有稀土矿床，该矿床成矿环境由侏罗系满克头鄂博组下段一套火山碎屑岩及酸性熔岩组成，受北北东向和东西向断裂复合控制。该类地层在本预测区内广泛分布，二叠纪花岗岩体发育，断裂构造呈北东向或近东西向分布，可见本预测区成矿地质环境有利，多元素综合异常区是寻找稀有稀土矿产资源的有利地区,且该区位于成矿规律组划分的一个预测工作区内,因此将其划分为 B 级找矿预测区。

(五)正镶白旗-正蓝旗稀土矿找矿预测区(15-Y-C-3)

(1)该预测区大地构造处于华北陆块北部大陆边缘,位于突泉-翁牛特铅、锌、银、铜、铁、锡、稀土成矿带南端,华北陆块北缘断裂带从区内穿过。中生界侏罗系广泛分布,局部可见古生界二叠系,太古宇色尔腾山岩群零星分布。燕山期岩浆活动强烈,酸性、中酸性岩体主要分布于预测区北部。

(2)预测区内存在 La、Th、Y、Nb、U、Sb、Pb 等元素组成的高背景区(带)。其中 La、Th、U、Y 组合程度好,套合强度高,有明显的浓集中心,呈面状分布;Sb、Pb、As 具有明显的浓集中心及浓度分带,与稀有稀土元素在空间上相互重叠或套合。

(3)该预测区内包括 6 个综合异常,其中 1 个乙类、5 个丙类异常,成因类型多为沉积型,主要异常元素组合为 La、Y、Th、Nb、U。异常区内出露太古宇色尔腾山岩群糜棱岩化片岩、斜长角闪岩、磁铁石英岩、变粒岩及二叠纪、侏罗纪酸性、中酸性岩体。成矿规律组虽未在该区划分预测工作区,但与白云鄂博稀土矿地质-地球化学找矿模型进行对比,发现本预测区成矿地质环境和地球化学异常元素组合均与其较为相似,可见本区成矿地质条件有利,是寻找稀土矿产资源的有利区域,故将其划分为 C 级找矿预测区。

(六)广兴源-大庙稀土矿找矿预测区(15-Y-C-5)

(1)该预测区大地构造处于内蒙古中部地槽褶皱带中段,位于突泉-翁牛特铅、锌、银、铜、铁、锡、稀土成矿带内,扎鲁特旗断裂带和伊林哈别尔尕-西拉木伦断裂带以南。区内中生界侏罗系、古生界二叠系大面积分布,元古宇在预测区西南零星出露。华力西期、印支期岩浆活动较强,超基性、中性、酸性岩体发育。

(2)区内分布有 Y、La、Th、Be、Zr、W、P 等元素组成的高背景区(带)。其中 Y、La、Be、Zr 组合程度好,套合强度高,有明显的浓集中心,呈面状或北东向条带状分布;F、W、P、Pb、Cu 具有明显的浓集中心及浓度分带,与稀有稀土元素异常在空间上相互重叠或套合。

(3)该预测区内共圈定了 7 个乙类综合异常,成因类型不明,主要异常元素有 Y、La、Zr、Th、Nb、U、Be。异常区主要出露古生界二叠系额里图组、于家北沟组及中生界侏罗系满克头鄂博组、玛尼吐组火山碎屑岩及酸性熔岩,侏罗纪、白垩纪中酸性、酸性岩体广泛分布。成矿规律组虽未在该区划分预测工作区,但区内地球化学异常组合元素及成矿地质背景特征与巴尔哲岩浆型稀有稀土矿相似,可见本区成矿地质条件有利,是寻找稀土矿产资源的有利区域,故将其划分为 C 级找矿预测区。

(七)恩和稀有稀土矿找矿预测区(15-Y-C-7)

(1)该预测区大地构造处于内蒙古兴安地槽褶皱带北部,位于新巴尔虎右旗-根河(拉张区)铜、钼、铅、锌、银、金、萤石、煤(铀)成矿带内。中生界白垩系、侏罗系,古生界二叠系、奥陶系、志留系和元古宇震旦系、青白口系在预测区内零星出露。燕山期、华力西期、印支期、加里东期岩浆活动异常活跃,中性、中基性、中酸性、酸性岩体广泛分布。

(2)区内分布有 La、Th、U、Y、Zr、Mo、F、P 等元素组成的高背景区(带)。其中 La、Th、Y、Zr 组合程度好,套合强度高,有明显的浓集中心,呈条带状北东向分布;W、Mo、Pb、F、P 具有明显的浓集中心及浓度分带,与稀有稀土元素异常在空间上相互重叠或套合。

(3)区内共圈定了 6 个乙类综合异常,预测区南部的 2 个异常为岩浆型,北部的异常成因类型不明。预测区南部的综合异常元素组合以 La、Y、Th、U、Zr 为主,异常区主要出露侏罗系玛尼吐组中性火山熔岩、中酸性火山碎屑岩及二叠纪、石炭纪花岗岩;北部的综合异常元素组合以 Y、La、Zr、Th、Nb、U、Be 为主,异常区内新元古代正长花岗岩大面积分布,局部出露新元古代中基性杂岩。由此可见,成矿规律组虽未在该区划分预测工作区,但本区地球化学异常强度高,套合好,成矿地质背景条件有利,是寻找稀土矿产资源的有利区域,故将其划分为 C 级找矿预测区。

(八)西口子稀有稀土矿找矿预测区(15-Y-C-8)

(1)该预测区大地构造处于内蒙古额尔古纳新元古代地槽褶皱带中部,位于新巴尔虎右旗-根河(拉张区)铜、钼、铅、锌、银、金、萤石、煤(铀)成矿带内。中生界侏罗系和元古宇青白口系在预测区内零星出露。北东向和北西向断裂构造发育。燕山期、加里东期岩浆活动异常活跃,中性、中酸性、酸性岩体大面积分布。

(2)区内分布有 La、Th、U、Y、Nb、Zr、Mo、P 等元素组成的高背景区(带)。其中 La、Th、Y、Nb、Zr 组合程度好,套合程度高,具有明显的浓集中心,呈北西向条带状分布;W、Mo、Pb、P 具有明显的浓集中心及浓度分带,在空间上与稀有稀土元素异常相互重叠或套合。

(3)区内圈定了 1 个乙类,2 个丙类综合异常,主要的异常元素有 La、Y、Zr、Th、Nb、U、Be 等,各元素异常强度高,套合好。异常区内古元古代兴华渡口群、新元古代正长花岗岩、中基性杂岩大面积出露。北东向和北西向断裂构造发育,成矿条件有利。成矿规律组虽未在该区划分预测工作区,但推断该区仍是寻找稀土矿产资源的有利地段,故将其划分为 C 级找矿预测区。

(九)石头山稀有稀土矿找矿预测区(15-Y-C-9)

(1)该预测区大地构造处于内蒙古兴安地槽褶皱带中部,位于东乌珠穆沁旗-嫩江(中强挤压区)铜、钼、铅、锌、金、钨、锡、铬成矿带内。中生界侏罗系和古生界泥盆系在预测区南部大面积出露,元古宇在预测区北部出露面积较大。华力西期、印支期岩浆活动异常活跃,中性、中酸性、酸性岩体大面积广泛分布。

(2)区内分布有 La、Th、U、Y、Nb、Zr、Be、Pb、F、P 等元素组成的高背景区(带)。其中 La、Th、Y、Nb、Zr、Be 组合程度好,套合强度高,具有明显的浓集中心,呈面状分布;Cu、Pb、F、P 具有明显的浓集中心及浓度分带,在空间上与稀有稀土元素异常相互重叠或套合。

(3)区内圈定出 2 个乙类,1 个丙类综合异常,主要元素组合为 La、Y、Zr、Th、Nb、U、Be,各元素异常强度高,套合好。异常区内主要出露古元古代兴华渡口群、侏罗系玛尼吐组,泥盆纪、石炭纪中酸性、酸性岩体广泛分布,异常多处于地层与岩体的接触带附近。由此可见,成矿规律组虽未在该区划分预测工作区,但本预测区成矿条件有利,是寻找稀土矿产资源的有利地段,故将其划分为 C 级找矿预测区。

八、银矿

本次共圈定银矿地球化学找矿预测区 17 个,包含 4 种成因类型,其中热液型 13 个,沉积型 2 个,矽卡岩型 1 个,成因不明型 1 个(表 6-8,图 6-8)。其中 A 级预测区 4 个,B 级预测区 5 个,C 级预测区 8 个。

表 6-8　内蒙古自治区银矿地球化学找矿预测区圈定结果一览表

找矿预测区编号	找矿预测区名称	成因类型	级别
15-Y-C-1	哈日奥日布格热液型银矿找矿预测区	热液型	C
15-Y-C-2	固阳沉积型银矿找矿预测区	沉积型	C
15-Y-B-3	李清地热液型银矿找矿预测区	热液型	B
15-Y-C-4	四子王旗热液型银矿找矿预测区	热液型	C
15-Y-C-5	白乃庙沉积型银矿找矿预测区	沉积型	C
15-Y-B-6	余家窝铺银矿找矿预测区	热液型	B

续表 6-8

找矿预测区编号	找矿预测区名称	成因类型	级别
15-Y-A-7	拜仁达坝热液型银矿找矿预测区	热液型	A
15-Y-B-8	西乌珠穆沁旗热液型银矿找矿预测区	热液型	B
15-Y-A-9	花敖包特热液型银矿找矿预测区	热液型	A
15-Y-B-10	孟恩陶勒盖热液型银矿找矿预测区	热液型	B
15-Y-B-11	扎木钦热液型银矿找矿预测区	热液型	B
15-Y-C-12	罕达盖矽卡岩型银矿找矿预测区	矽卡岩型	C
15-Y-A-13	额仁陶勒盖热液型银矿找矿预测区	热液型	A
15-Y-A-14	甲乌拉热液型银矿找矿预测区	热液型	A
15-Y-C-15	太平庄银矿找矿预测区	成因不明型	C
15-Y-C-16	库都尔热液型银矿找矿预测区	热液型	C
15-Y-C-17	甘河热液型银矿找矿预测区	热液型	C

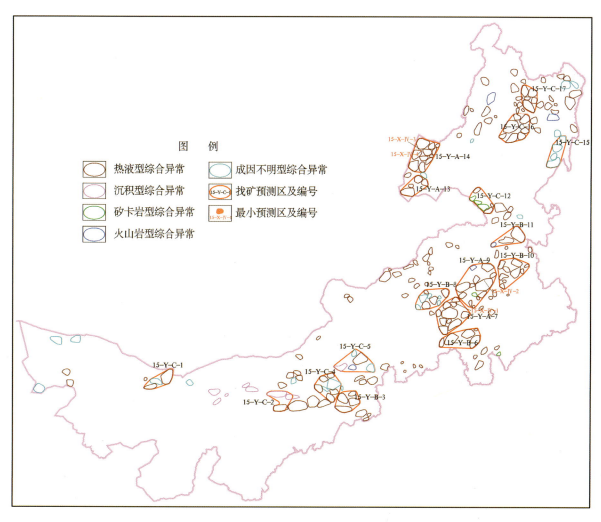

图 6-8 内蒙古自治区银矿地球化学找矿预测示意图

(一)拜仁达坝热液型银矿找矿预测区(15-Y-A-7)

(1)该预测区大地构造隶属内蒙古中部地槽褶皱带,位于突泉-翁牛特铅、锌、银、铜、铁、锡、稀土成矿带上,大兴安岭-太行山断裂贯穿其中。区内古生界二叠系、中生界侏罗系大面积分布,预测区西南部部分地区被第四系覆盖。北东向构造发育。各期岩浆活动强烈,中性、酸性、中酸性岩体发育。

(2)预测区内的主要元素组合为 Ag、Pb、Zn、Cu、Sn,是一套典型的中高温热液型元素组合,各元素异常多呈近南北向或北东向展布。Ag、Pb、Zn、Sn 为区内主要成矿元素,异常规模大,几乎占据整个预测区,浓集程度高,浓度分带明显,套合性好,各元素异常相互重叠;Cu 作为伴生元素,异常规模不大,但浓度分带达到三级,与 Ag 异常在空间位置上重叠较好。

(3)预测区内的 4 个甲类异常,6 个乙类异常均为热液型,已探明的银铅锌、铜、钼锡多金属矿床(点)均为与古生界二叠系、中生界侏罗系及中酸性岩体有关的热液型或矽卡岩型矿床,因此将本预测区定为热液型。拜仁达坝、大井子等多个多金属矿床位于该区,古生界二叠系是其主要赋矿地层,该地层在本预测区内大面积出露,周围酸性岩体极度发育,成矿规律组还在该区划分了一个预测工作区,故该区是寻找热液型银多金属矿产资源的有利地段。依据大比例尺地质、化探资料,在本预测区内的乙类综合异常上圈定出一个最小预测区,推断在该区域具有很好的找矿前景,因此将本预测区划分为 A 级找矿预测区。

(二)花敖包特热液型银矿找矿预测区(15-Y-A-9)

(1)该预测区大地构造隶属内蒙古中部地槽褶皱带,位于突泉-翁牛特铅、锌、银、铜、铁、锡、稀土成矿带,锡林浩特北缘断裂和大兴安岭-太行山断裂贯穿其中。古生界二叠系、中生界侏罗系遍布全区,白垩系在西北部局部地段出露。北东向构造发育。燕山期岩浆活动强烈,超基性、基性、中性、中酸性、酸性岩体极度发育。

(2)预测区内综合异常元素组合以 Ag、Pb、Zn、Sn、Cu 为主,其中 Ag、Sn 元素在整个预测区均有分布,总体上形成一条北东向异常带;Pb、Zn 呈北东向条带状,Cu 呈星散状分布。该区内成矿元素为 Ag、Pb、Zn、Sn,该类异常规模大,浓集程度高,浓度分带明显,相互之间套合程度高;Cu 作为伴生元素,异常规模不大,但浓度分带达到三级,空间位置上主要分布于 Ag 异常外带。

(3)本预测区内圈定的综合异常和已知矿床(点)较多,有甲类异常 9 个,乙类异常 4 个,不同规模的银矿床 27 个。异常多为与中酸性岩浆活动有关的热液型和与火山活动有关的火山岩型,已发现银矿床(点)以热液型为主,还有部分为矽卡岩型,但区内发生矽卡岩化的地段相对较少,因此将本预测区定为热液型。已发现的花敖包特、白音诺尔银多金属矿床受二叠系、侏罗系控制明显,该类地层在区内大面积分布,周围酸性岩体极其发育,成矿规律组还在该区划分了一个预测工作区,故地层与岩体接触带上的综合异常分布区是寻找热液型银多金属矿产资源的有利地段。在对搜集的大比例尺地质、化探资料进行系统分析的基础上,对比区内已建立的找矿模型,在本预测区内甲类综合异常上远离已知矿床(点)的区域圈定出一个最小预测区,推断在该区域具有一定的找矿潜力,因此将本预测区划分为 A 级找矿预测区。

(三)额仁陶勒盖热液型银矿找矿预测区(15-Y-A-13)

(1)该预测区大地构造隶属内蒙古兴安地槽褶皱带,位于新巴尔虎右旗-根河(拉张区)铜、钼、铅、锌、银、金、萤石、煤(铀)成矿带,额尔齐斯-得尔布干断裂和额尔古纳断裂带穿过预测区。中生界侏罗系大面积分布,白垩系次之,其余地段均被新近系、第四系覆盖。北西向构造发育。燕山期岩浆活动较为强烈,酸性岩体发育。

(2)本预测区综合异常元素组合主要为 Ag、Pb、Zn、Cu、Mn、Fe_2O_3。Ag 元素在该预测区东北部形成一条北西向异常带,在南部形成规模较大的面状异常,浓集中心东西向展布;Zn 元素在预测区东部形成北东向异常带;Pb、Cu异常规模不大,形成的梯度带较为平缓;Mn异常在预测区零星分布;Fe_2O_3在预测区东部存在两条北东向条带状异常。预测区内各元素异常均达到三级浓度分带,主成矿元素Ag分布范围广,其他元素多分布于Ag异常外带,以Ag异常部分重叠。

(3)本预测区内存在2个甲类、2个乙类综合异常,该热液型综合异常区内主要出露侏罗系,部分地区被新近系、第四系覆盖,局部有侏罗纪花岗斑岩出露。对区内已发现银铅锌、金多金属矿床(点)进行分析,发现已知矿床(点)均与中生界侏罗系有关,塔木兰沟组蚀变安山岩是额仁陶勒盖大型银锰矿的地层找矿标志,该地层在本区出露范围较广,是寻找热液型银多金属矿的最佳地段,成矿规律组还在该区划分了一个预测工作区,因此将本预测区划分为热液型A级找矿预测区。

(四)甲乌拉热液型银矿找矿预测区(15-Y-A-14)

(1)该预测区大地构造隶属内蒙古兴安地槽褶皱带,位于新巴尔虎右旗-根河(拉张区)铜、钼、铅、锌、银、金、萤石、煤(铀)成矿带,额尔古纳断裂从预测区东部边缘穿过。中生界侏罗系大面积分布,白垩系小面积出露,元古宇、新近系、第四系零星分布。北西向和北北东向构造发育。燕山期、华力西期岩浆活动强烈,中酸性、酸性岩体发育。

(2)预测区内综合异常主要元素组合为Ag、Pb、Zn、Cu、Au、Mn。区域上Ag元素主要形成3条异常带,预测区北部两条呈北东向,南部一条近东西向;Pb元素在预测区西北部形成一条近南北向异常带,南部形成一条近东西向异常带,东北部形成一条北东向异常带;Zn异常在全预测区均有分布,多呈近南北向、东西向展布;Cu、Au、Mn异常呈星散状分布。预测区内各元素异常均达到三级浓度分带,Ag异常覆盖范围广,Pb、Zn、Cu异常与其重叠较好,Au、Mn异常大部分分布于Ag异常外带。

(3)本预测区内热液型综合异常较为集中,对其进行研究评价后划分为1个甲类、10个乙类异常。区内已发现多个银铅锌、铜、钼多金属矿床(点),地质勘查结果显示元古宇震旦系、中生界侏罗系及中酸性、酸性岩体与成矿具有密切联系。对区内综合异常所处地质环境进行分析,发现多金属组合异常区内主要出露侏罗系,局部有侏罗纪酸性岩出露,该类地质体是甲乌拉热液型银多金属矿床的主要赋矿层位,成矿规律组还在该区划分了一个预测工作区,因此本次圈定的综合异常区是寻找热液型银多金属矿床的有利地段。通过对区内的大比例尺地质、化探资料进行系统研究,在乙类综合异常上圈定出两处最小预测区,推测在该区具有找到银多金属矿产资源的前景,故将本预测区划分为热液型A级找矿预测区。

(五)李清地热液型银矿找矿预测区(15-Y-B-3)

(1)该预测区大地构造隶属华北陆块北缘,跨过了华北陆块北缘东段铁、铜、钼、铅、锌、金、银、锰、铀、磷、煤、膨润土成矿带和山西(断隆)铁、铝土矿、石膏、煤、煤层气成矿带,集宁-凌源断裂贯穿北部地区。在预测区西部太古宇集宁岩群、乌拉山岩群、色尔腾山岩群大面积分布,西北部局部地区中生界侏罗系、白垩系出露,东部大部分区域被新近系汉诺坝组灰黑色、黑色玄武岩和第四系覆盖。区内北东向及近东西向断裂小构造发育。太古宙变质深成侵入体遍布预测区南部区域,北部则以侏罗纪花岗岩为主。

(2)区内综合异常的元素组合以Ag、Pb、Zn、Au、Cu、Fe_2O_3、Mn为主。各元素异常空间展布形态存在少许差别,其中Ag、Pb、Zn、Cu、Mn异常呈条带状分布,空间上受更新统汉诺坝组控制;Au异常呈东西向或北西向细条带状伸展;Fe_2O_3异常规模较大,几乎遍布整个找矿预测区。空间套合关系上Pb、Zn与Ag异常重叠性较好,且异常强度均达到三级浓度分带,而Cu、Au异常均分布于Ag异常外带。

(3)该预测区内共圈定了甲类综合异常2个,乙类2个,其主要共伴生元素组合与热液型银矿的特征元素组合一致。Ag、Pb、Zn、Au、Cu等主成矿元素及伴生元素组合异常所处区域主要出露地层为太古宇集宁岩群,侵入岩体主要为太古宙片麻岩、花岗岩,其地质背景特征与区内已发现的李清地、排楼山银多金属矿相似,成矿地质环境有利。成矿规律组划分的一个预测工作区与该区东部重叠,因此推断该区有希望找到中型或大型以上规模的银矿床,将其划分为热液型B级找矿预测区。

(六)余家窝铺热液型银矿找矿预测区(15-Y-B-6)

(1)该预测区大地构造隶属内蒙古中部地槽褶皱带,位于突泉-翁牛特铅、锌、银、铜、铁、锡、稀土成矿带,扎鲁特旗断裂和伊林哈别尔尕-西拉木伦断裂以南,华北陆块北缘断裂以北,大兴安岭-太行山断裂纵贯预测区西部。区内古生界二叠系和中生界侏罗系、白垩系大面积出露,古生界奥陶系零星分布,大部分区域均被新近系汉诺坝组灰黑色、黑色玄武岩和第四系覆盖。北东向小构造发育。燕山期、印支期岩浆活动较强,中酸性、酸性岩体发育。

(2)预测区内的综合异常元素组合以 Ag、Pb、Zn 为主,局部地区存在规模较大的 Cu、Fe_2O_3、Mn、Sn 异常与 Ag 进行套合。重叠性较高的 Ag、Pb、Zn 异常呈近南北向或北东向展布;Cu、Fe_2O_3、Mn 异常空间展布特征与新近系汉诺坝组有关;Sn 异常呈面状分布。Ag、Pb、Zn 等区内主要成矿元素异常强度高,呈三级浓度分带;大规模、高强度的 Cu、Fe_2O_3、Mn 异常受地层控制,位于 Ag 异常外围;预测区西部呈三级浓度分带的 Sn 异常与 Ag、Pb、Zn 套合较好,是热液矿床的重要指示元素。

(3)预测区内圈定了2个甲类、3个乙类共5个热液型综合异常。Ag、Pb、Zn 等主成矿元素及共伴生元素组合异常多处于侏罗纪花岗岩与二叠系的接触带上,成矿条件有利。已知的银铅锌、铅锌、铜、钼多金属矿床(点)多与古生界二叠系、中生界侏罗系和燕山期酸性岩体有关,余家窝铺、炮手营子、七分地等多个热液型银铅锌矿床位于该区,该区是寻找热液型银多金属矿产资源的有利地段,从成矿环境和化探的角度分析均具有很好的找矿前景,且成矿规律组在该区划分了一个预测工作区,故将其划分为热液型B级找矿预测区。

(七)西乌珠穆沁旗热液型银矿找矿预测区(15-Y-B-8)

(1)该预测区大地构造隶属内蒙古中部地槽褶皱系中部,位于突泉-翁牛特铅、锌、银、铜、铁、锡、稀土成矿带,锡林浩特北缘断裂贯穿其中。中生界白垩系、侏罗系和古生界二叠系、石炭系在预测区内大面积出露,新近系、第四系在预测区南北两端局部覆盖。北东向构造发育。燕山期岩浆活动较强,酸性岩体较发育。

(2)预测区内的主要元素组合为 Ag、Sn、Pb、Zn、Cu。Ag、Sn 元素异常规模大,几乎占据整个预测区,是区内的主要成矿元素,总体上形成一条北东向异常带;Pb、Zn、Cu 异常相对来说规模较小,但浓集程度高,浓度分带达到了三级,多呈近南北向或北东向展布,与 Ag 异常在空间上重叠较好。

(3)预测区内共圈定出2个甲类、7个乙类综合异常,其中4个异常元素组合与区内已建立的热液型银矿找矿模型一致,确定为热液型成因,另外5个综合异常由于异常元素组合不齐全,但所处地区成矿环境有利,确定为成因不明型乙类异常。该预测区内已发现多个银铅锌、锡多金属矿床(点),其成矿与古生界二叠系、中生界侏罗系及中酸性岩体存在密切关系,已圈定的综合异常在二叠系与岩体的接触带上大面积分布,多位于锡林浩特北缘深大断裂带附近,具有很好的找矿前景,有希望找到中型及以上规模的矿床,成矿规律组在该区还划分了一个预测工作区,因此将该预测区确定为热液型B级预测区。

(八)孟恩陶勒盖热液型银矿找矿预测区(15-Y-B-10)

(1)该预测区大地构造隶属内蒙古中部地槽褶皱带,位于突泉-翁牛特铅、锌、银、铜、铁、锡、稀土成矿带,大兴安岭-太行山断裂带和嫩江-青龙河断裂带之间。古生界二叠系、中生界侏罗系遍布全区,中生界白垩系零星出露。北西向及北东向构造发育,预测区东部部分地区被第四系覆盖。各期次岩浆活动较强,中酸性、酸性岩体较为发育。

(2)预测区内综合异常的主要元素组合为 Ag、Pb、Zn、Sn、Cu。Ag 异常分布范围广,在预测区内存在一条北西向和一条北东向串珠状异常带;Sn 元素分析数据仅覆盖了预测区西部,在该区域 Sn 异常规模较大,浓集中心总体上呈北东向展布;Pb、Zn 异常相对来说规模较小,多呈近南北向条带状或星散状分布;Cu 异常在整个预测区范围内零星分布。该区内 Ag、Pb、Zn、Sn 为主要成矿元素,异常规模大,浓集程度高,浓度分带明显,套合程度高;Cu 为伴生元素,虽然并未成矿,但浓度分带也达到三级,空间位置上主要分布于 Ag 异常外带。

(3)预测区内存在 6 个甲类、3 个乙类热液型综合异常。区内已发现的银矿床(点)数量较多,其成矿与古生界二叠系、中生界侏罗系及中酸性、酸性岩体存在密切联系,该类地层几乎遍布整个预测区,地层与岩体的接触带是热液型银多金属矿最佳成矿地段,在该地段具有很好的找矿前景,成矿规律组在该区还划分了一个预测工作区,故将本预测区划分为热液型 B 级找矿预测区。

(九)扎木钦热液型银矿找矿预测区(15-Y-B-11)

(1)该预测区大地构造隶属内蒙古兴安地槽褶皱带,位于突泉-翁牛特铅、锌、银、铜、铁、锡、稀土成矿带,大兴安岭-太行山断裂贯穿其中。古生界二叠系、中生界侏罗系遍布全区,白垩系在预测区中部局部地区出露。北东向构造发育。燕山期、华力西期岩浆活动强烈,中酸性、酸性岩体极为发育。

(2)预测区内主要的元素组合为 Ag、Pb、Zn、Au、Sn、Cu。Ag 元素在该预测区形成一条北东东向条带状异常;Pb、Zn、Au、Sn、Cu 等元素异常大部分均分布在预测区东部,形成一条北北西向多元素异常带。区内成矿元素为 Ag、Pb、Zn,在预测区东部的多元素异常带上,各元素异常规模均较大,覆盖了预测区东部 2000 多平方千米,浓集程度高,各元素异常均达到三级浓度分带;Au、Sn 作为共伴生元素,异常规模相对较小,但强度也达到了三级浓度分带,空间上与 Ag 套合不太好,主要位于 Ag 异常外带。

(3)本预测区范围较小,仅圈定了 1 个甲类、2 个乙类综合异常。区内已发现了多个银铅锌、铜多金属矿床(点),多与矿区内出露的侏罗系、二叠系及中酸性、酸性岩体有关。预测区东部的多元素异常带上二叠统与燕山期中酸性岩大面积分布,具有良好的找矿前景。扎木钦火山岩型银铅锌多金属矿床位于本区,将区内综合异常元素组合及所处地质环境与其进行对比,推测本区具有寻找热液型银多金属矿床的找矿潜力,成矿规律组划分的一个预测工作区与该区大部分地区重叠,因此将本区确定为热液型 B 级找矿预测区。

(十)哈日奥日布格热液型银矿找矿预测区(15-Y-C-1)

(1)该预测区大地构造隶属天山地槽褶皱系,北山华力西晚期地槽褶皱带东部,位于磁海-公婆泉铁、铜、金、铅、锌、钼、锰、钨、锡、铷、钒、铀、磷成矿带,阿尔金断裂贯穿整个预测区。预测区内中生界白垩系大面积分布,古生界以二叠系为主分布于预测区东北部,石炭系集中于预测区南部,中元古界圆藻山群在中部零星出露,中西部地区第四系局部覆盖。北西向、北东向构造发育。局部地段有华力西期花岗岩体分布。

(2)预测区内的异常元素组合比较简单,以 Ag、Pb、Zn、Cu、Fe_2O_3、Mn 为主,该类综合异常主要集中在东北部和南部,中部仅有 Au 与主成矿元素 Ag 存在较好的套合关系。预测区内共圈定了 3 个综合异常,各个异常的主要共伴生元素在异常规模、强度及其与 Ag 异常的套合关系上存在明显的区别:15-Z-9 乙的主成矿元素 Ag 异常规模较大,共伴生元素组合中以 Zn、Cu 异常强度最高,为三级浓度分带;15-Z-7 乙上元素组合不全,但 Ag 元素异常强度高,达 377×10^{-9},唯一的共生元素 Au 也达到了三级浓度分带;15-Z-8 乙上 Ag 异常规模较小,但主要共伴生元素 Pb、Zn、Cu、Sn 与 Ag 异常套合程度较高,Zn、Cu 异常强度也达到了二级以上,Pb、Sn 异常较为平缓。

(3)在预测区内圈定的 3 个综合异常上,Ag、Pb、Zn、Cu 等主成矿元素及伴生元素组合异常所处区域白垩系、二叠系大面积分布,中酸性岩体出露较少,成矿地质条件一般。区内未发现已知银矿床(点),成矿规律组也未在该区划分预测工作区,圈定的综合异常均为乙类,主要元素组合与热液型相同,故将其划分为热液型 C 级找矿预测区。

(十一)四子王旗热液型银矿找矿预测区(15-Y-C-4)

(1)该预测区大地构造隶属华北陆块北缘,位于华北陆块北缘西段金、铁、铌、稀土、铜、铅、锌、银、镍、铂、钨、石墨、白云母成矿带,华北陆块北缘断裂带以南,集宁-凌源断裂横贯预测区南部。元古宇、中生界白垩系主要在预测区北部出露,太古宇、中生界侏罗系主要在南部出露,区内大部分区域多被新近系、第四系覆盖。北东东向构造发育。华力西期、印支期岩浆活动强烈,中酸性岩体分布广泛,太古宙变质深成侵入体、元古宙基性岩体局部发育。

(2)预测区内区域上存在Ag、Cu等元素组成的高背景带,高背景带中有以Ag、Pb、Cu、Au为主的多元素局部异常。Ag异常呈近南北向或北西向展布;Pb、Zn、Au异常规模较小,呈星散状分布;Cu异常规模较大,呈面状分布于预测区南部。规模较大的Ag异常上,Ag及其共伴生元素均具有明显的浓度分带和浓集中心,并在空间上相互重叠或套合,其中Pb、Zn、Cu与Ag异常套合程度高,呈二级到三级浓度分带,Au异常强度也达到了三级,主要散布于Ag异常外围。

(3)区内共圈定了2个甲类综合异常,5个乙类综合异常,其主要元素组合Ag、Pb、Zn、Cu、Au为典型的热液型元素组合,因此将该预测区确定为热液型。成矿规律组虽未在该区划分预测工作区,但区内异常所处区域印支期—华力西期花岗岩大面积出露,已发现多处银铅锌、银金、铜、铜钼多金属矿床(点),成矿环境多与元古宇和各期次岩体有关,该区仍是寻找银多金属矿产资源的有利地段。已发现的小南山、什拉哈达等多金属矿均以铜或铅锌为主,银仅作为共伴生元素成矿,故将该预测区评定为C级预测区。

(十二)库都尔热液型银矿找矿预测区(15-Y-C-16)

(1)该预测区大地构造隶属内蒙古兴安地槽褶皱带,位于东乌珠穆沁旗-嫩江(中强挤压区)铜、钼、铅、锌、金、钨、锡、铬成矿带,伊列克得-加格达奇断裂于预测区东部边缘穿过。预测区内以中生界侏罗系火山熔岩、火山碎屑岩和火山碎屑沉积岩为主,其次为中生界白垩系、古生界泥盆系,元古宇兴华渡口群、古生界石炭系零星出露,第四系沿海拉尔河条带状局部覆盖。北东向构造极为发育。燕山期、华力西期岩浆活动强烈,基性、中酸性、酸性岩体大面积出露。

(2)预测区内综合异常的主要元素组合为Ag、Pb、Zn、Cu、Au、Mn、Sn。预测区北部为Ag、Pb、Zn异常组成的近东西向伸展的局部异常,中西部和南部为两条北东向Ag、Pb、Zn组合异常;Cu异常规模较大,但主要集中在预测区西南部,空间上也大致分为两条北东向条带状异常;Au、Mn、Sn异常相对规模较小,零散分布于该预测区。区内Ag、Pb、Zn均达到三级浓度分带,相互之间套合程度相当高;Cu异常也达到了三级浓度分带,但Cu异常的浓集中心多分布于Ag异常外带,套合效果不太好;Au、Mn、Sn异常也多散布于Ag异常外围。

(3)本预测区共圈定出热液型综合异常7个,其中乙类5个,丙类2个。区内未发现银矿床(点),成矿规律组也未在该区划分预测工作区,但与所属成矿区带内甲乌拉、额仁陶勒盖等大型银多金属矿进行对比,发现综合异常所处区域成矿地质条件有利,主要出露晚侏罗世安山质熔岩、火山角砾岩等,具有寻找银多金属矿产资源的潜力,因此将该预测区划分为热液型C级找矿预测区。

(十三)甘河热液型银矿找矿预测区(15-Y-C-17)

(1)该预测区大地构造隶属内蒙古兴安地槽褶皱带,位于东乌珠穆沁旗-嫩江(中强挤压区)铜、钼、铅、锌、金、钨、锡、铬成矿带,大兴安岭-太行山断裂从预测区东部边缘穿过。区内中生界侏罗系、白垩系大面积出露,古生界泥盆系、石炭系零星出露。北东向、北东东向、北北西向构造发育。燕山期、华力西期岩浆活动强烈,中酸性、酸性岩体发育。

(2)预测区内综合异常主要元素组合为Ag、Pb、Zn、Au、Mn、Sn。预测区北部Ag、Pb、Zn、Mn异常呈面状分布,在南部Ag、Pb、Zn元素形成北西向伸展的异常带;Sn异常规模较小,在南部形成北西向串珠状异常。预测区内Ag、Pb、Zn等主成矿元素和主要共伴生元素均达到三级浓度分带,套合程度较高;Mn、Sn异常虽然规模不大,多为二级浓度分带,但与Ag、Pb、Zn异常重叠性较好;Au异常强度较高,但浓集中心与Ag发生偏离,主要分布于Ag异常外围。

(3)本预测区周围丙类异常较多,根据地质背景特征在乙类异常集中的成矿有利地段圈定了找矿预测区范围,共有热液型综合异常5个,其中乙类3个,丙类2个。区内未发现银矿床(点),成矿规律组也未在该区划分预测工作区,但与自治区发现的其他银多金属矿进行对比,发现圈定的综合异常多处于白垩系与中酸性岩体的接触带上,成矿地质条件较为有利,具有寻找银多金属矿产资源的潜力,因此将该预测区划分为热液型C级找矿预测区。

(十四)罕达盖矽卡岩型银矿找矿预测区(15-Y-C-12)

(1)该预测区大地构造隶属内蒙古兴安地槽褶皱带,位于东乌珠穆沁旗-嫩江(中强挤压区)铜、钼、铅、锌、金、钨、锡、铬成矿带,伊列克得-加格达奇断裂斜切预测区北部。古生界奥陶系、泥盆系和中生界侏罗系大面积分布,古生界石炭系、志留系零星出露,第四系小范围覆盖。北东向构造发育。华力西期、燕山期岩浆活动强烈,超基性、中酸性、酸性岩体极为发育。

(2)本区存在以Ag、Pb、Zn、Cu、Au为主的多元素局部异常。Ag、Pb、Zn、Cu元素在该预测区西部形成一条北西向异常带;Au元素除在上述异常带上存在近东西向条带状异常和面状异常外,在预测区北部也形成了强度较高的局部异常。预测区内Ag、Pb、Zn、Cu、Au异常均达到了三级浓度分带,但Pb、Zn、Cu与Ag相互之间套合程度较高,Au异常相对较差,主要分布于Ag异常外围。

(3)预测区内未发现已知银矿床(点),圈定的5个综合异常均为乙类,其元素组合与已建立的矽卡岩型银矿找矿模型相似,所处区域多为奥陶系老地层,地质勘查结果显示,在该区地层和岩体的接触带上存在一定规模的矽卡岩化,各已发现铅锌、铜多金属矿床(点)多与该地层有关,成矿规律组虽未在该区划分预测工作区,但在该区局部区域具有寻找矽卡岩型银矿的潜力,因此将本预测区划分为矽卡岩型C级预测区。

(十五)固阳沉积型银矿找矿预测区(15-Y-C-2)

(1)该预测区大地构造隶属华北陆块北缘,位于华北陆块北缘西段金、铁、铌、稀土、铜、铅、锌、银、镍、铂、钨、石墨、白云母成矿带,集宁-凌源断裂带贯穿整个预测区。太古宇乌拉山岩群、元古宇渣尔泰山群遍布全区,古生界奥陶系和中生界侏罗系、白垩系在局部地区零星出露,第四系在预测区中部小面积覆盖。区内北西向、北东向断裂构造极其发育。各期次岩浆活动强烈,中酸性岩体极其发育。

(2)预测区内的综合异常元素种类较为一致,为Ag、Pb、Zn、Cu、Fe_2O_3、Mn、Au;空间分布特征受预测区内集宁-凌源深大断裂构造控制,沿近东西方向伸展;规模较大的Ag异常上,其他共伴生元素Pb、Zn、Cu、Fe_2O_3、Au异常强度均较高,浓度分带多达到三级;Mn异常强度相对较低,多为二级。各元素异常浓集中心明显,并在空间上相互叠加或套合。

(3)该预测区内共圈定了3个乙类综合异常。Ag、Cu、Pb、Zn等主成矿元素及伴生元素组合异常所处区域成矿条件有利,断裂构造发育,岩浆活动剧烈,主要出露地层为渣尔泰山群和乌拉山岩群,地质背景特征与预测区内已发现的霍各乞、甲生盘等多金属矿相似,综合异常的特征元素组合与已建立的沉积型银矿找矿模型一致,具有很好的找矿前景。该成矿带内的已知矿床(点)均为以铜为主的多金属矿,铅、锌、银均为仅作为伴生矿物出现,因此有希望找到的银矿体在规模、品位上具有一定的局限性,成矿规律组划分的预测工作区仅与该区北部重叠,故将该预测区划分为沉积型C级找矿预测区。

(十六)白乃庙沉积型银矿找矿预测区(15-Y-C-5)

(1)该预测区大地构造隶属内蒙古中部地槽褶皱系,跨过白乃庙-锡林郭勒铁、铜、钼、铅、锌、锰、铬、金、锗、煤、天然碱、芒硝和突泉-翁牛特铅、锌、银、铜、铁、锡、稀土两个Ⅲ级成矿带,伊林哈别尔尕-西拉木伦断裂和华北陆块北缘断裂横贯全区。元古宇和古生界奥陶系、志留系及中生界白垩系在预测区内小面积出露,区内大部分地区被新近系、第四系覆盖。北西向、北东向构造发育。华力西期、印支期岩浆活动强烈,中酸性、酸性岩体广泛分布。

(2)预测区内的综合异常元素组合以 Ag、Cu、Au 为主,局部地区有 Pb、Zn、Sn 异常与 Ag 存在套合关系。大规模的 Ag 异常呈近南北向或东西向展布,Cu 异常呈面状分布于预测区西北部,Au 异常呈北东向或近东西向展布。Cu、Au 与 Ag 异常套合程度高,多呈三级浓度分带;Pb、Zn 异常仅在预测区西部已知矿床(点)周围出现;小规模的 Sn 异常在东南部局部地区出现,但浓集程度较高,多达三级浓度分带,散布于 Ag 异常外围。

(3)该预测区内存在 3 个甲类异常,3 个乙类异常,依据综合异常的元素组合以及已发现矿床(点)的成因类型,已将其按成因进行分类,其中有热液型 1 个,沉积型 1 个,火山岩型 1 个,成因不明型 2 个。对该预测区内的已知矿床(点)进行细致的分析,发现区内已发现的沉积型白乃庙铜多金属矿的主要产出地层为元古宇白乃庙组火山岩,它是矿区内重要的含矿岩系,为铜、钼、金矿源层。本次圈定的综合异常所处区域主要出露元古宇,可见本预测区内的成矿元素以 Cu 为主,Ag、Mo 元素可在区内局部地区伴生成矿,成矿规律组也未在该区划分预测工作区,故将本预测划分为沉积型 C 级预测区。

(十七)太平庄银矿找矿预测区(15-Y-C-15)

(1)该预测区大地构造隶属内蒙古兴安地槽褶皱带,位于东乌珠穆沁旗-嫩江(中强挤压区)铜、钼、铅、锌、金、钨、锡、铬成矿带。区内中生界白垩系、侏罗系大面积分布,古生界志留系、泥盆系零星出露。华力西期岩浆活动较为强烈,中酸性、酸性岩体发育。

(2)预测区内元素组合以 Ag、Pb、Zn、Fe_2O_3、Mn、Sn 为主,该多元素组合异常带呈北北东向展布,异常规模大,主要分布于预测区南部。预测区内 Ag、Pb、Fe_2O_3、Mn 异常均达到三级浓度分带,Zn、Sn 多为二级浓度分带,相互之间套合较好。

(3)该预测区内共圈定了 3 个乙类、1 个丙类综合异常。异常所处区域出露地层以白垩系为主,侏罗系次之。区内未发现已知银矿床(点),综合异常成因类型不明,与所处成矿区带内发现的其他银矿床(点)进行对比,发现预测区成矿环境一般,成矿规律组也未在该区划分预测工作区,故将其划分为类型不详的 C 级找矿预测区。

九、钼矿

本次共圈定钼矿地球化学找矿预测区 22 个,包含 3 种成因类型,其中斑岩型 14 个,热液型 3 个,成因不明型 5 个(表 6-9,图 6-9)。其中 A 级预测区 5 个,B 级预测区 7 个,C 级预测区 10 个。

表 6-9 内蒙古自治区钼矿地球化学找矿预测区圈定结果一览表

找矿预测区编号	找矿预测区名称	成因类型	级别
15-Y-B-1	小狐狸山斑岩型钼矿找矿预测区	斑岩型	B
15-Y-C-2	七一山热液型钼矿找矿预测区	热液型	C
15-Y-C-3	克克桃勒盖钼矿找矿预测区	成因不明型	C
15-Y-C-4	哈日奥日布格钼矿找矿预测区	成因不明型	C
15-Y-C-5	乌兰呼海一本巴图钼矿找矿预测区	成因不明型	C
15-Y-A-6	查干花斑岩型钼矿找矿预测区	斑岩型	A
15-Y-A-7	大苏计斑岩型钼矿找矿预测区	斑岩型	A
15-Y-C-8	白乃庙斑岩型钼矿找矿预测区	斑岩型	C
15-Y-C-9	查干诺尔碱矿钼矿找矿预测区	成因不明型	C
15-Y-B-10	乌兰德勒斑岩型钼矿找矿预测区	斑岩型	B

续表6-9

找矿预测区编号	找矿预测区名称	成因类型	级别
15-Y-A-11	必鲁甘干斑岩型钼矿找矿预测区	斑岩型	A
15-Y-C-12	正蓝旗钼矿找矿预测区	成因不明型	C
15-Y-B-13	鸡冠山斑岩型钼矿找矿预测区	斑岩型	B
15-Y-B-14	小东沟斑岩型钼矿找矿预测区	斑岩型	B
15-Y-B-15	曹家屯热液型钼矿找矿预测区	热液型	B
15-Y-C-16	罕达盖热液型钼矿找矿预测区	热液型	C
15-Y-A-17	乌努格吐山斑岩型钼矿找矿预测区	斑岩型	A
15-Y-B-18	太平沟斑岩型钼矿找矿预测区	斑岩型	B
15-Y-B-19	八大关斑岩型钼矿找矿预测区	斑岩型	B
15-Y-C-20	米拉山斑岩型钼矿找矿预测区	斑岩型	C
15-Y-A-21	图里河-岔路口斑岩型钼矿找矿预测区	斑岩型	A
15-Y-C-22	牛耳河斑岩型钼矿找矿预测区	斑岩型	C

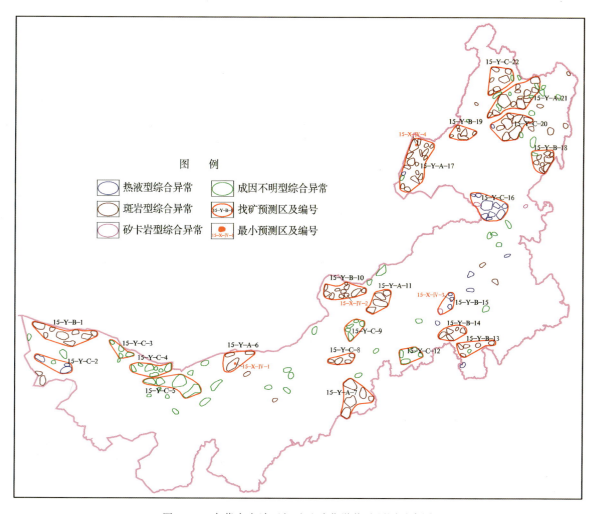

图6-9 内蒙古自治区钼矿地球化学找矿预测示意图

(一)乌努格吐山斑岩型钼矿找矿预测区(15-Y-A-17)

(1)预测区大地构造位于兴安地槽褶皱系,额尔古纳新元古代地槽褶皱带西南部,额尔古纳断裂带贯穿南部,额尔齐斯-得尔布干断裂带在预测区西部经过。中生界侏罗系酸性—中基性火山熔岩、火山碎屑岩和白垩系大磨拐河组、梅勒图组大面积连片分布;新生界新近系、第四系集中分布在南半部;元古宇震旦系额尔古纳河组浅变质岩系在北半部零星出露。北东向、北西向断裂构造发育。华力西期、燕山期岩浆活动较为强烈,中酸性、酸性岩体分布较广。已知钼、铜、铅锌、银多金属矿床(点)多与中生界侏罗系酸性—中基性火山岩及华力西期、燕山期中酸性、酸性岩体有关。

(2)预测区位于八大关-陈巴尔虎旗铜、钼、铅、锌、银、锰成矿亚带上,对应于莫尔道嘎-根河-鄂伦春地球化学分区。区内有以 Mo、Cu、Pb、Zn、Ag、Au、As、Sb、W、Sn、Bi、U 为主的多元素局部异常,呈大面积连片或不规则带状分布。规模较大的 Mo 局部异常上,Cu、Pb、Zn、Ag、Au、As、Sb、W 等主要共伴生元素在空间上相互重叠或套合,各异常面积较大,强度高,具明显的浓度分带和浓集中心。

(3)预测区由 15-Z-80 乙、15-Z-81 乙、15-Z-82 乙、15-Z-86 乙、15-Z-87 乙、15-Z-88 乙、15-Z-89 乙、15-Z-90 乙、15-Z-91 丙、15-Z-92 乙、15-Z-93 乙、15-Z-94 丙、15-Z-95 乙、15-Z-96 乙、15-Z-99 甲、15-Z-100 乙、15-Z-101 乙、15-Z-102 丙 18 个综合异常组成,异常多分布于酸性—中基性火山岩、火山碎屑岩内或地层与华力西期、燕山期花岗岩、花岗闪长岩接触带及北东向、北西向断裂带上,Mo、Cu、Pb、Zn、Ag、Au、As、Sb、W 是其主要成矿元素或伴生元素,元素组合与斑岩型铜钼矿找矿模型相近。区内已知的钼、铜、铅锌、银多金属矿床(点)较多,已发现的乌努格吐山特大型斑岩型铜钼矿床就分布其中。

综上可见,该预测区地质成矿条件极为有利,从元素组合及矿化特征来看,推断有希望找到大型及以上规模的钼矿床,成矿规律组划分的一个预测工作区也与该区大部分重叠,因此将其划分为斑岩型 A 类找矿预测区。

本次工作结合中大比例尺地质、化探资料,在该预测区的 15-Z-86 乙类综合异常区内圈定了一个最小预测区(详见本章第三节)。该最小预测区的地质环境、地球化学特征都与本预测区内典型矿床的找矿模型极为相似,推断其有良好的找矿前景。

(二)图里河-岔路口斑岩型钼矿找矿预测区(15-Y-A-21)

(1)预测区大地构造位于兴安地槽褶皱系,牙克石华力西中期地槽褶皱带东北部,额尔齐斯-得尔布干断裂带在预测区西部穿过。中生界侏罗系酸性、中基性火山熔岩、火山碎屑岩遍布全区,白垩系梅勒图组玄武岩、安山岩等集中分布在东部;古生界石炭系在西南部零星出露。北东向、北西向断裂构造发育。燕山期、华力西期岩浆活动较为强烈,酸性岩体散乱分布。已知钼、铜、铅锌多金属矿床(点)多与中生界、古生界及华力西期酸性岩体有关。

(2)预测区位于新巴尔虎右旗-根河(拉张区)铜、钼、铅、锌、银、金、萤石、煤(铀)成矿带上,对应于莫尔道嘎-根河-鄂伦春地球化学分区。区内有以 Mo、Cu、Pb、Zn、Ag、W、Sn、Bi、Au、As、Sb、U 为主的多元素局部异常,呈面状或北东向带状、串珠状分布。规模较大的 Mo 局部异常上,Cu、Pb、Zn、Ag、Au、W、Bi、U 等主要共伴生元素在空间上相互重叠或套合,各异常面积较大,强度高,具明显的浓度分带和浓集中心。

(3)预测区由 15-Z-135 乙、15-Z-153 乙、15-Z-154 丙、15-Z-155 乙、15-Z-165 丙、15-Z-166 丙、15-Z-167 丙、15-Z-168 丙、15-Z-169 丙、15-Z-170 乙、15-Z-177 甲、15-Z-178 丙、15-Z-179 乙、15-Z-180 乙、15-Z-182 丙、15-Z-183 丙 16 个综合异常组成,异常多分布于酸性、中基性火山熔岩、火山碎屑岩内或地层与燕山期、华力西期花岗岩、花岗闪长岩、二长花岗岩接触带及北东向、北西向断裂带上,Mo、Cu、Pb、Zn、Ag、Au、W、Bi、U 是其主要成矿元素或伴生元素,元素组合及地质环境与区内岔路口斑岩型典型矿床相似。区内已知的钼、铜、铅锌多金属矿床(点)较多,已发现的岔路口特大型斑岩型铜矿床就分布其中。

综上可见,该预测区地质成矿条件极为有利,且跨越了成矿规律组划分的两个预测工作区,另从元素组合及矿化特征来看,推断有希望找到大型及以上规模的钼矿床,因此将其划分为斑岩型 A 类找矿预测区。

(三)查干花斑岩型钼矿找矿预测区(15-Y-A-6)

(1)预测区大地构造位于内蒙古中部地槽褶皱系,北山华力西中期地槽褶皱带中西部和西乌珠穆沁旗华力西晚期地槽褶皱带西部,阿尔金断裂带、迭布斯格断裂带均从区内西部穿过。区内中生界白垩系大面积连片分布,中新元古界浅变质岩系南北向贯穿中部,面积较大,古生界奥陶系包尔汉图群中基性火山熔岩、火山碎屑岩在北部大面积出露。北东向、北西向断裂构造发育。华力西期、印支期岩浆活动强烈,酸性、中酸性、中性、超基性岩体分布广泛。已知钼、金、铜、铅锌多金属矿床(点)多与中新元古界浅变质岩系、古生界奥陶系中基性火山岩及华力西期酸性、中酸性岩体有关。

(2)预测区位于白乃庙-锡林郭勒铁、铜、钼、铅、锌、锰、铬、金、锗、煤、天然碱、芒硝成矿带上,对应于狼山-色尔腾山地球化学分区。区内有以 Mo、W、Bi、Sn、Cu、Pb、Zn、Au、As、Sb 为主的多元素局部异常,呈北东向或东西向带状分布。规模较大的 Mo 局部异常上,W、Bi、Sn、Cu、Zn、Au、As、Sb 等主要共伴生元素异常强度高,浓度分带多达到三级,浓集中心明显,并在空间上相互重叠或套合。

(3)预测区由 15-Z-41 乙、15-Z-42 甲、15-Z-43 乙 3 个综合异常组成,异常元素组分多,面积大,强度较高,多分布于地层与花岗岩、花岗闪长岩接触带及北东向、北西向断裂带上。Mo、W、Bi、Cu、Zn、Au、As、Sb、Sn 是其主要成矿元素或伴生元素,元素组合与查干花斑岩型钼钨矿找矿模型相近。区内已知的钼、金、铜、铅锌多金属矿床(点)较多,已发现的查干花大型斑岩型钼钨矿床就分布其中。

综上可见,该预测区地质成矿条件极为有利,从元素组合及矿化特征来看,推断有希望找到大型及以上规模的钼矿床,且成矿规律组划分的一个预测工作区与该区南部重叠,因此将其划分为斑岩型 A 类找矿预测区。

本次工作还结合中大比例尺地质、化探资料,在该预测区的 15-Z-42 甲类综合异常内圈定了一个最小预测区(详见本章第三节)。该最小预测区与本预测区内典型矿床——查干花斑岩型钼钨矿的地质环境、地球化学特征都极为相似,推断其有寻找该类型钼矿的良好前景。

(四)大苏计斑岩型钼矿找矿预测区(15-Y-A-7)

(1)预测区大地构造位于华北陆块内蒙台隆,集宁-凌源断裂带横穿预测区北部。区内出露新生界和太古宇,前者为新近系汉诺坝组玄武岩和宝格达乌拉组,遍布整个预测区;后者以集宁岩群为主,次为乌拉山岩群,较大面积散布于西部和南部。北西向、北东向断裂构造发育。中太古代变质深成侵入体较为发育,局部出露燕山期、华力西期酸性、中性岩体。已知钼、铅锌、银多金属矿床(点)多与太古宇及变质深成侵入体有关。

(2)预测区位于华北陆块北缘西段金、铁、铌、稀土、铜、铅、锌、银、镍、铂、钨、石墨、白云母成矿带上,对应于乌拉山-大青山地球化学分区。区内有以 Mo、Cu、Pb、Zn、Ag、Au、Sn 为主的多元素局部异常,呈北东向或东西向带状分布。规模较大的 Mo 局部异常上,Cu、Zn、Ag、Sn、Au 等主要共伴生元素异常强度均较高,浓度分带多达到三级,具有明显的浓集中心,并在空间上相互重叠或套合。

(3)预测区由 15-Z-66 乙、15-Z-67 甲、15-Z-68 乙、15-Z-75 乙、15-Z-76 甲 5 个综合异常组成,异常面积大,强度较高,多分布于玄武岩地层或地层与变质深成侵入体接触带上,Mo、Cu、Zn、Ag、Sn、Au 是其主要共伴生元素,元素组合与已建立的大苏计斑岩型钼矿找矿模型相似。区内已知的钼、铅锌、银多金属矿床(点)较多,已发现的大苏计、曹四夭大型、特大型斑岩型钼矿床就分布其中。

综上可见,该预测区地质成矿条件有利,从元素组合及矿化特征来看,推断有希望找到大型及以上规模的钼矿床,成矿规律组划分的一个预测工作区也与该区大部分重叠,因此将其划分为斑岩型 A 类找矿预测区。

(五)必鲁甘干斑岩型钼矿找矿预测区(15-Y-A-11)

(1)预测区大地构造位于兴安地槽褶皱系,东乌珠穆沁旗华力西早期地槽褶皱带西部和二连浩特华力西晚期地槽褶皱带西部,克拉麦里-二连断裂带、锡林浩特北缘断裂带贯穿预测区。第四纪玄武岩、新近系遍布全区,古生界二叠系集中分布于中南部,中生界侏罗系酸性、中性、基性火山岩零星出露。北东向、北西向断裂构造发育。各期次中酸性、基性岩体在南部较为发育。已知钼、钨多金属矿床(点)多与二叠系、第四纪玄武岩及燕山期酸性岩体有关。

(2)预测区位于白乃庙-锡林郭勒铁、铜、钼、铅、锌、锰、铬、金、锗、煤、天然碱、芒硝成矿带上,对应于二连-东乌珠穆沁旗地球化学分区。区内有以 Mo、Cu、Pb、Zn、Au、As、Sb、W、Sn、Bi 为主的多元素局部异常,呈不规则面状或北东向带状、串珠状分布。规模较大的 Mo 局部异常上,Cu、Pb、Zn、Au、As、Sb、W、Sn 等主要共伴生元素具有明显的浓度分带和浓集中心,并在空间上相互重叠或套合,其中 Cu、Zn 呈高强度大面积连片展布,与该区出露的大片更新世玄武岩有关。

(3)预测区由 15-Z-77 甲、15-Z-78 乙、15-Z-204 乙、15-Z-205 乙 4 个综合异常组成,异常面积大,强度很高,套合好,多分布于第四纪玄武岩或地层与各期次花岗岩、花岗斑岩接触带及北东向、北西向断裂带上,Mo、Cu、Pb、Zn、Au、As、Sb、W、Sn 是其主要成矿元素或伴生元素,元素组合与斑岩型钼矿找矿模型相近。区内已知的钼、钨多金属矿床(点)较多,已发现的必鲁甘干大型斑岩型钼矿床就分布其中。

综上可见,该预测区地质成矿条件极为有利,从元素组合及矿化特征来看,推断有希望找到大型及以上规模的钼矿床,成矿规律组划分的一个预测工作区也与该区大部分重叠,因此将其划分为斑岩型 A 类找矿预测区。

(六)乌兰德勒斑岩型钼矿找矿预测区(15-Y-B-10)

(1)预测区大地构造位于兴安地槽褶皱系,东乌珠穆沁旗华力西早期地槽褶皱带西部,克拉麦里-二连断裂带在测区南部穿过。新近系、第四系在中部和东部大面积分布,古生界石炭系—二叠系宝力高庙组大面积集中分布于东半部,奥陶系、泥盆系在西部和东部均有较大面积出露,中生界侏罗系在南部大面积出露。北东向、北西向断裂构造发育。华力西期岩浆活动强烈,中酸性、酸性岩体广泛分布。已知钼、钨多金属矿床(点)多与古生界及华力西期中酸性、酸性岩体有关。

(2)预测区位于二连-东乌珠穆沁旗钨、钼、铁、锌、铅、金、银、铬成矿亚带上,对应于二连-东乌珠穆沁旗地球化学分区。区内有以 Mo、W、Sn、Bi、Cu、Pb、Zn、Ag、As、Sb 为主的多元素局部异常,呈北东向带状或串珠状分布。规模较大的 Mo 局部异常上,W、Sn、Bi、Cu、As、Sb 等主要共伴生元素异常强度较高,部分元素浓度分带达到三级,具有明显的浓集中心,并在空间上相互重叠或套合。

(3)预测区由 15-Z-50 乙、15-Z-51 丙、15-Z-52 甲、15-Z-53 乙、15-Z-54 乙、15-Z-55 甲、15-Z-56 乙、15-Z-57 乙、15-Z-58 乙、15-Z-70 丙、15-Z-71 丙 11 个综合异常组成,异常面积大,强度高,套合好,多分布于地层与华力西期二长花岗岩、正长花岗岩接触带及北东向、北西向断裂带上,Mo、W、Sn、Bi、Cu、As、Sb 是其主要成矿元素或伴生元素,元素组合与斑岩型钼矿找矿模型相近。区内已知的钼、钨多金属矿床(点)较多,已发现的乌兰德勒、达来敖包、准苏吉花、乌日尼图等中、小型斑岩型钼矿床就分布其中。

综上可见,该预测区地质成矿条件有利,从元素组合及矿化特征来看,推断有希望找到中型或大型以上规模的钼矿床,成矿规律组还在该区划分了一个预测工作区,因此将其划分为斑岩型 B 类找矿预测区。

本次工作结合大比例尺地质、化探资料,在该预测区的 15-Z-58 乙类综合异常区内圈定了一个最小预测区(详见本章第三节)。该最小预测区与本预测区的典型矿床——乌兰德勒斑岩型钼矿的地质环境、地球化学特征都较为相似,推断其有寻找该类型钼矿的良好前景。

(七)鸡冠山斑岩型钼矿找矿预测区(15-Y-B-13)

(1)预测区大地构造位于内蒙古中部地槽褶皱系,温都尔庙-翁牛特旗加里东期地槽褶皱带东部,华北陆块北缘断裂带贯穿预测区。第四系大面积连片分布,中生界白垩系散布全区,古生界石炭系仅在北部和东部有出露,太古宇乌拉山岩群与新生界新近系局部出露。北东向、北西向断裂构造发育。燕山期、华力西期岩浆活动较强,酸性、中性岩体广泛分布。已知钼、铜、银、金多金属矿床(点)多与太古宇、中生界及燕山期酸性岩体有关。

(2)预测区位于小东沟-小营子钼、铅、锌、铜成矿亚带,库里吐-汤家杖子钼、铜、铅、锌、钨、金成矿亚带和内蒙古隆起东段铁、铜、钼、铅、锌、金、银成矿亚带上,对应于宝昌-多伦-赤峰地球化学分区。区内有以 Mo、Cu、Pb、Zn、Ag、W、Bi、Au、Sb 为主的多元素局部异常,呈近北东向串珠状分布。规模较大的 Mo 局部异常上,Cu、Pb、Zn、W、Bi 等主要共伴生元素具有明显的浓度分带和浓集中心,各异常形态规整,在空间上相互重叠或套合。

(3)预测区由 15-Z-114 甲、15-Z-115 甲、15-Z-116 乙、15-Z-117 乙、15-Z-132 甲、15-Z-133 甲 6 个综合异常组成,异常多分布于地层与燕山期花岗岩、花岗斑岩接触带及北东向、北西向断裂带上,Mo、Cu、Pb、Zn、W、Bi 是其主要成矿元素或伴生元素,元素组合与斑岩型钼矿找矿模型相近。区内已知的钼、铜、银、金多金属矿床(点)很多,已发现的鸡冠山、车户沟、鸭鸡山、库里吐、白马石沟等大、中、小型斑岩型钼矿床就分布其中。

综上可见,该预测区地质成矿条件极为有利,成矿规律组还在该区划分了一个预测工作区,从元素组合及矿化特征来看,是寻找斑岩型钼多金属矿产资源非常有利的地区,但该区前期的工作或工程控制程度较高,所圈的每个综合异常内几乎都有规模不等的钼矿床存在,继续寻找大型及以上规模钼矿床的希望不是很大,因此将其评定为斑岩型 B 类找矿预测区。

(八)小东沟斑岩型钼矿找矿预测区(15-Y-B-14)

(1)预测区大地构造位于内蒙古中部地槽褶皱系,温都尔庙-翁牛特旗加里东期地槽褶皱带东部,伊林哈别尔尕-西拉木伦断裂带、大兴安岭-太行山断裂带分别从预测区的北部和西部穿过。新生界新近系大面积连片分布;中生界以侏罗系酸性火山熔岩、火山碎屑岩大面积分布为主,其次为白垩系在中南部集中出露;古生界二叠系在北部连片出露。燕山期岩浆活动强烈,酸性、中酸性岩体广泛分布。已知钼、铜、铅锌、银多金属矿床(点)多与中生界侏罗系酸性火山岩、古生界二叠系及燕山期酸性、中酸性岩体有关。

(2)预测区位于小东沟-小营子钼、铅、锌、铜成矿亚带上,对应于宝昌-多伦-赤峰地球化学分区。区内有以 Mo、Pb、Zn、Cu、Ag、W、Sn、Bi、As、Sb、U 为主的多元素局部异常,呈不规则面状或北东向带状分布。规模较大的 Mo 局部异常上,Pb、Zn、Cu、W、Bi 等主要共伴生元素具有明显的浓度分带和浓集中心,各异常形态极不规则,在空间上相互重叠或套合较好。

(3)预测区内的区域地球化学异常主要由 15-Z-108 乙、15-Z-109 甲、15-Z-110 乙、15-Z-112 乙、15-Z-113 乙 5 个综合异常组成,异常规模大、套合好,多分布于地层与燕山期花岗岩、花岗斑岩接触带上,Mo、Pb、Zn、Cu、W、Bi 是其主要成矿元素或伴生元素,元素组合与斑岩型钼矿找矿模型相近。区内已知的钼、铜、铅锌、银多金属矿床(点)较多,已发现的小东沟中型斑岩型钼矿床就分布其中。

综上可见,该预测区地质成矿条件有利,从元素组合及矿化特征来看,推断有希望找到中型或大型以上规模的钼矿床,成矿规律组还在该区划分了一个预测工作区,因此将其划分为斑岩型 B 类找矿预测区。

(九)曹家屯热液型钼矿找矿预测区(15-Y-B-15)

(1)预测区大地构造位于内蒙古中部地槽褶皱系,苏尼特右旗华力西晚期地槽褶皱带东部,锡林浩特北缘断裂带在预测区北部经过。区内出露古生界和中生界,前者以二叠系砂板岩大面积分布为主,后者以侏罗系酸性火山熔岩、火山碎屑岩大面积分布为主。北东向、北西向断裂构造略有发育。各期次岩浆活动强烈,酸性、中酸性岩体分布广泛。已知钼、铅锌、银、铜、钨多金属矿床(点)多与中生界侏罗系酸性火山岩、古生界二叠系及各期次酸性、中酸性岩体有关。

(2)预测区位于索伦镇-黄岗铁、锡、铜、铅、锌、银成矿亚带内,对应于红格尔-锡林浩特-西乌珠穆沁旗-大石寨地球化学分区。区内有以 Mo、W、Sn、Bi、As、Sb、Cu、Pb、Zn、Ag 为主的多元素局部异常,呈大面积连片或北东向带状分布。规模较大的 Mo 局部异常上,W、Sn、Bi、As、Sb、Pb、Zn、Ag 等主要共伴生元素在空间上相互重叠或套合,各综合异常面积大,强度高,具明显的浓度分带和浓集中心。

(3)预测区由 15-Z-103乙、15-Z-104乙、15-Z-105甲、15-Z-106甲 4个综合异常组成,异常多分布于地层与各期次花岗岩、二长花岗岩、花岗闪长岩、黑云母英云闪长岩接触带上,Mo、W、Sn、Bi、Pb、Zn、Ag、As、Sb 是其主要成矿元素或伴生元素,元素组合与曹家屯热液型钼矿找矿模型相近。区内已知的钼、铅锌、银、铜、钨多金属矿床(点)较多,已发现的曹家屯中型热液型钼矿就分布其中。

综上可见,该预测区地质成矿条件有利,从元素组合及矿化特征来看,推断有希望找到中型或大型以上规模的钼矿床,成矿规律组还在该区划分了一个预测工作区,因此将其划分为热液型 B 类找矿预测区。

本次工作结合中大比例尺地质、化探资料,在该预测区的 15-Z-104 乙类综合异常区内圈定了一个最小预测区(详见本章第三节)。该最小预测区的地质环境、地球化学特征都与本预测区内典型矿床的找矿模型极为相似,推断其有良好的找矿前景。

(十)太平沟斑岩型钼矿找矿预测区(15-Y-B-18)

(1)预测区大地构造位于兴安地槽褶皱系,东乌珠穆沁旗华力西早期地槽褶皱带东部,克拉麦里-二连断裂带从区内最南端穿过。中生界侏罗系满克头鄂博组和白垩系甘河组中性、基性岩大面积连片分布;古生界泥盆系泥鳅河组在西部较大面积出露;元古宇青白口系佳疙瘩组在南部小面积出露。北东向、北西向断裂构造略有发育。华力西期、燕山期岩浆活动强烈,中酸性、酸性岩体分布较广。已发现的太平沟中型斑岩型铜钼矿床分布在该预测区,该矿床与中生界侏罗系、元古宇青白口系及华力西期中酸性、酸性岩体有关。

(2)预测区位于大杨树-古利库金、银、钼成矿亚带上,对应于莫尔道嘎-根河-鄂伦春地球化学分区。区内有以 Mo、Cu、Pb、Zn、Ag、Au、As、Sb、W、Sn、Bi 为主的多元素局部异常,呈大面积连片或串珠状分布。规模较大的 Mo 局部异常上,Pb、Ag、As、Sb 等主要共伴生元素在空间上相互重叠或套合,各异常面积大,强度较高,具明显的浓度分带和浓集中心。

(3)预测区由 15-Z-188乙、15-Z-189乙、15-Z-190乙、15-Z-191丙、15-Z-192乙、15-Z-193丙、15-Z-194乙、15-Z-195乙、15-Z-196甲 9个综合异常组成,异常多分布于地层与华力西期二长花岗岩、正长花岗岩接触带上,Mo、Pb、Ag、As、Sb 是其主要成矿元素或伴生元素,元素组合与太平沟典型斑岩型钼矿找矿模型相近。

综上可见,该预测区地质成矿条件较为有利,从元素组合及矿化特征来看,推断有希望找到中型或大型以上规模的钼矿床,成矿规律组还在该区划分了一个预测工作区,因此将其划分为斑岩型 B 类找矿预测区。

(十一)八大关斑岩型钼矿找矿预测区(15-Y-B-19)

(1)预测区大地构造位于兴安地槽褶皱系,额尔古纳新元古代地槽褶皱带中南部,额尔齐斯-得尔布干断裂带从区内西部穿过。中生界侏罗系中性、中基性火山熔岩、火山碎屑岩遍布全区;古生界奥陶系分别在西北角和东北角有小面积出露;元古宇青白口系在西北角小面积出露。北东向断裂构造较为发育。燕山期岩浆活动较为强烈,酸性岩体在西部集中分布。已知钼、金、铜、银多金属矿床(点)多与中生界侏罗系中性、中基性火山岩及燕山期酸性岩体有关。

(2)预测区位于新巴尔虎右旗-根河(拉张区)铜、钼、铅、锌、银、金、萤石、煤(铀)成矿带上,对应于莫尔道嘎-根河-鄂伦春地球化学分区。区内有以 Mo、Cu、Pb、Zn、Ag、Au、As、Sb、W、Sn、Bi、U 为主的多元素局部异常,呈不规则面状或北东向串珠状分布。规模较大的 Mo 局部异常上,Cu、Ag、Sb、W、U 等主要共伴生元素具有明显的浓度分带和浓集中心,并在空间上相互重叠或套合。

(3)预测区由 15-Z-111 乙、15-Z-120 甲、15-Z-121 乙、15-Z-122 乙、15-Z-123 乙、15-Z-124 乙 6 个综合异常组成,异常多分布于中性、中基性火山熔岩、火山碎屑岩内或地层与燕山期花岗岩、花岗闪长岩接触带及大断裂带上,Mo、Cu、Ag、Sb、W、U 是其主要成矿元素或伴生元素,元素组合与斑岩型铜钼矿找矿模型相近。区内已知钼、铜、金、银多金属矿床(点)较多,已发现的八大关斑岩型铜钼矿床就分布其中。

综上可见,该预测区地质成矿条件有利,从元素组合及矿化特征来看,推断有希望找到中型或大型以上规模的钼矿床,成矿规律组划分的一个预测工作区也与该区大部分重叠,因此将其划分为斑岩型 B 类找矿预测区。

(十二)小狐狸山斑岩型钼矿找矿预测区(15-Y-B-1)

(1)预测区大地构造位于天山地槽褶皱系,北山华力西中期地槽褶皱带西部。区内出露古生界和中生界,前者以奥陶系、志留系为主,集中分布于中东部地区;后者以下白垩统新民堡群为主,遍布整个测区。北西向断裂构造发育。华力西期岩浆活动强烈,酸性岩体分布广泛。已知钼、铜多金属矿床(点)多与奥陶系、志留系中基性—中酸性火山岩及华力西期酸性岩体有关。

(2)预测区位于黑鹰山-小狐狸山铁、金、铜、钼、铬成矿亚带上,对应于北山-阿拉善地球化学分区。区内有以 Mo、Zn、Cu、W、Au、As、Sb、Ag、Sn、Bi 为主的多元素局部异常,呈大面积连片或串珠状分布。规模较大的 Mo 局部异常上,Zn、Cu、W、Au、As、Sb 等主要共伴生元素异常强度较高,浓度分带多达到三级,具有明显的浓集中心,并在空间上相互重叠或套合。

(3)预测区由 15-Z-2 乙、15-Z-3 丙、15-Z-4 甲、15-Z-9 丙、15-Z-10 乙、15-Z-11 丙、15-Z-15 甲、15-Z-16 乙 8 个综合异常组成,异常面积大,强度较高,多分布于地层与花岗闪长岩、斜长花岗岩接触带及北西向断裂带上,Mo、Zn、Cu、W、Au、As、Sb 是其主要成矿元素或伴生元素,元素组合与小狐狸山斑岩型钼铅锌矿找矿模型相近。区内已知的钼、铜多金属矿床(点)较多,已发现的小狐狸山中型斑岩型钼铅锌矿床就分布其中。

综上可见,该预测区地质成矿条件有利,从元素组合及矿化特征来看,推断有希望找到中型或大型以上规模的钼矿床,成矿规律组划分的一个预测工作区也与该区大部分重叠,因此将其划分为热液型 B 类找矿预测区。

(十三)白乃庙斑岩型钼矿找矿预测区(15-Y-C-8)

(1)预测区大地构造位于内蒙古中部地槽褶皱系,苏尼特右旗华力西晚期地槽褶皱带中部,伊林哈别尔尕-西拉木伦断裂带、华北陆块北缘断裂带分别从预测区的北部和南部穿过。新近系宝格达乌拉组和通古尔组遍布全区,古生界二叠系三面井组和石炭系在东半部散乱分布,志留系—泥盆系西别河组在中部有较大面积出露,奥陶系在西部分布较广,元古宇青白口系白乃庙组在中部、西部局部出露。北东向、北西向断裂构造局部发育。华力西期岩浆活动强烈,中酸性、中性、基性岩体广泛分布。已知钼、铜、金、银多金属矿床(点)多与元古宇、古生界奥陶系、志留系—泥盆系、二叠系及华力西期中酸性、中性、基性岩体有关。

(2)预测区位于白乃庙-锡林郭勒铁、铜、钼、铅、锌、锰、铬、金、锗、煤、天然碱、芒硝成矿带上,对应于乌拉山-大青山地球化学分区。区内有以 Mo、Au、As、Sb、Cu、Ag、W、Bi 为主的多元素局部异常,呈不规则面状或北东向、近东西向带状分布。规模较大的 Mo 局部异常上,Cu、Au、Ag、As、Sb、W、Bi 等主要共伴生元素异常强度均较高,浓度分带多达到三级,浓集中心明显,并在空间上相互重叠或套合。

(3)预测区由 15-Z-62 乙、15-Z-63 甲、15-Z-64 乙、15-Z-65 乙 4 个综合异常组成,异常面积大,强度高,套合好,多分布于地层与华力西期花岗闪长岩、花岗岩、石英闪长岩接触带及北东向、北西向断裂带上,Mo、Cu、Au、Ag、As、Sb、W、Bi 是其主要成矿元素或伴生元素,元素组合与斑岩型铜钼矿找矿模型相近。该预测区到目前为止已知的钼矿仅有白乃庙一处,为中型斑岩型钼矿床。成矿规律组虽未在该区划分预测工作区,但从元素组合特征、综合异常评级及成矿地质条件分析,该区有寻找到钼矿产资源的良好前景,因此将其评定为斑岩型 C 类找矿预测区。

(十四)七一山热液型钼矿找矿预测区(15-Y-C-2)

(1)预测区大地构造位于天山地槽褶皱系,北山华力西中期地槽褶皱带西部。古生界奥陶系砂板岩、志留系碎屑岩、中基性—中酸性火山岩和中新元古界浅变质岩系在预测区西部和东部大面积出露,中生界下白垩统赤金堡组零散分布。北西向、北东向断裂构造较为发育。局部地段有小面积华力西期中酸性、酸性岩体分布。已知钼、铅锌、钨、金多金属矿床(点)多与奥陶系、志留系中基性—中酸性火山岩及中新元古界浅变质岩系有关。

(2)预测区位于磁海-公婆泉铁、铜、金、铅、锌、锰、钨、锡、铷、钒、铀、磷成矿带上,对应于北山-阿拉善地球化学分区。区内有以 Mo、W、Au、As、Sb、Cu、Zn、Sn、Bi 为主的多元素局部异常,呈北西向或近东西向大面积连片或带状分布。规模较大的 Mo 局部异常上,W、Au、As、Sb、Cu、Bi 等主要共伴生元素异常强度均较高,浓度分带多达到三级,具有明显的浓集中心,并在空间上相互重叠或套合。

(3)预测区由 15-Z-5 乙、15-Z-6 乙、15-Z-13 甲、15-Z-14 乙 4 个综合异常组成,异常面积大,强度较高,多分布于北西向、北东向断裂带上,Mo、W、Cu、Au、As、Sb、Bi 是其主要成矿元素或伴生元素,元素组合与热液型钼矿找矿模型相近。该预测区到目前为止已知的钼矿仅有七一山一处,为中型热液型钼矿床。成矿规律组虽未在该区划分预测工作区,但从元素组合特征、综合异常评级及成矿地质条件分析,该区有寻找到钼矿产资源的良好前景,因此将其评定为热液型 C 类找矿预测区。

(十五)克克桃勒盖钼矿找矿预测区(15-Y-C-3)

(1)预测区大地构造位于天山地槽褶皱系,北山华力西中期地槽褶皱带东部。区内出露元古宇、古生界和中生界,其中元古宇北山群在北部小面积出露,古生界奥陶系和泥盆系中基性—中酸性火山岩大面积分布于区内中部,中生界白垩系大面积展布于预测区的北部和中南部。北东向、北西向断裂构造发育。华力西期、燕山期岩浆活动较为强烈,区内中部和南部均有华力西期、燕山期中酸性、酸性岩体分布。

(2)预测区位于黑鹰山-小狐狸山铁、金、铜、钼、铬成矿亚带上,对应于北山-阿拉善地球化学分区。区内有以 Mo、Cu、Au、As、Sb、W、Bi、Zn、Fe_2O_3、Co、Ni 为主的多元素局部异常,呈北西向或北东向条带状分布。规模较大的 Mo 局部异常上,Cu、Au、As、Sb、Zn、Fe_2O_3、Co、Ni 等主要共伴生元素具有较明显的浓度分带和浓集中心,并在空间上相互重叠或套合。

(3)预测区由 15-Z-17 丙、15-Z-18 乙、15-Z-19 乙、15-Z-20 乙 4 个综合异常组成,异常多分布于地层与花岗闪长岩、花岗岩接触带及北东向、北西向断裂带上,Mo、Cu、Au、As、Sb、Zn、Fe_2O_3、Co、Ni 是其主要成矿元素或伴生元素,元素组合比较复杂。该预测区到目前为止虽没有已知的矿床或矿化点,成矿规律组也未在该区划分预测工作区,但从元素组合特征、综合异常评级及地质环境分析,仍有希望寻找到钼矿产资源,因此将其划分为 C 类找矿预测区。

(十六)哈日奥日布格钼矿找矿预测区(15-Y-C-4)

(1)预测区大地构造位于天山地槽褶皱系,北山华力西晚期地槽褶皱带东部,阿尔金断裂带在预测区南部穿过。区内中生界白垩系大面积展布,古生界以二叠系为主,寒武系、志留系在区内西部、中部、东部有小面积出露,中新元古界浅变质岩系也仅在西部、中部、东部有小面积出露。北西向、北东向断裂构造较为发育。局部地段有华力西期、印支期岩浆活动,中酸性、超基性岩体在西部、中部有小面积分布。

(2)预测区位于珠斯楞-乌拉尚德铜、金、镍、铅、锌、煤成矿亚带上,对应于北山-阿拉善地球化学分区。区内有以 Mo、Cu、Au、As、Sb、W、Bi、Ag、Fe_2O_3、Co、Ni 为主的多元素局部异常,呈大面积连片或北东向串珠状分布。规模较大的 Mo 局部异常上,Cu、Au、As、Sb、Fe_2O_3、Co、Ni 等主要共伴生元素在空间上相互重叠或套合,各元素异常面积大,均具有明显的浓度分带和浓集中心。

(3)预测区由 15-Z-22乙、15-Z-23丙、15-Z-24乙、15-Z-25乙、15-Z-26乙、15-Z-30乙、15-Z-31乙 7个综合异常组成,异常面积大,强度较高,多分布于北西向、北东向断裂带上,Mo、Cu、Au、As、Sb、Fe_2O_3、Co、Ni 是其主要成矿元素或伴生元素,元素组合比较复杂。该预测区到目前为止已知的矿床或矿化点很少,品位较低,且成矿规律组也未在该区划分预测工作区,但从其元素组合特征、综合异常评级及地质环境分析,仍有希望寻找到钼矿产资源,因此将其划分为 C 类找矿预测区。

(十七)乌兰呼海-本巴图钼矿找矿预测区(15-Y-C-5)

(1)预测区大地构造位于内蒙古中部地槽褶皱系,苏尼特右旗华力西晚期地槽褶皱带中西部,阿尔金断裂带、阿拉善北缘断裂带分别在区内的北部和南部穿过。区内出露地层主要为中生界白垩系,其次为古生界石炭系阿木山组,前者遍布全区,后者小面积散乱分布。区内西部、北部北东向断裂构造发育。华力西期、印支期岩浆活动较为强烈,中酸性、超基性岩体在南部有较大面积分布。

(2)预测区位于白乃庙-锡林郭勒铁、铜、钼、铅、锌、锰、铬、金、锗、煤、天然碱、芒硝成矿带上,对应于狼山-色尔腾山地球化学分区。区内有以 Mo、Cu、Zn、Au、As、Sb、W、Sn、Bi、Fe_2O_3、Co、Ni 为主的多元素局部异常,呈大面积连片或北东向串珠状分布。规模较大的 Mo 局部异常上,Cu、Zn、Au、As、Sb、W、Fe_2O_3、Co、Ni 等主要共伴生元素在空间上相互重叠或套合,多数异常面积较大,具有明显的浓度分带和浓集中心。

(3)预测区由 15-Z-27乙、15-Z-28乙、15-Z-32乙、15-Z-37乙 4个综合异常组成,异常面积大,强度较高,多分布于北东向断裂带上,Mo、Cu、Zn、Au、As、Sb、W、Fe_2O_3、Co、Ni 是其主要成矿元素或伴生元素,元素组合比较复杂。该预测区到目前为止已知的矿床或矿化点很少,品位不高,且成矿规律组也未在该区划分预测工作区,但从其元素组合特征、综合异常评级及地质环境分析,仍有希望寻找到钼矿产资源,因此将其划分为 C 类找矿预测区。

(十八)查干诺尔碱矿钼矿找矿预测区(15-Y-C-9)

(1)预测区大地构造位于内蒙古中部地槽褶皱系,苏尼特右旗华力西晚期地槽褶皱带中部和西乌珠穆沁旗华力西晚期地槽褶皱带中西部,锡林浩特北缘断裂带在测区北部穿过。新生界新近系和第四系大面积分布,古生界石炭系在中部、西部和东北部有较大面积出露,二叠系和泥盆系分别在南部和东北部有出露,中元古界浅变质岩系在东北部和西部较大面积出露,中生界侏罗系酸性、中酸性火山岩在西部小面积散乱分布。区内北东向、北西向断裂构造发育。华力西期岩浆活动较为强烈,酸性、中性岩体分布较广。

(2)预测区位于白乃庙-锡林郭勒铁、铜、钼、铅、锌、锰、铬、金、锗、煤、天然碱、芒硝成矿带上,对应于红格尔-锡林浩特-西乌珠穆沁旗-大石寨地球化学分区。区内有以 Mo、Cu、Pb、Zn、Ag、Au、As、Sb、W、Sn、Bi、Fe_2O_3、Co、Ni 为主的多元素局部异常,呈北东向带状或串珠状分布。规模较大的 Mo 局部异常上,Cu、As、Sb、W、Sn、Fe_2O_3、Co、Ni 等主要共伴生元素具有明显的浓度分带和浓集中心,并在空间上有较好的重叠或套合。

(3)预测区由 15-Z-59乙、15-Z-60乙、15-Z-61乙、15-Z-72乙、15-Z-73乙 5 个综合异常组成,异常面积较大,强度较高,多分布于地层与华力西期斜长花岗岩、花岗岩接触带及北东向、北西向断裂带上,Mo、Cu、As、Sb、W、Sn、Fe_2O_3、Co、Ni 是其主要成矿元素或伴生元素,元素组合比较复杂。该预测区到目前为止已知的矿床或矿化点很少,品位不高,且成矿规律组也未在该区划分预测工作区,但从元素组合特征、综合异常评级及地质环境分析,仍有希望寻找到钼矿产资源,因此将其划分为 C 类找矿预测区。

(十九)正蓝旗钼矿找矿预测区(15-Y-C-12)

(1)预测区大地构造位于华北陆块鄂尔多斯台坳,北西向华北陆块北缘断裂带贯穿全区。第四系、新近系大面积分布,中生界侏罗系满克头鄂博组酸性火山岩散布全区,古生界二叠系三面井组局部出露,太古宇色尔腾山岩群在南部有零星出露。燕山期岩浆活动强烈,酸性、中性岩体大面积分布。

(2)预测区位于突泉-翁牛特铅、锌、银、铜、铁、锡、稀土成矿带上,对应于宝昌-多伦-赤峰地球化学分区。区内有以 Mo、Pb、Zn、Ag、W、Sn、Bi、Au、As、Sb、U、Fe_2O_3 为主的多元素局部异常,呈不规则带状或散乱分布。规模较大的 Mo 局部异常上,W、Sn、Sb、U、Fe_2O_3 等主要共伴生元素具有明显的浓度分带和浓集中心,并在空间上相互重叠或套合。

(3)预测区由 15-Z-83乙、15-Z-84丙、15-Z-85乙、15-Z-98乙 4 个综合异常,异常多分布于地层与燕山期流纹斑岩、花岗闪长岩、花岗斑岩接触带上,Mo、W、Sn、Sb、U、Fe_2O_3 是其主要成矿元素或伴生元素,元素组合比较复杂。该预测区到目前为止已知的矿床或矿化点较少,品位较低,且成矿规律组也未在该区划分预测工作区,但从元素组合特征、综合异常评级及地质环境分析,仍有希望寻找到钼矿产资源,因此将其划分为 C 类找矿预测区。

(二十)罕达盖热液型钼矿找矿预测区(15-Y-C-16)

(1)预测区大地构造位于兴安地槽褶皱系,东乌珠穆沁旗华力西早期地槽褶皱带中部,克拉麦里-二连断裂带从区内东南部穿过。中生界侏罗系酸性、中酸性、中性火山熔岩、火山碎屑岩大面积连片分布,白垩系有小面积出露;古生界以奥陶系、志留系、泥盆系、二叠系为主,面积较大;新生界新近系玄武岩、安山岩在西南部有较大面积出露,更新统玄武岩在北部局部出露。北东向、北西向断裂构造发育。燕山期、华力西期岩浆活动强烈,酸性、中酸性、中性岩体遍布全区。已知钼、铅锌、铜多金属矿床(点)多与中生界侏罗系、古生界及燕山期酸性岩体有关。

(2)预测区位于东乌珠穆沁旗-嫩江(中强挤压区)铜、钼、铅、锌、金、钨、锡、铬成矿带上,对应于二连-东乌珠穆沁旗地球化学分区。区内有以 Mo、Pb、Zn、Ag、Cu、W、Sn、Bi、Au、As 为主的多元素局部异常,呈北西向、北东向带状或串珠状分布。规模较大的 Mo 局部异常上,Pb、Zn、Ag、Bi 等主要共伴生元素异常强度均较高,浓度分带多达到三级,在空间上相互重叠或套合较好,各异常均具明显的浓集中心。

(3)预测区内的区域地球化学异常主要由 15-Z-125乙、15-Z-126乙、15-Z-127乙、15-Z-136乙、15-Z-137乙、15-Z-138乙、15-Z-139乙、15-Z-140乙、15-Z-141乙、15-Z-160乙 10 个综合异常组成,异常规模大,多分布于地层与燕山期、华力西期花岗岩接触带及北东向、北西向断裂带上,Mo、Pb、Zn、Ag、Bi 是其主要成矿元素或伴生元素,元素组合与热液型钼矿找矿模型相近。该预测区到目前为止已知的钼矿有五岔沟、小炮台沟、伊尔施西等,品位都不高,多为矿化点,但从元素组合特征、综合异常评级及成矿地质条件分析,仍有很大希望寻找到钼矿产资源,成矿规律组还在该区划分了一个预测工作区,因此将其评定为热液型 C 类找矿预测区。

(二十一)米拉山斑岩型钼矿找矿预测区(15-Y-C-20)

(1)预测区大地构造位于兴安地槽褶皱系,牙克石华力西中期地槽褶皱带中部,伊列克得-加格达奇断裂带从预测区内穿过。中生界侏罗系酸性—基性火山熔岩、火山碎屑岩遍布预测区,白垩系零星出露;古生界奥陶系、泥盆系、石炭系小面积局部出露;元古宇浅变质岩系仅西部有小范围出露;第四系在西南部有出露。北东向、北西向断裂构造发育。华力西期、燕山期岩浆活动强烈,中酸性、酸性、中性岩体散乱分布。已知钼矿床(点)多与古生界、元古宇及华力西期、燕山期中酸性、酸性、中性岩体有关。

(2)预测区位于新巴尔虎右旗-根河(拉张区)铜、钼、铅、锌、银、金、萤石、煤(铀)成矿带上,对应于莫尔道嘎-根河-鄂伦春地球化学分区。区内有以 Mo、Cu、Pb、Zn、Ag、Au、W、Sn、Bi、U 为主的多元素局部异常,呈面状或北东向带状分布。规模较大的 Mo 局部异常上,Cu、Pb、Zn、Ag、Au、W、Sn、Bi、U 等主要共伴生元素在空间上相互重叠或套合,各异常面积较大,强度高,具明显的浓度分带和浓集中心。

(3)预测区由 15-Z-156 乙、15-Z-157 乙、15-Z-158 乙、15-Z-159 乙、15-Z-171 甲、15-Z-172 乙、15-Z-173 乙、15-Z-174 乙 8 个综合异常组成,综合异常面积大,强度高,多分布于地层与燕山期、华力西期正长花岗岩、二长花岗岩、花岗斑岩接触带及北东向、北西向断裂带上,Mo、Cu、Pb、Zn、Ag、Au、W、Sn、Bi、U 是其主要成矿元素或伴生元素,元素组合与斑岩型铜钼矿找矿模型相近。该预测区到目前为止已知的钼矿有外新河、米拉山、岩山西北等,品位均不高,多为矿化点,但从元素组合特征、综合异常评级及成矿地质条件分析,仍有希望寻找到钼矿产资源,成矿规律组还在该区划分了一个预测工作区,因此将其评定为斑岩型 C 类找矿预测区。

(二十二)牛耳河斑岩型钼矿找矿预测区(15-Y-C-22)

(1)预测区大地构造位于兴安地槽褶皱系,额尔古纳新元古代地槽褶皱带东北部和牙克石华力西中期地槽褶皱带东北部,额尔齐斯-得尔布干断裂带贯穿南北。出露地层以中生界侏罗系为主,白垩系玄武岩、玄武粗安岩零星出露;古生界泥盆系大民山组火山熔岩、火山碎屑岩局部出露。北东向、北西向断裂构造较为发育。各期次岩浆活动强烈,酸性、中酸性、中性岩体广泛分布。

(2)预测区位于新巴尔虎右旗-根河(拉张区)铜、钼、铅、锌、银、金、萤石、煤(铀)成矿带上,对应于莫尔道嘎-根河-鄂伦春地球化学分区。区内有以 Mo、Cu、Pb、Zn、Au、As、W、Sn、Bi、U 为主的多元素局部异常,呈面状或北东向串珠状分布。规模较大的 Mo 局部异常上,Pb、Zn、Au、U 等主要共伴生元素具有明显的浓度分带和浓集中心,并在空间上相互重叠或套合。

(3)预测区由 15-Z-147 丙、15-Z-148 丙、15-Z-149 丙、15-Z-150 乙、15-Z-151 乙、15-Z-162 丙、15-Z-163 丙 7 个综合异常组成,异常多分布于地层中或地层与各期次二长花岗岩、正长花岗岩接触带及北大断裂带上,Mo、Pb、Zn、Au、U 是其主要成矿元素或伴生元素,元素组合与斑岩型钼矿特征元素组合相近。该预测区到目前为止尚未发现钼矿化,但从元素组合特征、综合异常评级及成矿地质条件等分析,仍有希望寻找到钼矿产资源,成矿规律组还在该区划分了一个预测工作区,因此将其评定为斑岩型 C 类找矿预测区。

十、锡矿

本次共圈定锡矿地球化学找矿预测区 8 个,均为与中酸性岩体有关的热液型(图 6-10,表 6-10)。其中 A 级预测区 1 个,B 级预测区 3 个,C 级预测区 4 个。

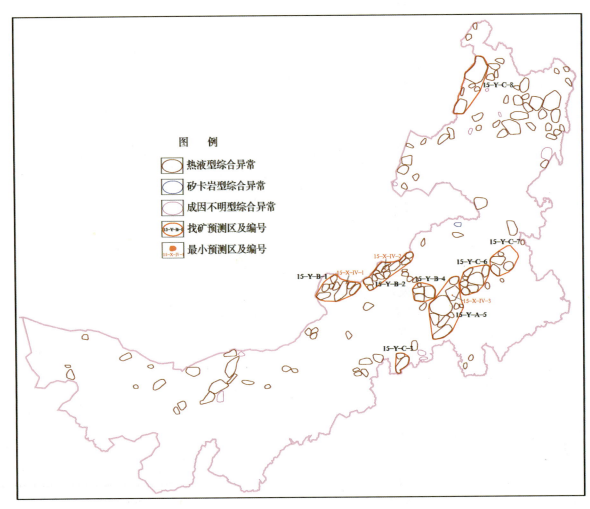

图 6-10 内蒙古自治区锡矿地球化学找矿预测示意图

表 6-10 内蒙古自治区锡矿地球化学找矿预测区圈定结果一览表

找矿预测区编号	找矿预测区名称	成因类型	级别
15-Y-B-1	查干敖包热液型锡矿找矿预测区	热液型	B
15-Y-B-2	准乌日斯哈拉热液型锡矿找矿预测区	热液型	B
15-Y-C-3	千斤沟热液型锡矿找矿预测区	热液型	C
15-Y-B-4	毛登热液型锡矿找矿预测区	热液型	B
15-Y-A-5	黄岗热液型锡矿找矿预测区	热液型	A
15-Y-C-6	哈登胡舒热液型锡矿找矿预测区	热液型	C
15-Y-C-7	孟恩陶勒盖热液型锡矿找矿预测区	热液型	C
15-Y-C-8	莫尔道嘎热液型锡矿找矿预测区	热液型	C

(一)黄岗热液型锡矿找矿预测区(15-Y-A-5)

(1)该预测区大地构造隶属内蒙古中部地槽褶皱带,位于突泉-翁牛特铅、锌、银、铜、铁、锡、稀土成矿带,大兴安岭-太行山断裂、扎鲁特旗断裂、伊林哈别尔尕-西拉木伦断裂贯穿其中,锡林浩特北缘断裂从该预测区北部边缘穿过。区内古生界二叠系、中生界侏罗系大面积分布,预测区西北部古元古界宝音图岩群局部出露,西南部部分地区被第四系覆盖。北东向构造发育。各期岩浆活动强烈,中性、酸性、中酸性岩体发育。

(2)本预测区所在区域是我区锡矿的主要产地,区内综合异常的主要元素组合为Sn、Ag、Pb、Zn、Cu、As、Sb、W、Bi。各元素异常受二叠系控制明显,多呈近南北向或北东向展布。该区Sn、Ag、Pb、Zn为成矿元素,As、Sb、W、Bi为伴生元素,各元素异常规模均较大,几乎占据整个预测区,浓集程度高,浓度分带明显,套合程度高,各元素异常相互重叠;Cu作为伴生元素,异常规模不大,但浓度分带达到三级,与Sn异常在空间位置上重叠较好。

(3)本区共圈定了5个甲类、4个乙类综合异常。Sn、Ag、Pb、Zn、As、Sb、W、Bi等主成矿元素及共伴生元素异常受二叠系控制,侏罗纪酸性岩侵入,地层与岩体接触带上异常大面积分布。对区内已发现的锡多金属矿床(点)进行分析,发现矿床的空间分布特征与古生界二叠系、中生界侏罗系及中酸性岩体密切相关。与预测区内建立的黄岗锡矿找矿模型进行对比,发现不论是从成矿环境还是从地球化学找矿标志角度分析,本预测区均具有找到大型以上规模锡矿床的巨大潜力,该区还跨越了成矿规律组划分的两个预测工作区。综上研究成果,将本预测区划分为A级找矿预测区。

通过对本预测区范围内的大比例尺地质、化探资料进行仔细研究,在甲类综合异常距离已知锡矿点较远的区域,选取化探异常好的、成矿条件有利的地段,圈定了一处最小预测区,推断在该区域具有较大的找矿潜力。

(二)查干敖包热液型锡矿找矿预测区(15-Y-B-1)

(1)该预测区大地构造隶属兴安地槽褶皱系,东乌珠穆沁旗华力西早期地槽褶皱带西部,位于东乌珠穆沁旗-嫩江(中强挤压区)铜、钼、铅、锌、金、钨、锡、铬成矿带。区内出露地层以奥陶系、泥盆系、石炭系、侏罗系为主,古近系、新近系、第四系覆盖面积较广。北东向构造发育。华力西期岩浆活动强烈,酸性岩体遍布全区。

(2)预测区内综合异常的主要元素组合为Sn、W、Mo、Bi、Zn、Pb、Ag、Cu、As、Sb,其中Sn、W、Bi、As、Sb异常规模大,呈北东向条带状展布;Ag、Pb、Zn、Cu异常规模均较小,多呈星散状或沿北东向分布。Sn、W、Mo、Bi、As、Sb、Ag异常呈三级浓度分带,Pb、Zn呈二级到三级浓度分带,Cu为一级到二级浓度分带。W、Mo、Bi与Sn套合程度高,As、Sb异常均分布于Sn异常外带。

(3)本预测区所处成矿带是自治区内重要的Sn成矿带之一。本次共圈定了5个乙类、3个丙类综合异常,对Sn、W、Mo、Bi、As、Sb等异常规模较大的主成矿及共伴生元素组合异常所处地质环境进行分析,发现该区古生界奥陶系、泥盆系、石炭系和中生界侏罗系大面积出露,断裂构造较发育,Sn异常多分布于地层与酸性岩体的接触带上。与同一成矿带上的准乌日斯哈拉锡矿点进行比较,得知二叠纪酸性岩浆岩与石炭系—二叠系宝力高庙组的接触带是矿化蚀变密集强烈的部位,其内外接触带上矿化蚀变强烈的地段是寻找锡矿的重要标志,本区该类地质体分布范围较广,表明预测区内成矿条件极为有利,成矿规律组虽未在该区划分预测工作区,但仍有希望找到中型或大型以上规模的锡矿床。

对达来庙一带的大比例尺地质、化探资料进行系统分析,在本预测区内的乙类综合异常上寻找最佳成矿有利地段,圈定出一个最小预测区,推断在该区域锡矿找矿潜力较大,因此将本预测区划分为B级找矿预测区。

(三)准乌日斯哈拉热液型锡矿找矿预测区(15-Y-B-2)

(1)该预测区大地构造隶属兴安地槽褶皱系,东乌珠穆沁旗华力西早期地槽褶皱带西部,位于东乌珠穆沁旗-嫩江(中强挤压区)铜、钼、铅、锌、金、钨、锡、铬成矿带。古生界泥盆系、石炭系大面积分布,奥陶系、志留系及中生界白垩系零星出露,局部地区被第四系阿巴嘎组、洪冲积层覆盖。北东向或北西向构造发育。华力西期岩浆活动强烈,二叠纪、石炭纪酸性岩体大面积出露。

(2)本预测区内圈定的综合异常主要元素组合以 Sn、W、Ag、Pb、Zn、Cu、Mo、Bi、As、Sb 为主。整个预测区的异常整体上受克拉麦里-二连断裂构造控制,呈北东向细条带状展布,Sn、W、As、Sb 异常沿北东向条带状伸展,Ag、Zn、Cu 异常受第四系阿巴嘎组控制,空间分布形态与出露地层相吻合,Mo、Bi 异常规模较小,呈星散状分布。主成矿 Sn 及主要共伴生元素 W、Ag、Zn、Cu、As、Sb 异常呈三级浓度分带,W、Ag、Zn、Cu 异常与 Sn 异常套合程度高,As、Sb 异常多分布于 Sn 异常外围。

(3)预测区空间上位于自治区内一条主要的 Sn 成矿带。本次圈定的综合异常较多,有 1 个甲类、9 个乙类、3 个丙类异常。对 Sn、Ag、Cu、Pb、Zn、W、As、Sb 等主成矿元素及共伴生元素组合异常进行分析研究,发现该类异常所在区域古生界奥陶系、泥盆系、石炭系大面积出露,断裂构造发育,Sn 异常多分布于石炭系—二叠系宝力高庙组与二叠纪酸性岩体的接触带上。通过对本预测区内已发现的准乌日斯哈拉热液型锡矿点的地质勘查、化探资料进行分析,得知石炭系—二叠系宝力高庙组与二叠纪酸性岩浆岩的接触带矿化蚀变密集强烈,该区域是锡矿的最佳成矿有利地段,因此预测区内该类地层出露区域具有较大的找矿潜力,成矿规律组虽未在该区划分预测工作区,但仍有希望找到中型或大型以上规模的锡矿床。

对巴彦德勒一带的大比例尺地质、化探资料进行分析研究,选取乙类综合异常上成矿地质条件有利地段圈定出一个最小预测区,推断在该区域锡矿找矿前景较好,将本预测区划分为 B 级找矿预测区。

(四)毛登热液型锡矿找矿预测区(15-Y-B-4)

(1)该预测区大地构造隶属内蒙古中部地槽褶皱系中部,位于突泉-翁牛特铅、锌、银、铜、铁、锡、稀土成矿带,锡林浩特北缘断裂贯穿其中。中生界白垩系、侏罗系和古生界二叠系、石炭系在预测区内大面积出露,新近系、第四系在预测区南北两端局部覆盖。北东向构造发育。燕山期岩浆活动较强,酸性岩体较发育。

(2)预测区内综合异常的主要元素组合为 Sn、Ag、Pb、Zn、Cu、Au、Sb、W、Bi。其中 Sn、Ag 元素异常规模大,几乎占据整个预测区,总体上形成一条北东向异常带;Pb、Zn、Cu、Au、Sb、W、Bi 异常相对来说规模较小,多呈近南北向或北东向展布。该区 Sn、Ag、Pb、Zn 为成矿元素,异常规模大,几乎占据整个预测区,浓集程度高,浓度分带明显,套合程度高,各元素异常之间相互重叠;Cu、Au、Sb、W、Bi 作为伴生元素,异常规模不大,但浓度分带达到三级,与 Sn 异常在空间位置上套合较好。

(3)区内共圈定了 1 个甲类、2 个乙类、1 个丙类综合异常。预测区位于自治区内一条主要的 Sn 成矿带上。对区内主成矿元素及共伴生元素异常进行研究发现,该类异常受二叠系控制,侏罗纪酸性岩侵入,地层与酸性岩体接触带上异常大面积分布。通过与在本区内建立的毛登热液型找矿模型进行比较分析,得知二叠系大石寨组上碎屑岩段碳质板岩、含碳变质粉砂岩、粉砂岩、砂砾岩等的存在是寻找该类型锡矿床的前提。本区内局部地区已有该地层出露,燕山期酸性侵入岩较发育,是寻找热液型锡矿的有利地段,成矿规律组还在该区划分了一个预测工作区,因此将该预测区划分为 B 级找矿预测区。

(五)千斤沟热液型锡矿找矿预测区(15-Y-C-3)

(1)该预测区大地构造隶属华北陆块北缘,跨过了华北陆块北缘东段铁、铜、钼、铅、锌、金、银、锰、铀、磷、煤、膨润土和华北陆块北缘西段金、铁、铌、稀土、铜、铅、锌、银、镍、铂、钨、石墨、白云母两个Ⅲ级成矿带,华北陆块北缘断裂沿北东向穿过预测区北部。预测区内侏罗系大面积分布,白云鄂博群、色尔腾山岩群、二叠系零星出露,西北部和东南部分别被新近系、第四系大面积覆盖。断裂构造不发育。侵入岩以侏罗纪、二叠纪花岗岩为主。

(2)预测区内综合异常的元素组合以 Sn、W、Pb、Zn、Ag 为主。Sn、W 异常呈条带状分布,Pb、Zn、Ag 异常规模较小,呈北西向等轴状或点状分布,各元素异常均达到三级浓度分带。

(3)本预测区圈定的范围较小,区内仅存在 1 个甲类、1 个乙类综合异常。已发现的千斤沟热液型锡矿点位于该区,对其成矿模型进行研究,发现该矿点对地层无选择性,主要的赋矿部位为燕山期分异较好的酸性侵入岩内外接触带。对区内圈定的综合异常所处地质环境进行分析,发现基岩出露面积较小,大部分地区被新近系、第四系覆盖,成矿条件一般,但成矿规律组在该区划分了一个预测工作区,故将其划分为 C 级找矿预测区。

(六)哈登胡舒热液型锡矿找矿预测区(15-Y-C-6)

(1)该预测区大地构造隶属内蒙古中部地槽褶皱带,位于突泉-翁牛特铅、锌、银、铜、铁、锡、稀土成矿带,锡林浩特北缘断裂和大兴安岭-太行山断裂贯穿其中。古生界二叠系、中生界侏罗系遍布全区。北东向构造发育。燕山期岩浆活动强烈,超基性、中性、中酸性、酸性岩体发育。

(2)预测区内综合异常元素组合以 Sn、Ag、Pb、Zn、As、Sb、Cu、W、Bi 为主。Sn、Ag、As、Sb、Bi 元素异常规模大,在整个预测区均有分布,总体上形成一条北东向异常带;Pb、Zn、Cu、W 异常相对来说规模较小,多呈北东向条带状或星散状分布。该区 Sn、Ag、Pb、Zn 为成矿元素,异常规模大,浓集程度高,浓度分带明显,套合程度好;Cu、As、Sb、W、Bi 为伴生元素,浓度分带也达到三级,空间上主要分布于 Sn 异常外带。

(3)预测区内共圈定了 2 个甲类、5 个乙类综合异常,异常受二叠系控制,侏罗纪中酸性侵入岩发育,地层与岩体接触带上 Sn 异常大面积分布。对区内的常胜屯、小井子等锡矿点进行分析,得知锡矿体多产于古生界二叠系与中酸性岩体的接触带上,该区是寻找热液型锡多金属矿产资源的有利地段。本区内二叠系出露范围较广,酸性岩浆岩发育,成矿条件较为有利,找矿前景良好,成矿规律组还在该区划分了一个预测工作区,故将其划分为 C 级找矿预测区。

(七)孟恩陶勒盖热液型锡矿找矿预测区(15-Y-C-7)

(1)该预测区大地构造隶属内蒙古中部地槽褶皱带,位于突泉-翁牛特铅、锌、银、铜、铁、锡、稀土成矿带,大兴安岭-太行山断裂带和嫩江-青龙河断裂带之间。古生界二叠系、中生界侏罗系遍布全区,中生界白垩系零星出露。北西向及北东向构造较发育。各期次岩浆活动较强,中酸性、酸性岩体较为发育。

(2)预测区综合异常的元素组合以 Sn、Ag、Pb、Zn、Cu、As、Sb、W、Bi 为主。Sn 元素分析数据仅覆盖了预测区西部,在该区域 Sn 异常规模较大,浓集中心总体上呈北东向展布;Ag 异常分布范围广,在预测区内存在一条北西向和一条北东向串珠状异常带;Pb、Zn、As、Sb、W 异常相对来说规模较小,多呈近南北向条带状或星散状分布;Cu 异常在整个预测区范围内零星分布;Bi 异常规模大,大体上呈北东方向延伸。该区 Sn、Ag、Pb、Zn 为成矿元素,浓集程度高,浓度分带明显,套合程度好;Cu、As、Sb、W、Bi 为伴生元素,并未成矿,浓度分带也达到三级,空间上主要分布于 Sn 异常外带。

(3)预测区内共圈定了 4 个乙类综合异常。主成矿元素 Sn 异常在其东部边缘未闭合,推测在预测区东部 Sn 异常强度和规模也较好,故将该预测区的范围向主要共伴生元素套合好的区域扩展。区内唯一的孟恩陶勒盖锡多金属矿床为铅锌银伴生锡矿,规模较小,对其进行研究得知锡矿体主要赋存于二叠纪花岗岩内,区内该类岩体较为发育,其上 Sn 与其他共伴生元素异常强度高,推测在该区域具有寻找热液型锡多金属矿产资源的良好前景,成矿规律组还在该区划分了一个预测工作区,故将其划分为 C 级找矿预测区。

(八)莫尔道嘎热液型锡矿找矿预测区(15-Y-C-8)

(1)该预测区大地构造隶属内蒙古兴安地槽褶皱带,位于新巴尔虎右旗-根河(拉张区)铜、钼、铅、锌、银、金、萤石、煤(铀)成矿带,额尔古纳断裂从预测区西部边缘穿过。预测区北部出露地层以元古宇青白口系为主,中生界侏罗系局部出露;南部地区中生界侏罗系大面积分布,元古宇震旦系、古生界奥陶系、志留系、石炭系和中生界白垩系零星出露;预测区边缘地带被第四系覆盖。北西向和北北东西构造发育。加里东期、华力西期岩浆活动强烈,超基性、基性、中酸性、酸性岩体十分发育。

(2)预测区内综合异常主要元素组合为 Sn、W、Mo、Bi、Cu、Ag、Pb、Zn、Au、As、Sb。其中 Sn、W、Bi、Cu、Pb、Zn、Au、As、Sb 元素异常规模大,形成一条北东向异常带;Mo、Ag 异常相对来说规模较小,多呈近星散状分布。各元素异常浓度分带均达到三级,与 Sn 异常在空间位置上重叠较好。

(3)该预测区内共圈定了 4 个乙类,1 个丙类综合异常。Sn、W、Bi、Cu、Au、As、Sb 等主成矿元素及主要共伴生元素异常组合区域酸性岩体大面积出露。区内未发现已知锡矿床(点),与该预测区所属成矿区带以外其他锡矿床(点)进行对比,发现其成矿条件有利,推测有希望找到工业矿体或小型以上锡矿床,成矿规律组划分的一个预测工作区也与该区北部重叠,故将其划分为 C 级找矿预测区。

十一、镍矿

本次共圈定镍矿地球化学找矿预测区 10 个,均为与基性、超基性岩体有关的岩浆型(图 6-11,表 6-11)。其中 A 级预测区 1 个,B 级预测区 3 个,C 级预测区 6 个。

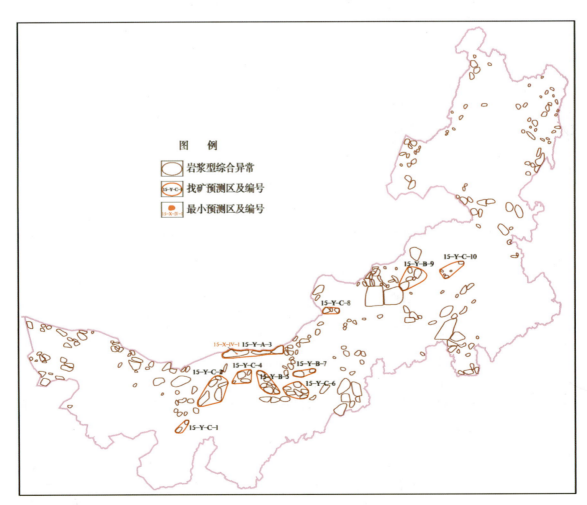

图 6-11 内蒙古自治区镍矿地球化学找矿预测示意图

表 6-11 内蒙古自治区镍矿地球化学找矿预测区圈定结果一览表

找矿预测区编号	找矿预测区名称	成因类型	级别
15-Y-C-1	苏海图岩浆型镍矿找矿预测区	岩浆型	C
15-Y-C-2	呼和温都尔镇岩浆型镍矿找矿预测区	岩浆型	C
15-Y-A-3	哈能岩浆型镍矿找矿预测区	岩浆型	A
15-Y-C-4	乌加河镇岩浆型镍矿找矿预测区	岩浆型	C
15-Y-B-5	巴音查干岩浆型镍矿找矿预测区	岩浆型	B
15-Y-C-6	乌克忽洞-土默特左旗岩浆型镍矿找矿预测区	岩浆型	C
15-Y-B-7	小南山岩浆型镍矿找矿预测区	岩浆型	B
15-Y-C-8	二连浩特-敖伦呼都嘎音苏莫岩浆型镍矿找矿预测区	岩浆型	C
15-Y-B-9	浩雅尔洪克尔岩浆型镍矿找矿预测区	岩浆型	B
15-Y-C-10	阿尔善宝拉格-乌拉日图润芒哈岩浆型镍矿找矿预测区	岩浆型	C

（一）哈能岩浆型镍矿找矿预测区（15-Y-A-3）

（1）该预测区大地构造位置属于天山-内蒙古地槽褶皱系（Ⅰ级），内蒙古兴安地槽褶皱带（亚Ⅰ级）。区内出露地层较全，有古元古界，新元古界，下古生界寒武系、奥陶系，上古生界泥盆系、石炭系、二叠系，中生界侏罗系、白垩系及新生界。预测区内构造活动强烈，岩浆活动频繁。侵入岩分布广泛，以华力西中晚期侵入岩出露面积最大，岩性种类复杂，从超基性岩到酸性岩均有出露。

（2）区域上分布有 Ni、Cu、Co、Cr、Fe_2O_3、Mn 等元素组成的综合异常，其中 Ni、Cr、Cu 元素异常范围较大，Co、Fe_2O_3、Mn 元素异常范围较小，异常呈近东西向带状分布。规模较大的 Ni 局部异常上，Ni、Cr 等主要成矿元素及伴生元素具有明显的浓度分带和浓集中心，浓集中心位置相吻合。该区分布有达布逊已知镍矿床。

（3）该预测区构造发育，岩浆活动强烈，超基性岩体分布广泛，成矿地质条件十分有利。区内共圈定了 3 个综合异常，其中 1 个为甲类异常，其余为乙类异常。通过与典型矿床进行对比，该区地质和地球化学特征与典型矿床相似，成矿规律组划分的一个预测工作区也与该区西部重叠，推断该区具有镍矿找矿前景，故把该预测区划分为 A 级找矿预测区。

由于该区成矿条件有利，具有很好的找矿前景，通过对地质地球化学特征的研究，在该预测区内选取元素组合特征明显、成矿地质条件有利的地区，进一步圈定出一处镍矿最小预测区。

（二）巴音查干岩浆型镍矿找矿预测区（15-Y-B-5）

（1）预测区大地构造位置属华北陆块区，狼山-阴山陆块（大陆边缘岩浆弧）及狼山-白云鄂博裂谷。本区出露地层主要有太古宇、古元古界、长城系、二叠系、侏罗系、白垩系、新近系及第四系。预测区构造极为复杂，区内断裂构造以东西向为主，北东向、北西向次之。区内岩浆活动强烈，侵入岩从超基性岩到酸性岩均有分布。

（2）区域上分布有 Ni、Cu、Co、Cr、Fe_2O_3、Mn 等元素组成的高背景区（带），在高背景区（带）中分布有以 Ni、Cu、Co、Cr 为主的多元素局部异常，异常呈近东西向和北东向展布。规模较大的 Ni 局部异常上，Ni、Cu、Co、Cr、Fe_2O_3 等主要成矿元素及伴生元素具有明显的浓度分带和浓集中心，并在空间上相互重叠或套合。

（3）该预测区构造发育，岩浆活动强烈，基性、超基性岩体均有分布，成矿地质条件有利。区内共圈定了 7 个综合异常，其中 1 个为甲类异常，其余均为乙类异常。通过与典型矿床进行对比，该区地质和地球化学特征与典型矿床相似,且与成矿规律组划分的一个预测工作区大部分区域重叠,预测该区具有镍矿找矿前景,故将其划分为 B 级找矿预测区。

(三)小南山岩浆型镍矿找矿预测区(15-Y-B-7)

(1)预测区大地构造位置属华北陆块区狼山-阴山陆块之狼山-白云鄂博裂谷及天山-兴蒙造山系包尔汉图-温都尔庙弧盆系温都尔俯冲增生杂岩带的接触部位。区内构造复杂,岩浆活动强烈,出露地层不完整。出露地层主要有古元古界二道凹岩群、宝音图岩群、中元古界白云鄂博群、下中奥陶系包尔汉图群,此外还有上侏罗统大青山组和下白垩统白女羊盘组、固阳组、李三沟组。

(2)预测区内 Ni、Cu、Cr、Mn 等元素多呈高背景区分布,其中 Ni、Cr 异常范围较大,Cu、Mn 异常范围较小,异常主要集中在小南山地区。规模较大的 Ni 局部异常上,Ni、Cr 等主要成矿元素及伴生元素具有明显的浓度分带和浓集中心,并在空间上相互重叠或套合。

(3)该预测区内构造发育,岩浆活动强烈,基性、超基性岩体均有分布,成矿地质条件有利。区内共圈定了两个综合异常,均为甲类异常。通过与典型矿床进行对比,该区地质和地球化学特征与典型矿床相似,成矿规律组划分的一个预测工作区也与该区东部重叠,预测该区具有镍矿找矿前景,故将该预测区划分为 B 级找矿预测区。

(四)浩雅尔洪克尔岩浆型镍矿找矿预测区(15-Y-B-9)

(1)该预测区大地构造处于天山-兴蒙造山省,大兴安岭弧盆系构造岩浆岩带内,二连-贺根山蛇绿混杂岩亚带中部。区内出露地层不全,有中元古界温都尔庙群,古生界泥盆系、石炭系、二叠系,中生界侏罗系、白垩系和新生界新近系、第四系。侵入岩主要有古生代二叠纪闪长岩、石英闪长岩、花岗闪长岩和花岗岩,中—晚泥盆世超基性岩、基性岩,中生代侏罗纪晚期花岗岩、花岗斑岩及石英二长斑岩。其中最为重要的中—晚泥盆世超基性岩、基性岩,分布广,规模较大。

(2)区域上分布有 Ni、Cu、Co、Cr、Fe_2O_3、Mn 等元素异常,Cr、Ni 为三级浓度分带,异常范围较大,呈面状分布,具有明显的浓集中心,浓集中心位置吻合较好。

(3)该预测区内构造发育,岩浆活动强烈,超基性岩体分布广泛,超基性岩体控制着综合异常分布,镍矿成矿地质条件有利。区内共圈定了 5 个综合异常,均为乙类异常。通过与典型矿床进行对比,该区地质和地球化学特征与典型矿床相似,成矿规律组还在该区划分了一个预测工作区,预测该区具有镍矿找矿前景,故把该预测区划分为 B 级找矿预测区。

(五)苏海图岩浆岩型镍矿找矿预测区(15-Y-C-1)

(1)该预测区大地构造位置属华北陆块北缘阿拉善台隆巴彦淖尔公断隆的南缘。区内断裂构造比较发育,主要的断裂有迭布斯格断裂带和狼山断裂带。区内出露地层主要有太古宇乌拉山岩群、中侏罗统龙凤山组、下白垩统庙沟组、古近系渐新统清水营组及第四系。区内岩浆岩广泛分布,以元古宙、华力西期、印支期花岗岩为主,中性、基性岩体零星分布。其中超基性岩呈岩株状产出,其 Ni、Co、Cr 金属量值较高。

(2)预测区内 Ni、Cu、Co、Cr、Fe_2O_3 等元素具有明显的局部异常,异常多呈北东向展布。在规模较大的 Ni 局部异常上,Ni、Cu、Co、Cr、Fe_2O_3 等元素异常套合较好。

(3)该区构造发育,岩浆活动强烈,成矿地质条件有利。该预测区共圈定了两个综合异常,均为乙类异常。成矿规律组虽未在该区划分预测工作区,但通过与典型矿床进行对比,其地质和地球化学特征与典型矿床相似,预测该区仍具有镍矿找矿前景,故把该预测区划分为 C 级找矿预测区。

(六)呼和温都尔镇岩浆型镍矿找矿预测区(15-Y-C-2)

(1)该预测区大地构造处于狼山-阴山陆块,狼山-白云鄂博裂谷西端。区内构造活动频繁,各时期的断裂、褶皱表现得相当活跃,地质构造复杂,各种构造形迹发育,而且叠加频繁。区内地层出露不全,有中太古界乌拉山岩群,古元古界宝音图岩群,中元古界渣尔泰山群,古生界下二叠统大红山组,中生代有下中侏罗统五当沟组,下白垩统固阳组和李三沟组及上白垩统乌兰苏海组。区内侵入岩发育,活动期次较全,有太古宙、元古宙、古生代和中生代岩体。侵入岩严格受构造控制,呈北东-南西走向。岩性从酸性到基性、超基性均有出露。基性、超基性岩出露虽少,但与镍、钴、铜矿有密切的关系。

(2)区域上分布有 Ni、Cu、Co、Cr、Fe_2O_3 等元素组成的综合异常,异常呈北东向带状分布。规模较大的 Ni 局部异常上,Cu、Co、Cr 等主要成矿元素及伴生元素具有明显的浓度分带和浓集中心,并在空间上相互重叠或套合。

(3)该区构造发育,岩浆活动强烈,基性、超基性岩体均有分布,成矿地质条件有利。该预测区共圈定了 5 个综合异常,其中两个为甲类异常,其余为乙类异常。通过与典型矿床进行对比,该区地质和地球化学特征与典型矿床相似,成矿规律组划分的一个预测工作区也与该区北部有部分重叠,预测该区具有镍矿找矿前景,故将其划分为 C 级找矿预测区。

(七)乌加河镇岩浆型镍矿找矿预测区(15 - Y - C - 4)

(1)预测区大地构造位置属华北陆块区,狼山-阴山陆块(大陆边缘岩浆弧)及狼山-白云鄂博裂谷。本区出露地层主要有太古宇、古元古界、长城系渣尔泰山群增隆昌组、二叠系、侏罗系、白垩系固阳组、新近系宝格达乌拉组及第四系。预测区构造极为复杂,区内断裂构造以东西向为主,北东向、北西向次之。区内岩浆活动强烈,侵入岩从超基性岩到酸性岩均有分布。

(2)区内分布有 Ni、Cu、Co、Cr、Fe_2O_3、Mn 等元素组成的高背景区(带),在高背景区(带)中分布有以 Ni、Cu、Co、Cr 为主的多元素局部异常,异常呈近东西向和北东向展布。规模较大的 Ni 局部异常上,Ni、Cu、Co、Cr、Fe_2O_3 等主要成矿元素及伴生元素具有明显的浓度分带和浓集中心,并在空间上相互重叠或套合。

(3)该预测区构造发育,岩浆活动强烈,基性、超基性岩体均有分布,成矿地质条件有利。区内共圈定了 4 个综合异常,均为乙类异常。通过与典型矿床进行对比,该区地质和地球化学特征与典型矿床相似,成矿规律组还在该区划分了一个预测工作区,推断该区具有镍矿找矿前景,故将其划分为 C 级找矿预测区。

(八)乌克忽洞-土默特左旗岩浆型镍矿找矿预测区(15 - Y - C - 6)

(1)该预测区大地构造位置处于华北陆块北缘。太古宇、元古宇遍布全区,上古生界二叠系和中生界三叠系、白垩系在区内零星出露。北西向、近东西向、北东向构造发育。各期次岩浆活动强烈,岩体遍布全区。

(2)区域上分布有 Ni、Cu、Co、Cr、Fe_2O_3、Mn、Ti、V 等元素组成的高背景区(带),其中 Ni、Cu、Co、Cr、Fe_2O_3 元素异常范围较大,Mn、Ti、V 元素异常范围较小。在高背景区(带)中分布有以 Ni、Cu、Co、Cr、Fe_2O_3 为主的多元素局部异常,异常呈近东西向和北西向展布。规模较大的 Ni 局部异常上,Ni、Cu、Co、Cr、Fe_2O_3 等主要成矿元素及伴生元素具有明显的浓度分带和浓集中心,并在空间上相互重叠或套合。

(3)该预测区构造发育,岩浆活动强烈,基性、超基性岩体均有分布,成矿地质条件有利。区内共圈定了 6 个综合异常,均为乙类异常。成矿规律组虽未在该区划分预测工作区,但通过与典型矿床进行对比,该区地质和地球化学特征与典型矿床相似,推测该区具有镍矿找矿前景,故将其划分为 C 级找矿预测区。

(九)二连浩特-敖伦呼都嘎音苏莫岩浆型镍矿找矿预测区(15 - Y - C - 8)

(1)该预测区大地构造位置处于天山-兴蒙造山系,二连-贺根山蛇绿混杂岩带构造岩浆岩亚带。区内出露地层主要有新近系宝格达乌拉组、古近系始新统伊尔丁曼哈组、二叠系哲斯组、石炭系—二叠系宝力高庙组、石炭系哈拉图庙组、泥盆系泥鳅河组。预测区岩浆岩较发育，主要为中生代及古生代的岩体，从超基性、基性、中性、中酸性、酸性到碱性岩体均有出露。区内断裂构造发育，主要构造以东西向为主。

(2)区域上分布有Ni、Cu、Co、Cr、Fe_2O_3、Mn等元素组成的高背景区(带)，在高背景区(带)中分布有以Ni、Cu、Co、Cr、Fe_2O_3为主的多元素局部异常，异常多呈近东西向展布。规模较大的Ni局部异常上，Ni、Cu、Co、Cr、Fe_2O_3等主要成矿元素及伴生元素具有明显的浓度分带和浓集中心，并在空间上相互重叠或套合。

(3)该预测区内构造发育，岩浆活动强烈，基性、超基性岩体均有分布，成矿地质条件有利。区内共圈定了3个综合异常，其中1个为甲类异常，其余均为乙类异常。通过与典型矿床进行对比，该区地质和地球化学特征与典型矿床相似，成矿规律组还在该区划分了一个预测工作区，故把该预测区定为C级找矿预测区，具有镍矿找矿前景。

(十)阿尔善宝拉格-乌拉日图润芒哈岩浆型镍矿找矿预测区(15-Y-C-10)

(1)该预测区大地构造位置属天山-兴蒙造山系一级构造分区，大兴安岭弧盆系二级构造分区，二连-贺根山蛇绿混杂岩体及锡林浩特岩浆弧三级构造分区。区内出露地层有下二叠统寿山组一、二岩段，中二叠统哲斯组，大石寨组一、二岩段，中侏罗统新民组，上侏罗统白音高老组、玛尼吐组、满克头鄂博组，下白垩统梅勒图组、白彦花组及新近系上新统宝格达乌拉组。区内构造不甚发育，主要构造以断裂构造为主，褶皱构造次之。断裂构造主要以北东向为主，北西向及近东西向次之。

(2)区域上分布有Ni、Cu、Co、Cr、Fe_2O_3等元素异常，其中Ni、Cr为三级浓度分带，异常强度较高，具有明显的浓集中心，浓集中心位置吻合好，异常主要受超基性岩体控制。在Ni的局部异常上，Ni、Cu、Co、Cr、Fe_2O_3元素异常套合较好。

(3)该预测区内构造发育，岩浆活动强烈，超基性岩体分布广泛，超基性岩体控制着综合异常分布形态，镍矿成矿地质条件有利。区内共圈定了5个综合异常，均为乙类异常。通过与典型矿床进行对比，该区地质和地球化学特征与典型矿床相似，成矿规律组还在该区划分了一个预测工作区，预测该区具有镍矿找矿前景，故将其划分为C级找矿预测区。

十二、锰矿

本次共圈定锰矿地球化学找矿预测区8个，分为2种成因类型，其中热液型6个，沉积型2个(表6-12，图6-12)。其中A级预测区1个，B级预测区2个，C级预测区5个。

表6-12 内蒙古自治区锰矿地球化学找矿预测区圈定结果一览表

找矿预测区编号	找矿预测区名称	成因类型	级别
15-Y-C-1	伊和扎格敖包热液型锰矿找矿预测区	热液型	C
15-Y-C-2	哈日博日格-下淘米热液型锰矿找矿预测区	热液型	C
15-Y-C-3	哈能沉积型矿找矿预测区	沉积型	C
15-Y-A-4	大余太镇沉积型锰矿找矿预测区	沉积型	A
15-Y-B-5	满都拉热液型锰矿找矿预测区	热液型	B
15-Y-B-6	新巴尔虎右旗热液型锰矿找矿预测区	热液型	B
15-Y-C-7	得尔布尔镇热液型锰矿找矿预测区	热液型	C
15-Y-C-8	大石寨镇热液型锰矿找矿预测区	热液型	C

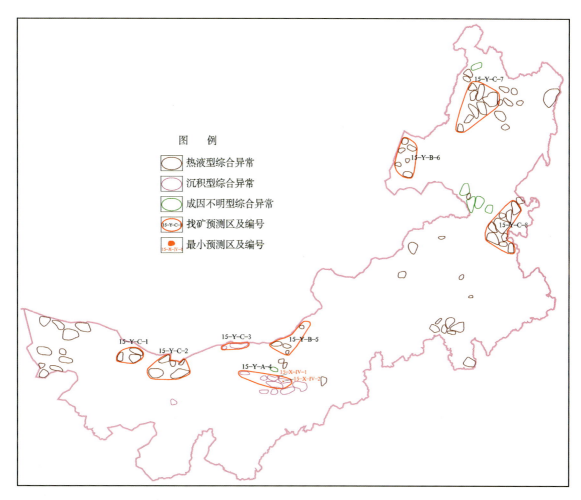

图 6-12　内蒙古自治区锰矿地球化学找矿预测示意图

(一)大佘太镇沉积型锰矿找矿预测区(15-Y-A-4)

(1)该预测区大地构造位置处于华北陆块北缘,太古宇、元古宇遍布全区。古生界二叠系、中生界侏罗系在西部、北部小面积出露。北西向、近东西向、北东向构造发育。各期次岩浆活动强烈,岩体遍布全区。

(2)区域上分布有 Mn、Fe_2O_3、Co、Ni、Ag、Pb、Zn 等元素异常,Mn、Fe_2O_3 为主成矿元素,Co、Ni、Ag、Pb、Zn 为主要的共伴生元素。Fe_2O_3、Co、Ni 元素异常主要分布在预测区南部,异常强度较高,具有明显的浓集中心。

(3)预测区内共圈定了 5 个综合异常,2 个为甲类异常,其余均为乙类异常。预测区内出露地层主要为中元古界渣尔泰山群阿古鲁沟组,与该区已知沉积型锰矿床(乔二沟、红壕)赋矿地层一致。通过与预测区内典型矿床对比,认为该预测区具有寻找沉积型锰矿找矿前景,成矿规律组划分的一个预测工作区与该区大部分区域重叠,故把该区划分为 A 级找矿预测区。

由于该区成矿条件有利,具有很好的找矿前景,通过对地质地球化学特征的研究,在该预测区内选取元素组合特征明显、成矿地质条件有利的地区,进一步圈定出两个锰矿最小预测区。

(二)满都拉热液型锰矿找矿预测区(15-Y-B-5)

(1)该预测区大地构造位置处于天山-兴蒙造山系,大兴安岭弧盆系。出露地层主要为二叠系大石寨组和哲斯组,白垩系在预测区中部小面积出露。该区断裂构造发育,穿过该区主要的大断裂为伊林哈别尔尕-西拉木伦断裂带。该区岩浆活动强烈,侵入岩发育。预测区北东部主要出露二叠纪和白垩纪中酸性岩;西部主要出露泥盆纪超基性岩。

(2)区域上分布有 Mn、Fe_2O_3、Co、Ni、Ag、Zn、As、Sb 等主成矿或共伴生元素异常,Fe_2O_3、Co、Ni 异常主要分布在满都拉南西地区,Ag 异常主要分布在预测区北东地区。

(3)预测区内共圈定了 4 个综合异常,其中 3 个为甲类异常,1 个为乙类异常。预测区内出露地层主要为下中二叠系大石寨组,与该区已知热液型锰矿床(西里庙锰矿)赋矿地层一致。通过与预测区内典型矿床对比,认为该预测区具有寻找热液型锰矿找矿前景,成矿规律组还在该区北部划分了一个预测工作区,故将其划分为 B 级找矿预测区。

(三)新巴尔虎右旗热液型锰矿找矿预测区(15 - Y - B - 6)

(1)该预测区大地构造处于内蒙古兴安地槽褶皱带。古生界奥陶系、中生界侏罗系大面积分布,古生界石炭系、志留系、泥盆系零星出露,其余地段均被第四系覆盖。华力西期、燕山期岩浆活动强烈,超基性、中酸性、酸性岩体极为发育。

(2)区域上分布有 Mn、Ag、Pb、Zn、As、Sb、Fe_2O_3、Co、Ni 等元素异常,其中 Mn 异常范围小,异常强度高,为三级浓度分带;Ag、Pb、Zn、As、Sb 异常范围较大,强度较高,均为三级浓度分带,具有明显的浓集中心。Fe_2O_3、Co、Ni 多为二级浓度分带。规模较大的 Mn 异常上,Mn、Fe_2O_3、Co、Ni、Ag、Zn、As、Sb 等主要成矿元素及共伴生元素具有明显的浓度分带和浓集中心,并在空间上相互重叠或套合。

(3)预测区内共圈定了 6 个综合异常,其中 3 个为甲类异常,3 个为乙类异常。预测区内出露地层主要为侏罗系塔木兰沟组,与该区已知热液型锰矿床(额仁陶勒盖锰银矿)赋矿地层一致。通过与预测区内典型矿床对比,认为该预测区具有寻找热液型锰矿找矿前景,成矿规律组还在该区划分了一个预测工作区,故把该区划分为 B 级找矿预测区。

(四)伊和扎格敖包热液型锰矿找矿预测区(15 - Y - C - 1)

(1)该预测区大地构造位置主要属天山地槽褶皱系,北山华力西晚期地槽褶皱带雅干复背斜和杭乌拉隆起。该区出露地层较全,除缺失中生界侏罗系及新生界古近系、新近系正常沉积外,自元古宇至新生界在区内均有出露。该区岩浆活动频繁,分布广泛。侵入岩以加里东期、华力西中晚期、印支期和燕山早期花岗岩为主,产出形态以岩基为主,小部分呈岩株或岩枝状产出,中性、基性岩体零星出露,规模较小。该区泥盆系、石炭系中铁族元素相对富集,具有强分异性,Mn 元素具有富集成矿的可能性。

(2)区域上分布有 Mn、Fe_2O_3、Co、Ni、Zn、As、Sb 等元素异常。Mn 元素异常范围较大,由于 Mn 元素地表地球化学反应不强,因此其异常强度中等。Fe_2O_3、Co、Ni 元素异常主要分布在预测区北东部,Pb、Zn 主要分布在预测区南部,As、Sb 在预测区分布较广,具有明显的浓度分带和浓集中心。

(3)该预测区构造发育,岩浆活动强烈,成矿地质条件有利。区内共圈定了 3 个综合异常,均为乙类异常。成矿规律组未在该区划分预测工作区,但区内中低温热液元素组合异常特征明显,因此把该预测区圈定为热液型锰矿找矿预测区,并将其级别评定为 C 级。

(五)哈日博日格-下淘米热液型锰矿找矿预测区(15 - Y - C - 2)

(1)该预测区大地构造位置处于天山地槽褶皱系,北山华力西晚期地槽褶皱带东部和内蒙古中部地槽褶皱系苏尼特右旗华力西晚期地槽褶皱带中西部。中生界白垩系大面积分布,古生界以二叠系、石炭系为主零星分布于预测区。北西向、北东向构造发育。华力西期至燕山期岩浆活动强烈,中酸性、酸性岩体遍布全区。该区发现有查干套海热液型锰矿化点。

(2)区域上分布有 Mn、Fe_2O_3、Co、Ni、Ag、Pb、Zn、As、Sb 等主成矿元素及共伴生元素异常。其中 Mn、Ag、As、Sb 元素异常范围较大,为三级浓度分带,异常强度较高;Fe_2O_3、Co、Ni、Pb、Zn 呈小面积的局部异常,异常强度中等。

(3)该预测区共圈定了5个综合异常,1个为甲类异常,其余均为乙类异常。成矿规律组未在该区划分预测工作区,但综合以上地质地球化学特征,并与典型矿床进行对比,预测该区具有寻找热液型锰矿找矿前景,故将其划分为C级找矿预测区。

(六)哈能沉积型锰矿找矿预测区(15-Y-C-3)

(1)该预测区大地构造位置属于天山-内蒙古地槽褶皱系(Ⅰ级),内蒙古兴安地槽褶皱带(亚Ⅰ级)。测区出露地层较全,有元古宇,下古生界寒武系、奥陶系,上古生界泥盆系、石炭系、二叠系,中生界侏罗系、白垩系及新生界。预测区内构造活动强烈,岩浆活动频繁。侵入岩分布广泛,以华力西中晚期侵入岩出露面积最大,岩性主要有泥盆纪和石炭纪超基性岩。

(2)预测区内分布有 Mn、Fe_2O_3、Co、Ni 等主成矿元素及共伴生元素异常,异常呈近东西向或北东向展布。其中 Mn 为二级浓度分带;Ni 元素异常强度较高,为三级浓度分带;Fe_2O_3、Co 为一级浓度分带。Mn、Fe_2O_3、Co、Ni 元素异常套合较好。

(3)预测区内共圈定了2个综合异常,1个为甲类异常,1个为乙类异常。该区分布有东加干已知沉积型锰矿床,其赋矿地层为大面积分布的奥陶系包尔汉图群。综合以上地质地球化学条件,认为该区具有寻找沉积型锰矿的找矿前景,成矿规律组还在该区划分了一个预测工作区,故把该预测区划分为C级找矿预测区。

(七)得尔布尔镇热液型锰矿找矿预测区(15-Y-C-7)

(1)该预测区大地构造位置处于内蒙古兴安地槽褶皱带,额尔齐斯-得尔布干断裂带。侏罗系塔木兰沟组在该区大面积出露,白垩系和第四系零星出露。该区岩浆活动强烈,侵入岩有古元古代、奥陶纪、石炭纪、二叠纪、侏罗纪中酸性侵入岩。

(2)区域上分布有 Mn、Ag、Pb、Zn、As、Sb、Fe_2O_3、Co 等元素组成的综合异常,异常均具有明显的浓度分带和浓集中心,异常强度较高,均为三级浓度分带。在规模较大的 Mn 异常上,Mn、Ag、Pb、Zn、As、Sb、Fe_2O_3、Co 等主要成矿元素及伴生元素具有明显的浓度分带和浓集中心,并在空间上相互重叠或套合。

(3)预测区内共圈定了8个综合异常,其中1个为甲类异常,其余均为乙类异常。预测区内出露地层主要为侏罗系塔木兰沟组,与典型热液型锰矿床(额仁陶勒盖锰银矿)赋矿地层一致。成矿规律组未在该区划分预测工作区,但通过与典型矿床对比,其地质地球化学特征与典型矿床一致。认为该预测区具有寻找热液型锰矿找矿前景,并把该预测区划分为C级找矿预测区。

(八)大石寨镇热液型锰矿找矿预测区(15-Y-C-8)

(1)该预测区大地构造位置处于内蒙古兴安地槽褶皱带。古生界二叠系大石寨组、中生界侏罗系白音高老组遍布全区,白垩系小面积零星出露。燕山期、华力西期岩浆活动强烈,中酸性、酸性侵入岩体极为发育。

(2)区域上分布有 Mn、Ag、Zn、Pb、As、Sb、Ni 等元素组成的综合异常,其中 Mn 元素异常范围较大,强度较高,为三级浓度分带,具有明显的浓集中心。Ag、Pb、Fe_2O_3、Co 异常强度较高,为三级浓度分带,异常范围较小。规模较大的 Mn 异常上,Mn、Fe_2O_3、Co、Ni、Pb、As、Sb 在空间上相互重叠或套合较好。

(3)预测区内共圈定了9个综合异常,其中7个为乙类异常,2个为丙类异常。区内出露地层主要为下中二叠统大石寨组,与典型热液型锰矿床(西里庙锰矿)赋矿地层一致。成矿规律组未在该区划分预测工作区,但通过与典型矿床对比,其地质地球化学特征与典型矿床一致。认为该预测区具有寻找热液型锰矿找矿前景,并把该预测区划分为C级找矿预测区。

十三、铬矿

本次共圈定铬矿地球化学找矿预测区 8 个,均为与超基性岩体有关的岩浆型(图 6-13,表 6-13)。其中 A 级预测区 2 个,B 级预测区 1 个,C 级预测区 5 个。

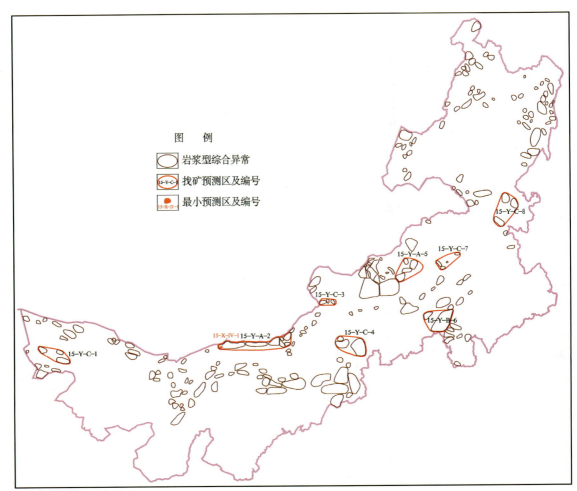

图 6-13 内蒙古自治区铬矿地球化学找矿预测示意图

表 6-13 内蒙古自治区铬矿地球化学找矿预测区圈定结果一览表

找矿预测区编号	找矿预测区名称	成因类型	级别
15-Y-C-1	白云山西-洗肠井岩浆型铬矿找矿预测区	岩浆型	C
15-Y-A-2	索伦山岩浆型铬矿找矿预测区	岩浆型	A
15-Y-C-3	二连浩特-敖伦呼都嘎音苏莫岩浆型铬矿找矿预测区	岩浆型	C
15-Y-C-4	朱日和镇岩浆型铬矿找矿预测区	岩浆型	C
15-Y-A-5	浩雅尔洪克尔岩浆型铬矿找矿预测区	岩浆型	A
15-Y-B-6	克什克腾旗岩浆型铬矿找矿预测区	岩浆型	B
15-Y-C-7	阿尔善宝拉格-乌拉日图润芒哈岩浆型铬矿找矿预测区	岩浆型	C
15-Y-C-8	大石寨镇岩浆型铬矿找矿预测区	岩浆型	C

(一)索伦山岩浆型铬矿找矿预测区(15-Y-A-2)

(1)该预测区大地构造位置属于天山-内蒙古地槽褶皱系(Ⅰ级),内蒙古兴安地槽褶皱带(亚Ⅰ级)。测区出露地层较全,有古元古界、新元古界,下古生界寒武系、奥陶系、上古生界泥盆系、石炭系、二叠系,中生界侏罗系、白垩系及新生界。预测区内构造活动强烈,岩浆活动频繁。侵入岩分布广泛,以华力西中晚期侵入岩出露面积最大,岩性种类复杂,从超基性岩到酸性岩均有出露,其中超基性岩体分布范围最广。

(2)预测区上分布有 Cr、Fe_2O_3、Co、Ni 等元素组成的高背景区(带),在高背景区(带)中有以 Cr、Ni 为主的多元素局部异常,异常呈近东西向带状分布,Cr、Ni 元素异常范围较大,强度较高,为三级浓度分带,具有明显的浓集中心,浓集中心位置吻合较好。

(3)该预测区位于索伦山-西拉木伦结合带、索伦山蛇绿岩杂岩带内,超基性岩体分布广泛,为铬铁矿成矿提供了有利的地质条件。预测区内共圈定了7个综合异常,其中1个为甲类异常,其余均为乙类异常。通过与典型矿床对比,预测该区具有铬矿找矿前景,成矿规律组划分的一个预测工作区也与该区东部重叠,故把该预测区划分为 A 级找矿预测区。

由于该区成矿条件有利,具有很好的找矿前景,通过对其地质地球化学特征的研究,在该预测区内选取元素组合特征明显、成矿地质条件有利的地区,进一步圈定出一处铬矿最小预测区。

(二)浩雅尔洪克尔岩浆型铬矿找矿预测区(15-Y-A-5)

(1)该预测区大地构造处于天山-兴蒙造山省,二连-贺根山蛇绿混杂岩带。区内出露地层不全,有中元古界,古生界泥盆系、石炭系、二叠系,中生界侏罗系、白垩系和新生界新近系、第四系。侵入岩主要有古生代二叠纪闪长岩、石英闪长岩、花岗闪长岩和花岗岩,中—晚泥盆世超基性岩、基性岩和中生代侏罗纪晚期花岗岩、花岗斑岩及石英二长斑岩。其中最为重要的中—晚泥盆世超基性岩、基性岩分布广,规模大,是铬铁矿的成矿有利地段。

(2)区域上分布有 Cr、Fe_2O_3、Co、Ni 等元素组成的高背景区(带),在高背景区(带)中有以 Cr、Ni 为主的多元素局部异常,异常范围大,强度高,具有明显的浓集中心,异常严格受超基性岩体控制。

(3)该预测区超基性岩分布广泛,构造发育,铬铁矿成矿地质条件十分有利。区内共圈定了4个综合异常,其中1个为甲类异常,其余为乙类异常。通过与典型矿床进行对比,其地球化学特征与典型矿床相似,成矿规律组还在该区划分了一个预测工作区。因此预测该区具有铬矿找矿前景,故将该预测区划分为 A 级找矿预测区。

(三)克什克腾旗岩浆型铬矿找矿预测区(15-Y-B-6)

(1)该预测区大地构造位置属于天山-兴蒙造山系,大兴安岭弧盆系,索伦山-西拉木伦结合带,图林凯蛇绿混杂岩带(蓝片岩带)。区内出露地层主要有二叠系哲斯组、大石寨组和侏罗系满克头鄂博组、玛尼吐组,第四系在预测区大面积出露。本区岩浆活动强烈而频繁,燕山晚期岩体分布最广泛,次为华力西晚期。岩体主要沿褶皱轴部和深断裂分布,岩石类型比较复杂,以中酸性岩为主,中基性岩和超基性岩均有发育。

(2)区域上分布有 Cr、Fe_2O_3、Co、Ni 等元素组成的高背景区(带),在高背景区(带)中有以 Cr、Fe_2O_3、Co、Ni 为主的多元素局部异常。在克什克腾旗以东地区,Cr、Fe_2O_3、Co 异常范围大,强度高,具有明显的浓度分带和浓集中心。

(3)该预测区断裂构造发育,有近东西向的西拉木伦河大断裂及大兴安岭主脊-林西大断裂,柯单山超基性岩体位于该大断裂控制的次一级断裂内,为铬铁矿成矿提供了有利的地质条件。预测区内共圈定了两个综合异常,均为甲类异常。通过与典型矿床进行对比,其异常元素组合与典型矿床相似,成矿规律组还在该区内划分了一个预测工作区。综合以上条件,预测该区具有铬矿找矿前景,并将其划分为

B级找矿预测区。

(四)白云山西-洗肠井岩浆型铬矿找矿预测区(15-Y-C-1)

(1)该预测区大地构造位置处于天山地槽褶皱系,北山华力西晚期地槽褶皱带西部。古生界以奥陶系、志留系碎屑岩、中基性—中酸性火山岩大面积分布为主,中生界以下白垩统新民堡组大面积分布为主,中新元古界浅变质岩系在中西部和东部出露。北西向、北东向构造发育。华力西期岩浆活动强烈,中酸性、酸性岩体分布广泛,超基性、基性岩在预测区呈零星分布。

(2)区域上分布有 Cr、Fe_2O_3、Co、Ni 等元素组成的呈近东西向和北西向分布的高背景区(带),在高背景区(带)中分布有 Cr、Fe_2O_3、Co、Ni 元素组成的局部异常。其中 Cr、Fe_2O_3、Ni 异常范围较大,强度较高,均为三级浓度分带,具有明显的浓集中心;Co 元素异常强度中等,为二级浓度分带。Cr、Fe_2O_3、Co、Ni 元素异常套合较好。

(3)该预测区断裂构造发育,岩浆活动强烈,超基性、基性岩体均有分布。区内共圈定了3个综合异常,均为甲类异常。通过与典型矿床进行对比,发现该区地质和地球化学特征与典型矿床相似,成矿规律组还在该区划分了一个预测工作区,推测该区具有铬矿找矿前景,故将其划分为C级找矿预测区。

(五)二连浩特-敖伦呼都嘎音苏莫岩浆型铬矿找矿预测区(15-Y-C-3)

(1)该预测区大地构造位置处于天山-兴蒙造山系构造岩浆岩省(Ⅰ),大兴安岭弧盆系构造岩浆岩带(Ⅰ-1),二连-贺根山蛇绿混杂岩带构造岩浆岩亚带。区内出露地层主要有泥盆系泥鳅河组、二叠系—石炭系宝力高庙组、二叠系哲斯组和新近系宝格达乌拉组。区内断裂构造发育,主要构造以东西向为主。预测区岩浆岩较发育,主要为中生代及古生代侵入岩。泥盆纪超基性岩体在预测区广泛分布。

(2)区域上分布有 Cr、Fe_2O_3、Co、Ni 等元素组成的高背景区(带),在高背景区(带)中分布有以 Cr、Fe_2O_3、Co、Ni 为主的多元素局部异常。规模较大的 Cr 局部异常上,Cr、Fe_2O_3、Co、Ni 等主要成矿元素及伴生元素具有明显的浓度分带和浓集中心,并在空间上相互重叠或套合,且与已知矿点吻合较好。

(3)该预测区位于二连-贺根山蛇绿混杂岩带,超基性岩分布广泛,为铬铁矿成矿提供了有利的地质条件,区内共圈定了3个综合异常,其中2个为甲类异常,1个为乙类异常。通过与典型矿床进行对比,该区地质地球化学特征与典型矿床相似,成矿规律组还在该区划分了一个预测工作区,预测该区具有铬铁矿找矿前景,并将其划分为C级找矿预测区。

(六)朱日和镇岩浆型铬矿找矿预测区(15-Y-C-4)

(1)该预测区大地构造位置处于内蒙古中部地槽褶皱系中部。出露地层主要有元古宇、古生界、石炭系、二叠系、侏罗系、白垩系。区内构造发育,岩浆活动强烈,侵入岩分布广泛。

(2)区域上分布有 Cr、Fe_2O_3、Co、Ni 等元素组成的高背景区(带),在高背景区(带)中有以 Cr、Co、Ni 为主的多元素局部异常。规模较大的 Cr 局部异常上,Cr、Co、Ni 等主成矿元素及伴生元素具有明显的浓度分带和浓集中心,并在空间上相互重叠或套合。

(3)该预测区内共圈定了3个综合异常,其中1个为甲类异常,2个为乙类异常。区内分布有武艺台等已知铬矿点。成矿规律组未在该区划分预测工作区,但通过与典型矿床进行对比,预测该区具有铬矿找矿前景,并将其划分为C级找矿预测区。

(七)阿尔善宝拉格-乌拉日图润芒哈岩浆型铬矿找矿预测区(15-Y-C-7)

(1)该预测区大地构造处于天山-兴蒙造山系,大兴安岭弧盆系,二连-贺根山蛇绿混杂岩体及锡林浩特岩浆弧。区内出露地层有下二叠统寿山组一、二岩段,中二叠统哲斯组,下中二叠统大石寨组一、二岩段,中侏罗统新民组,上侏罗统白音高老组、玛尼吐组、满克头鄂博组,下白垩统梅勒图组、白彦花组和新近系上新统宝格达乌拉组。区内构造不甚发育,有可能与第四系大面积覆盖有关,构造以断裂构造为主,褶皱构造次之,断裂构造以北东向为主,北西向及近东西向次之。

(2)区域上分布有 Cr、Fe_2O_3、Co、Ni 等元素组成的高背景区(带),在高背景区(带)中有以 Cr、Ni 为主的多元素局部异常,异常多呈串珠状分布。规模较大的 Cr 异常上,Cr、Fe_2O_3、Co、Ni 等主成矿元素及伴生元素具有明显的浓度分带和浓集中心,并在空间上相互重叠或套合。

(3)预测区内共圈定了 3 个综合异常,其中 2 个为甲类异常,2 个为乙类异常。通过与典型矿床进行对比,该区地质地球化学特征与典型矿床相似,具有铬矿找矿前景,成矿规律组还在该区划分了一个预测工作区,故将其划分为 C 级找矿预测区。

(八)大石寨镇岩浆型铬矿找矿预测区(15 - Y - C - 8)

(1)预测区大地构造属内蒙古大兴安岭弧盆系,锡林浩特岩浆弧北东端。区内出露地层有二叠系大石寨组、哲斯组、林西组,侏罗系满克头鄂博组、玛尼吐组、白音高老组和第四系。区内岩浆活动强烈,侵入岩发育,泥盆纪超基性岩和二叠纪、侏罗纪花岗岩均有分布。

(2)区域上分布有 Cr、Fe_2O_3、Co、Ni 等元素组成的高背景区(带),在高背景区(带)中有以 Cr、Fe_2O_3、Co、Ni 为主的多元素局部异常,其中 Cr、Ni 异常范围较大,强度较高,具有明显的浓集中心。规模较大的 Cr 异常上,Cr、Fe_2O_3、Co、Ni 等主要成矿元素及伴生元素具有明显的浓度分带和浓集中心,并在空间上相互重叠或套合。

(3)预测区共圈定了 3 个综合异常,其中 1 个为甲类异常,2 个为乙类异常。通过与典型矿床进行对比,该区地质条件及地球化学特征与典型矿床相似,成矿规律组还在该区划分了一个预测工作区,预测该区具有铬矿找矿前景,故把该预测区划分为 C 级找矿预测区。

第三节 最小预测区圈定与综合评价

以《化探资料应用技术要求》为依据,在找矿潜力较大的 A、B 级找矿预测区,寻找成矿条件有利的、具有明显化探找矿标志的或三级异常查证发现有利找矿线索的区域,分矿种划分出 32 处最小预测区,其中铜矿 6 处,金矿 5 处,铅锌矿 5 处,稀土矿 1 处,银矿 4 处,钼矿 4 处,锡矿 3 处,镍矿 1 处,锰矿 2 处,铬矿 1 处,编制了最小预测区中大比例尺地球化学图、异常图、组合异常图件,为进行下一步矿产勘查提供了依据。

一、最小预测区圈定的方法

在全区各矿种找矿预测区划分的基础上,充分研究全区各矿种综合异常的分布特征,在具有明确找矿方向的甲类、乙类异常分布区,参考其所处区域成矿地质条件,并与所属找矿预测区或成矿区(带)内典型矿床(模型)进行比较,初步划分出最小预测区的大致范围,如该区已进行中大比例尺工作且资料齐全,则再结合中大比例尺地质、化探信息,寻找最佳成矿有利地段,进一步缩小范围确定为最小预测区。具体圈定步骤如下:

(1)首先选定最小预测区圈定的目标区域,为有希望找到或新增储量达中型以上规模矿床或矿田的 A、B 级找矿预测区。这是圈定最小预测区的必要条件。

(2)在甲类、乙类综合异常分布区,依据 1∶20 万及中大比例尺地球化学资料,对其进行进一步筛选,筛选条件为:异常元素组合与所属找矿预测区或成矿区(带)典型矿床(模型)一致,主成矿元素异常强度高,与其他共伴生元素空间套合好。这是圈定最小预测区所需的地球化学要素。

(3)结合地质环境特征,寻找成矿条件有利的、地质背景与典型矿床相似的地段,最终确定为找矿前景较好的最小预测区。这是圈定最小预测区所需的地质要素。

二、最小预测区综合评价

(一)铜矿

此次铜矿找矿最小预测区的划分及圈定主要是在全区铜矿定量预测工作的基础上进行。在铜矿定量预测工作所划分的33个可行度较高的A级靶区中,结合大比例尺地球化学资料及成矿地质条件进一步选出6处成矿可信度高的最小预测区(表6-14,图6-1)。

表6-14 铜矿最小预测区圈定结果一览表

最小预测区编号	所属找矿预测区名称及编号
15-X-Ⅳ-1	伊坑乌苏-珠斯楞热液型铜矿找矿预测区(15-Y-A-4)
15-X-Ⅳ-2	苏海呼都格-乌拉特中旗沉积型铜矿找矿预测区(15-Y-A-9)
15-X-Ⅳ-3	达尔罕茂明安联合旗矽卡岩型铜矿找矿预测区(15-Y-B-10)
15-X-Ⅳ-4	小南山岩浆型铜镍矿找矿预测区(15-Y-B-11)
15-X-Ⅳ-5	苏尼特左旗-土牧尔台沉积型铜多金属矿找矿预测区(15-Y-A-13)
15-X-Ⅳ-6	罕达盖林场矽卡岩型铜多金属矿找矿预测区(15-Y-B-23)

1. 铜矿最小预测区 15-X-Ⅳ-1

该区地理位置位于阿拉善盟额济纳旗境内,珠斯楞-乌拉尚德铜、金、镍、铅、锌煤成矿亚带,属伊坑乌苏-珠斯楞热液型铜矿找矿预测区(15-Y-A-4),其所在的综合异常区为15-Z-28乙类异常。最小预测区面积约9.7km²。

该最小预测区主要成矿元素为Cu、Ag,Cu为三级浓度分带,伴生元素为As、Sb、Hg、Mo,异常强度高,套合好,有明显的浓集中心(图6-14),与所在预测区内热液型典型矿床珠斯楞铜矿特征元素组合(Cu、As、Sb、Hg、Mo)具有较高的相似性。在定量预测工作中通过相似度的计算算出该最小预测区与典型矿床的相似度为87%,且该最小预测区内断裂构造发育,有良好的地球化学成矿环境,为找热液型铜矿提供了良好的找矿线索。

2. 铜矿最小预测区 15-X-Ⅳ-2

该最小预测区位于狼山-渣尔泰山铅、锌、金、铁、铜、铂、镍、硫成矿亚带,苏海呼都格-乌拉特中旗沉积型铜矿找矿预测区(15-Y-A-9),15-Z-45甲类异常区内。

该最小预测区主要成矿元素为Cu、Pb、Zn、Ag,Cu为二级浓度分带,伴生元素为As、Co、Sn,异常强度较高,套合好,有明显的浓集中心,与所在预测区内喷流沉积型典型矿床霍各乞铜矿特征元素组合(Cu、Pb、Ag、Zn、As)具有较高的相似性,在定量预测工作中通过相似度的计算算出该最小预测区与典型矿床的相似度为85%。该最小预测区出露地层为元古宇渣尔泰山群,与典型矿床赋矿地层比较吻合,为找该类型的铜矿床提供了良好的找矿线索。最小预测区主要地球化学特征见图6-15。

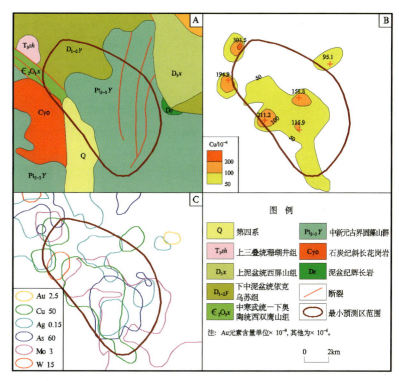

图 6-14 铜矿最小预测区 15-X-Ⅳ-1 地球化学特征图
A. 地质图；B. 铜元素异常图；C. 多元素组合异常图

3. 铜矿最小预测区 15-X-Ⅳ-3

该最小预测区位于白云鄂博-商都金、铁、铌、稀土、铜、镍成矿亚带，达尔罕茂明安联合旗矽卡岩型铜矿找矿预测区(15-Y-B-10)，15-Z-67 甲类异常区内。

该最小预测区主要成矿元素为 Cu、Au、Ag、Zn，Cu 为三级浓度分带(图 6-16)，伴生元素为 W、Sn、Bi，异常强度高，套合好，有明显的浓集中心和浓度分带。与所在预测区内矽卡岩型典型矿床宫忽洞铜矿特征元素组合(Cu、Pb、Zn、W、Sn、Bi)具有较高的相似性，在定量预测工作中通过相似度的计算算出该最小预测区与典型矿床的相似度为 77%。该最小预测区出露地层古元古界宝音图岩群($Pt_1By.$)为该预测区主要成矿地层，为找该类型铜矿床提供了良好的找矿线索。

4. 铜矿最小预测区 15-X-Ⅳ-4

该最小预测区位于白云鄂博-商都金、铁、铌、稀土、铜、镍成矿亚带，小南山岩浆型铜镍矿找矿预测区(15-Y-B-11)，15-Z-73 甲类异常区内。

该最小预测区主要成矿元素为 Cu、Pb、Zn，伴生元素为 Mn、Co、Ni，异常强度高，套合好，有明显的浓集中心和浓度分带。与所在预测区内岩浆岩型典型矿床小南山铜矿特征元素组合(Cu、Pb、Zn、Mn、Co、Ni)具有较高的相似性，在定量预测工作中通过相似度的计算算出该最小预测区与典型矿床的相似度为 85%。该最小预测区出露元古宇白云鄂博群哈拉霍疙特组(Jxh)，与典型矿床赋矿地层比较吻合且区内断裂较发育，有较好的地球化学成矿环境，为找该类型铜矿床提供了良好的找矿线索。最小预测区主要地球化学特征见图 6-17。

5. 铜矿最小预测区 15-X-Ⅳ-5

该最小预测区位于白乃庙-哈达庙铜、金、萤石成矿亚带，苏尼特左旗-土牧尔台沉积型铜多金属矿找矿预测区(15-Y-A-13)，15-Z-93 甲类异常区内。

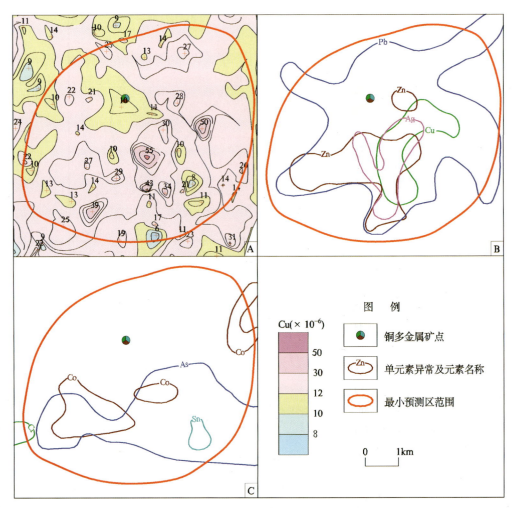

图 6-15 铜矿最小预测区 15-Ⅹ-Ⅳ-2 地球化学特征图
A. 铜地球化学图；B. 铜、铅、锌、银组合异常图；C. 砷、钴、锡、铬组合异常图

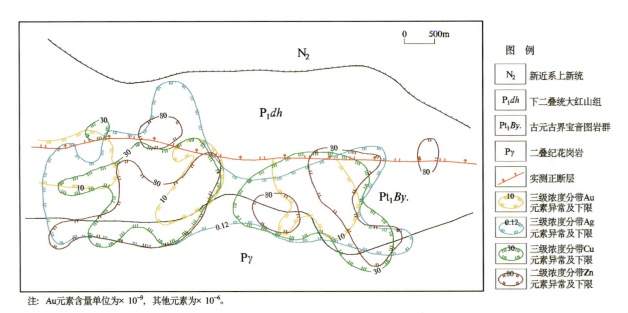

注：Au 元素含量单位为×10^{-9}，其他元素为×10^{-6}。

图 6-16 铜矿最小预测区 15-Ⅹ-Ⅳ-3 地球化学特征图